民用建筑设计常见技术问题释疑

（第四版）

杨金铎　杨洪波　编著

中国建筑工业出版社

图书在版编目（CIP）数据

民用建筑设计常见技术问题释疑 / 杨金铎，杨洪波
编著. — 4 版. — 北京：中国建筑工业出版社，2021.1
ISBN 978-7-112-25752-2

Ⅰ. ①民… Ⅱ. ①杨… ②杨… Ⅲ. ①民用建筑—建
筑设计 Ⅳ. ①TU24

中国版本图书馆 CIP 数据核字（2020）第 256185 号

本书包含建筑设计和建筑构造与建筑装修两大部分。"释疑"的依据是住房和城乡建设部标准定额研
究所颁布的现行规范、标准，特别是新规范和新标准及相关的技术资料。建筑设计部分主要包括基本规
定、建筑设计常用数据、建筑材料与构件、建筑抗震、建筑保温与节能、建筑防火、建筑内部装修防火、
室内环境、绿色建筑、智能建筑等内容。建筑构造与建筑装修部分包括基础（地下室）与地下工程防水构
造、墙体构造、地面（楼地面）构造和路面构造、楼梯和电梯（自动人行道）构造、台阶与坡道构造、屋
面构造、门窗构造以及室内环境污染控制、抹灰工程、门窗工程、玻璃工程、吊顶工程、轻质隔断工程、
墙面工程、涂饰工程、裱糊工程、地面铺装工程等内容。

本书可供高等院校建筑学专业师生以及广大建筑师使用。

责任编辑：张　建　许顺法
责任校对：党　蕾

民用建筑设计常见技术问题释疑
（第四版）
杨金铎　杨洪波　编著
*
中国建筑工业出版社出版、发行（北京海淀三里河路 9 号）
各地新华书店、建筑书店经销
北京红光制版公司制版
北京建筑工业印刷厂印刷
*
开本：787 毫米×1092 毫米　1/16　印张：48½　字数：1204 千字
2021 年 6 月第四版　　2021 年 6 月第五次印刷
定价：**120.00** 元
ISBN 978-7-112-25752-2
（36994）

编 写 说 明

在民用建筑设计中遇到的各类问题大多源自于对规范不够熟悉或理解不够深刻。正确理解规范，准确运用规范解决各类技术问题是建筑设计人员不得不解决的问题。本书的编写宗旨是帮助建筑师解答工作中常见的各类技术问题，进而帮助加深对规范的理解、记忆和正确运用。

本书包含建筑设计以及建筑构造与建筑装修两大部分。"释疑"的依据是住房和城乡建设部标准定额研究所颁布的现行规范、标准，特别是新规范和新标准及相关的技术资料。建筑设计部分主要包括基本规定、建筑设计常用数据、建筑材料与构件、建筑抗震、建筑保温与节能、建筑防火、建筑内部装修防火、室内环境、绿色建筑、智能建筑等内容。建筑构造与建筑装修部分包括基础（地下室）与地下工程防水构造、墙体构造、地面（楼地面）构造和路面构造、楼梯和电梯（自动人行道）构造、台阶与坡道构造、屋面构造、门窗构造以及室内环境污染控制、抹灰工程、门窗工程、玻璃工程、吊顶工程、轻质隔断工程、墙面工程、涂饰工程、裱糊工程、地面铺装工程等内容。

与第三版相比，在第四版中新增了钢结构防火、科研建筑设计、装配式建筑、轻型钢结构组合房屋、轻型模块化钢结构组合房屋、住宅室内装饰装修、预应力混凝土结构抗震设计等内容。

第四版收集资料的截止日期是 2020 年 8 月 1 日。新编、修改、合并的现行国家规范（规程、标准）、现行行业规范（规程、标准）及其他相关标准均已收录到本书中。据统计有以下内容：

一、规范合并或取代

1. 曾取代《老年人建筑设计规范》JGJ 122—99 和《老年人居住建筑设计规范》GB/T 50340—2003 的《老年人居住建筑设计规范》GB/T 50340—2016 使用不到两年，就宣布停止使用。而用《老年人照料设施建筑设计标准》JGJ 450—2018 替代，目前这本规范是有关"老年人"建筑设计的唯一标准。

2.《轻骨料混凝土技术规程》JGJ 51—2002 与《轻骨料混凝土结构技术规程》JGJ 12—2006 合并，名称为《轻骨料混凝土应用技术规程》JGJ/T 12—2019。

二、局部修订

《建筑设计防火规范》GB 50011—2014 局部修订为《建筑设计防火规范》GB 50011—2014（2018 年版）。

《托儿所、幼儿园建筑设计规范》JGJ 39—2016 局部修订为《托儿所、幼儿园建筑设计规范》JGJ 39—2016（2019 年版）。

三、前册遗漏，必须补充的内容

《住宅室内装饰装修设计规范》JGJ 367—2015。

四、新编规范、规程、标准

1. 《温和地区居住建筑节能设计标准》JGJ 475—2019。
2. 《金属面夹芯板应用技术标准》JGJ/T 453—2019。
3. 《建筑用真空绝热板应用技术规程》JGJ/T 416—2017。
4. 《聚苯模块保温墙体应用技术规范》JGJ/T 420—2017。
5. 《无机轻集料砂浆保温系统技术标准》JGJ/T 253—2019。
6. 《轻型模块化钢结构组合房屋技术标准》JGJ/T 466—2019。
7. 《地下结构抗震设计标准》GB/T 51336—2018。
8. 《装配式混凝土建筑技术标准》GB/T 51231—2016。
9. 《装配式住宅建筑设计标准》JGJ/T 398—2017。
10. 《公共建筑室内空气质量控制设计标准》JGJ/T 461—2019。
11. 《岩棉薄抹灰外墙外保温工程技术标准》JGJ/T 480—2019。
12. 《金属面夹芯板应用技术标准》JGJ/T 453—2019。
13. 《城市道路工程技术规范》GB 51286—2018。
14. 《住宅建筑室内装修污染控制标准》JGJ/T 436—2018。
15. 《特殊教育学校建筑设计标准》JGJ 76—2019。
16. 《科研建筑设计标准》JGJ 91—2019。
17. 《预应力混凝土结构抗震设计标准》JGJ/T 140—2019。

五、原规范、规程、标准全部修订或重新编制

1. 《民用建筑设计通则》GB 50352—2005 修订后更名为《民用建筑设计统一标准》GB 50352—2019。

2. 《严寒和寒冷地区居住建筑节能设计标准》JGJ 26—2010 修订后为《严寒和寒冷地区居住建筑节能设计标准》JGJ 26—2018。

3. 《绿色建筑评价标准》GB/T 50378—2014 修订后为《绿色建筑评价标准》GB/T 50378—2019。

4. 《建筑内部装修设计防火规范》GB 50222—95（2001 年版）修订后为《建筑内部装修设计防火规范》GB 50222—2017。

5. 《饮食建筑设计规范》JGJ 64—89 修订后为《饮食建筑设计规范》JGJ 64—2017。

6. 《疗养院建筑设计标准》JGJ/T 40—87 修订后为《疗养院建筑设计标准》JGJ/T 40—2019。

7. 《城市居住区规划设计标准》GB 50180—93（2002 年版）修订后为《城市居住区规划设计标准》GB 50180—2018。

8. 《自流平地面工程技术标准》JGJ/T 175—2009 修订后为《自流平地面工程技术标准》JGJ/T 175—2018。

9. 《硬泡聚氨酯保温防水工程技术规范》GB 50404—2007 修订后为《硬泡聚氨酯保温防水工程技术规范》GB 50404—2017。

10. 《建筑装饰装修工程质量验收标准》GB 50210—2001 修订后为《建筑装饰装修工程质量验收标准》GB 50210—2018。

11. 《办公建筑设计规范》JGJ 67—2006 修订后为《办公建筑设计标准》JGJ/T

67—2019。

12.《民用建筑工程室内环境污染控制规范》GB 50352—2010（2013 年版）修订后为《民用建筑工程室内环境污染控制标准》GB 50352—2020

本书汇集了与建筑设计关系密切的现行国家标准、行业标准、其他标准共 137 本，并分门别类对建筑设计、建筑构造、建筑装饰与建筑装修常见的 400 个问题，分别依据现行国家规范、现行行业标准予以解释。

本书资料丰富、内容翔实、适用性强、分类明确、便于查找，经济实惠。可以作为建筑设计案头工作用书、建筑院校建筑设计教学参考用书和报考注册建筑师的备考用书。

参加本书资料搜集和编写的人员还有汪裕生、杨红、胡国齐、胡翰元等同志。

目　录

第一部分　建　筑　设　计

第二部分　建筑构造与建筑装修

第一部分

建 筑 设 计

一、基 本 规 定

（一）建 筑 分 类

1. 民用建筑按功能不同如何进行分类？

《民用建筑设计术语标准》GB/T 50504—2009 规定，民用建筑是供人们居住和进行各种公共活动建筑的总称。它包括：

1）居住建筑：供人们居住使用的建筑，常见的类型有：住宅、宿舍等。

2）公共建筑：供人们进行各种公共活动的建筑，常见的类型有：

（1）办公建筑：包括政府办公、司法办公、企事业办公、科研办公、社区办公、其他办公建筑等。

（2）教育建筑：包括托儿所建筑、幼儿园建筑、中小学建筑、高等院校建筑、职业教育建筑、特殊教育建筑等。

（3）医疗康复建筑：包括综合医院、专科医院、疗养院、康复中心、急救中心和其他所有与医疗、康复有关的建筑等。

（4）福利及特殊服务建筑：包括福利院、敬（安、养）老院、老年护理院、老年住宅、残疾人综合服务设施、残疾人托养中心、残疾人体训中心及其他残疾人集中或使用频率较高的建筑等。

（5）体育建筑：包括作为体育比赛（训练）、体育教学、体育休闲的体育场馆和场地设施等。

（6）文化建筑：包括文化馆、活动中心、图书馆、档案馆、纪念馆、纪念塔、纪念碑、宗教建筑、博物馆、展览馆、科技馆、艺术馆；美术馆、会展中心、剧场、音乐厅、电影院、会堂、演艺中心等。

（7）商业服务建筑：包括各类百货店、购物中心、超市、专卖店、专业店、餐饮建筑、旅馆等商业建筑，银行、证券等金融服务建筑，邮局、电信局等邮电建筑及娱乐建筑等。

（8）交通建筑：包括各类长途汽车站建筑、高速公路服务区建筑、公共停车场等。

（9）公共厕所建筑：包括独立式厕所、附属式公共厕所等。

（二）建筑层数与建筑高度

2. 建筑层数与建筑高度是如何确定的？

1）建筑层数

建筑层数指的是建筑物的自然楼层数。

《建筑设计防火规范》GB 50016—2014（2018 年版）规定下列空间可不计入建筑层数：

（1）室内顶板面高出室外设计地面的高度不大于 1.5m 的地下或半地下室；

（2）设置在建筑底部且室内高度不大于 2.2m 的自行车库、储藏室、敞开空间；

（3）建筑屋顶上突出的局部设备用房、出屋面的楼梯间等。

2）建筑高度

（1）《民用建筑设计统一标准》GB 50352—2019 规定：

① 建筑高度不应危害公共空间安全和公共卫生，且不宜影响景观，下列地区应实行建筑高度控制，并应符合下列规定：

a. 对建筑高度有特别要求的地区，建筑高度应符合所在地城乡规划的有关规定；

b. 沿城市道路的建筑物，应根据道路红线的宽度及街道空间尺度控制建筑裙楼和主体的高度；

c. 当建筑位于机场、电台、电信、微波通信、气象台、卫星地面站、军事要塞工程等设施的技术作业控制区内及机场航线控制范围内时，应按净空要求控制建筑高度及施工设备高度；

d. 建筑处在历史文化名城名镇名村、历史文化街区、文物保护单位、历史建筑和风景名胜区、自然保护区的各项建设，应按规划控制建筑高度。

注：建筑高度控制尚应符合所在地城市规划行政主管部门和有关专业部门的规定。

② 建筑高度的计算应符合下列规定：

a. 本标准 ① 中 c. d. 控制区内的建筑，建筑高度应以绝对海拔高度控制建筑物室外地面至建筑物和构筑物最高点的高度；

b. 非本标准 ① 中 c. d. 控制区内的建筑，平屋顶建筑高度应按建筑物主入口场地室外设计地面至建筑女儿墙顶点的高度计算，无女儿墙的建筑物应计算至其屋面檐口；坡屋顶建筑高度应按建筑物室外地面至屋檐和屋脊的平均高度计算；当同一座建筑物有多种屋面形式时，建筑高度应按上述方法分别计算后取其中最大值。

③ 下列突出物不计入建筑高度内：

a. 局部突出屋面的楼梯间、电梯机房、水箱间等辅助用房占屋顶总面积不超过 1/4 者；

b. 突出屋面的通风道、烟囱、装饰构件、花架、通信设施等；

c. 空调冷却塔等设备。

（2）《建筑设计防火规范》GB 50016—2014（2018 年版）规定，建筑高度的计算应符合下列规定：

① 建筑屋面为坡屋面时，建筑高度应为建筑室外设计地面至其檐口与屋脊的平均高度。

② 建筑屋面为平屋面（包括有女儿墙的平屋面）时，建筑高度应为建筑室外设计地面至其屋面面层的高度。

③ 同一座建筑有多种形式屋面时，建筑高度应按上述方法分别计算后，取其中最大值。

④ 对于台阶式地坪，当位于不同高程地坪上的同一建筑之间有防火墙分隔，各自有符合规范规定的安全出口，且可沿建筑的两个长边设置贯通式或尽头式消防车道时，可分别计算各自的建筑高度。否则，应按其中建筑高度最大者确定该建筑的建筑高度。

⑤ 局部突出屋顶的瞭望塔、冷却塔、水箱间、微波天线间或设施、电梯机房、排风和排烟机房以及楼梯出口小间等辅助用房占屋面面积不大于 1/4 者，可不计入建筑高度。

⑥ 对于住宅建筑，设置在底部且室内高度不大于 2.20m 的自行车库、储藏室、敞开空间，室内外高差或建筑的地下或半地下室的顶板面高出室外设计地面的高度不大于 1.50m 的部分，可不计入建筑高度。

（3）《建筑抗震设计规范》GB 50011—2010（2016 年版）规定：多层砌体房屋和底部框架砌体房屋的总高度是指室外地面到主要屋面板板顶或檐口的高度。半地下室从地下室室内地面算起，全地下室和嵌固条件好的半地下室应从室外地面算起；对带阁楼的坡屋面应算到山尖墙的 1/2 高度处。多层和高层钢筋混凝土房屋、多层和高层钢结构房屋的高度是指室外地面到主要屋面板板顶的高度（不包括局部突出屋面部分）。

（4）《高层建筑混凝土结构技术规程》JGJ 3—2010 规定：建筑高度是指自室外地面至房屋主要屋面的高度，不包括突出屋面的电梯机房、水箱、构架等高度。

3. 民用建筑按层数和高度如何进行分类?

1）《民用建筑设计统一标准》GB 50352—2019 规定：

（1）民用建筑按使用功能可分为居住建筑和公共建筑两大类。其中，居住建筑可分为住宅建筑和宿舍建筑。

（2）民用建筑按地上建筑高度或层数进行分类应符合下列规定：

① 建筑高度不大于 27.0m 的住宅建筑、建筑高度不大于 24.0m 的公共建筑及建筑高度大于 24.0m 的单层公共建筑为低层或多层民用建筑；

② 建筑高度大于 27.0m 的住宅建筑和建筑高度大于 24.0m 的非单层公共建筑，且高度不大于 100.0m 的，为高层民用建筑；

③ 建筑高度大于 100.0m 为超高层建筑。

注：建筑防火设计应符合现行国家标准《建筑设计防火规范》GB 50016—2014（2018 年版）有关建筑高度和层数计算的规定。

（3）民用建筑等级分类划分应符合现行有关标准或行业主管部门的规定。

2）《建筑设计防火规范》GB 50016—2014（2018 年版）规定：

民用建筑根据其建筑高度和层数可分为单层民用建筑、多层民用建筑和高层民用建筑。高层民用建筑根据其建筑高度、使用功能和楼层的建筑面积又分为一类高层建筑和二类高层建筑。具体划分标准可参见本书"建筑防火"表 1-251 的相关内容。

3）《高层建筑混凝土结构技术规程》JGJ 3—2010 规定：

10 层及 10 层以上或房屋高度大于 28m 的住宅建筑和房屋高度大于 24m 的其他建筑为高层建筑。

4）《高层民用建筑钢结构技术规程》JGJ 99—2015 规定：

10 层及 10 层以上或房屋高度大于 28m 的住宅建筑以及房屋高度大于 24m 的其他高层民用建筑。

5）《智能建筑设计标准》GB 50314—2015 规定：

建筑高度为 100m 或 35 层及以上的住宅建筑为超高层住宅建筑。

（三）建 筑 类 别 划 分

4. 民用建筑按建筑面积进行分类的有哪些?

1）《展览建筑设计规范》JGJ 218—2010 规定的类别见表 1-1，展厅的等级按其展览面积划分为甲等、乙等和丙等，具体划分应符合表 1-2 的规定。

展览建筑规模　　表 1-1

建筑规模	总展览面积 $S(m^2)$
特大型	$S>100000$
大型	$30000<S\leqslant100000$
中型	$10000<S\leqslant30000$
小型	$S\leqslant10000$

展厅的等级　　表 1-2

展厅等级	展厅的展览面积 $S(m^2)$
甲等	$S>10000$
乙等	$5000<S\leqslant10000$
丙等	$S\leqslant5000$

2）《博物馆建筑设计规范》JGJ 66—2015 规定的类别见表 1-3。

博物馆建筑规模分类　　表 1-3

建筑规模类别	建筑总建筑面积（m²）	建筑规模类别	建筑总建筑面积（m²）
特大型馆	＞50000	中型馆	5001～10000
大型馆	20001～50000	小型馆	≤5000
大中型馆	10001～20000		

3）《老年人照料设施建筑设计标准》JGJ 450—2018 规定：

（1）基本规定

各类老年人照料设施应面向服务对象并按服务功能进行设计。服务对象的确定应符合国家现行有关标准的规定，且应符合表 1-4 的规定；服务功能的确定应符合国家现行有关标准的规定。

老年人照料设施的基本类型和服务对象　　表 1-4

服务对象 ＼ 基本类型	老年人全日照料设施		老年人日间照料设施
	护理型床位	非护理型床位	
能力完好老年人	—	—	▲
轻度失能老年人	—	▲	▲
中度失能老年人	▲	▲	▲
重度失能老年人	▲		

注：▲为应选择。

（2）用房设置

① 老年人照料设施建筑应设置老年人用房和管理服务用房，其中老年人用房包括生活用房、文娱与健身用房、康复与医疗用房。各类老年人照料设施建筑的基本用房设置应满足照料服务和运营模式的要求。

② 老年人全日照料设施中，为护理型床位设置的生活用房应按照料单元设计；为非

5

护理型床位设置的生活用房宜按生活单元或照料单元设计。生活用房的设置应符合下列规定：

a. 当按照料单元设计时，应设居室、单元起居厅、就餐、备餐、护理站、药存、清洁间、污物间、卫生间、盥洗、洗浴等用房或空间，可设老年人休息、家属探视等用房或空间。

b. 当按生活单元设计时，应设居室、聚餐、卫生间、盥洗、洗浴或电炊操作等用房或空间。

③ 照料单元的使用应具有相对独立性，每个照料单元的设计床位数不应大于60床，失智老人的照料单元应单独设置，每个照料单元的设计床位数不宜大于20床。

④ 老年人全日照料设施的文娱与健身用房设置应满足老年人相应活动需求，可设阅览、网络、棋牌、书画、教室、健身、多功能活动等用房或空间。

⑤ 老年人全日照料设施的康复与医疗用房设置应符合下列规定：

a. 当提供康复服务时，应设相应的康复用房或空间；

b. 应设医务室，可根据所提供的医疗服务设其他医疗用房或空间。

⑥ 老年人全日照料设施的管理用房设置应符合下列规定：

a. 应设值班、入住登记、办公、接待、会议、档案存放等管理用房或空间。

b. 应设厨房、洗衣房、储藏等后勤服务用房或空间。

c. 应设员工休息室、卫生间等用房或空间，宜设员工浴室、食堂等用房或空间。

⑦ 老年人日间照料设施的用房设置应符合下列规定：

a. 生活用房：应设就餐、备餐、休息室、卫生间、洗浴等用房或空间。

b. 文娱与健身用房：应设至少1个多功能活动空间，宜按动态和静态活动不同需求分区或分室设置。

c. 康复与医疗用房：当提供康复服务时，应设相应的康复用房或空间；医疗服务用房宜设医务室、心理咨询室等。

d. 管理服务用房：应设接待、办公、员工休息和卫生间、厨房、厨房等用房或空间，宜设洗衣房。

4）《文化馆建筑设计规范》JGJ/T 41—2014规定的文化馆建筑的规模见表1-5。

文化馆建筑的规模划分 表1-5

规模	大型馆	中型馆	小型馆
建筑面积(m²)	≥6000	<6000，且≥4000	<4000

5）《商店建筑设计规范》JGJ 48—2014规定的商店建筑的规模见表1-6。

商店建筑的规模划分 表1-6

规模	小型	中型	大型
总建筑面积(m²)	<5000	5000～20000	>20000

6）《住宅设计规范》GB 50096—2011对普通住宅分类的规定为：

（1）住宅应按套型设计，每套住宅应有卧室、起居室（厅）、厨房和卫生间等基本功能空间。

（2）套型的使用面积应符合如下列规定：

① 由卧室、起居室（厅）、厨房和卫生间等组成的套型，其使用面积不应小于 $30m^2$；

② 由兼起居的卧室、厨房和卫生间等组成的最小套型，其使用面积不应小于 $22m^2$。

5. 民用建筑按座席数进行分类的有哪些？

1）《剧场建筑设计规范》JGJ 57—2016 规定的剧场建筑类别划分见表 1-7。

剧场建筑类别划分   表 1-7

规模	观众座席数量	规模	观众座席数量
特大型	＞1500	中型	801～1200
大型	1201～1500	小型	≤800

2）《电影院建筑设计规范》JGJ 58—2008 规定的类别见表 1-8。

电影院建筑的类别   表 1-8

类别	特大型	大型	中型	小型
座席数	＞1800 座、观众厅不宜少于 11 个	1201～1800 座、观众厅不宜少于 8～10 个	701～1200 座、观众厅不宜少于 5～7 个	＜700 座、观众厅不宜少于 5 个

3）《体育建筑设计规范》JGJ 31—2003 规定的类别见表 1-9。

体育建筑的类别   表 1-9

类别	特大型	大型	中型	小型
体育场（座席数）	60000 座以上	40000～60000 座	20000～40000 座	20000 座以下
体育馆（座席数）	10000 座以上	6000～10000 座	3000～6000 座	3000 座以下
游泳设施（座席数）	6000 座以上	3000～6000 座	1500～3000 座	1500 座以下

6. 民用建筑按班数（人数或面积）进行分类的有哪些？

1）《托儿所、幼儿园建筑设计规范》JGJ 39—2016（2019 年版）规定的类别见表 1-10、表 1-11。

托儿所、幼儿园的规模   表 1-10

规模	托儿所（班）	幼儿园（班）
小型	1～3	1～4
中型	4～7	5～8
大型	8～10	9～12

托儿所、幼儿园的每班人数   表 1-11

名称	班别	人数（人）	名称	班别	人数（人）
托儿所	乳儿班（6 月～12 月）	10 人以下	幼儿园	小班（3 岁～4 岁）	20～25
	托小班（12 月～24 月）	15 人以下		中班（4 岁～5 岁）	26～30
	托大班（24 月～36 月）	20 人以下		大班（5 岁～6 岁）	31～35

2）《宿舍建筑设计规范》JGJ 36—2016 规定：宿舍居室按使用要求分为 5 类；

(1) 1 类：每室居住人数为 1 人，设置单层床或高架床，人均使用面积 16m²，内设立柜、壁柜、吊柜、书架等储藏空间。

(2) 2 类：每室居住人数为 2 人，设置单层床或高架床，人均使用面积 8m²，内设立柜、壁柜、吊柜、书架等储藏空间。

(3) 3 类：每室居住人数为 3～4 人，设置单层床或高架床，人均使用面积 6m²，内设立柜、壁柜、吊柜、书架等储藏空间。

(4) 4 类：每室居住人数为 6 人，设置双层床，人均使用面积 5m²，内设立柜、壁柜、吊柜、书架等储藏空间。

(5) 5 类：每室居住人数为≥8 人，设置双层床，人均使用面积 4m²，内设立柜、壁柜、吊柜、书架等储藏空间。

注：1. 面积中不含居室内附设卫生间和阳台的面积；
    2. 5 类宿舍以 8 人为宜，不宜超过 16 人；
    3. 残疾人居室面积宜适当扩大，居住人数一般不宜超过 4 人，房间内应留有直径不小于 1.50m 的轮椅回转空间。

3)《饮食建筑设计规范》JGJ 64—2017 规定：

(1) 饮食建筑包括单建和附建在旅馆、商业、办公等公共建筑中的饮食建筑。

(2) 按经营方式、饮食制作方式及服务特点划分，饮食建筑分为餐馆、快餐店、饮品店、食堂四大类。

(3) 饮食建筑按建筑规模分为特大型、大型、中型和小型。见表 1-12、表 1-13。

餐馆、快餐店、饮品店的建筑规模   表 1-12

建筑规模	建筑面积(m²)或用餐区域座位数(座)	建筑规模	建筑面积(m²)或用餐区域座位数(座)
特大型	面积＞3000 或座位数＞1000	中型	150＜面积≤500 或 75＜座位数≤250
大型	500＜面积≤3000 或 250＜座位数≤1000	小型	面积≤150 或座位数≤75

注：表中建筑面积指与食品制作供应直接或间接相关区域的建筑面积，包括用餐面积、厨房区域和辅助区域。

食堂的建筑规模   表 1-13

建筑规模	特大型	大型	中型	小型
食堂服务的人数(人)	人数＞5000	1000＜人数≤5000	100＜人数≤1000	人数≤100

注：食堂按服务人数划分规模，食堂服务的人数指就餐时段内食堂供餐的全部就餐者人数。

4)《疗养院建筑设计标准》JGJ/T 40—2019 规定：

新建疗养院应根据当地城市总体规划、市场需求和投资条件确定建设规模，建设规模可按其配置的床位数量进行划分，并应符合表 1-14 的规定。

疗养院建设规模划分标准   表 1-14

建设规模	小型	中型	大型	特大型
床位数量(床)	20～100	101～300	301～500	≥500
规划用地面积(hm²)	1.0～3.0	3.0～6.0	6.0～9.0	＞9.0

5)《特殊教育学校建筑设计标准》JGJ 76—2019 规定：

特殊教育学校是由政府、企事业组织、社会团体、其他社会组织及公民个人依法开办的专门对残障学生实施特殊教育的机构。包含为视力障碍学生建设的盲校、为听力及语言障碍学生建设的聋校以及为智力障碍学生建设的培智学校等。

宜根据生源设置特殊教育学校办学规模和班额，并应符合下列规定：

(1) 盲、聋校宜为 9 班、18 班、27 班，每班 12 人；

(2) 培智学校宜为 9 班、18 班、27 班，每班 8 人。

7. 民用建筑按使用性质和重要性进行分类的有哪些？

1)《办公建筑设计标准》JGJ/T 67—2019 规定：办公建筑设计应根据其使用要求进行分类，并应符合表 1-15 的规定。

办公建筑分类　　　　　　　　　　　　　　　　　　　　　表 1-15

类别	示例	类别	示例
A 类	特别重要办公建筑	C 类	普通办公建筑
B 类	重要办公建筑	—	—

2)《旅馆建筑设计规范》JGJ 62—2014 规定：

根据旅馆的使用功能，按建筑质量标准和设备、设施条件，将旅馆建筑由低至高的顺序可划分为一级、二级、三级、四级、五级。旅馆建筑按经营特点分为商务旅馆、度假旅馆、会议旅馆、公寓式旅馆等类型。旅馆建筑也可以称为酒店、饭店、宾馆、度假村等。各类旅馆客房的净面积指标和客房附设卫生间见表 1-16 和表 1-17 的规定。

客房净面积指标（m^2）　　　　　　　　　　　　　　　　　表 1-16

旅馆建筑等级	一级	二级	三级	四级	五级
单人床间	—	8	9	10	12
双床或双人床间	12	12	14	16	20
多床间（按每床计）	每床不小于 4			—	—

注：客房净面积是指除客房阳台、卫生间和门内出入口小走道（门廊）以外的房间内面积（公寓式旅馆建筑的客房除外）。

客房附设卫生间净面积（m^2）　　　　　　　　　　　　　　表 1-17

旅馆建筑等级	一级	二级	三级	四级	五级
净面积	2.5	3.0	3.0	4.0	5.0

3)《档案馆建筑设计规范》JGJ 25—2010 规定：

档案馆分为特级、甲级、乙级三个等级。不同等级档案馆的适用范围见表 1-18。

档案馆等级及适用范围　　　　　　　　　　　　　　　　　　表 1-18

等级	特级	甲级	乙级
适用范围	中央级档案馆	省、自治区、直辖市、计划单列市、副省级市档案馆	地(市)级及县(市)档案馆

4)《车库建筑设计规范》JGJ 100—2015 规定：车库建筑规模及停车当量数类，应以表 1-19 的规定为准。

车库建筑规模及停车当量数　　　　　　　表 1-19

规模、停车当量数、类型	特大型	大型	中型	小型
机动车库停车当量数	>1000	301~1000	51~300	≤50
非机动车库停车当量数	—	>500	251~500	≤250

5)《汽车库、修车库、停车场设计防火规范》GB 50067—2014 规定：汽车库、修车库、停车场的防火分类分为 4 类，具体划分应以表 1-20 为准。

汽车库、修车库、停车场的防火分类　　　　　表 1-20

名称		Ⅰ	Ⅱ	Ⅲ	Ⅳ
汽车库	停车数量（辆）	>300	151~300	51~150	≤50
	总建筑面积 $S(m^2)$	$S>10000$	$5000<S≤10000$	$2000<S≤5000$	$S≤2000$
修车库	车位数（个）	>15	6~15	3~5	≤2
	总建筑面积 $S(m^2)$	$S>3000$	$1000<S≤3000$	$500<S≤1000$	$S≤500$
停车场	修车数量	>400	251~400	101~250	≤100

注：1. 当屋面露天停车场与下部汽车共用汽车坡道时，其停车数量应计算在汽车库的车辆总数内。

　　2. 室外坡道、屋面露天停车场的建筑面积可不计入汽车库的建筑面积之内。

　　3. 公交汽车库的建筑面积可按本表规定值增加 2.0 倍。

6)《城市公共厕所设计标准》CJJ 14—2016 规定：

（1）城市公共厕所应分为固定式和活动式两种类别，固定式公共厕所应包括独立式和附属式。

（2）独立式公共厕所应按周边环境和建筑设计要求分为一类、二类和三类。独立式公共厕所类别的设置应符合表 1-21 的规定。

独立式公共厕所类别　　　　　　　　　表 1-21

类别	设置区域	每个厕位的面积指标（m²）
一类	商业区，重要公共设施，重要交通客运设施，公共绿地及其他环境要求高的区域	5.0~7.0
二类	城市主、次干路及行人交通量较大的道路沿线	3.0~4.9
三类	其他街道	2.0~2.9

注：独立式公共厕所二类、三类分别为设置区域的最低标准。

（3）附属式公共厕所应按场所和建筑设计要求分为一类和二类。附属式公共厕所类别的设置应符合表 1-22 的规定。

附属式公共厕所类别　　　　　　　　　表 1-22

类别	设置场所
一类	大型商场、宾馆、饭店、展览馆、机场、车站、影剧院、大型体育场馆、综合性商业大楼和二、三级医院等公共建筑
二类	一般商场（含超市）、专业性服务机关单位、体育场馆和一级医院等公共建筑

注：附属式公共厕所二类为设置区域的最低标准。

（4）应急和不宜建设固定式厕所的公共场所，应设置活动式厕所。

（5）附属式公共厕所按建筑类别应分为 2 类。一般均设置在公共服务类的建筑物内。

（6）在人流集中的场所，女厕位与男厕位（含小便站位）的比例不应小于 2∶1。

7）《饮食建筑设计规范》JGJ 64—2017 规定饮食建筑包括：

（1）餐馆：接待消费者就餐或宴请宾客的营业式场所，为消费者提供各式餐点和酒水、饮料，不包括快餐店、饮品店、食堂。

（2）快餐店：能在短时间内为消费者提供方便快捷的餐点、饮料等的营业性场所，食品加工供应形式以集中加工配送，在分店简单加工和配餐供应为主。

（3）饮品店：为消费者提供舒适、放松的休闲环境，并供应咖啡、酒水等热饮料及果蔬、甜品和简餐为主的营业性场所，包括酒吧、咖啡厅、茶馆等。

（4）食堂：设于机关、学校和企事业单位内部，供应员工、学生就餐的场所，一般具有饮食品种多样、消费人群固定、就餐时间集中等特点。

（5）自助餐厅：顾客以自选、自取的方式到取餐台选取食品，根据所取食品的样数付账或支付固定金额后任意选取食品，是餐馆、快餐店、食堂餐厅的一种特殊形式。

8. 民用建筑按控制室内环境污染进行分类的有哪些？

1）《民用建筑工程室内环境污染控制标准》GB 50325—2020 指出，民用建筑工程的划分应符合下列规定：

（1）Ⅰ类民用建筑：包括住宅、居住功能公寓。医院病房、老年人照料房屋设施、幼儿园、学校教室、学生宿舍等；

（2）Ⅱ类民用建筑：包括办公楼、商店、旅馆、文化娱乐场所、书店、图书馆、展览馆、体育馆、公共交通等候室、餐厅等。

2）《建筑材料放射性核素限量》GB 6566—2010 中指出：依据装饰装修材料中天然放射性核素镭-226、钍-232、钾-40 的放射性比活度大小，将装饰装修材料划分为 A、B、C 三级，其应用于两类民用建筑，分类标准如下：

（1）Ⅰ类民用建筑包括：住宅、老年公寓、托儿所、医院和学校、办公楼、宾馆等。

（2）Ⅱ类民用建筑包括：商场、文化娱乐场所、书店、图书馆、展览馆、体育馆和公共交通等候室、餐厅、理发店等。

3）《公共建筑室内空气质量控制设计标准》JGJ/T 461—2019 中指出：公共建筑室内装饰的污染物控制应分为工程验收控制及建筑运行控制，建筑物分为Ⅰ类公共建筑、Ⅱ类公共建筑，分类标准如下：

（1）Ⅰ类公共建筑：医院、养老院、幼儿园、学校教室。

（2）Ⅱ类公共建筑：除上述建筑以外的其他公共建筑。

9. 民用建筑按节能要求应如何对公共建筑进行分类？

《公共建筑节能设计标准》GB 50189—2015 规定：

1）甲类建筑：单栋建筑面积大于 300m² 的建筑，或单栋建筑面积小于或等于 300m² 但总建筑面积大于 1000² 的建筑群。

2）乙类建筑：单栋建筑面积小于或等于 300m² 的建筑。

10. 民用建筑按设计使用年限是如何分类的?

1)《民用建筑设计统一标准》GB 50352—2019 规定:

民用建筑的设计使用年限应符合表 1-23 的规定。

设计使用年限分类　　　　　　　　　　表 1-23

类别	设计使用年限(年)	示例	类别	设计使用年限(年)	示例
1	5	临时性建筑	3	50	普通建筑和构筑物
2	25	易于替换结构构件的建筑	4	100	纪念性建筑和特别重要的建筑

注:此表依据《建筑结构可靠性设计统一标准》GB 50068—2018,并与其协调一致。

2)《电影院建筑设计规范》JGJ 58—2008 规定:电影院建筑的等级及设计使用年限详表 1-24。

3)《办公建筑设计规范》JGJ/T 67—2019 规定:办公建筑类别、设计使用年限及耐火等级详见表 1-25。

电影院建筑的等级及
设计使用年限　　　表 1-24

等级	设计使用年限	耐火等级
特级、甲级、乙级	50 年	不宜低于二级
丙级	25 年	不宜低于二级

办公建筑的类别、设计使用
年限及耐火等级　　　表 1-25

类别	设计使用年限	耐火等级
A 类	100 年或 50 年	一级
B 类	50 年	一级
C 类	50 年或 25 年	不低于二级

4)《剧场建筑设计规范》JGJ 57—2016 规定:剧场建筑的等级根据观演技术要求分为特等、甲等、乙等三个等级。特等剧场的技术指标要求不应低于甲等剧场。

5)《体育建筑设计规范》JGJ 31—2003 规定:体育建筑的等级及设计使用年限详表 1-26。

体育建筑的等级及设计使用年限　　　　　　　　　　表 1-26

等级	设计使用年限	耐火等级	等级	设计使用年限	耐火等级
特级	>100 年	不应低于一级	乙级	50~100 年	不应低于二级
甲级	50~100 年	不应低于二级	丙级	25~50 年	不应低于二级

6)《人民防空地下室设计规范》GB 50038—2005 规定:

防空地下室结构的设计使用年限应按 50 年采用。当上部建筑结构的设计使用年限大于 50 年时,防空地下室结构的设计使用年限应与上部建筑结构相同。

二、建筑设计常用数据及相关规定

（一）建筑与环境、建筑防灾避难

11. 《民用建筑设计统一标准》对建筑与环境是如何规定的？

《民用建筑设计统一标准》GB 50352—2019 规定：

1) 建筑与自然环境的关系应符合下列规定：

（1）建筑基地应选择在自然环境条件安全，且可获得天然采光、自然通风等卫生条件的地段；

（2）建筑应结合当地的自然与地理环境特征，集约利用资源、严格控制对自然和生态环境的不利影响；

（3）建筑周围环境的空气、土壤、水体等不应构成对人体的危害。

2) 建筑与人文环境的关系应符合下列规定：

（1）建筑应与基地所处人文环境相协调；

（2）建筑基地应进行绿化，创造优美的环境；

（3）对建筑使用过程中产生的垃圾、废气、废水等废弃物应妥善处理，并应有效控制噪声、炫光等的污染，防止对周边环境的侵害。

12. 《民用建筑设计统一标准》对建筑防灾避难是如何规定的？

《民用建筑设计统一标准》GB 50352—2019 规定：

1) 建筑防灾避难场所或设施的设置应满足城乡规划的总体要求，并应遵循场地安全、交通便利和出入方便的原则。

2) 建筑设计应根据灾害种类，合理采取防灾、减灾及避难的相应措施。

3) 防灾避难设施应因地制宜，平灾结合，集约利用资源。

4) 防灾避难场所及设施应保障安全、长期备用、便于管理，并应符合无障碍的相关规定。

（二）建筑基地、建筑高度、建筑突出物及建筑连接体

13. 《民用建筑设计统一标准》对建筑基地是如何规定的？

《民用建筑设计统一标准》GB 50352—2019 规定：

1) 建筑基地应与城市道路或镇区道路相邻接，否则应设置连接道路，并应符合下列规定：

（1）当建筑基地内建筑面积小于或等于 3000m² 时，其连接通道的宽度不应小于 4.0m；

（2）当建筑基地内建筑面积大于 3000m²，且只有一条连接道路时，其宽度不应小于

7.0m；当有两条或两条以上连接道路时，单条连接道路的宽度不应小于4.0m。

2）建筑基地

（1）应依据详细规划确定的控制标高进行设计；

（2）应与相邻基地标高相协调，不得妨碍相邻基地的雨水排放；

（3）应兼顾场地雨水的收集与排放，有利于滞蓄雨水、减少径流外排，并应有利于超标雨水的自然排放。

3）建筑物与相邻建筑基地及其建筑物的关系应符合下列规定：

（1）建筑基地内建筑物的布局应符合控制性详细规划对建筑控制线的规定；

（2）建筑物与相邻建筑基地之间应按建筑防火等现行国家相关标准留出空地和道路；

（3）当相邻基地的建筑物毗邻建造时，应符合现行国家标准《建筑设计防火规范》GB 50016（2018年版）的有关规定；

（4）新建建筑物或构筑物应满足周边建筑物的日照标准；

（5）紧邻建筑基地边界建造的建筑物不得向相邻建筑基地方向开设洞口、门、废气排出口及雨水排泄口。

4）建筑基地机动车出入口位置，应符合所在地控制性详细规划，并应符合下列规定：

（1）中等城市、大城市的主干路交叉口，自道路红线交叉点起沿线70.0m范围内不应设置机动车出入口；

（2）距人行横道、人行天桥、人行地道（包括引道、引桥）的最近边缘线不应小于5.0m；

（3）距地铁出入口、公共交通站台边缘不应小于15.0m；

（4）距公园、学校及有儿童、老年人、残疾人使用建筑的出入口最近边缘不应小于20.0m。

5）大型、特大型交通、文化、体育、娱乐、商业等人员密集的建筑基地应符合下列规定：

（1）建筑基地与城市道路邻接的总长度不应小于建筑基地周长的1/6；

（2）建筑基地的出入口不应少于2个，且不宜设置在同一条城市道路上；

（3）建筑物主要出入口前应设置人员集散场地，其面积和长宽尺寸应根据使用性质和人数确定；

（4）当建筑基地设置绿化、停车或其他构筑物时，不应对人员集散造成障碍。

14.《民用建筑设计统一标准》对建筑高度是如何规定的？

《民用建筑设计统一标准》GB 50352—2019规定：

1）建筑高度不应危害公共空间安全和公共卫生，且不宜影响景观，下列地区应实行建筑高度控制，并应符合下列规定：

（1）对建筑高度有特殊要求的地区，建筑高度应符合所在地城乡规划的有关规定；

（2）沿城市道路的建筑物，应根据道路红线的宽度及街道空间尺度控制建筑裙楼和主体的高度；

（3）当建筑位于机场、电台、电信、微波通信、气象台、卫星地面站、军事要塞工程等设施的技术作业控制区内及机场航线控制范围内时，应按净空要求控制建筑高度及施工设备高度；

（4）建筑处在历史文化名城名镇古村、历史文化街区、文化保护单位、历史建筑及风景名胜区的各项建设，应按规划控制建筑高度。

注：建筑高度控制尚应符合所在地城市规划行政主管部门和有关专业部门的规定。

2）建筑高度的计算应符合下列规定：

（1）上述（3）、（4）控制区内建筑，建筑高度应以绝对海拔高度控制建筑物室外地面至建筑物和构筑物最高点的高度。

（2）上述（3）、（4）控制区内建筑，平屋顶建筑高度应按建筑物主入口场地室外设计地面至建筑女儿墙顶点的高度计算；无女儿墙的建筑物应计算至其屋面檐口；坡屋顶建筑高度应按建筑物室外地面至屋檐和屋脊的平均高度计算；当同一座建筑物有多种屋面形式时，建筑高度应按上述方法分别计算后取其中最大值；下列突出物不计入建筑高度内：

① 局部突出屋面的楼梯间、电梯机房、水箱间等辅助用房占屋顶平面面积的1/4者；

② 突出屋面的通风道、烟囱、装饰构件、花架、通信设施等；

③ 空调冷却塔等设备。

15. 《民用建筑设计统一标准》对建筑突出物是如何规定的？

《民用建筑设计统一标准》GB 50352—2019 规定：

1）除骑楼、建筑连接体、地铁相关设施及连接城市的管线、管沟、管廊等市政公共设施外，建筑物及其附属的下列设施不应突出道路红线或用地红线建造：

（1）地下设施，应包括支护桩、地下连续墙、地下室底板及其基础、化粪池、各类水池、处理池、沉淀池等构筑物及其他附属设施等；

（2）地上设施，应包括门廊、连廊、阳台、室外楼梯、凸窗、空调机位、雨篷、挑檐、装饰构架、固定遮阳板、台阶、坡道、花池、围墙、平台、散水明沟、地下室通风及排风口、地下室出入口、集水井、采光井、烟囱等。

2）经当地规划行政主管部门批准，既有建筑改造工程必须突出道路红线的建筑突出物应符合下列规定：

（1）在人行道上空

① 2.50m 以下，不应突出凸窗、窗扇、窗罩等建筑构件；2.50m 及以上突出凸窗、窗扇、窗罩时，其深度不应大于 0.60m；

② 2.50m 以下，不应突出活动遮阳；2.50m 及以上有活动遮阳时，其宽度不应大于人行道宽度减 1.00m，并不应大于 3.00m；

③ 3.00m 以下，不应突出雨篷、挑檐；3.00m 及以上突出雨篷、挑檐时，其突出的深度不应大于 2.00m；

④ 3.00m 以下，不应突出空调机位；3.00m 及以上突出空调机位时，其突出的深度不应大于 0.60m；

（2）在无人行道的路面上空，4.00m 以下不应突出凸窗、窗扇、窗罩、空调机位等建筑构件；4.00m 及以上突出凸窗、窗扇、窗罩、空调机位时，其突出深度不应大于 0.60m；

（3）任何建筑突出物与建筑本身均应结合牢固；

(4) 建筑物和建筑突出物均不得向道路上空直接排泄雨水、空调冷凝水等。

3) 除地下室、窗井、建筑入口的台阶、坡道、雨篷等以外，建（构）筑物的主体不得突出建筑控制线建造。

4) 治安岗、公共候车亭、地铁、地下隧道、过街天桥等相关设施，以及临时性建（构）筑物等，当确有需要，且不影响交通及消防安全，应经当地规划行政部门批准，可突入人行横道红线建造。

5) 骑楼、建筑连接体和沿道路红线的悬挑建筑的建造，不应影响交通、环保及消防安全。在有顶盖的城市公共空间内，不得设置有直接排气的空调机、排气扇等设施或排出有害气体的其他通风系统。

16. 《民用建筑设计统一标准》对建筑连接体有哪些规定？

《民用建筑设计统一标准》GB 50352—2019 规定：

1) 经当地规划及市政主管部门批准，建筑连接体可跨越道路红线、用地红线或建筑控制线建设，属于城市交通性质的出入口可在道路红线范围内设置。

2) 建筑连接体可在地下、裙房部位及建筑高空建造，其建设应统筹规划、保障城市公众利益与安全，并不应影响其他人流、车流及城市景观。

3) 地下建筑连接体应满足市政管线及其他基础设施等建设需求。

4) 交通空间的建筑连接体，其净宽不宜大于 9.00m，地上的净宽不宜小于 3.00m，地下的净宽不宜小于 4.00m，其他非交通功能连接体的宽度，宜结合建筑功能按人流疏散需求设置。

5) 建筑连接体在满足其使用功能的同时，还应满足消防疏散及结构安全方面的要求。

（三）建筑层高与净高

17. 各类建筑的层高与室内净高限值是如何规定的？

1)《民用建筑设计统一标准》GB 50352—2019 规定：

(1) 建筑层高应结合建筑使用功能、工艺要求和技术经济条件等综合确定，并符合国家现行相关建筑设计标准的规定。

(2) 室内净高应按楼地面完成面至吊顶、楼板或梁底面之间的垂直距离计算；当楼盖、屋盖的下悬构件或管道底面影响有效使用空间时，应按楼地面完成面至下悬构件下缘或管道底面之间的垂直距离计算。

(3) 建筑用房的室内净高应符合国家现行相关建筑设计标准的规定，地下室、局部夹层、走道等有人员正常活动的最低处净高不应小于 2.00m。

2)《住宅设计规范》GB 50096—2011 规定：

(1) 住宅层高宜为 2.80m。

(2) 卧室、起居室（厅）的室内净高不应低于 2.40m，局部净高不应低于 2.10m，且其面积不应大于室内使用面积的 1/3。

(3) 利用坡屋顶内空间作卧室、起居室（厅）时，至少有 1/2 的使用面积的室内净高不应低于 2.10m。

（4）厨房、卫生间的室内净高不应低于 2.20m。

（5）厨房、卫生间内排水横管下表面与楼面、地面净距不得低于 1.90m，且不得影响门、窗扇开启。

3）《住宅建筑规范》GB 50368—2005 规定：

（1）卧室、起居室（厅）的室内净高不应低于 2.40m，局部净高不应低于 2.10m，局部净高的面积不应大于室内使用面积的 1/3。

（2）利用坡屋顶内空间作卧室、起居室（厅）时，其 1/2 使用面积的室内净高不应低于 2.10m。

4）《宿舍建筑设计规范》JGJ 36—2016 规定：

（1）居室采用单层床时，层高不宜低于 2.80m，净高不应低于 2.60m。

（2）居室采用双层床或高架床时，层高不宜低于 3.60m，净高不应低于 3.40m。

（3）辅助用房的净高不宜低于 2.50m。

5）《办公建筑设计标准》JGJ/T 67—2019 中指出：

（1）有集中空调设施并有吊顶的单间式和单元式办公室净高不应低于 2.50m；

（2）无集中空调设施并有吊顶的单间式或单元式办公室净高不应低于 2.70m；

（3）有集中空调设施并有吊顶的开放式和半开放式办公室净高不应低于 2.70m；

（4）无集中空调设施并有吊顶的开放式和半开放式办公室净高不应低于 2.90m；

（5）走道净高不应低于 2.20m；储藏间净高不宜低于 2.00m；

（6）非机动车库净高不得低于 2.00m。

6）《中小学校设计规范》GB 50099—2011 规定；

（1）中小学校主要教学用房的最小净高应符合表 1-27 的规定。

主要教学用房的最小净高（m） 表 1-27

教室	小学	初中	高中
普通教室、史地、美术、音乐教室	3.00	3.05	3.10
舞蹈教室	4.50		
科学教室、实验室、计算机教室、劳动教室、技术教室、合班教室	3.10		
阶梯教室	最后一排（楼地面最高处）距顶棚或上方凸出物最小净高为 2.20m		

（2）风雨操场的净高应取决于场地的运动内容，各类体育场地最小净高应符合表 1-28 的规定。

各类体育场地的最小净高（m） 表 1-28

体育场地	田径	篮球	排球	羽毛球	乒乓球	体操
最小净高	9.00	7.00	7.00	9.00	4.00	6.00

注：田径场地可减少部分项目降低层高。

7）《托儿所、幼儿园建筑设计规范》JGJ 39—2016（2019 年版）规定：

托儿所睡眠区、活动区、幼儿园活动室、寝室、多功能活动室的室内最小净高不应低于表 1-29 的规定。

室内最小净高（m）　　　　　　　　　　　　表 1-29

房间名称	净高	房间名称	净高
托儿所睡眠区、活动区	2.80	多功能活动室	3.90
幼儿园活动室、寝室	3.00		

注：改、扩建的托儿所睡眠区和活动区室内净高不应小于2.60m。

8)《旅馆建筑设计规范》JGJ 62—2014 规定：

(1) 客房居住部分净高度，当设空调时不应低于 2.40m；不设空调时不应低于 2.60m。

(2) 利用坡屋顶内空间作为客房时，应至少有 8m² 面积的净高度不低于 2.40m。

(3) 卫生间及客房内过道净高度不应低于 2.20m。

(4) 客房层公共走道及客房内走道净高度不应低于 2.10m。

(5) 货运专用出入口设于地下车库时，地下车库货运通道和货运区域的净高不宜低于 2.80m。

9)《档案馆建筑设计规范》JGJ 25—2010 规定：

档案库净高不应低于 2.60m。

10)《文化馆建筑设计规范》JGJ/T 41—2014 规定：

(1) 计算机房的室内净高不应小于 3.00m；

(2) 舞蹈排练室的室内净高不应小于 4.50m；

(3) 录音录像室的室内净高宜为 5.50m。

11)《商店建筑设计规范》JGJ 48—2014 规定：

(1) 商店建筑营业厅的净高见表 1-30。

商店建筑营业厅的净高　　　　　　　　　　　　表 1-30

通风方式	自然通风			机械通风和自然通风相结合	空调调节系统
	单面开窗	前面敞开	前后开窗		
最大进深与净高比	2：1	2.5：1	4：1	5：1	—
最小净高（m）	3.20	3.20	3.50	3.50	3.00

注：1. 设有空调设施、新风量和过渡季节通风量不小于20m³／（h·人），并且有人工照明的面积不超过50m²的房间或宽度不超过3m的局部空间的净高可酌减，但不小于2.40m；

2. 营业厅净高应按楼地面至吊顶或楼板底面障碍物之间的垂直高度计算。

(2) 库房的净高应由有效储存空间及减少至营业厅垂直距离等确定，并应符合下列规定：

① 设有货架的储存库房净高不应小于 2.10m；

② 设有夹层的储存库房净高不应小于 4.60m；

③ 无固定堆放形式的储存库房净高不应小于 3.00m。

12)《疗养院建筑设计规范》JGJ 40—2019 规定：

(1) 疗养院建筑应由疗养用房、理疗用房、医技门诊用房、公共活动用房、管理及后勤保障用房等构成，其建筑面积指标平均每床建筑面积不宜少于的 45m²。

（2）疗养院建筑的疗养室及疗养院活动室的净高不宜低于 2.60m。

（3）疗养院建筑的医疗用房净高不应低于 2.40m。

（4）疗养院建筑的走道及其他辅助用房的净高不应低于 2.20m。

13）《图书馆建筑设计规范》JGJ 38—2015 规定：书库、阅览室藏书区的净高应符合下列规定：

（1）书库的净高不应小于 2.40m；

（2）书库在有梁或管线的部位，其底面净高不宜小于 2.30m；

（3）采用积层书架的书库，结构梁或管线底面净高不应小于 4.70m。

14）《车库建筑设计规范》JGJ 100—2015 规定：

（1）机动车车辆出入口及坡道的最小净高见表 1-31。

机动车车辆出入口及坡道的最小净高（m）　　　　　　表 1-31

车型	最小净高	车型	最小净高
微型车、小型车	2.20	中、大型客车	3.70
轻型车	2.95	中、大型货车	4.20

注：净高指从楼地面面层（完成面）至吊顶、设备管道、梁或其他构件底面之间的有效空间的垂直高度。

（2）非机动车车库的停车区域净高不应小于 2.00m。

15）《城市公共厕所设计标准》CJJ 14—2016 规定：独立式公共厕所室内净高不宜小于 3.50m（设天窗时可适当降低）。室内地坪标高应高于室外地坪 0.15m。

16）《饮食建筑设计规范》JGJ 64—2017 规定：

（1）用餐区域的室内净高应符合下列规定：

①用餐区域不宜低于 2.60m，设集中空调时，室内净高不应低于 2.40m。

②设置夹层的用餐区域，室内净高最低处不应低于 2.40m。

（2）厨房区域各类加工制作场所的室内净高不宜低于 2.50m。

17）《博物馆建筑设计规范》JGJ 66—2015 规定：

（1）展厅净高按灯具的轨道及吊挂空间（宜取 0.40m）、厅内空气流通需要的空间（宜取 0.70～0.80m）、展厅内隔板或展品带高度（取值不宜小于 2.40m）之和计算。

（2）业务与研究用房的净高不宜小于 4.50m。

（3）历史类、艺术类、综合类博物馆

① 文物类藏品库房净高宜为 2.80～3.00m；

② 现代艺术类藏品、标本类藏品库房净高宜为 3.50～4.00m；

③ 特大体量藏品库房净高应根据工艺要求确定。

（4）自然博物馆

① 展厅的净高不宜低于 4.00m；

② 制作室的净高不宜低于 4.00m；

③ 综合室的净高不宜低于 4.00m。

（5）科技馆

① 特大型馆、大型馆主要入口层展厅净高宜为 6.00～7.00m；

② 大中型馆、中型馆主要入口层展厅净高宜为 5.00～6.00m；

③ 特大型馆、大型馆楼层净高宜为 5.00~6.00m；

④ 大中型馆、中型馆楼层净高宜为 5.00~6.00m。

18)《人民防空地下室设计规范》GB 50038—2005 规定：

防空地下室的室内地坪面至梁底和管线底部不得小于 2.00m；其中专业队装备掩蔽部和人防汽车库的室内地坪面至梁底和管线底部还应大于或等于车高加 0.20m；防空地下室的室内地坪面至顶板的结构板底面不宜小于 2.40m；

19)《老年人照料设施建筑设计标准》JGJ 450—2018 规定：

(1) 居室的净高不宜低于 2.40m；

(2) 当利用坡屋顶空间作为居室时，最低处距地面净高不应低于 2.10m，且低于 2.40m 高度部分面积不应大于室内使用面积的 1/3。

20)《综合医院建筑设计规范》GB 51039—2014 规定：

(1) 诊查室的室内净高不宜低于 2.60m；

(2) 病房的室内净高不宜低于 2.80m；

(3) 公共走道的净高不宜低于 2.30m；

(4) 医技科室宜根据需要确定。

21)《科研建筑设计标准》JGJ 91—2019 指出，科研通用实验区的室内净高应符合下列规定：

(1) 当不设置空气调节时，不宜小于 2.80m；

(2) 当设置空气调节时，不宜小于 2.60m；

(3) 走道净高不宜小于 2.40m。

22) 其他规范规定：

(1) 剧场：候场室、后台跑场道的净高不应小于 2.40m。

(2) 体育建筑：运动员用房 2.60m；供篮、排球运动员使用的体育馆走道 2.30m。

(3) 娱乐健身场所：歌舞厅等大型厅室 3.60m（个别部位 3.20m）；歌厅、棋牌、电子游戏、网吧等小型厅室 2.80m（个别部位 2.50m）；体育、健身等厅室 2.90m（个别部位 2.60m）。

(4) 汽车客运站：候车厅 3.60m（个别部位 3.30m）。

（四）建 筑 模 数

18. 建筑模数是如何规定的？

1)《民用建筑设计统一标准》GB 50352—2019 规定：

(1) 建筑设计应符合现行国家标准《建筑模数协调标准》GB 50002—2013 的规定。

(2) 建筑平面的柱网、开间、进深、层高、门窗洞口等主要定位线尺寸，应为基本模数的倍数，并应符合下列规定：

① 平面的开间进深、柱网或跨度、门窗洞口宽度等主要定位尺寸，宜采用水平扩大模数数列 $2n$M、$3n$M（n 为自然数）；

② 层高和门窗洞口高度等主要标注尺寸，宜采用竖向扩大模数数列 nM（n 为自然数）。

2)《建筑模数协调标准》GB/T 50002—2013 规定：

为了实现建筑设计、制造、施工安装的互相协调，合理对建筑各部位尺寸进行分割，确定各部位的尺寸和边界条件；优选某种类型的标准化方式，使得标准化部件的种类最优；有利于部件的互换性；有利于建筑部件的定位和安装，协调建筑部件与功能空间之间的尺寸关系而制定的标准。它包括以下主要内容：

（1）基本模数

它是建筑模数协调标准中的基本数值，用 M 表示，1M＝100mm。主要应用于建筑物的高度、层高和门窗洞口高度。

（2）导出模数

① 扩大模数：它是导出模数的一种。扩大模数是基本模数的倍数。扩大方式为：2M（200mm）、3M（300mm）、6M（600mm）、9M（900mm）、12M（1200mm）、……。主要应用于开间或柱距、进深或跨度，梁、板、隔墙和门窗洞口宽度等分部件的截面尺寸，其数列应为 $2n$M、$3n$M（n 为自然数）。

② 分模数：它是导出模数的另一种。分模数是基本模数的分倍数。分解方式为：M/10、M/5、M/2。主要用于构造节点和分部件的接口尺寸。

（3）部件优先尺寸的应用

部件优先尺寸指的是从模数数列中选出的模数尺寸或扩大模数尺寸。

① 承重墙和外围护墙厚度的优选尺寸系列宜根据1M 的倍数及其与 M/2 的组合确定，宜为 150mm、200mm、250mm、300mm。

② 内隔墙和管道井墙厚度的优选尺寸系列宜根据分倍数及 1M 的组合确定，宜为 50mm、100mm、150mm。

③ 层高和室内净高的优先尺寸系列宜为 $n×$M。

④ 柱、梁截面的优先尺寸系列宜根据 1M 的倍数与 M/2 的组合确定。

⑤ 门窗洞口的水平、垂直方向定位优先尺寸系列宜为 $n×$M。

（4）四种尺寸

① 标志尺寸

符合模数数列的规定，用以标注建筑物的定位线或基准面之间的垂直距离以及建筑部件、有关设备安装基准之间的尺寸。

② 制作尺寸

制作部件或分部件所依据的设计尺寸。

③ 实际尺寸

部件、分部件等生产制作后的实际测得的尺寸。

④ 技术尺寸

模数尺寸条件下，非模数尺寸或生产工程中出现误差时所需要的技术处理尺寸。

（5）部件的三种定位方法

为满足部件受力合理、生产简便、优化尺寸、减少部件种类的需要和满足部件的互换、位置可变以及符合模数的要求。定位方法可从以下三种中选用：

① 中心线定位法（图 1-1）

② 界面定位法（图 1-2）

③ 混合定位法（中心线定位与界面定位混合法）

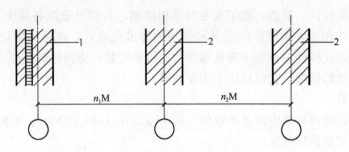

图 1-1　中心线定位法
1—外墙；2—柱、墙等构件

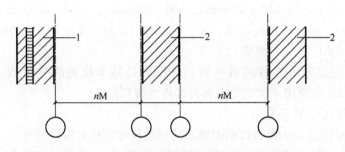

图 1-2　界面定位法
1—外墙；2—柱、墙等构件

（6）部件公差的规定

① 部件或分部件的加工或装配应符合基本公差的规定，基本公差包括制作公差、安装公差、位形公差和连接公差。

② 部件或分部件的基本公差应按其重要性和尺寸大小进行确定，并应符合表 1-32 规定。

部件或分部件的基本公差（mm）　　　　　表 1-32

级别 部件尺寸	<50	≥50 <160	≥160 <500	≥500 <1600	≥1600 <5000	≥5000
1 级	0.5	1.0	2.0	3.0	5.0	8.0
2 级	1.0	2.0	3.0	5.0	8.0	12.0
3 级	2.0	3.0	5.0	8.0	12.0	20.0
4 级	3.0	5.0	8.0	12.0	20.0	30.0
5 级	5.0	8.0	12.0	20.0	30.0	50.0

③ 部件或分部件的基本公差，应按国家现行有关标准的规定。

（五）建 筑 面 积

19. 建筑面积如何计算？应从哪里开始计算？

1）《民用建筑设计术语标准》GB/T 50504—2009 中指出：

建筑面积指建筑物（包括墙体）所形成的楼地面面积。建筑面积由公共交通面积、结构面积和使用面积三部分组成。

2)《建筑工程建筑面积计算规范》GB/T 50353—2013 规定：

(1) 建筑物的建筑面积应按自然层外墙结构外围水平面积之和计算。结构层高在 2.20m 及以上的，应计算全面积；结构层高在 2.20m 以下的，应计算 1/2 面积。

(2) 建筑物内设有局部楼层时，对于局部楼层的二层及以上楼层，有围护结构的应按其围护结构外围水平面积计算，无围护结构的应按其结构底板水平面积计算。结构层高在 2.20m 及以上的，应计算全面积；结构层高在 2.20m 以下的，应计算 1/2 面积。

(3) 形成建筑空间的坡屋顶，结构净高在 2.10m 及以上的部位应计算全面积；净高在 1.20m 及以上至 2.10m 以下的部位应计算 1/2 面积；结构净高在 1.20m 以下的部位不应计算建筑面积。

(4) 场馆看台下的建筑空间，结构净高在 2.10m 及以上的部位应计算全面积；结构净高在 1.20m 及以上至 2.10m 以下的部位应计算 1/2 面积；结构净高在 1.20m 以下的部位不应计算建筑面积。室内单独设置的有围护设施的悬挑看台，应按看台结构底板水平投影面积计算建筑面积。有顶盖无围护结构的场馆看台应按其顶盖水平投影面积的 1/2 计算面积。

(5) 地下室、半地下室应按其结构外围水平面积计算。结构层高在 2.20m 及以上的，应计算全面积；结构层高在 2.20m 以下的，应计算 1/2 面积。

(6) 出入口外墙外侧坡道有顶盖的部位，应按其外墙结构外围水平面积的 1/2 计算面积。

(7) 建筑物架空层及坡地建筑物吊脚架空层，应按其顶板水平投影计算建筑面积。结构层高在 2.20m 及以上的，应计算全面积；结构层高在 2.20m 以下的，应计算 1/2 面积。

(8) 建筑物的门厅、大厅应按一层计算建筑面积，门厅、大厅内设置的走廊应按走廊结构底板水平投影面积计算建筑面积。结构层高在 2.20m 及以上的，应计算全面积；层高在 2.20m 以下的，应计算 1/2 面积。

(9) 建筑物的架空走廊，有顶盖和围护结构的，应按其围护结构外围水平面积计算全面积；无围护结构、有围护设施的，应按其结构底板水平投影面积计算 1/2 面积。

(10) 立体书库、立体仓库、立体车库，有围护结构的，应按其围护结构外围水平面积计算建筑面积；无围护结构、有围护设施的，应按其结构底板水平投影面积计算建筑面积。无结构层的应按一层计算，有结构层的应按其结构层面积分别计算。结构层高在 2.20m 及以上的，应计算全面积；结构层高在 2.20m 以下的，应计算 1/2 面积。

(11) 有围护结构的舞台灯光控制室，应按其围护结构外围水平面积计算。结构层高在 2.20m 及以上的，应计算全面积；层高在 2.20m 以下的，应计算 1/2 面积。

(12) 附属在建筑物外墙的落地橱窗，应按其围护结构外围水平面积计算。结构层高在 2.20m 及以上的，应计算全面积；层高在 2.20m 以下的，应计算 1/2 面积。

(13) 窗台与室内楼地面高差在 0.45m 以下且结构净高在 2.10m 及以上的凸（飘）窗，应按其围护结构外围水平面积计算 1/2 面积。

(14) 有围护设施的室外走廊（挑廊），应按其结构底板水平投影面积计算 1/2 面积；有围护设施（或柱）的檐廊，应按其围护设施（或柱）外围水平面积计算 1/2 面积。

(15) 门斗应按其围护结构外围水平面积计算建筑面积。结构层高在 2.20m 及以上的，应计算全面积；结构层高在 2.20m 以下的，应计算 1/2 面积。

(16) 门廊应按其顶板水平投影面积的 1/2 计算建筑面积；有柱雨篷应按其结构板水平投影面积的 1/2 计算建筑面积；无柱雨篷的结构外边线至外墙结构外边线的宽度在

2.10m 及以上的，应按雨篷结构板的水平投影面积的 1/2 计算建筑面积。

（17）设在建筑物顶部的、有围护结构的楼梯间、水箱间、电梯机房等，结构层高在 2.20m 及以上的应计算全面积；结构层高在 2.20m 以下的，应计算 1/2 面积。

（18）围护结构不垂直于水平面的楼层，应按其底板面的外墙外围水平面积计算。结构净高在 2.10m 及以上的部位，应计算全面积；结构净高在 1.20m 及以上至 2.10m 以下的部位，应计算 1/2 面积；结构净高在 1.20m 以下的部位，不应计算建筑面积。

（19）建筑物内的室内楼梯、电梯井、提物井、管道井、通风排烟竖井、烟道，应并入建筑物的自然层计算建筑面积。有顶盖的采光井应按一层计算面积。结构净高在 2.10m 及以上的应计算全面积；结构净高在 2.10m 以下的，应计算 1/2 建筑面积。

（20）室外楼梯应并入所依附建筑物自然层，并应按其水平投影面积的 1/2 计算建筑面积。

（21）在主体结构内的阳台，应按其结构外围水平面积计算全面积；在主体结构外的阳台，应按其结构底板水平投影面积计算 1/2 面积。

（22）有顶盖无围护结构的车棚、货棚、站台、加油站、收费站等，应按其顶盖水平投影面积的 1/2 计算建筑面积。

（23）以幕墙作为围护结构的建筑物，应按幕墙外边线计算建筑面积。

（24）建筑物的外墙外保温层，应按其保温材料的水平截面积计算，并计入自然层建筑面积。

（25）与室内相通的变形缝，应按其自然层合并在建筑物建筑面积内计算。对于高低联跨的建筑物，当高低跨内部连通时，其变形缝应计算在低跨面积内。

（26）对于建筑物内的设备层、管道层、避难层等有结构层的楼层，结构层高在 2.20m 及以上的，应计算全面积；结构层高在 2.20m 以下的，应计算 1/2 面积。

3)《住宅设计规范》GB 50096—2011 中规定：

（1）计算住宅技术经济指标的规定：

① 各功能空间使用面积应等于各功能空间墙体内表面所围合的水平投影面积；

② 套内使用面积应等于套内各功能空间使用面积之和；

③ 套内阳台面积应等于套内各阳台的面积之和；阳台的面积均应按其结构底板投影净面积的 1/2 计算；

④ 套型总建筑面积应等于套内使用面积、相应的建筑面积和套内阳台面积之和；

⑤ 住宅楼总建筑面积应等于全楼各套型总建筑面积之和。

（2）套内使用面积计算的规定：

① 套内使用面积应包括卧室、起居室（厅）、餐厅、厨房、卫生间、过道、贮藏室、壁柜等使用面积的总和；

② 跃层住宅中的套内楼梯应按自然层数的使用面积综合计入套内使用面积；

③ 烟囱、通风道、管道井等均不应计入套内使用面积；

④ 套内使用面积应按结构墙体表面尺寸计算；有复合保温层时，应按复合保温层表面尺寸计算；

⑤ 利用坡屋顶内的空间时，屋面板下表面与楼板地面的净高低于 1.20m 的空间不应计算使用面积，净高在 1.20～2.10m 的空间应按 1/2 计算使用面积，净高超过 2.10m 的

空间应全部计入套内使用面积；坡屋顶无结构顶层楼板时不应计算其使用面积；

⑥ 坡屋顶内的使用面积应列入套内使用面积中。

（3）套型总建筑面积计算的规定：

① 应按全楼各层外墙结构外表面及柱外沿所围合的水平投影面积之和求出住宅楼建筑面积，当外沿设外保温层时，应按保温层外表面计算；

② 应以全楼总套内使用面积除以住宅楼建筑面积得出计算比值；

③ 套型总建筑面积应等于套内使用面积除以计算比值所得面积，加上套型阳台面积。

（4）住宅楼的层数计算的规定：

① 当住宅的所有楼层的层高不大于 3.00m 时，层数应按自然层计算；

② 当住宅和其他功能空间处于同一建筑物内时，应将住宅部分的层数与其他功能空间的层数叠加计算层数。当建筑中有一层或若干层的层高大于 3.00m 时，应对大于 3.00m 的所有楼层按其高度总和除以 3.00m 进行层数折算，余数小于 1.50m 时，多出部分不应计入建筑层数；余数大于或等于 1.50m 时，多出部分应按 1 层计算；

③ 层高小于 2.20m 的架空层和设备层不应计入自然层数；

④ 高出室外设计地面小于 2.20m 的半地下室不应计入地上自然层数。

20. 建筑物中的哪些部分可以不计入建筑面积？

《建筑工程建筑面积计算规范》GB/T 50353—2013 规定建筑物中的以下部分可以不计入建筑面积：

1）与建筑物内不相连通的建筑部件；

2）骑楼、过街楼底层的开放公共空间和建筑物通道；

3）舞台及后台悬挂幕布和布景的天桥、挑台等；

4）露台、露天游泳池、花架、屋顶的水箱及装饰性结构构件；

5）建筑物内的操作平台、上料平台、安装箱和罐体的平台；

6）勒脚、附墙柱、垛、台阶、墙面抹灰、装饰面、镶贴块料面层、装饰性幕墙、主体结构外的空调室外机搁板（箱）、构件、配件，挑出宽度在 2.10m 以下的无柱雨篷和顶盖高度达到或超过两个楼层的无柱雨篷；

7）窗台与室内地面高差在 0.45m 以下且结构净高在 2.10m 以下的凸（飘）窗，窗台与室内地面高差在 0.45m 及以上的凸（飘）窗；

8）室外爬梯、室外专用消防钢楼梯；

9）无围护结构的观光电梯；

10）建筑物以外的地下人防通道，独立的烟囱、烟道、地沟、油（水）罐、气柜、水塔、贮油（水）池、贮仓、栈桥等构筑物。

注：《建筑工程建筑面积计算规范》GB/T 50353—2013 对常用术语的解释：

1. 架空层：仅有结构支撑而无外围护结构的开敞空间层。

2. 架空走廊：专门设置在建筑物二层及二层以上，作为不同建筑物之间水平交通的空间。

3. 落地橱窗：突出外墙面且根基落地的橱窗。

4. 檐廊：建筑物挑檐下的水平交通空间。

5. 挑廊：挑出建筑物外墙的水平交通空间。

6. 骑楼：建筑底层沿街面后退且留出公共人行空间的建筑物。

7. 过街楼：跨越道路上空并与两边建筑相连的建筑物。

8. 露台：设置在屋面、首层地面或雨篷上供人室外活动的有围护设施的平台。

（六）居 住 区

21. 居住区的分类和相关问题有哪些?

《城市居住区规划设计规范》GB 50180—2018 规定：

1）居住区的规划原则

（1）居住区规划设计应坚持以人为本的原则，遵循适用、经济、绿色、美观的建筑方针，并应符合下列规定：

① 应符合城市总体规划及控制性详细规划；

② 应符合所在地气候特点与环境条件、经济社会发展水平和文化习俗；

③ 应遵循统一规划、合理布局，节约土地、因地制宜，配套建设、综合开发的原则；

④ 应为老年人、儿童、残疾人的生活和社会活动提供便利的条件和场所；

⑤ 应延续城市的历史文脉、保护历史文化遗产并与传统风貌相协调；

⑥ 应采用低影响开发的建设方式，并应采取有效措施促进雨水的自然积存、自然渗透与自然净化；

⑦ 应符合城市设计对公共空间、建筑群体、园林景观市政等环境设施的有关控制要求。

（2）居住区应选择在安全、适宜居住的地段进行建设，并应符合下列规定：

① 不得在有滑坡、泥石流、山洪等自然灾害威胁的地段进行建设；

② 与危险化学品及易燃易爆品等危险源的距离，必须满足有关安全规定；

③ 存在噪声污染、光污染的地段，应采取相应的降低噪声和光污染的防护措施；

④ 土壤存在污染的地段，必须采取有效措施进行无害化处理，并应达到居住用地土壤环境质量的要求。

（3）居住区规划设计应统筹考虑居民的应急避难场所和疏散通道，并应符合国家有关应急防灾的安全管控要求。

（4）居住区按照居民在合理的步行距离内满足基本生活要求的原则，可分为十五分钟生活圈居住区、十分钟生活圈居住区、五分钟生活圈居住区及居住街坊四级，其分级控制规模见表 1-33 的规定。

居住区分级控制规模 表 1-33

距离与规模	十五分钟生活圈居住区	十分钟生活圈居住区	五分钟生活圈居住区	居住街坊
步行距离(m)	800～1000	500	300	—
居住人口(人)	50000～100000	15000～25000	5000～12000	1000～3000
住宅数量(套)	17000～32000	5000～8000	1500～4000	300～1000

（5）居住区根据其分级控制规模，对应规划建设配套设施和公共绿地，并应符合下列规定：

① 新建居住区，应满足统筹规划、同步建设、同期投入使用的要求；

② 旧区可遵循规划匹配、建设补缺、综合达标、逐步完善的原则进行改造。

（6）涉及历史城区、历史文化街区、文物保护单位及历史建筑的居住区规划建设项目，必须遵守国家有关规划的保护与建设控制规定。

（7）居住区应有效组织雨水的收集与排放，并应满足地表径流控制、内涝灾害防治、面源污染治理及雨水资源化利用的要求。

（8）居住区地下空间的开发利用应适度，应合理控制用地的不透水面积并留足雨水自然渗透、净化所需的土壤生态空间。

（9）居住区的工程管线规划设计应符合现行国家标准《城市工程管线综合规划规范》GB 50289—2016 的有关规定；居住区竖向规划设计应符合现行行业标准《城乡建设用地竖向规划规范》CJJ83—2016 的有关规定。

（10）居住区所属的建筑气候区划应符合现行国家标准《建筑气候区划标准》GB 50178—93 的规定；其综合技术指标及用地面积的计算方法应符合本标准附录 A 的规定。

2）居住区的分类

（1）十五分钟生活圈居住区

以居民步行十五分钟可满足其物质与生活文化需求为原则划分的居住区范围；一般由城市干路或用地边界线所围合，居住人口规模为 50000～100000 人（约 17000～32000 套住宅）、配套设施完善的地区。

（2）十分钟生活圈居住区

以居民步行十分钟可满足其基本物质与生活文化需求为原则划分的居住区范围；一般由城市干路、支路或用地边界线所围合，居住人口规模为 15000～25000 人（约 5000～8000 套住宅）、配套设施齐全的地区。

（3）五分钟生活圈居住区

以居民步行五分钟可满足其基本生活为原则划分的居住区范围；一般由支路及以上级城市道路或用地边界线所围合，居住人口规模为 5000～12000 人（约 1500～4000 套住宅）、配建社区服务设施的地区。

（4）居住街坊

由支路等城市道路或用地边界线围合的住宅用地，是住宅建筑组合形成的居住基本单元；居住人口规模在 1000～3000 人（约 300～1000 套住宅，用地面积 2～4hm²）、并配建有便民服务设施。

3）居住区的用地与建筑原则

各级生活圈居住区用地应合理配置、适度开发，其控制指标应符合下列规定：

（1）十五分钟生活圈居住区用地控制指标应符合表 1-34 的规定。

十五分钟生活圈居住区用地控制指标 　　　　　　　　　　表 1-34

建筑气候规划	住宅建筑平均层数类别	人均居住用地面积（m²/人）	居住区用地容积率	居住区用地构成（%）				
				住宅用地	配套设施用地	公共绿地	城市道路用地	合计
Ⅰ、Ⅶ	多层Ⅰ类（4～6层）	40～54	0.8～1.0	58～61	12～16	7～11	15～20	100
Ⅱ、Ⅵ		38～51	0.8～1.0					
Ⅲ、Ⅳ、Ⅴ		37～48	0.9～1.1					

续表

建筑气候规划	住宅建筑平均层数类别	人均居住用地面积（m²/人）	居住区用地容积率	居住区用地构成（%）				
				住宅用地	配套设施用地	公共绿地	城市道路用地	合计
Ⅰ、Ⅶ	多层Ⅱ类（7~9层）	35~42	1.0~1.1	52~58	13~20	9~13	15~20	100
Ⅱ、Ⅵ		33~41	1.0~1.2					
Ⅲ、Ⅳ、Ⅴ		31~39	1.1~1.3					
Ⅰ、Ⅶ	高层Ⅰ类（10~18层）	28~38	1.1~1.4	48~52	16~23	11~16	15~20	100
Ⅱ、Ⅵ		27~36	1.2~1.4					
Ⅲ、Ⅳ、Ⅴ		26~34	1.2~1.5					

注：居住区用地容积率是生活圈内，住宅建筑及其配套设施地上建筑面积之和与居住区用地总面积的比值。

（2）十分钟生活圈居住区用地控制指标应符合表1-35的规定。

十分钟生活圈居住区用地控制指标　　　　表1-35

建筑气候规划	住宅建筑平均层数类别	人均居住用地面积（m²/人）	居住区用地容积率	居住区用地构成（%）				
				住宅用地	配套设施用地	公共绿地	城市道路用地	合计
Ⅰ、Ⅶ	低层（1~3层）	49~51	0.8~0.9	71~73	5~8	4~5	15~20	100
Ⅱ、Ⅵ		45~51	0.8~0.9					
Ⅲ、Ⅳ、Ⅴ		42~51	0.8~0.9					
Ⅰ、Ⅶ	多层Ⅰ类（4~6层）	35~47	0.8~1.1	68~70	8~9	4~6	15~20	100
Ⅱ、Ⅵ		33~44	0.9~1.1					
Ⅲ、Ⅳ、Ⅴ		32~41	0.9~1.2					
Ⅰ、Ⅶ	多层Ⅱ类（7~9层）	30~35	1.1~1.2	64~67	9~12	6~8	15~20	100
Ⅱ、Ⅵ		28~33	1.2~1.3					
Ⅲ、Ⅳ、Ⅴ		26~32	1.2~1.4					
Ⅰ、Ⅶ	高层Ⅰ类（10~18层）	23~31	1.2~1.6	60~64	12~14	7~10	15~20	100
Ⅱ、Ⅵ		22~28	1.3~1.7					
Ⅲ、Ⅳ、Ⅴ		21~27	1.4~1.8					

注：居住区用地容积率是生活圈内，住宅建筑及其配套设施地上建筑面积之和与居住区用地总面积的比值。

（3）五分钟生活圈居住区用地控制指标应符合表1-36的规定。

五分钟生活圈居住区用地控制指标　　　　表1-36

建筑气候规划	住宅建筑平均层数类别	人均居住用地面积（m²/人）	居住区用地容积率	居住区用地构成（%）				
				住宅用地	配套设施用地	公共绿地	城市道路用地	合计
Ⅰ、Ⅶ	低层（1~3层）	46~47	0.7~0.8	76~77	3~4	2~3	15~20	100
Ⅱ、Ⅵ		43~47	0.8~0.9					
Ⅲ、Ⅳ、Ⅴ		39~47	0.8~0.9					

建筑气候规划	住宅建筑平均层数类别	人均居住用地面积（m²/人）	居住区用地容积率	居住区用地构成（%）				
				住宅用地	配套设施用地	公共绿地	城市道路用地	合计
Ⅰ、Ⅶ	多层Ⅰ类（4~6层）	32~43	0.8~1.1	74~76	4~5	2~3	15~20	100
Ⅱ、Ⅵ		31~40	0.9~1.2					
Ⅲ、Ⅳ、Ⅴ		29~37	1.0~1.2					
Ⅰ、Ⅶ	多层Ⅱ类（7~9层）	28~31	1.2~1.3	72~74	5~6	3~4	15~20	100
Ⅱ、Ⅵ		25~29	1.2~1.4					
Ⅲ、Ⅳ、Ⅴ		23~28	1.3~1.6					
Ⅰ、Ⅶ	高层Ⅰ类（10~18层）	20~27	1.4~1.8	69~72	6~8	4~5	15~20	100
Ⅱ、Ⅵ		19~25	1.5~1.9					
Ⅲ、Ⅳ、Ⅴ		18~23	1.6~2.0					

注：居住区用地容积率是生活圈内，住宅建筑及其配套设施地上建筑面积之和与居住区用地总面积的比值。

（4）居住街坊用地与建筑控制指标应符合表 1-37 的规定。

居住街坊用地与建筑控制指标　　　　　　　　表 1-37

建筑气候区划	住宅建筑平均层数类别	住宅用地容积率	建筑密度最大值（%）	绿地率最小值（%）	住宅建筑高度控制最大值（m）	人均住宅用地面积最大值（m²/人）
Ⅰ、Ⅶ	低层（1~3层）	1.0	35	30	18	36
	多层Ⅰ类（4~6层）	1.1~1.4	28	30	27	32
	多层Ⅱ类（7~9层）	1.5~1.7	25	30	36	22
	高层Ⅰ类（10~18层）	1.8~2.4	20	35	54	19
	高层Ⅱ类（19~26层）	2.5~2.8	20	35	80	13
Ⅱ、Ⅵ	低层（1~3层）	1.0~1.1	40	28	18	36
	多层Ⅰ类（4~6层）	1.2~1.5	30	30	27	30
	多层Ⅱ类（7~9层）	1.6~1.9	28	30	36	21
	高层Ⅰ类（10~18层）	2.0~2.6	20	35	54	17
	高层Ⅱ类（19~26层）	2.7~2.9	20	35	80	13
Ⅲ、Ⅳ、Ⅴ	低层（1~3层）	1.0~1.2	43	25	18	36
	多层Ⅰ类（4~6层）	1.3~1.6	32	30	27	27
	多层Ⅱ类（7~9层）	1.7~2.1	30	30	36	20
	高层Ⅰ类（10~18层）	2.2~2.8	22	35	54	16
	高层Ⅱ类（19~26层）	2.9~3.1	22	35	80	12

注：1. 住宅用地容积率是居住街坊内，住宅建筑及其便民服务设施地上建筑面积之和与住宅用地总面积的比值；

　　2. 建筑密度是居住街坊内，住宅建筑及其便民服务设施建筑基底面积与该居住街坊用地面积的比率（%）；

　　3. 绿地率是居住街坊内绿地面积之和与该居住街坊用地面积的比率（%）。

（5）当住宅建筑采用低层或多层高密度布局形式时，居住街坊用地与建筑控制指标应符合表 1-38 的规定。

低层或多层高密度居住街坊用地与建筑控制指标 表 1-38

建筑气候区划	住宅建筑层数类别	住宅用地容积率	建筑密度最大值（%）	绿地率最小值（%）	住宅建筑高度控制最大值（m）	人均住宅用地面积最大值（m²/人）
Ⅰ、Ⅶ	低层（1～3层）	1.0、1.1	42	25	11	32～36
	多层Ⅰ类（4～6层）	1.4、1.5	32	28	20	24～26
Ⅱ、Ⅵ	低层（1～3层）	1.1、1.2	47	23	11	30～32
	多层Ⅰ类（4～6层）	1.5～1.7	38	28	20	21～24
Ⅲ、Ⅳ、Ⅴ	低层（1～3层）	1.2、1.3	50	20	11	27～30
	多层Ⅰ类（4～6层）	1.6～1.8	42	25	20	20～22

注：1. 住宅用地容积率是居住街坊内，住宅建筑及其便民服务设施地上建筑面积之和与住宅用地总面积的比值；
2. 建筑密度是居住街坊内，住宅建筑及其便民服务设施建筑基底面积与该居住街坊用地面积的比率（%）；
3. 绿地率是居住街坊内绿地面积之和与该居住街坊用地面积的比率（%）。

22. 居住区的配套设施有哪些规定？

《城市居住区规划设计规范》GB 50180—2018 规定：

1）配套设施应遵循配套建设、方便使用、统筹开放、兼顾发展的原则进行配置，其布局应遵循集中和分散兼顾、独立和混合使用并重的原则，并应符合下列规定：

（1）十五分钟和十分钟生活圈居住区配套设施，应依照其服务半径相对集中布局。

（2）十五分钟生活圈居住区配套设施中，文化服务中心、社区服务中心（街道级）、街道办事处等服务设施宜联合建设并形成街道综合服务中心，其用地面积不宜小于 1hm²。

（3）五分钟生活圈居住区配套设施中，社区服务站、文化活动站（含青少年、老年活动站）、老年人日间照料中心（托老所）、社区卫生服务站、社区商业网点等服务设施，宜集中布局，并形成社区综合服务中心，其用地面积不宜小于 0.3hm²。

（4）旧区改建项目应根据所在居住区各级配套设施的承载能力合理确定居住人口规模与住宅建筑容量；当不匹配时，应增补相应的配套设施或对应控制住宅建筑增量。

2）居住区配套设施的设置规定

（1）十五分钟生活圈居住区、十分钟生活圈居住区配套设施的设置见表 1-39。

十五分钟生活圈居住区、十分钟生活圈居住区配套设施设置规定 表 1-39

类别	序号	项目	十五分钟生活圈居住区	十分钟生活圈居住区	备注
公共管理和公共服务设施	1	初中	▲	△	应独立占地
	2	小学	—	▲	应独立占地
	3	体育馆(场)或全民健身中心	△	—	可联合建设

类别	序号	项目	十五分钟生活圈居住区	十分钟生活圈居住区	备注
公共管理和公共服务设施	4	大型多功能运动场地	▲	—	宜独立占地
	5	中型多功能运动场地	—	▲	宜独立占地
	6	卫生服务中心(社区医院)	▲	—	宜独立占地
	7	门诊部	▲	—	可联合建设
	8	养老院	▲	—	宜独立占地
	9	老年养护院	▲	—	宜独立占地
	10	文化活动中心(含青少年、老年活动中心)	▲	—	可联合建设
	11	社区服务中心(街道级)	▲	—	可联合建设
	12	街道办事处	▲	—	可联合建设
	13	司法所	▲	—	可联合建设
	14	派出所	△	—	宜独立占地
	15	其他	△	△	可联合建设
商业服务业设施	16	商场	▲	▲	可联合建设
	17	菜市场或生鲜超市	—	▲	可联合建设
	18	健身房	△	△	可联合建设
	19	餐饮设施	▲	▲	可联合建设
	20	银行营业网点	▲	▲	可联合建设
	21	电信营业网点	▲	▲	可联合建设
	22	邮政营业场所	▲	—	可联合建设
	23	其他	△	△	可联合建设
市政公用设施	24	开闭所	▲	△	可联合建设
	25	燃料供应站	△	△	宜独立占地
	26	燃气调压站	△	△	宜独立占地
	27	供热站或热交换站	△	△	宜独立占地
	28	通信机房	△	△	可联合建设
	29	有线电视基站	△	△	可联合建设
	30	垃圾转运站	△	△	应独立占地
	31	消防站	△	—	宜独立占地
	32	市政燃气服务网点和应急抢修站	△	△	可联合建设
	33	其他	△	△	可联合建设

续表

类别	序号	项目	十五分钟生活圈居住区	十分钟生活圈居住区	备注
交通设施	34	轨道交通站点	△	△	可联合建设
	35	公交首末站	△	△	可联合建设
	36	公交车站	▲	▲	宜独立设置
	37	非机动车停车场(库)	△	△	可联合建设
	38	机动车停车场(库)	△	△	可联合建设
	39	其他	△	△	可联合建设

注：1. ▲为应配建的项目；△为根据实际情况按需配建的项目；

　　2. 在国家确定的一、二类人防重点城市，应按人防有关规定配建防空地下室。

（2）五分钟生活圈居住区配套设施设置见表1-40。

五分钟生活圈居住区配套设施设置规定 表1-40

类别	序号	项目	五分钟生活圈居住区	备注
社区服务设施	1	社区服务站(含居委会、治安联防站、残疾人康复室)	▲	可联合建设
	2	社区食堂	△	可联合建设
	3	文化活动站(含青少年活动站、老年活动站)	▲	可联合建设
	4	小型多功能运动(球类)场地	▲	宜独立占地
	5	室外综合健身场地(含老年户外活动场地)	▲	宜独立占地
	6	幼儿园	▲	宜独立占地
	7	托儿所	△	可联合建设
	8	老年人日间照料中心(托老所)	▲	可联合建设
	9	社区卫生服务站	△	可联合建设
	10	社区商业网点(超市、药店、洗衣店、美发店等)	▲	可联合建设
	11	再生资源回收点	▲	可联合设置
	12	生活垃圾收集站	▲	宜独立设置
	13	公共厕所	▲	可联合建设
	14	公交车站	△	宜独立设置
	15	非机动车停车场(库)	△	可联合建设
	16	机动车停车场(库)	△	可联合建设
	17	其他	△	可联合建设

注：1. ▲为应配建的项目；△为根据实际情况按需配建的项目；

　　2. 在国家确定的一、二类人防重点城市，应按人防有关规定配建防空地下室。

（3）居住街坊配套设施设置见表1-41。

居住街坊配套设施设置规定　　　　　　　　　　　　表 1-41

类别	序号	项目	五分钟生活圈居住区	备注
便民服务设施	1	物业管理与服务	▲	可联合建设
	2	儿童、老年人活动场地	▲	宜独立占地
	3	室外健身器械	▲	可联合设置
	4	便利店（菜店、日杂等）	▲	可联合建设
	5	邮件和快递送达设施	▲	可联合设置
	6	生活垃圾收集点	▲	宜独立设置
	7	居民非机动车停车场（库）	▲	可联合建设
	8	居民机动车停车场（库）	▲	可联合建设
	9	其他	△	可联合建设

注：1. ▲为应配建的项目；△为根据实际情况按需配建的项目；

　　2. 在国家确定的一、二类人防重点城市，应按人防有关规定配建防空地下室。

3）配套设施用地及建筑面积控制指标，应按照居住区分级对应的居住人口规模进行控制，并应符合表 1-42 的规定。

配套设施控制指标（m²／千人）　　　　　　　　　表 1-42

类别		十五分钟生活圈居住区		十分钟生活圈居住区		五分钟生活圈居住区		居住街坊	
		用地面积	建筑面积	用地面积	建筑面积	用地面积	建筑面积	用地面积	建筑面积
总指标		1600～2910	1450～1830	1980～2660	1050～2210	1710～2210	1070～1820	50～150	80～90
其中	公共管理与公共服务设施 A 类	1250～2360	1130～1380	1890～2340	730～810	—	—	—	—
	交通场站设施 S 类	—	—	70～80	—	—	—	—	—
	商业服务业设施 B 类	350～550	320～450	20～240	320～460	—	—	—	—
	社区服务设施 R12、R22、R32	—	—	—	—	1710～2210	1070～1820	—	—
	便民服务设施 R11、R21、R31	—	—	—	—	—	—	50～150	80～90

注：1. 十五分钟生活圈居住区指标不含十分钟生活圈居住区指标；十分钟生活圈居住区指标不含五分钟生活圈居住区指标；五分钟生活圈居住区指标不含居住街坊指标；

　　2. 配套设施用地应含与居住区分级对应的便民室外活动场所用地；未含高中用地、市政公用设施用地，市政公用设施应根据专业规划确定。

4）各级居住区配套设施规划建设应符合本标准附录 C 的规定。

23. 居住区的居住环境有哪些要求？

《城市居住区规划设计规范》GB 50180—2018 规定：

1）居住区规划设计应尊重气候及地形地貌等自然条件，并应塑造舒适宜人的居住环境。

2）居住区规划设计应统筹庭院、街道、公园及小广场等公共空间形成连续、完整的公共空间系统，并应符合下列规定：

    （1）宜通过建筑布局形成适度围合、尺度适宜的庭院空间；

    （2）应结合配套设施的布局塑造连续、宜人、有活力的街道空间；

    （3）应构成动静分区合理、边界清晰连续的小游园、小广场；

    （4）宜设置景观小品美化生活环境。

    3）居住区建筑的肌理、界面、高度、体量、风格、材质、色彩应与城市整体风貌、居住区周边环境及住宅建筑的使用功能相协调，并应体现地域特征、民族特色和时代风貌。

    4）居住区内绿地的建设及其绿化应遵循适用、美观、经济、安全的原则，并应符合下列规定：

    （1）宜保留并利用已有的树木和水体；

    （2）应种植适宜当地气候和土壤条件、对居民无害的植物；

    （3）应采用乔、灌、草相结合的复层绿化方式；

    （4）应充分考虑场地及住宅建筑冬季日照和夏季遮阴的要求；

    （5）适宜绿化的用地均应进行绿化，并可采用立体绿化的方式丰富景观层次、增加环境绿量；

    （6）有活动设施的绿地应符合无障碍设计要求并与居住区的无障碍系统相衔接；

    （7）绿地应结合场地雨水排放进行设计，并宜采用雨水花园、下凹式绿地、景观水体、干塘、树池、植草沟等具备调蓄雨水功能的绿化方式。

    5）居住区公共绿地活动场地、居住街坊附属道路及附属绿地的活动场地的铺装，在符合有关功能性要求的前提下应满足透水性要求。

    6）居住街坊内附属道路、老年人及儿童活动场地、住宅建筑出入口等公共区域应设置夜间照明；照明设计不应对居民产生光污染。

    7）居住区规划设计应结合当地主导风向、周边环境、温度湿度等微气候条件，采取有效措施降低不利因素对居民生活的干扰，并应符合下列规定：

    （1）应统筹建筑空间组合、绿地设置及绿化设计，优化居住区的风环境；

    （2）应充分利用建筑布局、交通组织、坡地绿化或隔声设施等方法，降低周边环境噪声对居民的影响；

    （3）应合理布局餐饮店、生活垃圾收集点、公共厕所等容易产生异味的设施，避免气味、油烟等对居民产生影响。

    8）既有居住区对生活环境进行的改造与更新，应包括无障碍设施建设、绿化节能改造、配套设施完善、市政管网更新、机动车停车优化、居住环境品质提升等。

（七）居 住 区 道 路

24. 居住区内道路应符合哪些规定？

    1）《城市道路工程设计规范》CJJ37—2012 规定的各类车辆的外廓尺寸为：

    （1）机动车

机动车的外廓尺寸见表 1-43。

机动车的外廓尺寸（m）　　　　　　　　　表 1-43

车辆类型	总长	总宽	总高
小客车	6.00	1.80	2.00
大型车	12.00	2.50	4.00
铰接车	18.00	2.50	4.00

注：1. 总长：车辆前保险杠至后保险杠的距离。

　　2. 总宽：车辆宽度中不包括后视镜尺寸。

　　3. 总高：车辆顶或装载顶至地面的高度。

（2）非机动车

非机动车的外廓尺寸见表 1-44。

非机动车的外廓尺寸（m）　　　　　　　　　表 1-44

车辆类型	总长	总宽	总高
自行车	1.93	0.60	2.25
三轮车	3.40	1.25	2.25

注：1. 总长：自行车为前轮前缘至后轮后缘的距离；三轮车为前轮前缘至车厢后缘的距离。

　　2. 总宽：自行车为车把宽度；三轮车为车厢宽度。

　　3. 总高：自行车为骑车人骑在车上时，头顶至地面的高度；三轮车为载物顶至地面的高度。

2）《车库建筑设计规范》JGJ 100—2015 规定的机动车和非机动车的外廓尺寸是：

（1）机动车（表 1-45）

机动车设计车型的外廓尺寸（m）　　　　　　　　　表 1-45

设计车型	尺寸	外廓尺寸		
		总长	总宽	总高
微型车		3.80	1.60	1.80
小型车		4.80	1.80	2.00
轻型车		7.00	2.25	2.75
中型车	客车	9.00	2.50	3.20
	货车	9.00	2.50	4.00
大型车	客车	12.00	2.50	3.50
	货车	11.50	2.50	4.00

（2）非机动车（表 1-46）

非机动车设计车型的外廓尺寸（m）　　　　　　　　　表 1-46

车型	几何尺寸	车辆几何尺寸		
		长度	宽度	高度
自行车		1.90	0.60	1.20
三轮车		2.50	1.20	1.20
电动自行车		2.00	0.80	1.20
机动自行车		2.00	1.00	1.20

3）《城市道路工程技术规范》GB 51286—2018 规定的各类车辆的外廓尺寸见表 1-47。

机动车设计车辆及其外轮廓尺寸（m）　　　　　　表 1-47

车辆类型	总长	总宽	总高	前悬	轴距	后悬
小客车	6	1.8	2.0	0.8	3.8	1.4
大型客车	12	2.5	4.0	1.5	6.5	4.0
铰链客车	18	2.5	4.0	1.7	5.8+6.7	3.8

注：1. 总长：车辆前保险杠至后保险杠的距离；

　　2. 总宽：车辆宽度（不包括后视镜）；

　　3. 总高：车厢顶或装载顶至地面的高度；

　　4. 前悬：车辆前保险杠至前轴轴中线的距离；

　　5. 轴距：双轴车时，为从前轴轴中线到后轴轴中线的距离；铰链车时分别为前轴轴中线到中轴轴中线、中轴轴中线到后轴轴中线的距离；

　　6. 后悬：车辆后保险杠至后轴轴中线的距离。

4）《城市居住区规划设计规范》GB 50180—2018 规定：

（1）居住区内道路的规划设计应遵循安全便捷、尺度适宜、公交优先、步行友好的基本原则，并应符合现行国家标准《城市综合交通体系规划标准》GB/T 51328—2018 的有关规定。

（2）居住区的路网系统应与城市道路交通体系有机衔接，并应符合下列规定：

① 居住区应采取“小街区、密路网”的交通组织方式，路网密度不应小于 8km/km²；城市道路间距不应超过 300m，宜为 150～250m，并应与居住街坊的布局相结合。

② 居住区内的步行系统应连续、安全、符合无障碍要求，并应便捷连接公共交通站点。

③ 在适宜自行车骑行的地区，应构建连续的非机动车道。

④ 旧区改建，应保障和利用有历史文化价值的街道、延续原有的城市肌理。

（3）居住区内各级城市道路应突出居住使用功能特征与要求，并应符合下列规定：

① 两侧集中布局了配套设施的道路，应形成尺度宜人的生活性街道；道路两侧建筑退线距离，应与街道尺度相协调。

② 支路的红线宽度，宜为 14～20m。

③ 道路断面形式应满足适宜步行及自行车骑行的要求，人行道宽度不应小于 2.5m。

④ 支路应采取交通稳静化措施，适当控制机动车行驶速度。

（4）居住街坊内附属道路的规划设计应满足消防、救护、搬家等车辆的通达要求，并应符合下列规定：

① 主要附属道路至少应有两个车行出入口连接城市道路，其路面宽度不应小于 4.0m；其他附属道路的路面宽度不宜小于 2.5m。

② 人行出入口间距不宜超过 200m。

③ 最小纵坡不应小于 0.3%，最大纵坡应符合表 1-48 的规定；机动车与非机动车混行的道路，其纵坡宜按照或分段按照非机动车道要求进行设计。

附属道路最大纵坡控制指标（%）   表 1-48

道路类别及其控制内容	一般地区	积雪或冰冻地区
机动车道	8.0	6.0
非机动车道	3.0	2.0
步行道	8.0	4.0

（5）居住区内道路边缘至建筑物、构筑物的最小距离，应符合表 1-49 的规定。

居住区道路边缘至建筑物、构筑物最小距离（m）   表 1-49

与建筑物、构筑物关系		城市道路	附属道路
建筑物面向道路	无出入口	3.0	2.0
	有出入口	5.0	2.5
建筑物山墙面向道路		2.0	1.5
围墙面向道路		1.5	1.5

注：道路边缘对于城市道路是指道路红线；附属道路分两种情况：道路断面设有人行道时，指人行道的外边线；道路断面未设人行道时，指道路边线。

5）《中小学校设计规范》GB 50099—2011 规定：

中小学校校园内的道路及广场、停车场用地应包括消防车道、机动车道、步行道、无顶盖且无植被或植被不达标的广场及地面停车场。用地面积的计量范围应界定至路面或广场、停车场的外缘。校门外的缓冲场地在学校用地红线以内的面积应计量为学校的道路及广场、停车场用地。

6）《办公建筑设计标准》JGJ/T 67—2019 规定：

（1）总平面基地内应合理设置机动车和非机动车停放场地（库）。机动车和非机动车泊位配置应符合国家相关规定；当无相关要求时，机动车泊位不得少于 0.60 辆/100m^2，非机动车泊位不得少于 1.20 辆/100m^2。

（2）汽车库应符合下列规定：

① 应符合现行国家标准《汽车库、修车库、停车场设计防火规范》GB 50067—2014 和现行行业标准《车库建筑设计规范》JGJ 100—2015 的规定；

② 停车方式应根据车型、柱网尺寸及结构形式等确定；

③ 设有电梯的办公建筑，当条件允许时应至少有一台电梯通至地下汽车库；

④ 汽车库内可按管理方式和停车位的数量设置相应的值班室、控制室、储藏室等辅助房间；

⑤ 汽车库内应按相关规定集中设置或预留电动汽车专用车位。

（3）非汽车库应符合下列规定：

① 净高不得低于 2.00m；

② 每辆自行车停放面积宜为 1.50～1.80m^2；

③ 非机动车及两轮摩托车应以自行车为计算当量进行停车当量的换算；

④ 车辆换算的当量系数，出入口及坡道的设计应符合现行行业标准《车库建筑设计规范》JGJ 100—2015 的规定。

（八）建筑布局与建筑间距

25. 建筑布局与建筑间距是如何确定的？

1）建筑布局

《民用建筑设计统一标准》GB 50352—2019 规定：

（1）建筑布局应使建筑基地内的人流、车流与物流合理分流，防止干扰，并应有利于消防、停车、人员集散以及无障碍设施的设置。

（2）建筑布局应根据地域气候特征，防止和抵御寒冷、暑热、疾风、暴雨、积雪和沙尘等灾害侵袭，并利用自然气流组织好通风，防止不良小气候产生。

（3）根据噪声源的位置、方向和强度，应在建筑功能分区、道路布置、建筑朝向、距离以及地形、绿化和建筑物的屏障作用等方面采取综合措施，防止或降低环境噪声。

（4）建筑物与各种污染源的卫生距离，应符合国家现行有关卫生标准的规定。

（5）建筑布局应根据国家及地方相关规定对文物古建和古树名木进行保护，避免损毁破坏。

2）建筑间距

（1）《民用建筑设计统一标准》GB 50352—2019 规定：

① 建筑间距应符合现行国家标准《建筑设计防火规范》GB 50016—2014（2018 年版）的规定及当地城市规划要求。

② 建筑间距应符合本标准建筑用房天然采光的规定，有日照要求的建筑和场地应符合国家相关日照标准的规定。

（2）《城市居住区规划设计规范》GB 50180—2018 规定：

① 住宅建筑与相邻建筑物、构筑物的间距应在综合考虑日照、采光、通风、管线管理、视觉卫生、防火等要求的基础上统筹确定，并应符合现行国家标准《建筑设计防火规范》GB 50016—2014（2018 年版）的有关规定。

② 住宅建筑的间距应符合表 1-50 的规定；对特定情况还应符合下列规定：

a. 老年人居住建筑日照标准不应低于冬至日日照时数 2h；

b. 在原设计建筑外增加任何设施不应使相邻住宅原有日照标准降低，既有住宅建筑进行无障碍改造加装电梯除外；

c. 旧区改建项目内新建住宅建筑日照标准不应低于大寒日照时数 1h。

住宅建筑日照标准　　　　　　　　　　　　　　　　表 1-50

建筑气候区划	Ⅰ、Ⅱ、Ⅲ、Ⅶ类气候区			Ⅳ类气候区		Ⅴ、Ⅵ类气候区
城区常住人口（万人）	≥50		<50	≥50	<50	无规定
日照标准日	大寒日				冬至日	
日照时数（h）	≥2		≥3		≥1	
有效日照时间带（当地真太阳时）	8~16 时				9~15 时	
计算起点	底层窗台面					

注：底层窗台面是指距室内地坪 0.90m 高的外墙位置。

（3）《住宅设计规范》GB 50096—2011 指出：

① 每套住宅至少应有一个居住空间能获得冬季日照。

② 确定为获得冬季日照的居住空间的窗洞开口宽度不应小于 0.60m。

（4）《住宅建筑规范》GB 50368—2005 指出：住宅应充分利用外部环境提供的日照条件，每套住宅至少应有一个居住空间能获得冬季日照。

（5）《老年人照料设施建筑设计标准》JGJ 450—2018 规定：

① 老年人照料设施的居室日照标准不应低于冬至日日照时数 2h。

② 当老年人照料设施的居室日照标准低于 2h 时，应按下列规定之一确定：

a. 同一照料单元内的单元起居厅日照标准不应低于冬至日日照时数 2h。

b. 同一生活单元内的至少 1 个居住空间日照标准不应低于冬至日日照时数 2h。

（6）《托儿所、幼儿园设计规范》JGJ 39—2016（2019 年版）规定：

① 托儿所、幼儿园的活动室、寝室及具有相同功能的区域，应布置在当地最好朝向，冬至日底层满窗日照不应少于 3h。

② 需要获得冬季日照的婴幼儿生活用房窗洞开口面积不应小于该房间面积的 20%。

③ 夏热冬冷、夏热冬暖地区的幼儿生活用房不宜朝西向；当不可避免时，应采取遮阳措施。

④ 托儿所、幼儿园的室外活动场地应有 1/2 以上的面积在标准建筑日照阴影线之外。

（7）《综合医院建筑设计规范》GB 51039—2014 规定：

病房建筑的前后间距应满足日照和卫生间距要求，且不宜小于 12m。

（8）《疗养院建筑设计标准》JGJ/T 40—2019 规定：

疗养室应能获得良好的朝向、日照，建筑间距不宜小于 12m。

（9）《特殊教育学校建筑设计标准》JGJ/T 40—2019 规定：

教学用房与学生宿舍应安排在校内安静区域，并应有良好的日照与自然通风。普通教室和半数以上的学生宿舍应保证冬至日满窗日照不少于 2h。

（九）建 筑 竖 向

26. 建筑竖向应符合哪些规定？

1）《民用建筑设计统一标准》GB 50352—2019 规定：

（1）建筑基地场地设计应符合下列规定：

① 当基地自然坡度小于 5.0% 时，宜采用平坡式布置方式；当大于 8.0% 时，宜采用台阶式布置方式，台阶连接处应设挡土墙或护坡；基地临近挡墙或护坡的地段，宜设置排水沟，且坡向排水沟的地面坡度不应小于 1.0%。

② 基地地面坡度不宜小于 0.2%，当坡度小于 0.2% 时，宜采用多坡向或特殊措施排水。

③ 场地设计标高不应低于城市的设计防洪、防涝水位标高；沿江、河、湖、海岸或受洪水、湖水泛滥威胁的地区，除设有可靠的防洪堤、坝的城市、街区外，场地设计标高不应低于设计洪水位 0.50m，否则应采取相应的防洪措施；有内涝威胁的用地，应采取可靠的防、排内涝水措施，否则其场地设计标高不应低于内涝水位 0.50m。

④ 当基地外围有较大汇水汇入或穿越基地时，宜设置边沟或排（截）洪沟，有组织

进行地面排水。

⑤ 场地设计标高宜比周边城市市政道路的最低路段标高高 0.20m 以上；当市政道路标高高于基地标高时，应有防止客水进入基地的措施。

⑥ 场地设计标高应高于多年最高地下水位。

⑦ 面积较大或地形较复杂的基地，建筑布局应合理利用地形，减少土石方工程量，并使基地内填挖方量接近平衡。

（2）连接基地的道路设计坡度应符合下列规定：

① 基地内机动车道的纵坡不应小于 0.3%，且不应大于 8%，当采用 8% 坡度时，其坡长不应大于 200.0m。当遇到特殊困难纵坡小于 0.3% 时，应采取有效的排水措施；个别特殊路段，坡度不应大于 11%，其坡长不应大于 100.0m。在积雪或冰冻地区不应大于 6%，其坡长不应大于 350.0m；横坡宜为 1.0%～2.0%。

② 基地内非机动车道的纵坡不应小于 0.2%，最大纵坡不宜大于 2.5%，困难时不应大于 3.5%，当采用 3.5% 坡度时，其坡长不应大于 150.0m；横坡宜为 1.0%～2.0%。

③ 基地内步行道的纵坡不应小于 0.2%，且不应大于 8%；积雪或冰冻地区不应大于 4%，横坡应为 1.0%～2.0%；当大于极限坡度时，应设置台阶步道。

④ 基地内人流活动的主要地段，应设置无障碍通道。

⑤ 位于山地和丘陵地区的基地道路设计纵坡可适当放宽，且应符合地方相关标准的规定，或经当地相关管理部门的批准。

（3）建筑基地的地面排水应符合下列规定：

① 基地内应有排除地面及路面雨水至城市排水系统的措施。排水方式应根据城市规划的要求确定。有条件的地区应充分利用场地空间设置绿色雨水设施，采取雨水回收利用措施。

② 当采用车行道排泄地面雨水时，雨水口形式及数量应根据汇水面积、流量、道路纵坡等确定。

③ 单侧排水的道路及低洼易积水的地段，应采取排雨水时不影响交通和路面清洁的措施。

（4）下沉庭院周边和车库坡道出入口处，应设置截水沟。

（5）建筑物底层出入口处应采取措施防止室外地面雨水回流。

2）《老年人照料设施建筑设计规范》JGJ 450—2018 规定：

（1）老年人全日照料设施应为老年人设室外活动场地；老年人日间照料设施宜为老年人设室外活动场地。老年人使用的室外活动场地应符合下列规定：

① 应有满足老年人室外休闲、健身、娱乐等活动的设施和场地条件。

② 位置应避免与车辆交通空间交叉，且应能保证获得日照，宜选择在向阳、避风处。

③ 地面应平整防滑，排水畅通，当有坡度时，坡度不应大于 2.5%。

（2）老年人集中的室外活动场地应与满足老年人使用的公共卫生间邻近设置。

（十）建　筑　绿　化

27. 建筑绿化应符合哪些规定？

1）《民用建筑设计统一标准》GB 50352—2019 规定：

（1）绿化设计应符合下列规定：

① 绿化指标应符合当地控制性详细规划及城市绿化管理的有关规定。

② 应充分利用实土布置绿地，植物配置应根据当地气候、土壤和环境等条件确定。

③ 绿化与建（构）筑物、道路和管线之间的距离，应符合有关标准的规定。

④ 应保护自然生态环境，并应对古树名木采取保护措施。

（2）地下建筑顶板上的绿化工程应符合下列规定：

① 地下建筑顶板上的覆土层宜采取局部开放式，开放边应与地下室外部自然土壤相接；并应根据地下建筑顶板的覆土厚度，选择适合生长的植物。

② 地下建筑顶板设计应满足种植覆土、综合管线及景观和植物生长的荷载要求。

③ 应采用防根穿刺的建筑防水构造。

2）《城市居住区规划设计规范》GB 50180—2018 规定：

（1）新建各级生活圈居住区应配套规划建设公共绿地，并应集中设置具有一定规模，且能开展休闲、体育活动的居住区公园；公共绿地控制指标应符合表 1-51 的规定。

公共绿地控制指标   表 1-51

类别	人均公共绿地面积（m²/人）	居住区公园		备注
		最小规模（hm²）	最小宽度（m）	
十五分钟生活圈居住区	2.0	5.0	80	不含十分钟生活圈居住区以下级居住区的公共绿地指标
十分钟生活圈居住区	1.0	1.0	50	不含五分钟生活圈居住区以下级居住区的公共绿地指标
五分钟生活圈居住区	1.0	0.4	30	不含居住街坊的绿地指标

注：居住区公园中应设置 10%～15% 的体育活动场地。

（2）当旧区改建确实无法满足表 1-51 的规定时，可采取多点分布以及立体绿化等方式改善居住环境，但人均公共绿地面积不应低于相应控制指标的 70%。

（3）居住街坊内的绿地应结合住宅建筑布局设置集中绿地和宅旁绿地，绿地的计算方法应符合本标准附录 A 第 A.0.2 条的规定。

（4）居住街坊内集中绿地的规划建设，应符合下列规定：

① 新区建设不应低于 0.50m²/人，旧区改造不应低于 0.35m²/人；

② 宽度不应小于 8m；

③ 在标准的建筑日照阴影线范围之外的绿地面积不应少于 1/3，其中应设置老年人、儿童活动场地。

3）《中小学校设计规范》GB 50099—2011 规定：

中小学校的绿化用地宜包括集中绿地、零星绿地、水面和供教学实验的种植园及小动物饲养园。

（1）中小学校应设置集中绿地。集中绿地的宽度不应小于 8.00m。

（2）集中绿地、零星绿地、水面、种植园、小动物饲养园的用地应按各自的外缘围合的面积计算。

（3）各种绿地的步行甬路应计入绿化面积。

（4）铺栽植被达标的绿地停车场用地应计入绿化用地。

（5）未铺栽植被或铺栽植被不达标的体育场地不宜计入绿化用地。

4）《托儿所、幼儿园建筑设计规范》JGJ 39—2016（2019 年版）规定：

托儿所、幼儿园场地内绿地率不应小于 30%，宜设置集中绿化用地。绿地内不应种植有毒、带刺、有飞絮、病虫害多、有刺激性的植物。

5）《图书馆建筑设计规范》JGJ 38—2015 规定：

图书馆基地内的绿地率应满足当地规划部门的要求，并不宜小于 30%。

（十一）工 程 管 线 布 置

28. 工程管线布置应符合哪些规定？

《民用建筑设计统一标准》GB 50352—2019 规定：

1）工程管线宜在地下敷设；在地上架空敷设的工程管线及工程管线在地上设置的设施，必须满足消防车辆通行及扑救的要求，不得妨碍普通车辆、行人的正常活动，并应避免对建筑物、景观的影响。

2）与市政管网衔接的工程管线，其平面位置和竖向标高均应采用城市统一的坐标系统和高程系统。

3）工程管线的敷设不应影响建筑物的安全，并应防止工程管线受腐蚀、沉陷、振动、外部荷载等影响而损坏。

4）在管线密集的地段，应根据其不同特性和要求综合布置，宜采用综合管廊布置方式，对安全、卫生、防干扰等有影响的工程管线不应共沟或靠近敷设。互有干扰的管线应设置在综合管廊的不同沟（室）内。

5）地下工程管线的走向与道路或建筑主体相平行或垂直，工程管线应从建筑物向道路方向由浅至深敷设。干管宜布置在主要用户或支管较多的一侧，工程管线布置应短捷、转弯少，减少与道路、铁路、河道、沟渠及其他管线的交叉，困难条件下其交叉角不应小于 45°。

6）与道路平行的工程管线不宜设于车行道下；当确有需要时，可将埋深较大、翻修较少的工程管线布置在车行道下。

7）工程管线之间的水平、垂直净距及埋深，工程管线与建（构）筑物、绿化树种之间的水平净距应符合国家现行有关标准的规定。当受规划、现状制约，难以满足要求时，可根据实际情况采取安全措施后减少其最小水平净距。

8）抗震设防烈度在 7 度及以上地震区、多年冻土区、严寒地区、湿陷性黄土地区及膨胀土地区的室外工程管线，应符合国家现行有关标准的规定。

9）各种工程管线不应在平行方向重叠直埋敷设。

10）工程管线的检查井盖宜有锁闭装置。

11）当基地进行分期建设时，应对工程管线做整体规划。前期的工程管线敷设不得影响后期的工程建设。

12）与基地无关的可燃易爆的市政工程管线不得穿越基地。当基地内已有此类管线时，基地内建筑和人员密集场所应与此类管线保持安全距离。

13）当室外消防水池设有消防车取水口（井）时，应设置消防车到达取水口（井）的消防车道和消防车回车场地。

（十二）建 筑 平 面 设 计

29. 建筑标定人数如何确定？

《民用建筑设计统一标准》GB 50352—2019 规定：

1）有固定座位等标明使用人数的建筑，应按照标定人数为基数计算配套设施、疏散通道和楼梯及安全出口的宽度。

2）无标定人数的建筑应按国家现行有关标准或经调查分析确定合理的使用人数，并应以此为基数计算配套设施、疏散通道和楼梯及安全出口的宽度。

3）多功能用途的公共建筑中，各种场所有可能同时使用同一出口时，在水平方向应按各部分使用人数叠加计算安全疏散出口和疏散楼梯的宽度；在垂直方向，地上建筑应按楼层使用人数最多一层计算以下楼层安全疏散楼梯的宽度，地下建筑应按楼层使用人数最多一层计算以上楼层安全疏散楼梯的宽度。

30. 建筑平面设计应注意哪些问题？

1）《民用建筑设计统一标准》GB 50352—2019 规定：

（1）建筑平面应根据建筑的使用性质、功能、工艺等要求合理布局，并具有一定的灵活性。

（2）根据使用功能，建筑的使用空间应充分利用日照、采光、通风和景观等自然条件。对有私密性要求的房间，应防止视线干扰。

（3）建筑出入口应根据场地条件、建筑使用功能、交通组织以及安全疏散等要求进行设置。

（4）地震区的建筑平面布置宜规整。

2）《办公建筑设计标准》JGJ/T 67—2019 规定：

（1）A 类（特别重要）办公建筑应至少有两面直接邻接城市道路或公路；

（2）B 类（重要）办公建筑应至少有一面直接邻接城市道路或公路，或与城市道路或公路有相连接的通路；

（3）C 类（普通）办公建筑宜有一面直接邻接城市道路或公路。

3）《托儿所、幼儿园建筑设计规范》JGJ 39—2016（2019 年版）规定：

托儿所、幼儿园的服务半径宜为 300m。

31. 如何合理利用地下室和半地下室？

《民用建筑设计统一标准》GB 50352—2019 规定：

1）地下室和半地下室应合理布置地下停车库、地下人防工程、各类设备用房等功能空间及其出入口，出入口、进排风竖井的地面建（构）筑物应与周边环境协调。

2）地下建筑连接体的设计应符合城市地下空间规划的相关规定，并应做到导向清晰、流线简捷，防火分区与管理等界线明确。

3）地下室和半地下室的建造不得影响相邻建（构）筑物、市政管线等的安全。

4）当日常为人员使用时，地下室和半地下室应满足安全、卫生及节能的要求，且宜利用窗井或下沉庭院等进行自然通风和采光。其他功能的地下室和半地下室应符合国家现行有关标准的规定。

5）地下室和半地下室外围护结构应规整，其防水等级及技术要求应符合现行国家标准《地下工程防水技术规范》GB 50108—2008 的规定，并应符合下列规定：

（1）应设排水设施；

（2）出入口、窗井、下沉庭院、风井等应有防止涌水、倒灌的措施。

6）地下室和半地下室的耐火等级、防火分区、安全疏散、防排烟设施、房间内部装修等应符合现行国家标准《建筑设计防火规范》GB 50016—2014（2018 年版）的有关规定。

32. 哪些房间不宜布置在地下室、半地下室？

1）《民用建筑设计统一标准》GB 50352—2019 规定：

地下室不应布置居室；当居室布置在半地下室时，必须采取满足采光、通风、日照、防潮、防霉及安全防护等要求的相关措施。

2）《中小学校设计规范》GB 50099—2011 规定：学生宿舍不得设在地下室或半地下室。

3）《住宅设计规范》GB 50096—2011 规定：

（1）卫生间不应直接布置在下层住户的卧室、起居室（厅）和厨房的上层，可布置在本套内的卧室、起居室（厅）和厨房的上层。当卫生间布置在本套内的卧室、起居室（厅）、厨房和餐厅的上层时，并均应有防水和便于检修的措施。

（2）卧室、起居室（厅）、厨房不应布置在地下室；当布置在半地下室时，必须对采光、通风、日照、防潮、排水及安全防护采取措施，并不得降低各项指标要求。

（3）除卧室、起居室（厅）、厨房以外的其他功能房间可布置在地下室；当布置在地下室时，应对采光、通风、防潮、排水及安全防护采取措施。

4）《住宅建筑规范》GB 50368—2005 规定：卫生间不应直接布置在下层住户的卧室、起居室（厅）和厨房、餐厅的上层。

5）《宿舍建筑设计规范》JGJ 36—2016 规定：

（1）宿舍居室不应布置在地下室。

（2）中小学宿舍居室不应布置在半地下室，其他宿舍居室不宜布置在半地下室。

6）《办公建筑设计标准》JGJ/T 67—2019 指出：

（1）办公用房宜有良好的天然彩光和自然通风，并不宜布置在地下室。

（2）办公室宜有避免日晒和眩光的措施。

7）《托儿所、幼儿园建筑设计规范》JGJ 39—2016（2019 年版）规定：

托儿所、幼儿园中的生活用房不应设置在地下室或半地下室。

8）《老年人照料设施建筑设计标准》JGJ 450—2018 规定：老年人照料设施的老年人

居室和老年人休息室不应设置在地下室、半地下室。

9)《车库建筑设计规范》JGJ 100—2015 指出：

（1）非机动车库不宜设在地下二层及以下，当地下停车库地坪与室外地坪高差大于 7m 时，应设机械提升装置。

（2）机动三轮车、三轮车宜停放在地面层，当条件限制需停放在其他楼层时，应设坡道式出入口或设置机械提升装置。

10)《饮食建筑设计规范》JGJ 64—2017 指出：

（1）建筑物的厕所、卫生间、盥洗室、浴室等有水房间不应布置在厨房区域的直接上层，并应避免布置在用餐区域的直接上方。

（2）确有困难布置在用餐区域直接上层时应采用同层排水和严格的防水措施。

11)《疗养院建筑设计标准》JGJ /T 40—2019 指出：

（1）疗养单元的疗养室及疗养员活动室应具有良好的朝向和视景，且不应设置在半地下室及地下室。

（2）位于严寒及寒冷地区疗养院的疗养室、疗养员活动室宜南向布置。

12)《科研建筑设计标准》JGJ 91—2019 指出：

（1）甲、乙类危险物品不应贮存在科研建筑的地下室和半地下室。

注：《建筑设计防火规范》GB 50016—2014（2018 年版）指出：甲类危险品指的是闪点小于 28℃的液体、爆炸下限小于 10%的气体、常温下能自行分解或在空气中氧化能导致迅速自燃或爆炸的物质等；乙类危险品指的是闪点不小于 28℃，但小于 60℃的液体、爆炸下限不小于 10%的气体、不属于甲类的氧化剂。

（2）当易发生火灾、爆炸、极低温和其他危险品引发事故的实验室与其他用房相邻时必须形成独立的防护单元，并应符合下列规定：

① 防护单元的围护结构，应采用耐火极限不低于 1.50h 的楼板和耐火极限不低于 2.00h 的隔墙与其他用房分隔；

② 门、窗应采用甲级防火门、窗，并应有防盗功能。

33. 哪些房间的平面布置有特殊要求？

1)《文化馆建筑设计规范》JGJ/T 41—2014 规定：

文化馆设置儿童、老年人的活动用房时，应布置在三层及三层以下，且朝向良好和出入安全、方便的位置。

2)《旅馆建筑设计规范》JGJ 62—2014 规定：

（1）旅馆建筑的卫生间、盥洗室、浴室不应设在餐厅、厨房、食品贮藏等有严格卫生要求用房的直接上层。

（2）旅馆建筑的卫生间、盥洗室、浴室不应设在变配电室等有严格防潮要求用房的直接上层。

（3）客房不宜设置在无外窗的建筑空间内。

（4）客房、会客厅不宜与电梯井道贴邻布置。

3)《托儿所、幼儿园建筑设计规范》JGJ 39—2016（2019 年版）规定：

（1）幼儿园中生活用房应设置三层及以下。

（2）托儿所生活用房应布置在首层。当布置在首层确有困难时，可将托大班布置在二层，其人数不应超过 60 人，并应符合防火安全疏散的规定。

（3）厨房、卫生间、试验室、医务室等使用水的房间不应设置在婴幼儿生活用房的上方。

4）《建筑设计防火规范》GB 50016—2014（2018 年版）规定：

（1）民用建筑的平面布置，应结合建筑的耐火等级、火灾危险性、使用功能和安全疏散等因素合理布置。

（2）除为满足民用建筑使用功能所设置的附属库房外，民用建筑内不应设置生产车间和其他库房。

经营、存放和使用甲、乙类火灾危险性物品的商店、作坊和储藏间，严禁附设在民用建筑内。

（3）商店建筑、展览建筑采用三级耐火等级建筑时，不应超过 2 层；采用四级耐火等级建筑时，应为单层。营业厅、展览厅设置在三级耐火等级建筑内时，应布置在首层或二层；设置在四级耐火等级建筑内时，应布置在首层。

营业厅、展览厅不应设置在地下三层及以下楼层。地下或半地下营业厅、展览厅不应经营、储存和展示甲、乙类火灾危险性物品。

（4）托儿所、幼儿园的儿童用房，老年人活动场所和儿童游乐厅等儿童活动场所宜设置在独立的建筑内，且不应设置在地下或半地下；当采用一、二级耐火等级的建筑时。不应超过 3 层；采用三级耐火等级的建筑时。不应超过 2 层；采用四级耐火等级的建筑时。应为单层；确需设置在其他民用建筑时应符合下列规定：

① 设置在一、二级耐火等级的建筑内时，应布置在首层、二层或三层；

② 设置在三级耐火等级的建筑内时，应布置在首层或二层；

③ 设置在四级耐火等级的建筑内时，应布置在首层；

④ 设置在高层建筑内时，应设置独立的安全出口和疏散楼梯；

⑤ 设置在单层、多层建筑内时，宜设置独立的安全出口和疏散楼梯。

（5）老年人照料设施宜独立设置。当老年人照料设施与其他建筑上、下组合时，老年人照料设施宜设置在建筑的下部，并应符合下列规定：

① 老年人照料设施的建筑层数、建筑高度或所在楼层位置的高度，应符合本规范"防火分区和层数"的规定；

② 老年人照料设施部分应与其他场所进行防火分隔，防火分隔应符合本规范"建筑构件和管道井"中关于"防火隔墙、楼板、门、窗"的规定。

（6）当老年人照料设施中的老年人公共活动用房、康复与医疗用房设置在地下、半地下时，应设置在地下一层，每间用房的建筑面积不应大于 300㎡ 且使用人数不应大于 30 人。

老年人照料设施中的老年人公共活动用房、康复与医疗用房设置在地上四层及以上时，每间用房的建筑面积不应大于 200㎡ 且使用人数不应大于 30 人。

（7）医院和疗养院的住院部分不应设置在地下或半地下。

医院和疗养院的住院部分采用三级耐火等级建筑时，不应超过 2 层；采用四级耐火等级建筑时，应为单层；设置在三级耐火等级的建筑内时，应布置在首层或二层；设置在四级耐火等级的建筑内时，应布置在首层。

医院和疗养院的病房楼内相邻护理单元之间应采用耐火极限不低于2.00h的防火隔墙分隔，隔墙上的门应采用乙级防火门，设置在走道上的防火门应采用常开防火门。

(8) 教学建筑、食堂、菜市场采用三级耐火等级建筑时，不应超过2层；采用四级耐火等级建筑时，应为单层；设置在三级耐火等级的建筑内时，应布置在首层或二层；设置在四级耐火等级的建筑内时，应布置在首层。

(9) 剧场、电影院、礼堂宜设置在独立的建筑内；采用三级耐火等级建筑时，不应超过2层；确需设置在其他民用建筑内时，至少应设置1个独立的安全出口和疏散楼梯，并应符合下列规定：

① 应采用耐火极限不低于2.00h的防火隔墙和甲级防火门与其他区域分隔。

② 设置在一、二级耐火等级的建筑内时，观众厅宜布置在首层、二层或三层；确需布置在四层及以上楼层时，一个厅、室疏散门不应少于2个，且每个观众厅的建筑面积不宜大于400m²。

③ 设置在三级耐火等级的建筑内时，不应布置在三层及以上楼层。

④ 设置在地下或半地下时，宜设置在地下一层，不应设置在地下三层及以下楼层。

⑤ 设置在高层建筑内时，应设置火灾自动报警系统及自动喷水灭火系统等自动灭火系统。

(10) 建筑内的会议厅、多功能厅等人员密集的场所，宜布置在首层、二层或三层。设置在三级耐火等级的建筑内时，不应布置在三层及以上楼层。确需布置在一、二级耐火等级建筑的其他楼层时，应符合下列规定。

① 一个厅、室疏散门不应少于2个，且建筑面积不宜大于400m²。

② 设置在地下或半地下时，宜设置在地下一层，不应设置在地下三层及以下楼层。

③ 设置在高层建筑内时，应设置火灾自动报警系统及自动喷水灭火系统等自动灭火系统。

(11) 歌舞厅、录像厅、夜总会、卡拉OK厅（含具有卡拉OK功能的餐厅）、游艺厅（含电子游艺厅）、桑拿浴室（不包括洗浴部分）、网吧等歌舞娱乐放映游艺场所（不含剧场、电影院）的布置应符合下列规定：

① 不应布置在地下二层及以下楼层；

② 宜布置在一、二级耐火等级建筑内的首层、二层或三层的靠外墙部位；

③ 不宜布置在袋形走道的两侧或尽端；

④确需布置在地下一层时，地下一层的地面与室外出入口地坪的高差不应大于10m；

⑤ 确需布置在地下或四层及以上楼层时，一个厅、室的建筑面积不应大于200m²；

⑥ 厅、室之间及与建筑的其他部位之间，应采用耐火极限不低于2.00h的防火隔墙和1.00h的不燃性楼板分隔，设置在厅、室墙上的门和该场所与建筑内其他部位相通的门均应采用乙级防火门。

(12) 除商业服务网点外，住宅建筑与其他使用功能的建筑合建时，应符合下列规定：

① 住宅部分与非住宅部分之间，应采用耐火极限不低于2.00h且无门、窗、洞口的防火隔墙和1.50h的不燃性楼板完全分隔；当为高层建筑时，应采用无门、窗、洞口的防火墙和耐火极限不低于2.00h的不燃性楼板完全分隔。建筑外墙上、下层开口之间的防火

措施应符合本规范"建筑构件和管道井"中第 5 条的相关规定。

② 住宅部分与非住宅部分的安全出口和疏散楼梯应分别独立设置；为住宅部分服务的地上车库应设置独立的疏散楼梯或安全出口，地下车库的疏散楼梯应符合本规范"疏散楼梯和疏散楼梯间等"第 4 条的规定进行分隔。

③ 住宅部分与非住宅部分的安全疏散、防火分区和室内消防设施配置，可根据各自的建筑高度分别按照本规范有关住宅建筑和公共建筑的规定执行；该建筑的其他防火设计应根据建筑的总高度和建筑规模按本规范有关"公共建筑"的规定执行。

(13) 设置商业服务网点的住宅建筑，其居住部分与商业服务网点之间应采用耐火极限不低于 2.00h 且无门、窗、洞口的防火隔墙和 1.50h 的不燃性楼板完全分隔；住宅部分和商业服务网点部分的安全出口和疏散楼梯应分别独立设置。

商业服务网点中每个分隔单元之间应采用耐火极限不低于 2.00h 且无门、窗、洞口的防火隔墙相互分隔，当每个分隔单元任一层建筑面积大于 200m² 时，该层应设置 2 个安全出口或疏散门。每个分隔单元内的任一点至最近直通室外的出口的直线距离不应大于本规范"安全疏散和避难中公共建筑的安全疏散距离"中有关多层其他建筑位于袋形走道两侧或尽端的疏散门至最近安全出口的最大直线距离。

注：室内楼梯的距离可按其水平投影长度的 1.50 倍计算。

(14) 燃油或燃气锅炉、油浸变压器、充有可燃油的高压电容器和多油开关，宜设置在建筑外的专用房间内；确需贴邻民用建筑布置时，应采用防火墙与所贴邻建筑分隔，且不应贴邻人员密集场所，该专用房间的耐火等级不应低于二级；确需布置在民用建筑内时，不应布置在人员密集场所的上一层、下一层或贴邻，具体设计要求应符合本书"特殊房间"的相关规定。

(15) 布置在民用建筑内的柴油发电机房宜布置在首层或地下一层或地下二层，不应布置在人员密集场所的上一层、下一层或贴邻，具体设计要求应符合本书"特殊房间"的相关规定。

5)《城市公共厕所设计标准》CJJ 14—2016 规定：

多层公共厕所无障碍厕所应设在地坪层。

6)《特殊教育学校建筑设计标准》JGJ 76—2019 规定：

特殊教育学校的主要用房建筑高度不宜超过 24m，并应符合下列规定：

(1) 教学用房及教学辅助用房不应设在五层及五层以上，其他用房层数可根据需要确定；

(2) 低年级盲生、培智生使用的教学用房及教学辅助用房和宿舍宜设在首层，不应设在三层及三层以上；

(3) 培智学校教室不应布置在袋形走道尽端。

34. 走道、通道的宽度有哪些规定？

1)《住宅设计规范》GB 50096—2011 规定：

(1) 套内入口过道净宽度不宜小于 1.20m；通往卧室、起居室（厅）的过道净宽度不应小于 1.00m；通往厨房、卫生间、贮藏室过道净宽度不应小于 0.90m；

(2) 套内设于底层或靠外墙、靠卫生间的壁柜内部应采取防潮措施。

2）《住宅建筑规范》GB 50368—2005 规定：走廊和公共部位通道的净宽不应小于 1.20m，局部净高不应低于 2.00m。

3）《办公建筑设计标准》JGJ/T 67—2019 规定，办公建筑的走道应符合下列规定：

（1）宽度应满足防火要求，最小净宽应满足表 1-52 的要求。

走道最小净宽 表 1-52

走道长度（m）	走道净宽（m）	
	单面布房	双面布房
≤40	1.30	1.50
>40	1.50	1.80

注：高层内筒结构的回廊式走道净宽最小值同单面布房走道。

（2）高差不足 0.30m 时，不应设置台阶，应设坡道，其坡度不应大于 1：8。

4）《商店建筑设计规范》JGJ 48—2014 规定：

（1）营业厅内通道最小净宽度应符合表 1-53 的规定。

普通营业厅内通道最小净宽度 表 1-53

通道位置		最小净宽度（m）
通道在柜台或货架墙面或陈列窗之间		2.20
通道在两个平行柜台或货架之间	每个柜台或货架长度小于 7.50m	2.20
	一个柜台或货架长度小于 7.50m，另一个柜台或货架长度为 7.50～15.00m	3.00
	每个柜台或货架长度小于 7.50～15.00m	3.70
	每个柜台长度大于 15.00m	4.00
	通道一端仅有楼梯时	上下两个梯段宽度之和再加 1.00m
柜台或货架边与开敞楼梯最近踏步间距离		4.00m，并不小于楼梯间净宽度

注：1. 当通道内设有陈设物时，通道最小净宽度应增加该陈列物的宽度；

2. 无柜台营业厅的通道最小净宽可根据实际情况，在本表的基础上酌减，减小量不应大于 20%；

3. 菜市场营业厅的通道最小净宽宜按本表的规定基础上再增加 20%。

（2）自选营业厅内通道最小净宽度应符合表 1-54 的规定（该通道兼作疏散的通道宜直通出厅口或安全出口）。

自选营业厅内通道最小净宽度 表 1-54

通道位置		最小净宽度（m）	
		不采用购物车	采用购物车
通道在两个平行货架之间	靠墙货架长度不限，离墙货架长度小于 15m	1.60	1.80
	每个货架长度小于 15m	2.20	2.40
	离墙货架长度为 15～24m	2.80	3.00
与各货架相垂直的通道	通道长度小于 15m	2.40	3.00
	通道长度不小于 15m	3.00	3.60
货架与出入闸位间的通道		3.80	4.20

注：当采用货台、货区时，其周围留出的通道宽度，可按商品的可选择性进行调整。

（3）储存库房内货架与堆垛间通道净宽度应符合表 1-55 的规定。

货架与堆垛间的通道净宽度 表 1-55

通道位置	净宽度(m)
货架或堆垛与墙面间的通风通道	＞0.30
平行的两组货架或堆垛间手携商品通道，按货架或堆垛宽度选择	0.70～1.25
与各货架或堆垛间通道相连的垂直通道，可以通行轻便手推车	1.50～1.80
电瓶车通道（单车道）	＞2.50

注：1. 单个货架宽度为 0.30～0.90m，一般为两架并靠成组；堆垛宽度为 0.60～1.80m。
　　2. 存储库房内电瓶车行速不应超过 75m/min，其通道宜取直，或设置不小于 6m×6m 的回车场地。

（4）大型或中性商店建筑内连续排列的商铺之间的公共通道最小净宽度应符合表 1-56 的规定。

连续排列的商铺之间的公共通道最小净宽度 表 1-56

通道名称	最小净宽度(m)	
	通道两侧设置通道	通道一侧设置通道
主要通道	4.00，且不小于通道长度的 1/10	3.00，且不小于通道长度的 1/15
次要通道	3.00	2.00
内部作业通道	1.80	—

注：主要通道长度按其两端安全出口间距离计算。

5）《中小学校设计规范》GB 50099—2011 规定：

（1）教学用建筑的走道宽度应符合下列规定：

① 应根据在该走道上各教学用房疏散的总人数，按照表 1-57 的规定计算走道的疏散宽度。

安全出口、疏散走道、疏散楼梯和房间疏散门每 100 人的净宽度（m） 表 1-57

所在楼层位置	耐火等级		
	一、二级	三级	四级
地上一、二层	0.70	0.80	1.05
地上三层	0.80	1.05	—
地上四、五层	1.05	1.30	—
地下一、二层	0.80	—	—

② 走道疏散宽度内不得有壁柱、消火栓、教室开启后的门窗扇等设施。

（2）中小学校的建筑物内，当走道有高差变化应设置台阶时，台阶处应有天然采光或照明，踏步级数不得少于 3 级，并不得采用扇形踏步。当高差不足 3 级踏步时，应设置坡道。坡道的坡度不应大于 1∶8，不宜小于 1∶12。

（3）教学用房内走道净宽度不应小于 2.40m，单侧走廊及外廊的净宽度不应小于 1.80m。

6）《老年人照料设施建筑设计标准》JGJ 450—2018 指出，老年人使用的出入口和门厅应符合下列规定：

（1）宜采用平坡出入口，平坡出入口的地面坡度不应大于 1/20，有条件时不宜大于 1/30。

（2）出入口严禁采用旋转门。

（3）出入口的地面、台阶、踏步、坡道等均应采用防滑材料铺装，应有防止积水的措施，严寒、寒冷地区宜采取防结冰措施。

（4）出入口附近应设助行器和轮椅停放区。

7）《旅馆建筑设计规范》JGJ 62—2014 规定，客房部分走道应符合下列规定：

（1）单面布房的公共走道净宽不应小于 1.30m，双面布房的公共走道净宽不应小于 1.40m；

（2）客房内走道净宽不应小于 1.10m；

（3）无障碍客房内走道净宽不应小于 1.50m；

（4）对于公寓式旅馆建筑，公共走道、套内入户走道净宽不宜小于 1.20m；通往卧室、起居室（厅）的走道净宽不应小于 1.00m；通往厨房、卫生间、贮藏室的走道净宽不应小于 0.90m。

8）《建筑设计防火规范》GB 50016—2014（2018 年版）规定：

（1）居住建筑疏散走道的总宽度应经计算确定，净宽度不应小于 1.10m。

（2）公共建筑疏散走道的最小净宽度不应小于 1.10m。

（3）高层公共建筑的疏散走道：

① 高层医疗建筑：单面布房时为 1.40m、双面布房时为 1.50m；

② 其他高层公共建筑：单面布房时为 1.30m、双面布房时为 1.40m。

9）《托儿所、幼儿园建筑设计规范》JGJ 39—2016（2019 年版）规定：

（1）托儿所、幼儿园建筑走廊最小净宽不应小于表 1-58 的规定。

走廊最小净宽度（m）   表 1-58

房间名称	走廊布置	
	中间走廊	单面走廊或外廊
生活用房	2.40	1.80
服务、供应用房	1.50	1.30

（2）幼儿经常通行和安全疏散的走道不应设有台阶，当有高差时，应设置防滑坡道，其坡度不应大于 1：12。疏散走道的墙面距地面 2m 以下不应设有壁柱、管道、消火栓箱、灭火器、广告牌等突出物。

10）《剧场建筑设计规范》JGJ 57—2016 规定：

（1）后台跑场道净宽不应小于 2.10m。

（2）当剧场后台跑场道兼做演员候场休息区及服装道具临时存放区时，净宽不应小于 2.80m。

11）《疗养院建筑设计标准》JGJ/T 40—2019 规定：

疗养院疗养室室内过道净宽不应小于 1.20m。

12）《特殊教育学校建筑设计标准》JGJ 76—2019 规定，教学用房走道的净宽度应符合下列规定：

（1）盲校、培智学校单侧走道不应小于 2.10m；

（2）盲校的内走道不应小于 2.40m；培智学校的走道不应小于 3.00m；聋校主要走道不应小于 2.80m。

13）《科研建筑设计标准》JGJ 91—2019 规定：

（1）走道最小净宽：单面布房时为 1.50m；双面布房时为 1.80m。

（2）走道地面有高差，且不足两级踏步时，应设坡道。坡道坡度不宜大于 1∶8。

35. 外廊、门厅、安全疏散出口有哪些规定？

1）《建筑设计防火规范》GB 50016—2014（2018 年版）规定：

（1）公共建筑内疏散门和安全出口的净宽度不应小于 0.90m。高层公共建筑内楼梯间的首层疏散门、首层疏散外门的最小净宽度为：

① 高层医疗建筑为 1.20m；

② 其他高层公共建筑为 1.30m。

（2）住宅建筑的户门和安全出口的总净宽度应经计算确定，且户门和安全出口的净宽度不应小于 0.90m。首层疏散外门的净宽度不应小于 1.10m。

2）《住宅设计规范》GB 50096—2011 规定：

（1）走廊和出入口

① 住宅中作为主要通道的外廊宜作封闭外廊，并应设置可开启的窗扇。走廊通道的净宽不应小于 1.20m，局部净高不应低于 2.00m。

② 位于阳台、外廊及开敞楼梯平台的公共出入口，应采取防止物体坠落伤人的安全措施。

③ 公共出入口处应有标识，10 层及 10 层以上住宅的公共出入口应设门厅。

（2）安全疏散出口

① 10 层以下的住宅建筑，当住宅单元任一层的建筑面积大于 650m²，或任一套房的户门至安全出口的距离大于 15m 时，该住宅单元每层的安全出口不应少于 2 个。

② 10 层及 10 层以上且不超过 18 层的住宅建筑，当住宅单元任一层的建筑面积大于 650m²，或任一套房的户门至安全出口的距离大于 10m 时，该住宅单元每层的安全出口不应少于 2 个。

③ 19 层及 19 层以上的住宅建筑，每层住宅单元的安全出口不应少于 2 个。

④ 安全出口应分散布置，两个安全出口的距离不应小于 5.00m。

⑤ 楼梯间及前室的门应向疏散方向开启。

⑥ 10 层以下的住宅建筑的楼梯间宜通至屋顶，且不应穿越其他房间。通至平屋面的门应向屋面方向开启。

⑦ 10 层及 10 层以上的住宅建筑，每个住宅单元的楼梯均应通至屋顶，且不应穿越其他房间。通至平屋面的门应向屋面方向开启。各住宅单元的楼梯间宜在屋顶相连通。但符合下列条件之一的，楼梯可不通至屋顶：

a. 18 层及 18 层以下，每层不超过 8 户、建筑面积不超过 650m²，且设有一座公用的防烟楼梯间和消防电梯的住宅；

b. 顶层设有外部联系廊的住宅。

3)《老年人照料设施建筑设计标准》JGJ 450—2018 规定：

老年人使用的走廊，通行净宽不应小于 1.80m，确有困难时不应小于 1.40m；当走廊的通行净宽大于 1.40m 且小于 1.80m 时，走廊中应设通行净宽小于 1.80m 的轮椅错车空间，错车空间的间距不宜大于 15.00m。

4)《办公建筑设计标准》JGJ/T 67—2019 规定：

(1) 门厅内可附设传达、收发、会客、服务、问讯、展示等功能房间（场所）；根据使用要求也可设商务中心、咖啡厅、警卫室、快递储物间等；

(2) 楼梯、电梯厅宜与门厅邻近设置，并应满足消防疏散的要求；

(3) 严寒和寒冷地区的门厅应设门斗或其他防寒设施；

(4) 夏热冬冷地区门厅与高大中庭空间相连时宜设门斗。

5)《中小学校设计规范》GB 50099—2011 规定：

(1) 外廊栏杆（或栏板）的高度，不应低于 1.10m。栏杆不应采用易于攀登的花格。

(2) 教学用房在建筑的主要出入口处宜设置门厅。

(3) 在寒冷或风沙大的地区，教学用建筑物出入口应设挡风间或双道门。

注：原规范（GBJ 99—86）规定，挡风间或双道门的深度，不宜小于 2.10m。

(4) 校园内除建筑面积不大于 200m²，人数不超过 50 人的单层建筑外，每栋建筑应设置 2 个出入口。非完全小学内，单栋建筑面积不超过 500m²，且耐火等级为一、二级的低层建筑可只设 1 个出入口。

(5) 教学用建筑物出入口净通行宽度不得小于 1.40m，门内与门外各 1.50m 范围内不宜设置台阶。

6)《旅馆建筑设计规范》JGJ 62—2014 规定：

(1) 客房入口门的净宽不应小于 0.90m，门洞净高不应低于 2.00m；

(2) 客房入口门宜设安全防范措施；

(3) 客房内卫生间门洞宽度不应小于 0.70m，净高不应低于 2.10m；无障碍客房卫生间门净宽不应小于 0.80m。

7)《文化馆建筑设计规范》JGJ/T 41—2014 规定：

(1) 门厅的位置应明确，方便人流疏散，并具有明确的导向性；

(2) 门厅应设置具有交流展示的设施。

8)《托儿所、幼儿园建筑设计规范》JGJ 39—2016（2019 年版）规定：

(1) 建筑室外出入口应设雨篷，雨篷挑出长度宜超过首级台阶踏步 0.50m 以上。

(2) 出入口台阶高度超过 0.30m，并侧面临空时，应设置防护设施，防护设施净高不应低于 1.05m。

9)《剧场建筑设计规范》JGJ 57—2016 规定：

(1) 观众厅出口应符合下列规定：

① 出口应均匀布置，主要出口不宜靠近舞台。

② 楼座与池座应分别布置出口，且楼座宜至少有两个独立的安全出口，面积不超过 200m² 且不超过 50 座时，可设置一个安全出口。楼座不应穿越池座疏散。

(2) 观众厅的出口门、疏散外门及后台疏散门应符合下列规定：

① 应设双扇门，净宽不应小于 1.40m，并应向疏散方向开启。

② 靠门处不应设门槛和踏步，踏步应设置在距门 1.40m 以外。

③ 不应采用推拉门、卷帘门、吊门、转门、折叠门、铁栏门。

④ 应采用自动门闩，门洞上方应设疏散指示标志。

（3）后台应设置不少于 2 个直接通向室外的出口。

（4）乐池和台仓的出口均不应少于 2 个。

（5）舞台区宜设有直接通向室外的疏散通道，当有困难时，可通过后台的疏散通道进行疏散，且疏散通道的出口不应少于 2 个。舞台区出口到室外出口的距离，当未设自动喷水灭火系统和火灾自动报警系统时，不应大于 30m，当设自动喷水灭火系统和火灾自动报警系统时，安全疏散距离可增加 25%。开向该疏散通道的门应采用能自行关闭的乙级防火门。

（6）剧场与其他建筑合建时，应符合下列规定：

① 设置在一、二级耐火等级的建筑内时，观众厅宜设在首层，也可设在第二、三层；确需布置在四层及以上楼层时，一个厅、室的疏散门不应少于 2 个，且每个观众厅的建筑面积不宜大于 400m^2；设置在三级耐火等级的建筑内时，不应布置在三层及以上楼层。

② 应设独立的楼梯和安全出口通向室外地坪面。

10）《特殊教育学校建筑设计标准》JGJ 76—2019 规定的门厅设计应符合下列规定：

（1）盲校、培智学校学生经常出入的门厅、走道上不应设置台阶，若有高差，应设无障碍坡道；盲校、培智学校的走道内墙面两侧均应设置连续无障碍扶手，扶手端部应沿墙方向做成弧形连接，扶手宜选用耐久、防滑、易清洗、热惰性指标好的材料。

（2）盲校门厅、走道和出入口的地面上应设置引导学生通向各教学用房、卫生间及安全出口等的触感标识。

（十三）建筑无障碍设计

36. 无障碍设计的总体原则是什么？

《无障碍设计规范》GB 50763—2012 中指出：

为建设城市的无障碍环境，提高人民的社会生活质量，确保有需求的人能够安全地、方便地使用各种无障碍设施。

37. 城市道路的无障碍设计有哪些规定？

《无障碍设计规范》GB 50763—2012 规定：

1）实施范围

（1）城市道路无障碍设计的范围应包括：

① 城市道路；

② 城市各级道路；

③ 城镇主要道路；

④ 步行街；

⑤ 旅游景点、城市景观带的周边道路。

（2）城市道路、桥梁、隧道、立体交叉中人行系统均应进行无障碍设计，无障碍设施应沿行人通行路径布置。

（3）人行系统中的无障碍设计主要包括人行道、人行横道、人行天桥及地道、公交车站。

2）人行道

（1）人行道处缘石坡道设计应符合下列规定：

① 人行道在各种路口、各种出入口位置必须设置缘石坡道；

② 人行横道两端必须设置缘石坡道。

（2）人行道处盲道设置应符合下列规定：

① 城市主要商业街、步行街的人行横道应设置盲道；

② 视觉障碍者集中区域周边道路应设置盲道；

③ 坡道的上下坡边缘处应设置提示盲道；

④ 道路周边场所、建筑等出入口设置的盲道应与道路盲道相衔接。

（3）人行道的轮椅坡道设置应符合下列规定：

① 人行道设置台阶处，应同时设置轮椅坡道；

② 轮椅坡道的设置应避免干扰行人通行及其他设施的使用。

（4）人行道处服务设施设置应符合下列规定：

① 服务设施的设置应为残障人士提供方便；

② 宜为视觉障碍者提供触摸及音响一体化信息服务设施；

③ 设置屏幕信息服务设施，宜为听觉障碍者提供屏幕手语及字幕信息服务；

④ 低位服务设施的设置，应方便乘轮椅者使用；

⑤ 设置休息座椅时，应设置轮椅停留空间。

3）人行横道

（1）人行横道宽度应满足轮椅通行需求；

（2）人行横道安全岛的形式应方便乘轮椅者使用；

（3）城市中心区及视觉障碍者集中区域的人行横道，应配置过街音响提示装置。

4）人行天桥及地道

（1）盲道的设置应符合下列规定：

① 设置于人行道中的行进盲道应与人行天桥及地道出入口处的提示盲道相衔接；

② 人行天桥及地道出入口处应设置提示盲道；

③ 距每段台阶与坡道的起点与终点 250～500mm 处应设置提示盲道，其长度应与坡道、梯道相对应。

（2）人行天桥及地道处坡道与无障碍电梯的选择应符合下列规定：

① 要求满足轮椅通行需求的人行天桥及地道处宜设置坡道，当设置坡道有困难时，应设置无障碍电梯；

② 坡道的净宽度不应小于 2.00m；

③ 坡道的坡度不应大于 1：12；

④ 弧线形坡道的坡度，应以弧线内缘的坡度进行计算；

⑤ 坡道的高度每升高 1.50m 时，应设深度不小于 2.00m 的中间平台；

⑥ 坡道的坡面应平整、防滑。

（3）扶手设置应符合下列规定：

① 人行天桥及地道在坡道两侧应设扶手，扶手应设上、下两层；

② 在扶手下方宜设置安全阻挡措施；

③ 扶手起点水平段宜安装盲文铭牌。

（4）当人行天桥及地道无法满足轮椅通行需求时，宜考虑地面安全通行。

（5）人行天桥桥下的三角区净空高度小于 2.00m 时，应安装防护设施，并应在防护设施外设置提示盲道。

5）公交车站

（1）公交车站处站台设计应符合下列规定：

① 站台有效通行宽度不应小于 1.50m；

② 在车道之间的分隔带设公交车站时应方便乘轮椅者使用。

（2）盲文与盲文信息布置应符合下列规定：

① 站台距路缘石 250～500mm 处应设置提示盲道，其长度应与公交车站的盲道相连续；

② 当人行道中设有盲道系统时，应与公交车站的盲道相连接；

③ 宜设置盲文站牌或语言提示服务设施，盲文站牌的位置、高度与内容应方便视觉障碍者的使用。

6）无障碍标识系统

（1）无障碍设施位置不明显时，应设置相应的无障碍标识系统；

（2）无障碍标志牌应沿行人道通行路径布置，构成标识引导系统；

（3）无障碍标志牌的布置应与其他交通标志牌相协调。

38. 城市广场的无障碍设计有哪些规定？

《无障碍设计规范》GB 50763—2012 规定：

1）实施范围

城市广场进行无障碍设计的范围包括下列内容：

（1）公共活动广场；

（2）交通集散广场。

2）实施部位和设计要求

（1）城市广场的公共停车场的停车数在 50 辆以下时应设置不少于 1 个无障碍机动车停车位，100 辆以下时应设置不少于 2 个无障碍机动车停车位，100 辆以上时应设置不少于总停车数 3% 的无障碍机动车停车位。

（2）城市广场的地面应平整、防滑、不积水。

（3）城市广场盲道的设置应符合下列规定：

① 设有台阶或坡道时，距每段台阶与坡道的起点与终点 250～500mm 处应设提示盲道，其长度应与台阶、坡道相对应，宽度应为 250～500mm；

② 人行横道中有行进盲道时，应与提示盲道相连接。

（4）城市广场的地面有高差时坡道与无障碍电梯的选择应符合下列规定：

① 设置台阶的同时应设置轮椅坡道；

② 当设置轮椅坡道有困难时，可设置无障碍电梯。

（5）城市广场内服务设施应同时设置低位服务设施。

（6）男、女公共厕所均应满足本规范"公共厕所"的有关规定。

（7）城市广场的无障碍设施的位置应设置无障碍标志，无障碍标志应符合本规范"无障碍标识系统"，带指示方向的无障碍设施标志牌应与无障碍设施标志牌形成引导系统，满足通行的连续性。

39. 城市绿地的无障碍设计有哪些规定？

《无障碍设计规范》GB 50763—2012 规定：

1）实施范围

城市绿地进行无障碍设计的范围应包括下列内容：

（1）城市中的各类公园，包括综合公园、社会公园、社区公园、专类公园、带状公园、街旁绿地等；

（2）附属绿地中的开放式绿地；

（3）对公众开放的其他绿地。

2）公园绿地

（1）公园绿地停车场的总停车数在 50 辆以下时应设置不少于 1 个无障碍机动车停车位，100 辆以下时应设置不少于 2 个无障碍机动车停车位，100 辆以上时应设置不少于总停车数 2% 的无障碍机动车停车位；

（2）售票处的无障碍设计应符合下列规定：

① 主要出入口的售票处应设置低位售票窗口；

② 低位售票窗口前地面有高差时，应设轮椅坡道以及不小于 1.50m×1.50m 的平台；

③ 售票窗口前应设提示盲道，距售票处外墙应为 250～500mm。

（3）出入口的无障碍设计应符合下列规定：

① 主要出入口应设置为无障碍出入口，设有自动检票设备的出入口，也应设置专供乘轮椅者使用的检票口；

② 出入口检票口的无障碍通道宽度不应小于 1.20m；

③ 售票窗口前应设提示盲道，距售票处外墙应为 250～500mm。

（4）无障碍游览路线应符合下列规定：

① 无障碍游览主园路应结合公园绿地的主路设置，应能到达部分主要景区和景点，并宜形成环路，纵坡宜小于 5%，山地公园绿地的无障碍游览主园路纵坡宜小于 8%；无障碍游览主园路不宜设置台阶、梯道，必须设置时应同时设置轮椅坡道；

② 无障碍游览支园路应能连接主要景点，并和无障碍游览主园路相连，形成环路；小路可达景点局部，不能形成环路时，应便于折返，无障碍游览支园路和小路的纵坡应小于 8%；超过 8% 时，路面应作防滑处理，并不宜轮椅通行；

③ 园路坡度大于 8% 时，宜每隔 10～20m 在路旁设置休息平台；

④ 紧邻湖岸的无障碍游览园路应设置护栏，高度应不低于 900mm；

⑤ 在地形险要的地段应设置安全防护设施和安全警示线；

⑥ 路面应平整、防滑、不松动，园路上的窨井盖板应与路面平齐，排水沟的滤水算

子孔的宽度不应大于 15mm。

（5）游憩区的无障碍设计应符合下列规定：

① 主要出入口或无障碍游览园路沿线应设置一定面积的无障碍游憩区；

② 无障碍游憩区应方便轮椅通行，有高差时应设置轮椅坡道，地面应平整、防滑、不松动；

③ 无障碍游憩区的广场树池以高出广场地面，与广场地面相平的树池应加箅子。

（6）常规设施的无障碍设计应符合下列规定：

① 在主要出入口、主要景点和景区，无障碍游憩区内的游憩设施、服务设施、公共设施、管理设施应为无障碍设施。

② 游憩设施的无障碍设计应符合下列规定：

a. 在没有特殊景观要求的前提下，应设有无障碍游憩设施；

b. 单体建筑和组合建筑包括亭、廊、榭、花架等，若有台明和台阶时，台明不宜过高，入口应设置坡道，建筑室内应满足无障碍通行；

c. 建筑院落的出入口以及院内广场、通道有高差时，应设置轮椅坡道；有 3 个以上出入口时，应至少设 2 个无障碍出入口，建筑院落的内廊或通道宽度不应小于 1.20m；

d. 码头与无障碍园路和广场衔接处有高差时应设置轮椅坡道；

e. 无障碍游览路线上的桥应为平板或坡道在 8% 以下的小拱桥，宽度不应小于 1.20m，桥面应防滑，两侧应设栏杆；桥面与园路、广场衔接有高差时应设轮椅坡道。

③ 服务设施的无障碍设计应符合下列规定：

a. 小卖店的售货窗口应设置低位窗口；

b. 茶座、咖啡厅、餐厅、摄影部等出入口应为无障碍出入口，并提供一定数量的轮椅席位；

c. 服务台、业务台、咨询台、收货柜台等应设有低位服务设施。

④ 公共设施的无障碍设计应符合下列规定：

a. 公共厕所应满足本规范"城市公共厕所"的规定，大型园林建筑和主要游览区应设置无障碍厕所；

b. 饮水器、洗手台、垃圾箱等小品的设置应方便乘轮椅者使用；

c. 游客服务中心应符合本规范"商业服务建筑"的有关要求；

d. 休息座椅旁应设置轮椅停留空间。

⑤ 管理设施的无障碍设计应符合本规范"商业服务建筑"的有关要求。

（7）标识与信息应符合下列规定：

① 主要出入口、无障碍通道、停车位、建筑出入口、公共厕所等无障碍设施的位置应设置无障碍标志，并应形成完整的标识系统，清楚地指明无障碍设施的走向及位置，无障碍标志应符合本规范"无障碍标识系统、信息无障碍"的规定；

② 应设置系统的指路牌、定位导览图、景区景点和园中园说明牌；

③ 出入口应设置无障碍设施位置图、无障碍游览图；

④ 危险地段设置必要的警示、提示标志及安全警示线。

（8）不同类别的公园绿地的特殊要求.

① 大型植物园宜设置盲人植物区或植物角，并提示语音服务、盲文铭牌等供视觉障

碍者使用的设施；

② 绿地内游览区、展示区、动物园的动物展示区应设置便于乘轮椅者参观的窗口或位置。

3）附属绿地

（1）附属绿地中的开放式绿地应进行无障碍设计。

（2）附属绿地中的无障碍设计应符合本规范"公园绿地"的有关要求。

4）其他绿地

（1）其他绿地中的开放式是绿地应进行无障碍设计。

（2）其他绿地的无障碍设计应符合本规范"公园绿地"的有关要求。

40. 居住区、居住建筑的无障碍设计有哪些规定？

《无障碍设计规范》GB 50763—2012 规定：

1）道路

（1）居住区道路进行无障碍设计的范围应包括居住区路、小区路、宅间小路的人行道；

（2）居住区级道路的无障碍设计应符合"城市道路"的有关规定。

2）居住绿地

（1）居住绿地的无障碍设计应符合下列规定：

① 居住绿地内的无障碍设计的范围及建筑物的类型包括：出入口、游步道、休憩设施、儿童游乐场、休闲广场、公共厕所等；

② 基地地坪坡度不大于5%的居住区的居住绿地应满足无障碍要求，地坪坡度大于5%的居住区，应至少设置1个满足无障碍要求的居住绿地；

③ 满足无障碍要求的居住绿地，宜靠近设有无障碍住房和宿舍的居住建筑设置，并通过无障碍通道到达。

（2）出入口应符合下列规定：

① 居住绿地的主要出入口应设置无障碍出入口，有3个以上出入口时，无障碍出入口不应少于2个；

② 居住绿地内主要活动广场与相接的地面或路面高差小于300mm时，所有出入口均应为无障碍出入口；高差大于300mm时，当出入口少于3个，所有出入口均应为无障碍出入口；当出入口为3个或3个以上，应至少设置2个无障碍出入口；

③ 组团绿地、开放式绿地、儿童活动场、健身运动场的出入口应设置提示盲道。

（3）游步道及休憩设施应符合下列规定：

① 居住绿地内的游步道应为无障碍通道，轮椅园路纵坡不应大于4%，轮椅专用道不应大于8%；

② 居住绿地的游步道及园林建筑、园林小品如亭、廊、花架等休憩设施不宜设置高于450mm的台明或台阶；必须设置时，应同时设置轮椅坡道并在休憩设施入口处设提示盲道；

③ 绿地及广场设置休息座椅时，应留有轮椅停留空间。

（4）活动场地应符合下列规定：

① 林下铺装活动场地，以种植乔木为主，林下净空不得低于 2.20m；

② 儿童活动场地周围不宜种植遮挡视线的树木，保持较好的可通视性，且不宜选用硬质叶片的丛生植物。

3）配套公共设施

（1）居住区内的居委会、卫生站、健身房、物业管理、会所、社区中心、商业等为居民服务的建筑应设无障碍出入口；设有电梯的建筑至少应设置 1 部无障碍电梯，未设置电梯的多层建筑，应至少设置 1 部无障碍楼梯；

（2）供居民使用的公共厕所应满足本规范"公共厕所"的要求；

（3）停车场和车库应符合下列规定：

① 居住区停车场和车库的总停车位应不少于 0.5% 的无障碍机动车停车位，若设有多个停车场和车库，宜每处设置不少于 1 个无障碍机动车停车位；

② 地面停车场的无障碍机动车停车位宜靠近停车场的出入口，有条件的居住区宜靠近住宅出入口设置无障碍机动车停车位；

③ 车库的人行出入口应为无障碍出入口，设置在非首层的车库应设无障碍通道与无障碍电梯或无障碍楼梯连通，直达首层。

4）居住建筑

（1）居住建筑进行无障碍设计的范围应包括住宅及公寓、宿舍建筑（职工宿舍、学生宿舍）等。

（2）居住建筑的无障碍设计应符合下列规定：

① 设置电梯的居住建筑应至少设置 1 处无障碍出入口，通过无障碍通道直达电梯厅；未设置电梯的低层和多层居住建筑，当设置无障碍住房和宿舍时，应设置无障碍出入口；

② 设置电梯的居住建筑，每居住单元至少应设置一部能直达户门层的无障碍电梯。

（3）居住建筑应按每 100 套住房设置不少于 2 套无障碍住房。

（4）无障碍住房及宿舍宜建于底层；当无障碍住房及宿舍设在 2 层及以上且未设置电梯时，其公共楼梯应满足本规范"无障碍楼梯、台阶"的规定。

（5）宿舍建筑中，男、女宿舍应分别设置无障碍宿舍，每 100 套宿舍应设置不少于 1 套无障碍宿舍，当无障碍宿舍设置在 2 层以上且设置电梯时，应设置不少于 1 部无障碍电梯，无障碍电梯应与无障碍宿舍以无障碍通道连接。

（6）当无障碍宿舍内未设置厕所时，其所在楼层应满足本规范"公共厕所"的有关规定或设置无障碍厕所，并宜靠近无障碍宿舍设置。

41. 公共建筑的无障碍设计有哪些规定？

《无障碍设计规范》GB 50763—2012 规定：

1）一般规定

（1）公共建筑基地的无障碍设计应符合下列规定：

① 建筑基地的车行道与人行通道地面有高差时，在人行通道的路口及人行横道的两端应设缘石坡道；

② 建筑基地的广场和人行通道的地面应平整、防滑、不积水；

③ 建筑基地的主要人行通道当有高差或台阶时，应设置轮椅坡道或无障碍电梯。

（2）建筑基地内总停车数在 100 辆以下时应设置不少于 1 个无障碍机动车停车位，100 辆以上时应设置不少于总停车数 1% 的无障碍机动车停车位。

（3）公共建筑的主要出入口宜设置坡度小于 1∶30 的平坡出入口。

（4）建筑内设有电梯时，至少应设置 1 部无障碍电梯。

（5）当设有各种服务窗口、售票窗口、公共电话台、饮水器等时应设置低位服务设施。

（6）主要出入口、建筑出入口、通道、停车位、厕所、电梯等无障碍设施，应设置无障碍标志并应满足本规范"无障碍标识系统、信息无障碍"的有关规定；建筑物出入口和楼梯前室宜设电子显示屏。

（7）公共建筑的无障碍设施应成系统设计，并宜相互靠近。

2）办公、科研、司法建筑

（1）办公、科研、司法建筑进行无障碍设计的范围包括：政府办公建筑、司法办公建筑、企事业办公建筑、各类科研建筑、社区办公建筑及其他办公建筑等。

（2）为公众办理业务与信访接待的办公建筑的无障碍设计应符合下列规定：

① 建筑的主要出入口应为无障碍出入口；

② 建筑出入口大厅、休息厅、贵宾休息室、疏散大厅等人员聚集场所有高差或台阶时应设轮椅坡道，宜提供休息座椅和可以放置轮椅的无障碍休息区；

③ 公众通行的室内走道应为无障碍通道，走到长度大于 60m 时，宜设休息区，休息区应避开行走路线；

④ 供公众使用的楼梯宜为无障碍楼梯；

⑤ 供公众使用的男、女公共厕所应满足本规范"公共厕所、无障碍厕所"的有关规定或在男、女公共厕所附近设置 1 个无障碍厕所，且建筑物至少应设置 1 个无障碍厕所，内部办公人员使用的男、女公共厕所至少应各有 1 个满足本规范"公共厕所、无障碍厕所"的有关规定或在男、女公共厕所附近设置 1 个无障碍厕所；

⑥ 法庭、审判庭及为公众服务的会议及报告厅等公众坐席座位数为 300 座以下时应至少设置 1 个轮椅席位，300 座以上不应少于 2% 且不少于 2 个轮椅席位。

（3）其他办公建筑的无障碍设计应符合下列规定：

① 建筑物至少应有 1 处为无障碍出入口，且宜位于主要出入口处；

② 男、女公共厕所至少各有 1 处应满足本规范"公共厕所、无障碍厕所"的有关规定；

③ 多功能厅、报告厅等至少应设置 1 部轮椅坐席。

3）教育建筑

（1）教育建筑进行无障碍设计的范围应包括托儿所、幼儿园建筑、中小学建筑、高等院校建筑、职业教育建筑、特殊教育建筑等。

（2）教育建筑的无障碍设计应符合下列规定：

① 凡教师、学生和婴幼儿使用的建筑物主要出入口应为无障碍出入口，宜设置为平坡出入口；

② 主要教学用房应至少设置 1 部无障碍电梯；

③ 公共厕所至少应有 1 处满足本规范"公共厕所、无障碍厕所"的规定。

(3) 接收残疾生源的教育建筑的无障碍设计应符合下列规定：

① 主要教学用房每层至少有 1 处公共厕所应满足本规范"公共厕所、无障碍厕所"的规定；

② 合班教室、报告厅以及剧场等应设置不少于 2 个轮椅坐席，服务报告厅的公共厕所应满足规范"公共厕所、无障碍厕所"的规定或设置无障碍厕所；

③ 有固定座位的教室、阅览室、实验教室等教学用房，应在靠近出入口处预留轮椅回转空间。

(4) 视力、听力、言语、智力残障学校设计应符合行业标准《特殊教育学校建筑设计规范》JGJ 76—2019 的有关要求。

4) 医疗康复建筑

(1) 医疗康复建筑进行无障碍设计的范围应包括综合医院、专科医院、疗养院、康复中心、急救中心和其他所有与医疗、康复有关的建筑物。

(2) 医疗康复建筑中，凡病人、康复人员使用的建筑的无障碍设计应符合下列规定：

① 室外通行步道应满足本规范"无障碍通道、门"的有关规定；

② 院区室外的休息座椅旁，应留有轮椅停留空间；

③ 主要出入口应为无障碍出入口，宜设置为平坡出入口；

④ 室内通道应设置无障碍通道，净宽不应小于 1.80m，并应按本规范"扶手"的要求设置扶手；

⑤ 门应符合本规范"门"的构造要求；

⑥ 同一建筑内应至少设置 1 部无障碍电梯；

⑦ 建筑内设有电梯时，每组电梯应至少设置 1 部无障碍电梯；

⑧ 首层应至少设置不少于 1 处无障碍厕所；各楼层至少 1 处公共厕所应满足本规范"公共厕所、无障碍厕所"的规定或设置无障碍厕所；病房内的厕所应设置安全抓杆，并应符合相关规定；

⑨ 儿童医院的门诊部、急诊部和医技部，每层宜设置至少 1 处母婴室，并靠近公共厕所；

⑩ 诊区、病区的护士站、公共电话台、查询处、饮水器、自助收货处、服务台等应设置低位服务设施；

⑪ 无障碍设施应设符合我国国家标准的无障碍标志，在康复建筑的院区主要出入口处宜设置盲文地图或供视觉障碍者使用的语音导医系统和提示系统、供听力障碍者需要的手语服务及文字提示导医系统。

(3) 门诊部、急诊部的无障碍设施还应符合下列规定：

① 挂号、收费、取药处应设置文字显示器以及语言广播装置和低位服务台或窗口；

② 候诊区应设轮椅回转空间。

(4) 医技部的无障碍设施应符合下列规定：

① 病人更衣室应设置有不小于 1.50m 的轮椅回转空间，部分更衣箱高度应小于 1.40m；

② 等候区应留有轮椅停留空间，取报告处宜设文字显示器和语言提示装置。

(5) 住院部病人活动室墙面四周扶手的设置应满足本规范"扶手"的规定。

（6）理疗用房应根据治疗要求设置扶手，并满足本规范"扶手"的规定。

（7）办公、科研、餐厅、食堂、太平间用房的主要出入口应为无障碍出入口。

5）福利及特殊服务建筑

（1）福利及特殊服务建筑进行无障碍设计的范围应包括福利院、敬（安、养）老院、老年护理院、老年住宅、残疾人综合服务设施、残疾人托养中心、残疾人体训中心及其他残疾人集中或使用频率较高的建筑等。

（2）福利及特殊服务建筑的无障碍设计应符合下列规定：

① 室外通行的步行道应满足本规范"无障碍通道、门"的相关要求；

② 室外院区的休息座椅旁应留有轮椅停留空间；

③ 建筑物的首层出入口应为无障碍出入口，宜设置平坡出入口。主要出入口设置台阶时，台阶两侧宜设置扶手；

④ 建筑出入口大厅、休息厅等人员聚集场所宜提供休息座椅和可以放置轮椅的无障碍休息区；

⑤ 公共建筑的室内走道应为无障碍通道，走道两侧墙面应设置扶手，并应满足本规范"扶手"的相关规定；室外的连通走道应选用平整、坚固、耐磨、不光滑的材料并宜设防风避雨设施；

⑥ 楼梯应为无障碍楼梯；

⑦ 电梯应为无障碍电梯；

⑧ 居室内宜留有直径不小于 1.50m 的轮椅回转空间；

⑨ 居室户门净宽不应小于 900mm；居室内走道净宽不应小于 1.20m；卧室、厨房、卫生间门净宽不应小于 800mm；

⑩ 居室内的厕所应设置安全抓杆，并应符合本规范"公共厕所、无障碍厕所"关于安全抓杆的要求；居室外的公共厕所应符合本规范"公共厕所、无障碍厕所"的规定或设置无障碍厕所；

⑪ 公共浴室应满足本规范"公共浴室"的有关规定；居室的淋浴间或盆浴间应设安全抓杆，并应符合本规范"公共厕所、无障碍厕所"关于安全抓杆的要求；

⑫ 居室宜设置语言提示装置。

（3）其他不同建筑类别应符合有关规范的设计要求。

6）体育建筑

（1）体育建筑进行无障碍设计的范围应包括作为体育比赛（训练）、体育教学、体育休闲的体育场馆和场地设施等。

（2）体育建筑的无障碍设计应符合下列规定：

① 特级、甲级场馆基地内应设置不少于停车数量的 2%，且不少于 2 个无障碍机动车停车位，乙级、丙级场馆基地内应设置不少于 2 个无障碍机动车停车位；

② 建筑物的观众、运动员及贵宾出入口应至少各设 1 处无障碍出入口，其他功能分区的出入口，其他功能分区的出入口可根据需要设置无障碍出入口；

③ 建筑物的检票口及无障碍出入口到各种无障碍设施的室内走道应为无障碍通道，通过长度大于 60m 时宜设休息区，休息区应避开行走路线；

④ 大厅、休息厅、贵宾休息室、疏散大厅等主要人员聚集场所宜设放置轮椅的无障

碍休息区；

⑤ 供观众使用的楼梯应为无障碍楼梯；

⑥ 特级、甲级场馆内各类观众看台区、主席台、贵宾区内如设置电梯应至少各设置1部无障碍电梯，乙级、丙级场馆内坐席区设有电梯时，至少应设置1部无障碍电梯，并应满足赛事和观众的需要；

⑦ 特级、甲级场馆每处观众区和运动员区使用的男、女公共厕所均应满足本规范"公共厕所、无障碍厕所"的规定或在每处男、女公共厕所附近设置1个无障碍厕所，且场馆内至少应设置1个无障碍厕所，主席台休息区、贵宾休息区应至少各设置1个无障碍厕所；乙级、丙级场馆的观众区和运动员区各至少有1处男、女公共厕所应满足本规范"公共厕所、无障碍厕所"的规定或各在男、女公共厕所附近设置一个无障碍厕所；

⑧ 运动员浴室应满足本规范"公共浴室"的规定；

⑨ 场馆内各类观众看台的坐席区都应设置轮椅席位，并在轮椅席位旁或邻近的坐席处，设置1∶1的陪护席位，轮椅席位数不应少于观众席总数的0.2%。

7）文化建筑

(1) 文化建筑进行无障碍设计的范围应包括文化馆、活动中心、图书馆、档案馆、纪念馆、纪念塔、纪念碑、宗教建筑、博物馆、展览馆、科技馆、艺术馆、美术馆、会展中心、剧场、音乐厅、电影院、会堂、演艺中心等。

(2) 文化类建筑的无障碍设计应符合下列规定：

① 建筑物至少应有1处为无障碍出口，且宜位于主要出入口处；

② 建筑出入口大厅、休息厅（贵宾休息厅）、疏散大厅等主要人员聚集场所有高差或台阶时应设轮椅坡道，宜设置休息座椅和可以放置轮椅的无障碍休息区；

③ 公众通行的室内走道及检票口应为无障碍通道，走道长度大于60m时，宜设休息区，休息区应避开行走路线；

④ 供观众使用的楼梯应为无障碍楼梯；

⑤ 供公众使用的男、女厕所每层至少1处应满足本规范"公共厕所、无障碍厕所"的有关规定或在男、女公共厕所附近设置1个无障碍厕所；

⑥ 公共餐厅应提供总用餐数2%的活动座椅，供乘轮椅者使用。

(3) 文化馆、少儿活动中心、图书馆、档案馆、纪念馆、纪念塔、纪念碑、宗教建筑、博物馆、展览馆、科技馆、艺术馆、美术馆、会展中心等建筑物的无障碍设施应符合下列规定：

① 图书馆、文化馆等安有探测仪的出入口应便于乘轮椅者进入；

② 图书馆、文化馆等应设置低位目录检索台；

③ 报告厅、视听室、视听室、展览厅等设有观众席位时应至少设1个轮椅席位；

④ 县、市级及以上图书馆应设有专用图书室（角），在无障碍入口、服务台、楼梯间和电梯间入口、盲人图书室前应设行进盲道和提示盲道；

⑤ 宜提供语音导览机、助听器等信息服务。

(4) 剧场、音乐厅、电影院、会堂、演艺中心等建筑物的无障碍设施应符合下列规定：

① 观众厅等内座位数为300座及以下时应至少设置1个轮椅席位，300座以上时不应

少于 2% 且不少于 2 个轮椅席位；

② 演员活动区域应至少有 1 处男、女公共厕所应满足本规范"公共厕所、无障碍厕所"的有关规定，贵宾室宜设 1 个无障碍厕所。

8）商业服务建筑

（1）商业服务建筑进行无障碍设计的范围包括各类百货店、购物中心、超市、专卖店、专业店、餐饮建筑、旅馆等商业建筑，银行、证券等金融服务建筑，邮局、电信局等邮电建筑，娱乐建筑等。

（2）商业服务建筑的无障碍设计应符合下列规定：

① 建筑物至少应有 1 处无障碍出入口，且宜位于主要出入口处；

② 公众出行的室内走道应为无障碍通道；

③ 供公众使用的男、女厕所每层至少有 1 处应满足本规范"公共厕所、无障碍厕所"的有关规定或在男、女公共厕所附近设置 1 个无障碍厕所，大型商业建筑宜在男、女公共厕所中满足本规范"公共厕所、无障碍厕所"有关规定的同时且在附近设置 1 个无障碍厕所；

④ 供公众使用的主要楼梯应为无障碍楼梯。

（3）旅馆等商业服务建筑应设置无障碍客房，其数量应符合下列规定：

① 100 间以下，应设 1~2 间无障碍客房；

② 100~400 间，应设 2~4 间无障碍客房；

③ 400 间以上，应至少设 4 间无障碍客房。

（4）设有无障碍客房的旅馆建筑，宜配备方便导盲人休息的设施。

9）汽车客运站

（1）汽车客运站建筑进行无障碍设计的范围包括各类长途汽车站。

（2）汽车客运站建筑的无障碍设计应符合下列规定：

① 站前广场人行通道的地面应平整、防滑、不积水，有高差时应做轮椅坡道；

② 建筑物至少应有 1 处为无障碍出入口，宜设置为平坡出入口，且宜位于主要出入口处；

③ 门厅、售票厅、候车厅、检票口等旅客通行的室内走道应为无障碍通道；

④ 供旅客使用的男、女厕所每层应至少 1 处满足本规范"公共厕所、无障碍厕所"的厕所，或在男、女公共厕所附近设置 1 个无障碍厕所，且建筑内至少应设置 1 个无障碍厕所；

⑤ 供公众使用的主要楼梯应为无障碍楼梯；

⑥ 行包托运处（含小件寄存处）应设置低位窗口。

10）公共停车场

（1）公共停车场（库）应设置无障碍机动车停车位，其数量应符合下列规定：

① Ⅰ类公共停车场（库）应设置不少于停车数量 2% 的无障碍机动车停车位；

② Ⅱ类及Ⅲ类公共停车场（库）应设置不少于停车数量 2%，且不少于 2 个无障碍机动车停车位；

③ Ⅳ类公共停车场（库）应设置不少于 1 个无障碍机动车停车位。

（2）设有楼层公共停车场（库）的无障碍机动车停车位宜设在与公共交通同层的位

置，或通过无障碍设施衔接通往地面层。

11）汽车加油加气站

汽车加油加气站附属建筑的无障碍设计应符合下列规定：

（1）建筑物至少应有 1 处为无障碍出入口，且宜位于主要出入口处；

（2）男、女公共厕所宜满足本规范"公共厕所、无障碍厕所"的有关规定。

12）高速公路服务区建筑

高速公路服务区建筑内的服务建筑的无障碍设计应符合下列规定：

（1）建筑物至少应有 1 处为无障碍出入口，且宜位于主要出入口处；

（2）男、女公共厕所宜满足本规范"公共厕所、无障碍厕所"的有关规定。

13）城市公共厕所

（1）城市公共厕所进行无障碍设计的包括独立式、附属式公共厕所。

（2）城市公共厕所的无障碍设计应符合下列规定：

① 出入口应为无障碍出入口；

② 在两层公共厕所中，无障碍厕位应设在地面层；

③ 女厕所的无障碍设施包括至少 1 个无障碍厕位和 1 个无障碍洗手盆；男厕所的无障碍设施包括至少 1 个无障碍厕位、1 个无障碍小便器和 1 个无障碍洗手盆，并应满足本规范"公共厕所、无障碍厕所"的有关规定；

④ 宜在公共厕所旁另设 1 处无障碍厕所；

⑤ 厕所内的通道应方便乘轮椅者的进出和回转，回转直径应不小于 1.50m；

⑥ 门应开启方便，通行净宽度不应小于 800mm；

⑦ 地面应防滑、不积水。

42. 历史文化保护建筑的无障碍设计有哪些规定？

《无障碍设计规范》GB 50763—2012 规定：

1）实施范围

历史文化保护建筑进行无障碍设计的范围应包括开放参观的历史名园、开放参观的古建博物馆、使用中的庙宇、开放参观的近现代重要史迹及纪念性建筑、开放的复古建筑等。

2）无障碍游览路线

对外开放的文物保护单位应根据实际情况设计无障碍游览路线，无障碍游览路线上的文物建筑宜尽量满足游客参观的需求。

3）出入口

（1）无障碍游览路线上对游客开放参观的文物建筑对外的出入口，其设置标准要以保护文物为前提，坡道、平台等可为可拆卸的活动设施。

（2）展厅、陈列室、视听室等，至少应有 1 处无障碍出入口，其设置标准要以保护文物为前提，坡道、平台等可为可拆卸的活动设施。

（3）开放的文物保护单位的对外接待用房的出入口宜为无障碍出入口。

4）院落

（1）无障碍游览路线上的游览通道的路面应平整、防滑，其纵坡不宜大于 1∶50，有台阶处应同时设置轮椅坡道，坡道、平台等可为可拆卸的活动设施。

（2）开放的文物保护单位内可不设置盲道，当特别需要时可设置，且与周围环境相协调。

（3）位于游览路线上的院落内的公共绿地及其通道、休息凉亭等设施的地面应平整、防滑，有台阶处宜同时设置坡道，坡道、平台等可为可拆卸的活动设施。

（4）院落内的休息座椅旁宜设置轮椅停留空间。

5）服务设施

（1）供公众使用的男、女厕所至少应有1处满足本规范"城市公共厕所"的有关规定。

（2）供公众使用的服务性用房的出入口至少应有1处为无障碍出入口，且宜位于主要出入口处。

（3）售票处、服务台、公用电话、饮水处等应设置低位服务设施。

（4）纪念品商店如有开放式柜台、收银台，应配置低位柜台。

（5）设有演播电视等服务设施的，其观众区应至少设置1个轮椅席位。

（6）建筑基地内设有停车场的，应设置不少于1个无障碍机动车停车位。

6）信息与标识的无障碍设计应符合下列规定：

（1）主要出入口、无障碍通道、停车位、建筑出入口、厕所等无障碍设施的位置，应设置无障碍标志并应符合本规范"无障碍标识系统、信息无障碍"的有关规定；

（2）重要的展览性陈设，宜设置盲文解说牌。

43. 建筑无障碍设施的具体规定有哪些?

《无障碍设计规范》GB 50763—2012规定：

1）缘石坡道

（1）缘石坡道的设计要求

① 缘石坡道的坡面应平整、防滑；

② 缘石坡道的坡口与车行道之间宜设有高差；当有高差时，高出车行道的地面不应大于10mm；

③ 宜优先选用全宽式单面坡缘石坡道。

（2）缘石坡道的坡度

① 全宽式单面坡缘石坡道的坡度不应大于1：20；

② 三面坡缘石坡道正面及侧面的坡度不应大于1：12；

③ 其他形式的缘石坡道的坡度均不应大于1：12。

（3）缘石坡道的宽度

① 全宽式单面坡缘石坡道的宽度应与人行道宽度相同；

② 三面坡缘石坡道的正面坡道宽度不应小于1.20m；

③ 其他形式的缘石坡道的坡口宽度均不应小于1.50m。

2）盲道

（1）盲道的一般规定

① 盲道按其使用功能可分为行进盲道和提示盲道；

② 盲道的纹路应凸出路面4mm高；

③ 盲道铺设应连续，应避开树木（穴）、电线杆、拉线等障碍物，其他设施不得占用盲道；

④ 盲道的颜色应与相邻的人行道铺面的颜色形成对比，并与周围景观相协调，宜采用中黄色；

⑤ 盲道型材表面应防滑。

（2）行进盲道的规定

① 行进盲道应与人行道的走向一致；

② 行进盲道的宽度宜为250～500mm；

③ 行进盲道宜在距围墙、花台、绿化带250～500mm处设置；

④ 行进盲道宜在距树池边缘250～500mm处设置；如无树池，行进盲道距路缘石上沿不应小于500mm；行进盲道比路缘石上沿低时，距路缘石不应小于250mm；盲道应避开非机动车停放的位置；

⑤ 行进盲道的触感条规格应符合表1-59的规定。

行进盲道的触感条规格
表1-59

部位	尺寸要求(mm)	部位	尺寸要求(mm)
面宽	25	高度	4
底宽	35	中心距	62～75

（3）提示盲道的规定

① 行进盲道在起点、终点及转弯处及其他有需要处应设提示盲道，当盲道的宽度不大于300mm时，提示盲道的宽度应大于行进盲道的宽度；

② 提示盲道的触感圆点规格应符合表1-60的规定。

提示盲道的触感圆点规格
表1-60

部位	尺寸要求(mm)	部位	尺寸要求(mm)
表面直径	25	圆点高度	4
底面直径	35	圆点中心距	50

3）无障碍出入口

（1）无障碍出入口的类别

① 平坡出入口；

② 同时设置台阶和轮椅坡道的出入口；

③ 同时设置台阶和升降平台的出入口。

（2）无障碍出入口的规定

① 出入口的地面应平整、防滑；

② 室外地面滤水箅子的孔洞宽度不应大于15mm；

③ 同时设置台阶和升降平台的出入口宜只用于受场地限制无法改造的工程，并应符合无障碍电梯、升降平台的有关规定；

④ 除平坡出入口外，在门完全开启的状态下，建筑物无障碍出入口的平台净深度不

应小于 1.50m；

⑤ 建筑物出入口的门厅、过厅如设置两道门，门扇同时开启时两道门的间距不应小于 1.50m；

⑥建筑物无障碍出入口的上方应设置雨棚。

（3）无障碍出入口的轮椅坡道及平坡出入口的坡度

① 平坡出入口的地面的坡度不应大于 1∶20，当场地条件比较好时，不宜大于 1∶30；

② 同时设置台阶和轮椅坡道的出入口，轮椅坡道的坡度应符合轮椅坡道的有关规定。

4）轮椅坡道

（1）轮椅坡道宜设计成直线形、直角形或折返形。

（2）轮椅坡道的净宽度不应小于 1.00m，无障碍出入口的轮椅坡道净宽度不应小于 1.20m。

（3）轮椅坡道的高度超过 300mm 或坡度大于 1∶20 时，应在两侧设置单层扶手，坡道与休息平台的扶手应保持连贯，扶手应符合本规范"扶手"的有关规定。

（4）轮椅坡道的最大高度和水平长度应符合表 1-61 的规定。

轮椅坡道的最大高度和水平长度 表 1-61

坡度	1∶20	1∶16	1∶12	1∶10	1∶8
最大高度（m）	1.20	0.90	0.75	0.60	0.30
水平长度（m）	24.00	14.40	9.00	6.00	2.40

注：其他坡度可用插入法进行计算。

（5）轮椅坡道的坡面应平整、防滑、无反光。

（6）轮椅坡道起点、终点和中间休息平台的水平长度不应小于 1.50m。

（7）轮椅坡道临空侧应设置安全阻挡措施。

（8）轮椅坡道应设置无障碍标志，无障碍标志应符合本规范"无障碍标识系统"的要求。

5）无障碍通道、门

（1）无障碍通道的宽度

① 室内走道不应小于 1.20m，人流较多或较集中的大型公共建筑的室内走道宽度不宜小于 1.80m；

② 室外通道不宜小于 1.50m；

③ 检票口、结算口轮椅通道不应小于 900mm。

（2）无障碍通道的规定

① 无障碍通道应连续，其地面应平整、防滑、反光小或无反光，并不宜设置厚地毯；

② 无障碍通道上有高差时，应设置轮椅坡道；

③ 室外通道上的雨水算子的孔洞宽度不应大于 15mm；

④ 固定在无障碍通道的墙、立柱上的物体或标牌距地面的高度不应小于 2.00m，探出部分的宽度不应大于 100mm，如突出部分大于 100mm，则其距地面的高度应小于 600mm；

⑤ 斜向的自动扶梯、楼梯等下部空间可以进入时，应设置安全挡牌。

（3）门的无障碍设计规定

① 不应采用力度大的弹簧门，并不宜采用弹簧门、玻璃门；当采用玻璃门时，应有醒目的提示标志；

② 自动门开启后通行净宽度不应小于 1.00m；

③ 平开门、推拉门、折叠门开启后的通行净宽度不应小于 800mm，有条件时，不宜小于 900mm；

④ 在门扇内外应留有直径不小于 1.50m 的轮椅回转空间；

⑤ 在单扇平开门、推拉门、折叠门的门把手一侧的墙面，应设宽度不小于 400mm 的墙面；

⑥ 平开门、推拉门、折叠门的门扇应设距地 900mm 的把手，宜设视线观察玻璃，并宜在距地 350mm 范围内安装护门板；

⑦ 门槛高度及门内外地面高差不应大于 15mm，并以斜面过渡；

⑧ 无障碍通道上的门扇应便于开关；

⑨ 宜与周围墙面有一定的色彩反差，方便识别。

6）无障碍楼梯、台阶

（1）无障碍楼梯的规定

① 宜采用直线形楼梯；

② 公共建筑楼梯的踏步宽度不应小于 280mm，踏步高度不应大于 160mm；

③ 不应采用无踢面和直角形突缘的踏步；

④ 宜在两侧均做扶手；

⑤ 如采用栏杆式楼梯，在栏杆下方宜设置安全遮挡措施；

⑥ 踏面应平整防滑或在踏步前缘设防滑条；

⑦ 距踏步起点和终点 250～300mm 宜设提示盲道；

⑧ 踏面和踢面的颜色宜有区分和对比；

⑨ 楼梯上行及下行的第一个踏步宜在颜色或材质上与平台有明显区别。

（2）台阶的无障碍规定

① 公共建筑的室内外台阶踏步宽度不宜小于 300mm，踏步高度不宜大于 150mm，并不应小于 100mm；

② 踏步应防滑；

③ 3 级及 3 级以上的台阶应在两侧设置扶手；

④ 台阶上行及下行的第一个踏步宜在颜色或材质上与其他阶有明显区别。

7）无障碍电梯、升降平台

（1）无障碍电梯候梯厅的规定

① 候梯厅深度不应小于 1.50m，公共建筑及设置病床的候梯厅深度不宜小于 1.80m；

② 呼叫按钮高度为 0.90～1.10m；

③ 电梯门洞的净宽度不宜小于 900mm；

④ 电梯入口处宜设提示盲道；

⑤ 候梯厅应设电梯运行显示装置和抵达音响。

（2）无障碍电梯轿厢的规定

① 轿厢门开启的净宽度不应小于 800mm；

② 在轿厢的侧壁上应设高 0.90～1.10m 带盲文的选层按钮，盲文宜设置于按钮旁；

③ 在轿厢三面壁上应设高 850～900mm 扶手，扶手应符合本规范"扶手"的相关规定；

④ 轿厢内应设电梯运行显示装置和报层音响；

⑤ 轿厢正面高 900mm 处至顶部应安装镜子或采用有镜面效果的材料；

⑥ 轿厢的规格应依据建筑性质和使用要求的不同而选用；最小规格为深度不应小于 1.40m，宽度不应小于 1.10m；中型规格为深度不应小于 1.60m，宽度不应小于 1.40m；医疗建筑与老人建筑宜采用病床专用电梯；

注：病床电梯的深度应不小于 2.00m。

⑦ 电梯位置应设置符合国际规定的通用标志牌。

（3）无障碍升降平台的规定

① 升降平台只适用于场地有限的改造工程；

② 无障碍垂直升降平台的深度不应小于 1.20m，宽度不应小于 900mm，应设扶手、挡板及呼叫控制按钮；

③ 垂直升降平台的基坑应采用防止误入的安全防护措施；

④ 斜向升降平台宽度不应小于 900mm，深度不应小于 1000mm，应设扶手和挡板；

⑤ 垂直升降平台的传送装置应有可靠的安全防护装置。

8）扶手

（1）无障碍单层扶手的高度应为 850～900mm，无障碍双层扶手的上层扶手高度应为 850～900mm，下层扶手高度应为 650～700mm；

（2）扶手应保持连贯，靠墙面的扶手的起点和终点处应水平延伸不小于 300mm 的长度；

（3）扶手末端应向内拐到墙面或向下延伸 100mm，栏杆式扶手应向下成弧形或延伸到地面上固定；

（4）扶手内侧与墙面的距离不应小于 40mm；

（5）扶手应安装坚固，形状易于抓握。圆形扶手直径的截面尺寸应为 35～50mm，矩形扶手宽度的截面尺寸应为 35～50mm；

（6）扶手的材质宜选用防滑、热惰性指标好的材料。

9）公共厕所、无障碍厕所

（1）公共厕所的无障碍措施

① 女厕所的无障碍设施包括至少 1 个无障碍厕位和 1 个无障碍洗手盆；男厕所的无障碍设施包括至少 1 个无障碍厕位、1 个无障碍小便器和 1 个无障碍洗手盆；

② 厕所的入口和通道应方便乘轮椅者进入和进行回转，回转直径不小于 1.50m；

③ 门应方便开启，通行净宽度不应小于 800mm；

④ 地面应防滑、不积水；

⑤ 无障碍厕位应设置无障碍标志，无障碍标志应是国际通用的标志。

（2）无障碍厕位的规定

① 无障碍厕位应方便乘轮椅者到达和进出，尺寸宜为 2.00m×1.50m，并不应小于 1.80m×1.00m；

② 无障碍厕位的门宜向外开启，如向内开启，需在开启后厕位内留有直径不小于 1.50m 的轮椅回转空间，门的通行净宽不应小于 800mm，平开门外侧应设高 900mm 的横扶把手，在关闭的门扇里侧设高 900mm 的关门拉手，并应采用门外可紧急开启的插销；

③ 厕位内应设坐便器，厕位两侧距地面 700mm 处应设长度不小于 700mm 的水平安全抓杆，另一侧应设高度为 1.40m 的垂直抓杆。

（3）无障碍厕所的要求

① 位置宜靠近公共厕所，应方便乘轮椅者进入和进行回转，回转直径不小于 1.50m；

② 面积不应小于 4.00m²；

③ 当采用平开门，门扇宜向外开启，如向内开启，需在开启后留有直径不小于 1.50m 的轮椅回转空间，门的通行净宽不应小于 800mm，平开门应设高 900mm 的横扶把手，在门扇里侧应采用门外可紧急开启的门锁；

④ 地面应防滑、不积水；

⑤ 内部应设坐便器、洗手盆、多功能台、挂衣钩和呼叫按钮；

⑥ 坐便器应符合本规范"无障碍厕位"的有关规定，洗手盆应符合本规范"无障碍洗手盆"的有关规定；

⑦ 多功能台长度不宜小于 700mm，宽度不宜小于 400mm，高度宜为 600mm；

⑧ 安全抓杆的设计应符合本规范"抓杆"的相关规定；

⑨ 挂衣钩距地高度应不大于 1.20m；

⑩ 在坐便器旁的墙面上应设高 400～500mm 的救助呼叫按钮；

⑪ 入口处应设置无障碍标志，并应符合国际通用标志的要求。

（4）厕所里的其他无障碍设施

① 无障碍小便器下口距地面高度不应大于 400mm，小便器两侧应在离墙面 250mm 处，设高度为 1.20m 的垂直安全抓杆，并在离墙面 550mm 处，设高度为 900mm 水平安全抓杆，与垂直安全抓杆连接；

② 无障碍洗手盆的水嘴中心距侧墙应大于 550mm，其底部应留出宽 750mm、高 650mm、深 450mm 供乘轮椅者膝部和足尖部移动的空间，并在洗手盆上方安装镜子，出水龙头宜采用杠杆式水龙头或感应式自动出水方式；

③ 安全抓杆应安装牢固，直径应为 30～40mm，内侧距墙不应小于 40mm；

④ 取纸器应设在坐便器的侧前方，高度为 400～500mm。

10）公共浴室

（1）公共浴室无障碍设计的规定

① 公共浴室的无障碍设施包括 1 个无障碍淋浴间或盆浴间以及 1 个无障碍洗手盆；

② 公共浴室的入口和室内空间应方便乘轮椅者进入和使用，浴室内部应能保证轮椅进行回转，回转直径不小于 1.50m；

③ 无障碍浴室地面应防滑、不积水；

④ 浴间入口宜采用活动门帘，当采用平开门时，门扇应向外开启，设高 900mm 的横扶把手，在关闭的门扇里侧设高 900mm 的关门拉手，并应采用门外可紧急开启的插销；

⑤ 应设置一个无障碍厕位。

（2）无障碍淋浴间的规定

①无障碍淋浴间的短边宽度不应小于1.50m；

② 浴间坐台高度宜为450mm，深度不宜小于450mm；

③ 淋浴间应设距地面高700mm的水平抓杆和高1.40~1.60m的垂直抓杆；

④ 淋浴间内淋浴喷头的控制开关高度不应大于1.20m；

⑤ 毛巾架的高度不应大于1.20m。

（3）无障碍盆浴间的规定

① 在浴盆一端设置方便进入和使用的坐台，其深度不应小于400mm；

② 浴盆内侧应设高600mm和900mm的两层水平抓杆，水平长度不小于800mm；洗浴坐台一侧的墙上设高900mm、水平长度不小于600mm的安全抓杆；

③ 毛巾架的高度不应大于1.20m。

11）无障碍客房

（1）无障碍客房应设在便于到达、进出和疏散的位置。

（2）房间内应有空间保证轮椅进行回转，回转直径不小于1.50m。

（3）无障碍客房的门应符合本规范"门"的有关规定。

（4）无障碍客房卫生间内应保证轮椅进行回转，回转直径不小于1.50m，其地面、门、内部设施均应符合相关的规定。

（5）无障碍客房的其他规定：

① 床间距离不应小于1.20m；

② 家具和电器控制开关的位置和高度应方便乘轮椅者靠近和使用，床的使用高度为450mm；

③ 客房及卫生间应设高度为450~500mm的救助呼叫按钮；

④ 客房应设置为听力障碍者服务的闪光提示门铃。

12）无障碍住房及宿舍

（1）户门及户内门开启后的净宽应符合本规范"门"的有关规定。

（2）通往卧室、起居室（厅）、厨房、卫生间、储藏室及阳台的通道应为无障碍通道，并应按规定设置扶手。

（3）浴盆、淋浴、坐便器、洗手盆及安全抓杆等应符合相关规定。

（4）无障碍住房及宿舍的其他规定：

① 单人卧室面积不应小于7.00m²，双人卧室面积不应小于10.50m²，兼起居室的卧室面积不应小于16.00m²，起居室面积不应小于14.00m²，厨房面积不应小于6.00m²。

② 设坐便器、洗浴器（浴盆或淋浴）、洗面盆三件卫生洁具的卫生间面积不应小于4.00m²；设坐便器、洗浴器二件卫生洁具的卫生间面积不应小于3.00m²；设坐便器、洗面器二件卫生洁具的卫生间面积不应小于2.50m²；单设坐便器卫生间面积不应小于2.00m²。

③ 供乘轮椅者使用的厨房，操作台下方净宽和高度都不应小于650mm，深度不应小于250mm。

④ 居室和卫生间内应设置救助呼叫按钮。

⑤ 家具和电器控制开关的位置和高度应方便乘轮椅者靠近和使用。

⑥ 供听力障碍者使用的住宅和公寓应安装闪光提示门铃。

13）轮椅席位

（1）轮椅席位应设在便于到达疏散口及通道的附近，不得设在公共通道范围内。

（2）观众厅内通往轮椅席位的通道应不小于 1.20m。

（3）轮椅席位的地面应平整、防滑，在边缘处应安装栏杆或栏板。

（4）每个轮椅坐席的占地面积不应小于 1.10m×0.80m。

（5）在轮椅席位上观看演出和比赛的视线不应受到遮挡，但也不应遮挡他人的视线。

（6）在轮椅席位旁或在邻近的观众席内宜设置 1∶1 的陪伴席位。

（7）轮椅席位处地面上应设置国际通用的无障碍标志。

14）无障碍机动车停车位

（1）应将通行方便、行走距离路线最短的停车位设为无障碍机动车停车位。

（2）无障碍机动车停车位的地面应平整、防滑、不积水，坡度不应大于 1∶50。

（3）无障碍机动车停车位一侧，应设宽度不小于 1.20m 的通道，供乘轮椅者从轮椅通道直接进入人行道和无障碍出入口。

（4）无障碍机动车停车位的地面应涂有停车线、轮椅通道线和无障碍标志。

15）低位服务设施

（1）设置低位服务设施的范围包括问询台、服务窗口、电话台、安检验证台、行李托运台、借阅台、各种业务台、饮水机等。

（2）低位服务设施上表面距地面高度宜为 700～850mm，其下部至少应留出宽750mm，高 650mm，深 450mm 供乘轮椅者膝部和足尖部移动的空间。

（3）低位服务设施前应有轮椅回转空间，回转直径应不小于 1.50m；

（4）挂式电话离地不应高于 900mm。

16）无障碍标识系统、信息无障碍

（1）无障碍标志的规定：

① 无障碍标志的分类：无障碍标志分为通用的无障碍标志、无障碍设施标志牌和带指示方向的无障碍设施标志牌 3 大类；

② 无障碍标志应醒目，避免遮挡；

③ 无障碍标志应纳入城市环境或建筑内部的引导标志系统，形成完整的系统，清楚地指明无障碍设施的走向及位置。

（2）盲文标志应符合下列规定：

① 盲文标志可制成盲文地图、盲文铭牌、盲文站牌；

② 盲文标志的盲文必须采用国际通用的盲文表示方法。

（3）信息无障碍

① 根据需求，因地制宜设置无障碍设备和设施，使人们便捷地获取各类信息；

② 信息无障碍设备和设施位置、设施布局应合理。

44. 其他规范对无障碍设计的要求有哪些？

1）《旅馆建筑设计规范》JGJ 62—2014 中规定：

一级、二级、三级旅馆建筑的无障碍出入口宜设置在主要出入口，四级、五级旅馆建筑的无障碍出入口应设置在主要出入口。

2）《住宅室内装饰装修设计规范》JGJ 367—2015 中规定：

（1）装饰装修设计不应改变原住宅共用部分无障碍设计，不应降低无障碍住宅中套内卧室、起居室（厅）、厨房、卫生间、过道及共用部分的要求。

（2）无障碍住宅的家具、陈设品、设施布置后，应留有符合现行国家标准《无障碍设计规范》GB 50763—2012 中规定的通往套内入口、起居室（厅）、餐厅、卫生间、储藏室及阳台的连续通道，且连通地面应平整、防滑、反光小，并不宜采用醒目的厚地毯。

（3）无障碍住宅不宜设计地面高差，当存在大于 15mm 的高差时，应设缓坡。

（4）在套内无障碍通道的墙面、柱面的 0.60～2.00m 高度内，不应设置凸出墙面 100mm 以上的装饰物。墙面、柱面的阳角宜做成圆角或钝角，并应在高度 0.40m 以下设护角。

（5）无障碍厨房设计应符合现行国家标准《无障碍设计规范》GB 50763—2012 和《住宅厨房及相关设备基本参数》GB/T 11228—2008 的相关规定。

（6）无障碍卫生间设计应符合现行国家标准《无障碍设计规范》GB 50763—2012 和《住宅卫生间功能及尺寸系列》GB/T 11977—2008 的相关规定。

（十四）老年人照料设施

45. 老年人照料设施建筑的安全设计有哪些要求？

《老年人照料设施建筑设计标准》JGJ 450—2018 规定：

1）老年人照料设施内供老年人使用的场地及用房均应进行无障碍设计，并应符合国家现行有关标准的规定。无障碍设计具体部位应符合表 1-62 的规定。

老年人照料设施场地及建筑无障碍设计的具体部位 表 1-62

部位	具体位置	无障碍设计的具体部位
场地	道路及停车场	主要出入口、人行道、停车场
	广场及绿地	活动场地、服务设施、活动设施、休憩设施
建筑	交通空间	主要出入口、门厅、走廊、楼梯、坡道、电梯
	生活用房	居室、休息室、单元起居厅、餐厅、卫生间、盥洗室、浴室
	文娱与健身用房	开展各类文娱、健身活动的用房
	康复与医疗用房	康复室、医务室及其他医疗服务用房
	管理服务用房	入住登记室、接待室等窗口部门用房

2）经过无障碍设计的场地和建筑空间均应满足轮椅进入的要求，通行宽度不应小于 0.80m，且应留有轮椅回转空间。

3）老年人使用的室外交通空间，当地面有高差时，应设轮椅坡道连接，且坡度不应大于 1/12。当轮椅坡道的高度大于 0.10m 时，应同时设无障碍台阶。

4）交通空间的主要位置两侧应设连续扶手。

5）卫生间、盥洗室、浴室，以及其他用房中供老年人使用的盥洗设施，应选用方便无障碍使用的洁具。

6) 无障碍设施的地面防滑等级及防滑安全程度应符合表 1-63 和表 1-64 的规定。

室外及室内潮湿地面工程防滑性能要求　　　　　　　　　　　　表 1-63

主要用途	防滑等级	防滑安全等级	防滑值 BPN
无障碍通行设施的地面	A_W	高	$BPN \geqslant 80$
无障碍便利设施及无障碍通用场所的地面	B_W	中高	$80 > BPN \geqslant 60$

注：A_W、B_W 分别表示潮湿地面防滑安全程度为高级、中高级。

室内干态地面工程防滑性能要求　　　　　　　　　　　　表 1-64

主要用途	防滑等级	防滑安全程度	防滑值 COF
无障碍通行设施的地面	A_d	高	$COF \geqslant 0.70$
无障碍便利设施及无障碍通用场所的地面	B_d	中高	$0.70 > COF \geqslant 0.60$

注：A_d、B_d 分别表示干态地面防滑安全程度为高级、中高级。

（十五）建筑设备层、避难层、架空层

46. 建筑设备层、避难层、架空层有哪些规定？

1)《民用建筑设计统一标准》GB 50352—2019 规定：

(1) 设备层设置应符合下列规定：

① 设备层的净高应根据设备和管线的安装检修需要确定；

② 设备层的布置应便于设备的进出和检修操作；

③ 在安全及卫生等方面互有影响的设备用房不宜相邻布置；

④ 应采取有效的措施，防止有振动和噪声的设备对设备层上、下层或毗邻的使用空间产生不利影响；

⑤ 设备层应有自然通风或机械通风。

(2) 避难层的设置应符合现行国家标准《建筑设计防火规范》GB 50016—2014 (2018 年版) 的规定，并应符合下列规定：

① 避难层在满足避难面积的情况下，避难区外的其他区域可兼做设备用房等空间，但各功能区应相对独立，并应满足防火、隔振、隔声等的要求；

② 避难层的净高不应低于 2.0m，当避难层兼顾其他功能时，应根据功能空间的需求来确定净高。

(3) 架空层的规定：

有人员正常活动的架空层的净高不应低于 2.0m。

2)《住宅设计规范》GB 50096—2011 规定：

(1) 住宅建筑内严禁布置存放和使用甲、乙类火灾危险性物品的商店、车间和仓库，以及产生噪声、振动和污染环境卫生的商店、车间和娱乐设施。

（2）住宅建筑内不应布置易产生油烟的餐饮店，当住宅底层商业网点布置有产生刺激性气味或噪声的配套用房时，应做排气、消声处理。

（3）水泵房、冷热源机房、变压器机房等公共机电用房不宜布置在主体建筑内，也不宜布置在与住户相邻的楼层内，当无法满足上述要求贴邻设置时，应增加隔声减振处理措施。

（4）住户的公共出入口与附建公共用房的出入口应分开布置。

（十六）公共建筑卫生间

47. 公共建筑中的厕所、盥洗室、浴室、母婴室有哪些规定？

1）《民用建筑设计统一标准》GB 50352—2019 规定：

（1）厕所、卫生间、盥洗室和浴室的位置应符合下列规定：

① 厕所、卫生间、盥洗室和浴室应根据功能合理布置，位置选择应方便使用、相对隐蔽，并应避免所产生的气味、潮气、噪声等影响或干扰其他房间。室内公共厕所的服务半径应满足不同类型建筑的使用要求，不宜超过 50.0m。

② 在食品加工与贮存、医药及其原料生产与贮存、生活供水、电气、档案、文物等有严格卫生、安全要求房间的直接上层，不应布置厕所、卫生间、盥洗室、浴室等有水房间；在餐厅、医疗用房等有较高卫生要求用房的直接上层，应避免布置厕所、卫生间、盥洗室等有水房间，否则应采取同层排水和严格的防水措施。

③ 除本套住宅外，住宅卫生间不应布置在下层住户的卧室、起居室、厨房和餐厅的直接上层。

（2）卫生器具配置的数量应符合国家现行相关建筑设计标准的规定。男女厕所的比例应根据使用特点、使用人数确定。在男女使用人数基本均衡时，男厕厕位（含大、小便器）与女厕厕位数量的比例宜为 1∶1～1∶1.5；在商场、体育场馆、学校、观演建筑、交通建筑、公园等场所，厕位数量比例不宜小于 1∶1.5～1∶2.0。

（3）厕所、卫生间、盥洗室和浴室的平面布置应符合下列规定：

① 厕所、卫生间、盥洗室和浴室的平面设计应合理布置卫生洁具及其使用空间，管道布置应相对集中、隐蔽。有无障碍要求的卫生间应满足国家现行有关无障碍设计标准的规定。

② 公共厕所、公共浴室应防止视线干扰，宜分设前室。

③ 公共厕所宜设置独立的清洁间。

④ 公共活动场所宜设置独立的无性别厕所，且同时设置成人和儿童使用的卫生洁具。无性别厕所可兼做无障碍厕所。

（4）厕所和浴室隔间的平面尺寸应根据使用特点合理确定，并不应小于表 1-65 的规定。交通客运站和大中型商店等建筑物的公共厕所，宜加设婴儿尿布台和儿童固定座椅。交通客运站厕位隔间应考虑行李放置空间，其进深尺寸宜加大 0.20m，便于放置行李。儿童使用的卫生器具应符合幼儿人体工程学的要求。无障碍专用浴室隔间的尺寸应符合现行国家标准《无障碍设计规范》GB 50763—2012 的规定（见表 1-65）。

厕所和浴室隔间的平面尺寸 表 1-65

类别	平面尺寸(宽度 m×深度 m)	类别	平面尺寸(宽度 m×深度 m)
外开门的厕所隔间	0.90×1.20(蹲便器) 0.90×1.30(坐便器)	无障碍的厕所隔间 (外开门)	1.50×2.00 (不应小于 1.00×1.80)
内开门的厕所隔间	0.90×1.40(蹲便器) 0.90×1.50(坐便器)	外开门淋浴隔间	1.00×1.20 (或 1.10×1.10)
医院患者专用厕所隔间 (外开门)	1.10×1.50 (门闩应能里外开启)	内设更衣凳的淋浴隔间	1.00×(1.00+0.60)

　　(5) 卫生设备间距应符合下列规定:

　　① 洗手盆或盥洗槽水嘴中心与侧墙面净距不宜小于 0.55m;居住建筑洗手盆水嘴中心与侧墙面净距不应小于 0.35m;

　　② 并列洗手盆或盥洗槽水嘴中心间距不应小于 0.70m;

　　③ 单侧并列洗脸盆或盥洗槽外沿至对面墙的净距不应小于 1.25m;居住建筑洗手盆外沿至对面墙的净距不应小于 0.60m;

　　④ 双侧并列洗手盆或盥洗槽外沿之间的净距不应小于 1.80m;

　　⑤并列小便器的中心距离不应小于 0.70m;小便器之间宜加隔板,小便器中心距侧墙或隔板的距离不应小于 0.35m,小便器上方宜设置搁物台;

　　⑥单侧厕所隔间至对面洗手盆或盥洗槽的距离,当采用内开门时,不应小于 1.30m;当采用外开门时,不应小于 1.50m;

　　⑦ 单侧厕所隔间至对面墙面的净距,当采用内开门时,不应小于 1.10m;当采用外开门时不应小于 1.30m;双侧厕所隔间之间的净距,当采用内开门时,不应小于 1.10m;当采用外开门时不应小于 1.30m;

　　⑧ 单侧厕所隔间至对面小便器或小便槽的外沿的净距,当采用内开门时不应小于 1.10m;当采用外开门时不应小于 1.30m;小便器或小便槽双侧布置时,外沿之间的净距不应小于 1.30m(小便器的进深最小尺寸为 350mm);

　　⑨ 浴盆长边至对面墙面的净距不应小于 0.65m;无障碍盆浴间短边净宽度不应小于 2.00m,并应在浴盆一端设置方便进入和使用的坐台,其深度不应小于 0.40m。

　　(6) 在交通客运站、高速公路服务站、医院、大中型商店、博览建筑、公园等公共场所应设置母婴室,办公楼等工作场所的建筑物内宜设置母婴室,母婴室应符合下列规定:

　　① 母婴室应为独立房间且使用面积不宜低于 10.0m²;

　　② 母婴室应设置洗手盆、婴儿尿布台及桌椅等必要的家具;

　　③ 母婴室的地面应采用防滑材料铺装。

　　2)《商店建筑设计规范》JGJ 48—2014 指出供顾客使用的卫生间应符合下列规定:

　　(1) 应设置前室,且厕所的门不宜直接开向营业厅、电梯厅、顾客休息室或休息区等主要公共空间;

　　(2) 宜有天然采光和自然通风,条件不允许时,应采取机械通风措施;

　　(3) 中型以上的商店建筑应设置无障碍专用厕所,小型商店建筑应设置无障碍厕位;

　　(4) 卫生设施的数量应符合《城市公共厕所设计标准》CJJ14—2016 的规定,且卫生间内宜配置污水池；

（5）当每个厕所大便器数量为 3 具及以上时，应至少设置 1 具坐式大便器；

（6）大型商店宜独立设置无性别公共卫生间，并应符合《无障碍设计规范》（GB 50763—2012)的规定；

（7）宜设置独立的清洁间。

3)《中小学校设计规范》GB 50099—2011 规定：

（1）体育场地

在中小学校内，当体育场地中心与最近的卫生间的距离超过 90m 时，可设室外厕所。所建室外厕所可按学生总人数的 15％计算。室外厕所宜预留扩建的条件。

（2）卫生间

① 教学用建筑每层均应分设男、女学生卫生间及男女教室卫生间。学校食堂宜设工作人员专用卫生间。当教学用建筑中每层少于 3 个班时，男、女卫生间可各层设置。

② 在中小学校内，当体育场地中心与最近的卫生间的距离超过 90m 时，可设室外厕所。所建室外厕所的服务人数可按学生总人数的 15％计算。

③ 学生卫生间卫生洁具的数量应按下列规定计算：

a. 男生应至少为每 40 人设 1 个大便器或 1.20m 长大便槽；每 20 人设 1 个小便斗或 0.60m 长小便槽；女生应至少为每 13 人设 1 个大便器或 1.20m 长大便槽；

b. 每 40～45 人设 1 个洗手盆或 0.60m 长盥洗槽；

c. 卫生间内或卫生间附近应设污水池。

④ 中小学校的卫生间内，厕所蹲位距后墙不应小于 0.30m。

⑤ 各类小学大便槽的蹲位宽度不应大于 0.18m。

⑥ 厕所间宜设隔板，隔板高度不应低于 1.20m。

⑦ 中小学校的卫生间应设前室。男、女生卫生间不得共用一个前室。

⑧ 学校卫生间应具有天然采光和自然通风条件，并应安置排气管道。

⑨ 中小学校的卫生间外窗距室内楼地面 1.70m 以下部分应设视线遮挡措施。

⑩ 中小学校应采用冲水式卫生间。当采用旱厕时，应按学校无害化卫生厕所设计。

（3）浴室

① 宜在舞蹈教室、风雨操场、游泳池（馆）附设淋浴室。教师浴室与学生浴室应分设。

② 淋浴室墙面应设墙裙，墙裙高度不应小于 2.10m。

（4）饮水处

① 教学楼内应分层设饮水处，宜按每 50 人设一个饮水器；

② 饮水处不应占用走道的宽度。

（5）学生宿舍内卫生间

① 宿舍盥洗室的盥洗槽应按每 12 人占 0.6m 的长度计算；室内应设污水池及地漏；

② 宿舍的女生厕所应按每 12 人设 1 个大便器（或 1.10m 长大便槽）计算；男生厕所应按每 20 人设 1 个大便器（或 1.10m 长大便槽）和 0.50m 长小便槽计算；厕所内应设洗手盆、污水池和地漏；

③ 中学、中师、幼师的女厕所内，宜设有女生卫生间。

4)《宿舍建筑设计规范》JGJ 36—2016 中规定：

（1）公共厕所应设前室或经公用盥洗室进入，前室和公用盥洗室的门不宜与居室门相对。公用厕所、公共盥洗室不应布置在居室的上方。除附设卫生间的居室外，公用厕所及公用盥洗室与最远居室的距离不应大于 25m。

（2）公用厕所、公用盥洗室卫生设备的数量应根据每层居住人数确定，设备数量不应少于表 1-66 的规定。

公用厕所、公用盥洗室内洁具数量   表 1-66

项目	设备种类	卫生设备数量
男厕	大便器	8 人以下设 1 个；超过 8 人时，每增加 15 人或不足 15 人增设 1 个
	小便器	每 15 人或不足 15 人设 1 个
	小便槽	每 15 人或不足 15 人设 0.70m
	洗手盆	与盥洗室分设的厕所至少设 1 个
	污水池	公用厕所或公用盥洗室设 1 个
女厕	大便器	5 人以下设 1 个；超过 5 人时，每增加 6 人或不足 6 人增设 1 个
	洗手盆	与盥洗室分设的卫生间至少设 1 个
	污水池	公用卫生间或公用盥洗室设 1 个
盥洗室（男、女）	洗手盆或盥洗槽龙头	5 人以下设 1 个；超过 5 人时，每增加 10 人或不足 10 人增设 1 个

（3）楼层设有公共活动室和居室附设卫生间的宿舍建筑，宜在每层另设小型公共厕所，其中大便器、小便器及盥洗水龙头等卫生设备均不宜少于 2 个。

（4）居室内附设卫生间，其使用面积不应小于 2.00m^2，设有淋浴设备或 2 个坐（蹲）便器的附设卫生间，其使用面积不宜小于 3.50m^2。4 人以下设 1 个坐（蹲）便器，5～7 人宜设置 2 个坐（蹲）器，8 人以上不宜附设卫生间。3 人以上居室内附设的卫生间厕位和淋浴宜设隔断。

（5）夏热冬暖地区应在宿舍建筑内设淋浴设施，其他地区可根据条件设分散或集中的淋浴设施，每个浴位服务人数不应超过 15 人。

（6）宿舍建筑内的主要出入口处宜设置附设卫生间的管理室，其使用面积不应小于 10m^2。

5)《办公建筑设计标准》JGJ/T 67—2019 要求公用厕所应符合下列规定：

（1）公用厕所服务半径不宜大于 50m；

（2）公用厕所应设前室，门不宜直接开向办公用房、门厅、电梯厅等主要公共空间，并宜有防止视线干扰的措施；

（3）公用厕所宜有天然采光、通风，并应采取机械通风措施；

（4）男女性别的厕所应分开设置，其卫生洁具数量应按表 1-67 的规定配置。

卫生洁具数量 表 1-67

女性使用人数	便器数量 （个）	洗手盆数量 （个）	男性使用人数	大便器数量 （个）	小便器数量 （个）	洗手盆数量 （个）
1～10	1	1	1～15	1	1	1
11～20	2	2	16～30	2	1	2
21～30	3	2	31～45	2	2	2
31～50	4	3	46～75	3	2	3
当女性使用人数超过 50 人时，每增加 20 人增设 1 个便器和 1 个洗手盆			当女性使用人数超过 75 人时，每增加 30 人增设 1 个便器和 1 个洗手盆			

注：1. 当使用人数不超过 5 人时，可设置无性别卫生间，内设大、小便器及洗手盆各 1 个；

2. 为办公门厅及大会议室服务的公共厕所应至少各设 1 个男、女无障碍厕位；

3. 每间厕所大便器为 3 个以上者，其中 1 个宜设坐式大便器；

4. 设有大会议室（厅）的楼层应根据人员规模相应增加卫生洁具数量。

6)《托儿所、幼儿园建筑设计规范》JGJ 39—2016（2019 年版）规定：

(1) 托儿所生活用房

① 乳儿班和托小班的喂奶室应设尿布台、洗手池，宜设成人厕所。

② 乳儿班和托小班的生活单元应在清洁区设置淋浴、尿布台、洗涤池、污水池、成人厕位等设施。

③ 成人厕位应与幼儿卫生间隔离。

④ 托小班卫生间应设适合幼儿使用的卫生器具，坐便器高度宜为 0.25m 以下。每班至少设 2 个大便器、2 个小便器，便器之间应设隔断；每班至少设 3 个适合幼儿使用的洗手池，高度宜为 0.40～0.45m，宽度宜为 0.35～0.40m。

(2) 托儿园生活用房

① 卫生间应由厕所、盥洗室组成，并宜分间或分隔设置。无外窗的卫生间，应设置防止回流的机械通风设施。

② 每班卫生间的卫生设备数量不应少于表 1-68 的规定，且女厕大便器不应少于 4 个，男厕大便器不应少于 2 个。

每班卫生间卫生设备的最少数量 表 1-68

污水池 （个）	大便器 （个）	小便器 （个或位）	盥洗台 （水龙头、个）
1	6	4	6

③ 卫生间应邻近活动室或寝室，且开门不宜直对寝室或活动室。盥洗室与厕所之间应有良好的视线贯通。

④ 卫生间所有设施的配置、形式、尺寸均应符合幼儿人体尺度和卫生防疫的要求。卫生洁具布置应符合下列规定：

a. 盥洗池距地面的高度宜为 0.50～0.55m，宽度为 0.40～0.45m，水龙头的间距为 0.55～0.60m。

b. 大便器宜采用蹲式便器，大便器或小便器之间均应设隔板，隔板处应加设幼儿扶手。厕位的平面尺寸不应小于 0.70m×0.80m（宽×深），坐式便器的高度宜为 0.25～0.30m。

⑤ 厕所、盥洗室、淋浴室地面不应设台阶，地面应防滑和易于清洗。

⑥ 夏热冬冷和夏热冬暖地区，托儿所、幼儿园建筑的幼儿生活单元内应设置淋浴室，并应独立设置。

（3）服务管理用房

① 托儿所、幼儿园建筑的门厅应设婴幼儿和成年人使用的洗手池，宜设卫生间。

② 保健观察室应设独立的厕所，厕所内应设幼儿专用蹲位和洗手池。

③ 教职工的卫生间、淋浴室应单独设置，不应与幼儿合用。

7）《疗养院建筑设计规范》JGJ 40—2019 规定疗养室内卫生间设施应符合下列规定：

（1）卫生间应配置洗面盆、洗浴器、便器 3 种卫生洁具，有条件时宜设洗衣机位；

（2）卫生间应采取有效的通风换气措施；

（3）卫生间宜采取外开门或推拉门，门锁装置应内外均可开启；

（4）卫生间应采取有效的通风排气措施。

8）《图书馆建筑设计规范》JGJ 38—2015 规定：

供读者使用的厕所卫生洁具应按男女座位数各 50％计算，卫生洁具数量应符合现行行业标准《城市公共厕所设计标准》CJJ14—2016 的规定。

9）《老年人照料设施建筑设计标准》JGJ 450—2018 规定：

（1）护理型床位的居室应相邻设居室卫生间，居室及居室卫生间应设满足老年人盥洗、便溺需求的设施，可设洗浴等设施；非护理型床位的居室宜相邻设居室卫生间。居室卫生间应符合下列规定：

① 当设盥洗、便溺、洗浴等设施时，应留有助洁、助厕、助浴等操作空间。

② 应有良好的通风换气措施。

③ 与相邻房间室内地坪不宜有高差；当有不可避免的高差时，不应大于 15mm，且应以斜坡过渡。

（2）照料单元应设公用卫生间，且应符合下列规定：

① 应与单元起居厅或老年人集中使用的餐厅邻近设置。

② 坐便器数量应按所服务的老年人床位数测算（设居室卫生间的居室，其床位可不计在内），每 6～8 床设 1 个坐便器。

③ 每个公用卫生间内至少应设 1 个供轮椅老年人使用的无障碍厕位，或设无障碍卫生间。

④ 应设 1～2 个盥洗盆或盥洗槽龙头。

（3）当居室或居室卫生间未设盥洗设施时，应集中设置盥洗室，并应符合下列规定：

① 盥洗盆或盥洗槽龙头数量应按所服务的老年人床位数测算，每 6～8 床设 1 个盥洗盆或盥洗槽龙头。

② 盥洗室与最远居室的距离不应大于 20.00m。

（4）当居室卫生间未设洗浴设施时，应集中设置浴室，并应符合下列规定：

① 浴卫数量应按所服务的老年人床位数测算，每 8～12 床设 1 个浴位。其中轮椅老年人的专用浴位不应少于总浴位数的 30％，且不应少于 1 个。

② 浴室内应配备助浴设施，并应留有助浴空间。

③ 浴室应附设无障碍厕位、无障碍盥洗盆或盥洗槽，并应附设更衣空间。

10)《城市公共厕所设计标准》CJJ 14—2016 规定：

(1) 厕位比例

① 在人流集中的场所，女厕位与男厕位（含小便站位）的比例不应小于 2∶1。

② 在其他场所，男女厕位比例可按下式方法计算：

女厕位数与男厕位数的比值＝1.5（女性与男性如厕占用时间的比值）女性如厕测算人数/男性如厕测算人数

③ 公共厕所男女厕位（坐位、蹲位和站位）与其数量宜按表 1-69 和表 1-70 的规定执行。

男厕位及数量（个） 表 1-69

男厕位总数	坐位	蹲位	站位
1	0	1	0
2	0	1	1
3	1	1	1
4	1	1	2
5～10	1	2～4	2～5
11～20	2	4～9	5～9
21～30	3	9～13	9～14

注：表中厕位不包括无障碍厕位。

女厕位及数量（个） 表 1-70

女厕位总数	坐位	蹲位
1	0	1
2	1	1
3～6	1	2～5
7～10	2	5～8
11～20	3	8～17
21～30	4	17～26

注：表中厕位不包括无障碍厕位。

④ 当公共厕所建筑面积为 70m²，女厕位与男厕位比例宜为 2∶1，厕所面积指标宜为 4.67m²/位，女厕占用面积宜为男厕的 2.39 倍。

⑤ 当公共厕所建筑面积为 70 m²，女厕位与男厕位比例应为 3∶2，厕所面积指标宜为 4.67m²/位，女厕占用面积宜为男厕的 1.77 倍。

(2) 公共场所公共厕所厕位服务人数见表 1-71。

公共场所公共厕所厕位服务人数　　　　　　　　表 1-71

厕所类别 区域	服务人数（人/厕位·天）	
	男	女
广场、街道	500	350
车站、码头	150	100
公园	200	130
体育场外	150	100
海滨活动场所	60	40

（3）商场、超市和商业街公共厕所厕位数应符合表 1-72 的规定。

商场、超市和商业街公共厕所厕位数　　　　　　　表 1-72

购物面积（m²）	男厕位（个）	女厕位（个）
500 以下	1	2
501～1000	2	4
1001～2000	3	6
2001～4000	5	10
≥4000	每增加 2000m² 男厕位增加 2 个，女厕位增加 4 个	

注：1. 按男女如厕人数相当时考虑；

　　2. 商业街应按各商店的面积合并计算后，按上表比例配置。

（4）饭馆、咖啡店、小吃店、快餐店等餐饮场所公共厕所厕位数应符合表 1-73 的规定。

饭馆、咖啡店等餐饮场所公共厕所厕位数　　　　　表 1-73

设施	男	女
厕位	50 座位以下至少设 1 个；100 座位以下在至少设 2 个；超过 100 个座位每增加 100 个座位增设 1 个	50 座位以下设 2 个；100 座位以下设 3 个；超过 100 个座位每增加 65 个座位增设 1 个

注：按男女如厕人数相当时考虑。

（5）体育场馆、展览馆、影剧院、音乐厅等公共文体娱乐场所公共厕所厕位数应符合表 1-74 的规定。

体育场馆、展览馆等公共文体活动场所公共厕所厕位数　　　表 1-74

设施	男	女
坐位、蹲位	250 座以下设 1 个，每增加 1～500 座增设 1 个	不超过 40 座设 1 个，41～70 人设 3 个，71～100 人设 4 个，每增 1～40 座增设 1 个
站位	100 座以下设 2 个，每增加 1～80 座增设 1 个	—

注：1. 若附有其他服务设施内容（如餐饮等），应按相应内容增加配置；

　　2. 在人员聚集场所的广场内，应增建馆外人员使用的附属或独立厕所。

（6）机场、火车站、公共汽（电）车和长途汽车始末站、地下铁道的车站、城市轻轨车站、交通枢纽站、高速路休息区、综合性服务楼和服务性单位公共厕所厕位数应符合表1-75的规定。

机场、火车站、综合性服务楼和服务性单位公共厕所厕位数　　　表1-75

设施	男（人数/每小时）	女（人数/每小时）
厕位	100人以下设2个，每增加60人增设1个	100人以下设4个，每增加30人增设1个

（7）公共厕所的男女厕所间应至少各设一个无障碍厕位。

（8）固定式公共厕所应设置洗手盆。

（9）洗手盆应按厕位数设置，洗手盆数量设置要求应符合表1-76的规定。

洗手盆数量设置要求　　　表1-76

厕位数（个）	洗手盆数（个）	备注
4以下	1	1）男女厕所宜分别计算，分别设置
5~8	2	2）当女厕所洗手盆数$n \geqslant 5$时，实际设置数N应按下式计算：$N=0.8n$
9~21	每增4厕位增设1个	
22以上	每增5厕位增设1个	

注：洗手盆为1个时可不设儿童洗手盆。

（10）公共厕所应至少设置1个清洁池。

（11）公共厕所第三卫生间（用于协助老、幼及行动不便者使用的厕所间）应在下列各类厕所中设置：

① 一类固定式公共厕所；

② 二级及以上医院的公共厕所；

③ 商业区、医药公共设施及重要交通客运设施区域的活动式公共厕所。

（12）技术要求

① 公共厕所的平面设计应符合下列规定：

a. 大门应能双向开启；

b. 宜将大便间、小便间、洗手间分区设置；

c. 厕所内应分设男、女通道，在男、女进门处应设视线屏蔽；

d. 当男、女厕所厕位分别超过20个时，应设双出入口；

e. 每个大便器应有一个独立的厕位间。

② 公共厕所的建筑设计应满足下列要求：

a. 厕所间的平面净尺寸宜符合表1-77的规定。

厕所间平面净尺寸　　　表1-77

洁具数量	宽度	进深	备用尺寸
3件洁具	1200、1500、1800、2100	1500、1800、2100、2400、2700	$n \times 100$
2件洁具	1200、1500、1800	1500、1800、2100、2400	（$n \geqslant 9$）
1件洁具	900、1200	1200、1500、1800	

b. 公共厕所内墙面应采用光滑、便于清洗的材料；地面应采用防渗、防滑材料。

c. 独立式厕所的建筑通风、采光面积之和与地面面积比不宜小于1：8，当外墙侧窗不能满足要求时可增设天窗。

d. 独立式公共厕所室内净高不宜小于 3.50m（设天窗时可适当降低）。室内地坪标高应高于室外地坪 0.15m。

e. 一、二、三类公共厕所大便器尺寸应符合表 1-64 的规定。独立小便器间距应为 0.70～0.80m。一层蹲位台面宜于地坪标高一致。

f. 厕内单排厕位外开门走道宽度宜为 1.30m，不应小于 1.00m；双排厕位外开门走道宽度宜为 1.50～2.10m。

g. 厕位间隔板及门应符合下列规定：

（a）隔板及门的下沿与地面距离应大于 0.10m，最大距离不宜小于 0.15m；

（b）隔板及门的上沿距地面的高度：一、二类公厕不应小于 1.80m，三类公厕不应小于 1.50m；独立小便器站位应有高度为 0.80m 的隔断板，隔断板距地面高度应为 0.60m；

（c）门及隔板应采用防潮、防划、防画、防烫材料；

（d）厕位间的门锁应用显示"有人""无人"标志的锁具，门合页宜用升降合页。

h. 单层公共厕所窗台距室内地坪最小高度应为 1.80m；双层公共厕所上层窗台距楼地面最小高度应为 1.50m。

i. 独立式公共厕所管理间面积应视条件需要设置，一类宜大于 6m²，二类宜为 4～6m²，三类宜小于 4m²。

j. 公共厕所应设置工具间，工具间面积宜大于 1～2m²。

k. 多层公共厕所无障碍厕所间应设在地坪层。

l. 厕位间宜设置扶手，无障碍厕位间必须设置扶手。

m. 宜将管道、通风等附属设施集中设置在单独的夹道中。

③ 第三卫生间的设置应符合下列规定：

a. 位置宜靠近公共厕所入口，应方便行动不便者进入，轮椅回转空间直径不应小于 1.50m。

b. 内部设施宜包括成人坐便器、成人洗手盆、多功能台、安全抓杆、挂衣钩和呼叫器、儿童坐便器、儿童洗手盆、儿童安全座椅。

c. 使用面积不应小于 6.50m²。

d. 地面应防滑、不积水。

e. 成人坐便器、洗手盆、多功能台、安全抓杆、挂衣钩、呼叫器的设置应符合现行国家标准《无障碍设计规范》GB 50763—2012 的有关规定。

f. 多功能台和儿童安全座椅应可折叠并设有安全带，儿童安全座椅长度宜为 280mm，宽度宜为 260mm，高度宜为 500mm，离地高度宜为 400mm。

（13）公共厕所卫生洁具的使用空间应符合表 1-78 的规定。

常用卫生洁具平面尺寸和使用空间（单位：mm）　　　　　　　　表 1-78

洁具	平面尺寸	使用空间(宽×进深)
洗手盆	500×400	800×600
坐便器(低位、整体水箱)	700×500	800×600

洁具	平面尺寸	使用空间(宽×进深)
蹲便器	800×500	800×600
卫生间便盆(靠墙式或悬挂式)	600×400	800×600
碗形小便器	400×400	700×500
水槽(桶/清洁工用)	500×400	800×600
烘手器	400×300	650×600

注：使用空间指除了洁具占用的空间，使用者在使用时所需空间及日常清洁和维护所需空间。使用空间与洁具尺寸是相互联系的。洁具的尺寸将决定使用空间的位置。

（14）固定式公共厕所的设计要求

固定式公共厕所的类别及要求应符合表1-79的规定。其中一类和二类适用于所有固定式公厕，三类只适用于独立式公厕。

固定式公共厕所类别及要求　　　　表1-79

类别／项目	一类	二类	三类
平面布置	大便间、小便间与洗手间应分区设置	大便间、小便间与洗手间应分区设置；洗手间男女可共用	大便间、小便间宜分区设置；洗手间男女可共用
管理间(m²)	>6(附属式不要求)	4~6(附属式不要求)	<4；视条件需要设置
第三卫生间	有	视条件定	无
厕位面积指标(m²/位)	5~7	3~4.9	2~2.9
室内顶棚	防潮耐腐蚀材料	涂料或吊顶	涂料
室内墙面	贴面砖到顶	贴面砖到顶	贴面砖到1.50m或水泥抹面
大便厕位(m)	宽度：1.00~1.20　深度：内开门1.50　外开门1.30	宽度：0.90~1.00　深度：内开门1.40　外开门1.20	宽度：0.85~0.90　深度：内开门1.40　外开门1.20
大便厕位隔断及门距地面高度(m)	1.80	1.80	1.50
坐、蹲便器	高档	中档	普通
无障碍厕位	有	有	有
无障碍小便厕位	有	有	有
无障碍厕位呼叫器	有	有	无
无障碍通道	有	有	视条件定
小便站位间距(m)	0.8	0.7	无
小便站位隔板[宽(m)×高(m)]	0.4×0.8	0.4×0.8	视需要定
坐、蹲位扶手	有	有	无

项目 \ 类别	一类	二类	三类
厕位挂钩	有	有	有
手纸架	有	有	无
坐、蹲位废纸容器	有	有	有
洗手盆	有	有	有
儿童洗手盆	有	有	无
洗手液盒	有	有	无
烘手机	有	视条件定	无
面镜	有	有	无
除臭措施	有	有	有

（15）活动式公共厕所的设计要求

① 活动式厕所的结构形式应符合表 1-80 的规定。

活动式厕所的结构形式　　　　　　　　　　　表 1-80

序号	类别	结构形式	名称	范围
1	整体式	复合框架结构式	复合钢构厕所	各种大型活动、临时应急或使用位置相对固定等场合
2		无框架轻体式	轻型厕所	各种大型活动、工地、临时应急等场合
3		推动式	推动厕所	各种大型活动、临时应急等场合
4		自装卸式	拉臂厕所	各种大型活动、临时应急等场合
5		自行式	汽车厕所	各种大型活动、贵宾活动、临时应急等场合
6	装配式	拆卸拼装式	拼装厕所	各种大型活动、临时应急等场合
7		箱体组合式	箱体组合厕所	各种大型活动、临时应急或使用位置相对固定等场合

② 活动式厕所的冲洗类型应符合表 1-81 的规定。

活动场所冲洗类型　　　　　　　　　　　表 1-81

序号	类别	结构形式	名称	条件
1	冲洗型	常规水冲型	常规水冲厕所	有给水排水
2		气压水冲型	气压水冲厕所	有给水排水
3		真空集便型	真空集便厕所	有给水排水
4		循环冲洗型	循环冲洗厕所	有给水排水
5	免冲型	打包型	打包集便厕所	无给水排水
6		泡沫型	泡沫封堵厕所	无给水排水
7		堆肥型	堆肥处理厕所	无给水排水

11）《饮食建筑设计规范》JGJ 64—2017 指出公共区域的卫生间设计应符合下列规定：

（1）公共卫生间宜设置前室，卫生间的门不宜直接开向用餐区域，卫生洁具应采用水冲式；

（2）卫生间宜利用天然采光和自然通风，并应设置机械排风设施；

（3）未单独设置卫生间的用餐区域应设置洗手设施，并宜设儿童用洗手设施；

（4）卫生设施数量应符合现行行业标准《城市公共厕所设计标准》CJJ14—2016 对餐饮类功能区域公共卫生间设施数量的规定及现行国家标准《无障碍设计规范》GB 50763—2012 的相关规定；

（5）有条件的卫生间宜提供婴儿更换尿布的设施。

12）《博物馆建筑设计规范》JGJ 66—2015 规定，公众区域的厕所应符合下列规定：

（1）陈列展览区的使用人数应按展厅净面积 0.2 人/m² 计算；教育区使用人数应按教育用房设计容量的 80% 计算。陈列展览区与教育区厕所卫生设备数量应符合表 1-82 的规定，并应按使用人数计算确定，且使用人数的男女比例均应按 1：1 计算。

厕所卫生设施数量　　　　　　　　　　　　　　　　表 1-82

设施	成列展览区		教育区	
	男	女	男	女
大便器	每 50 人设 1 个	每 20 人设 1 个	每 40 人设 1 个	每 15 人设 1 个
小便器	每 30 人设 1 个	—	每 20 人设 1 个	—
洗手盆	每 60 人设 1 个	每 40 人设 1 个	每 40 人设 1 个	每 25 人设 1 个

（2）茶座、餐厅、商店等的厕所应符合相关规范的规定。

（3）应符合现行国家标准《无障碍设计规范》GB 50763—2012 的规定，并宜配置婴童搁板和喂养母乳座椅；特大型馆、大型馆应设无障碍厕所和无性别厕所。

（4）为儿童展厅服务的厕所的卫生设施宜有 50% 适于儿童使用。

13）《文化馆建筑设计规范》JGJ/T 41—2014 规定：

（1）文化馆的群众活动区域内应设置无障碍卫生间；

（2）文化馆建筑内应分层设置卫生间；

（3）公共卫生间应设置室内水冲式便器，并应设置前室；公共卫生间服务半径不宜大于 50m，卫生设施的数量应按按男每 40 人设置 1 个蹲位、1 个小便器或 1m 小便池，女每 13 人设置 1 个蹲位；

（4）洗浴用房应按男女分设，且洗浴间、更衣间应分别设置，更衣间前应设前室或门斗；

（5）洗浴间应采用防滑地面，墙面应采用易清洗的饰面材料；

（6）洗浴间对外的门窗应有阻挡视线的功能。

14）《旅馆建筑设计规范》JGJ 62—2014 规定。

（1）客房附设卫生间的设置应符合表 1-83 的规定。

客房附设卫生间　　　　　　　　　　　　　　　　表 1-83

旅馆建筑等级	一级	二级	三级	四级	五级
卫生洁具	2		3		

注：2 件指大便器、洗面盆；3 件指大便器、洗面盆、浴盆或淋浴间（开放式卫生间除外）

（2）不设卫生间的客房，应设置集中的公共卫生间和浴室，并应符合表 1-84 的规定。

公共卫生间和浴室设施 表 1-84

设备（设施）	数量	要求
公共卫生间	男女至少各 1 间	宜每层设置
大便器	每 9 人 1 个	男女比例宜按不大于 2∶3
小便器或 0.60m 小便槽	每 12 人 1 个	—
浴盆或淋浴间	每 9 人 1 个	—
洗面盆或盥洗槽龙头	每 1 个大便器配置 1 个，每 5 个小便器增设 1 个	—
清洗池	每层 1 个	宜单独设置清洁间

注：1. 上述设施大便器男女比例宜按 2∶3 设置，若男女比例有变化需做相应调整；其余按男女比例 1∶1 比例配置。

   2. 应按国家标准《无障碍设计规范》GB 50763—2012 规定，设置无障碍专用厕所或位置和洗面盆。

（3）旅馆建筑的公共部分的卫生间，应符合下列规定：

① 卫生间应设前室，三级及以上旅馆建筑男女卫生间应分设前室；

② 四级和五级旅馆建筑卫生间的厕位隔间门宜向内开启，厕位隔间宽度不宜小于 0.90m，深度不宜小于 1.55m；

③ 公共部分卫生间洁具数量应符合表 1-85 的规定。

公共部分卫生间洁具数量 表 1-85

房间名称	男		女
	大便器	小便器	大便器
门厅（大堂）	每 150 人配 1 个，超过 300 人，每增加 300 人增设 1 个	每 100 人配 1 个	每 75 人配 1 个，超过 300 人，每增加 150 人增设 1 个
各种餐厅（含咖啡厅、酒吧等）	每 100 人配 1 个，超过 400 人，每增加 250 人增设 1 个	每 50 人配 1 个	每 50 人配 1 个，超过 400 人，每增加 250 人增设 1 个
宴会厅、多功能厅、会议室	每 100 人配 1 个，超过 400 人，每增加 200 人增设 1 个	每 40 人配 1 个	每 40 人配 1 个，超过 400 人，每增加 100 人增设 1 个

注：1. 本表规定男、女各为 50%，当性别比例不同时应进行调整；

   2. 门厅（大堂）和餐厅兼顾使用时，洁具数量可按餐厅配置不必叠加；

   3. 四、五级旅馆建筑可按实际情况酌情增加；

   4. 洗面盆、清洁池数量可按现行《城市公共厕所设计标准》CJJ 14—2016 的要求配置；

   5. 商业、娱乐加健身的卫生设施可按现行《城市公共厕所设计标准》CJJ 14—2016 的要求配置。

④ 公共卫生间应设前室或经盥洗室进入，前室和盥洗室的门不宜与客房门相对；

⑤ 与盥洗室分设的厕所应至少设 1 个洗面盆。

15)《综合医院建筑设计规范》GB 51039—2014 规定：

（1）患者使用的卫生间隔间的平面尺寸不应小于 1.10m×1.40m，门应朝外开，门闩应能里外开启。卫生间隔间内应设输液吊钩。

（2）患者使用的坐式大便器坐圈宜采用不易被污染、宜消毒的类型，进入蹲式大便器隔间不应有高差。大便器旁应装置安全抓杆。

（3）卫生间应设前室，并应设非手动开关的洗手设备。

（4）采用室外卫生间时，宜用连廊与门诊、病房楼相接。

（5）宜设置无性别、无障碍患者专用卫生间。

16）《剧场建筑设计规范》JGJ 57—2016 规定：剧场应设置供观众使用的厕所，且厕所应设前室。厕所门不得开向观众厅。观众男女比例宜按 1∶1 计算，女厕位与男厕位（含小便站位）的比例不应小于 2∶1，卫生器具应符合下列规定：

（1）男厕所应按每 150 座设一个大便器，每 60 座设一个小便器或 0.60m 长小便槽，每 150 座设 1 个洗手盆。

（2）女厕所应按每 20 座设 1 个大便器，每 100 座设 1 个洗手盆。

（3）男女厕所均应设无障碍厕位或设置无障碍厕所。

（4）当剧场设有分层观众厅时，各层的厕所卫生器具数量宜根据各层观众座席的数量确定。

17）《特殊教育学校建筑设计规范》JGJ 76—2019 规定：

（1）学生浴室

① 培智学校的浴室宜集中设置，浴室内应避免视线死角；

② 浴室地面应采用防滑材料，室内阳角宜倒圆角。

（2）卫生间

① 卫生间的布置、洁具的数量等应符合现行国家标准《中小学校设计规范》GB 50099—2011 的有关规定；

② 相邻男女卫生间的相对位置应全校统一，出入口应分别设前室，并能有效阻挡视线，每间不应少于 2 个蹲位，宜分别设置蹲便器和坐便器；

③ 卫生间应设大便器隔间，盲校、培智学校隔间宽度不应小于 1.10m，隔间地面应通过结构降板与卫生间地面持平；

④ 盲校的大便器隔间及小便器两侧应设置扶手，卫生间地面高度宜低于走道地面高度 0.015m，并以斜坡过渡；

⑤ 普通教学单元中附设的卫生间应至少设置洗面器、大便器、手持式花洒的淋浴冲洗设施各一件。

（十七）住 宅 厨 房

48. 住宅建筑中厨房设计有哪些规定？

1）《住宅设计规范》GB 50096—2011 规定：

厨房应设置洗涤池、案台、炉灶及排油烟机等设施或预留位置，按炊事操作流程排列，操作面净长不应超过 2.10m；单排布置设备的厨房净宽不应小于 1.50m；双排布置设备的厨房其两排设备的净距不应小于 0.90m。

2）《住宅厨房模数协调标准》JGJ/T 262—2012 规定：

（1）住宅厨房的优选平面尺寸见表 1-86。

住宅厨房的优选平面尺寸 表 1-86

布置方式	最小面积（m²）	优选平面净尺寸（mm）
单排布置	4.05	1500×2700
	4.95	1500×3300
L 形布置	4.59	1700×2700
L 形布置（有冰箱）	5.10	1700×3000
U 形布置	4.86	1800×2700
U 形布置（有冰箱）	7.56	2800×2700
	5.10	1700×3000
	5.94	1800×3300
双排布置	5.40	1800×3000
	5.94	1800×3300

（2）厨房的净宽不应小于 2000mm，且应保证轮椅的回转直径 1500mm。

（3）平面分割尺寸：厨房局部尺寸分割时可插入 50mm 或 20mm 的分模数尺寸。

（4）空间高度：厨房自室内装修地面至室内吊顶的净高不应小于 2200mm。

（5）厨房部件的高度尺寸：

① 地柜（操作柜、洗涤柜、灶柜）高度应为 750～900mm，地柜底座高度为 100mm。当采用非嵌入灶具时，灶台台面的高度应减去灶台的高度。

②在操作台面上的吊柜底面距室内装修地面的高度宜为 1600mm。

（6）厨房部件的高度尺寸：

① 地柜的深度可为 600mm、650mm、700mm，推荐尺寸宜为 600mm。地柜前缘踢脚板凹口深度不应小于 50mm。

② 吊柜的深度应为 300～400mm，推荐尺寸宜为 350mm。

（7）厨房部件的宽度尺寸：

厨房部件的宽度尺寸应符合表 1-87 的规定。

厨房部件的宽度尺寸 表 1-87

厨房部件名称	宽度尺寸（mm）
操作柜	800、900、1200
洗涤柜	600、800、900
灶柜	600、750、800、900

3）《老年人照料设施建筑设计规范》JGJ 450—2018 规定：

厨房应满足卫生防疫要求，且应避免厨房工作时对老年人用房的干扰。

（十八）住 宅 卫 生 间

49. 住宅建筑中卫生间设计有哪些规定？

1）《住宅设计规范》GB 50096—2011 规定：

（1）每套住宅应设卫生间，至少应配置便器、洗浴器、洗面器三件卫生设备或为其预留设置位置及条件。三件卫生设备集中配置的卫生间的使用面积不应小于2.50m²。

（2）卫生间可根据使用功能要求组合不同的设备。不同组合的空间使用面积应符合下列规定：

① 设便器、洗面器时不应小于1.80m²；

② 设便器、洗浴器时不应小于1.80m²；

③ 设洗面器、洗浴器时不应小于2.00m²；

④ 设洗面器、洗衣机时不应小于1.80m²；

⑤ 单设便器时不应小于1.10m²。

（3）无前室的卫生间的门不应直接开向起居室（厅）或厨房。

（4）卫生间不应直接布置在下层的卧室、起居室（厅）、厨房和餐厅的上层。

（5）当卫生间布置在本套内的卧室、起居室（厅）、厨房和餐厅的上层时，均应有防水和便于检修的措施。

（6）每套住宅应有设置洗衣机的位置和条件。

2）《住宅卫生间模数协调标准》JGJ/T 263—2012规定：

（1）住宅卫生间的优选平面尺寸见表1-88。

住宅卫生间的优选平面尺寸　　　　　　　　　　　　　　　表1-88

设备	最小面积（m²）	优选平面净尺寸（mm）
便器	1.35	900×1500
便器、洗面器	1.56	1300×1300
便器、洗面器	1.95	1300×1500
便器、洗面器、淋浴器	2.40	1500×1800
便器、洗面器、浴盆	2.70	1500×2100
便器、洗面器、浴盆	3.15	1500×2200
便器、洗面器、浴盆	3.30	1500×2400
便器、洗面器、淋浴器、洗衣机	3.36	1800×2200
便器、洗面器、淋浴器、洗衣机	3.52	1800×2400
便器、洗面器、淋浴器（分室）	3.60	1500×2700
便器、洗面器、浴盆（分室）	5.40	1800×3000
便器、洗面器、浴盆、洗衣机	4.80	1500×3200
便器、洗面器、淋浴器、洗衣机（分室）	5.10	1500×3400

（2）平面分割尺寸：卫生间局部尺寸分割时可插入50mm或20mm的分模数尺寸。

（3）空间高度：卫生间自室内装修地面至室内吊顶的净高不应小于2200mm。

三、建筑材料与建筑构件的规定

（一）砌 体 结 构 材 料

50.《砌体结构设计规范》中规定的砌体结构的材料有哪些？它们的强度等级有几种？应用范围如何？

《砌体结构设计规范》GB 50003—2011 规定：

1）烧结普通砖、烧结多孔砖

（1）烧结普通砖：是以煤矸石、页岩、粉煤灰或黏土为主要原料，经过焙烧而成的无孔洞的实心砖，分为烧结煤矸石砖、烧结页岩砖、烧结粉煤灰砖或烧结黏土砖等。基本尺寸为 240mm×115mm×53mm。强度等级有 MU30、MU25、MU20、MU15 和 MU10 等几种。用于砌体结构的最低强度等级为 MU10。

（2）烧结多孔砖：是以煤矸石、页岩、粉煤灰、黏土为主要原料，经过焙烧而成的孔洞率不少于 35% 的砖，孔的尺寸小而数量多，主要用于承重部位。强度等级有 MU30、MU25、MU20、MU15 和 MU10 等几种。用于砌体结构的最低强度等级为 MU10。

注：北京市规定这些砖若使用黏土，其掺加量不得超过总量的 25%。

2）蒸压灰砂普通砖、蒸压粉煤灰普通砖

（1）蒸压灰砂普通砖：是以石灰等钙质材料和砂等硅质材料为主要原料，经坯料制备、压制排气成型、高压蒸汽养护而成的无孔洞的实心砖，基本尺寸为 240mm×115mm×53mm。强度等级有 MU25、MU20、MU15。用于砌体结构的最低强度等级为 MU15。

（2）蒸压粉煤灰普通砖：是以石灰、消石灰（如电石渣）和水泥等钙质材料与粉煤灰等硅质材料及集料（砂等）为主要原料，掺加适量石膏，经坯料制备、压制排气成型、高压蒸汽养护而成的无孔洞的实心砖。基本尺寸为 240mm×115mm×53mm。强度等级有 MU25、MU20、MU15。用于砌体结构的最低强度等级为 MU15。

3）混凝土普通砖、混凝土多孔砖

（1）混凝土普通砖：是以水泥为胶凝材料，以砂、石等为主要集料，加水搅拌、养护制成的实心砖。强度等级有 MU30、MU25、MU20、MU15。主规格尺寸为 240mm×115mm×53mm、240mm×115mm×90mm。用于砌体结构的最低强度等级为 MU15。

（2）混凝土多孔砖：是以水泥为胶凝材料，以砂、石等为主要集料，加水搅拌、养护制成的一种多孔的混凝土半盲孔砖。主规格尺寸为 240mm×115mm×90mm、240mm×190mm×90mm、190mm×190mm×90mm。强度等级有 MU30、MU25、MU20、MU15。用于砌体结构的最低强度等级为 MU15。

4）混凝土小型空心砌块（简称混凝土砌块或砌块）

由普通混凝土或轻集料混凝土制成，主规格尺寸为 390mm×190mm×190mm、空心率为 25%～50% 的空心砌块。强度等级有 MU20、MU15、MU10、MU7.5 和 MU5。用于砌体结构的最低强度等级为 MU7.5。

5）石材

石材的强度等级有 MU100、MU80、MU60、MU50、MU40、MU30 和 MU20 等。用于砌体结构的最低强度等级为 MU30。

6）砌筑砂浆

（1）烧结普通砖、烧结多孔砖、蒸压灰砂普通砖和蒸压粉煤灰普通砖砌体采用的普通砂浆强度等级：M15、M10、M7.5、M5.0 和 M2.5；蒸压灰砂普通砖和蒸压粉煤灰普通砖砌体采用的专用砂浆强度等级：Ms15、Ms10、Ms7.5、Ms5.0。

（2）混凝土普通砖、混凝土多孔砖、单排孔混凝土砌块和煤矸石混凝土砌块采用的砂浆强度等级：Mb20、Mb15、Mb10、Mb7.5 和 Mb5.0。

（3）双排孔或多排孔轻集料混凝土砌块砌体采用的砂浆强度等级：Mb10、Mb7.5 和 Mb5.0。

（4）毛料石、毛石砌体采用的砂浆强度等级：M7.5、M5.0 和 M2.5。

7）自承重墙体材料

（1）空心砖的强度等级：MU10、MU7.5、MU5.0 和 MU3.5。最低强度等级为 MU7.5。

（2）轻集料混凝土砌块的强度等级：MU10、MU7.5、MU5.0 和 MU3.5。最低强度等级为 MU3.5。

砌筑砂浆用于地上部位时，应采用混合砂浆；用于地下部位时，应采用水泥砂浆。上述砂浆的代号为 M。砌筑烧结普通砖、烧结多孔砖的砂浆强度等级有：M15、M10、M7.5、M5.0 和 M2.5 等几种，最低强度等级为 M5.0。用于砌块的砂浆的代号为 Mb，有 Mb15、Mb10、Mb7.5、Mb5.0 等几种，用于蒸压灰砂砖的砂浆代号 Ms，有 Ms15、Ms10、Ms7.5、Ms5.0 等几种。

51. 如何界定"实心砖、多孔砖、空心砖、烧结普通砖、烧结多孔砖、烧结空心砖"？

《建筑材料术语标准》JGJ/T 191—2009 规定：

1）实心砖是无孔洞或空洞率小于 25% 的砖。

2）多孔砖是空洞率不小于 25%，孔的尺寸小而数量多的砖。

3）空心砖是空洞率不小于 40%，孔的尺寸大而数量少的砖。

4）烧结普通砖是规格尺寸为 240mm×115mm×53mm 的实心砖。烧结普通砖是以黏土、页岩、煤矸石、粉煤灰等为主要原料，经制坯和焙烧制成的砖。

5）烧结多孔砖是以黏土、页岩、煤矸石、粉煤灰等为主要原料，经成型、干燥和焙烧制成，主要用于承重结构的砖。

6）烧结空心砖是以黏土、页岩、煤矸石、粉煤灰等为主要原料，经成型、干燥和焙烧制成，主要用于非承重结构的砖。

52. 《蒸压加气混凝土建筑应用技术规程》的规定中有哪些问题值得注意？

《蒸压加气混凝土建筑应用技术规程》JGJ/T 17—2008 中规定：

1）蒸压加气混凝土有砌块和板材两类。

2）蒸压加气混凝土砌块可用作承重墙体、非承重墙体和保温隔热材料。

3）蒸压加气混凝土配筋板材除用于隔墙板外，还可做成屋面板、外墙板和楼板。

4）加气混凝土强度等级的代号为 A，用于承重墙时的强度等级不应低于 A5.0。

5）蒸压加气混凝土砌块应采用专用砂浆砌筑，砂浆代号为 Ma。

6）地震区加气混凝土砌块横墙承重房屋总层数和总高度见表 1-89。

加气混凝土砌块横墙承重房屋总层数和总高度　　　表 1-89

强度等级 MPa	抗震设防烈度		
	6	7	8
A5.0（B07）	5 层（16m）	5 层（16m）	4 层（13m）
A7.5（B08）	6 层（19m）	6 层（19m）	5 层（16m）

注：1. 房屋承重砌块的最小厚度不宜小于 250mm；

　　2. 强度等级中括号内内容为加气混凝土的干密度等级。

7）下列部位不得采用加气混凝土制品：

（1）建筑物防潮层以下的外墙；

（2）长期处于浸水和化学侵蚀环境；

（3）承重制品表面温度经常处于 80℃ 以上的部位。

其他技术资料表明，蒸压加气混凝土砌块的密度级别与强度级别的关系见表 1-90。

蒸压加气混凝土砌块的密度级别与强度级别的关系　　　表 1-90

干体积密度级别		B03	B04	B05	B06	B07	B08
干体积密度 （kg/m³）	优等品≤	300	400	500	600	700	800
	合格品≤	325	425	525	625	725	825
强度级别 （MPa）	优等品≥	A1.0	A2.0	A3.5	A5.0	A7.5	A10
	合格品≥			A2.5	A3.5	A5.0	A7.5

注：1. 用于非承重墙，宜以 B05 级、B06 级、A2.5 级、A3.5 级为主；

　　2. 用于承重墙，宜以 A5.0 级为主；

　　3. 作为砌体保温砌块材料使用时，宜采用低密度级别的产品，如 B03 级、B04 级。

53. 《石膏砌块砌体技术规程》的规定中有哪些值得注意？

《石膏砌块砌体技术规程》JGJ/T 201—2010 规定：

1）特点：石膏砌块是以建筑石膏为主要原料，经加水搅拌、浇筑成型和干燥而制成的块状轻质建筑石膏制品。在生产中还可以加入各种轻骨料、填充料、纤维增强材料、发泡剂等辅助材料。有时亦可用高强石膏代替建筑石膏。石膏砌块实质上是一种石膏复合材料。

2）规格：石膏砌块的推荐规格为长度 600mm，高度 500mm，厚度分别为 60mm、70mm、80mm、100mm。

3）应用范围：石膏砌块主要应用于框架结构和其他结构的非承重墙体，一般做内隔墙使用，其优点主要有：

（1）耐火性能高：用于结构材料时，与混凝土相比耐火性能高出 5 倍；用于装修材料时，属于 A 级装修材料。

（2）保温性能好：一般 80mm 厚的石膏砌块相当于 240mm 厚的烧结普通砖的保温隔

热能力。

(3) 隔声性能优越：一般 100mm 厚的石膏砌块的隔声能力可达 36～38dB。

(4) 自重轻：平均重量仅为烧结实心砖的 1/3～1/4。

(5) 石膏砌块配合精密、表面平整。

(6) 干法施工：石膏砌块可钉、可锯、可刨、可修补，加工处理十分方便。

(7) 污染少：石膏砌块在使用过程中，不会产生对人体有害的物质，是一种理想的绿色建材。

4) 石膏砌块砌体在应用时应注意以下几点：

(1) 石膏砌块砌体不得应用于防潮层以下部位及长期处于浸水或化学侵蚀的环境；

(2) 石膏砌块砌体的底部应加设墙垫，其高度应不小于 200mm，可以采用现浇混凝土、预制混凝土块、烧结实心砖砌筑等方法制作；

(3) 厨房、卫生间砌体应采用防潮实心砌块；

(4) 石膏砌块砌体与梁或顶板应采用柔性连接（泡沫交联聚乙烯）或刚性连接（木楔挤实），与柱或墙之间应采用刚性连接（钢钉固定）；

(5) 洞口大于 1.0m 时，应采用钢筋混凝土过梁；

(6) 石膏砌块砌体与主体结构的墙或柱连接时，应在每皮砌块中加设 2φ6 通长钢筋；

(7) 石膏砌块砌体与不同材料的接缝处及阴阳角部位，应采用耐碱玻纤网格布加强带进行处理。

54. 《泡沫混凝土应用技术规程》的规定中有哪些问题值得注意？

《泡沫混凝土应用技术规程》JGJ/T 341—2014 中规定

1) 定义

以水泥为主要胶凝材料，并在骨料、外加剂和水等组分共同制成的砂浆中引入气泡，经混合搅拌、浇筑成型、养护而成的具有闭孔结构的轻质多孔混凝土。

2) 性能

(1) 密度等级

泡沫混凝土密度等级按其干密度 ρ_d 划分为 19 个等级。如 A01，干密度标准值为 100kg/m³，允许范围为 50～150kg/m³，具体划分可查阅规范原文。

(2) 强度等级

泡沫混凝土强度等级采用立方体抗压强度的平均值，代号为 FC，单位为 MPa。最低为 FC0.2，最高为 FC30，共 14 个等级，具体划分可查阅规范原文。

(3) 导热系数

导热系数 λ 共分为 16 个等级，范围为 0.05～0.46W/(m²·K)，其具体划分可查阅规范原文。

(4) 抗冻性能

泡沫混凝土在不同使用环境下的抗冻性能要求为；

① 非采暖地区：非采暖地区指的是最冷月的平均温度高于－5℃的地区，抗冻标号为 D15。

② 采暖地区：采暖地区指的是最冷月的平均温度低于或等于－5℃的地区。

a. 相对湿度≤60％时，抗冻标号为 D25；

b. 相对湿度＞60％时，抗冻标号为 D35；

c. 干湿交替部位和水位变化部位，抗冻标号为≥D50。

3）产品类型

（1）现浇泡沫混凝土：现浇泡沫混凝土拌和物应具有良好的黏聚性、保水性和流动性，不得泌水，现浇泡沫混凝土的燃烧性能等级为 A1 级。

（2）泡沫混凝土保温板：用于墙体工程的泡沫混凝土保温板，其干密度分为Ⅰ、Ⅱ型。Ⅰ型干密度不应大于 180kg/m³，Ⅱ型干密度不应大于 250kg/m³。

（3）界面砂浆。

（4）泡沫混凝土砌块。

4）设计选用

（1）一般规定

① 现浇泡沫混凝土及泡沫混凝土制品适用于建筑工程的非承重墙体以及外墙、屋面、楼（地）面的保温隔热层和回填等。

② 泡沫混凝土的使用年限不应小于 50 年。

（2）现浇泡沫混凝土

① 高层或超高层建筑中现浇泡沫混凝土宜用于内墙（强度等级不应低于 FC3）；当用于外墙时，强度等级不应低于 FC4，并应与主体结构构件有可靠的连接措施，墙体自身应加设墙拉筋等加强措施。

② 屋面泡沫混凝土保温层的坡度宜为 2％。

③ 泡沫混凝土墙不得在下列部位采用：

a. 建筑物防潮层以下部位；

b. 长期浸水或经常干湿交替的部位；

c. 受化学侵蚀的环境；

d. 墙体表面经常处于 80℃以上的高温环境。

（3）泡沫混凝土保温板

① 泡沫混凝土保温板采用外墙外保温系统时，宜采用薄抹灰系统。

② 泡沫混凝土保温板外墙外保温系统的构造：

a. 泡沫混凝土保温板与基层墙面的连接应采用粘结砂浆按点框法粘结，粘结面积不应小于 60％。

b. 抹面层中应压入玻纤网格布；建筑物首层应由两层玻纤网格布组成，二层及二层以上墙面可采用一层玻纤网格布，抹面层的厚度单层玻纤网格布宜为 3～5mm，双层玻纤网格布宜为 5～7mm。

c. 泡沫混凝土保温板外墙外保温系统在高层建筑的 20m 高度以上部分应使用机械锚固作为保温层与基层墙体的辅助连接。

③ 泡沫混凝土外墙外保温系统女儿墙应设置压顶或金属板盖板，并应采用双侧保温措施，内侧外保温的高度距离屋面完成面不应低于 300mm。

（4）泡沫混凝土砌块

① 泡沫混凝土砌块宜作为非承重填充墙和隔断的材料使用；

② 泡沫混凝土砌块墙体宜设控制缝，并应做好室内墙面的盖缝粉刷；

③ 处于潮湿环境的泡沫混凝土砌块墙体，墙面应采用水泥砂浆粉刷等有效的防潮措施；

④ 泡沫混凝土砌块墙体与主体结构连接处，应在沿墙高每 400mm 的水平灰缝内设置不少于 2 根直径 4mm、箍筋间距不大于 200mm 的焊接钢筋网片；

⑤ 泡沫混凝土砌块墙体用砌筑砂浆应具有良好的和易性，分层度不得大于 30mm；砌筑砂浆稠度宜为 60～80mm。

55. 《轻骨料混凝土应用技术标准》的规定中有哪些问题值得注意？

《轻骨料混凝土应用技术标准》JGJ/T 12—2019 中规定：

1）定义

用轻粗骨料、轻砂或普通砂、胶凝材料、外加剂和水配置而成的干表观密度不大于 1950kg/m³ 的混凝土。

2）材料

（1）水泥

轻骨料混凝土中的水泥可以采用硅酸盐水泥、普通硅酸盐水泥、矿渣硅酸盐水泥、火山灰质硅酸盐水泥、粉煤灰硅酸盐水泥和复合硅酸盐水泥等。

（2）轻粗骨料和轻细骨料

① 类型：轻骨料混凝土中的轻粗骨料和轻细骨料可以选用人造轻骨料、天然轻骨料、工业废渣轻骨料和膨胀珍珠岩等。上述材料均应符合相关规范的规定；

② 粒径：泵送轻骨料混凝土使用的轻粗骨料的密度等级不宜低于 600 级，公称最大粒径不宜大于 25mm；轻细骨料的密度等级不宜低于 700 级；

③ 密度等级：有抗震设防要求的轻骨料混凝土结构件，其轻骨料的强度标号不宜低于 30。

3）性能

（1）强度等级

轻骨料混凝土强度等级应按立方体抗压强度标准值确定，试件为边长 150mm 的立方体，28d 龄期，95% 保证率的抗压强度值。代号为 LC，单位为 MPa。共 14 个等级，分别是 LC5.0、LC7.5、LC10.0、LC15、LC20、LC25、LC30、LC35、LC40、LC45、LC50、LC55、LC60。

（2）强度选用

① 结构用轻骨料混凝土应采用砂轻混凝土。轻骨料混凝土结构的混凝土强度等级不应低于 LC20；采用强度等级 400MPa 及以上的钢筋时，轻骨料混凝土结构的混凝土强度等级不应低于 LC25；预应力轻骨料混凝土结构的混凝土强度等级不宜低于 LC40，且不应低于 LC30。

② 有抗震设防要求的轻骨料混凝土结构构件的轻骨料混凝土强度等级应符合下列规定：

A. 抗震设防烈度不低于 8 度时，不宜超过 LC50；

B. 一级抗震设防的结构构件，轻骨料混凝土强度等级不应低于 LC25；二、三、四级抗震等级的结构构件，轻骨料混凝土强度等级不应低于 LC20。

③ 结构用人造轻骨料混凝土的轴心抗压强度标准值（f_{ck}）、轴心抗拉强度标准值（f_{tk}）应按表 1-91 采用。

人造轻骨料混凝土的强度标准值（N/mm²）　　　表 1-91

强度类别	轻骨料混凝土的强度等级									
	LC15	LC20	LC25	LC30	LC35	LC40	LC45	LC50	LC55	LC60
f_{ck}	10.0	13.4	16.7	20.1	23.4	26.8	29.6	32.4	35.5	38.5
f_{tk}	1.27	1.54	1.78	2.01	2.20	2.39	2.51	2.64	2.74	2.85

注：1. 采用自然煤矸石时，应按表中数值乘以系数 0.85；

　　2. 采用火山渣混凝土时，应按表中数值乘以系数 0.80。

④ 用于构造计算时，结构用人造轻骨料混凝土的轴心抗压强度设计值（f_c）、轴心抗拉强度标准值（f_t）应按表 1-92 采用。

人造轻骨料混凝土的强度设计值（N/mm²）　　　表 1-92

强度类别	轻骨料混凝土的强度等级									
	LC15	LC20	LC25	LC30	LC35	LC40	LC45	LC50	LC55	LC60
f_c	7.2	9.6	11.9	14.3	16.7	19.1	21.1	23.1	25.3	27.5
f_t	0.91	1.10	1.27	1.43	1.57	1.71	1.80	1.89	1.96	2.04

注：1. 采用自然煤矸石时，应按表中数值乘以系数 0.85；

　　2. 采用火山渣混凝土时，应按表中数值乘以系数 0.80；

　　3. 对于构件截面的长边或直径小于 300mm 时，应乘以系数 0.80。

（3）密度等级

轻骨料混凝土的密度等级及其理论密度取值应符合表 1-93 的规定。

轻骨料混凝土的密度等级及其理论密度取值　　　表 1-93

密度等级	干表观密度的变化范围（kg/m³）	理论密度（kg/m³）	
		轻骨料混凝土	配筋轻骨料混凝土
600	560～650	650	—
700	660～750	750	—
800	760～850	850	—
900	860～950	950	—
1000	960～1050	1050	—
1100	1060～1150	1150	—
1200	1160～1250	1250	1350
1300	1260～1350	1350	1450
1400	1360～1450	1450	1550
1500	1460～1550	1550	1650
1600	1560～1650	1650	1750
1700	1660～1750	1750	1850
1800	1760～1850	1850	1950
1900	1860～1950	1950	2050

（4）热物理系数

轻骨料混凝土在干燥条件下和在平衡含水率的各种物理性能计算值应符合表 1-94 的规定。

轻骨料混凝土的热物理系数 表 1-94

密度等级	导热系数		比热容		导温系数		蓄热系数	
	λ_d	λ_c	C_d	C_c	a_d	a_c	S_{d24}	S_{c24}
	[W/(m·K)]		[kJ/(kg·K)]		×10³(m²/h)		[W/(m·K)]	
600	0.18	0.25	0.84	0.92	1.28	1.63	2.56	3.01
700	0.20	0.27	0.84	0.92	1.25	1.50	2.91	3.38
800	0.23	0.30	0.84	0.92	1.23	1.38	3.37	4.17
900	0.26	0.33	0.84	0.92	1.22	1.33	3.73	4.55
1000	0.28	0.36	0.84	0.92	1.20	1.37	4.10	5.13
1100	0.31	0.41	0.84	0.92	1.23	1.36	4.57	5.62
1200	0.36	0.47	0.84	0.92	1.29	1.43	5.12	6.28
1300	0.42	0.52	0.84	0.92	1.38	1.48	5.73	6.93
1400	0.49	0.59	0.84	0.92	1.50	1.56	6.43	7.65
1500	0.57	0.67	0.84	0.92	1.63	1.66	7.19	8.44
1600	0.66	0.77	0.84	0.92	1.73	1.77	8.01	9.30
1700	0.76	0.87	0.84	0.92	1.91	1.89	8.81	10.20
1800	0.87	1.01	0.84	0.92	2.08	2.07	9.74	11.30
1900	1.01	1.15	0.84	0.92	2.26	2.23	10.70	12.40

注：1. 轻骨料混凝土的体积平衡含水率取 6%；

2. 膨胀矿渣珠混凝土的导热系数按表列数值降低 25% 取用或通过试验确定。

（5）抗冻性能

轻骨料混凝土的抗冻性能应符合表 1-95 的规定。

轻骨料混凝土的抗冻性能 表 1-95

环境条件	抗冻等级	环境条件	抗冻等级
夏热冬冷地区	≥F50	严寒地区	≥F150
寒冷地区	≥F100	严寒地区干湿循环	≥F200
寒冷地区干湿循环	≥F150	采用除冰盐环境	≥F250

4）构造

（1）伸缩缝

钢筋轻骨料混凝土结构伸缩缝的最大间距宜符合表 1-96 的规定。

钢筋轻骨料混凝土结构伸缩缝的最大间距　　　　表 1-96

结构类别		室内或土中	露天
框架结构	装配式	75	60
	现浇	55	40
剪力墙结构	装配式	65	45
	现浇	45	35

注：1. 装配整体式结构房屋的伸缩缝间距，可根据结构的具体情况取表中装配式结构与现浇结构之间的数值；

2. 框架-剪力墙结构或框架-核心筒结构房屋的伸缩缝间距，可根据结构的具体布置情况取表中框架结构与剪力墙结构之间的数值；

3. 当屋面无保温或隔热措施时，框架结构、剪力墙结构的伸缩缝间距宜按表中露天栏的数值取用；

4. 现浇挑檐、雨罩等外露结构的局部伸缩缝间距不宜大于 12m。

（2）钢筋保护层

构件中普通钢筋及预应力钢筋的混凝土保护层厚度（最外层钢筋外边缘至混凝土表面的距离）应符合下列规定：

① 人造轻骨料混凝土保护层厚度应与普通混凝土相同。

② 自燃煤矸石混凝土和火山渣混凝土保护层厚度应符合下列规定：

a. 一类环境下应与普通混凝土相同；

b. 二类、三类环境下，保护层最小厚度应按普通混凝土的要求增加 5mm。

注：混凝土的环境类别在现行国家规范《混凝土结构设计规范》GB 50010—2010 中分为五个等级、七个类别（即一、二a、二b、三a、三b、四、五）。一类为"室内干燥环境"、二类为"干湿交替环境"、三类为"盐渍土环境"。

5）抗震等级

轻骨料混凝土应根据设防烈度、结构类型、房屋高度采用不同的抗震等级，并应符合相应的构造措施规定。

（1）标准设防类别（丙类）建筑的抗震等级应按表 1-97 的规定。

轻骨料混凝土房屋抗震等级　　　　表 1-97

结构类型		设防烈度					
		6		7		8	
框架结构	高度（m）	≤24	>24	≤24	>24	≤24	>24
	框架	四	三	三	二	二	一
	大跨度框架	三		二		一	
框架-剪力墙结构	高度（m）	≤50	>50	≤50	>50	≤50	>50
	框架	四	三	三	二	二	一
	剪力墙	三	三	二	二	二	一
剪力墙结构	高度（m）	≤70	>70	≤70	>70	≤70	>70
	剪力墙	四	三	三	二	二	一
框架-核心筒结构	框架	三		二		一	
	核心筒	二		二		一	

续表

结构类型		设防烈度		
		6	7	8
简中筒结构	内筒	三	二	一
	外筒	三	二	一

注：大跨度框架指跨度不小于18m的框架。

（2）特殊设防类别、重点设防类别建筑按规定提高一度确定抗震等级时，当其高度超过对应的房屋最大适用高度时，则应采取比相应抗震等级更有效的抗震构造措施。

6）关于"大孔轻骨料混凝土"

（1）强度等级

大孔轻骨料混凝土的强度等级共有 5 个级别，它们是 LC2.5、LC3.5、LC5.0、LC7.5 和 LC10。

（2）材料

大孔轻骨料混凝土的轻粗骨料级配宜采用 5～10mm 或 10～16mm 单粒级。

56.《混凝土小型空心砌块建筑技术规程》中规定的类型和强度等级有哪些？

《混凝土小型空心砌块建筑技术规程》JGJ/T 14—2011 规定：

1）种类：混凝土小型空心砌块包括普通混凝土小型空心砌块和轻骨料混凝土小型空心砌块两种，简称小砌块（或砌块）。基本规格尺寸为 390mm×190mm×190mm。辅助规格尺寸为 190mm×190mm×190mm 和 290mm×190mm×190mm 两种。

2）材料强度等级

（1）普通混凝土小型空心砌块的强度等级：MU20、MU15、MU10、MU7.5 和 MU5。

（2）轻骨料混凝土小型空心砌块的强度等级：MU15、MU10、MU7.5、MU5 和 MU3.5。

（3）砌筑砂浆的强度等级：Mb20、Mb15、Mb10、Mb7.5 和 Mb5。

（4）灌孔混凝土的强度等级：Cb40、Cb35、Cb30、Cb25 和 Cb20。

57.《植物纤维工业灰渣混凝土砌块建筑技术规程》的构造要点有哪些？

《植物纤维工业灰渣混凝土砌块建筑技术规程》JGJ/T 228—2010 规定：

1）特点：以水泥基材料为主要原料，以工业废渣为主要骨料，并加入植物纤维，经搅拌、振动、加压成型的砌块。按承重方式分为承重砌块和非承重砌块。

2）类型

（1）承重砌块：强度等级为 MU5.0 及以上的单排孔砌块，主规格尺寸为 390mm×190mm×190mm。强度等级为 MU10.0、MU7.5、MU5.0，用于抗震设防地区砌块的强度等级不应低于 MU7.5。

（2）非承重砌块：强度等级为 MU5.0 以下，有单排孔和双排孔之分，主规格尺寸为 390mm×190mm×190mm、390mm×140mm×190mm 和 390mm×90mm×190mm。强度

等级为 MU3.5。

3）砌筑砂浆与灌孔混凝土的强度等级

（1）砌筑砂浆：Mb10、Mb7.5、Mb5、Mb3.5、Mb2.5，用于抗震设防地区的砌筑砂浆的强度等级不应低于 Mb7.5。

（2）灌孔混凝土：Cb20。

4）允许建造层数和允许建造高度

允许建造层数和允许建造高度详表 1-98。

允许建造层数和允许建造高度（m）　　　　　　　　　　　　表 1-98

建筑类别	最小抗震墙厚度（mm）	抗震设防烈度和设计基本地震加速度									
		6		7				8			
		0.05g		0.10g		0.15g		0.20g		0.30g	
		高度	层数	高度	层数	高度	层数	高度	层数	高度	层数
多层砌体建筑	190	15	5	15	5	12	4	12	4	9	3
底层框架-抗震墙砌体建筑	190	16	5	16	5	13	4	10	3	—	—

注：1. 室内外高差大于 0.60m 时，建筑总高度允许比表中数值适当增加，但增加量不应大于 1.00m；

　　2. 砌块砌体建筑的层高不应超过 3.60m；底层框架-抗震墙砌体建筑的底层层高不应超过 4.50m。

5）禁用部位

植物纤维工业灰渣混凝土砌块不得应用于下列部位：

（1）长期与土壤接触、浸水的部位；

（2）经常受干湿交替或经常受冻融循环的部位；

（3）受酸碱化学物质侵蚀的部位；

（4）表面温度高于 80℃以上的承重墙；

（5）承重砌块不得用于安全等级为一级或设计使用年限大于 50 年的砌体建筑；

（6）不得用于基础或地下室外墙；

（7）首层地面以下的地下室内墙，5 层及 5 层以上砌体建筑的底层砌体和受较大振动或层高大于 6.00m 的墙和柱。

58.《墙体材料应用统一技术规范》中对墙体材料的要求有哪些？

《墙体材料应用统一技术规范》GB 50574—2010 中对墙体材料的总体要求是：

1）一般规定

（1）砌筑蒸压砖、蒸压加气混凝土砌块、混凝土小型空心砌块、石膏砌块墙体时，宜选用专用砌筑砂浆。

（2）墙体不应采用非蒸压硅酸盐砖（砌块）及非蒸压加气混凝土制品。

（3）应用氯氧镁墙材制品时应进行吸潮返卤、翘曲变形及耐水性试验，并应在其试验指标满足使用要求后再用于工程。

注：氯氧镁墙材制品是利用氯氧镁水泥制作的砖、混凝土、防火材料、吸附材料等制品，这种材料的缺点是容易吸潮返卤，制作的构件容易翘曲变形。

2）块体材料

（1）非烧结含孔块材的孔洞率、壁厚及肋厚度应符合表1-99的要求。

非烧结含孔块材的孔洞率、壁厚及肋厚度要求 表1-99

块体材料类型及用途		孔洞率（%）	最小壁厚（mm）	最小肋厚（mm）	其他要求
含孔砖	用于承重墙	≤35	15	15	孔的长度与宽度比应小于2
	用于自承重墙	—	10	10	—
砌块	用于承重墙	≤47	30	25	孔的圆角半径不应小于20mm
	用于自承重墙	—	15	15	—

注：1. 承重墙体的混凝土砖的孔洞应垂直于铺浆面。当孔的长度与宽高比不小于2时，外壁的厚度不应小于18mm；当孔的长度与宽高比小于2时，外壁的厚度不应小于15mm；

    2. 承重含孔块材，其长度方向的中部不得设孔，中肋壁厚不宜小于20mm。

（2）承重烧结多孔砖的孔洞率不应大于35%。

（3）块体材料的强度等级：蒸压普通砖（蒸压灰砂实心砖、蒸压粉煤灰实心砖）和多孔砖（烧结多孔砖、混凝土多孔砖）的强度等级有MU30、MU25、MU20、MU15、MU10。

（4）块体材料的最低强度等级见表1-100。

块体材料的最低强度等级 表1-100

块体材料用途及类型		最低强度等级（MPa）	备注
承重墙	烧结普通砖、烧结多孔砖	MU10	用于外墙和潮湿环境的内墙时，强度等级应提高一个等级
	蒸压普通砖、混凝土砖	MU15	
	普通、轻骨料混凝土小型空心砌块	MU7.5	以粉煤灰做掺合料时，粉煤灰的品质、掺加量应符合相关规范的规定
	蒸压加气混凝土砌块	A5.0	—
自承重墙	轻骨料混凝土小型空心砌块	MU3.5	用于外墙和潮湿环境的内墙时，强度等级不应低于MU5.0。全烧结陶粒保温砌块用于内墙，其强度等级不应低于MU2.5、密度不应大于800kg/m³
	蒸压加气混凝土砌块	A2.5	用于外墙时，强度等级不应低于A3.5
	烧结空心砖和空心砌块、石膏砌块	MU3.5	用于外墙和潮湿环境的内墙时，强度等级不应低于MU5.0

注：1. 防潮层以下应采用实心砖或预先将孔灌实的多孔砖（空心砌块）；

    2. 水平孔块体材料不得用于承重墙体。

(5) 块体材料物理性能应符合下列要求：

① 材料标准应给出吸水率和干燥收缩率的限值；

② 碳化系数及软化系数均不应小于 0.85；

③ 抗冻性能应符合表 1-101 的规定；

块体材料的抗冻性能　　　　　　　　　　表 1-101

适用条件	抗冻指标	质量损失（%）	强度损失（%）
夏热冬暖地区	F15（冻融循环 15 次）		
夏热冬冷地区	F25（冻融循环 25 次）	≤5	≤25
寒冷地区	F35（冻融循环 35 次）		
严寒地区	F50（冻融循环 50 次）		

④ 线膨胀系数不宜大于 $1.0 \times 10^{-5}/℃$。

3）板状材料

(1) 板状材料包括预制隔墙板和骨架隔墙板。

(2) 预制隔墙板：

① 表面平整度不应大于 2.0mm，厚度偏差不应超过 ±1.0mm。

② 允许挠度值为 1/250。

③ 抗冲击次数不应少于 5 次。

④ 单点吊挂力不应小于 1000N。

⑤ 含水率不应大于 10%。

(3) 骨架隔墙板：

① 幅面平板的表面平整度不应大于 1.00mm。

② 断裂荷载（抗折强度）应比规定的标准提高 20%。

59. 《墙体材料应用统一技术规范》中对保温墙体有哪些构造要求？

《墙体材料应用统一技术规范》GB 50574—2010 规定：

1）保温材料

(1) 除加气混凝土墙体以外，浆体保温材料不宜单独用于严寒和寒冷地区建筑的内、外墙保温。

(2) 墙体内、外保温材料的干密度见表 1-102。

墙体内、外保温材料的干密度　　　　　　　　表 1-102

材料名称	干密度（kg/m³）	材料名称	干密度（kg/m³）	材料名称	干密度（kg/m³）
模塑聚苯板	18～22	无机保温砂浆	250～350	蒸压加气混凝土砌块	500～600
挤塑聚苯板	25～32	玻璃棉板	32～48		
聚苯颗粒浆料	180～250	岩棉及矿棉毡	60～100	陶粒混凝土小型空心砌块	600～800
聚氨酯硬泡沫板	35～45	岩棉及矿渣棉板	80～150		
泡沫玻璃保温块	150～180				

（3）不得采用掺有无机掺合料的模塑聚苯板、挤塑聚苯板。

（4）墙体内、外保温材料的抗压强度

① 挤塑聚苯板的抗压强度不应低于 0.20MPa；

② 胶粉模塑聚苯板颗粒保温浆料的抗压强度不应低于 0.20MPa；

③ 无机保温砂浆压缩强度不应低于 0.40MPa；

④ 当相对变形为 10％时，模塑聚苯板和挤塑聚苯板的压缩强度分别不应小于 0.10MPa 和 0.20MPa。

2）建筑及建筑节能

（1）建筑设计

① 砌体类材料应与其他专业配合进行排块设计。

② 外保温底层外墙、阳角、门窗洞口等易受碰撞的墙体部位应采取加强措施。

③ 外墙洞口、有防水要求房间的墙体应采取防渗和防漏措施。

④ 夹心保温复合墙的外叶墙上不得直接吊挂重物及承托悬挑构件。

⑤ 建筑设计不得采用含有石棉纤维、未经防腐和防虫蛀处理的植物纤维墙体材料。

（2）建筑节能设计

① 建筑外墙可根据不同气候分区、墙体材料与施工条件，采用外保温复合墙、内保温复合墙、夹心保温复合墙或单一材料保温墙系统。

② 外保温复合墙体设计应符合下列规定：

a. 饰面层应选用防水透气性材料或做透气性构造处理；

b. 浆体材料保温层设计厚度不得大于 50mm；

c. 外保温系统应根据不同气候分区的要求进行耐候性试验；

d. 外保温内表面温度不应低于室内空气露点温度。

③ 内保温复合墙体设计应符合下列规定：

a. 保温材料应选用非污染、不燃、难燃且燃后不产生有害气体的材料；

b. 外部墙体应选用蒸汽渗透阻较小的材料或设有排湿构造，外饰面涂料应具有防水透气性；

c. 保温材料应做保护面层，当需在墙上悬挂重物时，其悬挂件的预埋件应固定于基层墙体内；

d. 不满足梁、柱等热桥部位内表面温度验算时，应对内表面温度低于室内空气露点温度的热桥部位应采取保温措施。

④ 夹心保温复合墙体设计应符合下列规定：

a. 应根据不同气候分区、材料供应及施工条件选择夹心墙的保温材料，并确定其构造和厚度；

b. 夹心保温材料应为低吸水率材料；

c. 外叶墙及饰面层应具有防水透气性；

d. 严寒及寒冷地区，保温层与外叶墙之间应设置空气间层，其间距宜为 20mm，且应在楼层处采取排湿构造；

e. 多层及高层建筑的夹芯墙，其外叶墙应由每层楼板托挑，外露托挑构件应采取外保温措施。

⑤ 单一材料保温墙体设计应符合下列规定：

a. 墙体设计应满足结构功能的要求；

b. 外墙饰面应采用防水透气性材料；

c. 应对梁、柱等热桥部位进行保温处理。

60.《墙体材料应用统一技术规范》中对砂浆与灌孔混凝土有哪些要求？

《墙体材料应用统一技术规范》GB 50574—2010 规定：

1）砂浆

（1）砌筑砂浆

① 砌筑砂浆有烧结型块材用砂浆，强度等级的代号为 M；专用砌筑砂浆：蒸压加气混凝土砌块用砂浆的强度等级代号为 Ma，混凝土小型空心砌块用砂浆的强度等级代号为 Mb，蒸压砖用砂浆的强度等级代号为 Ms。各类砂浆应符合表 1-103 的规定。

砌筑砂浆的强度等级　　　　　　　　　　　　　表 1-103

砌体位置	砌筑砂浆种类	砌体材料种类	强度等级（MPa）
防潮层以上	普通砌筑砂浆	普通砖	M5.0
		蒸压加气混凝土	Ma5.0
		混凝土砖、混凝土砌块	Mb5.0
		蒸压普通砖	Ms5.0
防潮层以下及潮湿环境	水泥砂浆、预拌砂浆或专用砌筑砂浆	普通砖	M10.0
		混凝土砖、混凝土砌块	Mb10.0
		蒸压普通砖	Ms10.0

注：1. 掺有引气剂的砌筑砂浆，其引气量不应大于 20%；

　　2. 水泥砂浆的最低水泥用量不应小于 200kg/m³；

　　3. 水泥砂浆密度不应小于 1900kg/m³；水泥混合砂浆密度不应小于 1800kg/m³。

② 掺有引气剂的砌筑砂浆，其引气量不应大于 20%。

③ 水泥砂浆的最低水泥用量不应小于 200kg/m³。

④ 水泥砂浆密度不应小于 1900kg/m³，水泥混合砂浆密度不应小于 1800kg/m³。

（2）抹面砂浆

① 内墙抹灰砂浆的强度等级不应小于 M5.0，粘结强度不应低于 0.15MPa。

② 外墙抹灰砂浆宜采用防裂砂浆；采暖地区砂浆强度等级不应小于 M10，非采暖地区砂浆强度等级不应小于 M7.5，蒸压加气混凝土强度等级宜为 Ma5.0。

③ 地下室及潮湿环境应采用具有防水性能的水泥砂浆或预拌水泥砂浆。

④ 墙体应采用薄层抹灰砂浆。

2）灌孔混凝土

灌孔混凝土应符合下列规定：

（1）强度等级不应小于块材强度等级的 1.50 倍；

（2）设计有抗冻性要求的墙体，灌孔混凝土应根据使用条件和设计要求进行冻融试验；

（3）坍落度不宜小于 180mm，泌水率不宜大于 3.0%，3d 龄期的膨胀率不应小于 0.025%，且不应大于 0.50%，并应具有良好的粘结性。

61.《砌体结构设计规范》中规定的砌体砂浆有哪些？它们的强度等级有几种？应用范围如何？

《砌体结构设计规范》GB 50003—2011 规定：

1）承重墙体材料的砌筑砂浆

（1）应用于烧结普通砖、烧结多孔砖、蒸压灰砂普通砖和蒸压粉煤灰普通砖砌体的普通砂浆强度等级有 M15、M10、M7.5、M5.0 和 M2.5；最低强度等级为 M5.0。应用于蒸压灰砂普通砖和蒸压粉煤灰普通砖砌体的专用砂浆强度等级有 Ms15、Ms10、Ms7.5、Ms5.0；最低强度等级为 Ms5.0。

（2）应用于混凝土普通砖、混凝土多孔砖、单排孔混凝土砌块和煤矸石混凝土砌块的砌筑砂浆强度等级有 Mb20、Mb15、Mb10、Mb7.5 和 Mb5.0。最低强度等级为 Mb5.0。

（3）应用于双排孔或多排孔轻集料混凝土砌块砌体的砌筑砂浆强度等级有 Mb10、Mb7.5 和 Mb5.0。最低强度等级为 Mb5.0。

（4）应用于毛料石、毛石砌体的砌筑砂浆强度等级：M7.5、M5.0 和 M2.5。最低强度等级为 M5.0。

2）自承重墙体材料的砌筑砂浆

（1）应用于空心砖的砌筑砂浆强度等级有 MU10、MU7.5 、MU5.0 和 MU3.5。最低强度等级为 MU7.5。

（2）应用于轻集料混凝土砌块的砌筑砂浆强度等级有 MU10、MU7.5 、MU5.0 和 MU3.5。最低强度等级为 MU3.5。

3）砌筑砂浆的应用

砌筑砂浆用于地上部位时，应采用混合砂浆；用于地下部位时，应采用水泥砂浆。

62. 什么叫预拌砂浆？它有哪些类型？

《预拌砂浆应用技术规程》JGJ/T 223—2010 规定：预拌砂浆有湿拌砂浆和干混砂浆两种。预拌砂浆有砌筑砂浆、抹灰砂浆、地面砂浆、防水砂浆、界面砂浆和陶瓷砖粘结砂浆等。

1）砌筑砂浆：采用砌筑砂浆时，水平灰缝厚度宜为（10±2)mm。

2）抹灰砂浆：抹灰砂浆的厚度不宜大于 35mm，当抹灰总厚度大于或等于 35mm 时，应采取加强措施。

3）地面砂浆：

（1）地面砂浆的强度等级不应小于 M15，面层砂浆的稠度宜为（50±10)mm。

（2）地面找平层和面层砂浆的厚度不应小于 20mm。

4）防水砂浆：

防水砂浆可采用抹压法、涂刮法施工，砂浆总厚度宜为 12～18mm。

5）界面砂浆：

混凝土、蒸压加气混凝土、模塑聚苯板和挤塑聚苯板等表面应采用界面砂浆进行界面处理，厚度宜为 2mm。

6）陶瓷砖粘结砂浆：

水泥砂浆、混凝土等基层采用陶瓷砖饰面时，粘结砂浆的平均厚度不宜大于 5mm。

63. 什么叫干拌砂浆？它有哪些类型？

《干拌砂浆应用技术规程》DBJ/T 01—73—2003 规定：由专业生产厂生产，把经干燥筛分处理的细集料与无机胶凝材料、矿物掺合料、其他外加剂，按一定比例混合成的一种粉状或颗粒状混合物叫干拌砂浆。干拌砂浆的产品可以散装或袋装，在施工现场加水搅拌即成砂浆。

1）干拌砂浆的分类

（1）普通干拌砂浆：普通干拌砂浆有以下 4 种：DM－干拌砌筑砂浆；Dpi－干拌内墙抹灰砂浆；DPe－干拌外墙抹灰砂浆；DS－干拌地面砂浆；DP－G 粉刷石膏。

（2）特种干拌砂浆：特种干拌砂浆有以下 3 种：DTA－干拌瓷砖粘结砂浆；DEA－干拌聚苯板粘结砂浆；DBI－干拌外保温抹面砂浆；DB－界面剂。

2）普通干拌砂浆强度等级与传统砂浆强度等级的对应关系：

普通干拌砂浆强度等级与传统砂浆的强度等级的对应关系见表 1-104。

普通干拌砂浆强度等级与传统砂浆强度等级的对应关系　　　　表 1-104

种类	强度等级（MPa）	传统砂浆（MPa）
砌筑砂浆（DM）	2.5	M2.5 混合砂浆 M2.5 水泥砂浆
	5.0	M5.0 混合砂浆 M5.0 水泥砂浆
	7.5	M7.5 混合砂浆 M7.5 水泥砂浆
	10.0	M10.0 混合砂浆 M10.0 水泥砂浆
	15.0	—
抹灰砂浆（Dpi、DPe）	2.5	
	5.0	1:1:6 混合砂浆
	7.5	
	10.0	1:1:4 混合砂浆
地面砂浆（DS）	15.0	—
	20.0	1:2 水泥砂浆
	25.0	—

（二）混凝土结构材料

64.《混凝土结构设计规范》中对混凝土有哪些规定？

《混凝土结构设计规范》GB 50010—2010 规定：

1）密度与强度等级

混凝土的干表观密度为 2000～2800kg/m³。混凝土强度等级应按立方米抗压强度标准值确定，采用 150mm 的立方体试件，具有 95％保证率的抗压强度值。

2）代号

混凝土的代号为 C，强度等级共 14 个，分别是：C15、C20、C25、C30、C35、C40、C45、C50、C55、C60、C65、C70、C75、C80。

3）应用

（1）素混凝土结构的强度等级不应低于C15；钢筋混凝土结构的混凝土强度等级不应低于C20，当采用400MPa级钢筋时混凝土强度等级不宜低于C25，当采用500MPa钢筋时混凝土强度等级不应低于C30。

（2）承受重复荷载的钢筋混凝土构件，混凝土强度等级不应低于C30。

（3）预应力混凝土结构的混凝土强度等级不宜低于C40，且不应低于C30。

65. 什么叫轻骨料混凝土？应用范围如何？

《轻骨料混凝土应用技术规程》JGJ/T 12—2019规定：

1）定义

轻骨料混凝土是用轻粗骨料、轻砂或普通砂、胶凝材料、外加剂和水泥配制而成的干表观密度不大于1950kg/m³的混凝土。包括3种类型：

（1）全轻混凝土：由轻纱做细骨料配制而成的轻骨料混凝土。

（2）砂轻混凝土：由普通砂或普通砂中掺加部分轻纱做细骨料配制而成的轻骨料混凝土。

（3）大孔轻骨料混凝土：用轻粗骨料、水泥、矿物掺合料、外加剂和水配制而成的无砂或少砂混凝土。

2）轻骨料混凝土的结构类型

轻骨料混凝土结构是以轻骨料混凝土为主制成的结构，包括轻骨料素混凝土结构、钢筋轻骨料混凝土结构和预应力轻骨料混凝土结构。

3）轻骨料混凝土的强度等级

轻骨料混凝土的代号为"LC"，强度等级共有13个，分别是：LC5.0、LC7.5、LC10、LC15、LC20、LC25、LC30、LC35、LC40、LC45、LC50、LC55、LC50。

4）轻骨料混凝土的性能（摘编）

（1）轻骨料混凝土的强度等级应按立方体抗压强度标准值确定。立方体抗压强度标准值是按标准方法制作并养护的边长为150mm的立方体试体，在28d龄期或设计规定龄期以标准试压方法测得的具有95%保证率的抗压强度值。

（2）轻骨料混凝土的密度等级及其理论密度取值应符合表1-105的规定。配筋轻骨料混凝土的理论密度也可根据实际配筋情况确定，但不应低于表1-105的规定值。

轻骨料混凝土的强度等级及其理论密度取值　　　　表1-105

密度等级	干表观密度的变化范围（kg/m³）	理论密度（kg/m³）	
		轻骨料混凝土	配筋轻骨料混凝土
600	560～650	650	—
700	660～750	750	—
800	760～850	850	—
900	860～950	950	—
1000	960～1050	1050	—
1100	1060～1150	1150	—
1200	1160～1250	1250	1350

续表

密度等级	干表观密度的变化范围 （kg/m³）	理论密度（kg/m³）	
		轻骨料混凝土	配筋轻骨料混凝土
1300	1260～1350	1350	1450
1400	1360～1450	1450	1550
1500	1460～1550	1550	1650
1600	1560～1650	1650	1750
1700	1660～1750	1750	1850
1800	1760～1850	1850	1950
1900	1860～1950	1950	2050

（3）结构用轻骨料混凝土应采用砂轻混凝土。轻骨料混凝土结构的混凝土强度等级不应低于 LC20；采用强度等级 400MPa 及以上钢筋时，轻骨料混凝土的强度等级不应低于 LC25；预应力轻骨料混凝土结构的混凝土强度等级不宜低于 LC40，且不应低于 LC30。

（4）有抗震设防要求的轻骨料混凝土结构构件的轻骨料混凝土强度等级应符合下列规定：

① 抗震设防烈度不低于 8 度时，不宜超过 LC50；

② 一级抗震等级的结构构件，轻骨料混凝土强度等级不应低于 LC25；对二、三、四级抗震等级的结构构件，轻骨料混凝土强度等级不应低于 LC20。

（5）结构用人造轻骨料混凝土的轴心抗压、轴心抗拉强度标准值详表 1-106 的规定。

人造轻骨料混凝土的强度标准值（N/mm²）　　　　表 1-106

强度类别	轻骨料混凝土强度等级									
	LC15	LC20	LC25	LC30	LC35	LC40	LC45	LC50	LC55	LC60
f_{ck}	10.0	13.4	16.7	20.1	23.4	26.8	29.6	32.4	35.5	38.5
f_{rk}	1.27	1.54	1.78	2.01	2.20	3.39	2.51	2.64	2.74	2.85

注：自然煤矸石混凝土应乘以 0.85 的系数；火山渣混凝土应乘以 0.80 的系数。

（6）结构用人造轻骨料混凝土轴心抗压、轴心抗拉强度设计值 f_c、f_t 值应按表 1-107 的规定采用，并应符合下列规定：

① 计算现浇钢筋轻骨料混凝土轴心受压及偏心受压构件时，对于截面的长边或直径小于 300mm 的构件，应按上表数值乘以 0.80 的系数；

② 轴心抗拉强度设计值，对自然煤矸石混凝土应乘以 0.85 的系数，火山渣混凝土应乘以 0.80 的系数。

人造轻骨料混凝土的强度设计值（N/mm²）　　　　表 1-107

强度类别	轻骨料混凝土强度等级									
	LC15	LC20	LC25	LC30	LC35	LC40	LC45	LC50	LC55	LC60
f_c	7.2	9.6	11.9	14.3	16.7	19.1	21.1	23.1	25.3	27.5
f_t	0.91	1.10	1.27	1.43	1.57	1.71	1.80	1.89	1.96	2.04

66. 什么叫补偿收缩混凝土? 应用范围如何?

1)《建筑材料术语标准》JGJ/T 191—2009 规定:

补偿收缩混凝土是采用膨胀剂或膨胀水泥配制,产生 0.2~1.0MPa 自应力的混凝土。

补偿收缩混凝土多用于变形缝或替代变形缝等构造部位,如:地下工程中的后浇带等。

2)《补偿收缩混凝土应用技术规程》JGJ/T 178—2009 规定:

(1) 基本规定

① 补偿收缩混凝土宜用于混凝土结构自防水、工程接缝填充、采取连续施工的超长混凝土结构、大体积混凝土等工程。以钙矾石作为膨胀源的补偿收缩混凝土,不得用于长期处于环境温度高于80℃的钢筋混凝土工程。

② 补偿收缩混凝土的限制膨胀率应符合表 1-108 的规定。

补偿收缩混凝土的限制膨胀率　　　　　　　　　　　　　　表 1-108

用途	限制膨胀率（%）	
	水中 14d	水中 14d 转空气中 28d
用于补偿混凝土收缩	≥0.015	≥−0.030
用于后浇带、膨胀加强带和工程接缝填充	≥0.025	≥−0.020

③ 补偿收缩混凝土的设计强度等级不宜低于 C25;用于填充的补偿收缩混凝土的设计强度等级不宜低于 C30。

④ 补偿收缩混凝土的抗压强度应满足下列要求:

a. 对大体积混凝土工程或地下工程,补偿收缩混凝土的抗压强度可以养护 60d 或 90d 的强度为准;

b. 除对大体积混凝土工程或地下工程外,补偿收缩混凝土设计强度应以标准养护 28d 的强度为准。

(2) 设计原则

① 用于后浇带和膨胀加强带的补偿收缩混凝土的设计强度应比两侧混凝土提高一个等级。

② 限制膨胀率的设计取值应符合表 1-109 的规定(使用限制膨胀率大于 0.060% 的混凝土时,应预先进行试验)。

限制膨胀率的设计取值　　　　　　　　　　　　　　表 1-109

结构部位	限制膨胀率（%）
板梁结构	≥0.015
墙体结构	≥0.020
后浇带、膨胀加强带等部位	≥0.025

③ 限制膨胀率的取值应以 0.005% 的间隔为 1 个等级。

④ 对下列情况,限制膨胀率的取值宜适当加大:

a. 强度等级大于等于 C50 的混凝土,限制膨胀率应提高 1 个等级;

b. 约束程度大的桩基底板的构件;

c. 气候干燥地区、夏季炎热地区且养护条件差的构件；

d. 结构总长度大于 120m；

e. 屋面板；

f. 室内结构越冬外露施工。

67.《混凝土结构设计规范》中对钢筋有哪些规定？

《混凝土结构设计规范》GB 50010—2010 规定：

1) 钢筋种类和级别

（1）纵向受力普通钢筋宜采用 HRB400、HRB500、HRBF400、HRBF500 钢筋，也可采用 HPB300、HRB335、HRBF335、RRB400 钢筋；

（2）梁、柱纵向受力普通钢筋应采用 HRB400、HRB500、HRBF400、HRBF500 钢筋；

（3）箍筋宜采用 HRB400、HRBF400、HPB300、HRB500、HRBF500 钢筋，也可采用 HPB335、HRBF335 钢筋；

（4）预应力钢筋宜采用预应力钢丝、钢绞线和预应力螺纹钢筋。

2) 钢筋直径：钢筋的直径以 mm 为单位。通常有 6、8、10、12、14、16、18、20、22、25、28、32、36、40、50 等共 15 种。

3) 钢筋强度

（1）普通钢筋的屈服强度标准值 f_{yk}、极限强度标准值 f_{pyk} 详见表 1-110。

普通钢筋强度标准值（N/mm²）　　　　　表 1-110

种类	符号	公称直径 d（mm）	屈服强度标准值 f_{yk}	极限强度标准值 f_{yk}
HPB300	原书	6～22	300	420
HRB335 HRBF335	原书	6～50	335	455
HRB400 HRBF400 RRB400	原书	6～50	400	540
HRB500 HRBF500	原书	6～50	500	630

注：当采用直径大于 40mm 的钢筋时，应经相应的试验检验或有可靠的工程经验。

（2）预应力钢丝、钢绞线和预应力螺纹钢筋的屈服强度标准值 f_{pyk}、极限强度标准值 f_{ptk} 详见表 1-111。

预应力筋强度标准值（N/mm²）　　　　　表 1-111

种类		符号	公称直径 d（mm）	屈服强度标准值 f_{pyk}	极限强度标准值 f_{ptk}
中强度预应力钢丝	光面 螺旋肋	原书	5、7、9	620	800
				780	970
				980	1270

续表

种类		符号	公称直径 d (mm)	屈服强度标准值 f_{pyk}	极限强度标准值 f_{ptk}
预应力螺纹钢筋	螺纹	原书	18、25、32、40、50	785	980
				930	1080
				1080	1230
消除应力钢丝	光面螺旋肋	原书	5	—	1570
				—	1860
			7	—	1570
			9	—	1470
				—	1570
钢绞线	1×3（三股）	原书	8.6、10.8、12.9	—	1570
				—	1860
				—	1960
	1×7（七股）		9.5、12.7、15.2、17.8	—	1720
				—	1860
				—	1960
			21.6	—	1860

注：极限强度标准值为 1960N/mm² 的钢绞线做后张法预应力配筋时，应有可靠的工程经验。

（三）结 构 构 件

68. 砌体结构构件的厚度应如何确定？

1）单一材料墙体：用于承重外墙的厚度通常为一砖半墙（365mm 厚）；用于承重内墙的厚度通常一砖墙（240mm 厚）；用于非承重隔墙的厚度通常半砖墙（115mm 厚）。

2）复合墙体：复合墙体的承重部分一般取 240mm。

3）混凝土小型空心砌块：厚度为 190mm（绘图时标注 200mm）。

4）保温墙体：保温墙体分为外保温复合墙体、内保温复合墙体、夹心复合保温墙体、单一材料保温墙体 4 种。

69. 砌体结构夹心墙的厚度应如何确定？

《砌体结构设计规范》GB 50003—2011 规定：夹芯墙指的是在墙体中预留的连续空腔内填充保温或隔热材料，并在墙体内叶和外叶之间用防锈的金属拉接件连接形成的墙体。

1）夹芯墙的夹层厚度，不宜小于 120mm。

2）外叶墙的砖及混凝土砌块的强度等级，不应低于 MU10。

3）夹芯墙外叶墙的最大横向支承间距，宜按下列规定采用：设防烈度为 6 度时不宜大于 9.00m，7 度时不宜大于 6.00m，8、9 度时不宜大于 3.00m。

4）夹芯墙的内、外叶墙，应由拉结件可靠拉结，拉结件宜符合下列规定：

（1）当采用环形拉结件时，钢筋直径不应小于 4mm；当为 Z 形拉结件时，钢筋直径不应小于 6mm；拉结件的水平和竖向最大间距分别不宜大于 800mm 和 600mm；对有振动或有抗震设防要求时，其水平和竖向最大间距分别不宜大于 800mm 和 400mm。

（2）当采用可调拉结件时，钢筋直径不应小于 4mm；拉结件的水平和竖向最大间距均不宜大于 400mm。叶墙间灰缝的高差应不大于 3mm，可调拉结件中孔眼和扣钉间的公差应不大于 1.50mm。

（3）当采用钢筋网片做拉结件时，网片横向钢筋的直径不应小于 4mm；其间距不应大于 400mm；网片的竖向间距不宜大于 600mm；对有振动或有抗震设防要求时，不宜大于 400mm。

（4）拉结件在叶墙上的搁置长度，不应小于叶墙厚度的 2/3，并不应小于 60mm。

（5）门窗洞口周边 300mm 范围内应附加间距不大于 600mm 的拉结件。

四、建 筑 抗 震

（一）基 本 规 定

70. 抗震设防烈度、设计基本地震加速度和设计地震分组如何理解？

1）抗震设防烈度

《建筑抗震设计规范》GB 50011—2010（2016 年版）规定：按国家规定的权限批准作为一个地区抗震设防依据的地震烈度，一般情况，取 50 年内超越概率 10％的地震烈度。

2）设计基本地震加速度

《建筑抗震设计规范》GB 50011—2010（2016 年版）规定：按 50 年设计基准期超越概率 10％的地震加速度的设计取值。

3）设计地震分组

相关资料表明：设计地震分组是用来表征地震震级及震中距离影响的一个参量，用来替代原有的"设计近震和远震"，它是一个与场地特征周期与峰值加速度有关的参量。设计地震分组共分为三组，第一组为近震区、第二组为中远震区、第三组为远震区。

71. 抗震设防烈度、设计基本地震加速度和设计地震分组的关系是什么？

《建筑抗震设计规范》GB 50011—2010（2016 年版）规定：抗震设防烈度（烈度）和设计基本地震加速度值（加速度）的对应关系见表 1-112；我国直辖市和省会城市抗震设防烈度（烈度）、设计基本地震加速度值（加速度）和设计地震分组（分组）的对应关系见表 1-113。

抗震设防烈度与设计基本地震加速度值的对应关系　　　　表 1-112

抗震设防烈度	6	7	8	9
设计基本地震加速度	0.05g	0.10（0.15）g	0.20（0.30）g	0.40g

注：g 为重力加速度。

我国直辖市和省会城市抗震设防烈度、设计基本地震
加速度和设计地震分组的对应关系　　　　表 1-113

1）北京市

烈度	加速度	分组	所属县级城镇
8 度	0.20g	第二组	东城区、西城区、朝阳区、丰台区、石景山区、海淀区、门头沟区、房山区、通州区、顺义区、昌平区、大兴区、怀柔区、平谷区、密云区、延庆区

2）天津市

烈度	加速度	分组	所属县级城镇
8度	0.20g	第二组	和平区、河东区、河西区、南开区、河北区、红桥区、东丽区、津南区、北辰区、武清区、宝坻区、滨海新区、宁河区
7度	0.15g	第二组	西青区、静海区、蓟县

3）上海市

烈度	加速度	分组	所属县级城镇
7度	0.10g	第二组	黄浦区、徐汇区、长宁区、静安区、普陀区、闸北区、虹口区、杨浦区、闵行区、宝山区、嘉定区、浦东新区、金山区、青浦区、奉贤区、崇明县

4）重庆市

烈度	加速度	分组	所属县级城镇
7度	0.10g	第一组	黔江区、荣昌区
6度	0.05g	第一组	万州区、涪陵区、渝中区、大渡口区、江北区、沙坪坝区、九龙坡区、南岸区、北碚区、綦江区、大足区、渝北区、巴南区、长寿区、江津区、合川区、长寿区、江津区、合川区、永川区、南川区、铜梁区、璧山区、潼南区、璧山区、潼南县、梁平县、城口县、丰都县、垫江县、武隆县、忠县、开县、云阳县、奉节县、巫山县、巫溪县、石柱土家族自治县、秀山土家族苗族自治县、西阳土家族苗族自治县、彭水苗族土家族自治县

5）河北省石家庄市

烈度	加速度	分组	所属县级城镇
7度	0.15g	第一组	辛集市
7度	0.10g	第一组	赵县
7度	0.10g	第二组	长安区、桥西区、新华区、井陉矿区、裕华区、栾城区、藁城区、鹿泉区、井陉县、正定县、高邑县、深泽县、无极县、平山县、元氏县、晋州市
7度	0.10g	第三组	灵寿县
6度	0.05g	第二组	行唐县、赞皇县、新乐市

6）山西省太原市

烈度	加速度	分组	所属县级城镇
8度	0.20g	第二组	小店区、迎泽区、杏花岭区、尖草坪区、万柏林区、晋源区、清徐县、阳曲县
7度	0.15g	第二组	古交市
7度	0.10g	第三组	娄烦县

7）内蒙古自治区呼和浩特市

烈度	加速度	分组	所属县级城镇
8 度	0.20g	第二组	新城区、回民区、玉泉区、赛罕区、土默特左旗
7 度	0.15g	第二组	托克托县、和林格尔县、武川县
7 度	0.10g	第二组	清水河县

8）辽宁省沈阳市

烈度	加速度	分组	所属县级城镇
7 度	0.10g	第一组	和平区、沈河区、大东区、皇姑区、铁西区、苏家屯区、浑南区（原东陵区）、沈北新区、于洪区、辽中县
6 度	0.05g	第一组	康平县、法库县、新民市

9）吉林省长春市

烈度	加速度	分组	所属县级城镇
7 度	0.10g	第一组	南关区、宽城区、朝阳区、二道区、绿园区、双阳区、九台区
6 度	0.05g	第一组	农安县、榆林市、德惠市

10）黑龙江省哈尔滨市

烈度	加速度	分组	所属县级城镇
8 度	0.20g	第一组	方正县
7 度	0.15g	第一组	依兰县、通河县、延寿县
7 度	0.10g	第一组	道里区、南岗区、道外区、松北区、香坊区、呼兰区、尚志市、五常市
6 度	0.05g	第一组	平房区、阿城区、宾县、巴彦县、木兰县、双城区

11）江苏省南京市

烈度	加速度	分组	所属县级城镇
7 度	0.10g	第二组	六合区
7 度	0.10g	第一组	依兰县、通河县、延寿县
7 度	0.10g	第一组	玄武区、秦淮区、建邺区、鼓楼区、浦口区、栖霞区、雨花台区、江宁区、溧水区
6 度	0.05g	第一组	高淳区

12）浙江省杭州市

烈度	加速度	分组	所属县级城镇
7 度	0.10g	第一组	上城区、下城区、江干区、拱墅区、西湖区、余杭区
6 度	0.05g	第一组	滨江县、萧山区、富阳区、桐庐县、淳安县、建德市、临安市

13）安徽省合肥市

烈度	加速度	分组	所属县级城镇
7度	0.10g	第一组	瑶海区、庐阳县、蜀山区、包河区、长丰县、肥东县、肥西县、庐江县、巢湖市

14）福建省福州市

烈度	加速度	分组	所属县级城镇
7度	0.10g	第三组	鼓楼区、台江县、仓山区、马尾区、晋安区、平潭县、福清市、长乐市
6度	0.05g	第三组	连江县、永泰县
6度	0.05g	第二组	闽侯县、罗源县、闽清县

15）江西省南昌市

烈度	加速度	分组	所属县级城镇
6度	0.05g	第一组	东湖区、西湖区、青云谱区、湾里区、青山湖区、新建区、南昌县、安义县、进贤县

16）山东省济南市

烈度	加速度	分组	所属县级城镇
7度	0.10g	第三组	长清区
7度	0.10g	第二组	平阴县
6度	0.05g	第三组	历下区、市中区、淮阴区、天桥区、历城区、济阳县、商河县、章丘市

17）河南省郑州市

烈度	加速度	分组	所属县级城镇
7度	0.15g	第二组	中原区、二七区、晋城回族区、金水区、惠济区
7度	0.10g	第二组	上街区、中牟县、巩义市、荥阳市、新密市、新郑市、登封市

18）湖北省武汉市

烈度	加速度	分组	所属县级城镇
7度	0.10g	第一组	新洲区
6度	0.05g	第一组	江岸区、江汉区、硚口区、汉阳区、武昌区、青山区、洪山区、东西湖区、汉南区、蔡甸区、江夏区、黄陂区

19）湖南省长沙市

烈度	加速度	分组	所属县级城镇
6度	0.05g	第一组	芙蓉区、天心区、岳麓区、开福区、雨花区、望城区、长沙县、宁乡县、浏阳市

20）广东省广州市

烈度	加速度	分组	所属县级城镇
7 度	0.10g	第一组	荔湾区、越秀区、海珠区、天河区、白云区、黄浦区、番禺区、南沙区
6 度	0.10g	第一组	花都区、增城区、从化区

21）广西壮族自治区南宁市

烈度	加速度	分组	所属县级城镇
7 度	0.15g	第一组	隆安县
7 度	0.10g	第一组	兴宁区、青秀区、江南区、西乡塘区、良庆区、邕宁区、横县
6 度	0.05g	第一组	武鸣区、马山县、上林县、宾阳县

22）海南省海口市

烈度	加速度	分组	所属县级城镇
8 度	0.30g	第二组	秀英区、龙华区、琼山区、美兰区

23）四川省成都市

烈度	加速度	分组	所属县级城镇
8 度	0.20g	第二组	都江堰市
7 度	0.15g	第二组	彭州市
7 度	0.10g	第三组	锦江区、青羊区、金牛区、武侯区、成华区、龙泉驿区、青白江区、新都区、温江区、金堂县、双流县、郫县、大邑县、蒲江县、新津县、邛崃市、崇州市

24）贵州省贵阳市

烈度	加速度	分组	所属县级城镇
6 度	0.05g	第一组	南明区、云岩区、花溪区、乌当区、白云区、观山湖区、开阳县、息烽县、修文县、清镇市

25）云南省昆明市

烈度	加速度	分组	所属县级城镇
9 度	0.40g	第三组	东川区、寻甸回族彝族自治县
8 度	0.30g	第三组	宜良县、嵩明县
8 度	0.20g	第三组	五华区、盘龙区、官渡区、西山区、呈贡区、晋宁县、石林彝族自治县、安宁市
7 度	0.15g	第三组	富民县、禄劝彝族苗族自治县

26）西藏自治区拉萨市

烈度	加速度	分组	所属县级城镇
9 度	0.40g	第三组	当雄县
8 度	0.20g	第三组	城关区、林周县、尼木县、堆龙德庆县
7 度	0.15g	第三组	曲水县、达孜县、墨竹工卡县

27）陕西省西安市

烈度	加速度	分组	所属县级城镇
8度	0.20g	第二组	新城区、碑林区、莲湖区、灞桥区、未央区、雁塔区、阎良区、临潼区、长安区、高陵区、蓝田县、周至县、户县

28）甘肃省兰州市

烈度	加速度	分组	所属县级城镇
8度	0.20g	第三组	城关区、七里河区、西固区、安宁区、永登县
7度	0.15g	第三组	红古区、皋兰县、榆中县

29）青海省西宁市

烈度	加速度	分组	所属县级城镇
7度	0.10g	第三组	城中区、城东区、城西区、城北区、大通回族土族自治县、湟中县、湟源县

30）宁夏回族自治区银川市

烈度	加速度	分组	所属县级城镇
8度	0.20g	第三组	灵武市
8度	0.20g	第二组	兴庆区、西夏区、金凤区、永宁县、贺兰县

31）新疆维吾尔自治区乌鲁木齐市

烈度	加速度	分组	所属县级城镇
8度	0.20g	第二组	天山区、沙依巴克区、新市区、水磨沟区、头屯河区、达坂城区、米东区、乌鲁木齐县

32）香港特区

烈度	加速度	分组	所属县级城镇
7度	0.15g	第二组	

33）澳门特区

烈度	加速度	分组	所属县级城镇
7度	0.10g	第二组	

34）台湾省

烈度	加速度	分组	所属县级城镇
9度	0.40g	第三组	嘉义县、嘉义市、云林县、南投县、彰化县、台中市、苗栗县、花莲县
9度	0.40g	第二组	台南县、台中县
8度	0.30g	第三组	台北市、台北县、基隆市、桃源县、新竹县、新竹市、宜兰县、台东县、屏东县
8度	0.20g	第三组	高雄市、高雄县、金门县

烈度	加速度	分组	所属县级城镇
8度	0.20g	第二组	澎湖县
6度	0.05g	第三组	马祖县

注：以上内容为摘录，若需了解其他有关城市数据可直接查阅《建筑抗震设计规范》GB 50011—2010（2016年版）。

72. 建筑抗震设防类别是如何界定的？

《建筑工程抗震设防分类标准》GB 50225—2008规定：抗震设防类别是根据遭遇地震后，可造成人员伤亡、直接和间接经济损失、社会影响的程度及其在抗震救灾中的作用等因素，对各类建筑所做的设防类别划分。

1）特殊设防类（甲类）：指使用上有特殊功能，涉及国家公共安全的重大建筑工程和地震时可能发生严重次生灾害等特别重大灾害后果，需要进行特殊设防的建筑。

2）重点设防类（乙类）：指地震时使用功能不能中断或需尽快恢复的生命线相关建筑，以及地震时可能导致大量人员伤亡等重大灾害后果，需要提高设防标准的建筑。

3）标准设防类（丙类）：指大量的除1）、2）、4）款以外按标准要求进行设防的建筑。

4）适度设防类（丁类）：指使用上人员稀少且震损不致产生次生灾害，允许在一定条件下适度降低要求的建筑。

73. 建筑抗震设防标准是如何界定的？

《建筑工程抗震设防分类标准》GB 50225 2008规定：抗震设防标准是衡量设防高低的尺度，由抗震设防烈度和设计地震动参数及建筑抗震设防类别而确定。

1）标准设防类：应按本地区抗震设防标准烈度确定其抗震措施和地震作用，涉及在遭遇高于当地抗震设防烈度的预估罕遇地震影响时不致倒塌或发生生命安全的严重破坏的抗震设防目标，如居住建筑。

2）重点设防类：应按高于本地区抗震设防烈度一度的要求加强其抗震措施；但抗震设防烈度为9度时应按比9度更高的要求采取抗震措施。地基基础的抗震措施，应符合有关规定。同时，应按本地区抗震设防烈度确定其地震作用。如幼儿园、中小学校教学用房、宿舍、食堂、电影院、剧场、礼堂、报告厅等均属于重点设防类。《特殊教育学校建筑设计标准》JGJ 76—2019规定：学生主要使用的建筑物应按重点设防类建筑进行抗震设计。

3）特殊设防类：应按高于本地区抗震设防烈度一度的要求加强其抗震措施；但抗震设防烈度为9度时应按比9度更高的要求采取抗震措施。同时，应按标准的地震安全性评价的结果且高于本地区抗震设防烈度的要求确定其地震作用。如国家级的电力调度中心、国家级卫星地球站上行站等均属于特殊设防类。

4）适度设防类：允许比本地区抗震设防烈度的要求适当降低其抗震措施，但抗震设防烈度为6度时不应降低。一般情况下，仍应按本地区抗震设防烈度确定其地震作用。如仓库类等人员活动少、无次生灾害的建筑。

注：地震作用在《建筑抗震设计规范》GB 50011—2010（2016年版）中的解释为：地震作用包括水平地震作用、竖向地震作用以及由水平地震作用引起的扭转影响等。

（二）砌体结构的抗震

74. 砌体结构抗震设防的一般规定包括哪些？

《建筑抗震设计规范》GB 50011—2010（2016 年版）规定：

1）限制房屋总高度和建造层数

砌体结构房屋总高度和建造层数与抗震设防烈度和设计基本地震加速度有关，具体数值应以表 1-114 为准。

房屋的层数和总高度限值（m）　　　　　　　　　表 1-114

房屋类别		最小抗震墙厚度（mm）	烈度和设计基本地震加速度											
			6		7				8				9	
			0.05g		0.10g		0.15g		0.05g		0.10g		0.15g	
			高度	层数	高度	层数	高度	层数	高度	层数	高度	层数	高度	层数
多层砌体房屋	普通砖	240	21	7	21	7	21	7	18	6	15	5	12	4
	多孔砖	240	21	7	21	7	18	6	18	6	15	5	9	3
	多孔砖	190	21	7	18	6	15	5	15	5	12	4	—	—
	小砌块	190	21	7	21	7	18	6	18	6	15	5	9	3
底部框架-抗震墙砌体房屋	普通砖	240	22	7	22	7	19	6	16	5	—	—	—	—
	多孔砖													
	多孔砖	190	22	7	16	6	16	5	13	4	—	—	—	—
	小砌块	190	22	7	22	7	19	6	16	5	—	—	—	—

注：1. 室内外高差大于 0.6m 时，建筑总高度允许比表中数值适当增加，但增加量不应大于 1.0m；

2. 乙类的多层砌体房屋仍按本地区设防烈度选择，其层数应减少 1 层且总高应降低 3m；不应采用底部框架-抗震墙砌体房屋；

3. 砌块砌体建筑的层高不应超过 3.6m；底层框架-抗震墙砌体建筑的底层层高不应超过 4.5m；

4. 抗震墙又称为剪力墙。

2）限制建筑体形高宽比

限制建筑体形高宽比的目的在于减少过大的侧移、保证建筑的稳定。砌体结构房屋总高度与总宽度的最大限值，应符合表 1-115 的规定。

房屋最大高宽比　　　　　　　　　表 1-115

烈　　度	6	7	8	9
最大高宽比	2.5	2.5	2.0	1.5

注：1. 单面走廊房屋的总宽度不包括走廊宽度；

2. 建筑平面接近正方形时，其高宽比宜适当减小。

3）多层砌体房屋的结构体系，应符合下列要求

（1）应优先采用横墙承重或纵横墙共同承重的结构体系，不应采用砌体墙和混凝土墙

混合承重的结构体系。

（2）纵横向砌体抗震墙的布置应符合下列要求：

① 宜均匀对称，沿平面内宜对齐，沿竖向应上下连续；且纵横墙体的数量不宜相差过大；

② 平面轮廓凹凸尺寸，不应超过典型尺寸的 50%；当超过典型尺寸的 25% 时，房屋转角处应采取加强措施；

③ 楼板局部大洞口的尺寸不宜超过楼板宽度的 30%，且不应在墙体两侧同时开洞；

④ 房屋错层的楼板高差超过 500mm 时，应按两层计算；错层部位的墙体应采取加强措施；

⑤ 同一轴线的窗间墙宽度宜均匀，墙面洞口的面积，6、7 度时不宜大于墙体面积的 55%，8、9 度时不宜大于 50%；

⑥ 在房屋宽度方向的中部应设置内纵墙，其累计长度不宜小于房屋总长度的 60%（高宽比大于 4 的墙段不计入）。

（3）房屋有下列情况之一时宜设置防震缝，缝的两侧均应设置墙体，砌体结构的防震缝的宽应根据烈度和房屋高度确定，可采用 70~100mm：

① 房屋立面高差在 6m 以上；

② 房屋有错层，且楼板高差大于层高的 1/4；

③ 各部分的结构刚度、质量截然不同。

（4）楼梯间不宜设置在房屋的尽端或转角处。

（5）不应在房屋转角处设置转角窗。

（6）横墙较少、跨度较大的房屋，宜采用现浇钢筋混凝土楼盖和屋盖。

4）限制抗震横墙的最大间距

砌体结构抗震横墙的最大间距不应超过表 1-116 的规定。

房屋抗震横墙的最大间距（m）　　　　　　　　　　　　　　表 1-116

房屋类别		烈 度			
		6	7	8	9
多层砌体房屋	现浇或装配整体式钢筋混凝土楼、屋盖	15	15	11	7
	装配式钢筋混凝土楼、屋盖	11	11	9	4
	木屋盖	9	9	4	—
底部框架-抗震墙砌体房屋	上部各层	同多层砌体房屋			—
	底层或底部两层	18	15	11	—

注：1. 多层砌体房屋的顶层，除木屋盖外的最大横墙间距应允许适当放宽，但应采取相应加强措施。

　　2. 多孔砖抗震横墙厚度为 190mm 时，最大横墙间距应比表中数值减少 3.00m。

5）多层砌体房屋中砌体墙段的局部尺寸限值

多层砌体房屋中砌体墙段的局部尺寸限值应符合表 1-117 的规定。

多层房屋砌体墙段局部尺寸的限值（m） 表 1-117				
部位	6度	7度	8度	9度
承重窗间墙最小宽度	1.0	1.0	1.2	1.5
承重外墙尽端至门窗洞边的最小距离	1.0	1.0	1.2	1.5
非承重外墙尽端至门窗洞边的最小距离	1.0	1.0	1.0	1.0
内墙阳角至门窗洞边的最小距离	1.0	1.0	1.5	2.0
无锚固女儿墙（非出入口处）的最大高度	0.5	0.5	0.5	0.0

注：1. 局部尺寸不足时，应采取局部加强措施弥补，且最小宽度不得小于 1/4 层高和表列数值的 80%；
2. 出入口处的女儿墙应有锚固。

6）其他结构要求

（1）楼盖和屋盖

① 现浇钢筋混凝土楼板或屋面板伸进纵、横墙内的长度，均不应小于 120mm。

② 装配式钢筋混凝土楼板或屋面板，当圈梁未设在板的同一标高时，板端伸进外墙的长度不应小于 120mm，伸进内墙的长度不应小于 100mm 或采用硬架支模连接，在梁上不应小于 80mm 或采用硬架支模连接。

③ 当板的跨度大于 4.80m 并与外墙平行时，靠外墙的预制板侧边应与墙或圈梁拉结。

④ 房屋端部大房间的楼盖，6 度时房屋的屋盖和 7～9 度时房屋的楼、屋盖，当圈梁设在板底时，钢筋混凝土预制板应互相拉结，并应与梁、墙或圈梁拉结。

（2）楼梯间

① 顶层楼梯间横墙和外墙应沿墙高每隔 500mm 设 2φ6 通长钢筋和 φ4 分布短钢筋平面内点焊组成的拉结网片或 φ4 点焊网片；7～9 度时其他各层楼梯间墙体应在休息平台或楼层半高处设置 60mm 厚、纵向钢筋不应少于 2φ10 钢筋混凝土带或配筋砖带，配筋砖带不少于 3 皮，每皮的配筋不少于 2φ6，砂浆强度等级不应低于 M7.5，且不低于同层墙体的砂浆强度等级。

② 楼梯间及门厅内墙阳角的大梁支承长度不应小于 500mm，并应与圈梁连接。

③ 装配式楼梯段应与平台板的梁可靠连接，8、9 度时不应采取装配式楼梯段；不应采用墙中悬挑式或踏步竖肋插入墙体的楼梯，不应采用无筋砖砌栏板。

④ 突出屋顶的楼梯、电梯间，构造柱应伸向顶部，并与顶部圈梁连接，所有墙体应沿墙高每隔 500mm 设 2φ6 通长钢筋和 φ4 分布短筋平面内点焊组成的拉结网片或 φ4 点焊网片。

（3）其他

① 门窗洞口处不应采用无筋砖过梁；过梁的支承长度：6～8 度时不应小于 240mm，9 度时不应小于 360mm。

② 预制阳台，6、7 度时应与圈梁和楼板的现浇板带可靠连接，8、9 度时不应采用预制阳台。

③ 后砌的非承重砌体隔墙、烟道、风道、垃圾道均应有可靠拉结。

④ 同一结构单元的基础（或桩承台），宜采用同一类型的基础，底面宜埋置在同一标高上，否则应增设基础圈梁并应按 1∶2 的台阶逐步放坡。

⑤ 坡屋顶房屋的屋架应与顶层圈梁可靠连接，檩条或屋面板应与墙、屋架可靠连接，

房屋出入口处的檐口瓦应与屋面构件锚固。采用硬山搁檩时，顶层内纵墙顶宜增砌支承山墙的踏步式墙垛，并设置构造柱。

⑥ 6、7 度时长度大于 7.20m 的大房间，以及 8、9 度时外墙转角及内外墙交接处，应沿墙高每隔 500mm 配置 2ϕ6 通长钢筋和 ϕ4 分布短筋平面内点焊组成的拉结网片或 ϕ4 点焊网片。

75. 砌体结构抗震设计对圈梁的设置是如何规定的？

《建筑抗震设计规范》GB 50011—2010（2016 年版）规定：

圈梁的作用有以下 3 点：一是增强楼层平面的整体刚度；二是防止地基的不均匀下沉；三是与构造柱一起形成骨架，提高砌体结构的抗震能力。圈梁应采用钢筋混凝土制作，并应在现场浇筑。

1）圈梁的设置原则

（1）装配式钢筋混凝土楼盖、屋盖或木屋盖的砖房，横墙承重时应按表 1-118 的要求设置圈梁，纵墙承重时，抗震横墙上的圈梁间距应比表 1-118 内的要求适当加密。

多层砖砌体房屋现浇钢筋混凝土圈梁的设置要求　　　　　　　表 1-118

墙体类别		烈度		
		6、7	8	9
圈梁设置	外墙和内纵墙	屋盖处及每层楼盖处	屋盖处及每层楼盖处	屋盖处及每层楼盖处
	内横墙	同上；屋盖处间距不应大于 4.50m；楼盖处间距不应大于 7.20m；构造柱对应部位	同上；各层所有横墙，且间距不应大于 4.50m；构造柱对应部位	同上；各层所有横墙
配筋	最小纵筋	4ϕ10	4ϕ12	4ϕ14
	箍筋最大间距（mm）	250	200	150

（2）现浇或装配整体式钢筋混凝土楼盖、屋盖与墙体有可靠连接的房屋，可以不设圈梁，但楼板沿抗震墙体周边应加设配筋并应与相应的构造柱钢筋有可靠连接。

2）圈梁的构造要求

（1）圈梁应闭合，遇有洞口，圈梁应上下搭接。圈梁宜与预制板设置在同一标高处或紧靠板底。

（2）圈梁在表 1-118 内只有轴线（无横墙）时，应利用梁或板缝中配筋替代圈梁。

（3）圈梁的截面高度不应小于 120mm，基础圈梁的截面高度不应小于 180mm、配筋不应少于 4ϕ12。

（4）圈梁的截面宽度不应小于 240mm。

76. 砌体结构抗震设计对构造柱的设置是如何规定的？

《建筑抗震设计规范》GB 50011—2010（2016 年版）规定：

构造柱的作用是与圈梁一起形成封闭骨架，提高砌体结构的抗震能力。构造柱应采用现浇钢筋混凝土柱。

1）构造柱的设置原则

（1）构造柱的设置部位，应以表1-119为准。

多层砖砌体房屋构造柱设置要求　　　　表1-119

房屋层数				设置部位	
6度	7度	8度	9度		
四、五	三、四	二、三		楼、电梯间四角；楼梯斜梯段上下端对应的墙体处；外墙四角和对应转角；错层部位横墙与外纵墙交接处；大房间内外墙交接处；较大洞口两侧	隔12m或单元横墙与外纵墙交接处楼梯间对应的另一侧内横墙与外纵墙交接处
六	五	四	二		隔开间横墙（轴线）与外墙交接处；山墙与内纵墙交接处
七	≥六、	≥五	≥三		内墙（轴线）与外墙交接处；内墙的局部较小墙垛处；内纵墙与横墙（轴线）交接处

注：较大洞口，内墙指大于2.10m的洞口；外墙在内外墙交接处已设置构造柱时允许适当放宽，但洞侧墙体应加强。

（2）外廊式和单面走廊式的多层房屋，应根据房屋增加一层的层数，按表1-119的要求设置构造柱，且单面走廊两侧的纵墙均应按外墙处理。

（3）横墙较少的房屋，应根据房屋增加一层的层数，按表1-119的要求设置构造柱；当横墙较少的房屋为外廊式或单面走廊时，应按（2）款要求设置构造柱；但6度不超过4层、7度不超过3层和8度不超过2层时应按增加二层的层数对待。

（4）各层横墙很少的房屋，应按增加二层的层数设置构造柱。

（5）采用蒸养灰砂砖和蒸养粉煤灰砖砌体的房屋，当砌体的抗剪强度仅达到烧结普通砖的70%时，应按增加一层的层数按（1）～（4）款要求设置构造柱；但6度不超过4层、7度不超过3层和8度不超过2层时，应按增加二层的层数对待。

2）构造柱的构造要求

（1）构造柱最小截面可采用180mm×240mm（墙厚190mm时为180mm×190mm），纵向钢筋宜采用4φ12，箍筋间距不宜大于250mm，且在上下端应适当加密；6、7度时超过6层、8度时超过5层和9度时，构造柱纵向钢筋宜采用4φ14，箍筋间距不宜大于200mm；房屋四角的构造柱应适当加大截面及增加配筋。

（2）构造柱与墙体连接处应砌成马牙槎，沿墙高每隔500mm设2φ6水平钢筋和φ4分布短筋平面内点焊组成的拉结网片或φ4点焊钢筋网片，每边深入墙内不宜小于1.00m。6、7度底部1/3楼层，8度时底部1/2楼层，9度时全部楼层，相邻构造柱的墙体应沿墙高每隔500mm设置2φ6通长水平钢筋和φ4分布短筋组成的拉结网片，并锚入构造柱内。

（3）构造柱与圈梁连接处，构造柱的纵筋应在圈梁纵筋内侧穿过，保证构造柱纵筋上下贯通。

（4）构造柱可不单独设置基础，但应深入室外地面下500mm或与埋深小于500mm的基础圈梁相连。

（5）房屋高度和层数接近房屋的层数和总高度限值时，纵、横墙内构造柱间距还应符合下列要求：

① 横墙内的构造柱间距不宜大于层高的 2 倍；下部 1/3 楼层的构造柱间距应适当减小；

② 当外纵墙开间大于 3.90m 时，应另设加强措施，内纵墙的构造柱间距不宜大于 4.20m。

3）构造柱的施工要求

（1）构造柱施工时，应先放构造柱的钢筋骨架、再砌砖墙、最后浇筑混凝土，这样做可使构造柱与两侧墙体拉结牢固、节省模板。

（2）构造柱两侧的墙体应做到"五进五出"，即每 300mm 高伸出 60mm，每 300mm 高再收回 60mm。墙厚为 360mm 时，外侧形成 120mm 厚的保护墙。

（3）每层楼板的上下端和地梁上部、顶板下部的各 500mm 处为构造柱的箍筋加密区，加密区的箍筋间距为 100mm。

77. 砌体结构中非承重构件的抗震构造是如何规定的？

1）女儿墙

（1）《建筑抗震设计规范》GB 50011—2010（2016 年版）规定：

砌体女儿墙在人流出入口和通道处应与主体结构锚固；非出入口处无锚固女儿墙高度，6～8 度时不宜超过 0.50m，9 度时应有锚固。防震缝处女儿墙应留有足够的宽度，缝两侧的自由端应予以加强。女儿墙的顶部应做压顶，压顶的厚度不得小于 60mm。女儿墙的中部应设置构造柱，其断面随女儿墙厚度不同而变化，最小断面不应小于 190mm× 190mm。

（2）《砌体结构设计规范》GB 50003—2011 规定：

顶层墙体及女儿墙的砂浆强度等级，采用烧结普通砖、烧结多孔砖、蒸压灰砂普通砖、蒸压粉煤灰普通砖时，应不低于 M7.5（普通砂浆）或 Ms7.5（专用砂浆）；采用混凝土普通砖、混凝土多孔砖、单排孔混凝土砌块、煤矸石混凝土砌块时，应不低于 Mb7.5。女儿墙中构造柱的最大间距为 4.00m。构造柱应伸至女儿墙顶并与现浇钢筋混凝土压顶整浇在一起。

（3）《非结构构件抗震设计规范》JGJ 339—2015 规定：

① 不应采用无锚固的砖砌漏空女儿墙。

② 非出入口无锚固砌体女儿墙的最大高度，6～8 度时不宜超过 0.50m；超过 0.50m 时、人流出入口、通道处或 9 度时，出屋面砌体女儿墙应设置构造柱与主体结构锚固，构造柱间距宜为 2.00～2.50m。

③ 砌体女儿墙内不宜埋设灯杆、旗杆、大型广告牌等构件。

④ 因屋面板插入墙内而削弱女儿墙根部时应加强女儿墙与主体结构的连接。

⑤ 砖砌女儿墙顶部应采用现浇的通长钢筋混凝土压顶。

⑥ 女儿墙在变形缝处应留有足够的宽度，缝两侧的女儿墙自由端应予以加强。

⑦ 高层建筑的女儿墙，不得采用砖砌女儿墙。

⑧ 屋面防水卷材不应削弱女儿墙、雨篷等构件与主体结构的连接。

2）雨篷

《非结构构件抗震设计规范》JGJ 339—2015 规定：

① 9 度时，不宜采用长悬臂雨篷。

② 悬臂雨篷或仅用柱支承的单层雨篷，应与主体结构有可靠的连接。

3）后砌砖墙和非承重构件

（1）《建筑抗震设计规范》GB 50011—2010（2016 年版）规定：

① 后砌的非承重隔墙应沿墙高每隔 500～600mm 配置 2φ6 拉结钢筋与承重墙或柱拉结，每边伸入墙内不应少于 500mm，8 度和 9 度时，长度大于 5.00m 的后砌隔墙，墙顶还应与楼板或梁拉结，独立柱肢端部及大门洞边宜设钢筋混凝土构造柱。

② 烟道、通风道、垃圾道等不应削弱墙体，当墙体被削弱时，应对墙体采取加强措施；不宜采用无竖向配筋的附墙烟囱或出屋面的烟囱。

③ 不应采用无锚固的钢筋混凝土预制挑檐。

（2）《非结构构件抗震设计规范》JGJ 339—2015 规定：

① 非承重外墙尽端至门窗洞边的最小距离不应小于 1.00m，否则应在洞边设置构造柱。

② 后砌的非承重隔墙应沿墙高每隔 500～600mm 配置 2φ6 拉结钢筋与承重墙或柱拉结，每边伸入墙内不应少于 500mm，8 度、9 度时，长度大于 5.00m 的后砌隔墙，墙顶尚应与楼板或梁拉结，独立柱肢端部及大门洞边宜设钢筋混凝土构造柱。

③ 烟道、通风道、垃圾道等不宜削弱墙体；当墙体被削弱时，应对墙体采取加强措施；不宜采用无竖向配筋的附墙烟囱。

4）其他

《非结构构件抗震设计规范》JGJ 339—2015 规定：

（1）不应采用无锚固的钢筋混凝土预制挑檐。

（2）外廊的栏板应避免采用自重较大的材料砌筑，且应加强与主体结构的连接。

（3）不应采用无竖向配筋的出屋面砌体烟囱。

（三）建 筑 平 面 布 置

78. 建筑平面布置中哪些做法对抗震不利？

综合相关技术资料的规定，下列做法对抗震不利，应尽量避免，它们是：

1）局部设置地下室。

2）大房间设在顶层的端部。

3）楼梯间放在建筑物的边角部位。

4）设置转角窗。

5）平面凹凸不规则（平面凹进的尺寸不应大于相应投影方向总尺寸的 30%）。

6）采用砌体墙与混凝土墙混合承重。

（四）钢筋混凝土结构的抗震

79. 现浇钢筋混凝土结构的允许建造高度是多少？

《建筑抗震设计规范》GB 50010—2010（2016 年版）规定的现浇钢筋混凝土结构的允许建造高度见表 1-120。

现浇钢筋混凝土结构的允许建造高度（m）　　　　　表 1-120

结构类型		烈度				
		6	7	8 (0.2g)	8 (0.3g)	9
框架		60	50	40	35	24
框架-抗震墙		130	120	100	80	50
抗震墙		140	120	100	80	60
部分抗支抗震墙		120	100	80	50	不应采用
筒体	框架-核心筒	150	130	100	90	70
	筒中筒	180	150	120	100	80
板柱-抗震墙		80	70	55	40	不应采用

注：1. 房屋高度指室外地面到主要屋面板板顶的高度（不包括局部突出屋顶部分）；

　　2. 框架-核心筒结构指周边稀柱框架与核心筒组成的结构；

　　3. 部分框支抗震墙结构指首层或底部为框支层的结构，不包括仅个别框支墙的情况；

　　4. 表中框架，不包括异形柱框架；

　　5. 板柱-抗震墙结构指板柱、框架和抗震墙组成的抗侧力体系的结构；

　　6. 乙类建筑可按本地区抗震设防烈度确定其适用的最大高度；

　　7. 超过表内高度的房屋，应进行专门研究和论证，采取有效的加强措施。

80. 钢筋混凝土框架结构的抗震构造要求有哪些？

《建筑抗震设计规范》GB 50011—2010（2016 年版）规定：

1）抗震等级

一般性建筑（丙类建筑）现浇钢筋混凝土房屋的抗震等级与建筑物的设防类别、烈度、结构类型和房屋高度有关，抗震等级的具体数值见表 1-121。

丙类建筑现浇钢筋混凝土房屋的抗震等级　　　　　表 1-121

结构类型			设防烈度								
			6		7			8			9	
框架结构	高度（m）		≤24	>24	≤24		>24	≤24		>24	≤24	
	框架		四	三	三		二	二		一	一	
	大跨度框架		三		二			一			一	
框架-抗震墙结构	高度（m）		≤60	>60	≤24	25～60	>60	≤24	25～60	>60	≤24	25～50
	框架		四	三	四	三	二	三	二	一	二	一
	抗震墙		三		三	二		二	一		一	
抗震墙结构	高度（m）		≤80	≥80	≤24	25～80	>80	≤24	25～60	>60	≤24	25～60
	抗震墙		四	三	四	三	二	三	二	一	二	一
部分框支抗震墙结构	高度（m）		≤80	>80	≤24	25～80	>80	≤24	25～80			
	抗震墙	一般部位	四	三	四	三	二	三	二			
		加强部位	三	二	三	二	一	二	一			
	框支承框架		二		二		一	一				

续表

结构类型		设防烈度						
		6		7		8		9
框架核心筒结构	框架	三		二		一		一
	核心筒	二		二		一		一
筒中筒结构	外筒	三		二		一		一
	内筒	三		二		一		一
板柱-抗震墙结构	高度（m）	≤35	>35	≤35	>35	≤35	>35	
	框架、板柱的柱	三	二	二	二	一	一	
	抗震墙	二	二	二	一	二	一	

注：大跨度框架指跨度不小于 18m 的框架。

2）确定截面尺寸

（1）柱子

《建筑抗震设计规范》GB 50011—2010（2016 年版）规定，钢筋混凝土框架结构中柱子的截面尺寸宜符合下列要求：

① 截面的宽度和高度，四级或层数不超过 2 层时，不宜小于 300mm，一、二、三级且层数超过 2 层时，不宜小于 400mm；圆柱的直径，四级或层数不超过 2 层时不宜小于 350mm，一、二、三级且层数超过 2 层不宜小于 450mm。柱子截面应是 50mm 的倍数。

② 剪跨比宜大于 2（剪跨比是简支梁上集中荷载作用点到支座边缘的最小距离 a 与截面有效高度 h_0 之比。它反映计算截面上正应力与剪应力的相对关系，是影响抗剪破坏形态和抗剪承载力的重要参数）。

③ 截面长边与短边的边长比不应大于 4。

④ 抗震等级为一级时，柱子的混凝土强度等级不应低于 C30。

⑤ 柱子与轴线的关系最佳方案是双向轴线通过柱子的中心或圆心，尽量减少偏心力的产生。

工程实践中，采用现浇钢筋混凝土梁和板时，柱子截面的最小尺寸为 400mm×400mm。采用现浇钢筋混凝土梁、预制钢筋混凝土板时柱子截面的最小尺寸 500mm×500mm。柱子的宽度应大于梁的截面尺寸每侧至少 50mm。

（2）梁

《建筑抗震设计规范》GB 50011—2010（2016 年版）规定的钢筋混凝土框架结构中梁的截面尺寸宜符合下列要求：

① 截面宽度不宜小于 200mm；

② 截面高宽比不宜大于 4；

③ 净跨与截面之比不宜小于 4；

④ 抗震等级为一级时，梁的混凝土强度等级不应低于 C30。

工程实践中经常按跨度的 1/10 左右估取截面高度，并按 1/2～1/3 的截面高度估取截面宽度，且应为 50mm 的倍数。截面形式多为矩形。

采用预制钢筋混凝土楼板时，框架梁分为托板梁与连系梁。托板梁的截面一般为

"十"字形，截面高度一般按 1/10 左右的跨度估取，截面宽度可以按 1/2 柱子宽度并不得小于 250mm；连系梁的截面型式多为矩形，截面高度多为按托板梁尺寸减少 100mm 估取，梁的宽度一般取 250mm。上述各种尺寸均应按 50mm 进级。

（3）板

《混凝土结构设计规范》GB 50010—2010 规定，钢筋混凝土框架结构中的现浇钢筋混凝土板的厚度应以表 1-122 的规定为准。

现浇钢筋混凝土板的最小厚度（mm）　　　　　表 1-122

板的类型		最小厚度	板的类型		最小厚度
单向板	屋面板	60	密肋楼盖	面板	50
	民用建筑楼板	60		肋高	250
	工业建筑楼板	70	悬臂板（根部）	悬臂长度不大于 500mm	60
	行车道下的楼板	80		悬臂长度 1200mm	100
双向板		80	无梁楼板		150
			现浇空心楼盖		200

现浇钢筋混凝土板的厚度单向板可以按 1/30、双向板可以按 1/40 板的跨度估取，且应是 10mm 的倍数。

预制钢筋混凝土板也可以用于框架结构的楼板和屋盖，但由于其整体性能较差，采用时必须处理好以下 4 个问题：

① 保证板缝宽度并在板缝中加钢筋及填塞细石混凝土；

② 保证预制板在梁上的搭接长度不应小于 80mm；

③ 预制板的上部浇筑不小于 50mm 的加强面层；

④ 8 度设防时应采用装配整体式楼板和屋盖。

（4）框架结构的抗震墙（剪力墙）

① 抗震墙的厚度不应小于 160mm 且不宜小于层高或无支长度的 1/20；底层加强部位不应小于 200mm 且不宜小于层高或无支长度的 1/16；

② 抗震墙的混凝土强度等级不应低于 C30；

③ 抗震墙的布置应注意抗震墙的间距 L 与框架宽度之比不应大于 4；

④ 抗震墙的作用主要是承受剪力（风力、地震力），不属于填充墙的范围，因而是有基础的墙。

（5）填充墙与隔墙

由于钢筋混凝土框架结构墙体只承自重、不承外重，所以外墙只起围护作用，称为"填充墙"，内墙只起分隔作用，称为"隔墙"。

① 材料

a.《建筑抗震设计规范》GB 50011—2010（2016 年版）规定：框架结构中的填充墙应优先选用轻质墙体材料。轻质墙体材料包括陶粒混凝土空心砌块、加气混凝土砌块和空心砖等。

b.《砌体结构设计规范》GB 50003—2011 规定：框架结构中的填充墙除应满足稳定要求外，还应考虑水平风荷载及地震作用的影响。框架结构填充墙的使用年限宜与主体结构相同。结构安全等级可按二级考虑。填充墙宜选用轻质块体材料，如陶粒混凝土空心砌块（强度等级不应低于 MU3.5）和蒸压加气混凝土砌块（强度等级不应低于 A2.5）等。

② 厚度

填充墙的墙体厚度不应小于 90mm。北京地区的外墙由于考虑保温，厚度通常取用 250～300mm，内墙由于考虑隔声和自身稳定，厚度通常取用 150～200mm。

③ 应用高度

钢筋混凝土框架结构的非承重隔墙的应用高度参考值见表 1-123。

钢筋混凝土框架结构的非承重隔墙的应用高度参考值　　　　表 1-123

墙体厚度（mm）	墙体高度（mm）	墙体厚度（mm）	墙体高度（mm）
75	1.50～2.40	175	3.90～5.60
100	2.10～3.20	200	4.40～6.40
125	2.70～3.90	250	4.80～6.90
150	3.30～4.70	—	—

④ 构造要求

a.《建筑抗震设计规范》GB 50011—2010（2016 年版）指出框架结构的填充墙应符合下列要求：

a）填充墙在平面和竖向的布置，宜均匀对称，宜避免形成薄弱层或短柱（柱高小于柱子截面宽度的 4 倍时称为短柱）；

b）砌体的砂浆强度等级不应低于 M5，实心块体的强度等级不应低于 MU2.5；空心块体的强度等级不应低于 MU3.5，墙顶应与框架梁密切结合；

c）填充墙应沿框架柱全高每隔 500～600mm 设置 2φ6 拉筋，拉筋伸入墙体内的长度：6、7 度时宜沿墙全长贯通；8、9 度时应沿墙全长贯通；

d）墙长大于 5.00m，墙顶与梁应有拉结；墙长超过 8.00m 或层高的 2 倍时，宜设置钢筋混凝土构造柱；墙高超过 4.00m 时，墙体半高处处宜设置与柱拉结沿墙全长贯通的钢筋混凝土水平系梁；

e）楼梯间和人流通道的填充墙，还应采用钢丝网砂浆面层加强。

b.《砌体结构设计规范》GB 50003—2011 规定：填充墙与框架柱的连接有脱开法连接和不脱开法连接两种。

a）脱开法连接：

（a）填充墙两端与框架柱、填充墙顶面与框架梁之间留出不小于 20mm 的间隙。

（b）填充墙端部应设置构造柱，柱间距宜不大于 20 倍墙厚且不大于 4.00m，柱宽度应不小于 100mm。竖向钢筋不宜小于 φ10，箍筋宜为 φ5，间距不宜大于 400mm。柱顶与框架梁（板）应预留不小于 15mm 的缝隙，用硅酮胶或其他密封材料封缝。当填充墙有宽度大于 2.10m 的洞口时，洞口两侧应加设宽度不小于 50mm 的单筋混凝土柱。

（c）填充墙两端宜卡入设在梁、板底及柱侧的卡口铁件内，墙侧卡口板的竖向间距不宜大于 500mm，墙顶卡口板的水平间距不宜大于 1.50m。

（d）墙体高度超过 4m 时宜在墙高中部设置与柱连通的水平系梁。水平系梁的截面高度应不小于 60mm。填充墙高不宜大于 6.00m。

（e）填充墙与框架柱、梁的缝隙可采用聚苯乙烯泡沫塑料板条或聚氨酯发泡填充材料充填，并用硅酮胶或其他弹性密封材料封缝。

b）不脱开法连接：

（a）填充墙沿柱高每隔 500mm 配置 2 根直径为 6mm 的拉结钢筋（墙厚大于 240mm 时配置 3 根）。钢筋伸入填充墙的长度不宜小于 700mm，且拉结钢筋应错开截断，相距不宜小于 200mm。填充墙墙顶应与框架梁紧密结合。顶面与上部结构接触处宜用一皮砖或配砖斜砌楔紧。

（b）当填充墙有洞口时，宜在窗洞口的上端或下端、门窗洞口的上端设置钢筋混凝土带，钢筋混凝土带应与过梁的混凝土同时浇筑，过梁的截面与配筋应由计算确定。钢筋混凝土带的混凝土强度等级应不小于 C20。当有洞口的填充墙尽端至门窗洞口边距离小于 240mm 时，宜采用钢筋混凝土门窗框。

（c）填充墙长度超过 5.00m 或墙长大于 2 倍层高时，墙顶与梁宜有拉结措施，墙体中部应加设构造柱；填充墙高度超过 4.00m 时宜在墙高中部设置与柱连结的水平系梁，填充墙高度超过 6.00m 时，宜沿墙高每 2.00m 设置与柱连接的水平系梁，梁的截面高度应不小于 60mm。

81. 钢筋混凝土抗震墙结构的抗震构造要求有哪些？

《建筑抗震设计规范》GB 50011—2010（2016 年版）规定：

1）一般规定

抗震墙结构的应用高度为：6 度时为 140m；7 度时为 120m；8 度（0.2g）时为 100m；（0.3g）时为 80m；9 度时为 60m。

2）截面设计与构造

（1）一、二级抗震墙：底部加强部位不应小于 200mm，其他部位不应小于 160mm；一字形独立抗震墙的底部加强部位不应小于 220mm，其他部位不应小于 180mm。

（2）三、四级抗震墙：不应小于 160mm，一字形独立抗震墙的底部加强部位不应小于 180mm。

（3）非抗震设计时不应小于 160mm。

（4）抗震墙井筒中，分隔电梯井或管道井的墙肢截面厚度可适当减小，但不宜低于 160mm。

（5）高层抗震墙结构的竖向和水平分布钢筋不应单排设置，抗震墙截面厚度不大于 400mm 时，可采用双排钢筋，抗震墙截面厚度大于 400mm 但不大于 700mm 时，宜采用三排配筋；抗震墙截面厚度大于 700mm 时，宜采用四排钢筋。各排分布钢筋之间拉筋的间距不应大于 600mm，直径不应小于 6mm。

82. 钢筋混凝土框架-抗震墙结构的抗震构造要求有哪些？

《建筑抗震设计规范》GB 50011—2010（2016 年版）规定：

1）一般规定

框架-抗震墙结构的应用高度为：6 度时为 130m；7 度时为 120m；8 度（0.2g）时为 100m；（0.3g）时为 80m；9 度时为 50m。

2）构造要求

（1）框架-抗震墙结构中柱、梁的构造要求详框架结构的要求。

（2）抗震墙的厚度不应小于 160mm 且不应小于层高或无支长度的 1/20；底部加强部位不应小于 200mm 且不宜小于层高或无支长度的 1/16。

（3）抗震墙的混凝土强度等级不应低于 C30。

（4）抗震墙的布置应注意抗震墙的间距 L 与框架宽度 B 之比不应大于 4。

（5）抗震墙的竖向和横向分布钢筋，配筋率均不应小于 0.25%，钢筋直径不宜小于 10mm，间距不宜大于 300mm，并应双排布置，双排分布钢筋应设置拉筋。

（6）抗震墙是主要承受剪力（风力、地震力）的墙，不属于填充墙的范围，因而是有基础的墙。

83. 钢筋混凝土板柱-抗震墙结构的抗震构造要求有哪些？

《建筑抗震设计规范》GB 50011—2010（2016 年版）规定：

1）一般规定

板柱-抗震墙结构的应用高度为：6 度时为 80m；7 度时为 70m；8 度（0.2g）时为 55m；（0.3g）时为 40m；9 度时不应采用。

2）构造要求

（1）板柱-抗震墙结构中的抗震墙应符合框架-抗震墙的相关规定。板柱-抗震墙结构中的柱（包括抗震墙端柱）、梁应符合框架结构的相关规定。

（2）板柱-抗震墙的结构布置，应符合下列要求：

① 抗震墙厚度不应小于 180mm，且不宜小于层高或无支长度的 1/20；房屋高度大于 12m 时，墙厚不应小于 200mm。

② 房屋的周边应采用有梁结构，楼梯、电梯洞口周边宜设置边框梁。

③ 8 度时宜采用有托板或柱帽的板柱节点，托板或柱帽根部的厚度（包括板厚）不宜小于柱纵筋直径的 16 倍，托板或柱帽的边长不宜小于 4 倍板厚和柱截面对应边长之和。

④ 房屋的地下一层顶板，宜采用梁板结构。

84. 钢筋混凝土筒体结构的抗震构造要求有哪些？

《高层建筑混凝土结构技术规程》JGJ 3—2010 中规定：

1）一般规定

（1）框架-核心筒结构的应用高度为：6 度时为 150m；7 度时为 130m；8 度（0.2g）时为 100m；（0.3g）时为 90m；9 度时为 70m。

（2）筒中筒结构的应用高度为：6 度时为 180m；7 度时为 150m；8 度（0.2g）时为 120m；（0.3g）时为 100m；9 度时为 80m。

2）构造要求

（1）框架-核心筒结构

① 核心筒宜贯通建筑物的全高。核心筒的宽度不宜小于筒体总高的 1/12。当筒体结构设置角筒、剪力墙或增强结构整体刚度的构件时，核心筒的宽度可适当减小。

② 抗震设计时，核心筒墙体设计上应符合下列规定：

a. 底部加强部位主要墙体的水平和竖向分布钢筋的配筋率均不宜小于 0.30%；

b. 底部加强部位约束边缘构件沿墙肢的长度宜取墙肢截面高度的 1/4，约束边缘构件范围内应主要采用箍筋；

c. 底部加强部位以上应设置约束构件。

③ 框架-核心筒结构的周边柱间必须设置框架梁。

④ 核心筒连梁的受剪截面应符合构造要求。

⑤ 当内筒偏置、长宽比大于 2 时，宜采用框架-双筒结构。

⑥ 当框架-双筒结构的双筒间楼板开洞时，其有效楼板宽度不宜小于楼板典型宽度的 50%，洞口附近楼板应加厚，并应采用双层双向配筋，每层单向配筋率不应小于 0.25%；双筒间楼板宜按弹性板进行细化设计。

（2）筒中筒结构

① 筒中筒结构的平面外形宜选用圆形、正多边形、椭圆形或矩形等，内筒宜居中。

② 矩形平面的长宽比不宜大于 2。

③ 内筒的宽度可为高度的 1/12～1/15，如有另外的角筒或剪力墙时，内筒平面尺寸可适当减小。内筒宜贯通建筑物全高，竖向刚度宜均匀变化。

④ 三角形平面宜切角，外筒的切角长度不宜小于相应边长的 1/8，其角部可设置刚度较大的角柱或角筒；内筒的切角长度不宜小于相应边长的 1/10，切角处的筒壁宜适当加厚。

⑤ 外框筒应符合下列规定：

a. 柱距不宜大于 4m，框筒柱的截面长边应沿筒壁方向布置，必要时可采用 T 形截面；

b. 洞口面积不宜大于墙面面积的 60%，洞口高宽比宜与层高和柱距之比值接近；

c. 外框筒梁的截面高度可取柱净距的 1/4；

d. 角柱截面面积可取中柱的 1～2 倍。

⑥ 外框筒梁和内筒连梁的构造配筋应符合下列要求：

a. 非抗震设计时，箍筋直径不应小于 8mm；抗震设计时，箍筋直径不应小于 10mm；

b. 非抗震设计时，箍筋间距不应大于 150mm；抗震设计时，箍筋间距沿梁长不变，且不应大于 100mm；当梁内设置交叉暗撑时，箍筋间距不应大于 200mm；

c. 框架梁上、下纵向钢筋的直径不应小于 16mm，腰筋的直径不应小于 10mm，腰筋间距不应大于 200mm。

⑦ 跨高比不大于 2 的框筒梁和内筒连梁宜增配对角斜向钢筋。跨高比不大于 1 的框筒梁和内筒连梁宜采用交叉暗撑，且应符合下列规定：

a. 梁截面宽度不宜小于 400mm；

b. 全部剪力应由暗撑承担，每根暗撑应由不少于 4 根纵向钢筋，钢筋直径不应小于 14mm 组成；

c. 两个方向暗撑的纵向钢筋应采用矩形箍筋或螺纹箍筋绑成一体，箍筋直径不应小于 8mm，箍筋间距不应大于 150mm。

85. 混合结构的抗震构造要求有哪些？

《高层建筑混凝土结构技术规程》JGJ 3—2010 规定：混合结构是指由外围钢框架或型钢混凝土、钢管混凝土与钢筋混凝土核心筒所组成的框架-核心筒结构，或由外围钢框筒或型钢混凝土、钢管混凝土框筒与钢筋混凝土核心筒所组成的筒中筒结构。

1）一般规定

（1）混合结构高层建筑的最大适用高度见表 1-124。

混合结构高层建筑的最大适用高度（m）   表 1-124

结构体系		非抗震设计	抗震设防烈度				
			6 度	7 度	8 度		9 度
					0.20g	0.30g	
框架-核心筒	钢框架-钢筋混凝土核心筒	210	200	160	120	100	70
	型钢（钢管）混凝土框架-钢筋混凝土核心筒	240	220	190	150	130	70
筒中筒	钢框筒-钢筋混凝土核心筒	280	260	210	160	140	80
	型钢（钢管）混凝土外筒-钢筋混凝土核心筒	300	280	230	170	150	90

注：平面和竖向不规则的结构，最大适用高度应适当降低。

（2）抗震设计时，混合结构房屋应根据设防类别、烈度、结构类型和房屋高度采用不同的抗震等级，并应符合相应的计算和构造措施要求。丙类建筑混合结构的抗震等级见表 1-125。

钢-混凝土混合结构抗震等级   表 1-125

结构类型		抗震设防烈度						
		6 度		7 度		8 度		9 度
房屋高度（m）		≤150	>150	≤130	>130	≤100	>100	≤70
钢框架-钢筋混凝土核心筒	钢筋混凝土核心筒	二	一	一	特一	一	特一	特一
型钢（钢管）混凝土框架-钢筋混凝土核心筒	钢筋混凝土核心筒	二	二	二	一	一	特一	特一
	型钢（钢管）混凝土框架	三	二	二	一	一	一	一
房屋高度（m）		≤180	>180	≤150	>150	≤120	>120	≤90
钢外筒-钢筋混凝土核心筒	钢筋混凝土核心筒	二	一	一	特一	一	特一	特一
型钢（钢管）混凝土外筒-钢筋混凝土核心筒	钢筋混凝土核心筒	二	二	二	一	一	特一	特一
	型钢（钢管）混凝土外筒	三	二	二	一	一	一	一

注：钢结构构件抗震等级，抗震设防烈度为 6、7、8、9 度时应分别取四、三、二、一级。

（3）当采用型钢楼板混凝土楼板组合时，楼板混凝土可采用轻骨料混凝土，其强度等级不应低于 CL25；高层建筑钢-混凝土混合结构的内部隔墙应采用轻骨料隔墙。

2）结构布置

（1）混合结构的平面布置应符合下列要求：

① 平面宜简单、规则、对称、具有足够的整体抗扭刚度，平面宜采用方形、矩形、多边形、圆形、椭圆形等规则平面，建筑的开间、进深宜统一；

② 筒中筒结构体系中，当外围钢框架柱采用 H 形截面柱时，宜将柱截面强轴方向布置在外围筒体平面内；角柱宜采用十字形、方形或圆形平面；

③ 楼盖主梁不宜搁置在核心筒或内筒的连梁上。

（2）混合结构的竖向布置应符合下列要求：

① 结构的侧向刚度和承载力沿竖向宜均匀变化、无突变，构件截面宜由下至上逐渐减小；

② 混合结构的外围框架柱沿高度宜采用同类结构构件；当采用不同类型结构构件时，应设置过渡层，且单柱的抗弯刚度变化不宜超过 30%；

③ 对于刚度变化较大的楼层，应采用可靠的过渡加强措施；

④ 钢框架部分采用支撑时，宜采用偏心支撑和耗能支撑，支撑宜双向连续布置；框架支撑宜延伸至基础。

（3）混合结构中，外围框架平面内梁与柱应采用刚性连接；楼面梁与钢筋混凝土筒体及外围框架柱的连接可采用刚接或铰接。

（4）楼盖体系应具有良好的水平刚度和整体性，其布置应符合下列要求：

① 楼面宜采用压型钢板现浇混凝土组合楼板、现浇混凝土楼板或预应力混凝土叠合楼板，楼板与钢梁应可靠连接；

② 机房设备层、避难层及外伸臂桁架上下杆件所在楼层的楼板宜采用钢筋混凝土楼板，并应采取加强措施；

③ 对于建筑物楼面有较大开洞或为转换楼层时，应采用现浇混凝土楼板；对楼板大开洞部位宜采取设置刚性水平支撑等加强措施。

（5）当侧向刚度不足时，混合结构可设置刚度适宜的加强层。加强层宜采用伸臂桁架，必要时可配合布置周边带状桁架，加强层设计应符合下列要求：

① 伸臂桁架和周边带状桁架宜采用钢桁架；

② 伸臂桁架应与核心筒连接，上、下弦杆均应延伸至墙内且贯通，墙体内宜设置斜腹杆或暗撑；外伸臂桁架与外围框架柱宜采用铰接或刚接，周边带状桁架与外框架柱的连接宜采用刚性连接；

③ 核心筒墙体与伸臂桁架连接处宜设置构造柱，型钢柱宜至少延伸至伸臂桁架高度范围以外上、下各一层；

④ 当布置有外伸桁架加强层时，应采取有效措施减少由于外框柱与混凝土筒体竖向变形差异引起的桁架杆件内力。

86. 预应力混凝土结构的抗震构造要求有哪些？

《预应力混凝土结构抗震设计标准》JGJ/T 140—2019 规定：预应力混凝土结构是指

配置受力的预应力筋，通过张拉或其他方法建立预加应力的混凝土结构。包括有粘结预应力混凝土结构和无粘结预应力混凝土结构。

1）有粘结预应力混凝土结构：在混凝土达到规定的强度后，通过张拉预应力筋并锚固而建立预加应力，且在管道内灌浆实现粘结的混凝土结构，如预应力混凝土框架、门架等。

2）无粘结预应力混凝土结构：配置带有防腐润滑涂层和外包护套的无粘结预应力筋而与混凝土相互不粘结的预应力混凝土结构。

3）现浇预应力混凝土房屋适用的最大高度见表1-126。

现浇预应力混凝土房屋适用的最大高度（m）　　　　　　表1-126

结构体系	烈度			
	6	7	8（0.2g）	8（0.3g）
框架结构	60	50	40	35
框架-抗震墙结构	130	120	100	80
部分框支抗震墙结构	120	100	80	50
框架-核心筒结构	150	130	100	90
板柱-抗震墙结构	80	70	55	40
板柱-框架结构	22	18	15	—
板柱结构	18	15	12	—
板柱支撑结构	60	50	40	—

注：1. 房屋高度指室外地面到主要屋面板板顶的高度，不包括局部突出屋顶部分；
　　2. 表中框架，不包括异形柱框架。

4）装配式预应力混凝土房屋适用的最大高度见表1-127。

现浇预应力混凝土房屋适用的最大高度（m）　　　　　　表1-127

结构体系	烈度			
	6	7	8（0.2g）	8（0.3g）
预应力装配整体式框架结构	60	50	40	30
无粘结预应力全装配框架结构	22	18	15	—

5）预应力混凝土结构应根据设防类别、烈度、结构类型和房屋高度按下列规定采用不同的抗震等级，并应符合相应的计算和构造措施要求：

（1）丙类建筑的抗震等级应按表1-128和表1-129的规定确定；

（2）甲、乙、丁类的建筑，应按现行国家标准《建筑工程抗震设防分类标准》GB 50223—2008的规定确定抗震设防标准，并应按表1-128和表1-129的规定确定抗震等级；

（3）接近或等于高度分界时，应结合房屋不规则程度及场地、地基条件确定抗震等级；

（4）高度不超过60m的框架-核心筒结构按框架-抗震墙要求设计时，应按表1-128中框架-抗震墙结构的规定确定其抗震等级；

（5）抗震墙为非预应力构件的抗震等级应按现行国家标准《建筑抗震设计规范》GB 50011—2010（2016年版）中钢筋混凝土结构的规定执行。

现浇预应力混凝土结构构件的抗震等级　　　　表 1-128

结构类型		设防烈度			
		6	7	8	9
框架结构	房屋高度(m)	≤24 / >24	≤24 / >24	≤24 / >24	≤24
	框架	四 / 三	三 / 二	二 / 一	一
	大跨度框架	二 / 一	一 / 特一	一 / 特一	特一
框架-抗震墙结构	高度(m)	≤60 / >60	≤24 / 25～60 / >60	≤24 / 25～60 / >60	≤24 / 25～60
	框架	四 / 三	四 / 三 / 二	三 / 二 / 一	二 / 一
部分框支抗震墙结构	高度(m)	—	≤80 / >80	≤80	—
	框支层框架	二	二 / 一	一	—
框架-核心筒结构	框架	三	二	一	—
板柱-抗震墙结构	高度(m)	≤35 / >35	—	—	—
	板柱的柱、节点及框架	三 / 二	一	一	—
板柱-框架结构	高度(m)	≤12 / >12	≤12 / >12	≤12 / >12	—
	板柱的柱、节点及框架	三 / 二	二 / 一	一 / 一	—
板柱结构	高度(m)	≤12 / >12	≤12 / >12	≤12	—
	板柱的柱、节点及框架	三 / 二	二 / 一	一	—
板柱-支撑结构	高度(m)	≤24 / >24	≤24 / >24	≤24 / >24	—
	板柱的柱、节点及框架	三 / 二	二 / 二	一 / 一	—
	普通钢支撑	三 / 二	二 / 二	一 / 一	—

注：大跨度框架指跨度不小于18m的框架。

预应力装配式混凝土结构构件的抗震等级　　　　表 1-129

结构体系		设防烈度		
		6	7	8
装配整体式框架结构	高度(m)	≤24 / >24	≤24 / >24	≤24 / >24
	框架	四 / 三	三 / 二	二 / 一
	大跨度框架	三	二	一

续表

结构体系		设防烈度					
		6		7		8	
无粘结预应力全装配框架结构	高度（m）	≤12	>24	≤12	>24	≤12	>24
	柱	三	二	二	一	一	一
	框架梁	三	三	三	三	三	三

（五）高层民用建筑钢结构的抗震

87. 高层民用建筑钢结构的抗震构造要求有哪些？

《高层民用建筑钢结构技术规程》JGJ 99—2015 规定：

1）高层民用建筑钢结构的抗震分类

高层民用建筑钢结构的抗震设计分为甲类建筑（特殊设防类）、乙类建筑（重点设防类）、丙类建筑（标准设防类）。划分标准应以《建筑工程抗震设防分类标准》GB 50223—2008 为准。

2）高层民用建筑钢结构的抗震等级

（1）当建筑场地为Ⅲ、Ⅳ类时，对设计基本地震加速度为 0.15g 和 0.30g 的地区，宜分别按抗震设防烈度 8 度（0.20g）和 9 度时各类建筑的要求采取抗震构造措施。

（2）抗震设计时，高层民用建筑钢结构应根据抗震设防分类、烈度和房屋高度采用不同的抗震等级，并应符合相应的计算和构造措施要求。丙类建筑的抗震等级应按现行国家标准《建筑抗震设计规范》GB 50011—2010（2016 年版）的有关规定确定。对甲类建筑和房屋高度超过 50m，抗震设防烈度 9 度时的乙类建筑应采取更有效的抗震措施。

3）高层民用建筑钢结构的结构体系

（1）框架结构；

（2）框架-支撑结构：包括框架-中心支撑、框架-偏心支撑和框架-屈曲约束支撑结构；

（3）框架-延性板墙结构；

（4）筒体结构：包括框筒、筒中筒、桁架筒和束筒结构；

（5）巨型框架结构。

4）各类结构体系的应用高度

非抗震设计和抗震设防烈度为 6～9 度的乙类和丙类高层民用建筑钢结构适用的最大高度应符合表 1-130 的规定。

高层民用建筑钢结构适用的最大高度（m）　　　　　表 1-130

结构体系	6 度，7 度（0.10g）	7 度（0.15g）	8 度		9 度（0.40g）	非抗震设计
			（0.20g）	（0.30g）		
框架	110	90	90	70	50	110
框架-中心支撑	220	200	180	150	120	240

结构体系	6度，7度 (0.10g)	7度 (0.15g)	8度		9度 (0.40g)	非抗震设计
			(0.20g)	(0.30g)		
框架-偏心支撑 框架-屈曲约束支撑 框架-延性墙板	240	220	200	180	160	260
简体（框筒，筒中筒，桁架筒，束筒） 巨型框架	300	280	260	240	180	360

注：1. 房屋高度指室外地面到主要屋面板板顶的高度（不包括局部突出屋顶部分）；

2. 超过表内高度的房屋，应进行专门研究和论证，采取有效的加强措施；

3. 表内简体不包括混凝土筒；

4. 框架柱包括全钢柱和钢管混凝土柱；

5. 甲类建筑，6、7、8度时宜按本地区设防烈度提高1度后应符合本表要求，9度时应专门研究。

5）高层民用建筑钢结构的高宽比

高层民用建筑钢结构的高宽比不宜大于表1-131的规定。

高层民用建筑钢结构的高宽比　　　　　　　　表1-131

烈度	6、7	8	9
最大高宽比	6.5	6.0	5.5

注：1. 计算高宽比的高度从室外地面算起；

2. 当塔形建筑底部有大底盘时，计算高宽比的高度从大底盘顶算起。

6）高层民用建筑钢结构的选用

（1）房屋高度不超过50m的高层民用建筑可采用框架、框架-中心支撑或其他体系的结构；

（2）房屋高度超过50m的高层民用建筑，8、9度时系采用框架-偏心支撑、框架-延性墙板或屈曲约束支撑等结构；

（3）高层民用建筑钢结构不应采用单跨框架结构。

7）高层民用建筑的非结构构件

（1）高层民用建筑的填充墙、隔墙等非结构构件宜采用轻质板材，应与主体结构可靠连接。房屋高度不低于150m的高层民用建筑外墙宜采用建筑幕墙。

（2）高层民用建筑钢结构构件的钢板厚度不宜大于100mm。

8）高层民用建筑钢结构的变形缝

（1）高层民用建筑宜不设防震缝。体形复杂、平立面不规则的建筑，应根据不规则程度、地基基础等因素，确定是否设防震缝；当在适当部位设置防震缝时，宜形成多个较规则的抗侧力结构单元。

（2）防震缝应根据抗震设防烈度、结构类型、结构单元的高度和高差情况，留有足够的宽度，其上部结构应完全分开；防震缝的宽度不应小于钢筋混凝土框架结构缝宽的1.5倍。

9）高层民用建筑钢结构的楼盖

（1）宜采用压型钢板现浇钢筋混凝土组合楼板、现浇钢筋桁架混凝土楼板或钢筋混凝土楼板，楼板应与钢梁有可靠连接。

（2）6、7度时房屋高度不超过 50m 的高层民用建筑，尚可采用装配整体式钢筋混凝土楼板，也可采用装配式楼板或其他轻型楼盖，应将楼板预埋件与钢梁焊接，或采取其他措施保证楼板的整体性。

（3）对转换楼层楼盖或楼板有大洞口等情况，宜在楼板内设置钢水平支撑。

10）高层民用建筑钢结构的材料

（1）主要承重构件所用钢材的牌号宜选用 Q345 钢、Q390 钢，一般构件宜选用 Q235 钢。有依据时可选用更高强度级别的钢材。

（2）主要承重构件所用的板材宜选用高性能建筑用 GJ 板材。

（3）外露承重钢结构可选用 Q235NH、Q355NH 或 Q415NH 等牌号的焊接耐候钢。选用时宜附加要求保证晶粒度不小于 7 级，耐腐蚀指数不小于 6.0。

（4）承重构件所用钢材的质量等级不宜低于 B 级；抗震等级为二级及以上的高层民用建筑钢结构，其框架梁、柱和抗侧力支撑等主要抗侧力构件钢材的质量等级不宜低于 C 级。

（5）承重构件中厚度不小于 40mm 的受拉板材，当其工作温度低于零下 20℃时，宜适当提高其所用钢材的质量等级。

（6）选用 Q235A 或 Q235B 级钢时应选用镇静钢。

（六）地下结构的抗震

88. 地下结构的抗震构造要求有哪些？

《地下结构抗震设计标准》GB/T 51336—2018 的规定（摘录）：

1）地下结构的定义

地下结构指地表以下的结构。依据其结构特征与分布形式分为地下单体结构、地下多体结构、隧道结构（按施工方法分为盾构隧道结构、矿山法隧道结构和明挖隧道结构）、下沉式挡土结构和复建式地下结构。

2）地下结构的抗震设防分类和目标

（1）地下结构的抗震设防类别见表 1-132。

抗震设防类别划分　　　　　　　　　　　　　　　　表 1-132

抗震设防类别	定　义
甲类	指使用上有特殊设施，涉及国家公共安全的重大地下结构工程和抗震时可能发生严重次生灾害等特别重大灾害后果，需要进行特殊设防的地下结构
乙类	指地震时使用功能不能中断或需尽快恢复的生命线相关地下结构，以及地震时可能导致大量人员伤亡等重大灾害后果，需要提高设防标准的地下结构
丙类	除上述两类意外按标准要求进行设防的地下结构

（2）地下结构的抗震性能要求等级划分见表 1-133。

地下结构的抗震性能要求等级划分 表 1-133

等级	定　义
性能要求Ⅰ	不受破坏或不需进行修理能保持其正常使用功能，附属设施或轻微破坏但可快速修复、结构处于线弹性工作阶段
性能要求Ⅱ	受轻微损伤但短期内经修复能恢复其正常使用功能，结构整体处于弹性工作阶段
性能要求Ⅲ	主体结构不出现严重破损并可经整修恢复使用，结构处于弹塑性工作阶段
性能要求Ⅳ	不倒塌或发生危及生命的严重破坏

（3）地下结构的抗震设防应分为多遇地震动、基本地震动、罕遇地震动和极罕遇地震动 4 个设防水准。

（4）地下结构抗震设防目标见表 1-134。

地下结构抗震设防目标 表 1-134

抗震设防类别	设防水准			
	多遇	基本	罕遇	极罕遇
甲类	Ⅰ	Ⅰ	Ⅱ	Ⅲ
乙类	Ⅰ	Ⅱ	Ⅲ	—
丙类	Ⅱ	Ⅲ	Ⅳ	—

3）地下结构的抗震措施

（1）地下结构应根据抗震设防类别、烈度和结构类型采用不同的抗震等级，并应符合相应的构造措施要求。

（2）地下结构体系复杂、结构平面不规则或者施工工法、结构形式、地基基础、荷载发生较大变化处的不同结构单元之间，宜根据实际需要设置变形缝。

（3）地下结构抗震设计中，变形缝的设置应符合下列规定：

① 变形缝应贯通地下结构的整个横断面；

② 当结构布置、基础、地层或荷载发生变化，变形缝两侧可能产生较大的差异沉降时，宜通过地基处理、结构措施等方面，将差异沉降控制在地下结构及其功能允许的范围内；

③ 变形缝的设置宜避开地下结构公共区及出入口、风道结构范围，同时宜避开不能跨缝设置的设备；

④ 变形缝的宽度宜采用 20～30mm，同时应采取措施满足地下结构的防水要求。

（4）地下结构刚度突变，结构开洞处等薄弱部分应加强抗震构造措施。

（5）地下结构内部构件的抗震构造措施可按现行国家标准《建筑抗震设计规范》GB 50011—2010（2016 年版）的有关规定执行。

4）地下结构的材料选用与施工要求

（1）抗震结构对材料和施工质量的特别要求应在设计文件上注明。

（2）结构材料性能指标应符合下列规定：

① 混凝土结构材料

a. 框支梁、框支柱及抗震等级为一级的框架梁、柱、节点核心区的混凝土强度等级不应低于 C30；构造柱、芯柱、圈梁及其他各类构件的混凝土强度等级不应低于 C20；

b. 抗震等级为一、二、三级的框架和斜撑构件，其纵向受力钢筋采用普通钢筋时，钢筋的抗拉强度实测值与屈服强度实测值的比值不应小于 1.25；钢筋的屈服强度实测值与屈服强度标准值的比值不应小于 1.30，且钢筋在最大应力下的总伸长率实测值不应小于 9%。

② 钢结构的钢材

a. 钢材的屈服强度实测值与抗拉强度实测值的比值不应大于 0.85；

b. 钢材应有明显的屈服台阶，其伸长率不应小于 20%；

c. 钢材应有良好的焊接性和合格的冲击韧性。

（3）结构材料性能指标还应符合下列规定：

① 普通钢筋宜优先采用延性、韧性和焊接性能较好的钢筋；普通钢筋的强度等级，纵向受力钢筋宜选用符合抗震性能指标的不低于 HRB400 级的热轧钢筋；箍筋宜选用符合抗震性能指标的不低于 HRB335 级的热轧钢筋。

② 混凝土结构的混凝土强度等级，主体结构不宜超过 C60；其他构件，9 度时不宜超过 C60；8 度时不宜超过 C70。

③ 钢结构的钢材宜采用 Q235 等级的 B、C、D 的碳素结构钢及 Q335 等级的 B、C、D 的低合金高强度结构钢；当有可靠依据时，尚可采用其他钢种和钢号。

（4）采用焊接连接的钢结构，当接头的焊接约束较大、钢板厚度不小于 40mm 且承受沿板厚方向的拉力时，钢板厚度方向截面收缩率不应小于现行国家标准《厚度方向性能钢板》GB/T 5313—2010 关于 Z15 级规定的容许值。

（5）混凝土墙体、框架柱的水平施工缝，应采取措施加强混凝土的结合性能。

（七）基 础 的 抗 震

89. 基础的抗震构造要求有哪些？

1)《建筑地基基础设计规范》GB 50007—2010 规定：

（1）地基基础的设计等级

地基基础设计应根据地基复杂程度、建筑物规模和功能特征以及由于地基问题可能造成建筑物破坏或影响正常使用的程度分为 3 个设计等级，详见表 1-135。

地基基础的设计等级　　　　　　　　　　　表 1-135

设计等级	建筑和地基类型
甲级	重要的工业与民用建筑
	30 层以上的高层建筑
	体形复杂、层数相差超过 10 层高低层连成一体建筑物
	大面积的多层地下建筑物（如地下车库、商场、运动场等）
	对地基变形有特殊要求的建筑物
	复杂地质条件下的坡上建筑物（包括高边坡）
	对原有工程影响较大的新建建筑物
	场地和地基条件复杂的一般建筑物
	位于复杂地质条件及软土地区的 2 层及 2 层以上地下室的基坑工程
	开挖深度大于 15m 的基坑工程
	周边环境条件复杂、环境保护要求高的基坑工程

设计等级	建筑和地基类型
乙级	除甲级、丙级以外的工业与民用建筑物 除甲级、丙级以外的基坑工程
丙级	场地和地基条件复杂、荷载分布均匀的 7 层和 7 层以下民用建筑及一般工业建筑；次要的轻型建筑物 非软土地区且场地地质条件简单、基坑周边环境条件简单、环境保护要求不高且开挖深度小于 5.00m 的基坑工程

（2）基础的类型

① 筏形基础：包括梁板式和平板式两种类型。框架-核心筒结构和筒中筒结构宜采用平板式筏形基础。筏形基础的混凝土强度不应低于 C30。有地下室时应采用防水混凝土，其抗渗等级应符合规定。重要建筑宜采用自防水并设置架空排水层。

采用筏形基础的地下室，钢筋混凝土外墙的厚度不应小于 250mm，内墙厚度不应小于 200mm。墙体内应设双面钢筋，不宜采用光面圆钢筋，水平钢筋的直径不应小于 12mm，竖向钢筋的直径不应小于 10mm，间距不应大于 200mm。

② 桩基础：包括混凝土桩基础和混凝土灌注桩低桩承台基础。竖向受压桩按桩身竖向受力情况分为摩擦型桩和端承型桩。

摩擦型桩的中心距不宜小于桩身直径的 3 倍，扩底灌注桩的中心距不宜小于扩底直径的 1.5 倍，当扩底直径大于 2.00m 时，桩端净距不宜小于 1.00m。扩底灌注桩的扩底直径不宜大于桩身的 3 倍。

桩底进入持力层的深度，宜为桩身直径的 1～3 倍，且不宜小于 0.50m。

设计使用年限不少于 50 年时，非腐蚀环境中预制桩的混凝土强度等级不应低于 C30，预应力桩不应低于 C40，灌注桩的混凝土强度等级不应低于 C25。使用年限不少于 100 年时，桩身混凝土强度等级宜适当提高。水下灌注混凝土的桩身混凝土强度等级不宜高于 C40。

桩顶嵌入承台内的长度不应小于 50mm。

灌注桩主筋混凝土保护层厚度不应小于 50mm；预制桩不应小于 45mm，预应力管桩不应小于 35mm；腐蚀环境中的灌注桩不应小于 55mm。

承台的宽度不应小于 500mm，最小厚度不应小于 300mm，混凝土强度等级不应低于 C20。纵向钢筋的混凝土保护层厚度不应小于 70mm；当有混凝土垫层时不应小于 50mm；且不应小于桩头嵌入承台内的长度。

③ 岩石锚杆基础

岩石锚杆基础适用于直接建在基岩上的柱基，以及承受拉力或水平力较大的建筑物基础。

锚杆基础应与岩石连成整体。锚杆孔直径宜为锚杆筋体直径的 3 倍并不应小于 1 倍锚杆筋体直径加 50mm。锚杆筋体宜采用热轧带肋钢筋，水泥砂浆强度不宜低于 30MPa，细石混凝土强度不宜低于 C30。

2）《高层建筑混凝土结构技术规程》JGJ 3—2010 规定：

（1）基本规定

① 高层建筑宜设置地下室。

② 高层建筑的基础应综合考虑建筑场地的工程地质和水文地质状况、上部结构的类型和房屋高度、施工技术和经济条件等因素，使建筑物不致发生过量沉降或倾斜，满足建筑物正常使用要求；还应了解邻近地下构筑物及各项地下设施的位置和标高等，减少与相邻建筑的相互影响。

③ 在地震区，高层建筑宜避开对抗震不利的地段；当条件不允许避开不利地段时，应采取可靠措施，使建筑物在地震时不至于由于地基失效而破坏，或者产生过量下沉或倾斜。

④ 高层建筑应采用整体性好、能满足地基承载力和建筑物容许变形要求并能调节不均匀沉降的基础形式。

⑤ 高层建筑主体结构基础底面形心宜与永久作用重力荷载重心重合；当采用桩基时，桩基的竖向刚度中心宜与高层建筑主体结构永久重力荷载重心重合。

⑥ 在重力荷载与水平荷载标准值或重力荷载代表值与多遇水平荷载标准值共同作用下，高宽比大于 4 的建筑，基础底面不宜出现零应力区；高宽比不大于 4 的建筑，基础底面与地基之间零应力区面积不应超过基础底面面积的 15%。质量偏心较大的裙楼与主楼可分别计算基地应力。

（2）基础类型与规定

① 高层建筑宜采用筏形基础或带桩基的筏形基础（桩筏基础），必要时可采用箱形基础。

a. 当地质条件好且能满足地基承载力和变性要求时，也可采用交叉梁式基础或其他形式基础；

b. 当地基承载力或变形不满足要求时，可采用桩基或复合地基。

② 基础应有一定的埋置深度。在确定埋置深度时，应综合考虑建筑的高度、体形、地基土质、抗震设防烈度等因素。基础埋置深度可从室外地坪算至基础底面，并宜符合下列规定：

a. 天然地基或复合地基，可取房屋高度的 1/15；

b. 桩基础，不计桩长，可取房屋高度的 1/18；

c. 当建筑物采用岩石地基或其他有效措施时，基础埋深可适当减小；

d. 当地基可能滑移时，应采取有效的抗滑移措施。

③ 高层建筑的基础和与其相连的裙房的基础，设置防震缝时，应考虑高层主楼基础有可靠的侧向约束及有效埋深；不设沉降缝时，应采取有效措施减少差异沉降及其影响。

④ 高层建筑基础的混凝土强度等级不应低于 C35。当有防水要求时，混凝土的抗渗等级应根据埋置深度确定。必要时可设置架空排水层。

⑤ 基础及地下室的外墙、底板，当采用粉煤灰混凝土时，可采用 60d 或 90d 龄期的强度指标作为混凝土设计强度。

⑥ 抗震设计时，独立基础宜沿两个主轴方向设置基础系梁；剪力墙基础应具有良好的抗转动能力。

3）《高层民用建筑钢结构技术规程》JGJ 99—2015 规定：

（1）高层民用建筑钢结构的基础形式，应根据上部结构、地下室、工程地质、施工条件等综合确定，宜选用筏形基础、箱形基础、桩筏基础。当基岩较浅、基础埋深不符合要求时，应验算基础抗拔。

（2）钢框架柱应至少延伸至计算嵌固端以下一层，并且宜采用钢骨混凝土柱，以下可采用钢筋混凝土柱。基础埋深宜一致。

（3）房屋高度超过 50m 的高层民用建筑宜设置地下室。采用天然地基时，基础埋置深度不宜小于房屋总高度的 1/15；采用桩基时，不宜小于房屋总高度的 1/20。

（4）当主楼与裙房之间设置沉降缝时，应采用粗砂等松散材料将沉降缝地面以下部分夯实。当不设沉降缝时，施工中宜设后浇带。

（5）高层民用建筑钢结构与钢筋混凝土基础或地下室的钢筋混凝土结构层之间，宜设置钢骨混凝土过渡层。

（6）在重力荷载与水平荷载标准值或重力荷载代表值与多遇水平地震作用标准值共同作用下，高宽比大于 4 时基础底面不宜出现零应力区；高宽比不大于 4 时，基础底面与基础之间零应力区面积不应超过基础底面积的 15%。质量偏心较大的裙楼和主楼，可分别计算基底应力。

五、建筑热工与建筑节能

（一）热 工 设 计 分 区

90. 建筑热工设计分区是如何划分的？

1)《民用建筑热工设计规范》GB 50176—2016 颁布的热工设计区划分为两级。

（1）建筑热工设计一级区划是以"温度"为依据划分的，分为严寒地区（又称为 1 区）、寒冷地区（又称为 2 区）、夏热冬冷地区（又称为 3 区）、夏热冬暖地区（又称为 4 区）、温和地区（又称为 5 区）。具体的区划指标与设计原则见表 1-136 的规定。

建筑热工设计一级区划指标及设计原则　　　　　　　　表 1-136

一级区划名称	区划指标		设计原则
	主要指标	辅助指标	
严寒地区 （1 区）	最冷月平均温度≤−10℃	日平均温度≤5℃的天数≥145	必须充分满足冬季保温要求，一般可以不考虑夏季防热
寒冷地区 （2 区）	−10℃＜最冷月平均温度≤0℃	90≤日平均温度≤5℃的天数＜145	应满足冬季保温要求，部分地区兼顾夏季防热
夏热冬冷地区 （3 区）	0℃＜最冷月平均温度≤10℃； 25℃＜最热月平均温度≤30℃	0≤日平均温度≤5℃的天数＜90；40≤日平均温度≥25℃的天数＜110	必须满足夏季防热要求，适当兼顾冬季保温
夏热冬暖地区 （4 区）	最冷月平均温度＞10℃； 25℃＜最热月平均温度≤29℃	100≤日平均温度≥25℃的天数＜200	必须充分满足夏季防热要求，一般可不考虑冬季保温
温和地区 （5 区）	0℃＜最冷月平均温度≤13℃； 18℃＜最热月平均温度≤25℃	0≤日平均温度≤5℃的天数＜90	部分地区应考虑冬季保温，一般可不考虑夏季防热

建筑热工设计一级区划的主要代表城市有：

① 严寒地区（1 区）包括：哈尔滨、长春、沈阳、呼和浩特、乌鲁木齐、西宁等。

② 寒冷地区（2 区）包括：北京、天津、石家庄、太原、济南、郑州、西安、银川、兰州、拉萨以及吐鲁番、敦煌等。

③ 夏热冬冷地区（3 区）包括：上海、南京、杭州、南昌、长沙、武汉、合肥、重庆、成都等。

④ 夏热冬暖地区（4 区）包括：福州、广州、南宁、香港、澳门、海口以及景洪等。

⑤ 温和地区（5 区）包括：贵阳、昆明等。

（2）建筑热工设计二级区划是以"空调度日数"和"采暖度日数"为依据划分的，分为严寒 A 区（1A）、严寒 B 区（1B）、严寒 C 区（1C）；寒冷 A 区（2A）、寒冷 B 区（2B）；夏热冬冷 A 区（3A）、夏热冬冷 B 区（3B）；夏热冬暖 A 区（4A）、夏热冬暖 B 区

（4B）；温和 A 区（5A）、温和 B 区（5B）。具体的设计要求见表 1-137 的规定。

建筑热工设计二级区划指标及设计要求　　　　　表 1-137

二级区划名称	区划指标		设计要求
严寒 A 区（1A）	$6000 \leqslant HDD18$		冬季保温要求极高，必须满足保温设计要求，不考虑防热设计
严寒 B 区（1B）	$5000 \leqslant HDD18 < 6000$		冬季保温要求非常高，必须满足保温设计要求，不考虑防热设计
严寒 C 区（1C）	$3800 \leqslant HDD18 < 5000$		必须满足保温设计要求，可不考虑防热设计
寒冷 A 区（2A）	$2000 \leqslant HDD18 < 3800$	$CDD26 \leqslant 90$	应满足保温设计要求，可不考虑防热设计
寒冷 B 区（2B）		$CDD26 > 90$	应满足保温设计要求，宜满足隔热设计要求，兼顾自然通风、遮阳设计
夏热冬冷 A 区（3A）	$1200 \leqslant HDD18 < 2000$		应满足保温、隔热设计要求，重视自然通风、遮阳设计
夏热冬冷 B 区（3B）	$700 \leqslant HDD18 < 1200$		应满足保温、隔热设计要求，强调自然通风、遮阳设计
夏热冬暖 A 区（4A）	$500 \leqslant HDD18 < 700$		应满足隔热设计要求，宜满足保温设计要求，强调自然通风、遮阳设计
夏热冬暖 B 区（4B）	$HDD18 < 500$		应满足隔热设计要求，可不考虑保温设计，强调自然通风、遮阳设计
温和 A 区（5A）	$CDD26 < 10$	$700 \leqslant HDD18 < 2000$	应满足冬季保温设计要求，可不考虑防热设计
温和 B 区（5B）		$HDD18 < 700$	宜满足冬季保温设计要求，可不考虑防热设计

全国主要城市热工设计的二级区属见表 1-138 的规定。

全国主要城市热工设计的二级区属　　　　　表 1-138

城市	气候区属	最冷月平均温度 $t_{min.m}$（℃）	最热月平均温度 $t_{max.m}$（℃）	采暖度日数 $HDD18$（℃·d）	空调度日数 $HDD26$（℃·d）
漠河	1A	−28.4	18.6	7994	0
哈尔滨	1B	−16.9	23.8	5032	14
长春	1C	−14.4	23.7	4642	12
沈阳	1C	−11.2	25.0	3929	25
呼和浩特	1C	−10.8	23.4	4186	11
乌鲁木齐	1C	−12.2	23.7	4329	36
西宁	1C	−7.9	17.2	4478	0
太原	2A	−4.6	24.1	3160	11

续表

城市	气候区属	最冷月平均温度 $t_{min.m}$（℃）	最热月平均温度 $t_{max.m}$（℃）	采暖度日数 $HDD18$（℃·d）	空调度日数 $HDD26$（℃·d）
银川	2A	−6.7	23.9	3472	11
兰州	2A	−4.0	23.3	3094	16
拉萨	2A	−0.4	15.7	3425	0
敦煌	2A	−7.6	25.6	3518	40
北京	2B	−2.9	27.1	2699	94
天津	2B	−3.5	27.0	2743	92
济南	2B	−0.1	27.6	2211	160
郑州	2B	0.9	27.2	2106	125
西安	2B	0.9	27.8	2178	153
石家庄	2B	−1.1	27.6	2388	147
吐鲁番	2B	−6.4	32.4	2758	579
南京	3A	3.1	28.3	1775	176
上海	3A	4.9	28.5	1540	199
杭州	3A	5.1	28.8	1509	211
南昌	3A	6.1	29.3	1326	250
长沙	3A	5.3	29.0	1466	230
武汉	3A	4.7	29.6	1501	283
合肥	3A	3.4	28.8	1725	210
成都	3A	6.3	26.1	1344	56
重庆	3B	8.1	28.4	1089	217
福州	4A	11.6	29.2	681	267
广州	4B	14.3	28.8	373	313
南宁	4B	13.4	28.2	473	259
海口	4B	18.6	29.1	75	427
景洪	4B	17.3	25.6	90	59
贵阳	5A	4.8	23.3	1703	3
昆明	5A	9.4	20.3	1103	0
蒙自	5B	13.0	22.9	547	2

2)《民用建筑设计统一标准》GB 50352—2019 规定：建筑气候分区对建筑的基本要求应符合表 1-139 的规定。

不同区划对建筑的基本要求　　　　　　　　　　　表 1-139

建筑气候分区 名称代号		热工区划名称	建筑气候区划主要指标	建筑基本要求
Ⅰ	ⅠA ⅠB ⅠC ⅠD	严寒地区	1月平均气温≤－10℃ 7月平均气温≤25℃ 7月平均相对湿度≥50%	1. 建筑物必须满足冬季保温、防寒、防冻等要求； 2. ⅠA、ⅠB区应防止冻土、积雪对建筑物的危害； 3. ⅠB、ⅠC、ⅠD区的西部，建筑物应防冰雹、防风沙
Ⅱ	ⅡA ⅡB	寒冷地区	1月平均气温－10~0℃ 7月平均气温18~28℃	1. 建筑物应满足冬季保温、防寒、防冻等要求，夏季部分地区应兼顾防热； 2. ⅡA区建筑物应防热、防潮、防暴风雨、沿海地带应防盐雾侵蚀
Ⅲ	ⅢA ⅢB ⅢC	夏热冬冷地区	1月平均气温0~10℃ 7月平均气温25~30℃	1. 建筑物应满足夏季防热、遮阳、通风降温要求，并应兼顾冬季防寒； 2. 建筑物应满足防雨、防潮、防洪、防雷电等要求； 3. ⅢA区应防台风、暴雨袭击及盐雾侵蚀； 4. ⅢB、ⅢC北部冬季积雪地区建筑物的屋面应有防积雪危害等措施
Ⅳ	ⅣA ⅣB	夏热冬暖地区	1月平均气温>10℃ 7月平均气温25~29℃	1. 建筑物必须满足夏季遮阳、通风、防热要求； 2. 建筑物应防暴雨、防潮、防洪、防雷电； 3. ⅣA区应防台风、暴雨袭击及盐雾侵蚀
Ⅴ	ⅤA ⅤB	温和地区	1月平均气温0~13℃ 7月平均气温18~25℃	1. 建筑物应满足防雨和通风要求； 2. ⅤA区建筑物应注意防寒，ⅤB区建筑物应特别注意防雷电
Ⅵ	ⅥA ⅥB	严寒地区	1月平均气温0~－22℃ 7月平均气温<18℃	1. 建筑物应充分满足保温、防寒、防冻的要求； 2. ⅥA、ⅥB区应防冻土对建筑物地基及地下管道的影响，并应特别注意防风沙； 3. ⅥC区的东部，建筑物应防雷电
	ⅥC	寒冷地区		
Ⅶ	ⅦA ⅦB ⅦC	严寒地区	1月平均气温－5~－20℃ 7月平均气温≥18℃ 7月平均相对湿度<50%	1. 建筑物必须充分满足保温、防寒、防冻的要求； 2. 除ⅦD区外，应防冻土对建筑物地基及地下管道的危害； 3. ⅦB区建筑物应特别注意积雪的危害； 4. ⅦC区建筑物应特别注意防风沙，夏季兼顾隔热； 5. ⅦD区建筑物注意夏季防热，对吐鲁番盆地应特别注意隔热、降温
	ⅦD	寒冷地区		

3）《公共建筑节能设计标准》GB 50189—2015 规定：

（1）严寒地区又分为 A 区、B 区、C 区。A 区和 B 区的代表城市有：牡丹江、齐齐哈尔、哈尔滨、海拉尔、佳木斯、满洲里等；C 区的代表城市有：长春、乌鲁木齐、通辽、呼和浩特、西宁、沈阳等；

（2）寒冷地区 A 区和 B 区的代表城市有：丹东、张家口、承德、兰州、太原、北京、天津、石家庄、西安、拉萨、济南、青岛、大连、唐山、洛阳等；

（3）夏热冬冷地区 A 区和 B 区的代表城市有：南京、蚌埠、合肥、武汉、上海、杭州、长沙、南昌、重庆、成都等；

（4）夏热冬暖地区 A 区和 B 区的代表城市有：福州、南宁、海口、广州、深圳、三亚等；

（5）温和地区 A 区和 B 区的代表城市有：昆明、贵阳、丽江、大理、曲靖等。

4)《严寒和寒冷地区居住建筑节能设计标准》（JGJ 26—2010）规定：严寒地区（Ⅰ区）分为 A、B、C 三个子区；寒冷地区（Ⅱ区）分为 A、B 两个子区。

（1）严寒 A（ⅠA）区的代表城市有：黑河、嫩江等。

（2）严寒 B（ⅠB）区的代表城市有：哈尔滨、齐齐哈尔、牡丹江等。

（3）严寒 C（ⅠC）区的代表城市有：呼和浩特、沈阳、长春、西宁、乌鲁木齐、大同等。

（4）寒冷 A（ⅡA）区的代表城市有：太原、马尔康、咸宁、昭通、拉萨、兰州、银川等。

（5）寒冷 B（ⅡB）区的代表城市有：北京、天津、石家庄、徐州、亳州、济南、郑州、西安等。

（二）建筑热工设计的原则

91. 建筑热工设计原则包括哪些内容？

《民用建筑热工设计规范》GB 50176—2016 规定：

1）保温设计

（1）建筑外围护结构应具有抵御冬季室外气温作用和气温波动的能力，非透明外围护结构内表面温度与室内空气温度的差值应控制在允许范围内。

（2）严寒、寒冷地区建筑设计必须满足冬季保温要求，夏热冬冷地区、温和 A 区建筑设计应满足冬季保温要求，夏热冬暖 A 区、温和 B 区宜满足冬季保温要求。

（3）建筑物的总平面布置、平面和立面设计、门窗洞口设置应考虑冬季利用日照并避开冬季主导风向。

（4）建筑物宜朝向南北或接近朝向南北，体形设计应减少外表面积，平、立面的凹凸不宜过多。

（5）严寒地区和寒冷地区的建筑不应设开敞式楼梯间和开敞式外廊，夏热冬冷 A 区不宜设开敞式楼梯间和开敞式外廊。

（6）严寒地区建筑出入口应设门斗或热风幕等避风设施，寒冷地区建筑出入口宜设门斗或热风幕等避风设施。

（7）外墙、屋面、直接接触室外空气的楼板、分隔采暖房间与非采暖房间的内围护结构等非透光围护结构应按规范要求进行保温设计。

（8）外窗、透光幕墙、采光顶等透光外围护结构的面积不宜过大，应降低透明围护结构的传热系数值、提高透明部分的遮阳系数值，减少周边缝隙的长度，且应按规范要求进行保温设计。

（9）建筑的地面、地下室外墙应按规范要求进行保温验算。

（10）围护结构的保温形式应根据建筑所在地的气候条件、结构形式、采暖运行方式、外饰面层等因素选择，并应按规范要求进行防潮设计。

（11）围护结构中的热桥部位应进行表面结露验算，并应采取保温措施，确保热桥内表面温度高于房间空气露点温度。

（12）建筑及建筑构件应采取密闭措施，保证建筑气密性要求。

（13）日照充足地区宜在建筑南向设置阳光间，阳光间与房间之间的围护结构应具有一定的保温能力。

（14）对于南向辐射温差比（ITR）大于等于 $4W/(m^2 \cdot k)$，且 1 月南向垂直面冬季太阳辐射强度大于等于 $60W/m^2$ 的地区，应按规范要求进行围护结构保温设计。

2）防热设计

（1）建筑外围护结构应具有抵御夏季室外气温和太阳辐射综合热作用的能力，自然通风房间的非透明结构内表面温度与室外累年日平均温度最高日的最高温度的差值，以及空调房间非透明结构内表面温度与室内空气温度的差值应控制在规范允许的范围内。

（2）夏热冬暖和夏热冬冷地区建筑设计必须满足夏季防热要求，寒冷 B 区宜考虑夏季防热要求。

（3）建筑物防热应综合采取有利于防热的建筑总平面布置与形体设计、自然通风、建筑遮阳、围护结构隔热和散热、环境绿化、被动蒸发、淋水降温等措施。

（4）建筑朝向宜采用南北向或接近南北向，建筑平面、立面设计和门窗设置应有利于自然通风，避免主要房间受东、西向的日晒。

（5）非透明围护结构（外墙、屋面）应按规范要求进行隔热设计。

（6）建筑围护结构外表面宜采用浅色饰面材料，屋面宜采用绿化、涂刷隔热涂料、遮阳等隔热措施。

（7）透光围护结构（外窗、透光幕墙、采光顶）的隔热设计应符合规范的要求。

（8）建筑设计应综合考虑外廊、阳台、挑檐等的遮阳作用。建筑物的向阳面，东、西向外窗（透明幕墙），应采取有效的遮阳措施。

（9）房间天窗和采光顶应设置建筑遮阳，并宜采取通风和淋水降温措施。

（10）夏热冬冷、夏热冬暖和其他夏季炎热的地区，一般房间宜设置电扇调风改善热环境。

3）防潮设计

（1）建筑构造设计应防止水蒸气渗透进入围护结构内部，围护结构内部不应产生冷凝。

（2）围护结构内部冷凝验算应符合规范的相关规定。

（3）建筑设计时，应充分考虑建筑运行时的各种工况，采取有效措施确保建筑外围护结构内表面温度不低于室内空气露点温度。

（4）建筑围护结构的内表面结露验算应符合规范的要求。

（5）围护结构防潮设计应遵循下列基本原则：

① 室内空气湿度不宜过高；

② 地面、外墙表面温度不宜过低；

③ 可在围护结构的高温侧设置隔汽层；

④ 可采用具有吸湿、解湿等调节空气湿度功能的围护结构材料；

⑤ 应合理设置保温层，防止围护结构内部冷凝；

⑥ 与室外雨水或土壤接触的围护结构应设置防水（潮）层。

（6）夏热冬冷的长江中、下游地区；夏热冬暖的沿海地区的建筑的通风口、外窗应可以开启和关闭。室外或与室外连通的空间，其顶棚、墙面、地面应采取防止返潮的措施或采用易于清洗的材料。

（三）建筑热工设计的内容

92. 围护结构保温设计应采取哪些措施？

1）《民用建筑热工设计规范》GB 50176—2016 规定：

（1）墙体

① 提高墙体热阻值的措施：

a. 采用轻质高效保温材料与砖、混凝土、钢筋混凝土、砌块等主墙材料组成复合保温墙体构造；

b. 采用低导热系数的新型墙体材料；

c. 采用带有封闭空气间层的复合墙体构造设计。

② 外墙宜采用热惰性大的材料和构造，提高墙体热稳定性：

a. 采用内侧为重质材料的复合保温墙体；

b. 采用蓄热性能好的墙体材料或相变材料复合在墙体内侧。

（2）屋面

① 屋面保温材料应选择密度小、导热系数小的材料；

② 屋面保温材料应严格控制吸水率。

（3）门窗、幕墙、采光顶

① 各个热工气候区建筑内对热环境有要求的房间，其外门窗、透光幕墙、采光顶的传热系数应符合表 1-140 的规定并进行结露验算。严寒地区、寒冷 A 区、温和地区的门窗、透光幕墙、采光顶的冬季综合遮阳系数不宜小于 0.37。

建筑外门窗、透光幕墙、采光顶的传热系数 **K** 的限值和抗结露验算要求　　表 1-140

气候区	$K\ [W/(m^2 \cdot K)]$	抗结露验算要求
严寒 A 区	≤2.0	验算
严寒 B 区	≤2.2	验算
严寒 C 区	≤2.5	验算
寒冷 A 区	≤3.0	验算
寒冷 B 区	≤3.0	验算
夏热冬冷 A 区	≤3.5	验算
夏热冬冷 B 区	≤4.0	不验算
夏热冬暖地区	—	不验算
温和 A 区	≤3.5	验算
温和 B 区	—	不验算

② 门窗、透光幕墙的传热系数 K 及抗结露验算应按规范的规定进行。

③ 严寒地区、寒冷地区建筑应采用木窗、塑料窗、铝木复合门窗、铝塑复合门窗、钢塑复合门窗和断热铝合金门窗等保温性能好的门窗。严寒地区建筑采用断热金属门窗时宜采用双层窗。夏热冬冷地区、温和 A 区建筑宜采用保温性能好的门窗。

④ 严寒地区、寒冷地区、夏热冬冷地区、温和 A 区的玻璃幕墙应采用有断热构造的玻璃幕墙系统，非透光的玻璃幕墙部分、金属幕墙、石材幕墙和其他人造板材幕墙等幕墙面板背后应采用高效保温材料保温。幕墙与围护结构平壁间（除结构连接部位外）不应形成热桥，并宜对跨越室内外的金属构件或连接部位采取隔断热桥措施。

⑤ 有保温要求的门窗、玻璃幕墙、采光顶采用的玻璃应为中空玻璃、LOW-E 中空玻璃、充惰性气体 LOW-E 中空玻璃等保温性能良好的玻璃，保温要求高时还可采用三玻两腔、真空玻璃等。传热系数较低的中空玻璃宜采用"暖边"中空玻璃间隔条。

⑥ 严寒地区、寒冷地区、夏热冬冷地区、温和 A 区的门窗、透光幕墙、采光顶周边与墙体、屋面板或其他围护结构连接处应采取保温、密封构造；当采用非防潮型保温材料填塞时，缝隙应采用密封材料或密封胶密封。其他地区应采取密封构造。

⑦ 严寒地区、寒冷地区可采用空气内循环的双层幕墙，夏热冬冷地区不宜采用双层幕墙。

（4）地面

① 地面层的热阻 R 的计算只计入结构层、保温层和面层。

② 地面保温材料应采用吸水率小、抗压强度高、不易变形的材料。

（5）地下室

① 距地面小于 0.50m 的地下室外墙保温设计要求同外墙；距地面超过 0.50m、与主体接触的地下室外墙内表面温度与室内空气温度的温差 Δt_b 应符合规范的规定。

② 地下室外墙热阻 R 的计算只计入结构层、保温层和面层。

2）《民用建筑设计统一标准》GB 50352—2019 规定：

（1）建筑与自然环境的关系应符合下列规定：

① 建筑基地应选择在地质环境条件安全、且可获得天然采光、自然通风等卫生条件的地段；

② 建筑应结合当地的自然与地理环境特征，集约利用资源、严格控制对自然和生态的不利影响；

③ 建筑物周围环境的空气、土壤、水体等不应构成对人体的危害。

（2）建筑与人文环境的关系应符合下列规定：

① 建筑应与基地所处人文环境相协调；

② 建筑基地应进行绿化，创造优美的环境；

③ 对建筑使用过程中产生的垃圾、废气、废水等废弃物应妥善处理，并应有效控制噪声、眩光等的污染，防止对周边环境的侵害。

93. 围护结构隔热设计应采取哪些措施?

《民用建筑热工设计规范》GB 50176—2016 规定：

1）外墙

（1）宜采用浅色外饰面。

（2）可采用通风墙、干挂通风幕墙等。

（3）设置封闭间层时，可在空气间层平行墙面的两个表面涂刷热反射涂料、贴热反射膜或铝箔。当采用单面热反射隔热措施时，热反射隔热层应设置在空气温度较高一侧。

（4）采用复合墙构造时，墙体外侧宜采用轻质材料，内侧宜采用重质材料。

（5）可采用墙面垂直绿化及淋水被动蒸发墙面等。

（6）宜提高围护结构的热惰性指标 D 值。

（7）西向墙体可采用高蓄热材料与低热传导材料组合的复合墙体构造。

2）屋面

（1）宜采用浅色外饰面。

（2）宜采用通风隔热屋面。通风屋面的风道长度不宜大于 10m，通风间层高度应大于 0.30m，通风基层应做保温隔热层，檐口处宜采用导风构造，通风平屋面风道口与女儿墙的距离不应小于 0.60m。

（3）可采用有热反射材料层（热反射涂料、热反射膜、铝箔等）的空气间层隔热屋面。当采用单面热反射隔热措施时，热反射隔热层应设置在空气温度较高一侧。

（4）可采用蓄水屋面。水面宜有水浮莲等浮生植物或白色漂浮物。水深宜为 0.15～0.20m。

（5）宜采用种植屋面。种植屋面的保温隔热层应选用密度小、压缩强度大、导热系数小、吸水率低的保温隔热材料。

（6）可采用淋水被动蒸发屋面。

（7）宜采用带老虎窗的通气阁楼坡屋面。

（8）采用带通风空气层的金属夹芯隔热屋面时，空气层厚度不宜小于 0.10m。

3）门窗、幕墙、采光顶

（1）对遮阳要求高的门窗、玻璃幕墙、采光顶隔热宜采用着色玻璃、遮阳型单片 LOW-E 玻璃、着色中空玻璃、热反射中空玻璃、遮阳型 LOW-E 中空玻璃等遮阳型的玻璃系统。

（2）向阳面的窗、玻璃门、玻璃幕墙、采光顶应设置固定遮阳或活动遮阳。固定遮阳设计可考虑阳台、走廊、雨篷等建筑构件的遮阳作用。设计时应进行夏季太阳直射轨迹分析，根据分析结果确定固定遮阳的形状和安装位置。活动遮阳宜设置在外侧。

（3）对于非透光的建筑幕墙，应在幕墙面板的背后设置保温材料，保温材料层的热阻 R 应满足墙体的保温要求，且不应小于 $1.0[(m^2 \cdot K)/W]$。

94　围护结构防潮设计应采取哪些措施？

《民用建筑热工设计规范》GB 50176—2010 规定：

1）内部冷凝验算

（1）采暖建筑中，对外侧有防水卷材或其他密闭防水层的屋面、保温层外侧有密实保护层或保温层的蒸汽渗透系数较小的多层外墙，当内侧结构层的蒸汽渗透系数较大时，应进行屋面、外墙的内部冷凝验算。

（2）采暖期间，围护结构因内部冷凝受潮而增加的重量湿度允许增量，应符合表 1-141 的规定。

采暖期间,围护结构中保温材料因内部冷凝受潮而增加的重量湿度允许增量 表 1-141

保温材料	重量湿度的允许增量(%)
多孔混凝土(泡沫混凝土、加气混凝土等)干密度 500~700kg/m³	4
水泥膨胀珍珠岩和水泥膨胀蛭石等 干密度 300~500kg/m³	6
沥青膨胀珍珠岩和沥青膨胀蛭石等 干密度 300~400kg/m³	7
矿渣和炉渣填料	2
水泥纤维板	5
矿棉、岩棉、玻璃棉及制品(板或毡)	5
模塑聚苯乙烯泡沫塑料(EPS)	15
挤塑聚苯乙烯泡沫塑料(XPS)	10
硬质聚氨酯泡沫塑料(PUR)	10
酚醛泡沫塑料(PF)	10
玻化微珠保温浆料(自然干燥后)	5
胶粉聚苯颗粒保温浆料(自然干燥后)	5
复合硅酸盐保温板	5

2)表面结露验算

(1)当围护结构内表面温度低于空气露点温度时,应采取保温措施,并应重新复核围护结构内表面温度。

(2)进行民用建筑的外围护结构热工设计时,热桥处理可遵循下列原则:

① 提高热桥部位的热阻;

② 确保热桥和平壁的保温材料连续;

③ 切断热桥通路;

④ 减少热桥中低热阻部分的面积;

⑤ 降低热桥部位内外表面层材料的导热系数。

3)防潮技术措施

(1)采用松散多孔保温材料的多层复合围护结构,应在水蒸气分压高的的一侧设置隔汽层。对于有采暖、空调功能的建筑,应按采暖建筑围护结构设置隔汽层。

(2)外侧有密实保护层或防水层的多层复合围护结构,经内部冷凝受潮验算而必须设置隔汽层时,应严格控制保温层的施工湿度。对于卷材防水屋面或松散多孔保温材料的金属夹心围护结构,应有与室外空气相通的排湿措施。

(3)外侧有卷材或其他密闭防水层,内侧为钢筋混凝土屋面板的屋面结构,经内部冷凝受潮验算不需设隔汽层时,应确保屋面板及其接缝的密实性,并应达到所需的蒸汽渗透阻。

(4)室内地面和地下室外墙防潮宜采用下列措施:

① 建筑室内一层地表面宜高于室外地坪 0.60m 以上;

② 采用架空通风地板时,通风口应设置活动的遮挡板,使其在冬季能方便关闭,遮挡板的热阻应满足冬季保温的要求;

③ 地面和地下室外墙宜设保温层;

④ 地面面层材料可采用蓄热系数小的材料,减少表面温度与空气温度的差值;

⑤ 地面面层可采用带微孔的面层材料；

⑥ 面层宜采用导热系数小的材料，使地面温度易于紧随空气温度变化；

⑦ 面层材料宜有较强的吸湿、解湿特性，具有对表面水分湿调节作用。

（5）严寒地区、寒冷地区的非透光建筑幕墙面板背后的保温材料应采取隔汽措施，隔汽层应布置在保温材料的高温侧（室内侧），隔汽密封空间的周边密封应严密。夏热冬冷地区、温和 A 区的建筑幕墙宜设计隔汽层。

（6）在建筑围护结构的低温侧设置空气间层，保温材料层与空气层的界面宜采取防水、透气的挡风防潮措施，防止水蒸气在围护结构内部凝结。

95. 自然通风设计应采取哪些措施？

《民用建筑热工设计规范》GB 50176—2016 规定：

1）一般规定

（1）民用建筑应优先采用自然通风去除室内热量。

（2）建筑的平、立、剖面设计，空间组织和门窗洞口的设置应有利于组织室内自然通风。

（3）受建筑平面布置的影响，室内无法形成流畅的通风路径时，宜设置辅助通风装置。

（4）室内的管路、设备等不应妨碍建筑的自然通风。

2）技术措施

（1）建筑的总平面布置宜符合下列规定：

① 建筑宜朝向夏季、过渡季节主导方向；

② 建筑朝向与主导风向的夹角，条形建筑不宜大于 30°，点式建筑宜在 30°～60°之间；

③ 建筑之间不宜相互遮挡，在主导风向上游的建筑底层宜架空。

（2）采用自然通风的建筑，进深应符合下列规定：

① 未设置通风系统的居住建筑，户型进深不应超过 12m；

② 公共建筑进深不宜超过 40m，进深超过 40m 时应设置通风中庭或天井。

（3）通风中庭或天井应设置在发热量大、人流量大的部位，在空间上应留外窗、外门以及与主要功能空间相连通。通风中庭或天井的上部应设置启闭方便的排风窗（口）。

（4）进、排风口的设置应充分利用空气的风压和热压以促进空气流动，设计应符合下列规定：

① 进风口的洞口平面与主导风向间的夹角不应小于 45°，无法满足时，宜设置引风装置；

② 进、排风口的平面布置应避免出现通风短路；

③ 且按照建筑室内发热量确定进风口总面积，排风口总面积不应小于进风口总面积；

④ 室内发热量大，或产生废气、异味的房间，应布置在自然通风路径的下游，应将这类房间的外窗作为自然通风的排风口；

⑤ 可利用天井作为排风口和竖井排风风道；

⑥ 进、排风口应能方便地开启和关闭，并应在关闭时具有良好的气密性。

（5）当房间采用单侧通风时，应采取下列措施增强自然通风效果：

① 通风窗与夏季或过渡季节典型风向之间的夹角应控制在 45°～60°之间；

② 宜增加可开启外窗窗扇的高度；

③ 迎风面应有凹凸变化，尽量增大凹口面积；

④ 可在迎风面设置凹阳台。

（6）室内通风路径的设计应遵循布置均匀、阻力小的原则，应符合下列规定：

① 可将室内开敞空间、走道、室内房间的门窗、多层的共享空间或者中庭作为室内通风路径。在室内空间设计时宜组织好上述空间，使室内通风路径布置均匀，避免出现通风死角。

② 宜将人流密度大或发热量大的场所布置在主通风路径上；将人流密度大的场所布置在主通风路径的上游，将人流密度小但发热量大的场所布置在主通风路径的下游。

③ 室内通风路径的总截面积应大于排风口面积。

96. 建筑遮阳设计应采取哪些措施？

《民用建筑热工设计规范》GB 50176—2016 规定：

1）北回归线以南地区，各朝向门窗洞口均宜设计建筑遮阳；北回归线以北的夏热冬暖、夏热冬冷地区，除北向外的门窗洞口宜设计建筑遮阳；寒冷 B 区东、西向和水平朝向门窗洞口宜设计建筑遮阳；严寒地区、寒冷 A 区、温和地区建筑可不考虑建筑遮阳。

2）建筑门窗洞口的遮阳宜优先选用活动式建筑遮阳。

3）当采用固定式建筑遮阳时，南向宜采用水平遮阳；东北、西北及北回归线以南地区的北向宜采用垂直遮阳；东南、西南朝向窗口宜采用组合遮阳；东、西朝向窗口宜采用挡板遮阳。

4）当为冬季有采暖需求房间的门窗设计建筑遮阳时，应采用活动式建筑遮阳、活动式中间遮阳，或采用遮阳系数冬季大、夏季小的固定式建筑遮阳。

5）建筑遮阳应与建筑立面、门窗洞口构造一体化设计。

（四）建 筑 节 能 设 计

97. 宿舍建筑的节能标准有哪些规定？

《宿舍建筑设计规范》JGJ 36—2016 规定：

1）严寒和寒冷地区宿舍不应设置开敞的楼梯间和外廊；

2）严寒地区宿舍的入口应设门斗或采取其他防寒措施，寒冷地区宿舍入口宜设门斗或采取其他防寒措施；

3）严寒和寒冷地区临封闭且非采暖外廊的居室门应采取保温设施。

98. 严寒和寒冷地区居住建筑节能标准的规定有哪些？

《严寒和寒冷地区居住建筑节能设计标准》JGJ 26—2018 对严寒和寒冷地区居住建筑的节能规定主要有以下几个方面：

1）一般规定

（1）建筑布置

建筑群的总体布置，单体建筑的平面、立面设计，应考虑冬季利用日照并避开冬季主导风向，严寒和寒冷 A 区建筑的出入口应考虑防风设计，寒冷 B 区应考虑夏季通风。

（2）建筑朝向

建筑物宜朝向南北或接近朝向南北。建筑物不宜设有三面外墙的房间，一个房间不宜在不同方向的墙面上设置两个或更多的窗。

（3）体形系数

严寒和寒冷地区居住建筑的体形系数不应大于表 1-142 规定的限值，当体形系数大于表 1-130 规定的限值时，必须按本标准的规定进行围护结构热工性能的权衡判断。

居住建筑的体形系数限值 表 1-142

气候区	建筑层数	
	≤3 层	≥4 层
严寒地区（1 区）	0.55	0.30
寒冷地区（2 区）	0.57	0.33

（4）窗墙面积比

严寒和寒冷地区居住建筑的窗墙面积比不应大于表表 1-143 规定的限值。当窗墙面积比大于表 1-143 规定的限值时，必须按照标准进行围护结构热工性能的权衡判断。

窗墙面积比限值 表 1-143

朝 向	窗墙面积比	
	严寒地区（1 区）	寒冷地区（2 区）
北	0.25	0.30
东、西	0.30	0.35
南	0.45	0.50

注：1. 敞开式阳台的阳台门上部透明部分应计入窗户面积，下部不透明部分不应不计入窗户面积。

2. 表中的窗墙面积比按开间计算。表中的"北"代表从北偏东小于 60°至北偏西小于 60°的范围；"东、西"代表从东或西偏北小于等于 30°至偏南小于 60°的范围；"南"代表从南偏东小于等于 30°至偏西小于或等于 30°的范围。

（5）严寒地区居住建筑的屋面天窗与该房间屋面面积的比值不应大于 0.10。寒冷地区不应大于 0.15。

（6）楼梯间及外走廊与室外连接的开口处应设置窗或门，且该窗和门应能密闭，门宜采用自动密闭措施。

（7）严寒 A 区和 B 区的楼梯间宜供暖，设置供暖的楼梯间的外墙和外窗的热工性能应满足本标准要求。非供暖楼梯间的外墙和外窗宜采取保温措施。

（8）地下车库等公共空间，宜设置导光管等天然采光设施。

（9）采光装置应符合下列规定：

① 采光窗的透光折减系数 T_r 应大于 0.45；

② 导光管采光系数在漫射光条件下的系统效率应大于 0.50。

（10）有采光要求的主要功能房间，室内各表面的加权平均反射比不应低于 0.4。

（11）安装分体式空气源热泵（含空调器、风管机、多联机）时，室外机的安装装置应符合下列规定：

① 应能通畅地向室外排放空气和自室外吸入空气；

② 在排除空气与吸入空气之间不应发生气流短路；

③ 可方便地对室外机的热流器进行清扫；

④ 应避免污浊气流对室外机组的影响；

⑤ 室外机组应有防积雪和太阳辐射措施；

⑥ 对化霜水应采取可靠措施有组织排放；

⑦ 对周围环境不得造成热污染和噪声污染。

（12）建筑的可再生能源利用设施应与主体建筑同步设计、同步施工。

（13）建筑方案和初步设计阶段的设计文件应有可再生能源利用专篇，施工图设计文件中应注明与可再生能源利用相关的施工与建筑管理的技术要求。运行技术要求中宜明确采用优先利用可再生能源的运行策略。

（14）建筑物上安装太阳能热利用或太阳能光伏发电系统，不得降低本建筑和相邻建筑的日照标准。

2）围护结构的热工设计

（1）根据建筑物所处城市的气候分区区属不同，建筑外围护结构的传热系数不应大于表 1-144～表 1-148 规定的限值，周边地面和地下室外墙的保温材料层热阻不应小于表 1-144～表 1-148 规定的限值。当建筑外围护结构的热工性能参数不满足上述规定时，必须按照本标准的规定进行围护结构热工性能的权衡判断。

严寒 A 区（1A 区）外围护结构热工性能参数限值　　　　表 1-144

围护结构部位		传热系数 K [W/(m²·K)]	
		≤3 层	≥4 层
屋面		0.15	0.15
外墙		0.25	0.35
架空或外挑楼板		0.25	0.35
外窗	窗墙面积比≤0.30	1.40	1.60
	0.30<窗墙面积比≤0.45	1.40	1.60
屋面天窗		1.40	
围护结构部位		保温材料层热阻 R [(m²·K)/W]	
周边地面		2.00	2.00
地下室外墙（与土壤接触的外墙）		2.00	2.00

严寒 B 区（1B 区）外围护结构热工性能参数限值　　　　表 1-145

围护结构部位		传热系数 K [W/(m²·K)]	
		≤3 层	≥4 层
屋面		0.20	0.20
外墙		0.25	0.35
架空或外挑楼板		0.25	0.35
外窗	窗墙面积比≤0.30	1.40	1.80
	0.30<窗墙面积比≤0.45	1.40	1.60

续表

围护结构部位	传热系数 K [W/(m²·K)]	
	≤3层	≥4层
屋面天窗	1.40	
围护结构部位	保温材料层热阻 R [(m²·K)/W]	
周边地面	1.80	1.80
地下室外墙（与土壤接触的外墙）	2.00	2.00

严寒 C 区（1C 区）外围护结构热工性能参数限值 表 1-146

围护结构部位		传热系数 K [W/(m²·K)]	
		≤3层	≥4层
屋面		0.20	0.20
外墙		0.30	0.40
架空或外挑楼板		0.30	0.40
外窗	窗墙面积比≤0.30	1.60	2.00
	0.30＜窗墙面积比≤0.45	1.40	1.80
屋面天窗		1.60	
围护结构部位		保温材料层热阻 R [(m²·K)/W]	
周边地面		1.80	1.80
地下室外墙（与土壤接触的外墙）		2.00	2.00

寒冷 A 区（2A 区）外围护结构热工性能参数限值 表 1-147

围护结构部位		传热系数 K [W/(m²·K)]	
		≤3层	≥4层
屋面		0.25	0.25
外墙		0.35	0.45
架空或外挑楼板		0.35	0.45
外窗	窗墙面积比≤0.30	1.80	2.20
	0.30＜窗墙面积比≤0.45	1.50	2.00
屋面天窗		1.80	
围护结构部位		保温材料层热阻 R [(m²·K)/W]	
周边地面		1.60	1.60
地下室外墙（与土壤接触的外墙）		1.80	1.80

寒冷 B 区（2B 区）外围护结构热工性能参数限值　　　　　表 1-148

围护结构部位		传热系数 K [W/(m²·K)]	
		≤3 层	≥4 层
屋面		0.30	0.30
外墙		0.35	0.45
架空或外挑楼板		0.35	0.45
外窗	窗墙面积比≤0.30	1.80	2.20
	0.30＜窗墙面积比≤0.45	1.50	2.00
屋面天窗		1.80	
围护结构部位		保温材料层热阻 R [(m²·K)/W]	
周边地面		1.50	1.50
地下室外墙（与土壤接触的外墙）		1.60	1.60

注：1. 周边地面和地下室外墙的保温材料层不包括土壤和其他构造层；

　　2. 外墙（含地下室外墙）保温层应深入室外地坪以下，并超过当地冻土层的深度。

（2）根据建筑物所处城市的气候分区区属不同，建筑内围护结构的传热系数不应大于表 1-149 规定的数值；寒冷 B 区（2B 区）夏季外窗太阳得热系数不应大于表 1-150 规定的数值，夏季天窗的得热系数不应大于 0.45。

内围护结构热工性能参数限值　　　　　表 1-149

围护结构部位	传热系数 K [W/(m²·K)]			
	严寒 A 区 （1A 区）	严寒 B 区 （2B 区）	严寒 C 区 （2C 区）	严寒 A、B 区 （2A、2B 区）
阳台门下部门芯板	1.20	1.20	1.20	1.70
非供暖地下室顶板 （上部为供暖房间时）	0.35	0.40	0.45	0.50
分隔供暖与非供暖 空间的隔墙、楼板	1.20	1.20	1.50	1.50
分隔供暖非供暖空间的户门	1.50	1.50	1.50	2.00
分隔供暖设计 温度温差大于5K的隔墙、楼板	1.50	1.50	1.50	1.50

寒冷 B 区（2B 区）夏季外窗太阳得热系数的限值　　　　　表 1-150

外窗的窗墙面积比	夏季太阳得热系数（东向、西向）
20%＜窗墙面积比≤30%	—
30%＜窗墙面积比≤40%	0.55
40%＜窗墙面积比≤50%	0.50

（3）围护结构热工性能参数计算应符合下列规定：

① 外墙和屋面的传热系数是指考虑了热桥影响后计算得到的平均传热系数，平均传热系数的计算应符合现行国家标准《民用建筑热工设计规范》GB 50176—2016 的规定，一般建筑外墙和屋面的平均传热系数可按本标准附录 B 的方法计算；

② 窗墙面积比应按建筑开间计算；

③ 地面的传热系数应按本标准附录 B 的规定计算；

④ 有建筑遮阳时，寒冷 B 区外窗和天窗应考虑遮阳的作用，透光围护结构太阳能得热系数与夏季遮阳系数的乘积，应满足本标准围护结构热工设计中（2）的要求；建筑遮阳系数应按本标准附录 D 的规定计算。

（4）寒冷（B）区建筑的南向外窗（包括阳台的透明部分）宜设置水平遮阳或活动遮阳。东、西向的外窗宜设置活动遮阳。当设置了展开或关闭后可以全部遮蔽窗户的活动式遮阳时，应满足本标准对太阳得热系数的要求。

（5）严寒地区除南向外不应设置凸窗，其他朝向不宜设置凸窗；寒冷地区北向的卧室、起居室不应设置凸窗。北向其他房间和其他朝向不宜设置凸窗。当设置凸窗时，凸窗凸出（从外墙面至凸窗外表面）不应大于 400mm；凸窗的传热系数限值应比普通窗降低 15%，且其不透明的顶部、底部、侧面的传热系数应小于或等于外墙的传热系数。当计算窗墙面积比时，凸窗的窗面积应按窗洞口面积计算。

（6）外窗及敞开式阳台门应具有良好的密闭性能。严寒和寒冷地区外窗及敞开式阳台门的气密性等级不应低于现行国家标准《建筑外门窗气密、水密、抗风压性能分级及检测方法》GB/T 7106—2008 中规定的 6 级。

（7）封闭式阳台的保温应符合下列规定：

① 阳台和直接连通的房间之间应设置隔墙和门、窗。

② 当阳台和直接连通的房间之间不设置隔墙和门、窗时，应将阳台作为所连通房间的一部分。阳台与室外空气接触的外围护结构的热工性能应符合本标准围护结构热工设计中（1）、（2）、（6）的规定。阳台的窗墙面积比应符合本标准窗墙面积比的规定。

③ 当阳台和直接连通的房间之间设置隔墙和门、窗，且所设隔墙、门、窗的热工性能符合本标准围护结构热工设计中（1）、（6）的规定，窗墙面积比符合本标准窗墙面积比的规定时，可不对阳台外表面作特殊热工要求。

④ 当阳台和直接连通的房间之间设置隔墙和门、窗，且所设隔墙、门、窗的热工性能不符合本标准围护结构热工设计中（1）、（6）的规定时，阳台与室外空气接触的墙板、顶板、地板的传热系数不应大于本标准围护结构热工设计（1）中所列限值的 120%，严寒地区阳台窗的传热系数不应大于 2.00W/(m² · K)，寒冷地区阳台窗的传热系数不应大于 2.20W/(m² · K)，阳台外表面的窗墙面积比不应大于 0.60。阳台和直接连通房间隔墙的窗墙面积比不应超过本标准规定的窗墙面积比限值。当阳台的面宽小于直接连通房间的开间宽度时，可按房间的开间计算隔墙的窗墙面积比。

（8）外窗（门）框（或附框）与墙体之间的缝隙，应采用高效保温材料填堵，不应采用普通水泥砂浆抹缝。

（9）外窗（门）洞口的侧墙面应作保温处理，并应保证窗（门）洞口室内部分的侧墙面的内表面温度不低于室内空气设计温度、湿度条件下的露点温度，减少附加热损失。

（10）当外窗（门）的安装采用金属附框时，应对附框进行保温处理。

（11）外墙与屋面的热桥部位均应进行保温处理，以保证热桥部位的内表面温度在室内空气设计温度、湿度条件下不低于露点温度，减少附加热损失。

（12）变形缝应采取保温措施，并应保证变形缝两侧墙的内表面温度在室内空气设计温、湿度条件下不低于露点温度。

（13）地下室外墙应根据地下室不同用途，采取合理的保温措施。

（14）应对外窗（门）框周边、窗墙管线和洞口进行有效封堵，应对装配式建筑的构件连接处进行密封处理。

99. 夏热冬冷地区居住建筑节能标准的规定有哪些？

夏热冬冷地区指的是我国长江流域及其周围地区，涉及 16 个省、自治区、直辖市。代表性城市有上海、南京、杭州、长沙、武汉、重庆、南昌、成都、贵阳等。

《夏热冬冷地区居住建筑节能设计标准》JGJ 134—2010 规定：

1）建筑布置

（1）建筑群的规划布置、建筑物的平面布置与立面设计应有利于自然通风。

（2）建筑物宜朝向南北或接近南北。

2）体形系数

建筑物的体形系数应符合表 1-151 的规定，如果体形系数不满足表的规定时，则必须进行建筑围护结构热工性能的综合判断。

居住建筑的体形系数限值   表 1-151

建筑层数	≤3 层	4～11 层	≥12 层
建筑的体形系数	0.55	0.40	0.35

3）传热系数（K）和热惰性指标（D）的限值

围护结构各部分的传热系数和热惰性指标应符合表 1-152 的规定。当设计建筑的围护结构的屋面、外墙、架空或外挑楼板、外窗不符合表的规定时，必须进行建筑围护结构热工性能的综合判断。

围护结构各部分的传热系数（K）和热惰性指标（D）的限值   表 1-152

围护结构部位		传热系数 $K\left[W/(m^2 \cdot K)\right]$	
		惰性指标 $D \leqslant 2.5$	惰性指标 $D > 2.5$
体形系数 ≤0.40	屋面	0.8	1.0
	外墙	1.0	1.5
	底面接触室外空气的架空或外挑楼板	1.5	
	分户墙、楼板、楼梯间隔墙、外走廊隔墙	2.0	
	户门	3.0（通往封闭空间） 2.0（通往非封闭空间或户外）	
	外窗（含阳台门的透明部分）	2.8	
体形系数 >0.40	屋面	0.5	0.6
	外墙	0.8	1.0
	底面接触室外空气的架空或外挑楼板	1.0	
	分户墙、楼板、楼梯间隔墙、外走廊隔墙	2.0	
	户门	3.0（通往封闭空间） 2.0（通往非封闭空间或户外）	
	外窗（含阳台门的透明部分）	2.8	

4）窗墙面积比

不同朝向外窗（包括阳台门的透明部分）的窗墙面积比不应超过表 1-153 规定的限值。不同朝向、不同窗墙面积比的外窗传热系数不应大于表 1-154 规定的限值；综合遮阳系数应符合表 1-153 的规定。当外墙为凸窗时，凸窗的传热系数应比表 1-154 规定的限值小 10％；计算窗墙面积比时，凸窗的面积按洞口面积计算。

不同朝向窗墙面积比的限值 表 1-153

朝　　向	窗墙面积比
北	0.40
东、西	0.35
南	0.45
每套房间允许一个房间（不分朝向）	0.60

不同朝向、不同窗墙面积比的外窗传热系数和综合遮阳系数 表 1-154

建筑	窗墙面积比	传热系数 K W/($m^2 \cdot$ K)	外窗综合遮阳系数 SC_w （东、西向/南向）
体形系数 ≤0.40	窗墙面积比≤0.20	4.7	—/—
	0.20＜窗墙面积比≤0.30	4.0	—/—
	0.30＜窗墙面积比≤0.40	3.2	夏季≤0.40/ 夏季≤0.45
	0.40＜窗墙面积比≤0.45	2.8	夏季≤0.35 / 夏季≤0.40
	0.45＜窗墙面积比≤0.60	2.5	东、西、南向设置外遮阳 夏季≤0.25　冬季≥0.60
体形系数 ＞0.40	窗墙面积比≤0.20	4.0	—/—
	0.20＜窗墙面积比≤0.30	3.2	—/—
	0.30＜窗墙面积比≤0.40	2.8	夏季≤0.40/ 夏季≤0.45
	0.40＜窗墙面积比≤0.45	2.5	夏季≤0.35 / 夏季≤0.40
	0.45＜窗墙面积比≤0.60	2.3	东、西、南向设置外遮阳 夏季 ≤0.25　冬季≥0.60

注：1. 表中的"东、西"代表从东或西偏北 30°（含 30°）至偏南 60°（含 60°）的范围；"南"代表从南偏东 30°至偏西 30°的范围。

2. 楼梯间、外走廊的窗不按本表规定执行。

5）构造要求

（1）东偏北 30°至东偏南 60°，西偏北 30°至西偏南 60°范围的外窗应设置挡板式遮阳或可以遮住窗户正面的活动外遮阳，南向的外窗宜设置水平遮阳或可以遮住窗户正面的活动外遮阳。各朝向的窗户，当设置了可以遮住正面的活动外遮阳（如卷帘、百叶窗等）时，应认定满足表 1-154 对外窗遮阳的要求。

（2）外窗可开启面积（含阳台门面积）不应小于外窗所在房间地面面积的 5％，多层住宅外窗宜采用平开窗。

（3）建筑物 1～6 层的外窗及敞开式阳台门的气密性等级，不应低于现行国家标准

《建筑外窗气密、水密、抗风压性能分级及其检测方法》GB/T 7106—2008 规定的 4 级；7 层及 7 层以上的外窗及阳台门的气密性等级，不应低于该标准规定的 6 级。

（4）当外窗采用凸窗时，应符合下列规定：

① 窗的传热系数限值应比表 1-153 的相应数值小 10％；

② 计算窗墙面积比时，凸窗的面积按窗洞口面积计算；

③对凸窗不透明的上顶板、下底板和侧板，应进行保温处理，且板的传热系数不应低于外墙的传热系数的限值要求。

（5）围护结构的外表面宜采用浅色饰面材料。平屋顶宜采用绿化、涂刷隔热涂料等隔热措施。

（6）采用分体式空气调节器（含风管机、多联机）时，室外机的安装位置应符合下列规定：

① 应稳定牢固，不应存在安全隐患；

② 室外机的换热器应通风良好，排出空气与吸入空气之间应避免气流短路；

③应便于室外机的维护；

④应尽量减小对周围环境的热影响和噪声影响。

100. 夏热冬暖地区居住建筑节能标准的规定有哪些？

夏热冬暖地区指的是我国广东、广西、福建、海南等省区。这个地区的特点是夏季炎热干燥、冬季温和多雨。代表性城市有广州、南宁、福州、海口等。

《夏热冬暖地区居住建筑节能设计标准》JGJ 75—2012 规定：

1）夏热冬暖地区的子气候区

（1）北区：建筑节能设计主要考虑夏季空调，兼顾冬季采暖。代表城市有：柳州、英德、龙岩等。

（2）南区：建筑节能设计主要考虑夏季空调，不考虑冬季采暖。代表城市有：南宁、百色、凭祥、漳州、厦门、广州、汕头、香港、澳门等。

2）设计指标

（1）夏季空调室内设计计算温度为 26℃，换气次数 1.0 次/h；

（2）北区冬季采暖室内设计计算温度为 16℃，换气次数 1.0 次/h。

3）建筑和建筑热工节能设计

（1）建筑群的总体规划应有利于自然通风和减轻热岛效应。建筑的平面、立面设计应有利于自然通风。

（2）居住建筑的朝向宜采用南北向或接近南北向。

（3）北区内，单元式、通廊式住宅的体形系数不宜超过 0.35，塔式住宅的体形系数不宜大于 0.40。

（4）各朝向的单一朝向窗墙面积比，南北向不应大于 0.40，东、西向不应大于 0.30。

（5）建筑的卧室、书房、起居室等主要房间的窗地面积比不应小于 1/7。当房间的窗地面积比小于 1/5 时，外窗玻璃的可见光透射比不应小于 0.40。

（6）居住建筑的天窗面积不应大于屋顶总面积的 4％，传热系数不应大于 $4.00 \mathrm{W}/(\mathrm{m}^2 \cdot \mathrm{K})$，遮阳系数不应大于 $4.00 \mathrm{W}/(\mathrm{m}^2 \cdot \mathrm{K})$。

（7）居住建筑屋顶和外窗的传热系数及热惰性指标应符合表1-155的规定。

居住建筑屋顶和外窗的传热系数［W/(m² · K)］及热惰性指标　　　　表 1-155

屋顶	外墙
$0.4 < K \leqslant 0.9$，$D \leqslant 2.5$	$2.0 < K \leqslant 2.5$，$D \geqslant 3.0$ 或 $1.5 < K \leqslant 2.0$，$D \geqslant 2.8$ 或 $0.7 < K \leqslant 1.5$，$D \geqslant 2.5$
$K \leqslant 0.4$	$K \leqslant 0.7$

注：1. $D < 2.5$ 的轻质屋顶和东、西墙还应满足现行国家标准《民用建筑热工设计规范》GB 50176—93 所规定的隔热要求。

2. 传热系数 K 和热惰性指标 D 要求中，$2.0 < K \leqslant 2.5$，$D \geqslant 3.0$ 这一档次仅适用于南区。

（8）居住建筑外窗的平均传热系数和平均综合遮阳系数限值应符合表1-156的规定。

北区居住建筑外窗的平均传热系数和平均综合遮阳系数限值　　　　表 1-156

外墙平均指标	外窗平均传热系数 K ［W/(m² · K)］	外墙加权平均综合遮阳系数 S_W			
		平均窗的面积比 $C_{MF} \leqslant 0.25$ 或平均窗墙面积比 $C_{MW} \leqslant 0.25$	平均窗的面积比 $0.25 < C_{MF} \leqslant 0.30$ 或平均窗墙面积比 $0.25 < C_{MW} \leqslant 0.30$	平均窗的面积比 $0.30 < C_{MF} \leqslant 0.35$ 或平均窗墙面积比 $0.30 < C_{MW} \leqslant 0.35$	平均窗的面积比 $0.35 < C_{MF} \leqslant 0.40$ 或平均窗墙面积比 $0.35 < C_{MW} \leqslant 0.40$
$K \leqslant 2.0$ $D \geqslant 2.8$	4.0	≤0.3	≤0.2	—	—
	3.5	≤0.5	≤0.3	≤0.2	—
	3.0	≤0.7	≤0.5	≤0.4	≤0.3
	2.5	≤0.8	≤0.6	≤0.6	≤0.4
$K \leqslant 1.5$ $D \geqslant 2.5$	6.0	≤0.6	≤0.3		
	5.5	≤0.8	≤0.4		
	5.0	≤0.9	≤0.6	≤0.3	—
	4.5	≤0.9	≤0.7	≤0.5	≤0.2
$K \leqslant 1.5$ $D \geqslant 2.5$	4.0	≤0.9	≤0.8	≤0.6	≤0.4
	3.5	≤0.9	≤0.9	≤0.7	≤0.5
	3.0	≤0.9	≤0.9	≤0.8	≤0.6
	2.5	≤0.9	≤0.9	≤0.9	≤0.7
$K \leqslant 1.0$ $D \geqslant 2.5$ 或 $K \leqslant 0.7$	6.0	≤0.9	≤0.9	≤0.6	≤0.2
	5.5	≤0.9	≤0.9	≤0.7	≤0.4
	5.0	≤0.9	≤0.9	≤0.8	≤0.6
	4.5	≤0.9	≤0.9	≤0.8	≤0.7
	4.0	≤0.9	≤0.9	≤0.9	≤0.7
	3.5	≤0.9	≤0.9	≤0.9	≤0.8

（9）南区居住建筑外窗平均综合遮阳系数限值应符合表 1-157 的规定。

南区居住建筑外窗平均综合遮阳系数限值　　　　　　表 1-157

外墙平均指标 （$\rho<0.8$）	外窗的加权平均综合遮阳系数 Sw				
	外窗窗地面积比 $C_{MF}\leqslant0.25$ 或平均窗地面积比 $C_{MW}\leqslant0.25$	外窗窗地面积比 $0.25<C_{MF}\leqslant0.30$ 或平均窗地面积比 $0.25<C_{MW}\leqslant0.30$	外窗窗地面积比 $0.30<C_{MF}\leqslant0.35$ 或平均窗地面积比 $0.30<C_{MW}\leqslant0.35$	外窗窗地面积比 $0.35<C_{MF}\leqslant0.40$ 或平均窗地面积比 $0.35<C_{MW}\leqslant0.45$	外窗窗地面积比 $0.405<C_{MF}\leqslant0.45$ 或平均窗地面积比 $0.40<C_{MW}\leqslant0.45$
$K\leqslant2.5$ $D\geqslant3.0$	$\leqslant0.5$	$\leqslant0.4$	$\leqslant0.3$	$\leqslant0.2$	—
$K\leqslant2.0$ $D\geqslant2.8$	$\leqslant0.6$	$\leqslant0.5$	$\leqslant0.4$	$\leqslant0.3$	$\leqslant0.2$
$K\leqslant1.5$ $D\geqslant2.5$	$\leqslant0.8$	$\leqslant0.7$	$\leqslant0.6$	$\leqslant0.5$	$\leqslant0.4$
$K\leqslant1.0$ $D\geqslant2.5$ 或 $K\leqslant0.7$	$\leqslant0.9$	$\leqslant0.8$	$\leqslant0.7$	$\leqslant0.6$	$\leqslant0.5$

（10）居住建筑的东、西向外窗必须采取建筑外遮阳措施，建筑外遮阳系数 SD 不应大于 0.8。

（11）居住建筑南、北向外窗应采取建筑外遮阳措施，建筑外遮阳系数 SD 不应大于 0.9。当采用水平、垂直或综合建筑外遮阳构造时，外遮阳的挑出长度不应小于表 1-158 的规定。

建筑外遮阳构造的挑出长度限值（m）　　　　　　表 1-158

朝向	南			北		
遮阳形式	水平	垂直	综合	水平	垂直	综合
北区	0.25	0.20	0.15	0.40	0.25	0.15
南区	0.30	0.25	0.15	0.45	0.30	0.25

（12）窗口的建筑外遮阳系数 SD 北区建筑应采用冬季和夏季遮阳系数的平均值，南区应采取夏季的遮阳系数。窗口上方的上一楼层阳台和外廊应作为水平遮阳计算；同一立面对相邻立面上的多个窗口形成自遮挡时应逐一窗口计算。典型形式的建筑外遮阳系数可按表 1-159 取值。

典型形式的建筑外遮阳系数 SD　　　　　　表 1-159

遮阳形式	建筑外遮阳系数 SD
可完全遮挡直射阳光的固定百叶、固定挡板、遮阳板等	0.5
可基本遮挡直射阳光的固定百叶、固定挡板、遮阳板等	0.7
较密的花格	0.7
可完全覆盖窗的不透明活动百叶、金属卷帘	0.5
可完全覆盖窗的织物卷帘	0.7

注：位于窗口上方的上一楼层的阳台也作为遮阳板考虑。

（13）外窗（包含阳台门）的通风开口面积不应小于房间地面面积的 10% 或外窗面积的 45%。

（14）居住建筑应能自然通风，每户至少应有 1 个居住房间通风开口和通风路径的设计满足自然通风要求。

（15）居住建筑 1～9 层外窗的气密性能不应低于《建筑外窗气密、水密、抗压性能分级及检测方法》GB/T 7106—2008 中规定的 4 级水平；10 层及 10 层以上应满足上述规范的 6 级水平。

（16）居住建筑的屋顶和外窗宜采用下列隔热措施：

① 反射隔热外饰面；

② 屋顶内设置贴铝箔的封闭空气间层；

③ 用含水多孔材料作屋面或外墙面的面层；

④ 屋面蓄水；

⑤ 屋面遮阳；

⑥ 屋面种植；

⑦ 东、西外墙采用花格构件或植物遮阳。

101. 温和地区居住建筑节能标准的规定有哪些？

《温和地区居住建筑节能设计标准》JGJ 475—2019 规定：

1）温和地区的范围

温和地区指的是我国云南省全部地区、四川省西昌、会理、攀枝花地区和贵州省贵阳、独山、兴义地区等。

（1）云南省温和地区典型城镇的太阳能辐射数据见表 1-160。

云南省温和地区典型城镇的太阳能辐射数据　　　　　　　表 1-160

城镇	冬季日照率（%）	冬季日照辐射量（MJ/m²）	年日照辐射量（MJ/m²）	全年日照时数（h）
会泽	56	357	5222	2100
丽江	77	469	6157	2373
曲靖	61	360	5199	2074
泸西	55	359	5260	2095
大理	69	395	5409	2281
广南	41	317	5001	1861
腾冲	72	451	5485	2153
昆明	72	398	5184	2470
保山	74	407	5543	2354
楚雄	70	423	5733	2426
临沧	71	401	5293	2132
蒙自	64	419	5696	2234
江城	53	386	5073	1874
耿马	66	421	5436	2164

城镇	冬季日照率 （%）	冬季日照辐射量 （MJ/m²）	年日照辐射量 （MJ/m²）	全年日照时数 （h）
普洱	65	394	5423	2136
澜沧	61	389	5356	2113
瑞丽	66	414	5584	2334

（2）四川省温和地区典型城镇的太阳能辐射数据见表 1-161。

四川省温和地区典型城镇的太阳能辐射数据　　　　表 1-161

城镇	冬季日照率 （%）	冬季日照辐射量 （MJ/m²）	年日照辐射量 （MJ/m²）	全年日照时数 （h）
西昌	70	429	6006	2437
会理	70	407	5563	2422
攀枝花	72	442	6588	2641

（3）贵州省温和地区典型城镇的太阳能辐射数据见表 1-162。

贵州省温和地区典型城镇的太阳能辐射数据　　　　表 1-162

城镇	冬季日照率 （%）	冬季日照辐射量 （MJ/m²）	年日照辐射量 （MJ/m²）	全年日照时数 （h）
贵阳	18	240	4390	1343
独山	20	245	4390	1335
兴义	29	293	4881	1651

2）气候子区与室内节能设计计算指标

（1）温和地区的气候子区见表 1-163。

温和地区的气候子区　　　　表 1-163

温和地区 气候子区	分区指标		典型城镇（按 $HDD18$ 值排序）
温和 A 区	$CDD26 < 10$	$700 \leqslant HDD18$ < 2000	会泽、丽江、贵阳、独山、曲靖、兴义、会理、泸西、大理、广南、腾冲、昆明、西昌、宝山、楚雄
温和 B 区		$HDD18 < 700$	临沧、蒙自、江城、耿马、普洱、澜沧、瑞丽

注：气候相近城镇可参照典型城镇分区。

（2）温和地区冬季供暖室内节能计算指标：

① 卧室、起居室室内设计计算温度应取 18℃。

② 计算换气次数应取 1.0 次/h。

3）建筑和建筑热工节能设计

（1）一般规定

① 建筑群的总体规划和建筑单体设计，宜利用太阳能改善室内热环境，并宜满足夏

季自然通风和建筑遮阳的要求。建筑物的主要房间宜避开冬季主导风向。山地建筑的选址宜避开背阴的北坡地段。

② 居住建筑的朝向宜为南北向或接近南北向。

③ 温和 A 区居住建筑的体形系数限值不应大于表 1-164 的规定。当体形系数限值大于表 1-152 的规定时，应进行建筑围护结构热工性能的权衡判断，并应符合本标准的相关规定。

温和 A 区居住建筑的体形系数限值　　　　表 1-164

建筑层数	≤3 层	(4～6) 层	(7～11) 层	≥12 层
体形系数	0.55	0.45	0.40	0.35

④ 居住建筑的屋顶和外墙可采取下列隔热措施：

a. 宜采用浅色外饰面等反射隔热措施；

b. 东向、西向外墙宜采用花格构件或植物等遮阳；

c. 宜采用屋面遮阳或通风屋顶；

d. 宜采用种植屋面；

e. 可采用蓄水屋面。

⑤ 对冬季日照率不小于 70%，且冬季月均太阳辐射量不少于 400MJ/m² 的地区，应采用被动式太阳房利用设计；对冬季日照率大于 55% 但小于 70%，且冬季月均太阳辐射量不少于 350MJ/m² 的地区，宜进行被动式太阳房利用设计。

注：1. 被动式技术：以非机械电气设备干预手段实现建筑能耗降低的节能技术，具体指在建筑规划设计中通过对建筑朝向的合理布置、遮阳的设置、建筑围护结构的保温隔热技术、有利于自然通风的建筑开口设计等，实现建筑需要的供暖、空调、通风等能耗的降低。

2. 被动式太阳房：通过建筑朝向和周围环境的合理布置、内部空间和外部形体的处理及建筑材料和结构的匹配选择，使其在冬季能集取、蓄存和分配太阳热能的一种建筑物。

（2）围护结构热工设计

① 平均传热系数 K_m 和热惰性指标 D

a. 温和 A 区居住建筑非透光围护结构各部位的平均传热系数（K_m）、热惰性指标（D）应符合表 1-165 的规定；当指标不符合规定的限值时，必须按本标准的相关规定进行建筑围护结构热工性能的权衡判断。

温和 A 区居住建筑非透光围护结构各部位的平均传热
系数（K_m）、热惰性指标（D）限值　　　　表 1-165

围护结构部位		平均传热系数 K_m [W/(m²·K)]	
		热惰性指标 $D≤2.5$	热惰性指标 $D>2.5$
体形系数≤0.45	屋面	0.8	1.0
	外墙	1.0	1.5
体形系数>0.45	屋面	0.5	0.6
	外墙	0.8	1.0

b. 温和 B 区居住建筑非透光围护结构各部位的平均传热系数（K_m）必须符合

表 1-166 的规定。

温和 B 区居住建筑非透光围护结构各部位的平均传热系数（K_m）限值   表 1-166

围护结构部位	平均传热系数 K_m [W/(m²·K)]
屋面	1.0
外墙	2.0

② 窗墙面积比

a. 温和 A 区不同朝向外窗（包括阳台门的透明部分）的窗墙面积比不应大于表 1-163 规定的限值。不同朝向、不同窗墙面积比的外墙传热系数不应大于表 1-164 的限值。当外窗为凸窗时，凸窗的传热系数限值应比表 1-156 的规定提高一倍；计算窗墙面积比时，凸窗的面积应按洞口面积计算。当设计建筑的窗墙面积比或传热系数不符合表 1-167 和表 1-168 的规定时，应按本标准的相关规定进行建筑围护结构热工性能的权衡判断。

b. 温和 B 区居住建筑外窗的传热系数应小于 4.0W/(m²·K)。

温和 A 区不同朝向外窗的窗墙面积比限值   表 1-167

朝向	窗墙面积比	朝向	窗墙面积比
北	0.40	水平（天窗）	0.10
东、西	0.35	每套允许一个房间（非水平向）	0.60
南	0.50		

温和 A 区不同朝向、不同窗墙面积比的外窗传热系数限值   表 1-168

体形系数	窗墙面积比	传热系数 K [W/(m²·K)]
体形系数≤0.45	窗墙面积比≤0.30	3.5
	0.30<窗墙面积比≤0.40	3.2
	0.40<窗墙面积比≤0.45	2.8
	0.45<窗墙面积比≤0.60	2.5
体形系数>0.45	窗墙面积比≤0.20	3.5
	0.20<窗墙面积比≤0.30	3.2
	0.30<窗墙面积比≤0.40	2.8
	0.40<窗墙面积比≤0.45	2.5
	0.45<窗墙面积比≤0.60	2.3
水平向（天窗）		3.5

注：1. 表中的"东、西"代表从东或西偏北 30°（含 30°）至偏南 60°（含 60°）的范围；"南"代表从南偏东 30°至偏西 30°的范围；

2. 楼梯间、外走廊的窗可不按本表规定执行。

③ 外门窗的气密性等级

a. 温和 A 区居住建筑 1 层～9 层的外窗及敞开式阳台门的气密性等级不应低于 4 级；10 层及以上的外窗及敞开式阳台门的气密性等级不应低于 6 级。

b. 温和 B 区居住建筑的外窗及敞开式阳台门的气密性等级不应低于 6 级。气密性等级的检测应符合现行国家标准《建筑外门窗气密、水密、抗风压性能分级及检测方法》

GB/T 7106—2008 的规定。

（3）自然通风设计

① 居住建筑应根据基地周围的风向、布局建筑及周边绿化景观、设置建筑朝向与主导风向之间的夹角。

② 温和 B 区居住建筑主要房间宜布置于夏季迎风面，辅助用房宜布置于背风面。

③ 未设置通风系统的居住建筑，户型进深不应超过 12m。

④ 当房间采用单侧通风时，应采取增强自然通风效果的措施。

⑤ 温和 A 区居住建筑的外窗有效通风面积不应小于外窗所在房间地面面积的 5%。

⑥ 温和 B 区居住建筑的卧室、起居室（厅）应设置外窗，窗地面积比不应小于 1/7，其外窗有效通风面积不应小于外窗所在房间地面面积的 10%。

⑦ 温和 B 区居住建筑宜利用阳台、外廊、天井等增加通风面积。

⑧ 温和 B 区非居住类居住建筑设计时宜采用外廊。

⑨ 室内通风路径设计应布置均匀、阻力小，不应出现通风死角、通风短路。

⑩ 当自然通风不能满足室内热环境的基本要求时，应设置风扇调风装置，宜设置机械通风装置，且不应妨碍建筑的自然通风。

（4）遮阳设计

① 当居住建筑外窗朝向为西向时，应采取遮阳措施。

② 宜通过种植落叶乔木、藤蔓植物、布置花格构件等形成遮阳系统。

③ 温和地区外窗综合遮阳系数应符合表 1-169 中的限制规定。

温和地区外窗综合遮阳系数限值　　　　表 1-169

部位		外窗综合遮阳系数 SC_w	
		夏季	冬季
外窗	温和 A 区	—	南向≥0.50
	温和 B 区	东、西向≤0.40	—
天窗（水平向）		≤0.30	≥0.50

注：1. 温和 A 区南向封闭阳台内侧外窗的遮阳系数不做要求，但封闭阳台透光部分的综合遮阳系数在冬季应大于等于 0.50。

　　2. 综合遮阳系数指的是在照射时间内，同一窗口（或透光围护结构部件外表面）在有建筑遮阳和没有建筑遮阳的两种情况下，接收到两个不同太阳辐射量的比值，也称为外遮阳系数。综合遮阳系数指的是建筑遮阳系数和透光围护结构的乘积。

④ 窗框面积比（窗框面积与窗户面积的比值）：PVC 塑钢窗与木窗为 0.35；铝合金窗为 0.30。

⑤ 天窗应设置活动遮阳，宜设置活动外遮阳。

⑥ 窗口上方的出挑阳台、外廊等构件可作为水平遮阳计算。

⑦ 遮阳构造有水平式、垂直式、挡板式、水平百叶式、垂直百叶式等五种。

（5）被动式太阳能利用

① 被动式太阳能宜选用直接受益式太阳房（指太阳辐射穿过被动式太阳房的透光材料直接进入室内的做法），其设计应符合下列规定：

a. 朝向宜在正南±30°的区间；

b. 应经过计算后确定南向玻璃面积与太阳房楼地面面积之比；

c. 应提供足够的蓄热性能良好的材料；

d. 应设置防止眩光的装置；

e. 屋面天窗应设置遮阳和防风、雨、雪的措施。

② 被动式太阳房选用的集热窗传热系数应小于 3.2 W/(m^2·K)，玻璃的太阳光总透射比应大于 0.7。

③ 应提高被动式太阳房围护结构的热稳定性。

102. 公共建筑节能标准的规定有哪些?

《公共建筑节能设计标准》GB 50189—2015（国家标准）规定：

1）一般规定

（1）公共建筑的分类

① 甲类公共建筑：单栋建筑面积大于 300m^2，或单栋建筑面积小于或等于 300m^2 且总面积大于 1000m^2 的建筑群。

② 乙类公共建筑：单栋建筑面积小于或等于 300m^2 的建筑。

（2）代表城市的热工设计分区见表 1-170。

代表城市的建筑热工设计分区　　　　　　　表 1-170

气候分区及气候子区		代表城市
严寒地区	严寒 A 区	博客图、伊春、呼玛、海拉尔、满洲里、阿尔山、玛多、黑河、嫩江、海伦、齐齐哈尔、富锦、哈尔滨、大庆、安达、佳木斯、二连浩特、多伦、大柴旦、阿勒泰、那曲
	严寒 B 区	
	严寒 C 区	长春、通化、延吉、通辽、四平、抚顺、阜新、沈阳、本溪、鞍山、呼和浩特、包头、鄂尔多斯、赤峰、额济纳旗、大同、乌鲁木齐、克拉玛依、酒泉、西宁、日喀则、甘孜、康定
寒冷地区	寒冷 A 区	丹东、大连、张家口、承德、唐山、青岛、洛阳、太原、阳泉、晋城、天水、榆林、延安、宝鸡、银川、平凉、兰州、喀什、伊宁、阿坝、拉萨、林芝、北京、天津、石家庄、保定、邢台、济南、兖州、郑州、安阳、徐州、运城、西安、咸阳、吐鲁番、库尔勒、哈密
	寒冷 B 区	
夏热冬冷地区	夏热冬冷 A 区	南京、蚌埠、盐城、南通、合肥、安庆、九江、武汉、黄石、岳阳、汉中、安康、上海、杭州、宁波、温州、宜昌、长沙、南昌、株洲、永川、赣州、韶关、桂林、重庆、达县、万州、涪陵、南充、宜宾、成都、遵义、凯里、绵阳、南平
	夏热冬冷 B 区	
夏热冬暖地区	夏热冬暖 A 区	福州、莆田、龙岩、梅州、兴宁、英德、河池、柳州、贺州、泉州、厦门、广州、深圳、湛江、汕头、南宁、北海、梧州、海口、三亚
	夏热冬暖 B 区	
温和地区	温和 A 区	昆明、贵阳、丽江、会泽、腾冲、保山、大理、楚雄、曲靖、泸西、屏边、广南、兴义、独山
	温和 B 区	瑞丽、耿马、临沧、澜沧、思茅、江城、蒙自

（3）建筑群的总体规划应考虑减轻热岛效应。建筑的总体规划和总平面设计应有利于自然通风和冬季日照。建筑的主朝向宜选择本地区最佳朝向或适宜朝向，且宜避开冬季主导风向。

（4）建筑设计应遵循被动节能措施优先的原则，充分利用天然采光、自然通风，结合围护结构保温隔热和遮阳措施，降低建筑的用能要求。

（5）建筑体形宜规整紧凑，避免过多的凹凸变化。

（6）建筑总平面设计及平面布置应合理确定能源设备机房的位置，缩短能源供应输送距离。同一公共建筑的冷热源机房宜位于或靠近冷热负荷中心位置集中设置。

2）建筑设计

（1）严寒和寒冷地区公共建筑体形系数应符合表 1-171 的规定。

严寒和寒冷地区公共建筑体形系数

表 1-171

单栋建筑面积 A（m）	建筑体形系数
300＜A≤800	≤0.50
A＞800	≤0.40

（2）严寒地区甲类公共建筑各单一立面窗墙面积比（包括透明幕墙）均不得大于0.60；其他地区甲类公共建筑各单一立面窗墙面积比（包括透明幕墙）均不宜大于0.70。

（3）单一立面窗墙面积比的计算应符合下列规定：

① 凸凹里面朝向按其所在立面的朝向计算；

② 楼梯间和电梯间的外墙和外窗均应参与计算；

③ 外凸窗的顶部、底部和侧墙的面积不应计入外墙面积；

④ 当外墙上的外窗、顶部和侧面为不透光构造的凸窗时，窗面积应按窗洞口面积计算；当凸窗顶部和侧面透光时，外凸窗面积应按透光部分实际面积计算。

（4）甲类公共建筑单一立面窗墙面积比小于 0.40 时，透光材料的可见光透射比不应小于 0.60；甲类公共建筑单一立面窗墙面积比大于等于 0.40 时，透光材料的可见光透射比不应小于 0.40。

（5）夏热冬暖、夏热冬冷、温和地区的建筑各朝向外窗（包括透明幕墙）均应采取遮阳措施；寒冷地区的建筑宜采用遮阳措施。当设置外遮阳时应符合下列规定：

① 东西向宜设置活动外遮阳，南向宜设置水平外遮阳；

② 建筑外遮阳装置应兼顾通风及冬季日照。

（6）建筑立面朝向的划分应符合下列规定：

① 北向应为北偏西 60°至北偏东 60°；

② 南向应为南偏西 30°至南偏东 30°；

③ 西向应为西偏北 30°至西偏南 60°（包括西偏北 30°和西偏南 60°）；

④ 东向应为东偏北 30°至东偏南 60°（包括东偏北 30°和东偏南 60°）；

（7）甲类公共建筑的屋顶透光部分不应大于屋顶总面积的 20%。当不能满足本条的规定时，必须进行权衡判断。

（8）单一立面外窗（包括透明幕墙）的有效通风换气面积应符合下列规定：

① 甲类公共建筑外窗（包括透明幕墙）应设可开启窗扇，其有效通风换气面积不宜小于所在房间外墙面积的 10%；当透光幕墙受条件限制无法设置可开启窗扇时，应设置通风换气装置；

② 乙类公共建筑外窗有效通风换气面积不宜小于窗面积的 30%。

（9）外窗（包括透明幕墙）的有效通风换气面积应为开启扇面积和窗开启后的空气流通界面面积的较小值。

（10）严寒地区建筑的外门应设置门斗；寒冷地区建筑面向冬季主导风向的外门应设置门斗或双层外门，其他外门宜设置门斗或应采取其他减少冷风渗透的措施；夏热冬冷、夏热冬暖和温和地区建筑的外门应采取保温隔热措施。

（11）建筑中庭应充分利用自然通风降温，并可设置机械通风装置加强自然补风。

（12）建筑设计应充分利用天然采光。天然采光不能满足要求的场所，宜采用导光、反光等装置将自然光引入室内。

（13）人员长期停留房间的内表面可见光反射比宜符合表 1-172 的规定。

人员长期停留房间的内表面可见光反射比 表 1-172

房间内表面位置	可见光反射比
顶棚	0.70～0.90
墙面	0.50～0.80
地面	0.30～0.50

（14）电梯应具备节能运行功能。两台及以上电梯集中排列时，应设置群控措施。电梯应具备无外部召唤且轿厢内一段时间无预置指令时，自动转为节能运行模式的功能。

（15）自动扶梯、自动人行步道应具备空载时暂停或低速运转的功能。

3）围护结构热工设计

（1）根据建筑热工设计气候分区，甲类公共建筑的围护结构热工性能应分别符合表 1-173～表 1-178 的规定。当不能满足规定时必须进行权衡判断。

严寒 A、B 区甲类公共建筑围护结构热工性能限值 表 1-173

围护结构部位		体形系数≤0.3	0.3<体形系数≤0.5
		传热系数 K [W/(m²·K)]	
屋面		≤0.28	≤0.25
外墙（包括非透明幕墙）		≤0.38	≤0.35
底面接触室外空气的架空或外挑楼板		≤0.38	≤0.35
地下车库与供暖房间之间的楼板		≤0.50	≤0.50
非供暖楼梯间与供暖房间之间的隔墙		≤1.20	≤1.20
单一朝向外窗（包括透明幕墙）	窗墙面积比≤0.20	≤2.70	≤2.50
	0.20<窗墙面积比≤0.30	≤2.50	≤2.30
	0.30<窗墙面积比≤0.40	≤2.20	≤2.00
	0.40<窗墙面积比≤0.50	≤1.90	≤1.70
	0.50<窗墙面积比≤0.60	≤1.60	≤1.40
	0.50<窗墙面积比≤0.60	≤1.50	≤1.40
	0.50<窗墙面积比≤0.60	≤1.40	≤1.30
	窗墙面积比>0.80	≤1.30	≤1.20
屋顶透光部分（屋顶透光部分≤20%）		≤2.20	

续表

围护结构部位	保温材料层热阻 R［$(m^2 \cdot K)/W$］
周边地面	$\geqslant 1.10$
供暖地下室与土壤接触的外墙	$\geqslant 1.10$
变形缝（两侧墙内保温时）	$\geqslant 1.20$

严寒 C 区甲类公共建筑围护结构热工性能限值　　　　　　　表 1-174

围护结构部位		体形系数≤0.3	0.3<体形系数≤0.5
		传热系数 K［$W/(m^2 \cdot K)$］	
屋面		≤0.35	≤0.28
外墙（包括非透明幕墙）		≤0.43	≤0.38
底面接触室外空气的架空或外挑楼板		≤0.43	≤0.38
地下车库与供暖房间之间的楼板		≤0.70	≤0.70
非供暖楼梯间与供暖房间之间的隔墙		≤1.50	≤1.50
单一朝向外窗（包括透明幕墙）	窗墙面积比≤0.20	≤2.90	≤2.70
	0.20<窗墙面积比≤0.30	≤2.60	≤2.40
	0.30<窗墙面积比≤0.40	≤2.30	≤2.10
	0.40<窗墙面积比≤0.50	≤2.00	≤1.70
	0.50<窗墙面积比≤0.60	≤1.70	≤1.50
	0.50<窗墙面积比≤0.60	≤1.70	≤1.50
	0.50<窗墙面积比≤0.60	≤1.50	≤1.40
	窗墙面积比>0.80	≤1.40	≤1.30
屋顶透光部分（屋顶透光部分≤20%）		≤2.30	

围护结构部位	保温材料层热阻 R［$(m^2 \cdot K)/W$］
周边地面	$\geqslant 1.10$
供暖地下室与土壤接触的外墙	$\geqslant 1.10$
变形缝（两侧墙内保温时）	$\geqslant 1.20$

寒冷地区甲类公共建筑围护结构热工性能限值　　　　　　　表 1-175

围护结构部位	体形系数≤0.3		0.3<体形系数≤0.5	
	传热系数 K［$W/(m^2 \cdot K)$］	太阳得热系数 $SHGC$（东、南、西向/北向）	传热系数 K［$W/(m^2 \cdot K)$］	太阳得热系数 $SHGC$（东、南、西向/北向）
屋面	≤0.50	—	≤0.45	—
外墙（包括非透明幕墙）	≤0.38	—	≤0.45	—
底面接触室外空气的架空或外挑楼板	≤0.50	—	≤0.38	—
地下车库与供暖房间之间的楼板	≤1.00	—	≤1.00	—
非供暖楼梯间与供暖房间之间的隔墙	≤1.50	—	≤1.50	—

围护结构部位		体形系数≤0.3		0.3<体形系数≤0.5	
		传热系数 K [W/($m^2 \cdot$ K)]	太阳得热系数 $SHGC$（东、南、西向/北向）	传热系数 K [W/($m^2 \cdot$ K)]	太阳得热系数 $SHGC$（东、南、西向/北向）
单一朝向外窗（包括透明幕墙）	窗墙面积比≤0.20	≤3.00	—	≤2.80	—
	0.20<窗墙面积比≤0.30	≤2.70	≤0.52/—	≤2.50	≤0.52/—
	0.30<窗墙面积比≤0.40	≤2.40	≤0.48/—	≤2.20	≤0.52/—
	0.40<窗墙面积比≤0.50	≤2.20	≤0.43/—	≤1.90	≤0.43/—
	0.50<窗墙面积比≤0.60	≤2.00	≤0.40/—	≤1.70	≤0.35/—
	0.60<窗墙面积比≤0.70	≤1.90	≤0.35/0.60	≤1.70	≤0.35/0.60
	0.70<窗墙面积比≤0.80	≤1.60	≤0.35/0.52	≤1.50	≤0.35/0.52
	窗墙面积比>0.80	≤1.50	≤0.30/0.52	≤1.40	≤0.30/0.52
屋顶透光部分（屋顶透光部分≤20%）		≤2.40	≤0.44	≤2.40	≤0.35

围护结构部位	保温材料层热阻 R [($m^2 \cdot$ K)/W]
周边地面	≥0.60
供暖、空调地下室外墙（与土壤接触的墙）	≥0.60
变形缝（两侧墙内保温时）	≥0.90

夏热冬冷地区甲级公共建筑围护结构热工性能限值　　　表 1-176

围护结构部位		传热系数 K [W/($m^2 \cdot$ K)]	太阳得热系数 $SHGC$（东、南、西向/北向）
屋面	围护结构热惰性指标 D≤2.50	≤0.40	—
	围护结构热惰性指标 D>2.50	≤0.50	
外墙（包括非透明幕墙）	围护结构热惰性指标 D≤2.50	≤0.60	—
	围护结构热惰性指标 D>2.50	≤0.80	
	底面接触室外空气的架空或外挑楼板	≤0.70	
单一立面外窗（包括透明幕墙）	窗墙面积比≤0.20	≤3.50	—
	0.20<窗墙面积比≤0.30	≤3.00	≤0.44/0.48
	0.30<窗墙面积比≤0.40	≤2.60	≤0.40/0.44
	0.40<窗墙面积比≤0.50	≤2.40	≤0.35/0.40
	0.50<窗墙面积比≤0.60	≤2.20	≤0.35/0.40
	0.60<窗墙面积比≤0.70	≤2.20	≤0.30/0.35
	0.70<窗墙面积比≤0.80	≤2.00	≤0.26/0.35
	窗墙面积比>0.80	≤1.80	≤0.24/0.30
屋顶透明部分（屋顶透光部分≤20%）		≤2.60	≤0.30

夏热冬暖地区甲类公共建筑围护结构热工性能限值　　　　　　表 1-177

围护结构部位		传热系数 K $[\text{W}/(\text{m}^2 \cdot \text{K})]$	太阳得热系数 $SHGC$（东、南、西向/北向）
屋面	围护结构热惰性指标 $D \leqslant 2.50$	$\leqslant 0.50$	—
	围护结构热惰性指标 $D > 2.50$	$\leqslant 0.80$	
外墙（包括非透明幕墙）	围护结构热惰性指标 $D \leqslant 2.50$	$\leqslant 0.80$	—
	围护结构热惰性指标 $D > 2.50$	$\leqslant 1.50$	
底面接触室外空气的架空或外挑楼板		$\leqslant 1.50$	—
单一立面外窗（包括透明幕墙）	窗墙面积比 $\leqslant 0.20$	$\leqslant 5.20$	$\leqslant 0.52/$—
	$0.20 <$ 窗墙面积比 $\leqslant 0.30$	$\leqslant 4.00$	$\leqslant 0.44/0.52$
	$0.30 <$ 窗墙面积比 $\leqslant 0.40$	$\leqslant 3.00$	$\leqslant 0.35/0.44$
	$0.40 <$ 窗墙面积比 $\leqslant 0.50$	$\leqslant 2.70$	$\leqslant 0.35/0.40$
	$0.50 <$ 窗墙面积比 $\leqslant 0.60$	$\leqslant 2.50$	$\leqslant 0.26/0.35$
	$0.60 <$ 窗墙面积比 $\leqslant 0.70$	$\leqslant 2.50$	$\leqslant 0.24/0.30$
	$0.70 <$ 窗墙面积比 $\leqslant 0.80$	$\leqslant 2.50$	$\leqslant 0.22/0.26$
	窗墙面积比 > 0.80	$\leqslant 2.00$	$\leqslant 0.18/0.26$
屋顶透明部分（屋顶透光部分 $\leqslant 20\%$）		$\leqslant 3.00$	$\leqslant 0.30$

温和地区甲类公共建筑围护结构热工性能限值　　　　　　表 1-178

围护结构部位		传热系数 K $[\text{W}/(\text{m}^2 \cdot \text{K})]$	太阳得热系数 $SHGC$（东、南、西向/北向）
屋面	围护结构热惰性指标 $D \leqslant 2.50$	$\leqslant 0.50$	—
	围护结构热惰性指标 $D > 2.50$	$\leqslant 0.80$	
外墙（包括非透明幕墙）	围护结构热惰性指标 $D \leqslant 2.50$	$\leqslant 0.80$	—
	围护结构热惰性指标 $D > 2.50$	$\leqslant 1.50$	
单一立面外窗（包括透明幕）墙	窗墙面积比 $\leqslant 0.20$	$\leqslant 5.20$	
	$0.20 <$ 窗墙面积比 $\leqslant 0.30$	$\leqslant 4.00$	$\leqslant 0.44/0.48$
	$0.30 <$ 窗墙面积比 $\leqslant 0.40$	$\leqslant 3.00$	$\leqslant 0.40/0.44$
	$0.40 <$ 窗墙面积比 $\leqslant 0.50$	$\leqslant 2.70$	$\leqslant 0.35/0.40$
	$0.50 <$ 窗墙面积比 $\leqslant 0.60$	$\leqslant 2.50$	$\leqslant 0.35/0.40$
	$0.60 <$ 窗墙面积比 $\leqslant 0.70$	$\leqslant 2.50$	$\leqslant 0.30/0.35$
	$0.70 <$ 窗墙面积比 $\leqslant 0.80$	$\leqslant 2.50$	$\leqslant 0.26/0.35$
	窗墙面积比 > 0.80	$\leqslant 2.00$	$\leqslant 0.24/0.30$
屋顶透明部分（屋顶透光部分 $\leqslant 20\%$）		$\leqslant 3.00$	$\leqslant 0.30$

注：传热系数 K 只适用于温和 A 区，温和 B 区的传热系数 K 不作要求。

（2）乙类公共建筑的围护结构热工性能应符合表1-179、表1-180的规定。

乙类公共建筑屋面、外墙、楼板热工性能限值 表 1-179

围护结构部位	传热系数 K [W/(m² · K)]				
	严寒A、B区	严寒C区	寒冷地区	夏热冬冷地区	夏热冬暖地区
屋面	≤0.35	≤0.45	≤0.55	≤0.70	≤0.90
外墙（包括非透明幕墙）	≤0.45	≤0.50	≤0.60	≤1.00	≤1.50
底面接触室外空气的架空或外挑楼板	≤0.45	≤0.50	≤0.60	≤1.00	—
地下车库和供暖房间之间的楼板	≤0.50	≤0.70	≤1.00		

乙类公共建筑外窗（包括透明幕墙）热工性能限值 表 1-180

围护结构部位	传热系数 K [W/(m² · K)]					太阳得热系数 $SHGC$		
	严寒A、B区	严寒C区	寒冷地区	夏热冬冷地区	夏热冬暖地区	寒冷地区	夏热冬冷地区	夏热冬暖地区
单一立面外窗（包括透明幕墙）	≤2.00	≤2.20	≤2.50	≤3.00	≤4.00	—	≤0.52	≤0.48
屋顶透明部分（屋顶透光部分≤20%）	≤2.00	≤2.20	≤2.50	≤3.00	≤4.00	≤0.44	≤0.35	≤0.30

（3）建筑维护结构热工性能的参数

① 屋面、外墙和地下室的热桥部位的内表面温度不应低于室内空气露点温度。

② 建筑外门、外窗的气密性分级：

a. 10层及以上建筑外窗的气密性不应低于7级；

b. 10层以下建筑外窗的气密性不应低于6级；

c. 严寒和寒冷地区外门的气密性不应低于4级。

③ 建筑幕墙的气密性不应低于3级。

④ 当公共建筑入口大堂采用全玻幕墙时，全玻幕墙中非中空玻璃的面积不应超过同一立面透光面积（门窗和玻璃幕墙）的15%，且应按同一立面透光面积（含全玻幕墙面积）加权计算平均传热系数。

（五）建筑保温构造

103. 《建筑设计防火规范》（2018年版）对外墙保温有哪些构造要求？

《建筑设计防火规范》GB 50016—2014（2018年版）规定：

1）建筑的内、外保温系统，宜采用燃烧性能为A级的保温材料，不宜采用B₂级保温材料严禁采用B₃级保温材料；设置保温系统的基层墙体或屋面板的耐火极限应符合本规范的有关规定。

2）建筑外墙采用内保温系统时，保温系统应符合下列规定：

（1）对于人员密集场所，用火、燃油、燃气等具有火灾危险性的场所以及各类建筑内的疏散楼梯间、避难走道、避难间、避难层等场所或部位，应采用燃烧性能为 A 级的保温材料。

（2）对于其他场所，应采用低烟、低毒且燃烧性能不低于 B_1 级的保温材料。

（3）保温系统应采用不燃材料做保护层。采用燃烧性能为 B_1 级的保温材料时，保护层的厚度不应小于 10mm。

3）建筑外墙采用保温材料与两侧墙体构成无空腔复合保温结构体系时，该结构体的耐火极限应符合本规范的有关规定。当保温材料的燃烧性能为 B_1、B_2 级时，保温材料两侧的墙体应采用不燃材料且厚度均不应小于 50mm。

4）设置人员密集场所的建筑，其外墙外保温材料的燃烧性能应为 A 级。

除 3）规定的情况外，下列老年人照料设施的内、外墙体和屋面保温材料应采用燃烧性能为 A 级的保温材料。

（1）独立建造的老年人照料设施；

（2）与其他建筑组合建造且老年人照料设施部分的总建筑面积大于 500m² 的老年人照料设施。

5）与基层墙体、装饰层之间无空腔的建筑外墙外保温系统，其保温材料应符合下列规定：

（1）住宅建筑

① 建筑高度大于 100m 时，保温材料的燃烧性能应为 A 级；

② 建筑高度大于 27m，但不大于 100m 时，保温材料的燃烧性能不应低于 B_1 级；

③ 建筑高度不大于 27m 时，保温材料的燃烧性能不应低于 B_2 级。

（2）除住宅建筑和设置人员密集场所的建筑外，其他建筑：

① 建筑高度大于 50m 时，保温材料的燃烧性能应为 A 级；

② 建筑高度大于 24m，但不大于 50m 时，保温材料的燃烧性能不应低于 B_1 级；

③ 建筑高度不大于 24m 时，保温材料的燃烧性能不应低于 B_2 级。

6）除设置人员密集场所的建筑外，与基层墙体、装饰层之间有空腔的建筑外墙外保温系统，其保温材料应符合下列规定：

（1）建筑高度大于 24m 时，保温材料的燃烧性能应为 A 级；

（2）建筑高度不大于 24m 时，保温材料的燃烧性能不应低于 B_1 级。

7）除上述 3）规定的情况外，当建筑的外墙外保温系统按本节规定采用燃烧性能为 B_1、B_2 级的保温材料时，应符合下列规定：

（1）除采用 B_1 级保温材料且建筑高度不大于 24m 的公共建筑或采用 B_1 级保温材料且建筑高度不大于 27m 的住宅建筑外，建筑外墙上的门、窗的耐火完整性不应低于 0.50h。

（2）应在保温系统中每层设置水平防火隔离带。防火隔离带应采用 A 级的材料，防火隔离带的高度不应小于 300mm。

8）建筑的外墙外保温系统应采用不燃材料在其表面设置防护层，防护层应将保温材料完全包覆。除上述 3）规定的情况外，当按本节规定采用 B_1、B_2 级的保温材料时，保护层的厚度首层不应小于 15mm，其他层不应小于 5mm。

9）建筑外墙外保温系统与基层墙体、装饰层之间的空腔，应在每层楼板处采用防火封堵材料封堵。

10）建筑的屋面外保温系统，当屋面板的耐火极限不低于 1.00h 时，保温材料的燃烧性能不应低于 B₂ 级。采用 B₁、B₂ 级保温材料的外保温系统应采用不燃材料作保护层，保护层的厚度不应小于 10mm。

当建筑的屋面和外墙系统均采用 B₁、B₂ 级保温材料时，屋面与外墙之间应采用宽度不小于 500mm 的不燃材料设置防火隔离带进行分隔。

11）电气线路不应穿越或敷设在燃烧性能为 B₁ 或 B₂ 级的保温材料中；确需穿越或敷设时，应采取穿金属管并在金属管周围采用不燃材料进行防火隔离等防火保护措施。设置开关、插座等电器配件的部位周围应采用不燃隔热材料进行防火隔离等防火保护措施。

12）建筑外墙的装饰层应采用燃烧性能为 A 级的材料，但建筑高度不大于 50m 时，可采用 B₁ 级材料。

104. 什么叫防火隔离带？有哪些构造要求？

《建筑外墙外保温防火隔离带技术规程》JGJ 289—2012 规定：

1）防火隔离带是设置在可燃、难燃保温材料外墙外保温工程中，按水平方向分布，采用不燃保温材料制成，以阻止火灾沿外墙面或在外墙外保温系统内蔓延的防火构造。

2）防火隔离带的基本规定：

（1）防火隔离带应与基层墙体可靠连接，应能适应外保温的正常变形而不产生渗透、裂缝和空鼓；应能承受自重、风荷载和室外的反复作用而不产生破坏。

（2）建筑外墙外保温防火隔离带保温材料的燃烧性能等级应为 A 级。

（3）设置在薄抹灰外墙外保温系统中粘贴保温板防火隔离带，宜选用岩棉带防火隔离带，并应满足表 1-181 的要求。

粘贴保温板防火隔离带做法　　　　　　　表 1-181

序号	防火隔离带保温板及宽度	外墙外保温系统保温材料及厚度	系统抹灰层平均厚度
1	岩棉带，宽度≥300mm	EPS 板，厚度≤120mm	≥4.0mm
2	岩棉带，宽度≥300mm	XPS 板，厚度≤90mm	≥4.0mm
3	发泡水泥板，宽度≥300mm	EPS 板，厚度≤120mm	≥4.0mm
4	泡沫玻璃板，宽度≥300mm	EPS 板，厚度≤120mm	≥4.0mm

3）性能指标

（1）防火隔离带的性能要求见表 1-182。

防火隔离带的性能要求　　　　　　　表 1-182

项目	性能指标
外观	无裂缝、无粉化、空鼓、剥落现象
抗风压差	无断裂、分层、脱开、拉出现象
保护层与保温层拉伸粘结强度（kPa）	≥80

（2）防火隔离带的其他性能指标见表 1-183。

防火隔离带的其他性能指标　　　　　　　　　表 1-183

项目		性能指标
抗冲击性		二层及以上 3.0 J 级冲击合格 首层部位 10.0 J 级冲击合格
吸水量（g/m²）		≤500
耐冻融	外观	无可见裂缝、无粉化、空鼓、剥落现象
	伸粘结强度（kPa）	≥80
水蒸气透过湿流密度［g/(m²·h)]		≥0.85

（3）防火隔离带保温板的性能指标见表 1-184。

防火隔离带保温板的性能指标　　　　　　　　　表 1-184

项目		性能指标		
		岩棉带	发泡水泥板	泡沫玻璃板
密度（kg/m²）		≥100	≤250	≤160
导热系数［W/(m²·K)]		≤0.048	≤0.070	≤0.052
垂直于表面的抗拉强度（kPa）		≥80	≥80	≥80
短期吸水量（kg/m²）		≤1.0	—	—
体积吸水率（%）		—	≤10	—
软化系数		—	≥0.8	—
酸度系数		≥1.6	—	—
均匀灼热性能 （750℃，0.5h）	线收缩率（%）	≤8	≤8	≤8
	质量损失率（%）	≤10	≤25	≤5
燃烧性能等级		A	A	A

（4）胶粘剂的主要性能指标见表 1-185。

胶粘剂的主要性能指标　　　　　　　　　表 1-185

项目		性能指标
拉伸粘结强度（kPa） （与水泥砂浆板）	原强度	≥600
	耐水强度（浸水 2d，干燥 7d）	≥600
拉伸粘结强度（kPa）	原强度	≥80
	耐水强度（浸水 2d，干燥 7d）	≥80
可操作时间		1.5～4.0

（5）抹面胶浆的主要性能指标见表 1-186。

抹面胶浆的主要性能指标　　　　　　　　　表 1-186

项目		性能指标
拉伸粘结强度（kPa） （与防火隔离带保温板）	原强度	≥80
	耐水强度（浸水 2d，干燥 7d）	≥80
	耐冻融强度（循环 30 次，干燥 7d）	≥80

续表

项目	性能指标
抗折性	≤3.0
可操作时间（h）	1.5～4.0
抗冲击性	3.0J 级
吸水量（g/m²）	≤500
不透水性	试样抹面层内侧污水渗透

4）设计与构造

（1）防火隔离带的基本构造应与外墙外保温系统相同，并宜包括胶粘剂、防火隔离带保温板、锚栓、抹面胶浆、玻璃纤维网、饰面层等（图1-3）。

（2）防火隔离带的宽度不应小于300mm。

（3）防火隔离带的厚度宜与外墙外保温系统厚度相同。

（4）防火隔离带保温板应与基层墙体全面积粘贴。

（5）防火隔离带应使用锚栓辅助连接，锚栓应压住底层玻璃纤维网布。锚栓间距不应大于600mm，锚栓距离保温板端部不应小于100mm，每块保温板上锚栓数量不应少于1个。当采用岩棉带时，锚栓的扩压盘直径不应小于100mm。

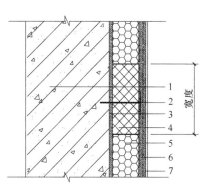

图1-3　防火隔离带的基本构造
1—基层墙体；2—锚栓；3—胶粘剂；4—防火隔离带保温板；5—外保温系统的保温材料；6—抹面胶浆＋玻璃纤维网布；7—饰面材料

（6）防火隔离带和外墙外保温系统应使用相同的抹面胶浆，且抹面胶浆应将保温材料和锚栓完全覆盖。

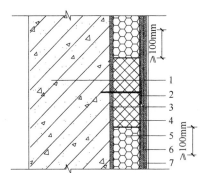

图1-4　防火隔离带网格布垂直方向搭接
1—基层墙体；2—锚栓；3—胶粘剂；4—防火隔离带保温板；5—外保温系统的保温材料；6—抹面胶浆＋玻璃纤维网布；7—饰面材料

（7）防火隔离带部位的抹灰层应加底层玻璃纤维网布，底层玻璃纤维网布垂直方向超出防火隔离带边缘不应小于100mm（图1-4），水平方向可对接，对接位置防火隔离带保温板端部接缝位置不应小于100mm（图1-5）。当面层玻璃纤维布上下有对接时，搭接位置距离隔离带边缘不应小于200mm。

（8）防火隔离带应设置在门窗洞口上部，且防火隔离带下边距洞口上沿不应超过500mm。

（9）当防火隔离带在门窗洞口上沿时，门窗洞口上部防火隔离带在粘贴时应做玻璃纤维网布翻包处理，翻包的玻璃纤维网布应超出防火隔离带上沿100mm（图1-6）。翻包、底层及面层的玻璃纤维网布不得在门窗洞口顶部搭接或对接，抹面层平均厚度不宜小于6mm。

（10）当防火隔离带在门窗洞口上沿，且门窗框外表面缩进基层墙体时，门窗洞口顶

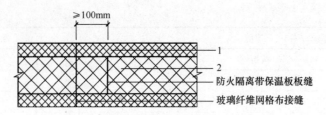

图 1-5 防火隔离带网格布水平方向搭接

1—底层玻纤网格布；2—防火隔离带保温板

部外露部分应设置防火隔离带，且防火隔离带保温板宽度不应小于 300mm（图 1-7）。

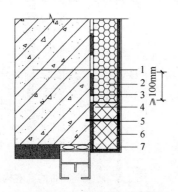

图 1-6 门窗洞口上部防火隔离带做法（一）

1—基层墙体；2—外保温系统的保温材料；3—胶粘剂；4—防火隔离带保温板；5—锚栓；6—抹面胶浆＋玻璃纤维网布；7—饰面材料

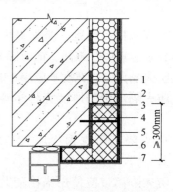

图 1-7 门窗洞口上部防火隔离带做法（二）

1—基层墙体；2—外保温系统的保温材料；3—胶粘剂；4—防火隔离带保温板；5—锚栓；6—抹面胶浆＋玻璃纤维网布；7—饰面材料

（11）严寒、寒冷地区的建筑外保温采用防火隔离带时，防火隔离带热阻不得小于外墙外保温系统热阻的 50%；夏热冬冷地区的建筑外保温采用防火隔离带时，防火隔离带热阻不得小于外墙外保温系统热阻的 40%。

（12）防火隔离带部位的墙体内表面温度不得低于室内空气设计温湿度条件下的露点温度。

105. 常用的保温材料有哪些?

《A 级不燃材料外墙外保温构造图集》中介绍的 A 级保温材料及构造要求有：

1）材料类别

（1）岩棉板

国家标准 GB/T 25975—2010 规定的岩棉板的技术经济指标见表 1-187。

岩棉板的技术经济指标 表 1-187

项目	单位	指标
密度	kg/m³	≥140
平整度偏差	mm	≤6
酸度系数	—	≥1.6
尺寸稳定性	%	≤1.0

续表

项目	单位	指标
质量吸水率	%	≤1.0
憎水率	%	≥98
短期吸水量	kg/m²	≤6
导热系数（平均温度25℃）	[W/(m·K)]	≤0.040
垂直于表面的抗拉强度 TR15	kPa	≥15
垂直于表面的抗拉强度 TR10	kPa	≥10
垂直于表面的抗拉强度 TR7.5	kPa	≥7.5
压缩强度	kPa	≥40
燃烧性能等级	—	A级

（2）玻璃纤维板

企业标准Q/JC JCY 017—2011规定的玻璃纤维板的技术经济指标见表1-188。

玻璃纤维板的技术经济指标 表1-188

项目	单位	指标
密度	kg/m³	≥90
吸水量	kg/m²	≤1.06
尺寸稳定性	%	≤1.0
质量吸水率	%	≤1.0
憎水率	%	≥98.0
导热系数（平均温度25℃）	[W/(m²·K)]	≤0.035
垂直于表面的抗拉强度	kPa	≥7.5
压缩强度	kPa	≥40
燃烧性能等级	—	A级

（3）ZC无机发泡保温板

ZC无机发泡保温板的技术经济指标见表1-189。

ZC无机发泡保温板的技术经济指标 表1-189

项目	单位	指标
体积干密度	kg/m³	≤190
导热系数	[W/(m²·K)]	≤0.054
抗压强度	MPa	≥0.15
抗拉强度	MPa	≥0.06
体积吸水率	%	≤10
燃烧性能	—	A级

（4）泡沫玻璃

行业标准《泡沫玻璃》JC/T 647—2005规定的泡沫玻璃的技术经济指标见表1-190。

泡沫玻璃的技术经济指标　　　　　　　　　表 1-190

项目	单位	指标
密度	kg/m³	130～160
抗压强度	MPa	≥0.4
抗折强度	MPa	≥0.3
体积吸水率	%	≤0.5
导热系数（温度25℃）	[W/(m² · K)]	≤0.052
透视系数	ng/(pa. s. m)	≤0.05

2）构造要求

（1）非幕墙不燃材料外保温做法的要点

① 不要采用性能不高的、未经增强处理的岩棉裸板、玻璃纤维裸板直接粘贴。

② 采暖地下室外墙外保温材料应做至地下室底板垫层处，无地下室外墙保温材料应伸入室外地面下部800mm。

③ 凸窗上、下挑板均应做保温。

④ 女儿墙外部保温应做至压顶，女儿墙内部亦应做保温（厚度可适当减薄）。

⑤ 不封闭阳台的上部、下部及顶层雨罩的上部、下部均应做保温。

⑥ 变形缝中应嵌入玻璃纤维板等保温材料。

⑦ 硬质、阻燃的 UPVC 雨水管应固定在保温层的外侧，并应采用尼龙胀管螺钉固定。固定点中距应≤1500mm，每根主管的数量不应少于3个。

（2）幕墙不燃材料外保温做法的构造要点

① 保温板粘贴在基层墙时，应满粘。

② 保温板之间的缝隙应用砂浆堵严。

③ 保温板外与幕墙面板（石材、金属板、玻璃等）之间的空隙，应按楼层在楼板处用岩棉条封堵，杜绝空气的上下流动。

3）其他常用保温、隔热材料的热工与燃烧性能见表 1-191。

常用保温、隔热材料的热工性能与燃烧性能　　　　　表 1-191

类别	材料名称	表观密度（kg/m³）	导热系数[W/(m · K)]	燃烧性能
常用材料	膨胀聚苯乙烯泡沫板（EPS）	18～22	≤0.041	B₁、B₂
	挤塑聚苯乙烯泡沫（XPS）	≥25	≤0.030	B₁、B₂
	硬质聚氨酯泡沫（PU）	35～65	≤0.041	B₁、B₂
	酚醛树脂泡沫（PF）	50～80	≤0.025	B₁
	矿棉、岩棉	80～200	0.045	A
	玻璃棉毡	≥16	0.050	A
	木材	500～700	0.170～0.30	B₂
	石膏板	1050	0.330	B₂

类别	材料名称	表观密度 （kg/m³）	导热系数 [W/(m·K)]	燃烧性能
常用材料	水泥纤维板	1000	0.340	B₂
	石棉水泥砂浆	1700	0.37	A
	保温砂浆	800	0.29	—
	封闭空气层	—	0.024	—
构造措施	铝箔反射材料	辐射反射率>85%		
	通风双层屋面、墙面	表面温度可增加 10～15℃		

注：《轻型模块化钢结构组合房屋技术标准》JGJ/T 466—2019 提供。

106. 外墙外保温的构造要点有哪些?

《外墙外保温工程技术规程》JGJ 144—2019 规定：

1）术语

（1）外墙外保温系统

由保温层、保护层和固定材料构成，并固定在外墙外表面的非承重保温的构造。

（2）外墙外保温工程

将外保温系统通过施工或安装，固定在外墙外表面上所形成的建筑构造实体。

（3）基层墙体

建筑物中起承重或围护作用的外墙墙体，可以是混凝土墙体或各种砌体墙体。

（4）外保温复合墙体

由基层墙体和外保温系统组合而成的墙体。

（5）保温层

有保温材料组成，在外保温系统中起保温隔热作用的构造层。

（6）抹面层

抹在保温层上，中间夹有玻璃纤维网布，保护保温层并起防裂、防水、抗冲击和防火作用的构造层。

（7）饰面层

外保温系统的外装饰构造层。

（8）保护层

抹面层和饰面层的总称。

（9）防火构造

具有防止火焰沿外墙面蔓延和提高外保温系统防火性能作用的构造措施。

（10）模塑聚苯板（EPS 板）

由可发性聚苯乙烯珠粒经加热发泡后在模具中加热成型而制得具有闭孔结构的聚苯乙烯泡沫塑料板材，包含 033 级和 039 级两种。

（11）挤塑聚苯板（XPS 板）

由聚乙烯树脂或其共聚物为主要成分，加入少量添加剂，通过加热挤塑成型而制得的具有闭孔结构的硬质泡沫塑料板材。

（12）胶粉聚苯颗粒保温浆料

由可再分散胶粉、无机胶凝材料、外加剂等制成的胶粉料与作为主要骨料的聚苯颗粒复合而成的，可直接作为保温层材料的胶粉聚苯颗粒浆料。

（13）胶粉聚苯颗粒贴砌浆料

由可再分散胶粉、无机胶凝材料、外加剂等制成的胶粉料与作为主要骨料的聚苯颗粒复合而成的，用于粘贴、砌筑和找平模塑聚苯板的胶粉聚苯颗粒浆料。

（14）EPS 钢丝网架板

由 EPS 板内插腹丝，单面外侧焊接钢丝网构成的三维空间网架芯板。

（15）硬泡聚氨酯（PUR/PIR）

由多亚甲基多苯基多异氰酸脂和多元醇及助剂等反应制成的以聚氨基甲酸酯结构为主的硬质泡沫塑料。

（16）硬泡聚氨酯板（PUR 板/PIR 板）

以硬泡聚氨酯（包括聚氨酯硬质泡沫塑料和聚异氰尿酸酯硬质泡沫塑料）为芯材，在工厂制成的、双面带有界面层的板材。

（17）胶粘剂

由水泥基胶凝材料、高分子聚合物材料以及填料和添加剂等组成，用于基层墙体和保温板之间粘结的聚合物水泥砂浆。

（18）界面砂浆

由水泥、砂、高分子聚合物材料以及添加剂为主要材料配置而成，用以改善基层墙体或保温层表面粘结性能的聚合物水泥砂浆。

（19）抹面胶浆

由水泥基胶凝材料、高分子聚合物材料以及填料和添加剂等组成，具有一定变形能力和良好粘结性能，与玻璃纤维网布共同组成抹面层的聚合物水泥砂浆或非水泥基聚合物砂浆。

（20）玻璃纤维网布（简称：玻纤网）

表面经高分子材料涂覆处理的、具有耐碱功能的网格状玻璃纤维织物，作为增强材料内置于抹面胶浆中，用以提高抹面层的抗裂性和抗冲击性。

（21）锚栓

由膨胀件和膨胀套管组成，依靠膨胀产生的摩擦力或机械锁定作用连接保温系统与基层墙体的机械固定件。

2）基本规定

（1）外保温工程应能适应基层墙体的正常变形而不产生裂缝和空鼓。

（2）外保温工程应能承受自重、风荷载和室外气候的长期反复作用且不产生有害的变形和破坏。

（3）外保温工程在正常使用中或地震时不应发生脱落。

（4）外保温工程应具有防止火焰沿外墙面蔓延的能力。

（5）外保温工程应具有防止水渗透性能。

（6）外保温复合墙体的保温、隔热和防潮性能应符合现行国家标准《民用建筑热工设计规范》GB 50176—2016 的规定。

（7）外保温工程各组成部分应具有物理—化学稳定性。所有组成材料应彼此相容并具有防腐性。在可能受到生物侵害（鼠害、虫害等）时，外保温工程还应具有防生物侵害性能。

（8）在正确使用和正常维护的条件下，外保温工程的使用年限不应少于 25 年。

3）性能要求

（1）外保温系统拉伸粘结强度（MPa）

外保温系统不得出现空鼓、剥落或脱落、开裂等破坏，不得产生裂缝出现渗水；外保温系统拉伸粘结强度应符合表 1-192 的规定，且破坏部位应位于保温层内。

外保温系统拉伸粘结强度（MPa）　　　　　　　　　　表 1-192

项目	粘贴保温板薄抹灰外保温系统、EPS 板现浇混凝土外保温系统	胶粉聚苯颗粒保温浆料外保温系统	胶粉聚苯颗粒浆料粘贴 EPS 板外保温系统、现场喷涂硬泡聚氨酯外保温系统
拉伸粘结强度	＞0.10	＞0.06	＞0.10

（2）外保温系统的其他性能

外保温系统的其他性能应符合表 1-193 的规定。

外保温系统性能要求　　　　　　　　　　表 1-193

项目	性能要求	项目	性能要求
耐冻融性	30 次冻融循环后，系统无空鼓、剥落，无可见裂缝；拉伸粘结强度符合表 1-176 的规定	热阻	符合设计要求
抗冲击性	建筑物首层墙面及门窗口等易受碰撞部位：10J 级；建筑物二层及以上墙面：3J 级	抹面层不透水性	2h 不透水
吸水量	≤500g/m²	防护层水蒸气渗透阻	符合设计要求

（3）胶结剂拉伸粘结强度

胶结剂拉伸粘结强度应符合表 1-194 的规定。胶粘剂与保温板的粘结在原强度、浸水 48h 且干燥 7d 后的耐水强度条件下发生破坏时，破坏部位应位于保温板内。

胶结剂拉伸粘结强度（MPa）　　　　　　　　　　表 1-194

项目		与水泥砂浆	与保温板
原强度		≥0.60	≥0.10
耐水强度	浸水 48h，干燥 2h	≥0.30	≥0.06
	浸水 48h，干燥 7d	≥0.60	≥0.10

（4）抹面胶浆拉伸粘结强度

抹面胶浆拉伸粘结强度应符合表 1-195 的规定。抹面胶浆与保温板的粘结在原强度、浸水 48h 且干燥 7d 后的耐水强度条件下发生破坏时，破坏部位应位于保温材料内。

抹面胶浆拉伸粘结强度（MPa）　　　　表 1-195

项目		与保温板	与保温浆料
原强度		≥0.10	≥0.06
耐水强度	浸水 48h，干燥 2h	≥0.06	≥0.03
	浸水 48h，干燥 7d	≥0.10	≥0.06
耐冻融强度		≥0.10	≥0.06

（5）玻纤网的主要性能

玻纤网的主要性能应符合表 1-196 的规定。

玻纤网的主要性能　　　　表 1-196

项目	性能要求
单位面积质量	≥160g/m²
耐碱断裂强力（经、纬向）	≥1000N/50mm
耐碱断裂强力保留率（经、纬向）	≥50%
断裂伸长率（经、纬向）	≤5.0%

（6）外保温系统保温材料性能要求

外保温系统保温材料性能要求应符合表 1-197、表 1-198 的规定。

外保温系统保温材料性能要求　　　　表 1-197

项目	性能要求			
	EPS 板		XPS 板	PUR 板
	033 级	039 级		
导热系数［W/(m·K)］	≤0.033	≤0.039	≤0.030	≤0.024
表观密度（kg/m³）	18～22		25～35	≥35
垂直于板面方向的抗拉强度（MPa）	≥0.10		≥0.10	≥0.10
尺寸稳定性（%）	≤0.30		≤1.00	≤1.00
吸水率（V/V%）	≤3		≤1.5	≤3
燃烧性能等级	B₁ 级		不低于 B₂ 级	

注：不带表皮的挤塑聚苯板性能指标按相关标准取值。

胶粉聚苯颗粒保温浆料和胶粉聚苯颗粒贴砌浆料性能指标　　表 1-198

项目			性能要求	
			保温浆料	贴砌浆料
导热系数［W/(m·K)］			≤0.060	≤0.080
干表观密度（kg/m³）			180～250	250～350
抗压强度（MPa）			≥0.20	≥0.30
抗拉强度（MPa）			≥0.06	≥0.12
软化系数			≥0.5	≥0.6
线性收缩率（%）			≤0.3	≤0.3
燃烧性能等级			不低于 B₁ 级	A 级
拉伸粘结强度（MPa）	与带界面砂浆的水泥砂浆	原强度	≥0.06	≥0.12
		浸水 48h，干燥 14d		≥0.10
	与带界面砂浆的 EPS 板	原强度	—	≥0.10
		浸水 48h，干燥 14d		≥0.08

（7）锚栓

应根据基层墙体的类别选用不同类型的锚栓，并应符合现行行业标准《外墙保温用螺栓》JG/T366—2012 的规定。

4）设计与施工要求

（1）设计要求

① 当外保温工程设计选用外保温系统时，不应更改系统构造和组成材料。

② 外保温工程保温层内表面温度应高于 0℃。

③ 外保温工程水平或倾斜的出挑部位以及延伸至地面以下的部位应做防水处理。门窗洞口与门窗交接处、首层与其他层交接处、外墙与屋顶交接处应进行密封和防水构造设计，水不应渗入保温层及基层墙体，重要节点部位应有详图。穿过外保温系统安装的设备、穿墙管线或支架应固定在基层墙体上，并应做密封和防水设计。基层墙体变形缝处应采取防水和保温构造处理。

④ 外保温工程应进行系统的起端、终端以及檐口、勒脚处的翻包或包边处理。装饰缝、门窗四角和阴阳角等部位应设置增强玻纤网。

⑤ 外保温工程的饰面层宜采用浅色涂料、饰面砂浆等轻质材料。当采用饰面砖时，应依据国家现行相关标准制定专项技术方案和验收方法，并应组织专题论证。

⑥ 外保温工程的保温材料的燃烧性能等级应符合现行国家标准《建筑设计防火规范》GB 50016—2014（2018 年版）的规定。

⑦ 当薄抹灰外保温系统采用燃烧性能等级为 B₁、B₂ 级的保温材料时，首层防护层厚度不应小于 15mm，其他层防护层厚度不应小于 5mm 且不宜大于 6mm，并应在外保温系统中每层设置水平防火隔离带。防火隔离带的设计与施工应符合国家现行标准《建筑设计防火规范》GB 50016—2014（2018 年版）和《建筑外墙外保温防火隔离带技术规程》

JGJ 289—2012 的规定。

（2）施工要求

① 外保温工程施工期间的环境空气温度不应低于5℃。5级以上大风天气和雨天不应施工。

② 外保温工程完工后应对成品采取保护措施。

5）构造做法与技术要求

（1）粘贴保温板薄抹灰外保温系统

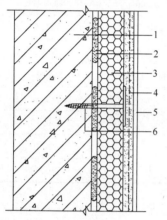

图 1-8　粘贴保温板薄抹灰
外保温系统

1—基层墙体；2—胶粘剂；3—保温板；4—抹面胶浆复合玻纤网；5—饰面层；6—锚栓

① 构造要点及图示（图 1-8）

粘贴保温板薄抹灰外保温系统应由粘结层、保温层、抹面层和饰面层构成。粘结层材料应为胶粘剂；保温层材料可为 EPS 板、XPS 板和 PUR 板或 PIR 板；抹面层材料应为抹面胶浆，抹面胶浆中满铺玻纤网；饰面层可为涂料或饰面砂浆。

② 构造要求

a. 当粘贴保温板薄抹灰外保温系统做找平层时，找平层应与基层墙体粘结牢固，不得有脱层、空鼓、裂缝，面层不得有粉化、起皮、爆灰等现象。

b. 保温板应采用点框粘法或条粘法固定在基层墙体上，EPS 板与基层墙体的有效粘贴面积不得小于保温板面积的 40%，并宜使用锚栓辅助固定。EPS 板和 PUR 板或 PIR 板与基层墙体有效粘贴面积不得小于保温板面积的 50%，并应使用锚栓辅助固定。

c. 受负风压作用较大的部位宜增加锚栓辅助固定。

d. 保温板宽度不宜大于 1200mm，高度不宜大于 600mm。

e. 保温板应按顺砌方式粘贴，竖缝应逐行错缝。保温板应粘贴牢固，不得有松动。

f. EPS 板内外表面应做界面处理。

g. 墙角处保温板应交错互锁。门窗洞口四角处保温板不得拼接，应采用整块保温板切割成形。

（2）胶粉聚苯颗粒保温浆料外保温系统

① 构造要点及图示（图 1-9）

胶粉聚苯颗粒保温浆料外保温系统应由界面层、保温层、抹面层和饰面层构成。界面层材料应为界面砂浆；保温层材料应为胶粉聚苯颗粒保温浆料，经现场拌合均匀抹在基层砌体上；抹面层材料应为抹面胶浆，中间满铺玻纤网；饰面层可为涂料或饰面砂浆。

② 构造要求

a. 胶粉聚苯颗粒保温浆料保温层设计厚度不宜超过 100mm。

b. 胶粉聚苯颗粒保温浆料宜分遍抹灰，每遍间隔应在前一遍保温浆料终凝后进行，每遍抹灰厚度不宜超过 20mm。第一遍抹灰应压实，最后一遍应找平，并应搓平。

（3）EPS 板现浇混凝土外保温系统

① 构造要点及图示（图 1-10）

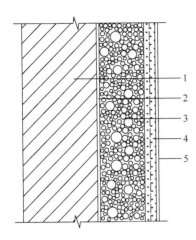

图 1-9　胶粉聚苯颗粒保温浆料外保温系统

1—基层墙体；2—界面砂浆；3—保温浆料；
4—抗裂胶浆复合玻纤网；5—饰面层

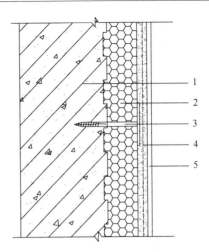

图 1-10　EPS 板现浇混凝土外保温系统

1—现浇混凝土外墙；2—EPS 板；3—辅助固定件；
4—抹面胶浆复合玻纤网；5—饰面层

EPS 板现浇混凝土外保温系统应以现浇混凝土外墙作为基层墙体，EPS 板为保温层，EPS 板内表面（与现浇混凝土接触的表面）开有凹槽，内外表面均应满涂界面砂浆。施工时应将 EPS 板置于外模板内侧，并安装辅助固定件。EPS 板表面应做抹面胶浆抹面层，抹面层中满铺玻纤网；饰面层可为涂料或饰面砂浆。

② 构造要求

a. 进场前 EPS 板内外表面应预喷刷界面砂浆。

b. EPS 板宽度宜为 1200mm，高度宜为建筑物层高。

c. 辅助固定件每 m² 宜设 2～3 个。

d. 水平分隔缝宜按楼层设置。垂直分隔缝宜按墙面面积设置，在板式建筑中不宜大于 30m²，在塔式建筑中宜留在阴角部位。

e. 宜采用钢制大模板施工。

f. 混凝土墙外侧钢筋保护层厚度应符合设计要求。

g. 混凝土一次浇注高度不宜大于 1m。混凝土应振捣密实均匀，墙面及接槎处应光滑、平整。

h. 混凝土结构验收后，保温层中的穿墙螺栓孔洞应使用保温材料填塞，EPS 板缺损或表面不平整处宜使用胶粉聚苯颗粒保温浆料修补和找平。

（4）EPS 板钢丝网架现浇混凝土外保温系统

① 构造要点及图示（图 1-11）

EPS 板钢丝网架现浇混凝土外保温系统应以现浇混凝土外墙作为基层墙体，EPS 钢丝网架板为保温层，钢丝网架板中的 EPS 板外侧开有凹槽。施工时应

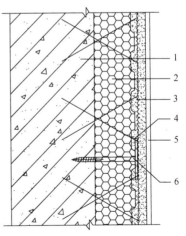

图 1-11　EPS 钢丝网架现浇混凝土
外保温系统

1—现浇混凝土外墙；2—EPS 钢丝网架板；
3—掺外加剂的水泥砂浆抹面层；4—钢丝网
架；5—饰面层；6—辅助固定件

将钢丝网架板置于外墙外模板内侧，并在 EPS 板上安装辅助固定件，钢丝网架板表面应涂抹掺外加剂的水泥砂浆抹面层，外表可做饰面层。

② 构造要求

a. EPS 钢丝网架板每平方米应斜插腹丝 100 根，钢丝均应采用低碳热镀锌钢丝，板两面应预喷刷界面砂浆。EPS 钢丝网架板质量应符合表 1-199 的规定外，还应符合现行国家标准《外墙外保温系统用钢丝网架模塑聚苯乙烯板》GB 26540—2011 的规定。

EPS 钢丝网架板的质量要求   表 1-199

项目	质量要求
外观	界面砂浆涂敷均匀，与钢丝和 EPS 板附着牢固
焊点质量	斜丝脱焊点不超过 3%
钢丝接头	穿透 EPS 板挑头 ≥30mm
EPS 板对接	板长 3000mm 范围内 EPS 板对接不得多于 2 处，且对接处需用胶粘剂粘牢

b. EPS 钢丝网架板应进行热阻检验。

c. EPS 钢丝网架板厚度、每平方米腹丝数量和表面荷载值应符合设计要求。EPS 钢丝网架板构造设计和施工安装应注意现浇混凝土侧压力影响，抹面层应均匀平整且厚度不宜大于 25mm，钢丝网应完全包覆于抹面层中。

d. 进场前 EPS 钢丝网架板内外表面及钢丝网架上均应预喷刷界面砂浆。

e. 应采用钢制大模板施工，EPS 钢丝网架板和辅助固定件安装位置应准确。混凝土墙外侧钢筋保护层厚度应符合设计要求。

f. 辅助固定件每平方米不应少于 4 个，锚固深度不得小于 50mm。

g. EPS 钢丝网架板竖缝处应连接牢固。阳角及门窗洞口等处应附加钢丝角网，附加的钢丝角网应与原钢丝网架绑扎牢固。

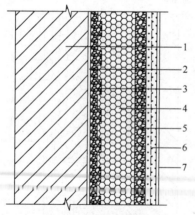

图 1-12 胶粉聚苯颗粒浆料贴砌 EPS 板外保温系统

1—基层墙体；2—界面砂浆；3—胶粉聚苯颗粒贴砌浆料；4—EPS 板；5—胶粉聚苯颗粒贴砌浆料；6—抹面胶浆复合玻纤网；7—饰面层

h. 在每层层间宜留水平分隔缝，分隔缝宽度为 15~20mm。分隔缝处的钢丝网和 EPS 板应断开，抹灰前应嵌入塑料分隔条或泡沫塑料棒，外表应用建筑密封膏嵌缝。垂直分隔缝宜按墙面面积设置，在板式建筑中不宜大于 30m²，在塔式建筑中宜留在阴角部位。

i. 混凝土一次浇筑高度不宜大于 1m，混凝土应振捣密实均匀，墙面及接槎处应光滑、平整。

j. 混凝土结构验收后，保温层中的穿墙螺栓孔洞应值用保温材料填塞，EPS 钢丝网架板缺损或表面不平整处宜使用胶粉聚苯颗粒保温浆料修补或找平。

（5）胶粉聚苯颗粒浆料贴砌 EPS 板外保温系统

① 构造要点及图示（图 1-12）

胶粉聚苯颗粒浆料贴砌 EPS 板外保温系统应由界面砂浆层，胶粉聚苯颗粒贴砌浆料层、EPS 板保温层、抹面层和饰面层构成。抹面层中应满铺玻纤网，饰面层可为涂料或饰面砂浆。

② 构造要求

a. 进场前 EPS 板内外表面应预喷刷界面砂浆。

b. 单块 EPS 板面积不宜大于 $0.30m^2$。EPS 板与基层墙体的粘结面上宜开设凹槽。

c. 贴砌浆料性能应符合表 1-182 的规定。

d. 胶粉聚苯颗粒浆料贴砌 EPS 板外保温系统的施工应符合下列规定：

（a）基层墙体表面应涂刷界面砂浆。

（b）EPS 板应使用贴砌浆料砌筑在基层墙体上，EPS 板之间的灰缝宽度宜为 10mm，灰缝中的贴砌浆料应饱满。

（c）按顺砌方式贴砌 EPS 板，竖缝应逐行错缝，墙角处排板应交错互锁，门窗洞口四角处 EPS 板不得拼接，应采用整块 EPS 板切割成形，EPS 板接缝应离开角部至少 200mm。

（d）EPS 板贴砌完成 24h 之后，应采用胶粉聚苯颗粒贴砌浆料进行找平，找平层厚度不宜小于 15mm。

（e）找平层施工完成后 24h 之后，应进行抹面层施工。

6）现场喷涂硬泡聚氨酯外保温系统

① 构造要点及图示（图 1-13）

现场喷涂硬泡聚氨酯外保温系统应由界面层、现场喷涂硬泡聚氨酯保温层、界面砂浆层、找平层、抹面层和饰面层组成。抹面层中应满铺玻纤网，饰面层可为涂料或饰面砂浆。

② 构造要求

a. 喷涂硬泡聚氨酯时，施工环境温度不宜低于 10℃，风力不宜大于 3 级，空气相对湿度宜小于 85％，不应在雨天、雪天施工。当喷涂硬泡聚氨酯施工中途下雨、下雪时，作业面应采取遮盖措施。

b. 喷涂时应采取遮挡或保护措施，应避免建筑物的其他部位和施工现场周围环境受污染，并应对施工人员进行劳动保护。

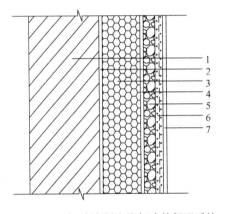

图 1-13　现场喷涂硬泡聚氨酯外保温系统
1—基层墙体；2—界面层；3—喷涂 PUR；
4—界面砂浆；5—找平层；6—抹面胶浆
复合玻纤网；7—饰面层

c. 阴阳角及不同材料的基层墙体交接处应采取适当方式喷涂硬泡聚氨酯，保温层应连续不留缝。

d. 硬泡聚氨酯的喷涂厚度每遍不宜大于 15mm。当需进行多层喷涂作业时，应在已喷涂完毕的硬泡聚氨酯保温层表面不粘手后进行下一层喷涂。当日的施工作业面应当日连续喷涂完毕。

e. 喷涂过程中应保持硬泡聚氨酯保温层表面平整度，喷涂完毕后保温层平整度偏差不宜大于 6mm。应及时抽样检验硬泡聚氨酯保温层的厚度，最小厚度不得小于设计厚度。

f. 硬泡聚氨酯保温层的性能应符合本标准表 1-181 的规定。

g. 应在硬泡聚氨酯喷涂完工 24h 后进行下道工序施工。硬泡聚氨酯保温层的表面找平宜采用轻质保温浆料，其性能应符合本标准表 1-182 的规定。

107. 金属面夹芯板的特点与选用要点有哪些?

综合《金属面夹芯板应用技术标准》JGJ/T 453—2019 和《夹芯板屋面和墙面建筑构造》标准图集 01J925－1 的相关规定:

金属面夹芯板是将金属面板（彩色涂层钢板、铝合金板和不锈钢板）及底板与保温芯材（模塑聚苯乙烯泡沫塑料、挤塑聚苯乙烯泡沫塑料、岩棉或玻璃棉）通过粘结剂复合而成的板材。可以应用于内、外墙面及屋面,是具有承重和保温的复合材料。属于"夹层保温"的型材。

1) 材料要求

（1）面材:彩色涂层钢板、铝合金板和不锈钢板均应符合使用环境腐蚀性等级和耐久性能的要求。

（2）芯材

① 模塑聚苯乙烯泡沫塑料:密度不应小于 18 kg/m^3,导热系数不应大于 0.038W/(m·K),模塑聚苯乙烯泡沫塑料制作的板材属于阻燃性建筑材料。

② 挤塑聚苯乙烯泡沫塑料:导热系数不应大于 0.035W/(m·K),挤塑聚苯乙烯泡沫塑料制作的板材属于阻燃性建筑材料。

③ 硬质聚氨酯泡沫塑料:密度不应小于 38kg/m^3,导热系数不应大于 0.043W/(m·K)。硬质聚氨酯泡沫塑料制作的板材属于 B_1 级建筑材料。

④ 玻璃棉:密度不应小于 64kg/m^3,导热系数不应大于 0.042W/(m·K)。

⑤ 岩棉:密度不应小于 100kg/m^3,导热系数不应大于 0.043W/(m·K)。岩棉制作的板材厚度≥80mm 时,耐火极限≥60min;板材厚度<80mm 时,耐火极限≥30min。

（3）零配件

零配件宜采用钢材、不锈钢和铝合金等材料制作。零配件应进行防腐处理。采用铝合金零件时,应进行表面处理。表面处理方式包括阳极氧化、电泳喷涂、粉末喷涂、氟碳喷涂。当零配件的材质与接触板材不同时,应采用绝缘隔离措施。

（4）密封、粘结材料

密封、粘结材料可采用密封胶条和密封胶。密封胶条中的橡胶制品宜采用硅橡胶、三元乙丙橡胶和丁基橡胶。

密封材料均应在有效期内使用。胶粘剂应有比芯材更高的强度和更低的热敏感性。

2) 设计要求

（1）金属面夹芯板屋面、墙面系统的金属面板、绝热芯材材料、板型和构造层次,应根据使用地的气象条件、建筑等级、建筑造型、建筑物的使用功能规定进行系统设计。

（2）金属面夹芯板屋面的坡度应符合下列规定:

① 屋面坡度应根据结构形式、所选板型、连接方式、排水方式以及建筑物所在地区降雨量计算确定;

② 屋面坡度不宜小于 5%;

③ 当腐蚀性等级为强、中等环境时,屋面坡度不宜小于 8%;

④ 当屋面坡度小于 5%时,宜选用波高不小于 35mm 的屋面金属面夹芯板。

（3）金属面夹芯板屋面、墙面系统设计应符合下列规定:

① 屋面、墙面板系统应满足水密性和气密性规定;

② 屋面、墙面板系统有隔热规定时，紧固件连接应采用防热桥构造；

③ 屋面、墙面板系统伸缩缝的位置宜与结构伸缩缝一致，并应满足水密性规定；

④ 屋面、墙面板系统不宜开洞；当必须开洞时，应有保证屋面、墙面系统安全和不渗漏的措施；

⑤ 屋面系统宜设置防止坠落的安全措施。

（4）金属面夹芯板屋面、墙面系统设计应包括下列内容：

① 屋面、墙面系统的板型及零配件种类、规格及其主要性能指标的确定；

② 屋面、墙面系统的构造设计；

③ 屋面、墙面系统的保温隔热、隔声、防水设计；

④ 屋面、墙面系统的防雷构造设计。

（5）金属面夹芯板屋面、墙面系统所用板材的燃烧性能和耐火极限应符合现行国家标准《建筑设计防火规范》GB 50016—2014（2018 年版）的规定。当围护结构有特殊保温隔热规定时，金属类零配件应配置绝缘垫片。

（6）金属面夹芯板的构造应符合下列规定：

① 金属面板基板的公称厚度应为 0.5～1.0mm；

② 金属面夹芯板总厚度宜为 30～300mm；建筑常用金属面夹芯板的厚度为 50～100mm；板长宜控制在 12m 之内；

③ 平面或浅压型面板剖面凹凸最大高度应小于或等于 5mm，深压型或压型面面板剖凹凸高度应大于 5mm。

3）选用要求及连接方式

（1）选用要求

① 板型应根据当地积雪厚度、暴雨强度、风荷载及屋面形状等选择；

② 金属面夹芯板外层面板波高不宜小于 35mm，基板厚度不宜小于 0.6mm；内层面板宜采用浅压型板，基板厚度不宜小于 0.5mm；

③ 曲面形状的屋面不宜采用金属面夹芯板。

（2）连接方式

① 屋面系统宜采用搭接式和扣合式金属面夹芯板（图 1-14）。

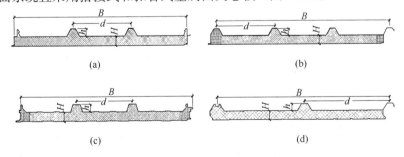

图 1-14　屋面搭接式金属面夹芯板
（a）搭接式Ⅰ；（b）搭接式Ⅱ；（c）扣合式Ⅰ；（d）扣合式Ⅱ
B—金属面夹芯板有效宽度；d—波距；H—金属面夹芯板厚度；h—波高

② 室内隔断宜采用插接式金属面夹芯板（图 1-15）。

③ 外墙保温或装饰宜采用插接式金属面夹芯板（图 1-16）。

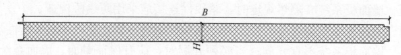

图 1-15　搭接式墙面板示例

B—金属面夹芯板有效宽度；H—金属面夹芯板厚度；

注：芯材为聚氨酯、岩棉、玻璃丝棉，或岩棉、玻璃丝棉聚氨酯封边。

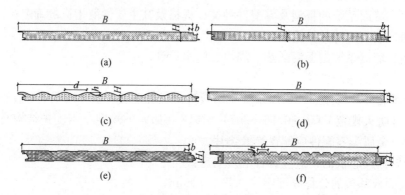

(a)　　　　　　　　　　　　(b)

(c)　　　　　　　　　　　　(d)

(e)　　　　　　　　　　　　(f)

图 1-16　插接式墙面板示例

（a）板型Ⅰ；（b）板型Ⅱ；（c）板型Ⅲ；（d）板型Ⅳ；（e）板型Ⅴ；（f）板型Ⅵ

B—金属面夹芯板有效宽度；d—波距；H—金属面夹芯板厚度；h—波高；b—饰缝宽度

注：（a）芯材为岩棉或玻璃丝棉；（b）芯材为聚氨酯或岩棉、玻璃丝棉两侧聚氨酯封边；

（c）芯材为聚氨酯；（d）芯材为聚氨酯或岩棉、玻璃丝棉两侧聚氨酯封边；（e）芯材

为聚氨酯或岩棉、玻璃丝棉；（f）芯材为聚氨酯或岩棉、玻璃丝棉两侧聚氨酯封边

108. 无机轻集料砂浆保温系统的构造要点有哪些？

《无机轻集料砂浆保温系统技术规程》JGJ 253—2011 规定：

1）无机轻集料砂浆是以憎水型膨胀珍珠岩、膨胀玻化微珠、闭孔珍珠岩、陶砂等无机轻集料为保温材料，以水泥或其他无机胶凝材料为主要胶结料，并掺加高分子聚合物及其他功能性添加剂而制成的建筑保温干混砂浆。

2）无机轻集料砂浆保温系统是由界面层、无机轻集料保温砂浆保温层、抗裂面层及饰面层组成的保温系统。

3）无机轻集料砂浆保温系统包括外墙外保温、外墙内保温两种构造做法。

4）无机轻集料砂浆保温系统用于外墙外保温时厚度不宜大于 50mm。

5）用于无机轻集料砂浆保温系统外墙外保温时，其导热系数、蓄热系数应符合表 1-200 的规定。

无机轻集料保温砂浆的导热系数、蓄热系数　　　　　表 1-200

保温砂浆类型	蓄热系数 S [W/(m² · K)]	导热系数 λ [W/(m · K)]	修正系数
Ⅰ 型	1.20	0.070	1.25
Ⅱ 型	1.50	0.085	1.25
Ⅲ 型	1.80	0.100	1.25

6）无机轻集料砂浆保温系统外墙外保温的构造

（1）涂料饰面无机轻集料砂浆保温系统外墙外保温的基本构造（图 1-17）

① 基层①：混凝土墙及各种砌体墙

② 界面层②：界面砂浆

③ 保温层③：无机轻集料保温砂浆

④ 抗裂面层④：抗裂砂浆＋玻纤网（有加强要求的增设一道玻纤网）

⑤ 饰面层⑤：柔性腻子＋涂料饰面

（2）面砖饰面无机轻集料砂浆保温系统外墙外保温的基本构造（图 1-18）

① 基层①：混凝土墙及各种砌体墙

② 界面层②：界面砂浆

③ 保温层③：无机轻集料保温砂浆

④ 抗裂面层④：抗裂砂浆＋玻纤网（锚固件与基层锚固）

⑤ 饰面层⑤：胶粘剂＋面砖＋填缝剂

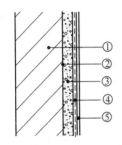 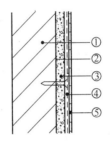

图 1-17　涂料饰面无机轻集料
砂浆保温系统外墙外保温构造

图 1-18　面砖饰面无机轻集料
砂浆保温系统外墙外保温构造

109. 保温防火复合板的构造要点有哪些?

《保温防火复合板应用技术规程》JGJ 350—2015 规定：

1）定义

保温防火复合板是通过在不燃保温材料表面复合不燃保护面层，或在难燃保温材料表面包覆不燃防护面层，而制成的具有保温隔热及阻燃功能的预制板材。

2）分类

（1）无机型保温防火复合板：以岩棉、发泡陶瓷保温板、泡沫玻璃保温板、泡沫混凝土保温板等不燃无机板材为保温材料的保温防火复合板。

（2）有机型保温防火复合板：以聚苯乙烯泡沫板、聚氨酯硬泡板、酚醛泡沫板等难燃有机高分子板材为保温材料的保温防火复合板。

（3）无饰面保温防火复合板：不带饰面装饰层的保温防火复合板。

（4）有饰面保温防火复合板：带有饰面装饰层或保护面层具有装饰性的保温防火复合板。

（5）无饰面保温防火复合板薄抹灰外墙外保温系统：由结构层、无饰面保温防火复合板保温层、薄抹灰抹面层和饰面层构成，并辅以锚栓固定于外墙外表面，起保温、防护和装饰作用的构造系统。

（6）有饰面保温防火复合板薄抹灰外墙外保温系统：由粘结层和有饰面保温防火复合板构成，并辅以专用锚固件固定于外墙外表面，起保温、防护和装饰作用的构造系统。

3）基本规定

（1）保温防火复合板的使用高度及外墙外保温工程的防火要求应符合现行国家标准《建筑设计防火规范》GB 50016—2014（2018 年版）的有关规定。

（2）保温防火复合板外墙外保温系统应能适应当地气候条件，并应满足建筑节能设计标准要求。

（3）保温防火复合板外墙外保温系统应与基层墙体可靠连接。在基层正常变形以及承受自重、风荷载和室外气候的长期反复作用下，不应产生裂缝、空鼓。外墙外保温系统各组成部分应具有物理化学稳定性，组成材料应彼此相容并具有防腐性。

（4）保温防火复合板外墙外保温系统应具有防水渗透功能。

（5）保温防火复合板外保温复合墙体的保温、隔热和防潮性能应符合现行国家标准《民用建筑热工设计规范》GB 50176—2016 的有关规定。

（6）保温防火复合板外保温工程施工应在主体结构施工质量验收合格后进行。

（7）保温防火复合板外保温施工现场的防火要求应符合现行国家标准《建设工程施工现场消防安全技术规范》GB 50720—2011 的有关规定。

（8）保温防火复合板外墙外保温系统的使用年限应符合现行行业标准《外墙外保温工程技术规程》JGJ 144—2019 的有关规定。

4）材料

（1）保温防火复合板（复合板）

① 基本属性

a. 按所采用的保温材料属性分为无机复合板和有机复合板。

b. 按复合板是否具有装饰层，分为无饰面复合板和有饰面复合板。

c. 按单位面积的质量大小可分为 Ⅰ 型复合板（单位面积质量应小于 $20kg/m^2$）和 Ⅱ 型复合板（单位面积质量应为 $20\sim30kg/m^2$）。

② 无机复合板的质量要求

a. 无机复合板采用的保温材料的燃烧性能等级应为 A 级。

b. 当无机复合板采用复合板薄抹灰保温系统、有饰面复合板保温系统时，垂直于板面方向的抗拉强度不应小于 0.10MPa；当采用非透明幕墙的保温层时，垂直于板面方向的抗拉强度不应小于 10kPa。

c. 无机复合板采用发泡陶瓷保温板的性能指标应符合表 1-201 的规定。

无机复合板采用发泡陶瓷保温板的性能指标　　　　　　表 1-201

项目	指标			
	无烧结釉面		有烧结釉面	
体积密度（kg/m³）	≤180	≤230	≤280	≤330
导热系数（平均温度 25℃）〔W/(m²·K)〕	≤0.065	≤0.080	≤0.085	≤0.10
垂直于板面方向的抗拉强度（MPa）	≥0.15			
体积吸水率（%）	≤0.30			
燃烧性能等级	A 级			

③ 有机复合板的质量要求

有机保温防火复合板采用的保温材料的燃烧性能等级不应低于 B_1 级，且垂直于板面方向的抗拉强度不应小于 0.10MPa。

④ 无机板材或聚合物砂浆为面层的保温防火复合板的质量要求

纤维增强硅酸钙板、纤维水泥板、薄石材板、陶瓷板、聚合物砂浆均应符合现行行业标准的有关规定。

⑤ 复合板的规格尺寸宜符合表 1-202 的规定。

复合板的规格尺寸（mm）　　　　　　　　　表 1-202

长度	宽度	厚度
600～1200	300～800	20～120

⑥ 复合板的外观应符合表 1-203 的规定。

复合板的外观　　　　　　　　　表 1-203

项目		指标	试验方法
外观	无饰面复合板	板面平整、无破损、无影响使用的缺棱和掉角	观察法
	有饰面复合板	颜色均匀一致，板面平整、无破损、无影响使用的缺棱和掉角	观察法

⑦ 复合板尺寸允许偏差应符合表 1-204 的规定。

复合板尺寸允许偏差（mm）　　　　　　　　　表 1-204

项目	指标	试验方法
宽度	±2.0	板面平整度使用长度为1m的靠尺子测量复合板尺寸小于1m的实际尺寸测量
长度	±2.0	
宽度	±2.0	
对角线差	≤3.0	
板面平整度	≤2.0	

⑧ 有饰面复合板的性能指标应符合表 1-205 的规定。

有饰面复合板的性能指标　　　　　　　　　表 1-205

项目		指标	
		Ⅰ型	Ⅱ型
单位面积质量（kg/m²）		<20	20～30
拉伸粘结强度（MPa）	原强度	≥0.10，破坏发生在保温材料中	≥0.15，破坏发生在保温材料中
	耐水强度	≥0.10	≥0.15
	耐冻融强度	≥0.10	≥0.15
抗弯强度（N）		不小于板材自重	
燃烧性能等级	无机复合板	A级	
	有机复合板	不低于 B_1 级	
保温材料导热系数		符合相关标准的要求	

⑨ 无饰面复合板的性能指标应符合表 1-206 的规定。

无饰面复合板的性能指标 表 1-206

项目		指标	
		Ⅰ型	Ⅱ型
单位面积质量（kg/m²）		<20	20～30
拉伸粘结强度（MPa）	原强度	≥0.10，破坏发生在保温材料中	≥0.15，破坏发生在保温材料中
	耐水强度	≥0.10	≥0.15
	耐冻融强度	≥0.10	≥0.15
燃烧性能等级	无机复合板	A 级	
	有机复合板	不低于 B₁级	
保温材料导热系数		符合相关标准的要求	

注：以岩棉为保温材料的复合板，当作为非透明幕墙的保温层时，拉伸粘结强度不应小于 10kPa，且破坏发生在岩棉保温材料中。

（2）外墙外保温系统配套材料及配件

外墙外保温系统配套材料及配件包括胶粘剂、抹面胶浆、玻纤网、锚栓和锚固件，它们的性能指标应符合相关标准的规定。

（3）其他材料应符合下列规定：

① 涂料及饰面胶浆应符合相关标准的规定。

② 腻子应符合相关标准的规定。

③ 硅酮密封胶应符合相关标准的规定。

④ 防火隔离带应符合现行行业标准《建筑外墙外保温防火隔离带技术规程》（JGJ 289—2013）的有关规定。

5）外墙外保温系统

（1）复合板薄抹灰保温系统的性能指标应符合表 1-207 的规定。

复合板薄抹灰保温系统的性能指标 表 1-207

项目		指标
耐候性	外观	经耐候性试验后，不得出现空鼓、剥落或脱落等破坏，不得产生渗水裂缝
	抹面层与复合板拉伸粘结强度（MPa）	与Ⅰ型≥0.10，与Ⅱ型≥0.15
耐冻融性	外观	30 次冻融循环后，系统无空鼓、脱落，无渗水裂缝
	抹面层与复合板拉伸粘结强度（MPa）	与Ⅰ型≥0.10，与Ⅱ型≥0.15
抗冲击性（J）		建筑物首层墙面以及门窗口等易受碰撞部位：10J 级
		建筑物二层以上墙面等不易受碰撞部位：3J 级
吸水量（kg/m²）		系统在水中浸泡 1h 后的吸水量不得大于或等于 1.0kg/m²
热阻〔（m²·K）/W〕		符合设计要求
抹面层不透水性		2h 不透水
保护层水蒸气渗透性能〔g/(m²·h)〕		符合设计要求

（2）复合板用于非透明幕墙保温层时，抹灰层可不进行抗冲击性检验。

（3）对于复合板薄抹灰保温系统，水中浸泡24h，系统吸水量小于 $0.5kg/m^2$ 时，可不进行耐冻融性检验。

（4）有饰面复合板保温系统的性能指标应符合表1-208的规定。

有饰面复合板保温系统的性能指标 表 1-208

项目		指标	
		Ⅰ型	Ⅱ型
耐候性	外观	无粉化、起鼓、起泡、脱落现象，无宽度大于0.10mm的裂缝	
	抹面层与复合板拉伸粘结强度（MPa）	≥0.10	≥0.15
拉伸粘结强度（MPa）		≥0.10 破坏发生在保温材料中	≥0.15 破坏发生在保温材料中
单点锚固力（kN）		≥0.30	≥0.60
抗冲击性（J）		建筑物首层墙面以及门窗口等易受碰撞部位：10J级	
		建筑物二层以上墙面等不易受碰撞部位：3J级	
吸水量（kg/m²）		≤500	
不透水性		系统内侧未渗透	
热阻〔(m²·K)/W〕		符合设计要求	
水蒸气渗透性能〔g/(m²·h)〕		保护层透过量大于保温层透过量	

6）设计与构造要求

（1）一般规定

① 复合板外墙外保温工程的热工和节能设计除应符合《民用建筑热工设计规范》GB 50176—2016 的规定外，尚应符合下列规定：

a. 保温层内表面温度应高于0℃，并且不应低于室内空气在设计温度、湿度条件下的露点温度；

b. 门窗框外侧洞口四周、女儿墙、封闭阳台以及出挑构件等热桥部位应采取保温措施；

c. 保温系统应计算金属锚固件、承托件热桥的影响。

② 复合板外墙外保温系统应做好密封和防水构造设计，重要部位应有详图。水平或倾斜的出挑部位以及延伸至地面以下的部位应做防水处理。在外保温系统上安装的设备或管道应固定于基层上，并应采取密封和防水措施。

③ 复合板外墙外保温系统应做好系统在檐口、勒脚处的包边处理。装饰缝、门窗四角和阴阳角等处应设置局部增强网。基层墙体变形缝处应做好防水和保温构造处理。

④ 外墙外保温系统采用有机复合板时，应在保温系统中每层设置水平防火隔离带。防火隔离带应采用燃烧性能为A级的材料，防火隔离带的高度不应小于300mm。

⑤ 外墙外保温系统采用有机复合板时，保护层厚度应符合《建筑设计防火规范》GB 50016—2014（2018年版）的有关规定。

⑥ 复合板外墙外保温系统的设计，在重力荷载、风荷载、地震作用、温度作用和主

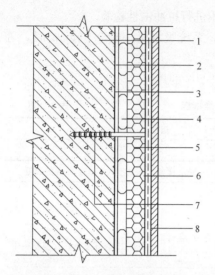

图 1-19　复合板薄抹灰保温系统
基本构造

1—基层墙体；2—界面层；3—找平层；
4—粘结层；5—无饰面复合板；6—抹
面层；7—锚栓；8—饰面层

体结构正常变形影响下，应具有安全性，并应符合《建筑结构荷载规范》GB 50009—2012 和《建筑抗震设计规范》GB 50011—2010（2016 年版）的有关规定。

（2）无饰面复合板外墙外保温工程

① 无饰面复合板可设计为复合板薄抹灰保温系统，以及作为非透明幕墙中的保温层作用。

② 无饰面复合板外墙外保温系统可应用于钢筋混凝土、混凝土多孔砖、混凝土空心砌块、烧结多孔砖、加气混凝土砌块等材料为基层的外墙。

③ 复合板薄抹灰保温系统应由依附于基层墙体的界面层、找平层、粘结层、无饰面复合板、抹面层和饰面层构成。当基层墙体的表面状况满足外墙保温设计要求时，可不做界面层和找平层；抹灰层中应内置玻纤网增强，饰面层材料宜为涂料或饰面砂浆（图 1-19）。

④ 无饰面复合板用于非透明幕墙的保温层时，其构造依附于基层墙体的界面层、找平层、粘结层、无饰面复合板、抹面层和幕墙板饰面层构成。当基层墙体的表面状况满足保温设计要求时，可不做界面层和找平层；抹面层中宜内置玻纤网增强，饰面层可为各类幕墙装饰板（图 1-20）。

⑤ 复合板薄抹灰保温系统的使用高度不宜超过 100m。当高度超过 100m 时，应以实测抗风压值进行计算，并应满足设计要求。

⑥ 无饰面复合板保温系统的构造应符合下列规定：

a. 复合板与基层墙体的连接应采用粘栓结合的构造方式，并以粘贴为主。

b. 固定有机复合板的锚栓宜设置在玻纤网内侧，固定无机复合板的锚栓宜设置在玻纤网内侧。对于首层及加强部位，固定复合板的锚栓均应设置在两层玻纤网之间。

c. 采用无机复合板时，楼板或门窗洞口上表面应设置支撑。高度小于 54m 时，应每两层设置；高度大于 54m 时，应每层设置，支托件可为构造挑板或后锚支撑托架。

⑦ 固定复合板的锚栓设置方式应符合下列规定：

a. 用于非透明幕墙的保温构造时，固定复合

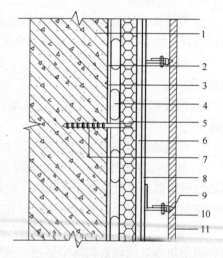

图 1-20　无饰面复合板用于非透明幕墙
保温层时的构造

1—基层墙体；2—界面层；3—找平层；4—粘结层；5—无饰面复合板；6—抹面层；7—锚栓；8—龙骨；9—嵌缝胶；10—机械固定件；11—幕墙装饰板

板的锚栓数量不宜少于 4 个/m²；用于薄抹灰系统时时，固定复合板的锚栓数量且不应少于 6 个/m²。任何面积大于 0.1m² 的单块板锚栓数量不应少于 1 个。

b. 锚栓进入混凝土基层的有效锚固深度不应小于 30mm，进入其他实心砌体基层的有效锚固深度不应小于 50mm。对于空心砌块、多孔砖等砌体宜采用回拧打结型锚栓。

c. 薄抹灰保温系统中，位于外墙阳角、门窗洞口周围及檐口下的复合板，应加密设置锚栓，间距不宜大于 300mm，锚栓距基层墙体边缘不宜小于 60mm。

⑧ 外墙阳角和门窗洞口周边及四角部位，应采用玻纤网加强，并应符合下列规定：

a. 薄抹灰保温系统中，建筑物的首层、外墙阳角部位的抹面层中应设置专用护角线条增强，护角线条应位于两层玻纤网之间；

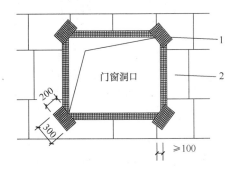

图 1-21　门窗洞口部位玻纤网增强示意图
1—玻纤网；2—复合板
（单位：mm）

b. 薄抹灰保温系统中，二层以上外墙阳角及门窗外侧周边部的抹面层中应附加玻纤网，附加玻纤网搭接宽度不应小于 200mm；

c. 门窗洞口周边的玻纤网应翻出墙面 100mm，并应在四角沿 45°方向加铺一层 200mm×300mm 的玻纤网增强（图 1-21）。

⑨ 复合板用于勒脚部位的外墙保温构造，应符合下列规定：

a. 勒脚部位的复合板与室外地面散水间的缝隙应符合设计要求。当无设计要求时，预留缝隙不应小于 20mm，缝隙内宜填充泡沫塑料，外口应设置背衬材料，并用建筑密封膏封堵。

b. 复合板底部应设置铝合金或防腐处理的金属托架，托架离散水坡高度应适应建筑结构沉降而不导致外墙外保温系统损坏。

⑩ 复合板用于檐口、女儿墙部位的外保温构造，应采用复合板对檐口的上下侧面、女儿墙部位的内外侧面整体包覆。

⑪ 复合板用于变形缝部位时的保温构造，应符合下列规定：

a. 变形缝处应填充泡沫塑料，填塞深度应大于缝宽的 3 倍；

b. 应采用金属盖缝板，宜采用铝板或不锈钢板，对变形缝进行封盖；

c. 应在变形缝两侧的基层墙体处胶粘玻纤网，再翻包到复合板上，玻纤网的先置长度与翻包搭接长度不得小于 100mm。

⑫ 复合板用于非透明幕墙保温层时，保温构造应按照外墙外保温做法，并应将复合板粘锚在基层墙体的外表面上。

⑬ 复合板用于具有空腔构造的非透明幕墙时，幕墙与基层墙体、窗间墙、窗槛墙及裙墙之间的空间，应在每层楼板处采用防火封堵材料封堵。

（3）有饰面复合板外墙外保温工程

① 有饰面复合板保温系统可用于钢筋混凝土、混凝土多孔砖、混凝土空心砌块、烧结多孔砖等材料为基层的外墙。

② 有饰面复合板保温系统应由依附于基层墙体的界面层、找平层、粘结层、有饰面复合板、嵌缝材料、密封材料和锚固件构成。复合板应以粘为主，粘锚结合方式固定在基

层墙体上，并应采用嵌缝材料封填板缝（图1-22）。

③ 有饰面复合板保温系统可应用于高度不超过100m的建筑，并应符合下列规定：

a. 采用Ⅰ型复合板的保温系统，使用高度不宜高于54m。使用高度高于54m时，应以实测抗风压进行计算，并应满足设计要求。

b. 采用Ⅱ型复合板的保温系统，使用高度不宜高于27m。使用高度高于27m时，应以实测抗风压进行计算，并应满足设计要求。

④ 有饰面复合板保温系统的构造应符合下列规定：

a. 复合板与基层墙体的连接应采用粘锚结合的固定方式，并应以粘贴为主；

b. 对于有机复合板，锚固件应固定在复合板的装饰面板或者装饰面板的副框上；

c. 复合板的单板面积不宜大于$1m^2$，有机复合板的装饰面板厚度不宜小于5mm，石材面板厚度不宜小于10mm；

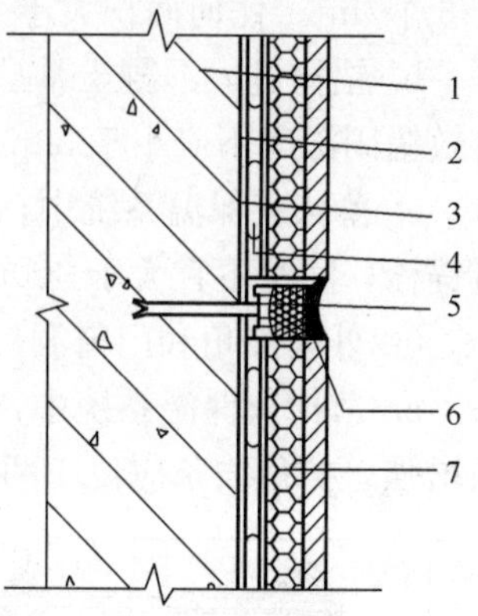

d. 复合板的板缝不宜超过15mm，且板缝应采用弹性背衬材料进行填充，并宜采用硅酮密封胶或柔性勾缝腻子嵌缝。

图 1-22　有饰面复合板外墙外保温系统基本构造

1—基层墙体；2—界面层；3—找平层；4—粘结层；5—锚固件；6—嵌缝材料；7—有饰面复合板

⑤ 固定有饰面复合板的锚固件的设置方式应符合下列规定：

a. 固定Ⅰ型复合板的锚固件数量不应少于6个/m^2，固定Ⅱ型复合板的锚固件数量不应少于8个/m^2；

b. 锚固件锚入钢筋混凝土墙体的有效深度不应小于30mm，进入其他实心墙体基层的有效锚固深度不应小于50mm。对于空心砌块、多孔砖等砌体宜采用回拧打结型锚固件。

⑥ 门窗洞口部位的外保温构造应符合下列规定：

a. 门窗外侧洞口四周墙体，复合板的保温层厚度不应小于20mm；

b. 复合板与门窗框之间宜留6～10mm的缝隙，并应使用弹性背衬材料进行填充和采用硅酮密封胶或柔性勾缝腻子嵌缝。

⑦ 复合板用于变形缝部位时的外保温构造应符合下列规定：

a. 变形缝处应填充泡沫塑料，填塞深度应大于缝宽的3倍；

b. 应采用金属盖缝板，宜采用铝板或不锈钢板，对变形缝进行封盖。

⑧ 复合板用于外墙外保温系统，当需设置防火隔离带时，应符合下列规定：

a. 防火隔离带应采用燃烧性能等级为A级的有饰面复合板，防火隔离带厚度应与复合板保温系统的厚度相同；

b. 防火隔离带采用的有饰面复合板应与基层墙体全面积粘贴，并辅以锚固件连接；

c. 防火隔离带采用的有饰面复合板的竖向板缝宜采用燃烧性能等级为A级的材料填缝。

110. 木丝水泥板的构造要点有哪些？

《木丝水泥板应用技术规程》JGJ/T 377—2016 规定：

1）术语

（1）木丝水泥板

以普通硅酸盐水泥、白色硅酸盐水泥或矿渣硅酸盐水泥为胶凝材料，木丝为加筋材料，加水搅拌后经铺装成型、保压养护、调湿处理等工艺制成的板材。

（2）木丝水泥免拆模保温板

施工阶段用作外墙模板，浇筑混凝土后作为外墙保温层的水泥木丝板。

（3）木丝水泥免拆模保温板系统

以木丝水泥免拆模保温板、以抹面胶浆复合玻纤网为抹灰层的外墙外保温系统。

（4）木丝水泥预制保温板

以木丝水泥板为芯材，以抹面胶浆复合玻纤网作为抹面层的工厂预制自承重保温墙板。

2）材料

（1）木丝水泥免拆模保温板

① 木丝水泥免拆模保温板性能见表 1-209 的规定。

木丝水泥免拆模保温板性能 表 1-209

项目	指标	项目	指标
密度（350）	400～550	垂直于板面方向的抗拉强度（MPa）	≥0.1
弯曲抗拉强度（MPa）	长向≥1.5 短向≥0.8	蓄热系数［W/(m² · K)］	≥1.25
弯曲弹性模量（MPa）	长向≥600 短向≥400	含水率（％）	≤10

② 木丝水泥免拆模保温板的厚度不宜小于 20mm，且不宜大于 70mm。

（2）木丝水泥预制保温墙板

① 木丝水泥板、抹面层材料应符合下列规定：

a. 木丝水泥板的密度不应小于 350kg/m³；导热系数不应大于 0.09。

b. 抹面胶浆的性能应符合表 1-210 的规定。

抹面胶浆性能 表 1-210

项目		指标（MPa）
拉伸粘结强度（与木丝水泥板）	原强度	≥0.10，破坏发生在木丝水泥板中
	耐水强度	≥0.10
	耐冻融强度	≥0.10

c. 玻纤网应符合相应国家标准。

d. 钢丝网应进行镀锌处理。

② 木丝水泥预制保温墙板性能应符合表 1-211 的规定。

木丝水泥预制保温墙板性能   表 1-211

项目	指标	项目	指标
垂直于板面方向的抗拉强度（MPa）	≥0.1	干燥收缩率（mm/m）	≤2.30
弯曲抗拉强度（MPa）	≥0.8	燃烧性能级别	B_1 级
弯曲弹性模量（MPa）	≥250	抗冲击性能	经 5 次抗冲击性试验后，板面无裂纹

③ 木丝水泥预制保温墙板长度不宜大于 6000mm，高度不宜大于 4000mm；芯材厚度不宜大于 300mm，且不宜小于 150mm。

④ 木丝水泥预制保温墙板应采用抹面层材料完全包裹，正反面抹面层厚度均不宜小于 10mm。

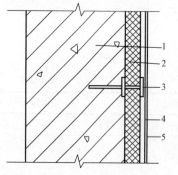

图 1-23　木丝水泥免拆模保温板
外墙外保温系统构造示意
1—混凝土墙体；2—木丝水泥免拆模
保温板；3—专用锚固件；4—玻纤网；
5—抹面胶浆

3）木丝水泥免拆模保温板构造

（1）构造规定

① 木丝水泥免拆模保温板外墙外保温系统构造示意详图 1-23。

② 木丝水泥免拆模保温板作为墙体模板时，宜用于外墙外侧。

③ 木丝水泥免拆模保温板构造作为柱子模板时，宜用于边柱外侧且应竖向放置。

④ 木丝水泥免拆模保温板构造作为梁侧模板时，宜用于边梁外侧面，用作梁侧模板和梁底模板应竖向放置。

⑤ 木丝水泥免拆模保温板宜采用专用锚固件与墙体拉结，锚固件一均匀设置于板横缝处，每 m^2 不宜少于 5 个，其杆件直径不宜小于 4mm，在混凝土墙体中的有效锚固长度不宜小于 60mm。

（2）节能指标

① 门窗框洞口、女儿墙以及封闭阳台等热桥部位宜采用木丝水泥免拆模保温板进行包覆处理。

② 预埋件、辅助固定件等热桥部位应采取断桥措施。

③ 施工中所产生的孔洞，宜采用灌浆料封堵，并应进行防水和保温处理。

④ 保温工程门窗四角和外墙阴阳角的周边应采取增强措施。增强措施的要求有：

a. 增强网应采用双层玻纤网；

b. 门窗外侧洞口抹面层采用玻纤网时，洞口四周应在 45° 方向加贴 300mm×400mm 的增强网增强。玻纤网搭接长度不应小于 150mm；

c. 首层外墙阳角应附加一道带增强网的塑料护角条，护角条位于第一层玻纤网之外；

d. 阴阳角部位宜增设锚固件与基层墙体连接固定，锚固点距墙角的水平距离不宜大于 150mm，且不宜小于 120mm，上下距离不应大于 500mm，锚固件的有效锚固长度不应小于 30mm。

⑤ 木丝水泥免拆模保温板与混凝土的拉伸粘结强度应在混凝土达到设计强度后进行，拉伸粘结强度不应小于 0.1MPa，其破坏部位应位于木丝水泥免拆模保温板内。

⑥ 木丝水泥免拆模保温板热工计算时，其导热系数、蓄热系数的修正值均应取 1.25（图 1-24、图 1-25）。

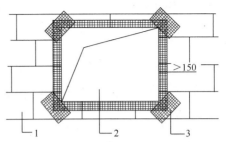

图 1-24　门窗洞口部位构造示意
1—木丝水泥免拆模保温板；2—门窗洞口；
3—斜向加强网
（单位：mm）

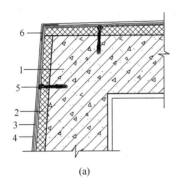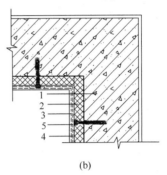

（a）　　　　　　　　　　　（b）

图 1-25　外墙阴阳角部位的增强处理
（a）首层阳角处理；（b）阴角处理
1—混凝土墙体；2—木丝水泥免拆模保温板；3—抹面砂浆；4—玻纤网；
5—锚固件；6—塑料斜角条

111. 岩棉薄抹灰外墙外保温的构造要点有哪些？

《岩棉薄抹灰外墙外保温工程技术标准》JGJ/T 480—2019 规定：

1）术语

（1）岩棉薄抹灰外墙外保温系统

由岩棉条或岩棉板保温材料、锚栓、胶粘剂、保护层和辅件构成，固定在外墙外表面的非承重保温构造的总称，简称为"岩棉外保温系统"，分为岩棉条外保温系统和岩棉板外保温系统。

（2）岩棉条

岩棉板按一定的间距切割，翻转 90° 使用的条状制品，其主要纤维层方向与表面垂直。

（3）岩棉板

以熔融火成岩为主要原料喷吹成纤维，加入适量热固性树脂胶粘剂及憎水剂，经压制、固化、切割制成的板状制品。

（4）保护层

抹面层和饰面层的总称。

（5）抹面层

抹在保温层上，中间夹有玻纤网，保护保温层并具有防裂、防水、抗冲击作用的构造层。

（6）饰面层

对岩棉外保温系统起装饰和保护作用的外装饰构造层。

（7）螺栓

由尾端带圆形锚盘的塑料膨胀套管和塑料敲击钉或具有防腐性能的金属螺钉组成，用于将岩棉条或岩棉板固定于基层墙体的机械固定件。

2）基本规定

（1）一般规定

① 岩棉外保温系统在重力和风荷载、温湿度、地震以及主体结构变形等的作用下应与主体结构安全连接；在正常使用状态下，不应产生裂缝、空鼓或脱落。

② 岩棉外保温工程应采用单一安全系数法进行抗风荷载设计。

③ 岩棉外保温工程的保温隔热和防潮性能应符合现行国家标准《民用建筑热工设计规范》GB 50176—2016 的相关规定。

④ 岩棉外保温工程的防火性能应符合现行国家标准《建筑设计防火规范》GB 50016—2014（2018 年版）的相关规定。

⑤ 岩棉外保温工程施工过程中的组织管理、环境保护和资源节约应符合现行国家标准《建筑工程绿色施工规范》GB/T 50905—2014（2018 年版）的相关规定。

⑥ 岩棉外保温系统及其各组成材料的环保要求应符合现行行业标准《岩棉薄抹灰外墙外保温系统材料》JC/T 483—2015 的相关规定。

⑦ 岩棉外保温工程的组成材料应彼此相容、具有物理化学稳定性及防腐蚀性，并应符合国家现行相关标准的规定。系统组成材料应具有耐久性，并应与系统耐久性相匹配。

⑧ 岩棉外保温工程使用的各组成材料及配套部品应成套供应。

⑨ 在正常使用和维护条件下，岩棉外保温工程的设计使用年限不应少于25 年。

（2）基本构造

① 构造图示

a. 做法一：岩棉条或岩棉板锚盘压网双网构造

岩棉条或岩棉板锚盘压网双网构造的抹面层内应设置双层玻纤网，锚盘应压在底层玻纤网上，锚盘外应铺设面层玻纤网（图 1-26）。

b. 做法二：岩棉条或岩棉板锚盘压网单网构造

岩棉条或岩棉板锚盘压网单网构造

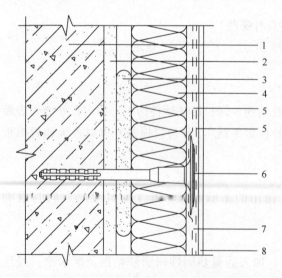

图 1-26 岩棉条或岩棉板锚盘压网双网构造示意

1—基层墙体；2—找平层；3—胶粘剂；4—岩棉条或岩棉板；

5—玻纤网；6—锚栓；7—抹面层；8—饰面层

的抹面层内应设置单层玻纤网，锚盘应压住岩棉条（图1-27）。

c. 做法三：岩棉条锚盘压条单网构造

岩棉条锚盘压条单网构造的抹面层内应设置单层玻纤网，锚盘应压住岩棉条(图1-28)。

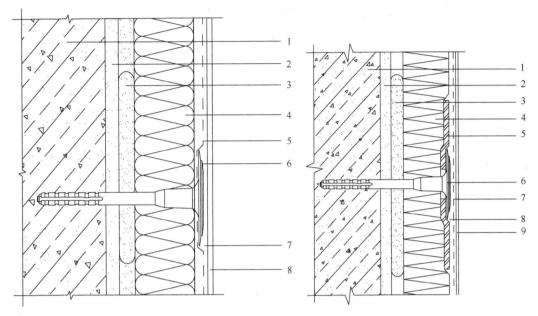

图 1-27　岩棉条或岩棉板锚盘压网单网构造示意
1—基层墙体；2—找平层；3—胶粘剂；4—岩棉条或岩棉板；5—玻纤网；6—锚栓；7—抹面层；8—饰面层

图 1-28　岩棉条锚盘压条单网构造示意
1—基层墙体；2—找平层；3—胶粘剂；4—岩棉条；5—扩压盘；6—锚栓；7—玻纤网；8—抹面层；9—饰面层

d. 特殊要求：当基层墙体表面平整度满足要求时，可取消找平层。

② 构造要求

a. 岩棉外保温系统与基层墙体的连接固定方式应符合下列规定：

a）岩棉条外保温系统与基层墙体的连接固定应采用粘结为主、机械锚固为辅的方式。

b）岩棉板外保温系统与基层墙体的连接固定应采用机械锚固为主、粘结为辅的方式。

b. 锚栓的有效锚固深度和锚盘直径应符合下列规定：

a）用于混凝土基层墙体的锚栓的有效锚固深度不应小于 25mm；用于其他基层墙体的锚栓的有效锚固深度不应小于 45mm。

b）锚盘直径不应小于 60mm。当采用岩棉条锚盘压条单网构造时宜使用扩压盘，扩压盘直径不应小于 140mm。

c. 岩棉外保温系统与基层墙体的有效粘结面积率应符合下列规定：

a）岩棉条有效粘结面积率不应小于 70%；

b）岩棉板有效粘结面积率不应小于 50%。

d. 岩棉外保温系统的抹面层厚度宜符合下列规定：

a）当设置双层玻纤网时，抹面层厚度宜为 5～7mm；

b）当设置单层玻纤网时，抹面层厚度宜为 3～5mm。

③ 系统及其组成材料

a. 系统性能的要求

a）岩棉外保温系统性能的指标应符合表 1-212 的规定。

岩棉外保温系统性能的指标　　　　　　　　　　　表 1-212

序号	项目			性能指标
1	耐候性	外观		不得出现饰面层起泡或剥落，防护层空鼓或脱落等破坏，不得产生渗水裂缝
		抹面层与保温层拉伸粘结强度（MPa）	岩棉条	平均值≥0.08，允许一个单值小于 0.08 且大于 0.06
			岩棉板	岩棉板破坏
2	吸水量（g/m²）			≤500
3	抗冲击性能	建筑物二层及以上墙面		3J 级
		建筑物首层墙面及门窗洞口等易受碰撞部位		10J 级
4	水蒸气透过性能（注）	防护层水蒸气渗透阻（m²·h·Pa/g）	混凝土基层墙体	≤2.83×10³
			非混凝土基层墙体	≤2.10×10³
5	耐冻融性能	冻融后外观		30 次冻融循环后防护层无空鼓、脱落、无渗水裂缝
		抹面层与保温层拉伸粘结强度（MPa）	岩棉条	平均值≥0.08，允许一个单值小于 0.08 且大于 0.06
			岩棉板	岩棉板破坏

注：岩棉外保温系统中未设隔汽层时，对保护层水蒸气渗透阻的要求。

b）岩棉外保温系统的抗风荷载承载能力应符合设计要求。

b. 组成材料的性能要求

a）岩棉条和岩棉板的性能指标应符合表 1-213 的规定。

岩棉条和岩棉板的性能指标　　　　　　　　　　　表 1-213

序号	项目	性能指标		
		岩棉条	岩棉板	
			TR10	TR15
1	垂直于板面方向的抗拉强度（kPa）	≥100.0	≥10.0	≥15.0
2	湿热抗拉强度保留率（注1）（%）	≥50		
3	横向（注2）剪切强度标准值 F_{rk}（kPa）	≥20	—	
4	横向（注2）剪切模量（MPa）	≥1.0	—	
5	导热系数［W/(m·K)］（平均温度 25℃）	≤0.046	≤0.040	

序号	项目		性能指标		
			岩棉条	岩棉板	
				TR10	TR15
6	吸水量（部分浸入）（kg/m²）	24h	≤0.5	≤0.4	
		28d	≤1.5	≤1.0	
7	质量吸湿率（%）		≤1.0		
8	湿度系数		≥1.8		
9	燃烧性能		A（A1）级		

注：1. 湿热处理的条件：温度（70±2）℃，相对湿度（90±3）%，放置 7d±1h，（23±2）℃干燥至质量恒定；

2. 沿岩棉板的宽度方向施加荷载。

b）岩棉条、岩棉板尺寸和密度的允许偏差应符合表 1-214 的规定。

岩棉条、岩棉板尺寸和密度的允许偏差 表 1-214

序号	项目	允许偏差		序号	项目	允许偏差	
1	长度（mm）	+10，−3		4	允许偏离度（mm/m）	—	≤5
2	宽度（mm）	±3	+5，−3	5	密度（kg/m³）	±10%	
3	厚度（mm）	±2	±3				

c）岩棉条外保温系统和岩棉板外保温系统所使用的胶粘剂的性能指标应符合表 1-215 的规定。

胶粘剂的性能指标 表 1-215

序号	项目		性能指标
1	拉伸粘结强度（与水泥砂浆）（MPa）	标准状态	≥0.6
		耐水强度 浸水 48h，干燥 2h	≥0.3
		浸水 48h，干燥 7d	≥0.6
2	拉伸粘结强度（与岩棉条）（MPa）	标准状态	平均值≥0.08，且破坏部位应位于岩棉条内，允许一个单值小于 0.08 且大于 0.06
		耐水强度 浸水 48h，干燥 2h	≥0.03
		浸水 48h，干燥 7d	平均值≥0.08，允许一个单值小于 0.08 且大于 0.06
3	可操作时间（h）		1.5～4.0

d）岩棉条外保温系统和岩棉板外保温系统所使用的抹面胶浆的性能指标应符合表 1-216 的规定。

抹面胶浆的性能指标　　　　　　　　　　　　　　　　　　表 1-216

序号	项目			性能指标
1	拉伸粘结强度（与岩棉板）（MPa）	标准状态		平均值≥0.08，且破坏部位应位于岩棉条内，允许一个单值小于 0.08 且大于 0.06
		冻融后		平均值≥0.08，允许一个单值小于 0.08 且大于 0.06
		耐水强度	浸水 48h，干燥 2h	≥0.03
			浸水 48h，干燥 7d	平均值≥0.08，允许一个单值小于 0.08 且大于 0.06
2	可操作时间（水泥基）（h）			1.5～4.0
3	吸水量（g/m²）			≤500
4	不透水性			试样抹面层内侧无水渗透
5	柔韧性	抗冲击性		3J 级
		开裂应变（非水泥基）（%）		≥1.5

e）玻纤网的性能指标应符合表 1-217 的规定。

玻纤网的性能指标　　　　　　　　　　　　　　　　　　表 1-217

序号	项目	性能指标	序号	项目	性能指标
1	单位面积质量（g/m²）	≥160	3	耐碱断裂强力保留率（经向、纬向）（%）	≥50
2	耐碱拉伸断裂强力（经向、纬向）（N/50mm）	≥1000	4	断裂延长率（经向、纬向）（%）	≤5.0

f）锚栓应符合下列规定：

（a）锚栓的塑料膨胀件和塑料膨胀套管应采用原生的聚酰胺、聚乙烯或聚丙烯制造，不宜使用再生材料。锚栓的钢制件应采用不锈钢或经过表面防锈防腐处理的碳钢制造。

（b）锚栓的长度不应小于有效锚固深度、基层墙体找平层、胶粘剂、岩棉厚度和底层抹面胶浆厚度之和。

（c）锚栓性能指标应符合表 1-218 的规定。

锚栓性能指标　　　　　　　　　　　　　　　　　　表 1-218

序号	项目		性能指标	
			岩棉条外保温系统用锚栓	岩棉板外保温系统用锚栓
1	抗拉承载力标准值 F_k（kN）	普通混凝土墙体（C25）	≥0.60	≥1.20
		实心砌体墙体（MU15）	≥0.50	≥0.80
		多孔砖砌体墙体（MU15）	≥0.40	—
		混凝土实心砌块墙体（MU10）	≥0.30	—
		蒸压加气混凝土砌块墙体（A5.0）	≥0.50	≥0.80

序号	项目	性能指标	
		岩棉条外保温系统用锚栓	岩棉板外保温系统用锚栓
2	锚盘抗拔力标准值 F_{Rk}（kN）	≥0.50	≥1.20
3	钢筋直径（mm）	≥60	
4	膨胀套管直径（mm）	≥8	
5	锚盘刚度（kN/mm）	—	≥0.50

g）当工程使用经界面处理的岩棉条或岩棉板时，设计拉伸强度的试验应按同条件试样进行测试。

h）饰面材料宜采用透气性好的涂料。

i）托架、托架锚栓、护角线、滴水线条、垫片等辅件中的塑料件应采用原生材料制造，不宜使用再生材料；铝合金件应经阳极氧化处理；钢制件应采用不锈钢或经表面防锈防腐处理的碳钢制造。

3）设计

（1）一般规定

① 岩棉板外保温工程的基层墙体宜为混凝土墙体、实心砌体墙体和强度等级不小于A5.0的蒸压加气混凝土砌块墙体。

② 岩棉条或岩棉板的设计厚度不应小于30mm。

③ 岩棉外保温工程单位面积锚栓数量应符合下列规定：

a. 岩棉条外保温工程不应小于5个/m^2；

b. 岩棉板外保温工程不应小于5个/m^2，且不应大于14个/m^2，锚栓中心间距不应小于260mm。

④ 岩棉外保温工程防热桥设计应符合下列规定：

a. 岩棉条或岩棉板应包覆所有外露构件的热桥部分；

b. 固定于墙体的金属构件或支架、锚栓、穿墙管道等处宜有防热桥措施。

⑤ 岩棉外保温工程防水防裂设计应符合下列规定：

a. 外保温与其他构件接缝处应有柔型防水密封及防裂措施；

b. 女儿墙顶、窗台等水平部位宜采用金属板、混凝土板或石材板等压顶处理，并应设置排水构造，排水坡度不应小于5％；

c. 窗檐、阳台等檐口部位应设置滴水构造；

d. 阳台、雨篷、空调板等水平突出构件，女儿墙与屋面交界区等部位，以及勒脚等其他雨水积水区，或受地下水影响区域的岩棉外保温工程应采取防水措施，相应的基层墙体表面及各水平面表面应进行防水处理；

e. 当工程所在地的年降水量超过1600mm时，岩棉外保温工程外侧宜采取防水措施。

⑥ 岩棉外保温工程中首层墙面、阳台和门窗角部等易受碰撞的部位，应采取附加防撞保护措施，且应满足抗冲击强度10J的要求。

⑦ 岩棉外保温工程饰面层不宜采用面砖。

（2）墙体热工及防潮设计

① 岩棉外保温工程的平均传热系数应满足国家现行相关标准的规定。计算岩棉条或岩棉板的厚度时，其传热系数、蓄热系数的取值宜符合表 1-219 的规定，导热系数修正系数的取值宜符合表 1-220 的规定。

岩棉条或岩棉板的导热系数、蓄热系数　　　　表 1-219

保温材料	导热系数 λ [W/(m·K)]	蓄热系数 S [W/(m²·K)]
岩棉条	0.046	0.75
岩棉板	0.040	0.70

岩棉条或岩棉板的导热系数修正系数　　　　表 1-220

使用地区	严寒和寒冷地区	夏热冬冷地区	夏热冬暖地区	温和地区
修正系数	1.10	1.20	1.30	1.20

② 严寒和寒冷地区采暖区间，岩棉外保温工程的重量湿度允许增量应符合现行国家标准《民用建筑热工设计规范》GB 50176—2016 的相关规定。当基层墙体为砌体时，严寒地区和寒冷地区基层墙体宜采取隔汽措施。

③ 夏热冬冷地区，岩棉外保温工程冷凝受潮验算应符合现行国家标准《民用建筑热工设计规范》GB 50176—2016 的相关规定。外保温系统宜采用透气性较好的防护层。

（3）构造设计

① 岩棉条或岩棉板的贴砌方式应符合下列规定：

a. 岩棉条或岩棉板应按顺砌方式粘贴，竖缝应逐行错缝。

b. 墙角处岩棉条或岩棉板应交错互锁（图 1-29）。

c. 门窗洞口四角处，应采用整条岩棉条或整块岩棉板切割成形，不应拼接（图 1-30）。

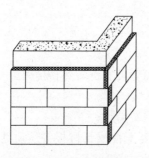

图 1-29　墙角处岩棉排布示意　　　图 1-30　门窗洞口岩棉排布示意

d. 门窗洞口四个侧边的外转角应采用包角条、包角件或双包网的方式进行防撞加强处理，并应在洞口四角粘贴 200mm×300mm 的玻纤网进行防裂增强处理（图 1-31）。

e. 阳角、阴角处应进行增强处理。

f. 勒脚、地下墙体的构造设计应符合下列规定：

（a）散水以上 300～600mm 高度范围内及地下工程的外保温系统应采用吸水率低的保温材料并满粘于基层墙体上，系统外表面应做防水处理；

（b）外保温工程与散水之间应做防水处理；

（c）在有冻土的地区，应采取相应措施保证地面以下外保温工程不受冻土冻胀力的影响。

g. 外门窗洞口部位的构造设计应符合下列规定：

a）门窗洞口周围的岩棉外保温系统与门窗框之间应做防水密封及防开裂处理；

b）门窗洞口上檐口应做滴水处理；

c）窗台部位应采取防踩踏破坏的措施；

d）窗台部位宜设置窗台板。窗台板与窗框之间，窗台板与保温层之间的接缝应做防水密封处理。

h. 女儿墙部位的构造设计应符合下列规定：

a）女儿墙顶面应设置混凝土压顶或金属盖板，压顶应向屋面一侧排水，坡度不应小于5％，屋顶内侧下端应做滴水；

b）女儿墙外保温与屋面交接部位应做密封及防水处理；

c）避雷针或安全防护栏等设施穿透女儿墙压顶或墙面保温层等部位时，应做密封防水处理。

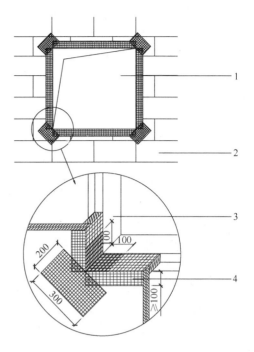

图 1-31　门窗洞口增强处理示意
1—门窗洞口；2—岩棉；3—窗框；4—玻纤网
（单位：mm）

i. 穿过外保温系统安装的部品构造设计应符合下列规定：

a）安装在外墙上的设备、管道、外遮阳产品、空调室外机托架等部品应固定于承重的主体结构上，与岩棉外保温系统之间应做密封防水处理；

b）各种穿墙管线、管道应采用预埋套管，岩棉外保温系统与穿墙预埋套管之间应做密封防水处理。

j. 阳台、雨篷、空调室外机挑板、凸窗顶板等水平构件与墙面交接处，在水平板面和墙面方向 300mm 范围内，外保温系统宜采用防水性能好的保温材料，外表面应做防水处理。

k. 岩棉外保温系统不应覆盖墙体变形缝。

112. "硬泡聚氨酯保温防水"新型材料的特点有哪些？

《硬泡聚氨酯保温防水工程技术规范》GB 50404—2017 规定：

1）基本规定

（1）定义：采用异氰酸酯、多元醇及发泡剂等添加剂，经反应形成的硬质泡沫体。产品分为喷涂硬泡聚氨酯和硬泡聚氨酯板两种。

（2）类型：

喷涂硬泡聚氨酯按其材料的物理性能分为Ⅰ型、Ⅱ型、Ⅲ型 3 种类型，各种类型喷涂硬泡聚氨酯的适用范围宜符合下列要求：

①Ⅰ型：用于屋面和外墙保温层；

② Ⅱ型：用于屋面复合保温防水层；

③ Ⅲ型：用于屋面保温防水层。

（3）施工要求

① 喷涂硬泡聚氨酯的施工环境温度不宜低于 10℃。

② 施工时风力不宜大于 3 级。

③ 喷涂 Ⅰ 型、Ⅱ 型硬泡聚氨酯施工时，空气相对湿度宜小于 85％；喷涂 Ⅲ 型硬泡聚氨酯施工时，空气相对湿度宜小于 65％。

④ 严禁在雨天、雪天施工，当施工中途下雨、下雪时作业面应采取遮盖措施。

⑤ 电气线路不应穿越或敷设在硬泡聚氨酯保温材料中，如确需穿越或敷设时应外套金属管，采用不燃隔热材料对金属管周围进行防火隔离保护。开关、插座等电器配件周围应采取不燃隔热材料进行防火隔离保护。

2）外保温墙面工程

（1）一般规定

① 硬泡聚氨酯外墙外保温系统应具有适应基层正常变形、承受自重、风荷载及室外气候反复作用而不发生开裂、脱落、空鼓，并具有防渗性能以及阻止火势蔓延的性能。

② 在正确使用和正常维护的条件下，硬泡聚氨酯外墙外保温工程的使用年限不应少于 25 年。

（2）材料性能

① 外墙用喷涂硬泡聚氨酯

外墙用喷涂硬泡聚氨酯的物理及力学性能应符合表 1-221 的规定。

外墙用喷涂硬泡聚氨酯的物理及力学性能　　　　　表 1-221

项目	性能要求
表观密度（kg/m³）	≥35
导热系数（平均 25℃）[W/(m·K)]	≤0.024
尺寸稳定性（70℃，48h）（%）	≤1.5
拉伸粘结轻度（与水泥砂浆、常温）（MPa）	≥0.10 并且破坏部位不得位于粘结界面
吸水率（V/V）（%）	≤3
燃烧性能等级	不低于 B₂级

② 硬泡聚氨酯板

a. 硬泡聚氨酯板的物理及力学性能应符合表 1-222 的要求。

硬泡聚氨酯板的物理及力学性能　　　　　表 1-222

项目	性能要求
芯材表观密度（kg/m³）	≥35
尺寸稳定性（70℃，48h）（%）	≤1.0
垂直于板面方向的抗拉强度（MPa）	≥10 并且破坏部位不得位于粘结界面
芯材导热系数（平均 25℃）[W/(m·K)]	≤0.024
芯材吸水率（V/V）（%）	≤3
芯材燃烧性能等级	不低于 B₂级

b. 硬泡聚氨酯板的规格宜为 600mm×600mm，1200mm×600mm。

（3）系统性能

硬泡聚氨酯外墙外保温系统的性能要求见表 1-223。

硬泡聚氨酯外墙外保温系统的性能要求   表 1-223

项目		性能要求
耐候性	外观	无可见裂缝，无粉化、空鼓、剥落现象
	拉伸粘结强度（MPa）	≥0.10
吸水量		≤500g/m²
抗冲击强度（J）	二层及以上	3J 级
	首层	10J 级
水蒸气湿流密度 [g/(m²·h)]		≥0.85
耐冻融	外观	无可见裂缝，无粉化、空鼓、剥落现象
	拉伸粘结强度（MPa）	≥0.10，破坏发生在聚氨酯板中

（4）热工及节能要求

① 外墙硬泡聚氨酯保温层的设计厚度，应根据国家和当地现行建筑节能标准规定的外墙传热系数限值进行热工计算确定。

② 硬泡聚氨酯外墙外保温墙体的热工性能和节能设计应符合下列要求：

a. 考虑热桥影响后的外墙平均传热系数应符合节能设计要求；

b. 外墙的热桥部位均应进行保温处理，热桥部位的内表面温度不应低于室内空气设计温、湿度条件下的露点温度。

（5）构造要点

① 喷涂硬泡聚氨酯

a. 喷涂硬泡聚氨酯构造节点见图 1-32。

b. 喷涂硬泡聚氨酯的构造要求

（a）浆料找平层的厚度不应小于 15mm；抹面层应将保温材料完全包覆，建筑物首层墙体抹面层厚度宜为 5~7mm 并满铺双层玻纤网，其他层宜为 3~5mm 并满铺单层玻纤网。

（b）硬泡聚氨酯外墙外保温工程的密封和防水构造设计重要部位应有详图；水平或倾斜的挑出部位以及墙体延伸至地面以下的部位应做防水处理；外墙安装的设备或管道应固定在基层墙体上，并应做密封和防水处理。

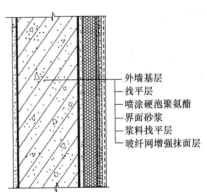

右侧标注（自左至右）：
外墙基层
找平层
喷涂硬泡聚氨酯
界面砂浆
浆料找平层
玻纤网增强抹面层

图 1-32 喷涂硬泡聚氨酯外墙外保温系统构造

② 硬泡聚氨酯板

a. 硬泡聚氨酯板构造节点见图 1-33。

b. 硬泡聚氨酯板的构造要求

a）建筑物高度在 20m 以上，硬泡聚氨酯板应使用锚栓辅助固定。

b）硬泡聚氨酯板外墙外保温系统抹面层设计应符合下列要求：

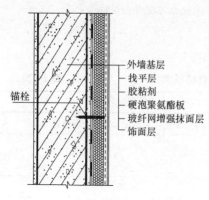

图 1-33 硬泡聚氨酯板外墙外保温
系统构造

（a）抹面层应将保温材料完全包覆，抹面层厚度不应小于 5mm。

（b）建筑物首层或 2m 以下墙体，应在先铺一层玻纤网的基础上，再满铺一层玻纤网，下层玻纤网在墙体阴阳角处的接缝应搭接，在其他部位的接缝宜采用对接；上下层玻纤网搭接位置应相互错开，间距应小于 200mm。建筑物二层或 2m 以上墙体，应采用玻纤网满铺，玻纤网接缝应搭接。玻纤网搭接时，宽度不宜小于 100mm，抹面层厚度不应小于 15mm。

（c）在门窗洞口、管道穿墙洞口、勒脚、阳台、变形缝、女儿墙等保温系统的收头部位，玻纤网应翻包，包边宽度不应小于 100mm。

（6）细部处理

a. 门窗洞口部位

a）门窗外侧洞口四周墙体，硬泡聚氨酯厚度不应小于 20mm；采用喷涂硬泡聚氨酯外保温时，洞口外侧保温层也可采用硬泡聚氨酯板粘贴；

b）门窗洞口四角处的硬泡聚氨酯板应采用整块板切割成型，不得拼接；板与板接缝距洞口四角的距离不应小于 200mm；

c）洞口四边的板应采用锚栓辅助固定；门窗边框与硬泡聚氨酯板间形成的阴角应留置槽缝，缝内填充发泡聚乙烯圆棒，圆棒直径不应小于缝宽的 1.5 倍，并用耐候密封胶填嵌；

d）铺设玻纤网时，应在门窗洞口四角处 45°斜向加贴 300mm×200mm 的玻纤网；

e）硬泡聚氨酯抹面层施工完成后，应保证内窗台高于外窗台 20mm。

b. 勒脚部位

a）勒脚部位的外保温与室外地面散水间应预留不小于 20mm 缝隙；缝隙内宜填充泡沫塑料，外口应设置背衬材料，并用建筑密封胶封堵；

b）采用硬泡聚氨酯外保温时，勒脚处端部应采用玻纤网做好翻包处理，包边高度不得小于 100mm。

c. 檐口、女儿墙部位

在檐口、女儿墙部位应采用保温层全包覆做法。当有檐沟时，应保证檐沟混凝土顶面有不小于 20mm 厚度的保温层。

d. 变形缝部位

a）构造节点（图 1-34）

b）构造要求

（a）变形缝处应采用不燃保温材料填充，填塞深度应大于缝宽的 3 倍且不应小于墙体厚度；

（b）金属盖缝板应采用铝板或不锈钢板；

（c）采用硬泡聚氨酯板时，变形缝处应做翻包处理，

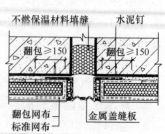

图 1-34 变形缝保温构造

翻包宽度不得小于 150mm。

e. 穿墙管洞口部位

a）穿墙管洞口应预留套管，套管应伸出外墙外保温面层 20mm，套管外倾斜度不应小于 3%；

b）宜采用外有盖板的套管，在盖板与基层相接处应使用耐候密封胶沿盖板四周进行防水密封处理；

c）当保温板与套管缝隙较大时，应用聚氨酯发泡剂填塞缝隙，并用耐候密封胶封闭表面。

f. 外挑板部位

a）外挑板保温层应做出排水坡度；

b）与外墙交接部位应用柔性密封材料进行防水处理，并设置玻纤网抗裂增强层。

3）屋面工程

（1）一般规定

喷涂硬泡聚氨酯同其他防水材料或防护涂料一起使用时，其材料应兼容。

（2）材料性能

① 屋面用喷涂硬泡聚氨酯的物理性能应符合表 1-224 的规定。

屋面用喷涂硬泡聚氨酯的物理性能　　　　　　　表 1-224

项目	性能要求		
	Ⅰ 型	Ⅱ 型	Ⅲ 型
表观密度（kg/m³）	≥35	≥45	≥55
导热系数（平均 25℃）[W/(m·K)]	≤0.024	≤0.024	≤0.024
压缩性能（形变 10%）（kPa）	≥150	≥200	≥300
不透水性（无结皮，0.2kPa，30min）	—	不透水	不透水
尺寸稳定性（70℃，48h）（%）	≤1.5	≤1.5	≤1.0
闭孔率（%）	≥90	≥92	≥95
吸水率（V/V）（%）	≤3	≤2	≤1
燃烧性能等级	不低于 B_2 级	不低于 B_2 级	不低于 B_2 级

② 抗裂聚合物水泥砂浆的物理性能应符合表 1-225 的规定。

抗裂聚合物水泥砂浆的物理性能　　　　　　　表 1-225

项　目	性能要求
粘结强度（kPa）	≥0.2
抗折强度（kPa）	≥7.0
压折比	≤3.0
吸水率（%）	≤6
抗冻融性（—15℃～20℃），25 次循环	无开裂、无剥落

（3）热工及节能要求

喷涂硬泡聚氨酯屋面保温层的设计厚度，应根据国家和当地现行建筑节能标准规定的屋面传热系数限值，通过热工计算确定。

（4）构造要点

① 喷涂硬泡聚氨酯保温防水屋面

a. 喷涂Ⅰ型硬泡聚氨酯作为屋面保温层使用时，保温及防水构造应符合《屋面工程技术规范》GB 50345—2012的有关规定。喷涂Ⅱ型、Ⅲ型作为屋面保温防水层使用时，可作为一道防水层。

b. 喷涂Ⅱ型硬泡聚氨酯作为复合保温防水层时，应在Ⅱ型硬泡聚氨酯的表面刮抹抗裂聚合物水泥砂浆，基本构造层次由结构层、找坡（找平）层、喷涂Ⅱ型硬泡聚氨酯层、抗裂聚合物水泥砂浆层组成（图1-35）。

c. 喷涂Ⅲ型硬泡聚氨酯作为复合保温防水层时，应在Ⅲ型硬泡聚氨酯的表面作保护层，基本构造层次由结构层、找坡（找平）层、喷涂Ⅲ型硬泡聚氨酯层、保护层组成（图1-36）。

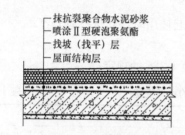

图1-35 喷涂Ⅱ型硬泡聚氨酯保温防水屋面基本构造

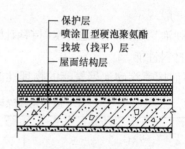

图1-36 喷涂Ⅲ型硬泡聚氨酯保温防水屋面基本构造

② 喷涂硬泡聚氨酯屋面找平层

a. 当现浇混凝土屋面板不平整时，应抹水泥砂浆找平层，厚度宜为15～20mm；

b. 水泥砂浆的配合比宜为1：2.5；

c. 喷涂Ⅰ型硬泡聚氨酯保温层上的水泥砂浆找平层，宜掺加增强纤维；找平层应留分格缝，缝宽宜为10～20mm，纵、横缝的间距均不宜大于6m；

d. 突出屋面结构的交接处，以及基层的转弯处均应做成圆弧形，圆弧半径不应小于50mm。

③ 装配式混凝土屋面板的板缝，应用强度不小于C20的细石混凝土将板缝灌填密实；当板缝宽度大于40mm或上窄下宽时，应在缝中放置构造钢筋；板端缝应进行密封处理。

④ 喷涂硬泡聚氨酯上人屋面宜采用细石混凝土、块体材料等刚性材料作为保护层，保护层与喷涂硬泡聚氨酯之间应铺设隔离材料。细石混凝土应留设分格缝，其纵向、横向间距均为6m。

（5）细部构造

① 檐沟、天沟保温防水构造

a. 檐沟、天沟部位应直接连续喷涂硬泡聚氨酯；喷涂厚度不应小于20mm；

b. 檐沟外侧下端应做鹰嘴或滴水槽；檐沟外侧高于屋面结构板时，应设置溢水口。

② 屋面为无组织排水时，应直接连续喷涂硬泡聚氨酯至檐口附近 100mm 处，喷涂厚度应逐步均匀减薄至 20mm；檐口下端应做鹰嘴或滴水槽。

③ 山墙、女儿墙泛水部位应直接连续喷涂硬泡聚氨酯，喷涂高度不应小于 250mm。

④ 变形缝保温防水构造

a. 应直接连续喷涂硬泡聚氨酯至变形缝顶部；

b. 变形缝内应预填不燃保温材料，上部应采用防水卷材封盖，并放置衬垫材料，再在其上干铺一层防水卷材（图 1-37）；

c. 顶部应加扣混凝土盖板或金属盖板。

⑤ 水落口保温防水构造

a. 水落口埋设标高应考虑水落口设防时增加的硬泡聚氨酯厚度及排水坡度加大的尺寸；

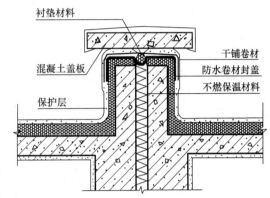

图 1-37　喷涂硬泡聚氨酯屋面变形缝防水构造

b. 水落口周围半径 250mm 范围内的坡度不应小于 5％，喷涂硬泡聚氨酯厚度应逐渐均匀减薄；

c. 水落口与基层接触处应留宽 20mm、深 20mm 凹槽，嵌填密封材料（图 1-38）。

⑥ 伸出屋面管道保温防水构造

a. 管道周围的找平层应抹出高度不小于 30mm 的排水坡；

b. 管道泛水应直接连续喷涂硬泡聚氨酯，喷涂高度不应小于 250mm；

c. 收头处宜采用金属盖板保护，并用金属箍箍紧盖板，缝隙用密封膏封严（图 1-39）。

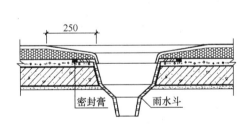

图 1-38　喷涂硬泡聚氨酯屋面直式水
落口防水构造
（单位：mm）

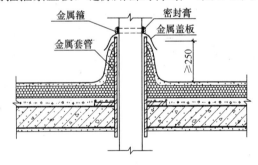

图 1-39　喷涂硬泡聚氨酯屋面伸出
屋面管道防水构造
（单位：mm）

⑦ 屋面出入口保温防水构造

a. 屋面垂直出入口：喷涂硬泡聚氨酯应直接连续喷涂至出入口顶部，防水层收头应在混凝土压顶圈下；

b. 屋面水平出入口：喷涂硬泡聚氨酯应直接连续喷涂至出入口混凝土踏步下，并在硬泡聚氨酯外侧设置护墙。

113. "聚苯模块保温墙体"新型材料的特点有哪些？

《聚苯模块保温墙体应用技术规范》JGJ/T 420—2017 规定：

1）定义

聚苯模块是由可发性聚苯乙烯珠粒加热发泡后，再经过工厂标准化生产设备一次加热聚合成型制得的周边均有插接企口或搭接裁口、内外表面有均匀分布燕尾槽和铸印永久性标识的聚苯乙烯泡沫塑料型材或构件。

聚苯模块可以用于以下 5 种系统，即夹芯保温系统、外保温系统、空腔聚苯模块混凝土墙体、空心聚苯模块轻钢芯肋墙体和外墙粘贴系统。

2）基本规定

（1）应用范围

① 夹芯保温系统可适用于各类民用建筑的外墙。

② 外保温系统可适用于建筑高度不大于 50m 的新建公共建筑和建筑高度不大于 100m 的新建住宅建筑。

③ 空腔聚苯模块混凝土墙体可适用于耐火等级三级及以下、抗震设防烈度 8 度及以下、地上建筑高度 15m 及以下、地上建筑层数 3 层级以下、无扶墙柱时建筑层高不大于 5.1m 的民用建筑外墙。

④ 空心聚苯模块轻钢芯肋墙体可适用于抗震设防烈度 8 度及以下、地上建筑层数 3 层及以下、地上建筑高度 12m 及以下木结构、钢结构、混凝土框架结构民用房屋的非承重外墙。

⑤ 外墙粘贴系统适用于建筑高度不大于 50m 的新建或既有公共建筑和建筑高度不大于 100m 的新建或既有住宅建筑的外墙保温。

（2）系统和墙体防护面层的厚度及做法：

① 厚度不小于 5mm 的面层，可用抹面胶浆抹面、加一道耐碱玻纤网布增强抗裂性。

② 厚度不小于 15mm 的面层，可用厚度不小于 12mm、强度等级不小于 M15 的干混砂浆抹面，加一道耐碱玻纤网布和厚度不小于 3mm 抹面胶浆增加抗裂，或在厚度不小于 5mm 的防护面层外侧粘贴实体饰面块材。

③ 厚度不小于 20mm 的面层，可用厚度不小于 15mm、强度等级不小于 M15 的干混砂浆抹面，加一道网格尺寸为 19.5mm×19.5mm、网丝直径不小于 1.0mm 镀锌电焊网，胶浆保护层厚度不小于 5mm。

④ 厚度不小于 50mm 的面层，可用强度等级不小于 C30 的自密实混凝土加一道网格尺寸为 50mm×50mm、网丝直径不小于 2.5mm 镀锌电焊网、混凝土保护层厚度不宜小于 15mm；也可采用刚性不燃板材组合而成。

（3）夹芯保温系统、外保温系统、空腔聚苯模块混凝土墙体、空心聚苯模块轻钢芯肋墙体、外墙粘贴系统各组成材料应配套供应，应具有物理—化学稳定性，应彼此相容并应具有防腐性；在可能受到鼠害、虫害等生物侵害时，还应具有防生物侵害性能。

（4）聚苯模块在室温 15° 以上的库房内有效陈化时间不应低于 10d；室温低于 15° 时，有效陈化时间不应低于 20d。

3）材料性能

（1）聚苯模块的性能

① 普通聚苯模块性能的性能见表 1-226。

普通聚苯模块性能　　　　　　　　　　　　表 1-226

项目		性能指标		
表观密度（kg/m³）		20	30	35
压缩强度（MPa）		≥0.12	≥0.20	≥0.25
导热系数［W/(m·K)］		≤0.037	≤0.033	≤0.030
尺寸稳定性（%）		≤0.3		
水蒸气透过系数［ng/(Pa·m·s)］		≤4.0		
吸水率（体积分数）（%）		≤2.0		
熔结性能	断裂弯曲负荷（N）	≥30	≥40	≥45
	弯曲变形（mm）	≥20		
垂直于板面方向抗拉强度（MPa）		≥0.15	≥0.20	≥0.25
燃烧性能等级		B₁级		

② 石墨聚苯模块的性能见表 1-227。

石墨聚苯模块性能　　　　　　　　　　　　表 1-227

项目		性能指标		
表观密度（kg/m³）		20	30	35
压缩强度（MPa）		≥0.12	≥0.20	≥0.25
导热系数［W/(m·K)］		≤0.032	≤0.030	≤0.028
尺寸稳定性（%）		≤0.3		
水蒸气透过系数［ng/(Pa·m·s)］		≤4.0		
吸水率（体积分数）（%）		≤2.0		
熔结性能	断裂弯曲负荷（N）	≥30	≥40	≥45
	弯曲变形（mm）	≥20		
垂直于板面方向抗拉强度（MPa）		≥0.15	≥0.20	≥0.25
燃烧性能等级		B₁级		

（2）泡沫玻璃模块性能见表 1-228。

泡沫玻璃模块性能　　　　　　　　　　　　表 1-228

项目		性能指标
密度（kg/m³）		141～160
导热系数［W/(m·K)］		≤0.058
抗压强度	（MPa）	≥0.50
抗折强度		
抗拉强度		≥0.12

项目	性能指标
透湿系数 [ng/(Pa·m·s)]	≤0.007
尺寸稳定性，(70±2℃)，48h（%）	≤0.3
吸水率（kg/m³）	≤0.3
耐碱性（kg/m³）	≤5
燃烧性能等级	A 级
匀温灼烧性能 (750℃，0.5h) 线收缩率（%）	≤8
质量损失率（%）	≤5

4）设计与构造

（1）设计

① 聚苯模块保温墙体的传热系数，不应大于现行国家标准规定的外墙平均传热系数限值。

② 聚苯模块保温墙体按被动式低能耗标准设计时，聚苯模块厚度应根据热工性能需求，经计算确定。聚苯模块厚度计算取值应为 10mm 的整倍数。

③ 夹芯保温系统、外保温系统、聚苯模块保温墙体、空腔聚苯模块混凝土墙体表观密度不应小于 30kg/m³；地面以上的外墙粘结系统，表观密度不应小于 20kg/m³；地面以下的外墙粘结系统，当聚苯模块保温层外侧不设砌体防护墙时，表观密度不应小于 30kg/m³，防护面层厚度不应小于 20mm。

④ 外保温系统和外墙粘结系统聚苯模块导热系数的修正系数 α 取 1.0；夹芯保温系统聚苯模块导热系数的修正系数 α 取 1.05。

⑤ 聚苯模块无法实现企口插接的"热桥"部位和门窗框周边与墙垛间应预留 10～15mm 的缝隙，并应用燃烧性能不低于 B₁ 级的聚氨酯发泡封堵。

⑥ 外墙出挑构件宜采用与墙体保温层厚度等同的聚苯模块做底膜和侧模，并与出挑混凝土结构一同浇筑，顶面外保温应符合外墙粘结系统的要求。

⑦ 建筑首层墙体的防护面层表面不宜设分隔条或缝。当建筑设置分隔条或缝时，分隔条或缝内应密闭填塞不燃密封材料。

⑧ 墙体阳角部位和门窗洞口四角的防护面层内，均应增设一道厚度不小于 200mm 的耐碱玻纤网布或电焊网。

⑨ 聚苯模块的建筑模数应符合现行国家标准《建筑模数协调标准》GB/T 50002—2013 中扩大模数基数 3nM 的规定。

（2）构造

① 聚苯模块混凝土墙夹芯保温系统的基本构造

a. 构造图示（图 1-40）

b. 构造要求

a）当建筑无地下室时，基础梁上应预埋直径不小于 6mm、间距不大于 500mm 的锚固钢筋，锚入防护面层内有效长度不应小于 60mm。防护面层应符合 "防护面层厚度及做法" 的有关规定。

b）当建筑有地下室时，地下室墙体与地上墙体的夹芯保温层应连续，防护面层应在同一平面内。

c）窗下槛应为混凝土墙体，其强度等级应与墙垛相同，厚度不应大于 100mm。可采用单排构造配筋，应与墙垛混凝土一同浇筑。

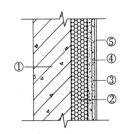

图 1-40 夹芯保温现浇或预制系统基本构造（单位：mm）
①—混凝土墙体；②—聚苯模块；③—50 厚自密实混凝土或刚性不燃材料防护面层；④—电焊网；⑤—涂装材料

d）门窗框应通过镀锌钢板用直径不小于 8mm 镀锌膨胀螺栓与墙垛连接，螺栓距洞口端头不应大于 300mm、间距不应大于 1.2m、每边框上不应少于 2 块钢板。门窗框与墙垛之间组合缝封堵应符合本规范 "一般规定" 中 ⑤ 的规定。

e）当低能耗建筑外墙聚苯模块保温层的厚度不小于 150mm 时，门窗口内侧连接组合构造应符合 "设计与构造" 的规定。

f）出挑外墙的保温阳台，应从混凝土楼面板标高位置出挑，混凝土出挑板应与混凝土楼面板一同浇筑。

g）面宽大于 8m 且无门窗洞口的外墙，应用厚度不小于 80mm、宽度等于双排竖向钢筋净距的通长聚苯模块将墙体竖向分割成宽度不大于 6m 的墙段。

h）预制墙板保温模块的构造要求

预制墙板的聚苯模块保温层应与现浇区段墙体的聚苯模块保温层裁口搭接，搭接长度不小于 20mm。防护面层构造和门窗框与墙体连接应分别符合 a）和 d）的规定。预制墙板与现浇区段墙体连接应符合现行国家标准《装配式混凝土建筑技术标准》GB/T 51231—2016 的规定。

i）现浇混凝土保温模块的构造要求

（a）当现浇混凝土框架结构的填充墙选用夹芯保温现浇混凝土系统时，墙体厚度不宜大于 100mm，单排配筋量应由平面外抗风验算确定，且可不计算填充墙体对梁柱的影响。防护面层构造设计和门窗框与墙体连接组合应分别符合 a）和 d）的规定。

（b）当现浇混凝土框架结构的填充墙选用夹芯保温预制混凝土墙板时，框架柱聚苯模块夹芯保温层与预制墙板基本模块夹芯保温层的搭接应符合 b）的规定。

j）现浇钢管混凝土保温模块的构造要求

当现浇钢管混凝土框架结构的填充墙选用夹芯保温预制混凝土墙板时，结构设计应符合现行国家标准《装配式混凝土建筑技术标准》GB/T 51231—2016 结构柱外侧的防护面层应与钢管混凝土一同浇筑。预制墙板应通过上、下端部预埋件与 H 型钢边梁栓接。墙与柱的聚苯模块夹芯保温层搭接、防护面层和墙板的构造设计、门窗框与墙板连接组合构造均应符合（e）的规定。

k）外墙空调仓出挑板的构造要求

外墙空调仓的出挑板，宜采用轻钢结构。当采用混凝土结构时，出挑板应与楼面板一同浇筑。

② 聚苯模块混凝土墙外保温系统

a. 构造图示（图 1-41）

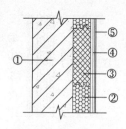

图 1-41　外保温现浇
（预制）系统基本构造

①—混凝土墙体；②—聚苯模
块；③—泡沫玻璃模块防火隔
离带；④—抹面胶浆复合耐碱
玻纤网；⑤—涂装材料

b. 构造要求

a）当窗下槛墙采用块材组砌填充墙体时，外保温粘结系统设计应符合"粘贴聚苯模块外墙外保温系统"的规定。

b）防火隔离带应沿门窗口上方设置，厚度应与聚苯模块相同，高度不应小于 300mm；门窗框应采用镀锌膨胀螺栓与墙垛连接，螺栓距端头不应大于 300mm、间距不应大于 1.2m、每一边框上不应少于 2 个。

c）低能耗建筑防火隔离带的厚度应与聚苯模块相同，门窗框应通过镀锌钢板与墙垛连接。

d）出挑外墙的保温阳台，建筑构造应符合"聚苯模块混凝土墙夹芯保温系统"①项中（f）的规定。

e）外保温预制墙板的聚苯模块保温层应与现浇区段墙体的聚苯模块保温层裁口搭接，搭接长度应符合"聚苯模块混凝土墙夹芯保温系统"c）的规定。预制墙板与现浇区段墙体连接应符合现行国家标准《装配式混凝土建筑技术标准》GB/T 51231—2016 的规定。

③ 空腔聚苯模块混凝土墙体

a. 构造图示（图 1-42）

b. 构造要求

a）表观密度不小于 $30kg/m^3$ 标准型或加厚型空腔聚苯模块组合的空腔墙体内应浇筑 130mm 厚混凝土，内外表面应用不小于 15mm 厚防护面层抹面或安装刚性不燃板材，墙体的传热系数（K）见表 1-229。

图 1-42　空腔聚苯模块混凝土墙体基本构造（单位：mm）
①—混凝土墙体；②—钢筋；③—聚苯模块；④—插接企口；⑤—15 厚防护面层加复合耐碱玻纤网或刚性不燃材料；⑥—涂装材料

空腔聚苯模块混凝土墙体传热系数（K）　　　　表 1-229

模块类别	墙体厚度（mm）	传热系数 $[W/(m^2 \cdot K)]$
标准型普通模块	280（含内外抹面防护面层）	≤0.25
加厚型普通模块	380（含内外抹面防护面层）	≤0.15
标准型石墨模块	280（含内外抹面防护面层）	≤0.23
加厚型石墨模块	380（含内外抹面防护面层）	≤0.13

b）设计规定：

（a）宜以墙体混凝土厚度的 1/2 为定位轴线；房屋开间和进深、层高、门窗墙垛高度和宽度、窗上下槛墙和门上槛墙的高度均应符合扩大模数基数 $3nM$。

（b）房屋转角墙垛和门窗间墙垛宽度均不应小于 600mm；当房屋为单层时，门窗上槛墙高度均不应小于 600mm。

（c）墙体位于地面以下，墙体与基础梁或基础底板的交接部位，应采用强度等级不小于 M15 水泥砂浆抹八字封角。

(d) 墙体位于地面以上、内外表面采用纤维水泥平板或防火饰面板做防护面层，应符合下列规定：

※ 螺旋连接钉的中心位置距内侧转角不应大于 50mm，距外侧转角应为空腔聚苯模块外侧壁厚度加 50mm；横向和竖向设置网格应为 300mm×300mm，并应位于空腔聚苯模块的 1/2 高度内，外表面应与墙体表面齐平；固定纤维水泥平板或防火装饰板的镀锌沉头自攻螺钉直径不应小于 5mm，拧入螺旋连接钉内有效长度不应小于 10mm，每一固定点上不应少于 1 个螺钉。

※ 应用厚度不小于 15mm、宽度为 100～150mm 的纤维水泥平板或防火装饰板沿外墙阳角通长压缝设置转角防护板，并与墙体防护板用胶粘剂粘贴后，用双排直径不小于 5mm 的镀锌沉头自攻螺钉辅助连接，拧入墙体防护板内有效长度不应小于 10mm，钉距不应大于 300mm。

(e) 门窗框应用直径不小于 8mm 镀锌膨胀螺栓与墙垛连接，膨胀螺栓距洞口端头不应大于 300mm、间距不应大于 1.2m、每一边框上不少于 2 个。窗下槛墙顶部应采用厚度不小于 60mm 的 Ⅱ 型窗口聚苯模块封堵。

(f) 加厚型外墙洞口部位，门窗框应通过镀锌钢板用直径不小于 8mm 镀锌膨胀螺栓与墙垛连接，其他构造做法与 e) 相同。

c) 结构规定：

(a) 房屋外墙无扶墙柱、首层建筑高度不大于 5.1m，混凝土强度等级及钢筋配置应符合表 1-230 的规定。

混凝土强度等级及钢筋配置　　　　　　　　　　　　表 1-230

层数及墙肢轴压比	设防烈度	混凝土强度等级	单排配筋 HPB300（横向和竖向）
一层	6、7	C20	≥φ6@300
	8		≥φ8@300
二层，ft＜0.4	6、7	C25	≥φ8@300
	8		≥φ10@300
三层，ft＜0.5	6、7	C30	≥φ10@300
	8		≥φ12@300

注：ft 为墙肢在重力荷载设计值作用下的轴压比。

(b) 门窗洞口上槛墙内应设置正截面受弯钢筋，可不设环形箍筋和斜截面抗剪钢筋。

(c) 地下室墙体混凝土强度等级不应低于 C30，钢筋应符合上表的规定；当墙体对外侧土壤侧压抗力验算不足时，应加设截面尺寸为 300mm×370mm 的扶墙柱，柱内配筋应计算确定。

(d) 混凝土楼面板为单向板，宜采用空心楼面聚苯模块做现浇楼面板的免拆模板，结构设计宜按反槽板计算。

(e) 出挑外墙的雨篷板，应沿楼面板标高出挑，并用厚度不小于 60mm 聚苯模块做免

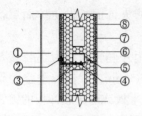

图 1-43 民用房屋空心聚苯
模块轻钢芯肋墙体基本构造
（单位：mm）

①—H 钢柱；②—连接螺栓；③—连接
角钢；④—自攻螺钉 60×80×3.0；
⑤—芯肋；⑥—200 厚空心聚苯模块；
⑦—15 厚 M15 干混砂浆＋5 厚抹面胶
浆复合一道电焊网；⑧—涂装材料

拆底模和侧模，与楼面板混凝土一同现浇，上表面的外保温应符合外保温粘贴系统的要求。

（f）全封闭保温阳台的混凝土底板应沿楼面板标高出挑，底板下表面和栏板侧面均应用厚度不小于 80mm 的聚苯模块做免拆底模和栏板外模，应与楼面板混凝土一同现浇。

（g）室内火炕、火墙、壁炉、炉灶、烟道、烟囱等外侧壁与墙体间应留有不小于 100mm 的空腔，墙体内应密实填塞岩棉或松散不燃材料。

④ 空心聚苯模块轻钢芯肋墙体

a. 构造图示（图 1-43）

b. 墙体性能

空心聚苯模块轻钢芯肋墙体性能见表 1-231。

民用房屋空心聚苯模块轻钢芯肋墙体性能　　　　表 1-231

项目		性能指标	
		普通模块	石墨模块
传热系数［W/(m²·K)］		≤0.20	≤0.18
耐火极限（h）		≥0.5	
空气声计权隔声量（dB）		≥45	
墙体抗风压设计值（kN/m²）	柱距 6m，芯肋间距 1.5m	≤1.0	
	柱距 4.5m，芯肋间距 1.5m	≤2.0	

c. 构造要求

a）钢结构民用房屋，空心聚苯模块轻钢芯肋墙体应沿结构柱外侧翼缘安装。

b）建筑层高、门窗墙垛高度和宽度、窗上下槛墙高度均应符合扩大模数基数 $3n$M；转角墙垛宽度应为 500mm 或 500mm＋$3n$M。

c）结构柱距最大值宜为 6m。当小于 6m 时，应符合扩大模数基数 $3n$M。

d）芯肋的壁厚不应小于 3.0mm，并应在两柱间或两固定端间通长设置，不应有接缝；水平芯肋的间距应根据建筑构造和风荷载标准值经计算确定，但最大间距应为 1.5m。

e）外墙基础梁的最小截面宽度应为 200mm，截面高度应经计算确定。

f）外墙基础梁底面和侧面的外保温，均应采用表观密度不小于 30kg/m³、厚度不小于 60mm 聚苯模块做免拆模板，与基础梁混凝土一同浇筑。

g）应用镀锌自攻螺钉将限位板条锚固在基础梁上表面，构成墙体限位凸榫，自攻螺钉间距不应大于 300mm、直径不应小于 5mm，贯入基础梁内有效深度不应小于 15mm，限位板条尺寸宜为 80mm×10mm；应将第一皮空心聚苯模块 80mm×10mm 凹槽卡嵌在限位凸榫上，墙体外表面应与基础梁或边梁的外保温系统齐平。

h）置入空心聚苯模块凹槽内水平芯肋的两端，应通过连接角钢与结构柱连接，连接角钢应分别用 4 个直径不小于 6mm 镀锌自攻螺钉和 2 个 M10 镀锌螺栓与结构柱连接。

i) 门窗洞口部位，应将垂直芯肋与水平芯肋通过连接角钢分别用 4 个直径不小于 6mm 镀锌自攻螺钉固定，构成钢管门窗框。应用厚度不小于 20mm、宽度为 220mm 泡沫玻璃模块，将洞口内侧墙垛的外露端头密闭覆盖，构成保温防火隔离框。门窗框应用直径不小于 6mm 的镀锌自攻螺钉与芯肋固定，螺钉距洞口两端均不应大于 300mm，间距不应大于 1.2m，且每一边框上不应少于 2 个螺钉。

j) 楼面板部位、墙体水平芯肋的两端和中间部位应通过规格为 260mm×100mm×6mm 连接钢板，分别用 4 个直径不小于 6mm 镀锌自攻螺钉和 2 个 M10 镀锌螺栓与结构边梁在上表面连接。

k) 檐口部位、水平芯肋的两端应分别用 4 个直径不小于 6mm 镀锌自攻螺钉和 2 个 M10 镀锌螺栓，通过与屋架坡度一致、规格为 240mm×100mm×6mm 连接钢板与钢屋架在上弦表面连接。钢屋架应用 4 个 M10 镀锌螺栓通过下弦的连接钢板在结构柱顶部位与边梁上表面连接。

l) 混凝土或钢管混凝土框架结构民用房屋选用空心聚苯模块轻钢芯肋墙体为填充墙，建筑结构设计应符合下列规定：

（a）结构柱距、基础梁最小截面宽度、芯肋壁厚和在两柱间或两固定端间的设置、水平芯肋间距、基础梁外保温和上表面墙体限位凸榫安装及第一皮空心聚苯模块安装均应符合 a) 的规定。

（b）门窗下槛墙和墙垛的高度均应符合扩大模数 $3n$M。

（c）门窗上槛墙的高度不应小于 150mm。

（d）置入模块凹槽内水平芯肋的两端，应通过连接角钢分别用 2 个 M10 镀锌螺栓和 2 个 M10 镀锌膨胀螺栓与水平芯肋和框架柱连接，膨胀螺栓贯入结构柱内的有效深度不应小于 30mm。

（e）门窗洞口连接构造应符合 i) 的规定。

（f）墙体与梁柱间的安装组合缝应按本规程"一般规定"（5）的规定密闭封堵。框架梁柱的外表面应用外保温粘贴系统对组合缝实施压缝 50mm 粘贴，聚苯模块的厚度应根据节能标准需求经计算确定。墙体与梁底和与框架柱内侧结合部位均用橡胶密封胶带粘贴覆盖。

m) 墙体外侧的出挑构件，应采用轻钢结构制作，并与结构柱采用刚性斜拉或斜撑栓接。

n) 墙体防护面层上设置吊挂物，单点质量不应大于 20kg；当大于 20kg，应将吊挂位置设在芯肋上，并应验算芯肋的强度和稳定。

o) 卫浴、厨房内侧通气管或通气孔应固定在墙体内外防护面层上，突出外墙的通气管或通气孔，应通过金属固定支架与结构柱或墙体芯肋栓接。

⑤ 粘贴聚苯模块外墙保温系统

a. 构造图示

a) 外墙外保温粘贴系统的基本构造见图 1-44。

b) 外墙内保温粘贴系统的基本构造见图 1-45。

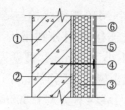

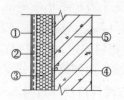

图 1-44 外墙外保温粘贴系统基本构造
①—混凝土墙体或各种砌体墙体；②—胶粘剂；③—聚苯模块；④—锚栓；⑤—抹面胶浆复合耐碱玻纤网；⑥—涂装材料

图 1-45 外墙内保温粘贴系统基本构造
①—涂装材料；②—抹面胶浆复合耐碱玻纤网；③—聚苯模块；④—胶粘剂；⑤—混凝土墙体或各种砌体墙体

b. 构造规定

a）外墙外保温粘贴系统可分为点框粘和满粘两种，点框粘可适用于混凝土墙体和实心砌体墙体；满粘可适用于建筑高度 24m 及以下的多孔砖、空心砌块、蒸压加气混凝土砌块等填充墙体。

b）外墙粘贴系统点框粘设计应符合下列规定：

（a）胶粘剂与基层墙体有效粘贴面积不应小于聚苯模块面积的 40%。

（b）金属镀锌螺栓直径不应小于 5mm，锚入基层墙体内有效深度不应小于模块厚度 1/5，且不应小于 30mm，钻孔深度应比锚固深度大 10mm，当建筑高度不同时，锚栓的最小数量见表 1-232。

锚栓设置数量 　　　　　　　　　　　　　表 1-232

建筑高度	$H \leqslant 24$	$24 < H \leqslant 50$	$50 < H \leqslant 100$
锚栓数量不少于（个/m²）	2	4	6

（c）锚栓安装位置和安装时限及单个锚栓抗拉承载力标准值应符合下列规定：

※ 墙体转角部位，每个直角聚苯模块两侧均应设置一个锚栓，并安装在直角聚苯模块与直板聚苯模块竖向组合缝的交接处；

※ 应待胶粘剂强度达到 70% 以上或常温 4d 后安装锚栓；

※ 单个锚栓现场试验抗拉承载力标准值不应小于现行行业标准《外墙保温用锚栓》JG/T 366—2012 的相关规定。

（d）防火隔离带应沿外墙门窗口上方与聚苯模块竖向企口插接水平交圈设置，高度不应小于 300mm，厚度应与聚苯模块等同，与基层墙体应为满粘，并应用镀锌螺栓与基层墙体辅助增强连接，第一个锚栓距防火隔离带的端头不应大于 100mm，间距不应大于 500mm。外墙门窗与墙垛的连接应符合本规程"聚苯模块混凝土墙外保温系统"b）项（b）条的规定。

（e）当系统按低能耗建筑指标设计，且聚苯模块厚度大于 150mm、单框单层门窗与墙体组合时，门窗框应通过不等边镀锌角钢，采用直径不小于 12mm 镀锌膨胀螺栓与结构墙体外挂连接。

（f）建筑高度 24m 及以下，基层墙体为空心砌块填充墙，当取消锚栓与基层墙体辅助连接时，胶粘剂与基层墙体有效粘贴面积不应小于聚苯模块面积的 85%。

（g）外墙内保温粘贴系统设计应符合下列规定：

※聚苯模块的燃烧性能不应低于 B₁ 级；

※聚苯模块与基层墙体可采用点框粘，胶粘剂与基层墙体有效粘贴面积不应小于聚苯模块面积的 40%。

※系统内不应设置防火隔离带；

※应取消锚栓与基层墙体的辅助连接；

※聚苯模块外表面防护面层厚度不应小于 10mm，且应符合现行行业标准《外墙内保温工程技术规程》JGJ/T 261—2011 的规定。

114. "建筑用真空绝热板" 新型材料的特点有哪些?

《建筑用真空绝热板应用技术规程》JGJ/T 416—2017 规定：

1）定义

建筑用真空绝热板（简称：真空绝热板）：以芯材和吸气剂为填充材料，使用复合阻气膜作为包裹材料，经抽真空、封装等工艺制成的建筑保温用板状材料。

2）基本规定

（1）真空绝热板建筑保温系统按照使用部位和使用方式，可分为薄抹灰外墙外保温系统、外墙内保温系统、保温装饰板外墙外保温系统以及楼面保温系统。

（2）真空绝热板可作为复合预制墙板、复合玻璃幕墙板以及复合砌块等建筑制品的保温隔热材料使用。

（3）真空绝热板建筑保温系统应按设计要求进行选用，不得更改系统构造和组成材料。

（4）真空绝热板外墙外保温系统应符合下列规定：

① 系统应牢固、安全、可靠，并应适应基层正常变形而不产生裂缝、空鼓或脱落。

② 系统应长期承受自重、风荷载和室外气候反复作用而不产生有害的变形或破坏。

③ 系统应具有物理—化学稳定性。

④ 系统组成材料应相容，并应具有防腐性。

（5）采用真空绝热板的建筑围护结构，其保温、隔热和防潮性能应符合现行国家标准《民用建筑热工设计规范》GB 50176—2016、《公共建筑节能设计标准》GB 50189—2015、《严寒和寒冷地区居住建筑节能设计标准》JGJ 26—2018、《夏热冬冷地区居住建筑节能设计标准》JGJ 134—2010、《夏热冬暖地区居住建筑节能设计标准》JGJ 75—2012 的有关规定。

（6）真空绝热板建筑节能工程应具有防止水渗透性能。

（7）真空绝热板在运输、贮存、施工及用于复合制品制作过程中，不得受损。

3）材料性能指标

（1）基本材料

① 真空绝热板（表 1-233）

真空绝热板的性能指标　　　　　　　　　　　表 1-233

项目	指标		
	Ⅰ 型	Ⅱ 型	Ⅲ 型
导热系数 [W/(m·K)]	≤0.005	≤0.008	≤0.012
穿刺强度（N）	≥18		

续表

项目		指标		
		Ⅰ型	Ⅱ型	Ⅲ型
垂直于板面方向的抗拉强度（kPa）		≥80		
尺寸稳定性（%）	长度、宽度	≤0.5		
	厚度	≤3.0		
压缩强度（kPa）		≥100		
表面吸水量（g/m²）		≤100		
穿刺后垂直于板面方向的膨胀率（%）		≤10		
耐久性（30次循环）	导热系数［W/(m·K)］	≤0.005	≤0.008	≤0.012
	垂直于板面方向的抗拉强度（kPa）	≥80		
燃烧性能		A级（A2级）		

注：面板与真空绝热板拉伸粘结强度的原强度、耐水强度、耐冻融强度均不应低于 0.08MPa。

② 复合砌块的性能指标（表 1-234）

复合砌块的性能指标 表 1-234

项目	指标	
	填充型	承重型
密度（kg/m³）	800～1200	1200～1500
最低强度等级	MU2.5	MU7.5
热阻	给出热阻值	
干缩率（%）	≤0.065	
抗冻性能	冻融循环 35 次，质量损失≤10%	
燃烧性能等级	A级	
抗冻性	满足设计要求	

（2）配套材料

① 真空绝热板用于薄抹灰外墙外保温系统时，主要配套材料包括粘结砂浆、抹面胶浆、玻璃纤维网布、板缝填充的保温浆料等。可查阅规范原文。

② 真空绝热板用于外墙内保温系统时，主要配套材料包括粘结砂浆、粘结石膏、抹面胶浆、玻璃纤维网布、粉刷石膏等。可查阅规范原文。

③ 真空绝热板用于保温装饰板外墙外保温时，主要配套材料包括粘结砂浆、锚固件、硅酮建筑密封胶。可查阅规范原文。

④ 砌筑复合砌块时，主要配套材料包括砌筑砂浆等。

⑤ 自承重复合砌块墙体系统的主要配套材料包括抹面砂浆、界面砂浆及其他辅助材料。可查阅规范原文。

4）系统性能要求

（1）薄抹灰外墙外保温系统的性能指标应符合表 1-235 的规定。

薄抹灰外墙外保温系统的性能指标　　　　　　　　　　　表 1-235

项目		性能指标
耐候性	外观	无饰面层起泡或剥落、保护层空鼓或脱落等破坏，无渗水裂缝
	抹面层与保温层拉伸粘结强度（MPa）	≥0.08
抗风荷载性能		系统抗风压值 R_d 不小于工程项目的风荷载设计值
抗冲击性		建筑物首层墙面易受碰撞部位：10J 级；建筑物二层以上墙面等不易受碰撞部位：3J 级
吸水量（g/m²）		≤500
耐冻融性能	外观	饰面层无起泡或剥落、保护层空鼓或脱落等破坏，无渗水裂缝
	抹面层与保温层拉伸粘结强度（MPa）	≥0.08
水蒸气湿流密度 [g/(m²·h)]		≥0.85
热阻		给出热阻值

（2）外墙内保温系统的性能指标应符合表 1-236 的规定。

外墙内保温系统的性能指标　　　　　　　　　　　表 1-236

项目	性能指标
系统拉伸粘结强度（MPa）	≥0.04
抗冲击性（次）	≥10
吸水量	系统在水中浸泡 1h 后的吸水量不得大于或等于 500g/m²
热阻	给出热阻值
水蒸气湿流密度 [g/(m²·h)]	≥0.85

（3）保温装饰板外墙外保温系统的性能指标应符合表 1-237 的规定。

保温装饰板外墙外保温系统的性能指标　　　　　　　　　表 1-237

项目		性能指标
耐候性	外观	不得出现开裂、空鼓或脱落
	面板与保温层的粘结强度（MPa）	≥0.08
抗风荷载性能		系统抗风压值 R_d 不小于风荷载设计值
拉伸粘结强度（MPa）		≥0.08
抗冲击性		建筑物首层墙面及门窗洞口等易受碰撞部位：10J 级；建筑物二层以上墙面等不易受碰撞部位：3J 级
吸水量（g/m²）		≤500
单点锚固力（kN）		≥0.30
热阻		给出热阻值

（4）真空绝热板屋面保温系统的性能应符合现行国家标准《屋面工程技术规范》GB 50345—2012 的有关规定。

5）设计与构造

（1）设计的一般规定

① 选用真空绝热板保温系统时，不得更改组成材料、系统构造和配套材料。

② 建筑热工计算传热系数时，真空绝热板导热系数的修正系数 α 宜取值为 1.10；当同时考虑真空绝热板产品自身及其施工过程中板材平均板缝宽度对传热系数的影响时，应采用修正系数 β 对真空绝热板导热系数进行修正，并应按表 1-238 取值。

真空绝热板导热系数的修正系数　　　　表 1-238

项目	平均板缝宽度（d）		
	≤5mm	5～10mm	10～20mm
修正系数 β	1.2	$1.2+0.3\times(d-5/5)$	$1.2+0.3\times(d-10/10)$

注：板缝以相邻两块真空绝热板的芯材边界计算的，不包含热封边的尺寸。

③ 真空绝热板墙体及屋面保温工程的热工及节能设计除应符合《民用建筑热工设计规范》GB 50176—2016、《公共建筑节能设计标准》GB 50189—2015、《严寒和寒冷地区居住建筑节能设计标准》JGJ 26—2018、《夏热冬冷地区居住建筑节能设计标准》JGJ 134—2010、《夏热冬暖地区居住建筑节能设计标准》JGJ 75—2012 的有关规定外，外墙外保温工程还应符合下列规定：

a. 保温层内表面温度应高于室内空气在设计温度、湿度条件下的露点温度。

b. 门窗框外侧洞口四周、女儿墙、封闭阳台以及出挑构件等热桥部位应采取保温措施。

c. 保温系统应考虑金属锚固件、承托件热桥的影响。

④ 真空绝热板保温工程应做好密封和防水构造设计。设备或管道应固定于基层上，穿墙套管、预埋件应预留，并应做密封和防水处理。

⑤ 真空绝热板外墙外保温系统可适用于钢筋混凝土、混凝土多孔砖、混凝土空心砌块、黏土多孔砖、加气混凝土砌块、粉煤灰蒸压砖等为基层的外墙保温工程。

⑥ 真空绝热板薄抹灰外墙外保温系统的使用高度不宜超过 100m，当高度超过 100m时，应做专项设计方案技术论证。

⑦ 真空绝热保温装饰板外墙外保温系统的使用高度应符合下列规定：

a. 饰面层为涂料饰面的非金属保温饰面板，其使用高度不宜超过 60m，超过 60m 时，使用高度应根据保温系统的设计风压值确定，并应做专项设计方案技术论证。

b. 饰面层为薄型石材面板的保温装饰板，其使用高度不宜大于 40m，并应进行专项设计，其安全性与耐久性应符合设计要求。

⑧ 真空绝热板保温系统的设计，在重力荷载、风荷载、地震作用、温度作用和主体结构正常变形影响下，应具有安全性，并应符合现行国家标准《建筑结构荷载规范》GB 50009—2012 和《建筑抗震设计规范》GB 50011—2010（2016 年版）的有关规定。

（2）系统构造及设计要求

① 墙体保温系统

a. 薄抹灰外墙外保温系统

a）薄抹灰外墙外保温系统应由粘结层、真空绝热板保温层、薄抹面层和饰面层组成，真空绝热板应采用粘结砂浆粘贴固定在基层墙体上，薄抹面层应压入玻璃纤维网布。饰面层可采用涂料和饰面砂浆等（图 1-46）。

b）真空绝热板应根据设计图纸绘制排版图，并宜采用合适尺寸的真空绝热板将保温墙体整体覆盖；当保温墙体边缘部位不能采用整块真空绝热板时，可选用其他保温材料进行处理。

c）真空绝热板与基层墙体的粘结面积不应小于 80%。

d）真空绝热板应错缝粘贴，拼缝宽度不得超过 20mm，接缝处应进行防热桥处理，并宜采用保温浆料或聚氨酯硬泡封堵。

e）在真空绝热板的阳角、阴角及门窗洞口的边角处应进行加强处理（图 1-47）。

f）门窗洞口部位的外墙外保温构造应符合下列规定：

（a）门窗洞口侧边等热桥部位可选用真空绝热板，也可选用其他保温材料进行处理。

（b）门窗洞口侧边等部位应做好密封和防水构造设计。

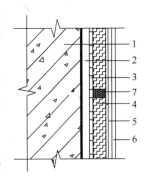

图 1-46　薄抹灰外墙外保温系统构造

1—基层；2—找平层；3—粘结层；4—真空绝热板；5—抹面层，内嵌玻璃纤维网布；6—饰面层；7—保温浆料或聚氨酯硬泡

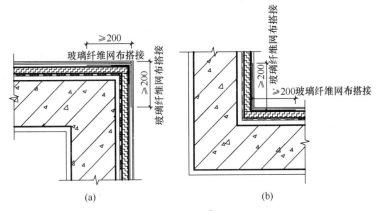

图 1-47　外墙阳角、阴角保温构造

（a）外墙阳角保温；（b）外墙阴角保温

（单位：mm）

b. 外墙内保温系统

a）外墙内保温系统根据构造不同可分为薄抹灰内保温系统和龙骨面板内保温系统。

b）薄抹灰外墙内保温系统应由粘结层、真空绝热板保温层、薄抹面层和饰面层组成，真空绝热板应采用粘结砂浆或粘结石膏粘贴固定在基层墙体上，薄抹面层中应压入玻璃纤维网布，饰面层可采用涂料和墙纸或墙布等（图 1-48）。

c）龙骨面板内保温系统构造应由粘结层、真空绝热板保温层、龙骨固定件、防护面板和饰面层组成，真空绝热板应采用粘结砂浆或粘结石膏粘贴固定在基层上，防护面板可为纸面石膏板、无饰面硅酸钙板或无石棉纤维水泥平板，饰面层可采用涂料和墙纸或墙布等（图 1-49）。

d）真空绝热板应根据设计图纸绘制排版图，并应预留可安装设备、管道或悬挂重物等需要通过固定件固定到基层墙体的部位，并应标识明确。

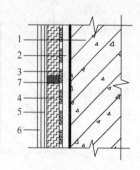

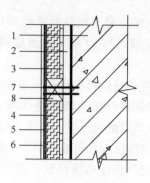

图 1-48 薄抹灰外墙内保温系统构造

1—基层；2—找平层；3—粘接层；4—真空绝热板；5—抹面层，内嵌玻璃纤维网布；6—饰面层；7—保温浆料或聚氨酯硬泡

图 1-49 龙骨面板外墙内保温系统构造

1—基层；2—找平层；3—粘接层；4—真空绝热板；5—防护面板；6—饰面层；7—螺钉；8—龙骨

c. 保温装饰板外墙外保温系统

a) 保温装饰板外墙外保温系统应由粘结层、保温装饰板、专用固定组件、填缝材料、密封材料构成，保温装饰板应采用以粘为主、粘锚结合的方式固定在基层墙体上，板缝处应采用保温填缝材料填塞，并应采用硅酮建筑密封胶密封处理（图 1-50）。

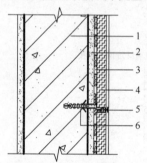

b) 保温装饰板的单板面积不宜大于 1m²。

c) 保温装饰板与基层粘结面积不应小于保温装饰板面积的 80%，拉伸粘结强度不应小于 0.08MPa。

d) 固定保温装饰板的锚固件应符合下列规定：

(a) 固定件应与保温装饰板的装饰面板连接。

(b) 每块保温装饰板的锚固件不应少于 3 个，每平方米不应少于 6 个。

(c) 单个锚固件的抗拉承载力标准值，混凝土基材不应小于 0.6kN，砌块基材不应小于 0.3kN。

(d) 锚入混凝土墙体的有效深度不应小于 30mm，锚入其他墙体的有效深度不应小于 50mm。

(e) 基层为非混凝土的墙体应进行现场拉拔试验，单个锚固件的抗拉承载力标准值不应小于 0.3kN。

图 1-50 保温装饰板外墙外保温系统构造

1—基层；2—找平层；3—粘接砂浆；4—STP 保温装饰板；5—硅酮建筑密封胶；6—锚固件

e) 保温装饰板的安装缝隙宽度不应超过 15mm；应采用弹性保温材料密封，并宜采用硅酮建筑密封胶嵌缝。

d. 屋面保温系统

a) 真空绝热板可应用于正置式屋面保温系统（图 1-51）、倒置式平屋面保温系统（图 1-52）、正置式坡屋面保温系统（图 1-53）和倒置式坡屋面保温系统（图 1-54）。屋面的找平层与防水层应符合现行国家标准《屋面工程技术规范》GB 50345—2012、《坡屋面工程技术规范》GB 50693—2011 和《倒置式屋面工程技术规程》JGJ 230—2010 的有关规定。

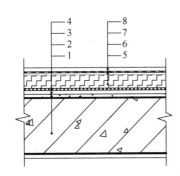

图 1-51　正置式平屋面保温系统构造

1—基层；2—找坡层；3—找平层；4—粘结层；
5—真空绝热板保温层；6—抹面层；7—防水层；
8—保护层

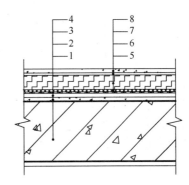

图 1-52　倒置式平屋面保温系统构造

1—基层；2—找坡层；3—找平层；4—防水层；5—
粘结层；；6—真空绝热板保温层；7—抹面层；8—
保护层

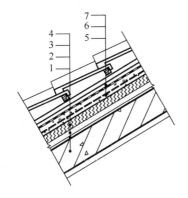

图 1-53　正置式坡屋面保温系统构造

1—基层；2—找平层；3—粘结层；4—真空绝热
板保温层；5—抹面层；6—防水层；7—保护层

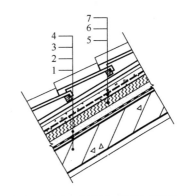

图 1-54　倒置式坡屋面保温系统构造

1—基层；2—找平层；3—防水层；4—粘结层；
5—真空绝热板保温层；6—抹面层；7—保护层

　　b）屋面热桥部位应进行保温处理，屋面与室内空间有关联的天沟、檐沟处应铺设保温层；天沟、檐沟、檐口与屋面交接处，屋面保温层的铺设应延伸到墙内，伸入长度不应小于墙厚的 1/2。

　　c）屋面保温系统所采用的配套材料应与真空绝热板相容，且宜选用涂膜类防水材料。

　　d）倒置式平屋面保温系统的屋面坡度不宜大于 3%；倒置式平屋面的保温层与保护层之间应设置隔离层或在砂浆保护层中内嵌玻璃纤维网布进行增强处理。

　　e）屋面保护层材料应选用硅酸盐或普通硅酸盐水泥配制的水泥砂浆或细石混凝土。

　　f）保护层表面施工时应抹平压光，并应设置分格缝。水泥砂浆保护层分格缝面积宜为 1m²。细石混凝土保护层其纵横间距不应大于 6m，分格缝宽度宜为 10～20mm，并应用密封材料嵌缝。

　　e. 复合预制墙板

　　a）复合预制墙板及其接缝设计应满足结构、施工、防水、防火、隔声及建筑装饰等要求。

　　b）复合预制墙板宜采用一次成型预制的复合夹心保温墙体，其结构层与外侧保温构

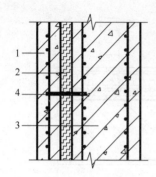

图 1-55　复合预制墙板构造
1—外叶墙板；2—真空绝热板；
3—内叶墙板；4—拉结件

造层、保护构造层间应采用具有断热功能的拉结件进行可靠连接（图 1-55）。

c）复合预制墙板尺寸宜标准化、模数化，真空绝热板尺寸应与复合预制墙板的模数相适宜。

d）复合预制墙板宜采用清水混凝土，设计中应统一采用保护措施。

e）复合预制墙板设计时应绘制详图，并应确定明缝、对拉螺栓孔眼等的形状、位置和尺寸。对于饰面混凝土预制墙板，还应明确装饰图案和装饰片等的形状、位置和尺寸。

f）真空绝热板布置应与复合预制墙板分段一致，板缝位置应与拉结件设计协调。

g）复合预制墙板接缝处的真空绝热板应进行防护处理，并应根据接缝条件及气候条件等选用满足要求的材料和防水方式作防水处理。

h）复合预制墙板中的预制埋件需穿过真空绝热板时，宜采用带有预制孔的真空绝热板，且应预留预制件空隙，并应在空隙处采取保温和防水措施；连接件不宜穿过真空绝热板（图 1-56）。

i）外叶墙承载力、裂缝宽度及挠度应根据实际情况验算，并应符合现行行业标准《高层建筑混凝土结构技术规范》JGJ 3—2010 和《装配式混凝土结构技术规程》JGJ 1—2014 的有关规定。

j）连接件布置应满足外侧保温构造层的安全性和变形要求，并应进行竖向荷载、风荷载和地震作用效应分析。竖向荷载、风荷载应按现行国家标准《建筑结构荷载规范》GB 50009—2012 的有关规定取值，地震作用应按现行国家标准《建筑抗震设计规范》GB 50011—2010（2016 年版）的有关规定采用。

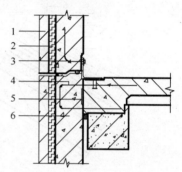

图 1-56　复合预制墙板预埋件布置图
1—外叶墙板；2—真空绝热板；3—限位连接件；4—连接钢筋；5—墙顶剪力缝；6—内叶墙板

k）复合预制墙板应根据建筑、结构图进行深化设计，并应将建筑合理分成各种真空绝热板复合预制墙板，拆分过程应符合下列规定：

（a）复合预制墙板拆分应满足建筑设计和结构安全的要求，应便于真空绝热板复合预制墙板吊装，并应保证结构安全。

（b）真空绝热板布置应与复合预制墙板的拆分及施工措施埋件统一布置，应减少真空绝热板的型号种类，并应便于真空绝热板复合预制墙板生产。

（c）复合预制墙板拆分时应按复合预制墙板分类编号，应制定预制计划，安装方案。

l）对复合预制墙板进行施工措施埋件设计时，应根据复合预制墙板重量和截面尺寸确定复合预制墙板的吊装方式、吊点数量和位置、吊钩或吊点埋件的形式和大样，并应符合下列规定：

（a）真空绝热板板缝布置位置应与复合预制墙板中安全维护措施埋件及垂直运输机械设备附着埋件位置一致。

（b）复合预制墙板的吊点应合理设定，应对吊点位置处真空绝热板进行防护处理，避免预埋吊钩、吊环或可拆卸的埋置式接驳器对真空绝热板造成破坏。

f. 复合玻璃幕墙板

a）复合玻璃幕墙板系统的工程设计应符合现行行业标准《玻璃幕墙工程技术规范》JGJ 102—2003 和现行国家标准《建筑幕墙》GB/T 21086—2007 的有关规定。

（a）复合玻璃幕墙板系统横剖构造（图 1-57）

（b）复合玻璃幕墙板系统竖剖构造（图 1-58）

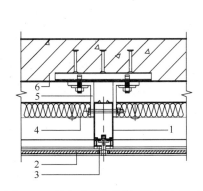

图 1-57　复合玻璃幕墙板系统横剖构造

1—幕墙龙骨；2—复合玻璃幕墙板；3—硅酮结构密封胶；4—防火保温棉；5—幕墙码件；6—主体结构

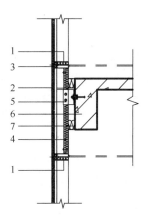

图 1-58　复合玻璃幕墙板系统竖剖构造

1—幕墙龙骨；2—复合玻璃幕墙板；3—硅酮结构密封胶；4—防火保温棉；5—幕墙码件；6—主体结构；7—防火封堵

b）复合玻璃幕墙板系统热工和节能设计除应符合现行国家标准《民用建筑热工设计规范》GB 50176—2016、《公共建筑节能设计标准》GB 50189—2015、《严寒和寒冷地区居住建筑节能设计标准》JGJ 26—2018、《夏热冬冷地区居住建筑节能设计标准》JGJ 134—2010、《夏热冬暖地区居住建筑节能设计标准》JGJ 75—2012 的有关规定外，尚应符合现行行业标准《建筑门窗玻璃幕墙热工计算规程》JGJ 151—2008 的有关规定。

g. 复合砌块

a）复合砌块应由混凝土空心砌块、真空绝热板及块体封闭材料构成。

b）复合砌块中使用的混凝土空心砌块应当具有断桥的块体构造。

c）复合砌块的建筑结构设计、建筑构造设计应符合现行国家标准《砌体结构设计规范》GB 50003—2011、《混凝土小型空心砌块建筑技术规程》JGJ/T 14—2011 及《自保温混凝土复合砌块墙体应用技术规程》JGJ/T 323—2014 的有关规定。

115. "无机轻集料砂浆"新型材料的特点有哪些？

《无机轻集料砂浆保温系统技术标准》JGJ/T 253—2019 规定：

1）定义

无机轻集料砂浆保温系统是由界面层、无机轻集料保温砂浆保温层、抗裂面层及饰面层组成的保温系统。

2）基本规定

（1）无机轻集料砂浆保温系统应能适应基层的正常变形且不应产生裂缝或空鼓，系统内的各个构造层间应具有变形协调的能力。

（2）当无机轻集料砂浆保温系统用于外墙外保温时，应符合现行行业标准《外墙外保温工程技术规程》JGJ 144—2019 的相关规定。

（3）当无机轻集料砂浆保温系统用于外墙内保温和内墙内保温时，正常使用、装修时不应发生破坏，且应符合现行行业标准《外墙内保温工程技术规程》JGJ/T 261—2011 的相关规定。

（4）墙体的保温、隔热和防潮性能应符合现行国家标准《民用建筑热工设计规范》GB 50176—2016 的相关规定。

（5）保温系统组成部分应具有物理、化学稳定性。组成材料应相容并应具有防腐性，且不得含有石棉。当可能受到生物侵害时，墙体保温工程应具有防止生物侵害性能。

（6）无机轻集料砂浆保温系统中除界面层、保温层和抗裂层外的其他组成材料尚应符合国家现行相关标准的规定。

（7）无机轻集料砂浆保温系统饰面层不宜采用饰面砖。当采用饰面砖时，应采取相应的技术保障措施。

（8）无机轻集料砂浆保温系统的组成砂浆应为单组分砂浆，除水外，现场不得添加其他材料。

3）性能要求

（1）系统性能

① 当无机轻集料砂浆保温系统用于外墙外保温时，应进行耐候性试验。耐候性性能应符合现行行业标准《外墙外保温工程技术规程》JGJ 144—2019 的有关规定，并应符合下列规定：

a. Ⅰ型、Ⅱ型和Ⅲ型保温砂浆的抗裂面层与保温层拉伸强度分别不应小于 0.10MPa、0.15MPa 和 0.25MPa；且破坏部位应位于保温层内。

b. 经耐候性试验后，面砖饰面系统的拉伸粘结强度平均值不得小于 0.40MPa。

② 无机轻集料砂浆保温系统的性能指标应符合表 1-239 的规定。

无机轻集料砂浆保温系统的性能指标   表 1-239

项目	性能指标
抗冲击性	普通型（单层玻纤网）：3J，且无宽度大于 0.10mm 的裂纹； 加强型（双层玻纤网）：10J，且无宽度大于 0.10mm 的裂纹
抗裂面层不透水性	2h 不透水
吸水量	普通保温：系统在水中浸泡 1h 后的吸水量不大于 1000g/m²
	防火隔离带：系统在水中浸泡 1h 后的吸水量不大于 500g/m²
抗裂面层复合饰面层水蒸气湿流密度	≥0.85g/(m² · h)

项目	性能指标
耐冻融性能	30次冻融循环后，系统无空鼓、脱落、无渗水裂缝；抗裂面层与保温层的拉伸粘结强度：Ⅰ型保温砂浆不小于0.10MPa，Ⅱ型保温砂浆不小于0.15MPa，Ⅲ型保温砂浆不小于0.25MPa，且破坏部位应位于保温层内
热阻	符合设计要求

注：外墙内保温系统基本构造应符合本标准"无机轻集料砂浆内保温系统的基本构造示意图"的规定，耐候性、
　　耐冻融性能不作要求。

（2）组成材料的性能

① 无机轻集料保温砂浆按干密度可分为Ⅰ型、Ⅱ型和Ⅲ型，其性能指标应符合表1-240的要求。

无机轻集料保温砂浆的性能指标　　　　　　　　表1-240

项目		性能要求		
		Ⅰ型	Ⅱ型	Ⅲ型
干密度（kg/m³）		≤350	≤450	≤550
抗压强度（MPa）		≥0.50	≥1.00	≥2.50
拉伸粘结强度（MPa）		≥0.10	≥0.15	≥0.25
导热系数（平均温度25℃）[W/(m²·K)]		≤0.070	≤0.085	≤0.100
线性收缩率（%）		≤0.25		
稠度保留率（1h）（%）		≥60		
软化系数		≥0.60		
抗冻性能	抗压强度损失率（%）	≤20		
	质量损失率（%）	≤5		
放射性		同时满足 IRa≤1.0 和 Iy≤1.0		
燃烧性能		A级		

注：无机轻集料保温砂浆用于防火隔离带时，宜采用Ⅰ型，软化系数不应小于0.8，体积吸水率不应大于10%。

② 界面砂浆的性能指标应符合表1-241的要求。

界面砂浆的性能指标　　　　　　　　表1-241

项目		指标
拉伸粘结强度	原强度（MPa）	≥0.90
	耐水强度（MPa）	≥0.70
	耐冻融强度（MPa）	≥0.70
可操作时间（h）		≥1.50

③ 抗裂砂浆的性能指标应符合表1-242的要求。

抗裂砂浆的性能指标　　　　　　　　　　表 1-242

项目		指标
可操作时间	可操作时间（h）	≥1.50
	在可操作时间内拉伸粘结强度（MPa）	≥0.70
抗拉粘结强度	原强度（MPa）	≥0.70
	耐水强度（MPa）	≥0.50
透水性（24h）（mL）		≤2.5
压折比		≥50

④ 耐碱玻纤网布的性能指标应符合表 1-243 的要求。

耐碱玻纤网布的性能指标　　　　　　　　　表 1-243

项目	指标
网孔中心距（mm）	5～8
单位面积质量（g/mm）	≥160
耐碱拉伸断裂能力（经、纬向）（N/50mm）	≥1000
断裂伸长率（经、纬向）（%）	≤5.0
耐碱断裂强力保留率（经、纬向）（%）	≥50

4）设计

（1）一般规定

① 当采用无机轻集料保温砂浆保温系统进行外墙外保温设计时，宜选用外保温系统，且外墙外保温层厚度不宜大于 50mm。

② 外墙外保温工程设计不得更改系统构造和组成材料。

③ 外墙宜采用涂料饰面，当外保温系统的饰面层采用粘贴饰面砖时，应提供耐候性检验报告，并应符合下列规定：

a. 粘贴饰面砖工程应进行专项设计，编制施工方案，并应符合现行行业标准《外墙饰面砖工程施工及验收规程》JGJ 126—2015 的相关规定；

b. 工程施工前应做样板墙，且应进行面砖拉拔试验，经确认后施工；

c. 粘贴面砖时，柔性陶瓷砖胶粘剂和柔性填缝剂应分别符合现行行业标准《陶瓷砖胶粘剂》JC/T 547—2017 和《陶瓷砖填缝剂》JC/T 1004—2017 的相关规定，并应设置伸缩缝；

d. 采用面砖作为饰面的高度不宜超过 40m，且不得超过 50m。

④ 当采用无机轻集料保温砂浆保温系统进行外墙外保温设计时，无机轻集料保温砂浆热工参数的选取应符合表 1-244 的规定。

无机轻集料保温砂浆热工参数的选取　　　　　　　表 1-244

保温砂浆类型	蓄热系数 S [W/(m² · K)]	导热系数 λ [W/(m · K)]	导热修正系数
Ⅰ 型	1.20	0.070	1.25
Ⅱ 型	1.50	0.085	1.25
Ⅲ 型	1.80	0.100	1.25

⑤ 水平或倾斜的出挑部位及延伸至楼地面下的部位应采取防水措施。在墙体上安装的设备或管道应固定于基层墙体上，且应采取密封和防水措施。

（2）构造

① 构造示意图

a. 涂料饰面无机轻集料砂浆外墙外保温系统构造应由界面层、保温层、抗裂层和饰面层构成（图 1-59）。

b. 面砖饰面无机轻集料砂浆外墙外保温系统构造应由界面层、保温层、抗裂层和饰面层构成（图 1-60）。

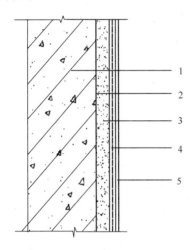

图 1-59　涂料饰面无机轻集料砂浆外墙外
保温系统基本构造

1—混凝土墙及各种砌体墙基层；2—界面砂浆，基层为蒸压加气混凝土时采用专用界面砂浆；3—无机轻集料保温砂浆保温层；4—抗裂砂浆及耐碱玻纤网布，有加强要求的可增设一道耐碱玻纤网布；5—柔性腻子及涂料饰面作饰面层

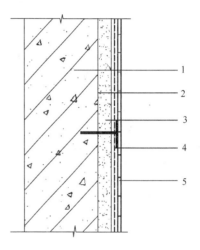

图 1-60　面砖饰面无机轻集料砂浆外墙外保温
系统基本构造

1—混凝土墙及各种砌体墙基层；2—界面砂浆，基层为蒸压加气混凝土时采用专用界面砂浆；3—无机轻集料保温砂浆保温层；4—抗裂砂浆及耐碱玻纤网布，有加强要求的可增设一道耐碱玻纤网布；5—面砖作饰面层

c. 无机轻集料砂浆外墙内保温系统构造应由界面层、保温层、抗裂层和饰面层构成（图 1-61）。

d. 无机轻集料砂浆外墙防火隔离带基本构造应由界面层、保温层、抗裂层和饰面层构成（图 1-62）。

② 外墙保温系统宜选用外保温系统，当外墙保温层厚度无法满足"一般规定"中的 ① 项要求时，可选用内外复合保温，且系统构造应符合上述 ① 的规定。

③ 无机轻集料保温砂浆层厚度应满足墙体热工性能设计要求。

④ 抗裂面层有抗裂砂浆复合耐碱玻纤网布组成。涂料饰面时，抗裂面层厚度不应小于 3mm；面砖饰面时，抗裂面层厚度不应小于 5mm。

⑤ 面砖饰面时，抗裂面层砂浆的复合耐碱玻纤网布外侧应采用塑料螺栓锚固，且塑料螺栓的数量不应少于 5 个/m²。

⑥ 在外墙外保温涂料饰面系统的抗裂面层中，应设置抗裂分格缝，并应做好分格缝

的防水设计。

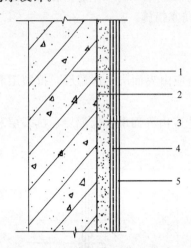

图 1-61　无机轻集料砂浆外墙内保温
系统基本构造

1—混凝土墙及各种砌体墙基层；2—界面砂浆，基
层为蒸压加气混凝土时采用专用界面砂浆；3—无机
轻集料保温砂浆保温层；4—抗裂砂浆及耐碱玻纤网
布；5—涂料饰面作饰面层

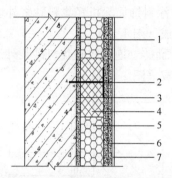

图 1-62　无机轻集料砂浆外墙
防火隔离带基本构造

1—混凝土墙及各种砌体墙基层；2—锚固件；3—界面
砂浆，基层为蒸压加气混凝土时采用专用界面砂浆；
4—无机轻集料保温砂浆作防火隔离带保温层；5—其
他外保温系统的保温材料；6—抗裂砂浆及耐碱玻纤网
布作抗裂层；7—柔性腻子及涂料饰面作饰面层

⑦ 在门窗洞口、管道穿墙洞口、勒脚、阳台、变形缝、女儿墙等保温系统的收头部位应采取密封和防水措施。

116. 建筑内保温的构造要点有哪些?

1)《外墙内保温工程技术规程》JGJ/T 261—2011 规定：

(1) 设计要点

① 内保温工程的热工和节能设计应符合下列规定：

a. 外墙平均传热系数应符合现行国家标准。

b. 外墙热桥部位内表面温度不应低于室内空气在设计温度、湿度条件下的露点温度，必要时进行保温处理。

c. 内保温复合墙体内部有可能出现冷凝时，应进行冷凝受潮验算，必要时应设置隔离层。

② 内保温工程砌体外墙或框架填充墙，在混凝土构件外露时，应在其外侧加强保温处理。

③ 内保温工程宜在墙体易裂部位及与屋面板、楼板交接部位采取抗裂构造措施。

④ 内保温系统各构造层组成材料的选择，应符合下列规定：

a. 保温板及复合板与基层墙体的粘结，可采用胶粘剂或粘结石膏。当用于厨房、卫生间等潮湿环境或饰面层为面砖时，应采用胶黏剂。

b. 厨房、卫生间等潮湿环境或饰面层为面砖时，不得使用粉刷石膏抹面。

c. 无机保温板或保温砂浆的抹面层的增强材料宜采用耐碱玻璃纤维网布。有机保温材料的抹面层为抹面胶浆时，其增强材料可选用涂塑中碱玻璃纤维网布。当抹面层为粉刷石膏时，其增强材料可选用中碱玻璃纤维网布。

d. 当内保温工程用于厨房、卫生间等潮湿环境采用腻子时，应采用耐水腻子；在低收缩性面板上刮涂腻子时，可选普通型腻子；保温层尺寸稳定性差或面层材料收缩值大时，宜选用弹性腻子，不得使用普通型腻子。

⑤ 设计保温层厚度时，保温材料的导热系数应进行修正。

⑥ 有机保温材料应采用不燃材料或难燃材料做保护层，且保护层厚度不应小于 6mm。

⑦ 外窗四角和外墙阴阳角等处的内保温工程抹面层中，应设置附加增强网布。门窗洞口内侧面应做保温。

⑧ 在内保温复合墙体上安装设备、管道和悬挂重物时，其支承的预埋件应固定于基层墙体上，并应做密封设计。

⑨ 内保温基层墙体应具有防水能力。

（2）构造做法

① 复合板内保温系统（由内而外）：基层墙体（混凝土墙体、砌体墙体）—粘结层（胶粘剂或粘结石膏+锚栓）—复合板（保温层与面层复合）—饰面层（腻子层+涂料或墙纸或面砖）。

② 有机保温板内保温系统（由内而外）：基层墙体（混凝土墙体、砌体墙体）—粘结层（胶粘剂或粘结石膏）—保温层（EPS板、XPS板、PU板）—保护层（涂塑中碱玻璃纤维网布）—饰面层（腻子层+涂料或墙纸（布）或面砖）。

③ 无机保温板内保温系统（由内而外）：基层墙体（混凝土墙体、砌体墙体）—粘结层（胶粘剂）—保温层（无机保温板）—保护层（抹面胶浆+耐碱玻璃纤维网布）—饰面层（腻子层+涂料或墙纸（布）或面砖）。

④ 保温砂浆内保温系统（由内而外）：基层墙体（混凝土墙体、砌体墙体）—界面层（界面砂浆）—保温层（保温砂浆）—保护层（抹面胶浆+耐碱纤维网布）—饰面层（腻子层+涂料或墙纸（布）或面砖）。

⑤ 喷涂硬泡聚氨酯内保温系统（由内而外）：基层墙体（混凝土墙体、砌体墙体）—界面层（水泥砂浆聚氨酯防潮底漆）—保温层（喷涂硬泡聚氨酯）—界面层（专用界面砂浆或专用界面剂）—找平层（保温砂浆或聚合物水泥砂浆）—保护层（抹面胶浆复合涂塑中碱玻璃纤维网布）—饰面层（腻子层+涂料或墙纸（布）或面砖）。

⑥ 玻璃棉、岩棉、喷涂硬泡聚氨酯龙骨固定内保温系统（由内而外）：基层墙体（混凝土墙体、砌体墙体）—保温层（离心法玻璃棉板（或毡）或摆锤法岩棉板（或毡）或喷涂硬泡聚氨酯）—隔汽层（PVC、聚丙烯薄膜、铝箔等）—龙骨（建筑用轻钢龙骨或复合龙骨）—龙骨固定件（敲击式或旋入式塑料螺栓）—保护层（纸面石膏板或无石棉硅酸钙板或无石棉纤维水泥平板+自攻螺钉）—饰面层（腻子层+涂料或墙纸（布）或面砖）（图 1-63）。

2）《无机轻集料砂浆保温系统技术规程》JGJ 253—2011 规定：

（1）无机轻集料砂浆是以憎水型膨胀珍珠岩、膨胀玻化微珠、闭孔珍珠岩、陶砂等无

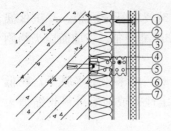

图1-63 玻璃棉、岩棉、喷涂
硬泡聚氨酯龙骨固定内保温系
统构造做法
①—基层墙体；②—保温层；③—
隔汽层；④—龙骨；⑤—龙骨固定
件；⑥—保护层；⑦—饰面层

机轻集料为保温材料，以水泥或其他无机胶凝材料为主要胶结料，并掺加高分子聚合物及其他功能性添加剂而制成的建筑保温干混砂浆。

（2）无机轻集料砂浆保温系统由界面层、无机轻集料保温砂浆保温层、抗裂面层及饰面层组成的保温系统。

（3）无机轻集料砂浆保温系统外墙内保温的构造（由内而外）：基层（混凝土墙及各种砌体墙）—界面层（界面砂浆）—保温层（无机轻集料保温砂浆）—抗裂面层（抗裂砂浆＋玻纤网）—饰面层（涂料饰面）。

（六）建 筑 隔 热 构 造

117. 建筑隔热反射涂料的应用要点有哪些？

《建筑反射隔热涂料应用技术规程》JGJ/T 359—2015 规定：

1）建筑反射隔热涂料是以合成树脂为基料，与功能性颜填料及助剂等配制而成，施涂于建筑物外表面，具有较高太阳光反射比、近红外反射比和半球发射率的涂料。

2）基本术语解释

（1）太阳光反射比：在 300～2500mm 波段内反射与入射的太阳辐射通量的比值。

（2）半球发射率：热辐射体在半球方向上的辐射出射度与处于相同温度的全辐射体（黑体）的辐射出射度的比值。

（3）近红外反射比：在 780～2500mm 波段内反射与入射的太阳辐射通量的比值。

3）材料要求

（1）建筑反射隔热涂料的技术指标应符合现行行业标准《建筑反射隔热涂料》JG/T 235—2008 的有关规定。污染后的太阳光反射比技术指标应符合表 1-245 的规定。

建筑反射隔热涂料污染后太阳光反射比技术指标　　　　　　　表 1-245

项目	技术指标	
	外墙	屋面
污染后太阳光反射比	≥0.50	≥0.60

（2）建筑反射隔热涂料涂饰中配套使用的材料应与选用的建筑反射隔热涂料相容，其相容性技术指标应符合表 1-246 的规定。

与建筑反射隔热涂料配套的材料相容性技术指标　　　　　　　表 1-246

涂层类型	项目	技术指标
复合涂层（腻子＋底漆＋建筑反射隔热涂料）	耐水性（96h）	无起泡、无起皱、无开裂、无掉粉、无脱落、无明显变色
	耐冻融性（5 次）	无起泡、无起皱、无开裂、无掉粉、无脱落、无明显变色

4）构造要求

（1）一般规定

建筑反射隔热涂料使用在建筑外墙和屋面，宜结合建筑造型设置分隔缝，并应采用下列构造措施防止雨水沾污墙面：

① 檐口、窗台、线脚等构造应设置滴水线（槽）；

② 女儿墙、阳台栏杆压顶的顶面应有指向内侧的泛水坡；

③ 坡屋面檐口应超出外墙面。

（2）基本构造

① 非金属材料基层（包括钢筋混凝土、砌块墙体等）采用建筑反射隔热涂料饰面的基本构造应包括基层、水泥砂浆找平层（或柔性腻子层）、底漆层和建筑反射隔热涂料层（图 1-64）。

② 非金属材料基层（包括钢筋混凝土、砌块墙体等）的外墙外保温采用建筑反射隔热涂料饰面的基本构造应包括基层、界面层、保温层、抗裂层、柔性腻子层、底漆及建筑反射隔热涂料层（图 1-65）。

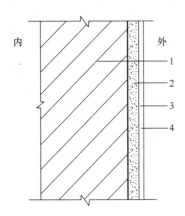

图 1-64　非金属材料基层采用建筑反射隔热涂料饰面的基本构造

1—基层；2—水泥砂浆找平层（或柔性腻子层）；3—底漆层；4—建筑反射隔热涂料层

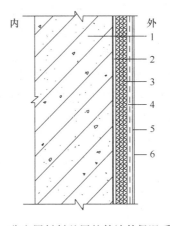

图 1-65　非金属材料基层的外墙外保温系统采用建筑反射隔热涂料饰面的基本构造

1—基层；2—界面层；3—保温层；4—抗裂层，5—柔性腻子层；6—底漆层及建筑反射隔热涂料层

③ 金属材料基层采用建筑反射隔热涂料饰面的基本构造应包括基层、防锈漆层、底漆层和建筑反射隔热涂料层（图 1-66）。

（3）基层要求

① 非金属材料基层采用建筑反射隔热涂料时，基层应符合下列规定：

a. 基层应牢固、无开裂、掉粉、起砂、空鼓、剥离、爆裂点和附着力不良的旧涂层等。

b. 基层应表面平整、立面垂直、阴阳角垂直、方正和无缺棱掉角、分格缝深浅一致。且横平竖直，表面应平而不光。当不满足要求时应采用强度等级不低于 M5 的水泥砂浆找平。

c. 基层应清洁、表面无灰尘、浮浆、锈斑、霉点和析盐等。

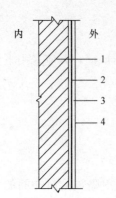

图 1-66 金属材料基层采用建筑反射隔热涂料饰面的基本构造

1—基层；2—防锈漆层；3—底漆层；4—建筑反射隔热涂料层

d. 基层含水率不应大于 10%，且不应小于或等于 8% pH 值不得大于 10。

② 金属材料基层采用建筑反射隔热涂料时，表面应清洁、干燥并应进行防锈处理。

③ 既有建筑进行节能改造采用建筑反射隔热涂料时，应对基层进行处理，并应符合①、②的规定。

5）热工设计

（1）一般规定

① 建筑反射隔热涂料宜选择浅色产品。

② 夏热冬暖地区使用建筑反射隔热涂料时，节能设计应重点考虑夏季的空调节能，可不考虑冬季的采暖能耗，外墙的污染修正后的太阳辐射吸收系数不应高于 0.5，屋面的污染修正后的太阳辐射吸收系数不应高于 0.4。

③ 夏热冬冷地区使用建筑反射隔热涂料时，节能设计应重点考虑夏季的空调节能，同时兼顾冬季的采暖能耗，外墙的污染修正后的太阳辐射吸收系数不应高于 0.5，屋面的污染修正后的太阳辐射吸收系数不应高于 0.4。

④ 其他气候区使用建筑反射隔热涂料时，不考虑建筑反射隔热涂料节能效果的情况下，围护结构热工性能应能满足节能设计的要求。

（2）隔热设计

① 夏季炎热地区，应在建筑的轻质外墙及屋面使用建筑反射隔热涂料，宜在重质的东、西外墙及屋面使用建筑反射隔热涂料。

② 当重质外墙及屋面使用建筑反射隔热涂料时，其污染修正后的太阳辐射吸收系数不宜大于 0.5。当轻质外墙及屋面使用建筑反射隔热涂料时，其污染修正后的太阳辐射吸收系数不宜大于 0.4。

（3）节能设计

① 使用建筑反射隔热涂料的外墙及屋面，可采用规定性的围护结构热工限值或节能综合指标方法进行节能设计。

② 当采用节能综合指标方法进行节能设计时，应采用污染修正后的太阳辐射吸收系数进行建筑能耗指标计算。

6）施工规定

建筑反射隔热涂料涂饰施工环境温度不宜低于 5℃，且施工温度范围应符合产品说明书要求。施工时，空气相对湿度不宜大于 85%。当遇大雾、6 级以上风力、雨天时，应停止户外施工。

六、建 筑 防 火

（一）必须了解的术语

118. 建筑防火的常用术语有哪些?

《建筑设计防火规范》GB 50016—2014（2018 年版）规定：

1) 高层建筑

建筑高度大于 27m 的住宅建筑和建筑高度大于 24m 的非单层厂房、仓库和其他民用建筑。

2) 裙房

在高层建筑主体投影范围外，与建筑主体相连且建筑高度不大于 24m 的附属建筑。

3) 重要公共建筑

发生火灾可能造成重大人员伤亡、财产损失和严重社会影响的公共建筑。

4) 商业服务网点

设置在住宅的首层或首层及二层，每个分隔单元建筑面积不大于 300m² 的商店、邮政所、储蓄所、理发店等小型营业性用房。

5) 半地下室

房间地面低于室外设计地面的平均高度大于该房间平均净高 1/3，且不大于 1/2 者。

6) 地下室

房间地面低于室外设计地面的平均高度大于该房间平均净高 1/2 者。

7) 耐火极限

在标准耐火试验条件下，建筑构件、配件或结构从受到火的作用时起，到失去承载能力、完整性或隔热性时止所用时间，用小时表示。

8) 防火隔墙

建筑内防止火灾蔓延至相邻区域且耐火极限不低于规定要求的不燃性墙体。

9) 防火墙

防止火灾蔓延至相邻建筑或相邻水平防火分区且耐火极限不低于 3.00h 的不燃性墙体。

10) 避难层（间）

建筑内用于人员暂时躲避火灾及其烟气危害的楼层（房间）。

11) 安全出口

供人员安全疏散用的楼梯间和室外楼梯的出入口或直通室内外安全区域的出口。

12) 封闭楼梯间

在楼梯间入口处设置门，以防止火灾的烟和热气进入的楼梯间。

13) 防烟楼梯间

在楼梯间入口处设置的防烟的前室、开敞式阳台或凹廊（统称前室）等设施，且通向前室和楼梯间的门均为防火门，以防止火灾的烟和热气进入的楼梯间。

14）避难走道

采取防烟措施且两侧设置耐火极限不低于3.00h的防火隔墙，用于人员安全通行至室外的走道。

15）防火间距

防止着火建筑在一定时间内引燃相邻建筑，便于消防扑救的间隔距离。

16）防火分区

在建筑内部采用防火墙、楼板及其他防火分隔设施分隔而成，能在一定时间内防止火灾向同一建筑的其余部分蔓延的局部空间。

17）闪点

在规定的试验条件下，可燃性液体或固体表面产生的蒸气与空气形成的混合物，遇火源能够闪燃的液体或固体的最低温度。

18）爆炸下限

可燃的蒸气、气体或粉尘与空气组成的混合物，遇火源即能够发生爆炸的最低浓度。

（二）耐 火 极 限

119. 建筑结构材料的防火分类是如何规定的？

综合《建筑设计防火规范》GB 50016—2014（2018年版）规定和相关技术资料，建筑结构材料的防火分类为：

1）不燃性材料：指在空气中受到火烧或高温作用时，不起火、不燃烧、不炭化的材料；如砖、石、金属材料和其他无机材料。用不燃烧性材料制作的建筑构件通常称为"不燃性构件"。

2）难燃性材料：指在空气中受到火烧或高温作用时，难起火、难燃烧、难炭化的材料，当火源移走后，燃烧或微燃立即停止的材料。如刨花板和经过防火处理的有机材料。用难燃烧性材料制作的建筑构件通常称为"难燃性构件"。

3）可燃性材料：指在空气中受到火烧或高温作用时，立即起火燃烧且火源移走后仍能继续燃烧或微燃的材料，如木材、纸张等材料。用可燃性材料制作的建筑构件通常称为"可燃性构件"。

120. 各类非木结构构件的燃烧性能和耐火极限是如何规定的？

《建筑设计防火规范》GB 50016—2014（2018年版）规定各类非木结构构件的燃烧性能和耐火极限见表1-247。

各类非木结构构件的燃烧性能和耐火极限 表1-247

序号	构件名称	构件厚度或截面最小尺寸（mm）	耐火极限（h）	燃烧性能
		一 承重墙		
1	普通黏土砖、硅酸盐砖、混凝土、钢筋混凝土实体墙	120	2.50	不燃性
		180	3.50	不燃性

序号	构件名称		构件厚度或截面最小尺寸（mm）	耐火极限（h）	燃烧性能
1	普通黏土砖、硅酸盐砖、混凝土、钢筋混凝土实体墙		240	5.50	不燃性
			370	10.50	不燃性
2	加气混凝土砌块墙		100	2.00	不燃性
3	轻质混凝土砌块、天然石材的墙		120	1.50	不燃性
			240	3.50	不燃性
			370	5.50	不燃性
二　非承重墙					
1	普通黏土砖墙	1. 不包括双面抹灰	60	1.50	不燃性
			120	3.00	不燃性
			150	4.50	不燃性
		2. 包括双面抹灰（15mm 厚）	180	5.00	不燃性
			240	8.00	不燃性
2	七孔黏土砖墙（不包括墙中空 120mm）	1. 不包括双面抹灰	120	8.00	不燃性
		2. 包括双面抹灰	140	9.00	不燃性
3	粉煤灰硅酸盐砌块砖		200	4.00	不燃性
4	轻质混凝土墙	1. 加气混凝土砌块墙	75	2.50	不燃性
			100	6.00	不燃性
			200	8.00	不燃性
		2. 钢筋加气混凝土垂直墙板墙	150	3.00	不燃性
		3. 粉煤灰加气混凝土砌块墙	100	3.40	不燃性
		4. 充气混凝土砌块墙	150	7.50	不燃性
5	空心条板隔墙	1. 菱苦土珍珠岩圆孔	80	1.30	不燃性
		2. 炭化石灰圆孔	90	1.75	不燃性
6	钢筋混凝土大板墙（C20）		80	1.00	不燃性
			120	2.60	不燃性
7	轻质复合隔墙	1. 菱苦土板夹纸蜂窝隔墙，构造（mm）：2.5＋50（纸蜂窝）＋25	77.5	0.33	难燃性
		2. 水泥刨花复合板隔墙（内空层 60mm）	80	0.75	难燃性
		3. 水泥刨花板龙骨水泥板隔墙，构造（mm）；12＋86（空）＋12	110	0.50	难燃性
		4. 石棉水泥龙骨水泥石棉板隔墙，构造（mm）：5＋80（空）＋60	145	0.45	难燃性
8	石膏空心条板隔墙	1. 石膏珍珠岩空心条板，膨胀珍珠岩的容重为（50～80）kg/m³	60	1.50	不燃性

续表

序号	构件名称		构件厚度或截面最小尺寸（mm）	耐火极限（h）	燃烧性能
8	石膏空心条板隔墙	2. 石膏珍珠岩空心条板，膨胀珍珠岩的容重为（60～120）kg/m³	60	1.20	不燃性
		3. 石膏珍珠岩塑料网空心条板，膨胀珍珠岩的容重为（60～120）kg/m³	60	1.30	不燃性
		4. 石膏珍珠岩双层空心条板，构造（mm）：60+50（空）+60			不燃性
		① 膨胀珍珠岩的容重为（50～80）kg/m³时	170	3.75	不燃性
		② 膨胀珍珠岩的容重为（60～120）kg/m³时	60	1.50	不燃性
		5. 石膏硅酸盐空心条板	90	2.25	不燃性
		6. 石膏粉煤灰空心条板	60	1.28	不燃性
		7. 增强石膏空心墙板	90	2.50	不燃性
9	石膏龙骨两面钉表右侧材料的隔墙	1. 纤维石膏板，构造（mm）：①10+64（空）+10	84	1.35	不燃性
		② 8.5+103（填矿棉，容重为100 kg/m³）+8.5	120	1.00	不燃性
		③ 10+90（填矿棉，容重为100 kg/m³）+10	110	1.00	不燃性
		2. 纸面石膏板，构造（mm）① 11+68（填矿棉，容重100kg/m³）+11	90	0.75	不燃性
		② 12+80（空）+12	104	0.33	不燃性
		③ 11+28（空）+11+65（空）+11+28（空）+11	165	1.50	不燃性
		④ 9+12+128（空）+12+9	170	1.20	不燃性
		⑤ 25+134（空）+12+9	180	1.50	不燃性
		⑥ 12+80（空）+12+12+80（空）+12	208	1.00	不燃性
10	木龙骨两面钉表右侧材料的隔墙	1. 石膏板，构造（mm）：12+50（空）+12	74	0.30	难燃性
		2. 纸面玻璃纤维石膏板，构造（mm）：10+55（空）+10	75	0.60	难燃性
		3. 纸面纤维石膏板，构造（mm）：10+55（空）+10	75	0.60	难燃性
		4. 钢丝网（板）抹灰，构造（mm）：15+50（空）+15	80	0.85	难燃性
		5. 板条抹灰，构造（mm）：15+50（空）+15	80	0.30	难燃性

序号	构件名称		构件厚度或截面最小尺寸（mm）	耐火极限（h）	燃烧性能
10	木龙骨两面钉表右侧材料的隔墙	6. 水泥刨花板，构造（mm），15＋50（空）＋15	80	0.30	难燃性
		7. 板条抹 1∶4 石棉水泥隔热灰浆，构造（mm）：20＋50（空）＋20	90	1.25	难燃性
		8. 苇箔抹灰，构造（mm）：15＋70＋15	100	0.85	难燃性
11	钢龙骨两面钉表右侧材料的隔墙	1. 纸面石膏板，构造（mm） ① 20＋46＋12	78	0.33	不燃性
		② 2×12＋70（空）＋2×12	118	1.20	不燃性
		③ 2×12＋70（空）＋3×12	130	1.25	不燃性
		④ 2×12＋75（填岩棉，容重为 100 kg/m³）＋2×12	123	1.50	不燃性
		⑤ 12＋75（填 50 玻璃棉）＋12	99	0.50	不燃性
		⑥ 2×12＋75（填 50 玻璃棉）＋2×12	123	1.00	不燃性
		⑦ 3×12＋75（填 50 玻璃棉）＋3×12	147	1.50	不燃性
		⑧ 12＋75（空）＋12	99	0.52	不燃性
		⑨ 12＋75（其中 50 厚岩棉）＋12	99	0.90	不燃性
		⑩ 15＋9.5＋75＋15	114.5	1.50	不燃性
		2. 复合纸面石膏板，构造（mm） ① 10＋55（空）＋10	75	0.60	不燃性
		② 15＋75（空）＋1.5＋9.5（双层板受火）	101	1.10	不燃性
		3. 耐火纸面石膏板，构造（mm） ① 12＋75（其中 50 厚岩棉）＋12	99	1.05	不燃性
		② 2×12＋75＋2×12	123	1.10	不燃性
		③ 2×15＋100（其中 80 厚岩棉）＋15	145	1.50	不燃性
		4. 双层石膏板，板内掺纸纤维，构造：（mm） 2×12＋75（空）＋2×12	123	1.10	不燃性
		5. 单层石膏板，构造（mm） ① 12＋75（空）＋75	99	0.50	不燃性
		② 12＋75（填岩棉，容重为 100kg/m³）＋12	99	1.20	不燃性
		6. 双层石膏板，构造（mm）： ① 18＋70（空）＋18	106	1.35	不燃性
		② 2×12＋75（空）＋2×12	123	1.35	不燃性
		③ 2×12＋75（填岩棉，容重为 100kg/m³）＋2×12	123	2.10	不燃性

续表

序号	构件名称		构件厚度或截面最小尺寸（mm）	耐火极限（h）	燃烧性能
11	钢龙骨两面钉表右侧材料的隔墙	7. 防火石膏板，板内掺玻璃纤维，岩棉容重为60kg/m³，构造（mm）： ① 2×12+75（空）+2×12	123	1.35	不燃性
		② 2×12+75（填40岩棉）+2×12	123	1.60	不燃性
		③ 12+75（填50岩棉）+12	99	1.20	不燃性
		④ 3×12+75（填50岩棉）+3×12	147	2.00	不燃性
		⑤ 4×12+75（填50岩棉）+4×12	171	3.00	不燃性
		8. 单层玻镁砂光防火板，硅酸铝纤维棉容重为180kg/m³，构造（mm）： ① 8+75（填硅酸铝纤维棉）+8	91	1.50	不燃性
		② 10+75（填硅酸铝纤维棉）+10	95	2.00	不燃性
		9. 布面石膏板，构造（mm）： ① 12+75（空）+12	99	0.40	难燃性
		② 12+75（填玻璃棉）+12	99	0.50	难燃性
		③ 2×12+75（空）+2×12	123	1.00	难燃性
		④ 2×12+75（填玻璃棉）+2×12	123	1.20	难燃性
		10. 矽酸钙板（氧化镁板）填岩棉，岩棉容重为180kg/m³，构造（mm）： ① 8+75+8	91	1.50	不燃性
		② 10+75+10	95	2.00	不燃性
		11. 硅酸钙板填岩棉，岩棉容重为100kg/m³，构造（mm）： ① 8+75+8	91	1.00	不燃性
		② 2×8+75+2×8	107	2.00	不燃性
		③ 9+100+9	118	1.75	不燃性
		④ 10+100+10	120	2.00	不燃性
12	轻钢龙骨两面钉表右侧材料的隔墙	1. 耐火纸面石膏板，构造（mm）： ① 3×12+100（岩棉）+2×12	160	2.00	不燃性
		② 3×15+100（50厚岩棉）+2×12	169	2.95	不燃性
		③ 3×15+100（80厚岩棉）+2×15	175	2.82	不燃性
		④ 3×15+150（100厚岩棉）+3×15	240	4.00	不燃性
		⑤ 9.5+3×12+100（空）+100（80厚岩棉）+2×12+9.5+12	291	3.00	不燃性
		2. 水泥纤维复合硅酸钙板，构造（mm）： ① 4（水泥纤维板）+52（水泥聚苯乙烯粒）+4（水泥纤维板）	60	1.20	不燃性

序号	构件名称		构件厚度或截面最小尺寸（mm）	耐火极限（h）	燃烧性能
12	轻钢龙骨两面钉表右侧材料的隔墙	② 20（水泥纤维板）＋60（岩棉）＋20（水泥纤维板）	100	2.10	不燃性
		③ 4（水泥纤维板）＋92（岩棉）＋4（水泥纤维板）	100	2.00	不燃性
		3. 单层双面夹矿棉硅酸钙板，厚度（mm）①	90	1.00	不燃性
		②	100	1.50	不燃性
		③	140	2.00	不燃性
		4. 双层双面夹矿棉硅酸钙板，构造（mm）① 钢龙骨水泥刨花板12＋76（空）＋12	100	0.45	难燃性
		② 钢龙骨石棉水泥板12＋75（空）＋6	93	0.30	难燃性
13	两面用强度等级32.5硅酸盐水泥，1：3水泥砂浆抹面的隔墙	1. 钢丝网架矿棉或聚苯乙烯夹芯板隔墙，构造（mm）：① 25（砂浆）＋50（矿棉）＋25（砂浆）	100	2.00	不燃性
		② 25（砂浆）＋50（聚苯乙烯）＋25（砂浆）	100	1.07	难燃性
		2. 钢丝网聚苯乙烯泡沫塑料复合板隔墙，构造（mm）：23（砂浆）＋64（聚苯乙烯）＋33（砂浆）	100	1.30	难燃性
		3. 钢丝网塑夹芯板（内填自熄性聚苯乙烯泡沫）隔墙，（mm）：	76	1.20	难燃性
		4. 钢丝网架石膏复合墙板，构造（mm）：15（石膏板）＋50（硅酸盐水泥）＋50（岩棉）＋50（硅酸盐水泥）＋15（石膏板）	180	4.00	不燃性
		5. 钢丝网岩棉夹芯复合板，构造（mm）：	110	2.00	不燃性
		6. 钢丝网水泥聚苯乙烯夹芯复合板隔墙，构造（mm）：35（砂浆）＋60（聚苯乙烯）＋35（砂浆）	120	1.00	难燃性
14	增强石膏轻质板墙		60	1.28	不燃性
	增强石膏轻质内墙板（带孔）		90	2.50	不燃性
15	空心轻质板墙	1. 孔径38mm，表面为10mm水泥砂浆	100	2.00	不燃性
		2. 62mm孔空心板拼装，两侧抹灰19mm砂浆（配比为5：1：1的砂：碳：水泥）	100	2.00	不燃性
16	混凝土砌块墙	1. 轻集料小型空心砌块①	330×140	1.98	不燃性
		②	330×190	1.25	不燃性
		2. 轻集料（陶粒）混凝土砌块①	330×240	2.92	不燃性

序号	构件名称		构件厚度或截面最小尺寸（mm）	耐火极限（h）	燃烧性能
16	混凝土砌块墙	②	330×290	4.00	不燃性
		3. 轻集料小型空心砌块（实体墙体）	330×190	4.00	不燃性
		4. 普通混凝土承重空心砌块 ①	330×140	1.65	不燃性
		②	330×190	1.93	不燃性
		③	330×290	4.00	不燃性
17	纤维增强硅酸钙板轻质复合隔墙		50～100	2.00	不燃性
18	纤维增强水泥加压平板墙		50～100	2.00	不燃性
19	1. 水泥聚苯乙烯粒子复合板（纤维复合）墙		60	1.20	不燃性
	2. 水泥纤维加压板墙		100	2.00	不燃性
20	采用纤维水泥加轻质粗细填充材料混合浇注，振动滚压成型玻璃纤维增强水泥空心板隔墙		60	1.50	不燃性
21	金属岩棉夹芯板隔墙，构造：双面单层彩钢板，中间填充岩棉（容重为100kg/m³）		50	0.30	不燃性
			80	0.50	不燃性
			100	0.80	不燃性
			120	1.00	不燃性
			150	1.50	不燃性
			200	2.00	不燃性
22	轻质条板隔墙，构造：双面单层4mm硅钙板，中间填充聚苯混凝土		90	1.00	不燃性
			100	1.20	不燃性
			120	1.50	不燃性
23	轻集料混凝土条板隔墙		90	1.50	不燃性
			120	2.00	不燃性
24	灌浆水泥板隔墙，构造（mm）	6+75（灌聚苯混凝土）+6	87	2.00	不燃性
		9+75（灌聚苯混凝土）+9	93	2.50	不燃性
		9+100（灌聚苯混凝土）+9	118	3.00	不燃性
		12+150（灌聚苯混凝土）+12	174	4.00	不燃性
25	双面单层彩钢面玻镁夹芯板隔墙	1. 内衬一层5mm玻镁板，中空	50	0.30	不燃性
		2. 内衬一层10mm玻镁板，中空	50	0.50	不燃性
		3. 内衬一层12mm玻镁板，中空	50	0.60	不燃性
		4. 内衬一层5mm玻镁板，中填容重为100kg/m³岩棉	50	0.90	不燃性
		5. 内衬一层10mm玻镁板，中填铝蜂窝	50	0.60	不燃性
		6. 内衬一层12mm玻镁板，中填铝蜂窝	50	0.70	不燃性

续表

序号	构件名称		构件厚度或截面最小尺寸（mm）	耐火极限（h）	燃烧性能
26	双面单层彩钢面石膏复合板隔墙	1. 内衬一层 12mm 石膏板，中填纸蜂窝	50	0.70	难燃性
		2. 内衬一层 12mm 石膏板，中填岩棉，容重为 100kg/m³ ①	50	1.00	不燃性
		②	100	1.50	不燃性
		3. 内衬一层 12mm 石膏板，中空 ①	75	0.70	不燃性
		②	100	0.90	不燃性
27	钢框架间填充墙、混凝土墙	1. 当钢框架采用金属网抹灰保护，其厚度为 25（mm）	—	0.75	不燃性
		2. 当钢框架采用砖砌面或混凝土保护，其厚度为（mm） ① 60	—	2.00	不燃性
		② 120	—	4.00	不燃性
三　柱					
1	钢筋混凝土柱 ① 截面尺寸 180×240		—	1.20	不燃性
	② 截面尺寸 200×200		—	1.40	不燃性
	③ 截面尺寸 200×300		—	2.50	不燃性
	④ 截面尺寸 240×240		—	2.00	不燃性
	⑤ 截面尺寸 300×300		—	3.00	不燃性
	⑥ 截面尺寸 200×400		—	2.70	不燃性
	⑦ 截面尺寸 200×500		—	3.00	不燃性
	⑧ 截面尺寸 300×500		—	3.50	不燃性
	⑨ 截面尺寸 370×370		—	5.00	不燃性
2	普通黏土砖柱　截面尺寸 370×370		—	5.00	不燃性
3	钢筋混凝土圆柱 ① 直径 300		—	3.00	不燃性
	② 直径 450		—	4.00	不燃性
4	有保护层的钢柱	1. 保护层为金属网抹 M5 砂浆，厚度（mm） ①	25	0.80	不燃性
		②	50	1.30	不燃性
		2. 加气混凝土，厚度（mm） ①	40	1.00	不燃性
		②	50	1.40	不燃性

序号	构件名称			构件厚度或 截面最小尺寸 （mm）	耐火极限 （h）	燃烧性能
4	有保护层的钢柱		③	70	2.00	不燃性
			④	80	2.33	不燃性
			3. C20 混凝土，厚度（mm） ①	25	0.80	不燃性
			②	50	2.00	不燃性
			③	100	2.85	不燃性
			4. 普通黏土砖，厚度（mm）	120	2.85	不燃性
			5. 陶粒混凝土，厚度（mm）	80	3.00	不燃性
			6. 薄涂型钢结构防火涂料、厚度（mm） ①	5.5	1.00	不燃性
			②	7.0	1.50	不燃性
			7. 厚涂性钢结构防火涂料、厚度（mm） ①	15	1.00	不燃性
			②	20	1.50	不燃性
			③	30	2.00	不燃性
			④	40	2.50	不燃性
			⑤	50	3.00	不燃性
5	有保护层的钢筋混凝土圆柱（$\lambda \leqslant 60$）		1. 直径＝200mm 金属网抹 M5 砂浆保护层，厚度（mm） ①	25	1.00	不燃性
			②	35	1.50	不燃性
			③	45	2.00	不燃性
			④	60	2.50	不燃性
			⑤	70	3.00	不燃性
			2. 直径＝600mm 金属网抹 M5 砂浆保护层，厚度（mm） ①	20	1.00	不燃性
			②	30	1.50	不燃性
			③	35	2.00	不燃性
			④	45	2.50	不燃性
			⑤	50	3.00	不燃性
			3. 直径＝1000mm 金属网抹 M5 砂浆保护层，厚度（mm） ①	18	1.00	不燃性
			②	26	1.50	不燃性
			③	32	2.00	不燃性

序号	构件名称		构件厚度或截面最小尺寸（mm）	耐火极限（h）	燃烧性能
5	有保护层的钢筋混凝土圆柱（λ≤60）	④	40	2.50	不燃性
		⑤	45	3.00	不燃性
		4. 直径≥1400mm 金属网抹 M5 砂浆保护层，厚度（mm）①	15	1.00	不燃性
		②	25	1.50	不燃性
		③	30	2.00	不燃性
		④	36	2.50	不燃性
		⑤	40	3.00	不燃性
		5. 直径＝200mm 厚涂型钢结构防火涂料保护层，厚度（mm）①	8	1.00	不燃性
		②	10	1.50	不燃性
		③	14	2.00	不燃性
		④	16	2.50	不燃性
		⑤	25	3.00	不燃性
		6. 直径＝600mm 厚涂型钢结构防火涂料保护层，厚度（mm）①	6	1.00	不燃性
		②	8	1.50	不燃性
		③	10	2.00	不燃性
		④	12	2.50	不燃性
		⑤	16	3.00	不燃性
		7. 直径＝1000mm 厚涂型钢结构防火涂料保护层，厚度（mm）①	6	1.00	
		②	8	1.50	不燃性
		③	10	2.00	不燃性
		④	120	2.50	不燃性
		⑤	14	3.00	不燃性
		8. 直径≥1400mm 厚涂型钢结构防火涂料，厚度（mm）①	5	1.00	不燃性
		②	7	1.50	不燃性
		③	9	2.00	不燃性
		④	10	2.50	不燃性
		⑤	12	3.00	不燃性

续表

序号	构件名称		构件厚度或截面最小尺寸（mm）	耐火极限（h）	燃烧性能
6	有保护层的钢管混凝土方柱、矩形柱（λ≤60）	1. 短边长度＝200mm 金属网抹 M5 砂浆保护层，厚度（mm）①	40	1.00	不燃性
		②	55	1.50	不燃性
		③	70	2.00	不燃性
		④	80	2.50	不燃性
		⑤	90	3.00	不燃性
		2. 短边长度＝600mm 金属网抹 M5 砂浆保护层，厚度（mm）①	30	1.00	不燃性
		②	40	1.50	不燃性
		③	55	2.00	不燃性
		④	65	2.50	不燃性
		⑤	90	3.00	不燃性
		3. 短边长度＝1000mm 金属网抹 M5 砂浆保护层，厚度（mm）①	25	1.00	不燃性
		②	35	1.50	不燃性
		③	45	2.00	不燃性
		④	55	2.50	不燃性
		⑤	65	3.00	不燃性
		4. 短边长度≥1400mm 金属网抹 M5 砂浆保护层，厚度（mm）①	20	1.00	不燃性
		②	30	1.50	不燃性
		③	40	2.00	不燃性
		④	45	2.50	不燃性
		⑤	55	3.00	不燃性
		5. 短边长度＝200mm 厚涂型钢结构防火涂料保护层，厚度（mm）①	8	1.00	不燃性
		②	10	1.50	不燃性
		③	14	2.00	不燃性
		④	18	2.50	不燃性
		⑤	25	3.00	不燃性
		6. 短边长度＝600mm 厚涂型钢结构防火涂料保护层，厚度（mm）①	6	1.00	不燃性

序号	构件名称		构件厚度或截面最小尺寸（mm）	耐火极限（h）	燃烧性能
6	有保护层的钢管混凝土方柱、矩形柱（λ≤60）	②	8	1.50	不燃性
		③	10	2.00	不燃性
		④	12	2.50	不燃性
		⑤	15	3.00	不燃性
		7. 短边长度＝1000mm 厚涂型钢结构防火涂料保护层，厚度（mm）①	5	1.00	不燃性
		②	6	1.50	不燃性
		③	8	2.00	不燃性
		④	10	2.50	不燃性
		⑤	12	3.00	不燃性
		8. 短边长度＝1400mm 厚涂型钢结构防火涂料，厚度（mm）①	4	1.00	不燃性
		②	5	1.50	不燃性
		③	6	2.00	不燃性
		④	8	2.50	不燃性
		⑤	10	3.00	不燃性
四 梁					
	简支的钢筋混凝土梁	1. 非预应力钢筋 ① 保护层厚度 10mm	—	1.20	不燃性
		② 保护层厚度 20mm	—	1.75	不燃性
		③ 保护层厚度 25mm	—	2.00	不燃性
		④ 保护层厚度 30mm	—	2.30	不燃性
		⑤ 保护层厚度 40mm	—	2.90	不燃性
		⑥ 保护层厚度 50mm	—	3.50	不燃性
		2. 预应力钢筋或高强度钢丝 ① 保护层 25mm	—	1.00	不燃性
		② 保护层厚度 30mm	—	1.20	不燃性
		③ 保护层厚度 40mm	—	1.50	不燃性
		④ 保护层厚度 50mm	—	2.00	不燃性
		3. 有保护层的钢梁：① 15mm 厚 LG 防火隔热涂料保护层	—	1.50	不燃性
		② 20mm 厚 LY 防火隔热涂料保护层	—	2.30	不燃性

续表

序号	构件名称	构件厚度或截面最小尺寸（mm）	耐火极限（h）	燃烧性能
	五　楼板和屋顶承重构件			
1	非预应力简支钢筋混凝土圆孔空心楼板 ① 保护层厚度10mm	—	0.90	不燃性
	② 保护层厚度20mm	—	1.25	不燃性
	③ 保护层厚度30mm	—	1.50	不燃性
2	预应力简支钢筋混凝土圆孔空心楼板 ① 保护层厚度10mm	—	0.40	不燃性
	② 保护层厚度20mm	—	0.70	不燃性
	③ 保护层厚度30mm	—	0.85	不燃性
3	四边简支的钢筋混凝土楼板 ① 保护层厚度10mm	70	1.40	不燃性
	② 保护层厚度15mm	80	1.45	不燃性
	③ 保护层厚度20mm	80	1.50	不燃性
	④ 保护层厚度30mm	90	1.85	不燃性
4	现浇的整体式梁板 ① 保护层厚度10mm	80	1.40	不燃性
	② 保护层厚度15mm	80	1.45	不燃性
	③ 保护层厚度20mm	80	1.50	不燃性
	现浇的整体式梁板 ① 保护层厚度10mm	90	1.75	不燃性
	② 保护层厚度20mm	90	1.85	不燃性
	现浇的整体式梁板 ① 保护层厚度10mm	100	2.00	不燃性
	② 保护层厚度15mm	100	2.00	不燃性
	③ 保护层厚度20mm	100	2.10	不燃性
	④ 保护层厚度30mm	100	2.15	不燃性
	现浇的整体式梁板： ① 保护层厚度10mm	110	2.25	不燃性
	② 保护层厚度15mm	110	2.30	不燃性
	③ 保护层厚度20mm	110	2.30	不燃性
	④ 保护层厚度30mm	110	2.40	不燃性
	现浇的整体式梁板 ① 保护层厚度10mm	120	2.50	不燃性
	② 保护层厚度15mm	120	2.65	不燃性

序号	构件名称		构件厚度或截面最小尺寸（mm）	耐火极限（h）	燃烧性能
5	钢丝网抹灰粉刷的钢梁 ① 保护层厚度 10mm		—	0.50	不燃性
	② 保护层厚度 20mm		—	1.00	不燃性
	③ 保护层厚度 30mm		—	1.25	不燃性
6	屋面板	1. 钢筋加气混凝土屋面板，保护层厚度 10mm		1.25	不燃性
		2. 钢筋充气混凝土屋面板，保护层厚度 10mm		1.60	不燃性
		3. 钢筋混凝土方孔屋面板，保护层厚度 10mm		1.20	不燃性
		4. 预应力钢筋混凝土槽形屋面板，保护层厚度 10mm		0.50	不燃性
		5. 预应力钢筋混凝土槽瓦，保护层厚度 10mm		0.50	不燃性
		6. 轻型纤维石膏板屋面板	—	0.60	不燃性
六　吊顶					
1	木吊顶搁栅	1. 钢丝网抹灰	15	0.25	难燃性
		2. 板条抹灰	15	0.25	难燃性
		3. 1:4 水泥石棉浆钢丝网抹灰	20	0.50	难燃性
		4. 1:4 水泥石棉浆板条抹灰	20	0.50	难燃性
		5. 钉氧化镁锯末复合板	13	0.25	难燃性
		6. 钉石膏装饰板	10	0.25	难燃性
		7. 钉平面石膏板	12	0.30	难燃性
		8. 钉纸面石膏板	9.5	0.25	难燃性
		9. 钉双层石膏板（各 8mm）	16	0.45	难燃性
		10. 钉珍珠岩复合石膏板（穿孔板和吸音板各厚 15mm）	30	0.30	难燃性
		11. 钉矿棉吸声板	—	0.15	难燃性
		12. 钉硬质木屑板	10	0.20	难燃性
2	钢吊顶搁栅	1. 钢丝网（板）抹灰	15	0.25	不燃性
		2. 钉石棉板	10	0.85	不燃性
		3. 钉双层石膏板	10	0.30	不燃性
		4. 挂石棉型硅酸钙板	10	0.30	不燃性
		5　两侧挂 0.5mm 厚薄钢板，内填容重为 100kg/m³ 的陶瓷棉复合板	40	0.40	不燃性

续表

序号	构件名称		构件厚度或截面最小尺寸（mm）	耐火极限（h）	燃烧性能
3	双面单层彩钢面岩棉夹芯板吊顶，中间填容重为 120kg/m³ 的岩棉 ①		50	0.30	不燃性
	②		100	0.50	不燃性
4	钢龙骨单面钉表右侧材料	1. 防火板，填容重 100kg/m³ 的岩棉，构造（mm）：			
		① 9+75（岩棉）	84	0.50	不燃性
		② 12+100（岩棉）	112	0.75	不燃性
		③ 2×9+100（岩棉）	118	0.90	不燃性
		2. 纸面石膏板，构造（mm）：			
		① 12+2 填缝料+60（空）	74	0.10	不燃性
		② 12+1 填缝料+12+1 填缝料+60（空）	86	0.40	不燃性
		3. 防火纸面石膏板，构造（mm）：			
		① 12+50（填 60kg/m³ 的岩棉）	62+	0.20	不燃性
		② 15+1 填缝料+15+1 填缝料 60+（空）	92	0.50	不燃性
七 防火门					
1	木质防火门：木质面板或木质面板内设防火板	1. 门扇内填充珍珠岩 2. 门扇内填充氯化镁、氧化镁 （丙级）	40~50	0.50	难燃性
		（乙级）	45~50	1.00	难燃性
		（甲级）	50~90	1.50	难燃性
2	钢木质防火门	1. 木质面板 1) 钢质或钢木质复合门框、木质骨架，迎/背火面一面或两面设防火板，或不设防火板。门扇内填充珍珠岩，或氯化镁、氧化镁 2) 木质门框、木质骨架，迎/背火面一面或两面设防火板，或不设防火板。门扇内填充珍珠岩，或氯化镁、氧化镁 2. 钢制面板 钢质或钢木质复合门框、钢质或木质骨架，迎/背火面一面或两面设防火板，或不设防火板。门扇内填充珍珠岩，或氯化镁、氧化镁 （丙级）	40~50	0.50	难燃性
		（乙级）	45~50	1.00	难燃性
		（甲级）	50~90	1.50	难燃性
3	钢质防火门	钢制门框、钢制面板、钢质骨架，迎/背火面一面或两面设防火板，或不设防火板。门扇内填充珍珠岩，或氯化镁、氧化镁 （丙级）	40~50	0.50	不燃性
		（乙级）	45~70	1.00	不燃性
		（甲级）	50~90	1.50	不燃性

续表

序号	构件名称		构件厚度或截面最小尺寸（mm）	耐火极限（h）	燃烧性能
八　防火窗					
1	钢制防火窗	窗框钢质，窗扇钢质，窗框填充水泥砂浆，窗扇内填充珍珠岩，或氧化镁、氯化镁，或防火板。复合防火玻璃	25～30	1.00	不燃性
			30～38	1.50	不燃性
2	木质防火窗	窗框、窗扇均为木质，或均为防火板和木质复合。窗框无填充材料，窗扇迎/背火面外设防火板和木质面板，或为阻燃实木。复合防火玻璃	25～30	1.00	难燃性
			30～38	1.50	难燃性
3	钢木复合防火窗	窗框钢质，窗扇木质，窗框填充水泥砂浆，窗扇迎/背火面外设防火板和木质面板，或为阻燃实木。复合防火玻璃	25～30	1.00	难燃性
			30～38	1.50	难燃性
九　防火卷帘					
1	钢质普通型防火卷帘（帘板为单层）		—	1.50～3.00	不燃性
2	钢制复合型防火卷帘（帘板为双层）		—	2.00～4.00	不燃性
3	无机复合防火卷帘（采用多种无机材料复合而成）		—	3.00～4.00	不燃性
4	无机复合轻质防火卷帘（双层、不需水幕保护）		—	4.00	不燃性

注：1. λ 为钢管混凝土构件长细比，对于圆钢管混凝土，$\lambda=4L/D$；对于方、矩形钢管混凝土，$\lambda=\sqrt{3}L/B$；L 为构件的计算长度。
2. 对于矩形钢管混凝土柱，应以截面短边长度为依据。
3. 钢管混凝土柱的耐火极限为根据福州大学土木建筑学院提供的理论计算值，未经逐个试验验证。
4. 确定墙体的耐火极限不考虑墙上有无洞孔。
5. 墙的总厚度包括抹灰粉刷层。
6. 中间尺寸的构件，其耐火极限建议经试验确定，亦可按插入法计算。
7. 计算保护层时，应包括抹灰粉刷层在内。
8. 现浇的无梁楼板按简支板数据采用。
9. 无防火保护层的钢梁、钢柱、钢楼板和钢屋架，其耐火极限可按 0.25h 确定。
10. 人孔盖板的耐火极限可参照防火门确定。
11. 防火门和防火窗中的"木质"均为经阻燃处理。

121. 其他常用建筑结构材料的耐火极限是如何规定的？

1)《蒸压加气混凝土建筑应用技术规程》JGJ/T 17—2008 规定的蒸压加气混凝土的耐火性能详见表 1-248。

蒸压加气混凝土的耐火性能　　　　表 1-248

材料		体积密度级别	厚度（mm）	耐火极限（h）
加气混凝土砌块	水泥、矿渣、砂为原材料	B05	75	2.50
			100	3.75
			150	5.75
			200	8.00

续表

材料		体积密度级别	厚度（mm）	耐火极限（h）
加气混凝土砌块	水泥、石灰、粉煤灰为原材料	B06	100	6.00
			200	8.00
	水泥、石灰、砂为原材料	B05	100	3.00
			150	>4.00
水泥、矿渣、砂为原材料	屋面板	B05	100	3.00
			3300×600×150	1.25
	墙板	B06	2700×（3×600）×150	<4.00

2）《植物纤维工业废渣混凝土砌块建筑技术规程》JGJ/T 228—2010 规定植物纤维工业废渣混凝土砌块墙体的耐火极限和燃烧性能见表1-249。

植物纤维工业废渣混凝土砌块墙体的耐火极限和燃烧性能　　　　表 1-249

砌块墙体类型	耐火极限（h）	燃烧性能
190mm 厚承重砌块墙体	2.00	不燃烧体
90mm 厚砌块墙体	1.00	不燃烧体

注：墙体两面无粉刷。

3）《混凝土小型空心砌块建筑技术规程》JGJ/T 14—2011 规定混凝土小型空心砌块墙体的耐火极限和燃烧性能见表1-250。

混凝土小型空心砌块墙体的耐火极限和燃烧性能　　　　表 1-250

小砌块墙体类型	耐火极限（h）	燃烧性能
90mm 厚小砌块墙体	1.00	不燃烧体
190mm 厚小砌块墙体	承重墙 2.00	不燃烧体
190mm 厚配筋小砌块墙体	承重墙 3.50	不燃烧体

注：不包括两侧墙面粉刷。

（三）防 火 分 类

122. 民用建筑的防火分类是如何规定的？

《建筑设计防火规范》GB 50016—2014（2018 年版）规定民用建筑应根据其使用性质、火灾危险性、疏散和补救难度等进行分类，并应符合表1-251 的规定。

民用建筑的分类　　　　表 1-251

名称	高层民用建筑		单层、多层民用建筑
	一类	二类	
住宅建筑	建筑高度大于54m 的住宅建筑（包括设置商业服务网点的住宅建筑）	建筑高度大于27m，但不大于54m 的住宅建筑（包括设置商业服务网点的住宅建筑）	建筑高度不大于27m 的住宅建筑（包括设置商业服务网点的住宅建筑）

名称	高层民用建筑		单层、多层民用建筑
	一类	二类	
公共建筑	1. 建筑高度大于 50m 的公共建筑； 2. 建筑高度 24m 以上部分任一楼层建筑面积大于 1000m² 的商店、展览、电信、邮政、财贸金融建筑和其他多种功能组合的建筑； 3. 医疗建筑、重要公共建筑、独立建造的老年人照料设施； 4. 省级及以上广播电视和防灾指挥调度建筑、网局级和省级电力调度建筑； 5. 藏书超过 100 万册的图书馆、书库	除一类高层公共建筑外的其他高层公共建筑	1. 建筑高度大于 24m 的单层公共建筑； 2. 建筑高度不大于 24m 的其他公共建筑

注：1. 表中未列入的建筑，其类别应根据本表类比确定。

2. 除本规范另有规定外，宿舍、公寓等非住宅类居住建筑的防火要求，应符合本规范有关公共建筑的规定。

3. 除本规范另有规定外，裙房的防火要求应符合本规范有关高层民用建筑的规定。

（四）耐 火 等 级

123.《建筑设计防火规范》对民用建筑的耐火等级是如何规定的？

1）建筑构件的燃烧性能和耐火极限

《建筑设计防火规范》GB 50016—2014（2018 年版）规定：民用建筑的耐火等级可分为一级、二级、三级、四级。除本规范另有规定外，不同耐火等级建筑相应构件的燃烧性能和耐火极限不应低于表 1-252 的规定。

不同耐火等级建筑相应构件的燃烧性能和耐火极限（h）　　　　表 1-252

构件名称		耐火等级			
		一级	二级	三级	四级
墙	防火墙	不燃性 3.00	不燃性 3.00	不燃性 3.00	不燃性 3.00
	承重墙	不燃性 3.00	不燃性 2.50	不燃性 2.00	难燃性 0.50
	非承重外墙	不燃性 1.00	不燃性 1.00	不燃性 0.50	可燃性
	楼梯间和前室的墙、电梯井的墙、住宅建筑单元之间的墙和分户墙	不燃性 2.00	不燃性 2.00	不燃性 1.50	难燃性 0.50
	疏散走道两侧的隔墙	不燃性 1.00	不燃性 1.00	不燃性 0.50	难燃性 0.25
	房间隔墙	不燃性 0.75	不燃性 0.50	难燃性 0.50	难燃性 0.25
柱		不燃性 3.00	不燃性 2.50	不燃性 2.00	难燃性 0.50

构件名称	耐火等级			
	一级	二级	三级	四级
梁	不燃性 2.00	不燃性 1.50	不燃性 1.00	难燃性 0.50
楼板	不燃性 1.50	不燃性 1.00	不燃性 0.50	可燃性
屋顶承重构件	不燃性 1.50	不燃性 1.00	可燃性 0.50	可燃性
疏散楼梯	不燃性 1.50	不燃性 1.00	不燃性 0.50	可燃性
吊顶（包括吊顶搁栅）	不燃性 0.25	难燃性 0.25	难燃性 0.15	可燃性

注：1. 除本规范另有规定外，以木柱承重且墙体采用不燃材料的建筑，其耐火等级应按四级确定。

2. 住宅建筑构件的耐火极限和燃烧性能可按国家标准《住宅建筑规范》（GB 50368—2005）的规定执行。

2）民用建筑的耐火等级

《建筑设计防火规范》GB 50016—2014（2018 年版）规定民用建筑的耐火等级应根据其建筑高度、使用功能、重要性和火灾扑救难度等确定，并应符合下列规定：

（1）地下、半地下建筑（室）和一类高层建筑的耐火等级不应低于一级；

（2）单层、多层重要公共建筑和二类高层建筑的耐火等级不应低于二级；

（3）除木结构建筑外，老年人照料设施的耐火等级不应低于三级。

3）建筑高度大于100m 的民用建筑，其楼板的耐火极限不应低于 2.00h。一、二级耐火等级建筑的上人平屋顶，其屋面板的耐火极限分别不应低于 1.50h 和 1.00h。

4）一、二级耐火等级建筑的屋面板应采用不燃材料。

屋面防水层宜采用不燃、难燃材料，当采用可燃防水材料且铺设在可燃、难燃保温材料上时，防水材料或可燃、难燃保温材料应采用不燃材料作保护层。

5）二级耐火等级建筑内采用难燃性墙体的房间隔墙，其耐火极限不应低于 0.75h；当房间的建筑面积不大于100m² 时，房间隔墙可采用耐火极限不低于 0.50h 的难燃性墙体或耐火极限不低于 0.30h 的不燃性墙体。

二级耐火等级多层住宅建筑内采用预应力钢筋混凝土的楼板，其耐火极限不应低于 0.75h。

6）建筑中的非承重外墙、房间隔墙和屋面板，当确需采用金属夹芯板时，其芯材应为不燃材料，且耐火极限应符合本规范的有关规定。

7）二级耐火等级建筑内采用不燃材料的吊顶，其耐火极限不限。

三级耐火等级的医疗建筑、中小学校的教学建筑、老年人照料设施及托儿所、幼儿园的儿童用房和儿童游乐厅等儿童活动场所的吊顶，应采用不燃材料；当采用难燃材料时，其耐火极限不低于 0.25h。

二、三级耐火等级建筑内门厅、走道的吊顶应采用不燃材料。

8）建筑内预制钢筋混凝土构件的节点外露部位，应采取防火保护措施，且节点的耐火极限不应低于相应构件的耐火极限。

124. 其他民用建筑规范对耐火等级是如何规定的？

1）《住宅建筑规范》GB 50368—2005 对住宅建筑防火等级的规定：

（1）住宅建筑的耐火等级应划分为 4 级，其构件的燃烧性能和耐火极限不应低于表 1-253 的规定。

住宅建筑的燃烧性能和耐火等级　　　　　　　　表 1-253

构件名称		耐火等级			
		一级	二级	三级	四级
墙	防火墙	不燃烧材料 3.00	不燃烧材料 3.00	不燃烧材料 3.00	不燃烧材料 3.00
	非承重外墙、疏散走道两侧的隔墙	不燃烧材料 1.00	不燃烧材料 1.00	不燃烧材料 0.75	难燃烧材料 0.75
	楼梯间的墙、电梯井的墙、住宅单元之间的墙、住宅分户墙、承重墙	不燃烧材料 2.00	不燃烧材料 2.00	不燃烧材料 1.50	难燃烧材料 1.00
	房间隔墙	不燃烧材料 0.75	不燃烧材料 0.50	难燃烧材料 0.50	难燃烧材料 0.25
柱		不燃烧材料 3.00	不燃烧材料 2.50	不燃烧材料 2.00	难燃烧材料 1.00
梁		不燃烧材料 2.00	不燃烧材料 1.50	不燃烧材料 1.00	难燃烧材料 1.00
楼板		不燃烧材料 1.50	不燃烧材料 1.00	不燃烧材料 0.75	难燃烧材料 0.50
屋顶承重构件		不燃烧材料 1.50	不燃烧材料 1.00	难燃烧材料 0.50	难燃烧材料 0.25
疏散楼梯		不燃烧材料 1.50	不燃烧材料 1.00	不燃烧材料 0.75	难燃烧材料 0.50

注：表中的外墙指扣除外保温层厚度以后的主要构件。

（2）四级耐火等级的住宅建筑最多允许建造层数为 3 层，三级耐火等级的住宅建筑最多允许建造层数为 9 层，二级耐火等级的住宅建筑最多允许建造层数为 18 层。

2）《图书馆建筑设计规范》JGJ 38—2015 中对图书馆建筑的耐火等级的规定：

（1）藏书量超过 100 万册的高层图书馆、书库，耐火等级应为一级；

（2）除藏书量超过 100 万册的高层图书馆、书库外的图书馆、书库，建筑耐火等级不应低于二级，特藏书库的建筑耐火等级应为一级。

3）《汽车库、修车库、停车场设计防火规范》GB 50067—2014 规定：

（1）汽车库、修车库的耐火等级分为一级、二级和三级。其构件的燃烧性能和耐火极限不应低于表 1-254 的规定。

汽车库、修车库构件的燃烧性能和耐火极限（h）　　　　表 1-254

建筑构件名称		耐火等级		
		一级	二级	三级
墙	防火墙	不燃性 3.00	不燃性 3.00	不燃性 3.00
	承重柱	不燃性 3.00	不燃性 2.50	不燃性 2.00
	楼梯间和前室的墙、防火隔墙	不燃性 2.00	不燃性 2.00	不燃性 2.00
	隔墙、非承重外墙	不燃性 1.00	不燃性 1.00	不燃性 0.50
柱		不燃性 3.00	不燃性 2.50	不燃性 2.00
梁		不燃性 2.00	不燃性 1.50	不燃性 1.00
楼板		不燃性 1.50	不燃性 1.00	不燃性 0.50
疏散楼梯、坡道		不燃性 1.50	不燃性 1.00	不燃性 1.00
屋顶承重构件		不燃性 1.50	不燃性 1.00	可燃性 0.50
吊顶（包括吊顶搁栅）		不燃性 0.25	不燃性 0.25	难燃性 0.15

注：预制钢筋混凝土构件的节点缝隙或金属承重构件的外露部位应加设防火保护层，其耐火极限不应低于表中相
　　应构件的规定。

（2）汽车库和修车库的耐火等级应符合下列规定：

① 地下、半地下和高层汽车库应为一级。

② 甲、乙类物品运输车的汽车库、修车库和Ⅰ类汽车库、修车库，应为一级。

③ Ⅱ、Ⅲ类的汽车库、修车库的耐火等级不应低于二级。

④ Ⅳ类的汽车库、修车库的耐火等级不应低于三级。

4）《博物馆建筑设计规范》JGJ 66—2015 中规定：

（1）博物馆建筑的耐火等级不应低于二级，且当符合下列条件之一时，耐火等级应为
一级：

① 地下或半地下建筑（室）和高层建筑；

② 总建筑面积大于 10000m² 的单、多层建筑；

③ 主管部门确定的重要博物馆建筑。

（2）高层博物馆建筑的防火设计应符合一类高层民用建筑的规定。

（3）藏品保存场所的防火设计

① 藏品库区、展厅和藏品技术区等藏品保存场所的建筑构件耐火极限不应低于表 1-255 的规定。

② 藏品保存场所的安全疏散楼梯应采用封闭楼梯间或防烟楼梯间，电梯应设前室或
防烟前室；藏品库区电梯和安全疏散楼梯不应设在库房区内。

③ 陈列展览区的防火分区设计应符合下列规定：

藏品保存场所的建筑构件的耐火极限 表 1-255

建筑构件名称		耐火极限（h）
墙	防火墙	3.00
	承重墙、房间隔墙	3.00
	疏散走道两侧的墙、非承重外墙	2.00
	楼梯间、前室的墙、电梯井的墙	2.00
	珍贵藏品库房、丙类藏品库房的防火墙	4.00
柱		3.00
梁		2.50
楼板		2.00
屋顶承重构件、上人屋面的屋面板		1.50
疏散楼梯		1.50
吊顶（包括吊顶格栅）		0.30
防火分区、藏品库房和展厅的疏散门、库房区总门		甲级

a. 防火分区的最大允许建筑面积应符合下列规定：

（a）单层、多层建筑不应大于 $2500m^2$；

（b）高层建筑不应大于 $1500m^2$；

（c）地下或半地下建筑（室）不应大于 $500m^2$。

b. 当防火分区内全部设置自动灭火系统时，防火分区面积可增加一倍；当局部设置时，其防火分区面积增加面积可按设置自动灭火系统部分的建筑面积减半计算。

c. 当裙房与高层建筑主体之间设置防火墙时，裙房的防火分区可按单层、多层建筑的要求确定。

d. 对于科技馆和展品火灾危险性为丁、戊类的技术博物馆，当建筑内全部设置自动灭火系统和火灾自动报警系统时，其每个防火分区的最大允许建筑面积可适当增加，并应符合下列规定：

（a）设置在高层建筑内时，不应大于 $4000m^2$；

（b）设置在单层建筑内或仅设置在多层建筑的首层时，不应大于 $10000m^2$；

（c）设置在地下或半地下时，不应大于 $2000m^2$。

e. 防火分区内一个厅、室的建筑面积不应大于 $1000m^2$；当防火分区位于单层建筑内或仅设置在多层建筑的首层，且展厅内展品的火灾危险性为丁、戊类物品时，该展厅建筑面积可适当增加，但不宜大于 $2000m^2$。

（4）陈列展览区每个防火分区的疏散人数应按区内全部展厅的高峰限值之和计算确定。

（5）藏品库房区内藏品的火灾危险性应根据藏品的性质和藏品中可燃物数量等因素划分，并应符合《建筑设计防火规范》GB 50016—2014（2018 年版）中关于储存物品火灾危险性分类的规定。

（6）丙类液体藏品库房不应设置在地下或半地下，以及高层建筑中；当设在单层、多层建筑时，应靠外墙布置，且应设置防止液体流散的设施。

（7）当丁、戊类藏品库房的可燃包装材料重量大于本身重量 1/4，或可燃包装材料体积大于藏品本身体积的 1/2 时，其火灾危险性应按丙类固体藏品类别确定；当丁、戊类藏品库房内采用木质护墙时，其防火设计应按丙类固体藏品库房的要求确定。

（8）藏品库区的防火分区设计应符合下列规定：

① 藏品库区每个防火分区的最大允许建筑面积应符合表 1-256 的规定。

藏品库区每个防火分区的最大允许建筑面积（m²） 表 1-256

藏品火灾危险性类别		每个防火分区的最大允许建筑面积			
		单层或多层建筑的首层	多层建筑	高层建筑	地下、半地下建筑（室）
丙类	液体	1000	700	—	—
	固体	1500	1200	1000	500
丁类		3000	1500	1200	1000
戊类		4000	2000	1500	1000

注：1. 当藏品库区内全部设置自动灭火系统和火灾自动报警系统时，可按表内的规定增加 1.0 倍。
    2. 库房内设置阁楼时，阁楼面积应计入防火分区面积。

② 防火分区内的一个库房的建筑面积，丙类液体藏品库房不应大于 300m²；丙类固体藏品库房不应大于 500m²；丁类液体藏品库房不应大于 1000m²；戊类液体藏品库房不应大于 2000m²。

（9）当藏品库房中同一防火分区内储藏不同火灾危险性藏品时，该防火分区最大允许建筑面积应按其中火灾危险性最大类别确定；当该防火分区内无甲、乙类或丙类液体藏品，且丙类固体藏品库房建筑面积之和不大于区内库房建筑面积之和的 1/3 时，该防火分区最大允许建筑面积可按表 1-244 的丁类藏品的规定确定。

（10）藏品库区内每个防火分区通向疏散走道、楼梯或室外的出口不应少于 2 个，当防火分区的建筑面积不大于 100m² 时，可设一个出口；每座藏品库房的安全出口不应少于 2 个；当一座库房的占地面积不大于 300m² 时，可设置 1 个安全出口。

（11）地下或半地下藏品库房的出口不应少于 2 个；当建筑面积不大于 100m² 时，可设置 1 个安全出口。

当地下或半地下藏品库房有多个防火分区相邻布置，并采用防火墙分隔时，每个防火分区可利用防火墙上通向相邻防火分区的甲级防火门作为第二安全出口，但每个防火分区至少应有一个直通室外的安全出口。

5）《人民防空工程设计防火规范》GB 50098—2009 规定：人民防空工程的地下室、半地下室的耐火极限应执行《建筑设计防火规范》GB 50016—2014（2018 年版）的有关规定。其耐火等级综合如下：

（1）地下、半地下建筑（室）的耐火等级

① 地下、半地下建筑（室）的耐火等级应为一级；

② 地下汽车库的耐火等级应为一级。

（2）地下室、半地下室的防火分区

① 地下室、半地下室的防火分区面积为 500m²，当设置自动灭火系统时，其面积可

增加 1.0 倍，局部设置时，局部面积增加 1.0 倍；

② 高层建筑的商场营业厅、展览厅等，当设有火灾自动报警系统且采用不燃烧材料或难燃烧材料进行装修时，地下部分防火分区的最大建筑面积为 2000m²。

6)《老年人照料设施设计标准》JGJ 450—2018 规定：

(1) 老年人照料设施的人员疏散应符合现行国家标准《建筑设计防火规范》GB 50016—2014（2018 年版）的规定。

(2) 每个照料单元的用房均不应跨越防火分区。

(3) 向老年人公共活动区域开启的门不应阻碍交通。

7)《综合医院建筑设计规范》GB 51039—2014 规定：医院建筑耐火等级不应低于二级。

8)《档案馆建筑设计规范》JGJ 25—2010 规定：档案馆建筑的耐火等级见表 1-257。

档案馆建筑的耐火等级 表 1-257

档案馆建筑的等级	特级	甲级	乙级
耐火等级	一级	一级	不低于二级

9)《展览建筑设计规范》JGJ 218—2010 规定：展览建筑的耐火等级不应低于二级。

10)《宿舍建筑设计规范》JGJ 36—2016 规定：

(1) 柴油发电机房、变配电室和锅炉房等不应布置在宿舍居室、疏散楼梯间及出入口门厅等部位的上一层、下一层或贴邻，并应采用防火墙与相邻区域进行分隔。

(2) 宿舍建筑内不应布置使用明火、易产生油烟的餐饮店。学校宿舍建筑内不应布置与宿舍功能无关的商业店铺。

(3) 宿舍内的公用厨房有明火加热装置时，应靠外墙设置，并应采用耐火极限不小于 2.0h 的墙体和乙级防火门与其他部分分隔。

11)《疗养院建筑设计规范》JGJ/T 40—2019 规定：

设有疗养、理疗、医技门诊用房的建筑耐火等级不应低于二级。

12)《特殊教育学校建筑设计规范》JGJ 76—2019 规定：

学生主要使用的建筑物的耐火等级不应低于二级。

13)《办公建筑设计标准》JGJ/T 67—2019 规定，办公建筑的耐火等级应符合下列规定：

(1) A 类、B 类办公建筑应为一级；

(2) C 类办公建筑不应低于二级。

（五）防 火 间 距

125. 建筑防火间距的计算方法是如何规定的？

《建筑设计防火规范》GB 50016—2014（2018 年版）规定：

1) 建筑物之间的防火间距应按相邻建筑外墙的最近水平距离计算，当外墙有凸出的可燃或难燃构件时，应从其凸出部分外缘算起。

建筑物与储罐、堆场的防火间距，应为建筑外墙至储罐外壁或堆场中相邻堆垛外缘的最近水平距离。

2）储罐之间的防火间距应为相邻两储罐外壁的最近水平距离。

储罐与堆场的防火间距应为储罐外壁至堆场中相邻堆垛外缘的最近水平距离。

3）堆场之间的防火间距应为两堆场相邻堆垛外缘的最近水平距离。

4）变压器之间的防火间距应为相邻变压器外壁的最近水平距离。

变压器与建筑物、储罐或堆场的防火间距，应从变压器外壁至建筑外墙、储罐外壁或相邻堆垛外缘的最近水平距离。

5）建筑物、储罐或堆场与道路、铁路的防火间距应为建筑外墙、储罐外壁或相邻堆场外缘距道路最近一侧路边或铁路中心线的最小水平距离。

126. 建筑防火间距的规定有哪些？

1）《建筑设计防火规范》GB 50016—2014（2018 年版）规定：

（1）在总平面布局中，应合理确定建筑的位置、防火间距、消防车道和消防水源等，不宜将民用建筑布置在甲、乙类厂（库）房，甲、乙、丙类液体储罐、可燃气体储罐和可燃材料堆场的附近。

（2）民用建筑之间的防火间距不应小于表 1-258 的规定，与其他建筑之间的防火间距，除应符合本节的规定外，还应符合本规范其他章的有关规定。

民用建筑之间的防火间距（m） 表 1-258

建筑类别		高层民用建筑	裙房和其他民用建筑		
		一、二级	一、二级	三级	四级
高层民用建筑	一、二级	13	9	11	14
裙房和其他民用建筑	一、二级	9	6	7	9
	三级	11	7	8	10
	四级	14	9	10	12

注：1. 相邻两座单、多层建筑，当相邻外墙为不燃性墙体且无外露的可燃性屋檐，每面外墙上无防火保护的门、窗、洞口不正对开设且门、窗、洞口的面积之和不大于外墙面积的 5%时，其防火间距可按本表规定减少 25%。

2. 两座建筑相邻较高一面外墙为防火墙，或高出相邻较低一座一、二级耐火等级建筑的屋面 15m 及以下范围内的外墙为防火墙时，其防火间距可不限。

3. 相邻两座高度相同的一、二级耐火等级建筑中相邻任一侧外墙为防火墙，屋顶的耐火极限不低于 1.00h 时，其防火间距可不限。

4. 相邻两座建筑中较低一座建筑的耐火等级不低于二级，相邻较低一面外墙为防火墙且屋顶无天窗、屋顶的耐火极限不低于 1.00h 时，其防火间距不应小于 3.50m，对于高层建筑，不应小于 4.00m。

5. 相邻两座建筑中较低一座建筑的耐火等级不低于二级且屋顶无天窗，相邻较高一面外墙高出较低一座建筑的屋面 15m 及以下范围内的开口部位设置甲级防火门、窗，或设置符合国家标准《自动喷水灭火系统设计规范》GB 50084—2005 规定的防火分隔水幕或符合本规范规定的防火卷帘时，其防火间距不应小于 3.50m，对于高层建筑，不应小于 4.00m。

6. 相邻建筑通过连廊、天桥或底部的建筑物等连接时，其间距不应小于上表的规定。

7. 耐火等级低于四级的既有建筑，其耐火等级可按四级确定。

（3）民用建筑与单独建造的变电站的防火间距应按"厂房之间及与乙、丙、丁、戊类仓库，及民用建筑等的防火间距"有关室外变、配电站的规定。但与单独建造的终端变电站的耐火等级可按本规范"民用建筑之间的防火间距"（表 1-254）有关民用建筑的规定确定。

民用建筑与 10kV 及以下的预装式变电站的防火间距不应小于 3m。

民用建筑与燃油、燃气或燃煤锅炉房的防火间距应符合本规范"厂房之间及与乙、丙、丁、戊类仓库，及民用建筑等的防火间距"规定中有关丁类厂房的规定，但与单台蒸汽锅炉的蒸发量不大于 4t/h 或单台热水锅炉的额定热功率不大于 2.8MW 的燃煤锅炉房的防火间距可根据锅炉房的耐火等级按"民用建筑之间的防火间距"（表 1-254）有关民用建筑的规定确定。

（4）除高层民用建筑外，数座一、二级耐火等级的住宅建筑或办公建筑，当建筑物的占地面积总和不大于 2500m² 时，可成组布置，但组内建筑物之间的间距不宜小于 4.00m。组与组或组与相邻建筑物之间的防火间距不应小于本规范"民用建筑之间的防火间距"（表 1-254）的规定。

（5）民用建筑与燃气调压站、液化石油气气化站或混气站、城市液化石油气供应站瓶库等的防火间距应符合国家标准《城镇燃气设计规范》GB 50028—2006 的规定。

（6）建筑高度大于 100m 的民用建筑与相邻建筑的防火间距，当符合"丙、丁、戊类厂房与民用建筑的耐火等级"，"丁、戊类仓库与民用建筑的耐火等级"，"甲、乙、丙类液体储罐（区）和乙、丙类液体桶装堆场与民用建筑的防火间距"和"民用建筑之间的防火间距"（表 1-149）中允许减小的条件时，仍不应减小。

2）《住宅建筑规范》GB 50368—2005 规定：住宅建筑与相邻民用建筑之间的防火间距应符合表 1-259 的规定。

住宅建筑与相邻民用建筑之间的防火间距（m）　　　　　　　　　表 1-259

建筑类别			10 层和 10 层以上住宅或其他民用建筑		10 层以下住宅或其他非高层民用建筑		
			高层建筑	裙房	耐火等级		
					一、二级	三级	四级
10 层以下住宅	耐火等级	一、二级	9	9	6	7	9
		三级	11	7	7	8	10
		四级	14	9	9	10	12
10 层和 10 层以上住宅			13	9	9	11	14

3）《汽车库、修车库、停车场设计防火规范》GB 50067—2014 规定：

（1）汽车库、修车库、停车场之间及汽车库、修车库、停车场与除甲类物品仓库外的其他建筑物之间的防火间距应符合表 1-260 的规定。

（2）汽车库、修车库之间或汽车库、修车库与其他建筑物之间的防火间距可适当较少，但应符合下列规定：

① 当两座建筑物相邻较高一面外墙为无门、窗、洞口的防火墙或当较高一面外墙比较低一座一、二级耐火等级建筑屋面高 15m 及以下范围内的外墙为无门、窗、洞口的防火墙时，其防火间距可不限。

汽车库、修车库、停车场之间及汽车库、修车库、停车场与除甲类
物品仓库外的其他建筑物之间的防火间距（m）　　表 1-260

名称和耐火等级	汽车库、修车库		厂房、仓库、民用建筑		
	一、二级	三级	一、二级	三级	四级
一、二级汽车库、修车库	10	12	10	12	14
三级汽车库、修车库	12	14	12	14	16
停车场	6	8	6	8	10

注：1. 高层汽车库与其他建筑物，汽车库、修车库与高层建筑的防火间距应按上表增加 3m；

2. 汽车库、修车库与甲类厂房的防火间距应按上表增加 2m；

3. 防火间距应按相邻建筑物外墙的最近距离算起，如外墙有凸出的可燃物构件时，则应从其凸出部分外缘算起，停车场从靠近建筑物的最近停车位置边缘算起。

② 当两座建筑相邻较高一面外墙上，同较低建筑等高的以下范围内的外墙为无门、窗、洞口的防火墙时，其防火间距可按表 1-256 的规定值减少 50%。

③ 相邻的两座一、二级耐火等级建筑，当较高一面外墙耐火极限不低于 2h，墙上开口部位设置甲级防火门、窗或耐火极限不低于 2.00h 的防火卷帘、水幕等防火设施时，其防火间距可减小，但不应小于 4m。

④ 相邻的两座一、二级耐火等级建筑，当较低一座屋顶无开口，屋顶的耐火极限不低于 1.00h，且较低一面外墙为防火墙时，其防火间距可减小，但不应小于 4m。

（3）停车场与相邻的一、二级耐火等级建筑之间，当相邻建筑的外墙为无门、窗、洞口的防火墙或比停车部位高 15m 范围以下的外墙为无门、窗、洞口的防火墙时，防火间距可不限。

（4）停车场的汽车宜分组停放，每组的停车数量不宜大于 50 辆，组之间的防火间距不应小于 6m。

（六）防 火 分 区

127. 建筑防火分区的规定有哪些?

1）《建筑设计防火规范》GB 50016—2014（2018 年版）规定：

（1）除本规范另有规定外，不同耐火等级建筑的允许建筑高度或层数、防火分区最大允许建筑面积应符合表 1-261 的规定。

不同耐火等级建筑的允许建筑高度或层数、防火分区最大允许建筑面积　　表 1-261

名 称	耐火等级	允许建筑高度或层数	防火分区的最大允许建筑面积（m²)	备 注
高层民用建筑	一、二级	详表 1-248 的规定	1500	对于体育馆、剧场的观众厅，防火分区的最大允许建筑面积可适当增加
单层、多层民用建筑	一、二级	详表 1-248 的规定	2500	
	三级	5 层	1200	—
	四级	2 层	600	

名 称	耐火等级	允许建筑高度或层数	防火分区的最大允许建筑面积（m²）	备 注
地下或半地下建筑（室）	一级	—	500	设备用房的防火分区最大允许建筑面积不应大于1000m²

注：1. 表中规定的防火分区最大允许建筑面积，当建筑内设置自动灭火系统时，可按本表的规定增加1.0倍；局部设置时，防火分区的增加面积可按该局部面积的1.0倍计算。

2. 裙房与高层建筑主体之间设置防火墙时，裙房的防火分区可按单、多层建筑的要求确定。

（2）独立建造的一、二级耐火等级老年人照料设施的建筑高度不宜大于32m，不应大于54m；独立建造的三级耐火等级老年人照料设施，不应超过2层。

（3）当建筑物内设置自动扶梯、敞开楼梯等上下层相连通的开口时，其防火分区面积应按上下层相连通的面积叠加计算。当相连通楼层的建筑面积之和大于上表的规定时，应划分防火分区。

建筑内设置中庭时，其防火分区的建筑面积应按上、下层相连通的建筑面积叠加计算；当叠加计算后的建筑面积大于上表的规定时，应符合下列规定：

① 与周围连通空间应进行防火分隔；采用防火隔墙时，耐火极限不应低于1.00h；采用防火玻璃墙时，其耐火隔热性和耐火完整性不应低于1.00h，采用耐火完整性不低于1.00h的非隔热性防火玻璃墙时，应设置自动喷水灭火系统进行保护；采用防火卷帘时，其耐火极限不应低于3.00h，并应符合本规范"防火卷帘"的相关规定；与中庭相连通的门、窗，应采用火灾时能自动关闭的甲级防火门、窗。

② 高层建筑内的中庭回廊应设置自动喷水灭火系统和火灾自动报警系统。

③ 中庭应设置排烟措施。

④ 中庭内不应布置可燃物。

（4）防火分区之间应采用防火墙分隔。确有困难时，可采用防火卷帘等防火分隔设施分隔。当采用防火卷帘时应符合本规范"防火卷帘"的有关规定。

（5）一、二级耐火等级建筑内的商店营业厅、展览厅，当设置自动灭火系统和火灾自动报警系统并采用不燃或难燃装修材料时，其每个防火分区的允许建筑面积应符合下列规定：

① 设置在高层建筑内时，不应大于4000m²；

② 设置在单层建筑内或仅设置在多层建筑的首层内时，不应大于10000m²；

③ 设置在地下或半地下时，不应大于2000m²；

2)《汽车库、修车库、停车场设计防火规范》GB 50067—2014规定：

（1）汽车库防火分区的最大允许建筑面积应符合表1-262的规定。

地坪低于室外地坪面高度超过该层汽车库净高1/3且不超过净高1/2的汽车库，或设在建筑物首层的汽车库的防火分区最大允许建筑面积不应超过2500m²。

（2）设有自动灭火系统的汽车库，其每个防火分区最大允许建筑面积不应大于表1-252的2.0倍。

（3）室内无车道且无人员停留的机械式汽车库应符合下列规定：

汽车库防火分区的最大允许建筑面积（m²）　　　　表 1-262

耐火等级	单层汽车库	多层汽车库	地下汽车库、高层汽车库
一、二级	3000	2500	2000
三级	1000	不允许	不允许

注：1. 敞开式、错层式、斜楼板式汽车库的上下连通层面积应叠加计算，每个防火分区最大允许建筑面积不应大于本表规定的 2.0 倍。

　　2. 室内有车道且有人员停留的机械式汽车库，其防火分区面积应按上表的规定减少 35%。

　　3. 防火分区之间应采用防火墙、防火卷帘等分隔。

① 当停车数量超过 100 辆时，应采用无门、窗、洞口的防火墙分隔为多个停车数量不大于 100 辆的区域，但应采用防火隔墙和耐火极限不低于 1.00h 的不燃性楼板分隔成多个停车单元，且停车单元内的停车数量不大于 3 辆时，应分隔为停车数量不大于 300 辆的区域；

② 汽车库内应设置火灾自动报警系统和自动喷水灭火系统，自动喷水灭火系统应选用快速响应喷头；

③ 楼梯间及停车区的检修通道上应设置室内消火栓；

④ 汽车库内应设置排烟设施，排烟口应设置在运输车辆的通道顶部。

（4）甲、乙类物品运输车的汽车库、修车库，每个防火分区的最大允许建筑面积不应大于 500m²。

（5）修车库每个防火分区的最大允许建筑面积不应大于 2000m²，当修车部位与相邻使用有机溶剂的清洗和喷漆工段采用防火墙分隔时，每个防火分区的最大允许建筑面积不应大于 4000m²。

（6）汽车库、修车库贴邻其他建筑物时，应符合下列规定：

① 当贴邻建造时，应采用防火墙隔开；

② 设在其他建筑物内的汽车库（包括屋顶停车场）、修车库与其他部位之间，应采用防火墙和耐火极限不低于 2.00h 的不燃烧体楼板分隔；

③ 汽车库、修车库的外墙门、洞口的上方，应设置耐火极限不低于 1.00h、宽度不小于 1.00m、长度不小于开口宽度的不燃性楼板分隔；外墙的上、下窗间墙高度不应小于 1.20m；

④ 汽车库、修车库的外墙上、下层开口之间墙的高度，不应小于 1.20m 或设置耐火极限不低于 1.00h、宽度不小于 1.00m 的不燃性防火挑檐。

（7）汽车库内设置修理车位时，停车部位与修车部位之间应采用防火墙和耐火极限不低于 2.00h 的不燃性楼板分隔。

（8）修车库内使用有机溶剂清洗和喷漆的工段，当超过 3 个车位时，均应采取防火隔墙等分隔措施。

（9）附设在汽车库、修车库内的消防控制室、自动灭火系统的设备室、消防水泵房和排烟、通风空气调节机房等，应采用防火隔墙和耐火极限不低于 1.50h 的不燃性楼板相互隔开或与相邻部位分隔。

3）《人民防空工程设计防火规范》GB 50098—2009 规定：

（1）人防工程的出入口地面建筑与周围建筑物之间的防火间距应按《建筑设计防火规

范》GB 50016—2014（2018年版）的有关规定执行。

（2）人防工程的采光窗井与相邻地面建筑之间的最小防火间距应符合表 1-263 的规定。

采光窗井与相邻地面建筑之间的最小防火间距（m）　　　　表 1-263

建筑类别和耐火等级 人防工程类别	民用建筑			高层民用建筑	
	一、二级	三级	四级	主体	附属
一般人防工程	6	7	9	13	6

注：1. 防火间距按人防工程有窗外墙与相邻地面建筑外墙的最近距离计算。

　　2. 当相邻的地面建筑物外墙为防火墙时，其防火间距不限。

（3）人防工程内应采用防火墙划分防火分区。当采用防火墙确有困难时，可采用防火卷帘等防火分隔设施分隔，防火分区的划分应符合下列要求：

① 防火分区应在个安全出口处的防火门范围内划分；

② 水泵房、污水泵房、水池、厕所、盥洗间等物可燃物的房间，其面积可不计入防火分区的面积之内；

③ 与柴油发电机房或锅炉房配套的水泵间、风机房、储油间等，应与柴油发电机房或锅炉房一起划分为一个防火分区；

④ 防火分区的划分宜与人防工程的防护单元相结合；

⑤ 工程内设置有旅馆、病房、员工宿舍时，不得设置在地下二层及以下层，并应划分为独立的防火分区，且疏散楼梯间不得与其他防火分区的疏散楼梯共用；

（4）每个防火分区的允许最大使用面积，除另有规定外，不应大于 $500m^2$。当设有自动灭火系统时，允许最大建筑面积可增加一倍；局部设置时，增加的面积可按该局部面积的一倍计算。

（5）商业营业厅、展览厅、电影院和礼堂的观众厅、溜冰馆、游泳馆、射击馆、保龄球馆等防火分区划分应符合下列规定：

① 商业营业厅、展览厅等，当设置有自动报警系统和自动灭火系统，且采用 A 级装修材料时，防火分区允许最大建筑面积不应大于 $2000m^2$。

② 电影院、礼堂的观众厅，防火分区允许最大建筑面积不应大于 $1000m^2$。当设有火灾自动报警和自动灭火系统时，其允许最大建筑面积也不得增加。

③ 溜冰馆的冰场、游泳馆的游泳池、射击馆的靶道区、保龄球馆的球道区等，其面积可不计入溜冰馆、游泳馆、射击馆、保龄球馆的防火分区面积内。溜冰馆的冰场、游泳馆的游泳池、射击馆的靶道区等，其装修材料应采用 A 级。

（6）人防工程内设置有内挑台、走马廊、开敞楼梯和自动扶梯等上下连通层时，其防火分区面积应按上下层相连通的面积计算，其建筑面积之和应符合相关规定，且连通的层数不宜大于两层。

（7）当人防工程地面建有建筑物，且与地下一、二层有中庭相通或地下一、二层有中庭相通时，防火分区面积应按上下多层相连通的面积叠加计算；当超过防火分区的最大允许建筑面积时，应符合下列规定：

① 房间与中庭相通的开口部位应设置火灾时能自行关闭的甲级防火门、窗；

② 与中庭相通的过厅、通道等处，应设置甲级防火门或耐火极限不低于 3.00h 的防火卷帘。防火门或防火卷帘应能在火灾时自动关闭或降落；

③ 中庭应设置排烟设施。

（8）需设置排烟设施的部位，应划分防烟分区，并应符合下列规定：

① 每个防烟分区的建筑面积不应大于 500m^2。但当从室内地面至顶棚或顶板的高度在 6m 以上时，可不受此限。

② 防烟分区不得跨越防火分区。

（9）需设置排烟设施的走道，净高不超过 6.00m 的房间，应采用挡烟垂壁、隔墙或从顶棚突出不小于 0.50m 的梁划分防烟分区。

4）《综合医院建筑设计规范》GB 51039—2014 规定：

（1）医院建筑的防火分区应结合建筑布局和功能分区划分。

（2）防火分区的面积除应按建筑物的耐火等级和建筑高度确定外，病房部分每层防火分区内，尚应根据面积大小和疏散路线进行再分隔。同层有 2 个及 2 个以上护理单元时，通向公共走道的单元入口处应设乙级防火门。

（3）高层建筑内的门诊大厅，设有火灾自动报警系统和自动灭火系统并采用不燃或难燃材料装修时，地上部分防火分区的允许最大建筑面积应为 4000m^2。

（4）医院建筑内的手术部，当设有火灾自动报警系统，并采用不燃或难燃材料装修时，地上部分防火分区的允许最大建筑面积应为 4000m^2。

（5）防火分区内的病房、产房、手术部、精密贵重医疗设备用房等，均应采用耐火极限不低于 2.00h 的不燃烧体与其他部分隔开。

5）《档案馆建筑设计规范》JGJ 25—2010 规定：档案馆建筑的特藏库宜单独设置防火分区。

6）《展览建筑设计规范》JGJ 218—2010 规定：

（1）对于设置在多层建筑内的地上展厅，防火分区的最大允许建筑面积应符合下列规定：

① 当展厅内未设置自动灭火系统时，防火分区的最大允许建筑面积不应大于 2500m^2；

② 当展厅内设置自动灭火系统时，防火分区的最大允许建筑面积可增加 1.0 倍；

③ 当展厅内局部设置自动灭火系统时，防火分区增加的面积可按该局部面积的 1.0 倍计。

（2）对于设置在单层建筑内或多层建筑首层的展厅，当设有自动灭火系统、排烟设施和火灾自动报警系统时，防火分区的最大允许建筑面积不应大于 10000m^2。

（3）对于设置在高层建筑内的地上展厅，防火分区的最大允许建筑面积不应大于 4000m^2。

对于设置在多层或高层建筑内的地下展厅，防火分区的最大允许建筑面积不应大于 2000m^2，并应设有自动灭火系统、排烟设施和火灾自动报警系统。

（4）对于设置在高层建筑裙房的展厅，当裙房与高层建筑之间有防火分隔措施、未设置自动灭火系统时，展厅防火分区的最大允许建筑面积不应大于 2500m^2；当裙房与高层建筑之间有防火分隔措施且设有自动灭火系统时，防火分区的最大允许建筑面积可增加 1.0 倍。

7)《图书馆建筑设计规范》JGJ 38—2015 规定：

(1) 对于未设置自动灭火系统的一、二级耐火等级的基本书库、特藏书库、开架书库的防火分区最大允许建筑面积，单层建筑不应大于 1500m²；建筑高度不超过 24m 的多层建筑不应大于 1200m²；建筑高度超过 24m 的建筑不应大于 1000m²；地下室或半地下室不应大于 300m²。

(2) 当防火分区设有自动灭火系统时，其允许最大建筑面积可增加 1.0 倍，当局部设有自动灭火系统时，增加面积可按局部面积的 1.0 倍计算。

(3) 阅览室及藏阅合一的开架阅览室均应按阅览室功能划分其防火分区。

(4) 对于采用积层书架的书库，其防火分区面积应按书架层的面积合并计算。

8)《剧场建筑设计规范》JGJ 57—2016 规定：

当剧场建筑与其他建筑合建或毗连时，应形成独立的防火分区，并应采用防火墙隔开，且防火墙不得开窗洞；当设门时，应采用甲级防火门。防火分区上下楼板耐火极限不应低于 1.50h。

9)《疗养院建筑设计标准》JGJ/T 40—2019 规定：

(1) 疗养院建筑的防火分区应结合建筑布局和功能分区划分；

(2) 防火分区内的疗养室、精密贵重理疗、医疗设备用房，均应采用耐火极限不低于 2h 的不燃烧体与其他部位隔开。

（七）防 火 设 计

128. 地下商店防火设计的规定有哪些？

《建筑设计防火规范》GB 50016—2014（2018 年版）规定：

总建筑面积大于 20000m² 地下或半地下商店，应采用无门、窗、洞口的防火墙、耐火极限不低于 2.00h 的楼板分隔为多个建筑面积不大于 20000m² 的区域。相邻区域确需局部连通时，应采用下沉式广场等室外开敞空间、防火隔间、避难走道、防烟楼梯间等方式进行连通，并应符合下列规定：

1) 下沉式广场等室外开敞空间应能防止相邻区域的火灾蔓延和便于安全疏散，并应符合本规范"下沉式广场"构造的规定。

2) 防火隔间的墙应为耐火极限不低于 3.00h 的防火隔墙，并应符合本规范"防火隔间"构造的有关规定。

3) 避难走道应符合本规范"避难走道"的规定。

4) 防烟楼梯间的门应采用甲级防火门。

129. 步行商业街防火设计的规定有哪些？

《建筑设计防火规范》GB 50016—2014（2018 年版）规定餐饮、商店等商业设施通过有顶棚的步行街连接，且步行街两侧的建筑需利用步行街进行疏散时，应符合下列规定：

1) 步行街两侧建筑的耐火等级不应低于二级。

2) 步行街两侧建筑相对面的最近距离不应小于本规范对相应高度建筑的防火间距要求且不应小于 9.00m。步行街的端部在各层均不宜封闭，确需封闭时，应在外墙上设置可开启的门窗，且可开启门窗的面积不应小于该部位外墙面积的一半。步行街的长度不宜大于 300m。

3）步行街两侧建筑的商铺之间应设置耐火极限不低于 2.00h 的防火隔墙，每间商铺的建筑面积不宜大于 300m²。

4）步行街两侧建筑的商铺，其面向步行街一侧的围护构件的耐火极限不应低于 1.00h，并宜采用实体墙，其门、窗应采用乙级防火门、窗；当采用防火玻璃墙（包括门、窗）时，其耐火隔热性和耐火完整性不应低于 1.00h；当采用耐火完整性不低于 1.00h 的非隔热防火玻璃墙（包括门、窗）时，应设置闭式自动喷水灭火系统进行保护。相邻商铺之间面向步行街一侧应设置宽度不小于 1.00m、耐火极限不低于 1.00h 的实体墙。

当步行街两侧的建筑为多个楼层时，每层面向步行街一侧的商铺均应设置防止火灾竖向蔓延的措施，并应符合本规范"建筑构件和管道井"的规定；设置回廊或挑檐时，其出挑宽度不应小于 1.20m；步行街两侧的商铺的上部各层需设置回廊或连接天桥时，应保证步行街上部各层楼板的开口面积不应小于地面面积的 37%，且开口面积宜均匀布置。

5）步行街两侧建筑内的疏散楼梯应靠外墙设置并宜直通室外，确有困难时，可在首层直接通至步行街；首层商铺的疏散门可直接通至步行街，步行街内任一点到达最近室外安全地点的步行距离不应大于 60m。步行街两侧建筑二层及以上各层商铺的疏散门至该层最近疏散楼梯口或其他安全出口的直线距离不应大于 37.50m。

6）步行街的顶棚材料应采用不燃或难燃材料，其承重结构的耐火极限不应低于 1.00h。步行街内不应布置可燃物。

7）步行街的顶棚下檐距地面的高度不应小于 6.00m，顶棚应设置自然排烟设施并宜采用常开式的排烟口，且自然排烟口的有效面积不应小于步行街地面面积的 25%。长闭式自然排烟设施应能在火灾时手动和自动开启。

8）步行街两侧建筑的商铺外应每隔 30m 设置 DN65 的消火栓，并应配备消防软管卷盘或消防水龙，商铺内应设置自动喷水灭火系统和火灾自动报警系统；每层回廊均应设置自动喷水灭火系统。步行街内宜设置自动跟踪定位射流灭火系统。

9）步行街两侧建筑的商铺内外均应设置疏散照明、灯光疏散指示标志和消防应急广播系统。

（八）安　全　疏　散

130. 安全疏散的一般要求有哪些？

《建筑设计防火规范》GB 50016—2014（2018 年版）规定：

1）民用建筑应根据其建筑高度、规模、使用功能和耐火等级等因素合理设置安全疏散和避难措施。安全出口和疏散门的位置、数量、宽度及疏散楼梯间的形式，应满足人员安全疏散的要求。

2）建筑内的安全出口和疏散门应分散布置，且建筑内每个防火分区或一个防火分区的每个楼层、每个住宅单元每层相邻两个安全出口以及每个房间相邻两个疏散门最近边缘之间的水平距离不应小于 5.00m。

3）建筑的楼梯间宜直通至屋面，通向屋面的门或窗应向外开启。

4）自动扶梯和电梯不应计作安全疏散措施。

5）除人员密集场所外，建筑面积不大于500m²、使用人数不超过30人且埋深不大于10m的地下或半地下建筑（室），当需要设置2个安全出口时，其中一个安全出口可利用直通室外的金属竖向梯。

除歌舞娱乐放映游艺场所外，防火分区建筑面积不大于200m²的地下或半地下设备间、防火分区建筑面积不大于50m²且经常停留人数不超过15人的其他地下或半地下建筑（室），可设置1个安全出口或1部疏散楼梯。

除本规范另有规定外，建筑面积不大于200m²的地下或半地下设备间、建筑面积不大于50m²且经常停留人数不超过15人的其他地下或半地下房间，可设置1个疏散门。

6）直通建筑内附设汽车库的电梯，应在汽车库部分设置电梯候梯厅，并应采用耐火极限不低于2.00h的防火隔墙和乙级防火门与汽车库分隔。

7）高层建筑直通室外的安全出口上方，应设置挑出宽度不小于1.00m的防护挑檐。

131. 公共建筑的安全疏散有哪些规定？

1）《建筑设计防火规范》GB 50016—2014（2018年版）规定：

（1）公共建筑内每个防火分区或一个防火分区的每个楼层，其安全出口的数量应经计算确定，且不应少于2个。设置1个安全出口或1部疏散楼梯的公共建筑应符合下列条件之一：

① 除托儿所、幼儿园外，建筑面积不大于200m²且人数不超过50人的单层公共建筑或多层公共建筑的首层；

② 除医疗建筑，老年人照料设施，托儿所、幼儿园的儿童用房，儿童游乐厅等儿童活动场所和歌舞娱乐放映游艺场所等外，符合表1-264规定的公共建筑。

可设置1个疏散楼梯的公共建筑 表1-264

耐火等级	最多层数	每层最大建筑面积（m²）	人数
一、二级	3层	200	第二、三层的人数之和不超过50人
三级	3层	200	第二、三层的人数之和不超过25人
四级	2层	200	第二层人数不超过15人

（2）一、二级耐火等级公共建筑内的安全出口全部直通室外确有困难的防火分区，可利用通向相邻防火分区的甲级防火门作为安全出口，但应符合下列要求：

① 利用通向相邻的防火分区的甲级防火门作为安全出口时，应采用防火墙与相邻防火分区进行分隔；

② 建筑面积大于1000m²的防火分区，直通室外的安全出口不应少于2个；建筑面积不大于1000m²的防火分区，直通室外的安全出口不应少于1个；

③ 该防火分区通向相邻的防火分区的疏散净宽度不应大于其按本规范"每100人最小疏散净宽度"（表1-258）规定计算所需疏散总净宽度的30%，建筑各层直通室外的安全出口总净宽度不应小于"每100人最小疏散净宽度"（表1-258）规定计算所需疏散总净宽度。

（3）高层公共建筑的疏散楼梯，当分散设置确有困难且从任一疏散门至最近疏散楼梯间入口的距离不大于 10m 时，可采用剪刀楼梯间，但应符合下列规定：

① 剪刀楼梯间应为防烟楼梯间；

② 剪刀楼梯间梯段之间应设置耐火极限不低于 1.00h 的防火隔墙；

③ 剪刀楼梯间的前室应分别设置。

(4) 设置不少于 2 部疏散楼梯的一、二级耐火等级多层公共建筑，如顶层局部升高，当高出部分的层数不超过 2 层、人数之和不超过 50 人且每层建筑面积不大于 200m² 时，高出部分可设置 1 部疏散楼梯，但至少应另外设置 1 个直通主体建筑上人平屋面的安全出口，该上人屋面应符合人员安全疏散的要求。

(5) 一类高层公共建筑和建筑高度大于 32m 的二类高层公共建筑，其疏散楼梯应采用防烟楼梯间。

裙房和建筑高度不大于 32m 的二类高层公共建筑，其疏散楼梯应采用封闭楼梯间。

注：当裙房与高层建筑主体之间设置防火墙时，裙房的疏散楼梯可按本规范单、多层建筑的要求确定。

(6) 下列多层公共建筑的疏散楼梯，除与敞开式外廊直接连通的楼梯间外，均应采用封闭楼梯间：

① 医疗建筑、旅馆及类似功能的建筑；

② 设置歌舞娱乐放映游艺场所的建筑；

③ 商店、图书馆、展览建筑、会议中心及类似使用功能的建筑；

④ 6 层及以上的其他建筑；

⑤ 老年人照料设施的疏散楼梯或疏散楼梯间宜与敞开式外廊直接连通，不能与敞开式外廊直接连通的室内疏散楼梯应采用封闭楼梯间。建筑高度大于 24m 的老年人照料设施，其室内疏散楼梯应采用防烟楼梯间。

建筑高度大于 32m 的老年人照料设施，宜在 32m 以上部分增设能连通老年人居室和公共活动场所的连廊，各层连廊应直接与疏散楼梯、安全出口或室外避难场地连通。

(7) 公共建筑内的客、货电梯宜设置电梯候梯厅，不宜直接设置在营业厅、展览厅、多功能厅等场所内。老年人照料设施内的非消防电梯应采取防烟措施，当火灾情况下需用于辅助人员疏散时，该电梯及其设置应符合本规范有关消防电梯及其设置要求。

(8) 公共建筑内房间疏散门数量应经计算确定且不应少于 2 个。除托儿所、幼儿园、老年人照料设施、医疗建筑、教学建筑内位于走道尽端的房间外，符合下列条件之一的房间可设置 1 个疏散门：

① 位于两个安全出口之间或袋形走道两侧的房间，对于托儿所、幼儿园、老年人照料设施，建筑面积不大于 50m²；对于医疗建筑、教学建筑，建筑面积不大于 75m²；对于其他建筑或场所，建筑面积不大于 120m²。

② 位于走道尽端的房间，建筑面积小于 50m² 且疏散门的净宽度不小于 0.90m，或由房间内任一点至疏散门的直线距离不大于 15m、建筑面积不大于 200m²，且疏散门的净宽度不小于 1.40m。

③ 歌舞娱乐放映游艺场所内建筑面积不大于 50m² 且经常停留人数不超过 15 人的厅、室。

(9) 剧场、电影院、礼堂和体育馆的观众厅或多功能厅，其疏散门的数量应经计算确定且不应少于 2 个。并应符合下列规定：

① 对于剧场、电影院、礼堂的观众厅或多功能厅，每个疏散门的平均疏散人数不应超过 250 人；当容纳人数超过 2000 人时，其超过 2000 人的部分，每个疏散门的平均疏散人数不应超过 400 人。

② 对于体育馆的观众厅，每个疏散门的平均疏散人数不宜超过 400～700 人。

（10）公共建筑的安全疏散距离应符合下列规定：

① 直通疏散走道的房间疏散门至最近安全出口的直线距离不应大于表 1-265 的规定。

直通疏散走道的房间疏散门至最近安全出口的直线距离（m）　　　表 1-265

名　称		位于两个安全出口之间的疏散门			位于袋形走道两侧或尽端的疏散门		
		一、二级	三级	四级	一、二级	三级	四级
托儿所、幼儿园、老年人照料设施		25	20	15	20	15	10
歌舞娱乐放映游艺场所		25	20	15	9	—	—
医疗建筑	单、多层	35	30	25	20	15	10
	高层 病房部分	24	—	—	12	—	—
	高层 其他部分	30	—	—	15	—	—
教学建筑	单、多层	35	30	25	22	20	10
	高层	30	—	—	15	—	—
高层旅馆、展览建筑		30	—	—	15	—	—
其他建筑	单、多层	40	35	25	22	20	15
	高层	40	—	—	20	—	—

注：1. 建筑内开向敞开式外廊的房间疏散门至最近安全出口的直线距离可按本表的规定增加 5m。

　　2. 直通疏散走道的房间疏散门至最近开楼梯间的直线距离，当房间位于两个楼梯间之间时，应按本表的规定减少 5m；当房间位于袋形走道两侧或尽端时，应按本表规定减少 2m。

　　3. 建筑物内全部设置自动喷水灭火系统时，其安全疏散距离可按本表的规定增加 25%。

② 楼梯间应在首层直通室外，确有困难时可在首层采用扩大的封闭楼梯间或防烟楼梯间前室。当层数不超过 4 层且未采用扩大的封闭楼梯间或防烟楼梯间前室时，可将直通室外的门设置在离楼梯间不大于 15m 处。

③ 房间内任一点至房间疏散走道的疏散门的直线距离，不应大于表 1-258 规定的袋形走道两侧或尽端的疏散门至最近安全出口的直线距离。

④ 一、二级耐火等级建筑内疏散门或安全出口不少于 2 个的观众厅、展览厅、多功能厅、餐厅、营业厅等，其室内任一点至最近疏散门或安全出口的直线距离不应大于 30m；当疏散门不能直通室外地面或疏散楼梯间时，应采用长度不大于 10m 的疏散走道至最近的安全出口。当该场所设置自动喷水灭火系统时，室内任一点至最近安全出口的安全疏散距离可分别增加 25%。

（11）除本规范另有规定外，公共建筑内疏散门和安全出口的净宽度不应小于 0.90m，疏散走道和疏散楼梯的净宽度不应小于 1.10m。

高层公共建筑内楼梯间的首层疏散门、首层疏散外门、疏散走道和疏散楼梯的最小净宽度应符合表 1-266 的规定。

高层公共建筑内楼梯间的首层疏散门、首层疏散外门、

疏散走道和疏散楼梯的最小净宽度（m）　　　表 1-266

建筑类别	楼梯间的首层疏散门、首层疏散外门	走道		疏散楼梯
		单面布房	双面布房	
高层医疗建筑	1.30	1.40	1.50	1.30
其他高层公共建筑	1.20	1.30	1.40	1.20

（12）人员密集的公共场所、观众厅的疏散门不应设置门槛，其净宽度不应小于 1.40m，且紧靠门口内外各 1.40m 范围内不应设置踏步。

人员密集的公共场所的室外疏散通道的净宽度不应小于 3.00m，并应直接通向宽敞地带。

（13）剧场、电影院、礼堂、体育馆等场所的疏散走道、疏散楼梯、疏散门、安全出口的各自总净宽度，应符合下列规定：

① 观众厅内疏散走道的净宽度应按每 100 人不小于 0.60m 的计算，且不应小于 1.00m；边走道的净宽度不宜小于 0.80m。

布置疏散走道时，横走道之间的座位排数不宜超过 20 排；纵走道之间的座位数：剧场、电影院、礼堂等，每排不宜超过 22 个；体育馆，每排不宜超过 26 个；前后排座椅的排距不小于 0.90m 时，可增加 1.0 倍，但不得超过 50 个；仅一侧有纵走道时，座位数应减少一半。

② 剧场、电影院、礼堂等场所供观众疏散的所有内门、外门、楼梯和走道的各自总净宽度，应根据疏散人数按每 100 人的最小净宽度不小于表 1-267 的规定计算确定。

剧院、电影院、礼堂等场所每 100 人所需最小疏散净宽度（m/百人）　　表 1-267

观众厅座位数（座）			≤ 2500	≤1200
耐火等级			一、二级	三级
疏散部位	门和走道	平坡地面	0.65	0.85
		阶梯地面	0.75	1.00
	楼　梯		0.75	1.00

③ 体育馆供观众疏散的所有内门、外门、楼梯和走道的各自总净宽度，应根据疏散人数按每 100 人的最小疏散净宽度不小于表 1-268 的规定计算确定。

体育馆每 100 人所需最小疏散净宽度（m/百人）　　表 1-268

观众厅座位数范围（座）			3000～5000	5001～10000	10001～20000
疏散部位	门和走道	平坡地面	0.43	0.37	0.32
		阶梯地面	0.50	0.43	0.37
	楼梯		0.50	0.43	0.37

注：本表中较大座位数范围按规定计算的疏散总净宽度，不应小于对应相邻较小座位数范围按其最多座位数计算的疏散总净宽度。对于观众厅座位数少于 3000 个的体育馆，计算供观众疏散的所有内门、外门、楼梯和走道的各自总净宽度时，每 100 人的最小疏散净宽度不应小于表 1-265 的规定。

④ 有等场需要的入场门不应作为观众厅的疏散门。

（14）除剧场、电影院、礼堂、体育馆外的其他公共建筑，其房间疏散门、安全出口、疏散走道和疏散楼梯的各自总净宽度，应符合下列规定：

① 每层的房间疏散门、安全出口、疏散走道和疏散楼梯的各自总净宽度，应根据疏散人数按每 100 人的最小疏散净宽度不小于表 1-269 的规定计算确定。当每层疏散人数不等时，疏散楼梯的总净宽度可分层计算，地上建筑内下层楼梯的总净宽度应按该层及以上疏散人数最多一层的人数计算；地下建筑内上层楼梯的总净宽度应按该层及以下疏散人数最多一层的人数计算。

每层的房间疏散门、安全出口、疏散走道和疏散楼梯的每 100 人最小疏散净宽度（m/百人）

表 1-269

建筑层数		耐 火 等 级		
		一、二级	三级	四级
地上楼层	1～2 层	0.65	0.75	1.00
	3 层	0.75	1.00	—
	≥4 层	1.00	1.25	—
地下楼层	与地面出入口地面的高差 $\Delta H \leqslant 10m$	0.75	—	—
	与地面出入口地面的高差 $\Delta H > 10m$	1.00	—	—

② 地下或半地下人员密集的厅、室和歌舞娱乐放映游艺场所，其房间疏散门、安全出口、疏散走道和疏散楼梯的各自总净宽度，应根据疏散人数每 100 人不小于 1.00m 计算确定。

③ 首层外门的总净宽度应按该建筑疏散人数最多一层的人数计算确定，不供其他楼层人员疏散的外门，可按本层的疏散人数计算确定。

④ 歌舞娱乐放映游艺场所中录像厅的疏散人数，应根据该厅、室的建筑面积按不小于 1.0 人/m² 计算；其他歌舞娱乐放映游艺场所的疏散人数，应根据厅、室的建筑面积按不小于 0.50 人/m² 计算。

⑤ 有固定座位的场所，其疏散人数可按实际座位数的 1.10 倍计算。

⑥ 展览厅的疏散人数应根据展览厅的建筑面积和人员密度计算，展览厅内的人员密度不宜小于 0.75 人/m²。

⑦ 商店的疏散人数应按每层营业厅的建筑面积乘以表 1-270 规定的人员密度计算。对于建材商店、家具和灯饰展示建筑，其人员密度可按表 1-270 规定值的 30％确定。

商店营业厅内的人数密度（人/m²）　　　表 1-270

楼层位置	地下第二层	地下第一层	地上第一、二层	地上第三层	地上第四层及以上各层
人员密度	0.56	0.60	0.43～0.60	0.39～0.54	0.30～0.42

（15）人员密集的公共建筑不宜在窗口、阳台等部位设置封闭的金属栅栏，确需设置时，应能从内部易于开启；窗口、阳台等部位宜根据其高度设置适用的辅助疏散逃生设施。

（16）建筑高度超过 100m 的公共建筑，应设置避难层（间）。避难层（间）应符合下列规定：

① 第一个避难层（间）的楼地面至灭火救援场地的高度不应大于 50m；两个避难层（间）之间的高度不宜大于 50m。

② 通向避难层（间）的疏散楼梯应在避难层分隔、同层错位或上下层断开。

③ 避难层（间）净面积应能满足设计避难人数避难的要求，并宜按 5.0 人/m² 计算。

④ 避难层可兼作设备层，设备管道宜集中布置，其中的易燃、可燃液体或气体管道应集中布置，设备管道区应采用耐火极限不低于 3.00h 的防火隔墙与避难区分隔。管道井和设备间应采用耐火极限不低于 2.00h 的防火隔墙与避难区分隔，管道井和设备间的门不应直接开向避难区；确需直接开向避难区时，与避难层区出入口的距离不应小于 5m，且应采用甲级防火门。

避难间内不应设置易燃、可燃液体或气体管道，不应开设除外窗、疏散门之外的其他开口。

⑤ 避难层应设置消防电梯出口。

⑥ 应设置消防消火栓和消防软管卷盘。

⑦ 应设置消防专线电话和应急广播。

⑧ 在避难层（间）进入楼梯间的入口处和疏散楼梯通向避难层（间）的出口处，应设置明显的指示标志。

⑨ 应设置直接对外的可开启窗口或独立的机械防烟设施，外窗应采用乙级防火窗。

（17）高层病房楼应在二层及以上的病房楼层和洁净手术室设置避难间。避难间应符合下列规定：

① 避难间服务的护理单元不应超过 2 个，其净面积应按每个护理单元不小于 25m² 确定。

② 避难间兼作其他用途时，应保证人员的避难安全，且不得减少可供避难的净面积。

③ 应靠近楼梯间，并应采用耐火极限不低于 2.00h 的防火隔墙和甲级防火门与其他部位分隔。

④ 应设置消防专线电话和消防应急广播。

⑤ 避难间的入口处应设置明显的指示标志。

⑥ 应设置直接对外的可开启窗口或独立的机械防烟设施，外窗应采用乙级防火窗。

⑦ 3 层及 3 层以上总建筑面积大于 3000m²（包括设置在其他建筑内三层及以上楼层）的老年人照料设施，应在二层及以上各层老年人照料设施部分的每座疏散楼梯间的相邻部位设置 1 间避难间；当老年人照料设施设置与疏散楼梯或安全出口直接连通的开敞式外廊、与疏散走道直接连通且符合人员避难要求的室外平台等时，可不设置避难间。避难间内可供避难的净面积不应小于 12m²，避难间可利用疏散楼梯间的前室或消防电梯的前室，其他要求应符合①～⑥的规定。

供失能老年人使用且层数大于 2 层的老年人照料设施，应按核定使用人数配备简易防毒面具。

2)《疗养院建筑设计标准》JGJ/T 40—2019 规定：

（1）每个疗养单元应有 2 个不同方向的安全出口。

（2）当尽端式疗养单元，或自成一区的疗养、理疗、医技门诊用房，其最远一个房间门至外部安全出口的距离和房间内最远一点到房门的距离，均未超过现行国家标准《建筑设计防火规范》GB 50016—2014（2018 年版）规定时，可设 1 个安全出口。

（3）在疗养、理疗、医技门诊用房的建筑物内人流使用的楼梯、至少有一部的净宽不宜小于 1.65m。

132. 居住建筑的安全疏散有哪些规定？

《建筑设计防火规范》GB 50016—2014（2018 年版）规定：

1）住宅建筑安全出口的设置应符合下列规定：

（1）建筑高度不大于 27m 的建筑，当每个单元任一层的建筑面积大于 650m²，或任一户门至最近安全出口的距离大于 15m 时，每个单元每层的安全出口不应少于 2 个。

（2）建筑高度大于 27m、不大于 54m 的建筑，当每个单元任一层的建筑面积大于 650m²，或任一户门至最近安全出口的距离大于 10m 时，每个单元每层的安全出口不应少于 2 个。

（3）建筑高度大于 54m 的建筑，每个单元每层的安全出口不应少于 2 个。

2）建筑高度大于 27m、但不大于 54m 的住宅建筑，每个单元设置一座疏散楼梯时，疏散楼梯应通至屋面，且单元之间的疏散楼梯应能通过屋面连通，户门应采用乙级防火门。当不能通至屋面或不能通过屋面连通时，应设置 2 个安全出口。

3）住宅建筑的疏散楼梯设置应符合下列规定：

（1）建筑高度不大于 21m 的住宅建筑可采用敞开楼梯间；与电梯井相邻布置的疏散楼梯应采用封闭楼梯间，当户门采用乙级防火门时，仍可采用敞开楼梯间。

（2）建筑高度大于 21m、不大于 33m 的住宅建筑应采用封闭楼梯间；当户门采用乙级防火门时，可采用敞开楼梯间。

（3）建筑高度大于 33m 的住宅建筑应采用防烟楼梯间，户门不宜直接开向前室，确有困难时，每层开向同一前室的户门不应大于 3 樘且应采用乙级防火门。

4）住宅单元的疏散楼梯，当分散设置确有困难且任一户门至最近疏散楼梯间入口的距离不大于 10m 时，可采用剪刀楼梯间，但应符合下列规定：

（1）剪刀楼梯间应为防烟楼梯间；

（2）剪刀楼梯间梯段之间应设置耐火极限不低于 1.00h 的防火隔墙；

（3）剪刀楼梯间的前室不宜共用；必须共用时，前室的使用面积不应小于 6.00m²；

（4）剪刀楼梯间的前室或共用前室不宜与消防电梯的前室合用；楼梯间的前室与消防电梯的前室合用时，合用前室的使用面积不应小于 12.00m²，且短边不应小于 2.40m。

5）住宅建筑的安全疏散距离应符合下列规定：

（1）直通疏散走道的户门至最近安全出口的直线距离不应大于表 1-271 的规定。

住宅建筑直通疏散走道的户门至最近安全出口的直线距离（m） 表 1-271

住宅建筑类别	位于两个安全出口之间的户门			位于袋形走道两侧或尽端的户门		
	一、二级	三级	四级	一、二级	三级	四级
单、多层	40	35	25	22	20	15
高层	40	—	—	20	—	—

注：1. 开向敞开式外廊的户门至最近安全出口的最大直线距离可按本表的规定增加 5m。

2. 直通疏散走道的户门至最近敞开楼梯间的直线距离，当户门位于两个楼梯间之间时，应按本表的规定减少 5m；当户门位于袋形走道两侧或尽端时，应按本表的规定减少 2m。

3. 住宅建筑内全部设置自动喷水灭火系统时，其安全疏散距离可按本表的规定增加 25%。

4. 跃廊式住宅的户门至最近安全出口的距离，应从户门算起，小楼梯的一段距离可按其水平投影长度的 1.50 倍计算。

（2）楼梯间应在首层直通室外，或在首层采用扩大的封闭楼梯间或防烟楼梯间前室。层数不超过 4 层时，可将直通室外的门设置在离楼梯间不大于 15m 处。

（3）户内任一点至直通疏散走道的户门的直线距离不应大于表 1-269 规定的袋形走道两侧或尽端的疏散门至最近安全出口的最大直线距离。

注：跃廊式住宅、户门楼梯的距离可按其梯段水平投影长度的 1.50 倍计算。

6）住宅建筑的户门、安全出口、疏散走道和疏散楼梯的各自总净宽度应经计算确定，且户门和安全出口的净宽度不应小于 0.90m，疏散走道、疏散楼梯和首层疏散外门的净宽度不应小于 1.10m，建筑高度不大于 18m 的住宅中一边设置栏杆的疏散楼梯，其净宽度不应小于 1.00m。

7）建筑高度大于 100m 的住宅建筑应设置避难层，避难层的设置应符合"公共建筑"中有关避难层的要求。

8）建筑高度大于 54m 的住宅建筑，每户应有一间房间符合下列规定：

（1）应靠外墙设置，并应设置可开启外窗；

（2）内、外墙体的耐火极限不应低于 1.00h，该房间的门宜采用乙级防火门，外窗的耐火完整性不宜低于 1.00h。

133. 其他民用建筑的安全疏散有哪些规定？

1）《办公建筑设计标准》JGJ/T 67—2019 规定：

（1）办公建筑疏散总净宽度应按总人数计算，当无法额定总人数时，可按其建筑面积 9m²/人计算；

（2）机要室、档案室、电子信息系统机房和重要库房等隔墙的耐火极限不应小于 2.00h，楼板不应小于 1.50h，并应采用甲级防火门。

2）《图书馆建筑设计规范》JGJ 38—2015 规定图书馆的安全疏散应符合下列规定：

（1）图书馆每层的安全出口不应少于 2 个，并应分散布置。

（2）书库的每个防火分区的安全出口不应少于 2 个，但符合下列条件之一时，可设一个安全出口：

① 占地面积不超过 300m² 的多层书库；

② 建筑面积不超过 100m² 的地下、半地下书库。

（3）建筑面积不超过 100m² 的特藏书库，可设 1 个疏散门，并应为甲级防火门。

（4）当公共阅览室只设一个疏散门时，其净宽度不应小于 1.20m。

（5）书库的疏散楼梯，宜设置在书库门附近。

（6）图书馆需要控制人员随意出入的疏散门，可设置门禁系统，但在发生紧急情况时，应有易于从内部开启的装置，并应在显著位置设置标识和使用提示。

3）《住宅建筑规范》GB 50368—2005 规定住宅建筑的安全疏散应符合下列规定：

（1）住宅建筑应根据建筑的耐火等级、建筑层数、建筑面积、疏散距离等因素设置安全出口，并应符合下列要求：

① 10 层以下的住宅建筑，当住宅单元任一层建筑面积大于 650m²，或任一套房的户门至安全出口的距离大于 15m 时，该住宅单元每层的安全出口不应少于 2 个；

② 10 层及 10 层以上、但不超过 18 层的住宅建筑，当住宅单元任一层建筑面积大于

650m²，或任一套房的户门至安全出口的距离大于 10m 时，该住宅单元每层的安全出口不应少于 2 个；

③ 19 层及 19 层以上的住宅建筑，每个住宅单元每层的安全出口不应少于 2 个；

④ 安全出口应分散布置，两个安全出口之间的距离不应小于 5.00m；

⑤ 楼梯间及前室的门应向疏散方向开启；安装有门禁系统的住宅，应保证住宅直通室外的门在任何时候能从内部徒手开启。

（2）每层有 2 个及 2 个以上安全出口的住宅单元，套房户门至最近安全出口的距离应根据建筑的耐火等级、楼梯间的形式和疏散方式确定。

（3）住宅建筑的楼梯间形式应根据建筑形式、建筑层数、建筑面积及套房户门的耐火等级等因素确定。在楼梯间的首层应设置直接对外的安全出口，或将对外出口设置在距离楼梯间不超过 15m 处。

（4）住宅建筑楼梯间顶棚、墙面和地面均应采用不燃性材料。

4）综合《汽车库、修车库、停车场设计防火规范》GB 50067—2014 和《车库建筑设计规范》JGJ 100—2015 的规定：

（1）汽车库、修车库的人员安全出口和汽车疏散出口应分开设置。设在工业与民用建筑内的汽车库，其车辆疏散出口应与其他部分的人员安全出口分开设置。

（2）除室内无车道且无人员停留的机械式停车库外，汽车库、修车库内每个防火分区的人员安全出口不应少于 2 个，Ⅳ类汽车库和Ⅲ、Ⅳ类修车库设置 1 个。

（3）汽车库、修车库的疏散楼梯应符合下列规定：

① 建筑高度大于 32m 的高层汽车库、室内地面与室外出入口地坪的高差大于 10m 的地下汽车库应采用防烟楼梯间。其他汽车库、修车库应采用封闭楼梯间。

② 楼梯间和前室的门应采用乙级防火门，并应向疏散方向开启。

③ 疏散楼梯的宽度不应小于 1.10m。

（4）除室内无车道且无人员停留的机械式停车库外，建筑高度大于 32m 的汽车库应设置消防电梯，并应符合现行国家标准《建筑设计防火规范》GB 50016—2014（2018 年版）的有关规定。

（5）室外疏散楼梯可采用金属梯，并应符合下列规定：

① 倾斜角度不应大于 45°，栏杆扶手的高度不应小于 1.10m；

② 每层休息平台应采用耐火极限不低于 1.00h 的不燃性材料制作；

③ 在室外楼梯周围 2.00m 范围内的墙面上，不应开设除疏散门外的门、窗、洞口；

④ 通向室外楼梯的门应采用乙级防火门。

（6）汽车库室内任一点至最近人员出口的疏散距离不应大于 45m，当设有自动灭火系统时，其距离不应大于 60m。对于单层或设在建筑首层的汽车库，室内任一点至室外最近出口的距离不应大于 60m。

（7）与住宅地下室相连通的地下汽车库、半地下汽车库，人员疏散可借用住宅部分的疏散楼梯；当不能直接进入住宅部分的疏散楼梯间时，应在汽车库与住宅部分的疏散楼梯之间设置连通走道，走道应采用防火隔墙分隔，汽车库开向该走道的门均应采用甲级防火门。

（8）室内无车道且无人员停留的机械式停车库可不设置人员安全出口，但应按下列规定设置供灭火救援用的楼梯间。

① 每个停车区域当停车数量大于 100 辆时，应设置 1 个楼梯间；

② 楼梯间与停车区域之间应采用防火隔墙进行分隔，楼梯间的门应采用乙级防火门；

③ 楼梯的净宽不应小于 0.90m。

（9）汽车库、修车库的汽车疏散出口总数不应少于 2 个，且应分散布置。

（10）当符合下列条件之一时，汽车库、修车库的汽车疏散出口可设置 1 个：

① Ⅳ类汽车库；

② 设置双车道汽车疏散出口的Ⅲ类汽车库；

③ 设置双车道汽车疏散出口、停车数小于或等于 100 辆且建筑面积小于 4000m² 的地下或半地下汽车库；

④ Ⅱ、Ⅲ、Ⅳ类修车库。

（11）Ⅰ、Ⅱ类地上汽车库和停车数大于 100 辆的地下、半地下汽车库，当采用错层或斜楼板式，坡道为双车道且设置自动喷水灭火系统时，其首层或地下一层至室外的汽车疏散出口不应少于 2 个，汽车库内的其他楼层汽车疏散坡道可设置 1 个。

（12）Ⅳ类汽车库设置汽车坡道有困难时，可采用汽车专用升降机作汽车疏散出口，升降机的数量不应少于 2 台，停车数少于 25 辆时，可设置 1 台。

（13）汽车疏散坡道的净宽度，单车道不应小于 3.00m，双车道不应小于 5.50m。

（14）除室内无车道且无人员停留的机械式立体汽车库外，相邻两个汽车疏散出口之间的水平距离不应小于 10m，毗邻设置的两个汽车坡道应采用防火隔墙分隔。

（15）停车场的汽车疏散出口不应少于 2 个。停车数量不超过 50 辆时，可设置 1 个。

（16）除室内无车道且无人员停留的机械式停车库外，汽车库内汽车之间和汽车与墙、柱之间的水平距离，不应小于表 1-272 的规定。

汽车之间和汽车与墙、柱之间的水平距离（m）　　　表 1-272

项目	汽车尺寸（m）			
	车长≤6 或车宽≤1.8	6＜车长≤8 或 1.8＜车宽≤2.2	8＜车长≤12 或 2.2＜车宽≤2.5	车长＞12 或车宽＞2.5
汽车与汽车	0.5	0.7	0.8	0.9
汽车与墙	0.5	0.5	0.5	0.5
汽车与柱	0.3	0.3	0.4	0.4

注：当墙、柱外有暖气片等突出物时，汽车与墙、柱的水平距离应从其凸出部分外缘算起。

（17）汽车库内汽车的最小转弯半径，应符合表 1-273 的规定。

汽车库内汽车的最小转弯半径（m）　　　表 1-273

车型	最小转弯半径	车型	最小转弯半径
微型车	4.50	中型车	8.00～10.00
小型车	6.00	大型车	10.50～12.00
轻型车	6.50～8.00	铰接车	10.50～12.50

5）《剧场建筑设计规范》JGJ 57—2016 规定：

（1）观众厅应设置地面自发光疏散引导标志。

（2）观众厅外的疏散通道应符合下列规定：

① 室内部分的坡度不应大于1∶8，室外部分的坡度不应大于1∶10，并应采取防滑措施，室内坡道的装饰材料燃烧性能不应低于 B_1 级，为残疾人设置的通道坡度不应大于1∶12。

② 地面以上 2.00m 内不得有任何突出物，并不得设置落地镜子及装饰性假门。

③ 当疏散通道穿过前厅及休息厅时，设置在前厅、休息厅的商品零售部及衣物寄存处不得影响疏散的畅通。

④ 疏散通道的隔墙耐火极限不应小于 1.00h。

⑤ 对于疏散通道内装饰材料燃烧性能，顶棚不低于 A 级，墙面和地面不低于 B_1 级，并不得在燃烧时产生有害气体。

⑥ 疏散通道宜有自然通风及采光，当没有自然通风及采光时，应设人工照明，疏散通道长度超过 20m 时，应采用机械通风排烟。

（3）疏散楼梯应符合下列规定：

① 踏步宽度不应小于 0.28m，踏步高度不应大于 0.16m，连续踏步不应超过 18 级；超过 18 级时，应加设中间休息平台，且平台宽度不应小于梯段宽度，并不应小于 1.20m。

② 不宜采用螺旋楼梯。采用扇形梯段时，离踏步窄端扶手水平距离 0.25m 处的踏步宽度不应小于 0.22m，离踏步宽端扶手水平距离 0.25m 处的踏步宽度不应大于 0.50m，休息平台窄端应不应小于 1.20m。

③ 楼梯应设置坚固、连续的扶手，且高度不应低于 0.90m。

（4）舞台天桥、栅顶的垂直交通和舞台至面光桥、耳光室的垂直交通，应采用金属梯或钢筋混凝土梯，坡度不应大于 60°，宽度不应小于 0.60m，并应设坚固、连续的扶手。

（5）疏散口的帷幕燃烧性能不应低于 B_1 级。

（6）室外疏散及集散广场不得兼作停车场。

6）《电影院建筑设计规范》JGJ 58—2008 规定：

电影院的疏散除应满足《建筑设计防火规范》GB 50016—2014（2018 年版）的规定外，还应注意以下几点：

（1）电影院观众厅的疏散门不应设置门槛，在紧靠门口 1.40m 范围内不应设置踏步。疏散门应为自动推闩式外开门，严禁采用推拉门、卷帘门、折叠门、转门等。

（2）观众厅疏散门的数量应由计算确定，且不应少于 2 个。门的净宽度不应小于 0.90m，并应采用甲级防火门，且应向疏散方向开启。

（3）观众厅外的疏散走道、出口等应符合下列规定：

① 穿越休息厅或门厅时，厅内存衣、小卖部等活动陈列物的布置不应影响疏散的通畅；2.00m 高度内应无突出物、悬挂物；

② 当疏散走道有高差变化时宜做成坡道；当设置台阶时应有明显标志、采光或照明；

③ 疏散走道室内的坡度不应大于 1/8，并应加防滑措施，为残疾人设置的坡道坡度不应大于 1/12。

（4）疏散楼梯应符合下列规定：

① 对于有候场需要的门厅，门厅内供入场使用的主楼梯不应作为疏散楼梯；

② 疏散楼梯的踏步宽度不应小于 0.28m，踏步高度不应大于 0.16m，楼梯最小宽度不应小于 1.20m，转弯楼梯休息平台深度不应小于楼梯段宽度；直跑楼梯的中间休息平台

深度不应小于 1.20m；

③ 疏散楼梯不得采用螺旋楼梯和扇形踏步；当踏步上下两级形成的平面角度不超过 10°，且每级离扶手 0.25m 处踏步宽度超过 0.22m 时，可不受此限；

④ 室外楼梯的净宽不应小于 1.10m；下行人流不应妨碍地面人流。

（5）观众厅内疏散走道的宽度应由计算确定，还应满足下列规定：

① 中间纵向走道净宽度不应小于 1.00m；

② 边走道净宽度不应小于 0.80m；

③ 横向走道除排距尺寸以外的通行净宽度不应小于 1.00m。

7）其他相关规范的规定：

（1）地下室、半地下室与地上层不应共用楼梯间，当必须共用时，应在首层与地下室、半地下室的入口处设置耐火极限不低于 2.00h 的隔墙和乙级防火门隔开，并应有明显标志。

（2）地下室、半地下室内存放可燃物平均重量超过 30kg/m² 的隔墙，其耐火极限不应低于 2.00h，房间门应采用甲级防火门。

（3）高层建筑地下室的疏散楼梯间应采用防烟楼梯间。通向楼梯间及前室的门均应采用乙级防火门。

（4）多层建筑地下室疏散楼梯间应采用封闭楼梯间，通过楼梯间的门应采用乙级防火门。

（5）防空地下室的楼梯间应采用防烟楼梯间，其前室应采用甲级防火门。

8）《人民防空工程设计防火规范》GB 50098—2009 规定：

（1）一般规定

① 每个防火分区安全出口设置的数量，应符合下列规定之一：

a. 每个防火分区安全出口的数量不应少于两个。

b. 当有两个或两个以上防火分区相邻，且将相邻防火分区之间上设置的防火门作为安全出口时，防火分区安全出口应符合下列规定：

（a）防火分区建筑面积大于 1000m² 的商业营业厅、展览厅等场所，设置通向室外、直通室外的疏散楼梯或避难走道的安全出口不得少于 2 个；

（b）防火分区建筑面积不大于 1000m² 的商业营业厅、展览厅等场所，设置通向室外、直通室外的疏散楼梯或避难走道的安全出口不得少于 1 个；

（c）在一个防火分区内，设置通向室外、直通室外的疏散楼梯或避难走道的安全出口宽度之和，不宜小于按百人指标计算的数值的 70%。

c. 建筑面积不大于 500m²，且室内地面与室外地坪高差不大于 10m，容纳人数不大于 20 人的防火分区，当设置有仅用于采光或进风的竖井，且竖井内有金属梯直通地面、防火分区通向竖井处设置有不低于乙级的常闭防火门时，可只设置一个通向室外、直通室外的疏散楼梯间或避难走道的安全出口；也可设置一个与相邻防火分区相通的防火门。

d. 建筑面积不大于 200m²，且经常停留人数不超过 3 人的防火分区，可只设置一个通向相邻防火分区的防火门，并宜有一个直通地上的安全出口。

② 房间建筑面积不大于 50m²，且经常停留人数不超过 15 人时，可设置一个安全出口。

③ 歌舞娱乐放映游艺场所的疏散应符合下列规定：

a. 不宜布置在袋形走道的两侧或尽端，当必须布置在袋形走道的两侧或尽端时，最远房间的疏散门到最近安全出口的距离不应大于9.00m；一个厅、室的建筑面积不应大于200m²；

b. 建筑面积大于50m²的厅、室，疏散出口不应少于两个。

④ 每个防火分区的安全出口，宜向不同方向分散设置；当受条件限制需要同方向设置时，两个安全出口最近边缘距离不应小于5.00m。

⑤ 安全疏散距离应满足下列规定：

a. 房间内最远点至房间门的距离不应大于15m。

b. 房间内至最近安全出口的最大距离：医院应为24m；旅馆应为30m；其他工程应为40m。位于袋形走道两侧或尽端的房间，其最大距离应为上述相应距离的一半。

c. 观众厅、展览厅、多功能厅、餐厅、营业厅和阅览室等，其室内任何一点到最近安全出口的直线距离不宜大于30m；该防火分区设置有自动喷水灭火系统时，疏散距离可增加25%。

⑥ 疏散宽度的计算和最小净宽度应符合下列规定：

a. 每个防火分区安全出口的总宽度，应按该防火分区设计容纳总人数乘以疏散宽度指标计算确定，疏散宽度指标应按下列规定确定：

（a）室内地面与室外地坪高差不大于10m的防火分区，疏散宽度指标应为每100人不小于0.75m；

（b）室内地面与室外地坪高差大于10m的防火分区，疏散宽度指标应为每100人不小于1.00m；

（c）人员密集的厅、室以及歌舞娱乐放映游艺场所，疏散宽度指标应为每100人不小于1.00m；

b. 安全出口、疏散楼梯和疏散走道的最小净宽度应符合表1-274的规定。

安全出口、疏散楼梯、疏散走道的最小净宽（m）　　　　表1-274

建筑物名称	安全出口和楼梯的净宽	疏散走道的净宽	
		单面布置房间	双面布置房间
商场、公共娱乐场所、健身体育场所	1.50	1.50	1.60
医院	1.30	1.40	1.50
旅馆、餐厅	1.10	1.20	1.30
其他民用工程	1.10	1.20	—

⑦ 设置有固定座位的电影院、礼堂等的观众厅，其疏散走道、疏散出口等应符合下列规定：

a. 厅内的疏散走道净宽应按通过人数每100人不小于0.80m计算，且不宜小于1.00m。边走道净宽不宜小于0.80m。

b. 厅的疏散出口和厅外疏散走道的总宽度，平坡地面应分别按通过人数每100人不小于0.65m计算，阶梯地面应分别按通过人数每100人不小于0.80m计算；疏散出口和疏散走道的净宽均不应小于1.40m。

c. 观众厅座位的布置，横走道之间的排数不宜超过 20 排。纵走道之间每排座位不宜超过 22 个。当前后排座位的排距不小于 0.90m 时，可增至 44 个。只一侧有纵走道时，其座位数应减半。

d. 观众厅每个疏散口的疏散人数平均不应大于 250 人。

e. 观众厅的疏散门，宜采用推闩式外开门。

⑧ 公共建筑出口处内、外 1.40m 范围内不应设置踏步，门必须向疏散方向开启，且不应设置门槛。

⑨ 地下商店每个防火分区的疏散人数，应按该防火分区内营业厅使用面积乘以面积折算值和疏散人数换算系数确定。面积折算系数宜为 70%，疏散人数换算系数应按表 1-275 确定。经营丁、戊类物品的专业商店，可按上述确定的人数减少 50%。

地下商店营业厅内的疏散人数换算系数（人/m²）　　　　表 1-275

楼层位置	地下一层	地下二层
换算系数	0.85	0.80

⑩ 歌舞娱乐放映游艺场所最大容纳人数应按该场所建筑面积乘以人员密度指标来计算，其人员密度指标应按下列规定确定：

a. 录像厅、放映厅人员密度指标为 1.00 人/m²；

b. 其他歌舞娱乐放映游艺场所人员密度指标为 0.50 人/m²。

（2）楼梯、走道

① 电影院、礼堂，使用面积超过 500m² 的医院、旅馆和使用面积超过 1000m² 的商场、餐厅、展览厅、公共娱乐场所、健身体育场所等处的人防工程，当底层室内地面与室外出入口地坪高差大于 10m 时，应设置防烟楼梯间；当地下为两层，且地下第二层的室内地面与室外出入口地坪高差不大于 10m 时，应设置封闭楼梯间。

② 封闭楼梯间应采用不低于乙级的防火门；封闭楼梯间的地面出口可用于天然采光和自然通风，当不能采用自然通风时，应采用防烟楼梯间。

③ 人民防空地下室的疏散楼梯间，在主体建筑地面首层应采用不低于 2h 的隔墙与其他部位隔开并应直通室外；当必须在隔墙上开门时，应采用不低于乙级的防火门。

人民防空地下室与地上层不应共用楼梯间；当必须共用楼梯间时，应在地面首层与地下室的出入口处，设置耐火极限不低于 2h 的隔墙和不低于乙级的防火门隔开，并应有明显标志。

④ 防烟楼梯间前室的面积不应小于 6.00m²，当与消防电梯间合用前室时，其面积不应小于 10.00m²。

⑤ 避难走道的设置应符合下列规定：

a. 避难走道直通地面的出口不应少于两个，并应设置在不同方向；当避难走道只与一个防火分区相通时，避难走道直通地面的出口可设置一个，但该防火分区至少应有一个不通向该避难走道的安全出口。

b. 通向避难走道的各防火分区人数不等时，避难走道的净宽不应小于设计容纳人数最多一个防火分区通向避难走道个安全出口最小净宽之和。

c. 避难走道的装修材料燃烧性能等级应为 A 级。

d. 防火分区至避难走道入口处应设置前室,前室面积不应小于 6.00m^2,前室的门应采用甲级防火门。

e. 避难走道应设置消火栓。

f. 避难走道应设置火灾应急照明。

g. 避难走道应设置应急广播和消防专线电话。

⑥ 疏散走道、疏散楼梯和前室,不应有影响疏散的突出物;疏散走道应减少曲折,走道内不宜设置门槛、阶梯;疏散楼梯的阶梯不宜采用螺旋楼梯和扇形踏步,但踏步上、下级所形成的平面角小于 $10°$,且每级离扶手 0.25m 处的踏步宽度大于 0.22m 时,可不受此限。

⑦ 疏散楼梯间在各层的位置不应改变;各层人数不等时,其宽度应按该层及以下层中通过人数最多的一层计算。

9)《展览建筑设计规范》JGJ 218—2010 规定:

(1) 展厅的疏散人数应根据展厅中单位展览面积的最大使用人数经计算确定。展厅中单位展览面积的最大使用人数详表 1-276。

展厅中单位展览面积的最大使用人数(人/m^2)   表 1-276

楼层位置	地下一层	地上一层	地上二层	地上二层及三层以上楼层
指标	0.65	0.70	0.65	0.50

(2) 多层建筑内的地上展厅、地下展厅和其他空间的安全出口、疏散楼梯的各自总宽度,应符合下列规定:

① 每层安全出口、疏散楼梯的净宽度应按表 1-277 的规定经计算确定。当每层人数不等时,疏散楼梯的总宽度可分层计算,下层楼梯的总宽度应按上一层人数最多一层的人数计算。

安全出口、疏散楼梯和房间疏散门每 100 人的净宽度(m)   表 1-277

楼层位置	每 100 人的净宽度
地上一、二层	≥0.65
地上三层	≥0.75
地上四层及四层以上各层	≥1.00
与地面出入口地坪的高差不超过 10m 的地下建筑	≥0.75
与地面出入口地坪的高差超过 10m 的地下建筑	≥1.00

② 首层外门的总宽度应按人数最多的一层人数计算确定,不供楼上人员疏散的外门,可按本层人数计算确定。

(3) 高层建筑内的展厅和其他空间的安全出口、疏散楼梯间及其前室的门的各自总宽度,应符合下列规定:

① 疏散楼梯间及其前室的门的净宽度应按通过人数计算,每 100 人不应小于 1.00m,且最小净宽度不应小于 0.90m;

② 首层外门的总宽度应按通过人数最多的一层人数计算,每 100 人不应小于 1.00m,且最小净宽度不应小于 1.20m。

（4）展厅内任何一点至最近安全出口的直线距离不宜大于30m，当单、多层建筑物内全部设置自动灭火系统时，其展厅的安全疏散距离可增大25%。

（5）展厅内的疏散走道应直达安全出口，不应穿过办公、厨房、储存间、休息间等区域。

10）《中小学校设计规范》GB 50099—2011中规定：

（1）疏散通行宽度

① 中小学校内，每股人流的宽度应按0.60m计算。

② 中小学校建筑的疏散通道宽度最少应为2股人流，并应按0.60m的整数倍增加疏散通道宽度。

③ 中小学校建筑的安全出口、疏散走道疏散楼梯和房间疏散门等处每100人的净宽度应按表1-278计算。同时，教学用房的内走道净宽度不应小于2.40m，单侧走道及外廊的净宽度不应小于1.80m。

安全出口、疏散走道、疏散楼梯和房间疏散门每100人的净宽度（m）　　表1-278

所在楼层位置	耐火等级		
	一、二级	三级	四级
地上一、二层	0.70	0.80	1.05
地上三层	0.80	1.05	—
地上四、五层	1.05	1.30	—
地下一、二层	0.80	—	—

④ 房间疏散门开启后，每樘门净通行宽度不应小于0.90m。

（2）校园出入口

① 校园内道路应设置2个出入口。出入口的位置应符合教学、安全、管理的需要，出入口的布置应避免人流、车流交叉。有条件的学校宜设置机动车专用出入口。

② 中小学校校园出入口应与市政交通连接，但不应直接与城市主干道连接。校园主要出入口应设置缓冲场地。

（3）校园道路

① 校园内道路应与各建筑出入口及走道衔接，构成安全、方便、明确、通畅的路网。

② 校园道路每通行100人道路净宽为0.70m，每一路段的宽度应按该路段通达的建筑物容纳人数之和计算，每一路段的宽度不宜小于3.00m。

③ 校园内人流集中的道路不宜设置台阶。当必须设置台阶时，台阶数量不得少于3级。

（4）建筑物出入口

① 校园内每栋建筑应设置2个出入口（建筑面积不大于200m²，人数不超过50人的单层建筑除外）。非完全小学内，单栋建筑面积不超过500m²，且耐火等级为一、二级的低层建筑可只设1个出入口。

② 教学用房在建筑的主要出入口处宜设门厅。

③ 教学用建筑物出入口的净通行宽度不得小于1.40m，门内与门外各1.50m范围内不宜设置台阶。

④ 在寒冷或风沙大的地区，教学用建筑物出入口应设挡风间或双道门。

⑤ 教学用建筑物的出入口应设置无障碍设施，并应采取防止物体坠落和地面防滑的措施。

⑥ 停车场地及地下车库的出入口不应直接通向师生人流集中的道路。

（5）走道

① 教学用建筑的走道宽度应符合下列规定：

a. 应根据在该走道上个教学用房疏散总人数，计算走道的疏散宽度；

b. 走道疏散宽度内不得有壁柱、消火栓、教室开启的门窗扇等设施。

② 中小学校的建筑物内，当走道有高差变化应设置台阶时，台阶处应有天然采光或照明，踏步级数不得少于 3 级，并不得采用扇形踏步。当高差不足 3 级踏步时，应设置坡道。坡道的坡度不应大于 1∶8，不宜小于 1∶12。

（6）楼梯

① 中小学校教学用房的楼梯梯段宽度应为人流股数的整数倍。梯段宽度不应小于 1.20m，并应按 0.60m 的整倍数增加梯段宽度。每个梯段可增加不超过 0.15m 的摆幅宽度。

② 中小学校楼梯每个梯段的踏步级数不应少于 3 级，且不应多于 18 级，并应符合下列规定：

a. 各类小学楼梯踏步的宽度不得小于 0.26m，高度不得大于 0.15m；

b. 各类中学楼梯踏步的宽度不得小于 0.28m，高度不得大于 0.16m；

c. 楼梯的坡度不得大于 30°。

③ 疏散楼梯不得采用螺旋楼梯和扇形踏步。

④ 楼梯两梯段间楼梯井净宽不得大于 0.11m，当大于 0.11m 时，应采取有效的安全防护措施。两梯段扶手间的水平净距宜为 0.10~0.20m。

⑤ 中小学校的楼梯扶手的设置应符合下列规定：

a. 楼梯宽度为 2 股人流时，应至少在一侧设置扶手；

b. 楼梯宽度为 3 股人流时，两侧均应设置扶手；

c. 楼梯宽度为 4 股人流时，应加设中间扶手，中间扶手两侧的梯段宽度应为 1.20m，并应按 0.60m 的整倍数增加梯段宽度。每个梯段可增加不超过 0.15m 的摆幅宽度。

d. 中小学校室内楼梯扶手高度不应低于 0.90m，室外楼梯扶手高度不应低于 1.10m；水平扶手高度不应低于 1.10m。

e. 中小学校的楼梯栏杆不得采用易于攀登的构造和花饰；杆件和花饰的镂空处净距不得大于 0.11m。

f. 中小学校的楼梯扶手上应加装防止学生溜滑的设施。

⑥ 除首层和顶层外，教学楼疏散楼梯在中间层的楼层平台与梯段接口处宜设置缓冲空间，缓冲空间的宽度不宜小于梯段宽度。

⑦ 中小学校的楼梯相邻梯段间不得设置遮挡视线的隔墙。

⑧ 教学用房的楼梯间应有天然采光和自然通风。

（7）教室疏散

① 每间教室用房的疏散门均不应少于 2 个，疏散门的宽度应通过计算；同时，每樘

疏散门的通行净宽度不应小于 0.90m。当教室处于袋形走道尽端时，当教室内任何一点距教室门不超过 15m 时，且门的通行净宽度不小于 1.50m 时，可设 1 个门。

② 普通教室及不同课程的专用教室对教室内桌椅间的疏散走道宽度要求不同，应按各教室的要求执行。

11)《商店建筑设计规范》JGJ 48—2014 规定：商店营业厅的疏散门应为平开门，且应向疏散方向开启，其净宽度不应小于 1.40m，并不宜设置门槛。

12)《档案馆建筑设计规范》JGJ 25—2010 规定：

① 档案馆库区建筑及每个防火分区的安全出口不应少于 2 个。

② 档案库区缓冲间及档案库的门均应向疏散方向开启，并应为甲级防火门。

③ 库区内设置楼梯时，应采用封闭楼梯间，门应采用不低于乙级的防火门。

13)《综合医院建筑设计规范》GB 51039—2014 规定：

(1) 每个护理单元应有 2 个不同方向的安全出口；

(2) 尽端式护理单元，或自成一区的治疗用房，其最远一个房间门至外部安全出口的距离和房间内最远一点到房门的距离，均未超过建筑设计防火规范规定时，可设 1 个安全出口。

14)《疗养院建筑设计标准》JGJ/T 40—2019 规定：

(1) 供疗养员使用的建筑超过 2 层应设置电梯，且不宜少于 2 台，其中 1 台宜为医用电梯。

(2) 电梯井道不得与疗养室和有安静要求的用房贴邻。

15)《宿舍建筑设计规范》JGJ 36—2016 规定：

(1) 除与敞开式外廊直接相连的楼梯间外，宿舍建筑应采用封闭楼梯间。当建筑高度大于 32m 时应采用防烟楼梯间。

(2) 宿舍建筑内的宿舍功能区与其他非宿舍功能部分合建时，安全出口和疏散楼梯宜各自独立设置，并应采用防火墙及耐火极限不小于 2.00h 的楼板进行防火分隔。

(3) 宿舍建筑内疏散人员的数量应按最大床位数量及工作管理人员数量之和计算。

(4) 宿舍建筑内安全出口、疏散通道和疏散楼梯的宽度应符合下列规定：

① 每层安全出口、疏散楼梯的净宽应按通过人数每 100 人不小于 1.00m 计算，当各层人数不等时，疏散楼梯的总宽度可分层计算，下层楼梯的总宽度应按本层及以上楼层疏散人数最多的一层人数计算，梯段净宽不应小于 1.20m。

② 首层直通室外疏散门的净宽度应按各层疏散人数最多的一层人数计算，且净宽不应小于 1.40m。

③ 通廊式宿舍走道的净宽度，当单面布置居室时不应小于 1.60m，当双面布置居室时不应小于 2.20m，单元式宿舍公共走道净宽不应小于 1.40m。

(5) 宿舍建筑的安全出口不应设置门槛，其净宽不应小于 1.40m，出口处距门的1.40m 范围内不应设踏步。

(6) 宿舍建筑内应设置消防安全疏散示意图以及明显的安全疏散标识，且疏散走道应设置疏散照明和灯光疏散指示标志。

16)《老年人照料设施建筑设计标准》JGJ 450—2018 规定：

老年人的居室门、居室卫生间门、公用卫生间厕位门、盥洗室门、浴室门等，均应选用内外均可开启的锁具及方便老年人使用的把手，且宜设应急观察装置。

（九）特殊房间的防火要求

134. 特殊房间的防火要求有哪些？

1)《建筑设计防火规范》GB 50016—2014（2018 年版）规定：

（1）燃油或燃气锅炉、油浸变压器、充有可燃油的高压电容器和多油开关等宜设置在建筑外的专用房间内；确需贴邻民用建筑布置时，应采用防火墙与所贴邻的建筑分隔，且不应贴邻人员密集场所，该专用房间的耐火等级不应低于二级；确需布置在民用建筑内时，不应布置在人员密集场所的上一层、下一层或贴邻，并应符合下列规定：

① 燃油和燃气锅炉房、变压器室应设置在首层或地下一层的靠外墙部位，但常（负）压燃油或燃气锅炉可设置在地下二层或屋顶上，设置在屋顶上的常（负）压燃气锅炉，距离通向屋面的安全出口不应小于 6.00m。

采用相对密度（与空气密度的比值）不小于 0.75 的可燃气体为燃料的锅炉，不得设置在地下或半地下。

② 锅炉房、变压器室的疏散门均应直通室外或安全出口。

③ 锅炉房、变压器室等与其他部位之间应采用耐火极限不低于 2.00h 的防火隔墙和 1.50h 的不燃性楼板分隔。在隔墙和楼板上不应开设洞口，确需在隔墙上设置门、窗时，应采用甲级防火门、窗。

④ 锅炉房内设置储油间时，其总储存量不应大于 $1m^3$，且储油间应采用耐火极限不低于 3.00h 的防火隔墙与锅炉间分隔；确需在防火墙上设置门时，应采用甲级防火门。

⑤ 变压器室之间、变压器室与配电室之间，应设置耐火极限不低于 2.00h 的防火隔墙。

⑥ 油浸变压器、多油开关室、高压电容器室，应设置防止油品流散的设施。油浸变压器下面应设置能储存变压器全部油量的事故储油设施。

⑦ 应设置火灾报警装置。

⑧ 应设置与锅炉、变压器、电容器和多油开关等的容量及建筑规模相适应的灭火设施，当建筑内其他部位设置自动喷水灭火系统时，应设置自动喷水灭火系统。

⑨ 锅炉的容量应符合国家标准《锅炉房设计规范》（GB 50041—2008）的有关规定。油浸变压器的总容量不应大于 $1260kV\cdot A$，单台容量不应大于 $630kV\cdot A$。

⑩ 燃气锅炉房应设置爆炸泄压设施。燃油或燃气锅炉房应设置独立的通风系统，并应符合本规范"供暖、通风和空气调节"的相关规定。

（2）布置在民用建筑内的柴油发电机房应符合下列规定：

① 宜布置在首层及地下一、二层。

② 不应布置在人员密集场所的上一层、下一层或与之贴邻。

③ 应采用耐火极限不低于 2.00h 的防火隔墙和 1.50h 的不燃性楼板与其他部位分隔，门应采用甲级防火门。

④ 机房内设置储油间时，其总储存量不应大于 $1m^3$，储油间应采用耐火极限不低于 3.00h 防火隔墙与发电机间分隔；确需在防火隔墙上开门时，应采用甲级防火门。

⑤ 应设置火灾报警装置。

⑥ 应设置与柴油发电机容量和建筑规模相适应的灭火设施，当建筑内其他部位设置自动喷水灭火系统时，机房内应设置自动喷水灭火系统。

（3）供建筑内使用的丙类液体燃料的布置及规定、设置在建筑内的锅炉和柴油发的燃料管道的布置及规定、高层民用建筑内使用可燃气体时管道的规定和建筑采用瓶装液化石油气瓶组供气的规定可查阅规范原文。

2）《人民防空工程设计防火规范》GB 50098—2009 规定：

（1）人防工程的总平面设计应根据人防工程建设规划、规模、用途等因素，合理确定其位置、防火间距、消防水源和消防车道等。

（2）人防工程内不得使用和储存液化石油气、相对密度（与空气密度比值）大于或等于 0.75 的可燃气体和闪点小于 60℃的液体燃料。

（3）人防工程内不宜设置哺乳室、幼儿园、托儿所、幼儿园、游乐厅等儿童活动场所和残疾人员活动场所。

（4）医院病房不应布置在地下二层及以下层，当设置在地下一层时，室内地面与室外出入口地坪高差不应大于 10m。

（5）歌舞厅、卡拉 OK 厅（含具有卡拉 OK 功能的餐厅）、夜总会、录像厅、放映厅、桑拿浴室（除洗浴部分外）、游艺厅（含电子游艺厅）、网吧等歌舞娱乐放映游艺场所，不应设置在地下二层及以下层；当设置在地下一层时，室内地面与室外出入口地坪高差不应大于 10m。

（6）地下商店应符合下列规定：

① 营业厅不应设置在地下 3 层及以下。

② 当总建筑面积大于 20000m² 时，应采用防火墙进行分隔，且防火墙上不得开设门、窗洞口，相邻区域确需局部连通时，应采取可靠的防火分隔措施，具体方式有：

a. 下沉式广场的室外开敞空间；

b. 防火隔间，该防火隔间的墙应为实体防火墙；

c. 避难走道；

d. 防烟楼梯间，该防烟楼梯间及前室的门应为火灾时能自动关闭的常开式甲级防火门。

（7）下沉式广场应符合下列规定：

① 不同防火分区通向下沉式广场安全出口最近边缘之间的水平距离不应小于 13m，广场内疏散区域的净面积不应小于 169m²。

② 广场应设置不少于一个直通地坪的疏散楼梯，疏散楼梯的总宽度不应小于相邻最大防火分区通向下沉式广场计算疏散总宽度。

③ 当确需设置防风雨棚时，棚不得封闭，并应符合下列规定：

a. 四周敞开的面积应大于下沉式广场投影面积的 25%，经计算大于 40m² 时，可取 40m²。

b. 敞开的高度不得小于 1m。

c. 当敞开部分采用防风雨百叶时，百叶的有效通风排烟面积可按百叶洞口面积的 60%计算。

④ 下沉式广场的最小净面积的范围不得用于除疏散外的其他用途；其他面积的使用，不得影响人员的疏散。

注：疏散楼梯总宽度可包括疏散楼梯宽度和90%自动扶梯宽度。

（8）设置防火隔间时，应符合下列规定：

① 防火隔间与防火分区之间应设置常开式甲级防火门，并应在发生火灾时能自行关闭；

② 不同防火分区开设在防火隔间墙上的防火门最近边缘之间的水平距离不应小于4.00m；该门不应计算在该防火分区安全出口的个数和总疏散宽度内；

③ 防火隔间装修材料燃烧性能等级应为A级，且不得用于除人员通行外的其他用途。

（9）消防控制室应设置在地下一层，并应靠近直接通向地面的安全出口；消防控制室可设置在值班室、变配电室等房间内；当地面建筑设置消防控制室时，可与地面建筑消防控制室合用。隔墙、楼板、防火门均应符合相关规定。

（10）柴油发电机房和燃油或燃气锅炉房的设置除应满足《建筑设计防火规范》GB 50016—2014（2018年版）的规定外，还应满足下列要求：

① 防火分区的划分应与配套的水泵间、风机房、储油间划分为一个防火分区；

② 柴油发电机房与电站控制室之间的密闭观察窗除应满足密闭要求外，还应达到甲级防火窗的性能；

③ 柴油发电机房与电站控制室之间的连接通道处，应设置一道具有甲级防火门耐火性能的门，并应常闭；

④ 储油间的设置应满足地面、门槛、防火门的要求。

（11）燃气管道的敷设和燃气设备的使用还应符合《城镇燃气设计规范》（GB 50028—2006）的有关规定。

（12）人防工程内不得设置油浸电力变压器和其他油浸电气设备。

（13）当人防工程设置直通室外的安全出口的数量和位置受条件限制时，可设置避难走道。

（14）设置在人防工程内的汽车库、修车库，其防火设计应执行《汽车库、修车库、停车场设计防火规范》GB 50067—2014中的有关规定。

3）《汽车库、修车库、停车场设计防火规范》GB 50067—2014规定：

（1）汽车库、修车库、停车场不应布置在易燃、可燃液体或可燃气体的生产装置区和贮存区内。

（2）汽车库不应与火灾危险性为甲、乙类生产厂房、仓库贴邻或组合建造。

（3）汽车库不应与托儿所、幼儿园、老年人建筑、中小学校的教学楼，病房楼等组合建造；当符合下列要求时，汽车库可设置在托儿所、幼儿园、老年人建筑、中小学校的教学楼、病房楼等的地下部分：

① 汽车库与托儿所、幼儿园、老年人建筑、中小学校的教学楼，病房楼等建筑之间，应采用耐火极限不低于2.00h的楼板完全分隔。

② 汽车库与托儿所、幼儿园、老年人建筑、中小学校的教学楼，病房楼等安全出口和疏散楼梯应分别独立设置。

（4）甲、乙类物品运输车的汽车库、修车库应为单层建筑且应独立建造。当停车数量不超过 3 辆时，可与一、二级耐火等级的Ⅳ类汽车库贴邻，但应采用防火墙隔开。

（5）Ⅰ类修车库应单独建造；Ⅱ、Ⅲ、Ⅳ类修车库可设置在一、二级耐火等级的建筑物的首层或与其贴邻建造，但不得与甲、乙类生产厂房、仓库、明火作业的车间或托儿所、幼儿园、老年人建筑、病房楼及人员密集场所组合建造或贴邻。

（6）为汽车库、修车库服务的下列附属建筑，可与汽车库、修车库贴邻，但应采用防火墙隔开，并应设置直通室外的安全出口：

① 贮存量不大于 1.0t 的甲类物品库房；

② 总安装容量不超过 5.0m³/h 的乙炔发生器间和贮存量不超过 5 个标准钢瓶的乙炔气瓶库；

③ 1 个车位的非封闭喷漆间或不大于 2 个车位的封闭喷漆间；

④ 面积不超过 200m² 的充电间和其他甲类生产场所。

（7）地下、半地下汽车库内不应设置修理车位、喷漆间、充电间、乙炔间和甲、乙类物品库房。

（8）汽车库和修车库内不应设置汽油罐、加油机、液化石油汽或液化天然气储罐、加气机。

（9）停放易燃液体、液化石油气罐车的汽车库内，严禁设置地下室和地沟。

（10）燃油和燃气锅炉、油浸变压器、充有可燃油的高压电容器和多油开关等，不应设置在汽车库、修车库内。当受条件限制必须贴邻汽车库、修车库布置时，应符合现行国家标准《建筑设计防火规范》GB 50016—2014（2018 年版）的规定：

（11）Ⅰ、Ⅱ类汽车库、停车场宜设置耐火等级不低于二级的灭火器材间。

4）《饮食建筑设计规范》JGJ 64—2017 规定：厨房有明火的热加工区（间）的上层有餐厅或其他用房时，其外墙开口上方应设宽度不小于 1.00m、长度不小于开口宽度的防火挑檐，或在建筑外墙上下层开口之间设置高度不小于 1.20m 的实体墙。

5）《档案馆建筑设计规范》JGJ 25—2010 规定：

① 档案库区中同一防火分区内的库房之间的隔墙均应采用耐火极限不低于 3.00h 的防火墙，防火分区间及库区与其他部分之间的墙应采用耐火极限不低于 4.00h 的防火墙，其他内部隔墙可采用耐火极限不低于 2.00h 的不燃烧体。档案库中楼板的耐火极限不应低于 1.50h。

② 供垂直运输档案、资料的电梯应邻近档案库，并应设在防火门外；电梯井应封闭，其围护结构应为耐火极限不低于 2.00h 的不燃烧体。

③ 特级、甲级档案馆和属于一类高层的乙级档案馆建筑均应设置火灾自动报警系统。其他乙级档案馆的档案库、服务器机房、微缩机房、音响技术机房、空调机房等房间应设置火灾自动报警系统。

④ 档案库内不得设置明火设施。档案装具宜采用不燃材料或难燃材料。

6）《展览建筑设计规范》JGJ 218—2010 规定：

（1）展厅的使用有特殊要求时，可采用性能化设计方法进行防火设计。

（2）设有展厅的建筑内不得储存甲类和乙类属性的物品。室内库房、维修及加工用房与展厅之间，应采用耐火极限不低于 2.00h 的隔墙和 1.00h 的楼板进行分隔，隔墙上的门应采用乙级防火门。

（3）供垂直运输物品的客货电梯宜设置独立的电梯厅，不应直接设置在展厅内。

（4）展览建筑内的燃油或燃气锅炉房、油浸电力变压器室、充有可燃油的高压电容器和多油开关室等不应设置于人员密集场所的上一层、下一层或贴邻，并应采用耐火极限不低于2.00h的隔墙和1.50h的楼板进行分隔，隔墙上的门应采用甲级防火门。

（5）使用燃油、燃气的厨房应靠展厅的外墙布置，并应采用耐火极限不低于2.00h的隔墙和乙级防火门窗与展厅分隔，展厅内临时设置的敞开式的食品加工区应采用电能加热设施。

（6）展位内可燃物品的存放量不应超过1d展览时间的供应量，展位后部不得作为可燃物品的储存空间。

（十）木 结 构 防 火

135. 木结构民用建筑的防火要求是如何规定的？

《建筑设计防火规范》GB 50016—2014（2018年版）规定：

1）木结构建筑构件的燃烧性能和耐火极限应符合表1-279的规定。

木结构建筑构件的燃烧性能和耐火极限　　　　　　　表 1-279

构件名称	燃烧性能和耐火极限（h）
防火墙	不燃性 3.00
承重墙、住宅建筑单元之间的墙和分户墙、楼梯间的墙	难燃性 1.00
电梯井的墙	不燃性 1.00
非承重外墙、疏散走道两侧的隔墙	难燃性 0.75
房间隔墙	难燃性 0.50
承重柱	可燃性 1.00
梁	可燃性 1.00
楼板	难燃性 0.75
屋顶承重构件	燃烧性 0.50
疏散楼梯	难燃性 0.50
吊顶	难燃性 0.15

注：1. 除本规范另有规定外，当同一座木结构建筑存在不同高度的屋顶时，较低部分的屋顶承重构件和屋面不应采用可燃性构件；采用难燃性屋顶承重构件时，其耐火极限不应低于0.75h。

2. 轻型木结构建筑的屋顶，除防水层、保温层及屋面板外，其他部分均应视为屋顶承重构件，且不应采用可燃性构件，耐火极限不应低于0.50h。

3. 当建筑的层数不超过2层、防火墙间的建筑面积小于600 m^2 且防火墙间的长度小于60m时，建筑构件的燃烧性能和耐火等级可按本规范有关四级耐火等级建筑的要求确定。

2）建筑采用木骨架组合墙体时，应符合下列规定：

（1）建筑高度不大于18m的住宅建筑、建筑高度不大于24m的办公建筑的房间隔墙和非承重外墙可采用木骨架组合墙体，其他建筑的非承重外墙不得采用木骨架组合墙体；

（2）墙体填充材料的燃烧性能应为A级；

（3）木骨架组合墙体的燃烧性能和耐火极限应符合表1-280的规定，其他要求应符合国家标准《木骨架组合墙体技术规范》GB /T50361—2005 的规定。

木骨架组合墙体的燃烧性能和耐火极限（h）　　　　表 1-280

构件名称	建筑物的耐火等级或类型				
	一级	二级	三级	木结构建筑	四级
非承重外墙	不允许	难燃性 1.25	难燃性 0.75	难燃性 0.75	无要求
房间隔墙	难燃性 1.00	难燃性 0.75	难燃性 0.50	难燃性 0.50	难燃性 0.25

3）当采用木结构建筑和木结构组合建筑时，其允许层数和允许建筑高度应符合表 1-281 的规定。木结构建筑中防火墙间的允许建筑长度和每层最大允许建筑面积应符合表 1-282 的规定。

建筑和木结构组合建筑的允许层数和允许建筑高度　　　　表 1-281

木结构建筑的形式	普通木结构建筑	轻型木结构建筑	胶合木结构建筑		木结构组合建筑
允许层数（层）	2	3	1	3	7
允许建造高度（m）	10	10	不限	15	24

木结构建筑中和防火墙间的允许长度和每层允许建筑面积的最大值　　　　表 1-282

层数（层）	防火墙间的允许建筑长度（m）	防火墙间的每层最大允许建筑面积（m²）
1	100	1800
2	80	900
3	60	600

注：1. 当设置自动喷水灭火系统时，防火墙间的允许建筑长度和每层最大允许建筑面积可按本表规定增加 1.0 倍；

　　2. 体育场馆等高大空间建筑，其建筑高度和建筑面积可适当增加。

4）老年人照料设施、托儿所、幼儿园的儿童用房和活动场所设置在木结构建筑内时，应布置在首层或二层。

商店、体育馆应采用单层木结构建筑。

5）除住宅建筑外，建筑内发电机间、配电间、锅炉间的设置及其防火要求，应符合本规范"平面布置"中关于配电间、发电机间、锅炉间的有关规定。

6）设置在木结构住宅建筑内的机动车库、发电机间、配电间、锅炉间，应采用耐火极限不低于 2.00h 的防火隔墙和 1.00h 的不燃性楼板与其他部位分隔，不宜开设与室内相通的门、窗、洞口，确需开设时，可开设一樘不直通卧室的单扇乙级防火门。机动车库的建筑面积不宜大于 00m²。

7）民用木结构建筑的安全疏散设计应符合下列规定：

（1）建筑的安全出口和房间疏散门的设置，应符合本规范"安全疏散和楼梯"的规定。当木结构建筑的每层建筑面积小于 200m² 且第二层和第三层的人数之和不超过 25 人时，可设置 1 部疏散楼梯。

（2）房间直通疏散走道的疏散门至最近安全出口的直线距离不应大于表 1-283 的规定。

房间直通疏散走道的疏散门至最近安全出口的直线距离（m）　　　表 1-283

名称	位于两个安全出口之间的疏散门	位于袋形走道两侧或尽端的疏散门
托儿所、幼儿园、老年人照料设施	15	10
歌舞娱乐放映游艺场所	15	6
医院和疗养院建筑、教学建筑	25	12
其他民用建筑	30	15

（3）房间内任一点到该房间直通疏散走道的疏散门的直线距离，不应大于表 1-277 中有关袋形走道两侧或尽端的疏散门至最近安全出口的直线距离。

（4）建筑内疏散走道、安全出口、疏散楼梯和房间疏散门的净宽度，应根据疏散人数按每 100 人的疏散净宽度不小于表 1-284 的规定计算确定。

疏散走道、安全出口、疏散楼梯和房间疏散门每 100 人的最小疏散净宽度（m/百人）
表 1-284

层　数	地上 1、2 层	地上 3 层
每 100 人的疏散净宽度	0.75	1.00

8）管道、电气线路敷设在墙体内或穿过楼板、墙体时，应采取防火保护措施，与墙体、楼板之间的缝隙应采用防火封堵材料填塞密实。

住宅建筑内厨房的明火或高温部位及排油烟管道等，应采用防火隔热措施。

9）民用木结构建筑之间及其与其他民用建筑之间的防火间距不应小于表 1-285 的规定。

民用木结构建筑之间及其与其他结构的民用建筑的防火间距（m）　　　表 1-285

建筑耐火等级或类别	一、二级	三级	木结构建筑	四级
木结构建筑	8	9	10	11

注：1. 两座木结构建筑之间或木结构建筑与其他民用建筑之间，外墙均无任何门、窗、洞口时，防火间距可为 4.00m。外墙上的门、窗、洞口不正对且开口面积之和不大于外墙面积的 10% 时，防火间距可按本表的规定减少 25%。

2. 当相邻建筑外墙有一面为防火墙，或建筑物之间设置防火墙，且墙体截断不燃性屋面或高出难燃性、可燃性屋面不低于 0.50m 时，防火间距不限。

10）木结构墙体、楼板及封闭吊顶或屋顶下的密闭空间内应采取防火分隔措施，且水平分隔长度或宽度不应超过 20m，面积不应超过 300m²，墙体的竖向分隔高度不应超过 3.00m。

在轻型木结构建筑的每层楼梯梁处应采取防火分隔措施。

11）木结构建筑与钢结构、钢筋混凝土结构或砌体结构等其他结构类型组合建造时，应符合下列要求：

（1）竖向组合建造时，木结构部分的层数不应超过 3 层并应设置在建筑的上部，木结构部分与其他结构部分宜采用耐火极限不低于 1.00h 的不燃性楼板分隔。

水平组合建造时，木结构部分与其他结构部分宜采用防火墙分隔。

（2）当木结构部分与其他结构部分之间按（1）项规定进行了防火分隔时，木结构部分和其他部分的防火设计，可分别执行本规范对木结构建筑和其他结构建筑的规定；其他情况的防火设计应执行本规范有关"木结构建筑"的规定。

（3）室内消防给水应根据组合建筑的总高度、体积或层数和用途按本规范"消防设施的位置"和国家有关标准的规定确定，室外消防给水应按本规范四级耐火等级建筑的规定确定。

12）总建筑面积大于 1500m² 的木结构公共建筑应设置火灾自动报警系统，木结构住宅建筑内应设置火灾探测与报警装置。

13）木结构建筑的其他防火设计要求应执行本规范有关四级耐火等级建筑的规定，防火构造要求除应符合本规范的规定外，还应符合国家标准《木结构设计规范》（GB 50005—2003）2005 年版等标准的规定。

136. 各类木结构构件的燃烧性能和耐火极限是如何规定的？

《建筑设计防火规范》GB 50016—2014（2018 年版）规定各类木结构构件的燃烧性能和耐火极限见表 1-286。

各类木结构构件的燃烧性能和耐火极限　　　　　　　　表 1-286

构件名称			结构厚度或截面最小尺寸（mm）	耐火极限（h）	燃烧性能
承重墙	木龙骨两侧钉石膏板的承重内墙	1.15mm 耐火石膏板 2. 木龙骨，截面尺寸 40mm×90mm 3. 填充岩棉或玻璃棉 4.15mm 耐火石膏板木龙骨的间距为 400mm 或 600mm	120	1.00	难燃性
		1.15mm 耐火石膏板 2. 木龙骨，截面尺寸 40mm×140mm 3. 填充岩棉或玻璃棉 4.15mm 耐火石膏板木龙骨的间距为 400mm 或 600mm	170	1.00	难燃性
	木龙骨两侧钉石膏板＋定向刨花板的承重外墙	1.15mm 耐火石膏板 2. 木龙骨，截面尺寸 40mm×90mm 3. 填充岩棉或玻璃棉 4.15mm 定向刨花板 木龙骨的间距为 400mm 或 600mm	120	1.00	难燃性
		1.15mm 耐火石膏板 2. 木龙骨，截面尺寸 40mm×90mm 3. 填充岩棉或玻璃棉 4.15mm 定向刨花板 木龙骨的间距为 400mm 或 600mm	170	1.00	难燃性

构件名称		结构厚度或截面最小尺寸（mm）	耐火极限（h）	燃烧性能
非承重墙	木龙骨两侧钉石膏板的非承重内墙	1. 双层 15mm 耐火石膏板 2. 双排木龙骨，木龙骨截面尺寸 40mm×90mm 3. 填充岩棉或玻璃棉 4. 双层 15mm 耐火石膏板 木龙骨的间距为 400mm 或 600mm	245	2.00	难燃性
		1. 双层 15mm 耐火石膏板 2. 双排木龙骨交错放置在 40mm×140mm 的底梁板上，木龙骨截面尺寸 40mm×90mm 3. 填充岩棉或玻璃棉 4. 双层 15mm 耐火石膏板 木龙骨的间距为 400mm 或 600mm	200	2.00	难燃性
		1. 双层 12mm 耐火石膏板 2. 双排木龙骨，木龙骨截面尺寸 40mm×90mm 3. 填充岩棉或玻璃棉 4. 双层 12mm 耐火石膏板 木龙骨的间距为 400mm 或 600mm	138	1.00	难燃性
		1.15mm 耐火石膏板 2. 双排木龙骨，木龙骨截面尺寸 40mm×90mm 3. 填充岩棉或玻璃棉 4.15mm 耐火石膏板 木龙骨的间距为 400mm 或 600mm	114	0.75	难燃性
	木龙骨两侧钉石膏板的非承重内墙	1.15mm 普通石膏板 2. 木龙骨，木龙骨截面尺寸 40mm×90mm 3. 填充岩棉或玻璃棉 4.15mm 普通石膏板 木龙骨的间距为 400mm 或 600mm	120	0.50	难燃性
	木龙骨两侧钉石膏板或定向刨花板的非承重外墙	1.12mm 耐火石膏板 2. 木龙骨，木龙骨截面尺寸 40mm×90mm 3. 填充岩棉或玻璃棉 4.12mm 定向刨花板 木龙骨的间距为 400mm 或 600mm	114	0.75	难燃性
		1.15mm 耐火石膏板 2. 木龙骨，截面尺寸 40mm×90mm 3. 填充岩棉或玻璃棉 4.15mm 耐火石膏板 木龙骨的间距为 400mm 或 600mm	120	1.25	难燃性

构件名称			结构厚度或截面最小尺寸（mm）	耐火极限（h）	燃烧性能
非承重墙	木龙骨两侧钉石膏板或定向刨花板的非承重外墙	1. 12mm耐火石膏板 2. 木龙骨，木龙骨截面尺寸40mm×140mm 3. 填充岩棉或玻璃棉 4. 15mm定向刨花板 木龙骨的间距为400mm或600mm	164	0.75	难燃性
		1. 15mm耐火石膏板 2. 木龙骨，截面尺寸40mm×140mm 3. 填充岩棉或玻璃棉 4. 15mm耐火石膏板 木龙骨的间距为400mm或600mm	170	1.25	难燃性
柱	支持屋顶和楼板的胶合木柱（四面曝火）		横截面尺寸200mm×280mm	1.00	可燃性
	支持屋顶和楼板的胶合木柱（四面曝火）		横截面尺寸272mm×352mm 横截面尺寸在200mm×280mm的基础上每个曝火面厚度各增加36mm	1.00	可燃性
梁	支持屋顶和楼板的胶合木梁（三面曝火）		横截面尺寸200mm×400mm	1.00	可燃性
	支持屋顶和楼板的胶合木梁（三面曝火）		横截面尺寸272mm×436mm 横截面尺寸在200mm×400mm的基础上每个曝火面厚度各增加36mm	1.00	可燃性
楼板	1. 楼面板为18mm定向刨花板或胶合板 2. 楼板搁栅40mm×235mm 3. 填充岩棉或玻璃棉 4. 顶棚为双层12mm耐火石膏板 采用实木搁栅或工字木搁栅，间距400mm或600mm		277	1.00	难燃性
屋顶承重构件	1. 屋顶檩条或轻型木桁架 2. 填充保温材料 3. 顶棚为12mm耐火石膏板 木桁架的间距为400mm或600mm		—	0.50	难燃性

续表

构件名称		结构厚度或截面 最小尺寸（mm）	耐火极限 （h）	燃烧性能
吊顶	1. 实木楼盖结构 40mm×235mm 2. 木板条 30mm×50mm（间距为 400mm） 3. 顶棚为 12mm 耐火石膏板	独立顶棚，厚度 42mm，总厚度 277mm	0.25	难燃性

（十一）消 防 车 道

137. 消防车道是如何规定的？

1)《建筑设计防火规范》GB 50016—2014（2018 年版）规定：

(1) 街区内的道路应考虑消防车的通行，道路中心线间的距离不宜大于 160m。

当建筑物沿街道部分的长度大于 150m 或总长度大于 220m 时，应设置穿过建筑物的消防车道。确有困难时，应设置环形消防车道。

(2) 高层民用建筑，超过 3000 个座位的体育馆，超过 2000 个座位的会堂，占地面积大于 3000m² 的商店建筑、展览建筑等单、多层公共建筑应设置环形消防车道。确有困难时，可沿建筑的两个长边设置消防车道；对于高层建筑和山坡地或河道边临空建造的高层民用建筑，可沿建筑的一个长边设置消防车道，但该长边所在建筑立面应为消防车登高操作面。

(3) 有封闭内院或天井的建筑物，当内院或天井的短边长度大于 24m 时，宜设置进入内院或天井的消防车道。当该建筑物沿街时，应设置连通街道和内院的人行通道（可利用楼梯间），其间距不宜大于 80m。

(4) 在穿过建筑物或进入建筑物内院的消防车道两侧，不应设置影响消防车通行或人员疏散的设施。

(5) 供消防车取水的天然水源和消防水池应设置消防车道。消防车道的边缘距离取水点不宜大于 2.00m。

(6) 消防车道应符合下列要求：

① 车道的净宽度和净空高度均不应小于 4.00m；

② 转弯半径应满足消防车转弯的要求；

③ 消防车道与建筑之间不应设置妨碍消防车操作的障碍物、架空管线等障碍物；

④ 消防车道靠建筑外墙一侧的边缘距离建筑外墙不宜大于 5.00m；

⑤ 消防车道的坡度不宜大于 8%。

(7) 环形消防车道至少应有两处与其他车道连通。尽头式消防车道应设置回车道或回车场，回车场的面积不应小于 12m×12m；对于高层建筑，不宜小于 15m×15m；供重型消防车使用时，不宜小于 18m×18m。

消防车道的路面、救援操作场地、消防车道和救援操作场地下面的管道和暗沟等，应能承受大型消防车的压力。

消防车道可利用城乡、厂区道路等，但该道路应满足消防车通行、转弯和停靠的要求。

（8）消防车道不宜与铁路正线平交。确需平交时，应设置备用车道，且两车道间的间距不应小于一列火车的长度。

2）《汽车库、修车库、停车场设计防火规范》GB 50067—2014 规定：

（1）汽车库、修车库周围应设置消防车道。

（2）消防车道应符合下列要求：

① 除Ⅳ类汽车库和修车库外，消防车道应为环形，当设置环形车道有困难时，可沿建筑物的一个长边和另一边设置。

② 尽头式消防车道应设回车道或回车场，回车场的面积不应小于 12m×12m。

③消防车道的宽度不应小于 4.00m。

（3）穿过车库、修车库、停车场的消防车道，其净空高度和净宽均不应小于 4.00m，当消防车道上空遇有障碍物时，路面与障碍物之间的净空高度不应小于 4.00m。

3）其他相关资料表明，消防车道的转弯半径为：轻型消防车不应小于 9~10m，重型消防车不应小于 12m。

（十二）防 火 构 造

138. 防火墙的构造要求有哪些?

1）《建筑设计防火规范》GB 50016—2014（2018 年版）规定：

（1）防火墙应直接设置在建筑的基础或框架、梁等承重结构上，框架、梁等承重结构的耐火极限不应低于防火墙的耐火极限。

防火墙应从楼地面基层隔断至梁、楼板或屋面板的底面基层。当建筑屋顶承重结构和屋面板的耐火极限低于 1.00h，其他建筑屋顶承重结构和屋面板的耐火极限低于 1.50h 时，防火墙应高出屋面 0.50m 以上。

（2）防火墙横截面中心线水平距离天窗端面小于 4.00m，且天窗端面为可燃性墙体时，应采取防止火势蔓延的措施。

（3）建筑外墙为难燃性或可燃性墙体时，防火墙应凸出墙的外表面 0.40m 以上，且防火墙两侧的外墙均应为宽度不小于 2.00m 的不燃性墙体，其耐火极限不应低于外墙的耐火极限。

建筑的外墙为不燃性墙体时，防火墙可不凸出墙的外表面。紧靠防火墙两侧的门、窗、洞口之间最近边缘的水平距离不应小于 2.00m；采取设置乙级防火窗等防止火灾水平蔓延的措施时，该距离不限。

（4）建筑内的防火墙不宜设置在转角处，确需设置时，内转角两侧墙上的门、窗、洞口之间最近边缘的水平距离不应小于 4.00m；采取设置乙级防火窗等防止火灾水平蔓延的措施时，该距离不限。

（5）防火墙上不应开设门、窗、洞口，确需开设时，应设置不可开启或火灾时能自动关闭的甲级防火门、窗。

可燃气体和甲、乙、丙类液体的管道严禁穿过防火墙。防火墙内不应设置排气道。

（6）除（5）规定以外的其他管线不宜穿过防火墙，确需穿过时，应采用防火封堵材料将墙与管道之间的空隙紧密填实，穿过防火墙处的管道保温材料，应采用不燃烧材料；

当管道为难燃及可燃材料时，应在防火墙两侧的管道上采取防火措施。

（7）防火墙的构造应能在防火墙任意一侧的屋架、梁、楼板等受到火灾的影响而破坏时，不会导致防火墙倒塌。

2）《汽车库、修车库、停车场设计防火规范》GB 50067—2014 规定：

（1）防火墙应直接设置在建筑的基础或框架、梁等承重结构上，框架、梁等承重结构的耐火极限不应低于防火墙的耐火极限。防火隔墙应从楼地面基层隔断至梁、楼板或屋面结构的底面。

（2）当汽车库、修车库的屋面板为不燃材料且耐火极限不低于 0.50h 时，防火墙、防火隔墙可砌至屋面基层的底部。

（3）三级耐火等级的汽车库、修车库的防火墙、防火隔墙应截断其屋顶结构，并应高出其不燃性屋面不小于 0.40m；高出可燃性或难燃性屋面不小于 0.50m。

（4）防火墙不宜设在汽车库、修车库的内转角处。当设置在转角处时，内转角两侧的门、窗、洞口之间最近边缘的水平距离不应小于 2.00m。当防火墙两侧设置固定乙级防火窗时，可不受距离的限制。

（5）可燃气体和甲、乙类液体管道严禁穿过防火墙，防火墙内不应设置排气道。防火墙、防火隔墙上不应设置通风管道，也不宜穿过其他管道（线）；当管道（线）穿过防火墙或防火隔墙时，应采用防火封堵材料将孔洞周围的空隙紧密填塞。

（6）防火墙或防火隔墙上不宜开设门、窗、洞口，当必须开设时，应设置甲级防火门、窗或耐火极限不低于 3.00h 的防火卷帘。

3）《饮食建筑设计规范》JGJ 64—2017 规定：

（1）厨房有明火的加工区应采用耐火极限不低于 2.00h 的防火隔墙与其他部位分隔，隔墙上的门、窗应采用乙级防火门、窗。

（2）厨房有明火的加工区（间）上层有餐厅或其他用房时，其外墙开口上方应设置宽度不小于 1.00m、长度不小于开口宽度的防火挑檐；或在建筑外墙上下层开口之间设置高度不小于 1.20m 的实体墙。

139. 建筑构件的防火构造要求有哪些？

1）《建筑设计防火规范》GB 50016—2014（2018 年版）规定：

（1）剧场等建筑的舞台与观众厅之间的隔墙应采用耐火极限不低于 3.00h 的防火隔墙。

舞台上部与观众厅闷顶之间的隔墙可采用耐火极限不低于 1.50h 的防火隔墙，隔墙上的门应采用乙级防火门。

舞台下部的灯光操作室和可燃物储藏室应采用耐火极限不低于 2.00h 的防火隔墙与其他部位分隔。

电影放映室、卷片室应采用耐火极限不低于 1.50h 的防火隔墙与其他部分分隔，观察孔和放映孔应采取防火分隔措施。

（2）医疗建筑内的手术室或手术部、产房、重症监护室、贵重精密医疗装备用房、储藏间、实验室、胶片室等，附设在建筑内的托儿所、幼儿园的儿童活动用房和儿童游乐厅等儿童活动场所、老年人照料设施，应采用耐火极限不低于 2.00h 的防火隔墙和 1.00h 的楼板与其他场所或部位分隔，墙上必须设置的门、窗应采用乙级防火门、窗。

（3）民用建筑内的附属库房，剧场后台的辅助用房；除居住建筑中套内的厨房外，宿舍、公寓建筑中的公共厨房和其他建筑内的厨房；附设在住宅建筑内的机动车库应采用耐火极限不低于 2.00h 的防火隔墙与其他部位分隔，墙上的防火门、窗应采用乙级防火门、窗。确有困难时，可采用防火卷帘，并应符合本规范"放火卷帘"的规定。

（4）建筑内的防火隔墙应从楼地面基层隔断至梁、楼板或屋面板底面基层。住宅分户墙和单元之间的墙应隔断至梁、楼板或屋面板的底面基层，屋面板的耐火极限不应低于 0.50h。

（5）除本规范另有规定外，建筑外墙上、下层开口之间应设置高度不小于 1.20m 的实体墙或挑出宽度不小于 1.00m、长度不小于开口宽度的防火挑檐；当室内设置自动喷水灭火系统时，上、下层开口之间的实体墙高度不应小于 0.80m；当上、下层开口之间设置实体墙确有困难时，可采用防火玻璃墙，但高层建筑的防火玻璃墙的耐火完整性不应低于 1.00h，多层建筑的防火玻璃墙的耐火完整性不应低于 0.50h。外墙的耐火完整性不应低于防火玻璃墙的耐火完整性要求。

住宅建筑外墙上相邻户之间的墙体宽度不应小于 1.00m；小于 1.00m 时，应在开口之间设置突出外墙不小于 0.60m 的隔板。

实体墙、防火挑檐和隔板的耐火极限和燃烧性能，均不应低于耐火等级建筑外墙的要求。

（6）附设在建筑物内的消防控制室、灭火设备室、消防水泵房和通风空气调节机房、变配电室等，应采用耐火极限不低于 2.00h 的隔墙和不低于 1.50h 的楼板与其他部位分隔。

通风、空气调节机房和变配电室开向建筑内的门应采用甲级防火门，消防控制室和其他设备用房的门应采用乙级防火门。

（7）冷库采用泡沫塑料等可燃材料作墙体内的绝热层时，宜采用不燃绝热材料在每层楼板处做水平防火分隔。防火分隔部位的耐火极限不应低于楼板的耐火极限。冷库阁楼层和墙体的可燃绝热层宜采用不燃性墙分隔。

冷库采用的泡沫塑料作内绝热层时，绝热层的耐火极限不应低于 B_1 级，且绝热层的表面应采用不燃材料做保护层。

冷库的库房与加工车间贴邻建造时，应采用防火墙分隔，当需要相互连通的开口时，应采用防火隔间等措施进行分隔，隔间两侧的门应为甲级防火门。当冷库的氨压缩机房与加工车间贴邻时，应采用不开门、窗、洞口的防火墙分隔。

2）《汽车库、修车库、停车场设计防火规范》GB 50067—2014 规定：

除敞开式汽车库、斜楼板式汽车库外，其他汽车库内的汽车坡道两侧应采用防火墙与停车区隔开，坡道的出入口应采用水幕、防火卷帘或甲级防火门等与停车区隔开，但当汽车库和汽车坡道上均设置自动灭火系统时，坡道的出入口可不设置水幕、防火卷帘或甲级防火门。

140. 建筑幕墙的防火构造有哪些要求？

《建筑设计防火规范》GB 50016—2014（2018 年版）规定，建筑幕墙应在每层楼板外沿外采用本规范"实体墙高度和防火挑檐挑出宽度"规定的耐火极限不低于 1.00h、高度不低于 0.80m 的不燃性实体墙。幕墙与每层楼板、隔墙处的缝隙处应采用防火封堵材料封堵。

141. 竖向管道的防火构造要求有哪些?

1)《建筑设计防火规范》GB 50016—2014（2018 年版）规定：

（1）电梯井应独立设置，井内严禁敷设可燃气体和液体管道，不应敷设与电梯无关的电缆、电线等。电梯井的井壁除设置电梯门、安全逃生门和通气孔洞外，不应设置其他洞口。

（2）电缆井、管道井、排烟道、排气道、垃圾道等竖向井道，应分别独立设置。井壁的耐火极限不低于 1.00h；井壁上的检查门应采用丙级防火门。

（3）建筑内的电缆井、管道井应在每层楼板处采用不低于楼板耐火极限的不燃烧体或防火封堵材料封堵。

建筑内的电缆井、管道井应在每层楼板处采用不低于楼板耐火的不燃材料或防火封堵材料封堵。

（4）建筑内的垃圾道宜靠外墙设置，垃圾道的排气口应直接开向室外，垃圾斗应采用不燃材料制作，并应能自行关闭。

电梯层门的耐火极限不应低于 1.00h，并应符合国家标准《电梯层门耐火试验 完整性、隔热性和热通量测定法》GB /T27903—2011 规定的完整性和隔热性要求。

（5）户外电致发光广告牌不应直接设置在有可燃、难燃材料的墙体上。

户外广告牌的设置不应遮挡建筑的外窗，不应影响外部灭火救援行动。

2)《汽车库、修车库、停车场设计防火规范》GB 50067—2014 规定：

（1）电梯井、管道井、电缆井和楼梯间应分别独立设置。管道井、电缆井的井壁应采用不燃材料，且耐火极限不应低于 1.00h；电梯井的井壁应采用不燃材料，且耐火极限不应低于 2.00h。

（2）电梯井、管道井应在每层楼板处采用不燃材料或防火封堵材料进行分隔，且分隔后的耐火极限不应低于楼板的耐火极限，井壁上的检查门应采用丙级防火门。

142. 屋顶、闷顶和建筑缝隙的防火构造要求有哪些?

《建筑设计防火规范》GB 50016—2014（2018 年版）规定：

1）在三、四级耐火等级建筑的闷顶内采用可燃材料作绝热层时，其屋顶不应采用冷摊瓦。

闷顶内的非金属烟囱周围 0.50m、金属烟囱 0.70m 范围内，应采用不燃材料作绝热层。

2）层数超过 2 层的三级耐火等级建筑内的闷顶，应在每个防火隔断范围内设置老虎窗，且老虎窗的间距不宜大于 50m。

3）内有可燃物的闷顶，应在每个防火隔断范围内设置净宽度和净高度不小于 0.70m 的闷顶入口；对于公共建筑，每个防火隔断范围内的闷顶入口不宜少于 2 个。闷顶入口宜布置在走廊中靠近楼梯间的部位。

4）变形缝内的填充材料和变形缝构造基层应采用不燃材料。

电线、电缆、可燃气体和甲、乙、丙类液体的管道不宜穿过建筑内的变形缝，确需穿过时，应在穿过处加设不燃材料制作的套管或采取其他防变形措施，并应采用防火封堵材料封堵。

5）防烟、排烟、供暖、通风和空气调节系统中的管道及建筑内的其他管道，在穿越防火隔墙、楼板和防火墙处的孔隙应采用防火封堵材料封堵。

风管穿过防火隔墙、楼板和防火墙时，穿越处风管上的防火阀、排烟防火阀两侧各2.00m范围内的风管应采用耐火风管或风管外壁应采用防火保护措施，且耐火极限不应低于该防火隔体的耐火极限。

6）建筑内受高温或火焰作用易变形的管道，在贯穿楼板部位和穿越防火隔墙的两侧宜采取阻火措施。

7）建筑屋顶上的开口与邻近建筑或设施之间，应采取防止火灾蔓延的措施。

143. 疏散楼梯间的防火构造要求有哪些？

《建筑设计防火规范》GB 50016—2014（2018年版）规定疏散用的楼梯间应符合下列规定：

1）疏散用的楼梯间应能天然采光和自然通风，并宜靠外墙设置。靠外墙设置时，楼梯间、前室及合用前室外墙上的窗口与两侧的门、窗、洞口最近边缘的水平距离不应小于1.00m。

2）疏散用的楼梯间内不应设置烧水间、可燃材料储藏室、垃圾道。

3）疏散用的楼梯间内不应有影响疏散的凸出物或其他障碍物。

4）疏散用的封闭楼梯间、防烟楼梯间及其前室，不应设置卷帘。

5）疏散用的楼梯间内不应设置甲、乙、丙类液体管道。

6）封闭楼梯间、防烟楼梯间及其前室内禁止穿过或设置可燃气管道。敞开楼梯间内不应设置可燃气管道，当住宅建筑的敞开楼梯间内确需设置可燃气体管道可燃气体计量表时，应采用金属管和设置切断气源的阀门。

144. 封闭楼梯间的防火构造要求有哪些？

《建筑设计防火规范》GB 50016—2014（2018年版）规定封闭楼梯间除应符合疏散用楼梯间的规定外，还应满足下列规定：

1）不能自然通风和自然通风不能满足要求时，应设置机械加压送风系统或采用防烟楼梯间。

2）除楼梯间的出入口和外窗外，楼梯间的墙上不应开设其他门、窗、洞口。

3）高层建筑、人员密集的公共建筑，其封闭楼梯间的门应采用乙级防火门，并应向疏散方向开启；其他建筑，可采用双向弹簧门。

4）楼梯间的首层可将走道和门厅等包括在楼梯间内形成扩大的封闭楼梯间，但应采用乙级防火门等与其他走道和房间分隔。

145. 防烟楼梯间的防火构造要求有哪些？

《建筑设计防火规范》GB 50016—2014（2018年版）规定防烟楼梯间除应符合疏散用楼梯间的规定外，还应满足下列规定：

1）应设置防烟设施。

2）前室可与消防电梯间前室合用。

3）前室的使用面积：公共建筑，不应小于6.00m²；住宅建筑，不应小于4.50m²。

与消防电梯间前室合用时，合用前室的使用面积：公共建筑，不应小于 10.00m² ；住宅建筑，不应小于 6.00m² 。

4）疏散走道通向前室以及前室通向楼梯间的门应采用乙级防火门。

5）除住宅建筑的楼梯间前室外，防烟楼梯间和前室内的墙上不应开设除疏散门和送风口外的其他门、窗、洞口。

6）楼梯间的首层可将走道和门厅等包括在楼梯间前室内形成扩大的前室，但应采用乙级防火门与其他走道和房间分隔。

146. 地下、半地下建筑（室）楼梯的防火构造要求有哪些？

《建筑设计防火规范》GB 50016—2014（2018 年版）规定除住宅建筑套内自用楼梯外，地下、半地下建筑（室）的疏散楼梯间，应符合下列规定：

1）室内地面与室外出入口高差大于 3m 或 3 层及以上的地下、半地下建筑（室），其疏散楼梯应采用防烟楼梯间；其他地下、半地下建筑（室），其疏散楼梯应采用封闭楼梯间。

2）应在首层采用耐火极限不低于 2.00h 的防火隔墙与其他部位分隔并应直通室外，确需在隔墙上开门时，应采用乙级防火门。

3）建筑的地下或半地下部分与地上部分不应共用楼梯间，确需共用楼梯间时，应在首层采用耐火极限不低于 2.00h 的防火隔墙和乙级防火门将地下或半地下部分与地上部分的连通部位完全分隔，并应设置明显的标志。

147. 疏散楼梯的防火构造要求有哪些？

《建筑设计防火规范》GB 50016—2014（2018 年版）规定：

1）除通向避难层错位的疏散楼梯外，建筑内的疏散楼梯间在各层的平面位置不应改变。

2）符合下列规定的室外楼梯时可作为疏散楼梯使用，并可替代封闭楼梯间或防烟楼梯间：

（1）栏杆扶手的高度不应小于 1.10m，楼梯的净宽度不应小于 0.90m。

（2）倾斜角度不应大于 45°。

（3）楼梯段和平台均应采取不燃材料制作。平台的耐火极限不应低于 1.00h，梯段的耐火极限不应低于 0.25h。

（4）通向室外楼梯的门应采用乙级防火门，并应向室外开启。

（5）除疏散门外，楼梯周围 2m 内的墙面上不应设置门、窗、洞口。疏散门不应正对楼梯段。

3）疏散用楼梯和疏散通道上的阶梯不宜采用螺旋楼梯和扇形踏步；确需采用时，踏步上、下两级所形成的平面角度不应大于 10°，且每级离扶手 250mm 处的踏步深度不应小于 220mm。

4）建筑内的公共疏散楼梯，其两梯段及扶手间的水平净距不宜小于 150mm。

5）高度大于 10m 的三级耐火等级建筑应设置通至屋顶的室外消防梯。室外消防梯不应面对老虎窗，宽度不应小于 0.60m，且宜从离地面 3.00m 高度处设置。

148. 疏散走道与疏散门的防火构造要求有哪些?

1)《建筑设计防火规范》GB 50016—2014（2018 年版）规定:

（1）疏散走道在防火分区处应设置常开的甲级防火门。

（2）建筑内疏散门应符合下列规定:

① 民用建筑的疏散门应采用向疏散方向开启的平开门，不应采用推拉门、卷帘门、吊门、转门和折叠门。人数不超过 60 人且每樘门的平均疏散人数不超过 30 人的房间，其疏散门的开启方向不限。

② 开向疏散楼梯或疏散楼梯间的门，当其完全开启时，不应减少楼梯平台的有效宽度。

③ 人员密集场所内平时需要控制人员随意出入的疏散门和设置有门禁系统的住宅、宿舍、公寓建筑的外门，应保证火灾时不需使用钥匙等任何工具即能从内部易于打开，并应在显著位置设置具有使用提示的标识。

2)《电影院建筑设计规范》JGJ 58—2008 规定，观众厅的疏散门应采用甲级防火门，门的净宽度不应小于 0.90m，并应向疏散方向开启。数量应由计算确定，且不应少于 2 个。

3)《剧场建筑设计规范》JGJ 57—2016 规定:

（1）舞台区通向舞台区外各处的洞口均应采用甲级防火门或设置防火分隔水幕，运景洞口应采用特级防火卷帘或防火幕。

（2）当剧场建筑与其他建筑合建或毗连时，应形成独立的防火分区，并应采用防火墙隔开，且防火墙不得开窗洞；当设门时，应采用甲级防火门。防火分区上下楼板耐火极限不应低于 1.50h。

（3）舞台内严禁设置燃气设备。当后台使用燃气设备时，应采用耐火极限不低于 3.00h 的隔墙和甲级防火门分隔，且不应靠近服装室、道具间。

（4）当高、低压配电室与主舞台、侧舞台、后舞台相连时，必须设置面积不小于 6m² 的前室，高、低压配电室应设甲级防火门。

4)《办公建筑设计标准》JGJ/T 67—2019 规定:机要室、档案室、电子信息系统机房和重要库房的门应采用甲级防火门。

5)《图书馆建筑设计规范》JGJ 38—2015 规定:

（1）基本书库、特藏书库、密集书库与其毗邻的其他部位之间应采用防火墙和甲级防火门分隔。

（2）除电梯外，书库内部提升设备的井道井壁应为耐火极限不低于 2.00h 的不燃烧体，井壁上的传递洞口应安装不低于乙级的防火闸门。

6)《档案馆建筑设计规范》JGJ 25—2010 规定:档案库区内设置楼梯时，应采用封闭楼梯间，门应采用不低于乙级的防火门。

7)《综合医院建筑设计规范》GB 51039—2014 规定:同层有 2 个及 2 个以上护理单元时，通向公共走道的单元入口处应设乙级防火门。

149. 下沉式广场的防火构造要求有哪些?

《建筑设计防火规范》GB 50016—2014（2018 年版）规定用于防火分隔的下沉式广场等室外开敞空间，应符合下列规定:

1）分隔后的不同区域通向下沉式广场等室外开敞空间的开口最近边缘之间的水平距离不应小于13m。室外开敞空间除用于人员疏散外不得用于其他商业或可能导致火灾蔓延的用途，其中用于疏散的净面积不应小于169m²。

2）下沉式广场等室外开敞空间内应设置不少于1部直通地面的疏散楼梯。当连接下沉广场的防火分区需利用下沉广场进行疏散时，疏散楼梯的总净宽度不应小于任一防火分区通向室外开敞空间的设计疏散总净宽度。

3）确需设置防风雨篷时，防风雨篷不应完全封闭，四周开口部位应均匀布置，开口的面积不应小于该空间地面面积的25%，开口高度不应小于1.00m；开口设置百叶时，百叶的有效排烟面积可按百叶通风口面积的60%计算。

150. 防火隔间的构造要求有哪些？

《建筑设计防火规范》GB 50016—2014（2018年版）指出防火隔间的设置应符合下列规定：

1）防火隔间的建筑面积不应小于6.00m²。

2）防火隔间的门应采用甲级防火门。

3）不同防火分区通向防火隔间的门不应计入安全出口，门的最小间距不应小于4.00m。

4）防火隔间的内部装修材料的燃烧性能应为A级。

5）不应用于除人员通行外的其他用途。

151. 避难走道的防火构造要求有哪些？

《建筑设计防火规范》GB 50016—2014（2018年版）指出避难走道的设置应符合下列规定：

1）避难走道防火隔墙的耐火极限不应低于3.00h，楼板的耐火极限不应低于1.50h。

2）避难走道直通地面的出口不应少于2个，并应设置在不同方向；当避难走道仅与1个防火分区相通且该防火分区至少有1个直通地面的出口时，可设置1个直通室外的安全出口。任一防火分区通向避难走道的门至该避难走道最近直通地面的出口的距离不应大于60m。

3）避难走道的净宽度不应小于任一防火分区通向该避难走道的设计疏散总净宽度。

4）避难走道的内部装修材料的燃烧性能应为A级。

5）防火分区至避难走道入口处应设置防烟前室，前室的使用面积不应小于6.00m²，开向前室的门应采用甲级防火门；前室开向避难走道的门应采用乙级防火门。

6）避难走道内应设置消火栓、消防应急照明、应急广播和消防专线电话。

152. 必须应用防火门和防火窗的部位有哪些？

归纳总结《建筑设计防火规范》GB 50016—2014（2018年版）和其他相关规范中需应采用防火门和防火窗的部位有：

1）与中庭相连通的门、窗，应采用火灾时能自行关闭的甲级防火门、防火窗。

2）地下商店中，防烟楼梯间的门应采用甲级防火门。

3）剧场、电影院、礼堂应采用甲级防火门与其他区域分隔。

4) 歌舞厅、录像厅、夜总会、卡拉 OK 厅、游艺厅、桑拿浴室、网吧等歌舞娱乐放映游艺场所，厅、室墙上的门及该场所与其他部位之间相通的门应采用乙级防火门。

5) 燃油与燃气锅炉房、油浸变压器室隔墙上开设门、窗时，应采用甲级防火门、窗。

6) 燃油与燃气锅炉房内设置储油间时应采用防火墙，当必须在防火墙上开门时应采用甲级防火门。

7) 柴油发电机房布置在民用建筑内时，在防火隔墙上开门时应采用甲级防火门。

8) 柴油发电机房内设置储油间时，确需在耐火极限不低于 3.00h 的防火隔墙上开门时应设置甲级防火门。

9) 直通建筑内附设汽车库的电梯厅，应采用乙级防火门与汽车库分隔。

10) 一、二级耐火等级的公共建筑内安全出口全部直通室外确有困难的防火分区，可利用通向相邻防火分区的甲级防火门作为疏散出口。

11) 建筑高度大于 100m 的公共建筑避难层的出入口应采用甲级防火门。外窗应采用乙级防火窗。

12) 高层病房楼设置的避难间应采用甲级防火门与其他部位分隔，外窗应采用乙级防火窗。

13) 建筑高度大于 27m、不大于 54m 的住宅建筑，每个单元设置一座疏散楼梯间时，户门应采用乙级防火门。

14) 建筑高度不大于 21m 的住宅建筑，当户门采用乙级防火门时，可采用敞开楼梯间。

15) 建筑高度大于 21m、不大于 33m 的住宅建筑，当户门采用乙级防火门时，可采用敞开楼梯间。

16) 建筑高度大于 33m 的住宅建筑，当户门采用乙级防火门（不大于 3 樘）时，可采用封闭楼梯间。

17) 建筑高度大于 54m 的住宅建筑，每户应有一间房间的门采用乙级防火门。

18) 靠近防火墙两侧的门窗水平距离不应小于 2m，采取设置乙级防火窗等措施时，该距离可不受限制。

19) 建筑内防火墙不宜设置在转角处，采取设置乙级防火窗等措施时，距门、窗、洞口的距离可小于 4m。

20) 必须在建筑的防火墙上开设门窗洞口时，应设置不可开启或火灾时能自行关闭的甲级防火门、窗。

21) 剧院舞台上部与观众厅闷顶之间的防火隔墙上开门时应采用乙级防火门。

22) 医疗建筑内的手术室或手术部、产房等以及附设在建筑内的托儿所、幼儿园等儿童活动场所和老年人活动场所等的防火隔墙上必须开设门、窗时应采用乙级防火门、窗。

23) 宿舍、公寓建筑中的公共厨房和其他建筑内的厨房（住宅建筑除外）、附设在住宅建筑内的机动车库分隔墙上的门、窗应采用乙级防火门、窗。

24) 通风、空气调节机房和变配电室开向建筑内的门应采用甲级防火门。消防控制室和其他设备机房开向建筑内的门应采用乙级防火门。

25) 冷库的库房与加工车间之间应采用防火墙分隔，需相互连通时应采用甲级防火门。

26) 电缆井、管道井、排烟道、排气道、垃圾道等竖井井壁上的检查门应采用丙级防火门。

27）高层建筑、人员密集的公共建筑中封闭楼梯间的门应采用乙级防火门。

28）扩大的封闭楼梯间应采用乙级防火门与走道和房间分隔。

29）防烟楼梯间中疏散走道通向前室及前室通向楼梯间的门应采用乙级防火门。

30）防烟楼梯间首层的扩大防烟前室与走道、房间分隔部位的门应采用乙级防火门。

31）地下、半地下建筑（室）首层的防火隔墙与其他部位分隔并应直通室外，确需在隔墙上开门时，应采用乙级防火门。

32）地下或半地下部分确需与地上部分共用楼梯间时，应在首层设置乙级防火门进行分隔。

33）通向室外楼梯的门应采用乙级防火门。

34）疏散走道在防火分区处应选用常开的甲级防火门。

35）防火隔间的门应采用甲级防火门。

36）防火分区至避难走道入口处应设置防烟前室，开向前室的门应采用甲级防火门。前室开向避难走道的门应采用乙级防火门。

37）消防电梯的前室或合用前室的门应采用乙级防火门，不应设置卷帘门。

38）消防电梯井、机房与消防电梯井、机房之间的防火隔墙上开设的门应为甲级防火门。

39）设置在木结构住宅建筑内的机动车库、发电机间、配电间、锅炉间的防火隔墙上开设门时应为乙级防火门。

40）消防电梯井、机房与相邻电梯井、机房之间，应设置耐火极限不低于 2.00h 的防火隔墙；隔墙上的门应采用甲级防火门。

41）科研建筑防护单元的门、窗应采用甲级防火门、窗，并应有防盗功能。

42）办公建筑的机要室、档案室、电子信息系统机房和重要库房的门应采用甲级防火门。

153. 防火门的构造要求有哪些？

1）《建筑设计防火规范》GB 50016—2014（2018 年版）规定防火门的构造应符合下列规定：

（1）设置在建筑内经常有人通行处的防火门宜采用常开防火门。常开防火门应能在火灾时自行关闭，并应有信号反馈的功能。

（2）除允许设置常开防火门的位置外，其他位置的防火门均应采用常闭防火门。常闭防火门应在其明显位置设置"保持防火门关闭"等提示标识。

（3）除管井检修门和住宅的户门外，防火门应具有自行关闭功能。双扇防火门应具有按顺序自行关闭的功能。

（4）除本规范"建筑内的疏散门"中关于人员密集场所的规定外，防火门应能在其两侧手动开启。

（5）设置在建筑变形缝附近时，防火门应设置在楼层较多的一侧，并应保证防火门开启时门扇不跨越变形缝。

（6）防火门关闭后应具有防烟功能。

（7）防火门的类型：

　　① 木质防火门

木质面板或木质面板内设防火板，门扇内填充珍珠岩或填充氯化镁、氧化镁材料。木质防火门的耐火极限分为丙级（0.50h）、乙级（1.00h）、甲级（1.50h）。属于难燃性构件。

　　② 钢木质防火门

　　a. 木质面板

　　（a）钢质或钢木质复合门框、木质骨架，迎/背火面一面或两面设防火板，或不设防火板。门扇内填充珍珠岩，或氯化镁、氧化镁。

　　（b）木质门框、木质骨架，迎/背火面一面或两面设防火板，或不设防火板。门扇内填充珍珠岩，或氯化镁、氧化镁材料。

　　b. 钢制面板

钢质或钢木质复合门框、钢质或木质骨架，迎/背火面一面或两面设防火板，或不设防火板。门扇内填充珍珠岩，或氯化镁、氧化镁材料。

钢木质防火门的耐火极限为分为丙级（0.50h）、乙级（1.00h）、甲级（1.50h）。属于难燃性构件。

　　③ 钢质防火门：钢制门框、钢制面板、钢质骨架，迎/背火面一面或两面设防火板，或不设防火板。门扇内填充珍珠岩，或氯化镁、氧化镁。钢质防火门的耐火极限为分为丙级（0.50h）、乙级（1.00h）、甲级（1.50h）。属于难燃性构件。

　　2）《防火门》GB 12955—2008 规定防火门的材质有木制防火门、钢质防火门、钢木质防火门和其他材质防火门。耐火性能分为：

　　（1）隔热防火门（A类）：A0.50（丙级）、A1.00（乙级）、A1.50（甲级）、A2.00、A3.00。

　　（2）部分隔热防火门（B类）：B1.00、B1.50、B2.00、B3.00。

　　（3）非隔热防火门（C类）：C1.00、C1.50、C2.00、C3.00。

154. 防火窗的构造要求有哪些?

　　1）《建筑设计防火规范》GB 50016—2014（2018 年版）规定：

　　（1）设置在防火墙、防火隔墙上的防火窗，应采用不可开启的窗扇或具有火灾时能自行关闭的功能。

　　（2）防火窗的类型：

　　① 钢制防火窗：窗框钢质，窗扇钢质，窗框填充水泥砂浆，窗扇内填充珍珠岩，或氧化镁、氯化镁，或防火板。复合防火玻璃。耐火极限为 1.00h 和 1.50h。属于不燃性构件。

　　② 木质防火窗：窗框、窗扇均为木质，或均为防火板与木质复合。窗框无填充材料，窗扇迎/背火面外设防火板和木质面板，或为阻燃实木。复合防火玻璃。耐火极限为 1.00h 和 1.50h。属于难燃性构件。

　　③ 钢木复合防火窗：窗框钢质，窗扇木质，窗框填充水泥砂浆，窗扇迎/背火面外设防火板和木质面板，或为阻燃实木。复合防火玻璃。耐火极限为 1.00h 和 1.50h。属于难燃性构件。

　　2）《防火窗》GB 16809—2008 规定防火窗的分级为：

　　（1）防火窗包括钢制防火窗、木质防火窗、钢木复合防火窗等类型。

（2）防火窗的耐火性能：

①隔热防火窗（A 类）：A0.50（丙级）、A1.00（乙级）、A1.50（甲级）、A2.00、A3.00。

②非隔热防火窗（C 类）：C1.00、C1.50、C2.00、C3.00。

155. 防火卷帘的构造要求有哪些?

1）《建筑设计防火规范》GB 50016—2014（2018 年版）规定防火分隔部位设置防火卷帘时，应符合下列规定：

（1）除中庭外，当防火分隔部位的宽度不大于 30m 时，防火卷帘的宽度不应大于 10m；当防火分隔部位的宽度大于 30m 时，防火卷帘的宽度不应大于该部位宽度的 1/3，且不应大于 20m。

（2）防火卷帘应具有火灾时靠自重自动关闭功能。

（3）除本规范另有规定外，防火卷帘的耐火极限不应低于本规范对所设置部位的耐火极限要求。

当防火卷帘的耐火极限符合国家标准《门和卷帘耐火试验方法》GB 7633—1987 有关耐火完整性和耐火隔热性的判定条件时，可不设置自动喷水灭火系统保护。

当防火卷帘的耐火极限符合国家标准《门和卷帘耐火试验方法》GB 7633—1987 有关耐火完整性的判定条件时，应设置自动喷水灭火系统保护。自动喷水灭火系统的设计应符合国家标准《自动喷水灭火系统设计规范》GB 50084—2001 的有关规定，但其火灾延续时间不应小于该防火卷帘的耐火极限。

（4）防火卷帘应具有防烟性能，与楼板、梁、墙、柱之间的空隙应采用防火封堵材料封堵。

（5）需在火灾时自动降落的防火卷帘，应具有信号反馈的功能。

（6）防火窗卷帘的类型：

① 钢质普通型防火卷帘（帘板为单层）。耐火极限为 1.50～3.00h，属于不燃性构件。

② 钢制复合型防火卷帘（帘板为双层）。耐火极限为 2.00～4.00h，属于不燃性构件。

③ 无机复合防火卷帘（采用多种无机材料复合而成）。耐火极限为 3.00～4.00h，属于不燃性构件。

④ 无机复合轻质防火卷帘（双层、不需水幕保护）。耐火极限为 4.00h，属于不燃性构件。

2）国家标准《防火卷帘》GB 14102—2005 对防火卷帘的规定。

（1）防火卷帘应具有防火和防烟功能。

（2）防火卷帘的规格根据工程实际用洞口尺寸表达。

（3）防火卷帘有钢质防火卷帘（耐火极限为 2.00h 和 3.00h）、无机纤维复合防火卷帘（耐火极限为 2.00h 和 3.00h）和特级防火卷帘（耐火极限为 3.00h）三种。

156. 天桥、栈桥的防火构造要求有哪些?

《建筑设计防火规范》GB 50016—2014（2018 年版）规定:

1）天桥、跨越房屋的栈桥均应采用不燃材料。

2）输送有火灾或爆炸危险物质的栈桥不应兼作疏散通道。

3）封闭天桥、栈桥与建筑物连接处的门洞均宜设置防止火势蔓延的措施。

4）连接两座建筑物的天桥、连廊，应采取火灾在两座建筑间蔓延的措施。当仅供通行的天桥、连廊应采用不燃材料，且建筑物通向天桥、连廊的出口符合安全出口的要求时，该出口可作为安全出口。

157. 其他规范有关防火构造的要求有哪些?

1）《住宅建筑规范》GB 50368—2005 规定住宅建筑的防火构造应符合下列规定:

（1）住宅建筑上下相邻套房开口部位间应设置高度不低于 0.80m 的窗槛墙或设置耐火极限不低于 1.00h 的不燃烧实体挑檐，其挑出宽度不应小于 0.50m，长度不应小于开口宽度。

（2）楼梯间窗口与套房最近边缘之间的水平间距不应小于 1.00m。

（3）住宅建筑中竖井的设置应符合下列要求:

① 电梯井应独立设置，井内严禁敷设燃气管道，并不应敷设与电梯无关的电缆、电线等。电梯井井壁除开设电梯门洞和通气孔洞外，不应开设其他洞口。

② 电缆井、管道井、排烟道、排气管、等竖井应分别独立设置，其井壁应采用耐火极限不低于 1.00h 的不燃性材料。

③ 电缆井、管道井应在每层楼板处采用不低于楼板耐火极限的不燃性材料或防火封堵材料封堵；电缆井、管道井与房间、走道等相连通的孔洞，其空隙应采用防火封堵材料封堵。

④ 电缆井和管道井设置在防烟楼梯间前室、合用前室时，其井壁上的检查门应采用丙级防火门。

（4）当住宅建筑中的楼梯、电梯直通楼层下部的汽车库时，楼梯、电梯的汽车库出入口部位应采取防火分隔措施。

2）《汽车库、修车库、停车场设计防火规范》GB 50067—2014 规定汽车库、修车库、停车场建筑的防火建筑构造应符合下列规定:

（1）防火墙应直接砌在汽车库、修车库的基础或钢筋混凝土的框架上。防火隔墙可砌筑在不燃烧体地面或钢筋混凝土梁上，防火墙、防火隔墙均应砌至梁、板的底部。

（2）当汽车库、修车库的屋盖为耐火极限不低于 0.50h 的不燃烧体时，防火墙、防火隔墙可砌至屋面基层的底部。

（3）防火墙、防火隔墙应截断三级耐火等级的汽车库、修车库的屋顶结构，并应高出其不燃烧体屋面且不应小于 0.40m，高出燃烧体或难燃烧体屋面不应小于 0.50m。

（4）防火墙不宜设在汽车库、修车库的内转角处。当设在转角处时，内转角处两侧墙上的门、窗、洞口之间的水平距离不应小于 4.00m。

防火墙两侧的门、窗、洞口之间的水平距离不应小于 2.00m。当防火墙两侧的采光窗装有耐火极限不低于 0.90h 的不燃烧体固定窗扇时，可不受距离的限制。

（5）防火墙或防火隔墙上下应设置通风孔道，也不宜穿过其他管道（线）；当管道（线）穿过防火墙时，应采用不燃烧材料将孔洞周围的空隙紧密填塞。

（6）防火墙或防火隔墙上不宜开设门、窗、洞口，当必须开设时，应设置甲级防火门、窗或耐火极限不低于 3.00h 的防火卷帘。

（7）电梯井、管道井、电缆井和楼梯间应分开设置。管道井、电缆井的井壁应采用耐火极限不低于 1.00h 的不燃烧体。电梯井的井壁应采用耐火极限不低于 2.50h 的不燃烧体。

（8）电缆井、管道井应每隔 2～3 层在楼板处采用相当于楼板耐火极限的不燃烧体作防火分隔，井壁上的检查门应采用丙级防火门。

（9）除敞开式汽车库、斜楼板式汽车库以外的多层、高层、地下汽车库，汽车坡道两侧应用防火墙与停车区隔开，坡道的出入口应采用水幕、防火卷帘或设置甲级防火门等措施与停车区隔开。当汽车库和汽车坡道上均设有自动灭火系统时，可不受此限。

3）《剧场建筑设计规范》JGJ 57—2016 规定剧场建筑的防火建筑构造应符合下列规定：

（1）大型、特大型的剧场舞台台口应设防火幕。

（2）中型剧场的特等、甲等剧场及高层民用建筑中超过 800 个座位的剧场舞台台口宜设防火幕。

（3）防火幕开关应设置在上场口一侧舞台台口内墙上。

（4）舞台与后台的隔墙及舞台下部台仓的周围墙体的耐火极限不应低于 2.50h。

（5）舞台内的天桥、渡桥码头、平台板、栅顶应采用不燃烧材料，耐火极限不应低于 0.50h。

（6）剧场应设消防控制室，并应有对外的单独出入口，使用面积不宜小于 $12m^2$。大型、特大型剧场应设舞台区专用消防控制间，专用消防控制间宜靠近舞台，使用面积不宜小于 $12m^2$。

（7）观众厅吊顶内的吸声、隔热、保温材料应采用不燃烧材料。

（8）观众厅和乐池的顶棚、墙面、地面等装修材料宜为不燃材料，当采用难燃性装修材料时，应设置相应的消防措施。包括在主舞台上部的屋顶或侧墙上设置排烟措施或在舞台台塔高度小于 12m 时，设置排烟窗等。

（9）剧场检修马道应采用不燃材料。

（10）观众厅及舞台内的灯光控制室、面光桥及耳光室的各界面构造均应采用不燃材料。

（11）舞台台板采用的材料燃烧性能不得低于 B_1 级。

（12）舞台幕布应做阻燃处理，材料燃烧性能不得低于 B_1 级。

4）《电影院建筑设计规范》JGJ 58—2008 规定电影院建筑的防火建筑构造应符合下列规定：

（1）当电影院建在综合建筑内时，应形成独立的防火分区。

（2）观众厅内座席台阶结构应采用不燃烧材料。

（3）观众厅、声闸和疏散通道内的顶棚材料应采用 A 级材料，墙面、地面的材料不应低于 B_1 级。

（4）观众厅吊顶内吸声、隔热、保温材料与检修马道应采用 A 级材料。

（5）银幕架、扬声支架应采用不燃材料制作，银幕和所有幕帘材料不应低于 B_1 级。

（6）放映机房应采用耐火极限不低于 2.00h 的隔墙和不低于 1.50h 的楼板与其他部位

隔开。顶棚装修材料不应低于 A 级，墙面、地面材料不应低于 B_1 级。

（7）电影院顶棚、墙面装饰采用的龙骨材料均应采用 A 级。

（8）面积大于 $100m^2$ 的地上观众厅和面积大于 $50m^2$ 的地下观众厅应设置机械排烟设施。

（9）放映机房应设火灾自动报警装置。

（10）电影院内吸烟室的室内顶棚装修应采用 A 级材料，地面、墙面应采用不低于 B_1 级材料，并应设有火灾自动报警装置和机械排风设施。

（11）电影院通风和空气调节系统的送、回风总管及穿越防火分区的送、回风管在防火墙两侧应设防火阀；风管、消声设备及保温材料应采用不燃烧材料。

（12）室内消火栓宜设在门厅、休息厅、观众厅主要出入口和楼梯间附近以及放映机入口处等明显位置。布置消火栓时，应保证有两支水枪的充实水柱同时到达室内任何部位。

5）《人民防空工程设计防火规范》GB 50098—2009 规定人民防空工程的防火建筑构造应符合下列规定：

（1）防火墙应直接设置在基础上或耐火极限不低于 3.00h 的承重构件上。

（2）防火墙上不宜开设门、窗、洞口，当需要开设时，应设置能自行关闭的甲级防火门、窗。

（3）电影院、礼堂的观众厅和舞台之间的墙，耐火极限不应低于 2.50h。观众厅与舞台之间的舞台口应设置自动喷水系统；电影院放映室（卷片室）应采用耐火极限不低于 1.00h 隔墙与其他部位隔开。观察窗和放映孔应设置阻火闸门。

（4）下列场所应采用耐火极限不低于 2.00h 的隔墙和 1.50h 的楼板与其他场所隔开，并应符合下列规定：

① 消防控制室、消防水泵房、排烟机房、灭火剂储瓶室、变配电室、通风和空调机房、可燃物存放量平均值超过 $30kg/m^2$ 火灾荷载密度的房间等，墙上应设常闭的甲级防火门；

② 同一防火分区内厨房、食品加工等用火用电用气场所，墙上应设置不低于乙级的防火门，人员频繁出入的防火门应设置火灾时能自动关闭的常开式防火门；

③ 歌舞娱乐放映游艺场所，且一个厅、室的建筑面积不应大于 $200m^2$，隔墙上应设置不低于乙级的防火门。

（5）人防工程的内部装修应执行《建筑内部装修设计防火规范》GB 50222—2017 的有关规定。

（6）人防工程的耐火等级应为一级，其出入口地面建筑物的耐火等级不应低于二级。

（7）规范允许使用的可燃气体和丙类液体管道，除可穿过柴油发电机房、柴油锅炉房的储油间与机房间的防火墙外，严禁穿过防火分区之间的防火墙；当其他管道需要穿过防火墙时，应采用防火封堵材料将管道周围的空隙紧密填塞。

（8）通过防火墙或设置有防火门的隔墙处的管道和管线沟，应采用不燃材料将通过处的空隙紧密填塞。

（9）变形缝的基层应采用不燃材料，表面层不应采用可燃或易燃材料。

（10）防火门应划分为甲、乙、丙 3 个等级，防火窗应划分为甲、乙 2 个等级。

（11）防火门的设置应符合下列规定：

① 位于防火分区分隔处安全出口的门应为甲级防火门；当使用功能上确实需要采用

防火卷帘分隔时，应在其旁设置与相邻防火分区的疏散走道相通的甲级防火门。

② 公共场所的疏散门应向疏散方向开启，并应在关闭后能从任何一侧手动开启。

③ 公共场所人员频繁出入的防火门，应采用能在火灾时自动关闭的常开式防火门；平时需要控制人员随意出入的防火门，应设置火灾时不需使用钥匙等任何工具即能从内部易于打开的常闭防火门，并应在明显部位设置标识和使用提示；其他部位的防火门，宜选用常闭式的防火门。

④ 用防护门、防护密闭门、密闭门代替甲级防火门时。其耐火性能应符合甲级防火门的要求，且不得用于平战结合的公共场所的安全出口处。

⑤ 常开的防火门应具有信号反馈的功能。

(12) 用防火墙划分防火分区有困难时，可采用防火卷帘分隔，并以符合下列规定：

① 当防火分隔部位的宽度不大于30m时，防火卷帘的宽度不应大于10m；当防火分隔部位的宽度大于30m时，防火卷帘的宽度不应大于防火分隔部位宽度的1/3，且不应大于20m；

② 防火卷帘的耐火极限不应低于3.00h；

③ 防火卷帘应具有防烟性能，与楼板、梁和墙、柱之间的空隙应采用防火封堵材料封堵；

④ 在火灾时能自动降落的防火卷帘，应具有信号反馈的功能。

6)《商店建筑设计规范》JGJ 48—2014规定：

(1) 除为综合建筑配套服务且建筑面积小于1000㎡的商店外，综合性建筑的商店部分应采用耐火极限不低于2.00h的隔墙和耐火极限不低于1.50h的不燃烧体楼板与建筑的其他部分隔开；

(2) 商店部分的安全出入口必须与建筑其他部分隔开。

（十三）消 防 救 援

158. 消防救援场地和入口的防火构造要求有哪些?

《建筑设计防火规范》GB 50016—2014（2018年版）规定：

1) 高层建筑应至少有一个长边或周边长度的1/4且不小于一个长边长度的底边连续布置消防车登高操作场地，该范围内的裙房不应大于4.00m。

建筑高度不大于50m的建筑，连续布置消防登高车操作场地确有困难时，可间隔布置，但间隔距离不宜大于30m，且消防车登高车操作场地的总长度仍应符合上述规定。

2) 消防车登高操作场地应符合下列规定：

(1) 场地与民用建筑之间不应设置妨碍消防车操作的树木、架空管线等障碍物合车库出入口。

(2) 场地的长度和宽度分别不应小于15m和10m。对于建筑高度不大于50m的建筑，场地的长度和宽度分别不应小于20m和15m。

(3) 场地及其下面的建筑结构、管道和暗沟等，应能承受重型消防车的压力。

(4) 场地应与消防车道连通，场地靠建筑外墙一侧的边缘距离建筑外墙不宜小于5.00m，且不应大于10m。场地的坡度不宜大于3%。

3) 建筑物与消防登高操作场地相对应的范围内，应设置直通室外的楼梯或直通楼梯间的入口。

4）公共建筑的外墙应在每层的适当设置可供消防救援人员进入的窗口。

5）供消防救援人员进入的窗口的净高度和净宽度均不应小于 1.00m，下沿距室内地面不宜大于 1.20m。间距不宜大于 20m 且每个防火分区不应少于 2 个，设置位置应与消防车登高操作场地相对应。窗口的玻璃应易于破碎，并应设置可在室外识别的明显标志。

159. 消防电梯的防火构造要求有哪些？

《建筑设计防火规范》GB 50016—2014（2018 年版）规定：

1）下列建筑应设置消防电梯：

（1）建筑高度大于 33m 的住宅建筑。

（2）一类高层公共建筑和建筑高度大于 32m 的二类高层公共建筑。5 层及以上且总建筑面积大于 3000m²（包括设置在其他建筑内 5 层及以上楼层）的老年人照料设施。

（3）设置消防电梯的建筑的地下或半地下室，埋深大于 10m 且总建筑面积大于 3000m² 的其他地下或半地下建筑（室）。

2）消防电梯应分别设置在不同的防火分区内，且每个防火分区不应少于 1 台。

3）符合消防电梯要求的客梯或货梯可兼作消防电梯。

4）除设置在冷库连廊等处的消防电梯外，消防电梯应设置前室，并应符合下列规定：

（1）前室宜靠外墙设置，并应在首层直通室外或经过长度不大于 30m 的通道通向室外。

（2）前室的使用面积不应小于 6.00m²；前室的短边不应小于 2.40m；与防烟楼梯间合用的前室，其使用面积尚应符合本规范“剪刀楼梯间”和“防烟楼梯间”的规定。

（3）除前室的出入口、前室内设置的正压送风口和本规范“住宅建筑的疏散楼梯”规定的户门外，前室内不应开设其他门、窗、洞口。

（4）前室或合用前室的门应采用乙级防火门，不应采用卷帘。

5）消防电梯井、机房与相邻电梯井、机房之间，应设置耐火极限不低于 2.00h 的防火隔墙；隔墙上的门应采用甲级防火门。

6）消防电梯的井底应设置排水设施，排水井的容量不应小于 2.00m³，排水泵的排水量不应小于 10L/s。消防电梯间前室门口宜设置挡水设施。

7）消防电梯应符合下列规定：

（1）应能每层停靠；

（2）电梯的载重量不应小于 800kg；

（3）电梯从首层至顶层的运行时间不宜大于 60s；

（4）电梯的动力与控制电缆、电线、控制面板应采取防水措施；

（5）在首层的消防电梯井入口处应设置供消防队员专用的操作按钮；

（6）电梯轿厢的内部装修应采用不燃材料；

（7）电梯轿厢内部应设置专用消防对讲电话。

160. 直升机停机坪的防火构造要求有哪些？

《建筑设计防火规范》GB 50016—2014（2018 年版）规定直升机停机坪应符合下列规定：

1) 建筑高度大于 100m 且标准层建筑面积大于 2000m² 的公共建筑，宜在屋顶设置直升机停机坪或供直升机救助的设施。

2) 直升机停机坪应符合下列规定：

(1) 设置在屋顶平台上时，距离设备机房、电梯机房、水箱间、共用天线等突出物不应小于 5.00m；

(2) 建筑通向停机坪的出口不应少于 2 个，每个出口的宽度不宜小于 0.90m；

(3) 四周应设置航空障碍灯，并应设置应急照明；

(4) 在停机坪的适当位置应设置消火栓；

(5) 其他要求应符合国家现行航空管理有关标准的规定。

(十四) 钢 结 构 防 火

161. 钢结构构件的耐火极限是如何规定的?

1) 防火要求

(1) 钢结构构件的设计耐火极限应根据耐火等级，按现行国家标准《建筑设计防火规范》GB 50016—2014（2018 年版）的规定确定。柱间支撑的设计耐火极限应与柱相同，楼盖支撑的设计耐火极限应与梁相同，屋盖支撑和系杆的设计耐火极限应与屋顶承重构件相同。

(2) 钢结构节点的耐火极限经验算低于设计耐火极限时，应采取防火保护措施。

(3) 钢结构节点的防火保护应与被连接构件中防火保护要求最高者相同。

(4) 钢结构的防火设计文件应注明建筑的耐火等级、构件的设计耐火极限、构件的防火保护措施、防火材料的性能要求及设计指标。

(5) 当施工所用防火保护材料的等效传热系数与设计文件要求不一致时，应根据防火保护层的等效热阻相等的原则确定保护层的施用厚度，并应经设计单位认可。对于非膨胀型钢结构涂料、防火板，可按本规范附录"防火保护层的施用厚度"确定施用厚度；对于膨胀型防火涂料，可根据涂层的等效热阻直接确定其施用厚度。

2) 耐火极限

《建筑钢结构防火技术规范》GB 51249—2017 规定的构件设计耐火极限见表 1-287。

构件的设计耐火极限（h）　　　　　　　表 1-287

构件类型	建筑耐火等级						
	一级	二级	三级			四级	
柱、柱间支撑	3.00	2.50	2.00			0.50	
楼面梁、楼面桁架、楼盖支撑	2.00	1.50	1.00			0.50	
楼板	1.50	1.00	厂房、仓库	民用建筑	厂房、仓库		民用建筑
			0.75	0.50	0.50		不要求
屋顶承重构件、屋盖支撑、系杆	1.50	1.00	厂房、仓库	民用建筑	不要求		不要求
			0.50	不要求			
上人平屋面板	1.50	1.00	不要求		不要求		

构件类型	建筑耐火等级			
	一级	二级	三级	四级
疏散楼梯	1.50	1.00	厂房、仓库	民用建筑	不要求
			0.75	0.50	

注：1. 建筑物中的墙等其他建筑构件的设计耐火极限应符合现行国家标准《建筑设计防火规范》GB 50016—2014（2018年版）的规定；

2. 一、二级耐火等级的单层厂房（仓库）的柱，其设计耐火极限可按表1-254规定降低0.50h；

3. 一级耐火等级的单层、多层厂房（仓库）设置自动喷水灭火系统时，其屋顶承重构件的设计耐火极限可按表1-254规定降低0.50h；

4. 吊车梁的耐火极限不应低于表1-254中梁的设计耐火极限。

162. 钢结构构件的防火保护措施有哪些做法？

《建筑钢结构防火技术规范》GB 51249—2017规定的防火保护措施有以下几点：

1）钢结构的防火保护措施应根据钢结构的类型、设计耐火极限和使用环境等因素，按照下列原则确定：

（1）防火保护施工时，不产生对人体有害的粉尘或气体；

（2）钢构件受火后发生允许变形时，防火保护不发生结构性破坏与失效；

（3）施工方便且不影响前续已完工的施工及后续施工；

（4）具有良好的耐久、耐候性能。

2）钢结构的防火保护可采用下列措施之一或其中几种的复（组）合：

（1）喷涂（抹涂）防火涂料；

（2）包覆防火板；

（3）包覆柔性毡状隔热材料；

（4）外包混凝土、金属网抹砂浆或建筑砌体。

3）钢结构采用喷涂防火涂料保护时，应符合下列规定：

（1）室内隐蔽构件，宜选用非膨胀型防火涂料；

（2）设计耐火极限大于1.50h的构件，不宜选用膨胀型防火涂料；

（3）室外、半室外钢结构采用膨胀型防火涂料时，应选用符合环境对其性能要求的产品；

（4）非膨胀型防火涂料涂层的厚度不应小于10mm；

（5）防火涂料与防腐涂料应相容、匹配。

4）钢结构采用包覆防火板保护时，应符合下列规定：

（1）防火板应为不燃材料，且受火时不应出现炸裂和穿透裂缝等现象；

（2）防火板的包覆应根据构件形状和所处部位进行构造设计，并应采取确保安装牢固稳定的措施；

（3）固定防火板的龙骨及粘结剂应为不燃材料，龙骨应便于与构件及防火板连接，粘结剂在高温下应能保持一定的强度，并应能保证防火板的包敷完整。

5）钢结构采用包覆柔性毡状隔热材料保护时，应符合下列规定：

（1）不应用于易受潮或受水的钢结构；

（2）在自重作用下，毡状材料不应发生压缩不均的现象。

6）钢结构采用外包混凝土、金属网抹砂浆或砌筑砌体保护时，应符合下列规定：

（1）当采用外包混凝土时，混凝土的强度等级不宜低于 C20。

（2）当采用外包金属网抹砂浆时，砂浆的强度等级不宜低于 M5；金属丝网的网格不宜大于 20mm，丝径不宜小于 0.6mm；砂浆最小厚度不宜小于 25mm。

（3）当采用砌筑砌体时，砌块的强度等级不宜低于 MU10。

163. 钢结构防火保护方法的特点与适用范围有哪些？

《建筑钢结构防火技术规范》GB 51249—2017 规定：

1）钢结构防火保护方法的特点及适用范围见表 1-288。

钢结构防火保护方法的特点与适应范围　　　　　表 1-288

序号	方法		特点及适应范围	
1	喷涂防火涂料	a. 膨胀型（薄型、超薄型）	重量轻、施工简便、适用于任何形状、任何部位的构件，应用广，但对涂覆的基底和环境条件要求严。用于室外、半室外钢结构时，应选择合适的产品	宜用于设计耐火极限要求低于 1.50h 的钢构件和要求外观好、有装饰要求的外露钢结构
		b. 非膨胀型（厚型）		耐久性好、防火保护效果好
2	包覆防火板		预制性好、完整性优，性能稳定，表面平整，光洁，装饰性好，施工不受环境条件限制，特别适用于交叉作业和不允许湿法施工的场合	
3	包覆柔性毡状隔热材料		隔热性好，施工简便，造价较高，适用于室内不易受机械伤害和免受水湿的部位	
4	外包混凝土、砂浆或砌筑砖砌体		保护层强度高，耐冲击，占用空间较大，在钢梁和斜撑上施工难度大，适用于容易碰撞、无护面板的钢柱防火保护	
5	复合防火保护	1（b）+2 1（b）+3	有良好的隔热性和完整性、装饰性，适用于耐火性能要求高，并有较高装饰要求的钢柱、钢梁	

2）各种防火保护材料的特点

（1）防火涂料的类型（喷涂、抹涂、刷涂）见表 1-289。

防火涂料的分类　　　　　表 1-289

类型	代号	涂层特性	主要成分
膨胀型（超薄型、薄型防火涂料）	B	遇火膨胀，形成多孔碳化层，涂层厚度一般小于 7mm	有机树脂为基料，还有发泡剂、阻燃剂、成碳剂等
非膨胀型（厚型防火涂料）	H	遇火不膨胀，自身有良好的隔热性，涂层厚度 7～50mm	无机绝热材料（如膨胀蛭石、飘珠、矿物纤维）为主，还有无机粘结剂等

注：超薄型指厚度小于或等于 3mm，薄型指厚度大于或等于 3mm，且小于或等于 7mm，厚型指厚度大于 7mm。

（2）防火涂料（喷涂、抹涂、刷涂）的特点

① 非膨胀型防火涂料（国内称"厚型防火涂料"）：主要成分为无机绝热材料，遇火

不膨胀。一般不燃、无毒、耐老化、耐久性较可靠，适用于永久性建筑中的钢结构防火保护。涂层厚度一般为 7～50mm，对应的耐火极限可达到 0.5～3.0h。非膨胀型防火涂料分为两类：

a. 以矿物纤维为主要绝热骨料，掺加水泥和少量添加剂，预先在工厂中混合。需采用专用喷涂机械按干法喷涂工艺施工。

b. 以膨胀蛭石、膨胀珍珠岩为主要绝热骨料，可采用喷涂、抹涂等湿法施工。

② 膨胀型防火涂料（国内称"超薄型、薄型防火涂料"）：其基料为有机树脂，配方中还有发泡剂、阻燃剂、成碳剂等，遇火后自身会发泡膨胀，形成绝热屏障。选用时应特别注意防火涂料与防腐涂料的兼容问题。特别是膨胀型防火涂料，因为与防腐涂料均为有机涂料，可能会发生化学反应，应试验确定。膨胀型防火涂料、防腐油漆的施工顺序为：防腐底漆—防腐中间漆—防火涂料—防腐面漆。

（3）防火板（包覆）

① 特点：外观良好，可兼做装饰，施工为干作业，综合造价有一定优势，特别适用于钢柱的防火保护。

② 分类

a. 按密度分：分为低密度、中密度和高密度三种。

b. 按厚度分：分为防火薄板和防火厚板两种。

（a）防火薄板：有纸面石膏板、纤维增强水泥板、博美平板等。密度为 800～1800 kg/m³，厚度大多为 6～15mm。使用温度不大于 600℃，不适用于单独作为钢结构的防火保护。多用作轻钢龙骨隔墙的面板、吊顶板以及钢梁、钢柱经非膨胀型防火涂料涂覆后的装饰面板。

（b）防火厚板：有硅酸钙防火板、膨胀蛭石防火板两种。这种板密度小、热传导系数小、耐高温（使用温度可达 1000℃ 以上）、使用厚度通常为 10～50mm 之间，可直接应用于钢结构防火，提高结构耐火时间。

③ 技术性能见表 1-290。

防火板的技术性能   表 1-290

分类	性能特点	密度 （kg/m³）	厚度 （mm）	抗折强度 （MPa）	热传导系数 [W/（m·℃）]
厚度	防火薄板	400～1800	5～20	—	0.16～0.35
	防火厚板	300～500	20～50	—	0.05～0.23
密度	低密度防火板	<450	20～50	0.8～2.0	—
	中密度防火板	450～800	20～30	1.5～10	—
	高密度防火板	>800	9～20	>10	—

④ 常用防火板主要技术性能参数见表 1-291。

（4）柔性防火毡（包覆柔性毡状隔热材料）

柔性毡状隔热材料主要有硅酸铝纤维毡、岩棉毡、玻璃棉毡等各种矿物棉毡。使用时可采用钢丝网将防火毡直接固定于钢材表面。

这种方法特点是隔热性好、施工简便、造价低，适用于室内不易受机械伤害和免受水湿的部位。特别是硅酸铝纤维毡在工程中应用较多。原因是传热系数很小〔20℃时为 0.034 W/(m·℃)，400℃时为 0.096 W/(m·℃)，600℃时为 0.132 W/(m·℃)〕，密度小(80～130 kg/m³)，化学稳定性好，热稳定性好，有较好的柔韧性。

常用防火板主要技术性能参数 表 1-291

防火板类型	常用外形尺寸（长×宽×厚）	密度 (kg/m³)	最高使用温度 (℃)	热传导系数 〔W/(m·℃)〕
纸面石膏板	3600×1200×（9～18）	800	600	0.19 左右
纤维增强水泥板	2800×1200×（4～8）	1700	600	0.35 左右
纤维增强硅酸钙板	3000×1200×（5～20）	1000	600	≤0.28
蛭石防火板	1000×610×（20～65）	430	1000	0.11 左右
硅酸钙防火板	2440×1220×（12～50）	400	1100	≤0.08
玻镁平板	2500×1250×（10～15）	1200～1500	600	≤0.29

（5）混凝土（外包）、砂浆（外包）或砌筑砖砌体

这种方法的优点是强度高，耐冲击，耐久性好；缺点是占用空间较大，如：用 C20 混凝土保护钢柱，厚度为 50～100mm 才能达到耐火极限 1.50～3.00h 的要求。此外，施工也较麻烦，特别是在钢梁和斜撑上，施工十分困难。

（6）复合防火保护

① 常见的复合防火保护做法：在钢柱表面涂覆非膨胀防火涂料或采用柔性防火毡包覆，再用纤维增强无机板材、石膏板等做饰面板。

② 特点：有良好的隔热性、完整性和装饰性。

③ 应用：适用于耐火性能要求高，具有较高装饰要求的钢柱、钢梁。

（7）其他防火保护措施

其他防火保护措施主要有：安装自动喷水灭火系统（水冷方法）、单面屏蔽法和在钢柱中充水等。

① 设置自动喷水灭火系统时，喷头应采用直立型喷头，喷头间距宜为 2.20m 左右。保护钢屋架时，喷头应在屋架上方布置。

② 单面屏蔽法是在钢构件的迎火面设置阻火屏障，如吊装防火平顶、设置防火板等。

164. 钢结构防火保护构造要点有哪些？

《建筑钢结构防火技术规范》GB 51249—2017 规定：

1）钢结构采用喷涂非膨胀型防火涂料保护时，其防火保护构造宜按图 1-67 选用。有下列情况之一时，宜在涂层内设置与钢构件相连接的镀锌铁丝网或玻璃纤维布：

（1）构件承受冲击、振动荷载；

（2）防火涂料的粘结强度不大于 0.05MPa；

（3）构件的腹板高度大于 500mm 且涂层厚度不小于 30mm；

（4）构件的腹板高度大于 500mm 且涂层长期暴露在室外。

2）钢结构采用包覆防火板保护时，钢柱的防火板保护构造宜按图 1-68 选用。钢梁的防火板保护构造宜按图 1-69 选用。

3）钢结构采用包覆柔性毡状隔热材料保护时，其防火护构造宜按图 1-70 选用。

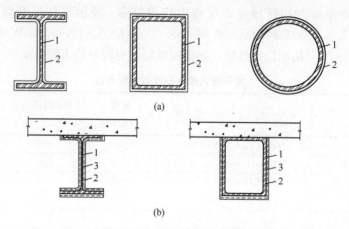

图 1-67　防火涂料保护构造图

（a）不加镀锌铁丝网；（b）加镀锌铁丝网

1—钢构件；2—防火涂料；3—镀锌铁丝网

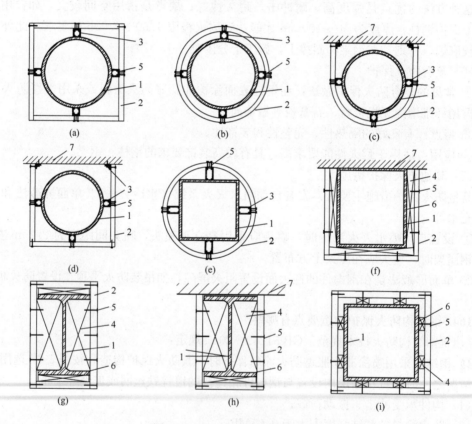

图 1-68　防火板保护钢柱构造图

（a）圆柱包矩形防火板；（b）圆柱包圆弧形防火板；（c）靠墙圆柱包圆弧形防火板；（d）靠墙圆柱包矩形防火板；

（e）箱形柱包圆弧形防火板；（f）靠墙箱形柱包矩形防火板；（g）独立 H 形柱包矩形防火板；（h）靠墙 H 形柱

包矩形防火板；（i）独立矩形柱包矩形防火板

1—钢柱；2—防火板；3—钢龙骨；4—垫块；5—自攻螺钉（射钉）；6—高温粘贴剂；7—墙体

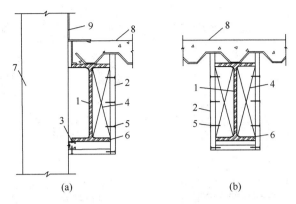

图 1-69　防火板保护钢梁构造图

（a）靠墙的钢梁；（b）一般位置的钢梁

1—钢梁；2—防火板；3—钢龙骨；4—垫块；5—自攻螺钉（射钉）；

6—高温粘贴剂；7—墙体；8—楼板；9—金属防火板

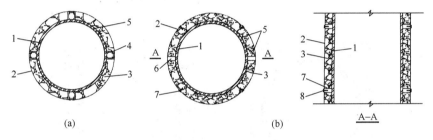

图 1-70　柔性毡状隔热材料防火保护构造图

（a）用钢龙骨支撑；（b）用圆弧形防火板支撑

1—钢柱；2—金属保护板；3—柔性毡状隔热材料；4—钢龙骨；

5—高温粘贴剂；6—支撑板；7—弧形支撑板；8—自攻螺钉（射钉）

4）钢结构采用外包混凝土或砌筑砌体保护时，其防火护构造宜按图 1-71 选用。外包混凝土宜配构造钢筋。

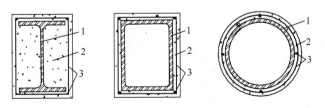

图 1-71　外包混凝土防火保护构造图

1—钢构件；2—混凝土；3—构造钢筋

5）钢结构采用复合防火保护时，钢柱的防火护构造宜按图 1-72、图 1-73 选用。钢梁的防火护构造宜按图 1-74 选用。

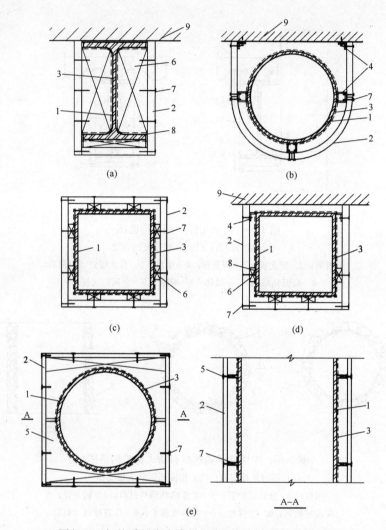

图 1-72　钢柱采用防火涂料和防火板复合保护的构造图

（a）靠墙的 H 形柱；（b）靠墙的圆柱；（c）一般位置的箱形柱；（d）靠墙的箱形柱；（e）一般位置的圆柱

1—钢柱；2—防火板；3—防火涂料；4—钢龙骨；5—支撑板；6—垫块；

7—自攻螺钉（射钉）；8—高温粘贴剂；9—墙体

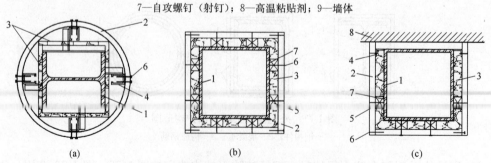

图 1-73　钢柱采用柔性毡和防火板复合保护的构造图

（a）H 形柱；（b）一般位置的箱形柱；（c）靠墙的箱形柱

1—钢柱；2—防火板；3—柔性毡状隔热材料；4—钢龙骨；5—垫块；6—自攻螺钉（射钉）；

7—高温粘贴剂；8—墙体

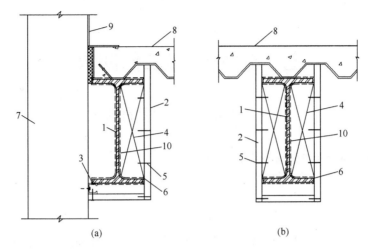

图 1-74　钢梁采用防火涂料和防火板复合保护的构造图

（a）靠墙的钢梁；（b）一般位置的钢梁

1—钢梁；2—防火板；3—钢龙骨；4—垫块；5—自攻螺钉（射钉）；6—高温粘贴剂；

7—墙体；8—楼板；9—金属防火板；10—防火涂料

七、建筑内部装修防火

（一）建筑内部装修的部位

165. 建筑内部装修包括哪些内容？

《建筑内部装修设计防火规范》GB 50222—2017 规定：

1）术语

（1）建筑内部装修

为满足功能需求，对建筑内部空间所进行的修饰、保护及固定设施安装等活动。

（2）装饰织物

满足建筑内部功能需求，由棉、麻、丝、毛等天然纤维及其他合成纤维制作的纺织品，如窗帘、帷幕等。

（3）隔断

建筑内部固定的、不到顶的垂直分隔物。

（4）固定家具

与建筑结构固定在一起或不易改变位置的家具。如建筑内部的壁橱、壁柜、陈列台、大型货架等。

2）装修材料的防火分类

（1）装修材料按其使用部位和功能，可划分为顶棚装修材料、墙面装修材料、地面装修材料、隔断装修材料、固定家具、装饰织物、其他装修装饰材料七类。

注：其他装饰装修材料系指楼梯扶手、挂镜线、踢脚板、窗帘盒、暖气罩等。

（2）建筑材料包括平板状建筑材料、铺地材料和管状绝热材料建筑用制品，包括窗帘幕布、家具制品装饰用织物；电线电缆套管、电器设备外壳及附件；电器、家具制品用泡沫塑料；软质家具和硬质家具。

（二）建筑内部装修材料的耐火等级

166. 建筑内部装修材料的耐火等级是如何确定的？

1）《建筑内部装修设计防火规范》GB 50222—2017 的规定见表 1-292。

装修材料燃烧性能等级   表 1-292

等级	装修材料燃烧性能
A	不燃性
B₁	难燃性
B₂	可燃性
B₃	易燃性

2）《建筑材料及制品燃烧性能分级》GB 8624—2012 的规定见表 1-293。

建筑材料及制品的燃烧性能等级　　　　　　　　　表 1-293

燃烧性能等级	名称
A	不燃材料（制品）
B₁	难燃材料（制品）
B₂	可燃材料（制品）
B₃	易燃材料（制品）

167. 常用建筑内部装修材料的燃烧性能是如何划分的？

1)《建筑内部装修设计防火规范》GB 50222—2017 规定的常用建筑内部装修材料燃烧性能等级划分举例，见表 1-294。

常用建筑内部装修材料燃烧性能等级划分举例　　　　　表 1-294

材料类别	级别	材料举例
各部位材料	A	花岗石、大理石、水磨石、水泥制品、混凝土制品、石膏板、石灰制品、黏土制品、玻璃、瓷砖、马赛克、钢铁、铝、铜合金、天然石材、金属复合板、玻镁板、硅酸钙板等
顶棚材料	B₁	纸面石膏板、纤维石膏板、水泥刨花板、矿棉板、玻璃棉装饰吸声板、珍珠岩装饰吸声板、难燃胶合板、难燃中密度纤维、岩棉装饰板、难燃木材、铝箔复合材料、难燃酚醛胶合板、铝箔玻璃钢复合材料、复合铝箔玻璃棉板等
墙面材料	B₁	纸面石膏板、纤维石膏板、水泥刨花板、矿棉板、玻璃棉板、珍珠岩板、难燃胶合板、难燃中密度纤维板、防火塑料装饰板、难燃双面刨花板、多彩涂料、难燃墙纸、难燃墙布、难燃仿花岗岩装饰板、氯氧镁水泥装配式墙板、难燃玻璃钢平板、难燃PVC塑料护墙板、阻燃模压木质复合板材、彩色阻燃人造板、难燃玻璃钢、复合铝箔玻璃棉板等
	B₂	各类天然木材、木制人造板、竹材、纸制装饰板、装饰微薄木贴面板、印刷木纹人造板、塑料贴面装饰板、聚酯装饰板、复塑装饰板、塑纤板、胶合板、塑料壁纸、无纺贴墙布、墙布、复合壁纸、天然材料壁纸、人造革、实木饰面装饰板、胶合竹夹板等
地面材料	B₁	硬PVC塑料地板、水泥刨花板、水泥木丝板、氯丁橡胶地板、难燃羊毛地毯等
	B₂	半硬质PVC塑料地板、PVC卷材地板等
装饰织物	B₁	经阻燃处理的各类难燃织物等
	B₂	纯毛装饰布、经阻燃处理的其他织物等
其他装饰材料	B₁	难燃聚氯乙烯塑料、难燃酚醛塑料、聚四氟乙烯塑料、难燃脲醛塑料、硅树脂塑料装饰型材、经阻燃处理的各类织物等
	B₂	经阻燃处理的聚乙烯、聚丙烯、聚氨酯、聚苯乙烯、玻璃钢、化纤织物、木制品等

2)《建筑材料及制品燃烧性能分级》GB 8624—2012 的规定为：

该规范早期执行欧盟标准（CEN），将建筑材料（平板状建筑材料、铺地材料、管状绝热材料）的燃烧性能等级划分为 A_1、A_2、B、C、D、E、F 七个等级，2006 年该规范修订时明确了建筑材料和建筑用制品统一采用 A、B_1、B_2、B_3 的划分标准。建筑材料包括 A、B_1、B_2、B_3 四个等级。窗帘幕布、家具制品装饰用织物；电线电缆套管、电器设备外壳及附件；电器、家具制用泡沫塑料；软质家具和硬质家具包括 B_1、B_2、B_3 三个等级。

建筑材料的对应关系为 A_1、A_2 级划分为 A 级；B、C 级划分为 B_1 级；D、E 级划分为 B_2 级；F 级划分为 B_3 级。

168. 可以提高建筑内部装修材料耐火等级的做法有几种？

《建筑内部装修设计防火规范》GB 50222—2017 规定：

1）安装在金属龙骨上的燃烧性能达到 B_1 级的纸面石膏板、矿棉吸声板可作为 A 级装修材料使用。

2）单位面积质量小于 $300g/m^2$ 的纸质、布质壁纸，当直接粘贴在 A 级基材上时，可作为 B_1 级装修材料使用。

3）施涂于 A 级基材上的无机装修涂料，可作为 A 级装修材料使用；施涂于 A 级基材上，湿涂覆比小于 $1.5kg/m^2$，且涂层干膜厚度不大于 1.0mm 的有机装修涂料，可作为 B_1 级装修材料使用。

4）当使用多层装修材料时，各层装修材料的燃烧性能等级均应符合本规范的规定。复合型装修材料的燃烧性能等级应进行整体检测确定。

（三）民用建筑内部装修防火设计

169. 民用建筑内部装修防火设计的特别场所有哪些规定？

《建筑内部装修设计防火规范》GB 50222—2017 规定：

1）建筑内部装修不应擅自减少、改动、拆除、遮挡消防设施、疏散指示标志、安全出口、疏散走道和防火分区、防烟分区等。

2）建筑内部消火栓箱门不应被装饰物遮掩，消火栓箱门四周的装修材料颜色应与消火栓门的颜色有明显区别或在消火栓箱门表面设置发光标志。

3）疏散走道和安全出口的顶棚、墙面不应采用影响安全疏散的镜面反光材料。

4）地上建筑的水平疏散走道和安全出口的门厅，其顶棚应采用 A 级装修材料，其他部位应采用不低于 B_1 级的装修材料；地下民用建筑的疏散走道和安全出口的门厅，其顶棚、墙面和地面均应采用 A 级装修材料。

5）疏散楼梯间和前室的顶棚、墙面和地面均应采用 A 级装修材料。

6）建筑物内设有上下层相连通的中庭、走马廊、开敞楼梯、自动扶梯时，其连通部位的顶棚、墙面应采用 A 级装修材料，其他部位应采用不低于 B_1 级的装修材料。

7）建筑内部变形缝（包括沉降缝、伸缩缝、抗震缝等）两侧基层的表面装修应采用不低于 B_1 级的装修材料。

8）无窗房间内部装修材料的燃烧性能等级除 A 级外，应在单层、多层民用建筑；高层民用建筑；地下民用建筑内部各部位装修材料的燃烧性能等级规定的基础上提高一级。

9）消防水泵房、机械加压送风排烟机房、固定灭火系统钢瓶间、配电室、变压器室、发电机房、通风和空调机房等，其内部所有装修均应采用 A 级装修材料。

10）消防控制室等重要房间，其顶棚和墙面应采用 A 级装修材料，地面及其他装修应采用不低于 B_1 级的装修材料。

11）建筑物内的厨房，其顶棚、墙面、地面均应采用 A 级装修材料。

12）经常使用明火器具的餐厅，科研试验室，其装修材料的燃烧性能等级除 A 级外，应在单层、多层民用建筑；高层民用建筑；地下民用建筑内部各部位装修材料的燃烧性能等级规定的基础上提高一级。

13）民用建筑内的库房或贮藏间，其内部所有装修除应符合相应场所规定外，且应采用不低于 B_1 级的装修材料。

14）展览性场所装修设计应符合下列规定：

（1）展台材料应采用不低于 B_1 级的装修材料。

（2）在展厅设置电加热设备的餐饮操作区内，与电加热设备贴邻的墙面、操作台均应采用 A 级装修材料。

（3）展台与卤钨灯等高温照明灯具贴邻部位的材料应采用 A 级装修材料。

15）住宅建筑装修设计尚应符合下列规定：

（1）不应改动住宅内部的烟道、风道。

（2）厨房内的固定橱柜宜采用不低于 B_1 级的装修材料。

（3）卫生间顶棚宜采用 A 级装修材料。

（4）阳台装修宜采用不低于 B_1 级的装修材料。

16）照明灯具及电气设备、线路的高温部位，当靠近非 A 级装修材料或构件时，应采取隔热、散热等防火保护措施，与窗帘、帷幕、幕布、软包等装修材料的距离不应小于 500mm；灯饰应采用不低于 B_1 级的材料。

17）建筑内部的配电箱、控制面板、接线盒、开关、插座等不应直接安装在低于 B_1 级的装修材料上；用于顶棚和墙面装修的木质类板材，当内部含有电器、电线等物体时，应采用不低于 B_1 级的材料。

18）当室内顶棚、墙面、地面和隔断装修材料内部安装电加热供暖系统时，室内采用的装修材料和绝热材料的燃烧性能等级应为 A 级。当室内顶棚、墙面、地面和隔断装修材料内部安装水暖（或蒸汽）供暖系统时，其顶棚采用的装修材料和绝热材料的燃烧性能等级应为 A 级，其他部位的装修材料和绝热材料的燃烧性能等级不应低于 B_1 级，且尚应符合有关公共场所的规定。

19）建筑内部不宜设置采用 B_1 级的装饰材料制成的壁挂、布艺等，当需要设置时，不应靠近电气线路、火源或热源，或采取隔离措施。

20）规范中未明确规定的场所，其内部装修应按有关的规定类比执行。

170. 单层、多层民用建筑内部装修的防火设计有哪些要求？

《建筑内部装修设计防火规范》GB 50222—2017 规定：

1）单层、多层民用建筑内部各部位装修材料的燃烧性能等级，不应低于表 1-295 的规定。

单层、多层民用建筑内部各部位装修材料的燃烧性能等级　　表 1-295

序号	建筑物及场所	建筑规模、性质	装修材料燃烧性能等级							
			顶棚	墙面	地面	隔断	固定家具	窗帘	帷幕	其他装修装饰材料
1	候机楼的候机大厅、贵宾候机室、售票厅、商店、餐饮场所等	—	A	A	B_1	B_1	B_1	B_1	—	B_1
2	汽车站、火车站、轮船客运站的候车（船）室、商店、餐饮场所等	建筑面积>10000m²	A	A	B_1	B_1	B_1	B_1		B_2
		建筑面积≤10000m²	A	A	B_1	B_1	B_1	B_1		B_2
3	观众厅、会议厅、多功能厅、等候厅等	每个厅建筑面积>400m²	A	A	B_1	B_1	B_1	B_1	B_1	B_2
		每个厅建筑面积≤400m²	A	B_1	B_1	B_1	B_2	B_1	B_1	B_2
4	体育馆	>3000 座位	A	A	B_1	B_1	B_1	B_1	B_1	B_2
		≤3000 座位	A	B_1	B_1	B_1	B_2	B_2	B_1	B_2
5	商店的营业厅	每层建筑面积>1500m²或总面积>3000m²	A	B_1	B_1	B_1	B_1	B_1	—	B_2
		每层建筑面积≤1500m²或总面积≤3000m²	A	B_1	B_1	B_1	B_1	B_1	—	—
6	宾馆、饭店的客房及公共活动用房等	设置送回风道（管）的集中空气调节系统	A	B_1	B_1	B_1	B_2	B_2	—	B_2
		其他	B_1	B_1	B_2	B_2	B_2	B_2	—	—
7	养老院、托儿所、幼儿园的居住及活动场所	—	A	A	B_1	B_1	B_2	B_1	—	B_2
8	医院的病房区、诊疗区、手术区	—	A	A	B_1	B_1	B_2	B_1	—	B_2
9	教学场所、教学实验场所	—	A	B_1	B_2	B_2	B_2	B_2	B_2	B_2
10	纪念馆、展览馆、博物馆、图书馆、档案馆、资料馆等的公众活动场所	—	A	B_1	B_1	B_1	B_2	B_1	—	B_2

序号	建筑物及场所	建筑规模、性质	装修材料燃烧性能等级							
			顶棚	墙面	地面	隔断	固定家具	装饰织物 窗帘	装饰织物 帷幕	其他装修装饰材料
11	存放文物、纪念展览物品、重要图书、档案、资料的场所	—	A	A	B_1	B_1	B_2	B_1	—	B_2
12	歌舞娱乐游艺场所	—	A	B_1	B_1	B_1	B_1	B_1	B_1	B_1
13	A、B级电子信息系统机房及装有重要机器、仪器的房间	—	A	A	B_1	B_1	B_1	B_1	B_1	B_1
14	餐饮场所	营业面积>100m²	A	B_1	B_1	B_1	B_2	B_1	—	B_2
		营业面积≤100m²	B_1	B_1	B_1	B_2	B_2	B_2	—	B_2
15	办公场所	设置送回风道（管）的集中空气调节系统	A	B_1	B_1	B_1	B_2	B_2	—	B_2
		其他	B_1	B_1	B_2	B_2	B_2	—	—	—
16	其他公共场所	—	B_1	B_1	B_2	B_2	B_2	—	—	—
17	住宅	—	B_1	B_1	B_1	B_2	B_2	B_2	—	B_2

2）除"特殊场所"中规定的场所外和单层、多层民用建筑表 1-295 中序号为 11～13 规定的部位外，单层、多层民用建筑内面积小于 $100m^2$ 的房间，当采用耐火极限不低于 2.00h 的防火隔墙和甲级防火门、窗与其他部位分隔时，其装修材料的燃烧性能等级可在表 1-295 规定的基础上降低一级。

3）除"特殊场所"中规定的场所外和单层、多层民用建筑表 1-295 中序号为 11～13 规定的部位外，当单层、多层民用建筑需做内部装修的空间内装有自动灭火系统时，除顶棚外，其内部装修材料的燃烧性能等级可在表 1-295 规定的基础上降低一级；当同时装有火灾自动报警装置和自动灭火系统时，其装修材料的燃烧性能等级可在表 1-295 规定的基础上降低一级。

171. 高层民用建筑内部装修的防火设计有哪些要求？

《建筑内部装修设计防火规范》GB 50222—2017 规定：

1）高层民用建筑内部各部位装修材料的燃烧性能等级，不应低于表 1-296 的规定。

2）除"特殊场所"中规定的场所外和高层民用建筑表 1-294 中序号为 10～12 规定的部位外，高层民用建筑的裙房内面积小于 $500m^2$ 的房间，当设有自动灭火系统，并且采用耐火极限不低于 2.00h 的防火隔墙和甲级防火门、窗与其他部位分隔时，顶棚、墙面、地面装修材料的燃烧性能等级可在表 1-296 规定的基础上降低一级。

单层、多层民用建筑内部各部位装修材料的燃烧性能等级　　　　表 1-296

序号	建筑物及场所	建筑规模、性质	装修材料燃烧性能等级									
			顶棚	墙面	地面	隔断	固定家具	装饰织物				其他装修装饰材料
								窗帘	帷幕	床罩	家具包布	
1	候机楼的候机大厅、贵宾候机室、售票厅、商店、餐饮场所等	—	A	A	B₁	B₁	B₁	B₁	—	—	—	B₁
2	汽车站、火车站、轮船客运站的候车（船）室、商店、餐饮场所等	建筑面积>10000m²	A	A	B₁	B₁	B₁	B₁	—	—	—	B₂
		建筑面积≤10000m²	A	B₁	B₁	B₁	B₁	—	—	—	—	B₂
3	观众厅、会议厅、多功能厅、等候厅等	每个厅建筑面积>400m²	A	A	B₁	B₁	B₁	B₁	B₁	—	B₁	B₁
		每个厅建筑面积≤400m²	A	B₁	B₁	B₁	B₂	B₁	B₁	—	B₁	B₁
4	商店的营业厅	每层建筑面积>1500m²或总面积>3000m²	A	B₁	B₁	B₁	B₁	B₁	—	—	B₁	B₁
		每层建筑面积≤1500m²或总面积≤3000m²	A	B₁	B₁	B₁	B₂	B₁	—	—	B₂	B₂
5	宾馆、饭店的客房及公共活动用房等	一类建筑	A	B₁	B₁	B₁	B₁	B₁	—	B₁	B₂	B₁
		二类建筑	A	B₁	B₁	B₁	B₂	B₂	—	B₂	B₂	B₂
6	养老院、托儿所、幼儿园的居住及活动场所	—	A	A	B₁	B₁	B₂	B₁	—	B₂	B₂	B₁
7	医院的病房区、诊疗区、手术区	—	A	A	B₁	B₁	B₂	B₁	B₁	—	B₂	B₁
8	教学场所、教学实验场所	—	A	B₁	B₂	B₂	B₂	B₁	B₁		B₁	B₂
9	纪念馆、展览馆、博物馆、图书馆、档案管、资料馆等的公共活动场所	一类建筑	A	B₁	B₁	B₁	B₂	B₁	—	—	B₁	B₁
		二类建筑	A	B₁	B₁	B₂	B₂	B₂	—	—	B₂	B₂

序号	建筑物及场所	建筑规模、性质	装修材料燃烧性能等级									
			顶棚	墙面	地面	隔断	固定家具	装饰织物				其他装修装饰材料
								窗帘	帷幕	床罩	家具包布	
10	存放文物、纪念展览物品、重要图书、档案、资料的场所	—	A	A	B₁	B₁	B₂	B₁	—		B₁	B₂
11	歌舞娱乐游艺场所	—	A	B₁	B₁	B₁	B₁	B₁	B₁	B₁	B₁	B₁
12	A、B级电子信息系统机房及装有重要机器、仪器的房间	—	A	A	B₁	B₁	B₁	B₁	B₁	—	B₁	B₁
13	餐饮场所	—	A	B₁	B₁	B₁	B₂	B₁			B₁	B₂
14	办公场所	一类建筑	A	B₁	B₁	B₁	B₁	B₁	B₁	B₁	B₁	B₁
		二类建筑	A	B₁	B₁	B₂	B₂	B₁	B₁	B₂	B₂	B₂
15	电信楼、财贸金融楼、邮政楼、广播电视楼、电力调度楼、防灾指挥调度楼	一类建筑	A	A	B₁	B₁	B₁	B₁	B₁		B₂	B₁
		二类建筑	A	B₁	B₂	B₂	B₂	B₁	B₂		B₂	B₂
16	其他公共场所	—	A	B₁	B₁	B₂	B₂	B₂	B₂	B₂	B₂	B₂
17	住宅	—	A	B₁	B₁	B₁	B₁	B₁	—		B₁	B₁

3）除"特殊场所"中规定的场所外和高层民用建筑表 1-296 中序号为 10～12 规定的部位外，以及大于 400m² 的观众厅、会议厅和 100m 以上的高层民用建筑外，当设有火灾自动报警装置和自动灭火系统时，除顶棚外，其内部装修材料的燃烧性能等级可在表 1-296 规定的基础上降低一级。

4）电视塔等特殊高层建筑的内部装修，装饰织物应不低于 B₁ 级，其他均应采用 A 级装修材料。

172. 地下民用建筑内部装修的防火设计有哪些要求？

《建筑内部装修设计防火规范》GB 50222—2017 规定：

1）地下民用建筑内部各部位装修材料的燃烧性能等级，不应低于表 1-297 的规定。

2）除"特殊场所"中规定的场所和单层、多层民用建筑表 1-297 中序号为 6～8 规定的部位外，单独建造的地下民用建筑的地上部分，其门厅、休息室、办公室等内部装修材料的燃烧性能等级可在表 1-297 的基础上降低一级。

地下民用建筑内部各部位装修材料的燃烧性能等级   表 1-297

序号	建筑物及场所	装修材料燃烧性能等级						
		顶棚	墙面	地面	隔断	固定家具	装饰织物	其他装修装饰材料
1	观众厅、会议厅、多功能厅、等候厅等、商店的营业厅	A	A	A	B_1	B_1	B_1	B_2
2	宾馆、饭店的客房及公共活动用房等	A	B_1	B_1	B_1	B_1	B_1	B_2
3	医院的诊疗区、手术区	A	A	B_1	B_1	B_1	B_1	B_2
4	教学场所、教学实验场所	A	A	B_1	B_2	B_2	B_2	B_2
5	纪念馆、展览馆、博物馆、图书馆、档案馆、资料馆等的公众活动场所	A	A	B_1	B_1	B_1	B_1	B_1
6	存放文物、纪念展览物品、重要图书、档案、资料的场所	A	A	A	A	A	B_1	B_1
7	歌舞娱乐游艺场所	A	A	B_1	B_1	B_1	B_1	B_1
8	A、B 级电子信息系统机房及装有重要机器、仪器的房间	A	A	B_1	B_1	B_1	B_1	B_1
9	餐饮场所	A	A	A	B_1	B_1	B_1	B_2
10	办公场所	A	B_1	B_1	B_1	B_1	B_2	B_2
11	其他公共场所	A	B_1	B_1	B_2	B_2	B_2	B_2
12	汽车库、修车库	A	A	B_1	A	A	—	—

注：地下民用建筑系指单层、多层、高层民用建筑的地下部分，单独建造在地下的民用建筑以及平战结合的地下人防工程。

173. 其他民用建筑的内部装修防火设计有哪些要求？

1)《剧场建筑设计规范》JGJ 57—2016 规定：

（1）观众厅吊顶内的吸声、隔热、保温材料应采用不燃的装饰材料。

（2）观众厅和乐池的顶棚、墙面、地面等装修材料宜为不燃材料，当采用难燃材料时，应设置相应的消防措施，并应符合防排烟的相关规定。

（3）剧场检修马道应采用不燃材料。

（4）观众厅及舞台内的灯光控制室、面光板及耳光室的各界面构造均应采用不燃材料。

（5）舞台内严禁设置燃气设备。当后台使用燃气设备时，应采用耐火极限不低于 3.00h 的隔墙和甲级防火门窗，且不应靠近服装室、道具间。

（6）舞台台板采用的材料燃烧性能不得低于 B_1 级。

（7）舞台幕布应做阻燃处理，材料的燃烧性能不得低于 B_1 级。

2）《电影院建筑设计规范》JGJ 58—2008 规定：

（1）电影院观众厅吊顶内吸声、隔热、保温材料与检修马道应采用 A 级材料。

（2）电影院放映室、吸烟室、观众厅、声闸和疏散通道的顶棚装修材料不应低于 A 级，墙面、地面材料不应低于 B_1 级。

（3）电影院顶棚、墙面装饰采用的龙骨材料均应采用 A 级。

3）《商店建筑设计规范》JGJ 48—2014 规定，商店营业厅的吊顶和所有装饰面，应采用不燃材料或难燃材料。

八、室 内 环 境

（一）采 光

174. 建筑采光的基本规定有哪些？

《建筑采光设计标准》GB 50033—2013 规定：

1）光气候分区

我国光气候分区分为 5 区，各区的具体省份与代表城市见表 1-298。

光气候分区表 表 1-298

光气候区	省、自治区、直辖市	代表城市
Ⅰ类地区	青海	格尔木、玉树
	云南	丽江
	西藏自治区	拉萨、昌都、林芝
	新疆维吾尔自治区	民丰
Ⅱ类地区	云南	昆明、临沧、思茅、蒙自
	内蒙古自治区	鄂尔多斯、呼和浩特、锡林浩特
	宁夏回族自治区	固原、银川
	甘肃	酒泉
	青海	西宁
	陕西	榆林
	四川	甘孜
	新疆维吾尔自治区	阿克苏、吐鲁番、和田、哈密、喀什、塔城
Ⅲ类地区	山西	大同、太原
	广东	汕头
	云南	楚雄
	内蒙古自治区	赤峰、通辽
	天津市	天津
	北京市	北京
	台湾	台南
	四川	西昌
	甘肃	兰州、平凉
	辽宁	大连、丹东、沈阳、营口、朝阳、锦州
	吉林	四平、白城
	安徽	亳州

续表

光气候区	省、自治区、直辖市	代表城市
Ⅲ类地区	河北	邢台、承德
	河南	安阳、郑州、商丘
	陕西	延安
	黑龙江	齐齐哈尔
	新疆维吾尔自治区	乌鲁木齐、伊宁、克拉玛依、阿勒泰
Ⅳ类地区	上海市	上海
	山东	济南、潍坊
	山西	运城
	广东	广州、汕尾、阳江、河源、韶关
	广西壮族自治区	百色、南宁、桂林
	台湾	台北
	四川	马尔康
	甘肃	天水、合作
	辽宁	本溪
	吉林	长春、延吉
	安徽	合肥、安庆、蚌埠
	江西	吉安、宜春、南昌、景德镇、赣州
	江苏	南京、徐州
	河北	石家庄
	河南	驻马店、信阳、南阳
	陕西	汉中、安康、西安
	浙江	杭州、温州、衢州
	海南	海口
	湖北	武汉、麻城
	湖南	长沙、株洲、常德
	黑龙江	牡丹江、佳木斯、哈尔滨
	福建	厦门、福州、崇武
Ⅴ类地区	广西壮族自治区	河池
	四川	乐山、成都、宜宾、泸州、南充、绵阳
	贵州	贵阳、遵义
	重庆市	重庆
	湖北	宜昌

2）采光标准值

采光系数标准值指的是在规定的室外天然光设计照度下，满足视觉功能要求时的采光系数值。各采光等级参考平面上的采光标准值应符合表 1-299 的规定。

各采光等级参考平面上的采光标准值 表 1-299

采光等级	侧面采光		顶部采光	
	采光系数标准值（%）	室内天然光照度标准值（lx）	采光系数标准值（%）	室内天然光照度标准值（lx）
Ⅰ	5.0	750	5.0	750
Ⅱ	4.0	600	3.0	450
Ⅲ	3.0	450	2.0	300
Ⅳ	2.0	300	1.0	150
Ⅴ	1.0	150	0.5	75

注：1. 民用建筑参考平面取距地面 0.75m，公共场所取地面。

2. 表中所列采光系数标准值适用于我国Ⅲ类光气候区。采光系数标准值是按室外设计照度值 15000lx 制定的。

3. 采光标准的上限值不宜高于上一采光等级的级差，采光系数值不宜高于 7%。

3）光气候系数

各光气候区的室外天然光设计照度值见表 1-300。所在地区的采光系数标准值应乘以相应地区的光气候系数 K。

光气候系数 K 值 表 1-300

光气候区	Ⅰ	Ⅱ	Ⅲ	Ⅳ	Ⅴ
K 值	0.85	0.90	1.00	1.10	1.20
室内天然光临界照度值 E_n （lx）	18000	16500	15000	13500	12000

4）侧面采光

对于Ⅰ、Ⅱ采光等级的侧面采光，当开窗面积受到限制时，其采光系数可降低到Ⅲ级，所减少的天然光照度应采用人工照明补充。

175. 建筑采光标准值是如何规定的？

《建筑采光设计标准》GB 50033—2013 规定，各类建筑的采光标准值为：

1）住宅建筑

（1）住宅建筑的卧室、起居室（厅）、厨房应有直接采光。

（2）住宅建筑的卧室、起居室（厅）的采光不应低于采光等级Ⅳ级的采光等级标准值，侧面采光的采光系数不应低于 2.0%，室内天然光照度不应低于 300lx。

（3）住宅建筑的采光标准值不应低于表 1-301 的规定。

住宅建筑的采光标准值 表 1-301

采光等级	场所名称	侧面采光	
		采光系数标准值（%）	室内天然光照度标准值（lx）
Ⅳ	厨房	2.0	300
Ⅴ	卫生间、过道、餐厅、楼梯间	1.0	150

2）教育建筑

（1）教育建筑的普通教室的采光不应低于采光等级Ⅲ级的采光标准值，侧面采光的采光系数不应低于 3.0%，室内天然光照度不应低于 450lx。

（2）教育建筑的采光标准值不应低于表 1-302 的规定。

教育建筑的采光标准值 表 1-302

采光等级	场所名称	侧面采光	
		采光系数标准值（%）	室内天然光照度标准值（lx）
Ⅲ	专用教室、实验室、阶梯教室、教师办公室	3.0	450
Ⅴ	走道、卫生间、楼梯间	1.0	150

3）医疗建筑

（1）医疗建筑的一般病房的采光不应低于采光等级Ⅳ级的采光标准值，侧面采光的采光系数不应低于 2.0%，室内天然光照度不应低于 300lx。

（2）医疗建筑的采光标准值不应低于表 1-303 的规定。

医疗建筑的采光标准值 表 1-303

采光等级	场所名称	侧面采光		顶部采光	
		采光系数标准值（%）	室内天然光照度标准值（lx）	采光系数标准值（%）	室内天然光照度标准值（lx）
Ⅲ	诊室、药房、治疗室、化验室	3.0	450	2.0	300
Ⅳ	医生办公室（护士室）、候诊室、挂号处、综合大厅、	2.0	300	1.0	150
Ⅴ	走道、楼梯间、卫生间	1.0	150	0.5	75

4）办公建筑

办公建筑的采光标准值不应低于表 1-304 的规定。

办公建筑的采光标准值 表 1-304

采光等级	场所名称	侧面采光	
		采光系数标准值（%）	室内天然光照度标准值（lx）
Ⅱ	设计室、绘图室	4.0	600
Ⅲ	办公室、会议室	3.0	450
Ⅳ	复印室、档案室	2.0	300
Ⅴ	走道、卫生间、楼梯间	1.0	150

5）图书馆建筑

图书馆建筑的采光标准值不应低于表 1-305 的规定。

图书馆建筑的采光标准值　　　　　　　　　　　　表 1-305

采光等级	场所名称	侧面采光		顶部采光	
		采光系数标准值（%）	室内天然光照度标准值（lx）	采光系数标准值（%）	室内天然光照度标准值（lx）
Ⅲ	阅览室、开架书库	3.0	450	2.0	300
Ⅳ	目录室	2.0	300	1.0	150
Ⅴ	书库、走道、楼梯间、卫生间	1.0	150	0.5	75

6）旅馆建筑

旅馆建筑的采光标准值不应低于表 1-306 的规定。

旅馆建筑的采光标准值　　　　　　　　　　　　表 1-306

采光等级	场所名称	侧面采光		顶部采光	
		采光系数标准值（%）	室内天然光照度标准值（lx）	采光系数标准值（%）	室内天然光照度标准值（lx）
Ⅲ	会议室	3.0	450	2.0	300
Ⅳ	大堂、客房、餐厅、健身房	2.0	300	1.0	150
Ⅴ	走道、楼梯间、卫生间	1.0	150	0.5	75

7）博物馆建筑

博物馆建筑的采光标准值不应低于表 1-307 的规定。

博物馆建筑的采光标准值　　　　　　　　　　　　表 1-307

采光等级	场所名称	侧面采光		顶部采光	
		采光系数标准值（%）	室内天然光照度标准值（lx）	采光系数标准值（%）	室内天然光照度标准值（lx）
Ⅲ	文件修复室*、标本制作室*、书画装裱室	3.0	450	2.0	300
Ⅳ	陈列室、展厅、门厅	2.0	300	1.0	150
Ⅴ	库房、走道、楼梯间、卫生间	1.0	150	0.5	75

注：1. *表示采光不足部分应补充人工照明，照度标准值为750lx。
　　2. 表中的陈列室、展厅是指对光不敏感的陈列室、展厅，如无特殊要求应根据展品的特征和使用要求优先采用天然采光。
　　3. 书画装裱室设置在建筑北侧，工作时一般仅用天然光照明。

8）展览建筑

展览建筑的采光标准值不应低于表 1-308 的规定。

展览建筑的采光标准值　　　　　　　　　　表 1-308

采光等级	场所名称	侧面采光		顶部采光	
		采光系数标准值（%）	室内天然光照度标准值（lx）	采光系数标准值（%）	室内天然光照度标准值（lx）
Ⅲ	展厅（单层及顶层）	3.0	450	2.0	300
Ⅳ	登录厅、连接通道	2.0	300	1.0	150
Ⅴ	库房、楼梯间、卫生间	1.0	150	0.5	75

9）交通建筑

交通建筑的采光标准值不应低于表 1-309 的规定。

交通建筑的采光标准值　　　　　　　　　　表 1-309

采光等级	场所名称	侧面采光		顶部采光	
		采光系数标准值（%）	室内天然光照度标准值（lx）	采光系数标准值（%）	室内天然光照度标准值（lx）
Ⅲ	进站厅、候机（车）厅	3.0	450	2.0	300
Ⅳ	出站厅、连接通道、自动扶梯	2.0	300	1.0	150
Ⅴ	站台、楼梯间、卫生间	1.0	150	0.5	75

10）体育建筑

体育建筑的采光标准值不应低于表 1-310 的规定。

体育建筑的采光标准值　　　　　　　　　　表 1-310

采光等级	场所名称	侧面采光		顶部采光	
		采光系数标准值（%）	室内天然光照度标准值（lx）	采光系数标准值（%）	室内天然光照度标准值（lx）
Ⅳ	体育馆场地、观众入口大厅、休息厅、运动员休息室、治疗室、贵宾室、裁判用房	2.0	300	1.0	150
Ⅴ	浴室、楼梯间、卫生间	1.0	150	0.5	75

注：采光主要用于训练或娱乐活动。

11）采光质量

（1）顶部采光时，Ⅰ～Ⅳ采光等级的采光均匀度不宜小于 0.7。为保证均匀度的要求，相邻两天窗中线间的距离不宜大于参考平面至天窗下沿高度的 1.50 倍。

（2）采光设计时，应采取下列减小窗的不舒适眩光的措施：

① 作业区应减少或避免直射阳光；

② 工作人员的视觉背景不宜为窗口；

③ 可采用室内外遮挡措施；

④ 窗结构的内表面或窗周围的内墙面，宜采用浅色饰面。

（3）在采光质量要求较高的场所，宜进行不舒适眩光计算。

（4）办公、图书馆、学校等建筑的房间（场所），其室内各表面的反射比宜为：顶棚 0.60～0.90；墙面 0.30～0.80；地面 0.10～0.50；桌面、工作台面、设备表面 0.20～0.60。

（5）采光设计时，应注意光的方向性，应避免对工作产生遮挡和不利的阴影。

（6）需补充人工照明的场所，照明光源宜选择接近天然光色温的光源。

（7）需识别颜色的场所，应采用不改变天然光光色的采光材料。

（8）博物馆建筑的天然采光设计，对光有特殊要求的场所，宜消除紫外辐射、限制天然光照度值和减少曝光时间。陈列室不应有直射阳光进入。

（9）当选用导光管采光系统进行采光设计时，采光系统应有合理的光分布。

12）有效采光面积的计算应符合《民用建筑设计通则》GB 50352—2005 的规定：

（1）侧窗采光口离地面高度在 0.80m 以下的部分不应计入有效采光面积；

（2）侧窗采光口上部有效宽度超过 1.00m 以上的外廊、阳台等外挑遮挡物，其有效面积可按采光口面积的 70% 计算；

（3）平天窗采光时，其有效采光面积可按侧面采光口面积的 2.50 倍计算。

176. 各类建筑的窗地面积比和光环境是如何规定的？

1）《民用建筑设计术语标准》GB/T 50504—2009 中规定：

窗地面积比是窗洞口面积与地面面积之比（最低值）。

2）《建筑采光设计标准》GB 50033—2013 中规定：

窗地面积比是窗洞口面积与地面面积之比，对于侧面采光，应为参考平面以上的窗洞口面积。（参考平面是测量或规定照度的平面）

3）《民用建筑设计统一标准》GB 50352—2019 规定：

（1）建筑中主要功能房间的采光计算应符合现行国家标准《建筑采光设计标准》GB 50033—2013 的规定。

（2）居住建筑的卧室和起居室（厅）、医疗建筑的一般病房的采光不应低于采光等级 Ⅳ 级的采光系数标准值，教育建筑的普通教室的采光不应低于采光等级 Ⅲ 级的采光系数标准值，且应进行采光计算。采光应符合下列规定：

① 每套住宅至少应有 1 个居住空间满足采光系数标准要求，当一套住宅中居住空间总数超过 4 个时，其中应有 2 个及以上满足采光系数标准要求；

② 老年人居住建筑和幼儿园的主要功能房间应有不小于 75% 的面积满足采光系数标准要求。

（3）有效采光窗面面积计算应符合下列规定：

① 侧面采光时，民用建筑采光口离地面高度 0.75m 以下的部分不应计入有效采光面积；

② 侧窗采光口上部的挑檐、装饰板、防火通道及阳台等外部遮挡物在采光计算时，应按实际遮挡参与计算。

(4) 建筑照明的数量和质量指标应符合现行国家标准《建筑照明设计标准》GB 50034—2013 的规定。各场所的照明评价指标应符合表 1-311 的规定。

各场所的照明评价指标 表 1-311

建筑类型	评价指标
居住建筑	照度、显色指数
公共建筑	照度、照度均匀度、统一眩光值、显色指数
通用房间或场所	照度、照度均匀度、统一眩光值、显色指数
博物馆建筑	照度、照度均匀度、统一眩光值、显色指数、年曝光量
体育建筑	水平照度、垂直照度、照度均匀度、眩光指数、显色指数、色温

4)《宿舍建筑设计规范》JGJ 36—2016 规定：

(1) 宿舍居室、公共活动室、公用厨房侧面采光的采光系数标准值不应低于 2%。

(2) 公共盥洗室、公共厕所、走道、楼梯间等侧面采光的采光系数标准值不应低于 1%。

5)《图书馆建筑设计规范》JGJ 38—2015 规定：

图书馆各类用房或场所天然采光标准值不应小于表 1-312 的规定。

图书馆各类用房或场所天然采光标准值 表 1-312

用房或场所	采光等级	侧面采光			顶部采光		
		采光系数标准值（%）	室内天然光照度标准值（lx）	窗地面积比（A_c/A_d）	采光系数标准值（%）	室内天然光照度标准值（lx）	窗地面积比（A_c/A_d）
阅览室、开架书库、行政办公、会议室、业务用房、咨询服务、研究室	Ⅲ	3	450	1/5	2	300	1/10
检索空间、陈列厅、特种阅览室、报告厅	Ⅳ	2	300	1/7	1	150	1/13
基本书库、走廊、楼梯间、卫生间	Ⅴ	1	150	1/12	0.5	75	1/23

6)《住宅设计规范》GB 50096—2011 规定：

每套住宅至少应有一个居住空间能获得日照。住宅建筑窗地面积比的最低值应满足表 1-313 的要求。

7)《住宅建筑规范》GB 50368—2005 规定：

卧室、起居室（厅）、厨房应设置外窗，窗地面积比的最低值不应小于 1/7。

8)《办公建筑设计标准》JGJ/T 67—2019 规定：

(1) 办公室应有自然采光，会议室宜有自然采光。

（2）办公建筑的采光标准值应满足表 1-314 的要求。

住宅建筑窗地面积比的最低值 表 1-313

房间名称	窗地面积比最低值
居室、起居室（厅）、厨房	1/7
楼梯间	1/12

注：1. 采光窗下沿离楼面或地面高度低于 0.50m 的窗洞口面积不计入采光面积内。

　　2. 窗洞口上沿距地面高度不应低于 2m。

办公建筑窗地面积比的最低值 表 1-314

采光等级	房间类别	侧面采光		顶部采光	
		采光系数标准值（%）	室内天然光照度标准值（lx）	采光系数标准值（%）	室内天然光照度标准值（lx）
Ⅱ	设计室、绘图室	4.0	600	3.0	450
Ⅲ	办公室、会议室	3.0	450	2.0	300
Ⅳ	复印室、档案室	2.0	300	1.0	150
Ⅴ	走道、楼梯间、卫生间	1.0	150	0.5	75

（3）办公建筑的采光标准可采用窗地面积比进行估算，其比值应符合表 1-315 的规定。

窗地面积比 表 1-315

采光等级	房间类别	侧面采光	顶部采光
		窗地面积比（A_c/A_d）	窗地面积比（A_c/A_d）
Ⅱ	设计室、绘图室	1/4	1/8
Ⅲ	办公室、会议室	1/5	1/10
Ⅳ	复印室、档案室	1/6	1/13
Ⅴ	走道、楼梯间、卫生间	1/10	1/23

注：1. 窗地面积比计算条件：1）Ⅲ类气候区，其光气候系数 $k=1.0$，其他光气候区的窗地面积比应乘以光气候系数 k；2）普通单层（6mm 厚）清洁玻璃垂直铝窗，该窗总透射比 τ 取 0.6，其他条件的窗总透射比为相应的窗结构挡光折减系数 τ_c 乘以相应的窗玻璃透射比和污染折减系数。

　　2. 侧窗采光口离地面高度在 0，75m 以下部分不计入有效采光面积。

　　3. 侧窗采光口上部有宽度超过 1m 以上的外廊、阳台等外部遮挡物时，其有效采光面积可按采光口面积的 70% 计算。

　　4. 顶部采光指平天窗采光，锯齿形天窗和矩形天窗可分别按平天窗的 1.5 倍和 2 倍窗地面积比进行估算。

9）《中小学校设计规范》GB 50099—2011 规定：

（1）在建筑方案设计时，其采光窗洞口面积应按不低于表 1-316 窗地面积比的最低值规定估算。

（2）普通教室、科学教室、实验室、史地教室、计算机教室、语言教室、美术教室、书法教室及合班教室、图书室均应以自学生座位的左侧射入的光为主；当教室为南向外廊布局时，应以北向窗为主要采光面。

学校用房工作面或地面上的采光系数标准和窗地面积比最低值　表 1-316

房间名称	窗地面积比	规定采光位置的平面
普通、美术、史地、书法、语言、音乐、合班等教室、阅览室	1/5	课桌面
实验室、科学教室	1/5	实验桌面
计算机教室	1/5	机台面
舞蹈教室、风雨操场	1/5	地面
办公室、保健室	1/5	地面
饮水处、厕所、淋浴	1/10	地面
走道、楼梯间	—	地面

注：1. 表中所列采光系数值适用于我国Ⅲ类光气候区，其他光气候区应将表中的采光系数乘以相应的光气候系数。

2. 走道、楼梯间应直接采光。

（3）除舞蹈教室、体育建筑设施外，其他教学用房室内各表面反射比值应符合表 1-315 的规定，会议室、卫生室（保健室）的室内各表面的反射比值宜符合表 1-317 的规定。

教学用房室内各表面的反射比值　表 1-317

房间名称	反射比（%）
顶棚	70～80
前墙	50～60
地面	20～40
侧墙、后墙	70～80
课桌面	25～45
黑板	15～20

10）《托儿所、幼儿园建筑设计规范》JGJ 39—2016（2019 年版）规定：

（1）托儿所、幼儿园的生活用房、服务管理用房和供应用房中的厨房等应有直接天然采光和自然通风，其采光系数标准值和窗地面积比应符合表 1-318 的规定。

采光系数最低值和窗地面积比　表 1-318

采光等级	场所名称	采光系数标准值（%）	窗地面积比
Ⅲ	活动室、寝室	3.0	1/5
	多功能活动室	3.0	1/5
	办公室、保健观察室	3.0	1/5
	睡眠区、活动区	3.0	1/5
Ⅳ	卫生间	1.0	1/10
	楼梯间、走廊	1.0	1/10

（2）托儿所、幼儿园建筑的采光应符合现行国家标准《建筑采光设计标准》GB 50033—2013 的规定。

11）《档案馆建筑设计规范》JGJ 25—2010 规定：

档案馆阅览室天然采光的窗地面积比的最低值不应小于 1∶5，应避免阳光直射和眩光。

12)《商店建筑设计规范》JGJ 48—2014 中规定：

商店建筑宜利用天然采光和自然通风。

13)《疗养院建筑设计规范》JGJ/T 40—2019 规定：

疗养院的疗养、理疗、医技门诊、公共活动用房应有良好的自然通风和采光，其主要功能房间窗地比不宜小于表 1-319 的规定。

疗养院主要功能房间窗地比　　　　　　　　　　表 1-319

房间名称	窗地比
疗养员活动室、换药室	1/4～1/5
疗养室、调剂制剂室、医护办公室、治疗、诊断、检查等用房	1/5～1/6
理疗用房（不包括水疗和泥疗）、公共活动室	1/6～1/7

注：房间窗地比指房间采光窗洞口面积与该房间地板面积之比。

14)《车库建筑设计规范》JGJ 100—2015 规定：

当机动车库采取天然采光时，天然采光系数不宜小于 0.5% 或其窗地面积比宜大于 1∶15。且车库及坡道应设有防眩光设施。

15)《饮食建筑设计规范》JGJ 64—2017 规定：

(1) 厨房区域加工间采用天然采光时，其侧面采光窗洞口面积不宜小于地面面积的 1/6。

(2) 饮食建筑食品库房采用天然采光时，窗洞面积不宜小于地面面积的 1/10。

16)《博物馆建筑设计规范》JGJ 66—2015 规定：

当库房区因工艺要求设置通风外窗时，窗墙比不宜大于 1/20，且不应采用跨层或跨间的窗户。

17)《文化馆建筑设计规范》JGJ/T 41—2014 规定：

(1) 文化馆建筑中的展览陈列用房宜以自然采光为主，并应避免眩光及直射光。

(2) 文化馆建筑中的计算机与网络教室宜北向开窗。

(3) 文化馆建筑中的舞蹈排练室的采光窗应避免眩光，或设置遮光设施。

(4) 文化馆建筑中的阅览室应光线充足，照度均匀，并应避免眩光或直射光。

(5) 文化馆建筑中的录音录像室不宜设外窗。

(6) 文化馆建筑中的研究整理室中的档案室应防止日光直射，并应避免紫外线对档案、资料的危害。

(7) 文化馆建筑中的文艺创作室应设在适合自然采光的朝向，且外窗应设有遮光措施。

(8) 文化馆建筑中的美术教室应为北向采光或顶部采光，并应避免直射阳光；人体写生的美术教室，应采取遮挡外界视线的措施。

(9) 文化馆建筑中的琴房宜避开直射阳光，并应设具有吸声效果的窗帘。

18)《旅馆建筑设计规范》JGJ 62—2014 规定：

旅馆建筑室内应充分利用自然光，客房宜有直接采光，走道、楼梯间、公共卫生间宜有自然采光和自然通风。

19)《老年人照料设施建筑设计标准》JGJ 450—2018 规定：

(1) 老年人照料设施建筑的主要老年人用房采光窗的窗地面积比宜符合表 1-320 的规定。

主要老年人用房的窗地面积比 表 1-320

房间名称	窗地面积比（A_c/A_d）
单元起居厅、老年人集中使用的餐厅、居室、休息室、文娱与健身用房、康复与医疗用房	≥1：6
公共卫生间、盥洗室	≥1：9

(2) 老年人用房东、西向开窗时，宜采取有效的遮阳措施。

20)《特殊教育学校建筑设计标准》JGJ 76—2019 规定：

(1) 各类用房采光系数标准值及窗地面积比不应小于表 1-321 的规定。

各类用房采光系数标准值及窗地面积比 表 1-321

采光等级	场所名称	采光系数标准值（%）	室内天然光照度标准值（lx）	侧窗窗地面积比
II	盲校教学用房及教学辅助用房	4	600	1/4
II	聋校教学用房及教学辅助用房	4	600	1/4
III	培智学校教学用房及教学辅助用房	3	450	1/5
III	行政办公用房	3	450	1/5
IV	走道、楼梯、卫生间	2	300	1/6

注：表中采光系数适用于 III 类光气候区，其他光气候区应将表中的采光系数值乘以相应的光气候系数，光气候系数应符合现行国家标准《建筑采光设计标准》GB 50033—2013 的有关规定，确定采光系数的平面依据各类用房的使用特点确定。

(2) 侧窗采光房间的顶棚、墙面应采用浅色装修，盲校的走道、楼梯间地面颜色应避免与墙面相近。除律动教室、唱游教室、体育康复训练室外，主要教学用房室内各表面的反射比值应符合表 1-322 的规定。

主要教学用房室内各表面的反射比值 表 1-322

表面类别	反射比	表面类别	反射比
顶棚面	0.70～0.90	侧墙面及后墙面	0.70～0.80
前墙面	0.50～0.60	课桌面	0.30～0.60
地面	0.20～0.50	黑板面	0.10～0.20

(3) 各类用房应保证采光均匀，避免出现不舒适眩光，应符合现行国家标准《建筑采光设计标准》GB 50033—2013 的有关规定。

21）其他建筑的窗地比

（1）汽车客运站：候车厅 1∶7。

（2）综合医院：门诊、急诊和病房应充分利用自然通风和天然采光。50%以上的病房日照应满足现行国家标准《民用建筑设计统一标准》GB 50352—2019 的有关规定。

177. 采光系数标准值与窗地面积比是如何对应的？

综合相关规范的规定，采光系数标准值与窗地面积比的对应关系为：

1）采光系数标准值为 0.5% 时，相对于窗地面积比为 1/12；

2）采光系数标准值为 1.0% 时，相对于窗地面积比为 1/7；

3）采光系数为标准值 2.0% 时，相对于窗地面积比为 1/5。

（二）通 风

178. 民用建筑的通风设计应满足哪些要求？

1）《民用建筑设计统一标准》GB 50352—2019 规定：

（1）建筑物应根据使用功能和室内环境要求设置与室外空气直接流通的外窗或洞口；当不能设置外窗和洞口时，应另设置通风设施。

（2）采用直接自然通风的空间，通风开口有效面积应符合下列规定：

① 生活、工作的房间的通风开口有效面积不应小于该房间地面面积的 1/20；

② 厨房的通风开口有效面积不应小于该房间地面面积的 1/10，并不得小于 0.60m²；

③ 进出风开口的位置应避免设在通风不良区域，且应避免进出风开口气流短路。

（3）严寒地区居住建筑中的厨房、厕所、卫生间应设自然通风道或通风换气设施。

（4）厨房、卫生间的门的下方应设进风固定百叶或留进风缝隙。

（5）自然通风道或通风换气装置的位置不应设于门附近。

（6）无天窗的浴室、厕所、卫生间应设机械通风换气设施。

（7）建筑内的公共卫生间宜设置机械排风系统。

2）《住宅设计规范》GB 50096—2011 规定：

（1）卧室、起居室（厅）、厨房应有自然通风。

（2）住宅的平面空间组织、剖面设计、门窗的位置、方向和开启方式的设置，应有利于组织室内自然通风。单朝向住宅宜采取改善自然通风的措施。

（3）每套住宅的自然通风开口面积不应小于地板面积的 5%。

（4）采用自然通风的房间。其直接或间接自然通风开口面积应符合下列规定：

① 卧室、起居室、明卫生间的自然通风开口面积不应小于该房间地板面积的 1/20，当采用自然通风的房间外设置封闭阳台时，阳台的自然通风开口面积不应小于自然通风的房间和阳台地板面积总和的 1/20。

② 厨房的直接自然通风开口面积不应小于该房间地板面积的 1/10，并不得小于 0.60m²。当厨房外设置封闭阳台时，阳台的自然通风开口面积不应小于厨房和阳台地板面积总和的 1/10，并不得小于 0.60m²。

（5）严寒地区的卧室、起居室（厅）应设置通风换气设施，厨房、卫生间应设自然通风道。

3)《住宅建筑规范》GB 50368—2005 规定：住宅应能自然通风，每套住宅的通风开口面积不应小于地面面积的 5%。

4)《办公建筑设计标准》JGJ/T 67—2019 规定：采用自然通风的办公室或会议室，其通风开口面积不应小于房间地面面积的 1/20。

5)《宿舍建筑设计规范》JGJ 36—2016 规定：

（1）宿舍内的居室、公共盥洗室、公用厕所、公共浴室、晾衣空间和公共活动室、公用厨房应有天然采光和自然通风，走廊宜有天然采光和自然通风。

（2）采用自然通风的居室，其通风开口面积不应小于该居室地板面积的 1/20；当采用自然通风的居室外设置阳台时，阳台的自然通风开口面积不应小于采用自然通风的房间和阳台地板面积总和的 1/20。

（2）严寒地区的居室应设置通风换气设施。

6)《中小学校设计规范》GB 50099—2011 规定：

（1）教学用房及教学辅助用房中，外窗的可开启窗扇面积应满足通风换气的规定。各主要房间的通风换气次数应符合表 1-323 的规定。

各主要房间的通风换气次数   表 1-323

房间名称		换气次数（次/h）
普通教室	小学	2.5
	初中	3.5
	高中	4.5
实验室		3.0
风雨操场		3.0
厕所		10.0
保健室		2.0
学生宿舍		2.5

（2）炎热地区的教学用房及教学辅助用房中，可在内外墙设置可开闭的通风窗。通风窗下沿宜设在距室内楼地面以上 0.10～0.15m 处。

7)《商店建筑设计规范》JGJ 48—2014 规定：

商业建筑采用自然通风时，其通风开口的有效面积不应小于该房间（楼）地板面积的 1/20。

8)《饮食建筑设计规范》JGJ 64—2017 规定：

（1）用餐区域采光、通风应良好。采用直接自然通风时，通风开口面积不应小于该厅地面面积的 1/16。无自然通风的餐厅应设机械通风排气设施。

（2）厨房区域加工间采用自然通风时，通风开口面积不应小于地面面积的 1/10。

（3）饮食建筑食品库房采用自然通风时，通风开口面积不应小于地面面积的 1/20。

9)《托儿所、幼儿园建筑设计规范》JGJ 39—2016（2019 年版）规定：

托儿所、幼儿园的幼儿用房应有良好的自然通风，其通风口面积不应小于房间地板面积的 1/20。夏热冬冷、严寒和寒冷地区的幼儿用房应采取有效的通风设施。

10）其他技术资料指出：

（1）采用自然通风应符合下列规定：

① 生活、休息、工作等各类用房及浴室、厕所等通风开口面积不应小于该房间地板面积的 1/20；

② 中小学教室外墙设小气窗时，其面积不应小于房间面积的 1/60，走道开小气窗时，其面积不应小于房间面积的 1/30；

③ 自然通风道的位置应设于窗户或进风口相对的一面；

④ 单朝向住宅应采取户门上方通风窗、下方通风百叶或机械通风装置等有效措施。

（2）各类主要用房自然通风的可开启窗地面积比

① 有空调系统的公共建筑，见表 1-324。

有空调系统的公共建筑自然通风的可开启窗地面积比　　　　　　表 1-324

房间名称	可开启的窗地面积比最低值
门厅、大堂、休息厅	玻璃幕墙开启窗面积不限
门厅、大堂、休息厅	非玻璃幕墙 1/20
办公室等	1/20
厨房	1/10 并应≥0.8m²
厨房库房、卫生间、浴室	1/20

② 无空调系统的公共建筑，见表 1-325。

无空调系统的公共建筑自然通风的可开启窗地面积比　　　　　　表 1-325

房间名称	可开启的窗地面积比最低值
门厅、大堂、休息厅	玻璃幕墙开启窗面积不限
门厅、大堂、休息厅	非玻璃幕墙 1/20
商场营业厅	1/20
餐厅	1/16
厨房	1/10 并应≥0.8m²
厨房库房、卫生间、浴室	1/20

③ 居住建筑，见表 1-326。

居住建筑自然通风的可开启窗地面积比　　　　　　表 1-326

房间名称	可开启的窗地面积比最低值
卧室、起居室、明卫生间	1/20
厨房	1/10 并应≥0.8m²

（三）隔　声

179.《民用建筑设计统一标准》对建筑隔声的规定有哪些？

《民用建筑设计统一标准》GB 50352—2019 规定：

1）民用建筑各类主要功能房间的室内允许噪声级、围护结构（外墙、隔墙、楼板和门窗）的空气声隔声标准以及楼板的撞击声隔声标准，应符合现行国家标准《民用建筑隔声设计规范》GB 50118—2010 的规定。

2）民用建筑的隔声减噪设计应符合下列规定：

(1) 民用建筑隔声减噪设计，应根据建筑室外环境噪声状况、建筑物内部噪声源分布状况及室内允许噪声级的需求，确定其防噪措施和设计其相应隔声性能的建筑围护结构。

(2) 不宜将有噪声和振动设备的用房设在噪声敏感房间的直接上、下层或贴邻布置；当其设在同一楼层时，应分区布置。

(3) 当安静要求较高的房间内设置吊顶时，应将隔墙砌至梁、板底面。当采用轻质隔墙时，其隔声性能应符合国家现行有关隔声标准的规定。

(4) 墙上的施工留洞或剪力墙抗震设计所开洞口的封堵，应采用满足对应隔声要求的材料和构造。

(5) 电梯井道和机房不宜与有安静要求的用房贴邻布置，否则应采取隔振、隔声措施。

(6) 高层建筑的外门窗、外遮阳构件等应采取有效措施防止风啸声的发生。

3）民用建筑内的建筑设备隔振降噪设计应符合下列规定：

(1) 民用建筑内产生噪声与振动的建筑设备宜选用低噪声产品，且应设置在对噪声敏感房间干扰较小的位置，当产生噪声与振动的建筑设备可能对噪声敏感房间产生噪声干扰时，应采取有效的隔振、隔声措施。

(2) 与产生噪声与振动建筑设备相连接的各类管道应采取软管连接、设备弹性支吊架等措施控制振动和固体噪声沿管道传播，并应采取控制流速、设置消声器等综合措施降低随管道传播的机械辐射噪声和气流再生噪声。

(3) 当各类管道穿越噪声敏感房间的墙体和楼板时，孔洞周边应采取密封隔声措施；当在噪声敏感房间内的墙体上设置嵌入墙内对墙体隔声性能有显著降低的配套构件时，不得背对背布置、应互相错开布置，并应对所开的洞（槽）采取有效的隔声封堵措施。

4）柴油发电机房应采取机组消声及机房隔声综合治理措施。冷冻机房、换热站泵房、水泵房应有隔声防噪措施。

5）音乐厅、剧院、电影院、多用途厅堂、体育场馆、航站楼及各类交通客运站等有特殊声学要求的重要建筑，宜根据功能定位和使用要求，进行建筑声学和扩声系统的专项设计。

6）人员密集的室内场所，应进行减噪设计。

180. 《民用建筑隔声设计规范》规定的建筑隔声基本术语应如何理解？

《民用建筑隔声设计规范》GB 50118—2010 规定的建筑隔声术语有：

1）A 声级：用 A 计权网络测得的声压级。

2）单值评价量：按照国家标准《建筑隔声评价标准》GB/T50121—2005 规定的方法，综合考虑了关注对象在 $100 \sim 3150Hz$ 中心频率范围内各 1/3 倍频程（或 $125 \sim 2000Hz$ 中心频率范围内各 1/1 倍频程）的隔声性能后，所确定的单一隔声参数。单位为分贝，dB。

3）计权隔声量：代号为 R_w，表征建筑构件空气隔声性能的单值评价量。计权隔声量宜在实验室测得。

4）计权标准化声压级差：代号为 $D_{nT,w}$，以接收室的混响时间作为修正参数而得到的两个房间之间空气声隔声性能的单值评价量。

5）计权规范化撞击声压级：代号为 $L_{n,w}$，以接收室的吸声量为修正系数而得到的楼板或楼板构造撞击声隔声性能的单值评价量。

6）计权标准化撞击声压级：代号为 $L'_{nT,w}$，以接收室的混响时间作为修正系数而得到的楼板或楼板构造撞击声隔声性能的单值评价量。

7）频谱修正量：频谱修正量是因隔声频道不同以及声源空间的噪声频道不同，所需加到空气声隔声单值评价量上的修正值。当声源空间的噪声呈粉红噪声频率特性或交通噪声频率特性时，计算得到的频谱修正量分别是粉红噪声频谱修正量（代号为 C）和交通噪声频谱修正量（代号为 Ctr）。

8）降噪系数：代号为 NRC，通过对中心频率在 $200\sim2500Hz$ 范围内各 $1/3$ 倍频程的无规入射吸声系数测量值进行计算，所得到的材料吸声特性的单一值。

181. 《民用建筑隔声设计规范》对总平面防噪声设计的基本要求有哪些？

《民用建筑隔声设计规范》GB 50118—2010 规定的总平面防噪声的基本要求有：

1）在城市规划中，从功能区的划分、交通道路网的分布、绿化与隔离带的设置、有利地形和建筑物屏蔽的利用，均应符合防噪设计要求。住宅、学校、医院等建筑，应远离机场、铁路线、编组站、车站、港口、码头等存在显著噪声影响的设施。

2）新建住宅小区临近交通干线、铁路线时，宜将对噪声不敏感的建筑物作为建筑声屏障，排列在小区外围。交通干线、铁路线旁边，噪声敏感建筑物的声环境达不到现行国家标准《声环境质量标准》GB 3096—2008 的规定时，可在噪声源与噪声敏感建筑物之间采取设置声屏障等隔声措施。交通干线不应贯穿小区。

3）产生噪声的建筑服务设备等噪声源的设置位置、防噪声设计，应符合下列规定：

（1）锅炉房、水泵房、变压器室、制冷机房宜单独设置在噪声敏感建筑之外。住宅、学校、医院、旅馆、办公等建筑所在区域内有噪声源的建筑附属设施，其设置位置应避免对噪声敏感建筑物产生噪声干扰，必要时应作防噪声处理。区内不得设置未经有效处理的强噪声源。

（2）确需在噪声敏感建筑物内设置锅炉房、水泵房、变压器室、制冷机房时，若条件许可，宜将噪声源设在地下，但不宜毗邻主体建筑或设在主体建筑下，并应采取有效的隔振、隔声措施。

（3）冷却塔、热泵机组宜设置在对噪声敏感建筑物的噪声干扰较小的位置。当冷却塔、热泵机组的噪声在周围环境超过现行国家标准《声环境质量标准》GB 3096—2008 的规定时，应对冷却塔、热泵机组采取有效的降低或隔离噪声措施。冷却塔、热泵机组设置在楼顶或裙房顶上时，还应采取有效的隔振措施。

（4）在进行建筑设计前，应对环境及建筑物内外的噪声源作详细的调查与测定，并对建筑物的防噪间距、朝向选择及平面布置等应作综合考虑。仍不能达到室内安静要求时，应采取建筑构造上的防噪声措施。

（5）安静要求较高的民用建筑，宜设置于本区域主要噪声源夏季主导风向的上风侧。

182.《民用建筑隔声设计规范》对住宅建筑隔声的基本要求有哪些？

《民用建筑隔声设计规范》GB 50118—2010 规定的住宅隔声指标和防噪设计的基本要求有：

1）允许噪声级

（1）卧室、起居室（厅）内的噪声级，应符合表 1-327 的规定。

卧室、起居室（厅）内的允许噪声级　　　　　表 1-327

房间名称	允许噪声级（A 声级，dB）	
	昼间	夜间
卧室	≤45	≤37
起居室(厅)	≤45	

（2）高要求住宅的卧室、起居室（厅）内的噪声级，应符合表 1-328 的规定。

高要求住宅卧室、起居室（厅）内的允许噪声级　　　表 1-328

房间名称	允许噪声级（A 声级，dB）	
	昼间	夜间
卧室	≤40	≤30
起居室(厅)	≤40	

2）空气声隔声标准

（1）分户墙、分户楼板及分隔住宅和非居住用途空间楼板的空气声隔声性能，应符合表 1-329 的规定。

分户构件空气声隔声标准　　　　　表 1-329

构件名称	空气声隔声单值评价量＋频谱修正量(dB)	
分户墙、分户楼板	计权隔声量(R_w)＋粉红噪声频谱修正量(C)	>45
分隔住宅和非居住用途空间的楼板	计权隔声量(R_w)＋交通噪声频谱修正量(C_{tr})	>51

（2）相邻两户房间之间及住宅和非居住用途空间分隔楼板上下房间之间的空气声隔声性能，应符合表 1-330 的规定。

房间之间空气声隔声标准　　　　　表 1-330

构件名称	空气声隔声单值评价量＋频谱修正量(dB)	
卧室、起居室(厅)与邻户房间之间	计权标准化声压级差($D_nT.w$)＋粉红噪声频谱修正量(C)	≥45
分隔住宅和非居住用途空间的楼板	计权标准化声压级差($D_nT.w$)＋交通噪声频谱修正量(C_{tr})	≥51

（3）高要求住宅的分户墙、分户楼板的空气声隔声性能，应符合表 1-331 的规定。

高要求住宅的分户构件的空气声隔声标准　　　表 1-331

房间名称	空气声隔声单值评价量＋频谱修正量(dB)	
分户墙、分户楼板	计权隔声量(R_w)＋粉红噪声频谱修正量(C)	>50

（4）高要求住宅相邻两户房间之间的空气声隔声性能，应符合表 1-332 的规定。

高要求住宅房间之间空气声隔声标准　　　　表 1-332

构件名称	空气声隔声单值评价量＋频谱修正量(dB)	
卧室、起居室(厅)与邻户房间之间	计权标准化声压级差(D_nT.w)＋粉红噪声频谱修正量(C)	≥50
相邻两户的卫生间之间	计权标准化声压级差(D_nT.w)＋粉红噪声频谱修正量(C)	≥45

（5）外窗（包括未封闭阳台的门）的空气声隔声性能，应符合表 1-333 的规定。

外窗（包括未封闭阳台的门）的空气声隔声标准　　　　表 1-333

构件名称	空气声隔声单值评价量＋频谱修正量(dB)	
交通干线两侧卧室、起居室(厅)的窗	计权隔声量(R_w)＋交通噪声频谱修正量(C_{tr})	≥30
其他窗	计权隔声量(R_w)＋交通噪声频谱修正量(C_{tr})	≥25

（6）外墙、户（套）门和户内分室墙的空气声隔声性能应符合表 1-334 的规定。

外墙、户（套）门和户内分室墙的空气声隔声标准　　　　表 1-334

构件名称	空气声隔声单值评价量＋频谱修正量(dB)	
外墙	计权隔声量(R_w)＋交通噪声频谱修正量(C_{tr})	≥45
户(套)门	计权隔声量(R_w)＋粉红噪声频谱修正量(C)	≥25
户内卧室墙	计权隔声量(R_w)＋粉红噪声频谱修正量(C)	≥35
户内其他分室墙	计权隔声量(R_w)＋粉红噪声频谱修正量(C)	≥30

3）撞击声隔声标准

（1）卧室、起居室（厅）的分户楼板的撞击声隔声性能，应符合表 1-335 的规定。

分户楼板的撞击声隔声标准　　　　表 1-335

构件名称	撞击声隔声单值评价量(dB)	
卧室、起居室(厅)的分户楼板	计权规范化撞击声压级 Ln,w(实验室测量)	＜75
	计权标准化撞击声压级 $L'n_T,w$(现场测量)	≤75

（2）高要求住宅卧室、起居室(厅)的分户楼板的撞击声隔声性能，应符合表 1-336 的规定。

高要求住宅分户楼板的撞击声隔声标准　　　　表 1-336

构件名称	撞击声隔声单值评价量(dB)	
卧室、起居室(厅)的分户楼板	计权规范化撞击声压级 Ln,w(实验室测量)	＜65
	计权标准化撞击声压级 $L'n_T,w$(现场测量)	≤65

4）隔声减噪设计

（1）与住宅建筑配套而建的停车场、儿童游戏场或健身活动场地的位置选择，应避免对住宅产生噪声干扰。

（2）当住宅建筑位于交通干线两侧或其他高噪声环境区域时，应根据室外环境噪声状况和住宅建筑的室内允许噪声级，确定住宅防噪措施和设计具有相应隔声性能的建筑围护结构（包括墙体、窗、门等构件）。

（3）在选择住宅建筑的体形、朝向和平面布置时，应充分考虑噪声控制的要求，并应符合下列规定：

①　在住宅平面设计时，应使分户墙两侧的房间和分户楼板上下的房间属于同一类型；

②　宜使卧室、起居室（厅）布置在背噪声源的一侧；

③　对进深较大变化的平面布置形式，应避免相邻户的窗户之间产生噪声干扰。

④　电梯不得紧邻卧室布置，也不宜紧邻起居室（厅）布置。受条件限制需要紧邻起居室（厅）布置时，应采取有效的隔声和减振措施。

⑤　当厨房、卫生间与卧室、起居室（厅）相邻时，厨房、卫生间内的管道、设备等有可能传声的物体，不宜设在厨房、卫生间与卧室、起居室（厅）之间的隔墙上。对固定于墙上且有可能引起传声的管道等构件，应采取有效的减振、隔声措施。主卧室内卫生间的排水管道宜做隔声包覆处理。

⑥　水、暖、电、燃气、通风和空调等管线安装及孔洞处理，应符合下列规定：

a. 管线穿过楼板或墙体时，孔洞周边应采取密封隔声措施；

b. 分户墙中所有电器插座、配电箱或嵌入墙内对墙体构造造成损伤的配套构件，在背对背设置时应相互错开位置，并应对所开洞（槽）有相应的隔声封堵措施；

c. 对分户墙上施工洞口或剪力墙抗震设计所开洞口的封堵，应满足分户墙隔声设计要求的材料与构造；

d. 相邻两户的排烟、排气通道，应采取防止相互串声的措施。

⑦　现浇、大板和大模等整体性较强的住宅建筑，在附着于墙体和楼板上可能引起传声的设备处和经常产生撞击、振动的部位，应采取防止结构声传播的措施。

⑧　住宅建筑的机电服务设备、器具的选用及安装，应符合下列规定：

a. 机电服务设备，宜选用低噪声产品，并应采取综合手段进行噪声与振动控制。

b. 设置家用空调时，应采取控制机组噪声和风道、风口噪声的措施。预留空调室外机的位置时，应考虑防燥要求，避免室外机噪声对居室的干扰。

c. 排烟、排气及给排水器具，宜选用低噪声产品。

⑨　商住楼内不得设置高噪声级的文化娱乐场所，也不应设置其他高噪声级的商业用房。对商业用房内可能会扰民的噪声源和振动源，应采取有效地防治措施。

183. 《民用建筑隔声设计规范》对办公建筑隔声的基本要求有哪些？

《民用建筑隔声设计规范》GB 50118—2010 规定的办公建筑隔声指标和防噪声设计的基本要求有：

1）隔声指标

（1）允许噪声级

办公室、会议室内的噪声级，应符合表 1-337 的规定。

办公室、会议室内允许噪声级（A 声级、dB）　　　　　　表 1-337

房间名称	允许噪声级	
	高要求标准	低限标准
单人办公室	≤35	≤40
多人办公室	≤40	≤45

续表

房间名称	允许噪声级	
	高要求标准	低限标准
电视电话会议室	≤35	≤40
普通会议室	≤40	≤45

（2）空气声隔声标准

① 办公室、会议室隔墙、楼板的空气声隔声性能，应符合表 1-338 的规定。

办公室、会议室隔墙、楼板的空气声隔声标准（dB）　　　表 1-338

构件名称	空气声隔声单值评价量＋频谱修正量	高要求标准	低限标准
办公室、会议室与产生噪声的房间之间的隔墙、楼板	计权隔声量(R_w)＋交通噪声频谱修正量(C_w)	＞50	＞45
办公室、会议室与普通房间之间的隔墙、楼板	计权隔声量(R_w)＋粉红噪声频谱修正量(C)	＞50	＞45

② 办公室、会议室与相邻房间之间的空气声隔声性能，应符合表 1-339 的规定。

办公室、会议室与相邻房间之间的空气声隔声性能（dB）　　　表 1-339

房间名称	空气声隔声单值评价量＋频谱修正量	高要求标准	低限标准
办公室、会议室与产生噪声的房间之间	计权标准化声压级差(D_nT,w)＋交通噪声频谱修正量(C_w)	≥50	≥45
办公室、会议室与普通房间之间	计权标准化声压级差(D_nT,w)＋粉红噪声频谱修正量(C)	≥50	≥45

③ 办公室、会议室的外墙、外窗（包括未封闭阳台的门）和门的空气声隔声性能，应符合表 1-340 的规定。

办公室、会议室的外墙、外窗和门的空气声隔声标准（dB）　　　表 1-340

构件名称	空气声隔声单值评价量＋频谱修正量	
外墙	计权隔声量(R_w)＋交通噪声频谱修正量(C_{tr})	≥45
临交通干线的办公室、会议室外窗	计权隔声量(R_w)＋交通噪声频谱修正量(C_{tr})	≥30
其他外窗	计权隔声量(R_w)＋交通噪声频谱修正量(C_{tr})	≥25
门	计权隔声量(R_w)＋粉红噪声频谱修正量(C)	≥20

（3）撞击声隔声标准

办公室、会议室顶部楼板的撞击声隔声性能，应符合表 1-341 的规定。

办公室、会议室顶部楼板的撞击声隔声标准（dB）　　　表 1-341

构件名称	撞击声隔声单值评价量			
	高要求标准		低限标准	
	计权规范化撞击声压级 L_n,w（实验室测量）	计权标准化撞击声压级 L'_nT,w（现场测量）	计权规范化撞击声压级 L_n,w（实验室测量）	计权标准化撞击声压级 L'_nT,w（现场测量）
会议室、会议室顶部的楼板	＜65	≤65	＜75	≤75

注：当确有困难时，可允许办公室、会议室顶部楼板的计权规范化撞击声压级或计权标准化撞击声压级小于或等于 85dB，但在楼板结构上应预留改善的可能条件。

2）隔声减噪设计

（1）拟建办公建筑的用地确定后，应对用地范围环境噪声现状及其随城市建设的变化进行必要的调查、测量和预计。

（2）办公建筑的总体布局，应利用对噪声不敏感的建筑物或办公建筑中的辅助房间遮挡噪声源，减少噪声对办公用房的影响。

（3）办公建筑的设计，应避免将办公室、会议室与有明显噪声源的房间相邻布置；办公室及会议室的上部（楼层）不得布置在产生高噪声（含设备、活动）的房间。

（4）走道两侧布置办公室时，相对房间的门宜错开布置。办公室及会议室面向走廊或楼梯间的门的隔声性能应符合规定。

（5）面向城市干道及户外其他高噪声环境的办公室及会议室，应依据室外环境噪声状况及所确定的允许噪声级，设计具有相应隔声性能的建筑围护结构（包括墙体、窗、门等各种部件）。

（6）相邻办公室之间的隔墙应延伸到吊顶棚高度以上，并与承重楼板连接，不留缝隙。

（7）办公室、会议室的墙体或楼板因孔洞、缝隙、连接等原因导致隔声性能降低时，应采取以下措施：

① 管线穿过楼板或墙体时，孔洞周边应采取密封隔振措施。

② 固定于墙面引起噪声的管道等构件，应采取隔振措施。

③ 办公室、会议室隔墙中的电气插座、配电箱或其他嵌入墙里对墙体构造造成损伤的配套构件，在背对背布置时，宜相互错开位置，并对所开的洞（槽）有相应的隔声封堵措施。

④ 对分室墙上的施工洞口或剪力墙抗震设计所开洞口的封堵，应采用满足分室墙隔声要求的材料和构造。

⑤ 幕墙和办公室、会议室隔墙及楼板连接时，应采用符合分室墙隔声要求的构造，并应采取防止相互串声的封堵隔声措施。

（8）对语言交谈有较高私密要求的开放式、分格式办公室宜做专门的设计。

（9）较大办公室的顶棚宜结合装修选用降噪系数（NRC）不小于 0.40 的吸声材料。

（10）会议室的墙面和顶棚宜结合装修选用降噪系数（NRC）不小于 0.40 的吸声材料。

（11）电视、电话会议室及普通会议室空场 $500 \sim 1000 \mathrm{Hz}$ 的混响时间宜符合表 1-342 的规定。

会议室空场 $500 \sim 1000 \mathrm{Hz}$ 的混响时间　　　　　　表 1-342

房间名称	房间面积（m²）	空场 $500 \sim 1000 \mathrm{Hz}$ 的混响时间（s）
电视、电话会议室	≤200	≤0.6
普通会议室	≤200	≤0.8

（12）办公室、会议室内的空调系统风口在办公室、会议室内产生的噪声应符合规定。

（13）走廊顶棚宜结合装修使用降噪系数（NRC）不小于 0.40 的吸声材料。

184.《民用建筑隔声设计规范》对学校建筑隔声的基本要求有哪些?

《民用建筑隔声设计规范》GB 50118—2010 规定的学校建筑隔声指标和防噪设计的基本要求有:

1) 隔声指标

(1) 允许噪声级

学校建筑中各种教学用房及辅助用房内的噪声级,应符合表 1-343 的规定。

学校建筑中各种教学用房及辅助用房内的噪声级(A 声级、dB) 表 1-343

主要教学用房名称	允许噪声级	辅助教学用房名称	允许噪声级
语言教室、阅览室	≤40	健身房	≤50
普通教室、实验室、计算机房	≤45	教师办公室、休息室、会议室	≤45
音乐教室、琴房	≤45	教学楼中封闭的走廊、楼梯间	≤50
舞蹈教室	≤50		

(2) 空气声隔声标准

① 教学用房隔墙、楼板的空气声隔声性能,应符合表 1-344 的规定。

教学用房隔墙、楼板的空气声隔声标准(dB) 表 1-344

构件名称	空气声隔声单值评价量＋频谱修正量	
语言教室、阅览室的隔墙与楼板	计权隔声量(R_w)＋粉红噪声频谱修正量(C)	＞50
普通教室与各种产生噪声的房间之间的隔墙与楼板	计权隔声量(R_w)＋粉红噪声频谱修正量(C)	＞50
普通教室之间的隔墙与楼板	计权隔声量(R_w)＋粉红噪声频谱修正量(C)	＞45
音乐教室、琴房之间的隔墙与楼板	计权隔声量(R_w)＋粉红噪声频谱修正量(C)	＞45

② 教学用房与相邻房间之间的空气声隔声性能,应符合表 1-345 的规定。

教学用房与相邻房间之间的空气声隔声标准(dB) 表 1-345

房间名称	空气声隔声单值评价量＋频谱修正量	
语言教室、阅览室与相邻房间之间	计权标准化撞击声压级差 DnT,w＋粉红噪声频谱修正量(C)	≥50
普通教室与各种产生噪声的房间之间	计权标准化撞击声压级差 DnT,w＋粉红噪声频谱修正量(C)	≥50
普通教室之间	计权标准化撞击声压级差 DnT,w＋粉红噪声频谱修正量(C)	≥45
音乐教室、琴房之间	计权标准化撞击声压级差 DnT,w＋粉红噪声频谱修正量(C)	≥45

③ 教学用房的外墙、外窗和门的空气声隔声性能,应符合表 1-346 的规定。

教学用房的外墙、外窗和门的空气声隔声标准(dB) 表 1-346

构件名称	空气声隔声单值评价量＋频谱修正量	
外墙	计权隔声量(R_w)＋交通噪声频谱修正量(C_{tr})	≥45
临交通干线的外窗	计权隔声量(R_w)＋交通噪声频谱修正量(C_{tr})	≥30
其他外窗	计权隔声量(R_w)＋交通噪声频谱修正量(C_{tr})	≥25
产生噪声房间的门	计权隔声量(R_w)＋粉红噪声频谱修正量(C)	≥25
其他门	计权隔声量(R_w)＋粉红噪声频谱修正量(C)	≥20

（3）撞击声隔声标准

教学用房楼板的撞击声隔声性能，应符合表 1-347 的规定。

教学用房楼板的撞击声隔声标准（dB）　　　　　　　　　　表 1-347

构件名称	撞击声隔声单值评价量	
	计权规范化撞击声压级 $L_{n,w}$（实验室测量）	计权标准化撞击声压级 $L'_{nT,w}$（现场测量）
语言教室、阅览室与上层房间之间的楼板	＜65	≤65
普通教室、实验室、计算机房与上层产生噪声房间之间的楼板	＜65	≤65
音乐教室、琴房之间的楼板	＜65	≤65
普通教室之间的楼板	＜75	≤75

注：当确有困难时，可允许普通教室之间楼板的撞击声隔声单值评价量小于等于 85dB，但在楼板结构上应预留改善的可能条件。

2）隔声减噪设计

（1）位于交通干道旁的学校建筑，宜将运动场沿干道布置，作为噪声隔离带。

产生噪声的固定设施与教学楼之间，应设足够距离的噪声隔离带。当教室有门窗面对运动场时，教室外墙至运动场的距离不应小于 25m。

（2）教学楼内不应设置发出强烈噪声或振动的机械设备，其他可能产生噪声和振动的设备应尽量远离教学用房，并采取有效的隔声、减振措施。

（3）教学楼内的封闭走廊、门厅及楼梯间的顶棚，在条件允许时宜设置降噪系数（NRC）不低于 0.40 的吸声系数。

（4）各类教室内宜控制混响时间，避免不利反射声，提高语言清晰度。各类教室空场 500～1000Hz 的混响时间应符合表 1-348 的规定。

各类教室空场 500～1000Hz 的混响时间　　　　　　　　　　表 1-348

房间名称	房间面积（m²）	空场 500～1000Hz 的混响时间（s）
普通教室	≤200	≤0.8
	＞200	≤1.0
语言和多媒体教室	≤300	≤0.6
	＞300	≤0.8
音乐教室	≤250	≤0.6
	＞250	≤0.8
琴房	≤50	≤0.4
	＞50	≤0.6
健身房	≤2000	≤1.2
	＞2000	≤1.5
舞蹈教室	≤1000	≤1.2
	＞1000	≤1.5

注：表中混响时间值，可允许有 0.1s 的变动幅度；房间体积可允许有 10% 的变动幅度。

（5）产生噪声的房间（音乐教室、舞蹈教室、琴房、健身房）与其他教学用房同设于一栋教学楼内时，应分区布置，并应采取隔声和减振措施。

185.《民用建筑隔声设计规范》对医院建筑隔声的基本要求有哪些？

《民用建筑隔声设计规范》GB 50118—2010 规定的医院建筑隔声指标和防噪设计基本要求有：

1）隔声指标

（1）允许噪声级

医院主要房间内的噪声级，应符合表 1-349 的规定。

医院主要房间内的允许噪声级（A 声级，dB）　　　　表 1-349

房间名称	高要求标准		低限标准	
	昼间	夜间	昼间	夜间
病房、医护人员休息室	≤40	≤35[1]	≤45	≤40
各类重症监护室	≤40	≤35	≤45	≤40
诊室	≤40		≤45	
手术室、分娩室	≤40		≤45	
洁净手术室	—		≤50	
人工生殖中心净化区	—		≤40	
听力测听室	—		≤25[2]	
化验室、分析实验室	—		≤40	
入口大厅、候诊厅	≤50		≤55	

注：1. 对特殊要求的病房，室内允许噪声级应小于或等于30dB。

2. 表中听力测评室允许噪声级的数值，适用于采用纯音气导和骨导听阈测听法的听力测听室。采用声场测听法的听力测听室的允许噪声级另有规定。

（2）空气声隔声标准

① 医院各类隔墙、楼板的空气声隔声性能，应符合表 1-350 的规定。

医院各类隔墙、楼板的空气声隔声标准（dB）　　　　表 1-350

构件名称	空气声隔声单值评价量＋频谱修正量	高要求标准	低限标准
病房与产生噪声的房间之间的隔墙与楼板	计权隔声量(R_w)＋交通噪声频谱修正量(C_{tr})	>55	>50
手术室与产生噪声的房间之间的隔墙与楼板	计权隔声量(R_w)＋交通噪声频谱修正量(C_{tr})	>50	>45
病房之间及病房、手术室与普通病房之间的隔墙与楼板	计权隔声量(R_w)＋粉红噪声频谱修正量(C)	>50	>45
诊室之间的隔墙与楼板	计权隔声量(R_w)＋粉红噪声频谱修正量(C)	>45	>40
听力测听室的隔墙与楼板	计权隔声量(R_w)＋粉红噪声频谱修正量(C)	—	>50
体外震波碎石室、核磁共振室的隔墙与楼板	计权隔声量(R_w)＋交通噪声频谱修正量(C_{tr})	—	>50

② 相邻房间之间空气声隔声性能，应符合表 1-351 的规定。

相邻房间之间空气声隔声标准（dB）　　　　表 1-351

房间名称	空气声隔声单值评价量＋频谱修正量	高要求标准	低限标准
病房与产生噪声的房房之间	计权标准化声压级差($DnT_。w$)＋交通噪声频谱修正量(C_{tr})	＞55	＞50
手术室与产生噪声的房间之间	计权标准化声压级差($DnT_。w$)＋交通噪声频谱修正量(C_{tr})	＞50	＞45
病房之间及病房、手术室与普通病房之间	计权标准化声压级差($DnT_。w$)＋粉红噪声频谱修正量(C)	＞50	＞45
诊室之间	计权标准化声压级差($DnT_。w$)＋粉红噪声频谱修正量(C)	≥45	≥40
听力测听室与毗邻房间之间	计权标准化声压级差($DnT_。w$)＋粉红噪声频谱修正量(C)	—	＞50
体外震波碎石室、核磁共振室与毗邻房间之间	计权标准化声压级差($DnT_。w$)＋交通噪声频谱修正量(C_{tr})	—	＞50

③ 外墙、外窗和门的空气声隔声性能，应符合表 1-352 的规定。

外墙、外窗和门的空气声隔声标准（dB）　　　　表 1-352

构件名称	空气声隔声单值评价量＋频谱修正量	
外墙	计权隔声量(R_w)＋交通噪声频谱修正量(C_{tr})	≥45
外窗	计权隔声量(R_w)＋交通噪声频谱修正量(C_{tr})	≥35（临街一侧病房）
外窗		≥25（其他）
门	计权隔声量(R_w)＋粉红噪声频谱修正量(C)	≥30（听力测听室）
门		≥20（其他）

（3）撞击声隔声标准

各类房间与上层房间之间楼板的撞击声隔声标准，应符合表 1-353 的规定。

各类房间与上层房间之间楼板的撞击声隔声标准（dB）　　　　表 1-353

构件名称	撞击声隔声单值评价量	高要求标准	低限标准
病房、手术室与上层房间之间的楼板	计权规范化撞击声压级 Ln,w（实验室测量）	＜65	≤75
病房、手术室与上层房间之间的楼板	计权标准化撞击声压级 $L'nT,w$（现场测量）	≤65	≤75
听力测听室与上层房间之间的楼板	计权标准化撞击声压级 $L'nT,w$（现场测量）	—	≤60

注：当确有困难时，可允许上层为普通房间的病房、手术室顶部楼板的撞击声隔声单值评价量小于或等于85dB，
　　但在楼板结构上应预留改善的可能条件。

2）隔声减噪设计

（1）医院建筑的总平面设计，应符合下列规定：

① 综合医院的总平面布置，应利用建筑物的隔声作用。门诊楼可沿交通干线设置，但与干线的距离应考虑防噪要求。病房楼应设在内院。若病房楼接近交通干线，室内噪声级不符合标准规定时，病房不应设于临街一侧，否则应采取相应的隔声降噪处理措施（如临街布置公共走廊等）。

② 综合医院的医用气体站、冷冻机房、柴油发电机房等设备用房如设在病房大楼内时，应自成一区。

（2）临近交通干线的病房楼，在满足外墙、外窗和门的空气隔声性能的基础上，还应根据室外环境噪声状况及规定的室内允许噪声级，设计具有相应隔声性能的建筑围护结构（包括墙体、窗、门等构件）。

（3）体外震波碎石室、核磁共振检查室不得与要求安静的房间毗邻，并应对其围护结构采取隔声和隔振措施。

（4）病房、医护人员休息室等要求安静房间的邻室及其上、下层楼板或屋面，不应设置噪声、振动较大的设备。当设计上难于避免时，应采取有效的隔声和减振措施。

（5）医生休息室应布置在医生专用区或设置门斗，避免护士站、公共走廊等公共空间人员活动噪声对医生休息室的干扰。

（6）对于病房之间的隔墙，当嵌入墙体的医疗带及其他配套设施造成墙体损伤并使隔墙的隔声性能降低时，应采取有效的隔声减噪措施。

（7）穿越病房围护结构的管道周围的缝隙，应密封。病房的观察窗，宜采用密封窗。病房楼内的污物井道、电梯井道不得毗邻病房等要求安静的房间。

（8）入口大厅、挂号大厅、候药厅及分科候诊厅（室）内，应采取吸声处理措施；其室内 500～1000Hz 的混响时间不宜大于 2s。病房楼、门诊楼内走廊的顶棚，应采取吸声处理措施；吊顶所用吸声材料的降噪系数（NRC），不应小于 0.40。

（9）听力测听室不应与设置有振动或强噪声设备的房间相邻。听力测听室应做全浮筑房中房设计，且房间入口设置声闸；听力测听室的空调系统应设置消声器。

（10）手术室应选用低噪声空调设备，必要时应采取降噪措施。手术室的上层，不宜设置有振动源的机电设备；如设计上难于避免时，应采取有效的隔振、隔声措施。

（11）诊室、病房、办公室等房间外的走廊吊顶内，不应设置有振动和噪声的机电设备。

（12）医院内的机电设备，如空调机组、通风机组、冷水机组、冷却塔、医用气体设备和柴油发电机组等设备，均应选用低噪声产品；并应采取隔振及综合降噪措施。

（13）在通风空调系统中，应设置消声装置，通风空调系统在医院各房间内产生的噪声应符合相关规定。

186. 《民用建筑隔声设计规范》对旅馆建筑隔声的基本要求有哪些？

《民用建筑隔声设计规范》GB 50118—2010 规定的旅馆建筑隔声指标和防噪设计基本要求有：

1）旅馆建筑隔声指标的分级

不同级别旅馆建筑的声学指标（包括室内允许噪声级、空气声隔声标准及撞击声隔声标准）所应达到的等级，应符合表 1-354 的规定。

声学指标等级与旅馆建筑等级的对应关系　　　　　　　　　表 1-354

声学指标的等级	旅馆建筑的等级
特级	五星级以上旅游饭店及同档次旅馆建筑
一级	三、四星级旅游饭店及同档次旅馆建筑
二级	其他档次的旅馆建筑

2）隔声指标

（1）允许噪声级

旅馆建筑内各房间的噪声级，应符合表 1-355 的规定。

旅馆建筑内各房间的噪声级（A 声级，dB）　　　　　表 1-355

房间名称	允许噪声级					
	特级		一级		二级	
	昼间	夜间	昼间	夜间	昼间	夜间
客房	≤35	≤30	≤40	≤35	≤45	≤40
办公室、会议室	≤40		≤45		≤45	
多功能厅	≤40		≤45		≤50	
餐厅、宴会厅	≤45		≤50		≤55	

（2）空气声隔声标准

① 客房之间的隔墙或楼板、客房与走廊之间的隔墙、客房外墙（含窗）的空气声隔声性能，应符合表 1-356 的要求。

客房墙、楼板的空气声隔声标准（dB）　　　　　表 1-356

构件名称	空气声隔声单值评价量＋频谱修正量	特级	一级	二级
客房之间的隔墙与楼板	计权隔声量(R_w)＋粉红噪声频谱修正量(C)	>50	>45	>40
客房与走廊之间的隔墙	计权隔声量(R_w)＋粉红噪声频谱修正量(C)	>45	>45	>40
客房外墙（含窗）	计权隔声量(R_w)＋交通噪声频谱修正量(C_{tr})	>40	>35	>30

② 客房之间、走廊与客房之间，以及室外与客房之间的空气声隔声标准，应符合表 1-357 的要求。

客房之间、走廊与客房之间，以及室外与客房之间的空气声隔声标准（dB）　表 1-357

房间名称	空气声隔声单值评价量＋频谱修正量	特级	一级	二级
客房之间	计权标准化声压级差$(D_{nT,w})$＋粉红噪声频谱修正量(C)	≥50	≥45	≥40
走廊与客房之间	计权标准化声压级差$(D_{nT,w})$＋粉红噪声频谱修正量(C)	≥45	≥40	≥35
室外与客房之间	计权标准化声压级差$(D_{nT,w})$＋交通噪声频谱修正量(C_{tr})	≥40	≥35	≥30

③ 客房外窗与客房门的空气声隔声性能，应符合表 1-358 的要求。

客房外窗与客房门的空气声隔声标准（dB）　　　　　表 1-358

房间名称	空气声隔声单值评价量＋频谱修正量	特级	一级	二级
客房外窗	计权隔声量(R_w)＋交通噪声频谱修正量(C_{tr})	≥35	≥30	≥25
客房门	计权隔声量(R_w)＋粉红噪声频谱修正量(C)	≥30	≥25	≥20

（3）撞击声隔声标准

客房与上层房间之间楼板的撞击声隔声性能，应符合表 1-359 的要求。

客房楼板撞击声隔声标准（dB）　　　　　表 1-359

构件名称	撞击声隔声单值评价量	特级	一级	二级
客房与上层房间之间的楼板	计权规范化撞击声压级 $L_{n,w}$（实验室测量）	<55	<65	<75
	计权标准化撞击声压级 $L'_{nT,w}$（现场测量）	≤55	≤65	≤75

（4）客房及其他对噪声敏感的房间与有噪声或振动源的房间之间的隔墙和楼板，其空气声隔声性能标准、撞击声隔声性能标准，应根据噪声和振动源的具体情况确定，并应对噪声和振动源进行减噪和隔振处理，使客房及其他对噪声敏感的房间内噪声级满足规定。

3）隔声减噪设计

（1）旅馆建筑的总平面设计，应符合下列要求：

① 旅馆建筑的总平面布置，应根据噪声状况进行分区。

②产生噪声或振动的设施应远离客房及其他要求安静的房间，并应采取隔声、隔振措施。

③ 旅馆建筑中的餐厅不应与客房等对噪声敏感的房间在同一区域内。

④ 可能产生较大噪声并可能在夜间营业的附属娱乐设施应远离客房和其他有安静要求的房间，并应进行有效的隔声、隔振处理。

⑤ 可能产生较大噪声和振动的附属娱乐设施不应与客房和其他有安静要求的房间设置在同一主体结构内，并应远离客房等需要安静的房间。

⑥ 可能在夜间产生干扰噪声的附属娱乐房间，不应与客房和其他有安静要求的房间设置在同一走廊内。

⑦ 客房沿交通干道或停车场布置时，应采取防噪措施，如采用密闭窗或双层窗；也可利用阳台或外廊进行隔声减噪处理。

⑧ 电梯井道不应毗邻客房和其他有安静要求的房间。

（2）客房及客房楼的隔声设计，应符合下列要求：

① 客房之间的送风和排气管道，应采取消声处理措施，相邻客房间的空气声隔声性能应满足相关规定。

② 旅馆内的电梯间，高层旅馆的加压泵、水箱间及其他产生噪声的房间，不应与需要安静的客房、会议室、多用途大厅等毗邻，更不应设置在这些房间的上部。确需设置于这些房间的上部时，应采取有效的隔振降噪措施。

③ 走廊两侧配置客房时，相对房间的门宜错开布置。走廊内宜采用铺设地毯、安装吸声吊顶等吸声处理措施。吊顶所用吸声措施的降噪系数（NRC）不应小于 0.40。

④ 相邻客房卫生间的隔墙，应与上层楼板紧密接触，不留缝隙。相邻客房隔墙上的所有电气插座、配电箱或其他嵌入墙里对墙体构造造成损伤的配套构件，不宜背对背布置，宜相互错开，并应对损伤墙体所开的洞（槽）有相应的封堵措施。

⑤ 客房隔墙或楼板与玻璃幕墙之间的缝隙应使用有相应隔声性能的材料封堵，以保证整个隔墙或楼板的隔声性能满足标准要求。在设计玻璃幕墙时应为此预留条件。

⑥ 当相邻客房橱柜采用"背对背"布置时，两个橱柜应使用满足隔声标准要求的墙体隔开。

（3）设有活动隔断的会议室、多功能厅，其活动隔断的空气声隔声性能，应符合下式的规定：计权隔声量（R_w）＋粉红噪声频谱修正量（C）·≥35dB。

187.《民用建筑隔声设计规范》对商业建筑隔声的基本要求有哪些？

《民用建筑隔声设计规范》GB 50118—2010 规定商业建筑的隔声指标和防噪声设计的基本要求有：

1) 隔声设计

(1) 允许噪声级

商业建筑各房间内空场时的噪声级，应符合表 1-360 的规定。

商业建筑各房间内空场时的噪声级（A 声级、dB）　　　　表 1-360

房间名称	允许噪声级	
	高要求标准	低限标准
商场、商店、购物中心、会展中心	≤50	≤55
餐厅	≤45	≤55
员工休息室	≤40	≤45
走廊	≤50	≤60

(2) 室内吸声

容积大于 400m³ 且流动人员人均占地面积小于 20m² 的室内空间，应安装吸声顶棚；吸声顶棚面积不应小于顶棚总面积的 75％；顶棚吸声材料或构造的降噪系数（NRC）应符合表 1-361 的规定。

顶棚吸声材料或构造的降噪系数（NRC）　　　　表 1-361

房间名称	降噪系数	
	高要求标准	低限标准
商场、商店、购物中心、会展中心、走廊	≥0.60	≥0.40
餐厅、健身中心、娱乐场所	≥0.80	≥0.40

(3) 空气声隔声标准

① 噪声敏感房间与产生噪声房间之间的隔墙、楼板的空气声隔声性能，应符合表 1-362 的规定。

噪声敏感房间与产生噪声房间之间的隔墙与楼板空气声隔声标准（dB）　　表 1-362

围护结构部位	计权隔声量(R_w)＋交通噪声频谱修正量(C_{tr})	
	高要求标准	低限标准
健身中心、娱乐场所等与噪声敏感房间之间的隔墙与楼板	＞60	＞55
购物中心、餐厅、会展中心等与噪声敏感房间之间的隔墙与楼板	＞50	＞45

② 噪声敏感房间与产生噪声房间之间的空气声隔声性能，应符合表 1-363 的规定。

噪声敏感房间与产生噪声房间之间的空气声隔声标准（dB）　　表 1-363

房间名称	计权标准化声压级差(DnT,w)＋交通噪声频谱修正量(C_{tr})	
	高要求标准	低限标准
健身中心、娱乐场所等与噪声敏感房间之间	≥60	≥55
购物中心、餐厅、会展中心等与噪声敏感房间之间	≥50	≥45

(4) 撞击声隔声标准

噪声敏感房间的上一层为产生噪声房间时，噪声敏感房间顶部楼板的撞击声隔声性能，应符合表 1-364 的规定。

噪声敏感房间顶部楼板的撞击声隔声标准（dB）表 1-364

楼板部位	撞击声隔声单值评价量			
	高要求标准		低限标准	
	计权规范化撞击声压级 $L_{n,w}$（实验室测量）	计权标准化撞击声压级 $L'_{nT,w}$（现场测量）	计权规范化撞击声压级 $L_{n,w}$（实验室测量）	计权标准化撞击声压级 $L'_{nT,w}$（现场测量）
健身中心、娱乐场所等与噪声敏感房间之间的楼板	＜45	≤45	＜50	≤50

2）隔声减噪设计

（1）高噪声级的商业空间不应与噪声敏感的空间位于同一建筑内或毗邻。如果不可避免地位于同一建筑内或毗邻，必须进行隔声、隔振处理，保证传至敏感区域的营业噪声和该区域内的背景噪声叠加后的总噪声级与背景噪声级之差值不大于 3dB（A）。

（2）当公共空间室内设有暖通空调系统时，暖通空调系统在室内产生的噪声级应符合规定，并宜采取下列措施：

① 降低风管中的风速；

② 设置消声器；

③ 选用低噪声的风口。

188. 其他规范对建筑隔声的基本要求有哪些？

1）《住宅设计规范》GB 50096—2011 规定：

（1）住宅卧室、起居室（厅）内噪声级，应满足下列要求：

① 昼间卧室内的等效连续 A 声级不应大于 45dB；

② 夜间卧室内的等效连续 A 声级不应大于 37dB；

③ 起居室（厅）的等效连续 A 声级不应大于 45dB。

（2）分户墙和分户楼板的空气声隔声性能应满足下列要求：

① 分隔卧室、起居室（厅）的分户墙和分户楼板，空气声隔声评价量（$R_w + C$）应大于 45 dB；

② 分隔住宅和非居住用途空间的楼板，空气声隔声评价量（$R_w + C_{tr}$）应大于 51dB。

（3）卧室、起居室（厅）的分户楼板的计权规范化撞击声压级宜小于 75dB。当条件受到限制时，分户楼板的计权规范化撞击声压级应小于 85dB，且应在楼板上预留可供今后改善的条件。

（4）住宅建筑的体形、朝向和平面布置应有利于噪声控制。在住宅平面设计时，当卧室、起居室（厅）布置在噪声源一侧时，外窗应采取隔声减噪措施；当居住空间与可能产生噪声的房间相邻时，分隔墙和分户楼板应采取隔声减噪措施；当内天井、凹天井中设置相邻户间窗口时，宜采取隔声减噪措施。

（5）起居室（厅）不宜紧邻电梯布置。受条件限制起居室（厅）紧邻电梯布置时，必须采取有效的隔声和减振措施。

2）《展览建筑设计规范》JGJ 218—2010 规定：

（1）对产生较大噪声的建筑设备、展项设施及室外环境的噪声应采取隔声和减噪措施。展厅空场时背景噪声的允许噪声级（A 声级）不宜大于 55dB。

（2）展厅室内装修宜采取吸声措施。

3）《宿舍建筑设计规范》JGJ 36—2016 规定：

（1）宿舍居室内的允许噪声级（A 声级），昼间应小于或等于 45dB，夜间应小于或等于 37dB。

（2）居室不应与电梯、设备机房紧邻布置；居室与公共楼梯间、公用盥洗室、公用厕所、公用浴室等有噪声的房间紧邻布置时，应采取隔声减噪措施，其隔声性能评价量应符合下列规定：

① 分隔居室的分室墙和分室楼板，空气声隔声性能评价量（R_w+C）应大于 45dB；

② 分隔居室和非居住用途空间的楼板，空气声隔声性能评价量（R_w+C_{tr}）应大于 51dB；

③ 楼内居室门空气声隔声性能评价量（R_w+C_{tr}）应大于或等于 25dB；

④ 居室楼板的计权规范化撞击声压级宜小于 75dB，当条件受限时，应小于或等于 85 dB。

（3）居室的外墙、外门、外窗的隔声性能评价量应符合下列规定：

① 居室外墙空气声隔声性能评价量（R_w+C_{tr}）应大于或等于 45dB；

② 临交通干线的居室外墙（包括未封闭阳台的门窗、开向敞开外廊居室的门）的空气声隔声性能评价量（R_w+C_{tr}）应大于或等于 30dB；其他外门窗（包括未封闭阳台的门窗、开向敞开外廊居室的门、开向公共空间的居室的门）的空气声隔声性能评价量（R_w+C_{tr}）应大于或等于 25dB。

4）《老年人照料设施建筑设计标准》JGJ450—2018 规定：

（1）老年人照料设施应位于现行国家标准《声环境质量标准》GB 3096—2008 规定的 0 类、1 类或 2 类声环境功能区。

（2）当供老年人使用的室外活动场地位于 2 类声环境功能区时，宜采取隔声降噪措施。

（3）老年人照料设施的老年人居室和老年人休息室不应与电梯井道、有噪声振动的设备机房等相邻布置。

（4）老年人用房室内允许噪声级应符合表 1-365 的规定。

老年人用房室内允许噪声级　　　　表 1-365

房间类别		允许噪声级（等效连续 A 声级、dB）	
		昼间	夜间
生活用房	居室	≤40	≤30
	休息室	≤40	
文娱与健身用房		≤45	
康复与医疗用房		≤40	

（5）房间之间的隔墙或楼板、房间与走廊之间的隔墙的空气声隔声性能，应符合表1-366的规定。

房间之间的隔墙或楼板、房间与走廊之间的隔墙的空气声隔声性能　　表 1-366

构件名称	空气声隔声评价值(R_w+C)
Ⅰ类房间与Ⅰ类房间之间的隔墙、楼板	≥50dB
Ⅰ类房间与Ⅱ类房间之间的隔墙、楼板	≥50dB
Ⅱ类房间与Ⅱ类房间之间的隔墙、楼板	≥45dB
Ⅱ类房间与Ⅲ类房间之间的隔墙、楼板	≥45dB
Ⅰ类房间与走廊之间的隔墙	≥50dB
Ⅱ类房间与走廊之间的隔墙	≥45dB

注：1. Ⅰ类房间指的是居室、休息室；

2. Ⅱ类房间指的是单元起居厅、老年人集中使用的餐厅、卫生间、文娱与健身用房、康复与医疗用房等；

3. Ⅲ类房间指的是设备用房、洗衣间、电梯间及井道等。

（6）居室、休息室楼板的计权规范化撞击声压级应小于65dB。

（7）老年人用房空场500～1000Hz混响时间（倍频程）的平均值应符合表1-367的规定。

老年人用房空场 500～1000Hz 混响时间（倍频程）的平均值　　表 1-367

房间容积（m³）	混响时间(s)
<200	≤0.8
200～600	≤1.1
>600	≤1.4

（8）老年人照料设施的声环境设计宜利用自然声创造良好的整体环境，并利用环境声景改善老年人的生活环境。

（9）资料：《声环境质量标准》GB 3096—2008规定的各类声环境的噪声限值见表1-368。

环境噪声限值（dB）　　表 1-368

类别		时段	
		昼间	夜间
0类		50	40
1类		55	45
2类		60	50
3类		65	55
4类	4a	70	55
	4b	70	60

5）《办公建筑设计标准》JGJ/T 67—2019规定：

（1）办公室、会议室内的允许噪声级应符合表1-369的规定。

办公室、会议室内允许噪声级　　　　表 1-369

房间名称	允许噪声级（A 声级、dB）	
	A 类、B 类办公建筑	C 类办公建筑
单人办公室	≤45	≤40
多人办公室	≤40	≤45
电视电话会议室	≤35	≤40
普通会议室	≤40	≤45

（2）办公室、会议室隔墙、楼板的空气声隔声性能，应符合表 1-370 的规定。

办公室、会议室隔墙、楼板空气声隔声标准　　　　表 1-370

构件名称	空气声隔声单值评价＋频谱修正量（dB）	A 类、B 类办公建筑	C 类办公建筑
会议室、会议室与产生噪声的房间之间的隔墙、楼板	计权隔声量＋交通噪声频谱修正量	>50	>50
会议室、会议室与普通房间之间的隔墙、楼板	计权隔声量＋粉红噪声频谱修正量	>50	>50

（3）噪声控制要求较高的办公建筑，对附着于墙体和楼板的传声源部件应采取防止结构声传播的措施。

6）《住宅建筑规范》GB 50368—2005 规定：

（1）住宅的卧室、起居室（厅）在关窗的状态下的白天允许噪声级（A 声级）为 50dB，夜间允许噪声级（A 声级）为 40dB。

（2）住宅空气声计权隔声量，楼板不应小于 40 dB（分隔住宅和非居住用途的楼板不应小于 55dB），分户墙不应小于 40dB，外窗不应小于 30dB，户门不应小于 25dB。

7）《托儿所、幼儿园建筑设计规范》JGJ 39—2016（2019 年版）规定：

（1）托儿所、幼儿园建筑室内允许噪声级应符合表 1-371 的规定。

室内允许噪声级（A 声级，dB）　　　　表 1-371

房间名称	允许噪声级
生活单元、保健观察室	≤45
多功能活动室、办公室	≤50

（2）托儿所、幼儿园建筑主要房间的空气声隔声标准应符合表 1-372 的规定。

空气声隔声标准　　　　表 1-372

房间名称	空气声隔声标准(计权隔声量、dB)	楼板撞击声隔声单值评价量(dB)
生活单元、活动室、保健观察室与相邻房间之间	≥50	≤65
多功能活动室与相邻房间之间	≥45	≤75

（3）托儿所、幼儿园建筑的环境噪声应符合现行国家标准《民用建筑隔声设计规范》GB 50118—2010 的有关规定。

8)《图书馆建筑设计规范》JGJ 38—2015 规定：

图书馆各类用房或场所的噪声级分区及允许噪声级应符合表 1-373 的规定。

图书馆各类用房或场所的噪声级分区及允许噪声级 表 1-373

噪声级分区	用房或场所	允许噪声级 （A 声级、dB）
静区	研究室、缩微阅览室、珍善本阅览室、普通阅览室、报刊阅览室	40
较静区	少年儿童阅览室、电子阅览室、视听室、办公室	45
闹区	陈列厅、读者休息区、目录室、咨询服务、门厅、卫生间、走廊及其他 公共活动区	50

9)《文化馆建筑设计规范》JGJ/T41—2014 规定：文化馆用房的室内允许噪声级不应大于表 1-374 的规定。

文化馆用房的室内允许噪声级（dB） 表 1-374

房间名称	允许噪声级（A 声级）
录音录像室（有特殊安静要求的房间）	30
教室、图书阅览室、专业工作室等	50
舞蹈、戏曲、曲艺排练室等	55

10)《旅馆建筑设计规范》JGJ62—2014 规定：

（1）客房附设卫生间的排水管道不宜安装在与客房相邻的隔墙上，应采取隔声降噪措施；

（2）当电梯井贴邻客房布置时，应采取隔声、减震的构造措施；

（3）客房内房间的分隔墙应到结构板底；

（4）相邻房间的电器插座应错位布置，不应贯通；

（5）相邻房间的壁柜之间应设置满足隔声要求的隔墙。

11)《住宅室内装饰装修设计规范》JGJ 367—2015 规定的隔声、降噪要求是：

（1）住宅室内装饰装修设计应改善住宅室内的声环境，降低室外噪声对室内环境的影响，并应符合下列规定：

① 当室外噪声对室内有较大影响时，朝向噪声源的门窗宜采取隔声构造措施；

② 有振动噪声的部位应采取隔声降噪措施；当套内房间紧邻电梯井时，装饰装修应采取隔声和减振构造措施；

③ 厨房、卫生间及封闭阳台处排水管宜采用隔声材料包裹；

④ 对声学要求较高的房间，宜对墙面、面棚、门窗等采取隔声、吸声等构造措施。

（2）轻质隔墙应选用隔声性能好的墙体材料和吸声性能好的饰面材料，并应将隔墙做到楼盖的底面，且隔墙与地面、墙面的连接处不应留有缝隙。

12)《特殊教育学校建筑设计标准》JGJ76—2019 规定的隔声控制要求是：

（1）教学用房应针对学生的不同残障类型，通过平面布置和构造措施等方式创造良好的声环境，并应符合下列规定：

① 音乐教室、唱游教室、律动教室等用房应避免与有安静要求的教室相邻，当无法

避免时应采取隔声减振措施；

② 聋校、培智学校中的封闭楼朗、门厅及楼梯间，宜在其顶棚设置吸声系数不小于 0.50 的吸声材料，或在其墙裙以上墙面及顶棚设置吸声系数不小于 0.30 的吸声材料。

（2）除听力检测室等有特殊安静要求的房间应单独处理外，各类用房内的允许噪声级应符合表 1-375 的规定。

各类用房内的允许噪声级   表 1-375

房间名称	允许噪声级（A 声级、dB）
普通教室、培训教室、图书阅览室等有较高噪声控制要求的房间	≤40
其他教学用房及教学辅助用房	≤45
行政办公用房	≤45
封闭的走道、楼梯间	≤45

（3）主要教学用房的隔声标准应符合表 1-376 的规定。

主要教学用房的隔声标准   表 1-376

房间名称	空气声隔声标准（dB）	顶部楼板撞击声隔声单值评价量（dB）
普通教室、培训教室、图书阅览室等有较高噪声控制要求的房间之间	≥50	≤65
普通教室、培训教室、图书阅览室等有较高噪声控制要求的房间与其他房间之间	≥50	≤65
其他教学用房之间	≥45	≤75

（4）教学用房宜采用规整形状，混响时间应符合国家现行有关标准要求。

13）《科研建筑设计标准》JGJ 91—2019 规定的空气声隔声标准及噪声控制的要求是：

（1）科研用房围护结构的空气声隔声标准应符合表 1-377 的规定。

空气声隔声标准   表 1-377

围护结构部位	计权隔声量（dB）		
	外墙	内墙	楼板
通用实验室	≥40	≥45	≥50
办公用房	≥40	≥45	≥45

（2）噪声控制

① 产生噪声、振动的房间不宜与实验室、会议室、学术活动室等房间贴邻，如相邻则应采取隔声、降噪、减振措施；

② 实验室内允许噪声级宜小于或等于 45dB，其他房间应按现行国家标准《办公建筑设计规范》JGJ67—2006 的规定执行；

③ 对噪声控制要求较高的科研建筑，应结合实验工作噪声、隔声要求，对围护结构、附着于墙体和楼板的传声源部件应采取隔声降噪措施；

④ 噪声控制应符合下列规定：

a. 产生噪声的房间应采取隔声、降噪、吸声等措施;

b. 产生大于等于 85dB（A）高噪声的房间应设隔声门窗,隔声门窗的空气声隔声值应大于 30dB（A）,墙面和顶棚宜采取吸声措施。

⑤ 当建筑物屋顶或其他部位的设备噪声对周边环境产生影响时,应采取隔声减噪措施,确保周边环境及建筑空间满足相应的声学标准。

⑥ 精密电子仪器实验室不宜与产生噪声和振动的设备机房毗邻。受条件限制需紧邻布置时,应采取有效的消声、隔振、减振措施。

189. 常用构造做法的隔声指标如何?

《蒸压加气混凝土建筑应用技术规程》JGJ/T 17—2008 规定:蒸压加气混凝土隔墙隔声性能,详表 1-378。

蒸压加气混凝土隔墙隔声性能（dB） 表 1-378

隔墙做法	500~3150Hz 的计权隔声量（R_w)
75mm 厚砌块墙,两侧各抹 10mm 抹灰	38.8
100mm 厚砌块墙,两侧各抹 10mm 抹灰	41.0
150mm 厚砌块墙,两侧各抹 20mm 抹灰	（砌块)44.0
	（B06 级板材、无抹灰)46.0
100mm 厚条板,两面各刮 3mm 腻子喷浆	39.0
两道 75mm 厚砌块墙,75mm 中空,两侧各 5mm 混合灰	49.0
两道 75mm 厚条板墙,75mm 中空,两侧各 5mm 混合灰	56.0
一道 75mm 厚砌块墙,50mm 中空,一道 120mm 砖墙,两侧各抹 20mm 灰	55.0
200mm 厚条板,两面各刮 5mm 腻子喷浆	45.2(板材)
	（B06 级砌块、无抹灰)48.4

注: 1. 上述检测数据,均为 B05 级水泥、矿渣、砂加气混凝土砌块;

2. 砌块均为普通水泥砂浆砌筑;

3. 抹灰为 1:3:9（水:石灰:砂）混合砂浆;

4. B06 级制品隔声数据系水泥、矿渣、粉煤灰加气混凝土制品。

（四）热 湿 环 境

190. 《民用建筑设计统一标准》对建筑热湿环境有哪些规定?

《民用建筑设计统一标准》GB 50352—2019 规定:

1）需要夏季防热的建筑物应符合下列规定:

(1) 建筑外围护结构的夏季隔热设计,应符合现行国家标准《民用建筑热工设计规范》GB 50176—2016 的规定;

(2) 应采取绿化环境、组织有效自然通风、外围护结构隔热和设置建筑遮阳等综合设施;

(3) 建筑物的东、西向窗户及采光顶应采取有效的遮阳措施,且采光顶宜能通风散热。

2）设置空调的建筑物应符合下列规定：

（1）设置集中空气调节的房间应相对集中布置；

（2）空气调节房间的外窗应有良好的气密性。

3）需要冬季保温的建筑物应符合下列规定：

（1）建筑物宜布置在向阳、日照遮挡少、避风的地段；

（2）严寒及寒冷地区的建筑物应降低体形系数、减少外表面积；

（3）围护结构应采取保温措施，保温设计应符合现行国家标准《民用建筑热工设计规范》GB 50176—2016 和国家现行相关节能标准的规定；

（4）严寒及寒冷地区的建筑物不应设置开敞的楼梯间和外廊；严寒地区出入口应设门斗或采取其他防寒措施，寒冷地区出入口宜设门斗或采取其他防寒措施。

4）冬季日照时数多的地区，建筑宜设置被动式太阳能利用设施。

5）夏热冬冷地区的长江中、下游地区和夏热冬暖地区建筑的室内地面应采取防泛潮措施。

6）供暖建筑应依照现行国家标准《民用建筑热工设计规范》GB 50176—2016 采取建筑物防潮措施。

（五）建 筑 吸 声

191. 哪些建筑的房间必须采用吸声构造？

1）《文化馆建筑设计规范》JGJ/T 41—2014 规定：

（1）文化馆建筑的琴房之内墙面及顶棚表面应做吸声处理。

（2）文化馆建筑的琴房之窗帘应具有吸声效果。

2）《电影院建筑设计规范》JGJ 58—2008 规定：

（1）电影院建筑放映机房的墙面及顶棚表面应做吸声处理。

（2）电影院建筑观众厅的后墙应采用防止回声的全频带强吸声结构。

（3）电影院建筑观众厅的银幕后墙面应做吸声处理。

3）《疗养员建筑设计标准》JGJ/T 40—2019 规定：疗养院建筑之多功能厅的墙面和顶棚宜采用吸声材料。

192. 建筑吸声的构造要求有哪些？

综合相关技术资料：

1）声音频率的分级

声音频率指的是 1 秒钟声音震动的次数，单位为 Hz。人耳可以听到的声音为 20～20000Hz，其中 20～500Hz 为低频声；501～1000Hz 为中频声；1001～20000Hz 为高频声。

2）噪声指的是接收者不需要的、感到厌烦的或对接收者有干扰的、有害健康的声音。低频噪声大多来源于水泵、电梯运行产生的声音；高中频噪声大多来源于施工噪声、交通噪声、大声喧哗等。

3）吸声材料

吸声材料大多为多孔材料，如：玻璃棉、超细玻璃棉、岩棉、矿棉、泡沫塑料、多孔细声砖等。

气泡闭合、互不连通的海绵、加气混凝土、聚苯板等材料，吸声系数较低，属于较好的保温材料。

水泥拉毛墙面表面虽粗糙，但没有气孔，亦不属于吸声材料范畴。

4）常用的吸声材料

（1）薄膜：代表材料有皮革、人造革、塑料薄膜、帆布等。吸收频率为 200～1000Hz，吸声系数为 0.3～0.4，属于中频吸声材料。

（2）薄板：代表材料有胶合板、硬质纤维板、石膏板、石棉水泥板、金属板等。吸收频率为 80～300Hz，吸声系数为 0.2～0.5，属于低频吸声材料。

5）吸声结构

（1）空间吸声体；

（2）吸声尖劈；

（3）帘幕；

（4）洞口；

（5）人和家具。

（六）建 筑 遮 阳

193. 哪些建筑应设置遮阳设施？

1）《住宅设计规范》GB 50096—2011 规定：

除严寒地区外住宅建筑的西向居住空间朝西外窗应采取遮阳措施，夏热冬冷地区和夏热冬暖地区住宅建筑的东向居住空间朝东外窗也应采取遮阳措施。

2）《展览建筑设计规范》JGJ 218—2010 规定：

展览建筑展厅的东、西朝向采用大面积外窗、透明幕墙及屋顶采用大面积透明顶棚时，宜设置遮阳设施。

3）《老年人照料设施建筑设计标准》JGJ 450—2018 规定：

老年人用房东西向开窗时，宜采取有效的遮阳措施。

4）《民用建筑热工设计规范》GB 50176—2016 规定：

（1）北回归线以南地区，各朝向门窗洞口均宜设计建筑遮阳；北回归线以北的夏热冬暖、夏热冬冷地区，除北向外的门窗洞口宜设计建筑遮阳；寒冷 B 区东、西向和水平朝向门窗洞口宜设计建筑遮阳，严寒地区、寒冷 A 区、温和地区建筑可不考虑建筑遮阳。

（2）建筑门窗洞口的遮阳宜优先选用活动式建筑遮阳。

（3）当采用固定式建筑遮阳时，南向宜采用水平遮阳；东北、西北及北回归线以南地区的北向宜采用垂直遮阳；东南、西南朝向窗口宜采用组合遮阳；东、西朝向窗口宜采用挡板遮阳。

（4）当为冬季有采暖需求房间的门窗设计建筑遮阳时，应采用活动式建筑遮阳、活动式中间遮阳，或采用遮阳系数冬季大、夏季小的固定式建筑遮阳。

(5) 建筑遮阳应与建筑立面、门窗洞口构造一体化设计。

5)《严寒和寒冷地区居住建筑节能设计标准》JGJ 26—2018 规定：寒冷（B）区建筑的南向外窗（包括阳台的透明部分）宜设置水平遮阳或活动遮阳。东、西向的外窗宜设置活动遮阳。当设置了展开或关闭后可以全部遮蔽窗户的活动遮阳时，应满足"得热系数"的要求。

6)《夏热冬冷地区居住建筑节能设计标准》JGJ 134—2010 规定：东向北 30°至东偏南 60°，西偏北 30°至西偏南 60°范围内的外窗宜设置水平遮阳或可以遮住窗户正面的活动外遮阳。各朝向的窗户，当设置了可以遮住正面的活动外遮阳（如卷帘、百叶窗等）时，应满足外窗综合遮阳系数 SCW 的要求。

7)《夏热冬暖地区居住建筑节能设计标准》JGJ 75—2012 规定：居住建筑的东向、西向外窗，必须采取建筑外遮阳措施，建筑外遮阳系数 SD 不应大于 0.8。

8)《商店建筑设计规范》JGJ 48—2014 规定：商店建筑营业厅的东、西朝向采用大面积外窗、透明幕墙及屋顶采用大面积采光顶时，宜采用外部遮阳措施。

9)《宿舍建筑设计规范》JGJ 36—2016 规定：

(1) 寒冷地区（B 区）建筑的南向外窗（包括阳台门的透明部分）、东向及西向外窗宜采取建筑外遮阳措施；

(2) 夏热冬冷地区建筑的南向、东向、西向外窗应采取建筑外遮阳措施；

(3) 夏热冬暖地区建筑的东向、西向外窗必须采取建筑外遮阳措施，南向、北向外窗应采取建筑外遮阳措施。

194. 建筑遮阳有哪些类型？

1)《建筑遮阳工程技术规范》JGJ 237—2011 关于建筑遮阳类型与布置的规定如下：

(1) 遮阳的类型：遮阳有内遮阳、外遮阳、双层幕墙或中空玻璃中间的遮阳等类型。

(2) 固定遮阳的布置方式：固定遮阳多数采用钢筋混凝土板材制作，有水平遮阳、垂直遮阳、综合遮阳、挡板遮阳等方式（图 1-75）；

(3) 活动遮阳的布置方式：活动遮阳可以采用遮阳板、遮阳百叶、遮阳帘布、遮阳蓬等几种做法。

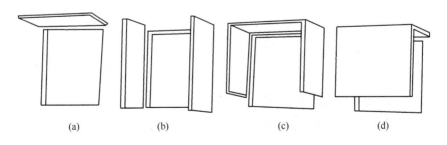

图 1-75 固定遮阳的布置
(a) 水平遮阳；(b) 垂直遮阳；(c) 综合遮阳；(d) 挡板遮阳

2)《温和地区居住建筑节能设计标准》JGJ 475—2019 指出：固定遮阳有 5 大类型，分别是：

(1) 水平室外遮阳及水平式格栅遮阳（图 1-76）

（2）垂直式外遮阳（图1-77）

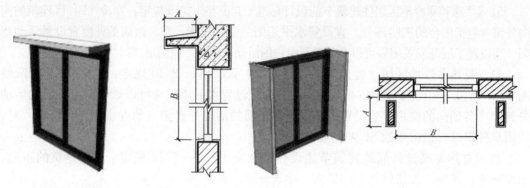

图1-76 水平式外遮阳及水平式格
栅遮阳的构造示意

图1-77 垂直式外遮阳的构造示意

（3）挡板式外遮阳（图1-78）

（4）水平百叶挡板式外遮阳（图1-79）

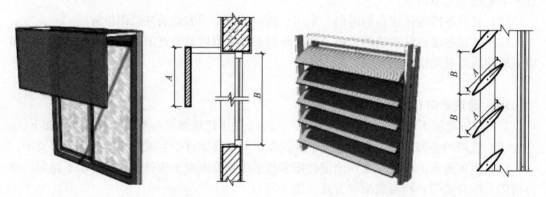

图1-78 挡板式外遮阳的构造示意

图1-79 水平百叶挡板式外遮阳的构造示意

（5）垂直百叶挡板式外遮阳（图1-80）

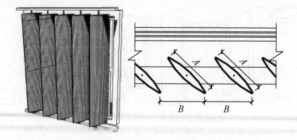

图1-80 垂直百叶挡板式外遮阳的构造示意

195. 建筑遮阳的设计应注意哪些问题？

《建筑遮阳工程技术规范》JGJ 237—2011 关于建筑遮阳设计的规定为：

1）建筑遮阳设计，应根据当地的地理位置、气候特征、建筑类型、透明围护结构朝向等因素，选择适宜的遮阳形式，并宜选择外遮阳。

2）遮阳设计应兼顾采光、视野、通风和散热功能，严寒、寒冷地区应不影响建筑冬季的阳光入射。

3）建筑不同部位、不同朝向遮阳设计的优先次序可根据其所受太阳辐射照度，依次选择屋顶水平天窗（采光顶），西向、东向、南向窗；北回归线以南地区必要时还宜对北向窗进行遮阳。

4）遮阳设计应进行夏季和冬季的阳光阴影分析，以确定遮阳装置的类型。建筑外遮阳的类型可按下列原则选用：

（1）南向、北向宜采用水平式遮阳或综合式遮阳；

（2）东西向宜采用垂直或挡板式遮阳；

（3）东南向、西南向宜采用综合式遮阳。

196. 各种遮阳方式的特点和适用范围是什么？

1）外遮阳方式的特点见表1-379。

外遮阳方式特点   表 1-379

基本形式	特点	设置
水平式	水平式遮阳能有效遮挡太阳高度角较大，从窗口前上方投射下来的直射阳光。设计时应考虑遮阳板挑出长度或百页旋转角度、高度、间距等，以减少对寒冷季节直射阳光的遮挡	宜布置在北回归线以北地区南向、接近南向的窗口和北回归线以南地区的南向、北向窗口
垂直式	垂直式遮阳能有效遮挡太阳高度角较小，从窗侧面斜射过来的阳光。当垂直式遮阳布置于东、西向窗口时，板面应向南适当倾斜	宜布置在北向、东北向、西北向附近的窗口
综合式	综合式遮阳能有效遮挡中等太阳高度角从窗前侧向斜射下来的直射阳光，遮阳效果比较均匀	宜布置在从东南向到西南向范围内的窗口
挡板式	挡板式遮阳能有效地遮挡高度角较小，从窗口正前方射来的直射阳光。挡板式遮阳使用时应减小对视线、通风的干扰	宜布置在东、西向及其附近方向的窗口
自遮阳玻璃	通过镀膜、染色、印花或贴膜的方式可以降低玻璃的遮阳系数，从而降低进入室内的太阳辐射量	有关参数的选择与建筑物所在地区、外门窗朝向、使用方式、周边环境等多种因素相关

2）各种外遮阳方式的适用范围见表1-380。

各种外遮阳方式的适用范围   表 1-380

建筑性质	气候区	设置部位	外遮阳形式	备注
居住建筑	寒冷地区（B）区	南向外窗（包括阳台的透明部分）	宜设置水平遮阳或活动遮阳	当设置了展开或关闭后可以全部遮蔽窗户的活动式外遮阳时，应认定满足标准对东外窗的遮阳系数的要求
		东、西向的外窗	宜设置活动遮阳	

续表

建筑性质	气候区	设置部位	外遮阳形式	备注
居住建筑	夏热冬冷地区	东偏北 30°至东偏南 60°、西偏北 30°至西偏南 60°范围内的外窗	应设置挡板式遮阳或可以遮住窗户正面的活动外遮阳	各朝向的窗户，当设置了可以完全遮住正面的活动外遮阳时，应认定满足标准对南向的外窗宜设置水平遮阳或可以对外窗遮阳的要求
		南向的外窗	应设置水平遮阳或可以遮住窗户正面的活动外遮阳	
	夏热冬暖地区	外窗，尤其是东西向的外窗	宜采用活动或固定的建筑外遮阳设施	—
公共建筑	夏热冬冷、夏热冬暖地区及寒冷地区中制冷负荷大的建筑外窗		宜设置外部遮阳	—

197. 建筑遮阳的材料选择和构造做法应注意哪些问题?

综合相关技术资料得知，建筑遮阳的材料选择和构造做法应注意以下问题：

1) 应考虑遮阳材料的表面状态，包括涂料或饰面层材料对太阳能的辐射和吸收能力。

2) 遮阳板材料应尽量选择对外来辐射的吸收能力小，本身辐射能力也尽量小的材料。

3) 光亮的外表面可以提高对光线的反射强度，暗颜色的表面降低眩目程度，Low-E涂层降低二次热负荷。

4) 采用内遮阳和中间遮阳时，遮阳装置面向室外侧宜采用反射太阳辐射的材料，并可根据太阳辐射情况调节其角度和位置。

5) 采用外遮阳设计时，应与建筑立面设计相结合，进行一体化设计。遮阳装置应构造简洁、经济实用、耐久美观，便于维修和清洁，并应与建筑物整体及周围环境相协调。

6) 遮阳设计宜与太阳能热水系统和太阳能光伏系统结合，进行太阳能利用与建筑一体化设计。

7) 建筑遮阳构件宜呈百叶或网格状。实体遮阳构件宜与建筑窗口、墙面和屋面之间留有间隙。

九、绿　色　建　筑

198. 什么叫"绿色建筑"?

《绿色建筑评价标准》GB/T50378—2019 规定的绿色建筑及其相关术语是:

1) 绿色建筑

绿色建筑是指在全寿命期内,节约资源、保护环境、减少污染,为人们提供健康、适用、高效的使用空间,最大限度地实现人与自然和谐共生的高质量建筑。

2) 绿色性能

涉及建筑安全耐久、健康舒适、生活便利、资源节约(节地、节能、节水、节材)和环境宜居等方面的综合性能。

3) 全装修

在交付前,住宅建筑内部墙面、顶面、地面全部铺贴、粉刷完成,门窗、固定家具、设备管线、开关插座及厨房、卫生间固定设施安装到位;公共建筑公共区域的固定面全部铺贴、粉刷完成,水、暖、电、通风等基本设备全部安装到位。

4) 热岛强度

城市内一个区域的气温与郊区气温的差别,用二者代表性测点气温的差值表示,是城市热岛效应的表征参数。

5) 绿色建材

在全寿命期内可减少对资源的消耗、减轻对生态环境的影响,具有节能、减排、安全、健康、便利和可循环特征的建材产品。

199. "绿色建筑"评价的"一般规定"有哪些?

《绿色建筑评价标准》GB/T 50378—2019 规定:

1) 绿色建筑的评价应以单栋建筑或建筑群为评价对象。评价对象应落实并深化上位法定规划及相关专项规划提出的绿色发展要求;涉及系统性、整体性的指标,应基于建筑所属工程项目的总体进行评价。

2) 绿色建筑评价应在建筑工程竣工后进行。在建筑工程施工图设计完成后,可进行预评价。

3) 申请评价方应对参评建筑进行全寿命期技术和经济分析,选用适宜技术、设备和材料,对规划、设计、施工、运行阶段进行全过程控制,并应在评价时提交相应分析、测试报告和相关文件。申请评价方法应对所提交资料的真实性和完整性负责。

4) 评价机构应按对申请评价方提交的分析、测试报告和相关文件进行审查,出具评价报告,确定等级。

5) 申请绿色金融服务的建筑项目,应对节能措施、节水措施、建筑能耗和碳排放等进行计算和说明,并应形成专项报告。

200. "绿色建筑"的"评价与等级划分"包括哪些内容?

《绿色建筑评价标准》GB/T 50378—2019 规定:

1) 绿色建筑评价指标体系由安全耐久、健康舒适、生活便利、资源节约、环境宜居 5 类指标组成,且每类指标均包括控制项和评分项;评价指标体系还统一设置加分项。

2) 评价项的评定结果应为达标或不达标;评分项和加分项的评定结果应为分值。

3) 对于多功能的综合性单体建筑,应按《绿色建筑评价标准》全部评价条文逐条对适用的区域进行评价,确定各评价条文的得分。

4) 绿色建筑评价的分值设定应符合表 1-381 的规定。

绿色建筑评价分值　　　　　　　　　　　　　　表 1-381

	控制项基础分值	评价指标评分项满分值					提高与创新加分项满分值
		安全耐久	健康舒适	生活便利	资源节约	环境宜居	
预评价分值	400	100	100	70	200	100	100
评价分值	400	100	100	100	200	100	100

注:预评价时,本标准物业管理、绿色施工管理部分不得分。

5) 绿色建筑评价的总得分应按下式进行计算:

$$Q = (Q0 + Q1 + Q2 + Q3 + Q4 + Q5 + QA)/10$$

式中:Q——总得分;

$\quad$ $Q0$——控制项基础分值,当满足所有控制项的要求时取 400 分;

$Q1 \sim Q5$——分别为评价体系 5 类指标(安全耐久、健康舒适、生活便利、资源节约、环境宜居)评分项得分;

$\quad$ QA——提高与创新加分项得分。

6) 绿色建筑划分应为基本级、一星级、二星级、三星级 4 个等级。

7) 当满足全部控制项要求时,绿色建筑等级应为基本级。

8) 绿色建筑星级等级应按下列规定确定:

(1) 一星级、二星级、三星级 3 个等级的绿色建筑均应满足本标准全部控制项的要求,且每类指标的评分项得分不应小于其评分项满分值的 30%;

(2) 一星级、二星级、三星级 3 个等级的绿色建筑均应进行全装修,全装修工程质量、选用材料及产品质量应符合国家现行有关标准的规定;

(3) 当总得分分别达到 60 分、70 分、85 分且应满足表 1-382 的要求时,绿色建筑等级分别为一星级、二星级、三星级。

一星级、二星级、三星级绿色建筑的技术要求　　　　　　表 1-382

项目、等级	一星级	二星级	三星级
围护结构热工性能的提高比例,或建筑供暖空调负荷降低比例	围护结构提高 5%,或负荷降低 5%	围护结构提高 10%,或负荷降低 10%	围护结构提高 15%,或负荷降低 15%
严寒和寒冷地区住宅建筑外窗传热系数减低比例	5%	10%	20%
节水器具用水效率等级	3 级	2 级	

项目、等级	一星级	二星级	三星级
住宅建筑隔声性能		室外与卧室之间、分户墙(楼板)两侧卧室之间的空气声隔声性能以及卧室楼板的撞击声隔声性能达到低限标准限值和高要求标准限值的平均值	室外与卧室之间、分户墙(楼板)两侧卧室之间的空气声隔声性能以及卧室楼板的撞击声隔声性能达到高要求标准限值
室内主要空气污染物浓度降低比例	10%	20%	
外窗气密性能	符合国家现行相关节能标准的规定,且外窗洞口与外窗本体的结合部位应严密		

注：1. 围护结构热工性能的提高基准、严寒和寒冷地区住宅建筑外窗传热系数降低基准均为国家现行相关标准节能设计标准的要求。

2. 住宅建筑隔声性能对应的标准为现行国家标准《民用建筑隔声设计规范》GB 50118—2010。

3. 室内主要空气污染物包括氨、甲醛、苯、总挥发性有机物、氡、可吸入颗粒物等,其浓度降低基准为现行国家标准《室内空气质量标准》GB/T 18883—2002 的有关要求。

201. "绿色建筑"的"安全耐久"评价标准是什么?

《绿色建筑评价标准》GB/T 50378—2019 规定：

1) 控制项

(1) 场地应避开滑坡、泥石流等地质危险地段,易发生洪涝地区应有可靠的防洪涝基础设施;场地应无危险化学品、易燃易爆危险源的威胁,应无电磁辐射、含氡土壤的危害。

(2) 建筑结构应满足承载力和建筑使用功能要求。建筑外墙、屋面、门窗、幕墙及外保温等围护结构应满足安全、耐久和防护的要求。

(3) 外遮阳、太阳能设施、空调室外机位、外墙花池等外部设施应与建筑主体结构统一设计、施工,并应具备安装、检修与维护条件。

(4) 建筑内部的非结构构件、设备及附属设施等应连接牢固并能适应主体结构变形。

(5) 建筑外门窗必须安装牢固,其抗风压性能和水密性性能应符合国家现行有关标准的规定。

(6) 卫生间、浴室的地面应设置防水层,墙面、顶棚应设置防潮层。

(7) 走廊、疏散走道等通行空间应满足紧急疏散、应急救护等要求,且应保持畅通。

(8) 应具有安全防护的警示和引导标识系统。

2) 评分项

(1) 安全

① 采用基于性能的抗震设计并合理提高建筑的抗震性能,评价分值为 10 分。

② 采用保障人员安全的防护措施,评价总分值为 15 分,并按下列规则分别评分并累计：

a. 采取措施提高阳台、外窗、窗台、防护栏杆等安全防护水平,得 5 分;

b. 建筑物出入口均设外墙饰面、门窗玻璃意外脱落的防护措施,并与人员通行区域的遮阳、遮风或挡雨措施结合,得 5 分;

c. 利用场地或景观形成可降低坠物风险的缓冲区、隔离带，得 5 分。

③ 采用具有安全防护功能的产品或配件，评价总分值为 10 分，并按下列规则分别评分并累计：

a. 采用具有安全防护功能的玻璃，得 5 分；

b. 采用具备防夹功能的门窗，得 5 分。

④ 室内外地面或路面应设置防滑措施，评价总分值为 10 分，并按下列规则分别评分并累计：

a. 建筑出入口及平台、公共走廊、电梯门厅、厨房、浴室、卫生间等设置防滑措施，防滑等级达到现行行业标准《建筑地面工程防滑技术规程》JGJ/T 331—2014 规定的 Bd、Bw 级，得 3 分；

b. 建筑室内外活动场所采用防滑地面，防滑等级达到现行行业标准《建筑地面工程防滑技术规程》JGJ/T 331—2014 规定的 Ad、Aw 级，得 4 分；

c. 建筑坡道、楼梯踏步防滑等级达到现行行业标准《建筑地面工程防滑技术规程》JGJ/T 331—2014 规定的 Ad、Aw 级或按水平地面等级提高一级，并采用防滑条等防滑构造技术措施，得 3 分；

⑤ 采取人车分流措施，且步行和自行车交通系统有充足照明，评价分值为 8 分。

（2）耐久

① 采用提升建筑适变性的措施，评价总分值为 18 分，并按下列规则分别评分并累计：

a. 采用通用开放、灵活可变的使用空间设计，或采取建筑使用功能可变措施，得 7 分；

b. 建筑结构与建筑设备管线分离，得 7 分；

c. 采用与建筑功能和空间变化相适应的设备设施布置方式或控制方式，得 4 分。

② 采用提升建筑部品部件耐久性的措施，评价总分值为 10 分，并按下列规则分别评分并累计：

a. 使用耐腐蚀、抗老化、耐久性能好的管材、管线、管件，得 5 分；

b. 活动配件选用长寿命产品，并考虑部品组合的同寿命性；不同使用寿命的部品组合时，采用便于分别拆换、更新和升级的构造，得 5 分。

③ 提高建筑结构材料的耐久性，评价总分值为 10 分，并按下列规则评分：

a. 按 100 年进行耐久性设计，得 5 分；

b. 采用耐久性好的建筑结构材料，满足下列条件之一，得 5 分。

（a）对于混凝土构件，提高钢筋保护层厚度或采用高耐久混凝土；

（b）对于钢构件，采用耐候结构钢及耐候性防腐涂料；

（c）对于木构件，采用防腐木材、耐久木材或耐久木制品。

④ 合理采用耐久性好、易维护的装饰装修建筑材料，评价总分值为 9 分，并按下列规则分别评分并累计：

a. 采用耐久性好的外饰面材料，得 3 分；

b. 采用耐久性好的防水和密封材料，得 3 分；

c. 采用耐久性好、易维护的室内装饰装修材料，得 3 分。

202. "绿色建筑"的"健康舒适"评价标准是什么？

《绿色建筑评价标准》GB/T 50378—2019 规定：

1）控制项

（1）室内空气中的氨、甲醛、苯、总挥发性有机物、氡等污染物浓度应符合国家标准《室内空气质量标准》GB/T 18883—2002 的有关规定。建筑室内和建筑主出入口处应禁止吸烟，并应在醒目位置设置禁烟标志。

（2）应采取措施避免厨房、餐厅、打印复印室、卫生间、地下车库等区域的空气和污染物串通到其他空间；应防止厨房、卫生间的排气倒灌。

（3）给水排水系统的设置应符合下列规定：

① 生活饮用水水质应满足现行国家标准《生活饮用水卫生标准》GB 5749—的要求；

② 应制定水池、水箱等储水设施定期清洗消毒计划并实施，且生活饮用水储水设施每半年清洗消毒不应少于 1 次；

③ 应使用构造内自带水封的便器，且其水封深度不应小于 50mm；

④ 非传统水源管道和设备应设置明确、清晰的永久性标识。

（4）主要功能房间的室内噪声级和隔声性能应符合下列规定：

① 室内噪声级应满足现行国家标准《民用建筑隔声设计规范》GB 50118—2010 中的低限要求；

② 外墙、隔墙、楼板和门窗的隔声性能应满足国家标准《民用建筑隔声设计规范》GB 50118—2010 的低限要求。

（5）建筑照明应符合下列规定：

① 照明数量和质量应满足国家标准《建筑照明设计标准》GB 50034—2013 的规定；

② 人员长期停留的场所应采用符合现行国家标准《灯和灯系统的光生物安全性》GB/T 20145—2006 规定的无危险类照明产品；

③ 选用 LED 照明产品的光输出波形的波动深度应满足现行国家标准《LED 室内照明应用技术要求》GB/T 31831—2006 的规定。

（6）应采取措施保障室内热环境。采用集中供暖空调系统的建筑，房间内的温度、湿度、新风量等设计参数应符合现行国家标准《民用建筑供暖通风与空气调节设计规范》GB 50736—2012 的有关规定；采用非集中供暖空调系统的建筑，应具有保障室内热环境的措施或预留条件。

（7）围护结构热工性能应符合下列规定：

① 在室内设计温度、湿度条件下，建筑非透明围护结构内表面不得结露；

② 供暖建筑的屋面、外墙内部不应产生冷凝；

③ 屋顶和外墙隔热性能应满足现行国家标准《民用建筑热工设计规范》GB 50176—2016 的要求。

（8）主要功能房间应具有现场独立控制的热环境调节装置。

（9）地下车库应设置与排风设备联动的一氧化碳浓度监测装置。

2）评分项

（1）室内空气品质

① 控制室内主要空气污染物的浓度，评价总分值为 12 分，并按下列规则分别评分并

累计：

a. 氨、甲醛、苯、总挥发性有机物、氡等污染物浓度低于现行国家标准《室内空气质量标准》GB/T 18883—2002 规定限值的 10%，得 3 分；低于 20%，得 6 分；

b. 室内 PM2.5 平均浓度不高于 $25\mu g/m^3$，且室内 PM10 年均浓度不高于 $50\mu g/m^3$，得 6 分；

② 选用的装饰装修材料满足国家现行绿色产品评价标准中对有害物质限量的要求，评价总分得 8 分；选用满足要求的装饰装修材料达到 3 类及以上，得 5 分；达到 5 类及以上，得 8 分。

（2）水质

① 直饮水、集中生活热水、游泳池水、采暖空调系统用水、景观水体等的水质满足国家现行有关标准的要求，评价分值为 8 分。

② 生活饮用水水池、水箱等储水设施采取措施满足卫生要求，评价总分值为 9 分，按下列规则分别评分并累计：

a. 使用符合国家现行有关标准要求的成品水箱，得 4 分；

b. 采取保证储水不变质的措施，得 5 分。

③ 所有给水排水管道、设备、设施设置明确、清晰的永久性标识，评价分值为 8 分。

（3）声环境与光环境

① 采取措施优化主要功能房间的室内声环境，评价总分值为 8 分。噪声级达到现行国家标准《民用建筑隔声设计规范》GB 50118—2010 中的低限标准限值和高要求标准限值的平均值，得 4 分；达到高要求标准限值，得 8 分。

② 主要功能房间的隔声性能良好，评价总分值为 10 分，并按下列规则分别评分并累计：

a. 构件及相邻房间之间的空气声隔声性能达到现行国家标准《民用建筑隔声设计规范》GB 50118—2010 中的低限标准限值和高要求标准限值的平均值，得 3 分；达到高要求标准限值，得 5 分。

b. 楼板的撞击声隔声性能达到现行国家标准《民用建筑隔声设计规范》GB 50118—2010 中的低限标准限值和高要求标准限值的平均值，得 3 分；达到高要求标准限值，得 5 分。

③ 充分利用天然光，评价总分值为 12 分，并按下列规则分别评分并累计：

a. 住宅建筑室内主要功能空间至少 60% 面积比例区域，其采光照度值不低于 300lx 的小时数平均不少于 8h/d，得 9 分。

b. 公共建筑按下列规则分别评分并累计：

（a）内区采光系数满足采光要求的面积比例达到 60%，得 3 分；

（b）地下空间平均采光系数不小于 0.5% 的面积与地下室首层面积的比例达到 10% 以上，得 3 分；

（c）室内主要功能空间至少 60% 面积比例区域的采光照度值不低于采光要求的小时数平均不少于 4h/d，得 3 分。

c. 主要功能空间有眩光控制措施，得 3 分。

（4）室内湿热环境

① 具有良好的室内热湿环境，评价总分值为 8 分，并按下列规则评分：

a. 采用自然通风或复合通风的建筑，建筑主要功能房间室内热环境参数在适应性热舒适区域的时间比例，达到 30%，得 2 分；每再增加 10%，再得 1 分，最高得 8 分。

b. 采用人工冷热源的建筑，主要功能房间达到现行国家标准《民用建筑室内热湿环境评价标准》GB/T 50785—2012 规定的室内人工冷热源热湿环境整体评价Ⅱ级的面积比例，达到 60%，得 5 分；每再增加 10%，再得 1 分，最高得 8 分。

② 优化建筑空间和平面布局，改善自然通风效果，评价总分值为 8 分，并按下列规则评分：

a. 住宅建筑：通风开口面积与房间地板面积的比例在夏热冬暖地区达到 12%，在夏热冬冷地区达到 8%，在其他地区达到 5%，得 5 分；每再增加 2%，再得 1 分，最高得 8 分。

b. 公共建筑：过渡季典型工况下主要功能房间平均自然通风换气次数不少于 2 次/h 的面积达到 70%，得 5 分；每再增加 10%，再得 1 分，最高得 8 分。

③ 设置可调节遮阳设施，改善室内热舒适，评价总分值为 9 分，根据可调节遮阳设施的面积占外窗透明部分的比例按表 1-383 的规则评分。

可调节遮阳设施的面积占外窗透明部分比例评分规则　　　　表 1-383

可调节遮阳设施的面积占外窗透明部分比例 S_z	得分	可调节遮阳设施的面积占外窗透明部分比例 S_z	得分
25%≤S_z<35%	3	45%≤S_z<55%	7
35%≤S_z<45%	5	S_z≥55%	9

203. "绿色建筑"的"生活便利"评价标准是什么？

《绿色建筑评价标准》GB/T50378—2019 规定：

1）控制项

（1）建筑、室外场地、公共绿地、城市道路相互之间应设置连贯的无障碍步行系统。

（2）场地人行出入口 500m 内应设有公共交通站点或配套联系公共交通站点的专用接驳车。

（3）停车场应具有电动汽车充电设施或具备充电设施的安装条件，并应合理设置电动汽车和无障碍汽车停车位。

（4）自行车停车场应设置合理、方便出入。

（5）建筑设备管理系统应具有自动监控管理系统。

（6）建筑应设置信息网络系统。

2）评分项

（1）出行与无障碍

① 场地与公共交通站点联系便捷，评价总分值为 8 分，并按下列规则分别评分并累计：

a. 场地出入口到达公共交通站点的步行距离不超过 500m，到达轨道交通站点的步行距离不超过 800m，得 2 分；场地出入口到达公共交通站点的步行距离不超过 300m，或到达轨道交通站点的步行距离不超过 500m，得 4 分。

b. 场地出入口步行距离不超过 800m 范围内设有不少于 2 条线路的公共交通站点，得 4 分。

② 建筑室内外公共区域满足全龄化设计要求，评价总分值为 8 分，并按下列规则分别评分并累计：

a. 建筑室内公共区域、室外公共活动场地及道路均满足无障碍设计要求，得 3 分；

b. 建筑室内公共活动区域的墙、柱处的阳角均为圆角，并设有安全栏杆或扶手，得 3 分；

c. 设有可容纳担架的无障碍电梯，得 2 分。

（2）服务设施

① 提供便利的公共服务，评价总分值为 10 分，并按下列规则评分：

a. 住宅建筑，满足下列要求中的 4 项，得 5 分；满足 6 项及以上，得 10 分。

（a）场地出入口到达幼儿园的步行距离不大于 300m；

（b）场地出入口到达小学的步行距离不大于 500m；

（c）场地出入口到达中学的步行距离不大于 1000m；

（d）场地出入口到达医院的步行距离不大于 1000m；

（e）场地出入口到达群众文化活动设施的步行距离不大于 800m；

（f）场地出入口到达老年人日间照料设施的步行距离不大于 500m；

（g）场地周边 500m 范围内具有不少于 3 种商业服务设施。

b. 公共建筑，满足下列要求中的 3 项，得 5 分；满足 5 项，得 10 分。

（a）建筑内至少兼容 2 种面向社会的公共服务功能；

（b）建筑向社会公众提供开放的公共活动空间；

（c）电动汽车充电桩的车位数占总车位数的比例不低于 10%；

（d）周边 500m 范围内设有社会公共停车场（库）；

（e）场边不封闭或场地内步行公共通道向社会开放。

② 城市绿地、广场及公共运动场地等开敞空间，步行可达，评价总分值为 5 分，并按下列规则分别评分并累计：

a. 场地出入口到达城市公共绿地、居住区公园、广场的步行距离不大于 300m，得 3 分；

b. 到达中型多功能运动场地的步行距离不大于 500m，得 2 分。

③ 合理设置健身场地和空间，评价总分值为 10 分，并按下列规则分别评分并累计：

a. 室外健身场地面积不少于总用地面积的 0.5%，得 3 分；

b. 设置宽度不小于 1.25m 的专用健身慢行道，健身慢行道长度不小于用地红线周长的 1/4 且不少于 100m，得 2 分；

c. 室内健身空间的面积不少于地上建筑面积的 0.3% 且不少于 60m²，得 3 分；

d. 楼梯间具有天然采光和良好的视野，且距离主入口的距离不大于 15m，得 2 分。

（3）智慧运行

① 设置分类、分级用能自动远传计量系统，且设置能源管理系统实现对建筑能耗的检测、数据分析和管理，评价分值为 8 分。

② 设置 PM10、PM2.5、CO_2 浓度的空气质量监测系统，且具有存储至少一年的监测数据和实时显示等功能，评价分值为 5 分。

③ 设置用水远传计量系统、水质在线监测系统，评价总分值为 7 分，并按下列规则分别评分并累计：

a. 设置用水量远传计量系统，能分类、分级记录、统计分析各种用水情况，得 3 分；

b. 利用计量数据进行管网漏损自动检测、分析与整改，管道漏损率低于5%，得2分；

c. 设置水质在线监测系统，监测生活饮用水、管道直饮水、游泳池水、非传统水源、空调冷却水的水质指标，记录并保存水质监测结果，且能随时供用户查询，得2分。

④ 具有智能化服务系统，评价总分值为9分，并按下列规则分别评分并累计：

a. 具有家电控制、照明控制、安全报警、环境监测、建筑设备控制、工作生活服务等至少3种类型的服务功能，得3分；

b. 具有远程监控的功能，得2分；

c. 具有接入智慧城市（城区、社区）的功能，得3分。

（4）物业管理

① 制定完善的节能、节水、节材、绿化的操作规程、应急预案，实施能源资源管理激励机制，且有效实施，评价总分值为5分，并按下列规则分别评分并累计：

a. 相关实施具有完善的操作规程和应急预案，得2分；

b. 物业管理机构的工作考核体系中包含节能和节水绩效考核激励机制，得3分。

② 建筑平均日用水量满足现行国家标准《民用建筑节水设计标准》GB 50555—2012中节水用水定额的要求，评价总分值为5分，并按下列规则评分：

a. 平均日用水量大于节水用水定额的平均值，不大于上限值，得2分；

b. 平均日用水量大于节水用水定额的下限值，不大于平均值，得3分；

c. 平均日用水量大于节水用水定额的下限值，得5分。

③ 定期对建筑运营效果进行评估，并根据结果进行运行优化，评价总分值为12分，并按下列规则分别评分并累计：

a. 指定绿色建筑运营效果评估的技术方案和计划，得3分；

b. 定期检查、调适公共设施设备，具有检查、调试、运行、标定的记录，且记录完整，得3分；

c. 定期开展节能诊断评估，并根据评估结果制定优化方案并实施，得4分；

d. 定期对各类用水水质进行检测、公示，得2分。

④ 建立绿色教育宣传和实践机制，编制绿色设施使用手册，形成良好的绿色氛围，并定期开展使用者满意度调查，评价总分值为8分，并按下列规则分别评分并累计：

a. 每年组织不少于2次的绿色建筑技术宣传、绿色生活引导、灾害应急演练等绿色教育宣传和实践活动，并有活动记录，得2分；

b. 具有绿色生活展示、体验或交流分享的平台，并向使用者提供绿色设施使用手册，得3分；

c. 每年开展1次针对建筑绿色性能的使用者满意度调查，且根据调查结果指定改进措施并实施、公示，得3分。

204. "绿色建筑"的"资源节约"评价标准是什么？

《绿色建筑评价标准》GB/T 50378—2019规定：

1）控制项

（1）应结合场地自然条件和建筑功能需求，对建筑的体形、平面布局、空间尺度、围护结构等进行节能设计，且应符合国家有关节能设计的要求。

（2）应采取措施降低部分负荷、部分空间使用下的供暖、空调系统能耗，并应符合下列规定：

① 应区分房间的朝向细分供暖、空调区域，并应对系统进行分区控制；

② 空调冷源的部分负荷性能系数（$IPLV$）、电冷源综合制冷性能系数（$SCOP$）应符合现行国家标准《公共建筑节能设计标准》GB 50189—2015 的规定。

（3）应根据建筑空间功能设置分区温度，合理降低室内过渡区空间的温度设定标准。

（4）主要功能房间的照明功率密度值不应高于现行国家标准《建筑照明设计标准》GB 50034—2013 规定的现行值；公共区域的照明系统应采用分区、定时、感应等节能控制；采光区域的照明控制应独立于其他区域的照明控制。

（5）冷热源、输配系统和照明等各部分能耗应进行独立分项计量。

（6）垂直电梯应采取群控、变频调速或能量反馈等节能措施；自动扶梯应采用变频感应启动等节能控制措施。

（7）应制定水资源利用方案，统筹利用各种水资源，并应符合下列规定：

① 应按使用用途、付费或管理单元，分别设置用水计量装置；

② 用水点处水压大于 0.2MPa 的配水支管应设置减压设施，并应满足给水配件最低工作压力的要求；

③ 用水器具和设备应满足节水产品的要求。

（8）不应采用建筑形体和布置严重不规则的建筑结构。

（9）建筑造型要素应简约，应无大量装饰性构件，并应符合下列规定：

① 住宅建筑的装饰性构件造价占建筑总造价的比例不应大于 2%；

② 公共建筑的装饰性构件造价占建筑总造价的比例不应大于 1%。

（10）选用的建筑材料应符合下列规定：

① 500km 以内生产的建筑材料重量占建筑材料总重量的比例应大于 60%；

② 现浇混凝土应采用预拌混凝土，建筑砂浆应采用预拌砂浆。

2）评分项

（1）节约与土地利用

① 节约集约利用土地，评价总分值为 20 分，并按下列规则评分：

a. 对于住宅建筑，根据其所在居住街坊人均住宅用地指标按表 1-384 的规则评分。

居住街坊人均住宅用地指标评分规则　　　　　　　　　　　　表 1-384

建筑气候区划	人均住宅用地指标 $A(m^2)$					得分
	平均 3 层及以下	平均 4~6 层	平均 7~9 层	平均 10~18 层	平均 19 层及以上	
Ⅰ、Ⅶ	$33<A\leqslant36$	$29<A\leqslant32$	$21<A\leqslant22$	$17<A\leqslant19$	$12<A\leqslant13$	15
	$A\leqslant33$	$A\leqslant29$	$A\leqslant21$	$A\leqslant17$	$A\leqslant12$	20
Ⅱ、Ⅵ	$33<A\leqslant36$	$27<A\leqslant30$	$20<A\leqslant21$	$16<A\leqslant17$	$12<A\leqslant13$	15
	$A\leqslant33$	$A\leqslant27$	$A\leqslant20$	$A\leqslant16$	$A\leqslant12$	20
Ⅲ、Ⅳ、Ⅴ	$33<A\leqslant36$	$24<A\leqslant27$	$19<A\leqslant20$	$15<A\leqslant16$	$11<A\leqslant12$	15
	$A\leqslant33$	$A\leqslant24$	$A\leqslant19$	$A\leqslant15$	$A\leqslant11$	20

b. 对于公共建筑，根据不同功能建筑的容积率（R）按表 1-385 的规则评分。

公共建筑容积率（R）评分规则 　　　　　　　表 1-385

行政办公、商务办公、商业金融、旅馆饭店、交通枢纽等	教育、文化、体育、医疗、卫生、社会福利等	得分
1.0≤R＜1.5	0.5≤R＜0.8	8
1.5≤R＜2.5	R≥2.0	12
2.5≤R＜3.5	0.8≤R＜1.5	16
R≥3.5	1.5≤R＜2.0	20

② 合理开发利用地下空间，评价总分值为 12 分，根据地下空间开发利用指标，按表 1-386 的规则评分。

地下空间开发利用指标评分规则 　　　　　　　表 1-386

建筑类型	地下空间开发利用指标		得分
住宅建筑	地下建筑面积与地上建筑面积的比率 R_r 地下一层建筑面积与总用地面积的比率 R_p	5%≤R_r＜20%	5
		R_r≥20%	7
		R_r≥35%且 R_p＜60%	12
公共建筑	地下建筑面积与地上建筑面积的比率 R_{p1} 地下一层建筑面积与总用地面积的比率 R_p	R_{p1}≥0.5	5
		R_{p1}≥0.7且 R_p＜70%	7
		R_{p1}≥1.0且 R_p＜60%	12

③ 采用机械式停车设施、地下停车库或地面停车楼等方式，评价总分值为 8 分，并按下列规则评分。

a. 住宅建筑地面停车位数量与住宅总套数的比率小于 10%，得 8 分；

b. 公共建筑地面停车占地面积与总建设用地面积的比率小于 8%，得 8 分。

（2）节能与能源利用

① 优化建筑围护结构的热工性能，评价总分值为 15 分，并按下列规则评分。

a. 围护结构热工性能比国家现行相关建筑节能设计标准规定的提高幅度达到 5%，得 5 分；达到 10%，得 10 分；达到 15%，得 15 分；

b. 建筑供暖空调负荷降低 5%，得 5 分；达到 10%，得 10 分；达到 15%，得 15 分。

② 供暖空调系统的冷、热源机组能效均优于现行国家标准《公共建筑节能设计标准》GB 50189—2015 的规定以及现行有关国家标准能效限定值的要求，评价总分值为 10 分，按表 1-387 的规则评分。

冷、热源机组能效提升幅度评分规则 　　　　　　　表 1-387

机组类型	能效指标	参照标准	评分要求	
电机驱动的蒸汽压缩循环冷水（热泵）机组	制冷性能系数（COP）	现行国家标准《公共建筑节能设计标准》GB 50189—2015	提高 6%	提高 12%
直燃性溴化锂吸收式冷（温）水机组	制冷、供热性能系数（COP）		提高 6%	提高 12%
单元式空气调节机、风管送风式和屋顶式空调机组	能效比（EER）		提高 6%	提高 12%
多联式空调（热泵）机组	制冷综合性能系数 [IPLV(C)]		提高 8%	提高 16%
锅炉	燃煤	热效率	提高 3 个百分点	提高 6 个百分点
	燃油燃气	热效率	提高 2 个百分点	提高 4 个百分点

续表

机组类型	能效指标	参照标准	评分要求	
房间空气调节器	能效比（EER）、能源消耗效率	现行有关国家标准	节能评价值	I级能效等级限值
家用燃气热水炉	热效率值（η）			
蒸汽型溴化锂吸收式冷水机组	制冷、供热性能系数（COP）			
得分			5分	10分

③ 采取有效措施降低供暖空调系统的末端系统及输配系统的能耗，评价总分值为 15 分，并按下列规则分别评分并累计。

a. 通风空调系统风机的单位风量耗功率比现行国家标准《公共建筑节能设计标准》GB 50189—2015 的规定低 20%，得 2 分；

b. 集中供暖系统热水循环泵的耗电输热比、空调冷热水系统循环水泵的耗电输冷（热）比比现行国家标准《民用建筑供暖通风与空气调节设计规范》GB 50736—2012 规定值低 20%，得 3 分。

④ 采用节能型电气设备及能源控制措施，评价总分值为 10 分，并按下列规则分别评分并累计。

a. 主要功能房间的照明功率密度值达到现行国家标准《建筑照明设计标准》GB 50034—2013 规定的目标值，得 5 分；

b. 采光区域的人工照明随天然光照度变化自动调节，得 2 分；

c. 照明产品、三相配电变压器、水泵、风机等设备满足国家现行有关标准的节能评价值的要求，得 3 分。

⑤ 采取措施降低建筑能耗，评价总分值为 10 分，建筑能耗相比国家现行有关建筑节能标准降低 10%，得 5 分；降低 20%，得 10 分。

⑥ 结合当地气候和自然资源条件合理利用可再生能源，评价总分值为 10 分，按表 1-388 的规则评分。

可再生能源利用评分规则　　　　　　　　　　　　表 1-388

可再生能源利用类型和指标		得分
由可再生能源提供的生活用热水比例 R_{hw}	$20\% \leqslant R_{hw} < 35\%$	2
	$35\% \leqslant R_{hw} < 50\%$	4
	$50\% \leqslant R_{hw} < 65\%$	6
	$65\% \leqslant R_{hw} < 80\%$	8
	$R_{hw} \geqslant 80\%$	10
由可再生能源提供的空调用冷量和热量比例 R_{ch}	$20\% \leqslant R_{ch} < 35\%$	2
	$35\% \leqslant R_{ch} < 50\%$	4
	$50\% \leqslant R_{ch} < 65\%$	6
	$65\% \leqslant R_{ch} < 80\%$	8
	$R_{ch} \geqslant 80\%$	10

可再生能源利用类型和指标		得分
由可再生能源提供电量比例 Re	$0.5\% \leqslant Re < 1.0\%$	2
	$1.0\% \leqslant Re < 2.0\%$	4
	$2.0\% \leqslant Re < 3.0\%$	6
	$3.0\% \leqslant Re < 4.0\%$	8
	$Re \geqslant 4.0\%$	10

（3）节水与水资源利用

① 使用较高用水效率等级的卫生器具，评价总分值为15分，并按下列规则评分：

a. 全部卫生器具的用水效率等级达到2级，得8分；

b. 50%以上卫生器具的用水效率等级达到1级且其他达到2级，得12分；

c. 全部卫生器具的用水效率等级达到1级，得15分。

② 绿化灌溉及空调冷却水系统采用节水设备或技术，评价总分值为12分，并按下列规则分别评分并累计：

a. 绿化灌溉采用节水设备或技术，并按下列规则评分：

（a）采用节水灌溉系统，得4分；

（b）在采用节水灌溉系统的基础上，设置土壤湿度感应器、雨天自动关闭装置等节水控制措施，或种植无须永久灌溉植物，得6分。

b. 空调冷却水系统采用节水设备或技术，并按下列规则评分：

（a）循环冷却水系统采取设置水处理措施、加大集水盘、设置平衡管或平衡水箱等方式，避免冷却水泵停泵时冷却水溢出，得3分；

（b）采用无蒸发耗水量的冷却技术，得6分。

③ 结合雨水综合利用设施营造室外景观水体，室外景观水体利用雨水的补水量大于水体蒸发量的60%，且采用保障水体水质的生态处理技术，评价总分值为8分，并按下列规则分别评分并累计：

a. 对进入室外景观水体的雨水，利用生态设施削减径流污染，得4分；

b. 利用水生动、植物保障室外景观水体水质，得4分。

④ 使用非传统水源，评价总分值为15分，并按下列规则分别评分并累计：

a. 绿化灌溉、车库及道路冲洗、洗车用水采用非传统水源的用水量的比例不低于40%，得3分；不低于60%，得5分；

b. 冲厕采用非传统水源的用水量占其总用水量的比例不低于30%，得3分；不低于50%，得5分；

c. 冷却水补水采用非传统水源的用水量占其总用水量的比例不低于20%，得3分；不低于40%，得5分。

（4）节材与绿色建材

① 建筑所在区域实施土建工程与装修工程一体化设计及施工，评价分值为8分。

② 合理选用建筑结构材料与构件，评价总分值为10分，并按下列规则评分：

a. 混凝土结构，按下列规则分别评分并累计：

(a) 400MPa 级及以上强度等级钢筋应用比例达到 85%，得 3 分；

(b) 混凝土竖向承重结构采用强度等级不小于 C50 混凝土用量占竖向承重结构中混凝土总量的比例达到 50%，得 5 分。

b. 钢结构，按下列规则分别评分并累计：

(a) Q345 及以上高强钢材用量占钢材总量的比例达到 50%，得 3 分；达到 70%，得 4 分；

(b) 螺栓连接等非现场焊接节点占现场全部连接、拼接节点的数量比例达到 50%，得 4 分；

(c) 采用施工时免支撑的楼板、屋面板，得 2 分。

c. 混合结构：对其混凝土结构部分、钢结构部分，分别按上述 a. b. 进行评价，得分取各项得分的平均值。

③ 建筑装修选用工业化内装部品，评价总分值为 8 分。建筑装修选用工业化内装部品占同类部品用量比例达到 50% 以上的部品种类，达到 1 种，得 3 分；达到 3 种，得 5 分；达到 3 种以上，得 8 分。

④ 选用可再循环材料、可再利用材料及利废建材，评价总分值为 12 分，并按下列规则评分并累计：

a. 可再循环材料和可再利用材料用量比例，按下列规则评分：

(a) 住宅建筑达到 6% 或公共建筑达到 10%，得 3 分；

(b) 住宅建筑达到 10% 或公共建筑达到 15%，得 6 分。

b. 利废建材选用及其用量比例，按下列规则评分：

(a) 采用一种利废建材，其占同类建材的用量比例不低于 30%，得 3 分；

(b) 选用两种及以上利废建材，每一种占同类建材的用量比例不低于 50%，得 6 分。

⑤ 选用绿色建材，评价总分值为 12 分。绿色建材应用比例不低于 30%，得 4 分；不低于 50%，得 8 分；不低于 70%，得 12 分。

205. "绿色建筑"的"环境宜居"评价标准是什么？

《绿色建筑评价标准》GB/T 50378—2019 规定：

1）控制项

(1) 建筑规划布局应满足日照标准，且不得降低周边建筑的日照标准。

(2) 室外热环境应满足国家现行有关标准的要求。

(3) 配建的绿地应符合所在地城乡规划的要求，应合理选择绿化方式，植物种植应适应当地气候和土壤，且应无毒害、易维护，种植区域覆土深度和排水能力应满足植物生长需求，并应采用复层绿化方式。

(4) 场地的竖向设计应有利于雨水的收集或排放，应有效组织雨水的下渗、滞蓄或再利用；对大于 10hm² 的场地应进行雨水控制利用专项设计。

(5) 建筑内外均应设置便于识别和使用的标识系统。

(6) 场地内不应有排放超标的污染源。

(7) 生活垃圾应分类收集，垃圾容器和收集点的设置应合理并应与周围景观协调。

2) 评分项

(1) 场地生态与景观

① 充分保护或修复场地生态环境，合理布局建筑及景观，评价总分值为 10 分，并按下列规则评分：

a. 保护场地内原有的自然水域、湿地、植被等，保持场地内的生态系统与场地外生态系统的连贯性，得 10 分；

b. 采取净地表层土回收利用等生态补偿措施，得 10 分；

c. 根据场地实际情况，采取其他生态恢复或补偿措施，得 10 分。

② 规划场地地表和屋面雨水径流，对场地雨水实施外排总量控制，评价总分值为 10 分。场地年径流总量控制率达到 55%，得 5 分；达到 70%，得 10 分。

③ 充分利用场地空间设置绿化用地，评价总分值为 16 分，并按下列规则评分：

a. 住宅建筑按下列规则评分并累计：

(a) 绿地率达到规划指标 105% 及以上，得 10 分；

(b) 住宅建筑所在居住街坊内人均集中绿地面积，按表 1-389 的规则评分，最高得 6 分。

住宅建筑人居集中绿地面积评分规则 表 1-389

人均集中绿地面积 Ag（m²/人）		得分
新区建设	旧区改造	
0.50	0.35	2
0.50<Ag<0.60	0.35<Ag<0.45	4
Ag≥0.60	Ag≥0.45	6

b. 公共建筑按下列规则评分并累计：

(a) 绿地率达到规划指标 105% 及以上，得 10 分；

(b) 绿地向公众开放，得 6 分。

④ 室外吸烟区位置布局合理，评价总分值为 9 分，并按下列规则评分并累计：

a. 室外吸烟区布置在建筑主出入口的主导风的下风向，与所有建筑出入口、新风进气口和可开启窗扇的距离不少于 8m，且距离儿童和老人活动场地不少于 8m，得 5 分；

b. 室外吸烟区与绿地结合布置，并合理配置座椅和带烟头收集的垃圾桶，从建筑主出入口至室外吸烟区的导向标识完整、定位标识醒目，吸烟区设置吸烟有害健康的警示标识，得 4 分。

⑤ 利用场地空间设置绿色雨水基础设施，评价总分值为 15 分，并按下列规则评分并累计：

a. 下凹式绿地、雨水花园等有调蓄雨水功能的绿地和水体的面积之和占绿地面积的比例达到 40%，得 3 分；达到 60%，得 5 分；

b. 衔接和引导不少于 80% 的屋面雨水进入地面生态设施，得 3 分；

c. 衔接和引导不少于 80% 的道路雨水进入地面生态设施，得 4 分；

d. 硬质铺装地面中透水铺装面积的比例达到 50%，得 3 分。

(2) 室外物理环境

① 场地内的环境噪声由于现行国家标准《声环境质量标准》GB 3096—2008 的要求，

评价总分值为 10 分，并按下列规则评分：

a. 环境噪声值大于 2 类声环境功能区标准限值，且小于或等于 3 类声环境功能区标准限值，得 5 分；

b. 环境噪声值小于或等于 2 类声环境功能区标准限值，得 10 分；

② 建筑及照明设计避免产生光污染，评价总分值为 10 分，并按下列规则分别评分并累计：

a. 玻璃幕墙的可见光反射比及反射光对周边环境的影响符合《玻璃幕墙光热性能》GB/T 18901—2017 的规定，得 5 分；

b. 室外夜景照明光污染的限值符合现行国家标准《室外照明干扰光限制规范》GB/T 18901—2015 和现行行业标准《城市夜景照明设计规范》JGJ/T 163—2008 的规定，得 5 分。

③ 场地内风环境有利于室外行走、活动舒适和建筑的自然通风，评价总分值为 10 分，并按下列规则评分并累计：

a. 在冬季典型风速和风向条件下，按下列规则分别评分并累计：

（a）建筑物周围人行区距地高 1.50m 处风速小于 5m/s，户外休息区、儿童游乐区风速小于 2m/s，且室外风速放大系数小于 2，得 3 分；

（b）除迎风第一排建筑外，建筑迎风面与背风面表面风压差不大于 5Pa，得 2 分。

b. 过渡季、夏季典型风速和风向条件下，按下列规则分别评分并累计：

（a）场地内人活动区不出现涡流或无风区，得 3 分；

（b）50% 以上可开启外窗室内外表面的风压差大于大于 0.5Pa，得 2 分。

④ 采取措施降低热岛强度，评价总分值为 10 分，并按下列规则分别评分并累计：

a. 场地中处于建筑阴影区外的步道、游憩场、庭院、广场等室外活动场地设有乔木、花架等遮阴措施的面积比例，住宅建筑达到 30%，公共建筑达到 10%，得 2 分；住宅建筑达到 50%，公共建筑达到 20%，得 3 分；

b. 场地中处于建筑阴影区外的机动车道，路面太阳辐射反射系数不小于 0.4 或设有遮阴面积较大的行道树的路段长度超过 70%，得 3 分；

c. 屋顶的绿化面积、太阳能板水平投影面积以及太阳辐射反射系数不小于 0.4 的屋面面积合计达到 75%，得 4 分。

206. "绿色建筑"的"提高与创新"有哪些规定？

《绿色建筑评价标准》GB/T 50378—2019 规定：

1) 一般规定

（1）绿色建筑评价时，应按本章规定对提高与创新项进行评价。

（2）提高与创新项得分为加分项得分之和。当得分大于 100 分时，应取为 100 分。

2) 加分项

（1）采取措施进一步降低建筑供暖空调系统的能耗，评价总分值为 30 分，建筑供暖空调系统能耗相比国家现行有关建筑节能标准降低 40%，得 10 分；每再降低 10%，再得 5 分，最高得 30 分。

（2）采用适宜地区特色的建筑风貌设计，因地制宜传承地域建筑文化，评价分值为

20分。

（3）合理选用废弃场地进行建设，或充分利用尚可使用的旧建筑，评价分值为8分。

（4）场地绿容率不低于3.0，评价总分值为5分，并按下列规则评分：

① 场地绿容率计算值不低于3.0，得3分；

② 场地绿容率实测值不低于3.0，得5分。

（5）采用符合工业化建造要求的结构体系与建筑构件，评价分值为10分，并按下列规则评分：

① 主体结构采用钢结构、木结构，得10分；

② 主体结构采用装配式混凝土结构，地上部分预制构件应用混凝土体积占混凝土总体积的比例达到35%，得5分；达到50%，得10分。

（6）应用建筑信息模型（BIM）技术，评价总分值为15分。在建筑的规划设计、施工建造和运行维护阶段中的一个阶段应用，得5分；两个阶段应用，得10分；三个阶段应用，得15分。

（7）进行建筑碳排放计算分析，采取措施降低单位建筑面积碳排放强度，评价分值为12分。

（8）按照绿色施工的要求进行施工和管理，评价总分值为20分，并按下列规则分别评分并累计：

① 获得绿色施工优良等级或绿色施工示范工程认定，得8分；

② 采取措施减少预拌混凝土损耗，损耗率降低至1.0%，得4分；

③ 采取措施减少现场加工钢筋损耗，损耗率降低至1.5%，得4分；

④ 现浇混凝土构件采用铝膜等免墙面粉刷的模板体系，得4分。

（9）采用建设工程质量潜在缺陷保险产品，评价总分值为20分，并按下列规则分别评分并累计：

① 保险承保范围包括地基基础工程、主体结构工程、屋面防水工程和其他土建工程的质量问题，得10分；

② 保险承保范围包括装修工程、电气管线、上下水管线的安装工程，供热、供冷系统工程的质量问题，得10分；

（10）采取节约资源、保护生态环境、保障安全健康、智慧友好运行、传承历史文化等其他创新，并有明显效益，评价总分值为40分。每采取一项，得10分，最高得40分。

十、智 能 建 筑

207. 什么叫"智能建筑"?

《智能建筑设计标准》GB 50314—2015 指出:

智能建筑是以建筑物为平台,基于对各类智能化信息的综合应用,集架构、系统、应用、管理及优化组合为一体,具有感知、传输、记忆、推理、判断和决策的综合智慧能力,形成以人、建筑、环境互为协调的整合体,为人们提供安全、高效、便利及可持续发展功能环境的建筑。

208. "智能建筑"的相关术语有哪些?

《智能建筑设计标准》GB 50314—2015 指出:

1) 工程架构

以建筑物的应用需求为依据,通过对智能化系统工程的设施、业务及管理等应用功能作层次化结构规划,从而构成由若干智能化设施组合而成的架构形式。

2) 智能化应用系统

以信息设施系统和建筑设备管理系统等智能化系统为基础,为满足建筑物的各类专业化业务、规范化运营及管理的需要,由多种类信息设施、操作程序和相关应用设备等组合而成的系统。

3) 智能化集成系统

为实现建筑物的运营及管理目标,基于统一的信息平台,以多种类智能化信息集成方式,形成的具有信息汇集、资源共享、协同运行、优化管理等综合应用功能的系统。

4) 信息设施系统

为满足建筑物的应用与管理对信息通信的需求,将各类具有接收、交换、传输、处理、存储和显示等功能的信息系统整合,形成建筑物公共通信服务综合基础条件的系统。

5) 建筑设备管理系统

对建筑设备监控系统和公共安全系统等实施综合管理的系统。

6) 公共安全系统

为维护公共安全,运用现代科学技术,具有以应对危害社会安全的各类突发事件而构建的综合技术防范或安全保障体系综合功能的系统。

7) 应急响应系统

为应对各类突发公共安全事件,提高应急响应速度和决策指挥能力,有效预防、控制和消除突发公共安全事件的危害,具有应急技术体系和响应处置功能的应急响应保障机制或履行协调指挥职能的系统。

8) 机房工程

为提供机房内各智能化系统的设备和装置的安置和运行条件,以确保各智能化系统安全、可靠和高效地运行与便于维护的建筑功能环境而实施的综合工程。

209. 智能建筑的工程架构具体规定有哪些?

《智能建筑设计标准》GB 50314—2015 指出:

1) 一般规定

(1) 智能化系统工程架构的设计应包括设计等级、架构规划、系统配置等。

(2) 智能化系统工程的设计等级应根据建筑的建设目标、功能类别、地域状况、运营及管理要求、投资规模等综合因素确立。

(3) 智能化系统工程的架构规划应根据建筑物的功能需求、基础条件和应用方式等作层次化结构的搭建设计,并构成由若干智能化设施组合的架构形式。

(4) 智能化系统工程的系统配置应根据智能化系统工程的设计等级和架构规划,选择配置相关的智能化系统。

2) 设计等级

(1) 智能化系统工程设计等级的确立应符合下列规定:

① 应实现建筑的建设目标;

② 应适应工程建设的基础状况;

③ 应符合建筑物运营及管理的信息化功能;

④ 应为建筑智能化系统的运行维护提供服务条件和支撑保障;

⑤ 应保证工程建设投资的有效性和合理性。

(2) 智能化系统工程设计等级的划分应符合下列规定:

① 应与建筑自身的规模或设计等级相对应;

② 应以增强智能化综合技术功效作为设计标准等级提升依据;

③ 应采用适时和可行的智能化技术;

④ 宜为智能化系统技术扩展及满足应用功能提升创造条件。

(3) 智能化系统工程设计等级的系统配置应符合下列规定:

① 应以智能化系统工程的设计等级为依据,选择配置相应的智能化系统;

② 符合建筑基本功能的智能化系统配置应作为应配置项目;

③ 以应配置项目为基础,为实现建筑增强功能的智能化系统配置应作为宜配置项目;

④ 以应配置项目和宜配置项目的组合为基础,为完善建筑保障功能的智能化系统配置作为可配置项目。

3) 架构规划

(1) 智能化系统工程的架构规划应符合下列规定:

① 应满足建筑物的信息化应用需求;

② 应支持各智能化系统的信息关联和功能汇聚;

③ 应顺应智能化系统工程技术的可持续发展;

④ 应适应智能化系统综合技术功效的不断完善;

⑤ 综合体建筑的智能化系统工程应适应多功能类别组合建筑物态的形式,并应满足综合体建筑整体实施业务运营及管理模式的信息化应用需求。

(2) 智能化系统工程的设施架构搭建应符合下列规定:

① 应建设建筑信息化应用的基础设施层;

② 应建立具有满足运营和管理应用等综合支撑功能的信息服务设施层;

③ 应形成展现信息应用和协同效应的信息化应用设施层。

（3）智能化系统工程的架构规划分项应符合下列规定：

① 架构规划分项应按工程架构整体的层次化结构形式，分别以基础设施、信息服务设施及信息化应用设施展开；

② 基础设施应为公共环境设施和机房设施，其分项宜包括信息通信基础设施、建筑设备管理设施、公共安全设施、机房环境设施和机房管理设施等；

③ 信息服务设施应为应用信息服务设施的信息应用支撑设施部分，其分项宜包括语音应用支撑设施、数据应用支撑设施、多媒体应用支撑设施等；

④ 信息化应用设施应为应用信息服务设施的应用设施部分，其分项宜包括公共应用设施、管理应用设施、专业应用设施、智能信息集成设施等。

4）系统配置

（1）智能化系统工程的系统配置应符合下列规定：

① 应以设计等级为依据；

② 应与架构规划相对应；

③ 应保障智能化系统综合技术功效；

④ 宜适应按专业化分项实施的方式；

⑤ 应按建筑基本条件和功能需求配置基础设施层的智能化系统；

⑥ 应以基础设施层的智能化系统为支撑条件，按建筑功能类别配置信息服务设施层和信息化应用设施层的智能化系统。

（2）智能化系统工程的系统配置分项应符合下列规定：

① 系统配置分项应分别以信息化应用系统、智能化集成系统、信息设施系统、建筑设备管理系统、公共安全系统、机房工程等设计要素展开；

② 应与基础设施层相对应，且基础设施的智能化系统分项宜包括信息接入系统、布线系统、移动通信室内信号覆盖系统、卫星通信系统、建筑设备监控系统、建筑能效监控系统、火灾自动报警系统、入侵报警系统、视频安防监控系统、出入口控制系统、电子巡查系统、访客对讲系统、停车库（场）管理系统、安全防范综合管理（平台）系统、应急响应系统及相配套的智能化系统机房工程；

③ 应与信息服务设施层相对应，且信息服务设施的智能化系统分项宜包括用户电话交换系统、无线对讲系统、信息网络系统、有线电视系统、卫星电视接收系统、公共广播系统、会议系统、信息导引及发布系统、时钟系统等；

④ 应与信息化应用设施层相对应，且信息化应用设施的智能化系统分项宜包括公共服务系统、智能卡系统、物业管理系统、信息设施运行管理系统、信息安全管理系统、通用业务系统、专业业务系统、智能化信息集成（平台）系统、集成信息应用系统。

（3）综合体建筑智能化工程的系统配置应符合下列规定：

① 应以综合体建筑的业态形式、设施等级和架构规划为依据；

② 应按综合体建筑整体功能需求配置基础设施的智能化系统；

③ 应以基础设施的智能化系统为支撑条件，配置满足不同功能类别单体或局部建筑的信息服务设施和信息化应用设施的智能化系统；

④ 应以各单体或局部建筑的基础设施和信息服务设施整合为条件，配置满足综合体

建筑实施整体运营和全局性管理模式需求的信息化应用设施的智能化系统。

210. "智能建筑的设计要素"包括哪些内容?

《智能建筑设计标准》GB 50314—2015 指出:

1)一般规定

(1)智能化系统工程的设计要素应按智能化系统工程的设计等级、架构计划及系统配置等工程架构确定。

(2)智能化系统工程的设计要素宜包括信息化应用系统、智能化集成系统、信息设施系统、建筑设备管理系统、公共安全系统、机房工程等;

(3)智能化系统工程的设计要素应符合现行国家标准《火灾自动报警系统设计规范》GB 50116—2013 、《安全防范工程技术规范》GB 50348—2014 和《民用建筑电气设计规范》JGJ 16—2008 等的有关规定。

2)信息化应用系统

(1)信息化应用系统功能应符合下列规定:

① 应满足建筑物运行和管理的信息化需要;

② 应提供建筑业务运营的支撑和保障。

(2)信息化应用系统宜包括公共服务、智能卡应用、物业管理、信息设施运行管理、信息安全管理、通用业务和专业业务等信息化应用系统。

(3)公共服务系统应具有访客接待管理和公共服务信息发布的功能,并宜具有将各类公共服务事务纳入规范运行程序的管理功能。

(4)智能卡应用系统应具有身份识别等功能,并宜具有消费、计费、票务管理、资料借阅、物件寄存、会议签到等管理功能,且应具有适应不同安全等级的应用模式。

(5)物业管理系统应具有对建筑的物业经营、运行维护进行管理的功能。

(6)信息设施运行管理系统应具有对建筑物信息设施的运行状态、资源配置、技术性能等进行监测、分析、处理和维护的功能。

(7)信息安全管理系统应符合国家现行有关信息安全等级保护标准的规定。

(8)通用业务系统应满足建筑基本业务运行的需求。

(9)专业业务系统应以建筑通用业务系统为基础,满足专业业务运行的需求。

3)智能化集成系统

(1)智能化集成系统的功能应符合下列规定:

① 应以实现绿色建筑为目标,应满足建筑的业务功能、物业运营和管理模式的应用需求;

② 应采用智能化信息资源共享和协同运行的架构形式;

③ 应具有实用、规范和高效的监管功能;

④ 宜适应信息化综合应用功能的延伸及增强。

(2)智能化集成系统构建应符合下列规定:

① 系统应包括智能化信息集成(平台)系统与集成信息应用系统;

② 智能化信息集成(平台)系统宜包括操作系统、数据库、集成系统平台应用程序、各纳入集成管理的智能化设施系统与集成互为关联的各类信息通信接口等;

③ 集成信息应用系统宜由通用业务基础功能模块和专业业务运营功能模块等组成;

④ 宜具有虚拟化、分布式应用、统一安全管理等整体平台的支撑能力;

⑤ 宜顺应物联网、云计算、大数据、智慧城市等信息交互多元化和新应用的发展。

(3) 智能化集成系统通信互联应符合下列规定:

① 应具有标准化通信方式和信息交互的支持能力;

② 应符合国际通用的接口、协议及国家现行有关标准的规定。

(4) 智能化集成系统配置应符合下列规定:

① 应适应标准化信息集成平台的技术发展方向;

② 应形成对智能化相关信息采集、数据通信、分析处理等支持能力;

③ 宜满足对智能化实时信息及历史数据分析、可视化展现的要求;

④ 宜满足远程及移动应用的扩展需要;

⑤ 应符合实施规范化的管理方式和专业化的业务运行程序;

⑥ 应具有安全性、可用性、可维护性和可扩展性。

4) 信息设施系统

(1) 信息设施系统功能应符合下列规定:

①应具有对建筑内外相关的语音、数据、图像和多媒体等形式的信息予以接受、交换、传输、处理、存储、检索和显示等功能;

② 宜融合信息化所需的各类信息设施,并为建筑的使用者及管理者提供信息化应用的基础条件。

(2) 信息设施系统宜包括信息信接入系统、布线系统、移动通信室内信号覆盖系统、卫星通信系统、用户电话交换系统、无线对讲系统、信息网络系统、有线电视及卫星电视接收系统、公共广播系统、会议系统、信息导引及发布系统、时钟系统等。

(3) 信息接入系统应符合下列规定:

① 应满足建筑物内各类用户信息通信的需求,并应将各类公共信息网和专用信息网引入建筑物内;

② 应支持建筑物内各类用户所需的信息通信业务;

③ 宜建立以该建筑为基础的物理单元载体,并应具有对接智慧城市的技术条件;

④ 信息接入机房应统筹规划配置,并应具有多种类信息业务经营者平等接入的条件;

⑤ 系统设计应符合现行行业标准《有线接入网设备安装工程设计规范》YD/T 5139—2005 等的有关规定。

(4) 布线系统应符合下列规定:

① 应满足建筑物内语音、数据、图像和多媒体等信息传输的需求;

② 应根据建筑物的业务性质、使用功能、管理维护、环境安全条件和使用需求等,进行系统布局、设备配置和缆线设计;

③ 应遵循集约化建设的原则,并应统一规划、兼顾差异、路由便捷、维护方便;

④ 应适应智能化系统的数字化技术发展和网络化融合趋向,并应成为建筑内整合各智能化系统信息传递的通道;

⑤ 应根据缆线敷设方式和安全保密的要求,选择满足相应安全等级的信息缆线;

⑥ 应根据缆线敷设方式和防火的要求,选择相应阻燃和耐火等级的缆线;

⑦ 应配置相应的信息安全管理保障技术措施；

⑧ 应具有灵活性、适应性、可扩展性和可管理性；

⑨ 系统设计应符合现行国家标准《综合布线系统工程设计规范》GB 50311—2016 的有关规定。

（5）移动通信室内信号覆盖系统应符合下列规定：

① 应确保建筑物内部与外界的通信接续；

② 应适应移动通信业务的综合性发展；

③ 对于室内需屏蔽移动通信信号的局部区域，应配置室内区域屏蔽系统；

④ 系统设计应符合现行国家标准《电磁环境控制限值》GB 8702—2012 的有关规定。

（6）卫星通信系统应符合下列规定：

① 应按建筑的业务需求进行配置；

② 应满足语音、数据、图像和多媒体等信息的传输要求；

③ 卫星通信系统天线、室外单元设备安装空间和天线基座基础、室外馈线引入的管线及卫星通信机房等应设置在满足卫星通信要求的位置。

（7）用户电话交换系统应符合下列规定：

① 适用建筑物的业务性质、使用功能、安全条件，并应满足建筑内语音、传真、数据等通信需求；

② 系统的容量、出入中继线数量及中继方式等应按使用需求和话务量确定，并应留有富余量；

③ 应具有拓展电话交换系统与建筑内业务相关的其他增值应用的功能；

④ 系统设计应符合现行国家标准《用户电话交换系统工程设计规范》GB/T 50622—2010 的有关规定。

（8）无线对讲系统应符合下列规定：

① 应满足建筑内管理人员互相通信联络的需求；

② 应根据建筑内的环境状况，设置天线位置、选择天线形式、确定天线输出功率；

③ 应利用基站信号，配置室内天馈线和系统无源器件；

④ 信号覆盖应均匀分布；

⑤ 应具有远程控制和集中管理性能，并应具有对系统语言和数据的管理能力；

⑥ 语音呼叫应支持个呼、组呼、全呼和紧急呼叫等功能；

⑦ 宜具有支持文本信息收发、GPS 定位、遥测、对讲机检查、远程监听、呼叫提示、激活等功能；

⑧ 应具有先进性、开放性、可扩展性和可管理性。

（9）信息网络系统应符合下列规定：

① 应根据建筑的运营方式、业务性质、应用功能、环境安全条件及使用需求，进行系统组网的架构规划；

② 应建立各类用户完整的公用和专用的信息通信链路，支撑建筑内多种类智能化信息的端到端传输，并应完成建筑内各类信息通信完全传递的通道；

③ 应保证建筑内信息传输与交换的高速、稳定和安全；

④ 为适应数字化技术发展和网络化传输趋向，对智能化系统的信息传输，应按信息

类别的功能性区分、信息承载的负载量分析、应用架构形式优化等要求进行处理，并应满足建筑智能化信息网络实现的统一性要求；

⑤ 网络拓扑架构应满足建筑使用功能的构成状况、业务需求及信息传输的要求；

⑥ 应根据信息接入方式和网络子网划分等配置路由设备，并应根据用户工作业务特性、运行信息流量、服务质量要求和网络拓扑架构形式等，配置服务器、网络交换设备、信息通信链路、信息端口及信息网络系统等；

⑦ 应配置相应的信息安全保障设备和网络管理系统，建筑物内信息网络系统与建筑物外部的相关信息网互联时，应设置有效地抵御干扰和入侵的防火墙等安全措施；

⑧ 宜采用专业化、模块化、结构化的系统架构形式；

⑨应具有灵活性、可扩展性和可管理性。

（10）有线电视和卫星电视接收系统应符合下列规定：

① 应向收视用户提供多种类电视节目源；

② 应根据建筑使用功能的需要，配置卫星广播电视接收及传输系统；

③ 卫星广播电视系统接收天线、室外单元设备安装空间和天线基座基础、室外馈线引入的管线等应设置在满足接收要求的部位；

④ 宜拓展其他相应增值应用功能；

⑤ 系统设计应符合现行国家标准《有线电视系统工程技术规范》GB 50200—2013 有关的规定。

（11）公共广播系统应符合下列规定：

① 应包括业务广播、背景广播和紧急广播。

② 业务广播应根据工作业务及建筑物业管理的需要，按业务区域设置音源信号，分区控制呼叫及设定播放程序。业务广播宜播发的信息包括通知、新闻、信息、语言文件、寻呼、报时等。

③ 背景广播应向建筑内各功能区播放渲染环境气氛的音乐信号。背景广播宜播发的信息包括背景音乐和背景音响等。

④ 紧急广播应满足应急管理的要求，紧急广播应播发的信息为依据相应安全区域划分规定的专用应急广播信令。紧急广播应优先于业务广播、背景广播。

⑤ 应适应数字化处理技术、网络化播控方式的应用发展。

⑥ 宜配置标准时间校正功能。

⑦ 声场效果应满足使用要求及声学指标的要求。

⑧ 宜拓展公共广播系统相应智能化应用功能。

⑨ 系统设计应符合现行国家标准《公共广播系统工程技术规范》GB 50526—2010 的有关规定。

（12）会议系统应符合下列规定：

① 应按使用和管理等需求对会议场所进行分类，并分别按会议（报告）厅、多功能会议室和普通会议室等类别组合配置相应的功能。会议系统的功能宜包括音频扩声、图像信息显示、多媒体信号处理、会议讨论、会议信息录播、会议设施集中控制、会议信息发布等。

② 会议（报告）厅宜根据使用功能，配置舞台机械及场景控制及其他相关配套功

能等。

③ 具有远程视频信息交互功能需求的会议场所，应配置视频会议系统终端（含内置多点控制单元）。

④ 当系统具有集中控制播放信息和集成运行交互功能要求时，宜采取会议设备集约化控制方式，对设备运行状况进行信息化交互式管理。

⑤ 应适应多媒体技术的发展，并应采用能满足视频图像清晰度要求的投射及显示技术和满足音频声场效果要求的传声及播放技术。

⑥ 宜采用网络化互联、多媒体场效互动及设备综合控制等信息集成化管理工作模式，并宜采用数字化系统技术和设备。

⑦ 宜拓展会议系统相应智能化应用功能。

⑧ 系统设计应符合现行国家标准《电子会议系统工程设计规范》GB 50799—2012 、《厅堂扩声系统设计规范》GB 50371—2006 、《视频显示系统工程技术规范》GB 50464—2008 和《会议电视会场系统工程设计规范》GB 50635—2010 的有关规定。

（13）信息导引及发布系统应符合下列规定：

① 应具有公共业务信息的接入、采集、分类和汇总的数据资源库，并在建筑公共区域向公众提供信息告示、标识导引及信息查询等多媒体信息发布功能；

② 宜由信息控制中心、传输网络、信息发布显示屏或信息标识牌、信息导引设施或查询终端等组成，并应根据应用需要进行设备的配置及组合；

③ 应根据建筑物的管理需要，布置信息发布显示屏或信息导引标识屏、信息查询终端等，并应根据公共区域空间环境条件，选择信息显示屏和信息查询终端的技术规格、几何形态及安装方式等；

④ 播控中心宜设置专用的服务器和控制器，并宜配置信号采集和制作设备及相配套的应用软件；应支持多通道显示、多画面显示、多列表播放和支持多种格式的图像、视频、文件显示，并应支持同时控制多台显示端设备。

（14）时钟系统应符合下列功能：

① 应按建筑使用功能需求配置时钟系统；

② 应具有高精度标准校时功能，并应具备与当地标准时钟同步校准的功能；

③ 用于统一建筑公共环境时间的时钟系统，宜采用母钟、子钟的组网方式，且系统母钟应具有多形式系统对时的接口选择；

④ 应具有故障告警等管理功能。

5）建筑设备管理系统

（1）建筑设备管理系统功能应符合下列规定：

① 应具有建筑设备运行监控信息互为关联和共享的功能；

② 应具有对建筑设备能耗监测的功能；

③ 应实现对节约资源、优化环境质量管理的功能；

④ 宜与公共安全系统等其他关联建筑设备构建综合管理模式。

（2）建筑设备管理系统宜包括建筑设备监控系统、建筑能效监管系统，以及需纳入管理的其他业务设施系统等。

（3）建筑设备监控系统应符合下列规定：

① 监控的设备范围宜包括冷热源、供暖通风和空气调节、给水排水、供配电、照明、电梯等，并宜包括以自成控制体系方式纳入专项设备监控系统等；

② 采集的信息宜包括温度、湿度、流量、压力、压差、液位、照度、气体浓度、电量、冷热量等建筑设备运行基础状态信息；

③ 监控模式应与建筑设备的运行工艺相适应，并应满足对实时状况监控、管理方式及管理策略等进行优化的要求；

④ 应适应相关的管理需求与公共安全系统信息关联；

⑤ 宜具有向建筑内相关集成系统提供建筑设备运行、维护管理状态等信息的条件。

（4）建筑能效监管系统应符合下列规定：

① 能耗监测的范围宜包括冷热源、供暖通风和空气调节、给水排水、供配电、照明、电梯等建筑设备，且计量数据应准确，并应符合现行有关标准的规定；

② 能耗计量的分项及类别宜包括电量、水量、燃气量、集中供暖耗热量、集中供冷耗冷量等使用状态信息；

③ 根据建筑物业管理的要求及基于对建筑设备运行能耗信息化监管的需求，应能对建筑的用能环节进行相应适度调控及供能配置适时调整；

④ 应通过对纳入能效监管系统的分项计量及监测数据统计分析和处理，提升建筑设备协调运行和优化建筑综合功能。

（5）建筑设备管理系统对支撑绿色建筑功效应符合下列规定：

① 基于建筑能效监管系统，对可再生能源实施有效利用和管理；

② 以建筑能效监管系统为基础，确保在建筑全生命期内对建筑设备运行具有辅助支撑的功能；

（6）建筑设备管理系统应满足建筑物整体管理需求，系统宜纳入智能化集成系统；

（7）系统设计应符合现行国家标准《建筑设备监控系统工程技术规范》JGJ/T 334—2014 和《绿色建筑评价标准》GB/T 50378—2015 的有关规定。

6）公共建筑安全系统

（1）公共建筑安全系统应符合下列规定：

① 应有效地应对建筑内火灾、非法侵入、自然灾害、重大安全事故等危害人们生命和财产安全的各类突发事件，并应建立应急及长效的技术防范保障体系；

② 应以人为本、主动防范、应急响应、严实可靠。

（2）公共建筑安全系统宜包括火灾自动报警系统、安全技术防范系统和应急响应系统等。

（3）火灾自动报警系统应符合下列规定：

① 应安全适用、运行可靠、维护便利；

② 应具有与建筑设备管理系统互联的信息通信接口；

③ 宜与安全技术防范系统实现互联；

④ 应作为应急响应系统的基础系统之一；

⑤ 宜纳入智能化集成系统；

⑥ 系统设计应符合现行国家标准《火灾自动报警系统设计规范》GB 50116—2013 和《建筑设计防火规范》GB 50016—2014（2018 年版）的有关规定。

（4）安全技术防范系统应符合下列规定：

① 应根据防护对象的防护等级、安全防范管理等要求，以建筑物自身物理防护为基础，运用电子信息技术、信息网络技术和安全防范技术等进行构建；

② 宜包括安全防范管理（平台）和入侵报警、视频安防监控、出入口控制、电子巡查、访客对讲、停车库（场）管理系统等；

③ 应适应数字化、网络化、平台化的发展，建立结构化架构及网络化体系；

④ 应拓展和优化公共安全管理的应用功能；

⑤ 应作为应急响应系统的基础系统之一；

⑥ 宜纳入智能化集成系统；

⑦ 系统设计应符合现行国家标准《安全防范工程技术规范》GB 50348—2014 、《入侵报警系统工程设计规范》GB 50394—2007 、《视频安防监控系统工程设计规范》GB 50395—2014 和《出入口控制系统工程设计规范》GB 50396—2007 的有关规定。

（5）应急响应系统应符合下列规定：

① 应以火灾自动报警系统、安全技术防范系统为基础。

② 应具有下列功能：

a. 对各类危及公共安全的事件进行就地实时报警；

b. 采取多种通信方式对自然灾害、重大安全事故、公共卫生事件和社会安全事件实现就地报警和异地报警；

c. 管辖范围内的应急指挥调度；

d. 紧急疏散与逃生紧急呼叫和导引；

e. 事故现场应急处置等。

③ 宜具有下列功能：

a. 接收上级应急指挥系统各类指令信息；

b. 采集事故现场信息；

c. 多媒体信息显示；

d. 建立各类安全事件应急处理预案。

④ 应配置下列措施：

a. 有线/无线通信、指挥和调度系统；

b. 紧急报警系统；

c. 火灾自动报警系统与安全技术防范系统的联动设施；

d. 火灾自动报警系统与建筑设备管理系统的联动设施；

e. 紧急广播系统与信息发布与疏散导引系统的联动设施。

⑤ 宜配置下列措施：

a. 基于建筑信息模型（BIM）的分析决策支持系统；

b. 视频会议系统；

c. 信息发布系统等。

⑥ 应急响应中心宜配置总控室、决策会议室、操作室、维护室和设备间等工作用房。

⑦ 应纳入建筑物所在区域的应急管理体系。

（6）总建筑面积大于 20000m² 的公共建筑或建筑高度超过 100m 的超高层建筑所设置

的应急响应系统，必须配置与上一级应急响应系统信息互联的通信接口。

7）机房工程

（1）智能化系统机房宜包括信息接入机房、有线电视前端机房、信息设施系统总配线机房、智能化总控室、信息网络机房、用户电话交换机房、消防控制室、安防监控中心、应急响应中心和智能化设备间（弱电间、电信间）等，并可根据工程具体情况独立配置或组合配置。

（2）机房工程的建筑设计应符合下列规定：

① 信息接入机房宜设置在便于外部信息管线引入建筑物内的位置；

② 信息设施系统总配线机房宜设于建筑的中心区域位置，并应与信息接入机房、智能化总控室、信息网络机房及用户电话交换机房等同步设计和建设；

③ 智能化总控室、信息网络机房、用户电话交换机房等应按智能化设施的机房设计等级及设备的工艺要求进行设计；

④ 当火灾自动报警系统、安全技术防范系统、建筑设备管理系统、公共广播系统等的中央控制设备集中设在智能化总控室内时，各系统应有独立工作区；

⑤ 智能化设备间（弱电间、电信间）宜独立设置，且在满足信息传输要求情况下，设备间（弱电间、电信间）宜设置于工作区域相对中部的位置；对于以建筑物楼层为区域划分的智能化设备间（弱电间、电信间），上下位置宜垂直对齐；

⑥ 机房面积应满足设备机柜（架）的布局要求，并应预留发展空间；

⑦ 信息设施系统总配线机房、智能化总控室、信息网络机房、用户电话交换机房等不应与变配电室及电梯机房贴邻布置；

⑧ 机房不应设在水泵房、厕所和浴室等潮湿场所的贴邻位置；

⑨ 设备机房不宜贴邻建筑物的外墙；

⑩ 与机房无关的管线不应从机房内穿越；

⑪ 机房各功能区的净空高度及地面承载力应满足设备的安装要求和国家现行有关标准的规定；

⑫ 机房应采取防水、降噪、隔音、抗震等措施。

（3）机房工程的结构设计应符合下列规定：

① 机房主体结构宜采用大空间及大跨度柱网结构体系；

② 机房主体结构应具有防火、避免温度变形和抗不均匀沉降的性能，机房不应穿过变形缝和伸缩缝；

③ 对于安置主机和存放数据存储设备的机房，主体结构抗震等级宜比该建筑物整体抗震等级提高一级；

④ 对于改建或扩建的机房，应在对原建筑物进行结构检测和抗震鉴定后进行抗震设计。

（4）机房工程的通风和空气调节设计系统应符合下列规定：

① 机房内的温度、湿度等应满足设备的使用要求；

② 应符合国家现行有关机房设计的等级标准；

③ 当机房设置专用空气调节系统时，应设置具有可自动调节方式的控制装置，并应预留室外机组的安装位置；

④ 宜为纳入机房综合管理系统预留条件。

（5）机房工程的供配电系统设计应符合下列规定：

① 应满足机房设计等级及设备用电负荷等级的要求；

② 电源质量应符合现行国家有关标准的规定和所配置设备的要求；

③ 设备的电源输入端应设防雷击电磁脉冲（LEMP）的保护装置；

④ 宜为纳入机房综合管理系统预留条件。

（6）机房工程紧急广播系统备用电源的连续供电时间，必须与消防疏散指示标志照明备用电源的连续供电时间一致。

（7）机房工程的照明系统设计应符合下列规定：

① 应满足各工作区照度标准值的要求；

② 照明灯具应采用无眩光荧光灯具及节能灯具；

③ 宜具有自动调节方式的控制装置；

④ 宜为纳入机房综合管理系统预留条件。

（8）机房工程接地设计应符合下列规定：

① 当机房采用建筑物共用接地装置时，接地电阻值应按接入设备中要求的最小值确定；

② 当机房采用独立接地时，接地电阻值应符合国家现行有关标准的规定和所配置设备的要求；

③ 机房内应设专用局部等电位联结装置。

（9）机房工程的防静电设计应符合下列规定：

① 机房的主机房和辅助工作区的地板或地面应设置具有静电泄放的接地装置；

② 电子信息系统机房内所有设备的金属外壳、各类金属管（槽）和构件等应进行等电位联结并接地。

（10）机房工程的安全系统设计应符合下列规定：

① 应设置与机房管理相配套的火灾自动报警和安全技术防范设施；

② 应满足机房设计等级要求，并应符合国家现行有关标准的规定；

③ 宜为纳入机房综合管理系统预留条件。

（11）信息网络机房、应急响应中心等机房宜根据建筑功能、机房规模、设备状况及机房的建设要求等，配置机房综合管理系统，并宜具备机房基础设施运行监控、环境设施综合管理、信息设施服务管理等功能。机房综合管理系统应符合下列规定：

① 应满足机房设计等级要求，对机房内能源、安全、环境等基础设施进行监控；

② 应满足机房运营及管理的要求，对机房内各类设施的能耗及环境状态信息予以采集、分析等监督；

③ 应满足建筑业务专业功能的需求，并应对机房信息设施系统的运行进行监管等。

（12）机房工程设计应符合现行国家标准《电子信息系统机房设计规范》GB 50174—2017、《建筑电子信息系统防雷术规范》GB 50343—2012、《电磁环境控制限值》GB 8702—2012 的有关规定。

211. "住宅建筑"的智能设计要求有哪些？

1）《智能建筑设计标准》GB 50314—2015 指出（摘编）：

（1）住宅建筑智能化系统工程应符合下列规定：

① 应适应生态、环保、健康的绿色居住需求；

② 应营造以人为本，安全、便利的家居环境；

③ 应满足住宅建筑物业的规范化运营管理要求。

（2）住宅建筑智能化系统应按表 1-390 的规定配置，并应符合现行行业标准《住宅建筑电气设计规范》JGJ 242—2011 的有关规定。

住宅建筑智能化系统配置表

表 1-390

智能化系统			非超高层住宅建筑	超高层住宅建筑
信息化应用系统		公共服务系统	□	□
		智能卡应用系统	□	□
		物业管理系统	□	※
智能化集成系统		智能化信息集成（平台）系统	□	□
		集成信息应用系统	□	□
信息设施系统		信息接入系统	※	※
		布线系统	※	※
		移动通信室内信号覆盖系统	※	※
		无线对讲系统	□	□
		信息网络系统	※	※
		有线电视系统	※	※
		公共广播系统	□	□
		信息导引及发布系统	□	□
建筑设备管理系统		建筑设备监控系统	□	□
		建筑能效监管系统	○	○
公共安全系统		火灾自动报警系统		
	安全技术防范系统	入侵报警系统	按国家现行有关标准进行配置	
		视频安防监控系统		
		出入口控制系统		
		电子巡查系统		
		访客对讲系统		
		停车库（场）管理系统	□	□
机房工程		信息接入机房	※	※
		有线电视前端机房	※	※
		信息设施系统总配线机房	※	※
		智能化总控室	※	※
		消防控制室	□	※
		安防监控中心	※	※
		智能化设备间（弱电间）	※	※

注：1. 超高层住宅建筑指的是建筑高度为 100m 或 35 层及 35 层以上的住宅建筑。

　　2. ※为应配置；□为宜配置；○为可配置。

2)《住宅室内装饰装修设计规范》JGJ 367—2015 规定：

(1) 当弱电工程增加新的内容时，不应影响原有功能，不得影响与整幢建筑或整个小区的联动。

(2) 每套住宅应设置信息配电箱，当箱内安装集线器（HUB）、无线路由器或其他电源设备时，箱内应预留电源插座。

(3) 信息配电箱宜嵌墙安装，安装高度宜为 0.50m，当与分户配电箱等高度安装时，其间距不应小于 500mm。

(4) 当电话插口和网络插口并存时，宜采用双孔信息插座。

(5) 套内各功能空间宜合理布置各类弱电插座及配套线路，且各类弱电插座及线路的数量应满足现行国家标准《住宅设计规范》GB 50096—2011 的相关规定。

212. "办公建筑"的智能设计要求有哪些?

1)《智能建筑设计标准》GB 50314—2015 指出：办公建筑包括通用办公建筑和行政办公建筑两大类型。

(1) 办公建筑智能化系统工程应符合下列规定：

① 应满足办公业务信息化的应用需求；

②应具有高效办公环境的基础保障；

③应满足办公建筑物业规范化运营管理的需要。

(2) 通用办公建筑（摘编）

通用办公建筑智能化系统应按表 1-391 的规定配置。

通用办公建筑智能化系统配置表 表 1-391

智能化系统		普通办公建筑	商务办公建筑
信息化应用系统	公共服务系统	※	※
	智能卡应用系统	※	※
	物业管理系统	※	※
	信息设施运行管理系统	□	※
	信息安全管理系统	□	※
	通用业务系统　基本业务办公系统	按国家现行有关标准进行配置	
	专业业务系统　专业办公系统		
智能化集成系统	智能化信息集成(平台)系统	□	※
	集成信息应用系统	□	※
信息设施系统	信息接入系统	※	※
	布线系统	※	※
	移动通信室内信号覆盖系统	※	※
	用户电话交换系统	□	□
	无线对讲系统	□	□
	信息网络系统	※	※
	有线电视系统	※	※

续表

智能化系统		普通办公建筑	商务办公建筑
信息设施系统	卫星电视接收系统	○	□
	公共广播系统	※	※
	会议系统	※	※
	信息导引及发布系统	※	※
	时钟系统	○	□
建筑设备管理系统	建筑设备监控系统	※	※
	建筑能效监管系统	□	□
公共安全系统	火灾自动报警系统		
	安全技术防范系统　入侵报警系统	按国家现行有关标准进行配置	
	安全技术防范系统　视频安防监控系统		
	安全技术防范系统　出入口控制系统		
	安全技术防范系统　电子巡查系统		
	安全技术防范系统　访客对讲系统		
	停车库(场)管理系统	□	※
	安全防范综合管理(平台)系统	□	※
	应急响应系统	○	□
机房工程	信息接入机房	※	※
	有线电视前端机房	※	※
	信息设施系统总配线机房	※	※
	智能化总控室	※	※
	信息网络机房	□	※
	用户电话交换机房	□	□
	消防控制室	※	※
	安防监控中心	※	※
	应急响应中心	○	□
	智能化设备间(弱电间)	※	※
	机房安全系统	按国家现行有关标准进行配置	
	机房综合管理系统	○	□

注：※为应配置；□为宜配置；○为可配置。

（3）行政办公建筑（摘编）

行政办公建筑智能化系统应按表1-392的规定配置。

行政办公建筑智能化系统配置表　　　　　　　　　　表 1-392

智能化系统		其他职级职能办公建筑	城市级职能办公建筑	省部级及以上职能办公建筑
信息化应用系统	公共服务系统	□	※	※
	智能卡应用系统	※	※	※

智能化系统		其他职级职能办公建筑	城市级职能办公建筑	省部级及以上职能办公建筑
信息化应用系统	物业管理系统	□	※	※
	信息设施运行管理系统	□	※	※
	信息安全管理系统	※	※	※
	通用业务系统 基本业务办公系统	按国家现行有关标准进行配置		
	专业业务系统 行政工作业务系统			
智能化集成系统	智能化信息集成(平台)系统	○	□	※
	集成信息应用系统	○	□	※
信息设施系统	信息接入系统	※	※	※
	布线系统	※	※	※
	移动通信室内信号覆盖系统	※	※	※
	用户电话交换系统	□	※	※
	无线对讲系统	□	※	※
	信息网络系统	※	※	※
	有线电视系统	※	※	※
	公共广播系统	※	※	※
	会议系统	※	※	※
	信息导引及发布系统	□	※	※
建筑设备管理系统	建筑设备监控系统	□	※	※
	建筑能效监管系统	□	※	※
公共安全系统	火灾自动报警系统	按国家现行有关标准进行配置		
	安全技术防范系统 入侵报警系统			
	视频安防监控系统			
	出入口控制系统			
	电子巡查系统			
	访客对讲系统			
	停车库(场)管理系统	□	※	※
	安全防范综合管理(平台)系统	□	※	※
	应急响应系统	□	※	※
机房工程	信息接入机房	※	※	※
	有线电视前端机房	※	※	※
	信息设施系统总配线机房	※	※	※
	智能化总控室	※	※	※
	信息网络机房	□	※	※
	用户电话交换机房	□	※	※
	消防控制室	※	※	※

429

续表

智能化系统		其他职级职能办公建筑	城市级职能办公建筑	省部级及以上职能办公建筑
机房工程	安防监控中心	※	※	※
	应急响应中心	□	※	※
	智能化设备间（弱电间）	※	※	※
	机房安全系统	按国家现行有关标准进行配置		
	机房综合管理系统	□	※	※

注：※为应配置；□为宜配置；○为可配置。

2)《办公建筑设计标准》JGJ/T 67—2019 指出，建筑智能化应符合下列规定：

(1) 办公建筑智能化设计应符合现行国家标准《智能建筑设计标准》GB 50314—2015 的规定。

(2) 办公建筑的电子信息系统防雷设计应按现行国家标准《建筑物电子信息系统防雷技术规范》GB 50348—2012 执行。

(3) 办公建筑内通信设施的设计，应满足多家电信业务经营者平等接入、用户可自由选择电信业务经营者的要求。

(4) 新建办公建筑的地下通信管道、配线管网、电信间、设备间等通信设施，必须和办公建筑同步建设。

(5) 办公建筑应设有信息网络系统，满足办公业务信息化应用的需求。

(6) 信息通信网络系统的布线应采用综合布线系统，满足语音、数据、图像等信息传输要求，当有条件时可采用全光纤布线系统。

(7) 办公建筑宜设置建筑设备监控系统、能耗监测系统。

(8) 办公建筑应设置安全技术防范系统，安全技术防范系统的设计应符合现行国家标准《安全防范工程技术标准》GB 50348—2018 的规定。

213. "旅馆建筑"的智能设计要求有哪些？

1)《智能建筑设计标准》GB 50314—2015 指出（摘编）：

(1) 旅馆建筑智能化系统工程应符合下列规定：

① 应满足旅馆业务经营的需求；

② 应提升旅馆经营及服务的质量；

③ 应满足旅馆建筑物业规范化运营管理的需要。

(2) 旅馆建筑智能化系统应按表 1-393 的规定配置。

旅馆建筑智能化系统配置表   表 1-393

智能化系统		其他服务等级旅馆	三星及四星级服务等级旅馆	五星级及以上服务等级旅馆
信息化应用系统	公共服务系统	□	※	※
	智能卡应用系统	※	※	※
	物业管理系统	□	※	※

智能化系统			其他服务等级旅馆	三星及四星级服务等级旅馆	五星级及以上服务等级旅馆
信息化应用系统	信息设施运行管理系统		○	□	※
	信息安全管理系统		□	※	※
	通用业务系统	基本旅馆经营管理系统	按国家现行有关标准进行配置		
	专业业务系统	星级酒店经营管理系统			
智能化集成系统	智能化信息集成(平台)系统		□	※	※
	集成信息应用系统		□	※	※
信息设施系统	信息接入系统		※	※	※
	布线系统		※	※	※
	移动通信室内信号覆盖系统		※	※	※
	用户电话交换系统		※	※	※
	无线对讲系统		□	※	※
	信息网络系统		※	※	※
	有线电视系统		※	※	※
	卫星电视接收系统		○	□	※
	公共广播系统		※	※	※
	会议系统		○	□	※
	信息导引及发布系统		□	※	※
	时钟系统		○	□	※
建筑设备管理系统	建筑设备监控系统		□	※	※
	建筑能效监管系统		□	※	※
	客房集控系统		□	※	※
公共安全系统	火灾自动报警系统		按国家现行有关标准进行配置		
	安全技术防范系统	入侵报警系统			
		视频安防监控系统			
		出入口控制系统			
		电子巡查系统			
		停车库(场)管理系统	□	※	※
	安全防范综合管理(平台)系统		○	□	※
	应急响应系统		○	□	※
机房工程	信息接入机房		※	※	※
	有线电视前端机房		※	※	※
	信息设施系统总配线机房		※	※	※
	智能化总控室		※	※	※
	信息网络机房		□	※	※
	用户电话交换机房		※	※	※

续表

智能化系统		其他服务等级旅馆	三星及四星级服务等级旅馆	五星级及以上服务等级旅馆
机房工程	消防控制室	※	※	※
	安防监控中心	※	※	※
	应急响应中心	○	□	※
	智能化设备间（弱电间）	※	※	※
	机房安全系统	按国家现行有关标准进行配置		
	机房综合管理系统	○	□	※

注：※为应配置；□为宜配置；○为可配置。

2)《旅馆建筑设计规范》JGJ 62—2014 规定（摘编）：

（1）旅馆建筑应设置安全防范系统，除应符合现行国家标准《安全防范工程技术规范》GB 50348—2014 的规定外，还应符合下列规定：

① 三级及三级以上旅馆建筑客房走廊应设置视频安防监控摄像机，一级和二级旅馆建筑客房走廊宜设置视频安防监控摄像机；

② 重点部位宜设置入侵报警及出入口控制系统；

③ 地下停车场宜设置停车场管理系统；

④ 在安全疏散通道上设置的出入口控制系统应与火灾自动报警系统联动。

（2）旅馆建筑的通信和信息网络宜采用综合布线系统，除应符合现行国家标准《综合布线系统工程技术规范》GB 50311—2016 的规定外，还应符合下列规定：

① 三级及三级以上旅馆建筑宜设置自动程控交换机；

② 每间客房应装设电话和信息网络插座，四级及四级以上旅馆建筑客房的卫生间应设置电话副机；

③ 旅馆建筑的门厅、餐厅、宴会厅等公共场所及各设备用房值班室应设电话分机；

④ 三级及三级以上旅馆建筑的大堂会客区、多功能厅、会议室等公共区域宜设置信息无线网络系统；

⑤ 当旅馆建筑室内存在移动通信的弱区和盲区时，应设置移动通信信号增强系统。

（3）旅馆建筑宜设置计算机经营管理系统。四级及四级以上旅馆建筑宜设置客房管理系统。

（4）三级旅馆建筑宜设公共广播系统，四级及四级以上旅馆建筑应设公共广播系统。旅馆建筑应设置有线电视系统，四级及四级以上旅馆建筑宜设置卫星电视接收系统和自办节目或视频点播（VOD）系统。

（5）四级及四级以上旅馆建筑应设置建筑设备监控系统。

（6）旅馆建筑的会议室、多功能厅宜设置电子会议系统，并可根据需要设置同声传译系统。

214. "文化建筑"的智能设计要求有哪些？

《智能建筑设计标准》GB 50314—2015 指出：文化建筑包括图书馆建筑、档案馆建筑、文化馆建筑等。

1）文化建筑智能化系统工程应符合下列规定：

（1）应满足文献资料信息的采集、加工、利用和安全防护等要求；

（2）应具有为读者、公众提供文化学习和文化服务的能力；

（3）应满足文化建筑物业规范化运营管理的需要。

2）图书馆建筑（摘编）

（1）《智能建筑设计标准》GB 50314—2015 规定：

① 图书馆建筑智能化系统应按表 1-394 的规定配置。

图书馆建筑智能化系统配置表　　　　　　　　　　　表 1-394

智能化系统			专门图书馆	科研图书馆	高等学校图书馆	公共图书馆
信息化应用系统	公共服务系统		□	※	※	※
	智能卡应用系统		※	※	※	※
	物业管理系统		□	□	※	※
	信息设施运行管理系统		□	※	※	※
	信息安全管理系统		※	※	※	※
	通用业务系统	基本业务办公系统	按相应管理等级要求配置			
	专业业务系统	图书馆数字化管理系统				
智能化集成系统	智能化信息集成(平台)系统		○	□	※	※
	集成信息应用系统		○	□	※	※
信息设施系统	信息接入系统		※	※	※	※
	布线系统		※	※	※	※
	移动通信室内信号覆盖系统		※	※	※	※
	用户电话交换系统		□	※	※	※
	无线对讲系统		□	□	※	※
	信息网络系统		※	※	※	※
	有线电视系统		※	※	※	※
	公共广播系统		※	※	※	※
	会议系统		□	□	※	※
	信息导引及发布系统		※	※	※	※
建筑设备管理系统	建筑设备监控系统		□	□	※	※
	建筑能效监管系统		□	□	※	※
公共安全系统		火灾自动报警系统	按国家现行有关标准进行配置			
	安全技术防范系统	入侵报警系统				
		视频安防监控系统				
		出入口控制系统				
		电子巡查系统				
		安全检查系统				
		停车库(场)管理系统	□	□	※	※
	安全防范综合管理(平台)系统		○	□	※	※

智能化系统		专门图书馆	科研图书馆	高等学校图书馆	公共图书馆
机防工程	信息接入机房	※	※	※	※
	有线电视前端机房	※	※	※	※
	信息设施系统总配线机房	※	※	※	※
	智能化总控室	※	※	※	※
	信息网络机房	□	※	※	※
	用户电话交换机房	□	※	※	※
	消防控制室	※	※	※	※
	安防监控中心	※	※	※	※
	智能化设备间(弱电间)	※	※	※	※
	机房安全系统	按国家现行有关标准进行配置			
	机房综合管理系统	○	□	※	※

注：※为应配置；□为宜配置；○为可配置。

(2)《图书馆建筑设计规范》JGJ 38—2015 规定（摘编）：

① 图书馆应设置由主干网、局域网、信息点组成的计算机网络系统。信息点的布局应根据阅览座席、业务工作的需要确定。有条件时，可设置局域无线网络系统。

② 图书馆应设置综合布线系统。综合布线系统宜与电子信息、办公自动化、通信自动化等设施统一设计。

③ 图书馆应设电话系统，在入口大厅、检索厅、出纳厅等公共区域应设置公共电话。并应根据需要设置有线电视、卫星接收及微波通信系统。

④ 图书馆应设置开、闭馆音响讯号装置，并宜设置公共广播系统。

⑤ 总藏书量超过 100 万册的图书馆应在主要出入口、书库、阅览室、重要设备室、电子信息系统机房等处设置出入口控制系统、入侵报警系统、视频监控系统及电子巡查系统。总藏书量在 100 万册及以下的图书馆建筑宜设置安全防范系统。

⑥ 图书馆宜设置信息发布及信息查询系统。信息显示装置宜设置在入口大厅、休息厅等处；自助信息查询终端宜设置入口大厅、出纳厅、阅览室等处。

⑦ 图书馆建筑宜设置建筑设备监控系统。

⑧ 图书馆内 100 座及以上规模的报告厅应设置扩音系统、视频显示系统及相关控制系统。

⑨ 图书馆建筑火灾自动报警系统及应急广播系统的设计应按现行国家标准《火灾自动报警系统设计规范》GB 50116—2013 的有关规定执行。

3）档案馆建筑（摘编）

档案馆建筑智能化系统应按表 1-395 的规定配置。

档案馆建筑智能化系统配置表　　　　表 1-395

智能化系统			乙级档案馆	甲级档案馆	特级档案馆
信息化应用系统		公共服务系统	□	※	※
		智能卡应用系统	□	※	※
		物业管理系统	○	□	※
		信息设施运行管理系统	○	□	※
		信息安全管理系统	□	□	※
	通用业务系统	基本业务办公系统			
	专业业务系统	档案工作业务系统	按相关管理等级要求配置		
智能化集成系统		智能化信息集成（平台）系统			
		集成信息应用系统	○	□	※
信息设施系统		信息接入系统	※	※	※
		布线系统	※	※	※
		移动通信室内信号覆盖系统	※	※	※
		用户电话交换系统	□	※	※
		无线对讲系统	□	※	※
		信息网络系统	※	※	※
		有线电视系统	※	※	※
		公共广播系统	※	※	※
		会议系统	○	□	※
		信息导引及发布系统	○	□	※
建筑设备管理系统		建筑设备监控系统	□	※	※
		建筑能效监管系统	□	※	※
公共安全系统		火灾自动报警系统			
	安全技术防范系统	入侵报警系统	按国家现行有关标准进行配置		
		视频安防监控系统			
		出入口控制系统			
		电子巡查系统			
		安全检查系统			
		停车库（场）管理系统	□	※	※
		安全防范综合管理（平台）系统	○	□	※
机防工程		信息接入机房	※	※	※
		有线电视前端机房	※	※	※
		信息设施系统总配线机房	※	※	※
		智能化总控室	※	※	※
		信息网络机房	□	※	※
		用户电话交换机房	□	※	※
		消防控制室	※	※	※

智能化系统		乙级档案馆	甲级档案馆	特级档案馆
机防工程	安防监控中心	※	※	※
	智能化设备间(弱电间)	※	※	※
	机房安全系统	按国家现行有关标准进行配置		
	机房综合管理系统	○	□	※

注：※为应配置；□为宜配置；○为可配置。

4）文化馆（摘编）

文化馆建筑智能化系统应按表 1-396 的规定配置。

文化馆建筑智能化系统配置表 表 1-396

智能化系统			小型文化馆	中型文化馆	大型文化馆
信息化应用系统	公共服务系统		□	※	※
	智能卡应用系统		□	※	※
	物业管理系统		○	□	※
	信息设施运行管理系统		○	□	※
	信息安全管理系统		□	□	※
	通用业务系统	基本业务办公系统	按国家现行有关标准进行配置		
	专业业务系统	文化馆信息化管理系统			
智能化集成系统	智能化信息集成(平台)系统		○	□	※
	集成信息应用系统		○	□	※
信息设施系统	信息接入系统		※	※	※
	布线系统		※	※	※
	移动通信室内信号覆盖系统		※	※	※
	用户电话交换系统		□	※	※
	无线对讲系统		□	※	※
	信息网络系统		※	※	※
	有线电视系统		※	※	※
	公共广播系统		※	※	※
	会议系统		□	※	※
	信息导引及发布系统		□	※	※
建筑设备管理系统	建筑设备监控系统		□	□	※
	建筑能效监管系统		□	□	※
公共安全系统	火灾自动报警系统				
	安全技术防范系统	入侵报警系统	按国家现行有关标准进行配置		
		视频安防监控系统			
		出入口控制系统			
		电子巡查系统			
		安全检查系统			
	停车库(场)管理系统		○	□	※
	安全防范综合管理(平台)系统		○	□	※

续表

智能化系统		小型文化馆	中型文化馆	大型文化馆
机防工程	信息接入机房	※	※	※
	有线电视前端机房	※	※	※
	信息设施系统总配线机房	※	※	※
	智能化总控室	※	※	※
	信息网络机房	□	※	※
	用户电话交换机房	□	※	※
	消防控制室	※	※	※
	安防监控中心	※	※	※
	智能化设备间(弱电间)	※	※	※
	机房安全系统	按国家现行有关标准进行配置		
	机房综合管理系统	○	□	※

注：※为应配置；□为宜配置；○为可配置。

215. "博物馆建筑"的智能设计要求有哪些?

1)《智能建筑设计标准》GB 50314—2015 指出（摘编）:

(1) 博物馆建筑智能化系统工程应符合下列规定:

① 应适应对文献和文物的展示、查阅、陈列、学研等应用需求;

② 应适应博览物品向公众展示信息化的发展;

③ 应满足博物馆建筑物业规范化运营管理的需要。

(2) 博物馆建筑智能化系统应按表 1-397 的规定配置。

博物馆建筑智能化系统配置表　　　　表 1-397

智能化系统		小型博物馆	中型博物馆	大型博物馆
信息化应用系统	公共服务系统	□	※	※
	智能卡应用系统	□	※	※
	物业管理系统	○	□	※
	信息设施运行管理系统	○	□	※
	信息安全管理系统	○	□	※
	通用业务系统　　基本业务办公系统	按相关管理等级要求配置		
	专业业务系统　　博物馆业务信息化系统			
智能化集成系统	智能化信息集成(平台)系统	○	□	※
	集成信息应用系统	○	□	※
信息设施系统	信息接入系统	※	※	※
	布线系统	※	※	※
	移动通信室内信号覆盖系统	※	※	※
	用户电话交换系统	□	※	※
	无线对讲系统	□	※	※

续表

智能化系统		小型博物馆	中型博物馆	大型博物馆
信息设施系统	信息网络系统	※	※	※
	有线电视系统	※	※	※
	公共广播系统	□	※	※
	会议系统	□	※	※
	信息导引及发布系统	□	※	※
建筑设备管理系统	建筑设备监控系统	□	※	※
	建筑能效监管系统	□	※	※
公共安全系统	火灾自动报警系统			
	安全技术防范系统 入侵报警系统		按国家现行有关标准进行配置	
	视频安防监控系统			
	出入口控制系统			
	电子巡查系统			
	安全检查系统			
	停车库(场)管理系统	□	□	※
	安全防范综合管理(平台)系统	○	□	※
机防工程	信息接入机房	※	※	※
	有线电视前端机房	※	※	※
	信息设施系统总配线机房	※	※	※
	智能化总控室	※	※	※
	信息网络机房	○	※	※
	用户电话交换机房	□	※	※
	消防控制室	※	※	※
	安防监控中心	※	※	※
	智能化设备间(弱电间)	※	※	※
	机房安全系统	按国家现行有关标准进行配置		
	机房综合管理系统	○	□	※

注：※为应配置；□为宜配置；○为可配置。

2)《博物馆建筑设计规范》JGJ 66—2015 规定：

（1）博物馆建筑智能化系统应按现行国家标准《民用建筑电气设计规范》JGJ 16—2008 和《智能建筑设计标准》GB 50314—2015 的有关规定执行，并应符合下列规定：

① 应根据博物馆的建筑规模、使用功能、管理要求、建设投资等实际情况，选择配置相应的智能化系统。

② 应满足面向社会公众的展示、文化传播、教学研究和资料存储等信息化应用的需求。

③ 应建立满足博物馆藏（展）品的展示、库藏和运输的公共安全防护体系，以及应对突发事件的应急防范措施。

④ 大中型及以上博物馆建筑的弱电缆线宜采用低烟无卤阻燃型,并应采用暗敷方式敷设在金属导管或线槽中;遗址博物馆、古建筑改建的博物馆可采用明敷的方式。

(2) 博物馆建筑的信息设施系统应符合下列规定:

① 在公众区域、业务与研究用房、行政管理区、附属用房等处应设置综合布线系统信息点。

② 陈列展览区、藏品库区的门口宜设置对讲机。

(3) 博物馆建筑的信息化应用系统应符合下列规定:

① 公众区域应设置多媒体信息显示、信息查询和无障碍信息查询终端。

② 宜设置语音导览系统,支持数码点播或自动感应播放的功能。

③ 博物馆的藏品和展示宜实施电子标签。

④ 宜建立数字化博物馆网站和声讯服务系统。

(4) 博物馆建筑的公共安全系统应符合下列规定:

① 应设置火灾自动报警系统和入侵报警系统,并应符合现行国家标准《火灾自动报警系统设计规范》GB 50116—2013 和《入侵报警系统工程设计规范》GB 50394—2007 的相关规定。

② 藏品库房内应根据不同场所设置感烟或感温探测器,并宜设置灵敏度高的吸气式感烟器。

③ 展柜内宜根据保护对象的需求,设置感温探测器。

④ 大中型及以上规模的博物馆建筑及木质结构古建筑应设置电气火灾监控系统。

⑤ 典藏、保护、展示有关历史、文化、艺术、自然科学、技术方面的文物、标本等实物的博物馆应符合现行国家标准《文物系统博物馆风险等级和安全防护级别的规定》GA 27—2016 和《博物馆和文物保护单位安全防范系统的要求》GB/T 16571—2012 的规定。

⑥ 非典藏、保护、展示有关历史、文化、艺术、自然科学、技术方面的文物、标本等实物的博物馆应符合现行国家标准《视频安防监控系统工程设计规范》GB 50395—2014 和《出入口监控系统工程设计规范》GB 50396—2007 的有关规定。

⑦ 安全技术防范系统的监控应能适应陈列设计、布展功能调整的需要。

⑧ 敞开式珍贵展品的陈列展览应设置触摸报警、电子幕帘、防盗探测、视频侦测、移动报警等目标防护技术措施。

⑨ 珍贵文物、贵重藏品在装卸区、拆箱(包)间、暂存库、周转库、缓冲间、鉴赏室等的藏(展)品停放、交接、进出库应有全过程、多方位的视频监控。

⑩ 藏品库区、陈列展览区、藏品技术区应设置出入口控制系统。业务与研究用房、行政管理用房、强电间、弱电间宜设置出入口监控系统。

⑪ 观众主入口处宜设置防暴安检和体温探测装置,各陈列展览区入口宜设置客流分析系统。

(5) 博物馆建筑的设备监控系统应符合下列规定:

① 应根据观众流量对公众区域的温湿度和新风量进行自动调节,并对空气中二氧化碳、硫化物的含量进行监测。

② 应具有对熏蒸、清洗、干燥、修复等区域产生的有害气体进行实时监控的功能。

③ 展柜、陈列展览区和藏品库区应设置温湿度数据采集点。

④ 藏品库房、信息中心应设置漏水报警系统。

（6）博物馆建筑应设置博物馆信息管理系统，并宜与智能化集成系统构成信息管理共享平台。

216. "观演建筑"的智能设计要求有哪些?

《智能建筑设计标准》GB 50314—2015 指出：观演建筑包括剧场建筑、电影院建筑、广播电视服务建筑。

1）观演建筑智能化系统工程应符合下列规定：

（1）应适应观演业务信息化运行的要求；

（2）应具备观演建筑业务设施基础保障的条件；

（3）应满足观演建筑物业规范化运营管理的需要。

2）剧场（摘编）

剧场智能化系统应按表 1-398 的规定配置。

剧场建筑智能化系统配置表　　　　　　　　　　　　表 1-398

智能化系统			小型剧场	中型剧场	大型剧场	特大型剧场
信息化应用系统		公共服务系统	□	※	※	※
		智能卡应用系统	※	※	※	※
		物业管理系统	□	□	※	※
		信息设施运行管理系统	○	□	※	※
		信息安全管理系统	○	□	※	※
	通用业务系统	基本业务办公系统	按国家现行有关标准进行配置			
	专业业务系统	舞台监督通信指挥系统				
		舞台监视系统				
		票务管理系统				
		自助寄存系统				
智能化集成系统		智能化信息集成(平台)系统	○	□	※	※
		集成信息应用系统	○	□	※	※
信息设施系统		信息接入系统	※	※	※	※
		布线系统	※	※	※	※
		移动通信室内信号覆盖系统	※	※	※	※
		用户电话交换系统	○	□	※	※
		无线对讲系统	○	□	※	※
		信息网络系统	※	※	※	※
		有线电视系统	□	※	※	※
		公共广播系统	※	※	※	※
		会议系统	□	□	※	※
		信息导引及发布系统	□	※	※	※

续表

智能化系统			小型剧场	中型剧场	大型剧场	特大型剧场
建筑设备管理系统	建筑设备监控系统		○	□	※	※
	建筑能效监管系统		○	□	※	※
公共安全系统	安全技术防范系统	火灾自动报警系统	按国家现行有关标准进行配置			
		入侵报警系统				
		视频安防监控系统				
		出入口控制系统				
		电子巡查系统				
		安全检查系统				
		停车库(场)管理系统	○	□	※	※
	安全防范综合管理(平台)系统		○	□	※	※
机防工程	信息接入机房		※	※	※	※
	有线电视前端机房		※	※	※	※
	信息设施系统总配线机房		※	※	※	※
	智能化总控室		※	※	※	※
	信息网络机房		□	※	※	※
	用户电话交换机房		○	□	※	※
	消防控制室		※	※	※	※
	安防监控中心		※	※	※	※
	智能化设备间(弱电间)		○	※	※	※
	机房安全系统		按国家现行有关标准进行配置			
	机房综合管理系统		○	□	※	※

注：※为应配置；□为宜配置；○为可配置。

3）电影院（摘编）

电影院智能化系统应按表 1-399 的规定配置。

电影院建筑智能化系统配置表 表 1-399

智能化系统			小型电影院	中型电影院	大型电影院	特大型电影院
信息化应用系统	公共服务系统		□	※	※	※
	智能卡应用系统		※	※	※	※
	物业管理系统		□	※	※	※
	信息安全管理系统		○	□	※	※
	通用业务系统	基本业务办公系统	按国家现行有关标准进行配置			
	专业业务系统	票务管理系统				
		自助寄存系统				
智能化集成系统	智能化信息集成(平台)系统		○	□	※	※
	集成信息应用系统		○	□	※	※

续表

智能化系统		小型电影院	中型电影院	大型电影院	特大型电影院
信息设施系统	信息接入系统	※	※	※	※
	布线系统	※	※	※	※
	移动通信室内信号覆盖系统	※	※	※	※
	用户电话交换系统	○	□	※	※
	无线对讲系统	○	□	※	※
	信息网络系统	※	※	※	※
	有线电视系统	※	※	※	※
	公共广播系统	□	□	※	※
	信息导引及发布系统	※	※	※	※
建筑设备管理系统	建筑设备监控系统	○	□	※	※
	建筑能效监管系统	○	□	※	※
公共安全系统	火灾自动报警系统	按国家现行有关标准进行配置			
	安全技术防范系统 — 入侵报警系统				
	视频安防监控系统				
	出入口控制系统				
	电子巡查系统				
	安全检查系统				
	停车库(场)管理系统	○	□	※	※
	安全防范综合管理(平台)系统	○	□	※	※
机防工程	信息接入机房	※	※	※	※
	有线电视前端机房	※	※	※	※
	信息设施系统总配线机房	※	※	※	※
	智能化总控室	※	※	※	※
	信息网络机房	□	※	※	※
	用户电话交换机房	○	□	※	※
	消防控制室	※	※	※	※
	安防监控中心	※	※	※	※
	智能化设备间(弱电间)	※	※	※	※
	机房安全系统	按国家现行有关标准进行配置			
	机房综合管理系统	○	□	※	※

注：※为应配置；□为宜配置；○为可配置。

4）广播电视业务建筑（摘编）

广播电视业务建筑智能化系统应按表1-400的规定配置。

广播电视业务建筑智能化系统配置表　　　　　表 1-400

智能化系统			区、县级广电业务建筑	地、市级广电业务建筑	省、部级及以上广电业务建筑
信息化应用系统	公共服务系统		□	※	※
	智能卡应用系统		※	※	※
	物业管理系统		□	※	※
	信息设施运行管理系统		○	□	※
	信息安全管理系统		□	※	※
	通用业务系统	基本业务办公系统	按国家现行有关标准进行配置		
	专业业务系统	广播、电视业务信息化系统			
		演播室内部通话系统			
		演播室内部监视系统			
		演播室内部监听系统			
智能化集成系统	智能化信息集成(平台)系统		□	※	※
	集成信息应用系统		□	※	※
信息设施系统	信息接入系统		※	※	※
	布线系统		※	※	※
	移动通信室内信号覆盖系统		※	※	※
	用户电话交换系统		□	※	※
	无线对讲系统		※	※	※
	信息网络系统		※	※	※
	有线电视系统		※	※	※
	卫星电视接收系统		□	※	※
	公共广播系统		□	※	※
	会议系统		※	※	※
	信息导引及发布系统		□	※	※
	时钟系统		□	※	※
建筑设备管理系统	建筑设备监控系统		□	※	※
	建筑能效监管系统		□	※	※
公共安全系统	火灾自动报警系统		按国家现行有关标准进行配置		
	安全技术防范系统	入侵报警系统			
		视频安防监控系统			
		出入口控制系统			
		电子巡查系统			
		访客对讲系统			
	停车库(场)管理系统		○	□	※
	安全防范综合管理(平台)系统		○	□	※

智能化系统		区、县级广电业务建筑	地、市级广电业务建筑	省、部级及以上广电业务建筑
机防工程	信息接入机房	※	※	※
	有线电视前端机房	※	※	※
	信息设施系统总配线机房	※	※	※
	智能化总控室	※	※	※
	信息网络机房	※	※	※
	用户电话交换机房	□	※	※
	消防控制室	※	※	※
	安防监控中心	※	※	※
	应急响应中心	○	□	※
	智能化设备间（弱电间）	※	※	※
	机房安全系统	按国家现行有关标准进行配置		
	机房综合管理系统	○	□	※

注：※为应配置；□为宜配置；○为可配置。

217. "会展建筑"的智能设计要求有哪些?

1)《智能建筑设计标准》GB 50314—2015 指出（摘编）：

（1）会展建筑智能化系统工程应符合下列规定：

① 应适应对展区和展物的布设及展示、会务及交流等的需求；

② 应适应信息化综合服务功能的发展；

③ 应满足会展建筑物业规范化运营管理的需要。

（2）会展建筑智能化系统应按表 1-401 的规定配置，并应符合现行行业标准《会展建筑电气设计规范》JGJ 333—2014 的有关规定。

会展建筑智能化系统配置表　　　　　　　　　　表 1-401

智能化系统			小型会展中心	中型会展中心	大型会展中心	特大型会展中心
信息化应用系统	公共服务系统		□	※	※	※
	智能卡应用系统		※	※	※	※
	物业管理系统		□	※	※	※
	信息设施运行管理系统		□	※	※	※
	信息安全管理系统		□	※	※	※
	通用业务系统	基本业务办公系统	按国家现行有关标准进行配置			
	专业业务系统	会展建筑业务运营系统				
		售检票系统				
		自助寄存系统				

续表

智能化系统		小型会展中心	中型会展中心	大型会展中心	特大型会展中心
智能化集成系统	智能化信息集成(平台)系统	□	※	※	※
	集成信息应用系统	□	※	※	※
信息设施系统	智能化信息集成(平台)系统	□	※	※	※
	集成信息应用系统	□	※	※	※
	信息接入系统	※	※	※	※
	布线系统	※	※	※	※
	移动通信室内信号覆盖系统	※	※	※	※
	用户电话交换系统	□	※	※	※
	无线对讲系统	※	※	※	※
	信息网络系统	※	※	※	※
	有线电视系统	※	※	※	※
	公共广播系统	※	※	※	※
	会议系统	□	※	※	※
	信息导引及发布系统	※	※	※	※
	时钟系统	○	□	※	※
建筑设备管理系统	建筑设备监控系统	□	※	※	※
	建筑能效监管系统	□	※	※	※
公共安全系统	火灾自动报警系统	按国家现行有关标准进行配置			
	安全技术防范系统 — 入侵报警系统				
	视频安防监控系统				
	出入口控制系统				
	电子巡查系统				
	安全检查系统				
	停车库(场)管理系统	○	□	※	※
	安全防范综合管理(平台)系统	□	※	※	※
	应急响应系统	○	□	※	※
机防工程	信息接入机房	※	※	※	※
	有线电视前端机房	※	※	※	※
	信息设施系统总配线机房	※	※	※	※
	智能化总控室	※	※	※	※
	信息网络机房	※	※	※	※
	用户电话交换机房	□	※	※	※
	消防控制室	※	※	※	※
	安防监控中心	※	※	※	※
	应急响应中心	○	□	※	※
	智能化设备间(弱电间)	※	※	※	※
	机房安全系统	按国家现行有关标准进行配置			
	机房综合管理系统	○	□	※	※

注：※为应配置；□为宜配置；○为可配置。

2)《展览建筑设计规范》JGJ 218—2010 规定（摘编）：

（1）展览建筑应设置信息通信网络系统，并应符合下列规定：

① 信息通信网络系统应采用满足展览建筑业务需求的网络结构；

② 综合布线系统应符合现行国家标准《综合布线系统工程技术规范》GB 50311—2016 的有关规定，并应满足布展实用、先进、灵活、可扩展的需求和语言、数据、图像等信息的传输要求，且应根据展位分布情况配置信息插座端口；

③ 展厅等公共区域宜配置无线局域网络系统；

④ 公共区域应配置公用电话和无障碍专用的公用电话；

⑤ 应设置室内移动通信覆盖系统；

⑥ 宜根据展位分布情况配置有线电视终端。

（2）特大型、大型、中型展览建筑宜设置信息显示屏、多媒体触摸屏等信息查询导引及发布系统。

（3）有多种语言讲解需求的展览建筑宜设置电子语言或多媒体信息导览系统。

（4）特大型、大型展览建筑应设置信息化应用系统，并应符合下列规定：

① 应根据展览建筑的特点和具体应用要求，建立公共信息服务系统，并应满足展览、会议、信息交流、商贸洽谈、通信、广告、休闲娱乐和办公等需求；

② 宜配置展览事务管理系统、物业运营管理系统、公共服务管理系统、智能卡应用管理系统、办证与票务管理系统、信息网络安全管理系统和展览建筑需要的其他应用管理系统；

③ 宜设置专用网站，并应能通过公用通信网发布展览信息、提供网上展览等网络服务。

（5）特大型、大型、中型展览建筑应设置建筑设备管理系统，并应具有检测展厅空气质量和调节新风量的功能。

（6）安全技术防范系统应根据展览建筑客流大、展厅分散、展位多且展品开放式陈列的特点，按不同的功能分区设置，并应采取合理的人防、技防配套设施，确保人员、财产安全和公共秩序得到保障。安全技术防范系统应符合现行国家标准《安全技术工程技术规范》GB 50348—2014 的规定。

（7）特大型、大型展览建筑宜设置防暴安检和检票安全技术防范系统。

（8）火灾自动报警系统和消防控制室的设置应符合现行国家标准《建筑设计防火规范》GB 50016—2014（2018 年版）的有关规定。火灾自动报警系统的设计应符合现行国家标准《火灾自动报警系统设计规范》GB 50116—2013 的有关规定。

（9）展厅宜选择智能型火灾探测器。在单一型火灾探测器不能有效探测火灾的场所，可采用复合型火灾探测器。展厅的高大空间场所应采取合适且有效的火灾探测手段。

（10）特大型展览建筑宜设置公共安全应急联动系统。

（11）广播系统应根据展厅空间合理选择和布置扬声器，宜配置背景噪声监测设备，并应根据背景噪声自动调节音量。广播系统与火灾应急广播系统合用时，广播系统应符合火灾应急广播的要求。

（12）甲等、乙等展厅宜设置可根据布展要求设定工作场景模式的智能照明控制系统，并应具有分区域就地控制、中央集中控制等方式。

（13）展览建筑宜设置时钟系统。

（14）展览建筑宜设置客流统计与分析系统。

218. "教育建筑"的智能设计要求有哪些？

1)《智能建筑设计标准》GB 50314—2015 指出：教育建筑包括高等学校、高级中学、初级中学和小学。

（1）教育建筑智能化系统工程应符合下列规定：

① 应适应教育建筑教学业务的需求；

②应适应教学和科研的信息化发展；

③应满足教育建筑物业规范化运营管理的需求。

（2）高等学校（摘编）

高等学校智能化系统应按表 1-402 的规定配置，并应符合现行行业标准《教育建筑电气设计规范》JGJ 310—2013 的有关规定。

高等学校智能化系统配置表　　　　　表 1-402

智能化系统			高等专科学校	综合型大学
信息化应用系统		公共服务系统	□	※
		校园智能卡应用系统	※	※
		校园物业管理系统	□	※
		信息设施运行管理系统	□	※
		信息安全管理系统	※	※
	通用业务系统	基本业务办公系统		
	专业业务系统	校园数字化管理系统	按国家现行有关标准进行配置	
		多媒体教学系统		
		数字评估音频视频观察系统		
		多媒体制作与播放系统		
		语言教学系统		
		图书馆管理系统		
智能化集成系统		智能化信息集成(平台)系统	□	※
		集成信息应用系统	□	※
信息设施系统		信息接入系统	※	※
		布线系统	※	※
		移动通信室内信号覆盖系统	※	※
		用户电话交换系统	※	※
		无线对讲系统	※	※
		信息网络系统	※	※
		有线电视系统	※	※
		公共广播系统	※	※
		会议系统	※	※
		信息导引及发布系统	※	※

续表

智能化系统			高等专科学校	综合型大学
建筑设备管理系统	建筑设备监控系统		□	※
	建筑能效监管系统		□	※
公共安全系统	安全技术防范系统	火灾自动报警系统	按国家现行有关标准进行配置	
		入侵报警系统		
		视频安防监控系统		
		出入口控制系统		
		电子巡查系统		
		停车库(场)管理系统	□	※
	安全防范综合管理(平台)系统		○	※
机房工程	信息接入机房		※	※
	有线电视前端机房		※	※
	信息设施系统总配线机房		※	※
	智能化总控室		※	※
	信息网络机房		※	※
	用户电话交换机房		※	※
	消防控制室		※	※
	安防监控中心		※	※
	智能化设备间(弱电间)		※	※
	机房安全系统		按国家现行有关标准进行配置	
	机房综合管理系统		□	※

注：※为应配置；□为宜配置；○为可配置。

（3）高级中学（摘编）

高级中学智能化系统应按表 1-403 的规定配置，并应符合现行行业标准《教育建筑电气设计规范》JGJ 310—2013 的有关规定。

高级中学智能化系统配置表 表 1-403

智能化系统			职业学校	普通高级中学
	公共服务系统		○	□
	校园智能卡应用系统		※	※
	校园物业管理系统		□	※
	信息设施运行管理系统		○	□
	信息安全管理系统		□	※
信息化应用系统	通用业务系统	基本业务办公系统	按国家现行有关标准进行配置	
		校园数字化管理系统		
	专业业务系统	多媒体教学系统		
		数字评估音频视频观察系统		
		多媒体制作与播放系统		
		语言教学系统		
		图书馆管理系统		

智能化系统		职业学校	普通高级中学
智能化集成系统	智能化信息集成（平台）系统	□	※
	集成信息应用系统	□	※
信息设施系统	信息接入系统	※	※
	布线系统	※	※
	移动通信室内信号覆盖系统	※	※
	用户电话交换系统	□	※
	无线对讲系统	□	□
	信息网络系统	※	※
	有线电视系统	※	※
	公共广播系统	※	※
	会议系统	※	※
	信息导引及发布系统	※	※
建筑设备管理系统	建筑设备监控系统	□	※
	建筑能效监管系统	□	※
公共安全系统	安全技术防范系统 火灾自动报警系统	按国家现行有关标准进行配置	
	入侵报警系统		
	视频安防监控系统		
	出入口控制系统		
	电子巡查系统		
	安全防范综合管理（平台）系统	□	※
机房工程	有线广播系统	※	※
	公共广播系统	※	※
	信息设施系统总配线机房	※	※
	智能化总控室	※	※
	信息网络机房	※	※
	用户电话交换机房	□	※
	消防控制室	※	※
	安防监控中心	※	※
	智能化设备间（弱电间）	※	※
	机房安全系统	按国家现行有关标准进行配置	
	机房综合管理系统	○	□

注：※为应配置；□为宜配置；○为可配置。

（4）初级中学和小学（摘编）

初级中学和小学智能化系统应按表1-404的规定配置，并应符合现行行业标准《教育建筑电气设计规范》JGJ 310—2013的有关规定。

初级中学及小学智能化系统配置表　　　　　　表 1-404

智能化系统			小学	初级中学
信息化应用系统		公共服务系统	□	□
		校园智能卡应用系统	□	※
		校园物业管理系统	○	□
		信息安全管理系统	□	※
	通用业务系统	基本业务办公系统		
	专业业务系统	多媒体教学系统	按国家现行有关标准进行配置	
		数字评估音视频观察系统		
		语言教学系统		
智能化集成系统		智能化信息集成(平台)系统	○	□
		集成信息应用系统	○	□
信息设施系统		信息接入系统	※	※
		布线系统	※	※
		移动通信室内信号覆盖系统	※	※
		用户电话交换系统	○	□
		无线对讲系统	○	□
		信息网络系统	※	※
		有线电视系统	※	※
		公共广播系统	※	※
		会议系统	○	□
		信息导引及发布系统	□	※
建筑设备管理系统		建筑设备监控系统	○	□
		建筑能效监管系统	○	□
公共安全系统		火灾自动报警系统		
	安全技术防范系统	入侵报警系统	按国家现行有关标准进行配置	
		视频安防监控系统		
		出入口控制系统		
		电子巡查系统		
		安全防范综合管理(平台)系统	○	○
机房工程		信息接入机房	※	※
		有线电视前端机房	※	※
		信息设施系统总配线机房	※	※
		智能化总控室	※	※
		信息网络机房	○	□
		用户电话交换机房	○	□
		消防控制室	※	※
		安防监控中心	※	※
		智能化设备间(弱电间)	※	※

注：※为应配置；□为宜配置；○为可配置。

2)《特殊教育学校建筑设计标准》JGJ 76—2019 规定的特殊教育学校建筑的智能化包含以下几个方面：

（1）特殊教育学校应按国家现行有关标准的规定进行计算机网络系统、通信网络系统、视听教学系统、安全防范系统、有线广播及扩声系统等智能化系统设计。

（2）特殊教育学校应设置应急广播系统，应急广播可兼作正常广播，教室均应设置扬声器，聋校应设置应急闪动信号装置。

（3）特殊教育学校应设视频监控系统。

（4）学生宿舍大门或各楼层门处宜设置电控门锁，门锁应与火灾自动报警系统联动。

（5）聋哑学校宿舍床具应设置叫醒装置，并应与火灾报警系统联动。

（6）培智学校应设置求助报警系统，卫生间、浴室、寝室等应设置求助报警按钮。

（7）培智学校教室内的教师办公空间应设置电话及信息插座。

219. "金融建筑"的智能设计要求有哪些？

《智能建筑设计标准》GB 50314—2015 指出（摘编）：

（1）金融建筑智能化系统工程应符合下列规定：

① 应适应金融业务的需求；

② 应为金融业务运行提供基础保障；

③ 应满足金融建筑物业规范化运营管理的需求。

（2）金融建筑智能化系统应按表 1-405 的规定配置，并应符合现行行业标准《金融建筑电气设计规范》JGJ 284—2012 的有关规定。

金融建筑智能化系统配置表　　　　　　　　　　　　　表 1-405

智能化系统		基本金融业务建筑	综合金融业务建筑
信息化应用系统	公共服务系统	※	※
	智能卡应用系统	※	※
	物业管理系统	□	※
	信息设施运行管理系统	※	※
	信息安全管理系统	※	※
通用业务系统	基本业务办公系统	按国家现行有关标准进行配置	
专业业务系统	金融业务系统		
智能化集成系统	智能化信息集成（平台）系统	□	※
	集成信息应用系统	□	※
信息设施系统	信息接入系统	※	※
	布线系统	※	※
	移动通信室内信号覆盖系统	※	※
	卫星通信系统	○	□
	用户电话交换系统	※	※
	无线对讲系统	※	※
	信息网络系统	※	※
	有线电视系统	※	※
	公共广播系统	※	※
	会议系统	□	※
	信息导引及发布系统	※	※

智能化系统			基本金融业务建筑	综合金融业务建筑
建筑设备管理系统	建筑设备监控系统		□	※
	建筑能效监管系统		□	※
公共安全系统	火灾自动报警系统		按国家现行有关标准进行配置	
	安全技术防范系统	入侵报警系统		
		视频安防监控系统		
		出入口控制系统		
		电子巡查系统		
		安全检查系统		
		停车库(场)管理系统	□	※
	安全防范综合管理(平台)系统		□	※
机房工程	信息接入机房		※	※
	有线电视前端机房		※	※
	信息设施系统总配线机房		※	※
	智能化总控室		※	※
	信息网络机房		□	※
	用户电话交换机房		※	※
	消防控制室		※	※
	安防监控中心		※	※
	智能化设备间(弱电间)		※	※
	机房安全系统		按国家现行有关标准进行配置	
	机房综合管理系统		□	※

注：※为应配置；□为宜配置；○为可配置。

220. "交通建筑"的智能设计要求有哪些？

《智能建筑设计标准》GB 50314—2015 指出：交通建筑包括民用机场航站楼、铁路客运站、城市轨道交通站、汽车客运站。

1）交通建筑智能化系统工程应符合下列规定：

（1）应适应交通业务的需求；

（2）应为交通运营业务环境设施提供基础保障；

（3）应满足现代交通建筑物业规范化运营管理的需求。

2）民用机场航站楼（摘编）

民用机场航站楼智能化系统应按表 1-406 的规定配置，并应符合现行行业标准《交通建筑电气设计规范》JGJ 243—2011 的有关规定。

民用机场航站楼智能化系统配置表　　　表1-406

智能化系统			支线航站楼	国际航站楼
信息化应用系统	公共服务系统		※	※
	智能卡应用系统		※	※
	物业管理系统		※	※
	信息设施运行管理系统		※	※
	信息安全管理系统		※	※
	通用业务系统	基本业务办公系统	按国家现行有关标准进行配置	
	专业业务系统	航站业务信息化管理系统		
		航班信息综合系统		
		离港系统		
		售检票系统		
		泊位引导系统		
智能化集成系统	智能化信息集成(平台)系统		□	※
	集成信息应用系统		□	※
信息设施系统	信息接入系统		※	※
	布线系统		※	※
	移动通信室内信号覆盖系统		※	※
	用户电话交换系统		※	※
	无线对讲系统		※	※
	信息网络系统		※	※
	有线电视系统		※	※
	公共广播系统		※	※
	会议系统		□	※
	信息导引及发布系统		※	※
	时钟系统		※	※
建筑设备管理系统	建筑设备监控系统		※	※
	建筑能效监管系统		※	※
公共安全系统	火灾自动报警系统		按国家现行有关标准进行配置	
	安全技术防范系统	入侵报警系统		
		视频安防监控系统		
		出入口控制系统		
		电子巡查系统		
		安全检查系统		
		停车库(场)管理系统	□	※
	安全防范综合管理(平台)系统		※	※
	应急响应系统		□	※

续表

智能化系统		支线航站楼	国际航站楼
机房工程	信息接入机房	※	※
	有线电视前端机房	※	※
	信息设施系统总配线机房	※	※
	智能化总控室	※	※
	信息网络机房	※	※
	用户电话交换机房	※	※
	消防控制室	※	※
	安防监控中心	※	※
	应急响应中心	□	※
	智能化设备间(弱电间)	※	※
	机房安全系统	按国家现行有关标准进行配置	
	机房综合管理系统	□	※

注：※为应配置；□为宜配置；○为可配置。

3) 铁路客运站（摘编）

铁路客运站智能化系统应按表 1-407 的规定配置，并应符合现行行业标准《交通建筑电气设计规范》JGJ 243—2011 的有关规定。

铁路客运站建筑智能化系统配置表 表 1-407

智能化系统			铁路客运三等站	铁路客运二等站、一等站	铁路客运特等站
信息化应用系统		公共服务系统	※	※	※
		智能卡应用系统	※	※	※
		物业管理系统	□	※	※
		信息设施运行管理系统	□	※	※
		信息安全管理系统	※	※	※
	通用业务系统	基本业务办公系统	按国家现行有关标准进行配置		
	专业业务系统	公共信息查询系统			
		客运引导显示系统			
		售检票系统			
		旅客行包管理系统			
智能化集成系统		智能化信息集成(平台)系统	□	※	※
		集成信息应用系统	□	※	※
信息设施系统		信息接入系统	※	※	※
		用户电话交换机房	※	※	※
		布线系统	※	※	※
		移动通信室内信号覆盖系统	※	※	※

智能化系统			铁路客运三等站	铁路客运二等站、一等站	铁路客运特等站
信息设施系统		用户电话交换系统	※	※	※
		无线对讲系统	※	※	※
		信息网络系统	※	※	※
		有线电视系统	※	※	※
		公共广播系统	※	※	※
		会议系统	□	□	※
		信息导引及发布系统	※	※	※
		时钟系统	※	※	※
建筑设备管理系统		建筑设备监控系统	□	※	※
		建筑能效监管系统	□	※	※
公共安全系统	安全技术防范系统	火灾自动报警系统	按国家现行有关标准进行配置		
		入侵报警系统			
		视频安防监控系统			
		出入口控制系统			
		电子巡查系统			
		安全检查系统			
		停车库(场)管理系统	□	※	※
	安全防范综合管理(平台)系统		□	※	※
	应急响应系统		□	※	※
机防工程		信息接入机房	※	※	※
		有线电视前端机房	※	※	※
		信息设施系统总配线机房	※	※	※
		智能化总控室	※	※	※
		信息网络机房	※	※	※
		用户电话交换机房	※	※	※
		消防控制室	※	※	※
		安防监控中心	※	※	※
		应急响应中心	□	※	※
		智能化设备间(弱电间)	※	※	※
		机房安全系统	按国家现行有关标准进行配置		
		机房综合管理系统	□	※	※

注：※为应配置；□为宜配置；□为可配置。

4) 城市轨道交通站（摘编）

城市轨道交通站智能化系统应按表 1-408 的规定配置，并应符合现行行业标准《交通建筑电气设计规范》JGJ 243—2011 的有关规定。

城市轨道交通站智能化系统配置表 表 1-408

智能化系统			一般轨道交通站	枢纽轨道交通站
公共服务系统		公共服务系统	□	※
		能智卡应用系统	※	※
		物业管理系统	□	※
		信息设施运行管理系统	※	※
	通用业务系统	基本业务办公系统	按国家现行有关标准进行配置	
	专业业务系统	公共信息查询系统		
		旅客引导显示系统		
		售检票系统		
智能化集成系统		智能化信息集成(平台)系统	□	※
		集成信息应用系统	□	※
信息设施系统		信息接入系统	※	※
		布线系统	※	※
		移动通信室内信号覆盖系统	※	※
		用户电话交换系统	□	※
		无线对讲系统	※	※
		信息网络系统	※	※
		有线电视系统	※	※
		公共广播系统	※	※
		会议系统	□	※
		信息导引及发布系统	※	※
		时钟系统	□	※
建筑设备管理系统		建筑设备监控系统	※	※
		建筑能效监管系统	※	※
公共安全系统		火灾自动报警系统	按国家现行有关标准进行配置	
	安全技术防范系统	入侵报警系统		
		视频安防监控系统		
		出入口控制系统		
		电子巡查系统		
		安全检查系统		
		停车库(场)管理系统	□	※
	安全防范综合管理(平台)系统		※	※
	应急响应系统		□	※
机房工程		信息接入机房	※	※
		有线电视前端机房	※	※
		信息设施系统总配线机房	※	※
		智能化总控室	※	※

续表

智能化系统		一般轨道交通站	枢纽轨道交通站
机房工程	信息网络机房	□	※
	用户电话交换机房	□	※
	消防控制室	※	※
	安防监控中心	※	※
	应急响应中心	□	※
	智能化设备间(弱电间)	※	※
	机房安全系统	按国家现行有关标准进行配置	
	机房综合管理系统	□	※

注：※为应配置；□为宜配置；○为可配置。

5）汽车客运站（摘编）

汽车客运站智能化系统应按表 1-409 的规定配置，并应符合现行行业标准《交通建筑电气设计规范》JGJ 243—2011 的有关规定。

汽车客运站智能化系统配置表　　　　　　表 1-409

智能化系统			四级汽车客运站	三级汽车客运站	二级汽车客运站	一级汽车客运站
信息化应用系统	公共服务系统		□	□	※	※
	智能卡应用系统		○	□	※	※
	物业管理系统		○	□	※	※
	信息设施运行管理系统		○	□	※	※
	信息安全管理系统		□	□	※	※
	通用业务系统	基本业务办公系统	按国家现行有关标准进行配置			
	专业业务系统	旅客引导显示系统				
		售检票系统				
智能化集成系统	智能化信息集成(平台)系统		○	□	□	※
	集成信息应用系统		○	□	□	※
信息设施系统	信息接入系统		□	※	※	※
	布线系统		※	※	※	※
	移动通信室内信号覆盖系统		※	※	※	※
	用户电话交换系统		○	□	※	※
	无线对讲系统		○	□	※	※
	信息网络系统		※	※	※	※
	有线电视系统		○	□	※	※
	公共广播系统		□	※	※	※
	会议系统		○	□	※	※
	信息导引及发布系统		○	□	※	※

续表

智能化系统			四级汽车客运站	三级汽车客运站	二级汽车客运站	一级汽车客运站
建筑设备管理系统	建筑设备监控系统		○	□	※	※
	建筑能效监管系统		○	○	□	※
公共安全系统		火灾自动报警系统	按国家现行有关标准进行配置			
	安全技术防范系统	入侵报警系统				
		视频安防监控系统				
		出入口控制系统				
		电子巡查系统				
		安全检查系统				
		停车库(场)管理系统	□	□	※	※
	安全防范综合管理(平台)系统		○	□	※	※
	应急响应系统		○	□	※	※
机防工程	信息接入机房		□	※	※	※
	有线电视前端机房		○	□	※	※
	信息设施系统总配线机房		□	※	※	※
	智能化总控室		○	□	※	※
	信息网络机房		○	□	※	※
	用户电话交换机房		○	□	※	※
	消防控制室		○	□	※	※
	安防监控中心		○	□	※	※
	应急响应中心		○	□	※	※
	智能化设备间(弱电间)		○	□	※	※
	机房安全系统		按国家现行有关标准进行配置			
	机房综合管理系统		○	□	※	※

注：※为应配置；□为宜配置；○为可配置。

221. "医疗建筑"的智能设计要求有哪些?

1)《智能建筑设计标准》GB 50314—2015 指出：医疗建筑包括综合医院和疗养院两大部分。

(1) 医疗建筑智能化系统工程应符合下列规定：

① 应适应医疗业务的信息化的需求；

② 应向医患者提供就医环境的技术保障；

③ 应满足医疗建筑物业规范化运营管理的需求。

(2) 综合医院（摘编）

综合医院智能化系统应按表 1-410 的规定配置，并应符合现行行业标准《医疗建筑电气设计规范》JGJ 312—2013 的有关规定。

综合医院建筑智能化系统配置表　　　　表 1-410

智能化系统			一级医院	二级医院	三级医院
信息化应用系统	公共服务系统		□	※	※
	智能卡应用系统		□	※	※
	物业管理系统		□	※	※
	信息设施运行管理系统		○	※	※
	信息安全管理系统		□	※	※
	通用业务系统	基本业务办公系统	按国家现行有关标准进行配置		
	专业业务系统	医疗业务信息化系统			
		病房探视系统			
		视频示教系统			
		候诊呼叫信号系统			
		护理呼叫信号系统			
智能化集成系统	智能化信息集成(平台)系统		○	□	※
	集成信息应用系统		○	□	※
信息设施系统	信息接入系统		※	※	※
	布线系统		※	※	※
	移动通信室内信号覆盖系统		※	※	※
	用户电话交换系统		□	※	※
	无线对讲系统		※	※	※
	信息网络系统		※	※	※
	有线电视系统		※	※	※
	公共广播系统		※	※	※
	会议系统		□	※	※
	信息导引及发布系统		※	※	※
建筑设备管理系统	建筑设备监控系统		□	※	※
	建筑能效监管系统		○	□	※
公共安全系统	火灾自动报警系统		按国家现行有关标准进行配置		
	安全技术防范系统	入侵报警系统			
		视频安防监控系统			
		出入口控制系统			
		电子巡查系统			
		停车库(场)管理系统	○	□	※
	安全防范综合管理(平台)系统		○	□	※
	应急响应系统		○	□	※
机房工程	信息接入机房		※	※	※
	有线电视前端机房		※	※	※
	信息设施系统总配线机房		※	※	※

智能化系统		一级医院	二级医院	三级医院
机房工程	智能化总控室	※	※	※
	信息网络机房	□	※	※
	用户电话交换机房	□	※	※
	消防控制室	※	※	※
	安防监控中心	※	※	※
	智能化设备间(弱电间)	※	※	※
	应急响应中心	○	□	※
	机房安全系统	按国家现行有关标准进行配置		
	机房综合管理系统	□	※	※

注:※为应配置;□为宜配置;○为可配置。

(3) 疗养院(摘编)

①《智能建筑设计标准》GB 50314—2015 指出:疗养院智能化系统应按表 1-411 的规定配置,并应符合现行行业标准《医疗建筑电气设计规范》JGJ 312—2013 的有关规定。

疗养院建筑智能化系统配置表　　　　　　　　　　　　　　　　　表 1-411

智能化系统			专科疗养院	综合性疗养院
信息化应用系统	公共服务系统		□	※
	智能卡应用系统		※	※
	物业管理系统		○	※
	信息设施运行管理系统		□	□
	信息安全管理系统		□	※
	通用业务系统	基本业务办公系统	按国家现行有关标准进行配置	
	专业业务系统	医疗业务信息化系统		
		医用探视系统		
		视频示教系统		
		候诊排队叫号系统		
		护理呼应信号系统		
智能化集成系统	智能化信息集成(平台)系统		○	□
	集成信息应用系统		○	□
信息设施系统	信息接入系统		※	※
	布线系统		※	※
	移动通信室内信号覆盖系统		※	※
	用户电话交换系统		□	※
	无线对讲系统		□	※
	信息网络系统		※	※

续表

智能化系统			专科疗养院	综合性疗养院
信息设施系统	有线电视系统		※	※
	公共广播系统		※	※
	会议系统		□	□
	信息导引及发布系统		※	※
建筑设备管理系统	建筑设备监控系统		□	※
	建筑能效监管系统		○	□
公共安全系统	安全技术防范系统	火灾自动报警系统	按国家现行有关标准进行配置	
		入侵报警系统		
		视频安防监控系统		
		出入口控制系统		
		电子巡查系统		
		停车库(场)管理系统	○	□
	安全防范综合管理(平台)系统		○	□
	应急响应系统		○	○
机房工程	信息接入机房		※	※
	有线电视前端机房		※	※
	信息设施系统总配线机房		※	※
	智能化总控室		※	※
	信息网络机房		□	※
	用户电话交换机房		□	※
	消防控制室		※	※
	安防监控中心		※	※
	应急响应中心		○	○
	智能化设备间(弱电间)		※	※
	机房安全系统		按国家现行有关标准进行配置	
	机房综合管理系统		○	□

注：※为应配置；□为宜配置；○为可配置。

②《疗养院建筑设计标准》JGJ/T 40—2019 规定的疗养院建筑的智能化包含以下几个方面：

a. 疗养院应根据管理水平和发展规划设置智能化系统，并宜设置智能化系统集成平台。

b. 疗养院智能化系统应包括公共安全、医疗信息、综合布线、有线电视及卫星接收、护理呼叫对讲等系统。

c. 疗养院公共安全系统设置应符合下列规定：

(a) 疗养院宜在下列场所设置视频安防监控系统：院区入口、院区道路、停车场、各建筑出入口、走道、电梯厅及电梯轿厢等公共场所，药房、财务室、收费室、主要设备用房等处；

(b) 疗养院宜在下列场所设置入侵报警系统：药房、财务室、收费室等处；

(c) 疗养院宜在下列场所设置出入口控制系统：诊疗设备用房、药房、财务室、收费室、主要设备用房等处；

(d) 疗养院宜设置停车场管理系统。

d. 疗养院的医疗信息系统宜独立设置网络交换系统，并与办公网络交换系统物理隔离。

e. 疗养院的综合布线系统宜按医疗专用内网和办公外网分别设置；疗养室及公共区域宜设置无线局域网。

f. 疗养院的有线电视系统宜预留卫星电视接收和自办节目的接口，疗养室、公共活动用房和公共餐厅等处应设置有线电视出线端。

g. 疗养院的护理呼叫对讲系统设置应符合下列规定：

(a) 公共活动用房、疗养室及卫生间应设置紧急呼叫装置；

(b) 公共活动用房及疗养室的呼叫按钮安装高度距地宜为 1.10m；卫生间的呼叫按钮安装高度距地宜为 0.40~0.50m。

h. 疗养院宜设置建筑设备监控系统，有条件时宜设置诊疗设备监控系统。

4)《综合医院建筑设计规范》GB 51039—2014 规定：

(1) 一般规定

① 医院应根据需求进行智能化系统总体架构设计，并应满足医院总体规划要求。

② 智能化系统的子系统设置应满足医院应用水平及管理模式要求，并应满足可持续发展的条件。

③ 智能化系统的设计除应符合本规范的规定外，还应符合现行国家标准《智能建筑设计标准》GB 50314—2015 等的有关规定。

(2) 信息设施系统

① 通讯接入系统宜在医院内集中设置。

② 当采用独立的综合业务数字程序用户交换机系统时，中继线数量应根据实际话务量的 1/10 确定，并应预留裕量。

③ 信息设施系统设置应符合下列要求：

a. 应根据信息重要级别及安全程度，分别设置供医院内部使用的专用网和共用信息传输的互联网。

b. 应采用以太网交互技术和相应的网络结构。

c. 应配置核心交换机和接入交换机。可根据信息点分布和规模，增设汇聚层交换机；

d. 医院内部使用的专用网宜采用网络的冗余配置。

④ 综合布线系统设计应符合现行国家标准《综合布线系统工程设计规范》GB 50311—2016 的有关规定。信息点布置宜根据医院实际要求确定。信息插座的安装标高应满足功能使用要求。

⑤ 当设置室内移动通信覆盖系统时，应预留路由及设备安装空间。

⑥ 当设置卫星通信系统时，应满足语音、数据、图像和多媒体等信息通信要求。

⑦ 当设置有线电视系统时，应符合下列要求：

a. 有线电视插座宜设置在大堂、收费和挂号窗、候诊室、休息室、咖啡厅、输液室、会议室、示教室、医疗康复中心、病房等安装电视机屏幕的附近；

b. 当多人间病房采用电视伴音系统时，宜在每个患者床前设置带有音量可调节的耳机收听插孔。

⑧ 医院应设置紧急广播系统。当设置公共广播系统时，宜与紧急广播系统共用一套线路及末端设备（扬声器），末端设备宜设在公共场所，并宜在门诊、医技的候诊厅服务台以及病房护士站安装音量调节装置。当消防报警时应自动切至紧急广播。

⑨ 当设置信息引导及发布系统时，宜在公共场所设置触摸屏信息查询终端及大型彩色显示屏。

⑩ 当医院设置时钟系统时，子钟宜设置在病房护理单元、分诊、医技各检查科室的护士站、手术室、医生诊室及办公室等处。

（3）信息化应用系统

① 医院信息系统宜由管理信息系统、临床信息系统和信息支持与维护系统组成。

② 当设置排队叫号系统时，应符合下列要求：

a. 宜采用网络型架构，系统软件与医院信息系统连接；

b. 在挂号窗口和分诊排队护士站应设置屏幕显示和语音提示装置；

c. 可根据具体情况在候诊室设置虚拟或物理呼叫器。

③ 监护病房宜设置探视系统，并应符合下列要求：

a. 宜设置语音与视频信号的双向传输，其操作控制系统应设在护士站内。

b. 患者终端宜使用简单、易于操作。探视终端宜具备相对的私密性。

④ 当设置手术室视频示教系统时，应符合下列要求：

a. 视频信号应单向上传，语音信号应双向传输。

b. 视频应采用全景和局部（无影灯摄影机）的图像信号，并应设置备用插座，可在吊塔上设置用于转播的高清摄像机。示教室应设置显示屏。

c. 控制间应对所有示教手术室的图像与音频信号进行切换管理。

d. 视频示教系统不应接入有线电视系统。

⑤ 当设置手术室监控管理系统时，应符合下列要求：

a. 应采用计算机网络技术集中监控与管理手术室运行状态、环境变化等；

b. 操作终端宜采用触摸屏方式。

⑥ 防护单元宜设置医护对讲系统，并应符合下列要求：

a. 病床前、卫生间应设置患者呼叫终端；

b. 护士站应设置对讲机；

c. 走廊应设置呼叫显示灯或显示屏；

d. 可设置无线呼叫终端。

⑦ 当设置智能卡系统时，应分别满足患者挂号、取药、付费和医务人员身份识别、考勤、门禁、停车、消费等要求。

（4）公共安全系统

① 公共安全系统应设置火灾自动报警系统和消防联动控制系统，火灾自动报警系统的设计应符合现行国家标准《火灾自动报警系统设计规范》GB 50116—2013 的有关规定。

② 当设置建筑监控系统时，应按集中管理分散控制的原则，采用计算机网络控制装置对医院的机电设备（消防设备除外）进行监视、控制和管理。

③ 公共安全系统应设置安全技术防范系统，并应符合下列要求：

a. 当设置视频监控系统时，可在医院首层的各对外出入口、收费及挂号处、财务及出院结算处、贵重药品库、电梯轿厢、各楼层的电梯厅及人员活动较多的场所设置摄像机。图像的存储和查询应采用数字硬盘装置。

b. 当设置入侵报警系统时，应在贵重药品库、收费终端等重要场所设置手动报警按钮或其他防侵入探测装置，并应与视频监控摄像机联动。

c. 当设置出入口管理系统时，可在信息中心、贵重药品库的重要场所，以及手术部、病房护理单元的主要出入口设置门禁控制装置。对于有医患分流要求的通道门应设置门禁控制装置。当火灾报警时应通过消防系统联动控制相应区域的出入门处于开启状态。

d. 当设置电子巡查管理系统时，宜采用离线式巡查系统。当医院设置的门禁系统控制装置可覆盖大部分巡查点时，宜通过门禁系统进行巡查管理。巡查点宜设置在首层主要出入口、各层电梯厅、贵重药品库房、信息中心等重要场所。

（5）智能化集成系统

① 当设置智能化集成系统时，宜与信息系统共享信息。当不设置智能化集成系统时，宜采用建筑设备管理系统对建筑设备监控系统和公共安全系统进行集成，并应预留与信息系统的接口。

② 集成系统的硬件及软件应采用开放的体系结构，满足实用、安全可靠、易扩展、易维护的要求。

（6）机房工程

① 机房应根据医院的管理模式设置。

② 机房工程宜包括配电照明系统、应急电源系统、气体灭火系统、防雷接地系统、机房监控系统、机房空调和防静电地板等。

③ 弱电间应确保配线架（柜）前后可维护、侧面应留有通道。环境应满足温湿度及通风要求，并应设置可靠电源及安全接地系统。

222. "体育建筑"的智能设计要求有哪些？

《智能建筑设计标准》GB 50314—2015 指出（摘编）：

1）体育建筑智能化系统工程应符合下列规定：

（1）应适应体育赛事业务的信息化的需求；

（2）应具备体育赛事和其他多功能使用环境设施的基础保障；

（3）应满足体育建筑物业规范化运营管理的需求。

2）体育建筑智能化系统应按表 1-412 的规定配置，并应符合现行行业标准《体育建筑电气设计规范》JGJ/T 351—2015 的有关规定。

体育建筑智能化系统配置表　　表 1-412

智能化系统		丙级体育建筑	乙级体育建筑	甲级体育建筑	特级体育建筑
	公共服务系统	□	※	※	※
	智能卡应用系统	※	※	※	※
	物业管理系统	□	※	※	※
	信息设施运行管理系统	○	※	※	※
	信息安全管理系统	□	□	※	※
通用业务系统	基本业务办公系统				
专业业务系统	计时计分系统				
	现场成绩处理系统	按国家现行有关标准进行配置			
	售检票系统				
	电视转播和现场评论系统				
	升旗控制系统				
智能化集成系统	智能化信息集成（平台）系统	○	□	※	※
	集成信息应用系统	○	□	※	※
信息设施系统	信息接入系统	※	※	※	※
	布线系统	※	※	※	※
	移动通信室内信号覆盖系统	※	※	※	※
	用户电话交换系统	○	□	※	※
	无线对讲系统	○	□	※	※
	信息网络系统	※	※	※	※
	有线电视系统	※	※	※	※
	公共广播系统	※	※	※	※
	会议系统	※	※	※	※
	信息导引及发布系统	※	※	※	※
建筑设备管理系统	建筑设备监控系统	□	※	※	※
	建筑能效监管系统	□	※	※	※
公共安全系统	火灾自动报警系统				
安全技术防范系统	入侵报警系统	按国家现行有关标准进行配置			
	视频安防监控系统				
	出入口控制系统				
	电子巡查系统				
	安全检查系统				
	停车库（场）管理系统	□	※	※	※
	安全防范综合管理（平台）系统	○	□	※	※
	应急响应系统	○	□	※	※

智能化系统		丙级体育建筑	乙级体育建筑	甲级体育建筑	特级体育建筑
机防工程	信息接入机房	※	※	※	※
	有线电视前端机房	※	※	※	※
	信息设施系统总配线机房	※	※	※	※
	智能化总控室	※	※	※	※
	信息网络机房	※	※	※	※
	用户电话交换机房	○	□	※	※
	消防控制室	※	※	※	※
	安防监控中心	※	※	※	※
	应急响应中心	○	□	※	※
	智能化设备间（弱电间）	※	※	※	※
	机房安全系统	按国家现行有关标准进行配置			
	机房综合管理系统	○	□	※	※

注：※为应配置；□为宜配置；○为可配置。

223. "商店建筑"的智能设计要求有哪些？

《智能建筑设计标准》GB 50314—2015 指出（摘编）：

1）商店建筑智能化系统工程应符合下列规定：

（1）应适应商店业务经营及服务的需求；

（2）应满足商业经营及服务质量的需求；

（3）应满足商店建筑物业规范化运营管理的需求。

2）商店建筑智能化系统应按表 1-413 的规定配置。

商店建筑智能化系统配置表　　　表 1-413

智能化系统		小型商店	中型商店	大型商店
信息化应用系统	公共服务系统	□	※	※
	智能卡应用系统	※	※	※
	物业管理系统	□	※	※
	信息设施运行管理系统	○	□	※
	信息安全管理系统	□	※	※
	通用业务系统　基本业务办公系统	按国家现行有关标准进行配置		
	专业业务系统　商店经营业务系统			
智能化集成系统	智能化信息集成（平台）系统	○	□	※
	集成信息应用系统	○	□	※

智能化系统		小型商店	中型商店	大型商店
信息设施系统	信息接入系统	※	※	※
	布线系统	※	※	※
	移动通信室内信号覆盖系统	※	※	※
	用户电话交换系统	□	※	※
	无线对讲系统	□	※	※
	信息网络系统	※	※	※
	有线电视系统	※	※	※
	公共广播系统	※	※	※
	会议系统	○	□	※
	信息导引及发布系统	※	※	※
建筑设备管理系统	建筑设备监控系统	□	※	※
	建筑能效监管系统	○	□	※
公共安全系统	火灾自动报警系统	按国家现行有关标准进行配置		
	安全技术防范系统 入侵报警系统			
	视频安防监控系统			
	出入口控制系统			
	电子巡查系统			
	安全检查系统			
	停车库（场）管理系统	□	□	※
	安全防范综合管理（平台）系统	○	□	※
	应急响应系统	○	□	※
机房工程	信息接入机房	※	※	※
	有线电视前端机房	※	※	※
	信息设施系统总配线机房	※	※	※
	智能化总控室	※	※	※
	信息网络机房	□	※	※
	用户电话交换机房	□	※	※
	消防控制室	※	※	※
	安防监控中心	※	※	※
	应急响应中心	○	□	※
	智能化设备间（弱电间）	※	※	※
	机房安全系统	按国家现行有关标准进行配置		
	机房综合管理系统	○	□	※

注：※为应配置；□为宜配置；○为可配置。

224. "通用工业建筑"的智能设计要求有哪些?

《智能建筑设计标准》GB 50314—2015 指出（摘编）:

1) 通用工业建筑智能化系统工程应符合下列规定:

（1）应满足通用工业建筑实现安全、节能、环保和降低生产成本目标需求;

（2）应向生产组织、业务管理等提供保障业务信息化流程所需的基础条件;

（3）应实施对通用要求能源供给、作业环境支撑设施的智能化监控及建筑物业规范化运营管理。

2) 通用工业建筑智能化系统应按表 1-414 的规定配置。

通用工业建筑智能化系统配置表　　　　　　　　　表 1-414

智能化系统			辅助型作业环境	加工生产型作业环境
信息化应用系统	公共服务系统		□	※
	智能卡应用系统		□	※
	物业管理系统		□	※
	信息安全管理系统		□	※
	通用业务系统	基本业务办公系统	※	※
	专业业务系统	企业信息化管理系统	□	※
智能化集成系统	智能化信息集成（平台）系统		○	□
	集成信息应用系统		○	□
信息设施系统	信息接入系统		※	※
	布线系统		※	※
	移动通信室内信号覆盖系统		※	※
	用户电话交换系统		□	□
	无线对讲系统		※	※
	信息网络系统		※	※
	有线电视系统		※	※
	公共广播系统		※	※
	信息导引及发布系统		○	□
建筑设备管理系统	建筑设备监控系统		※	※
	建筑能效监管系统		□	※
公共安全系统	火灾自动报警系统			
	安全技术防范系统	入侵报警系统	按国家现行有关标准进行配置	
		视频安防监控系统		
		出入口控制系统		
		电子巡查系统		
		停车库（场）管理系统	□	□
	安全防范综合管理（平台）系统		○	□

智能化系统		辅助型作业环境	加工生产型作业环境
机房工程	信息接入机房	※	※
	有线电视前端机房	※	※
	信息设施系统总配线机房	※	※
	智能化总控室	※	※
	信息网络机房	□	※
	用户电话交换机房	□	□
	消防控制室	※	※
	安防监控中心	※	※
	智能化设备间（弱电间）	※	※
	机房安全系统	按国家现行有关标准进行配置	
	机房综合管理系统	○	□

注：※为应配置；□为宜配置；○为可配置。

225. "智能建筑工程质量验收"包括哪些内容？

《智能建筑工程质量验收规范》GB 50339—2013 规定：

1) 智能建筑工程质量验收应包括工程实施的质量控制、系统检测和工程验收。

2) 智能建筑工程的子分部工程和分项工程应符合表 1-415 的规定。

智能建筑工程的子分部工程和分项工程   表 1-415

子分部工程	分项工程
智能化集成系统	设备安装，软件安装，接口及系统调试，试运行
信息接入系统	安装场地检查
用户电话交换系统	线缆敷设，设备安装，软件安装，接口及系统调试，试运行
信息网络系统	计算机网络设备安装，计算机网络系统安装，网络安全设备安装，网络安全软件安装，系统调试，试运行
综合布线系统	梯架、托盘、槽盒和导管安装，线缆敷设，机柜、机架、配线架的安装，信息插座安装，链路或信道测试，软件安装，系统测试，试运行
移动通信室内信号覆盖系统	安装场地检查
卫星通信系统	安装场地检查
有线电视及卫星电视接收系统	梯架、托盘、槽盒和导管安装，线缆敷设，设备安装，软件安装，系统调试，试运行
公共广播系统	梯架、托盘、槽盒和导管安装，线缆敷设，设备安装，软件安装，系统调试，试运行
会议系统	梯架、托盘、槽盒和导管安装，线缆敷设，设备安装，软件安装，系统调试，试运行
信息引导及发布系统	梯架、托盘、槽盒和导管安装，线缆敷设，显示设备安装，机房设备安装，软件安装，系统调试，试运行
时钟系统	梯架、托盘、槽盒和导管安装，线缆敷设，设备安装，软件安装，系统调试，试运行

续表

子分部工程	分项工程
信息化应用系统	梯架、托盘、槽盒和导管安装，线缆敷设，设备安装，软件安装，系统调试，试运行
建筑设备监控系统	梯架、托盘、槽盒和导管安装，线缆敷设，传感器安装，执行器安装，控制器、箱安装，中央管理工作站和操作分站设备安装，软件安装，系统调试，试运行
火灾自动报警系统	梯架、托盘、槽盒和导管安装，线缆敷设，探测器类设备安装，控制器类设备安装，其他设备安装，软件安装，系统调试，试运行
安全技术防范系统	梯架、托盘、槽盒和导管安装，线缆敷设，设备安装，软件安装，系统调试，试运行
应急响应系统	设备安装，软件安装，系统调试，试运行
机房工程	供配电系统，防雷与接地系统，空气调节系统，给水排水系统，综合布线系统，监控与安全防范系统，消防系统，室内装饰装修，电磁屏蔽，系统调试，试运行
防雷与接地	接地装置，接地线，等电位联结，屏蔽设施，电涌保护器，线缆敷设，系统调试，试运行

3）系统试运行应连续进行 120h。试运行中出现系统故障时，应重新开始计时，直至连续运行满 120h。

4）工程实施的质量控制、系统检测和分部（子分部）工程验收的具体要求与步骤可参看规范原文。

226. "老年人照料设施建筑"的智能设计要求有哪些?

《老年人照料设施建筑设计标准》JGJ 450—2018 规定的老年人照料设施建筑的智能化系统包含以下几个方面：

1）信息设施系统应符合下列规定：

（1）应配置有线电视、电话、信息网络等信息设施系统。

（2）老年人居室、单元起居厅和餐厅、文娱与健身用房、康复与医疗应设有线电视、电话及信息网络插座。

（3）宜设无线局域网络全覆盖设施。

2）公共安全系统应符合下列规定：

（1）建筑内以及室外活动场所（地）应设视频安防监控系统。各出入口、走廊、单元起居厅、餐厅、文娱与健身用房，康复与健身用房，各楼层的电梯厅、楼梯间、电梯轿厢等场所应设安全监控系统。

（2）建筑首层宜设入侵报警装置。

（3）老年人居室、单元起居室、餐厅、卫生间、浴室、盥洗室、文娱与健身用房、康复与医疗均应设紧急呼叫装置，且应保障老年人方便触及。紧急呼叫信号应能传输至相应护理站或值班室。呼叫信号装置应使用 50V 及以下安全特低电压。

（4）失智老年人的照料单元宜设门禁系统。

3）老年人居室、单元起居室、餐厅、卫生间、浴室、盥洗室、文娱与健身用房，以及康复与医疗用房宜设温度监测及调控系统，并宜在各用房内单独调控。

4）照护及健康管理平台应符合下列规定：

（1）宜设照护及健康管理平台，对照护人群的健康数据进行采集、分析和管理。

（2）建筑内以及室外活动场所（地）宜设活动监护及无线定位报警系统。

（3）特殊照料人群（如失智老人）空间应设防走失装置。

（4）宜设照料人群与家人间信息及时传递措施。

227. "养老服务智能化"的智能设计要求有哪些？

《养老服务智能化系统技术标准》JGJ/T 484—2019 指出：

1）养老服务的方式

（1）居家养老：以家庭为场所，以为居住在家的老年人提供生活照料为主要服务内容的养老模式。

（2）社区养老：以社区为依托，为老年人提供生活照料等服务的养老模式。

（3）机构养老：以养老机构为主导，为老年人提供生活照料和集中居住场所，满足老年人生理健康、心理健康、精神文化活动等方面需要的养老模式。

2）养老服务专用系统的基本功能

养老服务专用系统宜具有基本业务办公及信息管理、健康管理、养老服务、人身安全监护、报警求助和多媒体培训等功能，并提供与养老服务综合管理系统的数据交接接口。

3）居家养老服务智能化系统的基本规定：

（1）居家养老服务智能化系统应符合下列规定：

①应配置报警求助装置；

② 宜为老年人配置穿戴式人身安全监护装置，具有实时定位、报警求助、跌倒检测、图片上传、视频联动等功能；

③应配置楼寓对讲装置。

（2）居家养老服务智能化系统配置应按表 1-416 的规定选择。

居家养老服务智能化系统配置 表 1-416

序号	系统名称	功能名称	配置情况
1	养老服务专用系统	基本业务办公及信息管理	○
		健康管理	○
		养护服务	○
		人员安全监护	□
		报警求助	※
		多媒体培训	○
2	信息化应用系统	公共服务	○
		智能卡/手机 APP 应用	○
3	信息设施系统	信息接入	○
		综合布线	○
		移动通信室内信号覆盖	○
		用户电话交换	○
		无线对讲	○
		信息网络	○
		有线电视	○
		公共广播	○
		会议管理	○
		信息导引及发布	○

续表

序号	系统名称	功能名称	配置情况
4	建筑设备管理系统	建筑设备监控	○
		建筑能效监督	○
		环境监测	○
		家用电器监控	○
5	公共安全系统	① 火灾自动报警	按现行国家有关标准进行配置
		② 安全技术防范	
		A. 入侵和紧急报警	
		B. 视频监控	
		C. 出入口控制	
		D. 电子巡查	
		E. 楼寓对讲	※
		③ 应急响应	○
6	养老服务综合管理系统		○
7	机房工程	信息网络机房	○
		安防监控室	○
		消防控制室	○
		养老服务综合管理中心	○

注：※为应配置；□为宜配置；○为可配置。

4）社区养老服务智能化系统的基本规定：

（1）一般规定

① 社区养老服务智能化系统应覆盖老年人日间照料中心、社区养老服务管理中心。

② 社区养老服务智能化系统设计、施工、检测与验收、运行维护、评估应采用现代信息技术、网络技术和集成技术，以提高社区养老服务水平和质量，满足社区老年人身心健康、生活服务、文化娱乐等方面的要求。

（2）老年人日间照料中心智能化系统

① 老年人日间照料中心应配置报警求助、信息接入、综合布线、移动通信室内信号覆盖和环境监测等装置。

② 老年人日间照料中心宜具有基本业务办公及信息管理、健康管理、公共服务、智能卡/手机 APP 应用、信息安全管理、综合布线、移动通信室信号覆盖、信息网络、有线电视、公共广播、信息导引及发布、楼寓对讲和养老服务综合管理功能。

③ 老年人日间照料中心智能化系统配置应按表 1-417 的规定选择。

（3）社区养老服务管理中心智能化系统

① 社区养老服务管理中心应配置基本业务办公及信息管理、报警求助、公共服务、智能卡/手机 APP 应用、信息安全管理、信息接入、综合布线、移动通信室信号覆盖、信息网络、有线电视、公共广播、信息导引及发布、环境监测和养老服务综合管理功能、设置信息网络机房、安防监控室、消防控制中心和养老服务综合管理中心。

老年人日间照料中心智能化系统配置

表 1-417

序号	系统名称	功能名称	老年人日间照料中心	社区养老服务管理中心
1	养老服务专用系统	基本业务办公及信息管理	□	※
		健康管理	□	□
		养护服务	○	○
		人员安全监护	○	□
		报警求助	※	※
		多媒体培训	□	○
2	信息化应用系统	公共服务	□	※
		智能卡/手机 APP 应用	□	※
		信息安全管理	□	※
3	信息设施系统	信息接入	※	※
		综合布线	※	※
		移动通信室内信号覆盖	※	※
		用户电话交换	○	○
		无线对讲	○	○
		信息网络	□	※
		有线电视	□	※
		公共广播	□	※
		会议管理	○	○
		信息导引及发布	□	※
4	建筑设备管理系统	建筑设备监控	○	○
		建筑能效监督	○	○
		环境监测	※	※
		家用电器监控	○	□
		医用气体设备管理	○	○
5	公共安全系统	① 火灾自动报警	按现行国家有关标准进行配置	
		② 安全技术防范		
		A. 入侵和紧急报警		
		B. 视频监控		
		C. 出入口控制		
		D. 电子巡查		
		E. 楼寓对讲	□	□
		③ 应急响应	○	□
6	养老服务综合管理系统		□	※
7	机房工程	信息网络机房	○	※
		安防监控室	○	※
		消防控制室	○	※
		养老服务综合管理中心	○	※

注：※为应配置；□为宜配置；○为可配置。

②社区养老服务管理中心宜配置健康管理、人身安全监护、多媒体培训、家用电器监控、楼宇对讲和应急响应功能。

③社区养老服务管理中心智能化系统配置应按表1-414进行选择。

5）机构养老服务智能化系统的基本规定：

（1）一般规定

①机构养老服务智能化系统宜划分为老年人日间照料设施智能化系统、老年人全日照料设施智能化系统两种类型。

②机构养老服务智能化系统设计、施工、检测与验收、运行维护、评估应采用现代信息技术、网络技术和集成技术，以提高机构养老服务水平和质量，满足老年人群饮食起居、清洁卫生、生活护理、健康管理和文体娱乐活动等综合性需求。

（2）老年人日间照料设施智能化系统

① 老年人日间照料设施智能化系统应具有下列功能：

a. 养老服务专用系统的健康管理、人身安全监护、报警需求、多媒体培训功能；

b. 信息化应用系统的公共服务、智能卡/手机 APP 应用、信息安全管理功能；

c. 信息设施系统的信息接入、综合布线、移动通信室内信号覆盖、用户电话交换、信息网络、有线电视、公共广播、信息导引及发布功能；

d. 建筑设备管理系统的建筑设备监控、建筑能效监管、环境监测、家用电器监控功能；

e. 养老服务综合管理系统；

f. 信息网络机房、安防监控室、消防监控中心和养老服务综合管理中心。

② 老年人日间照料设施智能化系统宜具有下列功能：

a. 养老服务专用系统的基本业务办公及信息管理、养护服务功能；

b. 信息设施系统的无线对讲、会议管理功能；

c. 建筑设备管理系统的医用气体设备管理功能；

d. 公共安全系统统的楼宇对讲、应急响应功能；

e. 用户电话交换机房。

③ 老年人日间照料设施智能化系统配置应按表1-418进行选择。

机构养老照料实施智能化系统配置　　　　　　　　　　　　表 1-418

序号	系统名称	功能名称	老年人日间照料中心	社区养老服务管理中心
1	养老服务专用系统	基本业务办公及信息管理	□	※
		健康管理	※	※
		养护服务	□	※
		人员安全监护	※	※
		报警求助	※	※
		多媒体培训	※	※
2	信息化应用系统	公共服务	※	※
		智能卡/手机 APP 应用	※	※
		信息安全管理	※	※

序号	系统名称	功能名称	老年人日间照料中心	社区养老服务管理中心
3	信息设施系统	信息接入	※	※
		综合布线	※	※
		移动通信室内信号覆盖	※	※
		用户电话交换	※	※
		无线对讲	□	□
		信息网络	※	※
		有线电视	※	※
		公共广播	※	※
		会议管理	□	□
		信息导引及发布	※	※
4	建筑设备管理系统	建筑设备监控	※	※
		建筑能效监督	※	※
		环境监测	※	※
		家用电器监控	※	※
		医用气体设备管理	□	※
5	公共安全系统	① 火灾自动报警	按现行国家有关标准进行配置	
		② 安全技术防范		
		A. 入侵和紧急报警		
		B. 视频监控		
		C. 出入口控制		
		D. 电子巡查		
		E. 楼寓对讲	□	□
		③ 应急响应	□	□
6	养老服务综合管理系统		※	※
7	机房工程	信息网络机房	※	※
		用户电话交换机房	□	※
		安防监控室	※	※
		消防控制室	※	※
		养老服务综合管理中心	※	※

注：※为应配置；□为宜配置。

（3）老年人全日照料设施智能化系统

① 老年人全日照料设施智能化系统应具有下列功能：

a. 养老服务专用系统的健康管理、养护服务、人身安全监护、报警求助、多媒体培训功能；

b. 信息化应用系统的公共服务、智能卡/手机 APP 应用、信息安全管理功能；

c. 信息设施系统的信息接入、综合布线、移动通信室内信号覆盖、用户电话交换、信息网络、有线电视、公共广播、信息导引及发布功能；

d. 建筑设备管理系统的建筑设备监控、建筑能效监管、环境监测、家用电器监控、医用气体设备管理功能；

e. 养老服务综合管理系统；

f. 信息网络机房、用户电话交换机房、安防监控室、消防监控中心和养老服务综合管理中心。

② 老年人全日照料设施智能化系统宜具有下列功能：

a. 信息设施系统的无线对讲、会议管理功能；

b. 公共安全系统统的楼寓对讲、应急响应功能；

③ 老年人全日照料设施智能化系统配置应按表1-413进行选择。

228. "科研建筑"的智能设计要求有哪些？

《科研建筑设计标准》JGJ/T 91—2019规定科研建筑的智能化包含以下几个方面：

1）科研建筑的智能化设计应符合现行国家标准《智能建筑设计标准》GB 50314—2015的规定。

2）科研建筑应设置信息通讯网络系统，并应符合下列规定：

（1）信息通信网络系统根据需要可设置内网、外网及相应的数据中心机房。

（2）综合布线系统应符合现行国家标准《综合布线系统设计规范》GB 50311—2016的有关规定，应满足科研实验、办公、展示、教学、试验的需求和语音、数据、图像等信息的传输要求，并应根据实验、办公、试验工位、展位、教学分布情况的传输要求，并应根据实验、办公、试验工位、展位、教学分布情况配置信息插座端口。

（3）在通用实验室、专用实验室、科研办公用房、科研展示用房、教学实验室及辅助用房、科研实验室内应设置语音、数据信息点。信息点数量宜符合表1-419的规定。

信息点数量参照表　　　　　　　　　　　　　　表1-419

建筑功能区	每个实验（试验）工位或工作区、展示区信息点配置要求			备注
	语音	外网数据	内网数据	
通用实验室	1	1	≥1	语音点可按实验室为配置单元
专用实验室	1	1	≥1	语音点可按实验室为配置单元
科研办供用房	1	1	≥1	—
科研展示区	1	≥2	≥2	—
教学实验室	1	1	≥1	所有信息点可按实验室为配置单元
辅助用房	1	—	1	所有信息点可按房间为配置单元
科研试验室	1	1	≥1	语音可按试验室为配置单元

（4）科研教学区域、展示区域宜设置无线局域网络系统。

（5）在入口门厅、休息室等公共区域应配置公用电话和无障碍专用的公用电话。

（6）公共区域应设置室内移动通信网络系统。

（7）科研建筑设置应根据教学需要配置有线电视终端。

3）科研实验室、科研教学区、科研展示区、科研实验区的公共区域宜设置信息查询导引及发布系统。

4）科研建筑应设置建筑设备管理系统，并应根据科研实验、试验对建筑设备的监控要求。

5）安全技术防范系统应根据科研建筑的特点设置、采取合理的人防、技防、物防配套措施，确保人员、财产安全。安全技术防范系统应符合现行国家标准《安全技术工程技术标准》GB 50348—2018 和本标准"安全与防护"的有关规定，并应符合下列规定：

（1）科研建筑出入口，主要通道，重要实验室、试验室入口宜设置视频监控装置；

（2）科研建筑出入口，重要实验室、试验室入口，宜设置出入口控制装置；

（3）使用或存放剧毒危险化学品、贵重物品、放射性物质的实（试）验室应设置入侵报警装置、出入口控制装置和视频监控装置。

6）火灾自动报警系统和消防控制室的设置应符合现行国家标准《建筑设计防火规范》GB 50016—2014（2018 年版）的有关规定。火灾自动报警系统的设计应符合现行国家标准《火灾自动报警系统设计规范》GB 50116—2013 的有关规定。使用和产生易燃易爆物质的房间应根据可燃气体的类型，设置相应的可燃气体探测器。

7）科研建筑内火灾探测器的选择应与所进行的实验、试验环境相适应，如单一型火灾探测器不能有效探测火灾，可采用多种火灾探测器进行复合探测。

8）科研建筑根据工作需要可设置广播系统，并宜与消防应急广播系统合用。

9）有精确计时要求的科研建筑应设置时钟系统。

10）科研教学教室应设置多媒体教学系统，宜设置远程视频教学系统。

11）当通信线缆引入有电磁屏蔽要求的实验室、试验室时，应加滤波器或进行其他屏蔽处理。

12）有监控要求的实验室、试验室应设置工业电视监控系统，系统性能应满足工艺要求，并应符合现行国家标准《工业电视系统工程设计规范》GB 50115—2019 的有关规定。

13）科研信息网的安全应符合国家现行有关信息安全等级保护标准的规定，并应符合下列规定：

（1）网络设置应放置在符合使用要求的场所，该场所应具备物理访问控制、防盗窃和防破坏、防雷击、防水、防火、防潮、防静电、防电磁干扰等基本条件。

（2）关键网络设备及链路应有备份。

（3）应增强网络边界的访问控制力度，配备安全审计、边界完整性检查、入侵防范及恶意代码防护等设备；应在网络出口处对网络的连接状态进行监控，并能及时报警和阻断。对所有网络设备的登录应保证鉴别标识唯一和鉴别信息复杂等要求。

（4）系统应安装实时监测和查杀恶意代码的软件产品，并及时升级。

（5）系统应安装防火墙。

（6）应定时对重要信息进行数据备份。

（7）重要信息应进行数据加密。

229. "托儿所、幼儿园建筑"的智能设计要求有哪些？

《托儿所、幼儿园建筑技术规范》JGJ 39—2016（2019 年版）指出：

1）托儿所、幼儿园安全技术防范系统的设置应符合下列规定：

（1）园区大门、建筑物出入口、楼梯间、走廊、厨房等应设置视频防盗监控系统；

（2）周界宜设置入侵报警系统、电子巡查系统；

（3）财务室应设置入侵报警系统；建筑物出入口、楼梯间、厨房、配电间等处宜设置入侵报警系统；

（4）园区大门、厨房宜设置出入口控制系统。

2）大、中型托儿所、幼儿园建筑应设置电话系统、计算机网络系统、广播系统，并宜设置有线电视系统、教学多媒体设施。小型托儿所、幼儿园建筑应设置电话系统、计算机网络系统，宜设置广播系统、有线电视系统。

3）托儿所、幼儿园建筑的应急照明设计、火灾自动报警系统、防雷与接地设计、供配电系统设计、安防设计等，应符合国家现行有关标准的规定。

十一、装配式建筑

230. 装配式混凝土建筑的定义及常用术语有哪些？

《装配式混凝土建筑技术标准》GB/T 51231—2016 规定：

1）定义

装配式建筑指的是结构系统、外围护系统、设备与管线系统、内装系统的主要部分采用预制部品部件集成的建筑。

2）术语

（1）装配式混凝土建筑

建筑的结构系统由混凝土部件（预制构件）构成的装配式建筑。

（2）建筑集成系统

以装配式建造方式为基础，统筹策划、设计、生产和施工等，实现建筑结构系统、外围护系统、设备与管线系统、内装系统一体化的过程。

（3）集成设计

建筑结构系统、外围护系统、设备与管线系统、内装系统一体化的设计。

（4）协同设计

装配式建筑设计中通过建筑、结构、设备、装修等专业相互配合，并运用信息化技术手段满足建筑设计、生产运输、施工安装等要求的一体化设计。

（5）结构系统

由结构构件通过可靠的连接方式装配而成，以承受或传递荷载作用的整体。

（6）外围护系统

由建筑外墙、屋面、外门窗及其他部件部品等组合而成，用于分隔建筑室内外环境的部品部件的整体。

（7）设备与管线系统

由给水排水、供暖通风空调、电气和智能化、燃气等设备与管线组合而成，满足建筑使用功能的整体。

（8）内装系统

由楼地面、墙面、轻质隔墙、吊顶、内门窗、厨房和卫生间等组合而成，满足建筑空间使用要求的整体。

（9）部件

在工厂或现场预先生产制作完成，构成建筑结构系统的结构构件及其他构件的统称。

（10）部品

在工厂生产，构成外围护系统、设备与管线系统、内装系统的建筑单一产品或复合产品组装而成的功能单元的统称。

（11）全装修

所有功能空间的固定面装修和设备设施全部安装而成，达到建筑使用功能和建筑性能的状态。

（12）装配式装修

采用干式工法，将工厂生产的内装部品在现场进行组合安装而成的装修方式。

（13）干式工法

采用干作业施工的建造方法。

（14）模块

建筑中相对独立，具有特定功能，能够通用互换的单元。

（15）标准化接口

具有统一的尺寸规格和参数，并满足公差配合及模数协调的接口。

（16）集成式厨房

由工厂生产的楼地面、吊顶、墙面、橱柜和厨房设备及管线等集成并主要采用干式工法装配而成的厨房。

（17）集成式卫生间

由工厂生产的楼地面、墙面（板）、吊顶和洁具设备及管线等集成并主要采用干式工法装配而成的卫生间。

（18）整体收纳

由工厂生产、现场装配、满足储藏需求的模块化部品。

（19）装配式隔墙、吊顶和楼地面

由工厂生产的，具有隔声、防火、防潮等性能，且满足空间功能和美学要求的部品集成，并主要采用干式工法装配而成的隔墙、吊顶和楼地面。

（20）管线分离

将设备与管线设置在结构系统之外的方式。

（21）同层排水

在建筑排水系统中，器具排水管及排水支管不穿越本层结构楼板到下层空间、与卫生洁具同层敷设并接入排水立管的排水方式。

（22）预制混凝土构件

在工厂或现场预先生产制作的混凝土构件，简称"预制构件"。

（23）装配式混凝土结构

由预制混凝土构件通过可靠的连接方式装配而成的混凝土结构。

（24）装配整体式混凝土结构

由预制混凝土构件通过可靠的连接方式进行连接并与现场后浇混凝土、水泥基灌浆料形成的装配式混凝土结构，简称"装配整体式结构"。

（25）多层装配式墙休结构

全部或部分墙体采用预制墙板构建成的多层装配式混凝土结构。

（26）混凝土叠合受弯构件

预制混凝土梁、板顶部分在现场后浇混凝土而形成的整体受弯构件，简称叠合梁、叠合板。

（27）预制外挂墙板

安装在主体结构上，起围护、装饰作用的非承重预制混凝土外墙板，简称"外挂墙板"。

(28)钢筋套筒灌浆连接

在金属套筒中插入单根带肋钢筋并注入灌浆料拌和物，通过拌和物硬化形成整体并实现传力的钢筋对接连接方式。

(29)钢筋浆锚搭接连接

在预制混凝土构件中预留孔道，在孔道中插入需搭接的钢筋，并灌注水泥基灌浆料而实现的钢筋搭接连接方式。

(30)水平浆锚灌浆连接

同一楼层预制墙版拼接处设置后浇段，预制墙版侧边甩出钢筋锚环并在后浇段内相互交叠而实现的预制墙版竖缝连接方式。

231. 装配式混凝土建筑的基本规定有哪些？

《装配式混凝土建筑技术标准》GB/T 51231—2016 规定：

1）装配式混凝土建筑应采用系统集成的方法统筹设计、生产运输、施工安装，实现全过程的协同。

2）装配式混凝土建筑设计应按照通用化、模数化、标准化的要求，以少规格、多组合的原则，实现建筑及部品部件的系列化和多样化。

3）部件部品的工厂化生产应建立完善的生产质量管理体系，设置产品标识，提高生产精度，保障产品质量。

4）装配式混凝土建筑应综合协调建筑、结构、设备和内装等专业，制定相互协同的施工组织方案，并应采用装配式施工，保证工程质量，提高劳动效率。

5）装配式混凝土建筑应实现全装修，内装系统应与结构系统、外围护系统、设备与管线系统一体化设计建造。

6）装配式混凝土建筑宜采用建筑信息模型（BIM）技术，实现全专业、全过程的信息化管理。

7）装配式混凝土建筑宜采用智能化技术，提升建筑使用的安全、便利、舒适和环保等性能。

8）装配式混凝土建筑应进行技术策划，对技术选型、技术经济可行性和可建造性进行评估，并应科学合理地确定建造目标与技术实施方案。

9）装配式混凝土建筑应满足适用性能、环境性能、经济性能、安全性能、耐久性能等要求，并应采用绿色建材和性能优良的部品部件。

232. 装配式混凝土建筑的集成设计有哪些规定？

《装配式混凝土建筑技术标准》GB/T 51231—2016 规定：

1）一般规定

(1)装配式混凝土建筑应模数协调，采用模块组合的标准化设计，将结构系统、外围护系统、设备与管线系统和内装系统进行集成。

(2)装配式混凝土建筑应按照集成设计原则，将建筑、结构、给水排水、暖通空调、电气、智能化和燃气等专业之间进行协同设计。

（3）装配式混凝土建筑设计宜建立信息化协同平台，采用标准化的功能模块、部品部件等信息库，统一编码、统一规则、全专业共享数据信息，实现建设全过程的管理和控制。

（4）装配式混凝土建筑应满足建筑全寿命期的使用维护要求，宜采用管线分离的方式。

（5）装配式混凝土建筑应满足现行国家标准有关防火、防水、保温、隔热及隔声等要求。

2）模数协调

（1）装配式混凝土建筑设计应符合现行国家标准《建筑模数协调标准》GB/T 50002—2013 的有关规定。

（2）装配式混凝土建筑的开间与柱距、进深与跨度、门窗洞口宽度等宜采用水平扩大模数数列 2nM、3nM（n 为自然数）。

（3）装配式混凝土建筑的层高和门窗洞口高度等宜采用竖向扩大模数 nM。

（4）梁、柱、墙等部位的截面尺寸宜采用竖向扩大模数数列 nM。

（5）构造节点和部件的接口尺寸宜采用分模数数列 nM/2、nM/5、nM/10。

（6）装配式混凝土建筑的开间、进深、层高、洞口等优先尺寸应根据建筑类型、使用功能、部件部品生产与装配要求等确定。

（7）装配式混凝土建筑的定位宜采用中心定位法与界面定位法相结合的方法。对于部件的水平定位宜采用中心定位法，部件的竖向定位和部品的定位宜采用界面定位法。

（8）部件部品尺寸及安装位置的公差协调应根据生产装配要求、主体结构层间变形、密封材料变形能力、材料干缩、温差变形、施工误差等确定。

3）标准化设计

（1）装配式混凝土建筑应采用模块及模块组合的设计方法，遵循少规格，多组合的原则。

（2）公共建筑应采用楼电梯、公共卫生间、公共管井、基本单元等模块进行组合设计。

（3）住宅建筑应采用楼电梯、公共管井、集成式厨房、集成式卫生间等模块进行组合设计。

（4）装配式混凝土建筑的部品部件应采用标准化接口。

（5）装配式混凝土建筑平面设计应符合下列规定：

① 应采用大开间大进深、空间灵活可变的布置方式；

② 平面布置应规则，承重构件布置应上下对齐贯通，外墙洞口宜规整有序；

③ 设备与管线宜集中设置，并应进行管线综合设计。

（6）装配式混凝土建筑立面设计应符合下列规定：

① 外墙、阳台板、空调板、外窗、遮阳设施及装饰等部品部件宜进行标准化设计；

② 装配式混凝土建筑宜通过建筑体量、材质肌理、色彩等变化，形成丰富多样的立面效果；

③ 混凝土建筑外墙的装饰面层宜采用清水混凝土、装饰混凝土、免抹灰涂料和反打面砖等耐久性强的建筑材料。

（7）装配式混凝土建筑应根据建筑功能、主体结构、设备管线及装修等要求，确定合理的层高及净高尺寸。

4）集成设计

（1）装配式混凝土建筑的结构系统、外围护系统、设备与管线系统和内装系统均应进行集成设计，提高集成度、施工精度和效率。

（2）各系统设计应统筹考虑材料性能、加工工艺、运输限制、吊装能力的要求。

（3）结构系统的集成设计应符合下列规定：

① 宜采用功能复合度高的部件进行集成设计，优化部件规格；

② 应满足部件加工、运输、堆放、安装的尺寸和重量要求。

（4）外围护系统的集成设计应符合下列规定：

① 应对外墙板、幕墙、外门窗、阳台板、空调板及遮阳部件等进行集成设计；

② 应采用提高建筑性能的构造连接措施；

③ 宜采用单元式装配外墙系统。

（5）设备与管线系统的集成设计应符合下列规定：

① 给水排水、暖通空调、电气智能化、燃气等设备与管线应综合设计；

② 宜选用模块化产品，接口应标准化，并应预留扩展条件。

（6）内装系统的集成设计应符合下列规定：

① 内装设计应与建筑设计、设备与管线设计同步进行；

② 宜采用装配式楼地面、墙面、吊顶等部品系统；

③ 住宅建筑宜采用集成式厨房、集成式卫生间及整体收纳等部品系统。

（7）接口及构造设计应符合下列规定：

① 结构系统部件、内装部品部件和设备管线之间的连接方式应满足安全性和耐久性要求；

② 结构系统与外围护系统宜采用干式工法连接，其接缝宽度应满足结构变形和温度变形的要求；

③ 部品部件的构造连接应安全可靠，接口及构造设计应满足施工安装与使用维护的要求；

④ 应确定适宜的制作公差和安装公差设计值；

⑤ 设备管线接口应避开预制构件受力较大部位和节点连接区域。

233. 装配式混凝土高层建筑有哪些规定？

《装配式混凝土建筑技术标准》GB/T 51231—2016规定：

1）结构类型

装配式混凝土高层建筑的结构类型包括以下5种：

（1）装配整体式框架结构；

（2）装配整体式剪力墙结构；

（3）装配整体式框架—现浇剪力墙结构；

（4）装配整体式框架—现浇核心筒结构；

（5）装配整体式部分框支剪力墙结构。

2）各种结构类型的最大应用高度

装配式混凝土高层建筑的最大应用高度见表 1-420。

最大应用高度（m）   表 1-420

结构类型	抗震设防烈度			
	6 度	7 度	8 度 (0.20g)	8 度 (0.30g)
装配整体式框架结构	60	50	40	30
装配整体式框架—现浇剪力墙结构	130	120	100	80
装配整体式框架—现浇核心筒结构	150	130	100	90
装配整体式剪力墙结构	150 (120)	110 (100)	90 (80)	70 (60)
装配整体式部分框支剪力墙结构	110 (100)	90 (80)	70 (60)	40 (30)

注：1. 房屋高度指室外地面到主要屋面的高度，不包括局部突出屋面的部分。

2. 部分框支剪力墙结构指地面以上有部分框支剪力墙的剪力墙结构，不包括仅个别框支墙的情况。

3. 括号内数字适用于装配整体式剪力墙结构和装配整体式部分框支剪力墙结构的预制剪力墙构件的底部总剪力大于该层总剪力的 50％时。

3）各种结构类型的最大高宽比

装配式混凝土高层建筑的最大高宽比见表 1-421。

最大高宽比   表 1-421

结构类型	抗震设防类度	
	6 度、7 度	8 度
装配整体式框架结构	4	3
装配整体式框架—现浇剪力墙结构	6	5
装配整体式剪力墙结构	6	5
装配整体式框架—现浇核心筒结构	7	6

4）丙类建筑的抗震等级

装配式混凝土高层丙类建筑的抗震等级见表 1-422。

丙类建筑的抗震等级   表 1-422

结构类型		抗震设防烈度					
		6 度		7 度		8 度	
装配整体式框架结构	高度（m）	≤24	>24	≤24	>24	≤24	>24
	框架	四	三	三	二	二	一
	大跨度框架	三		二		一	
装配整体式框架—现浇剪力墙结构	高度（m）	≤60	>60	≤24	>24 且 ≤60	>60	≤24
	框架	四	三	四	三	二	三
	剪力墙	三	三	三	二	二	一

续表

结构类型		抗震设防烈度							
		6度		7度			8度		
装配整体式框架—现浇核心筒结构	框架	三		二			一		
	核心筒	二		二			一		
装配整体式剪力墙结构	高度（m）	≤70	>70	≤24	>24 且≤70	>70	≤24	>24 且≤70	>70
	剪力墙	四	三	四	三	二	三	二	一
装配整体式部分框支剪力墙结构	高度（m）	≤70	>70	≤24	>24 且≤70	>70	≤24	>24 且≤70	—
	现浇框支框架	二	二	二	二		二	二	
	底部加强部位剪力墙	三	二	三	二		二	一	
	其他区域剪力墙	四	三	四	三	二	三	二	

注：1. 大跨度框架指跨度不小于 18m 的框架；
　　2. 高度不超过 60m 的装配整体式框架—现浇核心筒结构按装配整体式框架—现浇剪力墙的要求设计时，应按表中装配整体式框架—现浇剪力墙结构的规定确定其抗震等级。

5）结构规定

（1）当设置地下室时，宜采用现浇混凝土；

（2）剪力墙结构和部分框支剪力墙结构底部加强部位宜采用现浇混凝土；

（3）框架结构的首层柱宜采用现浇混凝土；

（4）当底部加强部位的剪力墙、框架结构的首层柱采用预制混凝土时，应采取可靠技术措施。

234. 装配式混凝土多层建筑有哪些规定？

《装配式混凝土建筑技术标准》GB/T 51231—2016 规定：

1）结构类型

装配式混凝土多层建筑的结构类型包括以下 2 种：

（1）全部墙体采用预制墙板的装配式混凝土结构；

（2）部分墙体采用预制墙板的装配式混凝土结构。

2）多层建筑装配式混凝土（多层装配式墙板）结构的规定：

（1）适用的最大层数和最大高度见表 1-423。

适用的最大层数和最大高度　　　　　　　　　表 1-423

设防烈度	6度	7度	8度（0.20g）
最大适用层数	9	8	7
最大适用高度（m）	28	24	21

（2）高宽比的规定见表1-424。

高宽比的规定 表1-424

设防烈度	6度	7度	8度（0.20g）
最大高宽比	3.5	3.0	2.5

（3）结构规定

① 结构抗震等级在设防烈度为8度时取三级，设防烈度为6、7度时取四级。

② 预制墙板厚度不宜小于140mm，且不宜小于层高的1/25。

③ 预制墙板的轴压比，三级时不应大于0.15，四级时不应大于0.20；轴压比计算时，墙体混凝土强度等级超过C40时，按C40计算。

235. 装配式混凝土建筑的围护结构有哪些规定？

《装配式混凝土建筑技术标准》GB/T 51231—2016规定：

1）外墙挂板

（1）设计要求

在正常使用状态下，外挂墙板应具有良好的工作性能。外挂墙板在多遇地震作用下应能正常使用；在设防烈度地震作用下经修理后应仍可使用；在预估的罕遇地震作用下不应整体脱落。

（2）构造规定

外挂墙板的形式和尺寸应根据建筑立面造型、主体结构层间位移限值、楼层高度、节点连接形式、温度变化、接缝构造、运输限制条件和现场起吊能力等因素确定；板间接缝宽度应根据计算确定且不宜小于10mm；当计算宽度大于30mm时，宜调整外墙挂板的形式或连接方式。

（3）连接方式

① 点支承连接

a. 外挂墙板与主体结构连接点的数量和位置应根据外挂墙板形状、尺寸确定，连接点不应少于4个，承重连接点不应多于2个；

b. 在外力作用下，外挂墙板相对主体结构在墙板平面内应能水平滑动或转动；

c. 连接件的滑动尺寸应根据穿孔螺栓直径、变形能力需求和施工允许偏差等因素确定。

② 线支承连接

a. 外挂墙板顶部与梁连接，且固定连接区段应避开梁端1.5倍梁高长度范围；

b. 外挂墙板与梁结合面应采取粗糙面并设置键槽；接缝处应设置连接钢筋，连接钢筋数量应经过计算确定且钢筋直径不宜小于10mm，间距不宜大于200mm；连接钢筋在外挂墙板和楼面梁后浇混凝土中的锚固应符合现行国家标准《混凝土结构设计规范》GB 50010—2010的有关规定；

c. 外挂墙板的底端应设置不少于2个仅对墙板有平面外约束的连接节点；

d. 外挂墙板的侧边不应与主体结构连接。

③ 外挂墙板不应跨越主体结构的变形缝。主体结构变形缝两侧的外挂墙板的构造缝

应能适应主体结构的变形要求，宜采用柔性连接设计或滑动型连接设计，并采取易于修复的构造措施。

2）外围护系统设计

（1）一般规定

① 装配式混凝土建筑应合理确定外围护系统的设计使用年限，住宅建筑的外围护系统的设计使用年限应与主体结构相协调。

② 外围护系统的立面设计应综合装配式混凝土建筑的构成条件、装饰颜色与材料质感等设计要求。

③ 外围护系统的设计应符合模数化、标准化的要求，并满足建筑立面效果、制作工艺、运输及施工安装的条件。

④ 外围护系统设计应包括下列内容：

a. 外围护系统的性能要求；

b. 外墙板及屋面板的模数协调要求；

c. 屋面结构支承构造节点；

d. 外墙板连接、接缝及外门窗洞口等构造节点；

e. 阳台、空调板、装饰件等连接构造节点。

⑤ 外围护系统应根据装配式混凝土建筑所在地区的气候条件、使用功能等综合确定抗风性能、抗震性能、耐撞击性能、防火性能、水密性能、气密性能、隔声性能、热工性能和耐久性能要求，屋面系统尚应满足结构性能要求。

⑥ 外墙系统应根据不同的建筑类型及结构形式选择适宜的系统类型；外墙系统中外墙板可采用内嵌式、外挂式、嵌挂结合等形式，并宜分层悬挂或承托。外墙系统可选用预制外墙、现场组装骨架外墙、建筑幕墙等类型。

⑦ 外墙系统中外挂墙板应符合"外挂墙板设计"的规定，其他类型的外墙板应符合下列规定：

a. 当主体结构承受50年重现期风荷载或多遇地震作用时，外墙板不得因层间位移而发生塑性变形、板面开裂、零件脱落等损坏；

b. 在罕遇地震作用下，外墙板不得掉落。

⑧ 外墙板与主体结构的连接应符合下列规定：

a. 连接节点在保证主体结构整体受力的前提下，应牢固可靠、受力明确、传力简捷、构造合理；

b. 连接节点应具有足够的承载力；承载能力极限状态下，连接节点不应发生破坏；当单个连接节点失效时，外墙板不应掉落；

c. 连接部位应采用柔性连接方式，连接节点应具有适应主体结构变形的能力；

d. 节点设计应便于工厂加工、现场安装就位和调整；

e. 连接件的耐久性应满足使用年限要求。

⑨ 外墙板接缝应符合下列规定：

a. 接缝处应根据当地气候条件合理选用构造防水、材料防水相结合的防排水设计；

b. 接缝宽度及接缝材料应根据外墙板材料、立面分格、结构层间位移、温度变形等因素综合确定；所选用的接缝材料及构造应满足防水、防渗、抗裂、耐久等要求；接缝材料应与外墙板具有相容性；外墙板在正常使用下，接缝处的弹性密封材料不应破坏；

c. 接缝处以及与主体结构的连接处应设置防止形成热桥的构造措施。

（2）预制外墙

① 预制外墙使用材料应符合下列规定：

a. 预制混凝土外墙板用材料应符合现行行业标准《装配式混凝土结构技术规范》JGJ 1—2014 的规定；

b. 拼装大板使用的材料包括龙骨、基板、面板、保温材料、密封材料、连接固定材料等，各类材料应符合现行国家相关标准的规定；

c. 整体预制条板和复合夹芯条板应符合现行国家相关标准的规定。

② 露明的金属支撑件及外墙板内侧与主体结构的调整间隙，应采用燃烧性能等级为 A 级的材料进行封堵，封堵构造的耐火极限不得低于墙体的耐火极限，封堵材料在耐火极限内不得开裂、脱落。

③ 防火性能应按非承重外墙的要求执行，当夹芯保温材料的燃烧性能为 B_1 级或 B_2 级时，内、外叶墙板应采用不燃材料且厚度均不应小于 50mm。

④ 板材饰面材料应采用耐久性好、不易污染的材料；当采用面砖时，应采用反打工艺在工厂内完成，面砖应选择背面设有粘结后防止脱落措施的材料。

⑤ 预制外墙接缝应符合下列规定：

a. 接缝位置宜与建筑立面分格相适应；

b. 竖缝宜采用平口或槽口构造，水平缝宜采用企口构造；

c. 当板缝空腔需设置导水管排水时，板缝内侧应增设密封构造；

d. 宜避免接缝跨越防火分区；当接缝跨越防火分区时，接缝室内侧应采用耐火材料封堵。

⑥ 蒸压加气混凝土外墙板的性能、连接构造、板缝构造、内外面层做法等要求应符合现行行业标准《蒸压加气混凝土建筑应用技术规程》JGJ/T 17—2008 的相关规定，并符合下列规定：

a. 可采用拼装大板、横条板、竖条板的构造形式；

b. 当外围护系统需同时满足保温、隔热要求时，板厚应满足保温或隔热要求的较大值；

c. 可根据技术条件选择钩头螺栓法、滑动螺栓法、内置锚法、摇摆型工法等安装方式；

d. 外墙室外侧板及有防潮要求的外墙室内侧板面应用专用防水界面剂进行封闭处理。

（3）现场组装骨架外墙

① 骨架应具有足够的承载能力、刚度和稳定性，并应与主体结构有可靠连接；骨架应进行整体及连接节点验算。

② 墙内敷设电气线路时，应对其进行穿管保护。

③ 现场组装骨架外墙宜根据基层墙板特点及形式进行墙面整体防水。

④ 金属骨架组合外墙应符合下列规定：

a. 金属骨架应设置有效的防腐蚀措施；

b. 骨架外部、中部和内部可分别设置防护层、隔离层、保温隔汽层和内饰层，并根据使用条件设置防水透气材料、空气间层、反射材料、结构蒙皮材料和隔汽材料等。

⑤ 木骨架组合外墙应符合下列规定：

a. 材料种类、连接构造、板缝构造、内外面层做法等要求应符合现行国家标准《木骨架组合墙体技术规范》GB/T 50361—2005 的相关规定；

b. 木骨架组合外墙与主体结构之间应采用金属连接件进行连接；

c. 内侧墙面材料宜采用普通型、耐火性或防潮型纸面石膏板，外侧墙面材料宜采用防潮型纸面石膏板或水泥纤维板材等材料；

d. 保温隔热材料宜采用岩棉或玻璃棉等；

e. 隔声吸声材料宜采用岩棉、玻璃棉或石膏板材等；

f. 填充材料的燃烧性能等级应为 A 级。

（4）建筑幕墙

① 装配式混凝土建筑应根据建筑物的使用要求、建筑造型，合理选择幕墙形式，宜采用单元式幕墙系统。

② 幕墙应根据面板材料的不同，选择相应的幕墙结构、配套材料和构造方式等。

③ 幕墙与主体结构的连接设计应符合下列规定：

a. 应具有适应主体结构层间变形的能力；

b. 主体结构中连接幕墙的预埋件、锚固件应能承受幕墙传递的荷载和作用，连接件与主体结构的锚固承载力设计值应大于连接件本身的承载力设计值。

④ 玻璃幕墙的设计应符合现行行业标准《玻璃幕墙工程技术规范》JGJ 102—2003 的相关规定。

⑤ 金属与石材幕墙的设计应符合现行行业标准《金属与石材幕墙工程技术规范》JGJ 133—2001 的相关规定。

⑥ 人造板材幕墙的设计应符合现行行业标准《人造板材幕墙工程技术规范》JGJ 336—2016 的相关规定。

（5）外门窗

① 外门窗应采用在工厂生产的标准化系列部品，并应采用带有披水板等的外门窗配套系列部品。

② 外门窗应可靠连接，门窗洞口与外门窗框接缝处的气密性能、水密性能和保温性能不应低于外门窗的有关性能。

③ 预制外墙中外门窗宜采用企口或预埋件等方法固定，外门窗可采用预装法或后装法设计，并应满足下列要求：

a. 采用预装法时，外门窗框应在工厂与预制外墙整体成型；

b. 采用后装法时，预制外墙的门窗洞口应设置预埋件。

④ 铝合金门窗的设计应符合现行行业标准《铝合金门窗工程技术规范》JGJ 214—2010 的相关规定。

⑤ 塑料门窗的设计应符合现行行业标准《塑料门窗工程技术规程》JGJ 103—2008 的相关规定。

（6）屋面

① 屋面应根据现行国家标准《屋面工程技术规范》GB 50345—2012 规定的屋面防水

等级进行防水设防，并应具有良好的排水功能，宜设置有组织的排水系统。

② 太阳能系统应与屋面进行一体化设计，电气性能应满足国家现行标准《民用建筑太阳能热水系统应用技术规范》GB 50364—2005、《民用建筑太阳能光伏系统应用技术规范》JGJ 203—2010 的相关规定。

③ 采光顶与金属屋面的设计应符合现行行业标准《采光顶与金属屋面技术规程》JGJ 255—2012 的相关规定。

3）内装系统设计

（1）一般规定

① 装配式混凝土建筑的内装设计应遵循标准化设计和模数协调的原则，宜采用建筑信息模型（BIM）技术与结构系统、外围护系统、设备管线系统进行一体化设计。

② 装配式混凝土建筑的内装设计应满足内装部品的连接、检修更换和设备及管线使用年限的要求，宜采用管线分离。

③ 装配式混凝土建筑宜采用工业化生产的集成化部品进行装配式装修。

④ 装配式混凝土建筑的内装部品与室内管线应与预制构件的深化设计紧密配合，预留接口位置应准确到位。

⑤ 装配式混凝土建筑应在内装设计阶段对部品进行统一编号，在生产、安装阶段按编号实施。

⑥ 装配式混凝土建筑的内装设计应符合现行国家标准《建筑内部装修设计防火规范》GB 50222—2017、《民用建筑工程室内环境污染控制规范》GB 50325—2020、《民用建筑隔声设计规范》GB 50118—2010 和《住宅室内装饰装修设计规范》JGJ 367—2015 等的相关规定。

（2）内装部品设计选型

① 装配式混凝土建筑应在建筑设计阶段对轻质隔墙系统、吊顶系统、楼地面系统、墙面系统、集成式厨房、集成式卫生间、内门窗等进行部品设计选型。

② 内装部品应与室内管线进行集成设计，并应满足干式工法的要求。

③ 内装部品应具有通用性和互换性。

④ 轻质隔墙系统设计应符合下列规定：

a. 宜结合室内管线的敷设进行构造设计，避免管线安装和维修更换对墙体造成破坏；

b. 应满足不同功能房间的隔声要求；

c. 应在吊挂空调、画框等部位设置加强板或采取其他可靠加固措施。

⑤ 吊顶系统设计应满足室内净高的需求，并应符合下列规定：

a. 宜在预制楼板（梁）内预留吊顶、桥架、管线等安装所需预埋件；

b. 应在吊顶内设备管线集中部位设置检修口。

⑥ 楼地面系统宜选用集成化部品系统，并应符合下列规定：

a. 楼地面系统的承载力应满足房间使用要求；

b. 架空地板系统宜设置减振构造；

c. 架空地板系统的架空高度应根据管径尺寸、敷设路径、设置坡度等确定，并应设置检修口。

⑦墙面系统宜选用具有高差调平作用的部品，并应与室内管线进行集成设计。

⑧集成式厨房设计应符合下列规定：

a. 应合理设置洗涤池、灶具、操作台、排油烟机等设施，并预留厨房电气设施的位置和接口；

b. 应预留燃气热水器及排烟管道的安装及留孔条件；

c. 给水排水、燃气管线等应集中设置、合理定位，并在连接处设置检修口。

⑨集成式卫生间设计应符合下列规定：

a. 宜采用干湿分离的布置方式；

b. 应综合考虑洗衣机、排气扇（管）、暖风机等的位置；

c. 应在给水排水、电气管线等连接处设置检修口；

d. 应做等电位连接。

（3）接口与连接

①装配式混凝土建筑的内装部品、室内设备管线与主体结构的连接应符合下列规定：

a. 在设计阶段宜明确主体结构的开洞尺寸及准确定位；

b. 宜采用预留预埋的安装方式；当采用其他安装固定方法时，不应影响预制构件的完整性与结构安全。

② 内装部品接口应做到位置固定，连接合理，拆装方便，使用可靠。

③轻质隔墙系统的墙板接缝处应进行密封处理；隔墙端部与结构系统应有可靠连接。

④门窗部品收口部位宜采用工厂化门窗套。

⑤集成式卫生间采用防水底盘时，防水底盘的固定安装不应破坏结构防水层；防水底盘与壁板、壁板与壁板之间应有可靠连接设计，并保证水密性。

十二、装配式住宅建筑

236. 装配式住宅建筑的定义和基本规定有哪些?

《装配式住宅建筑设计标准》JGJ/T 398—2017 规定:

1) 定义

装配式住宅指的是以工业化生产方式的系统性建造体系为基础,建筑结构体与建筑内装体中全部或部分部件部品采用装配方式集成化建造的住宅建筑。

2) 术语

(1) 住宅建筑通用体系

该体系是以工业化生产方式为特征的、由建筑结构体与建筑内装体构成的开放性住宅建筑体系。体系具有系统性、适应性与多样性,部件部品具有通用性和互换性。

(2) 住宅建筑结构体

住宅建筑支撑体,包括住宅建筑的承重结构体系及共用管线体系;其承重结构体系由主体部件或其他结构构件构成。

(3) 住宅建筑内装体

住宅建筑填充体,包括住宅建筑的内装部品体系和套内管线体系。

(4) 主体部件

在工厂或现场预先制作完成,构成住宅建筑结构体的钢筋混凝土结构、钢结构或其他结构构件。

(5) 内装部品

在工厂生产、现场装配,构成住宅建筑内装体的内装单元模块化部品或集成化部品。

(6) 装配式内装

采用干式工法,将工厂生产的标准化内装部品在现场进行组合安装的工业化装修建造方式。

(7) 模数协调

以基本模数或扩大模数实现尺寸及安装位置协调的方法和过程。

(8) 设计协同

装配式住宅的建筑结构体与建筑内装体之间、各专业设计之间、生产建造过程各阶段之间的协同设计工作。

(9) 整体厨房

由工厂生产、现场装配的满足炊事活动功能要求的基本单元模块化部品。

(10) 整体卫浴

由工厂生产、现场装配的满足洗浴、盥洗和便溺等功能要求的基本单元模块化部品。

(11) 整体收纳

由工厂生产、现场装配的满足不同套内功能空间分类储藏要求的基本单元模块化部品。

（12）装配式隔墙、吊顶和楼地面部品

由工厂生产的、满足空间和功能要求的隔墙、吊顶和楼地面等集成化部品。

（13）干式工法

现场采用干作业施工工艺的建造方法。

（14）管线分离

建筑结构体中不埋设设备及管线，将设备及管线与建筑结构体相分离的方式。

3）基本规定

（1）装配式住宅的安全性能、适用性能、耐久性能、环境性能、经济性能和适老性能等应符合国家现行标准的相关规定。

（2）装配式住宅应在建筑方案设计阶段进行整体技术策划，对技术选型、技术经济可行性和可建造性进行评估，科学合理地确定建造目标与技术实施方案。整体技术策划应包括下列内容：

① 概念方案和结构选型的确定；

② 生产部件部品工厂的技术水平和生产能力的评定；

③ 部件部品运输的可行性与经济性分析；

④ 施工组织设计与技术路线的制定；

⑤ 工程造价及经济性的评估。

（3）装配式住宅建筑设计宜采用住宅建筑通用体系，以集成化建造为目标实现部件部品的通用化、设备及管线的规格化。

（4）装配式住宅建筑应符合建筑结构体和建筑内装体的一体化设计要求，其一体化技术集成应包括下列内容：

① 建筑结构体的系统及技术集成；

② 建筑内装体的系统及技术集成；

③ 围护结构的系统及技术集成；

④ 设备及管线的系统及技术集成。

（5）装配式住宅建筑设计宜将建筑结构体与建筑内装体、设备管线分离。

（6）装配式住宅建筑设计应满足标准化与多样化要求，以少规格多组合的原则进行设计，应包括下列内容：

① 建造集成体系通用化；

② 建筑参数模数化和规格化；

③ 套型标准化和系列化；

④ 部件部品定型化和通用化。

（7）装配式住宅建筑设计应遵循模数协调原则，并应符合现行国家标准《建筑模数协调标准》GB/T 50002—2013 的有关规定。

（8）装配式住宅设计除应满足建筑结构体的耐久性要求，还应满足建筑内装体的可变性和适应性要求。

（9）装配式住宅建筑设计选择结构体系类型及部件部品种类时，应综合考虑使用功能、生产、施工、运输和经济性等因素。

（10）装配式住宅主体部件的设计应满足通用性和安全可靠要求。

（11）装配式住宅内装部品应具有通用性和互换性，满足易维护的要求。

（12）装配式住宅建筑设计应满足部件生产、运输、存放、吊装施工等生产与施工组织设计的要求。

（13）装配式住宅应满足建筑全寿命期要求，应采用节能环保的新技术、新工艺、新材料和新设备。

237. 装配式住宅的建筑设计有哪些基本规定？

《装配式住宅建筑设计标准》JGJ/T 398—2017 规定：

1）平面与空间

（1）装配式住宅平面与空间设计应采用标准化与多样化相结合模块化设计方法，并应符合下列规定：

① 套型基本模块应符合标准化与系列化要求；

② 套型基本模块应满足可变性要求；

③ 基本模块应具有部件部品的通用性；

④ 基本模块应具有组合的灵活性。

（2）装配式住宅建筑设计应符合建筑全寿命期的空间适应性要求。平面宜简单规整，宜采用大空间布置方式。

（3）装配式住宅平面设计宜将用水空间集中布置，并应结合功能和管线要求合理确定厨房和卫生间的位置。

（4）装配式住宅设备与管线应集中紧凑布置，宜设置在共用空间部位。

（5）装配式住宅形体及其部件的布置应规则，并应符合现行国家标准《建筑抗震设计规范》GB 50011—2010（2016 年版）的规定。

2）模数协调

（1）装配式住宅建筑设计应通过模数协调实现建筑结构体和建筑内装体之间的整体协调。

（2）装配式住宅建筑设计应采用基本模数或扩大模数，部件部品的设计、生产和安装等应满足尺寸协调的要求。

（3）装配式住宅建筑设计应在模数协调的基础上优化部件部品尺寸和种类，并应确定各部件部品的位置和边界条件。

（4）装配式住宅主体部件和内装部品宜采用模数网格定位方法。

（5）装配式住宅的建筑结构体宜采用扩大模数 2nM、3nM 模数系列。

（6）装配式住宅的建筑内装体宜采用基本模数或分模数，分模数宜为 M/2、M/5。

（7）装配式住宅层高和门窗洞口高度宜采用竖向基本模数和竖向扩大模数数列，竖向扩大模数数列宜采用 nM。

（9）厨房空间尺寸应符合现行国家标准《住宅厨房及相关设计基本参数》GB/T 11228—2008 和《住宅厨房模数协调标准》JGJ/T 262—2012 的规定。

（10）卫生间空间尺寸应符合现行国家标准《住宅卫生间功能及尺寸系列》GB/T 11977—2008 和《住宅卫生间模数协调标准》JGJ/T 263—2012 的规定。

3）设计协调

（1）装配式住宅建筑设计应采用设计协同的方法。

（2）装配式住宅建筑设计应满足建筑、结构、给水排水、燃气、供暖、通风与空调设施、强弱电和内装等各专业之间设计协同的要求。

（3）装配式住宅应满足建筑设计、部件部品生产运输、装配施工、运营维护等各阶段协同的要求。

（4）装配式住宅建筑设计宜采用信息模型技术，并将设计信息与部件部品的生产运输、装配施工和运营维护等环节衔接。

（5）装配式住宅的施工图设计文件应满足部件部品的生产施工和安装要求，在建筑工程文件深度规定基础上增加部件部品设计图。

238. 装配式住宅的建筑结构体与主体部件有哪些基本规定？

《装配式住宅建筑设计标准》JGJ/T 398—2017 规定：

1）建筑结构体

（1）建筑结构体的设计使用年限应符合现行国家现行有关标准的规定。

（2）建筑结构体应满足其安全性、耐久性和经济性要求。

（3）装配式住宅建筑设计应合理确定建筑结构体的装配率，应符合现行国家标准《装配式建筑评价标准》GB/T 51129—2017 的相关规定。

（4）装配式混凝土结构住宅建筑设计应确保结构规则性，并应符合现行行业标准《装配式混凝土结构技术规程》JGJ 1—2014 的相关规定。

2）主体部件

（1）主体部件及其连接应受力合理、构造简单和施工方便。

（2）装配式住宅宜采用在工厂或现场预制完成的主体部件。

（3）主体部件设计应与部件生产工艺相结合，优化规格尺寸，并应符合装配式施工的安装调节和公差配合要求。

（4）主体部件设计应满足生产运输、施工条件和施工装备选用的要求。

（5）主体部件应结合管线设施设计要求预留孔洞或预埋套管。

（6）装配式混凝土结构住宅的楼板，其结构整体性宜采用叠合楼板，其结构整体性应符合现行行业标准《装配式混凝土结构技术规程》JGJ 1—2014 的相关规定。

（7）钢结构住宅宜优先选用钢－混凝土组合楼板或混凝土叠合楼板，并应符合国家现行标准的相关规定。

239. 装配式住宅的建筑内装体与内装部品有哪些基本规定？

《装配式住宅建筑设计标准》JGJ/T 398—2017 规定：

1）建筑内装体

（1）建筑内装体设计应满足内装部品的连接、检修更换、物权归属和设备及管线使用年限的要求，并应符合下列规定：

① 共用内装部品不宜设置在套内专用空间内；

② 设计使用年限较短内装部品的检修更换应避免破坏设计使用年限较长的内装部品；

③ 套内内装部品的检修更换应不影响共用内装部品和其他内装部品的使用。

（2）装配式住宅应采用装配式内装建造方法，并应符合下列规定：

① 采用工厂化生产的集成化内装部品；

② 内装部品具有通用性和互换性；

③ 内装部品便于施工安装和使用维修。

（3）装配式住宅建筑设计应合理确定建筑内装体的装配率，装配率应符合现行国家标准《装配式建筑评价标准》GB/T 51129—2017 的相关规定。

（4）建筑内装体的设计宜满足干式工法施工的要求。

（5）部品应采用标准化接口，部品接口应符合部品与管线之间、部品之间连接的通用性要求。

（6）装配式住宅应采用装配式隔墙、吊顶和楼地面等集成化部品。

（7）装配式住宅宜采用单元模块化的厨房、卫生间和收纳，并应符合下列规定：

① 厨房设计应符合干式工法施工的要求，宜优先选用标准化系列化的整体厨房；

② 卫生间设计应符合干式工法施工和同层排水的要求，宜优先选用设计标准化系列化的整体卫浴；

③ 收纳空间设计应遵循模数协调原则，应优先选用标准化系列化的整体收纳。

（8）内装部品、设备及管线应便于检修更换，且不影响建筑结构体的安全性。

（9）内装部品、材料和施工的住宅室内污染物限值应符合现行国家标准《住宅设计规范》GB 50096—2011 的相关规定。

2）隔墙、吊顶和楼地面部品

（1）装配式隔墙、吊顶和楼地面部品设计应符合抗震、防火、防水、防潮、隔声和保温等国家现行相关标准的规定，并满足生产、运输和安装等要求。

（2）装配式隔墙部品应采用轻质内隔墙，并应符合下列规定：

①隔墙空腔内可敷设管线；

② 隔墙上固定和吊挂物件的部位应满足结构承载力的要求；

③隔墙施工应符合干式工法施工和装配式安装的要求。

（3）装配式吊顶部品内宜设置可敷设管线的空间、厨房、卫生间的吊顶宜设有检修口。

（4）宜采用可敷设管线的架空地板系统的集成化部品。

3）整体厨房、整体卫浴和整体收纳

（1）整体厨房、整体卫浴和整体收纳应采用标准化内装部品，选型和安装应与建筑结构体一体化设计施工。

（2）整体厨房的给水排水、燃气管线等应集中布置、合理定位，并应设置管道检修口。

（3）整体卫浴设计应符合下列规定：

① 套内共用卫浴空间应优先采用干湿分区方式；

② 应优先采用内拆式部品安装；

③ 同层排水架空层地面完成面高度不应高于套内地面完成面高度。

（4）整体卫浴的给水排水、通风和电气等管道管线应在其预留空间内安装完成。

（5）整体卫浴应在与给水排水、电气等系统预留的接口连接处设置检修口。

240. 装配式住宅的围护结构有哪些基本规定?

《装配式住宅建筑设计标准》JGJ/T 398—2017 规定：

1）基本规定

（1）装配式住宅节能设计应符合现行国家现行建筑节能设计标准对体形系数、窗墙面积比和围护结构热工性能等的相关规定。

（2）装配式住宅围护结构应根据建筑结构体的类型和地域气候特征合理选择装配式围护结构形式。

（3）建筑外围护墙体设计应符合外立面多样化要求。

（4）建筑外围护墙体应减少部件部品种类，并应满足生产、运输和安装的要求。

（5）装配式住宅外墙宜合理选用装配式预制钢筋混凝土墙、轻型板材外墙。

（6）装配式住宅外墙材料应满足住宅建筑规定的耐久性能和结构性能的要求。

（7）钢结构住宅的外墙板宜采用复合结构和轻质板材，宜选用下列新型外墙系统：

① 蒸压加气混凝土类材料外墙；

② 轻质混凝土空心类材料外墙；

③ 轻钢龙骨复合类材料外墙；

④ 水泥基复合类材料外墙。

2）外墙与门窗

（1）钢筋混凝土结构预制外墙及钢结构外墙板的构造设计应综合考虑生产施工条件。接缝及门窗洞口等部位的构造节点应符合国家现行标准的相关规定。

（2）供暖地区的装配式住宅外墙应采取防止形成热桥的构造措施。采用外保温的混凝土结构预制外墙与梁、板、柱、墙的连接处，应保持墙体保温材料的连续性。

（3）装配式住宅当采用钢筋混凝土结构预制夹心保温外墙时，其穿透保温材料的连接件应有防止形成热桥的措施。

（4）装配式住宅外墙板的接缝等防水薄弱部位，应采用材料防水、构造防水和结构防水相结合的做法。

（5）装配式住宅外墙外饰面宜在工厂加工完成，不宜采用现场后贴面砖或外挂石材的做法。

（6）装配式住宅外门窗应采用标准化的系列部品。

（7）装配式住宅门窗应与外墙可靠连接，满足抗风压、气密性及水密性要求，并宜采用带有披水板等的集成化门窗配套系列部品。

十三、轻型钢结构组合房屋

241. 轻型钢结构住宅有哪些规定?

《轻型钢结构住宅技术规程》JGJ 209—2010 规定:

1）定义

以轻型钢框架为结构体系，并配套有满足功能要求的轻质墙体、轻质楼板和轻质屋面的建筑系统，层数不超过 6 层的非抗震设防及抗震设防为 6～8 度的钢结构住宅为轻型钢结构住宅。

2）术语

（1）轻型钢框架

轻型钢框架是指由小截面的热轧 H 型钢、高频焊接 H 型钢、普通焊接 H 型钢或异形截面型钢、冷轧或热轧成型的钢管等构件构成的纯框架或框架—支撑结构体系。

（2）集成化住宅建筑

在标准化、模数化和系列化的原则下，构件、设备由工厂化配套生产，在建造现场组装的住宅建筑。

（3）低层钢结构住宅

1～3 层的钢结构住宅。

（4）多层钢结构住宅

4～6 层的钢结构住宅。

242. 轻型钢结构的材料选择有哪些规定?

《轻型钢结构住宅技术规程》JGJ 209—2010 规定:

1）结构材料

（1）轻型钢结构住宅承重结构采用的钢材宜为 Q235—B 钢或 Q345—B 钢，也可采用 Q345—A 钢，其质量应分别符合相应规范的要求。

（2）轻型结构采用的钢材应具有抗拉强度、伸长率、屈服强度以及硫、磷含量的合格保证。对焊接承重结构的钢材尚应具有碳含量的合格保证和冷弯实验的合格保证。对有抗震设防要求的承重结构钢材的屈服强度实测值的比值不应大于 0.85，伸长率不应小于 20%。

（3）钢材的强度设计值和物理性能指标应符合相应规范的规定。

（4）钢结构的焊接材料应符合相关规范的规定。

（5）钢结构连接螺栓应符合相关规范的规定。

（6）轻型钢结构住宅基础用混凝土应符合现行国家标准《混凝土结构设计规范》GB 50010—2010的规定，混凝土强度等级不应低于 C20。

（7）轻型钢结构住宅基础用钢筋应符合现行国家标准《混凝土结构设计规范》GB 50010—2010的规定。

（8）不配钢筋的纤维水泥类板材和不配钢筋的水泥加气发泡类板材不得用于楼板及楼梯间和人流通道的墙体。

（9）水泥加气发泡类板材中配置的钢筋（或钢构件或钢丝网）应经有效的防腐处理，且钢筋的粘结强度不应小于 0.1MPa。

（10）楼板用水泥加气类材料的立方体抗压强度标准值不应低于 1.0MPa。

（11）轻质楼板中的配筋可采用冷轧带肋钢筋，其性能应符合相关规范的规定。

（12）楼板用钢丝网应进行镀锌处理，其规格应采用直径不小于 0.9mm、网格尺寸不大于 20mm×20mm 的冷拔低碳钢丝编织网。钢丝的抗拉强度标准值不应低于 450MPa。

（13）楼板用定向刨花板不应低于 2 级，甲醛释放量应为 Ⅰ 级，并应符合规范的规定。

2）围护材料

（1）轻型钢结构住宅的轻质围护材料宜采用水泥基的复合型多功能轻质材料，也可以采用水泥加气发泡类材料、轻质混凝土空心材料、轻钢龙骨复合墙体材料等。围护材料产品的干密度不宜超过 800 kg/m³。

（2）轻质围护材料应采用节地、节能、利废、环保的原材料，不得使用国家明令淘汰、禁止或限制使用的材料。

（3）轻型围护材料的核素限量和室内建筑装饰材料的有害物质限量应符合相关规范的规定。

（4）轻型围护材料应满足住宅建筑规定的物理性能、热工性能、耐久性能和结构要求的力学性能。

（5）轻型围护新材料及其应用技术，在使用前必须经相关程序核准，使用单位应对材料进行复检和技术资料审核。

（6）预制的轻质外墙板和屋面板应按等效荷载设计值进行承载力检验，受弯承载力检验系数不应小于 1.35，连接承载力检验系数不应小于 1.50，在荷载效应的标准组合作用下，板受弯挠度最大值不应超过板跨度的 1/200，且不应出现裂缝。

（7）轻质墙体的单点吊挂力不应低于 1.0kN，抗冲击试验不得小于 5 次。

（8）轻质围护板材采用的不利纤维增强材料应符合规范的规定。

（9）水泥基围护材料应满足下列要求：

① 水泥基围护材料中掺加的其他肥料应符合规定；

② 用于外墙或屋面的水泥基板材应配钢筋网或钢丝网增强，板边应有企口；

③ 水泥加气发泡类墙体材料的立方体抗压强度标准值不应低于 4.0MPa；

④ 用于采暖地区的外墙材料或屋面材料抗冻性在一般环境中不应低于 D15，干湿交替环境中不应低于 D25；

⑤ 外墙材料、屋面材料的软化系数不应小于 0.65；

⑥ 建筑屋面防水材料、外墙饰面材料与基底材料应相容，粘结应可靠，性能应稳定，并应满足防水抗渗要求，在材料规定的正常使用年限内，不得因外界湿度或温度变化而发生开裂、脱落等现象；

⑦ 安装外墙板的金属连接件宜采用铝合金材料，有条件时也可采用不锈钢材料，如用低碳钢或低合金高强度材料应做有效的防腐处理；

⑧ 外墙板连接件的壁厚：当采用低碳钢或低合金高强度材料时，在低层住宅中不宜

小于 3.0mm，多层住宅中不宜小于 4.0mm；当采用铝合金材料时尚应分别加厚 1.0mm；

⑨ 屋面板与檩条连接的自粘自攻螺钉规格不宜小于 ST6.3；

⑩ 墙板嵌缝粘结材料的抗拉强度不应低于墙板基材的抗拉强度，其性能应可靠。嵌缝胶条或胶片宜采用三元乙丙橡胶或氯丁橡胶。

（10）轻钢龙骨复合墙体材料应满足下列要求：

① 蒙皮用定向刨花板不宜低于 2 级，甲醛释放限量应为 I 级；

② 蒙皮用钢丝网水泥板的厚度不宜小于 15mm，水泥纤维板（水泥压力板、挤出板等）应配置钢丝网增强；

③ 蒙皮用石膏板的厚度不应小于 12mm，并应具有一定的防水和耐火性能；

④ 非承重的轻钢龙骨壁厚不应小于 0.5mm，双面热浸镀锌量不应小于 $100g/m^2$，双面镀锌层厚度不应小于 $14\mu m$，材料性能应符合相关规范的规定；

⑤ 自粘自攻螺钉的规格不宜小于 ST4.2，并应符合相关标准的规定。

3）保温材料

（1）用于轻型钢结构住宅的保温隔热材料应具有满足设计要求的热工性能指标、力学性能指标和耐久性能指标。

（2）轻型钢结构住宅的保温隔热材料可采用模塑聚苯乙烯泡沫板（EPS 板）、挤塑聚苯乙烯泡沫板（XPS 板）、硬质聚氨酯板（PU 板）、岩棉、玻璃棉等。保温隔热材料性能指标应符合表 1-425 的规定。

保温隔热材料性能指标 表 1-425

品名 检验项目	EPS 板	XPS 板	PU 板	岩棉	玻璃棉
表观密度（kg/m³）	≥20	≥35	≥25	40～120	≥10
导热系数［W/（m·K）］	≤0.041	≤0.033	≤0.026	≤0.042	≤0.050
水蒸气渗透系数［ng/（Pa·m·s）］	≤4.5	≤3.5	≤6.5	—	—
压缩强度（MPa，形变 10%）	≥0.10	≥0.20	≥0.08		
体积吸水率（%）	≤4	≤2	≤4	≤5	≤4

（3）当使用 XPS 板、XPS 板、PU 板等有机泡沫塑料作为轻型钢结构住宅的保温隔热材料时，保温隔热系统整体应具有合理的防火构造措施。

243. 轻型钢结构的建筑设计有哪些规定？

《轻型钢结构住宅技术规程》JGJ 209—2010 规定：

1）一般规定

（1）轻型钢结构住宅建筑设计应以集成化住宅建筑为目标，应按模数协调的原则实现构配件标准化、设备产品定型化。

（2）轻型钢结构住宅应按照建筑、结构、设备和装修一体化设计原则，并应按配套的建筑体系和产品为基础进行综合设计。

（3）轻型钢结构住宅建筑设计应符合国家标准对当地气候区的建筑节能设计规定。有条件的地区应采用太阳能或风能等可再生能源。

（4）轻型钢结构住宅建筑设计应符合现行国家标准《住宅建筑规范》GB 50068—2005 和《住宅设计规范》GB 50096—2011 的规定。

2）模数协调

（1）轻型钢结构住宅设计中的模数协调应符合现行国家标准《住宅建筑模数协调标准》GB/T 50100—2016 的规定。专用体系住宅建筑可以自行选择合适的模数协调方法。

（2）轻型钢结构住宅的建筑设计应充分考虑构、配件的模数化和标准化，应以通用化的构配件和设备进行模数协调。

（3）结构网络应以模数网格线定位。模数网格线应为基本模数的倍数，宜采用优先参数为 6M（1M＝100mm）的模数系列。

（4）装修网格应由内部部件的重复量和大小决定，宜采用优先参数为 3M。管道设备可采用 M/2、M/5 和 M/10。厨房、卫生间等设备多样、装修复杂的房间应注重模数协调的作用。

（5）预制装配式轻质墙板应按模数协调要求确定墙板中基本板、洞口板、转角板和调整板等类型板的规格、截面尺寸和公差。

（6）当体系中的部分构件难于符合模数化要求时，可在保证主要构件的模数化和标准化的条件下，通过插入非模数化部件适调间距。

3）平面设计

（1）平面设计应在优先尺寸的基础上运用模数协调实际尺寸的配合，优先尺寸宜根据住宅设计参数与所选通用性强的成品建筑部件或组合件的尺寸确定。

（2）平面设计应在模数化的基础上以单元或套型进行模块化设计。

（3）楼梯间和电梯间的平面尺寸不符合模数时，应通过平面尺寸调整使之组合成为周边模数化的模块。

（4）建筑平面设计应与结构体系相协调，并应符合下列要求：

① 平面几何形状宜规则，其凹凸变化及长宽比例应满足结构对质量、刚度均匀的要求，平面刚度中心与质心宜接近或重合；

② 空间布局应有利于结构抗侧力体系的设置及优化；

③ 应充分兼顾钢框架结构的特点，房间分隔应有利于柱网设置。

（5）可采用异形柱、扁柱、扁梁或偏轴线布置墙柱等方式，宜避免室内露柱或露梁。

（6）平面设计宜采用大开间。

（7）轻质楼板可采用钢丝网水泥板或定向刨花板等轻质薄型楼板与密肋钢梁组合的楼板结构体系，建筑面层宜采用轻质找平层，吊顶时宜在密肋钢梁间填充玻璃棉或岩棉等措施满足埋设管线和建筑隔声的要求。

（8）轻质楼板可采用预制的轻质圆孔板，板面宜采用轻质找平层，板低宜采用轻质板吊顶。

（9）对压型钢板现浇钢筋混凝土楼板，应设计吊顶。

（10）空调室外机应安装在预留的设施上，不得在轻质墙体上安装吊挂任何重物。

4）轻质墙体与屋面设计

（1）根据因地制宜、就地取材、优化组合的原则，轻质墙体和屋面材料应采用性能可靠、技术配套的水泥基预制轻质复合保温条形板、轻钢龙骨复合保温墙体、加气混凝土板、轻质砌块等轻质材料。

（2）应根据保温或隔热的要求选择合适密度和厚度的轻质围护材料，轻质围护体系各部分的传热系数 K 和热惰性指标 D 应符合当地节能指标，并应符合建筑隔声和耐火极限的要求。

（3）外墙保温板应采用整体外包钢结构的安装方式。当采用填充钢框架式外墙时，外露钢结构部位应做外保温隔热处理。

（4）当采用轻质墙板墙体时，外墙体宜采用双层中空形式，内层镶嵌在钢框架内，外层包裹悬挂在钢结构外侧。

（5）当采用轻钢龙骨复合墙体时，用于外墙的轻钢龙骨系采用小方钢管桁架结构。若采用冷弯薄壁 C 型钢龙骨时，应双排交错布置形成断桥。轻钢龙骨复合墙体应符合下列要求：

① 外墙体的龙骨宜与主体结构框架外侧平齐，外墙保温材料应外包覆盖主体结构；

② 对轻钢龙骨复合墙体应进行结露验算。

（6）当采用轻质砌块墙体时，外墙砌体应外包钢结构砌筑并与钢结构拉结，否则，应对钢结构做保温隔热处理。

（7）轻质墙体和屋面应有防裂、防潮和防雨措施，并应有保持隔热材料干燥的措施。

（8）门窗缝隙应采取构造措施防水和保温隔热，填充料应耐久、可靠。

（9）外墙的挑出构件，如阳台、雨篷、空调室外板等均应作保温隔热处理。

（10）对外墙的预留洞口或开槽处应有补强措施，对隔声和保温隔热功能应有弥补措施。

（11）非上人屋面不宜设女儿墙，否则，应有可靠的防雨或防积雪的构造措施。

（12）屋面板宜采用水泥基的预制轻质复合保温板，板边应有企口拼接，拼缝应密实可靠。

（13）屋面保温隔热系统应与外墙保温隔热系统连续且密实衔接。

（14）屋面保温隔热系统应外包覆盖在钢檩条上，屋檐挑出钢构件应有保温隔热措施。当采用室内吊顶保温隔热屋面系统时，屋面与吊顶之间应有通风措施。

十四、轻型模块化钢结构组合房屋

244. 轻型模块化钢结构组合房屋有哪些规定？

《轻型模块化钢结构组合房屋技术标准》JGJ/T 466—2019 规定：

1) 定义

轻型模块化钢结构组合房屋（模块化组合房屋）指的是在工厂内制作完成，或在现场拼装完成且具有使用功能的轻型钢结构建筑模块单元，通过装配连接而成的单层、多层轻型模块化钢结构建筑。

2) 术语

（1）建筑模块单元

模块化组合房屋在空间上所划分成若干种六面体箱形房间单元，由模块地板、顶板以及墙板组成。

（2）柱承重模块单元

主要靠角柱形成角点支撑，并支撑全部边梁重量，龙骨和墙板均不考虑承受荷载的模块单元。

（3）墙承重模块单元

正常使用时，主要通过长边方向墙体承担荷载的模块单元。

（4）模块地板（楼板）

模块单元的地板，是模块单元的组成部分。通常采用轻钢结构组合（复合）楼板、压型钢板组合楼板、工厂预制钢筋混凝土楼板、预制钢筋混凝土圆孔板等，其上铺设复合板材组成，可以直接当建筑地面使用。

（5）模块顶板

模块单元的顶板，是模块单元的组成部分，通常采用轻钢龙骨吊顶、夹芯板吊顶或单层或双层钢板复合板吊顶等轻质板材形式。

（6）模块墙板

指模块单元外立面的围挡物，如墙、门、窗等。墙体通常采用波纹板、衬板、盒式面板、复合板、干挂瓷砖、轻质混凝土板或者木板等材料。

（7）叠箱结构体系

由多个模块单元叠置，并相互连接组成的单层、多层箱体结构。

（8）叠箱—框架混合结构体系

叠箱结构与框架混合而成的结构体系。

（9）嵌入式模块框架结构体系

模块单元由一个结构框架支撑或者被放置在结构楼面上而形成的结构体系。通常模块可以被放置在主要结构构件之间。

（10）名义轴网

指模块建筑平面图中由名义轴线组成的柱网。对于布置在建筑平面中部的模块单元，采用相邻两模板间隙的中线作为定位轴线；对于布置在模块建筑平面尽端的模块单元，采用其外墙的外边线为定位轴线。

245. 轻型模块化钢结构组合房屋的建筑设计有哪些规定？

《轻型模块化钢结构组合房屋技术标准》JGJ/T 466—2019 规定：

1）一般规定

（1）模块化组合房屋设计应符合现行国家标准《民用建筑统一设计标准》GB 50352—2019 及国家现行有关标准的规定。

（2）建筑设计应统筹建筑全寿命周期的规划设计、生产运输、制作安装和运输维护等。

（3）模块建筑设计应按一体化设计原则，给水、排水、供暖、通风、空调、燃气、电气、智能化、装饰等专业协同设计，确保模块建筑设计的系统性和完整性。模块单元设计应集成结构系统、外围护系统、内装系统、设备和管线系统。

（4）建筑设计阶段应考虑建筑选型和平面布置的要求，评估模块化组合房屋的优势和效益。

（5）建筑功能的设计指标应符合下列规定：

① 使用功能合理，空间组合便捷；

② 采光、通风、隔声、保温、隔热、防水和卫生等要求；

③ 防火、疏散、防护、抗震、抗风、防雷击等防火与安全性设计要求。

（6）建筑设计应统筹考虑模数要求与原材料基材的规格，应选用标准化、系列化的尺寸，提高材料利用率，减少材料损耗。

（7）模块化组合房屋的设计、生产和装配中的模数数列应根据功能性和经济性原则确定，并应符合现行国家标准《建筑模数协调标准》GB/T 50002—2013 的规定。

（8）建筑设计应考虑模块单元的特点，采用名义柱网（图 1-81）。

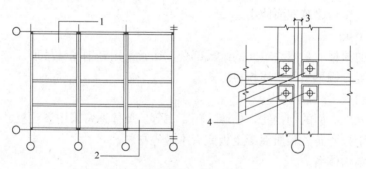

图 1-81 模块化组合房屋的名义柱网
1—尽端单元；2—中间单元；3—模块间隙；4—模块角柱

（9）模块单元竖向直接叠置时，宜取模块单元高度与模块单元间间隙之和（$h+h'$）为建筑层高（图 1-82）；当有连接垫件时，h'应为连接垫件的高度。

（10）隔声性能应符合现行国家标准《民用建筑隔声设计规范》GB 50118—2010 的规定，模块单元内部品部件、模块单元间的连接节点应采取隔声、隔振措施，对可能形成声桥的部位，应采用隔声材料或重质材料填充或包覆，使相邻空间隔声达到设计要求。

（11）模块化组合房屋应采用热工性能较好的围护结构体系并应选择先进、适用的供

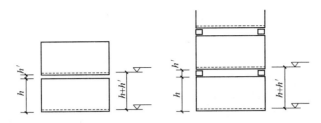

图 1-82　模块单元竖向布置及建筑层高

1—模块单元高度；2—模块单元间垫件高度；虚线为铺装后的地（楼）面位置

热、供冷系统和运行方法。建筑物应根据所处气候分区的不同要求，对墙体采用相应的保温、隔热措施，并应满足建筑使用功能和建筑节能的需求。

2）模块选择与布置

（1）模块化组合房屋模数宜采用下列尺寸：

① 平面图中，相邻模块单元间间隙距离宜为 5mm 或 10mm；

② 立面图中，上、下模块单元间间隙距离宜为 20mm 或 30mm；

③ 模块外墙厚度宜采用 50mm 模数；

④ 模块内隔墙厚度宜采用 100mm 基础上 15mm 模数；

⑤ 模块间分户双墙厚度宜采用 175mm 基础上 30mm 模数。

（2）模块单元的尺寸模数应符合下列规定：

① 模块单元平面尺寸应符合建筑功能与人居环境要求，单个模块单元进深不宜超过 10m，单个模块单元的宽度（开间）不宜超过 4m；

② 楼梯间模块（开间）宜采用 2.40m 或 2.70m，走廊宽度宜采用 1.80m 或 2.40m；

③ 模块高度应符合国家有关建筑标准和模数规定，室内可居住房间净高不应小于 2.40m，厨房、卫浴、走廊、通道等房间净高不应小于 2.10m；

④ 模块单元的模数尚应考虑运输条件和现场吊装条件的限制。

（3）建筑平面设计应符合下列规定：

① 平面的功能区应通过标准模块的尺寸组合进行布置，其布置宜规则、对称；

② 在同一功能区中布置的模块数量应尽量少，减少拼缝；

③ 一个功能区由多个模块覆盖时，功能区内的管线、设备、墙壁、门窗宜保持整体性；

④ 楼梯间、电梯间、卫生间、厨房等功能特殊、管线密集的区域，宜采用单个模块单元；

⑤ 建筑平面设计时应考虑相邻模块单元的连接关系。

（4）建筑平面设计中，楼梯间、电梯间、卫生间和走廊等区域结合模块建筑抗侧力结构布置要求，综合优化布置并应满足其使用功能，并应符合人流、物流通行以及安全疏散等建筑要求。

（5）建筑平面设计应采用标准模块不同堆叠形式，来实现多样化的建筑功能需求。可通过在平面和立面上偏移模块单元，阳台和屋面模块单元附件的使用等技术提高建筑美观效果（图 1-83）。

（6）模块布置应考虑与结构支撑、剪力墙等布置的协调。当室内布局需要较大尺寸空间时，可采用模块与框架结构、框架支撑结构等形成混合结构体系的方式实现（图 1-84）。

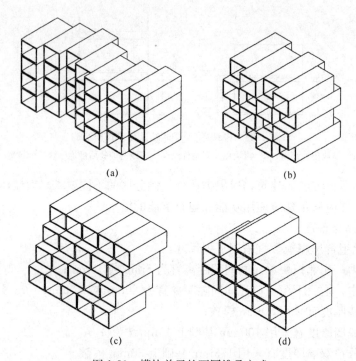

图 1-83　模块单元的不同堆叠方式

（a）模块平面移动；（b）模块交替回抽；（c）模块阶梯悬臂布置；（d）模块金字塔形堆叠

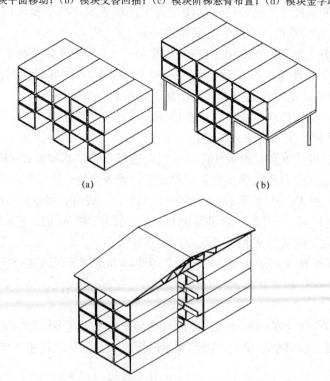

图 1-84　建筑悬挑和中庭的模块单元布置

（a）上部模块跨越下部模块间隔；（b）模块与悬挑端部有支撑的分离式框架；（c）设有中庭的分离式屋面板的模块建筑

（7）建筑体形、窗墙比应符合现行国家标准《公共建筑节能设计标准》GB 50189—2015、《夏热冬冷地区居住建筑节能设计标准》JGJ 134—2010、《夏热冬暖地区居住建筑节能设计标准》JGJ 75—2012、《严寒和寒冷地区居住建筑节能设计标准》JGJ 26—2018 关于建筑功能和建筑节能的规定。

（8）建筑立面设计应符合规划要求，外立面分割尺寸合理，流线简洁，符合环境要求。

（9）建筑布局应有利于室内自然通风。对于单朝向和无法满足自然通风的模块化居住建筑，应采取措施改善室内环境。

246. 轻型模块化钢结构组合房屋的建筑构造有哪些规定？

《轻型模块化钢结构组合房屋技术标准》JGJ/T 466—2019 规定：

1）模块地板

（1）模块地板可采用轻钢结构楼板、压型钢板组合楼板、工厂预制钢筋混凝土楼板、预制钢筋混凝土圆孔板、装配整体式楼板等。

（2）轻钢结构楼板宜采用主次龙骨或轻钢龙骨桁架结构，其上铺设复合板材组成。

（3）复合板材可采用增强纤维硅酸钙板、定向刨花板等，不得采用不配钢筋的纤维水泥类板材或水泥加气发泡类板材。

（4）预制钢筋混凝土楼板在工厂内宜采用轻质混凝土现浇制成，楼板钢筋应与模板四周边梁可靠连接，楼板和模板之间应增加连接件有效连接。

（5）对于预制钢筋混凝土圆孔板或装配整体式楼板，板与梁、板与板之间应有效连接。

2）模块顶板

（1）模块顶板宜采用轻钢龙骨吊顶、夹芯板吊顶、单层或双层钢板复合板吊顶等轻质板材形式，并应符合现行国家标准《建筑设计防火规范》GB 50016—2014（2018 年版）的规定。不同的吊顶板材应符合下列规定：

① 夹芯板宜选择热镀锌钢板，双面镀锌含量不应小于 $180g/m^2$，厚度可选用 0.5mm 及以上的板材，其连接方式可采用搭接方式；

② 夹芯板的板芯材料可采用岩棉板材，其密度不应小于 $100g/m^3$；也可选用挤塑型聚苯板；

③ 单层钢板复合板可采用钢板下铺带铝箔防潮层的玻璃棉毡；必要时在底部设置钢丝网或玻璃纤维布加强，以承托保温材料；

④ 双层钢板复合板可采用双层压型钢板内填充玻璃棉毡、挤塑板等保温材料，加工成板材。

（2）模块顶板宜设置对角拉撑，增加平面内刚度，防止发生变形。

（3）模块顶板的支撑构件可选用 C 形钢檩条，也可在工厂制作钢筋小桁架檩条，间距应经计算确定，檩条应与框架梁可靠连接。檩条下应铺设吊顶的龙骨。

（4）模块顶板应包括保温层和防潮层；顶棚各层、各构件间应安装紧密，以确保模块建筑的气密性。

3）模块墙板

（1）模块墙板应根据功能要求分为外墙、内隔墙等，不同功能墙体宜采用同类材料、不同尺寸和构造。

（2）墙体结构宜采取次结构框架进行支撑，并进行有效隔断，宜避免产生冷桥，墙体可采用波纹板、衬板、盒式面板、复合板或者轻质混凝土板、木板等材料围护。

（3）墙体保温、隔热材料宜采用轻质、可装配的板材。

（4）外墙构造应符合墙体节能的有关规定，宜采用含有重质材料和轻质高效保温隔热材料组合的复合材料。当采用无机材料复合保温板材时，可按现行行业标准《建筑结构保温复合板》JG/T432—2014 的规定执行。

（5）外墙应与所在地区的气候条件相适应，并通过采取下列技术措施，满足室内基本的热环境要求和现行国家标准《公共建筑节能设计标准》GB 50189—2015、《民用建筑热工设计规范》GB 50176—2016、《夏热冬冷地区居住建筑节能设计标准》JGJ 134—2010、《夏热冬暖地区居住建筑节能设计标准》JGJ 75—2012、《严寒和寒冷地区居住建筑节能设计标准》JGJ 26—2018 的规定：

① 模块化组合房屋外墙应满足所在地的节能要求，宜采用外保温隔热构造。

② 有保温要求的地区，墙体应满足国家现行本类别建筑节能设计标准所规定的传热系数限值要求。供暖地区的墙体应尽量避免金属件或连接件直接穿透保温层；必须穿透时，应进行露点验算，不满足时应采取措施保证热桥部位内表面温度不低于室内空气露点温度。

③ 严寒地区、寒冷地区、夏热冬冷地区的围护结构保温层内侧宜设置隔汽层。

④ 有防热要求的地区，当采用轻质墙体结构且热惰性指标不满足要求时，应采取遮阳、通风空气间层、反射构造等综合措施。

（6）当外墙为内保温隔热时，宜选用薄型轻质高效保温材料，并应符合现行国家标准《建筑设计防火标准》GB 50016—2014（2018 年版）的规定。

（7）以隔热为主的钢结构模块化建筑房屋，可采用带有可流动空气层的幕墙做法，以增强外墙的隔热性能。

（8）当外墙保温隔热构造允许时，宜设置空气隔层、铝箔反射层、防水层；当保温隔热构造有受潮风险时，宜采用防水透气膜或覆铝的防水透气膜外包，使保温隔热材料保持干燥。

（9）墙体中的空气隔层应密封良好，可作为空气屏障来增强外墙的保温隔热性能。

（10）采用墙体空腔中填充纤维类保温材料时，热阻计算应考虑结构构件、连接件等热桥构件的影响，保温材料的宽度应等于或略大于立柱间距，厚度不宜小于截面高度。

（11）模块外墙的轻钢龙骨宜采用小截面方钢管桁架结构。采用冷弯薄壁C形钢龙骨时，应双排交错布置形成断桥。当钢构件外侧保温材料厚度受限时，应进行露点验算。

（12）可通过设置空腔、安装多层材料、使用隔声性能好的材料等方式提高建筑墙体的隔声性能。外墙厚度不宜小于150mm。

（13）内隔墙应符合下列功能要求：

① 隔墙应有良好的隔声、防火、气密和保温性能，且应具备足够强度和刚度抵抗室内冲击荷载，确保装修、设备、管线的正常工作；

② 隔墙应满足吊挂要求，厨房、卫生间的隔墙应满足防水要求或者应有防水措施；

③ 隔墙与隔墙、外墙、地板、顶棚、模块单元钢骨架应有可靠的、可以保证隔墙与其他结构不分离、脱落的连接；

④ 当内隔墙用作分户墙时宜采用双层隔墙，隔墙之间应留有 10mm 隔空间隙，且应布置保温和隔汽层；

⑤ 隔墙宜采用轻钢龙骨非金属面板隔墙或金属板隔墙，并按现行国家有关隔声、保温和防火标准进行设计；

⑥ 内隔墙与钢结构模块单元的骨架之间应设置变形空间，用轻质防火材料填充，内隔墙上需要设置电器开关或插座时，必须做好歌声处理；内隔墙两侧均需要设置电器开关或插座时，两者应错位布置。

4）屋面

（1）根据建筑的使用环境和建筑效果需要，屋面可采用平屋面或坡屋面的形式。采用坡屋面时，应设置桁架及跨越侧墙之间的檩条支撑屋面板，并应符合下列规定：

① 桁条由采用螺栓连接的 C 形钢组成时，布置间距不宜大于 600mm；

② 檩条通常采用独立的 C 型钢或 Z 型钢，檩条上方布置衬板或盖板用来支撑屋面其他部件。

（2）屋面应设置防水措施，应根据建筑的重要程度及使用功能，结合工程特点及地区自然条件等按不同等级进行设防。

（3）屋面构造应符合下列规定：

① 屋面系统及材料应满足现行国家标准《建筑设计防火规范》GB 50016—2014（2018 年版）及《住宅建筑规范》GB 50368—2005 的规定；

② 屋面保温材料可采用沿坡屋面斜铺或在吊顶上方平铺的方式布置；宜在屋面吊顶内设置空气隔层，以增强屋面的保温性能；当采用保温材料在顶层吊顶上方平铺的方式时，在顶层墙体顶端和墙体与屋面系统连接处，应确保保温材料、隔汽层的连续性、密闭性和整体性；

③ 对于居住使用的屋顶空间，保温材料宜设置在屋面构件的外层，屋面覆盖材料和板条用紧固件应穿过保温层，并固定于屋面构件，形成保温屋顶；

④ 在强风、台风地区的金属屋面应进行抗风揭验算或试验验证，采取固定加强措施；

⑤ 当采用架空隔热屋面时，架空隔热层的高度应根据屋面的宽度或坡度确定，架空层不得堵塞；当屋面宽度大于 10m 时，应设置通风屋脊；架空隔热层底部宜铺设保温材料；

⑥ 严寒和寒冷地区的坡屋面、檐口部位应采取措施，防止冰雪融化下坠和冰坝的形成；

⑦ 天沟、天窗、檐沟、檐口、水落管、泛水、变形缝和伸出屋面管道等处应采取与工程特点相适应的防水加强构造措施。

5）门窗

（1）门框、窗框与墙体结构连接应可靠、牢固、耐久性好，并符合高效的工厂标准化施工的特点。

（2）门窗安装时应避免跨越相邻的模块。如必须设置跨越模块的门窗，该门窗应在现场安装。安装应可靠、方便，且不得破坏已经安装完成的设备和管线。

（3）外墙应协调门（窗）宽度与外墙框架的结构空间关系，并应设置洞口加强型钢，设计合理的泛水构造。

6）建筑构造

（1）模块单元的结构骨架、地板、顶板和墙体之间应可靠连接，保证其整体性，并应符合保温、隔热、防水、防火和隔声的要求。

（2）在钢构件可能形成声桥的部位，应采用隔声材料或重质材料填充或包覆，使相邻空间隔声指标达到设计标准的要求。外墙与楼板端面间的缝隙应以隔声材料填塞。当门窗固定在钢构件上时，连接件应具有弹性且应在连接处设置软填料填缝。

（3）模块化组合房屋应进行隔振设计。对冲击导致传声、传振的部位应采取隔声、隔振的构造措施；对设备运转导致传声、传振的部位应分别采取隔声、吸声、消声和隔振措施，其中隔振材料与构件应根据振动的固有频率选用。

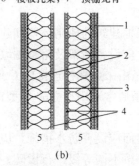

1—楼板面层板材；2—楼板下封板；3—模块单元间空隙；
4—顶棚龙骨间填充保温材料；5—顶棚（双层构造）；
6—楼板托梁；7—顶棚龙骨

1—墙体面板（双层构造）；2—墙体龙骨间填充保材料；
3—模块单元间空隙；4—模块墙板外护板；5—墙龙骨

图 1-85 模块单元间隔声构造
（a）楼板隔声构造；（b）墙体隔声构造

（4）应对模块安装就位后最外侧模块之间的缝隙进行有效封堵，阻止外部冷空气、雨水及其他异物进入到模块之间的空隙中，以防其最终渗入到模块内。封堵构造应采用柔性材料完成，以适应模块之间可能产生的相对位移。

（5）模块单元间隔声构造可根据使用功能采用不同的方案（图 1-85）。

247. 轻型模块化钢结构的模块单元有哪些规定？

《轻型模块化钢结构组合房屋技术标准》JGJ/T 466—2019 规定：

1）一般规定

（1）模块单元中受力构件钢材应根据结构及其构件的重要性、荷载特征、应力状态、连接构造、环境温度、钢材厚度以及构件所在的部位，选择其牌号和材质。

（2）模块单元应为几何不变体，并应能够承担自身的重力荷载以及整体结构的效应。

（3）模块单元可采用墙承重模块单元和柱承重模块单元。墙承重模块单元不宜用于 3 层以上的建筑。墙承重模块单元中的墙体若不能直接传力，应在墙体对应位置的楼板空间内设置梯形桁架以实现竖向荷载的传递。

（4）楼板和承重墙可采用高度为 70～100mm、厚度为 1.5～6.0mm 的卷边 C 形钢按 400mm 或 600mm 间距沿墙竖直布置。荷载较大时，可按 600mm 的间距成对布置，并应进行墙体稳定性计算。

（5）模块墙板可采用水泥刨花板、防水胶合板、定向刨花板和防水石膏板以及其他合适的板材，并应与墙体构件有效连接，螺钉应按不小于 300mm 的间距布置在板中。

（6）模块楼板采用压型钢板组合楼板时，压型钢板与钢骨架应有可靠的结构连接；采用复合板或轻钢龙骨楼板时，应增加次梁数量，或设置楼板内水平支撑。

（7）轻钢龙骨楼板可采用高度为 150～200mm、厚度为 1.2～1.5mm 的 C 形钢，按 400mm 间距布置，其上翼缘应与板可靠连接。

（8）模块顶板为非承重板，当有其他使用荷载作用时应进行验算补强；当作为承重屋面使用时，应于其上另行布置有檩轻型屋盖。

（9）模块单元壁板应避免有过大的开孔，所有开孔部位均应补强加固。补墙构件应采用小截面钢管或型材。当壁板有较大开孔时，其开孔部位承载的底梁宜按实际有效截面进行强度和挠度的验算。

（10）模块单元在结构设计时，应进行吊装阶段的强度和刚度验算，提升部位应依据具体情况进行补强。

2）模块单元设计

（1）墙承重模块单元承重墙中的 C 形钢构件应按现行国家标准《冷弯薄壁型钢结构技术规范》GB 50018—2016 的规定进行设计。

（2）柱承重模块单元的边梁可采用热轧槽钢或冷弯型钢截面，或其他特定的截面形状。

（3）模块边梁在所支撑楼板自重下的跨中挠度不应大于 5mm。

（4）角柱可采用方钢管、角钢或者其他开口截面。

（5）角柱设计宜考虑的影响因素包括：由相邻墙体提供的侧向约束、来自上部模块的荷载偏心以及上下模块之间的连接。

（6）在重力荷载作用下，角柱的柱端弯矩可按安装和制造的偏心误差限值加上由每层边梁传递的荷载引起的力矩来计算。

（7）模块单元内部可根据需要设置支撑。支撑形式可采用 X 形或 K 形，X 形支承应设计为仅受拉，门窗附近等有空间限制的地方宜采用 K 形支撑，可采用 C 形钢作为墙体的一部分，且应设计为可承受拉力和压力。

（8）进行结构纵向的抗侧验算时，可考虑 K 形支撑、X 形支撑、蒙皮效应以及刚性框架效应。

3）连接设计与节点构造

（1）连接可分为三种：模块单元内部构件间连接、模块单元间结构连接、模块单元与外部支承结构的连接。

（2）模块单元间的连接可分为竖直方向上相邻模块间的连接和水平方向上相邻模块间的连接。模块单元间的连接应做到强度高、可靠性好、便于施工安装和检测。

（3）连接节点应构造合理、传力可靠并方便施工；同时，节点构造应具有必要的延性，不宜产生应力集中和过大的焊接约束应力，并应按节点连接强于构件的原则设计。节点与连接的计算和构造应符合现行国家标准《钢结构设计标准》GB 50017—2017 和《建筑抗震设计规范》GB 50011—2010（2016 年版）的规定。

（4）重要构件或节点连接的熔透焊缝不应低于二级质量等级要求；角焊缝质量应符合

外观检查二级焊缝的要求。

（5）模块单元的现场连接构造应有施拧或施焊的作业空间和便于调整的安装定位措施。

（6）模块单元内部的边梁和角柱间可采用焊接或螺栓连接，节点宜按现行国家标准《钢结构设计标准》GB 50017—2017 和《冷弯薄壁型钢结构技术规范》GB 50018—2016 的规定进行加强，应保证模块内梁和柱的刚性连接在受力过程中交角不变。

（7）梁、柱、支撑的主要节点构造和位置，应与建筑设计相协调，在不影响建筑设计的情况下，可在地板梁顶面或顶棚梁底面的梁端处加腋。

（8）梁、柱、支撑等构件的拼接接头，应与构件等强度设计。

（9）结构构件和节点应做到强节点、强连接和防止脆性破坏，应加强模块整体框架和支撑体系的整体性，并增强相邻模块梁间、柱间的连接。

（10）模块单元间的连接宜采用角件相互连接的构造，其节点连接应保证有可靠的抗剪、抗压与抗拔承载力。

（11）框架与模块间的水平连接宜采用连接件与模块角件连接的构造，其节点连接应为仅考虑水平力传递的构造。

（12）模块单元间的连接宜考虑下列规定：

①模块建筑结构、设备、管道线路、保温层、内外装修的完成度，并确保现场为焊接、螺栓连接、铆接施工提供足够的施工空间、安全保护；

②连接完成后结构节点的封闭、保护、检修、更换等操作空间。

（13）模块单元应在其四个角部进行水平和竖直连接，可采用盖板螺栓连接、平板扦销连接、模块预应力连接等三类节点构造，并应根据整体结构抗侧刚度需要选择铰接或刚接节点。

（14）模块单元角柱为角钢或者其他开口截面时，可通过连接板和单个螺栓在模块顶部和底部进行竖直连接，同时水平连接可采用盖板螺栓连接，模块中的角柱为方钢管时，应在方钢管中预留直径不小于 50mm 的检查孔。

第二部分

建筑构造与建筑装修

一、基础、地下室与地下工程防水

(一) 地　基

248. 地基岩土包括哪几种类型?

《建筑地基基础设计规范》GB 50007—2011 中规定：可以直接作为地基的土层有岩石、碎石土、砂土、粉土、黏性土；需采取加固处理才能够作为地基的土层有人工填土和其他土层。

1) 岩石

作为地基的岩石，除应确定岩石的地质名称外，还应确定岩石的坚硬程度、岩体的完整程度和岩石的风化程度。

(1) 岩石的坚硬程度

岩石的坚硬程度详见表 2-1。

岩石的坚硬程度　　　　　　　　　　　　　　　表 2-1

坚硬程度类别	坚硬岩	较硬岩	较软岩	软岩	极软岩
饱和单轴抗压强度标准值 f_{rk}（MPa）	$f_{rk}>60$	$60 \geqslant f_{rk}>30$	$30 \geqslant f_{rk}>15$	$15 \geqslant f_{rk}>5$	$f_{rk} \leqslant 5$

注：岩石的承载力 f_{rk} 为 50kPa～600kPa。

(2) 岩石的完整程度

岩石的完整程度详见表 2-2。

岩石的完整程度　　　　　　　　　　　　　　　表 2-2

完整程度等级	完整	较完整	较破碎	破碎	极破碎
完整性指数	＞0.75	0.75～0.55	0.55～0.35	0.35～0.15	＜0.15

注：完整性指数为岩体纵波波速与岩块纵波波速之比的平方。选定岩体、岩块测定波速时应有代表性。

(3) 岩石的风化程度：岩石的风化程度分为未风化、微风化、中等风化、强风化和全风化 5 个档次。

2) 碎石土

碎石土为粒径大于 2mm 的颗粒含量超过全重 50％的土。碎石土可分为漂石、块石、卵石、碎石、圆砾和角砾。

(1) 碎石土的分类

碎石土的分类见表 2-3。

(2) 碎石土的密实度

碎石土的密实度见表 2-4。

碎石土的分类　　　　　　　　　　　表 2-3

土的名称	颗粒形状	颗粒含量
漂石	圆形及亚圆形为主	粒径大于 200mm 的颗粒含量超过全重 50%
块石	棱角形为主	
卵石	圆形及亚圆形为主	粒径大于 20mm 的颗粒含量超过全重 50%
碎石	棱角形为主	
圆砾	圆形及亚圆形为主	粒径大于 2mm 的颗粒含量超过全重 50%
角砾	棱角形为主	

注：分类时应根据粒组含量栏从上到下以最先符合者确定。

碎石土的密实度　　　　　　　　　　表 2-4

重型圆锥动力触探锤击数 $N_{63.5}$	密实度
$N_{63.5} \leqslant 5$	松散
$5 < N_{63.5} \leqslant 10$	稍密
$10 < N_{63.5} \leqslant 20$	中密
$N_{63.5} > 20$	密实

注：1. 本表适用于平均粒径小于等于 50mm 且最大粒径不超过 100mm 的卵石、碎石、圆砾、角砾；对于平均粒径大于 50mm 或最大粒径大于 100mm 的碎石土，可根据相关标准鉴别其密实度。

2. 表内 $N_{63.5}$ 为经综合修正后的平均值。

（3）相关资料表明，碎石土的地基承载力特征值 f_{rk} 为 200～1000kPa。

3）砂土

砂土粒径大于 2mm 的粒径含量不超过全重 50%、粒径大于 0.075mm 的颗粒超过全重 50% 的土。砂土分为砾砂、粗砂、中砂、细砂和粉砂。

（1）砂土的分类

砂土的分类见表 2-5。

砂土的分类　　　　　　　　　　　　表 2-5

土的名称	粒组含量
砾砂	粒径大于 2mm 的颗粒含量占全重 25%～50%
粗砂	粒径大于 0.5mm 的颗粒含量超过全重 50%
中砂	粒径大于 0.25mm 的颗粒含量超过全重 50%
细砂	粒径大于 0.075mm 的颗粒含量超过全重 85%
粉砂	粒径大于 0.075mm 的颗粒含量超过全重 50%

注：分类时应根据粒组含量栏从上到下以最先符合者确定。

（2）砂土的密实度分为松散、稍密、中密、密实 4 个档次。

砂土的密实度见表 2-6。

砂土的密实度　　　　　　　　　　　表 2-6

标准贯入实验锤击数 N	密实值
$N \leqslant 10$	松散
$10 < N \leqslant 20$	稍密

续表

标准贯入实验锤击数 N	密实值
20＜N≤30	中密
N＞30	密实

（3）相关资料表明，砂土的地基承载力特征值 f_{rk} 为 140～500kPa。

4）黏性土

黏性土为塑性指数 L_p 大于 10 的土。

（1）黏性土的分类

黏性土的分类见表 2-7。

黏性土的分类　　　　表 2-7

塑性指数 L_p	土的名称
$L_p>17$	黏土
$10<L_p\leq17$	粉质黏土

（2）黏性土的状态分为坚硬、硬塑、可塑、软塑、流塑。

黏性土的状态见表 2-8。

黏性土的状态　　　　表 2-8

液性指数 I_L	状态
$I_L\leq0$	坚硬
$0<I_L\leq0.25$	硬塑
$0.25<I_L\leq0.75$	可塑
$0.75<I_L\leq1$	软塑
$I_L>1$	流塑

（3）相关资料表明，黏性土的地基承载力特征值 f_{rk} 为 105～410kPa。

5）粉土：粉土为介于砂土与黏性土之间，塑性指数 L_p 小于或等于 10 的土且粒径大于 0.075mm 的粒径含量不超过全重 50％的土。相关资料表明，粉土的地基承载力特征值 f_{rk} 为 105～475kPa。

6）人工填土：人工填土根据其组成和成因，可分为素填土、压实填土、杂填土、冲积土。杂填土为由碎石土、砂土、粉土、黏性土等组成的填土。经过压实或夯实的素填土为压实填土。杂填土为含有建筑垃圾、工业废料、生活垃圾等杂物的填土。冲积土为由水力冲击泥砂形成的填土。相关资料表明，人工填土的地基承载力特征值 f_{rk} 为 65～160kPa。

7）其他土层：其他土层包括淤泥、红黏土、膨胀土、湿陷性土等 4 种。

（1）淤泥：淤泥为在静水或缓慢的流水中沉积，并经生物化学作用形成，其天然含水量大于液限、天然孔隙比大于或等于 1.5 的黏性土。当天然含水量大于液限、天然孔隙比小于 1.5 但大于 1.0 的黏性土或粉土为淤泥质土。含有大量未分解的腐殖质，有机质含量大于 60％的土为泥炭，有机质含量大于或等于 10％且小于或等于 60％的土为泥炭质土。

（2）红黏土：红填土为碳酸盐系的岩石经红土化作用形成的高塑性黏土。其液限一般大于 50％。红黏土经再搬运后仍保留其基本特征，其液限大于 45％的土为次生红黏土。

（3）膨胀土：膨胀土为土中粘粒成分主要由亲水性矿物组成，同时具有显著的吸水膨胀和失水收缩特性，其自由膨胀率大于或等于 40％的黏性土。

（4）湿陷性土：湿陷性土为在一定压力下浸水后产生附加沉降，其湿陷系数大于或等于 0.015 的土。

249. 地基应满足哪些要求?

相关技术资料表明，基础下部的承受上部荷载的土层叫地基。地基应满足以下三点要求：

1）强度要求：要求地基有足够的承载力。一般强度在 200kPa 左右时。应优先采用天然地基。

2）变性要求：要求地基有均匀的压缩量，以保证有均匀的下沉。若地基有不均匀下沉出现时，建筑物上部会产生开裂变形。

3）稳定要求：要求地基有防止产生滑坡、倾斜方面的能力。当建筑物与周围基地有较大高差时应加设挡土墙，以防止滑坡变形的出现。

250. 什么叫天然地基? 什么叫人工地基?

相关技术资料表明，天然地基和人工地基的主要不同点为：

1）天然地基：天然地基指的是不需要加固处理就可以直接制做基础的地基。

2）人工地基：人工地基指的是必须经过加固处理才可以制做基础的地基。地基加固处理的方法有：夯实法、换土法和打桩。

（二）基　　础

251. 基础埋深的确定原则有哪些? 起算点如何计算?

《建筑地基基础设计规范》GB 50007—2011 规定：

1）基础埋深的确定原则

（1）建筑物的用途，有无地下室、设备基础和地下设施，基础的形式和构造；

（2）作用在地基上的荷载大小和性质；

（3）工程地质和水文地质；

（4）相邻建筑物的基础埋深；

（5）地基土冻胀和融陷的影响。

2）基础埋深的计算

基础埋深是从室外设计地坪至基础底皮的垂直高度。

（1）无筋扩展基础（刚性基础）的基础底皮指的是灰土、混凝土、三合土的底皮（即土层上表面）。

（2）扩展基础（钢筋混凝土基础），应算至垫层上皮（垫层不计入埋深尺寸内）。《混凝土结构设计规范》（GB 50010—2010）中规定：钢筋混凝土基础宜设置混凝土垫层，基础中钢筋的混凝土保护层厚度应从垫层顶面算起，且不应小于 40mm。垫层的作用主要是找平、为摆放钢筋提供方便。

252. 基础埋深与地上建筑高度是什么关系？

1)《建筑地基基础设计规范》GB 50007—2011 规定，基础埋深与地上建筑高度的关系是：

（1）多层建筑物的基础埋深约为地上建筑高度的 1/10 左右。

（2）高层建筑在天然地基上的箱形、筏形基础的埋深不宜小于建筑高度的 1/15。

（3）高层建筑的桩箱基础（桩支承的箱形基础）、桩筏（桩支承的筏形基础）基础的埋深不宜小于建筑高度的 1/18～1/20。

2)《高层民用建筑钢结构技术规程》JGJ 99—2015 规定：

（1）房屋高度超过 50m 的高层民用建筑宜设置地下室。

（2）采用天然地基时，基础埋置深度不宜小于房屋总高度的 1/15。

（3）采用桩基时，基础埋置深度不宜小于房屋总高度的 1/20。

253. 什么叫"无筋扩展基础"？

《建筑地基基础设计规范》GB 50007—2011 规定：

1）特点：无筋扩展基础又称为刚性基础，包括灰土基础、普通砖基础、毛石基础、三合土基础、混凝土基础、毛石混凝土基础等六种类型。

2）构造要点：

（1）这些基础中不加钢筋，基础中的压力和拉力均由材料自身承担。为解决基础中压力的分布，必须在这些基础的底部采取扩展措施。

（2）不同基础的扩展角度（台阶宽高比）是不同的，具体数值详见表 2-9。

无筋扩展（刚性）基础台阶宽高比的允许值　　　　　　　表 2-9

基础种类	质量要求	台阶宽高比的允许值		
		$P_K \leqslant 100$	$100 < P_K \leqslant 200$	$200 < P_K \leqslant 300$
混凝土基础	C15 混凝土	1：1.00	1：1.00	1：1.25
毛石混凝土基础	C15 混凝土	1：1.00	1：1.25	1：1.50
砖基础	砖不低于 MU10、砂浆不低于 M5	1：1.50	1：1.50	1：1.50
毛石基础	砂浆不低于 M5	1：1.25	1：1.50	—
灰土基础	体积比为 3：7 或 2：8 的灰土，其最小干密度：粉土 1.55t/m³、粉质黏土 1.50t/m³、黏土 1.45t/m³	1：1.25	1：1.50	
三合土基础	体积比为 1：2：4～1：3：6（石灰：砖：骨料），每层均虚铺 220mm，夯实至 150mm	1：1.50	1：2.00	—

注：1. P_K 为荷载效应标准组合时基础底面处的平均压力值（kPa）；

　　2. 阶梯形毛石基础的每个阶梯伸出宽度，不宜大于 200mm；

　　3. 当基础由不同材料叠加组合时，应对接触部分做抗压验算；

　　4. 基础底面处的平均压力值超过 300 kPa 的混凝土基础，尚应进行抗剪计算。对基地反力集中于立柱附近的岩石地基，应进行局部受压承载力验算。

常用材料的角度：混凝土是 45°（台阶高宽比是 1：1）、普通砖基础是 33°（台阶高宽比是 1：1.5）等。

（3）由于砖和灰土的扩展角度均为30°左右（台阶高宽比是1∶1.5）。为节省砖的用量，在其底部可以用灰土来替代。灰土的厚度多用 300mm（俗称两步灰土）、450mm（俗称三步灰土）两种。其中 300mm 用于 4 层及 4 层以下的砌体结构建筑中；450mm 则用于 5、6 层的砌体结构建筑中（图 2-1）。

254. 什么叫"有筋扩展基础"?

有筋扩展基础指的是钢筋混凝土基础。《建筑地基基础设计规范》GB 50007—2011 规定，有筋扩展基础分为阶梯形和锥形两大类，主要用于柱下基础和墙下基础。

有筋扩展基础的构造要点主要有：

1）扩展基础包括柱下独立基础和墙下条形基础两种类型。

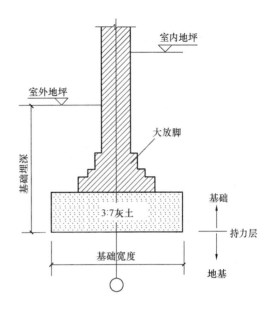

图 2-1 无筋扩展基础

2）扩展基础的截面有阶梯形和锥形两种形式。

3）锥形扩展基础的边缘高度不宜小于 200mm，且两个方向的坡度不宜大于 1∶3；阶梯形扩展基础的每阶高度，宜为 300～500mm。

4）扩展基础混凝土垫层的厚度不宜小于 70mm，垫层混凝土强度等级不宜小于 C10。

5）柱下扩展基础受力钢筋的最小直径不应小于 10mm，间距应在 100～200mm 之间。墙下扩展基础纵向分布钢筋的直径不应小于 8mm，间距不应大于 300mm。

6）扩展基础的钢筋保护层：有垫层时不应小于 40mm，无垫层时不应小于 70mm。

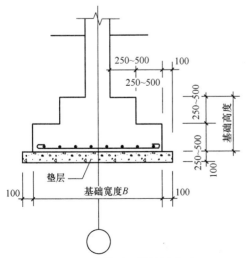

图 2-2 阶梯形无筋扩展基础
（单位：mm）

7）扩展基础的混凝土强度等级不应低于 C20（图 2-2）。

255. 多层建筑常用的基础类型有哪些?

相关技术资料表明，多层建筑采用的基础有：

1）条形基础：主要用于承重墙和自承重墙下的基础，属于无筋扩展基础（刚性基础）的范畴。

2）独立基础：主要用于柱下的基础，属于有筋扩展基础（柔性基础）的范畴。

256. 高层建筑常用的基础类型有哪些?

相关技术资料表明，高层建筑采用的基

础有：

1）筏形基础：筏形基础又称为板式基础，主要用于高层建筑无地下室时，属于有筋基础的范畴（图 2-3）。

2）箱型基础：由顶板、底板和侧墙组成的基础，属于有筋基础的范畴（图 2-4）。

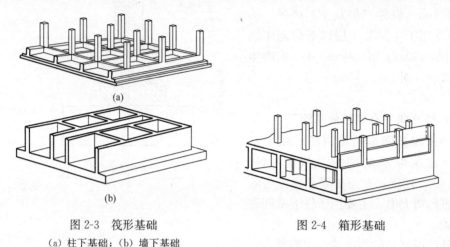

图 2-3　筏形基础　　　　　图 2-4　箱形基础
（a）柱下基础；（b）墙下基础

（三）地　下　室

257. 地下室有哪些类型?

1）地下室按埋置深度区分：

《民用建筑设计术语标准》GB/T 50504—2009 及《建筑设计防火规范》GB 50016—2014（2018 年版）均规定：

（1）地下室：室内地平面低于室外地平面的高度超过室内净高的 1/2 时称为地下室。

（2）半地下室：室内地平面低于室外地平面的高度超过室内净高的 1/3，且不超过 1/2 时称为半地下室。

2）地下室按建造方式区分：

（1）附建式：建造在建筑物下部的地下空间。

（2）单建式：建造在广场、绿地、道路、车库等下部的地下空间。

3）地下室按使用性质区分：

（1）普通地下室：无人防要求的地下空间。

（2）人民防空地下室：按人民防空要求设计与建造的地下空间。

258. 人民防空地下室是如何分级的?

《人民防空地下室设计规范》GB 50038—2005 规定：

1）人民防空地下室用于预防现代战争对人员的杀害。主要预防核武器、常规武器、化学武器、生物武器以及次生灾害和由上部建筑倒塌所产生的倒塌荷载。

2）人民防空地下室的分类：

（1）人民防空地下室按其重要性分为以预防核武器为主的甲类和以预防常规武器为主的乙类。

（2）人民防空地下室的建造方式有复建式（建造在建筑物的下部）和单建式（异地修建）两种做法。

3）人民防空地下室的分级：

（1）甲类：共分为5个级别，即4级（核4级）、4B级（核4B级）、5级（核5级）、6级（核6级）、6B级（核6B级）；

（2）乙类：共分为2个级别，即5级（常5级）、6级（常6级）。

4）对于预防核武器产生的冲击波和倒塌荷载主要通过加大结构厚度来解决；对于核辐射应通过加大结构厚度及相应的密闭措施来解决；对于化学毒气应通过密闭措施和通风、滤毒来解决。

5）用于人民防空地下室的材料、强度等级见表2-10。

人民防空地下室的材料强度等级 表2-10

构件类别	混凝土		砌体			
	现浇	预制	砖	料石	混凝土砌块	砂浆
基础	C25	—	—	—	—	—
梁、楼板	C25	C25	—	—	—	—
柱	C30	C30	—	—	—	—
内墙	C25	C25	MU10	MU30	MU15	MU5
外墙	C25	C25	MU15	MU30	MU15	MU7.5

注：1. 防空地下室结构不得采用硅酸盐砖和硅酸盐砌块；

2. 严寒地区、饱和土中砖的强度等级不应低于MU20；

3. 装配填缝砂浆的强度等级不应低于M10；

4. 防水混凝土基础底板的混凝土垫层，其强度等级不应低于C25。

用于人民防空地下室的构件厚度见表2-11。

人民防空地下室的构件最小厚度 表2-11

构件类别	材料种类			
	钢筋混凝土	砖砌体	料石砌体	混凝土砌块
顶板、中间楼板	200	—	—	—
承重外墙	250	490（370）	300	250
承重内墙	200	370（240）	300	250
临空墙	250	—	—	—
防护密闭门门框墙	300	—	—	—
密闭门门框墙	250	—	—	—

注：1. 表中最小厚度不包括甲类防空地下室防早期核辐射对结构厚度的要求；

2. 表中顶板、中间楼板最小厚度系指实心楼面，如为密肋板，其实心截面不宜小于100mm；如为现浇空心板，其板顶厚度不宜小于100mm，且其折合厚度均不应小于200mm；

3. 砖砌体项括号内最小厚度适用于乙类防空地下室和核6级、核6B级甲类防空地下室；

4. 砖砌体包括烧结普通砖、烧结多孔砖以及非黏土砖砌体。

（四）地下工程防水

259. 地下工程防水中的防水方案应如何确定？

《地下工程防水技术规范》GB 50108—2008 规定：

1）地下工程防水方案的选择

（1）地下工程必须进行防水设计，防水设计应定级准确、方案可靠、施工简便、经久耐用、经济合理。

（2）地下工程防水方案应根据工程规划、结构设计、材料选择、结构耐久性和施工工艺等确定。

（3）地下工程的防水设计，应考虑地表水、地下水、毛细管水等的作用，以及由于人为因素引起的附近水文地质改变的影响确定。单建式的地下工程，应采用全封闭、部分封闭防排水设计；附建式的全地下或半地下工程的防水设防高度，应高出室外地坪高程500mm 以上。

（4）地下工程迎水面主体结构应采用防水混凝土，并根据防水等级的要求采用其他防水措施。

（5）地下工程的变形缝（诱导缝）、施工缝、后浇带、穿墙管（盒）、预埋件、预留通道接头、桩头等细部构造，应加强防水措施。

（6）地下工程的排水管沟、地漏、出入口、窗井、风井等，应采取防倒灌措施，寒冷及严寒地区的排水沟应采取防冻措施。

2）地下工程的防水设计应包括的内容：

（1）防水等级和设防要求；

（2）防水混凝土的抗渗等级和其他技术指标、质量保证措施；

（3）其他防水层选用的材料及其技术指标、质量保证措施；

（4）工程细部构造的防水措施，选用的材料及其技术指标、质量保证措施；

（5）工程的防排水系统、地面挡水、截水系统及工程各种洞口的防倒灌措施。

3）防水混凝土的选用：防水混凝土选用时应注意抗渗等级、设计要点及施工注意事项等内容。

4）其他防水措施的选用：其他防水措施指的是在防水混凝土结构的外侧（迎水面）铺贴1~2 层的防水卷材，并对防水卷材采取相应的保护措施。用于地下工程的防水卷材有高分子防水卷材（三元乙丙—丁基橡胶防水卷材、氯化聚乙烯—橡胶共混防水卷材）、高聚物改性沥青防水卷材（APP 塑性卷材和 SBS 弹性卷材）。亦可选用水泥砂浆、防水涂料等做法。

5）防水层的保护：防水层的保护措施有砖墙保护、水泥砂浆保护和聚苯乙烯泡沫塑料板保护等三种做法，

（1）砖墙保护：这种做法是在卷材外侧砌筑 120mm 普通砖墙的做法；

（2）水泥砂浆保护：这种做法是在卷材外侧抹 20mm 水泥砂浆的做法；

（3）聚苯乙烯泡沫塑料板保护：聚苯乙烯泡沫塑料板保护，又称为软保护，是在卷材外侧粘贴 50mm 聚苯乙烯塑料板的做法（图 2-5）。

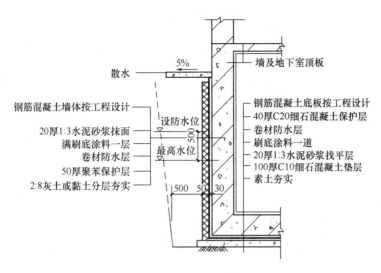

钢筋混凝土墙体按工程设计
20厚1:3水泥砂浆抹面
满刷底涂料一层
卷材防水层
50厚聚苯保护层
2:8灰土或黏土分层夯实

散水
5%
设防水位
最高水位

墙及地下室顶板
钢筋混凝土底板按工程设计
40厚C20细石混凝土保护层
卷材防水层
刷底涂料一道
20厚1:3水泥砂浆找平层
100厚C10细石混凝土垫层
素土夯实

图 2-5　聚苯乙烯泡沫塑料板保护（单位：mm）

260. 地下工程防水中的防水等级应如何确定？

《地下工程防水技术规范》GB 50108—2008 及相关技术资料均规定：

1）地下工程的防水等级

地下工程的防水等级分为 4 级，各等级的防水标准应符合表 2-12 的规定。

地下工程防水标准　　　　　　　　　　　　　　　　　　　表 2-12

防水等级	防水标准
一级	不允许渗水，结构表面无湿渍
二级	1. 不允许漏水，结构表面可有少量湿渍； 2. 工业与民用建筑：总湿渍面积不应大于总防水面积（包括顶板、墙面、地面）的 1/1000；任意 100m² 防水面积上的湿渍不超过 2 处，单个湿渍的最大面积不大于 0.10m²； 3. 其他地下工程：总湿渍面积不应大于总防水面积的 2/1000；任意 100m² 防水面积上的湿渍不超过 3 处，单个湿渍的最大面积不大于 0.20m²
三级	1. 有少量漏水点，不得有线流和漏泥砂； 2. 任意 100m² 防水面积上的漏水或湿渍点数不超过 7 处，单个漏水点的最大漏水量不大于 2.5L/d，单个湿渍的最大面积不大于 0.30m²
四级	1. 有漏水点，不得有线流和漏泥砂； 2. 整个工程平均漏水量不大于 2L/（m²·d）；任意 100 m² 防水面积的平均漏水量不大于 4L/（m²·d）

2）地下工程不同防水等级的适用范围

地下工程不同防水等级的适用范围，应根据工程的重要性和使用中对防水的要求，按表 2-13 选定。

不同防水等级的适用范围　　　　表 2-13

防水等级	适用范围	工程或房间示例
一级	人员长期停留的场所；因有少量湿渍会使物品变质、失效的贮物场所及严重影响设备正常运转和危及工程安全运营的部位；极重要的战备工程、地铁车站	居住建筑地下用房、办公用房、医院、餐厅、旅馆、影剧院、商场、娱乐场所、展览馆、体育馆、飞机、车船等交通枢纽、冷库、粮库、档案库、金库、书库、贵重物品库、通信工程、计算机房、电站控制室、配电间和发电机房等人防指挥工程、武器弹药库、防水要求较高的人员掩蔽部、铁路旅客站台、行李房、地下铁道车站等
二级	人员经常活动的场所；在有少量湿渍的情况下不会使物品变质、失效的贮物场所及基本不影响设备正常运转和工程安全运营的部位；重要的战备工程	地下车库、城市人行地道、空调机房、燃料库、防水要求不高的库房、一般人员掩蔽工程、水泵房等
三级	人员临时活动的场所；一般战备工程	一般战备工程、一般战备工程的交通和疏散通道等
四级	对渗漏水无严格要求的工程	—

261. 地下工程防水设防施工方法有几种?

《地下工程防水技术规范》GB 50108—2008 规定:

1) 地下工程防水设防的施工方法有明挖法和暗挖法两种。应根据使用功能、使用年限、水文地质、结构形式、环境条件及材料性能等因素确定。

(1) 明挖法地下工程的防水设防要求,应按表 2-14 选用。

明挖法地下工程的防水设防要求　　　　表 2-14

工程部位		主体结构							施工缝							后浇带					变形缝（诱导缝）					
防水措施		防水混凝土	防水卷材	防水涂料	塑料防水板	膨润土防水材料	防水砂浆	金属防水板	遇水膨胀止水条或胶	中埋式止水带外贴防水涂料防水砂浆	外贴式止水带	外贴防水砂浆	外贴防水涂料	水泥基渗透结晶型防水涂料	预埋注浆管	补偿收缩混凝土	外贴式止水带	预埋注浆管	遇水膨胀止水条或胶	防水密封材料	中埋式止水带	外贴式止水带	可卸式止水带	防水密封材料	外贴防水卷材	外涂防水涂料
防水等级	一级	必选	应选一至二种						应选二种						应选	应选	应选二种				应选	应选一至二种				
	二级	必选	应选一种						应选一至二种						应选	应选	应选一至二种				应选	应选一至二种				
	三级	必选	宜选一种						宜选一至二种						应选	应选	宜选一至二种				应选	宜选一至二种				
	四级	必选	—						宜选一种						应选	应选	宜选一种				应选	宜选一种				

(2) 暗挖法地下工程的防水设防要求,应按表 2-15 选用。

暗挖法地下工程的防水设防要求　　　　表 2-15

工程部位																
	衬砌结构						内衬砌施工缝						内衬砌变形缝（诱导缝）			
防水措施	防水混凝土	塑料防水板	防水砂浆	防水涂料	防水卷材	金属防水板	外贴式止水带	预埋注浆管	遇水膨胀止水条或胶	防水密封材料	中埋式止水带	水泥基渗透结晶型防水涂料	中埋式止水带	外贴式止水带	可卸式止水带	防水密封材料	遇水膨胀止水条或胶
防水等级 一级	必选	应选一至二种					应选一至二种					应选	应选	应选一至二种			
二级	应选	应选一种					应选一种					应选	应选	应选一种			
三级	宜选	宜选一种					宜选一种					应选	应选	宜选一种			
四级	宜选	宜选一种					宜选一种					应选	应选	宜选一种			

2）处于侵蚀性介质中的工程，应采用耐侵蚀性的防水混凝土、防水砂浆、防水卷材或防水涂料等防水材料。

3）处于冻融侵蚀环境中的地下工程，其混凝土抗冻融循环不得小于 300 次。

4）结构刚度较差或受振动作用的工程，宜采用延伸率较大卷材等柔性防水材料。

262. 地下工程防水材料应如何选择与确定？

《地下工程防水技术规范》GB 50108—2008 规定地下工程防水的材料有：

1）防水混凝土

（1）防水混凝土可通过调整配合比，或掺加外加剂、掺合料等措施配制而成，其抗渗等级不得小于 P6。

（2）防水混凝土的设计抗渗等级

防水混凝土的设计抗渗等级与工程埋置深度有关，最低值为 P6（表 2-16）。

防水混凝土的抗渗等级　　　　表 2-16

工程埋置深度 H（m）	设计抗渗等级
$H<10$	P6
$10 \leqslant H<20$	P8
$20 \leqslant H<30$	P10
$H \geqslant 30$	P12

（3）防水混凝土的环境温度不得高于 80℃；处于侵蚀性介质中防水混凝土的耐侵蚀要求应根据介质的性质按照有关规定执行。

（4）防水混凝土的结构底板的混凝土垫层，强度等级不应小于 C15，厚度不应小于 100mm，在软弱土层中不应小于 150mm。

（5）防水混凝土结构，应符合下列规定：

① 结构厚度不应小于 250mm；

② 裂缝宽度不得大于 0.20mm，并不得贯通；

③ 钢筋保护层厚度应根据结构的耐久性和工程环境选用，迎水面钢筋保护层厚度不应小于 50mm。

（6）防水混凝土应连续浇筑，宜少留施工缝。当必须留设施工缝时，其构造型式应采取下列构造做法之一：

① 采用中埋式止水带（单位：mm）（图 2-6）；

② 采用外贴式止水带（单位：mm）（图 2-7）；

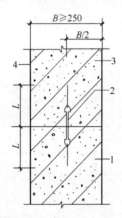 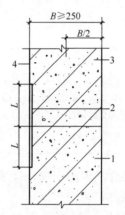

图 2-6　中埋式止水带

钢板止水带 $L \geqslant 150$，橡胶
止水带 $L \geqslant 200$，钢边橡胶
止水带 $L \geqslant 120$

1—先浇混凝土；2—中埋止水带；
3—后浇混凝土；4—结构迎水面

图 2-7　外贴式止水带

外贴止水带 $L \geqslant 150$，
外贴防水涂料 $L = 200$，
外抹防水砂浆 $L = 200$

1—先浇混凝土；2—外贴止水带；
3—后浇混凝土；4—结构迎水面

③ 采用遇水膨胀止水条（图 2-8）；

④ 采用预埋式注浆管（图 2-9）。

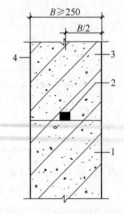 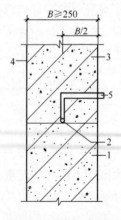

图 2-8　遇水膨胀止水条

1—先浇混凝土；2—遇水膨胀止水条（胶）；
3—后浇混凝土；4—结构迎水面

图 2-9　预埋式注浆管

1—先浇混凝土；2—预埋注浆管；
3—后浇混凝土；4—结构迎水面；5—注浆导管

2）水泥砂浆防水层

（1）防水砂浆应包括聚合物水泥砂浆、掺外加剂或掺合料的防水砂浆，宜采用多层抹压法施工。

（2）水泥砂浆防水层可用于地下工程主体结构的迎水面或背水面，不应用于受持续振动或温度高于80℃的地下工程防水。

（3）聚合物水泥砂浆的厚度单层施工宜为6～8mm，双层施工宜为10～12mm，掺外加剂或掺合料的水泥砂浆厚度宜为18～20mm。

（4）水泥砂浆防水层的基层混凝土强度或砌体用的砂浆强度均不应低于设计值的80%。

3）卷材防水层

（1）卷材防水层宜用于经常处在地下水环境，且受侵蚀性介质作用或受振动作用的地下工程。

（2）卷材防水层应铺设在混凝土结构的迎水面。

（3）卷材防水层用于建筑地下室时，应铺设在结构底板垫层至墙体防水设防高度的结构基层上；用于单建式的地下工程时，应从底板垫层铺设至顶板基面，并应在外围形成封闭的防水层。

（4）卷材防水层的卷材品种可按表2-17选用，并应符合下列规定：

① 卷材外观质量、品种规格应符合相关规定；

② 卷材及其胶黏剂应具有良好的耐水性、耐久性、耐穿刺性、耐腐蚀性和耐菌性。

卷材防水层的卷材品种　　　　　　　表2-17

类别	品种名称
高聚物改性沥青防水卷材	弹性体改性沥青防水卷材、改性沥青聚乙烯胎防水卷材、自粘聚合物改性沥青防水卷材
合成高分子防水卷材	三元乙丙橡胶防水卷材、聚氯乙烯防水卷材、聚乙烯丙纶复合防水卷材、高分子自粘胶膜防水卷材

（5）卷材防水层的厚度应符合表2-18的规定。

不同品种卷材的厚度　　　　　　　表2-18

卷材品种	高聚物改性沥青类防水卷材			合成高分子类防水卷材			
	弹性体改性沥青防水卷材、改性沥青聚乙烯胎防水卷材	自粘聚合物改性沥青防水卷材		三元乙丙橡胶防水卷材	聚氯乙烯防水卷材	聚乙烯丙纶复合防水卷材	高分子自粘胶膜防水卷材
		聚酯毡胎体	无胎体				
单层厚度（mm）	≥4	≥3	≥1.5	≥1.5	≥1.5	卷材≥0.9、粘结料≥1.3、芯材厚度≥0.6	≥1.2
双层总厚度（mm）	≥(4+3)	≥(3+3)	≥(1.5+1.5)	≥(1.2+1.2)	≥(1.2+1.2)	卷材≥(0.7+0.7)、粘结料≥(1.3+1.3)、芯材厚度≥0.5	—

（6）阴阳角处应做成圆弧或 45°坡角，在阴阳角等特殊部位，应增做卷材加强层，加强层的宽度宜为 300～500mm。

（7）铺贴卷材严禁在雨天、雪天、5 级风以上的天气中施工；冷粘法施工的环境温度不宜低于 5℃，热熔法、自粘法施工的环境温度不宜低于—10℃。

4）涂料防水层

（1）涂料防水层应包括无机防水涂料和有机防水涂料。无机防水涂料可选用掺外加剂、掺合料的水泥基防水涂料、水泥基渗透结晶型防水涂料。有机防水涂料可选用反应型、水乳型、聚合物水泥等涂料。

（2）无机防水涂料宜用于结构主体的背水面，有机防水涂料宜用于地下主体工程的迎水面，用于背水面的有机防水涂料应具有较高的抗渗性，且与基层有较好的粘结性。

（3）防水涂料品种的选择应符合下列规定：

① 潮湿基层宜选用与潮湿基层粘结力大的无机防水涂料或有机防水涂料，也可以采用先涂有机防水涂料或复合防水涂层；

② 冬季施工宜选用反应性涂料；

③ 埋置深度较深的重要工程、有振动或有较大变形的工程，应选用高弹性防水涂料；

④ 有腐蚀性的地下环境宜选用耐腐蚀性较好的有机防水涂料，并应做刚性保护层；

⑤ 聚合物水泥防水涂料应选用Ⅱ型产品。

（4）采用有机防水涂料时，基层阴阳角应做成圆弧形，阴角直径宜大于 50mm，阳角直径宜大于 10mm，在底层转角部位应增加胎体增强材料，并应增涂防水涂料。

（5）防水涂料宜选用外防外涂或内防内涂。

（6）掺外加剂、掺合料的水泥基防水涂料的厚度不得小于 3.0mm；水泥基渗透结晶性防水涂料的用量不应小于 1.5kg/m²，其厚度不应小于 1.0mm；有机防水涂料的厚度不得小于 1.2mm。

5）塑料防水板防水层

（1）塑料防水板防水层宜用于经常受水压、侵蚀性介质或受振动作用的地下工程防水。

（2）塑料防水板防水层与铺设在复合式衬砌的初期支护和二次衬砌之间。

（3）塑料防水板宜在初期支护结构趋于基本稳定后铺设。

（4）塑料防水板防水层应由厚度不小于 1.2mm 的塑料防水板（乙烯—醋酸乙烯共聚物、乙烯—沥青共混聚合物、聚氯乙烯、高密度聚乙烯）与缓冲层（5mm 的聚乙烯泡沫塑料或无纺布）组成。

（5）塑料防水板防水层可根据工程地质、水文地质条件和工程防水要求，采用全封闭、半封闭式或局部封闭铺设。

（6）塑料防水板防水层应牢固地固定在基面上，固定点的间距应根据基面平整情况确定，拱部宜为 0.50～0.80m，边墙宜为 1.00～1.50m，底部宜为 1.50～2.00m，局部凹凸较大时，应在凹处加密固定点。

6）金属板防水层

（1）金属板防水层可用于长期浸水、水压较大的水工隧道，所用的金属板和焊条应符合设计要求。

（2）金属板的拼接应采用焊接，拼接焊缝应严密。竖向金属板的垂直接缝，应相互错开。

（3）主体结构内部设置金属防水层时，金属板应与结构内部的钢筋焊牢，也可以在金属板防水层上焊接一定数量的锚固件。

（4）主体结构外侧设置金属板防水层时，金属板应焊在混凝土结构的预埋件上。与结构的空隙应用水泥砂浆灌实。

（5）金属板防水层应用临时支承加固。金属板防水层底板上应预留浇捣孔，并应保证混凝土浇筑密实，待底板混凝土浇筑完成后应补焊严密。

（6）金属板防水层防水层如先焊成箱体，在整体吊装就位时，应在其内部加设临时支撑。

（7）金属板防水层应采取防锈措施。

7）膨润土防水材料防水层

（1）膨润土防水材料包括膨润土防水毯和膨润土防水板及其配套材料，采用机械固定法铺设。

（2）膨润土防水材料防水层应用于 pH 值为 4～10 的地下环境，含盐量较高的地下环境应采用经过改性处理的膨润土。

（3）膨润土防水材料防水层应用于地下工程主体结构的迎水面，防水层两侧应具有一定的夹持力。

（4）铺设膨润土防水材料防水层的基础混凝土强度等级不得小于 C15，水泥砂浆强度等级不得低于 M7.5。

（5）阴、阳角部位应做成直径不小于 30mm 的圆弧或 30mm×30mm 的坡角。

（6）变形缝、后浇带等接缝部位应设置宽度不小于 500mm 的加强层，加强层应设置在防水层与结构外表面之间。

（7）穿墙管件部位宜采用膨润土橡胶止水条、膨润土密封膏或膨润土粉进行加强处理。

8）地下工程种植顶板防水

（1）地下工程种植顶板的防水等级应为一级。

（2）种植土与周边自然土体不相连，且高于周边地坪时，应按种植屋面要求设计。

（3）地下工程种植顶板结构应符合下列规定：

① 种植顶板应为现浇防水混凝土，结构找坡，坡度宜为 1％～2％；

② 种植顶板厚度不应小于 250mm，最大裂缝宽度不应大于 0.2mm，并不得贯通；

③ 种植顶板的结构荷载应符合《种植屋面工程技术规范》（JGJ 155—2007）的要求。

（4）地下室顶板面积较大时，应设计蓄水装置；寒冷地区的设计，冬秋季时宜将种植土中的积水排出。

（5）种植顶板防水设计应包括主体结构防水、管线、花池、排水沟、通风井和亭、台、柱、架等构配件的防排水、泛水设计。

（6）地下室顶板为车道或硬铺地面时，应根据工程所在地区建筑节能标准进行绝热（保温）设计。

（7）少雨地区的地下工程顶板种植土宜与大于 1/2 周边的自然土体相连，若低于周边土体时，宜设置蓄排水层。

（8）种植土中的积水宜通过盲沟排至周边土体或建筑排水系统。

（9）地下工程种植顶板的防排水构造应符合下列要求：

① 耐根穿刺防水层应铺设在普通防水层上；

② 耐根穿刺防水层表面应设置保护层，保护层与防水层之间应设置隔离层；

③ 排（蓄）水层应根据蓄水性、储水量、稳定性、抗生物性等因素进行设计；排（蓄）水层应设置在保护层上面，并应结合排水沟分区设置；

④ 排（蓄）水层上应设置过滤层，过滤层材料的搭接宽度不应小于 200mm；

⑤ 种植土层与植被层应符合《种植屋面工程技术规范》（JGJ 155—2007）的要求。

（10）地下工程种植顶板防水材料应符合下列规定：

① 绝热（保温）层应选用密度大、吸水率低的绝热材料，不得选用散状绝热材料；

② 耐根穿刺层防水材料的选用应符合相关规定；

③ 排（蓄）水层应选用抗压强度大且耐久性好的塑料防水板、网状交织排水板或轻质陶粒等轻质材料。

（11）防水层下不得埋设水平管线。垂直穿越的管线应预埋套管，套管超过种植土的高度应大于 150mm。

（12）变形缝应作为种植分区的边界，不得跨缝种植。

（13）种植顶板的泛水部位应采用现浇钢筋混凝土，泛水处防水层高度应大于 250mm。

（14）泛水部位、水落口及穿顶板管道四周宜设置 200～300mm 宽的卵石隔离带。

263. 地下工程防水设计中会遇到哪些构造缝隙？应如何处理？

《地下工程防水技术规范》GB 50108—2008 讲到地下工程防水设计中会遇到的缝隙有伸缩缝和沉降缝。两种缝隙均应满足密封防水、适应变形、施工方便、容易检修等要求。

1）用于伸缩的变形缝宜少设，可根据不同的工程类别及工程地质情况采用诱导缝、加强带、后浇带等替代措施。

（1）诱导缝：诱导缝是通过减少钢筋对混凝土的约束等方法，在混凝土结构中设置的容易产生开裂部位的缝隙。

（2）加强带：加强带是在原留设伸缩缝或后浇带的部位，留出一定宽度，采用膨胀率大的混凝土与相邻混凝土同时浇筑的部位。

（3）后浇带：后浇带是混凝土施工时预留出一定宽度暂时不浇，待结构封顶后再补浇的预留带。

2）沉降缝的具体做法应满足下列要求：最大沉降量为 30mm，缝宽为 20～30mm，缝中应设中埋式止水带，并用填缝材料将缝填实。附加防水层可以采用外贴防水层、遇水膨胀止水条、预埋钢板等做法（图 2-10）。

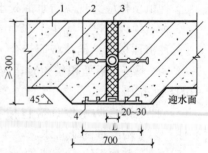

图 2-10　变形缝构造示意

1—混凝土结构；2—中埋式止水带；
3—填缝材料；4—外贴止水带（外贴式止水带 $L \geqslant 300$、外贴防水卷材 $L \geqslant 400$，外涂防水涂层 $L \geqslant 400$）

264. 地下工程防水设计中的"后浇带"有什么构造要求？

《地下工程防水技术规范》GB 50108—2008 规

定，后浇带是替代地下工程中变形缝的措施之一，主要替代伸缩缝，除用于高层建筑的主体外，还经常用于高层建筑主体与裙房的连接部位。

1）后浇带应设在受力和变形较小的部位，间距宜为 30 ~ 60m，宽度宜为700~1000mm。

2）后浇带可以做成平直缝，结构主筋不宜在缝中断开，如必须断开，则主筋搭接长度应大于 45 倍主筋直径，并应按设计要求增加附加钢筋。

3）后浇带需超前止水时，后浇带部位混凝土应局部加厚，并增设外贴式或中埋式止水带。

4）后浇带的施工应符合下列规定：

（1）后浇带应在其两侧混凝土龄期达到 42d 后再施工，但高层建筑的后浇带应在结构顶板浇筑 14d 后进行。

（2）后浇带混凝土施工前，后浇带部位和外贴式止水带应予以保护，严防落入杂物和损伤外贴式止水带。

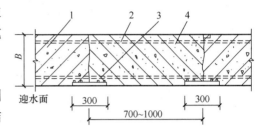

图 2-11　后浇带防水构造
1—现浇混凝土；2—结构主筋；
3—外贴式止水带；4—后浇补偿收缩混凝土

（3）后浇带应采用补偿收缩混凝土浇筑，其强度等级不应低于两侧混凝土。

（4）后浇带混凝土的养护时间不得少于 28d（图 2-11）。

265. 地下室设计中的穿墙管应如何考虑？

《地下工程防水技术规范》GB 50108—2008 规定：

1）穿墙管（盒）应在浇筑混凝土前埋设。

2）穿墙管与内墙角、凹凸部位的距离应大于 250mm。

3）结构变形或管道伸缩量较小时，穿墙管可采用主管直接埋入混凝土内的固定式防水法。直管应加焊止水环或环绕遇水膨胀止水圈，并应在迎水面预留凹槽，槽内应采用密封材料嵌填密实。

4）结构变形或管道伸缩量较大或有更换要求时，应采用套管式防水法，套管应加焊止水环（图 2-12~图 2-14）。

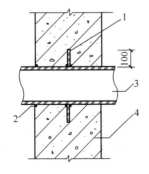

图 2-12　穿墙管的构造（一）
1—止水环；2—密封材料；
3—主管；4—混凝土结构

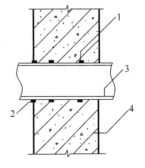

图 2-13　穿墙管的构造（二）
1—遇水膨胀止水条；2—密封材料；
3—主管；4—混凝土结构

266. 地下室设计中的孔口应如何考虑?

《地下工程防水技术规范》GB 50108—
2008 规定:

1) 地下工程通向地面的各种孔口应采取防地面水倒灌的措施,人员出入口高出地面的高度宜为 500mm;汽车出入口设置明沟排水时,其高度宜为 150mm,并应采取防雨措施。

2) 窗井的底部在最高地下水位以上时,窗井的底板和墙应做防水处理,并宜与主体结构断开(图 2-15)。

3) 窗井或窗井的一部分在最高地下水位以下时,窗井应与主体结构连成整体,并应在窗井内设置集水坑(图 2-16)。

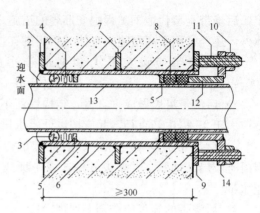

图 2-14 套管式穿墙管的防水构造
1—翼环;2—密封材料;3—背衬材料;4—充填材料;
5—挡圈;6—套管;7—止水环;8—橡胶圈;9—翼盘;
10—螺母;11—双头螺栓;12—短管;13—主管;
14—法兰盘

4) 无论地下水位高低,窗台下部的墙体和底板应做防水层。

5) 窗井内的底板,应低于窗下缘 300mm,窗井墙高出地面不得小于 500mm。窗井外地面应做散水,散水与墙面间应加设密封材料嵌填。

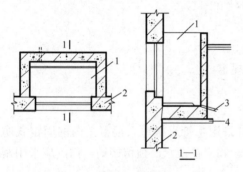

图 2-15 窗井防水构造(一)
1—窗井;2—主体结构;3—排水管;4—垫层

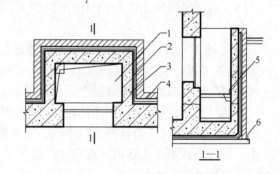

图 2-16 窗井防水构造(二)
1—窗井;2—防水层;3—主体结构;
4—防水保护层;5—集水井;6—垫层

6) 通风口应与窗井同样处理,竖井窗下缘离室外地面高度不得小于 500mm。

267. 地下室设计中的坑槽应如何考虑?

《地下工程防水技术规范》GB 50108—2008规定:

1) 坑、池、储水库宜采用防水混凝土整体浇筑,内部应设防水层。受振动作用时应设柔性防水层。

2) 底板下部的坑、池,其局部底板应相应降低,并应使防水层保持连续(图 2-17)。

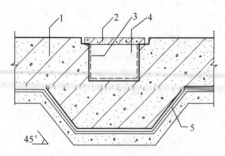

图 2-17 坑、池构造
1—底板;2—盖板;3—坑、池防水层;
4—坑、池;5—土体结构防水层

二、墙 体 构 造

（一）防 潮 层

268. 墙面防潮有哪些规定？

1）《民用建筑设计统一标准》GB 50352—2019 规定的墙身防潮、防渗及防水做法为：

（1）室内墙面有防潮要求时，其迎水面一侧应设防潮层；室内墙面有防水要求时，其迎水面一侧应设防水层。

（2）室内墙面有防污、防碰等要求时，应按使用要求设置墙裙。

（3）外窗台应采取防水排水构造措施。

（4）外墙上空调室外机搁板应组织好冷凝水的排放，并采取防雨水倒灌及外墙防潮的构造措施。

2）《民用建筑热工设计规范》GB 50176—2016 规定：

（1）采用松散多孔保温材料的多层复合围护结构应在水蒸气分压高的的一侧设置隔汽层。对于有采暖、空调功能的建筑，应按采暖建筑围护结构设置隔汽层。

（2）外侧有密实保护层或防水层的多层复合围护结构，经内部冷凝受潮验算而必须设置隔汽层时，应严格控制保温层的施工湿度。对于卷材防水屋面或松散多孔保温材料的金属夹心版围护结构，应有与室外空气相通的排湿措施。

（3）外侧有卷材或其他密闭防水层，内侧为钢筋混凝土屋面板的屋面结构，经内部冷凝受潮验算不需设隔汽层时，应确保屋面板及其接缝的密实性，并应达到所需的蒸汽渗透组。

（4）地下室外墙防潮宜采取设保温层的构造措施。

269. 墙身防潮有哪些规定？

1）《民用建筑设计统一标准》GB 50352—2019 规定的墙身防潮做法为：

（1）砌筑墙体应在室外地面以上、位于室内地面垫层处设置连续的水平防潮层；室内相邻地面有高差时，应在高差处墙身贴邻土壤一侧加设防潮层。

（2）防潮层采用的材料不应影响墙体的整体抗震性能。

2）相关规范和技术资料的规定：

（1）墙身材料应因地制宜，尽量采用新型建筑墙体材料。

（2）外墙应根据地区气候和建筑要求，采取防潮措施。

（3）墙身防潮应符合下列要求：

① 砌体墙应在室外地面以上，位于首层地面垫层处设置连续的水平防潮层；

② 室内相邻地面有高差时，应在高差处墙身的侧面加设垂直防潮层（图 2-18）；

③ 湿度大的房间的外墙内侧及内墙内侧应设置墙面防

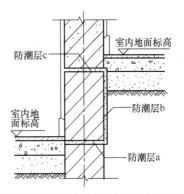

图 2-18　特殊部位防潮层

潮层；

　　④ 室内墙面有防水、防潮、防污、防碰等要求时，应按使用要求设置墙裙；

　　⑤ 防潮层的位置一般设在室内地坪下 0.06m 处；

　　⑥ 当墙基为混凝土、钢筋混凝土或石砌体时，可以不设墙身防潮层；

　　⑦ 地震区防潮层应满足墙体抗震整体连接（防止上下脱节）的要求；

　　⑧ 防潮层的材料有防水卷材、防水砂浆和混凝土，地震区防潮层应以防水砂浆（1：2.5 水泥砂浆内掺水泥重量的 3％～5％的防水剂）为主。

（二）散　　水

270. 散水的做法有哪些规定？

《建筑地面设计规范》GB 50037—2013 规定，散水的构造做法应满足下列要求：

1）散水宽度

散水的宽度应根据土壤性质、气候条件、建筑物高度和屋面排水形式确定，宜为 600～1000mm。当采用无组织排水时，散水的宽度可按檐口线放出 200～300mm。

2）散水坡度

散水的坡度可为 3％～5％。当散水采用混凝土时，宜按 20～30m 间距设置伸缩缝。散水与外墙之间宜设缝，缝宽可为 20～30mm，缝内填沥青类材料。

3）散水材料

散水的材料主要有：水泥砂浆、混凝土、花岗石等。

4）特殊位置的散水

当建筑物外墙周围有绿化要求时，可采用暗埋式混凝土散水。暗埋式混凝土散水应高出种植土表面 a＝60mm，防水砂浆应高出种植土表面 500mm。暗埋式混凝土散水的构造见图 2-19。

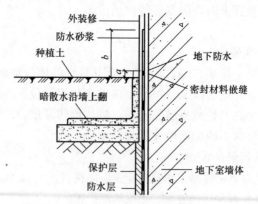

图 2-19　暗埋式混凝土散水

（三）踢　　脚

271. 踢脚的做法有哪些规定？

相关技术资料表明，踢脚是外墙内侧或内墙的两侧与室内地坪交接处的构造，作用是防止扫地、拖地时污染墙面。踢脚的高度一般在 80～150mm 之间。材料一般应与地面材料一致。常用的材料有水泥砂浆、水磨石、木材、石材、釉面砖、涂料、塑料等。

(四) 墙　　裙

272. 墙裙的做法有哪些规定?

1) 相关技术资料规定:

室内墙面有防水、防潮、防污、防碰撞等要求时,应按使用要求设置墙裙。一般房间墙裙高度为 1.20m 左右,至少应与窗台持平。潮湿房间墙裙高度应不小于 1.80m,亦可将整个墙面全部装修。

2)《中小学校设计规范》GB 50099—2011 规定:

(1) 教学用房及学生公共活动区的墙面宜设置墙裙,墙裙的高度应符合下列规定:

① 各类小学的墙裙高度不宜低于 1.20m;

② 各类中学的墙裙高度不宜低于 1.40m;

③ 舞蹈教室、风雨操场的墙裙高度不宜低于 2.10m;

④ 学校浴室的墙裙高度不应低于 2.10m;

⑤ 学校厨房和配餐室的墙面应设墙裙,墙裙高度不应低于 2.10m;

(2) 墙裙的厚度应与内墙面装修的厚度一致 (避免因厚度不一致而造成灰尘污染)。

(3) 墙裙的材料应按内墙面装修的要求进行选择。

3)《疗养院建筑设计标准》JGJ/T 40—2019 规定:光疗用房的墙面应采用不低于 1.20m 的绝缘墙裙。

4)《托儿所、幼儿园建筑设计标准》JGJ 39—2016 (2019 年版) 规定:距离地面高度 1.30m 以下、婴幼儿经常接触的室内外墙面,宜采用光滑易清洁的材料;墙角、窗台、暖气罩、窗口竖边等阳角处应做成圆角。

(五) 勒　　脚

273. 勒脚的做法有哪些规定?

相关技术资料规定,勒脚是建筑外立面装修根部的一种保护墙面的做法。外墙面采用局部装修 (清水墙) 时,大多做勒脚,高度以不超过窗台高度为准,其材料应选择耐污染的材料,如水泥砂浆、水磨石、天然石材等。若建筑外立面全部采用装修时,则不做勒脚。

(六) 窗　　台

274. 窗台的做法有哪些规定?

1) 综合《民用建筑设计统一标准》GB 50352—2019 等规范的规定:

(1) 窗台高度不应低于 0.80m (住宅建筑为 0.90m)。

(2) 低于规定高度的低窗台,应采用护栏或在窗台下部设置相当于护栏高度固定窗作为防护措施。固定窗应采用厚度大于 6.38mm 的夹层玻璃。玻璃窗边框的嵌固必须有足够的强度,以满足冲撞要求。

(3) 低窗台防护措施的高度非居住建筑不应低于 0.80m,居住建筑不应低于 0.90m。

(4) 窗台的防护高度的起算点应满足下列要求:

① 窗台高度低于 0.45m 时,护栏或固定扇的高度从窗台算起。

② 窗台高度高于 0.45m 时,护栏或固定扇的高度可从地面算起;但护栏下部 0.45m 高度范围内不得设置水平或任何可踏部位。如有可踏部位应从可踏面起算。

③ 当室内外高差不大于 0.60m 时,首层的低窗台可不加防护措施。

(5) 凸窗的低窗台防护高度应按下列要求处理:

① 凡凸窗范围内设有宽窗台可供人坐或放置花盆时,护栏或固定窗的护栏高度一律从窗台面算起;

② 当凸窗范围内没有宽窗台且护栏紧贴凸窗内墙面设置时,可按低窗台的要求执行。

(6) 外窗台应低于内窗台面。

2)《建筑抗震设计规范》GB 50011—2010(2016 年版)规定:

多层砌体房屋的底层和顶层窗台标高处的构造,宜设置沿纵横墙通长的水平现浇钢筋混凝土带;其截面高度不应小于 60mm,宽度不应小于墙厚。配筋带中的纵向配筋不应少于 2ϕ10,横向分布筋的直径不应小于 ϕ6,且其间距不应大于 200mm。

3)《蒸压加气混凝土建筑应用技术规程》JGJ/T 17—2008 规定:

在房屋的底层和顶层的窗台标高处,应沿纵横墙设置通长的水平配筋带三皮,每皮 3ϕ4;或采用 60mm 厚的钢筋混凝土配筋带,配 2ϕ10 纵筋和 ϕ6 的分布筋,用 C20 混凝土浇筑。

4)《中小学校设计规范》GB 50099—2011 规定:临空窗台的高度不应低于 0.90m。

5)《商店建筑设计规范》JGJ 48—2014 规定,商店建筑设置外向橱窗应符合下列规定:

(1) 橱窗的平台高度宜至少比室内和室外地面高 0.20m;

(2) 橱窗应满足防晒、防眩光、防盗的要求;

(3) 采暖地区的封闭橱窗可不采暖,其内壁应采取保温构造,外表面应采取防雾构造。

6)《城市公共厕所设计标准》CJJ14—2016 规定:

(1) 单层公共厕所窗台距室内地坪最小高度应为 1.80m;

(2) 双层公共厕所上层窗台距楼地面最小高度应为 1.50m。

(七) 过　梁

275. 门窗过梁的做法有哪些规定?

过梁的通常做法有预制钢筋混凝土小过梁、现浇钢筋混凝土配筋带和钢筋砖过梁等。

1)《建筑抗震设计规范》GB 50011—2010(2016 年版)规定:

(1) 门窗洞口处不应采用砖过梁;

(2) 钢筋混凝土过梁的支承长度,6~8 度时不应小于 240mm,9 度时不应小于 360mm。

2)《砌体结构设计规范》GB 50003—2001 规定：

(1) 砖砌过梁截面计算高度内的砂浆不宜低于 M5、Mb5、Ms5；

(2) 砖砌平拱用竖砖砌筑部分的高度不应小于 240mm；

(3) 钢筋砖过梁的具体做法是：在门窗洞口的上方先支模板，模板上砂浆层处放置直径不小于 5mm、间距不大于 120mm 的钢筋，钢筋伸入两侧墙体的长度每侧不少于 240mm，砂浆层的厚度不应少于 30mm，允许使用跨度为 1.50m。

(八) 凸 窗

276. 凸窗的做法有哪些规定？

1)《民用建筑设计统一标准》GB 50352—2019 规定：

(1) 凸窗不应突出道路红线或用地红线建造。

(2) 在人行道上空 2.50m 以下，不应突出凸窗、窗扇、窗罩的建筑构件；2.50m 及以上突出凸窗、窗扇、窗罩时，其深度不应大于 0.60m。

(3) 在无人行道的路面上空 4.00m 以下，不应突出凸窗、窗扇、窗罩、空调机位等建筑构件；4.00m 及以上突出凸窗、窗扇、窗罩、空调机位时，其突出深度不应大于 0.60m。

2)《住宅设计规范》GB 50096—2011 规定：

(1) 窗台高度低于或等于 0.45m 时，防护高度应从窗台面起算并不得低于 0.90m。

(2) 可开启窗扇洞口距窗台面的净高低于 0.90m 时，窗洞口处应有防护措施。其防护高度从窗台面起算并不应低于 0.90m。

(3) 严寒和寒冷地区不宜设置凸窗。

3)《严寒和寒冷地区居住建筑节能设计标准》JGJ 26—2010 规定：

(1) 居住建筑不宜设置凸窗。严寒地区除南向外不应设置凸窗。寒冷地区北向的卧室、起居室不得设置凸窗。

(2) 当设置凸窗时，凸窗凸出（从外墙面至凸窗外表面）不应大于 400mm。凸窗的传热系数限值应比普通窗降低 15%，且其不透明的顶部、底部、侧面的传热系数应小于或等于外墙的传热系数。当计算窗墙面积比时，凸窗的窗面积和凸窗所占的墙面积应按窗洞口面积计算。

4) 其他技术资料指出：

(1) 凡凸窗范围内设有宽窗台可供人坐或放置花盆用时，护栏和固定窗的护栏高度一律从窗台面计起；

(2) 当凸窗范围内无宽窗台，且护栏紧贴凸窗内墙面设置时，按低窗台规定执行；

(3) 外窗台表面应低于内窗台表面。

(九) 烟道、通风道、垃圾管道

277. 烟道与通风道的做法有哪些规定？

《民用建筑设计统一标准》GB 50352—2019 规定：

1）管道井、烟道和通风道应用非燃烧体材料制作，且应分别独立设置，不得共用。

2）进风道、排风道和烟道的断面、形状、尺寸和内壁应有利于进风、排风、排烟（气）通畅，防止产生阻滞、涡流、窜烟、漏气和倒灌等现象。

3）自然排放的烟道和排风道宜伸出屋面，同时应避开门窗和进风口。伸出高度应有利于烟气扩散，并应根据屋面形式、排出口周围遮挡物的高度、距离和积雪深度确定，伸出平屋面的高度不应小于 0.60m，伸出坡屋面的高度应符合下列规定：

（1）当烟道或排风道中心线距屋脊的水平面投影距离小于 1.50 时，应高出屋脊 0.60m；

（2）当烟道或排风道中心线距屋脊的水平面投影距离小于 1.50～3.00m 时，应高于屋脊，且伸出屋面高度不得小于 0.60m；

（3）当烟道或排风道中心线距屋脊的水平面投影距离大于 3.00m 时，可适当低于屋脊，但其顶部与屋脊的连线同水平线之间的夹角不应大于 10°，且伸出屋面高度不得小于 0.60m。

4）烟道和排风道的设置尚应符合国家现行相关标准的规定。

烟囱出口距坡屋面的距离与高度的规定见图 2-20。

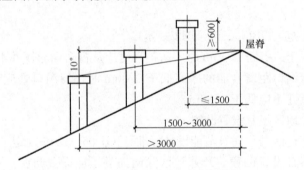

图 2-20　烟囱出口距屋脊高度的规定

278. 垃圾道与垃圾间的做法有哪些规定？

1）《商店建筑设计规范》JGJ 48—2014 规定：

商店建筑内部应设置垃圾收集空间或设施。

2）《建筑设计防火规范》GB 50016—2014（2018 年版）规定：

建筑内的垃圾道宜靠外墙设置，垃圾道的排气口应直接开向室外，垃圾斗应采用不燃材料制作，并应能自行关闭。

3）《宿舍建筑设计规范》JGJ 36—2016 规定：

宿舍建筑应设置垃圾收集间，垃圾收集间宜设置在入口层或架空层。

279. 管道井的做法有哪些规定？

1）《民用建筑设计统一标准》GB 50352—2019 规定：

（1）管道井、烟道和通风道应用非燃烧体制作，且应分别独立设置，不得共用。

（2）管道井的设置应符合下列规定：

① 在安全、防火和卫生等方面互有影响的管线不应敷设在同一管道井内；

② 管道井的断面尺寸应满足管道安装、检修所需空间的要求，当井内设置壁装设备时，井壁应满足承重、安装要求；

③ 管道井壁、检修门、管井开洞的封堵做法等应符合现行国家标准《建筑设计防火规范》GB 50016—2014（2018 年版）的有关规定；

④ 管道井宜在每层临公共区域的一侧设检修门，检修门门槛或井内楼地面宜高出本层楼地面，且不应小于 0.10m；

⑤ 电气管线使用的管道井不宜与厕所、卫生间、盥洗室和浴室等经常积水的潮湿场所贴邻布置；

⑥ 弱电管线与强电管线宜分别设置管道井；

⑦ 设有电气设备的管道井，其内部环境应保证设备正常运行。

（3）进风道、排风道和烟道的断面、形状、尺寸和内壁应有利于进风、排风、排烟（气）通畅，防止产生阻滞、涡流，窜烟、漏气和倒灌等现象。

2）《建筑设计防火规范》GB 50016—2014（2018 年版）规定：

（1）电缆井、管道井等竖向管道等应分别独立布置，井壁的采用耐火极限不应低于1h，井壁上的门应采用丙级防火门。

（2）建筑内的电缆井、管道井应在每层楼板处采用不低于楼板耐火极限的不燃或防火材料进行封堵。

（3）建筑内的电缆井、管道井与房间、走道等相连通的孔隙应采用防火封堵材料封堵。

（十）室 内 管 沟

280. 室内管沟的做法有哪些规定？

相关资料表明室内管沟的做法应符合下列规定：

1）室内地下管沟宜沿外墙设置，并应在外墙勒脚处设置有铁箅子的通风孔。通风孔的位置宜在地沟端部。长管沟中间可适当增加通风孔，间距一般在 15m 左右。通风孔下皮距散水面不应小于 0.15m。

2）应在室内地面上设置人员检修孔。为便于使用，检修孔一般设在管线转折处或管线接口处，其间距不宜超过 30m。应尽量避免将检修孔设在交通要道及地面有可能浸水的地方（无法避免时可采用密闭防水型检修孔），检修孔不应设在私密性高及财务或有保密要求等不便进入的房间内。

3）当地沟通过厕浴室及其他有水的房间时，应注意管沟盖板的标高，保证室内地面排水要求及防水层及混凝土垫层的连续性。

（十一）隔 墙

281. 隔墙的作用、特点和构造做法有哪些值得注意？

综合相关技术资料，隔墙的作用、特点和构造做法有以下几点：

1) 隔墙的作用和特点

（1）隔墙应尽量减薄，目的是减轻加给楼板的荷载；满足质量轻、厚度薄、不承外重、隔声好、无基础等特点；

（2）隔墙的稳定性必须保证，应特别注意与承重墙的拉接；

（3）隔墙应满足隔声、耐水、耐火的要求。

2) 隔墙的种类

（1）块材类：常见做法有半砖隔墙、加气混凝土砌块墙、陶粒空心砖隔墙等。

（2）板材类：常见做法有加气混凝土板材墙、钢筋混凝土板隔墙、碳化石灰板隔墙、泰柏板等。

（3）骨架类：常见做法有石膏龙骨纸面石膏板、轻钢龙骨纸面石膏板等。

282. 什么叫"泰柏板"？如何使用"泰柏板"？

相关技术资料表明，泰柏板是一种新型建筑材料，它选用阻燃聚苯乙烯泡沫塑料或岩棉板为板芯，两侧配以直径为 2mm 冷拔钢丝网片，钢丝网目 50mm×50mm，腹丝斜插过芯板焊接而成。泰柏板是目前取代轻质墙体最理想的材料。

特点：泰柏板具有较高节能，重量轻、强度高、防火、抗震、隔热、隔声、抗风化、耐腐蚀的优良性能，并有具有组合性强、易于搬运、适用面广、施工简便等特点。

泰柏板广泛应用于多层和高层工业与民用建筑的内隔墙、围护墙、保温复合外墙和轻型板材、轻型框架的承重墙，亦可以用于楼面、屋面、吊顶和新旧楼房加层、卫生间隔墙、并且可用于贴面装修等部位（图 2-21）。

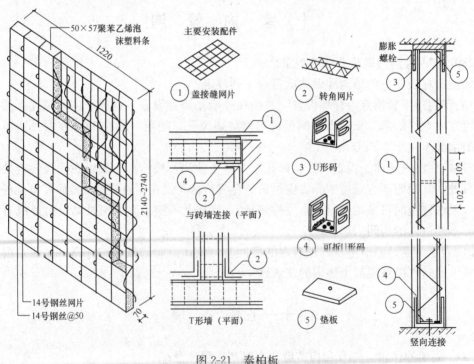

图 2-21　泰柏板
（单位：mm）

283. 什么叫轻质隔墙条板？它有哪些规定？

1）轻质条板的一般规定

《建筑轻质条板隔墙技术规程》JGJ/T 157—2014 规定：轻质条板是用于抗震设防烈度为 8 度和 8 度以下地区及非抗震设防地区采用轻质材料或大孔洞轻型构造制作的、用于非承重内隔墙的预制条板，轻质条板应符合下列规定：

（1）面密度不大于 190kg/m²，长宽比不小于 2.5；

（2）按构造做法分为空心条板、实心条板和复合夹芯条板三种类型；

（3）按应用部位分为普通条板、门框板、窗框板和与之配套的异形辅助板材。

2）轻质条板的主要规格尺寸

（1）长度的标志尺寸（L）：应为层高减去梁高或楼板厚度及安装预留空间，宜为 2200～3500mm；

（2）宽度的标志尺寸（B）：宜按 100mm 递增；

（3）厚度的标志尺寸（T）：宜按 100mm 或 25mm 递增。

3）复合夹芯条板的面板与芯材的要求

（1）面板应采用燃烧性能为 A 级的无机类板材；

（2）芯材的燃烧性能应为 B₁ 级及以上；

（3）纸蜂窝夹芯条板的芯材应为面密度不小于 6kg/m² 的连续蜂窝状芯材；单层蜂窝厚度不宜大于 50mm，大于 50mm 时，应设置多层的结构。

4）轻质条板隔墙的设计

（1）轻质条板隔墙可用作分户隔墙、分室隔墙、外走廊隔墙和楼梯间隔墙等。

（2）条板隔墙应根据使用功能和部位，选择单层条板或双层条板。60mm 及以下的条板不得用作单层隔墙。

（3）条板隔墙的厚度应满足抗震、防火、隔声、保温等要求。单层条板用作分户墙时，其厚度不应小于 120mm；用作分室墙时，其厚度不应小于 90mm；双层条板隔墙的单层厚度不宜小于 60mm，间层宜为 10～50mm，可作为空气层或填入吸声、保温等功能材料。

（4）双层条板隔墙，两侧墙面的竖向接缝错开距离不应小于 200mm。

（5）接板安装的单层条板隔墙，其安装高度应符合下列规定：

① 90mm、100mm 厚条板隔墙的接板安装高度不应大于 3.60m；

② 120mm、125mm 厚条板隔墙的接板安装高度不应大于 4.50m；

③ 150mm 厚条板隔墙的接板安装高度不应大于 4.80m；

④ 180mm 厚条板隔墙的接板安装高度不应大于 5.40m。

（6）在抗震设防地区，条板隔墙与顶板、结构梁、主体墙和柱之间的连接应采用钢卡，并应使用胀管螺丝、射钉固定。钢卡的固定应符合下列规定：

①条板隔墙与顶板、结构梁的连接处，钢卡间距不应大于 600mm；

② 条板隔墙与主体墙、柱的连接处，钢卡可间断布置，且间距不应大于 1.00m；

③ 接板安装的条板隔墙，条板上端与顶板、结构梁的连接处应加设钢卡进行固定，且每块条板不应少于 2 个固定点。

（7）当条板隔墙需悬挂重物和设备时，不得单点固定。固定点的间距应大于 300mm。

（8）当条板隔墙用于厨房、卫生间及有防潮、防水要求的环境时，应采取防潮、防水处理构造措施。对于附设水池、水箱、洗手盆等设施的条板隔墙，墙面应作防水处理，且防水高度不宜低于 1.80m。

（9）当防水型石膏条板隔墙及其他有防水、防潮要求的条板隔墙用于潮湿环境时，下端应做 C20 细石混凝土条形墙垫，且墙垫高度不应小于 100mm，并应做泛水处理。防潮墙垫宜采用细石混凝土现浇，不宜采用预制墙垫。

（10）普通型石膏条板和防水性能较差的条板不宜用于潮湿环境及有防潮、防水要求的环境。当用于无地下室的首层时，宜在隔墙下部采取防潮措施。

（11）有防火要求的分户隔墙、走廊隔墙和楼梯间隔墙，其燃烧性能和耐火极限均应满足《建筑设计防火规范》GB 50016—2014（2018 年版）的要求。

（12）对于有保温要求的分户隔墙、走廊隔墙和楼梯间隔墙，应采取相应的保温措施，并可选用复合夹芯条板隔墙或双层条板隔墙。严寒、寒冷、夏热冬冷地区居住建筑分户墙的传热系数应符合《严寒和寒冷地区居住建筑节能设计标准》JGJ 26—2019 和《夏热冬冷地区居住建筑节能设计标准》JGJ 134—2010 的规定。

（13）条板隔墙的隔声性能应满足《民用建筑隔声设计标准》GB 50118—2010 的规定。

（14）顶端为自由端的条板隔墙，应做压顶。压顶宜采用通长角钢圈梁，并用水泥砂浆覆盖抹平，也可设置混凝土圈梁，且空心条板顶端孔洞均应局部灌实，每块板应埋设不少于 1 根钢筋与上部角钢圈梁或混凝土圈梁钢筋连接。隔墙上端应间断设置拉杆与主体结构固定；所有外露铁件均应做防锈处理。

5）轻质条板隔墙的构造

（1）当单层条板隔墙采取接板安装且在限高以内时，竖向接板不宜超过一次，且相邻条板接头位置应至少错开 300mm。条板对接部位应设置连接件或定位钢卡，做好定位、加固和防裂处理。双层条板隔墙宜按单层条板隔墙的施工方法进行设计。

（2）当抗震设防地区条板隔墙安装长度超过 6.00m 时，应设置构造柱，并应采取加固措施。当非抗震设防地区条板隔墙安装长度超过 6.00m 时，应根据其材质、构造、部位，采用下列加强防裂措施：

① 沿隔墙长度方向，可在板与板之间间断设置伸缩缝，且接缝处应使用柔性粘结材料处理；

② 可采用加设拉结筋加固措施；

③ 可采用全墙面粘贴纤维网格布、无纺布或挂钢丝网抹灰处理。

（3）条板应竖向排列，排板应采用标准板。当隔墙端部尺寸不足一块标准板宽时，可采用补板，且补板宽度不应小于 200mm。

（4）条板隔墙下端与楼地面结合处宜预留安装空隙。且预留孔隙在 40mm 及以下的宜填入 1：3 水泥砂浆；40mm 以上的宜填入干硬性细石混凝土。撤除木楔后的遗留空隙应采用相同强度等级的砂浆或细石混凝土填塞、捣实。

（5）当在条板隔墙上横向开槽、开洞敷设电气暗线、暗管、开关盒时，隔墙的厚度不宜小于 90mm，开槽长度不应大于条板宽度的 1/2，不得在隔墙两侧同一部位开槽、开洞，其间距应至少错开 150mm。板面开槽、开洞应在隔墙安装 7d 后进行。

（6）单层条板隔墙内不宜设置暗埋的配电箱、控制柜，可采取明装的方式或局部设置双层条板的方式。配电箱、控制柜不得穿透隔墙。配电箱、控制柜宜选用薄型箱体。

（7）单层条板隔墙内不宜横向暗埋水管，当需要敷设水管时，宜局部设置附墙或局部采用双层条板隔墙，也可采用明装的方式。当需要单层条板内部暗埋水管时，隔墙的厚度不应小于120mm，且开槽长度不应大于条板宽度的1/2，并应采取防渗漏和防裂措施。当低温环境下水管可能产生冰冻或结露时，应进行防冻或防结露设计。

（8）条板隔墙的板与板之间可采用榫接、平接、双凹槽对接方式，并应根据不同材质、不同构造、不同部位的隔墙采取下列防裂措施：

① 应在板与板之间对接缝隙内填满、灌实粘结材料，企口接缝处应采取防裂措施；

② 条板隔墙阴阳角处以及条板与建筑主体结构结合处应作专门防裂处理。

（9）确定条板隔墙上预留门、窗、洞口位置时，应选用与隔墙厚度相适应的门、窗框。当采用空心条板做门、窗框板时，距板边120～150mm范围内不得有空心孔洞，可将空心条板的第一孔用细石混凝土灌实。

（10）工厂预制的门、窗框板靠门、窗框一侧应设置固定门窗的预埋件。施工现场切割制作的门、窗框板可采用胀管螺丝或其他固件与门、窗框固定，并应根据门窗洞口大小确定固定位置和数量，且每侧的固定点不应少于3处。

（11）当门、窗框板上部墙体高度大于600mm或门窗洞口宽度超过1.50m时，应采用配有钢筋的过梁板或采取其他加固措施，过梁板两端搭接尺寸每边不应小于100mm。门框板、窗框板与门、窗框的接缝处应采取密封、隔声、防裂等措施。

（12）复合夹芯条板隔墙的门、窗框板洞口周边应有封边条，可采用镀锌轻钢龙骨封闭端口夹芯材料，并应采取加网补强防裂措施。

6）常见轻型条板隔墙的面密度

《建筑结构荷载规范》GB 50009—2012规定：常见轻型条板隔墙的面密度见表2-19。

常见轻型条板隔墙的面密度（kg/m²）　　　　表2-19

构造	面密度	构造	面密度
双面抹灰板条隔墙	0.9	GRC空心隔墙板	0.30
单面抹灰板条隔墙	0.5	GRC内隔墙板	0.35
轻钢龙骨隔墙	0.27～0.54	轻质条形墙板	0.40～0.45
彩色钢板金属幕墙板	0.11	钢丝网岩棉夹心复合（GY）板	1.10
金属绝热材料复合板	0.14～0.16	硅酸钙板	0.05～0.12
彩色钢板聚苯乙烯保温板	0.12～0.15	泰柏板	0.95
彩色钢板岩棉夹心板	0.24～0.25	石膏珍珠岩空心条板	0.45
GRC水泥聚苯复合保温板	1.13	玻璃幕墙	1.00～1.50

（十二）墙 面 防 水

284. 外墙防水做法有哪些规定？

《建筑外墙防水工程技术规程》JGJ/T 235—2011规定：

　　1）建筑外墙防水应达到的基本要求

　　建筑外墙防水应具有阻止雨水、雪水侵入墙体的基本功能，并应具有抗冻融、耐高低温、承受风荷载等性能。

　　2）建筑外墙防水的设置原则

　　（1）整体防水

　　在正常使用和合理维护的前提下，有下列情况之一的建筑外墙，宜进行墙面整体防水。

　　① 年降雨量大于等于 800mm 地区的高层建筑外墙；

　　② 年降雨量大于等于 600mm 且基本风压大于等于 0.50kN/m² 地区的外墙；

　　③ 年降雨量大于等于 400mm 且基本风压大于等于 0.40kN/m² 地区有外保温的外墙；

　　④ 年降雨量大于等于 500mm 且基本风压大于等于 0.35kN/m² 地区有外保温的外墙；

　　⑤ 年降雨量大于等于 600mm 且基本风压大于等于 0.30kN/m² 地区有外保温的外墙。

　　（2）节点防水

　　除上述 5 种情况应进行外墙整体防水以外，年降雨量大于等于 400mm 地区的其他建筑外墙还应采用节点构造防水措施。

　　（3）全国直辖市和省会城市的基本风压和降雨量数值

　　全国直辖市和省会城市的基本风压和降雨量数值见表 2-20。

全国直辖市和省会城市的基本风压（kN/m²）和降雨量（mm）数值　　　　表 2-20

省市名	城市名	基本风压	年降雨量	省市名	城市名	基本风压	年降雨量
北京	北京市	0.45	571.90	福建	福州市	0.70	1339.60
天津	天津市	0.50	544.30	陕西	西安市	0.35	553.30
上海	上海市	0.55	1184.40	甘肃	兰州市	0.30	311.70
重庆	重庆市	0.40	1118.50	宁夏	银川市	0.65	186.30
河北	石家庄市	0.35	517.00	青海	西宁市	0.35	373.60
山西	太原市	0.40	431.20	新疆	乌鲁木齐市	0.60	286.30
内蒙古	呼和浩特市	0.55	397.90	河南	郑州市	0.45	632.40
辽宁	沈阳市	0.55	690.30	广东	广州市	0.50	1736.70
吉林	长春市	0.65	570.40	广西	南宁市	0.35	1309.70
黑龙江	哈尔滨市	0.55	524.30	海南	海口市	0.75	1651.90
山东	济南市	0.45	672.70	四川	成都市	0.30	870.10
江苏	南京市	0.40	1062.40	贵州	贵阳市	0.30	1117.70
浙江	杭州市	0.45	1454.60	云南	昆明市	0.30	1011.30
安徽	合肥市	0.35	995.30	西藏	拉萨市	0.30	426.40
江西	南昌市	0.45	1624.20	台湾	台北市	0.70	2363.70
湖北	武汉市	0.35	1269.00	香港	香港	0.90	2224.70
湖南	长沙市	0.35	1331.30	澳门	澳门	0.85	1998.70

　　注：基本风压（kN/m²）按 50 年计算。

（4）建筑外墙节点构造防水设计的内容

① 建筑外墙节点构造防水设计应包括门窗洞口、雨篷、阳台、变形缝、伸出外墙管道、女儿墙压顶、外墙预埋件、预制构件等交接部位的防水设防；

② 建筑外墙的防水层应设置在迎水面；

③ 不同材料的交接处应采用每边不少于150mm的耐碱玻纤网格布或热镀锌电焊网作抗裂增强处理。

（5）建筑外墙整体防水层的设计的内容

① 无外保温外墙：

a. 采用涂料饰面时，防水层应设在找平层与涂料饰面层之间，防水层宜采用聚合物水泥防水砂浆或普通防水砂浆；

b. 采用块材饰面时，防水层应设在找平层与块材粘结层之间，防水层宜采用聚合物水泥防水砂浆或普通防水砂浆；

c. 采用幕墙饰面时，防水层应设在找平层与幕墙饰面之间，防水层宜采用聚合物水泥防水砂浆、普通防水砂浆、聚合物水泥防水涂料、聚合物乳液防水涂料或聚氨酯防水涂料。

② 外墙外保温

a. 采用涂料或块材饰面时，防水层宜设在保温层与墙体基层之间，防水层可采用聚合物水泥防水砂浆或普通防水砂浆。

b. 采用幕墙饰面时，设在找平层上的防水层宜采用聚合物水泥防水砂浆、普通防水砂浆、聚合物水泥防水涂料、聚合物乳液防水涂料或聚氨酯防水涂料；当外墙保温层选用矿物棉保温材料时，防水层宜采用防水透气膜。

c. 砂浆防水层中可增设耐碱玻纤网格布或热镀锌电焊网增强，并宜用锚栓固定于结构墙体中。

d. 防水层的最小厚度应符合表2-21的规定。

防水层的最小厚度（mm） 表 2-21

墙体基层种类	饰面层种类	聚合物水泥防水砂浆		普通防水砂浆	防水涂料
		干粉类	乳液类		
现浇混凝土	涂料	3	5	8	1.0
	面砖				—
	幕墙				1.0
砌体	涂料	5	8	10	1.2
	面砖				—
	干挂幕墙				1.2

e. 砂浆防水层宜留分格缝，分格缝宜设置在墙体结构不同材料交界处。水平分格缝宜与窗口上沿或下沿平齐；垂直分格缝间距不宜大于6.00m，且宜与门、窗框两边线对齐。分格缝宽宜为8~10mm，缝内应采用密封材料作密封处理。

f. 外墙防水层应与地下墙体防水层搭接。

（6）节点的防水构造

① 门窗框与墙体间的缝隙宜采用聚合物水泥砂浆或发泡聚氨酯填充；外墙防水层应沿伸至门窗框，防水层与门窗框间应预留凹槽，并应嵌填密封材料；门窗上楣的外口应做滴水线；外窗台应设置不小于 5% 的外排水坡度。

② 雨篷应设置不应小于 1% 的外排水坡度，外口下沿应做滴水线；雨篷与外墙交接处的防水层应连续；雨篷防水层应沿外口下翻至滴水线。

③ 阳台应向水落口设置不小于 1% 的排水坡度，水落口周边应留槽嵌填密封材料。阳台外口下沿应做滴水线。

④ 变形缝部位应增设合成高分子防水卷材附加层，卷材两端应满粘于墙体，满粘的宽度不应小于 150mm，并应钉压固定；卷材收头应用密封材料密封。

⑤ 穿过外墙的管道宜采用套管，套管应内高外低，坡度不应小于 5%，套管周边应作防水密封处理。

⑥ 女儿墙压顶宜采用现浇钢筋混凝土或金属压顶，压顶应向内找坡，坡度不应小于 2%。当采用混凝土压顶时，外墙防水层应沿伸至压顶内侧的滴水线部位；当采用金属压顶时，外墙防水层应做到压顶的顶部，金属压顶应采用专用金属配件固定。

⑦ 外墙预埋件四周应用密封材料封闭严密，密封材料与防水层应连续。

285. 内墙防水做法有哪些规定？

《住宅室内防水工程技术规范》JGJ 298—2013 规定：

1）一般规定

住宅卫生间、厨房、浴室、设有配水点的封闭阳台、独立水容器等均应进行防水设计。

2）功能房间的防水设计

（1）卫生间、浴室的墙面和顶棚应设置防潮层，门口应有阻止积水外溢的措施。

（2）厨房的墙面宜设置防潮层；厨房布置在无用水点房间的下层时，顶棚应设置防潮层。

（3）厨房的立管排水支架和洗涤池不应直接安装在与卧室相邻的墙体上。

（4）设有配水点的封闭阳台，墙面应设防水层，顶棚宜设防潮层。

3）技术措施

（1）墙面防水设计应符合下列规定：

① 卫生间、浴室和设有配水点的封闭阳台等处的墙面应设置防水层；防水层高度宜距楼面、地面面层 1.20m；

② 当卫生间有非封闭式洗浴设施时，花洒所在及其邻近墙面防水层高度不应低于 1.80m。

（2）有防水设防的功能房间，除应设置防水层的墙面外，其余部分墙面和顶棚均应设置防潮层。

4）墙面防水材料的选择

（1）防水涂料

① 住宅室内防水工程宜使用聚氨酯防水涂料、聚合物乳液防水涂料、聚合物水泥防水涂料和水乳型沥青防水涂料等水性和反应性防水涂料。

② 住宅室内防水工程不得使用溶剂型防水涂料。

③ 对于住宅室内长期浸水的部位，不宜使用遇水产生溶胀的防水涂料。

④ 用于附加层的胎体材料宜选用 $30\sim50\text{g}/\text{m}^2$ 的聚酯纤维无纺布、聚丙纶纤维无纺布或耐碱玻璃纤维网格布。

⑤ 住宅室内防水工程采用防水涂料时，涂膜防水层厚度应符合表 2-22 的规定。

涂膜防水层厚度　　　　　　　　　　　　　　　　表 2-22

防水涂料类别	涂膜防水层厚度（mm）	
	水平面	垂直面
聚合物水泥防水涂料	≥1.5	≥1.2
聚合物乳液防水涂料	≥1.5	≥1.2
聚氨酯防水涂料	≥1.5	≥1.2
水乳型沥青防水涂料	≥2.0	≥1.2

（2）防水卷材

① 住宅室内防水工程可选用自粘聚合物改性沥青防水卷材和聚乙烯丙纶复合防水卷材及聚乙烯丙纶复合防水卷材与相配套的聚合物水泥防水粘结料共同组成的复合防水层。

② 卷材防水层厚度应符合表 2-23 的规定。

卷材防水层厚度　　　　　　　　　　　　　　　　表 2-23

防水卷材	卷材防水层厚度（mm）	
自粘聚合物改性沥青防水卷材	无胎基≥1.5	聚酯胎基≥1.5
聚乙烯丙纶复合防水卷材	卷材≥0.7（芯材≥0.5），胶结料≥1.3	

（3）防水砂浆

防水砂浆应使用由专业生产厂家生产的掺外加剂的防水砂浆、聚合物水泥防水砂浆、商品砂浆。

（4）防水混凝土

① 防水混凝土中的水泥宜采用硅酸盐水泥、普通硅酸盐水泥；不得使用过期或受潮结块的水泥，不得将不同品种或强度等级的水泥混合使用。

② 防水混凝土的化学外加剂、矿物掺合料、砂、石及拌合用水应符合规定。

（5）密封材料

住宅室内防水工程的密封材料宜采用丙烯酸建筑密封胶、聚氨酯建筑密封胶或硅酮建筑密封胶。

（6）防潮材料

① 墙面、顶棚宜采用防水砂浆、聚合物水泥防水涂料作防潮层；无地下室的地面可采用聚氨酯防水涂料、聚合物乳液防水涂料、水乳型沥青防水涂料和防水卷材作防潮层。

② 采用不同材料作防潮层时，防潮层厚度可按表 2-24 确定。

5）防水施工要求

（1）住宅室内防水工程的施工环境温度宜为 $5\sim35℃$。

（2）穿越防水墙面的管道和预埋件等，应在防水施工前完成。

防潮层厚度　　　　　　　　　　　　　　　表 2-24

材料种类		防潮层厚度（mm）
防水砂浆	掺防水剂的防水砂浆	15~20
	涂刷型聚合物水泥防水砂浆	2~3
	挤压型聚合物水泥防水砂浆	10~15
防水涂料	聚合物水泥防水涂料	1.0~1.2
	聚合物乳液防水涂料	1.0~1.2
	聚氨酯防水涂料	1.0~1.2
	水乳型沥青防水涂料	1.0~1.5
防水卷材	自粘聚合物改性沥青防水卷材 无胎基	1.2
	聚酯胎基	2.0
	聚乙烯丙纶复合防水卷材	卷材≥0.7（芯材≥0.5），胶结料≥1.3

（十三）变　形　缝

286. 变形缝做法有哪些规定？

1）《民用建筑设计统一标准》GB 50352—2019 规定，变形缝包括伸缩缝、沉降缝和抗震缝，其设置应符合下列规定：

（1）变形缝应按设缝的性质和条件设计，使其在产生位移或变形时不受阻，且不破坏建筑物；

（2）根据建筑使用要求，变形缝应分别采取防水、防火、保温、防老化、防腐蚀、防虫害和防脱落等构造措施；

（3）变形缝不应穿过厕所、卫生间、盥洗室和浴室等用水的房间，也不应穿过配电间等严禁有漏水的房间。

2）《砌体结构设计规范》GB 50003—2011 规定，砌体房屋伸缩缝的最大间距详见表2-25。

砌体房屋伸缩缝的最大间距（m）　　　　　　　表 2-25

屋盖或楼盖类别		间距
整体式或装配整体式钢筋混凝土结构	有保温层或隔热层的屋盖、楼盖	50
	无保温层或隔热层的屋盖	40
装配式无檩体系钢筋混凝土结构	有保温层或隔热层的屋盖、楼盖	60
	无保温层或隔热层的屋盖	50
装配式有檩体系钢筋混凝土结构	有保温层或隔热层的屋盖	75
	无保温层或隔热层的屋盖	60
瓦材屋盖、木屋盖或楼盖、轻钢楼盖		100

注：1. 对烧结普通砖、烧结多孔砖、配筋砌块砌体房屋，取表中数值；对石砌体、蒸压灰砂普通砖、蒸压粉煤灰普通砖、混凝土砌块、混凝土普通砖和混凝土多孔砖房屋，取表中数值乘以 0.8 的系数，当墙体有可靠外保温措施时，其间距可取表中数值。
2. 在钢筋混凝土屋面上挂瓦的屋盖应按钢筋混凝土屋盖采用；
3. 层高大于 5m 的烧结普通砖、烧结多孔砖、配筋砌块砌体结构单层房屋，其伸缩缝间距可按表中数据乘以 1.3；
4. 温差较大且变形频繁地区和严寒地区不采暖的房屋及构筑物墙体的伸缩缝的最大间距，应按表中数值予以适当减小。
5. 墙体的伸缩缝应与结构的其他变形缝相重合，缝宽度应满足各种变形缝的变形要求；在进行立面处理时，必须保证缝隙的变形作用。

3)《混凝土结构设计规范》GB 50010—2010 规定，钢筋混凝土结构伸缩缝的最大间距详见表 2-26。

钢筋混凝土结构伸缩缝的最大间距（m） 表 2-26

结构类别		室内或土中	露天
排架结构	装配式	100	70
框架结构	装配式	75	50
	现浇式	55	35
剪力墙结构	装配式	65	40
	现浇式	45	30
挡土墙、地下室墙壁等类结构	装配式	40	30
	现浇式	30	20

注：1. 装配整体式结构的伸缩缝间距，可根据结构的具体情况取表中装配式结构与现浇式结构之间的数值；

　　2. 框架-剪力墙结构或框架-核心筒结构房屋的伸缩缝间距，可根据结构的具体情况取表中框架结构与剪力墙结构之间的数值；

　　3. 当屋面无保温或隔热措施时，框架结构、剪力墙结构的伸缩缝间距宜按表中露天栏的数值采用；

　　4. 现浇挑檐、雨罩等外露结构的局部伸缩缝间距不应大于 12m。

287. 变形缝的构造做法有哪些特点？

1）沉降缝

(1)《建筑地基基础设计规范》GB 50007- 2011 规定：建筑物的以下部位，宜设置沉降缝。

　① 建筑平面的转折部位；

　② 高度差异或荷载差异处；

　③ 长高比过大的砌体承重结构或钢筋混凝土框架结构的适当部位；

　④ 地基土的压缩性有显著差异处；

　⑤ 建筑结构或基础类型不同处；

　⑥ 分期建造房屋的交界处。

(2) 沉降缝的构造特点是基础及上部结构全部断开。

(3) 沉降缝应有足够的宽度，具体数值应以表 2-27 为准。

房屋沉降缝的宽度（mm） 表 2-27

房屋层数	沉降缝宽度	房屋层数	沉降缝宽度
2～3 层	50～80	5 层以上	不小于 120
4～5 层	80～120	—	—

2）抗震缝

（1）抗震缝的特点

抗震缝的两侧均应设置墙体。砌体结构采用双墙方案；框架结构采用双柱、双梁、双墙方案；板墙结构采用双墙方案。

(2) 抗震缝的设置原则

《建筑抗震设计规范》GB 50011—2010（2016 年版）规定：

① 砌体结构

砌体结构房屋遇下列情况之一时宜设置抗震缝。抗震缝的宽度应根据地震烈度和房屋高度确定，可采用 70～100mm。

a. 房屋立面高差在 6.00m 以上；

b. 房屋有错层，且楼板高差大于层高的 1/4；

c. 各部分的结构刚度、质量截然不同。

② 钢筋混凝土结构

钢筋混凝土结构抗震缝宽度的确定方法：

a. 框架结构（包括设置少量抗震墙的框架结构）房屋的防震缝宽度，当高度不超过 15m 时不应小于 100mm；高度超过 15m 时，随高度变化调整缝宽，以 15m 高为基数，取 100mm；6 度、7 度、8 度和 9 度分别高度每增加 5m、4m、3m 和 2m，缝宽宜增加 20mm。

b. 框架—抗震墙结构的防震缝宽度不应小于 a 款规定数值的 70%，且不宜小于 100mm。

c. 抗震墙结构的防震缝两侧应为双墙，宽度不应小于 a 款规定数值的 50%，且不宜小于 100mm。

d. 防震缝两侧结构类型不同时，宜按需要较宽防震缝的结构类型和较低房屋高度确定缝宽。

3）变形缝的设置要求

变形缝（伸缩缝、沉降缝、防震缝）可以将墙体、地面、楼面、屋面、基础断开，但不可将门窗、楼梯阻断。

下列房间或部位不应设置变形缝：

(1) 伸缩缝和其他变形缝不应从需进行防水处理的房间中穿过。

(2) 伸缩缝和其他变形缝应进行防火和隔声处理。接触室外空气及上下与不采暖房间相邻的楼地面伸缩缝应进行保温隔热处理。

(3) 伸缩缝和其他变形缝不应穿过电子计算机主机房。

(4) 人民防空工程防护单元内不应设置伸缩缝和其他变形缝。

(5) 空气洁净度为 100 级、1000 级、10000 级的建筑室内楼地面不宜设置伸缩缝和其他变形缝。

(6) 玻璃幕墙的一个单元块体不应跨越变形缝。

(7) 变形缝不得穿过设备的底面。

（十四）金属面夹芯板墙体

288. 金属面夹芯板墙体有哪些构造要求？

《金属面夹芯板应用技术标准》JGJ/T 453—2019 指出：

1）定义

金属面夹芯板是由两层薄金属板材为面板，中间填充绝热轻质芯材（模压塑聚苯乙烯泡沫塑料、XPS 挤压塑聚苯乙烯泡沫塑料、硬质聚氨酯泡沫塑料、岩棉、玻璃棉），采用一定的成型工艺将二者组合成整体的复合板。

2）材料要求

（1）金属面夹芯板的总厚度宜为 30～300mm。

（2）面板：金属面夹芯板的金属面板可采用彩色涂层钢板、铝合金板、不锈钢板等。厚度应为 0.5～1.0mm。平面或浅压型面板凹凸最大高度应小于或等于 5mm，深压型或压型面板凹凸高度应大于 5mm。各种面板的性能均应符合现行国家标准或现行行业标准的要求。

（3）芯材：金属面夹芯板的芯材包括以下 5 种类型：

① 模塑聚苯乙烯泡沫塑料：其密度不应小于 18kg/m³，导热系数不应大于 0.038W/（m·K）。

② 挤塑聚苯乙烯泡沫塑料（XPS）：其导热系数不应大于 0.035W/（m·K）。

③ 硬质聚氨酯泡沫塑料：其物理性能应符合类型Ⅱ的要求，密度不应小于 38kg/m³，导热系数不应大于 0.026W/（m·K）。

④ 岩棉：纤维朝向宜垂直于金属面板，其密度不应小于 100kg/m³，导热系数不应大于 0.043W/（m·K）。

⑤ 玻璃棉：其密度不应小于 64kg/m³，导热系数不应大于 0.042W/（m·K）。

3）使用要求

（1）设计使用年限为 25 年的集装箱房屋结构（风荷载和雪荷载均可按 30 年计算取值）。

（2）外部金属板的温度

① 冬季：有雪覆盖时取 0℃。

② 夏季：取值为 80℃。第一级颜色取值为 55℃。第二级颜色取值为 65℃。第三级颜色取值为 80℃。有通风幕墙时应取 40℃。

（3）内部金属板的温度

① 冬季应取 20℃。

② 夏季应取 25℃。

4）墙面构造

（1）板型选择

① 室内隔断宜采用插接式金属面夹芯板；

② 外墙保温或装饰宜采用插接式金属面夹芯板。

（2）连接

① 墙面金属面夹芯板不宜采用搭接式连接，宜采用插接式连接。

② 墙面板垂直安装时的竖向搭接处宜在墙面金属面夹芯板母口的凹槽内设置通长的密封胶带或丁基密封胶带。

③ 搭接处屋面系统次结构宜设置双支撑构件。

④ 有骨架连接：采用紧固件或连接件将夹芯板固定在檩条或横梁上（图 2-22、图 2-23）。

⑤ 无骨架连接：采用连接件将墙面夹芯板与屋面夹芯板组合成型，形成自承重盒子

式房屋（图 2-24）。

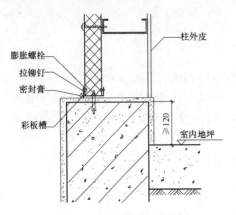

图 2-22 有骨架连接的根部做法
（单位：mm）

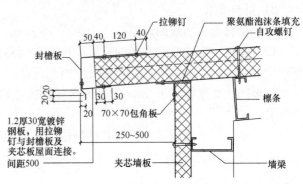

图 2-23 有骨架连接的檐部做法
（单位：mm）

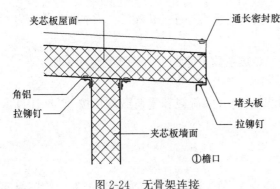

①檐口

图 2-24 无骨架连接

（3）细部构造

① 女儿墙包角

a. 包角板顶部宽度大于 350mm 时，宜分成内外包角板，顶部应有坡向屋面的 1‰ 坡度。

b. 包角板长度大于 4000mm 时，宜设置伸缩缝构造。

c. 包角板宜采用与金属面夹芯板同材质的彩色钢板。

② 阳角（图 2-25）

可采用转角连接或包角板连接。

③ 横向排板时的竖缝拼接（图 2-26）

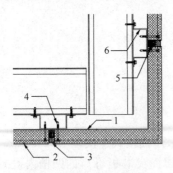

图 2-25 阳角节点构造

1—转角金属面夹芯板；2—墙面金属面夹芯板；
3—耐候密封胶；4—自攻螺钉；5—保温条；
6—竖向支撑结构

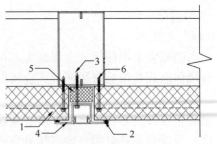

图 2-26 竖缝节点构造

1—墙面金属面夹芯板；2—密封胶条；
3—自攻螺钉；4—双 U 形铝条；
5—保温条；6—固定墙板的自攻螺钉

a. 竖缝可采用扣槽式连接或密封胶式连接。扣槽可采用铝合金型材、不锈钢、金属板，也可采用与金属面夹芯板同材质的彩色钢板。

b. 扣板与板缝之间应设置防水件或耐候密封胶。

c. 密封胶式连接可用于四面企口的墙面板，采用三元乙丙橡胶胶条时，胶条与板缝之间的缝隙应涂耐候密封胶。

④ 门窗上口（图2-27）

a. 上口包角构造不应影响美观；

b. 上口包角板与墙面板竖缝交汇的滴水宽度 b 不宜小于30mm；

c. 窗体宜与金属面夹芯板内侧齐平。

⑤ 门窗下口（图2-28）

a. 下口包角构造不应影响美观；

b. 固定窗体的连接钉宜位于窗体两侧或上部，当必须在窗口下侧固定时，钉孔应进行防水处理；

c. 窗体宜与金属面夹芯板内侧齐平。

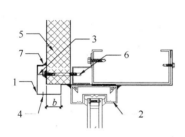

图2-27 窗上口节点构造

1—包角板；2—窗体；3—泛水支撑架；

4—滴水孔；5—墙面金属面夹心板；

6—自攻螺钉；7—耐候密封胶

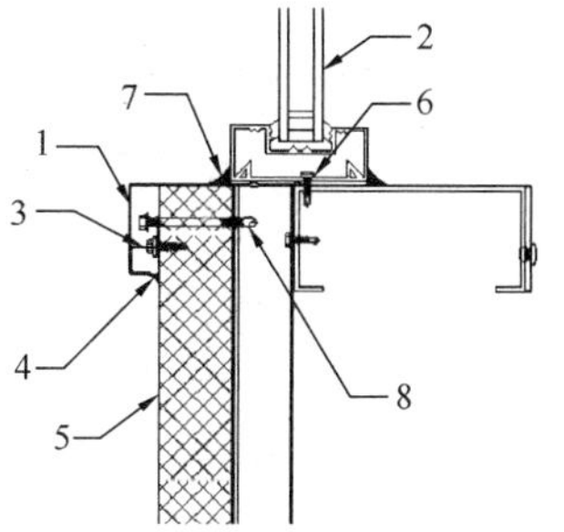

图2-28 窗下口节点构造

1—下包角板；2—窗体；3—泛水支撑架；

4—耐候密封胶；5—墙面金属面夹心板；

6—连接钉；7—耐候密封胶；8—自攻螺钉

⑥ 门窗侧口（图2-29）

a. 侧口包角板应不影响墙面美观；

b. 窗体外侧宜与金属面夹芯板内侧平齐。

⑦ 墙脚

a. 包角板宜平直；

b. 节点形状与墙面板的连接，不应影响节点的安全、防水及保温效果。

⑧ 高低跨山墙节点

a. 低跨屋面上端应设置高跨墙梁，墙梁距高跨屋面板端部上表面不宜小于250mm；

b. 外包角板的立面高度不应低于150mm；

c. 外包角板上端与墙面金属面夹芯板宜内置通长丁基胶带加紧固件连接，紧固件间距宜小于150mm，上端可另做上包角板防水以做备用。

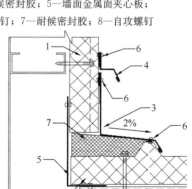

图2-29 高低跨山墙节点构造

1—墙面金属面夹心板；

2—低跨屋面金属面夹心板；

3—外泛水板；4—上泛水板；

5—内泛水板；6—紧固件及丁

基胶带；7—轻质聚氨酯泡沫填充

⑨ 屋面伸缩缝（图 2-30）

a. 屋面伸缩缝宜设置内、外两道伸缩缝扣板，材质、厚度同屋面金属面夹芯板外侧金属板。

b. 伸缩缝内、外扣板的形状尺寸应符合金属面夹芯板屋面系统结构变形尺寸 a 的 1/2；变形角度 α 不应小于 90°，应利于外扣板纵向连接。

c. 伸缩缝外扣板宜与屋面金属面夹芯板波峰侧面连接，连接处宜内置通长连接的丁基胶带；紧固件应采用防水性紧固件，紧固件间距宜小于 120mm。

d 伸缩缝内、外扣板间填充的保温材料宜与屋面金属面夹芯板芯材相同。

⑩ 墙面伸缩缝（图 2-31）

a. 伸缩缝内、外扣板的形状尺寸应符合金属面夹芯板墙面系统结构变形的规定，其适应变形尺寸 h 不应小于伸缩缝结构变形尺寸的 α 的 1/2。

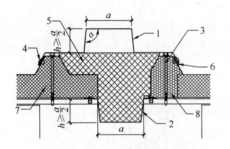

图 2-30　屋面伸缩缝节点构造

1—伸缩缝外扣板；2—伸缩缝内扣板；
3—结构钉；4—防水紧固件；5—伸缩
缝内填充的保温棉；6—通长丁基胶带；
7—左屋面金属面夹心板；8—右屋面
金属面夹心板

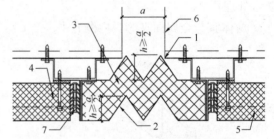

图 2-31　墙面伸缩缝节点构造节点构造

1—伸缩缝内扣板；2—伸缩缝外扣板；
3—伸缩缝内填充的保温棉；4—防水紧固件；
5—左侧墙面金属面夹心板；6—右侧墙面金属
面夹心板；7—伸缩缝处墙梁

b. 伸缩缝外扣板与墙面金属面夹芯板端部的连接，当墙面金属面夹芯板为四企口板时，连接处宜设置通长的三元乙丙橡胶胶条或耐候密封胶；当墙面金属面夹芯板为非四企口板时，连接处宜设置通常的金属压条，墙面板与金属压条间应设置通长的密封胶条或丁基胶带；密封橡胶带或金属压条与墙面板插接口间的缝隙应采用耐候密封胶处理。

c. 伸缩缝内、外扣板间填充的保温材料宜与墙面金属面夹芯板芯材相同。

（十五）建　筑　幕　墙

289. 建筑幕墙包括哪些类型？

1）建筑幕墙的定义

《玻璃幕墙工程技术规范》JGJ 102—2003 规定：建筑幕墙是由支撑结构体系与面板组成的、可相对主体结构有一定位移能力、不分担主体结构所受作用的建筑外围护结构或装饰性架构。

2）建筑幕墙的技术要求

《民用建筑设计统一标准》GB 50352—2019 规定：

（1）建筑幕墙应综合考虑建筑物所在地的地理、气候、环境及使用功能、高度等因素，合理选择幕墙的形式。

（2）建筑幕墙应根据不同的面板材料、合理选择幕墙结构形式、配套材料、构造方式等。

（3）建筑幕墙应满足抗风压、水密性、气密性、保温、隔热、隔声、防火、防雷、耐撞击、光学性能等性能要求，且应符合国家现行有关标准的规定。

（4）建筑幕墙设置的防护设施应符合本标准"窗的设置"的规定。

（5）建筑幕墙工程宜有安装清洗设备的条件。

3）建筑幕墙的类型

建筑幕墙包括玻璃幕墙、石材幕墙、金属幕墙、人造板材幕墙等类型。

290. 玻璃幕墙的类型和材料选择有哪些要求？

1）玻璃幕墙的类型

《玻璃幕墙工程技术规范》JGJ 102—2003 规定：

玻璃幕墙有框支承玻璃幕墙、全玻幕墙和点支承玻璃幕墙，玻璃幕墙既是围护结构也是建筑装饰。

（1）框支承玻璃幕墙：这种幕墙由竖框、横框和玻璃面板组成。适用于多层建筑和建筑高度不超过 100m 的高层建筑的外立面（图 2-32）。

（2）全玻幕墙：全玻幕墙由玻璃肋、玻璃面板组成。适用于首层大厅或大堂（图 2-33）。

图 2-32　框支承玻璃幕墙　　　　　　　　图 2-33　全玻幕墙

（3）点支承玻璃幕墙：这种幕墙由支承结构、支承装置和玻璃面板组成。由于这种幕墙的通透性好，最适宜用在建筑的大厅、餐厅等视野开阔的部位。亦可用于门上部的雨篷、室外通道侧墙和顶板、花架顶板等部位。但由于技术原因，点支承玻璃幕墙开窗较为困难（图 2-34）。

图 2-34　点支承玻璃幕墙

2）玻璃幕墙的材料选择

（1）玻璃

① 总体要求

a. 应采用安全玻璃，如钢化玻璃、夹层玻璃、夹丝玻璃等，并应符合相关规范的要求。

b. 钢化玻璃宜经过二次均质处理。

c. 玻璃应进行机械磨边和倒角处理，倒棱宽度不宜小于 1mm。

d. 中空玻璃产地与使用地或与运输途经地的海拔高度相差超过 1000m 时，宜加装毛细管或呼吸管平衡内外气压差。

e. 玻璃的公称厚度应经过强度和刚度验算后确定，单片玻璃、中空玻璃的任一片玻璃厚度不宜小于 6mm。

② 个性要求

a. 夹层玻璃的要求

a）夹层玻璃宜为干法合成，夹层玻璃的两片玻璃相差不宜大于 3mm。

b）夹层玻璃的胶片宜采用聚乙烯醇缩丁醛（PVB）胶片，胶片厚度不应小于 0.76mm。有特殊要求时，也可以采用（SGP）胶片，面积不宜大于 $2.50m^2$。

c）暴露在空气中的夹层玻璃边缘应进行密封处理。

b. 中空玻璃的要求

a）中空玻璃的间隔铝框可采用连续折弯型。中空玻璃的气体层不应小于 9mm。

b）玻璃宜采用双道密封结构，明框玻璃幕墙可采用丁基密封胶和聚硫密封胶；隐框、半隐框玻璃幕墙应采用丁基密封胶和硅酮结构密封胶。

c. 防火玻璃的要求

a）应根据建筑防火等级要求，采用相应的防火玻璃。

b）防火玻璃按结构分为：复合防火玻璃（FFB）和单片防火玻璃（DFB）。单片防火玻璃的厚度一般为 5mm、6mm、8mm、10mm、12mm、15 mm、19mm。

c）防火玻璃按耐火性能分为：隔热型防火玻璃（A 类），即同时满足防火完整性、耐火隔热性要求的防火玻璃；非隔热型防火玻璃（B 类），即仅满足防火完整性要求的防火玻璃；防火玻璃按耐火极限分为 5 个等级：0.50h、1.00h、1.50h、2.00h、3.00h。

d. 钢化夹层玻璃的要求

全玻璃幕墙的玻璃肋应采用钢化夹层玻璃，如两片夹层、三片夹层玻璃等，具体厚度应根据不同的应用条件，如板面大小、荷载、玻璃种类等具体计算。最小截面厚度为 12mm、最小截面高度为 100mm。

（2）钢材

① 钢材表面应具有抗腐蚀能力，并采取避免双金属的接触腐蚀。

② 支承结构应选用的碳素钢和低碳合金高强度钢、耐候钢。

③ 钢索压管接头应采用经固溶处理的奥氏体不锈钢。

④ 碳素结构钢和低合金高强度钢应采取有效的防腐处理：

a. 采用热浸镀锌防腐蚀处理时，镀锌厚度应符合规范要求；

b. 采用防腐涂料时，涂层应完全覆盖钢材表面和无端部衬板的闭口型材结构钢；

c. 采用氟碳漆喷涂或聚氨酯喷涂时，涂抹的厚度不应小于 $35\mu m$，在空气污染严重及海滨地区，涂膜厚度不应小于 $45\mu m$。

⑤ 主要受力构件和连接件不宜采用壁厚小于 4mm 的钢板、壁厚小于 3mm 的钢管、尺寸小于 1.45 mm×4mm（等肢角钢）和 1.56mm×36mm×4mm（不等肢角钢）以及壁厚小于 2mm 的冷成型薄壁型钢。

（3）铝合金型材

① 型材尺寸允许偏差应满足高精级或超高精级要求。

② 立柱截面主要受力部位的厚度，应符合下列要求：

a. 铝型材截面开口部位的厚度不应小于 3.0mm，闭口部位的厚度不应小于 2.5mm；型材孔壁与螺钉之间直接采用螺纹受力连接时，其局部厚度尚不应小于螺钉的公称直径；

b. 对偏心受压立柱，其截面宽厚比应符合《玻璃幕墙工程技术规范》（JGJ 102—2003）中的规定。

③ 铝合金型材保护膜厚应符合下列规定：

a. 阳极氧化（膜厚级别 AA15）镀膜最小平均厚度不应小于 $15\mu m$，最小局部膜厚不应小于 $15\mu m$；

b. 粉末喷涂涂层局部不应小于 $40\mu m$，且不应大小于 $120\mu m$；

c. 电泳喷涂（膜厚级别 B）阳极氧化膜平均膜厚应不小于 $10\mu m$、局部膜厚应不小于 $8\mu m$；漆膜局部膜厚应不小于 $7\mu m$；复合膜局部厚度应不小于 $16\mu m$；

d. 氟碳喷涂涂层平均厚度不应小于 $40\mu m$，局部厚度不应小于 $34\mu m$。

注：1. 阳极氧化镀膜：一般铝合金型材常用的表面处理方法。处理后的型材表面硬度高、耐磨性好、金属感强，但颜色种类不多。

2. 静电粉末喷涂：用于对铝板和钢板的表面进行处理，可喷涂任何颜色，包括金属色。但其耐候性较差，近来已较少使用。

3. 电泳喷涂：又称为电泳涂装。这种工艺是将具有导电性的被涂物浸渍在经过稀释的、浓度比较低的水溶液电泳涂料槽中作为阳极（或阴极），在槽中另外设置与其相对应的阴极（或阳极），在两极间通过一定时间的直流电，使被涂物上析出均一的、永不溶的涂膜的一种涂装方法。这种方法的优点是附着力强、不容易脱落；防腐蚀性强，表面平整光滑，符合环保要求。

4. 氟碳树脂喷涂：氟碳树脂的成分为聚四氯乙烯（PVF4），到目前为止它被认为是既具备很好的耐候性能，又以颜色多样而适应建筑幕墙需要的表面处理方式。氟碳漆的适用性还在于它可以用于非金属表面的处理，并可以现场操作，甚至可以在金属构件的防火涂料上涂刷，满足对钢结构的装饰和保护要求。

④ 铝合金隔热型材的隔热条应符合下列规定：

a. 总体要求

a）采用的密封材料必须在有效期使用。

b）采用橡胶材料应符合相关规定，宜采用三元乙丙橡胶、氯丁橡胶或丁基橡胶、硅橡胶。

b. 个别要求

a）隐框和半隐框玻璃幕墙，其玻璃与铝型材的粘结必须采用中性硅酮结构密封胶；

全玻璃墙和点支承幕墙采用镀膜玻璃时，不应采用酸性硅酮结构密封胶粘结。

b）玻璃幕墙用硅酮结构密封胶的宽度、厚度尺寸应通过计算确定，结构胶厚度不宜小于 6mm 且不宜大于 12mm，其宽度不宜小于 7mm 且不大于厚度的 2 倍。位移能力应符合设计位移量的要求，不宜小于 20 级。

c）结构密封胶、硅酮密封胶同幕墙基材、玻璃和附件应具有良好的相容性和粘结性。

d）石材幕墙金属挂件与石材间宜选用干挂石材用环氧胶粘剂，不得使用不饱和聚酯类胶粘剂。

291. 玻璃幕墙的建筑设计、构造设计和安全规定应注意哪些问题？

1）《民用建筑热工设计规范》GB 50176—2016 规定：

（1）严寒地区、寒冷地区、夏热冬冷地区、温和 A 区的玻璃幕墙应采用有断热构造的玻璃幕墙系统，非透光的玻璃幕墙部分、金属幕墙、石材幕墙和其他人造板材幕墙面板背后应采用高效保温材料保温。幕墙与围护结构平壁间（除结构连接部位外）不应形成热桥，并宜对跨越室内外的金属构件或连接部位采取隔断热桥措施。

（2）严寒地区、寒冷地区、夏热冬冷地区、温和 A 区的透光幕墙周边与墙体、屋面板或其他围护构件连接处应采取保温、密封构造；当采用非防潮型保温材料填塞时，缝隙应采用密封材料或密封胶密封。其他地区应采取密封构造。

（3）严寒地区、寒冷地区可采用空气内循环的双层幕墙。

（4）夏热冬冷地区不宜采用双层幕墙。

2）《玻璃幕墙工程技术规范》JGJ 102—2003 规定，玻璃幕墙的建筑设计、构造设计和安全规定应注意以下问题：

（1）一般规定

① 玻璃幕墙应与建筑物整体及周围环境相协调。

② 玻璃幕墙立面的分格宜与室内空间相适应，不宜妨碍室内功能和视觉。在确定玻璃板块尺寸时，应有效提高玻璃原片的利用率，同时应适用钢化、镀膜、夹层等生产设备的加工能力。

③ 幕墙中的玻璃板块应便于更换。

④ 幕墙开启窗的设置，应满足使用功能和立面效果的要求，并应启闭方便，避免设置在梁、柱、隔墙的位置。开启扇的开启角度不宜大于 30°，开启距离不宜大于 300mm，（其他技术资料指出：开启扇的总量不宜超过幕墙总面积的 15%，开启方式以上悬式为主）。

⑤ 玻璃幕墙应便于维护和清洁。高度超过 40m 的幕墙工程宜设置清洗设备。

（2）构造设计

① 明框玻璃幕墙的接缝部位、单元式玻璃幕墙的组件对插部位以及幕墙开启部位，宜按雨幕原理进行构造设计。对可能渗入雨水和形成冷凝水的部位，应采取导排构造措施。

② 玻璃幕墙的非承重胶缝应采用硅酮建筑密封胶。开启扇的周边缝隙宜采用氯丁橡胶、三元乙丙橡胶或硅橡胶密封条制品密封。

③ 有雨篷、压顶及其他突出玻璃幕墙墙面的建筑构造时，应完善其结合部位的防、

排水设计。

④ 玻璃幕墙应选用具有防潮性能的保温材料或采取隔汽、防潮构造措施。

⑤ 单元式玻璃幕墙，单元间采用对插式组合构件时，纵横缝相交处应采取防渗漏封口构造措施。

⑥ 幕墙的连接部位，应采取措施防止产生摩擦噪声，构件式幕墙的立柱与横梁连接处应避免刚性接触，可设置柔性垫片或预留 1～2mm 的间隙、间隙内填胶；隐框幕墙采用挂钩式连接固定玻璃组件时，挂钩接触面宜设置柔性垫片。

⑦ 除不锈钢外，玻璃幕墙中不同金属接触处，应合理设置绝缘垫片或采取其他防腐蚀措施。

⑧ 幕墙玻璃之间的拼缝胶缝宽度应能满足玻璃和胶的变形要求，并不大于 10mm。

⑨ 幕墙玻璃表面周边与建筑内、外装饰物之间的缝隙不宜小于 5mm，可采用柔性材料嵌缝。全玻璃墙玻璃应符合相关规定。

⑩ 明框幕墙玻璃下边缘与下边框槽底之间应采用橡胶垫块衬托，垫块数量应为 2 个，厚度不应小于 3mm，每块长度不应限于 100mm。

⑪ 玻璃幕墙的单元板块不应跨越主体结构的变形缝，与其主体建筑变形缝相对应的构造缝的设计，应能够适应主体建筑变形的要求。

（3）安全规定

① 框支承玻璃幕墙，宜采用安全玻璃。

② 点支承撑玻璃幕墙的面板玻璃应采用钢化玻璃。

③ 采用玻璃肋支承撑的全玻璃墙，其玻璃肋应采用钢化夹层玻璃。

④ 人员流动密度大、青少年或幼儿活动的公共场所以及使用中容易受到撞击的部位，其玻璃幕墙应采用安全玻璃；对使用中容易受到撞击的部位，还应设置明显的警示标志。

⑤ 当与玻璃幕墙相邻的楼面外缘无实体墙时，应设置防撞措施。

⑥ 玻璃幕墙与其周边防火分隔构件间的缝隙，与楼板或隔墙外沿间的缝隙、与实体墙面洞口边缘间的缝隙等，应进行防火封堵设计。

⑦ 玻璃幕墙的防火封堵系统，在正常使用条件下，应具有伸缩变形能力、密封性和耐久性；在遇火状态下，应在规定的耐火极限内，不发生开裂或脱落，保持相对稳定性。

⑧ 玻璃幕墙的防火封堵构造系统的填充料及其保护性面层材料，应选择不燃烧材料与难燃烧材料。

⑨ 无窗槛墙的玻璃幕墙，应在每层楼板外沿设置耐火极限不低于 1.00m、高度不低于 0.80m 的不燃烧实体裙墙或防火玻璃裙墙。

⑩ 玻璃幕墙与各层楼板、隔墙外沿间的缝隙，当采用岩棉或矿棉封堵时，其厚度不应小于 100mm，并应填充密实；楼层间水平防烟带的岩棉或矿棉宜采用厚度不小于 1.5mm 的镀锌钢板承托；承托板与主体结构、幕墙结构及承托板之间的缝隙宜填充防火密封材料。当建筑要求防火分区间设置通透隔断时，可采用符合设计要求的防火玻璃。

⑪ 同一玻璃幕墙单元，不宜跨越建筑物的两个防火分区。

⑫ 幕墙的金属框架应与主体结构的防雷体系可靠连接，连接部位应清除非导电保护层。

292. 框支承玻璃幕墙有哪些构造要求?

《玻璃幕墙工程技术规范》JGJ 102—2003 规定:

1) 组成:框支承玻璃幕墙由玻璃、横梁和立柱组成。主要应用于外墙部位。

2) 玻璃:单片玻璃的厚度不应小于 6mm,夹层玻璃的单片厚度不宜小于 5mm。夹层玻璃和中空玻璃的单片玻璃厚度相差不宜大于 3mm。玻璃幕墙应尽量减少光污染。若选用热反射玻璃,其反射率不宜大于 20%。

3) 横梁:横梁可以采用铝合金型材或钢型材(高耐候钢、碳素钢),其截面厚度不应小于 2.5mm。铝合金型材的表面处理可以采用阳极氧化镀膜、电泳喷涂、粉末喷涂、氟碳树脂喷涂;钢型材应进行热浸镀锌或其他有效的防腐措施。

注:热浸镀锌是对金属表面进行镀锌处理的一种工艺,可以提高钢结构的耐磨性能。近几年热浸镀锌工艺又采用了镀铝锌、镀铝锌硅等工艺处理使金属的耐候性能又提高了一倍,使用寿命可以达到 30~50 年。缺点是它的颜色比较单一,变化较少。

4) 立柱:立柱可以采用铝合金型材或钢型材(高耐候钢、碳素钢),表面处理与横梁相同。立柱与主体结构之间的连接应采用螺栓。每个部位的连接螺栓不应少于 2 个,直径不宜小于 10mm。

293. 全玻幕墙有哪些构造要求?

《玻璃幕墙工程技术规范》JGJ 102—2003 规定:

1) 组成:全玻幕墙由玻璃、玻璃肋和胶缝组成。主要应用于大堂、门厅等部位。

2) 连接:全玻幕墙与主体结构的连接有下部支承式与上部悬挂式。下部支承式的最大应用高度见表 2-28。

下部支承式全玻幕墙的最大高度　　　　　　　表 2-28

玻璃厚度（mm）	10、12	15	19
最大高度（m）	4	5	6

3) 玻璃:面板玻璃应采用钢化玻璃,厚度不宜小于 10mm;夹层玻璃单片厚度不应小于 8mm。

4) 玻璃肋:玻璃肋应采用截面厚度不小于 12mm、截面高度不小于 100mm 的钢化夹层玻璃。

5) 胶缝:采用胶缝传力的全玻璃墙,其胶缝必须采用硅酮结构密封胶。

294. 点支承玻璃幕墙有哪些构造要求?

《玻璃幕墙工程技术规范》JGJ 102—2003 规定:

1) 组成:点支承玻璃幕墙由玻璃面板、支承装置和支承结构三部分组成。可以应用于幕墙、雨罩、室外吊顶等部位。

2) 玻璃面板:

(1) 玻璃面板有三点支承、四点支承和六点支承等做法。玻璃幕墙支承孔边与板边的距离不宜小于 70mm。

(2) 采用浮头式连接件的幕墙玻璃厚度不应小于 6mm;采用沉头式连接件的幕墙玻

璃厚度不应小于 8mm。

（3）玻璃之间的空隙宽度不应小于 10mm，且应采用硅酮建筑密封胶。

3）支承装置：采用专用的点支承装置。

4）支承结构：支承结构有单根型钢或钢管结构体系、桁架或空腹桁架体系和张拉杆索体系等 5 种，其特点和应用高度见表 2-29。

不同支承体系的特点和应用范围　　　　　　　表 2-29

项目＼分类	拉索点支承玻璃幕墙	拉杆点支承玻璃幕墙	自平衡索桁架点支承玻璃幕墙	桁架点支承玻璃幕墙	立柱点支承玻璃幕墙
特点	轻盈、纤细、强度高、能实现较大跨度	轻巧、光亮、有极好的视觉效果	杆件受力合理、外形新颖、有较好的观赏性	有较大的刚度和强度，适合高大空间、综合性能好	对主体结构要求不高、整体效果简洁明快
适用范围	拉索间距 $b=$ 1.2～3.5m；层高 $h=3\sim12$m；拉索矢高 $f=h/$（10～15）	拉杆间距 $b=$ 1.2～3.0m；层高 $h=3\sim9$m；拉杆矢高 $f=h/$（10～15）	自平衡间距 $b=$ 1.2～3.5m；层高 $h\leqslant15$m；自平衡索桁架矢高 $f=h/$（5～9）	桁架间距 $b=$ 3.0～15.0m；层高 $h=6\sim40$m；桁架矢高 $f=h/$（10～20）	立柱间距 $b=12\sim$ 35m；层高 $h\leqslant8.0$m

295. 什么叫双层幕墙？它有哪些构造特点？

依据国家建筑标准设计图集《双层幕墙》07J103-8 得知：

1）双层幕墙的组成和类型

双层幕墙是双层结构的新型幕墙，它由外层幕墙和内层幕墙两部分组成。外层幕墙通常采用点支承玻璃幕墙、明框玻璃幕墙或隐框玻璃幕墙；内层幕墙通常采用明框玻璃幕墙、隐框玻璃幕墙或铝合金门窗。

双层幕墙通常可分为内循环、外循环和开放式三大类型，是一种新型的建筑幕墙系统。具有环境舒适、通风换气的功能，保温、隔热和隔声效果非常明显。

2）双层幕墙的构造要点

（1）内循环双层幕墙

外层幕墙封闭，内层幕墙与室内有进气口和出气口连接，使得双层幕墙通道内的空气与室内空气进行循环。外层幕墙采用隔热型材，玻璃通常采用中空玻璃或 Low-E 中空玻璃；内层幕墙玻璃可采用单片玻璃，空气腔厚度通常为 150～300mm 之间。根据防火设计要求进行水平或垂直方向的防火分隔，可以满足防火规范要求。

内循环双层幕墙的特点：

① 热工性能优越：夏季可降低空腔内空气的温度，增加舒适性；冬季可将幕墙空气腔封闭，增加保温效果。

② 隔声效果好：由于双层幕墙的面密度高，所以空气声隔声性能优良，也不容易发生"串声"。

③ 防结露明显：由于外层幕墙采用隔热型材和中空玻璃，外层幕墙内侧一般不结露。

④ 便于清洁：由于双层幕墙的外层幕墙封闭，空气腔内空气与室内空气循环，便于清洁和维修保养。

⑤ 防火达标：双层幕墙在水平方向和垂直方向进行分隔，符合防火规范的规定。

（2）外循环双层幕墙

内层幕墙封闭，外层幕墙与室外有进气口和出气口连接，使得双层幕墙通道内的空气可与室外空气进行循环。内层幕墙应采用隔热型材，可设开启扇，玻璃通常采用中空玻璃或 Low-E 中空玻璃；外层幕墙设进风口、出风口且可开关，玻璃通常采用单片玻璃，空气腔宽度通常为 500mm 以上。

外循环双层幕墙通常可分为整体式、廊道式、通道式和箱体式 4 种类型。

外循环双层幕墙同样具有防结露、通风换气好、隔声优越、便于清洁的优点。

（3）开放式双层幕墙：外层幕墙仅具有装饰功能，通常采用单片幕墙玻璃且与室外永久连通，不封闭。

开放式双层幕墙的特点：

① 主要功能是建筑立面的装饰性，多用于旧建筑物的改造；

② 有遮阳作用；

③ 改善通风效果，恶劣天气不影响开窗换气。

3）双层幕墙的技术要求

（1）抗风压性能：双层幕墙的抗风压性能应根据幕墙所受的风荷载标准值确定，且不应小于 $1kN/m^2$，并应符合《建筑结构荷载规范》GB 50009—2012 的规定。

（2）热工性能：双层幕墙的热工性能优良，提高热工性能的关键是玻璃的选用。一般选用中空玻璃或 Low-E 玻璃效果较好。采用加大空腔厚度只能带来热工性能下降。

（3）遮阳性能：在双层幕墙的空气腔中设置固定式或活动式遮阳可提高遮阳效果。

（4）光学性能：双层幕墙的总反射比应不大于 0.30。

（5）声学性能：增加双层幕墙每层玻璃的厚度对提高隔声效果较为明显。增加空气腔厚度对提高隔声性能作用不大。

（6）防结露性能：严寒地区不宜设计使用外循环双层幕墙。因为外循环的外层玻璃一般多用单层玻璃和普通铝型材，容易在空腔内产生结露。

（7）防雷性能：双层幕墙系统应与主体结构的防雷体系有可靠的连接。双层幕墙设计应符合《建筑物防雷设计规范》GB 50057—2010 和《民用建筑电气设计规范》JGJ 16—2008 的规定（图 2-35）。

图 2-35 双层幕墙

296. 金属幕墙的材料和构造做法有哪些特点？

《金属与石材幕墙工程技术规范》JGJ 133—2001 规定：

1）金属幕墙的构造特点

金属幕墙属于有基层墙体的幕墙，意即金属幕墙应固定于基层墙体上。

2）金属幕墙的材料

（1）金属幕墙采用的不锈钢宜采用奥氏体不锈钢材。

（2）钢结构幕墙高度超过 40m 时，钢构件宜采用高耐候结构钢，并应在其表面涂刷防腐涂料。处理方法多采用热浸镀锌的方法。

（3）钢构件采用冷弯薄壁型钢时，其壁厚不应小于 3.5mm。

（4）面材主要选用铝合金材料，具体做法有铝合金单板（单层铝板）、铝塑复合板、铝合金蜂窝板（蜂窝铝板）。铝合金的表面应通过阳极氧化镀膜、电泳喷涂、静电粉末喷涂、氟碳树脂喷涂等方法进行表面处理。

（5）采用氟碳树脂喷涂进行表面处理时，氟碳树脂含量不应低于 75％。海边及严重酸雨地区，可采用三道或四道氟碳树脂涂层，其厚度应大于 $40\mu m$；其他地区，可采用二道氟碳树脂涂层，其厚度应大于 $25\mu m$。

（6）铝合金面材的厚度

① 铝合金单板：单板的厚度不应小于 2.5mm；

② 铝塑复合板：铝塑复合板的上、下两层铝合金板的厚度均为 0.5mm，中间填以 3～6mm 的聚乙烯材料，总厚度不应小于 4mm；

③ 蜂窝铝板：蜂窝铝板的正面应采用 1mm 的铝合金板、背面采用 0.5～0.8mm 的铝合金板及中间的蜂窝铝板（纸蜂窝、玻璃钢蜂窝）组成，总厚度为 10mm、12mm、15mm、20mm、25mm。

3）金属幕墙的连接

金属幕墙通过龙骨安装、焊接、粘结等方法与结构连接。

297. 石材幕墙的材料和构造做法有哪些特点？

《金属与石材幕墙工程技术规范》JGJ 133—2001 规定：

1）石材属幕墙的构造特点

石材幕墙属于有基层墙体的幕墙，意即将幕墙石材固定于基层墙体上的构造做法。

2）石材幕墙的材料

（1）石材幕墙宜采用火成岩（花岗石），石材吸水率应小于 0.8％；

（2）用于石材幕墙的抛光花岗石板的厚度应为 25mm，火烧石板的厚度应比抛光石板的厚度厚 3mm；

（3）单块石板的面积不宜大于 $1.50m^2$。

3）石材幕墙的连接

（1）石材幕墙的构造有钢销式安装、通槽式安装、短槽式安装等方法。

（2）钢销式连接：钢销式安装可以在非抗震设计或 6 度、7 度的抗震设计的幕墙中采用，幕墙高度不宜大于 20m，石板面积不宜大于 $1.00m^2$。钢销和连接板应采用不锈钢。连接板截面尺寸不宜小于 40mm×4mm。

（3）通槽式连接：通槽式连接的石板通槽厚度宜为 6～7mm，不锈钢支撑板厚度不宜小于 3mm，铝合金支撑板厚度不宜小于 4mm。

（4）短槽式连接：短槽式连接应在每块板的上下两端各设宽度为 6～7mm、深度不小于 15mm 的短槽。不锈钢支撑板厚度不宜小于 3mm，铝合金支撑板厚度不宜小于 4mm。弧形槽的有效长度不应小于 80mm。

298. 人造板材幕墙的材料和构造做法有哪些特点?

《人造板材幕墙工程技术规范》JGJ 336—2016 规定（摘编）：

1）人造板材幕墙的定义

人造板材幕墙指的是面板材料为人造外墙板的建筑幕墙。包括以下类型：

（1）瓷板幕墙：以建筑幕墙用瓷板为面板的人造板材幕墙。

（2）陶板幕墙：以建筑幕墙用陶板为面板的人造板材幕墙。

（3）微晶玻璃板幕墙：以建筑装饰用微晶玻璃板为面板的人造板材幕墙。

（4）石材蜂窝板幕墙：以建筑装饰用石材蜂窝复合板为面板的人造板材幕墙。

（5）木纤维板幕墙：以建筑幕墙用高压热固化木纤维板为面板的人造板材幕墙。

（6）纤维水泥板幕墙：以高密度无石棉纤维水泥板为面板的人造板材幕墙。

2）人造板材幕墙的应用范围

人造板材幕墙适用于地震区和抗震设防烈度不大于 8 度地区的民用建筑外墙。应用高度不宜大于 100m。

3）人造板材幕墙材料的燃烧性能等级

（1）幕墙支承构件和连接件材料的燃烧性能应为 A 级；

（2）幕墙用面板材料的燃烧性能，当建筑高度大于 50m 时应为 A 级；当建筑高度不大于 50m 时不应低于 B_1 级；

（3）幕墙用保温材料的燃烧性能应为 A 级。

4）人造板材幕墙的建筑设计

（1）一般规定

① 幕墙的立面分格设计应考虑面板材料适宜的规格尺寸。瓷板、微晶玻璃和纤维水泥板幕墙的单块面板的面积不宜大于 $1.50m^2$。石材蜂窝板单边边长不宜大于 $2.00m$，单块最大面积不宜大于 $2.00m^2$。

② 幕墙开启窗的大小、数量、位置及外观应满足立面效果和使用功能的要求。

③ 高层建筑的幕墙宜设置清洗设备配套装置，并便于操作。

（2）面板接缝的类型与特点

① 封闭式幕墙板缝：幕墙板块之间缝隙采取密封措施，包括注胶封闭式幕墙板缝和胶条封闭式幕墙板缝两种。

② 开放式幕墙板缝：幕墙板块之间缝隙不采取密封措施的幕墙面板接缝，包括开缝式和遮挡式（搭接遮挡、嵌条遮挡）两种。

（3）面板接缝设计

① 幕墙的面板接缝应能够适应由于风荷载、地震作用和温度变化以及自重作用而产生的面板相对位移。

② 幕墙面板接缝设计应根据建筑装饰效果和面板材料特性确定，并应符合下列规定：

a. 瓷板、微晶玻璃幕墙可采用封闭式或开放式板缝；

b. 石材蜂窝板幕墙宜采用封闭式板缝，也可采用开放式板缝；

c. 陶板、纤维水泥板幕墙宜采用开放式板缝，也可采用封闭式板缝；

d. 木纤维板幕墙应采用开放式板缝。

③ 封闭式幕墙板缝的构造要求：

　　a. 注胶封闭式的胶缝宽度不宜小于 6mm，密封胶与面板的粘结厚度不宜小于 6mm。板缝底部宜采用衬垫材料填充，防止密封胶三面粘结。

　　b. 胶条封闭式幕墙，面板之间"十字"接头部位的纵、横密封胶条交叉处应采取防水密封措施。

　　c. 封闭式石材蜂窝板面板接缝宜采用注胶密封处理。

　　④ 开放式幕墙板缝的构造要求：

　　a. 开缝式：

　　a）板缝宽度不宜小于 6mm，瓷板、微晶玻璃板、陶板等脆性材料的面板接缝应由计算确定；

　　b）面板后部空间应防止积水并采取有效排水措施。

　　b. 遮挡式：

　　a）搭接遮挡式的面板最小搭接宽度应满足防渗要求，防止雨水大量渗入幕墙内部；背部空间应防止积水，并采取有效排水措施；

　　b）嵌条遮挡式的面板与嵌条之间应预留一定的空隙；

　　c）竖向板缝采用嵌条遮挡式的幕墙，其水平方向板缝宜采用开缝式或搭接式；

　　d）竖向和水平方向板缝均采用嵌条遮挡式的幕墙，应在该幅幕墙的底部和顶部设置一定通风面积的进风口和出风口，应形成有效的背部通风空间；

　　e）面板背面有保温材料时，应有防水、防潮和保持通风的措施；

　　f）封闭式石材蜂窝板面板接缝采用开放式时，石材蜂窝板边缘应采取封边防水等断面保护措施，粘结层不得外露。

　　5）人造板材幕墙的构造设计

　　（1）采用封闭式板缝设计的幕墙，板缝密封采用注胶封闭时宜设水蒸气透气孔，采用胶条封闭时应有渗漏雨水的排水措施；采用开放式板缝设计的幕墙，面板后部应设计防水层。

　　（2）开放式幕墙宜在面板的后部空间设置防水构造，或者在幕墙后部的其他墙体上设置防水层，并宜设置可靠的导排水系统和采取通风除湿构造措施。面板与其背部墙体外表面的最小间距不宜小于 20mm，防水构造及内部支承金属结构应采用耐候性好的材料制作，并采取防腐措施。寒冷及严寒地区的开放式人造板材幕墙，应采取防止积水、积冰和防止幕墙结构及面板冻胀损坏的措施。

　　（3）幕墙的保温构造设计应符合下列规定：

　　① 当幕墙设置保温层时，保温材料的厚度应符合设计要求，保温材料应采取可靠措施固定；

　　② 在严寒和寒冷地区，保温层靠近室内的一侧应设置隔汽层，隔汽层应完整，密封，穿透保温层、隔汽层处的支承连接部位应采取密封措施；

　　③ 幕墙与周边墙体、门窗的接缝以及变形缝等应进行保温设计，在严寒、寒冷地区，保温构造应进行防结露验算。

　　（4）有雨篷、压顶以及其他凸出结构时，应完善其结合部位的防水构造设计。

　　（5）幕墙与主体结构变形缝相对应的构造缝，应能够适应主体结构的变形要求，构造缝可采用柔性连接装置或设计易修复的构造。幕墙面板不宜跨越主体结构的变形缝。

（6）幕墙构件之间的连接构造应采取措施，适应构件之间产生的相对位移和防止产生摩擦噪声。

（7）幕墙中不同种类金属材料的直接接触处，应设置绝缘垫片或采取其他有效的防止双金属腐蚀措施。

6）人造板材幕墙的防火设计

（1）幕墙的防火设计、人造板材幕墙的耐火极限、人造板材幕墙与楼板、隔墙处的建筑缝隙封堵均应符合现行国家标准《建筑设计防火规范》GB 50016—2014（2018 年版）的有关规定。

（2）幕墙与楼板、防火分区隔墙间的缝隙采用岩棉或矿渣棉封堵时，其填充厚度不应小于 100mm；其支撑材料应采用厚度不低于 1.5mm 的镀锌钢板或厚度不小于 10mm 的不燃无机复合板。

7）人造板材幕墙的面板及其连接

⑴ 瓷板、微晶玻璃板宜采用短挂件连接、通长挂件连接和背栓连接。

（2）陶板宜采用短挂件连接，也可采用通长挂件连接。

（3）纤维水泥板宜采用穿透支承连接或背栓支承连接，也可采用通长挂件连接。穿透连接的基板厚度不应小于 8mm，背栓连接的基板厚度不应小于 12mm，通长挂件连接的基板厚度不应小于 15mm。

（4）石材蜂窝板宜通过板材背面预置螺母连接。

（5）木纤维板宜采用末端型式为刮削式（SC）的螺钉连接或背栓连接，也可采用穿透连接。采用穿透连接的板材厚度不应小于 6mm，采用背面连接或背栓连接的木纤维板厚度不应小于 8mm。

三、底层地面、楼地面和路面

（一）底层地面、楼地面

299. 底层地面与楼地面应包括哪些构造层次？

1)《民用建筑设计统一标准》GB 50352—2019 规定：

（1）地面的基本构造层宜为面层、垫层和地基；楼面的基本构造层宜为面层和楼板；当地面或楼面的基本构造不能满足使用或构造要求时，可增设结合层、隔离层、填充层、找平层、防水层、防潮层和保温绝热层等其他构造层。

（2）除有特殊使用要求外，楼地面应满足平整、耐磨、不起尘、环保、防污染、隔声、易于清洁等要求，且应具有防滑性能。

（3）厕所、浴室、盥洗室等受水或非腐蚀性液体经常浸湿的楼地面应采取防水、防滑的构造措施，并设排水坡坡向地漏。有防水要求的楼地面应低于相邻楼地面15mm。经常有水流淌的楼地面应设置防水层，宜设门槛等挡水设施，且应有排水措施，其楼地面应采用不吸水、易冲洗、防滑的面层材料，并应设置防水隔离层。

（4）建筑地面应根据需要采取防潮、防基土冻胀或膨胀、防不均匀沉陷等措施。

（5）存放食品、食料、种子或药物等的房间，其楼地面应采用符合国家现行相关卫生环保标准的面层材料。

（6）受较大荷载或有冲击力作用的楼地面，应根据使用性质及场所选用由板、块材料、混凝土等组成的易于修复的刚性构造，或由粒料、灰土等组成的柔性构造。

（7）木板楼地面应根据使用要求及材质特性，采取防火、防腐、防潮、防蛀、通风等相应措施。

2)《建筑地面设计规范》GB 50037—2013 规定：

（1）建筑地面构造层次有：

① 面层：建筑地面直接承受各种物理和化学作用的表面层。

② 结合层：面层与下面构造层之间的连接层。

③ 找平层：在垫层、楼板或填充层上起抹平作用的构造层。

④ 隔离层：防止建筑地面上各种液体或水、潮气透过地面的构造层。

⑤ 防潮层：防止地下潮气透过地面的构造层。

⑥ 填充层：建筑地面中设置起隔声、保温、找坡或暗敷管线等作用的构造层。

⑦ 垫层：在建筑地基上设置承受并传递上部荷载的构造层。

⑧ 地基：承受底层地面荷载的土层。

（2）基本构造层次

底层地面的基本构造层次宜为面层、垫层和地基；楼层地面的基本构造层次宜为面层和楼板。当底层地面和楼层地面的基本构造层次不能满足使用或构造要求时，可增设结合层、隔离层、填充层、找平层等其他构造层次（图2-36）。

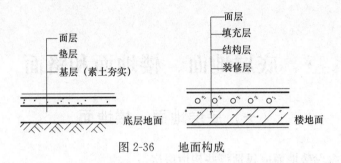

图 2-36　　地面构成

300. 如何选择底层地面和楼地面?

1)《建筑地面设计规范》GB 50037—2013 规定:

(1) 基本规定

① 建筑地面采用的大理石、花岗石等天然石材应符合《建筑材料放射性核素限量》(GB 6566—2010) 的相关规定。

② 建筑地面采用的胶粘剂、沥青胶结料和涂料应符合《民用建筑工程室内环境污染控制标准》GB 50325—2020 的相关规定。

③ 公共建筑中，人员活动场所的建筑地面，应方便残疾人安全使用，其地面材料应符合《无障碍设计规范》GB 50763—2012 的相关规定。

④ 木板、竹板地面，应采取防火、防腐、防潮、防蛀等相应措施。

⑤ 建筑物的底层地面标高，宜高出室外地面 150mm。当使用有特殊要求或建筑物预期有较大沉降量等其他原因时，应增大室内外高差。

⑥ 有水或非腐蚀性液体经常浸湿、流淌的地面，应设置隔离层并采用不吸水、易冲洗、防滑类的面层材料，(面层标高应低于相邻楼地面，一般为 20mm)，隔离层应采用防水材料。楼层结构必须采用现浇混凝土制作，当采用装配式钢筋混凝土楼板时，还应设置配筋混凝土整浇层。

⑦ 需预留地面沟槽、管线时，其地面混凝土工程可分为毛地面和面层两个阶段施工，毛地面混凝土强度等级不应小于 C15。

(2) 建筑地面面层类别及材料选择

建筑地面面层类别及材料选择，应符合表 2-30 的有关规定。

建筑地面面层类别及材料选择　　　　　　　　　　　　　　表 2-30

面层类别	材料选择
水泥类整体面层	水泥砂浆、水泥钢 (铁) 屑、现制水磨石、混凝土、细石混凝土、耐磨混凝土、钢纤维混凝土或混凝土密封固化剂
树脂类整体面层	丙烯酸涂料、聚氨酯涂层、聚氨酯自流平涂料、聚酯砂浆、环氧树脂自流平涂料、环氧树脂自流平砂浆或干式环氧树脂砂浆
板块面层	陶瓷锦砖、耐酸瓷板 (砖)、陶瓷地砖、水泥花砖、大理石、花岗石、水磨石板快、条石、块石、玻璃板、聚氯乙烯板、石英塑料板、塑胶板、橡胶板、铸铁板、网纹板、网络地板
木、竹面层	实木地板、实木集成地板、浸渍纸层压木质地板 (强化复合木地板)、竹地板

面层类别	材料选择
不发火化面层	不发火花水泥砂浆、不发火花细石混凝土、不发火花沥青砂浆、不发火花沥青混凝土
防静电面层	导静电水磨石、导静电水泥砂浆、导静电活动地板、导静电聚氯乙烯地板
防油渗面层	防油渗混凝土或防油渗涂料的水泥类整体面层
防腐蚀面层	耐酸板块（砖、石材）或耐酸整体面层
矿渣、碎石面层	矿渣、碎石
织物面层	地毯

（3）地面做法的选择

① 常用地面的选择

a. 公共建筑中，经常有大量人员走动或残疾人、老年人、儿童活动及轮椅、小型推车行驶的地面，其地面面层应采用防滑、耐磨、不易起尘的块材面层或水泥类整体面层。

b. 公共场所的门厅、走道、室外坡道及经常用水冲洗或潮湿、结露等容易受影响的地面，应采用防滑面层。

c. 室内环境具有安静要求的地面，其面层宜采用地毯、塑料或橡胶等柔性材料。

d. 供儿童及老年人公共活动的场所地面，其面层宜采用木地板、强化复合木地板、塑胶地板等暖性材料。

e. 地毯的选用，应符合下列要求：

a）有防霉、防蛀、防火和防静电等要求的地面，应按相关技术规定选用地毯；

b）经常有人员走动或小推车行驶的地面，宜采用耐磨、耐压、绒毛密度较高的高分子类地毯。

f. 舞厅、娱乐场所地面宜采用表面光滑、耐磨的水磨石、花岗石、玻璃板、混凝土密封固化剂等面层材料，或表面光滑、耐磨和略有弹性的木地板。

g. 要求不起尘、易清洗和抗油腻沾污要求的餐厅、酒吧、咖啡厅等地面，其面层宜采用水磨石、防滑地砖、陶瓷锦砖、木地板或耐沾污地毯。

h. 室内体育运动场地、排练厅和表演厅的地面宜采用具有弹性的木地板、聚氨酯橡胶复合面层、运动橡胶面层；室内旱冰场地面，应采用具有坚硬耐磨、平整的现制水磨石面层和耐磨混凝土面层。

i. 存放书刊、文件或档案等纸质库房地面，珍藏各种文物或艺术品和装有贵重物品的库房地面，宜采用木地板、橡胶地板、水磨石、防滑地砖等不起尘、易清洁的面层；底层地面应采取防潮和防结露措施；有贵重物品的库房，当采用水磨石、防滑地砖面层时，宜在适当范围内增铺柔性面层。

j. 有采暖要求的地面，可选用热源为低温热水的地面辐射供暖，面层宜采用地砖、水泥砂浆、木板、强化复合木地板等。

② 有清洁、洁净、防尘和防菌要求地面的选择

a. 有清洁和弹性要求的地面，应符合下列要求：

a）有清洁使用要求时，宜选用经处理后不起尘的水泥类面层、水磨石面层或板块材面层。

b）有清洁和弹性使用要求时，宜采用树脂类自流平材料面层、橡胶板、聚氯乙烯板板等面层。

c）有清洁要求的底层地面，宜设置防潮层。当采用树脂类自流平材料面层时，应设置防潮层。

b. 有空气洁净度等级要求的建筑地面，其面层应平整、耐磨、不起尘、不易积聚静电，并易除尘、清洗。地面与墙、柱相交处宜做小圆角。底层地面应设防潮层。面层应采用不燃、难燃并宜有弹性与较低的导热系数的材料。面层应避免眩光，面层材料的光反射系数宜为 0.15～0.35。

c. 有空气洁净度等级要求的地面不宜设变形缝，空气洁净度等级为 N1～N5 级的房间地面不应设变形缝。

d. 采用架空活动地板的建筑地面，架空活动地板材料应根据燃烧性能和防静电要求进行选择。架空活动地板有送风、回风要求时，活动地板下应采用现制水磨石、涂刷树脂类涂料的水泥砂浆或地砖等不起尘面层并应根据使用要求采取保温、防水措施。

③ 有防腐蚀要求地面的选择

a. 防腐蚀地面应低于非防腐蚀地面，且不宜少于 20mm；也可设置挡水设施（如挡水门槛）。

b. 防腐蚀地面宜采用整体面层。

c. 防腐蚀地面采用块材面层时，其结合层和灰缝应符合下列要求：

a）当灰缝选用刚性材料时，结合层宜采用与灰缝材料相同的刚性材料；

b）当耐酸瓷砖、耐酸瓷板面层的灰缝采用树脂胶泥时，结合层宜采用呋喃胶泥、环氧树脂胶泥、水玻璃砂浆、聚酯砂浆或聚合物水泥砂浆；

c）当花岗石面层的灰缝采用树脂胶泥时，结合层可采用沥青砂浆、树脂砂浆，当灰缝采用沥青胶泥时，结合层宜采用沥青砂浆。

d. 防腐蚀地面的排水坡度：底层地面不宜小于 2%，楼层地面不宜小于 1%。

e. 需经常冲洗的防腐蚀地面，应设隔离层。隔离层材料可以选用沥青玻璃布油毡、再生胶油毡、石油沥青油毡、树脂玻璃钢等柔性材料。当面层厚度小于 30mm 且结合层为刚性材料时，不应采用柔性材料做隔离层。

f. 防腐蚀地面与墙、柱交接处应设置踢脚板，高度不宜小于 250mm。

④ 有撞击磨损作用的地面的选择

有撞击磨损作用的地面，应采用厚度不小于 60mm 的块材面层或水玻璃混凝土、树脂细石混凝土、密实混凝土等整体面层。使用小型运输工具的地面，可采用厚度不小于 20mm 的块材面层或树脂砂浆、聚合物水泥砂浆、沥青砂浆等整体面层。无运输工具的地面可采用树脂自流平涂料或防腐蚀耐磨涂料等整体面层。

⑤ 特殊地面的选择

a. 湿热地区非空调建筑的底层地面，可采用微孔吸湿、表面粗糙的面层。

b. 有保温、隔热、隔声等要求的地面应采取相应的技术措施。

c. 湿陷型黄土地区，受水浸湿或积水的底层地面，应按防水地面设计。地面下应做厚度为 300～500mm 的 3：7 灰土垫层。管道穿过地面处，应做防水处理。排水沟宜采用钢筋混凝土制作并应与地面混凝土同时浇筑。

（4）整体地面的构造要求

① 混凝土或细石混凝土地面

a. 混凝土地面采用的石子粗骨料，其最大颗粒粒径不应大于面层厚度的 2/3，细石混凝土面层采用的石子粒径不应大于 15mm。

b. 混凝土面层或细石混凝土面层的强度等级不应低于 C20；耐磨混凝土面层或耐磨细石混凝土面层的强度等级不应低于 C30；底层地面的混凝土垫层兼面层的强度等级不应低于 C20，其厚度不应小于 80mm；细石混凝土面层厚度不应小于 40mm。

c. 垫层及面层，宜分仓浇筑或留缝。

d. 当地面上静荷载或活荷载较大时，宜在混凝土垫层中加配钢筋或在垫层中加入钢纤维，钢纤维的抗拉强度不应小于 1000MPa，钢纤维混凝土的弯曲韧度比不应小于 0.5。当垫层中仅为构造配筋时，可配置直径为 8～14mm，间距为 150～200mm 的钢筋网。

e. 水泥类整体面层需严格控制裂缝时，应在混凝土面层顶面下 20mm 处配置直径为 4～8mm、间距为 100～200mm 的双向钢筋网；或面层中加入钢纤维，其弯曲韧度比不应小于 0.4，体积率不应小于 0.15%。

② 水泥砂浆地面

a. 水泥砂浆的体积比应为 1∶2，强度等级不应低于 M15，面层厚度不应小于 20mm。

b. 水泥应采用硅酸盐水泥或普通硅酸盐水泥，其强度等级不应小于 42.5 级；不同品种、不同强度等级的水泥不得混用，砂应采用中粗砂。当采用石屑时，其粒径宜为 3～5mm，且含泥量不应大于 3%。

③ 水磨石地面

a. 水磨石面层应采用水泥与石粒的拌合料铺设，面层的厚度宜为 12～18mm，结合层的水泥砂浆体积比宜为 1∶3 强度等级不应小于 M10。

b. 水磨石面层的石粒，应采用坚硬可磨白云石、大理石等岩石加工而成，石子应洁净无杂质，其粒径宜为 6～15mm。

c. 水磨石面层分格尺寸不宜大于 1m×1m，分格条宜采用铜条、铝合金条等平直、坚挺材料。当金属嵌条对某些生产工艺有害时，可采用玻璃条分格。

d. 白色或浅色的水磨石面层，应采用白水泥；深色的水磨石面层，宜采用强度等级不小于 42.5 级的硅酸盐水泥、普通硅酸盐水泥或矿渣硅酸盐水泥；同颜色的面层应使用同一批号水泥。

e. 彩色水磨石面层使用的颜料，应采用耐光、耐碱的无机矿物质颜料，宜同厂、同批。其掺入量宜为水泥重量的 3%～6%。

注：《建筑地面工程施工质量验收规范》GB 50209—2010 中规定：水磨石面层应采用水泥与石粒拌合料铺设；有防静电要求时，拌合料内应掺入导电材料。面层的厚度宜按石粒的粒径确定，宜为 12～18mm。白色或浅色的面层应采用白水泥；深色的面层宜采用硅酸盐水泥、普通硅酸盐水泥，掺入颜料宜为水泥重量的 3%～5%。结合层采用水泥砂浆时，强度等级不应小于 M10，稠度宜为 30～35mm。防静电面层采用导电金属分格条时，分格条应作绝缘处理，十字交叉处不得碰接。

2）《托儿所、幼儿园建筑设计规范》JGJ 39—2016（2019 年版）规定：

（1）幼儿园生活用房中的活动室、寝室、多功能活动室等幼儿使用的房间应做暖性、有弹性的地面，儿童使用的通道地面应采用防滑材料。

（2）厕所、盥洗室、淋浴室地面不应设台阶，地面应防滑和易于清洗。

（3）厨房地面应防滑，并应设排水措施。

（4）幼儿班和托小班生活区地面应做暖性、软质面层；距地 1.20m 的墙面应做软质面层。

3）《疗养院建筑设计规范》JGJ/T 40—2019 规定：

① 除特殊要求外，有疗养员通行的楼地面应采取防滑、不起尘、易清洁的材料铺装；

② 光疗用房地面应有绝缘防潮措施；

③ 兼舞厅和会议功能的多功能厅地面应平整且具有弹性；

④ 水疗室地面应铺设防潮耐磨材料；

⑤ 高频、超高频室的地面应有屏蔽措施；

⑥ 体疗用房地面面层宜采用防滑、有弹性、耐磨损材料；当设置在楼层时，楼地面应采取隔声措施。

4）《图书馆建筑设计规范》JGJ 38—2015 规定：

（1）书库底层地面基层应采用架空地面或其他防潮措施。

（2）当书库建于地下室时，不应跨越变形缝，且防水等级应为一级。

5）《车库建筑设计规范》JGJ 100—2015 规定：

（1）机动车库

机动车库的楼地面应采用强度高、具有耐磨防滑性能的不燃材料，并应在各楼层设置地漏或排水沟等排水设施。地漏（或集水坑）的中距不宜大于 40m。敞开式车库和有排水要求的停车区域应设不小于 0.5% 的排水坡度和相应的排水系统。

（2）非机动车库

① 非机动车库通往地下的坡道在地面入口处应设置小于 0.15m 高的反坡，并宜设置与坡道同宽的截水沟。

② 多雨地区通往地下的坡道底端应设置截水沟；当地下坡道的敞开段无遮雨设施时，在敞开段的较低部位应采取防滑措施。

③ 非机动车库出入口的坡道应采取防滑措施。

④ 严寒和寒冷地区非机动车库室外坡道应采取防雪和防滑措施。

6）《中小学校设计规范》GB 50099—2011 规定：

（1）科学教室、化学实验室、热学实验室、生物实验室、美术教室、书法教室、游泳池（馆）等有给水设施的教学用房及教学辅助用房；卫生室（保健室）、饮水处、卫生间、盥洗室、浴室等有给水设施的房间的楼地面应采用防滑构造做法并应设置密闭地漏。

（2）疏散通道的楼地面应采用防滑的构造做法。

（3）教学用房走道的楼地面应选择光反射系数为 0.20～0.30 的饰面材料，并应采用防滑的构造做法。

（4）计算机教室和网络控制室宜采用防静电架空地板，不得采用无导出静电功能的木地板或塑料地板。当采用地板采暖时，楼地面需采用与之相适应的材料与构造做法。

（5）语言教室宜用架空地板，并应注意防尘。当采用不架空做法时，应铺设可敷设电缆槽的地面面层。

（6）舞蹈教室宜采用木地板。

（7）教学用房的地面应有防潮处理。在严寒地区、寒冷地区及夏热冬冷地区教学用房的地面应设保温措施。

7）《办公建筑设计标准》JGJ/T 67—2019 规定：

（1）根据办公室使用要求，开放式办公室的楼地面宜按家具或设备位置设置弱电和强电插座。

（2）大中型电子信息机房的楼地面宜采用架空防静电地板。

8）《电影院建筑设计规范》JGJ 58—2008 规定：

（1）观众厅的走道地面宜采用阻燃深色地毯。观众席地面宜采用耐磨、耐清洗的地面材料。

（2）放映机房的地面宜采用防静电、防尘、耐磨、易清洁的材料。

9）《档案馆建筑设计规范》JGJ 25—2010 规定：

（1）室内地面应有防潮措施。

（2）档案库楼面、地面应平整、光洁、耐磨。

10）《文化馆建筑设计规范》JGJ/T 41—2014 规定：

（1）文化馆建筑中的群众活动用房应采用易清洁、耐磨的地面；严寒地区的儿童和老年人的活动室宜做暖性地面。

（2）文化馆建筑中的舞蹈排练室地面应平整，且宜做有木龙骨的双层木地板。

（3）文化馆建筑中的档案室地面应易于清扫、不易起尘。

11）《展览建筑设计规范》JGJ 218—2010 规定：

展览建筑的展厅和人员通行的区域的地面、楼面面层材料应耐磨、防滑。

12）《养老设施建筑设计规范》GB 50867—2013 规定：

养老设施建筑的地面应采用不易碎裂、耐磨、防滑、平整的材料。

13）《饮食建筑设计规范》JGJ 64—2017 规定：

（1）用餐区域、公共区域和厨房区域的楼地面应采用防滑设计，并应满足现行行业标准《建筑地面工程防滑技术规程》JGJ/T 331—2014 中的相关要求；

（2）楼地面应采用无毒；无异味、不易积垢、不渗水、易清洗、耐磨损的材料；

（3）楼地面应处理好防水、排水，排水沟内阴角宜采用圆弧形；

（4）楼地面不宜设置台阶；

（5）厨房专间、备餐区等清洁操作区内不得设置排水明沟，地漏应能防止浊气逸出。

14）综合其他技术资料的相关规定：

（1）当采用玻璃楼面时，应选择安全玻璃，并根据荷载大小选择玻璃厚度，一般应避免采用透光率较高的玻璃。

（2）存放食品、饮料或药品等房间，其存放物有可能与楼地面面层直接接触时，严禁采用有毒的塑料、涂料或水玻璃等做面层材料。

（3）加油、加气站场内和道路不得采用沥青路面，宜采用可行驶重型汽车的水泥路面或不产生静电火花的路面。

（4）冷库楼地面应采用隔热材料，其抗压强度不应小于 0.25MPa。

（5）室外地面面层应避免选用釉面或磨光面等反射率较高和光滑的材料，以减少光污染和热岛效应及雨雪天气滑跌。

（6）室外地面宜选择具有渗水透气性能的饰面材料及垫层材料。

301. 地面各构造层次的材料和厚度应如何选择？

《建筑地面设计规范》GB 50037—2013 规定：

1）面层

面层的材料选择和厚度应符合表 2-31 的规定。

面层的材料和厚度

表 2-31

面层名称		材料强度等级	厚度（mm）
混凝土（垫层兼面层）		≥C20	按垫层确定
细石混凝土		≥C20	40～60
聚合物水泥砂浆		≥M20	20
水泥砂浆		≥M15	20
防静电水泥砂浆		≥M15	40～50
水泥钢（铁）屑		≥M40	30～40
水泥石屑		≥M30	30
现制水磨石		≥C20	≥30
预制水磨石		≥C20	25～30
防静电水磨石		≥C20	40
不发火花细石混凝土		≥C20	40～50
不发火花沥青砂浆		—	20～30
防静电塑料板		—	2～3
防静电橡胶板		—	2～8
防静电活动地板		—	150～400
通风活动地板		—	300～400
矿渣、碎石（兼垫层）		—	80～150
煤矸石砖、耐火砖	（平铺）	≥MU10	53
	（侧铺）		115
水泥花砖		≥MU15	20～40
陶瓷锦砖（马赛克）		—	5～8
陶瓷地砖（防滑地砖、釉面地砖）		—	8～14
耐酸瓷板		—	20、30、50
花岗岩条石或块石		≥MU60	80～120
大理石、花岗石板		—	20～40
块石		≥MU30	100～150
玻璃板（不锈钢压边、收口）		—	12～24
网络地板		—	40～70
木板、竹板	（单层）	—	18～22
	（双层）	—	12～20

续表

面层名称		材料强度等级	厚度（mm）
薄型木板（席纹拼花）		—	8～12
强化复合木地板		—	8～12
聚氨酯涂层		—	1.2
丙烯酸涂料		—	0.25
聚氨酯自流平涂料		—	2～4
聚氨酯自流平砂浆		≥80MPa	4～7
聚酯砂浆		—	4～7
橡胶板		—	3
聚氨酯橡胶复合面层		—	3.5～6.5（含发泡层、网格布等多种材料）
聚氯乙烯板含石英塑料板和塑胶板		—	1.6～3.2
地毯	单层	—	5～8
	双层		8～10
地面辐射供暖面层	地砖	—	80～150
	水泥砂浆		20～30
	木板、强化复合木地板		12～20

注：1. 双层木板、竹板地板面层厚度不包括毛地板厚，其面层用硬木制作时，板的净厚度宜为12～20mm；
2. 双层强化木地板面层厚度不包括泡沫塑料垫层、毛板、细木工板、中密度板厚；
3. 热源为低温热水的地面辐射供暖，有面层、找平层、隔离层、填充层、绝热层、防潮层等组成，并应符合现行国家标准《辐射供暖供冷技术规程》JGJ 142—2012 的有关规定；
4. 本规范中沥青类材料均指石油沥青；
5. 防油渗混凝土的抗渗性能宜按照现行国家标准《普通混凝土长期性能和耐久性能试验方法》GB 50082—2009 进行检测，以 10 号机油为介质，以试件不出现渗油现象的最大不透油压力为 1.5MPa；
6. 防油渗涂料粘结抗拉强度为≥0.3MPa；
7. 涂料的涂刷，不得少于 3 遍，其配合比和制备及施工，必须严格按各种涂料的要求进行；
8. 面层材料为水泥钢（铁）屑、现制水磨石、防静电水磨石、防静电水泥砂浆的厚度中包含结合层；
9. 防静电活动地板、通风活动地板的厚度是指地板成品的高度；
10. 玻璃板、强化复合木地板、聚氯乙烯板宜采用专用胶粘接或粘铺；
11. 地板双层的厚度包括橡胶海绵垫层；
12. 聚氨酯橡胶复合面层的厚度，包含发泡层、网格布等多种材料。

2）结合层

（1）以水泥为胶结料的结合层材料，拌合时可掺入适量化学胶（浆）料。

（2）结合层的厚度应符合表 2-32 的规定。

结合层厚度 表 2-32

面层名称	结合层材料	厚度（mm）
陶瓷锦砖（马赛克）	1∶1 水泥砂浆	5
水泥花砖	1∶2 水泥砂浆或 1∶3 干硬性水泥砂浆	20～30
块石	砂、炉渣	60

续表

面层名称	结合层材料	厚度（mm）
花岗岩条（块）石	1：2水泥砂浆	15～20
	砂	60
大理石、花岗石板	1：2水泥砂浆或1：3干硬性水泥砂浆	20～30
陶瓷地砖（防滑地砖、釉面地砖）	1：2水泥砂浆或1：3干硬性水泥砂浆	10～30
耐酸瓷（板）砖	树脂胶泥	3～5
	水玻璃砂浆	15～20
	聚酯砂浆	10～20
	聚合物水泥砂浆	10～20
耐酸花岗岩	沥青砂浆	20
	树脂砂浆	10～20
	聚合物水泥砂浆	10～20
玻璃板（用不锈钢压边收口）	专用胶粘剂粘结	—
	C30细石混凝土表面找平	40
	木板表面刷防腐剂及木龙骨	20
强化复合木地板	泡沫塑料衬垫	3～5
	毛板、细木工板、中密度板	15～18
聚氨酯涂层	1：2水泥砂浆	20
	C20～C30细石混凝土	40
环氧树脂自流平涂料	环氧稀胶泥一道 C20～C30细石混凝土	40～50
环氧树脂自流平砂浆 聚酯砂浆	环氧稀胶泥一道 C20～C30细石混凝土	40～50
聚氯乙烯板（含石英塑料板、塑胶板）、橡胶板	专用粘结剂粘贴	—
	1：2水泥砂浆	20
	C20细石混凝土	30
聚氨酯橡胶复合面层、运动橡胶板面层	树脂胶泥自流平层	3
	C25～C30细石混凝土	40～50
地面辐射供暖面层	1：3水泥砂浆	20
	C20细石混凝土内配钢丝网（中间配加热管）	60
网络地板面层	1：2～1：3水泥砂浆	20

注：1. 防静电水磨石、防静电水泥砂浆的结合层应采用防静电水泥浆一道，1：3防静电水泥砂浆内配导静电接地网；

2. 防静电塑料板、防静电橡胶板的结合层应采用专用胶粘剂；

3. 实贴木地板的结合层应采用粘结剂、木板小钉。

3）找平层

（1）当找平层铺设在混凝土垫层时，其强度等级不应小于混凝土垫层的强度等级。混凝土找平层兼面层时，其强度等级不应小于C20。

（2）找平层材料的强度等级、配合比及厚度应符合表 2-33 的规定。

找平层的强度等级、配合比及厚度　　　　表 2-33

找平层材料	强度等级或配合比	厚度（mm）
水泥炉渣	1∶6	30～80
水泥石灰炉渣	1∶1∶8	30～80
陶粒混凝土	C10	30～80
轻骨料混凝土	C10	30～80
加气混凝土块	A5.0（M5.0）	≥50
水泥膨胀珍珠岩块	1∶6	≥50

注：《建筑地面工程施工质量验收规范》GB 50209—2010 中规定：找平层宜采用水泥砂浆或水泥混凝土。找平层厚度小于 30mm 时，宜采用水泥砂浆；大于 30mm 时，宜采用细石混凝土。

4）隔离层

建筑地面隔离层的层数应符合表 2-34 的规定。

隔离层的层数　　　　表 2-34

隔离层材料	层数（或道数）	隔离层材料	层数（或道数）
石油沥青油毡	1 层或 2 层	防油渗胶泥玻璃纤维布	1 布 2 胶
防水卷材	1 层	防水涂膜（聚氨酯类涂料）	2 道或 3 道
有机防水涂料	1 布 3 胶	—	—

注：1. 石油沥青油毡，不应低于 350g；

2. 防水涂膜总厚度一般为 1.5～2.0mm；

3. 防水薄膜（农用薄膜）作隔离层时，其厚度为 0.4～0.6mm；

4. 用于防油渗隔离层可采用具有防油渗性能的防水涂膜材料；

5.《建筑地面工程施工质量验收规范》GB 50209—2010 中规定：隔离层材料的防水、防油渗性能应符合要求；在靠近柱、墙处，隔离层应高出面层 200～300mm。

5）填充层

（1）建筑地面填充层材料的密度宜小于 900kg/m³。

（2）填充层材料的强度等级、配合比及厚度应符合表 2-35 的规定。

填充层的强度等级、配合比及厚度　　　　表 2-35

填充层材料	强度等级或配合比	厚度（mm）
水泥炉渣	1∶6	30～80
水泥石灰炉渣	1∶1∶8	30～80
陶粒混凝土	CL1.0	30～80
轻骨料混凝土	CL1.0	30～80
加气混凝土块	A5.0（M5.0）	≥50
水泥膨胀珍珠岩块	1∶6	≥50

注：《建筑地面工程施工质量验收规范》GB 50209—2010 中规定：填充层可以选用松散材料、板状材料、块状材料和隔声垫。当采用隔声垫时，应设置保护层。混凝土保护层的厚度不应小于 30mm。保护层内应配置间距不大于 200mm×200mm 的 φ6 钢筋网片。

6) 垫层

(1) 地面垫层类型的选择

① 现浇整体面层、以粘结剂结合的整体面层和以粘结剂或砂浆结合的块材面层，宜采用混凝土垫层。

② 以砂或炉渣结合的块材面层，宜采用碎（卵）石、灰土、炉（矿）渣、三合土等垫层。

③ 有水及侵蚀介质作用的地面，应采用刚性垫层。

④ 通行车辆的面层，应采用混凝土垫层。

⑤ 防油渗要求的地面，应采用钢纤维混凝土或配筋混凝土垫层。

(2) 地面垫层的最小厚度应符合表 2-36 的规定。

垫层最小厚度   表 2-36

垫层名称	材料强度等级或配合比	最小厚度（mm）
混凝土垫层	≥C15	80
混凝土垫层兼面层	≥C20	80
砂垫层	—	60
砂石垫层	—	100
碎石（砖）垫层	—	100
三合土垫层	1:2:4（石灰:砂:碎料）	100（分层夯实）
灰土垫层	3:7 或 2:8（熟化石灰:黏土、粉质黏土、粉土）	100
炉渣垫层	1:6（水泥:炉渣）或 1:1:6（水泥:石灰:炉渣）	80

注：《建筑地面工程施工质量验收规范》GB 50209—2010 中规定：灰土垫层、砂石垫层、碎石垫层、碎砖垫层、三合土垫层的厚度均不应小于 100mm；砂垫层的厚度不应小于 60mm；四合土垫层的厚度不应小于 80mm；水泥混凝土垫层的厚度不应小于 60mm，陶粒混凝土垫层的厚度不应小于 80mm。

(3) 垫层的防冻要求

① 季节性冰冻地区非采暖房间的地面以及散水、明沟、踏步、台阶和坡道等，当土壤标准冻深大于 600mm，且在冻深范围内为冻胀土或强冻胀土，采用混凝土垫层时，应在垫层下部采取防冻害措施（设置防冻胀层）。

② 防冻胀层应采用中粗砂、砂卵石、炉渣、炉渣石灰土以及其他非冻胀材料。

③ 采用炉渣石灰土做防冻胀层时，炉渣、素土、熟化石灰的重量配合比宜为 7:2:1，压实系数不宜小于 0.85，且冻前龄期应大于 30d。

7) 地面的地基

(1) 地面垫层应铺设在均匀密实的地基上。对于铺设在淤泥、淤泥质土、冲填土及杂填土等软弱地基上时，应根据地面使用要求、土质情况并按现行国家标准《建筑地基基础设计规范》GB 50007—2011 的有关规定进行设计与处理。

(2) 利用经分层压实的压实填土作地基的地面工程，应根据地面构造、荷载状况、填料性能、现场条件提出压实填土的设计质量要求。

(3) 对灰土地基、砂和砂石地基、土工合成材料地基、粉煤灰地基、强夯地基、注浆地基、预压地基、水泥土搅拌桩复合地基、高压喷射注浆桩复合地基、砂桩地基、振冲桩复合地基、土和灰土挤密桩复合地基、水泥粉煤灰碎石桩复合地基及夯实水泥土桩复合地基等，经处理后的地基强度或承载力应符合设计要求。

（4）地面垫层下的填土应选用砂土、粉土、黏性土及其他有效填料，不得使用过湿土、淤泥、腐植土、冻土、膨胀土及有机物含量大于8％的土。填料的质量和施工要求，应符合《建筑地基基础工程施工质量验收规范》GB 50202—2012的有关规定。

（5）直接受大气影响的室外堆场、散水及坡道等地面，当采用混凝土垫层时，宜在垫层下铺设水稳性较好的砂、炉渣、碎石、矿渣、灰土及三合土等材料作为加强层，其厚度不宜小于垫层厚度的规定。

（6）重要的建筑物地面，应计入地基可能产生的不均匀变形及其对建筑物的不利影响，并应符合《建筑地基基础设计规范》GB 50007—2011的有关规定。

（7）压实填土地基的压实系数和控制含水量，应符合《建筑地基基础设计规范》GB 50007—2011的有关规定。

注：《建筑地面工程施工质量验收规范》GB 50209—2010规定：基土不应采用淤泥、腐殖土、冻土、耕植土、膨胀土和建筑杂物作为填土，填土土块的粒径不应大于50mm。

302. 地面的构造要求有哪些?

1）相关技术资料的规定

（1）厕浴间、厨房等受水或非腐蚀性液体经常浸湿的楼地面应采用防水、防滑类面层，且应低于相邻楼地面并设排水坡度，排水坡度应坡向地漏；厕浴间、厨房和有防水要求的建筑地面必须设置防水隔离层；楼层结构必须采用现浇钢筋混凝土或整块预制钢筋混凝土板，混凝土强度等级不应小于C20；楼板四周除门洞外，应做混凝土翻边，其高度不应小于120mm。

（2）经常有水流淌的楼地面应低于相邻楼地面或设门槛等挡水措施，其楼地面应采用不吸水、易冲洗、防滑的面层材料，并应设置防水隔离层。

（3）采暖房间的楼地面，可不采取保温措施，但遇到下列情况之一时，应采取相应措施：

① 架空或悬挑部分楼层地面，直接对室外或临非采暖房间的地面；

② 严寒地区建筑物周边无采暖管沟时，底层地面在外墙内侧0.50～1.00m范围内宜采取保温措施，其传热阻不应小于外墙的传热阻。

（4）楼地面填充层内敷设有管道时，应考虑管道大小及交叉时所需的尺寸来决定厚度。

（5）有较高清洁要求及下部为高湿度房间的楼地面，宜设置防潮层。

（6）有空气洁净度要求的楼地面应设防潮层。

（7）当采用石材楼地面时，石材应进行防碱背涂处理。

（8）档案馆建筑、图书馆的书库及非书资料库，当采用填实地面时，应有防潮措施。当采用架空地面时，架空高度不宜小于0.45m，并宜有通风措施。架空层的下部宜采用不小于1％坡度的防水地面，并高于室外地面0.15m。架空层上部的地面宜采用隔潮措施。

（9）观众厅纵向走道坡度大于1：10时的坡道面层应做防滑处理。

（10）大面积的水泥楼地面、现浇水磨石楼地面的面层宜分格，每格面积不宜超过

$25m^2$。分格位置应与垫层伸缩缝位置重合。

（11）有特殊要求的水泥地面，宜采用在混凝土面层上部干撒水泥面压实赶光（俗称：随打随抹）的做法。

（12）关于地面伸缩缝和变形缝

① 伸缩缝和变形缝不应从需进行防水处理的房间中穿过。

② 伸缩缝和变形缝应进行防火、隔声处理。接触室外空气及上下与不采暖房间相邻的楼地面伸缩缝应进行保温隔热处理。

③ 伸缩缝和变形缝不应穿过电子计算机主机房。

④ 防空工程防护单元内不应设置伸缩缝和变形缝。

⑤ 空气洁净度为 100 级、1000 级、10000 级的建筑室内楼地面不宜设置伸缩缝和变形缝。

注：《洁净厂房设计规范》GB 50073—2013 指出空气洁净度（N）共分为 9 个等级。上述 100 级相当于 2 级，1000 级相当于 3 级，10000 级相当于 4 级。

（13）有给水设备或有浸水可能的楼地面，应采用防水和排水措施

① 有防水要求的建筑楼地面，必须设置防水隔离层。楼层结构必须采用现浇钢筋混凝土或整块预制混凝土板。

② 楼地面面层、地面垫层、楼地面填充层和楼地面结合层均应采用不透水材料及防水构造做法。

③ 防水层在立墙部位应至少高出楼面 100mm，淋浴间等用房应适当提高并不应低于 1800mm。

④ 有排水要求的房间楼地面，坡度应排向地漏，坡度为 0.5～1.5％之间。表面粗糙的面层，坡度应控制在 1.0～2.0％之间。当排泄坡度较长时，宜设排水沟，沟内坡度不宜小于 0.5％。

⑤ 医院的手术室不应设置地漏，否则应有防污染措施。

⑥ 有排水的房间楼地面标高应低于走道或其他房间，高差为 10～20mm。

（14）配电室等用房楼地面标高宜稍高于走道或其他房间，一般高差在 20～30mm，亦可采用挡水门槛。

（15）档案库库区的楼地面应比库区外高 20mm。当采用水消防时，应设排水口。

2)《建筑地面设计规范》GB 50037—2013 规定：

（1）变形缝

① 地面变形缝的设置应符合下列要求：

a. 底层地面的沉降缝和楼层地面的沉降缝、伸缩缝及防震缝的设置，均应与结构相应的缝隙位置一致，且应贯通地面的各构造层，并做盖缝处理。

b. 变形缝应设在排水坡的分水线上，不得通过有液体流经或聚集的部位。

c. 变形缝的构造应能使其产生位移和变形时，不受阻、不被破坏，且不破坏地面；变形缝的材料，应按不同要求分别选用具有防火、防水、保温、防油渗、防腐蚀、防虫害的材料。

② 地面垫层的施工缝

a. 底层地面的混凝土垫层，应设置纵向缩缝（平行于施工方向的缩缝）、横向缩缝

（垂直于施工方向的缩缝），并应符合下列要求：

a）纵向缩缝应采用平头缝或企口缝［图 2-37（a）、图 2-37（b）］，其间距宜为 3～6m。

b）纵向缩缝采用企口缝时，垫层的构造厚度不宜小于 150mm，企口拆模时的混凝土抗压强度不宜低于 3MPa。

c）横向缩缝宜采用假缝［图 2-37（c）］，其间距宜为 6～12m；高温季节施工的地面假缝间距宜为 6m。假缝的宽度宜为 5～12mm；高度宜为垫层厚度的 1/3；缝内应填水泥砂浆或膨胀型砂浆。

d）当纵向缩缝为企口缝时，横向缩缝应做假缝。

e）在不同混凝土垫层厚度的交界处，当相邻垫层的厚度比大于 1、小于或等于 1.4 时，可采取连续式变截面［图 2-37（d）］；当厚度比大于 1.4 时，可设置间断式变截面［图 2-37（e）］。

f）大面积混凝土垫层应分区段浇筑。当分区段设置结构变形缝时，应结合变形缝位置、不同类型的建筑地面连接处和设备基础的位置进行划分，并应与设置的纵向、横向缩缝的间距一致。

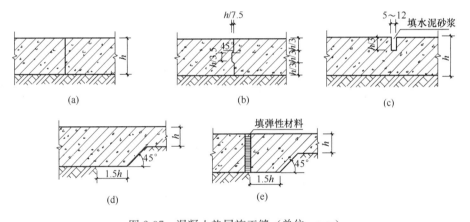

图 2-37　混凝土垫层施工缝（单位：mm）

（a）平头缝；（b）企口缝；（c）假缝；（d）连续式变截面；（e）间断式变截面

h—混凝土垫层厚度

g）平头缝和企口缝的缝间应紧密相贴，中间不得放置隔离材料。

b. 室外地面的混凝土垫层宜设伸缝，间距宜为 30m，缝宽宜为 20～30mm，缝内应填耐候性密封材料，沿缝两侧的混凝土边缘应局部加强。

c. 大面积密集堆料的地面，其混凝土垫层的纵向缩缝、横向缩缝，应采用平头缝，间距宜为 6m。当混凝土垫层下存在软弱下卧层时，建筑地面与主体结构四周宜设沉降缝。

d. 设置防冻胀层的地面采用混凝土垫层时，纵向缩缝和横向缩缝均应采用平头缝，其间距不宜大于 3m。

③ 面层的分格缝

直接铺设在混凝土垫层上的面层，除沥青类面层、块材类面层外，应设分格缝，并应符合下列要求：

a. 细石混凝土面层的分格缝，应与垫层的缩缝对齐。

b. 水磨石、水泥砂浆、聚合物砂浆等面层的分格缝，除应与垫层的缩缝对齐外，还应根据具体设计要求缩小间距。主梁两侧和柱周围宜分别设分格缝。

c. 防油渗面层分格缝的宽度可采用 15～20mm，其深度可等于面层厚度；分格缝的嵌缝材料，下层宜采用防油渗胶泥，上层宜采用膨胀水泥砂浆封缝。

④ 排泄坡面

a. 当有需要排除水或其他液体时，地面应设朝向排水沟或地漏的排泄坡面。排泄坡面较长时，宜设排水沟。排水沟或地漏应设置在不妨碍使用并能迅速排除水或其他液体的位置。

b. 疏水面积和排泄量可控制时，宜在排水地漏周围设置排泄坡面。

⑤ 地面坡度

a. 底层地面的坡度，宜采用修正地基高程筑坡。楼层地面的坡度，宜采用变更填充层、找平层的厚度或结构起坡。

b. 排泄坡面的坡度，应符合下列要求：

a) 整体面层或表面比较光滑的块材面层，可采用 0.5%～1.5%。

b) 表面比较粗糙的块材面层，可采用 1%～2%。

c. 排水沟的纵向坡度不宜小于 0.5%。排水沟宜设盖板。

⑥ 隔离层的设置

a. 地漏四周、排水地沟及地面与墙、柱连接处的隔离层，应增加层数或局部采取加强措施。地面与墙、柱连接处隔离层应翻边，其高度不宜小于 150mm。

b. 有水或其他液体流淌的地段与相邻地段之间，应设置挡水或调整相邻地面的高差。

c. 有水或其他液体流淌的楼层地面孔洞四周翻边高度，不宜小于 150mm；平台临空边缘，应设置翻边或贴地遮挡，高度不宜小于 100mm。

⑦ 厕浴间的构造要求

厕浴间和有防水要求的建筑地面应设置防水隔离层。楼层地面应采用现浇混凝土。

楼板四周除门洞外，应做强度等级不小于 C20 的混凝土翻边，其高度不应小于 200mm。

⑧ 台阶、坡道、散水的构造要求

a. 在台阶、坡道或经常有水、油脂、油等各种易滑物质的地面上，应考虑防滑措施。

b. 在有强烈冲击、磨损等作用的沟、坑边缘以及经常受磕碰、撞击、摩擦等作用的室内外台阶、楼梯踏步的边缘，应采取加强措施。

c. 建筑物四周应设置散水、排水明沟或散水带明沟。散水的设置应符合下列要求：

a) 散水的宽度宜为 600～1000mm；当采用无组织排水时，散水的宽度可按檐口线放出 200～300mm。

b) 散水的坡度宜为 3%～5%。当散水采用混凝土时，宜按 20～30m 间距设置伸缝。散水与外墙交接处宜设缝，缝宽为 20～30mm，缝内应填柔性密封材料。

c) 当散水不外露须采用隐式散水时，散水上面的覆土厚度不应大于 300mm，且应对墙身下部做防水处理，其高度不宜小于覆土层以上 300mm，并应防止草根对墙体的伤害。

d) 湿陷型黄土地区散水应采用现浇混凝土，并应设置厚 150mm 的 3:7 灰土或 300mm 的分实素土垫层；垫层的外缘应超出散水和建筑外墙基底外缘 500mm。散水坡度不应小于 5‰，宜每隔 6～10m 设置伸缩缝。散水与外墙交接处应设缝，其缝宽和伸缩缝缝宽均宜为 20mm，缝内应填柔性密封材料。散水的宽度应符合现行国家标准《湿陷性黄土地区建筑规范》GB 50025—2004 的有关规定，沿散水外缘不宜设置雨水明沟。

303. 什么叫"自流平地面"？它有什么特点？

1）定义：在基层上，采用具有自动流平或稍加辅助流平功能的材料，经现场搅拌后摊铺形成的地面面层称为"自流平地面"。

2）自流平地面的优点

（1）涂料自流平性能好，施工简便。

（2）自流平涂膜坚韧、耐磨、耐药性好、无毒、不助燃。

（3）表面平整光洁、装饰性好、可以满足 100 级洁净度的要求。

3）自流平地面的应用范围

随着现代工业技术和生产的发展，对于清洁生产的要求越来越高，要求地坪耐磨、耐腐蚀、洁净、室内空气含尘量尽量的低，已成为发展趋势。如：食品、烟草、电子、精密仪器仪表、医药、医院手术室、汽车、机场用品等生产制作场所均要求为洁净生产车间。这些车间的地坪，一般均采用自流平地面。1996 年我国制定的医疗行业标准（GMP）中，一个很重要的硬件就是洁净地坪的制作与自流平地面的使用。

4）类型及构造组成

《自流平地面工程技术规程》JGJ/T 175—2018 指出：

自流平地面有水泥基自流平地面、树脂基（环氧树脂、聚氨酯）自流平地面、树脂水泥复合砂浆自流平地面三大类型。

① 类型一：水泥基自流平地面

a. 面层为水泥基自流平地面系统

a）做法一：由基层、自流平界面剂、面层水泥基自流平砂浆、罩面涂层构成。

b）做法二：由基层、自流平界面剂、面层水泥基自流平砂浆、底涂层、环氧树脂/聚氨酯薄涂层构成。

b. 垫层为水泥基自流平地面系统

由基层、自流平界面剂、垫层水泥基自流平砂浆、装饰层构成。

② 类型二：树脂自流平地面系统

a. 做法一：由基层、底涂层、树脂自流平面层构成。

b. 做法二：由基层、底涂层、中涂层、树脂自流平面层构成。

③ 类型三：树脂水泥复合砂浆自流平地面系统

由基层、底涂层、树脂水泥复合砂浆构成。

5）自流平地面的一般规定

（1）水泥基自流平砂浆可用于地面找平层，也可用于地面面层。当用于地面找平层时，其厚度不得小于 2mm，当用于地面面层时，其厚度不得小于 5mm。

（2）石膏基自流平砂浆不得直接作为地面面层使用。当采用水泥基自流平砂浆作为地面面层时，石膏基自流平砂浆可用于找平层，其厚度不得小于 2mm。

（3）环氧树脂和聚氨酯自流平地面面层厚度不得小于 0.8mm。

（4）当采用水泥基自流平砂浆作为环氧树脂和聚氨酯地面的找平层时，水泥基自流平砂浆的强度等级不得低于 C20。当采用环氧树脂和聚氨酯作为地面面层时，不得采用石膏基自流平砂浆作找平层。

（5）基层有坡度设计时，水泥基或石膏基自流平砂浆可用于坡度小于等于 1.5％ 的地面；对于坡度大于 1.5％ 但不超过 5％ 的地面，基层应采用环氧底涂撒砂处理，并应调整自流平砂浆流动度；坡度大于 5％ 的基层不得使用自流平砂浆。

（6）面层分隔缝的设置应与基层的伸缩缝保持一致。

6）自流平地面的适用场合、施工厚度和基层要求见表 2-37。

自流平地面的适用场合、施工厚度和基层要求　　　　表 2-37

类型		适用场合	施工厚度（mm）	基层要求
水泥基自流平系统	面层水泥基自流平系统	轻载/中载	≥5.0	抗压强度≥25MPa 表面抗拉强度≥1.0MPa
	垫层水泥基自流平系统	轻载/中载	≥3.0	抗压强度≥20MPa 表面抗拉强度≥1.0MPa
树脂自流平系统		轻载	≥1.0	抗压强度≥25MPa 表面抗拉强度≥1.0MPa
		中载	≥2.0	抗压强度≥25MPa 表面抗拉强度≥1.0MPa
		重载	≥3.0	抗压强度≥30MPa 表面抗拉强度≥1.5MPa
树脂水泥复合砂浆自流平系统		轻载	≥2.0	抗压强度≥25MPa 表面抗拉强度≥1.0MPa
		中载	≥3.0	抗压强度≥30MPa 表面抗拉强度≥1.5MPa
		重载	≥4.0	抗压强度≥30MPa 表面抗拉强度≥2.0MPa

304. 地面的防水构造有哪些要求？

《住宅室内防水工程技术规范》JGJ 298—2013 规定：

1）一般规定

住宅卫生间、厨房、浴室、设有配水点的封闭阳台、独立水容器等处的地面均应进行防水设计。

2）功能房间防水设计

（1）卫生间、浴室的楼、地面应设置防水层，门口应有阻止积水外溢的措施。

（2）厨房的楼、地面应设置防水层；厨房布置在无用水点房间的下层时，顶棚应设置防潮层。

（3）当厨房设有采暖系统的分集水器、生活热水控制总阀门时，楼、地面宜就近设置地漏。

（4）排水立管不应穿越下层住户的居室；当厨房设有地漏时，地漏的排水支管不应穿过楼板进入下层住户的居室。

（5）设有配水点的封闭阳台，楼、地面应有排水措施，并应设置防潮层。

（6）独立热水器应有整体的防水构造。现场浇筑的独立水容器应进行刚柔结合的防水设计。

（7）采用地面辐射采暖的无地下室住宅，底层无配水点的房间地面应在绝热层下部设置防潮层。

3）技术措施

（1）对于有排水要求的房间应以门口及沿墙周边为标志标高，标注主要排水坡度和地漏表面标高。

（2）对于无地下室的住宅，地面宜采用强度等级为 C15 的混凝土作为刚性垫层，且厚度不宜小于 60mm。楼面基层宜为现浇钢筋混凝土楼板；当为预制钢筋混凝土条板时，板缝间应采用防水砂浆堵严抹平，并应沿通缝涂刷宽度不宜小于 300mm 的防水涂料形成防水涂膜带。

（3）混凝土找坡层最薄处的厚度不应小于 30mm；砂浆找坡层最薄处的厚度不应小于 20mm。找平层兼找坡层时，应采用应采用强度等级为 C20 的细石混凝土；需设填充层铺设管道时，宜与找坡层合并，填充材料宜选用轻骨料混凝土。

（4）装饰层宜采用不透水材料和构造，主要排水坡度应为 0.5%～1%，粗糙面层排水坡度不应小于 1%。

（5）防水层应符合下列规定：

① 对于有排水的楼面、地面，应低于相邻房间楼面、地面 20mm 或作挡水门槛；当需进行无障碍设计时，应低于相邻房间面层 15mm，并应以斜坡过渡；

② 当防水层需要采取保护措施时，可采用 20mm 厚 1:3 水泥砂浆做保护层。

4）细部构造

（1）楼面、地面的防水层在门口处应水平延展，且向外延展的长度不应小于 500mm，向两侧延展的宽度不应小于 200mm。

（2）穿越楼板的管道应设置防水套管，高度应高出装饰层完成面 20mm 以上；套管与管道之间应采用防水密封材料嵌填压实。

（3）地漏、大便器、排水立管等穿越楼板的管道根部应用密封材料嵌填压实。

（4）水平管道在下降楼板上采用同层排水措施时，楼板、楼面应做双层防水设防。对降板后可能出现的管道渗水，应有密闭措施，且宜在贴临下降楼板上表面处理设泄水管，并宜采取增设独立的泄水立管措施。

（5）地面的防水材料与墙面的防水材料相同。

5）防水施工要求

（1）住宅室内防水工程的施工环境温度宜为 5～35℃。

（2）穿越楼板、防水墙面的管道和预埋件等，应在防水施工前完成。

（二）辐 射 供 暖 地 面

305. 地面辐射供暖的构造做法有哪些?

《辐射供暖供冷技术规程》JGJ 142—2012 规定:

1) 一般规定

(1) 低温热水地面辐射供暖系统的供水、回水温度应由计算确定。供水温度不应大于 60℃，供水、回水温度差不宜大于 10℃ 且不宜小于 5℃。民用建筑供水温度宜采用 35～45℃。

(2) 采用加热电缆地面辐射供暖时，应符合下列规定:

① 当辐射间距等于 50mm，且加热电缆连续供暖时，加热电缆的线功率不宜大于 17W/m;当辐射间距大于 50mm 时，加热电缆的线功率不宜大于 20W/m。

② 当面层采用带龙骨的架空木地板时，应采取散热措施。加热电缆的线功率不宜大于 17W/m，且功率密度不宜大于 80W/m²。

③ 加热电缆布置时应考虑家具位置的影响。

(3) 辐射供暖表面平均温度计算值应符合表 2-38 的规定。

辐射供暖表面平均温度（℃）　　　　　　　　　　表 2-38

设置位置		宜采用的平均温度	平均温度上限值
地面	人员经常停留	25～27	29
	人员短期停留	28～30	32
	无人停留	35～40	42
顶棚	房间高度 2.5～3.0m	28～30	—
	房间高度 3.1～4.0m	33～36	—
墙面	距地面 1m 以下	35	—
	距地面 1m 以上 3.5m 以下	45	—

(4) 辐射供冷系统供水温度应保证供冷表面温度高于室内空气露点温度 1～2℃。供回水温度差不宜大于 5℃ 且不应小于 2℃。辐射供冷表面平均温度宜符合表 2-39 的规定。

辐射供冷表面平均温度　　　　　　　　表 2-39

设置位置		平均温度下限值
地面	人员经常停留	19
	人员短期停留	19
墙面		17
顶棚		17

(5) 辐射供暖供冷工程施工图应提供下列施工图设计文件:

① 设计说明（供暖室内外计算温度、热源及热媒参数或配电方案及电力负荷、加热管发热电缆技术数据及规格（公称外径×壁厚）;标明使用的具体条件如工作温度、工作压力以及绝热材料的导热系数、容重（密度）、规格及厚度;填充层、面层伸缩缝的设置要求等);

② 楼栋内供暖供冷系统和加热供冷部件平面布置图；

③ 供暖供冷系统图和局部详图；

④ 温控装置及相关管线布置图，当采用集中控制系统时，应提供相关控制系统布线图；

⑤ 水系统分水器、集水器及其配件的接管示意图；

⑥ 地面构造及伸缩缝设置示意图；

⑦ 供电系统图及相关管线平面图。

2）地面构造

（1）辐射地面的构造做法应根据其位置和加热供冷部件的类型确定，辐射地面的构造做法分为混凝土填充式供暖地面、预制沟槽保温板式供暖地面和预制轻薄供暖板地面三种方式。辐射地面的构造应由下列全部或部分组成：

① 楼板或与土壤相邻的地面；

② 防潮层（对与土壤相邻地面）；

③ 绝热层；

④ 加热供冷部件；

⑤ 填充层；

⑥ 隔离层（对潮湿房间）；

⑦ 面层。

（2）与土壤相邻的地面，必须设绝热层，且绝热层下部必须设置防潮层。直接与室外空气相邻的楼板，必须设置绝热层。

（3）供暖供冷辐射地面构造应符合下列规定：

① 当与土壤接触的底层作为辐射地面时，应设置绝热层。绝热层与土壤之间应设置防潮层。

② 潮湿房间的混凝土填充式供暖地面的填充层上、预制构槽保温板或预制轻薄板供暖地面的面层下，应设置隔离层。

（4）地面辐射供暖面层宜采用热阻小于 $0.05 \text{m}^2 \cdot \text{K/W}$ 的材料。

（5）混凝土填充式地面辐射供暖系统绝热层热阻应符合下列规定：

①采用泡沫塑料绝热板时，绝热层热阻不应小于表 2-40 规定的数值；

混凝土填充式供暖地面泡沫塑料绝热层热阻　　　　表 2-40

绝热层位置	绝热层热阻（$\text{m}^2 \cdot \text{K/W}$）
楼层之间地板上	0.488
与土壤或不采暖房间相邻的地板上	0.732
与室外空气相邻的地板上	0.976

② 当采用发泡水泥绝热时，绝热层厚度不应小于表 2-41 规定的数值。

混凝土填充式供暖地面发泡水泥绝热层厚度　　　　表 2-41

绝热层位置	干密度（kg/m^2）		
	350	400	450
楼层之间地板上	35	40	45
与土壤或不采暖房间相邻的地板上	40	45	50
与室外空气相邻的地板上	50	55	60

（6）采用预制沟槽保温板或供暖板时，与供暖房间相邻的楼板，可不设绝热层。其他部位绝热层的设置应符合下列规定：

① 土壤上部的绝热层宜采用发泡水泥；

② 直接与室外空气或不供暖房间相邻的楼板，绝热层宜设在楼板下，绝热材料宜采用泡沫塑料绝热板；

③ 绝热层厚度不应小于表 2-42 规定的数值。

预制沟槽保温板和供暖板供暖地面的绝热层厚度   表 2-42

绝热层位置	绝热材料		厚度（mm）
与土壤接触的底层地板上	发泡水泥	干体积密度、350kg/m³	35
		干体积密度、400kg/m³	40
		干体积密度、450kg/m³	45
与室外空气相邻的地板下	模塑聚苯乙烯泡沫塑料		40
与不供暖房间相邻的地板下	模塑聚苯乙烯泡沫塑料		30

（7）混凝土填充式辐射供暖地面的加热部件，其填充层和面层构造应符合下列规定：

① 填充层材料及厚度宜按表 2-43 选择确定；

混凝土填充式辐射供暖地面填充层材料和厚度   表 2-43

绝热层材料		填充层材料	最小填充层厚度（mm）
泡沫塑料板	加热管	豆石混凝土	50
	加热电缆		40
发泡水泥	加热管	水泥砂浆	40
	加热电缆		35

② 加热电缆应敷设于填充层中间，不应与绝热层直接接触；

③ 豆石混凝土填充层上部应根据面层的需要铺设找平层；

④ 没有防水要求的房间，水泥砂浆填充层可同时作为面层找平层。

（8）预制沟槽保温板辐射供暖地面均热层设置应符合下列规定：

① 加热部件为加热电缆时，应采用铺设有均热层的保温板，加热电缆不应与绝热层直接接触；加热部件为加热管时，宜采用铺设有均热层的保温板；

② 直接铺设木地板面层时，应采用铺设有均热层的保温板，且在保温板和加热管或加热电缆之上宜再铺设一层均热层。

（9）采用供暖板时，房间内未铺设供暖板的部位和敷设输配管的部位应铺设填充板。采用预制沟槽保温板时，分水器、集水器与加热区域之间的连接管，应敷设在预制沟槽保温板中。

（10）当地面荷载大于供暖地面的承载能力时，应采取加固措施。

3）材料

（1）绝热层材料

① 绝热层材料应采用导热系数小、难燃或不燃，具有足够承载能力的材料，且不应含有殖菌源，不得有散发异味及可能危害健康的挥发物。

② 辐射供暖供冷工程中采用的聚苯乙烯泡沫塑料板材主要技术指标应符合表 2-44 的规定。

聚苯乙烯泡沫塑料板材主要技术指标　　　　　　表 2-44

项目		性能指标			
		模塑		挤塑	
		保温地面绝热层	预制沟槽保温板	保温地面绝热层	预制沟槽保温板
类别		II	III	W200	X150/W200
表观密度（kg/m³）		≥20	≥30	≥20	≥30
压缩强度（kPa）		≥100	≥150	≥200	≥150/≥200
导热系数（W/m·K）		≤0.041	≤0.039	≤0.035	≤0.030/≤0.035
尺寸稳定性（%）		≤3	≤2	≤2	≤2
水蒸气透过系数 [ng/（Pa·m·s）]		≤4.5	≤4.5	≤3.5	≤3.5
吸水率（体积分数）（%）		≤4.0	≤2.0	≤2.0	≤1.5/≤2.0
熔结性	断裂弯曲负荷	25	35	—	—
	弯曲变形	≥20	≥20	—	—
燃烧性能	氧指数	≥30	≥30	—	—
	燃烧分级	达到 B₂ 级			

注：1. 模塑 II 型密度范围在 20～30 kg/m³ 之间；III 型密度范围在 30～40 kg/m³ 之间；

2. W200 为不带表皮挤塑塑料，X150 为带表皮挤塑塑料；

3. 压缩强度是按《硬质泡沫塑料压缩性能的测定》GB/T 8813—2008 的试件尺寸和试验条件下相对变形为10% 的数值；

4. 导热系数为 25℃时的数值；

5. 模塑断裂弯曲负荷或弯曲变形有一项能符合指标要求，熔结性即为合格。

③ 预制沟槽保温板及其金属均热层的沟槽尺寸应与敷设的加热部件外径吻合，且应符合下列规定：

a. 保温板总厚度不应小于表 2-45 的要求。

预制沟槽保温板总厚度及均热层最小厚度　　　　　　表 2-45

加热部件类型		保温板总厚度（mm）	均热层最小厚度（mm）				
			地砖等面层	木地板面层			
				管间距<200mm		管间距≥200mm	
				单层	双层	单层	双层
加热电缆		15	0.1				
加热管外径（mm）	12	20	—	0.2	0.1	0.4	0.2
	16	25	—				
	20	30	—				

注：1. 地砖等面层，指在敷设有加热管或加热电缆的保温板上铺设水泥砂浆找平层后与地砖、石材等粘结的做法。木地板面层，指不需要铺设找平层，直接铺设木地板的做法。

2. 单层均热层，指仅采用带均热层的保温板，加热管或加热电缆上不再铺设均热层时的最小厚度；双层均热层，指仅采用带均热层的保温板，加热管或加热电缆上再铺设一层均热层时的最小厚度。

b. 均热层最小厚度宜满足表 2-45 的要求，并应符合下列规定：

a）均热层材料的导热系数不应小于 237W/(m·K)。

b）加热电缆铺设地砖、石材等面层时，均热层应采用喷涂有机聚合物的、具有耐砂浆性的防腐材料。

④ 发泡水泥绝热层材料应符合下列规定：

a. 水泥宜用硅酸盐水泥、普通硅酸盐水泥、复合硅酸盐水泥；当受条件限制时，可采用矿渣硅酸盐水泥；水泥抗压强度等级不应低于 32.5。

b. 发泡水泥绝热层材料的技术指标应符合表 2-46 的规定。

发泡水泥绝热层技术指标　　　　　　表 2-46

干体积密度（kg/m³）	抗压强度（kPa）		导热系数（W/m·K）
	7 天	28 天	
350	≥0.4	≥0.5	≤0.07
400	≥0.5	≥0.6	≤0.08
450	≥0.6	≥0.7	≤0.09

⑤ 当采用其他绝热材料时，其技术指标应按聚苯乙烯泡沫材料的规定选用同等效果的绝热材料。

（2）填充材料

① 填充层的材料宜采用强度等级为 C15 豆石混凝土，豆石粒径宜为 5~12mm。

② 水泥砂浆填充材料应符合下列规定：

a. 宜选用中粗砂水泥，且含泥量不应大于 5%；

b. 宜选用硅酸盐水泥或矿渣硅酸盐水泥；

c. 水泥砂浆体积比不应小于 1∶3；

d. 强度等级不应低于 M10。

4）构造层次

① 混凝土填充式供暖地面（图 2-38）

a. 上下方向（由下而上）

做法一：楼板或与土壤相邻地面—防潮层—泡沫塑料绝热层（发泡水泥绝热层）—豆石混凝土填充层（水泥砂浆填充找平层）—隔离层（对潮湿房间）—找平层—装饰面层。

做法二：金属网—楼板或与土壤相邻地面—防潮层—泡沫塑料绝热层（发泡水泥绝热层）—豆石混凝土填充层（水泥砂浆填充找平层）—隔离层（对潮湿房间）—找平层—装饰面层。

b. 左右方向（由内而外）

侧面绝热层—抹灰层—外墙。

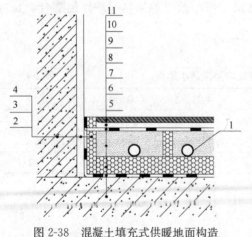

图 2-38　混凝土填充式供暖地面构造

1—加热管；2—侧面绝热层；3—抹灰层；4—外墙；5—楼板或与土壤相邻地面；6—防潮层（对与土壤相邻地面）；7—泡沫塑料绝热层（发泡水泥绝热层）；8—豆石混凝土填充层（水泥砂浆填充找平层）；9—隔离层（对潮湿房间）；10—找平层；11—装饰面层

② 预制沟槽保温板供暖地面（图 2-39）

上下方向（由下而上）

做法一：楼板—可发性聚乙烯（EPE）垫层—预制沟槽保温板—均热层—木地板面层。

做法二：泡沫塑料绝热层—楼板—可发性聚乙烯（EPE）垫层—预制沟槽保温板—均热层—木地板面层。

做法三：与土壤相邻地面—防潮层—发泡水泥绝热层—可发性聚乙烯（EPE）垫层—预制沟槽保温板—均热层—木地板面层。

做法四：楼板—预制沟槽保温板—均热层—找平层（对潮湿房间）—金属层—找平层—地砖或石材地面。

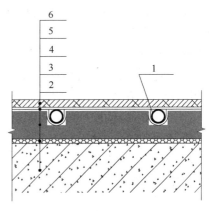

图 2-39　预制沟槽保温板供暖地面构造
1—加热管；2—楼板；3—可发性聚乙烯（EPE）垫层；4—预制沟槽保温板；5—均热层；6—木地板面层

③ 预制轻薄板供暖地面（图 2-40）

上下方向（由下而上）

做法一：木龙骨—加热管—二次分水器—楼板—可发性聚乙烯（EPE）垫层—供暖板—木地板面层。

做法二：木龙骨—加热管—二次分水器—楼板—供暖板—隔离层（对潮湿房间）—金属层—找平层—地砖或石材面层。

做法三：木龙骨—加热管—二次分水器—泡沫绝热材料—楼板—可发性聚乙烯（EPE）垫层—供暖板—木地板面层。

做法四：木龙骨—加热管—二次分水器—与土壤相邻地面—防潮层—发泡水泥绝热层—可发性聚乙烯（EPE）垫层—预制沟槽保温板—供暖板—木地板面层。

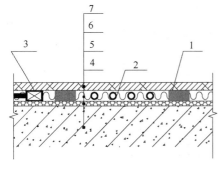

图 2-40　预制轻薄板供暖地面构造
1—木龙骨；2—加热管；3—二次分水器；4—楼板；5—可发性聚乙烯（EPE）垫层；6—供暖板；7—木地板面层

5）面层

（1）面层做法选择

① 水泥砂浆、混凝土地面；

② 瓷砖、大理石、花岗石等地面；

③ 符合国家标准的复合木地板、实木复合地板及耐热实木地板。

（2）以木地板作为面层时，木材应经过干燥处理，且应在填充层和找平层完全干燥后，才能进行地板施工。

（3）以瓷砖、大理石、花岗石作为面层时，填充层在伸缩缝处宜采用干贴施工。

（4）采用预制沟槽保温板或供暖板时，面层可按下列方法施工：

① 木地板面层可直接铺设在预制沟槽保温板或供暖板上，可发性聚乙烯（EPE）垫层应铺设在保温板或供暖板下，不得铺设在加热部件上；

② 采用带龙骨的供暖板时，木地板应与龙骨垂直铺设；

③ 铺设石材或瓷砖时，预制沟槽保温板及其加热部件上，应铺设厚度不小于 30mm 的水泥砂浆找平层和粘结层；水泥砂浆找平层应加金属网，网格间距不应大于 100mm，金属直径不应小于 1.0mm。

（5）采用发泡水泥绝热层和水泥砂浆填充层时，当面层为瓷砖或石材地面时，填充层和面层应同时施工。

（6）卫生间施工

① 卫生间应做两层隔离层。

② 卫生间过门处应设置止水墙，在止水墙内侧应配合土建专业作防水。加热管或发热电缆穿止水墙处应采取防水措施。

（三）路　　面

306. 一般路面的构造要求有哪些?

1）路面结构及设计使用年限

《城市道路工程设计规范》CJJ 37—2012 规定的路面结构及设计使用年限见表 2-47。

路面结构及设计使用年限（年）　　　　　　　　表 2-47

道路等级	路面结构类型		
	沥青路面	水泥混凝土路面	砌块路面
快速路	15	30	—
主干路	15	30	—
次干路	10	20	—
支路	10	20	10（20）

注：砌块路面采用混凝土预制块时，设计年限为 10 年，采用石材时，设计年限为 20 年。

2）道路的设计年限

《城市道路工程设计规范》CJJ 37—2012 规定的道路设计年限为：快速路、主干路为 20 年；次干路为 15 年；支路为 10～15 年。

3）路面的构造要求

综合相关技术资料，路面的构造要求有：

（1）路面可以选用现浇混凝土、预制混凝土块、石板、锥形料石、现铺沥青混凝土等材料。不得采用碎石基层沥青表面处理（浇油）的路面

（2）城市道路宜选用现铺沥青混凝土路面，除只通行微型车的路面厚度可采用 50mm 外，其他车型的路面厚度一般为 100～150mm。现铺沥青混凝土路面的优点是噪声小、起尘少、便与维修，表面不作分格处理。因而在高速公路、城市道路、乡村道路等广泛采用。

（3）现浇混凝土路面的混凝土强度等级为 C25。厚度与上部荷载有关：通行小型车（荷载＜5t）的路面，取 120mm；通行中型车（荷载＜8t）的路面，取 180mm；通行重型

车（荷载<13t）的路面，取 220mm。

（4）混凝土路面的纵向、横向缩缝间距应不大于 6.00m，缝宽一般为 5mm。沿长度方向每 4 格（24m）设伸缝一道，缝宽 20～30mm，内填弹性材料。路面宽度达到 8m 时，在路面中间设伸缩缝一道。

（5）道牙可以采用石材、混凝土等材料制作。混凝土道牙的强度等级为 C15～C30，高出路面一般为 100～150mm。道路两侧采用边沟排水时，应采用平道牙。

（6）路面垫层：沥青混凝土路面、现浇混凝土路面、预制混凝土块路面、石材路面均可以采用 150～300mm 厚 3∶7 灰土垫层。

307. 透水路面的构造要求有哪些？

规范表明透水路面有三种做法，第一种是透水水泥混凝土路面，第二种是透水沥青路面，第三种是透水砖路面。

1）透水水泥混凝土路面

《透水水泥混凝土路面技术规程》CJJ/T 135—2009 规定：

（1）透水路面一般采用透水水泥混凝土（又称为"无砂混凝土"）。透水水泥混凝土是由粗集料及水泥基胶结料经拌和形成的具有连续孔隙结构的混凝土。

（2）材料

① 水泥：采用强度等级为 42.5 级的硅酸盐水泥或普通硅酸盐水泥。水泥不得混用。

② 集料：采用质地坚硬、耐久、洁净、密实的碎石料。

（3）透水水泥混凝土的性能

透水水泥混凝土的性能详见表 2-48。

透水水泥混凝土的性能

表 2-48

项目		计量单位	性能要求	
耐热性（磨坑长度）		mm	≤30	
透水系数（15℃）		mm/s	≥0.5	
抗冻性	25 次冻融循环后抗压强度损失率	%	≤20	
	25 次冻融循环后质量损失率	%	≤5	
连续空隙率		%	≥10	
强度等级		—	C20	C30
抗压强度（28d）		MPa	≥20	≥30
弯拉强度（28d）		MPa	≥2.5	≥3.5

（4）透水水泥混凝土路面的分类

透水水泥混凝土路面分为全透水结构路面和半透水结构路面。

① 全透水结构路面：路表水能够直接通过道路的面层和基层向下渗透至路基土中的道路结构体系。主要应用于人行道、非机动车道、景观硬地、停车场、广场。

② 半透水结构路面：路表水能够透至面层，不和渗透至路基中的道路结构体系。主要用于荷载<0.4t 的轻型道路。

（5）透水水泥混凝土路面的构造

① 全透水结构的人行道

a. 面层：透水水泥混凝土，强度等级不应小于 C20，厚度不应小于 80mm；

b. 基层：可采用级配砂砾、级配砂石或级配砾石，厚度不应小于 150mm；

c. 路基：3∶7 灰土等土层。

② 全透水结构的非机动车道、停车场等道路

a. 面层：透水水泥混凝土，强度等级不应小于 C30，厚度不应小于 180mm；

b. 稳定层基层：多孔隙水泥稳定碎石基层，厚度不应小于 200mm；

c. 基层：可采用级配砂砾、级配砂石或级配砾石基层，厚度不应小于 150mm；

d. 路基：3∶7 灰土等土层。

③ 半透水结构的轻型道路

a. 面层：透水水泥混凝土，强度等级不应小于 C30，厚度不应小于 180mm；

b. 混凝土基层：混凝土基层的强度等级不应低于 C20，厚度不应小于 150mm；

c. 稳定土基层：稳定土基层或石灰、粉煤灰稳定砂砾基层，厚度不应小于 150mm；

d. 路基：3∶7 灰土等土层。

（6）透水水泥混凝土路面的其他要求：

① 纵向接缝的间距应为 3.00～4.50m，横向接缝的间距应为 4.00～6.00m，缝内应填柔性材料。

② 广场的平面分隔尺寸不宜大于 25m²，缝内应填柔性材料。

③ 面层板的长宽比不宜超过 1.3。

④ 当水泥透水混凝土路面的施工长度超过 30m 或与侧沟、建筑物、雨水口、沥青路面等交接处均应设置膨胀缝。

⑤ 水泥透水混凝土路面基层横坡宜为 1‰～2‰，面层横坡应与基层相同。

⑥ 当室外日平均温度连续 5 天低于 5℃时不得施工；室外最高气温达到 32℃ 及以上时不宜施工。

2)《透水沥青路面技术规程》CJJ/T 190—2012 规定：

（1）透水沥青路面由透水沥青混合料修筑、路表水可进入路面横向排出，或渗入至路基内部的沥青路面总称。透水沥青混合料的空隙率为 18%～25%。

（2）透水沥青路面有三种路面结构类型：

① Ⅰ型：路表水进入后表层后排入邻近排水设施，由透水沥青上面层、封层、中下面层、基层、垫层和路基组成。适用于需要减小降雨时的路表径流量和降低道路两侧噪声的各类新建、改建道路。

② Ⅱ型：路表水有面层进入基层（或垫层）后排入邻近排水设施，由透水沥青面层、透水基层、封层、垫层和路基组成。适用于需要缓解暴雨时城市排水系统负担的各类新建、改建道路。

③ Ⅲ型：路表水进入路面后渗入路基，由透水沥青面层、透水基层、透水垫层、反滤隔离层和路基组成。适用于路基土渗透系数大于等于 $7×10^{-5}$ cm/s 的公园、小区道路，停车场，广场和中、轻型荷载道路。

（3）透水沥青路面的结构层材料

① 透水沥青路面的结构层材料见表 2-49。

透水沥青路面的结构层材料　　　　　　　　　　　　表 2-49

路面结构类型	面层	基层
透水沥青路面Ⅰ型	透水沥青混合料面层	各类基层
透水沥青路面Ⅱ型	透水沥青混合料面层	透水基层
透水沥青路面Ⅲ型	透水沥青混合料面层	透水基层

② Ⅰ、Ⅱ型透水结构层下部应设封层，封层材料的渗透系数不应大于 80mL/min，且应与上下结构层粘结良好。

③ Ⅲ型透水路面的路基土渗透系数宜大于 7×10^{-5} cm/s，并应具有良好的水稳定性。

④ Ⅲ型透水路面的路基顶面应设置反滤隔离层，可选用粒类材料或土工织物。

3)《透水砖路面技术规程》CJJ/T 188—2012 规定：

（1）透水砖路面适用于轻型荷载道路、停车场和广场及人行道、步行街等部位。

（2）透水砖路面的基本规定

① 透水砖路面结构层应由透水砖面层、找平层、基层和垫层组成。

② 透水砖路面应满足荷载、透水、防滑等使用功能及抗冻涨等耐久性要求。

③ 透水砖路面的设计应满足当地 2 年一遇的暴雨强度下，持续降雨 30min，表面不应产生径流的透（排）水要求，合理使用年限宜为 8~10 年。

④ 透水砖路面下的基土应具有一定的透水性能，土壤透水系数不应小于 1.0×10^{-3} mm/s，且土壤顶面距离地下水位宜大于 1.00m。当不能满足上述要求时，宜增加路面排水设计。

⑤ 寒冷地区透水砖路面结构层宜设置单一级配碎石垫层或砂垫层。

⑥ 透水砖路面内部雨水收集可采用多孔管道及排水盲沟等形式。广场路面应根据规模设置纵横雨水收集系统。

（3）透水砖路面的基本构造

① 面层

a. 透水砖的强度等级可根据不同的道路类型按表 2-50 选用。

透水砖强度等级　　　　　　　　　　　　表 2-50

道路类型	抗压强度（MPa）		抗折强度（MPa）	
	平均值	单块最小值	平均值	单块最小值
小区道路（支路）、广场、停车场	≥50.0	≥42.0	≥6.0	≥5.0
人行道、步行街	≥40.0	≥35.0	≥5.0	≥4.2

b. 透水砖的接缝宽度不宜大于 3mm。接缝用砂级配应符合表 2-51 的规定。

透水砖接缝用砂级配　　　　　　　　　　　　表 2-51

筛孔尺寸（mm）	10.0	5.0	2.5	1.25	0.63	0.315	0.16
通过质量百分率（%）	0	0	0~5	0~20	15~75	60~90	90~100

② 找平层

a. 透水砖面层与基层之间应设置找平层，其透水性能不宜低于面层所用的透水砖。

b. 找平层可采用中砂、粗砂或干硬性水泥砂浆，厚度宜为 20～30mm。

③ 基层

a. 基层类型包括刚性基层、半刚性基层和柔性基层 3 种。

b. 可根据地区资源差异选择透水粒料基层、透水水泥混凝土基层、水泥稳定碎石基层等类型，并应具有足够的强度、透水性和水稳定性。连续孔隙率不应小于 10%。

④ 垫层

a. 当透水路面基土为黏性土时，宜设置垫层。当基土为砂性土或底基层为级配碎石、砾石时，可不设置垫层。

b. 垫层材料宜采用透水性能好的砂或砂砾等颗粒材料，宜采用无公害工业废渣，其 0.075mm 以下颗粒含量不应大于 5%。

⑤ 基土

a. 基土应稳定、密实、匀质，应具有足够的强度、稳定性、抗变形能力和耐久性。

b. 路槽底面基土设计回弹模量值不宜小于 20 MPa。特殊情况不得小于 15 MPa。

（四）阳台、雨罩及防护栏杆

308. 阳台、雨罩的构造有哪些规定？

1)《住宅设计规范》GB 50096—2011 规定：

（1）每套住宅宜设阳台或平台。

（2）阳台栏杆设计必须采用防止儿童攀登的构造，栏杆的垂直杆件间净距不应大于 0.11m；放置花盆处必须采取防止坠落措施。

（3）阳台栏板或栏杆净高，6 层及 6 层以下不应低于 1.05m，7 层及 7 层以上不应低于 1.10m。

（4）封闭阳台栏杆也应满足阳台栏板或栏杆净高要求。7 层及 7 层以上住宅和寒冷、严寒地区住宅的阳台宜采用实体栏板。

（5）顶层阳台应设置雨罩，各套住宅之间毗连的阳台应设分户隔板。

（6）阳台、雨罩均应采取有组织排水措施，雨罩及开敞阳台应采取防水措施。

（7）当阳台设有洗衣设备时应符合下列规定：

① 应设置专用给水、排水管线及专用地漏，阳台楼面、平台地面均应做防水；

② 严寒和寒冷地区应封闭阳台，并应采取保温措施。

（8）当阳台或建筑外墙设置空调室外机时，其安装位置应符合下列规定：

① 应能通畅地向室外排放空气和自室外吸入空气；

② 在排除空气一侧不应有遮挡物；

③ 应为室外机安装和维护提供方便操作的条件；

④ 安装位置不应对室外人员形成热污染。

2)《老年人照料设施建筑设计标准》JGJ 450—2018 规定：老年人用房的阳台、上人平台应符合下列规定：

（1）相邻居室的阳台宜连通；

（2）严寒及寒冷地区、多风沙地区的老年人用房阳台宜封闭，其有效通风换气面积不应小于窗面积的 30%；

（3）阳台、上人平台宜设衣物晾晒装置；

（4）开敞式阳台、上人平台的栏杆、栏板应采取防坠落措施，且距地面 0.35m 高度范围内不宜留空。

3）《住宅建筑规范》GB 50368—2005 规定：

（1）阳台地面构造应有排水措施。

（2）6 层及 6 层以下住宅的阳台栏杆净高不应低于 1.05m，7 层及 7 层以上住宅的阳台栏杆净高不应低于 1.10m，阳台栏杆应有防护措施。

（3）防护栏杆的垂直杆件间净距不应大于 0.11m。

4）《疗养院建筑设计标准》JGJ/T 40—2019 规定：

（1）疗养院建筑之疗养室宜设阳台，阳台净深度不宜小于 1.50m。长廊式阳台可根据需要进行分隔。

（2）疗养院建筑之疗养员活动室宜设阳台，阳台净深度不宜小于 1.50m。

5）《旅馆建筑设计规范》JGJ 62—2014 规定：

（1）出入口上方宜设雨篷，多雪地区的出入口上方应设雨篷，地面应防滑。

（2）中庭栏杆或栏板高度不应低于 1.20m，并应以坚固、耐久的材料制作，应能承受现行国家标准《建筑结构荷载规范》GB 50009—2012 规定的水平荷载。

6）《宿舍建筑设计规范》JGJ 36—2016 规定：

（1）宿舍宜设阳台，阳台进深不宜小于 1.20m。各居室之间或居室与公共部分之间毗连的阳台应设分室隔板。

（2）宿舍顶部阳台应设雨罩，高层和多层宿舍建筑的阳台、雨罩均应做有组织排水。宿舍阳台、雨罩应做防水。

（3）多层及以下的宿舍开敞阳台栏杆净高不应低于 1.05m；高层宿舍阳台栏杆净高不应低于 1.10m；学校宿舍阳台栏板净高不应低于 1.20m。

（4）高层宿舍及严寒、寒冷地区宿舍的阳台宜采用实心栏板，并宜采用玻璃（窗）封闭阳台，其可开启面积之和宜大于内侧门窗可开启面积之和。

（5）宿舍外窗及开敞式阳台外门、亮窗宜设纱窗、纱门。

7）《建筑抗震设计规范》GB 50010—2010（2016 年版）规定：8、9 度抗震设防时，不应采用预制阳台。

8）《托儿所、幼儿园建筑设计规范》JGJ 39—2016（2019 年版）规定：阳台或室外活动平台不应影响生活用房的日照。

309. 阳台等处的防护栏杆有哪些规定？

1）《民用建筑设计统一措施》GB 50352—2019 规定，阳台、外廊、室内回廊、内天井、上人屋面及室外楼梯等临空处应设置防护栏杆，并应符合下列规定：

（1）栏杆应以坚固、耐久的材料制作，并能承受现行国家标准《建筑结构荷载规范》GB 50009—2012 及其他国家现行相关标准规定的水平荷载。

（2）当临空高度在 24.0m 以下时，栏杆高度不应低于 1.05m，当临空高度在 24.0m 及以上时，栏杆高度不应低于 1.10m；上人屋面和交通、商业、旅馆、医院、学校等建筑临开敞中庭的栏杆高度不应低于 1.20m。

（3）栏杆高度应从所在楼地面或屋面至栏杆扶手顶面垂直高度计算，当底面有宽度大于或等于 0.22m，且高度低于或等于 0.45m 的可踏部位时，应从可踏部位顶面起算。

（4）公共场所栏杆离地面 0.10m 高度范围内不宜留空。

（5）住宅、托儿所、幼儿园、中小学及其他少年儿童专用活动场所的栏杆必须采用防止攀爬的构造。当采用垂直杆件做栏杆时，其杆件净间距不应大于 0.11m。

2）其他规范的规定

（1）《住宅设计规范》GB 50096—2011 规定：外廊、内天井及上人屋面等临空处的栏杆净高，6 层及 6 层以下不应低于 1.05m，7 层及 7 层以上不应低于 1.10m。防护栏杆必须采用防止少年儿童攀登的构造，栏杆的垂直杆件间净距不应大于 0.11m。放置花盆处必须采取防坠落措施。

（2）《中小学校设计规范》GB 50099—2011 规定：上人屋面、外廊、楼梯、平台、阳台等临空部位必须设防护栏杆，并应符合下列规定：

① 防护栏杆必须坚固、安全，高度不应低于 1.10m。

② 防护栏杆最薄弱处承受的最小水平推力应不小于 $1.50kN/m^2$。

（3）《托儿所：幼儿园建筑设计规范》JGJ 39—2016（2019 年版）规定：

托儿所、幼儿园的外廊、室内回廊、内天井、阳台、上人屋面、平台、看台及室外楼梯等临空处应设置防护栏杆，栏杆应以坚固、耐久的材料制作，防护栏杆的高度应从可踏部位的顶面起算，且净高不应小于 1.30m。防护栏杆必须采用防止幼儿攀登和穿过的构造，当采用垂直杆件做栏杆时，其杆件净距离不应大于 0.09m。

四、楼梯、电梯与自动人行道

（一）室　内　楼　梯

310. 室内楼梯间的类型和设置原则有哪些?

依据《建筑设计防火规范》GB 50016—2014（2018 年版），室内楼梯间的类型有：

1）敞开楼梯间

（1）特点：疏散用楼梯间的一种做法。前端为开敞式，没有墙体和门分隔（图 2-41）。

① 楼梯间应能天然采光和自然通风，并宜靠外墙设置。靠外墙设置时，楼梯间、前室及合用前室外墙上的窗口与两侧的门、窗、洞口之间的水平距离不应小于 1.00m；

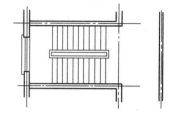

图 2-41　开敞式楼梯间

② 楼梯间内不应设置烧水间、可燃材料储藏室、垃圾道；

③ 楼梯间内不应有影响疏散的凸出物或其他障碍物；

④ 公共建筑的敞开楼梯间内不应敷设可燃气管道；

⑤ 住宅建筑的敞开楼梯间内确需设置可燃气体管道和可燃气体计量表时，应采用金属管和设置切断气源的阀门；

⑥ 楼梯间在各层的平面位置不应改变（通向避难层的楼梯除外）。

（2）设置原则：不需设置封闭式楼梯间和防烟式楼梯间的居住建筑和公共建筑。

2）封闭式楼梯间

依据《建筑设计防火规范》GB 50016—2014（2018 年版），在楼梯间入口处设置门，以防止烟和热气进入的楼梯间为封闭楼梯间（图 2-42、图 2-43）。

图 2-42　封闭式楼梯间

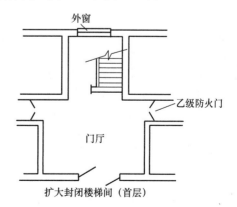

图 2-43　扩大的封闭式楼梯间

（1）特点

① 封闭楼梯间应满足开敞楼梯间的各项要求。

② 不能自然通风或自然通风不能满足要求时，应设置机械加压送风或采用防烟楼梯间。

③ 除楼梯间的出入口和外窗外，楼梯间的墙上不应开设其他门、窗、洞口。

④ 高层建筑、人员密集的公共建筑，其封闭楼梯间的门应采用乙级防火门，并应向疏散方向开启；其他建筑，可以采用双向弹簧门。

⑤ 楼梯间的首层可将走道和门厅等包括在楼梯间内形成扩大的封闭楼梯间，但应采用乙级防火门等与其他走道或房间分隔。

⑥ 封闭楼梯间门不应用防火卷帘替代。

（2）设置原则

① 《建筑设计防火规范》GB 50016—2014（2018 年版）规定：

a. 建筑高度不大于 32m 的二类高层建筑；

b. 下列多层公共建筑（除与敞开式外廊直接连通的楼梯间外）均应采用封闭楼梯间：

a）医疗建筑、旅馆、老年人建筑及类似功能的建筑；

b）设置歌舞娱乐放映游艺场所的建筑；

c）商店、图书馆、展览建筑、会议中心及类似使用功能的建筑；

d）6 层及以上的其他建筑。

c. 下列住宅建筑应采用封闭楼梯间：

a）建筑高度不大于 21m 的敞开楼梯间与电梯井相邻布置时；

b）建筑高度大于 21m、不大于 33m；

d. 室内地面与室外出入口地坪高差不大于 10m 或 2 层及以下的地下、半地下建筑（室）。

② 《宿舍建筑设计规范》JGJ 36—2016 规定：楼梯间宜有天然采光和自然通风。

③ 《商店建筑设计规范》JGJ 48—2014 中规定：大型商店的营业厅设置在五层及以上时，应设置不少于 2 个直通屋顶平台的疏散楼梯间。屋顶平台上无障碍物的避难面积不宜小于最大营业面积层建筑面积的 50%。

④ 《档案馆建筑设计规范》JGJ 25—2010 规定：档案库区内设置楼梯时，应采用封闭楼梯间，门应采用不低于乙级防火门。

⑤ 其他相关规范的规定

a. 居住建筑超过 6 层或任一楼层建筑面积大于 500m² 时。如果户门或通向疏散走道、楼梯间的门、窗为乙级防火门、窗时可以例外。

b. 地下商店和设置歌舞娱乐放映游艺场所的地下建筑（室），不符合设置防烟楼梯间的条件时。

c. 博物馆建筑的观众厅。

3）防烟楼梯间

（1）特点

《建筑设计防火规范》GB 50016—2014（2018 年版）规定：在楼梯间入口处设置防烟的前室（开敞阳台或凹廊），且通向前室和楼梯间的门均为防火门，以防止烟和热气进入的楼梯间为防烟楼梯间（图 2-44～图 2～46）。

① 封闭楼梯间应满足开敞楼梯间的各项要求。

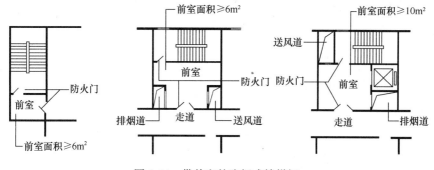

图 2-44　带前室的防烟式楼梯间

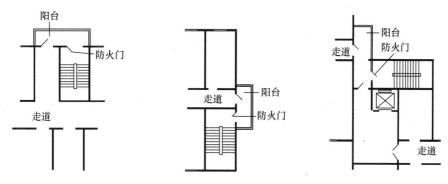

图 2-45　带阳台的防烟式楼梯间

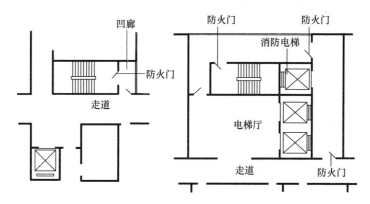

图 2-46　带凹廊（凹阳台）的防烟式楼梯间

② 应设置防烟措施。

③前室的使用面积：公共建筑，不应小于 6.00m²；居住建筑，不应小于 4.50m²。

④ 与消防电梯前室合用时，合用前室的使用面积：公共建筑不应小于 10.00m²；居住建筑，不应小于 6.00m²。

⑤ 疏散走道通向前室以及前室通向楼梯间的门应采用乙级防火门（不应设置防火卷帘）。

⑥ 除住宅建筑的楼梯间前室外，防烟楼梯间和前室的墙上不应开设除疏散门和送风口外的其他门、窗、洞口。

⑦ 楼梯间的首层可将走道和门厅等包括在楼梯间前室内形成扩大的前室，但应采用乙级防火门等与其他走道和房间分隔。

（2）设置原则

《建筑设计防火规范》GB 50016—2014（2018 年版）规定：

① 一类高层公共建筑和建筑高度大于 32m 的二类高层公共建筑、居住建筑；

② 室内地面与室外出入口地坪高差大于 10m 或 3 层及以上的地下、半地下建筑（室）；

③ 设置在公共建筑、居住建筑中的剪刀式楼梯；

④ 建筑高度大于 33m 的居住建筑。

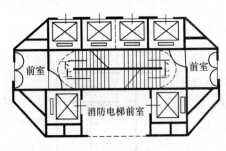

图 2-47　剪刀式楼梯间

4）剪刀楼梯间

（1）特点：剪刀楼梯指的是在一个开间和一个进深内，设置两个不同方向的单跑（或直梯段的双跑）楼梯，中间用不燃体墙分开，从任何一侧均可到达上层（或下层）的楼梯（图 2-47）。

① 剪刀式楼梯间应为防烟楼梯间。

② 梯段之间应设置耐火极限不低于 1.00h 的防火隔墙。

③ 楼梯间的前室不宜共用；共用时前室的使用面积不应小于 6.00m²。

④ 居住建筑楼梯间的前室不宜与消防电梯的前室合用；楼梯间的共用前室与消防电梯的前室合用时，合用前室的使用面积不应小于 12.00m²，且短边不应小于 2.40m。

（2）设置原则

《建筑设计防火规范》GB 50016—2014（2018 年版）规定：

① 高层公共建筑的疏散楼梯，当分散设置确有困难且从任一疏散门至最近疏散楼梯间入口的距离不大于 10m 时可采用剪刀楼梯。和多层住宅建筑分散设置有困难时且任一疏散门或户内两座楼梯独立设置有困难时。

② 多层住宅的疏散楼梯，当分散设置确有困难且从任一户门至最近疏散楼梯间入口的距离不大于 10m 时可采用剪刀楼梯。

5）曲线形楼梯

曲线形楼梯包括螺旋楼梯或弧线楼梯等类型。

（1）《老年人照料设施建筑设计标准》JGJ 450—2018 规定：老年人使用的楼梯严禁采用弧形楼梯和螺旋楼梯。

（2）《建筑设计防火规范》GB 50016—2014（2018 年版）规定：疏散用楼梯和疏散通道上的阶梯不宜采用螺旋楼梯和扇形踏步；确需使用时，踏步上下两级所形成的平面角度不应大于 10°，且每级离扶手 250mm 处的踏步深度不应小于 220mm。

（3）《特殊教育学校建筑设计标准》JGJ 76—2019 规定：不应采用弧形楼梯和扇形踏步。

（二）室 外 楼 梯

311. 室外楼梯应满足哪些要求?

《建筑设计防火规范》GB 50016—2014（2018年版）规定室外楼梯应满足:

1) 特点

(1) 栏杆扶手的高度不应小于 1.10m，楼梯的净宽度不应小于 0.90m。

(2) 倾斜角度不应大于 45°。

(3) 楼梯段和平台均应采用不燃材料制作。平台的耐火极限不应低于 1.00h。楼梯段的耐火极限不应低于 0.25h。

(4) 通向室外楼梯的门宜采用乙级防火门，并应向室外开启；门开启时，不得减少楼梯平台的有效宽度。

(5) 除设疏散门外，楼梯周围 2.00m 内的墙面上不应设置门窗洞口，疏散门不应正对梯梯段（图 2-48）。

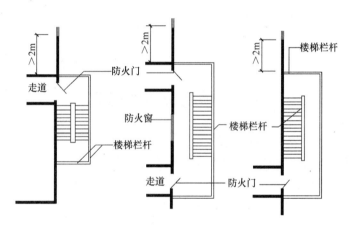

图 2-48 室外楼梯

2) 设置原则

(1) 《建筑设计防火规范》GB 50016—2014（2018年版）规定：要求设置室内封闭楼梯间或防烟楼梯间的建筑，可用符合上述条件的室外楼梯替代。

(2) 《托儿所、幼儿园建筑设计规范》JGJ 39—2016（2019年版）规定：严寒地区的托儿所、幼儿园建筑不应设置室外楼梯。

（三）楼梯数量的确定

312. 楼梯的数量如何确定?

《建筑设计防火规范》GB 50016—2014（2018年版）规定：

1) 公共建筑

公共建筑内每个防火分区或一个防火分区的每个楼层，其楼梯的数量应经计算确定，且不应少于 2 个。设置 1 部疏散楼梯的公共建筑应符合下列条件之一:

(1) 除托儿所、幼儿园外，建筑面积不大于 200m² 且人数不超过 50 人的单层公共建筑和多层公共建筑的首层。

(2) 除医疗建筑、老年人照料设施，托儿所、幼儿园的儿童用房，儿童游乐厅等儿童活动场所和歌舞娱乐放映游艺场所等外，符合表 2-52 的公共建筑。

设置 1 部疏散楼梯的公共建筑

表 2-52

耐火等级	最多层数	每层最大建筑面积（m²）	人数
一、二级	3 层	200	第二层与第三层人数之和不超过 50 人
三级	3 层	200	第二层与第三层人数之和不超过 25 人
四级	2 层	200	第二层人数不超过 15 人

2）住宅建筑

(1) 建筑高度不大于 27m 的建筑，当每个单元任一层的建筑面积大于 650m²，或任一户门至最近楼梯的距离大于 15m 时，每个单元每层的楼梯数量不应少于 2 个。

(2) 建筑高度大于 27m、不大于 54m 的建筑，当每个单元任一层的建筑面积大于 650m²，或任一户门至最近安全出口的距离大于 10m 时，每个单元每层的楼梯数量不应少于 2 个。

(3) 建筑高度大于 54m 的建筑，每个单元每层的楼梯数量不应少于 2 个。

（四）楼梯位置的确定

313. 楼梯的设置位置有哪些要求？

综合相关技术资料，楼梯的设置位置应满足以下要求：

1）楼梯应放在明显和易于找到的部位，上下层楼梯应放在同一位置，以方便疏散；

2）楼梯不宜放在建筑物的角部和边部，以方便荷载传递；

3）楼梯间应有天然采光和自然通风（防烟式楼梯间可以除外）；

4）5 层及 5 层以上建筑物的楼梯间，底层应设出入口；4 层及 4 层以下的建筑物，楼梯间可以放置在出入口附近，但不得超过 15m；

5）楼梯不宜采用围绕电梯的布置形式；

6）楼梯间一般不宜占用好朝向；

7）建筑物内主入口的明显位置宜设有主楼梯；

8）楼梯间在各层的平面位置不应改变（通向避难层的楼梯除外）；

9）《托儿所、幼儿园建筑设计规范》JGJ 39—2016 规定：楼梯间在首层应直通室外。

（五）楼梯的常用数据

314. 楼梯的常用数据包括哪些内容？

1）《民用建筑设计统一标准》GB 50352—2019 规定：

(1) 楼梯的数量、位置、楼梯净宽和楼梯间形式应满足使用方便和安全疏散的要求。

(2) 当一侧有扶手时，梯段净宽应为墙体装饰面至扶手中心线之间的水平距离；当双侧有扶手时，梯段净宽应为两侧扶手中心线之间的水平距离。当有凸出物时，梯段净宽应从凸出物表面算起。

（3）梯段净宽除应符合现行国家标准《建筑设计防火规范》GB 50016—2014（2018年版）及国家现行相关专用建筑设计标准的规定外，供日常主要交通用的楼梯的梯段净宽应根据建筑物使用特征，按每股人流为 0.55m＋(0～15)m 的人流股数确定，并不应少于两股人流。(0～15)m 为人流在行进中人体的摆幅，公共建筑人流众多的场所应取上限值。

（4）当楼梯改变方向时，扶手转向端处的平台最小宽度不应小于梯段净宽，并不得小于 1.20m。当有搬运大型物件需要时，应适量加宽。直跑楼梯的中间平台宽度不应小于 0.90m。

（5）每个梯段的踏步级数不应少于 3 级，且不应超过 18 级。

（6）楼梯平台上部及下部过道处的净高不应小于 2.00m，梯段净高不应小于 2.20m。

注：梯段净高为自踏步前缘（包括每个梯段最低和最高一级踏步前缘线以外 0.3m 范围内）量至上方突出物下缘间的垂直高度。

（7）楼梯应至少于一侧设扶手；梯段净宽达三股人流时应两侧设扶手；达四股人流时应加设中间扶手。

（8）室内楼梯扶手高度自踏步前缘线量起不宜小于 0.90m。楼梯水平栏杆或栏板长度大于 0.50m 时，其高度不应小于 1.05m。

（9）托儿所、幼儿园、中小学校及其他少年儿童专用场所，当楼梯井净宽大于 0.20m 时，必须采取防止少年儿童坠落的措施。

（10）楼梯踏步的宽度和高度应符合表 2-53 的规定。

楼梯踏步最小宽度和最大高度（m）　　　　　　　　　　　　表 2-53

楼梯类别		最小宽度	最大高度
住宅楼梯	住宅公共楼梯	0.260	0.175
	住宅套内楼梯	0.220	0.200
宿舍楼梯	小学宿舍楼梯	0.260	0.150
	其他宿舍楼梯	0.270	0.165
老年人建筑楼梯	住宅建筑楼梯	0.300	0.150
	公共建筑楼梯	0.320	0.130
托儿所、幼儿园楼梯		0.260	0.130
小学校楼梯		0.260	0.150
人数密集且竖向交通繁忙的建筑和大、中学校楼梯		0.280	0.165
其他建筑楼梯		0.260	0.175
超高层建筑核心筒内楼梯		0.250	0.180
检修及内部服务楼梯		0.220	0.200

注：螺旋楼梯和扇形踏步离内侧扶手中心 0.250m 处的踏步宽度不应小于 0.220m。

（11）梯段内每个踏步高度、宽度应一致，相邻梯段的踏步高度、宽度宜一致。

（12）当同一建筑地上、地下为不同功能时，楼梯踏步高度和宽度可分别按表 2-53 的规定执行。

（13）踏步应采取防滑措施。

（14）当专用建筑设计标准对楼梯有明确规定时，应按国家现行建筑设计标准的规定执行。

2）《建筑设计防火规范》GB 50016—2014（2018 年版）规定：

（1）公共建筑

① 公共建筑疏散楼梯的净宽度不应小于 1.10m。

② 高层公共建筑疏散楼梯的最小净宽度应符合表 2-54 的规定。

高层公共建筑内疏散楼梯的最小净宽度 表 2-54

建筑类别	疏散楼梯的最小净宽度（m）
高层医疗建筑	1.30
其他高层公共建筑	1.20

③ 疏散用楼梯的阶梯不宜采用螺旋楼梯和扇形踏步。确需采用时，踏步上、下两级所形成的平面角度不应大于 10°，且每级离扶手 250mm 处的踏步深度不应小于 220mm。

④ 建筑内的公共疏散楼梯，其两梯段及扶手间的水平净距不宜小于 150mm。

（2）住宅建筑

① 住宅建筑疏散楼梯的净宽度不应小于 1.10m。

② 建筑高度不大于 18m 的住宅建筑中一边设置栏杆的疏散楼梯，其净宽度不应小于 1.00m。

3）综合《住宅设计规范》GB 50096—2011 及《住宅建筑规范》GB 50368—2005 的规定：

（1）共用楼梯

① 共用楼梯的楼梯梯段净宽不应小于 1.10m，6 层及 6 层以下的住宅，一边设有栏杆的梯段净宽不应小于 1.00m。

注：楼梯梯段净宽度的计算点系指墙面装饰面至扶手中心之间的水平距离。

② 楼梯踏步宽度不应小于 0.26m，踏步高度不应大于 0.175m。扶手高度不应小于 0.90m。楼梯水平段栏杆长度大于 0.50m 时，其扶手高度不应小于 1.05m。楼梯栏杆垂直杆件间净空不应大于 0.11m。

③ 楼梯段改变方向时，扶手转向端处的休息平台最小宽度不应小于梯段宽度，且不得小于 1.20m，当有搬运大型物件需要时应适量加宽。楼梯平台的结构下缘至人行通道的垂直高度不应低于 2.00m。入口处地坪与室外地面应有高差，并不应小于 0.10m。

④ 楼梯为剪刀式楼梯时，楼梯平台的净宽不得小于 1.30m。

⑤ 楼梯井净宽大于 0.11m 时，必须采取防止儿童攀滑的措施。

⑥ 扶手高度不应小于 0.90m。

（2）套内楼梯

① 套内楼梯当一边临空时，不应小于 0.75m；当两侧有墙时，墙面净宽不应小于 0.90m。并应在其中一侧墙面设置扶手。

② 套内楼梯的踏步宽度不应小于 0.22m；高度不应大于 0.20m；扇形踏步转角距扶

手中心 0.25m 处，宽度不应小于 0.22m。

4)《宿舍建筑设计规范》JGJ 36—2016 规定：

(1) 楼梯踏步宽度不应小于 0.27m，踏步高度不应大于 0.165m。

(2) 楼梯扶手高度自踏步前缘线量起不应小于 0.90m。

(3) 楼梯水平段栏杆长度大于 0.50m 时，其高度不应小于 1.05m。

(4) 开敞楼梯的起始踏步与楼层走道间应设有进深不小于 1.20m 的缓冲区。

(5) 疏散楼梯不得采用螺旋楼梯和扇形踏步。

(6) 楼梯防护栏杆最薄弱处承受的最小水平推力不应小于 1.50kN/m。

5)《老年人居住建筑设计规范》GB 50340—2016 规定：

(1) 梯段通行宽度不应小于 1.20m，各级踏步应均匀一致，楼梯缓步平台内不应设置踏步；

(2) 踏步前缘不应突出，踏步下方不应留空；

(3) 应采用防滑材料饰面，所有踏步上的防滑条、警示条等附着物均不应突出踏面。

6)《中小学校设计规范》GB 50099—2011 规定：

(1) 中小学校教学用房的楼梯梯段宽度应为人流股数的整数倍。梯段宽度不应小于 1.20m，并应按 0.60m 的整数倍增加梯段宽度。每个梯段可增加不超过 0.15m 的摆幅宽度，意即梯段宽度可为 0.60~0.75m 之间。

(2) 中小学校楼梯每个梯段的踏步级数不应小于 3 级，且不应多于 18 级，并应符合下列规定：

① 各类小学楼梯踏步的宽度不得小于 0.26m，高度不得大于 0.15m；

② 各类小学楼梯踏步的宽度不得小于 0.28m，高度不得大于 0.16m；

③ 楼梯的坡度不得大于 30°。

(3) 疏散楼梯不得采用螺旋楼梯和扇形踏步。

(4) 楼梯两梯段间楼梯井净宽不得大于 0.11m，大于 0.11m 时，应采取有效的安全防护措施。两梯段扶手之间的水平净距宜为 0.10~0.20m。

(5) 中小学校的楼梯扶手的设置应符合下列规定：

① 梯段宽度为 2 股人流时，应至少在一侧设置扶手；

② 梯段宽度为 3 股人流时，两侧均应设置扶手；

③ 梯段宽度达到 4 股人流时，应加设中间扶手，中间扶手两侧梯段净宽应满足①项的要求；

④ 中小学校室内楼梯扶手高度不应低于 0.90m；室外楼梯扶手高度不应低于 1.10m；水平扶手高度不应低于 1.10m；

⑤ 中小学校的楼梯扶手上应加设防止学生溜滑的设施；

⑥ 中小学校的楼梯栏杆不得采用易于攀登的构造和花饰；栏杆和花饰的镂空处净距不得大于 0.11m。

(6) 除首层和顶层外，教学疏散楼梯在中间层的楼层平台与梯段接口处宜设置缓冲空间（休息平台）缓冲空间的宽度不宜小于梯段宽度。

(7) 中小学校的楼梯两相邻楼梯梯段间不得设置遮挡视线的隔墙。

(8) 教学用房的楼梯间应有天然采光和自然通风。

7)《托儿所、幼儿园建筑设计规范》JGJ 39—2016（2019 年版）规定：

（1）楼梯间应有直接的天然采光和自然通风；

（2）楼梯除设成人扶手外，应在梯段两侧设幼儿扶手，其高度宜为 0.60m；

（3）供幼儿使用的楼梯踏步高度宜为 0.13m，宽度宜为 0.26m；

（4）严寒地区不应设置室外楼梯；

（5）幼儿使用的楼梯不应采用扇形、螺旋形踏步；

（6）楼梯踏步面应采用防滑材料；踏步踢面不应漏空，踏步踏面应做明显警示标识；

（7）楼梯间在首层应直通室外；

（8）幼儿使用的楼梯，当楼梯井净宽度大于 0.11m 时，必须采取防止幼儿攀滑措施。楼梯栏杆应采取不宜攀爬的构造，当采用垂直杆件做栏杆时，其杆件净距不应大于 0.09m。

8)《商店建筑设计规范》JGJ 48—2014 规定：

（1）楼梯梯段最小净宽、踏步最小宽度和最大高度应符合表 2-55 的规定。

楼梯梯段最小净宽、踏步最小宽度和最大高度　　　　　　　表 2-55

楼梯类别	梯段最小净宽（m）	踏步最小宽度（m）	踏步最大高度（m）
营业区的公用楼梯	1.40	0.28	0.16
专用疏散楼梯	1.20	0.26	0.17
室外楼梯	1.40	0.30	0.15

（2）楼梯、室内回廊、内天井等临空处的栏杆应采用防攀爬的构造，当采用垂直杆件作栏杆时，其杆件净距不应大于 0.11m。

（3）人员密集的大型商店的中庭应提高栏杆高度，当采用玻璃栏板时，应符合《建筑玻璃应用技术规程》JGJ 133—2015 的规定。

9)《剧场建筑设计规范》JGJ 57—2016 规定：

（1）踏步宽度不应小于 0.28m，踏步高度不应大于 0.16m，连续踏步不宜超过 18 级；当超过 18 级时，应加设中间休息平台，且平台宽度不应小于梯段宽度，并不应小于 1.20m。

（2）不宜采用螺旋楼梯。当采用扇形梯段时，离踏步窄端扶手水平距离 0.25m 处的踏步宽度不应小于 0.22m，离踏步宽端扶手水平距离不应大于 0.50m，休息平台窄端不应小于 1.20m。

（3）楼梯应设置坚固、连续的扶手，且高度不应低于 0.90m。

10)《电影院建筑设计规范》JGJ 58—2008 规定：

（1）楼梯最小宽度不应小于 1.20m；

（2）室外楼梯的净宽不应小于 1.10m；下行人流不应妨碍地面人流；

（3）对于有候场需要的门厅，门厅内供入场使用的主楼梯不应作为疏散楼梯；

（4）疏散楼梯的踏步宽度不应小于 0.28m，踏步高度不应大于 0.16m；

（5）疏散楼梯不得采用螺旋楼梯和扇形踏步；当踏步上下两级形成的平面角度不超过 10°，且每级离扶手 0.25m 处踏步宽度超过 0.22m 时，可不受此限；

（6）转弯楼梯休息平台深度不应小于楼梯段宽度；直跑楼梯的中间休息平台深度不应

小于 1.20m。

11)《综合医院建筑设计规范》GB 51039—2014 规定：

(1) 楼梯的位置应同时符合防火、疏散和功能分区的要求；

(2) 主楼梯宽度不得小于 1.65m，踏步宽度不应小于 0.28m，高度不应大于 0.16m。

12)《疗养院建筑设计规范》JGJ/T 40—2019 规定：在疗养、理疗、医技门诊用房的建筑物内人流使用集中的楼梯，至少有一部其净宽不宜小于 1.65m。

13)《特殊教育学校建筑设计标准》JGJ/T 40—2019 规定：

(1) 宜采用双跑楼梯，不应采用直跑楼梯；

(2) 楼梯井净宽不应大于 0.11m；当大于 0.11m 时，应采用可靠的安全防护措施；

(3) 梯段净宽不宜超过 3 股人流，盲校、培智学校楼梯段的净宽度不应小于 1.40m；

(4) 楼梯的踏步宽度不应小于 0.28m，高度不应大于 0.16m。楼梯踏步的踏面应平整防滑，踏步板边缘不得突出踢脚板；

(5) 宜在梯段两侧均设扶手；

(6) 楼梯顶层平直段栏杆高度不应小于 1.20m；

(7) 盲校、培智学校楼梯间沿墙应设高低两道扶手，盲校楼梯沿墙扶手应与走道墙面扶手相连接，每层楼梯末端扶手应设置盲文楼层标识，楼梯间上下起步处的地面应设触感标识，梯段处应设置上下行分界线标识，主要教学活动空间、疏散走道及楼梯间的阳角处均应做成切角或圆弧。

14)《科研建筑设计标准》JGJ 91—2019 规定：

科研人员经常通行的楼梯，其踏步宽度不宜小于 0.28m，高度不宜大于 0.16m。

15)《人民防空地下室设计规范》GB 50038—2005 规定：

(1) 踏步高度不宜大于 0.18m，踏步宽度不宜小于 0.25m；

(2) 阶梯不宜采用扇形踏步，单踏步上下两段所形成的平面角小于 10°，且每级离扶手 0.25m 处的踏步宽度大于 0.22m 时可不受此限；

(3) 出入口的梯段应至少在一侧设置扶手，其净宽大于 2.00m 时应在两侧设置扶手，其净宽大于 2.50m 时宜加设中间扶手。

16)《建筑玻璃应用技术规程》JGJ 113—2015 指出室内栏板用玻璃应符合下列规定：

① 设有立柱和扶手，栏板玻璃作为镶嵌面板安装在护栏系统中，栏板玻璃应采用夹层玻璃。

② 栏板玻璃固定在结构上且直接承受人体荷载的护栏系统，其栏板玻璃应符合下列规定：

a. 当栏板玻璃最低点离一侧楼地面高度不大于 5.00m 时，应使用公称厚度不小于 16.76mm 的夹层玻璃。

b. 当栏板玻璃最低点离一侧楼地面高度大于 5.00m 时，不得采用此类护栏系统。

（六）电　　梯

315. 电梯的设置原则有哪些？

1)《民用建筑设计统一标准》GB 50352—2019 规定电梯设置的原则是：

(1) 电梯不得作为安全出口；

(2) 电梯台数和规格应经计算后确定并满足建筑的使用特点和要求；

(3) 高层公共建筑和高层宿舍建筑的电梯台数不宜少于 2 台，12 层及 12 层以上的住宅建筑的电梯台数不应少于 2 台，并应符合现行国家标准《住宅设计规范》GB 50096—2011 的规定；

(4) 电梯的设置，单侧排列时不宜超过 4 台，双侧排列时不宜超过 2 排×4 台；

(5) 高层建筑电梯分区服务时，每服务区的电梯单侧排列时不宜超过 4 台，双侧排列时不宜超过 2 排×4 台；

(6) 当建筑设有电梯目的地选层控制系统时，电梯单侧排列或双侧排列的数量可超过上述（4）、（5）的规定合理设置；

(7) 电梯候梯厅的深度应符合表 2-56 的规定；

候梯厅深度　　　　　　　　　　　　表 2-56

电梯类别	布置方式	候梯厅深度
住宅电梯	单台	≥B，且≥1.50m
	多台单侧排列	≥B~max~，且≥1.80m
	多台双侧排列	≥相对电梯 B~max~ 之和，且<3.50m
公共建筑电梯	单台	≥1.5B，且≥1.80m
	多台单侧排列	≥1.5B~max~，且≥2.00m 当电梯群为 4 台时应≥2.40m
	多台双侧排列	≥相对电梯 B~max~ 之和，且<4.50m
病床电梯	单台	≥1.5B
	多台单侧排列	≥1.5B~max~
	多台双侧排列	≥相对电梯 B~max~ 之和

注：B 为轿厢深度；B~max~ 为电梯群中最大轿厢深度。

(8) 电梯不应在转角处贴邻布置，且电梯井不宜被楼梯环绕设置；

(9) 电梯井道和机房不宜与有安静要求的用房贴邻布置，否则应采取隔振、隔声措施；

(10) 电梯机房应有隔热、通风、防尘等措施，宜有自然采光，不得将机房顶板作水箱底板及在机房内直接穿越水管或蒸汽管；

(11) 消防电梯的布置应符合现行国家标准《建筑设计防火规范》GB 50016—2014（2018 年版）的有关规定；

(12) 专为老年人及残疾人使用的建筑，其乘客电梯应设置监控系统，梯门宜装可视窗，并应符合现行国家标准《无障碍设计规范》GB 50763—2012 的有关规定。

2）综合《住宅设计规范》GB 50096—2011 和《住宅建筑规范》GB 50368—2005 的规定：

(1) 属于下列情况之一时，必须设置电梯：

① 7 层及 7 层以上住宅或住户入口层楼面距室外设计地面的高度超过 16m 时；

② 底层作为商店或其他用房的 6 层及 6 层以下住宅，其住户入口楼层楼面距该建筑

物的室外设计地面高度超过 16m 时；

③ 底层做架空层或贮存空间的 6 层及 6 层以下住宅，其住户入口楼层楼面距该建筑物的室外设计地面高度超过 16m 时；

④ 顶层为两层一套的跃层住宅时，跃层部分不计层数，其顶层住户入口层楼面距该建筑物的室外设计地面高度超过 16m 时。

（2）12 层及 12 层以上的住宅，每栋楼设置电梯不应少于两台，其中应设置一台可容纳担架的电梯。

（3）12 层及 12 层以上的住宅每单元只设置一部电梯时，从第 12 层起应设置与相邻住宅单元连通的联系廊。上下联系廊之间的间隔不应超过 5 层。联系廊的净宽不应小于 1.10m，局部净宽不应低于 2.00m。

（4）由 2 个或 2 个以上单元组成的 12 层及 12 层以上的住宅，其中有 1 个或 1 个以上的住宅单元未设置可容纳担架的电梯时，应从第 12 层起设置可容纳担架的电梯连通的联系廊。联系廊可隔层设置，上下联系廊之间的间隔不应超过 5 层。联系廊的净宽不应小于 1.10m，局部净宽不应低于 2.00m。

（5）7 层及 7 层以上的住宅电梯应在设有户门和公共走廊的楼层每层设站。住宅电梯宜成组集中布置。

（6）候梯厅深度不应小于多台电梯中最大轿厢深度，且不应小于 1.50m。

（7）电梯不应紧邻卧室布置。当受条件限制，电梯不得不紧邻兼起居的卧室布置时，应采取隔声、减振的构造措施。

（8）电梯设置台数一般为每 60～90 户设一台（参考值）。

3）《办公建筑设计标准》JGJ/T 67—2019 规定：

（1）4 层及 4 层以上或楼面距室外设计地面高度超过 12m 的办公建筑应设电梯。

（2）乘客电梯的数量、额定载重量和额定速度应通过设计和计算确定。（资料：一般按建筑面积 5000m² 设一台确定。）

（3）乘客电梯位置应有明确的导向标识，并应能便捷到达。

（4）消防电梯应按现行国家规范《建筑设计防火规范》GB 50016—2014（2018 年版）进行设置，可兼作服务电梯使用。

（5）电梯厅的深度应符合表 2-57 的规定。

电梯厅的深度　　　　　　　　　　　　　　　　　　　　表 2-57

布置方式	电梯厅深度
单台	大于等于 $1.5B$
多台单侧布置	大于等于 $1.5B'$，当电梯并列布置为 4 台时应大于等于 2.4m
多台双侧布置	大于等于相对电梯 B' 之和，并小于 4.5m

注：1. B 为轿厢深度；

　　2. B' 为并列布置的电梯中最大轿厢深度。

（6）3 台及以上的客梯集中布置时，客梯控制系统应具备按程序集中调控和群控的功能。

（7）超高层办公建筑的乘客电梯应分层分区停靠。

4)《宿舍建筑设计规范》JGJ 36—2016 规定:

6 层及 6 层以上宿舍或居室最高入口层楼面距室外设计地面的高度大于 15m 时,宜设置电梯。高度大于 18m 时,应设置电梯,并宜有一部电梯供担架平入。

5)《疗养院建筑设计标准》JGJ/T 40—2019 规定:供疗养员使用的建筑超过 2 层时,应设置电梯,且不宜少于 2 台,其中 1 台宜为医用电梯。电梯井道不得与疗养室和有安静要求的用房贴邻。

6)《档案馆建筑设计规范》JGJ 25—2010 规定:

(1) 4 层及 4 层以上的对外服务用房、档案业务和技术用房,应设置电梯。

(2) 2 层及 2 层以上的档案库应设垂直运输设备。

7)《老年人照料设施建筑设计标准》JGJ 450—2018 规定:

(1) 二层及以上楼层、地下室、半地下室设置老年人用房时应设电梯,电梯应为无障碍电梯,且至少 1 台能容纳担架。

(2) 电梯应作为楼层间供老年人使用的主要垂直交通工具,且应符合下列规定:

① 电梯的数量应综合设施类型、层数、每层面积、设计床位数或老年人数、用房功能与规模、电梯主演技术参数等因素确定。为老年人居室使用的电梯,每台电梯服务的设计床位数不应大于 120 床。

② 电梯的位置应明显易找,且宜结合老年人用房和建筑出入口均衡设置。

8)《综合医院建筑设计规范》GB 51039—2014 规定:

(1) 2 层医疗用房宜设电梯;3 层及 3 层以上的医疗用房应设电梯,且不得少于 2 台。

(2) 共患者使用的电梯和污物梯,应采用病床梯。(参考值:医院住院部按病床数设置电梯,一般每 150 张病床设一台。)

(3) 医院住院部宜增设供医护人员专用的客梯、送餐和污物专用客梯。

(4) 电梯井道不应与有安静要求的用房贴邻。

9)《旅馆建筑设计规范》JGJ 62—2014 规定:

(1) 四级、五级旅馆建筑 2 层宜设乘客电梯,3 层及 3 层以上应设乘客电梯。一级、二级、三级旅馆建筑宜设乘客电梯;4 层及 4 层以上应设乘客电梯。

(2) 乘客电梯的台数、额定载重量和额定速度应通过设计和计算确定。(参考数:一般每 100~120 间客房设一台)。

(3) 主要乘客电梯位置应有明确的导向标识,并应能便捷抵达。

(4) 客房部分宜至少设置两部乘客电梯,四级及以上旅馆建筑公共部分宜设置自动扶梯或专用乘客电梯。

(5) 服务电梯应根据旅馆建筑等级和实际需要设置,且四级、五级旅馆建筑应设服务电梯。

(6) 电梯厅深度应符合《民用建筑设计通则》(GB 50352—2005)的规定,且当客房与电梯厅正面布置时,电梯厅的深度不应包括客房与电梯厅之间的走道宽度。

(7) 旅馆建筑停车库宜设置通往公共部分的公共通道或电梯。

10)《图书馆建筑设计规范》JGJ 38—2015 规定:

(1) 图书馆的 4 层及 4 层以上设有阅览室时,应设置为读者服务的电梯,并应至少设一台无障碍电梯。

（2）2 层至 5 层的书库应设置书刊提升设备，6 层及 6 层以上的书库应设专用货梯。

（3）书库内的工作人员专用楼梯的楼梯段净宽不宜小于 0.80m，坡度不应大于 45°，并应采取防滑措施。

（4）书刊提升设备的位置宜邻近书刊出纳台。

（5）同层的书库与阅览室的楼、地面宜采用同一标高。

11）《饮食建筑设计规范》JGJ 64—2017 规定：

位于二层及二层以上餐馆、饮品店和位于三层及三层以上的快餐店宜设置乘客电梯。

12）《科研建筑设计规范》JGJ 91—2019 规定：

四层及四层以上的科研建筑应设置客用电梯。两层及两层以上的实验、试验用房，应设置满足相应设备、仪器进出要求的货梯等设施。

13）《商店建筑设计规范》JGJ 48—2014 规定：

（1）大型和中型商店的营业区宜设乘客电梯；

（2）多层商店宜设置货梯或提升机。

14）《建筑设计防火规范》GB 50016—2014（2018 年版）规定：

（1）电梯不得计作安全疏散设施。

（2）公共建筑中的客梯宜设置独立的电梯间，不宜直接设置在营业厅、展览厅、多功能厅等场所内。

15）《博物馆建筑设计规范》JGJ 66—2015 规定：

（1）当藏品、展品需要垂直运送时应设专用货梯，专用货梯不应与观众、员工电梯或其他工作货梯合用，且应设置可关闭的候梯间。

（2）通道、门、洞、货梯轿厢及轿厢门等，其高度、宽度或深度尺寸、荷载等应满足藏品、展品及其运输工具通行和藏具、展具运送的要求。

16）《托儿所、幼儿园建筑设计规范》JGJ 39—2016（2019 年版）规定：

当托儿所、幼儿园建筑为二层及以上时，应设提升食梯。食梯呼叫按钮距地面高度应大于 1.70m。

316. 电梯的类型及相关的规定有哪些？

综合相关技术资料，电梯分为有机房电梯、无机房电梯和液压电梯三大类，它们的组成和构造要求为：

1）有机房电梯

（1）组成：有机房电梯由机房、井道和底（地）坑三部分组成，是应用最为广泛的一种。机房内有驱动主机（曳引机）、控制柜（屏）等设备。井道一般采用钢筋混凝土浇筑或普通砖砌筑。地坑内有地弹簧等减振设备。

（2）构造要求：

① 电梯门的宽度

a. 载重量为 1000kg 的电梯，门宽应为 1.00m，高级写字楼一般不宜采用。

b. 载重量为 1150kg 的电梯，门宽可为 1.10m，以达到进出方便、舒适。

c. 载重量 1600kg 电梯，门宽可为 1.30m。

d. 特大型建筑、使用电梯次数多的建筑、有特殊用途的电梯，可适当加宽门的宽度。

②井道

a. 电梯井道应选用具有足够强度和不产生粉尘的材料，耐火极限不应低于 1.00h 的不燃烧体。井道厚度采用钢筋混凝土墙时不应小于 200mm，采用砌体承重墙时不应小于 240mm，或根据结构计算确定。当井道采用砌体墙时，应设框架柱和水平圈梁与框架梁，以满足固定轿厢和配重导轨之用。水平圈梁宜设在各层预留门洞上方，高度不宜小于 350mm，垂直中距宜为 2.50 m 左右。框架梁高不宜小于 500mm。

b. 电梯井道壁应垂直，且井道净空尺寸允许正偏差，其允许偏差值为：

a) 当井道高度小于或等于 30m 时，为 0～＋25mm；

b) 当井道高度大于 30m、小于 60m 时，为 0～＋35mm；

c) 当井道高度大于 60m、小于 90m 时，为 0～＋50mm；

d) 当井道高度大于 90m 时，应符合电梯生产厂家土建布置图的要求。

如果电梯对重装置有安全钳时，则根据需要，井道的宽度和深度尺寸允许适当增加。

c. 电梯井道不宜设置在能够到达的空间上部。如确有人们能到达的空间存在，底坑地面最小应按支承 5000Pa 荷载设计，或将对重缓冲器安装在一直延伸到坚固地面上的实心柱墩上或由厂家附加对重安全钳。上述做法应得到电梯供货厂的书面文件确认其安全。

d. 电梯井道除层门开口、通风孔、排烟口、安装门、检修门和检修人孔外，不得有其他与电梯无关的开口。

e. 电梯井的泄气孔

a) 单台梯井道，中速梯（2.50～5.00rn/s）在井道顶端宜按最小井道面积的 1/100 留泄气孔。

b) 高速梯（≥5.00m/s）应在井道上下端各留不小于 1.00m² 的泄气孔。

c) 双台及以上合用井道的泄气孔，低速梯和中速梯原则上不留，高速梯可比单井道的小或依据电梯生产厂的要求设置。

d) 井道泄气孔应依据电梯生产厂的要求设置。

f. 当相邻两层门地坎间距离超过 11.00m 时，其间应设安全门，其高度不得小于 1.80m，宽度不得小于 0.35m。安全门和检修门应具有和层门一样的机械强度和耐久性能，且均不得向井道里开启，门本身应是无孔的。

g. 高速直流乘客电梯的井道上部应做隔音层，隔音层应做 800mm×800mm 的进出口。

h. 多台并列成排电梯井道内部尺寸应符合下列规定：

a) 共用井道总宽度＝单梯井道宽度之和＋单梯井道之间的分界宽度之和。每个分界宽度最小按 100～200mm 计。当两轿厢相对一面设有安全门时，位于该两台电梯之间的井道壁不应为实体墙，应设钢或钢筋混凝土梁，分界宽度大于等于 1000mm。

b) 共用井道各组成部分深度与这些电梯单独安装时井道的深度相同。

c) 底坑深度按群梯中速度最快的电梯确定。

d) 顶层高度按群梯中速度最快的电梯确定。

e) 多台电梯中，电梯厅门间的墙宜为填充墙，不宜为钢筋混凝土抗震墙。

i. 多台并列成排电梯共用机房内部尺寸应符合下列规定：

a) 多台电梯共用机房的最小宽度，应等于共用井道的总宽度加上最大的 1 台电梯单独安装时所侧向延伸长度之和。

b) 多台电梯共用机房的最大深度，应等于电梯单独安装所需最深井道加上2100mm。

c) 多台电梯共用机房最小高度，应等于其中最高机房的高度。

③ 机房

a. 机房的剖面位置

a) 乘客电梯、住宅电梯、病床电梯、载货电梯的机房位于顶站上部；

b) 杂物电梯的机房位于顶站上部或位于本层；

c) 液压电梯的机房位于底层或地下。

b. 机房的工作环境

a) 机房应为专用的房间，围护结构应保温隔热，室内应有良好通风、防尘，宜有自然采光。环境温度应保持在5~40℃之间，相对湿度不大于85%。

b) 介质中无爆炸危险、无足以腐蚀金属和破坏绝缘的气体及导电尘埃。

c) 供电电压波动在±7%范围以内。

c. 通向机房的通道、楼梯和门的宽度不应小于1200mm，门的高度不应小于2000mm。楼梯的坡度小于或等于45°。上电梯机房应通过楼梯到达，也可经过一段屋顶到达，但不应经过垂直爬梯。机房门的位置还应考虑电梯更新时机组吊装与进出方便。

d. 机房地面应平整、坚固、防滑和不起尘。机房地面允许有不同高度，当高差大于0.50m时，应设防护栏杆和钢梯。

e. 机房顶板上部不宜设置水箱，如不得不设置时，不得利用机房顶板作为水箱底板，且水箱间地面应有可靠的防水措施。也不应在机房内直接穿越水管和蒸汽管。

f. 机房可向井道两个相邻侧面延伸，液压电梯机房宜靠近井道。

g. 机房顶部应设起吊钢梁或吊钩，其中心位置宜与电梯井纵横轴的交点对中。吊钩承受的荷载对于额定载重量3000kg以下的电梯不应小于2000kg；对于额定载重量大于3000kg电梯，不应小于3000kg。也可以根据生产厂的要求确定。

h. 设置曳引机承重梁和有关预埋铁件，必须埋入承重墙内或直接传力至承重梁的支墩上。承重梁的支撑长度应超过墙中心20mm且不应少于75mm。

④ 底（地）坑与其他要求

a. 相邻两层站间的距离，当层门入口高度为2000mm时，应不小于2450mm；层门入口高度为2100mm时，应不小于2550mm。

b. 层门尺寸指门套装修后的净尺寸，土建层门的洞口尺寸应大于层门尺寸，留出装修的余量，一般宽度为层门两边各加100mm，高度为层门加70~100mm。

c. 电梯井道底（地）坑地面应光滑平整、不渗水、不漏水。消防电梯井道并设排水装置，集水坑设在电梯井道外。

d. 底（地）坑深度超过900mm时，需根据要求设置固定金属梯或金属爬梯。金属梯或金属爬梯不得凸入电梯运行空间，且不应影响电梯运行部件的运行。当生产厂自带该梯时，设计不必考虑。

e. 底（地）坑深度超过2500mm时，应设带锁的检修门，检修门高度大于1400mm，宽度大于600mm，检修门不得向井道内开启。

f. 同一井道安装有多台电梯时，相邻电梯井道之间可为钢筋混凝土隔墙或钢梁（每层设置），用以安装导轨支架，墙厚200mm，梁的宽度为100mm。在井道下部不同的电梯运行部件之间应设置护栏，高度为底坑底面以上2.50m。

g. 电梯详图中应按电梯生产厂要求，在井道和机房详图中表示导轨预埋件、厅门牛腿、厅门门套、机房工字钢梁（或混凝土梁）和顶部检修吊钩的位置、规格等，层数指示灯及按钮留洞位置。为电梯检修，必须满足吊钩底的净空高度要求，当不能满足时，可通过增加层高或吊钩梁采用反梁解决。

2) 无机房电梯

(1) 无机房电梯的设置

① 无机房电梯的特点是将驱动主机安装在井道或轿厢上，控制柜放在维修人员能接近的位置。

② 当电梯额定速度为1.0m/s时，最大提升高度为40m，最多楼层数为16层；当电梯额定速度为1.60~1.70m/s时，最大提升速度为80m，最多楼层数为24层。

③ 多层住宅增设电梯时，宜配置无机房电梯。

④ 无机房电梯的顶层高度应根据电梯速度、载重量和轿厢的高度确定，一般来说，载重量1t以下的电梯，顶层高度可按4.50m计；1t及以上的电梯，顶层高度可按4.80~5.00m计（应以实际选用的电梯为准）。

3) 液压电梯

(1) 组成：由液压站、电控柜及附属设备组成。

(2) 构造要求：

① 液压电梯是以液压力传动的垂直运输设备，适用于行程高度小（一般应小于等于40m，货梯速度为0.5m/s为20m）、机房不设在建筑物的顶部的电梯。货梯、客梯、住宅电梯和病床电梯均可以采用液压电梯。

② 液压电梯的额定载重量为400~2000kg，额定速度为0.10~1.00m/s（无特殊要求，一般不应大于1m/s）。

③ 液压电梯每小时启动运行的次数不应超过60次。

④ 液压电梯的动力液压油缸应与驱动的轿厢设于同一井道内，动力液压油缸可以伸到地下或其他空间。

⑤ 液压电梯的液压站、电控柜及其附属设备必须安装在同一专用房间里，该房间应有独立的门、墙、地面和顶板。与电梯无关的物品不得置于专用房间内。

⑥ 液压电梯的机房宜靠近井道，有困难时，可布置在远离井道不大于8m的独立机房内。如果机房无法与井道毗连，则用于驱动电梯轿厢的液压管路和电气线路都必须从预埋的管道或专门砌筑的槽中穿过。对于不毗邻的机房和轿厢之间应设置永久性的通信设备。

⑦ 液压电梯的机房尺寸不应小于1900mm×2100mm×2000mm（宽×深×高），底（地）坑深度应不小于1.20m。

⑧ 机房内所安装的设备之间应留有足以操作和维修的人行通道和空间位置。

4) 杂物电梯

(1) 用途

杂物电梯主要为运送饭菜（又称食梯）及工厂、图书馆、饭店、宾馆等建筑中运送杂物使用。

①《托儿所、幼儿园建筑设计规范》JGJ 39—2016 规定：当托儿所、幼儿园建筑为二层及以上时，应设提升食梯。食梯呼叫按钮距地面高度应大于 1.70m。

②《图书馆建筑设计规范》JGJ 38—2015 规定：

a. 2 层至 5 层的书库应设置书刊提升设备，6 层及 6 层的书库应设置专用货梯；

b. 书刊提升设备的位置宜临近书刊出纳台。

（2）安装方式及操纵方式

杂物电梯的安装方式为框架式。操纵方式有微机控制和 PIC 控制两种。

（3）载重量及主要尺寸

杂物电梯中的食梯载重量不得大于 300kg。轿厢平面尺寸为 1000mm×1000mm。高度为 1200mm。食梯的标准尺寸见表 2-58。

食梯的标准尺寸 表 2-58

序号	宽度（mm）	深度（mm）	高度（mm）
1	600	600	800
2	600	800	800
3	800	800	800
4	800	800	1200
5	800	1000	1200
6	1000	1000	1200

（七）自动扶梯与自动人行道

317. 自动扶梯和自动人行道的设置原则及构造要求是什么？

1）《民用建筑设计统一标准》GB 50352—2019 规定：

（1）自动扶梯和自动人行道不得作为安全出口。

（2）出入口畅通区的宽度从扶手带端部算起不应小于 2.50m，人员密集的公共场所其畅通区宽度不宜小于 3.50m。

（3）扶梯与楼层地板开口部位之间应设防护栏杆或栏板。

（4）栏板应平整、光滑和无突出物；扶手带顶面距自动扶梯前缘、自动人行道踏板面或胶带面的垂直高度不应小于 0.90m。

（5）扶手带中心线与平行墙面或楼板开口边缘间的距离：当相邻平行交叉设置时，两梯（道）之间扶手带中心线的水平距离不应小于 0.50m，否则应采取措施防止障碍物引起人员伤害。

（6）自动扶梯的梯级、自动人行道的踏板或胶带上空，垂直净高不应小于 2.30m。

（7）自动扶梯的倾斜角不应超过 30°，额定速度不宜大于 0.75m/s；当提升高度不超过 6.00m，倾斜角小于等于 35° 时，额定速度不超过 0.50m/s；当自动扶梯速度大于 0.65m/s 时，在其端部应有不小于 1.60m 的水平移动距离作为导向行程段。

（8）倾斜式自动人行道的倾斜角不应超过 12°，额定速度不应大于 0.75m/s。当踏板的宽度不大于 1.10m，并且在两端出入口踏板或胶带进入梳齿板之前的水平距离不小于 1.60m 时，自动人行道的最大额定速度可达到 0.90m/s。

（9）当自动扶梯和层间相通的自动人行道单向设置时，应就近布置相匹配的楼梯。

（10）设置自动扶梯或自动人行道所形成的上下层贯通空间，应符合现行国家标准《建筑设计防火规范》GB 50016—2014（2018 年版）的有关规定。

（11）当自动扶梯或倾斜式自动人行道呈剪刀状相对布置时，以及与楼板、梁开口部位侧边交错部位，应在产生的锐角口前部 1.00m 范围内设置防夹、防剪的预警阻挡设施。

（12）自动扶梯和自动人行道宜根据负载状态（无人、少人、多数人、载满人）自动调节为低速或全速的运行方式。

2）《建筑设计防火规范》GB 50016—2014（2018 年版）规定：自动扶梯不得计作安全疏散设施。

3）《商店建筑设计规范》JGJ 48—2014 规定：

（1）大型和中型商店的营业区宜设自动扶梯和自动人行道；

（2）自动扶梯倾斜角度不应大于 30°，自动人行道倾斜角度不应超过 12°；

（3）自动扶梯、自动人行道上下两端水平距离 3m 范围内应保持畅通，不得兼作他用；

（4）扶手带中心线与平行墙面或楼板开口边缘间的距离、相邻位置的自动扶梯或自动人行道的两端（道）扶手带中心线的水平距离应大于 0.50m，否则应采取措施。

4）《饮食建筑设计规范》JGJ 64—2017 规定：

位于二层及二层以上的大型和特大型食堂宜设置自动扶梯。

五、台阶与坡道

（一）台　阶

318. 台阶的构造要点有哪些?

1)《民用建筑设计统一标准》GB 50352—2019 规定：

(1) 公共建筑室内外台阶踏步宽度不宜小于 0.30m，踏步高度不宜大于 0.15m，并不宜小于 0.10m。

(2) 踏步应采取防滑措施。

(3) 室内台阶踏步数不应少于 2 级，当高差不足 2 级时，宜按坡道设置。

(4) 台阶总高度超过 0.70m 时，应在临空面采取防护设施。

(5) 阶梯教室、体育场馆和影剧院观众厅纵走道的台阶设置应符合国家现行相关标准的规定。

2)《住宅设计规范》GB 50096—2011 规定：

(1) 公共出入口台阶高度超过 0.70m 并侧面临空时，应设置防护设施，防护设施的净高不应低于 1.05m。

(2) 公共出入口台阶踏步宽度不宜小于 0.30m，踏步高度不应大于 0.15m，并不应小于 0.10m，踏步高度应均匀一致，并应采取防滑措施。台阶踏步数不应少于 2 级，当高差不足 2 级时，应按坡道设置；台阶宽度大于 1.80m 时，两侧宜设置栏杆扶手，扶手高度应为 0.90m。

3)《商店建筑设计规范》JGJ 48—2014 规定：

(1) 室内外台阶的踏步高度不应大于 0.15m，且不宜小于 0.10m。踏步宽度不应小于 0.30m。

(2) 当高差不足两级踏步时，应按坡道设置，其坡度不应大于 1:12。

4)《中小学校设计规范》GB 50099—2011 规定：

(1) 中小学校的建筑物内，当走道有高差变化应设置台阶时，台阶处应有天然采光或照明，踏步级数不得少于 3 级，并不得采用扇形踏步。

(2) 当高差不足 3 级踏步时，应设置坡道。

5)《托儿所、幼儿园建筑设计规范》JGJ 39—2016（2019 年版）规定：

(1) 出入口台阶高度超过 0.30m，并侧面临空时，应设置防护设施，防护设施净高不应低于 1.05m。

(2) 建筑室外出入口应设雨篷，雨篷挑出长度宜超过首级踏步 0.50m 以上。

（二）坡 道

319. 坡道的构造要点有哪些?

1)《民用建筑设计统一标准》GB 50352—2019 规定:

（1）室内坡道坡度不宜大于 1:8,室外坡道坡度不宜大于 1:10;

（2）当室内坡道水平投影长度超过 15.0m 时,宜设休息平台,平台宽度应根据使用功能或设备尺寸所需缓冲空间而定;

（3）坡道应采取防滑措施;

（4）当坡道总高度超过 0.70m 时,应在临空面采取防护设施;

（5）供轮椅使用的坡道应符合现行国家标准《无障碍设计规范》GB 50763—2012 的规定;

（6）机动车和非机动车使用的坡道应符合现行行业标准《车库建筑设计规范》JGJ 100—2015 的有关规定。

2)《老年人照料设施建筑设计标准》JGJ 450—2018 规定:

（1）宜采用平坡出入口,平坡出入口的地面坡度不应大于 1/20,有条件时不应大于 1/30。

（2）出入口严禁采用旋转门。

（3）出入口的地面、台阶、踏步、坡道等均应采用防滑材料铺装,应有防止积水的措施;严寒、寒冷地区宜采取防结冰措施。

（4）出入口附近应设助行器和轮椅停放区。

3)《托儿所、幼儿园建筑设计规范》JGJ 39—2016（2019 年版）规定:

（1）幼儿经常通行和安全疏散的走道不应设有台阶,当有高差时,应设置防滑坡道,其坡度不应大于 1:12。

（2）疏散走道的墙面距地面 2m 以下不应设有壁柱、管道、消火栓箱、灭火器、广告牌等突出物。

4)《档案馆建筑设计规范》JGJ 25—2010 规定:

当档案库与其他用房同层布置且楼地面有高差时,应满足无障碍通行的要求。

5)《商店建筑设计规范》JGJ 48—2014 规定:

当高差不足两级台阶的高度时,应按坡道设置,坡道的坡度不应大于 1:12。

6)《车库建筑设计规范》JGJ 100—2015 规定:

（1）机动车库

① 机动车库内通车道和坡道的楼地面宜采取限制车速的措施。

② 机动车库内通车道和坡道面层应采取防滑措施,并宜在柱子、墙阳角凸出结构等部位采取防撞措施。

③ 通往底下的机动车车坡道应设置防雨和防止雨水倒灌至地下车库的设施。敞开式车库及有排水要求的停车区域楼地面应采取排水措施。

④ 通往车库的出入口和坡道的上方应有放坠落物设施。

⑤ 严寒和寒冷地区机动车库室外坡道应采取防雨和防滑措施。

⑥ 当机动车库坡道横向内（或外）侧无实体墙体时，应在无实体墙处设置护栏和道牙。道牙宽度不应小于 0.30m，高度不应小于 0.15m。

（2）非机动车库

① 多雨地区通往地下的坡道底端应设置截水沟；当地下坡道的敞开段无遮雨设施时，在敞开段较低处应增加截水沟。

② 非机动车库出入口上方宜设有防坠物措施。

③ 非机动车库出入口的坡道应采取防滑措施。

④ 严寒和寒冷地区非机动车库室外坡道应采取防雪和防滑措施。

⑤ 严寒和寒冷地区有采暖措施的非机动车库出入口处应采取保温措施。

7）《剧场建筑设计规范》JGJ 57—2016 规定：

室内部分疏散通道的坡度不应大于 1∶8，室外部分坡度不应大于 1∶10，并应采取防滑措施，室内坡道的装饰材料燃烧性能不应低于 B_1 级，为残疾人设置的通道坡度不应大于 1∶12。

8）《博物馆建筑设计规范》JGJ 66—2015 规定：博物馆建筑内藏品、展品的运送通道应符合下列规定：

（1）通道应短捷、方便；

（2）通道内不应设置台阶、门槛；当通道为坡道时，坡道的坡度不应大于 1∶20。

9）《中小学校设计规范》GB 50099—2011 规定，用坡道代替台阶时，坡道的坡度不应大于 1∶8，不宜大于 1∶12。

10）《旅馆建筑设计规范》JGJ 62—2014 规定：当服务通道有高差时，宜设置坡度不大于 1∶8 的坡道。

11）其他技术资料规定

（1）不同位置的坡道、坡度和宽度，应以表 2-59 为准。

不同位置的坡道、坡度和宽度　　　　　　　　　　　　　　　表 2-59

坡道位置	最大坡度	最小宽度（m）	坡道位置	最大坡度	最小宽度（m）
有台阶的建筑入口	1∶12	≥1.20	室外道路	1∶20	≥1.50
只有坡道的建筑入口	1∶20	≥1.50	困难地段	1∶10～1∶8	≥1.20
室内走道	1∶12	≥1.00			

（2）坡道起点、终点和中间休息平台的水平长度不应小于 1.50m。

六、屋　面

(一) 屋面的基本要求

320. 屋面应满足哪些基本要求？

1)《民用建筑设计统一标准》GB 50352—2019 指出：

(1) 屋面工程应根据建筑物的性质、重要程度及使用功能，结合工程特点、气候条件等按不同等级进行防水设防，合理采取保温、隔热措施。

(2) 屋面排水坡度应根据屋顶结构形式、屋面基层类别、防水构造形式、材料性能及当地气候等条件确定。

(3) 上人屋面应选用耐霉变、拉伸强度高的防水材料。防水层应有保护层，保护层宜采用块材或细石混凝土。

(4) 种植屋面结构应计算种植荷载作用，并宜设置植物浇灌设施，防水层应满足耐根穿刺要求。

(5) 屋面排水应符合下列规定：

① 屋面排水宜结合气候环境优先采用外排水，严寒地区、高层建筑、多跨及集水面积较大的屋面宜采用内排水，屋面雨水管的数量、管径应通过计算确定。

② 当上层屋面雨水管的雨水排至下层屋面时，应有防止水流冲刷屋面的措施。

③ 屋面雨水排水系统宜设置溢流系统，溢流排水口的位置不得设在建筑出入口的上方。

④ 当屋面采用虹吸式雨水排水系统时，应设溢流设施，集水沟的平面尺寸应满足汇水要求和雨水斗的安装要求，集水沟宽度不宜小于 300mm，有效深度不宜小于 250mm，集水沟分水线处最小深度不应小于 100mm。

⑤ 屋面雨水天沟、檐沟不得跨越变形缝和防火墙。

⑥ 屋面雨水系统不得和阳台雨水系统公用管道。屋面雨水管应设在公共部位，不得在住宅套内穿越。

(6) 屋面构造应符合下列规定：

① 设置保温隔热层的屋面应进行热工验算，应采取防结露、防蒸汽渗透等技术措施，且应符合现行国家标准《建筑设计防火规范》GB 50016—2014（2018 年版）的相关规定。

② 当屋面坡度较大时，应采取固定加强和防止屋面系统各个构造层及材料滑落的措施。

③ 强风地区的金属屋面和异形金属屋面应在边区、角区、檐口、屋脊及屋面形态变化处采取构造加强措施。

④ 采用架空隔热层的屋面，架空隔热层的高度应按照屋面的宽度或坡度的大小变化确定，架空隔热层不得堵塞。

⑤ 屋面应设上人检修口；当屋面无楼梯通达，并低于 10m 时，可设外墙爬梯，并应

有安全防护和防止儿童攀爬的措施；大型屋面及异形屋面的上屋面检修口宜多于2个。

⑥ 闷顶应设通风口和通向闷顶的检修人孔，闷顶内应设防火分隔。

⑦ 严寒及寒冷地区的坡屋面，檐口部位应采取防止冰雪融化下坠和冰坝形成的措施。

⑧ 天沟、天窗、檐沟、檐口、雨水管、泛水、变形缝和伸出屋面管道等处应采取与工程特点相适应的防水加强构造措施，并应符合国家现行有关标准的规定。

2)《屋面工程技术规范》GB 50345—2012规定：

(1) 屋面防水工程应根据建筑物的类别、重要程度、使用功能要求确定防水等级，并应按相应等级进行设防；对防水有特殊要求的建筑屋面，应进行专项防水设计。屋面防水等级和设防要求应符合表2-60的要求。

屋面防水等级和设防要求　　　　　　　　　　　　　表 2-60

防水等级	建筑类别	设防要求
Ⅰ级	重要建筑和高层建筑	两道防水设防
Ⅱ级	一般建筑	一道防水设防

(2) 屋面工程应根据建筑物的建筑造型、使用功能、环境条件，对下列内容进行设计：

① 屋面防水等级和设防要求；

② 屋面构造设计；

③ 屋面排水设计；

④ 找坡方式和选用的找坡材料；

⑤ 防水层选用的材料、厚度、规格及其主要性能；

⑥ 保温层选用的材料、厚度、燃烧性能及其主要性能；

⑦ 接缝密封防水选用的材料。

(3) 屋面防水层设计应采取下列技术措施：

① 卷材防水层易拉裂部位，宜选用空铺、点粘、条粘或机械固定等施工方法；

② 结构易发生较大变形、易渗漏和损坏的部位，应根据卷材或涂膜附加层；

③ 在坡度较大垂直面上粘贴防水卷材时，宜采用机械固定和对固定点进行密封的方法；

④ 卷材或涂膜附加层上应设置保护层；

⑤ 在刚性保护层与卷材、涂膜防水层应设置隔离层。

(4) 屋面工程所使用的防水材料在下列情况下应具有相容性：

① 卷材或涂料与基层粘接剂；

② 卷材与胶粘剂或胶粘带；

③ 卷材与卷材复合使用；

④ 卷材与涂料复合使用；

⑤ 密封材料与接缝基材。

(5) 防水材料的选择应符合下列规定：

① 外露使用的防水层，应选用耐紫外线、耐老化、耐候性好的防水材料；

② 上人屋面，应选用耐霉变、拉伸强度高的防水材料；

③ 长期处于潮湿环境的屋面，应选用耐腐蚀、耐霉变、耐穿刺、耐长期水浸等性能的防水材料；

④ 薄壳、装配式结构、钢结构及大跨度建筑屋面，应选用耐候性好、适应变形能力强的防水材料；

⑤ 倒置式屋面应选用适应变形能力强、接缝密封保证率高的防水材料；

⑥ 坡屋面应选用与基层粘结力强、感温性小的防水材料；

⑦ 屋面接缝密封防水，应选用与基材粘结力强和耐候性好、适应变形能力强的密封材料；

⑧ 基层处理剂、胶粘剂和涂料，应符合《建筑防水涂料有害物质限量》JC1066—2008 的有关规定。

3)《档案馆建筑设计规范》JGJ 25—2010 规定：

(1) 平屋顶上采用架空层时，基层应设保温、隔热层；架空层应通风流畅，其高度不应小于 0.30m；

(2) 炎热多雨地区的坡屋顶其下层为空间夹层时，内部应通风流畅。

4)《民用建筑热工设计规范》GB 50176—2016 规定：

(1) 屋面保温应采用以下措施：

① 屋面保温材料应选择密度小、导热系数小的材料；

② 屋面保温材料应严格控制吸水率。

(2) 屋面隔热应采用以下措施：

① 宜采用浅色外饰面。

② 宜采用通风隔热屋面。通风屋面的风道长度不宜大于 10m，通风间层高度应大于 0.30m，通风基层应做保温隔热层，檐口处宜采用导风构造，通风平屋面风道口与女儿墙的距离不应小于 0.60m。

③ 可采用有热反射材料层（热反射涂料、热反射膜、铝箔等）的空气间层隔热屋面。单面热反射隔热措施时，热反射隔热层应设置在空气温度较高一侧。

④ 可采用蓄水屋面。水面宜有水浮莲等浮生植物或白色漂浮物。水深宜为 0.15～0.20m。

⑤ 宜采用种植屋面。种植屋面的保温隔热层应选用密度小、压缩强度大、导热系数小、吸水率低的保温隔热材料。

⑥ 可采用淋水被动蒸发屋面。

⑦ 宜采用带老虎窗的通气阁楼坡屋面。

⑧ 采用带通风空气层的金属夹芯隔热屋面时，空气层厚度不宜小于 0.10m。

（二）屋面的类型与坡度

321. 屋面的类型和排水坡度有哪些规定？

相关技术资料表明，屋面的类型和坡度为：

1) 屋面的类型：屋面分为平屋面和坡屋面（亦称瓦屋面）两大部分。

2) 屋面排水坡度的表达

（1）坡度法

①《民用建筑设计统一标准》GB 50352—2019 规定：

屋面排水坡度应根据屋顶结构形式、屋面基层类别、防水构造形式、材料性能及当地气候等条件确定，且应符合表 2-61 的规定，并应符合下列规定：

a. 屋面采用结构找坡时不应小于 3％，采用建筑找坡时，不应小于 2％；

b. 瓦屋面坡度大于 100％以及大风和抗震设防烈度大于 7 度的地区，应采取固定和防止瓦材滑落的措施；

c. 卷材防水屋面檐沟、天沟纵向坡度不应小于 1％，金属屋面集水沟可无坡度；

d. 当种植屋面的坡度大于 20％ 时，应采取固定和防止滑落的措施。

屋面的排水坡度　　　　　　　　　　　　　　　表 2-61

屋面类别		屋面排水坡度（％）
平屋面	卷材防水屋面	≥2，＜5
瓦屋面	块瓦	≥30
	波形瓦	≥20
	沥青瓦	≥20
金属屋面	压型金属板、金属夹芯板	≥5
	单层防水卷材金属屋面	≥2
种植屋面	种植屋面	≥2，＜50
采光屋面	玻璃采光顶	≥5

②《屋面工程技术规范》GB 50345—2012 规定：

a. 平屋面：平屋面的类型和坡度详见表 2-62。

平屋面的类型和坡度　　　　　　　　　　　　　　　表 2-62

屋面类型	排水坡度	屋面类型	排水坡度
平屋面材料找坡	坡度宜为 2％	蓄水隔热屋面	不宜大于 0.5％
平屋面结构找坡	不应小于 3％	倒置式屋面	宜为 3％
架空隔热屋面	不宜大于 0.5％	金属檐沟、天沟的纵向坡度	宜为 0.5％

b. 瓦屋面：瓦屋面的类型和坡度详见表 2-63。

瓦屋面的类型和坡度　　　　　　　　　　　　　　　表 2-63

材料种类	屋面排水坡度
烧结瓦、混凝土瓦	不应小于 30％
沥青瓦	不应小于 20％
金属板材	咬口锁边连接 5％、紧固件连接 10％、檐沟 0.5％

③《屋面工程质量验收规范》GB 50207—2012 对屋面常用坡度的规定为：

a. 结构找坡的屋面坡度不应小于 3％；

b. 材料找坡的屋面坡度宜为 2％；

c. 檐沟、天沟纵向坡度不应小于 1％，沟底水落差不得超过 200mm。

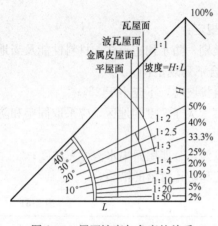

图 2-49　屋面坡度与角度的关系

（2）角度法

《民用建筑太阳能热水系统应用技术规范》GB 50364—2018 规定：坡度小于 10° 的屋面叫平屋面；坡度大于等于 10° 且小于 75° 的屋面叫坡屋面。采用角度法确定坡度时必须进行转换才能用于工程实践中。

屋面坡度与角度的关系转换的关系见图 2-49。

（3）高跨比法

古建中多采用高度与跨度的比值确定坡屋面的坡度，这种方法叫高跨比，常用的坡屋面高跨比值为 1：4。转换为坡度是 1：50，转换为角度约为 27°。

（三）平屋面中的保温屋面

322. 平屋面的正置式做法与倒置式做法有哪些区别？

《屋面工程技术规范》GB 50345—2012 规定，两种平屋面做法的主要区别是：

1）正置式做法：属于传统做法，构造层次的最大特点是保温层在下、防水层在上的做法。

2）倒置式做法：属于节能做法，构造层次的最大特点是保温层在上、防水层在下的做法。

323. 平屋面构造层次中的结构层有哪些要求？

综合《屋面工程技术规范》GB 50345—2012 和《屋面工程质量验收规范》GB 50207—2012 平屋面构造层次中的结构层应符合下列规定：

1）平屋顶的承重结构多以钢筋混凝土板为主，可以现浇也可以预制。层数低的建筑有时也可以选用钢筋加气混凝土板。

2）结构层为装配式钢筋混凝土板时，应用强度等级不小于 C20 的细石混凝土将板缝灌填密实；当板缝宽度大于 40mm 或上窄下宽时，应在缝中放置构造钢筋；板端缝应进行密封处理。

注：无保温层的屋面，板侧缝宜进行密封处理。

324. 平屋面构造层次中的找坡层有哪些要求？

综合《屋面工程技术规范》GB 50345—2012 和《屋面工程质量验收规范》GB 50207—2012 对平屋面构造层次中找坡层的要求为：

1）混凝土结构层宜采用结构找坡，坡度不应小于 3‰；

2）当采用材料找坡时，宜采用质量轻、吸水率低和有一定强度的材料，坡度宜为 2‰。

325. 平屋面构造层次中找平层的确定因素有哪些？

综合《屋面工程技术规范》GB 50345—2012 和《屋面工程质量验收规范》GB 50207—2012 对平屋面构造中找平层的要求为：

1）卷材屋面、涂膜屋面的基层宜设找平层。找平层的厚度和技术要求应符合表 2-64 的规定。当对细石混凝土找平层的刚度有一定要求时，找平层中宜设置钢筋网片。

找平层厚度和技术要求　　　　　　　　　　　表 2-64

找平层分类	适用的基层	厚度（mm）	技术要求
水泥砂浆	整体现浇混凝土板	15～20	1：2.5 水泥砂浆
	整体材料保温层	20～25	
细石混凝土	装配式混凝土板	30～35	C20 混凝土，宜加钢筋网片
	板状材料保温层		C20 混凝土

2）保温层上的找平层应留设分格缝，缝宽宜为 5～20mm，纵横缝的间距不宜大于 6m。

326. 平屋面构造层次中保温层的确定因素有哪些？

综合《屋面工程技术规范》GB 50345—2012 和《屋面工程质量验收规范》GB 50207—2012 对平屋面构造层次保温层的要求为：

1）保温层的设计

（1）保温层应选用吸水率低、导热系数小，并有一定强度的保温材料；

（2）保温层的厚度应根据所在地区现行节能设计标准，经计算确定；

（3）保温层的含水率，应相当于该材料在当地自然风干状态下的平衡含水率；

（4）屋面为停车场等高荷载情况时，应根据计算确定保温材料的强度；

（5）纤维材料做保温层时，应采取防止压缩的措施；

（6）屋面坡度较大时，保温层应采取防滑措施；

（7）封闭式保温层或保温层干燥有困难的卷材屋面，宜采取排气构造措施。

2）屋面排气构造

当屋面保温层或找平层干燥有困难时应做好屋面排汽设计，屋面排汽层的设计应符合下列规定：

（1）找平层设置的分格缝可以兼作排汽道；排汽道内可填充粒径较大的轻质骨料；

（2）排汽道应纵横贯通，并与大气连通的排汽管相通，排汽管的直径应不小于 40mm；排气孔可设在檐口下或纵横排气道的交叉处；

（3）排汽道纵横间距宜为 6.00m。屋面面积每 36m² 宜设置一个排汽孔，排汽孔应做防水处理；

（4）在保温层下也可铺设带支点的塑料板。

屋面排汽构造示例可见图 2-50。

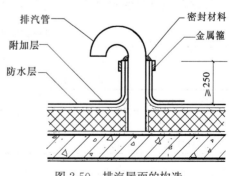

图 2-50　排汽屋面的构造
（单位：mm）

3）屋面热桥部位的处理：当内表面温度低于室内空气的露点温度时，均应做保温处理。

4）保温层的种类及保温材料的类别

保温层的种类及保温材料的类别见表 2-65。

保温层及其保温材料　　　　表 2-65

保温层	保温材料
板状材料保温层	聚苯乙烯泡沫塑料（XPS 板、EPS 板）、硬质聚氨酯泡沫塑料、膨胀珍珠岩制品、泡沫玻璃制品、加气混凝土砌块、泡沫混凝土砌块
纤维材料保温层	玻璃棉制品、岩棉制品、矿渣棉制品
整体材料保温层	喷涂硬泡聚氨酯、现浇泡沫混凝土

5）保温材料的主要性能指标

（1）板状保温材料

板状保温材料的主要性能指标见表 2-66。

板状保温材料的主要性能指标　　　　表 2-66

项　目	指标						
	聚苯乙烯泡沫塑料		硬质聚氨酯泡沫塑料	泡沫玻璃	憎水型膨胀珍珠岩	加气混凝土	泡沫混凝土
	挤塑	模塑					
表观密度或干密度（kg/m³）	—	≥20	≥30	≤200	≤350	≤425	≤530
压缩强度（kPa）	≥150	≥100	≥120	—	—	—	—
抗压强度（kPa）	—	—	—	≥0.4	≥0.3	≥1.0	≥0.5
导热系数 [W/(m·K)]	≤0.030	≤0.041	≤0.024	≤0.070	≤0.087	≤0.120	≤0.120
尺寸稳定性（70℃，48h，%）	≤2.0	≤3.0	≤2.0	—	—	—	—
水蒸气渗透系数 [ng/(Pa·m·s)]	≤3.5	≤4.5	≤6.5	—	—	—	—
吸水率（v/v,%）	≤3.5	≤4.0	≤4.0	—	—	—	—
燃烧性能	不低于 B₂ 级			A 级			

（2）纤维保温材料

纤维保温材料的主要性能指标见表 2-67。

纤维保温材料的主要性能指标　　　　表 2-67

项目	指标			
	岩棉、矿渣棉板	岩棉、矿渣棉毡	玻璃棉板	玻璃棉毡
表观密度（kg/m³）	≥40	≥40	≥24	≥10
导热系数 [W/(m·K)]	≤0.040	≤0.040	≤0.043	≤0.050
燃烧性能	A 级			

（3）喷涂硬泡聚氨酯保温材料

喷涂硬泡聚氨酯保温材料的主要性能指标见表 2-68。

喷涂硬泡聚氨酯保温材料的主要性能指标　　　　表 2-68

项目	性能要求
表观密度（kg/m³）	≥35
导热系数 [W/(m·K)]	≤0.024
压缩强度（kPa）	≥150
尺寸稳定性（70℃，48h，%）	≤1.0
闭孔率（%）	≥92
水蒸气渗透系数 [ng/(Pa·m·s)]	≤5
吸水率（v/v，%）	≤3
燃烧性能	不低于 B_2 级

（4）现浇泡沫混凝土保温材料

现浇泡沫混凝土保温材料的主要性能指标见表 2-69。

现浇泡沫混凝土保温材料的主要性能指标　　　　表 2-69

项　目	指　标
干密度（kg/m³）	≤600
导热系数 [W/(m·K)]	≤0.14
抗压强度（kPa）	≥0.50
吸水率（%）	≤0.20
燃烧性能	A 级

327. 平屋面构造层次中隔汽层的确定因素有哪些？

综合《屋面工程技术规范》GB 50345—2012 和《屋面工程质量验收规范》GB 50207—2012 对平屋面构造层次中隔汽层的要求为：

1）隔汽层的确定

当严寒和寒冷地区屋面结构冷凝界面内侧实际具有的蒸汽渗透阻小于所需值，或其他地区室内湿气有可能透过屋面结构层时，应设置隔汽层。

2）隔汽层的具体要求

（1）正置式屋面的隔汽层应设置在结构层上、保温层下（倒置式屋面不设隔汽层）；

（2）隔汽层应选用气密性、水密性好的材料；

（3）隔汽层应沿周边墙面向上连续铺设，高出保温层上表面不得小于 150mm；

（4）隔汽层采用卷材时宜空铺，卷材搭接缝应满粘，其搭接宽度不应小于 80mm；隔汽层采用涂料时，应涂刷均匀。

328. 平屋面构造层次中防水层的确定因素有哪些？

综合《屋面工程技术规范》GB 50345—2012 和《屋面工程质量验收规范》GB 50207—2012 对平屋面构造层次中防水层的要求为：

1）防水做法与防水等级的关系

防水做法与防水等级的关系应符合表 2-70 的规定。

防水做法与防水等级的关系 表 2-70

防水等级	防水做法
Ⅰ级	卷材防水层和卷材防水层、卷材防水层与涂膜防水层、复合防水层
Ⅱ级	卷材防水层、涂膜防水层、复合防水层

注：在Ⅰ级屋面防水做法中，防水层仅为单层卷材时，应符合有关单层防水卷材屋面技术的规定。

2）防水卷材

（1）防水卷材的选择

① 防水卷材可选用合成高分子防水卷材或高聚物改性沥青防水卷材，其外观质量和品种、规格应符合国家现行有关材料标准的规定；

② 应根据当地历年最高气温、最低气温、屋面坡度和使用条件等因素，选择耐热度、低温柔性相适应的卷材；

③ 根据地基变形程度、结构形式、当地年温差、日温差和振动等因素，选择拉伸性能相适应的卷材；

④ 应根据防水卷材的暴露程度，选择耐紫外线、耐根穿刺、耐老化、耐霉烂相适应的卷材；

⑤ 种植隔热屋面的防水层应选择耐根穿刺的防水卷材。

（2）防水卷材最小厚度的确定

每道防水卷材的最小厚度应符合表 2-71 的规定。

每道防水卷材的最小厚度（mm） 表 2-71

防水等级	合成高分子防水卷材	高聚物改性沥青防水卷材		
		聚酯胎、玻纤胎、聚乙烯胎	自粘聚酯胎	自粘无胎
Ⅰ级	1.2	3.0	2.0	1.5
Ⅱ级	1.5	4.0	3.0	2.0

（3）防水卷材的性能指标

① 合成高分子防水卷材

合成高分子防水卷材的性能指标见表 2-72。

合成高分子防水卷材的性能指标 表 2-72

项 目		性能要求			
		硫化橡胶类	非硫化橡胶类	树脂类	树脂类（复合片）
断裂拉伸强度（MPa）		≥6	≥3	≥10	≥60 N/10mm
扯断伸长率（%）		≥400	≥200	≥200	≥400
低温弯折（℃）		-30	-20	-25	-20
不透水性	压力（MPa）	≥0.3	≥0.2	≥0.3	≥0.3
	保持时间（min）	≥30			

项　目		性能要求			
		硫化橡胶类	非硫化橡胶类	树脂类	树脂类（复合片）
加热收缩率（%）		＜1.2	＜2.0	≤2.0	≤2.0
热老化保持率 （80℃×168h，%）	断裂拉伸强度	≥80		≥85	≥80
	扯断伸长率	≥70		≥80	≥70

② 高聚物改性沥青防水卷材

高聚物改性沥青防水卷材的主要性能指标见表 2-73。

高聚物改性沥青防水卷材的主要性能指标 表 2-73

项　目		性能要求				
		聚酯毡胎体	玻纤毡胎体	聚乙烯胎体	自粘聚酯胎体	自粘无胎体
可溶物含量 （g/m²）		3mm 厚≥2100 4mm 厚≥2900	—		2mm 厚≥1300 3mm 厚≥2100	—
拉力 （N/50mm）		≥500	纵向≥350	≥200	2mm 厚≥350 3mm 厚≥450	≥150
延伸率 （%）		最大拉力时 SBS≥30 APP≥25	—	断裂时 ≥120	最大拉力时 ≥30	最大拉力时 ≥200
耐热度 （℃，2h）		SBS 卷材 90， APP 卷材 110， 无滑动、流淌、滴落		PEE 卷材 90， 无流淌、起泡	70，无滑动、 流淌、滴落	70，滑动不超过 2mm
低温柔性 （℃，2h）		SBS 卷材－20，APP 卷材－7，PEE 卷材－10			－20	
不透 水性	压力 （MPa）	≥0.3	≥0.2	≥0.4	≥0.3	≥0.2
	保持时间 （min）	≥30				≥120

注：1. SBS 卷材—弹性体改性沥青防水卷材；

　　2. APP 卷材—塑性体改性沥青防水卷材；

　　3. PEE 卷材—高聚物改性沥青聚乙烯胎防水卷材。

3）防水涂膜

（1）防水涂料的选择

① 防水涂料可选用合成高分子防水涂料、聚合物水泥防水涂料和高聚物改性沥青防水涂料，其外观质量和品种、型号应符合国家现行有关材料标准的规定；

② 应根据当地历年最高气温、最低气温、屋面坡度和使用条件等因素，选择耐热性和低温柔性相适应的涂料；

③ 应根据地基变形程度、结构形式、当地年温差、日温差和振动等因素，选择拉伸性能相适应的涂料；

④ 应根据屋面涂膜的暴露程度，选择耐紫外线、耐老化相适应的涂料；

⑤ 屋面排水坡度大于 25% 时，应选择成膜时间较短的涂料。

（2）涂膜防水层（每道）的最小厚度

涂膜防水层（每道）的最小厚度应符合表 2-74 的规定。

涂膜防水层（每道）的最小厚度（mm） 表 2-74

防水等级	合成高分子防水涂膜	聚合物水泥防水涂膜	高聚物改性沥青防水涂膜
Ⅰ级	1.5	1.5	2.0
Ⅱ级	2.0	2.0	3.0

（3）防水涂料的主要性能指标

① 合成高分子防水涂料

合成高分子防水涂料（反应固化型）的性能指标见表 2-75；合成高分子防水涂料（挥发固化型）的性能指标见表 2-76。

合成高分子防水涂料（反应固化型）的性能指标 表 2-75

项目		指标	
		Ⅰ类	Ⅱ类
固体含量（%）		单组分≥80，多组分≥92	
拉伸强度（MPa）		单组分、多组分≥1.9	单组分、多组分≥2.45
断裂伸长率（%）		单组分≥550，多组分≥450	单组分，多组分≥450
低温柔性（℃、2h）		单组分-40，多组分-35，无裂纹	
不透水性	压力（MPa）	≥0.3	
	保持时间（min）	≥30	

注：产品按拉伸性能分为Ⅰ类和Ⅱ类。

合成高分子防水涂料（挥发固化型）的性能指标 表 2-76

项目		指标
固体含量（%）		≥65
拉伸强度（MPa）		≥1.5
断裂伸长率（%）		≥300
低温柔性（℃，2h）		-20，无裂纹
不透水性	压力（MPa）	≥0.3
	保持时间（min）	≥30

② 聚合物水泥防水涂料

聚合物水泥防水涂料的主要性能指标见表 2-77。

聚合物水泥防水涂料的主要性能指标　　　　　表 2-77

项目		指标
固体含量（%）		≥70
拉伸强度（MPa）		≥1.2
断裂伸长率（%）		≥200
低温柔性（℃，2h）		−10，无裂纹
不透水性	压力（MPa）	≥0.3
	保持时间（min）	≥30

③ 高聚物改性沥青防水涂料

高聚物改性沥青防水涂料的主要性能指标见表 2-78。

高聚物改性沥青防水涂料的主要性能指标　　　　　表 2-78

项　目		性能要求	
		水乳型	溶剂型
固体含量（%）		≥45	≥48
耐热性（80℃，5h）		无流淌、起泡、滑动	
低温柔性（℃，2h）		−15，无裂纹	−15，无裂纹
不透水性	压力（MPa）	≥0.1	≥0.2
	保持时间（min）	≥30	≥30
断裂伸长率（%）		≥600	—
抗裂性（mm）		—	基层裂缝 0.3mm，涂膜无裂纹

4）复合防水层

（1）复合防水层的选用

① 选用的防水卷材与防水涂料应相容；

② 防水涂膜宜设置在防水卷材的下面；

③ 挥发固化型防水涂料不得作为防水卷材粘结材料使用；

④ 水乳型或合成高分子类防水涂膜上面，不得采用热熔型防水卷材；

⑤ 水乳型或水泥基类防水涂料，应待涂膜实干后再进行冷粘铺贴卷材。

（2）复合防水层的最小厚度

复合防水层的最小厚度应符合表 2-79 的规定。

复合防水层的最小厚度　　　　　表 2-79

防水等级	合成高分子防水卷材＋合成高分子防水涂膜	自粘聚合物改性沥青防水卷材（无胎）＋合成高分子防水涂膜	高聚物改性沥青防水卷材＋高聚物改性沥青防水涂膜	聚乙烯丙纶卷材＋聚合物水泥防水胶结材料
Ⅰ级	1.2＋1.5	1.5＋1.5	3.0＋2.0	(0.7＋1.3)×2
Ⅱ级	1.0＋1.0	1.2＋1.0	3.0＋1.2	0.7＋1.3

5）下列情况不得作为屋面的一道防水设防

（1）混凝土结构层；

（2）Ⅰ型喷涂硬泡聚氨酯保温层；

（3）装饰瓦以及不搭接瓦；

（4）隔汽层；

（5）细石混凝土层；

（6）卷材或涂膜厚度不符合规范规定的防水层。

329. 平屋面构造层次中的保护层的确定因素有哪些？

综合《屋面工程技术规范》GB 50345—2012 和《屋面工程质量验收规范》GB 50207—2012 对平屋面构造中保护层的要求为：

1）上人屋面的保护层应采用块体材料、细石混凝土等材料，不上人屋面保护层可采用浅色涂料、铝箔、矿物粒料、水泥砂浆等材料。各种保护层材料的适用范围和技术要求应符合表 2-80 的规定。

保护层材料的适用范围和技术要求　　　　　　　　　　　表 2-80

保护层材料	适用范围	技术要求
浅色涂料	不上人屋面	丙烯酸系反射涂料
铝箔	不上人屋面	0.05mm 厚铝箔反射膜
矿物粒料	不上人屋面	不透明的矿物粒料
水泥砂浆	不上人屋面	20mm 厚 1：2.5 或 M15 水泥砂浆
块体材料	上人屋面	地砖或 30mm 厚 C20 细石混凝土预制块
细石混凝土	上人屋面	40mm 厚 C20 细石混凝土或 50mm 厚 C20 细石混凝土内配 $\phi4@100$ 双向钢筋网片

2）采用块体材料做保护层时，宜设分格缝，其纵横间距不宜大于 10m，分格缝宽度宜为 20mm，并应用密封材料嵌填。

3）采用水泥砂浆做保护层时，表面应抹平压光，并应设表面分格缝，分格面积宜为 1m²。

4）采用细石混凝土做保护层时，表面应抹平压光，并应设表面分格缝，其纵横间距不应大于 6m，分格缝宽度宜为 10～20mm，并应用密封材料嵌填。

5）采用浅色涂料做保护层时，应与防水层粘结牢固，厚薄宜均匀，不得漏涂。

6）块体材料、水泥砂浆、细石混凝土保护层与女儿墙或山墙之间，应预留宽度为 30mm 的缝隙，缝内宜填塞聚苯乙烯泡沫塑料，并应用密封材料嵌填。

7）需经常维护的设施周围和屋面出入口至设施之间的人行道，应铺设块体材料或细石混凝土保护层。

330. 平屋面构造层次中的隔离层的确定因素有哪些？

综合《屋面工程技术规范》GB 50345—2012 和《屋面工程质量验收规范》GB 50207—2012 对平屋面构造层次中隔离层的要求为：

1）隔离层的设置原则：块体材料、水泥砂浆或细石混凝土保护层与卷材防水层或涂膜防水层之间应设置隔离层。

2）隔离层材料的适用范围和技术要求宜符合表 2-81 的规定。

隔离层材料的适用范围和技术要求　　　　表 2-81

隔离层材料	适用范围	技术要求
塑料膜	块体材料、水泥砂浆保护层	0.4mm 厚聚乙烯膜或 3mm 厚发泡聚乙烯膜
土工布	块体材料、水泥砂浆保护层	200g/m² 聚酯无纺布
卷材	块体材料、水泥砂浆保护层	石油沥青卷材一层
低强度等级砂浆	细石混凝土保护层	10mm 黏土砂浆 石灰膏：砂：黏土＝1：2.4：3.6
		10mm 厚石灰砂浆，石灰膏：砂＝1：4
		5mm 厚掺有纤维的石灰砂浆

331. 平屋面构造层次中的附加层次的确定因素有哪些?

综合《屋面工程技术规范》GB 50345—2012 和《屋面工程质量验收规范》GB 50207—2012 对平屋面构造的下列部位应加设附加层:

1）附加层的选用

（1）檐沟、天沟与屋面交接处、屋面平面与立面交接处，以及水落管、伸出屋面管道根部等部位，应设置卷材与涂膜附加层。

（2）屋面找平层分格缝等部位，宜设置卷材空铺附加层，其空铺宽度不宜小于 100mm。

2）附加层的厚度

附加层的厚度应符合表 2-82 的规定。

附加层的厚度（mm）　　　　表 2-82

附加层材料	最小厚度
合成高分子防水卷材	1.2
高聚物改性沥青防水卷材（聚酯胎）	3.0
合成高分子防水涂料、聚合物水泥防水涂料	1.5
高聚物改性沥青涂料	2.0

注：涂膜附加层应夹铺胎体增强材料。

3）防水卷材接缝应采用搭接缝，卷材搭接宽度应符合表 2-83 的规定。

卷材搭接宽度（mm）　　　　表 2-83

卷材类别		搭接宽度
合成高分子防水卷材	胶粘剂	80
	胶粘带	50
	单缝焊	60，有效焊接宽度不小于 25
	双缝焊	80，有效焊接宽度 10×2＋空腔宽
高聚物改性沥青防水卷材	胶粘剂	100
	自粘	80

4）胎体增加材料

（1）胎体增加材料宜采用聚酯无纺布或化纤无纺布；

（2）胎体增加材料长边搭接宽度不应小于50mm，短边搭接宽度不应小于70mm；

（3）上下层胎体增强材料的长边搭接缝应错开，且不得小于幅宽的1/3；

（4）上下层胎体增强材料不得相互垂直铺设。

5）接缝密封材料

（1）屋面接缝应按密封材料的使用方式，分为位移接缝和非位移接缝。屋面接缝密封防水技术要求应符合表2-84的要求。

屋面接缝密封防水技术要求　　　　　　　　　表2-84

接缝种类	密封部位	密封材料
位移接缝	混凝土面层分格接缝	改性石油沥青密封材料 合成高分子密封材料
	块体面层分格接缝	改性石油沥青密封材料 合成高分子密封材料
	采光顶玻璃接缝	硅酮结构密封胶
	采光顶周边接缝	合成高分子密封材料
	采光顶隐框玻璃与金属框接缝	硅酮耐候密封胶
	采光顶明框单元板块间接缝	硅酮耐候密封胶
非位移接缝	高聚物改性沥青卷材收头	改性石油沥青密封材料
	合成高分子卷材收头及接缝封边	合成高分子密封材料
	混凝土基层固定件周边接缝	改性石油沥青密封材料 合成高分子密封材料
	混凝土构件间接缝	改性石油沥青密封材料 合成高分子密封材料

（2）接缝密封防水设计应保证密封部位不渗水，并应做到接缝密封防水与主体结构防水层相匹配。

（3）密封材料的选择应符合下列规定：

① 应根据当地历年最高气温、最低气温、屋面构造特点和使用条件等因素，选择耐热度、低温柔性相适应的密封材料；

② 应根据屋面接缝变形的大小以及接缝的宽度，选择位移能力相适应的密封材料；

③ 应根据屋面接缝粘结性要求，选择与基层材料相容的密封材料；

④ 应根据屋面的暴露程度，选择耐高低温、耐紫外线、耐老化和耐潮湿等性能相适应的密封材料。

（4）密封材料的防水设计应符合下列规定：

① 接缝宽度应按屋面接缝位移量计算确定；

② 接缝的相对位移量不应大于可供选择密封材料的位移能力；

③ 密封材料的嵌填深度宜为接缝宽度的 $50\%\sim70\%$；

④ 接缝处的密封材料底部应设置背衬材料，背衬材料应大于接缝宽度的 20%，嵌入深度应为密封材料的设计厚度；

⑤ 背衬材料应选择与密封材料不粘结或粘结力弱的材料，并应能适应基层的伸缩变形，同时应具有施工时不变形、复原率高和耐久性好等性能。

332. 保温平屋面的构造层次及相关要求有哪些？

综合《屋面工程技术规范》GB 50345—2012 和《屋面工程质量验收规范》GB 50207—2012 对保温平屋面的构造层次及相关要求如下：

1）相关要求：平屋面的基本构造层次应根据建筑物的性质、使用功能、气候条件等因素进行组合。

2）平屋面的构造层次应符合表 2-85 的要求。

平屋顶的基本构造层次　　　　　　　　　　　　　表 2-85

屋面类型	做法	基本构造层次（由上而下）
卷材屋面、涂膜屋面	上人屋面、正置式	面层—隔离层—防水层—找平层—保温层—找平层—找坡层—结构层
	非上人屋面、倒置式	保护层—保温层—防水层—找平层—找坡层—结构层
	种植屋面、有保温层	种植隔热层—保护层—耐根穿刺防水层—防水层—找平层—保温层—找平层—找坡层—结构层
	架空屋面、有保温层	架空隔热层—防水层—找平层—保温层—找平层—找坡层—结构层
	蓄水屋面、有保温层	蓄水隔热层—隔离层—防水层—找平层—保温层—找平层—找坡层—结构层

注：1. 表中结构层为钢筋混凝土基层；防水层包括卷材防水层和涂膜防水层；保护层包括块体材料、水泥砂浆、细石混凝土等保护层；

2. 有隔汽要求的屋面，应在保温层与结构层之间设隔汽层。

（四）平屋面中的隔热屋面

333. 种植隔热屋面的构造层次及相关要求有哪些？

1）《屋面工程技术规范》GB 50345—2012 规定：

（1）种植隔热层的构造层次应包括植被层、种植土层、过滤层和排水层等；

（2）种植隔热层所用材料及植物等应与当地气候条件相适应，并应符合环境保护要求；

（3）种植隔热层宜根据植物种类及环境布局的需要进行分区布置，分区布置应设挡墙或挡板；

（4）排水层材料应根据屋面功能及环境、经济条件等进行选择；过滤层宜采用 $200\sim 400\mathrm{g/m^2}$ 的土工布，过滤层应沿种植土周边向上铺设至种植土高度；

（5）种植土四周应设挡墙，挡墙下部应设泄水孔，并应与排水出口连通；

（6）种植土应根据种植植物的要求选择综合性能良好的材料；种植土厚度应根据不同种植土和植物种类等确定；

（7）种植隔热层的屋面坡度大于 20％时，其排水层、种植土等应采取防滑措施。

2）《屋面工程质量验收规范》GB 50207—2012 规定：

（1）种植隔热层与防水层之间宜设细石混凝土保护层。

（2）种植隔热层的屋面坡度大于 20％时，其排水层、种植土层应采取防滑措施。

（3）排水层施工应符合下列要求：

① 陶粒的粒径不应小于 25mm，大粒径应在下，小粒径应在上；

② 凹凸形排水板宜采用搭接法施工，网状交织排水板宜采用对接法施工；

③ 排水层上应铺设过滤层土工布；

④ 挡墙或挡板的下部应设排水孔，孔周围应放置疏水粗细骨料。

（4）过滤层土工布应沿种植土周边向上铺设至种植土高度，并应与挡墙或挡板粘牢；土工布的搭接宽度不应小于 100mm，接缝宜采用粘合或缝合。

（5）种植土的厚度及自重应符合设计要求。种植土表面应低于挡墙高度 100mm。

3）《种植屋面工程技术规范》JGJ 155 — 2013 规定：

（1）种植式屋面指的是铺以种植土或设置容器种植植物的建筑屋面。仅种植地被植物、低矮灌木的屋面叫简单式种植屋面；种植乔灌木和地被植物，并设置园路、坐凳等休憩设施的屋面叫花园式种植屋面。

种植屋面的绿化指标见表 2-86。

种植屋面的绿化指标　　　　　表 2-86

种植屋面类型	项目	指标（％）
简单式	绿化屋顶面积占屋顶总面积	≥80
	绿化种植面积占绿化屋顶面积	≥90
花园式	绿化屋顶面积占屋顶总面积	≥60
	绿化屋顶面积占屋顶总面积	≥85
	铺装园路面积占绿化屋顶面积	≤12
	园林小品面积占绿化屋顶面积	≤3

（2）种植屋面的分类与构造层次

① 种植平屋面

构造层次包括：基层—绝热层—找坡（找平）层—普通防水层—耐根穿刺防水层—保护层—排（蓄）水层—过滤层—种植土层—植被层。

② 种植坡屋面

构造层次包括：基层—绝热层—普通防水层—耐根穿刺防水层—保护层—排（蓄）水层—过滤层—种植土层—植被层。

（3）种植屋面的防水等级

种植屋面防水层应满足一级防水等级的设防要求，且必须至少设置一道具有耐根穿刺性能的防水材料。

（4）种植屋面的材料选择

① 结构层：种植屋面的结构层宜采用现浇钢筋混凝土。

② 防水层：种植屋面的防水层应采用不少于两道防水设防，上道应为耐根穿刺防水材料；两道防水层应相邻铺设且防水层的材料应相容。

a. 普通防水层一道防水设防的最小厚度应符合表 2-87 的要求。

普通防水层一道防水设防的最小厚度　　　　　　　　　　表 2-87

材料名称	最小厚度（mm）
改性沥青防水卷材	4.0
高分子防水卷材	1.5
自粘聚合物改性沥青防水卷材	3.0
高分子防水涂料	2.0
喷涂聚脲防水涂料	2.0

b. 耐根穿刺防水层一道防水设防的最小厚度应符合表 2-88 的要求。

耐根穿刺防水层一道防水设防的最小厚度　　　　　　　表 2-88

材料名称	最小厚度（mm）
弹性体改性沥青防水卷材（复合铜胎基、聚酯胎基）	4.0
塑性体改性沥青防水卷材（复合铜胎基、聚酯胎基）	4.0
聚氯乙烯防水卷材	1.2
热塑性聚烯烃防水卷材	1.2
高密度聚乙烯土工膜	1.2
三元乙丙橡胶防水卷材	1.2
聚乙烯丙纶防水卷材和聚合物水泥胶结料复合	0.6＋1.3
喷涂聚脲防水涂料	2.0

③ 保护层

种植屋面的保护层应符合表 2-89 的规定。

种植屋面的保护层　　　　　　　　　　　　　　　　　表 2-89

屋面种类	保护层材料	质量要求
简单式种植、容器种植	水泥砂浆	体积比 1：3，厚度 15～20mm
花园式种植	细石混凝土	40mm
地下建筑顶板	细石混凝土	70mm

构造要求：

a. 水泥砂浆和细石混凝土保护层的下面应铺设隔离层。

b. 土工布或聚酯无纺布的单位面积质量不应小于 $300g/m^2$。

c. 聚乙烯丙纶复合防水卷材的芯材厚度不应小于 0.4mm。

d. 高密度聚乙烯土工膜的厚度不应小于 0.4mm。

④ 种植屋面的排（蓄）水材料

a. 凹凸型排（蓄）水板的主要性能见表 2-90。

凹凸型排（蓄）水板的主要性能 表 2-90

项目	伸长率10%时拉力(N/100mm)	最大拉力(N/100mm)	断裂延伸率(%)	撕裂性能(N)	压缩性能		低温柔度	纵向通水量(侧压力 150kPa)(cm³/s)
					压缩率为20%最大强度(kPa)	极限压缩现象		
性能要求	≥350	≥600	≥25	≥100	≥150	无裂痕	−10℃无裂纹	≥10

b. 网状交织排水板的主要性能见表 2-91。

网状交织排水板的主要性能 表 2-91

项目	抗压强度(Kn/m²)	表面开孔率(%)	空隙率(%)	通水量(cm³/s)	耐酸碱性
性能要求	≥50	≥95	85～90	≥380	稳定

c. 级配碎石的粒径宜为 10～25mm，卵石的粒径宜为 25～40mm，铺设厚度均不宜小于 100mm。

d. 陶粒的粒径宜为 10～25mm，堆积密度不宜大于 500kg/m³，铺设厚度不宜小于 100mm。

⑤ 种植屋面的过滤水材料：过滤材料宜选用聚酯无纺布，单位面积质量不应小于 200g/m²。

⑥ 种植屋面对植物的要求

a. 不宜选用速生树种。

b. 宜选用健康苗木，乡土植物不宜小于 70%。

c. 绿篱、色块、藤本植物宜选用三年以上苗木。

d. 地被植物宜选用多年生草本植物和覆盖能力强的木本植物。

（5）种植屋面的坡度

① 平屋面：种植平屋面的坡度不宜小于 2%；天沟、檐沟的排水坡度不宜小于 1%。

② 坡屋面

a. 屋面的坡度小于 10% 时，可按平屋面的规定执行；

b. 屋面的坡度大于等于 20% 时，应采取挡墙或挡板等防滑措施；

c. 屋面的坡度大于 50% 时，不宜做种植屋面；

d. 坡屋面满覆盖种植宜采用草坪地被植物；

e. 不宜采用土工布等软质材料做种植坡屋面的保护层，屋面坡度大于 20% 时，应采用细石混凝土保护层；

f. 种植坡屋面应在沿山墙和檐沟部位设置防护栏杆。

（6）种植屋面的构造要求

① 女儿墙、周边泛水部位和屋面檐口部位应设置缓冲带，其宽度不应小于 300mm。缓冲带可结合卵石带、园路或排水沟等设置。

② 泛水：屋面防水层的泛水高度应高出种植土不小于 250mm；地下顶板泛水高度不应小于 500mm。

③ 穿出屋面的竖向管道，应在结构层内预埋套管，套管高出种植土不应小于 250mm。

④ 坡屋面种植檐口处应设置挡墙，墙中设置排水管（孔），挡墙应设防水层并与檐沟防水层连在一起。

⑤ 变形缝应高于种植土，变形缝上不应种植，可铺设盖板作为园路。

⑥ 种植屋面应采用外排水方式，水落口宜结合缓冲带设置。

⑦ 水落口位于绿地内时，其上方应设置雨水观察井，并在其周边设置不小于 300mm 的卵石观察带；水落管位于铺装层上时，基层应满铺排水板，上设雨水箅子。

⑧ 屋面排水沟上可铺设盖板作为园路，侧墙应设置排水孔。

334. 蓄水隔热屋面的构造层次及相关要求有哪些？

1)《屋面工程技术规范》GB 50345—2012 规定：

(1) 蓄水隔热层不宜在寒冷地区、地震设防地区和振动较大的建筑物上采用；

(2) 蓄水隔热层的蓄水池应采用强度等级不低于 C20、抗渗等级不低于 P6 的防水混凝土制作；蓄水池内宜采用 20mm 厚防水砂浆抹面；

(3) 蓄水隔热层的屋面坡度不宜大于 0.5%；

(4) 蓄水隔热屋面应划分为若干蓄水区，每区的边长不宜大于 10m，在变形缝的两侧应分成两个互不连通的蓄水区；长度超过 40m 的蓄水隔热屋面应分仓设置，分仓隔墙可采用现浇混凝土或砌块砌体；

(5) 蓄水池应设溢水口、排水管和给水管，排水管应与排水出口连通；

(6) 蓄水隔热层的蓄水深度宜为 150～200mm；

(7) 蓄水池溢水口距分仓墙顶的高度不得小于 100mm；

(8) 蓄水池应设置人行通道。

2)《屋面工程质量验收规范》GB 50207—2012 规定：

(1) 蓄水隔热层与屋面防水层之间应设置隔离层；

(2) 蓄水池的所有孔洞应预留，不得后凿；所设置的给水管、排水管和溢水管等，均应在蓄水池混凝土施工前安装完毕；

(3) 每个蓄水池的防水混凝土应一次浇筑完毕，不得留施工缝；

(4) 防水混凝土应用机械振捣密实，表面应抹平和压光，初凝后应覆盖养护，终凝后浇水养护不得少于 14d；蓄水后不得断水。

335. 架空隔热屋面的构造层次及相关要求有哪些？

1)《屋面工程技术规范》GB 50345—2012 规定：

(1) 架空隔热层宜在屋顶有良好通风的建筑物上采用，不宜在寒冷地区采用；

(2) 当采用混凝土架空隔热层时，屋面坡度不宜大于 5%；

(3) 架空隔热制品及其支座的质量应符合国家现行有关材料标准的规定；

(4) 架空隔热层的高度宜为 180～300mm。架空板与女儿墙的距离不应小于 250mm；

(5) 当屋面宽度大于 10m 时，架空隔热层中部应设置通风屋脊；

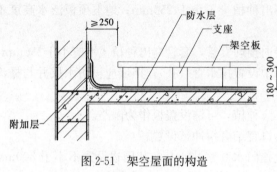

图 2-51 架空屋面的构造

(单位：mm)

（6）架空隔热层的进风口，宜设置在当地炎热季节最大频率风向的正压区，出风口宜设置在负压区。

架空隔热屋面的构造见图 2-51。

2）《屋面工程质量验收规范》GB 50207—2012 规定：

（1）架空隔热层的高度应按屋面宽度或坡度大小确定。设计无要求时，架空隔热层的高度宜为 180～300mm。

（2）当屋面宽度大于 10m 时，应在屋面中部设置通风屋脊，通风口处应设置通风箅子。

（3）架空隔热制品支座底面的卷材、涂膜防水层，应采取加强措施。

（4）架空隔热制品的质量应符合下列要求：

① 非上人屋面的砌块强度等级不应低于 MU7.5；上人屋面的砌块强度等级不应低于 MU10；

② 混凝土板的强度等级不应低于 C20，板厚及配筋应符合设计要求。

（五）平屋面中的倒置式屋面

336. 倒置式屋面的构造层次及相关要求有哪些?

1）《屋面工程技术规范》GB 50345—2012 规定：

（1）倒置式屋面的坡度宜为 3%；

（2）保温层应采用吸水率低，且长期浸水不变质的保温材料；

（3）板状保温材料的下部纵向边缘应设排水凹槽；

（4）保温层与防水层所用材料应相容匹配；

（5）保温层上面宜采用块体材料或细石混凝土做保护层；

（6）檐沟、水落口部位应采用现浇混凝土堵头或砖砌堵头，并应作好保温层的排水处理。

2）《倒置式屋面工程技术规范》JGJ 230—2010 规定：

（1）倒置式屋面的防水等级应为 Ⅱ 级，防水层的合理使用年限不应少于 20 年。

（2）倒置式屋面的保温层使用年限不宜低于防水层的使用年限。

（3）倒置式屋面的找坡层：

① 宜采用结构找坡，坡度不宜小于 3%；

② 当采用材料找坡时，找坡层最薄处的厚度不得小于 30mm。

（4）倒置式屋面的找平层：

① 防水层下应设找平层；

② 找平层可采用水泥砂浆或细石混凝土，厚度应为 15～40mm；

③ 找平层应设分格缝，缝宽宜为 10～20mm，纵横缝的间距不宜大于 6.00m；缝中应用密封材料嵌填。

(5) 倒置式屋面的防水层：倒置式屋面的防水层应选用耐腐蚀、耐霉烂、适应基层变形能力的防水材料。

(6) 倒置式屋面的保温层：倒置式屋面的保温层可以选用挤塑聚苯板、硬泡聚氨酯板、硬泡聚氨酯防水保温复合板、喷涂硬泡聚氨酯及泡沫玻璃保温板等，倒置式屋面的保温层的设计厚度应按计算厚度增加 25% 取值，且最小厚度不得小于 25mm。

(7) 倒置式屋面的保护层：

① 可以选用卵石、混凝土板块、地砖、瓦材、水泥砂浆、金属板材、人造草皮、种植植物等材料；

② 保护层的质量应保证当地 30 年一遇最大风力时保温板不会被刮起和保温板在积水状态下不会浮起；

③ 当采用板状材料、卵石作保护层时，在保温层与保温层之间应设置隔离层；

④ 当采用板状材料作上人屋面保护层时，板状材料应采用水泥砂浆坐浆平铺，板缝应采用砂浆勾缝处理；当屋面为非功能性上人屋面时，板状材料可以平铺，厚度不应小于 30mm；

⑤ 当采用卵石保护层时，其粒径宜为 40~80mm；

⑥ 保护层应设分格缝，面积分别为：水泥砂浆 1.00m²、板状材料 100m²、细石混凝土 36m²；

⑦ 倒置式屋面的构造层次由下而上为：结构层—找坡层—找平层—防水层—保温层—保护层。

倒置式屋面的构造见图 2-52、图 2-53。

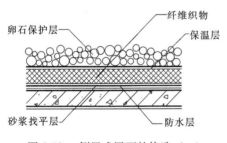

图 2-52 倒置式屋面的构造（一）

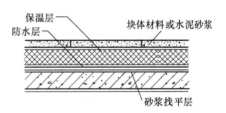

图 2-53 倒置式屋面的构造（二）

（六）平屋面的排水设计

337. 平屋面的排水设计有哪些要求？

1)《屋面工程技术规范》GB 50345—2012 规定：

(1) 屋面排水方式的选择应根据建筑物的屋顶形式、气候条件、使用功能等因素确定。

(2) 屋面排水方式可分为有组织排水和无组织排水。有组织排水时，宜采用雨水收集系统。

(3) 高层建筑屋面宜采用内排水；多层建筑屋面宜采用有组织外排水；低层建筑及檐高小于 10m 的屋面，可采用无组织排水。多跨及汇水面积较大的屋面宜采用天沟排水，天沟找坡较长时，宜采用中间内排水和两端外排水。

（4）屋面排水系统设计采用的雨水流量、暴雨强度、降雨历时、屋面汇水面积等参数，应符合现行国家标准《建筑给水排水设计规范》GB 50015—2003（2009 年版）的有关规定。

（5）屋面应适当划分排水区域，排水路线应简捷，排水应通畅。

（6）采用重力式排水时，屋面每个汇水面积内，雨水排水立管不宜少于 2 根；水落口和水落管的位置，应根据建筑物的造型要求和屋面汇水情况等因素确定。

（7）高跨屋面为无组织排水时，其低跨屋面受水冲刷的部位，应加铺一层卷材，并应设 40～50mm 厚、300～500mm 宽的 C20 细石混凝土板材加强保护；高跨屋面为有组织排水时，水落管下应加设水簸箕。

（8）暴雨强度较大地区的大型屋面，宜采用虹吸式屋面雨水排水系统。

（9）严寒地区应采用内排水，寒冷地区宜采用内排水。

（10）湿陷性黄土地区宜采用有组织排水，并应将雨雪水直接排至排水管网。

（11）檐沟、天沟的过水断面，应根据屋面汇水面积的雨水流量经计算确定。钢筋混凝土檐沟、天沟净宽不应小于 300mm；分水线处最小深度不应小于 100mm；沟内纵向坡度应不小于 1‰，沟底水落差不得超过 200mm，天沟、檐沟排水不得流经变形缝和防火墙。

（12）金属檐沟、天沟的纵向坡度宜为 0.5‰。

（13）坡屋面檐口宜采用有组织排水，檐沟和水落斗可采用金属或塑料成品。

2)《建筑屋面雨水排水系统技术规程》CJJ 142—2014 规定（选编）

（1）基本规定

① 建筑屋面雨水积水深度应控制在允许的负荷水深之内，50 年设计重现期降雨时屋面积水不得超过允许的负荷水深；

② 建筑屋面雨水排水系统应独立设置；

③ 民用建筑雨水内排水应采用密闭系统，不得在建筑内或阳台上开口，且不得在室内设非密闭检查井；

④ 严寒地区宜采用内排水系统；

⑤ 高层建筑的裙房屋面的雨水应自成系统排放；

⑥ 寒冷地区采用外排水系统时，雨水排水管道不宜设置在建筑北侧；

⑦ 一个汇水区域内雨水斗不宜少于 2 个，雨水立管不宜少于 2 根；

⑧ 高层建筑雨水管排水至散水或裙房屋面时，应采取防冲刷措施；大于 100m 的高层建筑的排水管排水至室外时，应将水排至室外检查井，并应采取消声措施。

（2）屋面排水的雨水管道系统

① 排水方式

a. 内排水：雨水立管敷设在室内的雨水排水系统。

b. 外排水：雨水立管敷设在室外的雨水排水系统。

② 汇水方式

a. 檐沟外排水系统：适用于屋面面积较小及体量较小的单层、多层住宅；瓦屋面或坡屋面建筑；不允许雨水管进入室内的建筑；

b. 雨水斗外排水系统：适用于屋面设有女儿墙的多层住宅或 7～9 层住宅；屋面设有女儿墙且雨水管不允许进入室内的建筑；

　　c. 天沟排水系统：适用于轻型屋面、大型复杂屋面、绿化屋面、雨篷；

　　d. 阳台排水系统：适用于敞开式阳台。

③ 设计流态

　　a. 半有压排水系统：适用于屋面楼板下允许设雨水管的各种建筑；天沟排水；无法设溢流的不规则屋面排水；

　　b. 压力流排水系统：适用于屋面楼板下允许设雨水管的大型复杂建筑；天沟排水；需要节省室内竖向空间或排水管道设置位置受限的民用建筑；

　　c. 重力流排水系统：适用于阳台排水、成品檐沟排水、承雨斗排水、排水高度小于 3m 的屋面排水。

④ 雨水道进水口设置

　　a. 屋面、天沟、土建檐沟的雨水系统进水口应设置雨水斗；

　　b. 从女儿墙侧口排水的外排水管道进水口应在侧墙设置承水斗；

　　c. 成品檐沟雨水管道的进水口可不设雨水斗。

（3）雨水斗

① 雨水斗的材质宜采用碳钢、不锈钢、铸铁、铝合金、铜合金等金属材料；

② 雨水斗规格有 75（80）mm、100mm、150mm、200mm；

③ 雨水斗应设于汇水面的最低处，且应水平安装；

④ 雨水斗不宜布置在集水沟的转弯处。

（4）雨水管

① 雨水斗的材质：采用雨水斗的屋面雨水排水管道宜采用涂塑钢管、镀锌钢管、不锈钢管和承压塑料管；多层建筑外排水系统可采用排水铸铁管、非承压排水塑料管；

② 雨水管的管径（mm）有 $DN50$、$DN80$、$DN100$、$DN125$、$DN150$、$DN200$、$DN250$、$DN300$、$DN350$（注：采用 HDPE 高密度聚乙烯管时管径不应低于 125 系列）；

③ 民用建筑中的雨水管宜沿墙、柱明装，有隐蔽要求时，可暗装于管井内，并应留有检查口；

④ 雨水管道不宜穿过沉降缝、伸缩缝、变形缝、烟道和风道；

⑤ 严寒和寒冷地区雨水斗宜设在冬季易受室内温度影响的位置，否则宜选用带融雪装置的雨水斗。

3）综合其他相关技术资料的数据

（1）年降雨量小于或等于 900mm 的地区为少雨地区；年降雨量大于 900mm 的地区为多雨地区。

（2）每个水落口的汇水面积宜为 $150\sim200m^2$。

（3）有外檐天沟时，雨水管间距可按 ≤24m 设置；无外檐天沟时，雨水管间距可按 ≤15m 设置。

（4）屋面雨水管的内径应不小于 100mm、面积小于 $25m^2$ 的阳台雨水管的内径应不小于 50mm。

（5）雨水管、雨水斗应首选 UPVC 材料（增强塑料），亦可选用不锈钢等材料。雨水管距离墙面不应小于 20mm，其排水口下端距散水坡的高度不应大于 200mm。高低跨屋面雨水管下端有可能产生屋面被冲刷时应加设水簸箕。

（七）平屋面的细部构造

338. 平屋面的细部构造有哪些要求？

综合《屋面工程技术规范》GB 50345—2012 和《屋面工程质量验收规范》GB 50207—2012 对保温平屋面细部构造层次及相关要求如下：

1）檐口

（1）卷材防水屋面檐口 800mm 范围内的卷材应满粘，卷材收头应采用金属压条钉压，并应用密封材料封严。檐口下端应做鹰嘴和滴水槽（图 2-54）。

（2）涂膜防水屋面檐口的涂膜收头，应用防水涂料多遍涂刷。檐口下端应做鹰嘴和滴水槽（图 2-55）。

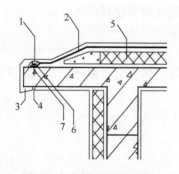 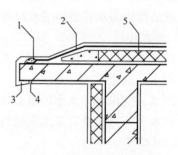

图 2-54　卷材防水屋面檐口
1—密封材料；2—卷材防水层；3—鹰嘴；4—滴水槽；
5—保温层；6—金属压条；7—水泥钉

图 2-55　涂膜防水屋面檐口
1—涂料多遍涂刷；2—涂膜防水层；
3—鹰嘴；4—滴水槽；5—保温层

2）檐沟和天沟

（1）檐沟和天沟的防水层下应增设附加层，附加层伸入屋面的宽度不应小于 250mm；

（2）檐沟防水层和附加层应由沟底翻上至外侧顶部，卷材收头应用金属压条顶压，并应用密封材料封严，涂膜收头应用防水涂料多遍涂刷；

（3）檐沟外侧下端应做鹰嘴和滴水槽；

（4）檐沟外侧高于屋面结构板时，应设置溢水口（图 2-56）。

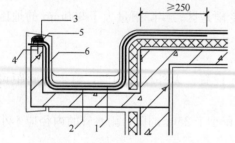

图 2-56　卷材、涂膜防水屋面檐沟
1—防水层；2—附加层；3—密封材料；
4—水泥钉；5—金属压条；6—保护层
（单位：mm）

3）女儿墙和山墙

（1）女儿墙压顶可采用混凝土制品或金属制品。屋顶向内排水坡度不应小于 5%，压顶内侧下端应作滴水处理。

（2）女儿墙泛水处应增加附加层，附加层在平面的宽度和立面的高度均不应小于 250mm。

（3）低女儿墙泛水处的防水层可直接铺贴或涂刷至压顶下，卷材收头应用金属压条钉压固定，并应用密封材料封严；涂膜收头应用防水涂料多遍涂刷（图 2-57）。

（4）高女儿墙泛水处防水层泛水高度不应小于 250mm，防水层的收头应用金属压条钉压固定，并应用密封材料封严，涂膜收头应用防水材料多遍涂刷；泛水上部的墙体应作防水处理（图 2-58）。

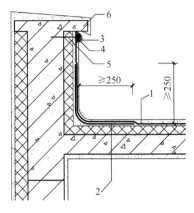

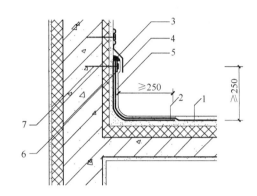

图 2-57　低女儿墙
1—防水层；2—附加层；3—密封材料；
4—金属压条；5—水泥钉；6—压顶
（单位：mm）

图 2-58　高女儿墙
1—防水层；2—附加层；3—密封材料；4—金属盖板；
5—保护层；6—金属压条；7—水泥钉
（单位：mm）

（5）女儿墙泛水处的防水层表面，宜采用涂刷浅色涂料或浇筑细石混凝土保护。

（6）山墙压顶可采用混凝土或金属制品。压顶应向内排水，坡度不应小于 5％，压顶内侧下端应作滴水处理。

（7）山墙泛水处的防水层下应增设附加层，附加层在平面上的宽度和立面上的高度均不应小于 250mm。

4）水落口（重力式排水）

（1）水落口可采用塑料或金属制品，水落口的金属配件均应作防锈处理。

（2）水落口杯应牢固地固定在承重结构上，其埋设标高应根据附加层的厚度及排水坡度加大的尺寸确定。

（3）水落口周围直径 500mm 范围内坡度不应小于 5％，防水层下应设涂膜附加层。

（4）防水层和附加层伸入水落口杯内不应小于 50mm，并应粘结牢固（图 2-59、图 2-60）。

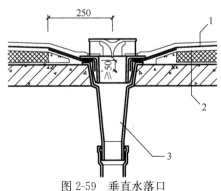

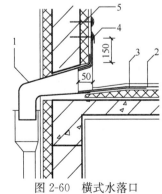

图 2-59　垂直水落口
1—防水层；2—附加层；3—水落斗
（单位：mm）

图 2-60　横式水落口
1—水落斗；2—防水层；3—附加层；
4—密封材料；5—水泥钉
（单位：mm）

5）变形缝

（1）变形缝泛水处的防水层下应增设附加层，附加层在平面的宽度和立面的高度均不应小于 250mm；防水层应铺贴或涂刷至泛水墙的顶部。

（2）变形缝内应预填不燃保温材料，上部应采用防水卷材封盖，并放置衬垫材料，再在其上部干铺一层卷材。

（3）等高变形缝顶部宜加扣混凝土盖板或金属盖板（图 2-61）。

（4）高低跨变形缝在立墙泛水处，应采用有足够变形能力的材料和构造作密封处理（图 2-62）。

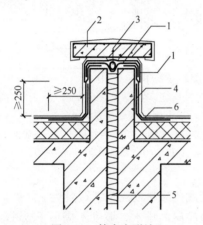

图 2-61　等高变形缝

1—卷材封盖；2—混凝土盖板；3—衬垫材料；
4—附加层；5—不燃保温材料；6—防水层
（单位：mm）

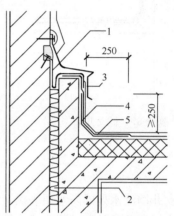

图 2-62　高低跨变形缝

1—卷材封盖；2—不燃保温材料；3—金属盖板；
4—附加层；5—防水层
（单位：mm）

6）伸出屋面管道

（1）管道周围的找平层应抹出高度不小于 30mm 的排水坡。

（2）管道泛水处的防水层下应增设附加层，附加层在平面的宽度和立面的高度均不应小于 250mm。

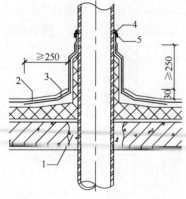

（3）管道泛水处的防水层高度不应小于 250mm。

（4）卷材收头应用金属箍紧固和密封材料封严，涂膜收头应用防水涂料多遍涂刷（图 2-63）。

7）屋面出入口

（1）屋面垂直出入口泛水处应增设附加层，附加层在平面的宽度和立面的高度均不应小于 250mm；防水层收头应在混凝土压顶圈下（图 2-64）；

（2）屋面水平出入口泛水处应增设附加层和护墙，附加层在平面的宽度和立面的高度均不应小于 250mm；防水层收头应压在混凝土踏步下（图 2-65）。

8）反梁过水孔

（1）应根据排水坡度留设反梁过水孔，图纸应注明孔底标高；

图 2-63　伸出屋面管道

1—细石混凝土；2—卷材防水层；3—附加层；4—密封材料；金属箍
（单位：mm）

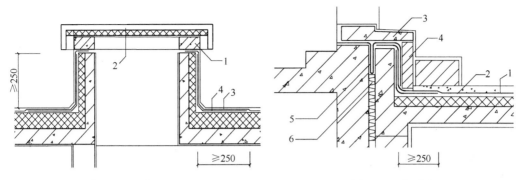

图 2-64　垂直出入口
1—混凝土压顶圈；2—上人孔盖；3—防水层；
4—附加层
（单位：mm）

图 2-65　水平出入口
1—防水层；2—附加层；3—踏步；4—护墙；
5—防水卷材封盖；不燃保温材料
（单位：mm）

（2）反梁过水孔宜采用预埋管道，其管径不得小于 75mm；

（3）过水孔可采用防水涂料、密封材料防水、预埋管道两端周围与混凝土接触处应留凹槽，并应用密封材料封严。

9）设施基座

（1）设备基础与结构层相连时，防水层应包裹设施基础的上部，并应与地脚螺栓周围作密封处理；

（2）在防水层上设置设施时，防水层下应增设卷材附加层，必要时应在其上浇筑细石混凝土，其厚度不应小于 50mm。

10）其他

（1）当无楼梯通达屋面且建筑高度低于 10m 的建筑，可设外墙爬梯，爬梯多为铁质材料，宽度一般为 600mm，底部距室外地面宜为 2.00～3.00m。当屋面有大于 2.00m 的高低屋面时，高低屋面之间亦应设置外墙爬梯，爬梯底部距低屋面应为 600mm，爬梯距墙面为 200mm。

（2）《建筑设计防火规范》GB 50016—2014（2018 年版）中规定：建筑高度大于 10m 的三级耐火等级建筑应设置通至屋顶的室外消防梯。室外消防梯不应面对老虎窗，宽度不应小于 0.60m，且宜从离地面 3.00m 高度处设置。

（八）瓦　屋　面

339. 瓦屋面的构造有哪些要求？

综合《屋面工程技术规范》GB 50345—2012 和《屋面工程质量验收规范》GB 50207—2012 对瓦屋面的构造层次及相关要求如下：

1）一般规定

（1）瓦屋面的防水等级和防水做法

瓦屋面的防水等级和防水做法应符合表 2-92 的规定。

瓦屋面的防水等级和防水做法   表 2-92

防水等级	防水做法
Ⅰ级	瓦+防水层
Ⅱ级	瓦+防水垫层

注：防水层厚度应符合本节表 2-87 和表 2-88 Ⅱ级防水的规定。

（2）瓦屋面应根据瓦的类型和基层种类采取相应的构造做法。

（3）瓦屋面与山墙及屋面突出结构的交接处，均应做不小于 250mm 高的泛水处理。

（4）在大风及地震设防地区或屋面坡度大于 100% 时，瓦片应采取固定加强措施。

（5）严寒及寒冷地区瓦屋面的檐口部位应采取防止冰雪融化下坠和冰坝形成等措施。

（6）防水垫层宜采用自粘聚合物沥青防水垫层、聚合物改性沥青防水垫层，其最小厚度和搭接宽度应符合表 2-93 的规定。

防水垫层的最小厚度和搭接宽度   表 2-93

防水垫层的品种	最小厚度	搭接宽度
自粘聚合物沥青防水垫层	1.0	80
聚合物改性沥青防水垫层	2.0	100

（7）在满足屋面荷载的前提下，瓦屋面的持钉层厚度应符合下列规定：

① 持钉层为木板时，厚度不应小于 20mm；

② 持钉层为人造板时，厚度不应小于 16mm；

③ 持钉层为细石混凝土时，厚度不应小于 35mm。

（8）瓦屋面檐沟、天沟的防水层，可采用防水卷材或防水涂膜，也可以采用金属板材。

2）瓦屋面的构造层次

瓦屋面的基本构造层次可根据建筑物的性质、使用功能、气候条件等因素确定，并应符合表 2-94 的规定。

瓦屋面的基本构造层次   表 2-94

瓦材种类	基本构造层次（由上而下）
块瓦	块瓦—挂瓦条—顺水条—持钉层—防水层或防水垫层—保温层—结构层
沥青瓦	沥青瓦—持钉层—防水层或防水垫层—保温层—结构层

3）瓦屋面的设计

（1）烧结瓦、混凝土瓦屋面的构造要点

① 烧结瓦、混凝土瓦屋面的坡度不应小于 30%。

② 采用的木质基层、顺水条、挂瓦条，均应作防腐、防火和防蛀处理；采用的金属顺水条、挂瓦条，均应作防锈蚀处理。

③ 烧结瓦、混凝土瓦应采用干法挂瓦，瓦与屋面基层应固定牢靠。

④ 烧结瓦和混凝土瓦铺装的有关尺寸应符合下列规定：

a. 瓦屋面檐口挑出墙面的长度不宜小于 300mm；

b. 脊瓦在两坡面瓦上的搭盖宽度，每边不应小于 40mm；

c. 脊瓦下端距坡面瓦的高度不宜大于 80mm；

d. 瓦头深入檐沟、天沟内的长度宜为 50～70mm；

e. 金属檐沟、天沟深入瓦内的宽度不应小于 150mm；

f. 瓦头挑出檐口的长度宜为 50～70mm；

g. 突出屋面结构的侧面瓦伸入泛水的宽度不应小于 50mm。

（2）沥青瓦屋面的构造要点

① 沥青瓦屋面的坡度不应小于 20％。

② 沥青瓦应具有自粘胶带或相互搭接的连锁构造。矿物粒料或片料覆面沥青瓦的厚度不小于 2.6mm；金属箔面沥青瓦的厚度不小于 2.0mm。

③ 沥青瓦的固定方式应以钉接为主、粘结为辅。每张瓦片上不得少于 4 个固定钉；在大风地区或屋面坡度大于 100％时，每张瓦片不得少于 6 个固定钉。

④ 天沟部位铺设的沥青瓦可采用搭接式、编织式、敞开式。采用搭接式、编织式铺设时，沥青瓦下应增设不小于 1000mm 宽的附加层；采用敞开式铺设时，在防水层或防水垫层上应铺设厚度不小于 0.45mm 厚的防锈金属板材，沥青瓦与金属板材应用沥青基胶结材料粘结，其搭接宽度不应小于 100mm。

⑤ 沥青瓦铺装的有关尺寸应符合下列规定：

a. 脊瓦在两坡面瓦上的搭盖宽度，每边不应小于 150mm；

b. 脊瓦与脊瓦的压盖面积不应小于脊瓦面积的 1/2；

c. 沥青瓦挑出檐口的长度宜为 10～20mm；

d. 金属泛水板与沥青瓦的搭盖宽度不应小于 100mm；

e. 金属泛水板与突出屋面墙体的搭接高度不应小于 250mm；

f. 金属滴水板伸入沥青瓦下的宽度不应小于 80mm。

4）瓦屋面的细部构造

（1）檐口

① 烧结瓦、混凝土瓦屋面的瓦头挑出檐口的长度宜为 50～70mm（图 2-66、图 2-67）。

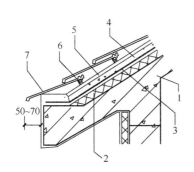

图 2-66　烧结瓦、混凝土瓦屋面檐口（一）

1—结构层；2—保温层；3—防水层或防水垫层；4—持钉层；5—顺水条；6—挂瓦条；7—烧结瓦或混凝土瓦

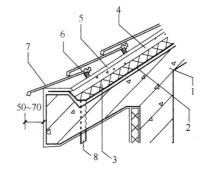

图 2-67　烧结瓦、混凝土瓦屋面檐口（二）

1—结构层；2—防水层或防水垫层；3—保温层；4—持钉层；5—顺水条；6—挂瓦条；7—烧结瓦或混凝土瓦；8—泄水管

② 沥青瓦屋面的瓦头挑出檐口的长度宜为 10～20mm；金属滴水板应固定在基层上，伸入沥青瓦下宽度不应小于 80mm，向下延伸长度不应小于 60mm（图 2-68）。

（2）檐沟和天沟

① 烧结瓦、混凝土瓦屋面檐沟（图 2-69）和天沟的防水构造应符合下列规定：

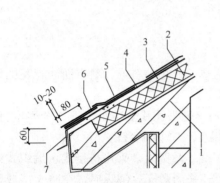

图 2-68 沥青瓦屋面檐口
1—结构层；2—保温层；3—持钉层；4—防水层
或防水垫层；5—沥青瓦；6—起始层沥青瓦；
7—金属滴水板
（单位：mm）

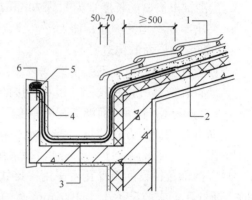

图 2-69 烧结瓦、混凝土瓦屋面檐沟
1—烧结瓦或混凝土瓦；2—防水层或防水垫层；
3—附加层；4—水泥钉；5—金属压条；
6—密封材料
（单位：mm）

a. 檐沟和天沟防水层下应增设附加层，附加层伸入屋面的宽度不应小于 500mm；

b. 檐沟和天沟防水层伸入瓦内的宽度不应小于 150mm，并与屋面防水层或防水垫层顺流水方向搭接；

c. 檐沟和天沟防水层应由沟底翻上至外侧顶部，卷材收头应用金属压条钉压，并应用密封材料封严；涂膜收头应用防水涂料多遍涂刷；

d. 烧结瓦、混凝土瓦伸入檐沟、天沟内的长度，宜为 50～70mm。

② 沥青瓦屋面檐沟和天沟的防水构造

a. 檐沟防水层下应增设附加层，附加层伸入屋面的宽度不应小于 500mm；

b. 檐沟防水层伸入瓦内的宽度不应小于 150mm，并与屋面防水层或防水垫层顺流水方向搭接；

c. 檐沟防水层和附加层应由沟底翻上至外侧顶部，卷材收头应用金属压条钉压，并应用密封材料封严；涂膜收头应用防水涂料多遍涂刷；

d. 沥青瓦伸入檐沟、天沟内的长度，宜为 10～20mm；

e. 天沟采用搭接式或编织式铺设时，沥青瓦下应增设不小于 1000mm 宽的附加层（图 2-70）；

f. 天沟采用敞开式铺设时，在防水层与防水垫层应铺设厚度不小于 0.45mm 的防锈金属板材，沥青瓦与金属板材应顺水流方向搭接，搭接缝应用沥青基胶结材料粘结，搭接宽度不应小于 100mm。

（3）女儿墙和山墙

① 烧结瓦、混凝土瓦屋面山墙泛水应采用聚合物水泥砂浆抹成，侧面瓦伸入泛水的

宽度不应小于 50mm（图 2-71）。

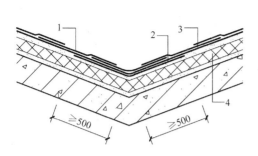

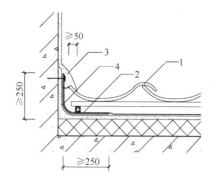

图 2-70　沥青瓦屋面天沟

1—沥青瓦；2—附加层；3—防水层或防水垫层；

4—保温层

（单位：mm）

图 2-71　烧结瓦、混凝土瓦屋面山墙

1—烧结瓦、混凝土瓦；2—防水层或防水垫层；

3—聚合物水泥砂浆；4—附加层

（单位：mm）

② 沥青瓦屋面山墙泛水应采用沥青基胶粘材料满粘一层沥青瓦片，防水层和沥青瓦收头应用金属压条钉压固定，并应用密封材料封严（图 2-72）。

③ 烧结瓦、混凝土瓦屋面烟囱（图 2-73）的防水构造，应符合下列规定：

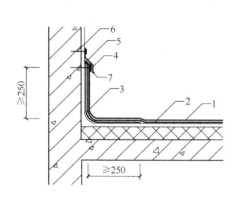

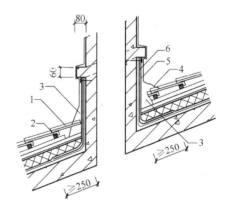

图 2-72　沥青瓦屋面山墙

1—沥青瓦；2—防水层或防水垫层；3—附加层；

4—金属盖板；5—密封材料；6—水泥钉；

7—金属压条

（单位：mm）

图 2-73　烧结瓦、混凝土瓦屋面烟囱

1—烧结瓦或混凝土瓦；2—挂瓦条；3—聚合物

水泥砂浆；4—分水线；5—防水层或防水垫层；

6—附加层

（单位：mm）

a. 烟囱泛水处的防水层和防水垫层下应增设附加层，附加层在平面的宽度和立面的高度均不应小于 250mm；

b. 屋面烟囱泛水应采用聚合物水泥砂浆抹成；

c. 烟囱与屋面交接处，应在迎水面中部抹出分水线，并应高出两侧各 30mm。

（4）屋脊

① 烧结瓦、混凝土瓦屋面的屋脊处应增设宽度不小于 250mm 的卷材附加层。脊瓦下端距坡面瓦的高度不宜大于 80mm，脊瓦在两坡面瓦的搭接宽度，每边不应小于 40mm；

脊瓦与坡面瓦之间的缝隙应采用聚合物水泥砂浆填实抹平（图 2-74）。

② 沥青瓦屋面的屋脊处应增设宽度不小于 250mm 的卷材附加层。脊瓦在两坡面瓦的搭接宽度，每边不应小于 150mm（图 2-75）。

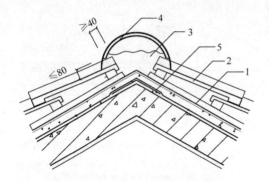
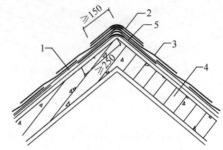

图 2-74 烧结瓦、混凝土瓦屋面屋脊

1—防水层或防水垫层；2—烧结瓦或混凝土瓦；
3—聚合物水泥砂浆；4—脊瓦；5—附加层
（单位：mm）

图 2-75 沥青瓦屋面屋脊

1—防水层或防水垫层；2—脊瓦；3—沥青瓦；
4—结构层；5—附加层
（单位：mm）

（5）屋顶窗

① 烧结瓦、混凝土瓦与屋面窗交接处，应采用金属排水板、窗框固定铁脚、窗口附加防水卷材、支瓦条等连接（图 2-76）。

② 沥青瓦与屋面窗交接处，应采用金属排水板、窗框固定铁脚、窗口附加防水卷材等与结构连接（图 2-77）。

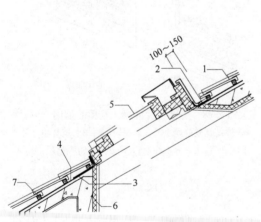
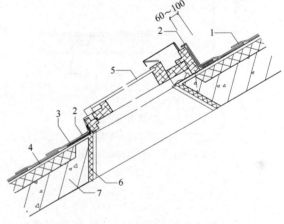

图 2-76 烧结瓦、混凝土瓦屋面屋顶窗

1—烧结瓦或混凝土瓦；2—金属排水板；
3—窗口附加防水卷材；4—防水层或
防水垫层；5—屋顶窗；6—保温层；
7—支瓦条
（单位：mm）

图 2-77 沥青瓦屋面屋顶窗

1—沥青瓦；2—金属排水板；3—窗口附加
防水卷材；4—防水层或防水垫层；
5—屋顶窗；6—保温层；7—结构层
（单位：mm）

（九）金 属 板 屋 面

340. 金属板屋面的构造有哪些要求?

综合《屋面工程技术规范》GB 50345—2012 和《屋面工程质量验收规范》GB 50207—2012 对金属板屋面的构造层次及相关要求如下:

1) 金属板屋面的防水等级和防水做法

金属板屋面的防水等级和防水做法应符合表 2-95 的规定。

金属板屋面的防水等级和防水做法　　　　表 2-95

防水等级	防水做法
Ⅰ级	压型金属板＋防水垫层
Ⅱ级	压型金属板、金属面绝热夹芯板

注:1. 当防水等级为Ⅰ级时,压型铝合金板基板厚度不应小于 0.9mm;压型钢板厚度不应小于 0.6mm;

　　2. 当防水等级为Ⅰ级时,压型金属板应采用 360°咬口锁边连接方式;

　　3. 在Ⅰ级屋面防水做法中,仅作压型金属板时,应符合相关规范的要求。

2) 金属板屋面的设计

（1）金属板屋面可按建筑设计要求、选用镀层钢板、涂层钢板、铝合金板、不锈钢板和钛锌板等金属板材。金属板材及其配套的紧固件、密封材料的品种、规格和性能等应符合现行国家标准的有关规定。

（2）金属板屋面应按围护结构进行设计,并应具有相应的承载力、刚度、稳定性和变形能力。

（3）金属板屋面设计应根据当地风荷载、结构体形、热工性能、屋面坡度等情况,采用相应的压型金属板板型及构造系统。

（4）金属板屋面的防结露设计,应符合现行国家标准《民用建筑热工设计规范》（GB 50176—2016）的有关规定。

（5）金属板屋面在保温层的下面宜设置隔汽层,在保温层的上面宜设置防水透气膜。

（6）压型金属板采用咬口锁边连接时,屋面的排水坡度不宜小于 5%;采用紧固件连接时,屋面的排水坡度不宜小于 10%。

（7）金属板檐沟、天沟的伸缩缝间距不宜大于 30m;内檐沟及内天沟应设置溢流口或溢流系统,沟内宜按 0.5% 找坡。

（8）金属板的伸缩缝除应满足咬口锁边连接或紧固件连接的要求外,还应满足檩条、檐口及天沟等使用要求,且金属板最大伸缩变形量不应超过 100mm。

（9）金属板在主体结构的变形缝处宜断开,变形缝上部应加扣带伸缩的金属盖板。

（10）金属板屋面的下列部位应进行细部构造设计:

① 屋面系统的变形缝;

② 高低跨处泛水;

③ 屋面板缝、单元体构造缝;

④ 檐沟、天沟、水落口;

⑤ 屋面金属板材收头；

⑥ 洞口、局部凸出体收头；

⑦ 其他复杂的构造部位。

3）金属板屋面的基本构造层次

金属板屋面的基本构造层次应符合表 2-96 的规定。

金属板屋面的基本构造层次　　　　　　　　　　　　　　表 2-96

屋面类型	基本构造层次（自上而下）
金属板屋面	压型金属板—防水垫层—保温层—承托网—支承结构
	上层压型金属板—防水垫层—保温层—底层压型金属板—支承结构
	金属面绝热夹芯板—支承结构

4）金属板屋面铺装的有关尺寸规定

（1）金属板檐口挑出墙面的长度不应小于 200mm；

（2）金属板伸入檐沟、天沟内的长度不应小于 100mm；

（3）金属泛水板与突出屋面墙体的搭接高度不应小于 250mm；

（4）金属泛水板、变形缝盖板与金属板的搭盖宽度不应小于 200mm；

（5）金属屋脊盖板在两坡面金属板上的搭盖宽度不应小于 250mm。

5）金属板屋面的细部构造

（1）檐口

金属板屋面檐口挑出墙面的长度不应小于 200mm；屋面板与墙板交接处应设置金属封檐板和压条（图 2-78）。

（2）山墙

金属板屋面山墙泛水应铺钉厚度不小于 0.45mm 的金属泛水板，并应顺水流方向搭接；金属泛水板与墙体的搭接高度不应小于 250mm，与压型金属板的搭盖宽度宜为 1~2 波，并应在波峰处采用拉铆钉连接（图 2-79）。

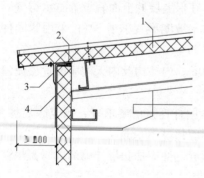

图 2-78　金属板屋面檐口

1—金属板；2—通长密封条；

3—金属压条；4—金属封檐板

（单位：mm）

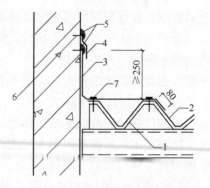

图 2-79　压型金属板屋面山墙

1—固定支架；2—压型金属板；3—金属泛水板；

4—金属盖板；5—密封材料；6—水泥钉；

7—拉铆钉

（单位：mm）

（3）屋脊

金属板屋面的屋脊盖板在两坡面金属板上的搭接宽度每边不应小于 250mm，屋面板端头应设置挡水板和堵头板（图 2-80）。

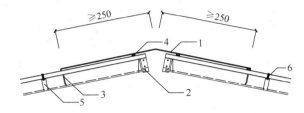

图 2-80　金属板材屋面屋脊

1—屋面盖板；2—堵头层；3—挡水板；4—密封材料；5—固定支架；6—固定螺栓

（单位：mm）

341. 金属面夹芯板屋面有哪些构造要求？

《金属面夹芯板应用技术标准》JGJ/T 453—2019 指出：

1）定义

金属面夹芯板是由两层薄金属板材为面板，中间填充绝热轻质芯材（模压塑聚苯乙烯泡沫塑料、XPS 挤压塑聚苯乙烯泡沫塑料、硬质聚氨酯泡沫塑料、岩棉、玻璃棉），采用一定的成型工艺将二者组合成整体的复合板。

2）屋面构造做法

（1）坡度

① 屋面坡度不宜小于 5％。

② 当腐蚀性等级为强、中等环境时，屋面坡度不宜小于 8％。

③ 当屋面坡度小于 5％时，宜选用坡高不小于 35mm 的屋面金属夹芯版。

（2）板型选择

① 金属面夹芯板外层面板波高不宜小于 35mm，基板厚度不宜小于 0.6mm；内层面板宜采用浅压型板，基板厚度不宜小于 0.5mm；

② 曲面形状的屋面不宜采用金属面夹芯板。

（3）连接做法

① 屋面金属面夹芯板宜采用搭接式和扣合式连接。芯材为纯岩棉或聚氨酯，封边材料为岩棉两侧聚氨酯封边。

② 用于屋面的金属面夹芯板，单板长度不宜超过 18m。

③ 金属面夹芯板屋面采光天窗及出屋面构件宜设置在屋脊部位，且宜高出屋面板 200mm 及以上。

④ 当屋面金属面夹芯板长度方向连接采用搭接连接时，搭接端应设置在支撑构件上，支撑构件连接面的宽度不应小于 50mm，金属面夹芯板应与支撑构件连接可靠。当采用螺钉或铆钉固定连接时，搭接部位应设置防水密封胶带。

⑤ 当屋面坡度小于或等于 10％时，金属面夹芯板搭接连接宜采用紧固件加丁基胶带的方式，搭接长度不宜小于 200mm；当屋面坡度大于 10％时，可不采用紧固件加丁基胶

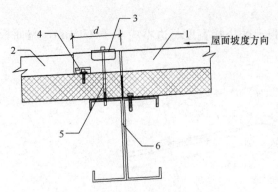

图 2-81 屋面金属夹心板式的搭接构造

1—上屋面金属面夹心板；2—下屋面金属面夹心板；

3—马鞍垫；4—不锈钢压条及丁基胶带；

5—自攻螺钉；6—屋面双檩檩条

带的方式，搭接长度不宜小于 200mm。

（4）细部构造

① 搭接：搭接处屋面系统结构宜设置双支撑构件（图 2-81）。

② 天沟：屋面板应悬挑深入天沟内；悬挑长度不应小于 120mm（图 2-82）。

③ 檐口：檐口应有封檐板或封堵措施；屋面金属面夹芯板应伸出墙面外，悬挑长度不应小于 250mm（图 2-83）。

④ 屋脊：屋脊应有挡水板和防水措施。挡水板与挡水板间宜铺设丁基胶带后搭接连接（图 2-84）。

⑤ 屋面采光带：采光带两侧应与屋面金属面夹芯板外侧金属板连接，并应设有丁基胶带和金属压板等防水措施。应在采光带下侧设置厚度不小于 1.5mm 的钢衬板（图 2-85）。

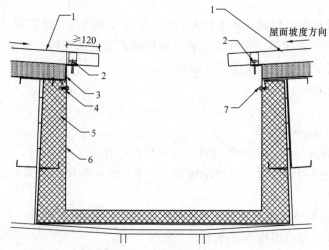

图 2-82 天沟节点构造

1—屋面金属夹心板；2—不锈钢压条；3—金属檐口板；4—丁基胶带；

5—天沟内保温；6—钢板天沟；7—连接钉

（单位：mm）

⑥ 山墙部位：山墙包角板宜采用与屋面板相同材质的材料；当屋面金属面夹芯板单板长超过 18m 时，应有保证屋面板伸缩变形的措施（图 2-86）。

⑦ 女儿墙：女儿墙与屋面金属面夹芯板相交处的屋面板应断开；应设置内外包角板，包角板的立边高度自屋面板坡谷起不宜小于 200mm（图 2-87）。

⑧ 出屋面洞口（图 2-88）。

⑨ 其他

a. 屋面系统应设置专用上人通道。

b. 檐口部位应采取防冰雪融坠措施。

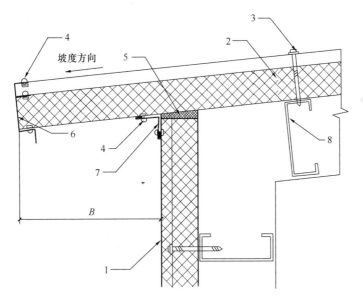

图 2-83　檐口节点构造

1—墙面金属面夹心板；2—屋面金属面夹心板；3—自攻螺钉；4—拉铆钉；
5—聚氨酯泡沫条填充；6—封檐板；7—檐口阴角；8—檩条

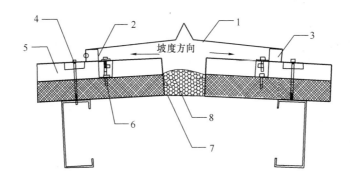

图 2-84　屋脊节点构造

1—屋脊外包角板；2—屋脊挡水板；3—拉铆钉；4—马鞍垫加防水结构钉；5—屋面金属
面夹芯板；6—连接钉及丁基胶带；7—屋脊内包角板；8—聚氨酯发泡填充

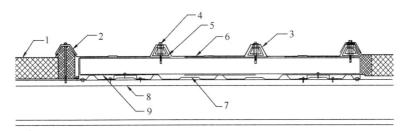

图 2-85　采光带节点构造

1—墙面金属面夹心板；2—金属扣槽；3—马鞍垫；4—连接钉；
5—支撑堵头；6—上层纤维增强复合材料（FRP）采光带；
7—上层纤维增强复合材料（FRP）采光带；8—屋面支撑结构；9—采光带支撑件

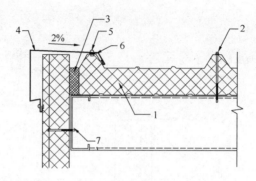

图 2-86 山墙包角板节点构造

1—屋面金属面夹心板；2—防水自攻螺钉；3—聚氨酯泡沫条填充；

4—山墙封檐板；5—拉铆钉；6—丁基胶带；7—自攻螺钉

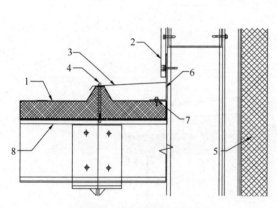

图 2-87 女儿墙节点构造

1—屋面金属面夹心板；2—女儿墙内板；3—外包角板；

4—丁基胶带及连接钉；5—墙面金属面夹心板；

6—内包角板；7—丁基胶带；8—檩条

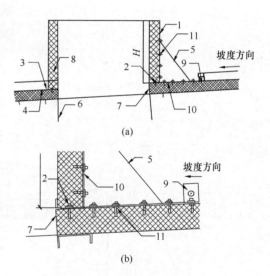

图 2-88 洞口节点构造

(a) 洞口纵剖面；(b) 大样

1—洞口金属基座；2—结构钉；3—耐候密封胶；

4—屋面金属面夹芯板；5—雨水分流器；6—洞口

支撑结构；7—洞口封边支撑；8—洞口保温装饰；

9—波峰防水外堵；10—丁基胶带；11—防水紧固件

（十）《坡屋面规范》的要求

342.《坡屋面规范》对坡屋面的构造有哪些要求？

《坡屋面工程技术规范》GB 50693—2011 规定：

1）坡屋面的基本规定和设计要求

（1）坡屋面的类型、适用坡度和防水垫层

根据建筑物的高度、风力、环境等因素，坡屋面的类型、适用坡度和防水垫层的选用应符合表 2-97 的规定。

坡屋面的类型、坡度和防水垫层的选用　　　　　　　　表 2-97

坡度与垫层	屋面类型						
	沥青瓦屋面	块瓦屋面	波形瓦屋面	金属板屋面		防水卷材屋面	装配式轻型坡屋面
				压型金属板屋面	夹芯板屋面		
适用坡度（%）	≥20	≥30	≥20	≥5	≥5	≥3	≥20
防水垫层的选用	应选	应选	应选	一级应选二级宜选	—	—	应选

注：防水垫层指的是坡屋面中通常铺设在瓦材或金属板下面的防水材料。

（2）坡屋面的防水等级

坡屋面工程设计应根据建筑物的性质、重要程度、地域环境、使用功能要求以及依据屋面防水层设计的使用年限，分为一级防水和二级防水，并应符合表 2-98 的规定。

坡屋面的防水等级　　　　　　　　表 2-98

项目	坡屋面防水等级	
	一级	二级
防水层设计使用年限	≥20 年	≥10 年

注：1. 大型公共建筑、医院、学校等重要建筑屋面的防水等级为一级，其他为二级；

　　2. 工业建筑屋面的防水等级按使用要求确定。

（3）坡屋面的设计要求

① 坡屋面采用沥青瓦、块瓦、波形瓦和一级设防的压型金属板时，应设置防水垫层。

② 保温隔热层铺设在装配式屋面板上时，宜设置隔汽层。

③ 屋面坡度大于 100% 以及大风地区、抗震设防烈度为 7 度以上的地区，应采取加强瓦材固定等防止瓦材下滑的措施。

④ 持钉层的厚度应符合表 2-99 的规定。

持钉层的厚度（mm）　　　　　　　　表 2-99

材质	最小厚度	材质	最小厚度
木板	20	结构用胶合板	9.5
胶合板或定向刨花板	11	细石混凝土	35

⑤ 细石混凝土找平层、持钉层或保护层中的钢筋网应与屋脊、檐口预埋的钢筋连接。

⑥ 夏热冬冷地区、夏热冬暖地区和温和地区坡屋面的节能措施宜采用通风屋面、热反射屋面、带铝箔的封闭空气间层或种植屋面等。

⑦ 屋面坡度大于 100% 时，宜采用内保温隔热措施。

⑧ 冬季最冷月平均气温低于 −4℃ 的地区或檐口结冰严重的地区，檐口部位应增设一层防冰坝返水的自粘或免粘防水垫层。增设的防水垫层应从檐口向上延伸，并超过外墙中心线不少于 1000mm。

⑨ 严寒和寒冷地区的坡屋面檐口部位应采取冰雪融坠的安全措施。

⑩ 钢筋混凝土檐沟的纵向坡度不宜小于1%。檐沟内应做防水。

⑪ 坡屋面的排水设计应符合下列规定：

a. 多雨地区（年降雨量大于900mm的地区）的坡屋面应采取有组织排水；

b. 少雨地区（年降雨量小于或等于900mm的地区）的坡屋面可采取无组织排水；

c. 高低跨屋面的水落管出水口处应采取防冲刷措施（通常做法是加设水簸箕）。

⑫ 坡屋面有组织排水方式和水落管的数量应符合有关规定。

⑬ 屋面设有太阳能热水器、太阳能光伏电池板、避雷装置和电视天线等附属设施时，应做好连接和防水密封措施。

⑭ 采光天窗的设计应符合下列规定：

a. 采用排水板时，应有防雨措施；

b. 采光天窗与屋面连接处应作两道防水设防；

c. 应有结露水泄流措施；

d. 天窗采用的玻璃应采用安全玻璃；

e. 采光天窗的抗风压性能、水密性、气密性等应符合相关标准的规定。

2）坡屋面的材料选择

（1）防水垫层

① 沥青类防水垫层（自粘聚合物沥青防水垫层、聚合物改性沥青防水垫层、波形沥青通风防水垫层等）；

② 高分子类防水垫层（铝箔复合隔热防水垫层、塑料防水垫层、透气防水垫层和聚乙烯丙纶防水垫层等）；

③ 防水卷材和防水涂料的复合防水垫层。

（2）保温隔热材料

① 坡屋面保温隔热材料可采用硬质聚苯乙烯泡沫塑料保温板、硬质聚氨酯泡沫塑料保温板、喷涂硬泡聚氨酯、岩棉、矿渣棉或玻璃棉等，不宜采用散状保温隔热材料。

② 保温隔热材料的表观密度不应大于$250kg/m^3$；装配式轻型坡屋面宜采用轻质保温隔热材料，表观密度不应大于$70kg/m^3$。

（3）瓦材

瓦材有沥青瓦（片状）、沥青波形瓦、树脂波形瓦（俗称：玻璃钢）、块瓦（烧结瓦、混凝土瓦）等。

（4）金属板

① 压型金属板：包括热镀锌钢板（厚度≥0.6mm）、镀铝锌钢板（厚度≥0.6mm）、铝合金板（厚度≥0.9mm）。

② 有涂层的金属板：正面涂层不应低于两层，反面涂层应为一层或两层。涂层有聚酯、硅改性聚酯等。

③ 金属面绝热夹芯板。

（5）防水卷材

防水卷材可以选用聚氯乙烯（PVC）防水卷材、三元乙丙橡胶（EPDM）防水卷材、热塑性聚烯烃（TPO）防水卷材、弹性体（SBS）改性沥青防水卷材、塑性体（APP）改性沥青防水卷材。

屋面防水层应采用耐候性防水卷材、选用的防水卷材人工气候老化试验辐照时间不应少于 2500h。

（6）装配式轻型屋面材料

① 钢结构应选用热浸镀锌薄壁型钢材冷弯成型。承重冷弯薄壁型钢应采用的热浸镀锌板的双面涂层重量不应小于 180g/m²。

② 木结构的材质、粘结剂及配件应符合相关规定。

③ 新建屋面、平改坡屋面的屋面板宜采用定向刨花板（简称 OSB 板）、结构胶合板、普通木板及人造复合板等材料；采用波形瓦时，可不设屋面板。

④ 木屋面板材的厚度：定向刨花板（简称 OSB 板）≥11mm；结构胶合板≥9.5mm；普通木板 20mm。

⑤ 新建屋面、平改坡屋面的屋面瓦，宜采用沥青瓦、沥青波形瓦、树脂波形瓦等轻质瓦材。

（7）顺水条和挂瓦条

① 木质顺水条和挂瓦条应采用等级为Ⅰ级或Ⅱ级的木材，含水率不应大于 18%，并应作防腐防蛀处理。

② 金属材质顺水条、挂瓦条应作防锈处理。

③ 顺水条的断面尺寸宜为 40mm×20mm；挂瓦条的断面尺寸宜为 30mm×30mm。

3）坡屋面的设计

（1）沥青瓦坡屋面

① 构造层次：（由上而下）沥青瓦—持钉层—防水垫层—保温隔热层—屋面板。

② 沥青瓦分为平面沥青瓦和叠合沥青瓦两大类型。平面沥青瓦适用于防水等级为二级的坡屋面；叠合沥青瓦适用于防水等级为一级及二级的坡屋面。

③ 沥青瓦屋面的坡度不应小于 20%。

④ 沥青瓦屋面的保温隔热层设置在屋面板上时，应采用不小于压缩强度 150kPa 的硬质保温隔热板材。

⑤ 沥青瓦屋面的屋面板宜为钢筋混凝土屋面板或木屋面板。

⑥ 铺设沥青瓦应采用固定钉固定，在屋面周边及泛水部位应采用满粘法固定。

⑦ 沥青瓦的施工环境温度宜为 5～35℃。环境温度低于 5℃ 时，应采取加强粘结措施。

（2）块瓦屋面

① 构造层次（由上而下）：块瓦—挂瓦条—顺水条—防水垫层—持钉层—保温隔热层—屋面板。

② 块瓦包括烧结瓦、混凝土瓦等，适用于防水等级为一级和二级的坡屋面。

③ 块瓦屋面坡度不应小于 30%。

④ 块瓦屋面的屋面板可为钢筋混凝土板、木板或增强纤维板。

⑤ 块瓦屋面应采用干法挂瓦，固定牢靠，檐口部位应采取防风揭起的措施。

⑥ 瓦屋面与山墙及突出屋面结构的交接处应做泛水，加铺防水附加层，局部进行密封防水处理。

⑦ 寒冷地区屋面的檐口部位，应采取防止冰雪融化下坠和冰坝的措施。

⑧ 屋面无保温层时，防水垫层应铺设在钢筋混凝土基层或木基层上；屋面有保温层时，保温层宜铺设在防水层上，保温层上铺设找平层。

⑨ 瓦屋面檐口宜采用有组织排水，高低跨屋面的水落管下应采取防冲刷措施。

⑩ 烧结瓦、混凝土瓦屋面檐口挑出墙面的长度不宜小于 300mm，瓦片挑出封檐板的长度宜为 50～70mm。

（3）波形瓦坡屋面

① 构造层次（由上而下）：

a. 做法一：波形瓦—防水垫层—持钉层—保温隔热层—屋面板。

b. 做法二：波形瓦—防水垫层—屋面板—檩条（角钢固定件）—屋架。

② 波形瓦屋面包括沥青波形瓦、树脂波形瓦等。适用于防水等级为二级的屋面。

③ 波形瓦屋面坡度不应小于 20％。

④ 波形瓦屋面承重层为钢筋混凝土屋面板和木质屋面板时，宜设置外保温隔热层；不设屋面板的屋面，可设置内保温隔热层。

（4）金属板坡屋面

① 构造层次（由上而下）：金属屋面板—固定支架—透气防水垫层—保温隔热层—承托网。

② 金属板屋面的板材主要包括压型金属板和金属面绝热夹芯板。

③ 金属板屋面坡度不宜小于 5％。

④ 压型金属板屋面适用于防水等级为一级和二级的坡屋面；金属面绝热夹芯板屋面适用于防水等级为二级的坡屋面。

⑤ 金属面绝热夹芯板的四周接缝均应采用耐候丁基橡胶防水密封胶带密封。

⑥ 防水等级为一级的压型金属板屋面应采用防水垫层，防水等级为二级的压型金属板屋面宜采用防水垫层。

（5）防水卷材坡屋面

① 构造层次（由上而下）：防水卷材—保温隔热层—隔汽层—屋顶结构层。

② 防水卷材屋面适用于防水等级为一级和二级的单层防水卷材的坡屋面。

③ 防水卷材屋面的坡度不应小于 3％。

④ 屋面板可采用压型钢板和现浇钢筋混凝土板等。

⑤ 防水卷材屋面采用的防水卷材主要包括：聚氯乙烯（PVC）防水卷材；三元乙丙橡胶（EPDM）防水卷材；热塑性聚烯烃（TPO）防水卷材；弹性体（SBS）改性沥青防水卷材；塑性体（APP）改性沥青防水卷材。

⑥ 保温隔热材料可采用硬质岩棉板、硬质矿渣棉板、硬质玻璃棉板、硬质泡沫聚氨酯塑料保温板及硬质聚苯乙烯保温板等板材。

⑦ 保温隔热层应设置在屋面板上。

⑧ 单层防水卷材和保温隔热材料构成的屋面系统，可采用机械固定法、满粘法或空铺压顶法铺设。

（6）装配式轻型坡屋面

① 构造层次（由上而下）：瓦材—防水垫层—屋面板。

② 装配式轻型坡屋面适用于防水等级为一级和二级的新建屋面和平改坡屋面。

③ 装配式轻型坡屋面的坡度不应小于 20%。

④ 平改坡屋面应根据既有建筑物的进深、承载能力确定承重结构和选择屋面材料。

（十一）玻 璃 采 光 顶

343. 玻璃采光顶的构造要求有哪些?

综合《屋面工程技术规范》GB 50345—2012、《屋面工程质量验收规范》GB 50207—2012、《建筑玻璃采光顶》JG/T 231—2007、《采光顶与金属屋面技术规程》JGJ 255—2012 和相关技术资料的规定如下（图 2-89）:

图 2-89　玻璃采光顶

1) 建筑设计

（1）安装在玻璃采光顶上的光伏组件面板坡度宜按光伏系统全年日照最多的倾角设计，宜满足光伏组件冬至日全天有 3h 以上建筑日照时数的要求，并应避免景观环境或建筑自身对光伏组件的遮挡。

（2）排水设计

① 应采用天沟排水，底板排水坡度宜大于 1%。天沟过长时应设置变形缝：顺直天沟不宜大于 30m，非顺直天沟不宜大于 20m。

② 采光顶采取无组织排水时，应在屋檐设置滴水构造。

（3）防火设计

① 采光顶与外墙交界处、屋顶开口部位四周的保温层，应采用宽度不小于 500mm 的燃烧性能为 A 级保温材料设置水平防火隔离带。采光顶与防火分隔构件的缝隙，应进行防火封堵。

② 采光顶的同一玻璃面板不宜跨越两个防火分区。防火分区间设置通透隔断时，应采用防火玻璃或防火玻璃制品。

（4）节能设计

① 采光顶宜采用夹层中空玻璃或夹层低辐射镀膜中空玻璃。明框支承采光顶宜采用隔热铝合金型材或隔热性钢材。

②采光顶的热桥部位应进行隔热处理，在严寒和寒冷地区，热桥部位不应出现结露现象。

③严寒和寒冷地区的采光顶应进行防结露设计。

④采光顶宜进行遮阳设计。有遮阳要求的采光顶，可采用遮阳型低辐射镀膜夹层中空玻璃，必要时也可设置遮阳系统。

2）面板设计

（1）框支承玻璃面板

①采光顶用框支承玻璃面板单片玻璃厚度和中空玻璃的单片厚度不应小于 6mm，夹层玻璃的单片厚度不宜小于 5mm。夹层玻璃和中空玻璃的各片玻璃厚度相差不宜大于 3mm。

②框支承用夹层玻璃可采用平板玻璃、半钢化玻璃或钢化玻璃。

③框支承玻璃面板的边缘应进行精磨处理。边缘倒棱不宜小于 0.5mm。

（2）点支承玻璃面板

①矩形玻璃面板宜采用四点支承，三角形玻璃面板宜采用三点支承。相邻支承点间的板边距离，不宜大于 1.50m。点支承玻璃可采用钢爪支承装置或夹板支承装置。采用钢爪支承时，孔边至板边的距离不宜小于 70mm。

②点支承玻璃面板采用浮头式连接件支承时，其厚度不应小于 6mm；采用沉头式连接件支承时，其厚度不应小于 8mm。夹层玻璃和中空玻璃的单片厚度亦应符合相关规定。钢板夹持的点支承玻璃，单片厚度不应小于 6mm。

③点支承中空玻璃孔洞周边应采取多道密封。

（3）聚碳酸酯板

①聚碳酸酯板应可冷弯成型。

②中空平板的弯曲半径不宜小于板材厚度的 175 倍；U 形中空板的最小弯曲半径不宜小于厚度的 200 倍；实心板的弯曲半径不宜小于板材厚度的 100 倍。

3）支承结构设计

（1）铝合金型材有效截面的部位厚度不应小于 2.5mm；

（2）热轧钢型材有效截面的部位的壁厚不应小于 2.5mm；

（3）冷成型薄壁型钢截面厚度不应小于 2.0mm。

4）胶缝设计

（1）胶缝应采用硅酮结构密封胶；

（2）硅酮结构密封胶的粘结宽度不应小于 7mm；

（3）硅酮结构密封胶的粘结厚度不应小于 6mm。

5）构造设计

（1）一般规定

①玻璃采光顶应根据建筑物的屋面形式、使用功能和美观要求，选择结构类型、材料和细部构造。玻璃采光顶的面积一般不应大于屋顶总面积的 20%。

②玻璃采光顶所用材料的物理性能、力学性能应根据建筑物的类别、高度、体形、功能以及建筑物所在的地理位置、气候和环境条件进行设计。

③严寒和寒冷地区的采光顶应满足寒冷地区防脆断的要求。

④ 玻璃采光顶所用支承构件、透光面板及其配套的紧固件、连接件、密封材料，其材料的品种、规格和性能等应符合有关材料标准的规定。

⑤ 玻璃采光顶的防结露设计，应符合《民用建筑热工设计规范》（GB 50176—2016）的有关规定；对玻璃采光顶内侧的冷凝水，应采取控制控制、收集和排除的措施。

⑥ 玻璃采光顶支承结构选用的金属材料应作防腐处理，铝合金型材应作表面处理；不同金属构件接触面之间应采取隔离措施。

⑦ 玻璃采光顶的防火及防烟、防雷要求应满足相应规范的规定。

⑧ 当采用玻璃梁支承时，玻璃梁宜采用钢化夹层玻璃。玻璃梁应对温度变形、地震作用和结构变形有较好地适应能力。

⑨ 玻璃采光顶应采用支承结构找坡，排水坡度不宜小于 5%，并应采取合理的排水措施。

⑩ 玻璃采光顶的高低跨处泛水部位；采光板板缝、单元体构造缝部位；天沟、檐沟、水落口部位；采光顶周边交接部位部位；洞口、局部凸出体收头部位及其他复杂的构造部位应进行细部构造设计。

（2）材料

① 玻璃

a. 采光顶的玻璃应采用安全玻璃，宜采用夹层玻璃和夹层中空玻璃。玻璃原片可根据设计要求选用，且单片玻璃厚度不宜小于 6mm，夹层玻璃的玻璃原片厚度不宜小于 5mm。

b. 当玻璃采光顶采用钢化玻璃、半钢化玻璃时应满足相应规范的要求，钢化玻璃宜经过二次匀质处理。

c. 上人的玻璃采光顶应采用夹层玻璃；点支承的玻璃采光顶应采用钢化夹层玻璃。

d. 夹层玻璃宜为干法加工而成，夹层玻璃的两片玻璃厚度相差不宜大于 2mm；夹层玻璃的胶片宜采用聚乙烯醇缩丁醛（PVB）胶片，聚乙烯醇缩丁醛的胶片不应小于 0.76mm；暴露在空气中的夹层玻璃边缘应进行密封处理。

e. 玻璃采光顶采用的中空玻璃气体层不应小于 12mm；中空玻璃宜采用双道密封；隐框玻璃的二道的密封应采用硅酮结构密封胶；中空玻璃的夹层面应在中空玻璃的下表面。

f. 中空玻璃的产地与使用地与运输途经地的海拔高度相差超过 1000m 时，宜加装毛细管或呼吸管平衡内外气压值。

g. 考虑节能与隔声，中空玻璃可采用不同厚度的单片玻璃进行组合，单片玻璃的厚度差宜为 3mm，并应将较厚的玻璃放在外侧。

h. 所有采光顶玻璃应进行磨边倒角处理。

i. 玻璃面板面积不宜大于 2.50m²，长边边长不宜大于 2.00m。

j. 当采光玻璃顶最高点到地面或楼面距离大于 3.00m 时，应采用夹层玻璃或夹层中空玻璃，且夹胶层位于下侧。

② 钢材

a. 采光顶支承结构所选用的碳素结构钢、低合金高强度钢和耐候钢除应符合相关规定外，均应按设计要求进行防腐处理。

b. 不锈钢材宜采用奥氏体不锈钢，其含镍量不应小于 8%。

c. 钢索压管接头应采用经固溶处理的奥氏体不锈钢。

③ 铝材

a. 铝型材的基材应采用高精级或超高精级。

b. 铝型材的表面处理应符合表 2-100 的规定。

铝型材的表面处理 表 2-100

表面处理方式		膜厚级别	膜厚	
			平均膜厚	局部膜厚
阳极氧化		不低于 AA15	$t \geqslant 15$	$t \geqslant 12$
电泳喷涂	阳极氧化膜	B	$t \geqslant 10$	$t \geqslant 8$
	漆膜		—	$t \geqslant 7$
	复合膜		—	$t \geqslant 1640$
粉末喷涂			—	$40 \leqslant t \leqslant 120$
氟碳喷涂	二涂	—	$t \geqslant 30$	$t \geqslant 25$
	三涂	—	$t \geqslant 40$	$t \geqslant 25$

c. 铝合金隔热型材的隔热条应满足行业标准要求。

④ 钢索：玻璃采光顶使用的钢索应采用钢绞线，钢索的公称直径不宜小于 12mm。

⑤ 五金附件：选用的五金件除不锈钢以外，应进行防腐处理。

⑥ 密封材料：密封材料宜采用三元乙丙橡胶、氯丁橡胶及硅橡胶。

⑦ 其他材料

a. 单组分硅酮结构密封胶配合使用的低发泡间隔双面胶带，应具有透气性；

b. 填充材料宜采用聚乙烯泡沫棒，其密度不应大于 $37 kg/m^3$。

（3）性能

玻璃采光顶应满足的性能包括结构性能、气密性能、水密性能、热工性能、隔声性能、采光性能等。

① 结构性能

a. 承载性能 S 共分为 9 级，应由计算确定，其指标详见表 2-101。

承载性能分级 表 2-101

分级代号	1	2	3	4	5
分级指标值 S/kPa	$1.0 \leqslant S < 1.5$	$1.5 \leqslant S < 2.0$	$2.0 \leqslant S < 2.5$	$2.5 \leqslant S < 3.0$	$3.0 \leqslant S < 3.5$
分级代号	6	7	8	9	—
分级指标值 S/kPa	$3.5 \leqslant S < 4.0$	$4.0 \leqslant S < 4.5$	$4.5 \leqslant S < 5.0$	$S \geqslant 5.0$	—

b. 任何单件玻璃板垂直于玻璃平面的挠度不应超过计算边长的 1/60。

② 气密性能

a. 采光顶开启部分采用压力差为 10Pa 时的开启缝长空气渗透量 q_L 作为分级指标，并应符合表 2-102 的规定。

采光顶开启部分气密性能分级　　　　表 2-102

分级代号	1	2	3	4
分级标准值 q_L [m²/(m·h)]	$4.0 \leqslant q_L > 2.5$	$2.5 \leqslant q_L > 1.5$	$1.5 \leqslant q_L > 0.5$	$q_L \leqslant 0.5$

b. 采光顶整体（含开启部分）采用压力差为 10Pa 时的单位面积空气渗透量 q_A 作为分级指标，并应符合表 2-103 的规定。

采光顶整体气密性能分级　　　　表 2-103

分级代号	1	2	3	4
分级标准值 q_A [m²/(m·h)]	$4.0 \leqslant q_A > 2.0$	$2.0 \leqslant q_A > 1.2$	$1.2 \leqslant q_A > 0.5$	$q_A \leqslant 0.5$

③ 水密性能

当采光顶所受风压取正值时，水密性能分级指标 ΔP 应符合表 2-104 的规定。

采光顶水密性能指标　　　　表 2-104

分级代号		2	3	4
分级指标值 ΔP (Pa)	固定部分	$1000 \leqslant \Delta P < 1500$	$1500 \leqslant \Delta P < 2000$	$\Delta P \geqslant 2000$
	可开启部分	$500 \leqslant \Delta P < 700$	$700 \leqslant \Delta P < 1000$	$\Delta P \geqslant 1000$

注：1. ΔP 为水密性能试验中，严重渗透压力差的前一级压力差；

2. 5 级时需同时标注 ΔP 的实测值。

④ 热工性能

a. 采光顶的保温性能以传热系数 K 进行分级，其分级指标应符合表 2-105 的规定。

采光顶的保温性能分级　　　　表 2-105

分级代号	1	2	3	4	5
分级指标值 K [W/(m²·k)]	$K > 4.0$	$4.0 \geqslant K \geqslant 3.0$	$3.0 \geqslant K \geqslant 2.0$	$2.0 \geqslant K \geqslant 1.5$	$K \leqslant 1.5$

b. 遮阳系数分级指标 SC 应符合表 2-106 的规定。

采光顶的遮阳系数分级　　　　表 2-106

分级代号	1	2	3	4	5	6
分级指标值 SC	$0.9 \geqslant SC > 0.7$	$0.7 \geqslant SC > 0.6$	$0.6 \geqslant SC > 0.5$	$0.5 \geqslant SC > 0.4$	$0.4 \geqslant SC > 0.3$	$0.3 \geqslant SC > 0.2$

⑤ 隔声性能

以空气计权隔声量 R_w 进行分级，其分级指标应符合表 2-107 的规定。

采光顶的空气隔声性能指标 表 2-107

分级代号	2	3	4
分级标准值 R_w（dB）	$30{\leqslant}R_w{<}35$	$35{\leqslant}R_w{<}40$	$R_w{\geqslant}35$

注：4 级时需同时标注 R_w 的实测值。

⑥ 采光性能

采光性能采用透光遮减系数 T_r 作为分级指标，其分级指标应符合表 2-108 的规定。

采光顶采光性能指标 表 2-108

分级代号	1	2	3	4	5
分级指标值	$0.2{\leqslant}T_r{<}0.3$	$0.3{\leqslant}T_r{<}0.4$	$0.4{\leqslant}T_r{<}0.5$	$0.5{\leqslant}T_r{<}0.6$	$T_r{\geqslant}0.6$

注：投射漫射光照度与漫射光照度之比，5 级时需同时标注 T_r 的实测值。

（4）玻璃采光顶的支承结构

玻璃采光顶的支承结构有钢结构、索杆结构、铝合金结构、玻璃梁结构等。

（5）构造要求

① 采光顶玻璃组装采用镶嵌方式时，应采取防止玻璃整体脱落的措施。

② 采光玻璃顶组装采用粘结方式时，隐框与半隐框构件的玻璃与金属框之间，应采用与接触材料相容的硅酮结构密封胶粘结，其粘结宽度及厚度应符合强度要求。

③ 采光玻璃顶组装采用点支承组装方式时，连接件的钢制驳接爪与玻璃之间应设置衬垫材料，衬垫材料的厚度不宜小于 1mm，面积不应小于支承装置与玻璃的结合面。

④ 玻璃间的接缝宽度应满足玻璃和密封胶的变形要求，且不应小于 10mm；密封胶的嵌填深度宜为接缝宽度的 50%～70%，较深的密封槽口底部应采用聚乙烯发泡材料填塞。

⑤ 玻璃采光顶的构造层次见表 2-109。

玻璃采光顶的构造层次 表 2-109

做法类别	基本构造层次
做法一（框架支承）	玻璃面板—金属框架—支承结构
做法二（点支承）	玻璃面板—点支承装置—支承结构

（十二）阳光板采光顶

344. 阳光板采光顶有哪些构造要求？

综合相关技术资料得知，阳光板采光顶指的是选用聚碳酸酯板（又称为阳光板、PC 板）的采光顶，详见图 2-90。

1）板的种类：聚碳酸酯板有单层实心板、中空平板、U 形中空板、波浪板等多种类型；有透明、着色等多种板型。

2）板的厚度：单层板 3～10mm，双层板 4、6、8、10mm。

3）燃烧性能：燃烧性能等级应达到 B_1 级。

4）耐候性（黄化指标）：不小于 15 年。

图 2-90　阳光板采光顶

5）透光率：双层透明板不小于 80％，三层透明板不小于 72％。

6）耐温限度：－40℃～120℃。

7）使用寿命：不得低于 25 年。

8）黄色指数：黄色指数变化不应大于 1。

9）找坡方式：应采用支承结构找坡，坡度不应小于 8％。

10）聚碳酸酯板应可冷弯成型。

11）中空平板的弯曲半径不宜小于板材厚度的 175 倍；U 形中空板的最小弯曲半径不宜小于板材厚度的 200 倍；实心板的弯曲半径不宜小于板材厚度的 100 倍。

（十三）太阳能光伏系统

345. 什么叫太阳能光伏系统？

综合相关技术资料得知，太阳能光伏系统是利用光伏效应将太阳辐射能直接转换成电能的发电系统。相关资料指出：光电采光板由上下两层 4mm 玻璃及中间的光伏电池组成的光伏电池系列，用铸膜树脂（EVA）热固而成，背面是接线盒和导线。光电采光板的尺寸一般为 500mm×500mm～2100mm×3500mm（图 2-91）。

图 2-91　太阳能光伏系统

346. 太阳能光伏系统的安装要求与构造要点有哪些?

综合相关技术资料得知,太阳能光伏系统的安装要求与构造要点有:

1) 构造类型:从光电采光板接线盒穿出的导线一般有两种构造类型。

(1) 类型一:导线从接线盒穿出后,在施工现场直接与电源插头相连,这种构造适合于表面不通透的外立面,因为它仅外片玻璃是透明的。

(2) 类型二:隐藏在框架之间的导线从装置的边缘穿出,这种构造适合于透明的外立面,从室内可以看到这种装置。

2) 安装要求

《民用建筑太阳能光伏系统应用技术规范》JGJ 203—2010 规定:

(1) 太阳能光伏系统可以安装在平屋面、坡屋面、阳台(平台)、墙面、幕墙等部位。安装时不应跨越变形缝、不应影响所在建筑部位的雨水排放、光伏电池的温度不应高于85℃、多雪地区宜设置人工融雪、清雪的安全通道。

(2) 在平屋面上的安装要求

① 应按最佳倾角进行设计。倾角小于 10° 时,宜设置维修、人工清洗的设施与通道。

② 基座与安装应不影响屋面排水。

③ 安装间距应满足冬至日投射到光伏件的阳光不受影响的要求。

④ 屋面上的防水层应铺设到支座和金属件的上部,并应在地脚螺栓周围作密封处理。

⑤ 在平屋面防水层上安装光伏组件时,其支架基座下部应增设附加防水层。

⑥ 光伏组件的引线穿过平屋面处应预埋防水套管,并做好防水密封处理。

(3) 在坡屋面上的安装要求

① 应按全年获得电能最多的倾角设计。

② 光伏组件宜采用顺坡镶嵌或顺坡架空安装方式。

③ 建材型光伏件安装应满足屋面整体保温、防水等功能的要求。

④ 支架与屋面间的垂直距离应满足安装和通风散热的要求。

(4) 在阳台(平台)上的安装要求

① 应有适当的倾角。

② 构成阳台或平台栏板的光伏构件,应满足刚度、强度、保护功能和电气安全的要求。

③ 应采取保护人身安全的防护措施。

(5) 在墙面上的安装要求

① 应有适当的倾角。

② 光伏组件与墙面的连接不应影响墙体的保温和节能效果。

③ 对安装在墙面上提供遮阳功能的光伏构件,应满足室内采光和日照的要求。

④ 当光伏组件安装在窗面上时,应满足窗面采光、通风等使用功能的要求。

⑤ 应采取保护人身安全的防护措施。

(6) 在建筑幕墙上的安装要求

① 安装在建筑幕墙上的光伏组件宜采用建材型光伏构件。

② 对有采光和安全双重要求性要求的部位,应使用双玻光伏幕墙,其使用的夹胶层材料应为聚乙烯醇缩丁醛(PVB),并应满足建筑室内对视线和透光性能的要求。

③ 由玻璃光伏幕墙构成的雨篷、檐口和采光顶，应满足建筑相应部位的刚度、强度、排水功能及防止空中坠物的安全性能的要求。

（7）安装角度的要求

《采光顶与金属屋面技术规程》JGJ 255—2012 规定：光伏组件面板坡度宜按光伏系统全年日照最多的倾角设计，宜满足光伏组件冬至日全天有 3h 以上建筑日照时数的要求，并应避免景观环境或建筑自身对光伏组件的遮挡。

七、门　窗

（一）门　窗　选　择

347. 门窗在选用和布置时应注意哪些问题？

1）《民用建筑设计统一标准》GB 50352—2019 规定：

（1）门窗选用应根据建筑所在地区的气候条件、节能要求等因素综合确定，并应符合国家现行建筑门窗产品标准的规定。

（2）门窗的尺寸应符合模数，门窗的材料、功能和质量等应满足使用要求。门窗的配件应与门窗主体相匹配，并应满足相应的技术要求。

（3）门窗应满足抗风压、水密性、气密性等要求，且应综合考虑安全、采光、节能、通风、防火、隔声等要求。

（4）门窗与墙体应连接牢固，不同材料的门窗与墙体连接处应采用相应的密封材料及构造做法。

（5）有卫生要求或经常有人居住、活动房间的外门窗宜设置纱门、纱窗。

（6）窗的设置应符合下列规定：

① 窗扇的开启形式应方便使用，安全和易于维修、清洗；

② 公共走道的窗扇开启时不得影响人员通行，其底面距走道地面高度不应低于 2.00m；

③ 公共建筑临空外窗的窗台距离楼地面净高不得低于 0.80m，否则应设置防护设施，防护设施的高度由地面起算不应低于 0.80m；

④ 居住建筑临空外窗的窗台距离楼地面净高不得低于 0.90m，否则应设置防护设施，防护设施的高度由地面起算不应低于 0.90m；

⑤ 当防火墙上必须开设窗洞口时，应按现行国家标准《建筑设计防火规范》GB 50016—2014（2018 年版）执行。

（7）当凸窗窗台高度低于或等于 0.45m 时，其防护高度从窗台面起算不应低于 0.90m；当凸窗窗台高度高于 0.45m 时，其防护高度从窗台面起算不应低于 0.60m。

（8）天窗的设置应符合下列规定：

① 天窗应采用防破碎伤人的透光材料；

② 天窗应有防冷凝水产生或引泄冷凝水的措施，多雪地区应考虑积雪对天窗的影响；

③ 天窗应设置方便开启清洗、维修的设施。

（9）门的设置应符合下列规定：

① 门应开启方便，坚固耐用；

② 手动开启的大门扇应有制动装置，推拉门应有防脱轨措施；

③ 双面弹簧门应在可视高度部分装透明安全玻璃；

④ 推拉门、旋转门、电动门、卷帘门、吊门、折叠门不应作为疏散门；

⑤ 开向疏散走道及楼梯间的门扇开足后，不应影响走道及楼梯平台的疏散宽度；

⑥ 全玻璃门应选用安全玻璃或采取防护措施，并应设防撞提示标志；

⑦ 门的开启不应跨越变形缝；

⑧ 当设有门斗时，门扇同时开启时两道门的间距不应小于 0.80m；当有无障碍要求时，应按符合现行国家标准《无障碍设计规范》GB 50763—2012 的规定。

2）《建筑设计防火规范》GB 50016—2014（2018 年版）规定：

（1）民用建筑的疏散门应采用向疏散方向开启的平开门，不应采用推拉门、卷帘门、吊门、转门和折叠门。

（2）人数不超过 60 人且每樘门的平均疏散人数不超过 30 人的房间，其门的开启方向不限。

（3）开向疏散楼梯或疏散楼梯间的门，其完全开启时，不应减少平台的有效宽度。

（4）人员密集场所内平时需要控制人员随意出入的疏散用门和设置门禁系统的居住建筑、宿舍、公寓的外门，应保证火灾时不需使用钥匙等任何工具即能从内部易于打开，并应在显著位置设置标识和使用提示。

3）《民用建筑热工设计规范》GB 50176—2016 有关门窗的规定：

（1）传热系数 K 和热阻 R

各个热工气候区建筑内对热环境有要求的房间，其外门窗的传热系数 K 和热阻 R 应符合表 2-110 的规定。

建筑外门窗、透光幕墙、采光顶的传热系数 K 和抗结露验算要求　　　　表 2-110

气候区	K [W/(m² · K)]	R [(m² · K)/W]
严寒 A 区	≤2.0	≥0.50
严寒 B 区	≤2.2	≥0.445
严寒 C 区	≤2.5	≥0.40
寒冷 A 区	≤3.0	≥0.33
寒冷 B 区	≤3.0	≥0.33
夏热冬冷 A 区	≤3.5	≥0.28
夏热冬冷 B 区	≤4.0	≥0.25
夏热冬暖地区	—	—
温和 A 区	≤3.5	≥0.28
温和 B 区	—	—

（2）综合遮阳系数

严寒地区、寒冷 A 区、温和地区门窗、透光幕墙、采光顶的冬季综合遮阳系数不宜小于 0.37。

（3）门窗选用

① 严寒地区、寒冷地区应采用木窗、塑料窗、铝木复合门窗、铝塑复合门窗、钢塑

复合门窗和断热铝合金门窗等保温性能好的门窗。

②严寒地区建筑采用断热金属门窗时宜采用双层窗。

③夏热冬冷地区、温和 A 区建筑宜采用保温性能好的门窗。

④有保温要求的门窗采用的玻璃系统应为中空玻璃、Low·E 中空玻璃、充惰性气体 Low·E 中空玻璃等保温性能良好的玻璃。保温要求高时还可采用三玻两腔、真空玻璃等。

⑤传热系数较低的中空玻璃宜采用"暖边"中空玻璃间隔条。

4)《科研建筑设计标准》JGJ 91—2019 指出，实验室门应符合下列规定：

（1）由 1/2 个标准单元组成的实验室门洞，宽度不应小于 1.20m，高度不应小于 2.10m。由一个及以上标准单元组成的实验室门洞，至少有一个门宽度不应小于 1.50m，高度不应小于 2.10m。

注：标准单元指的是具有标准化、通用化的机电设备配置与接口，满足各类科研实验工作开展及实验设备配制的模数化建筑空间实验单元。

（2）有特殊要求房间的门洞尺寸应按具体情况确定。

（3）实验室的门扇应设观察窗、闭门器及门锁，门锁及门的开启方向宜开向疏散方向，并应符合本规范"安全与疏散"的规定和其他相应实验环境的防火、防爆及防盗要求。

348. 门窗应满足的五大性能指标是什么？

相关技术资料表明，门窗应满足的五大性能指标包括气密性能指标、水密性能指标、抗风压性能指标、保温性能指标、空气声隔声性能指标五个方面。

1）建筑外门窗气密性能指标

代号 q_1（单位缝长）单位 $m^3/h·m$ ；q_2（单位面积）单位 $m^3/h^2·m$，共分为 8 级，《建筑外门窗气密、水密、抗风压性能分级及检测方法》GB/T 7106—2008 中规定的具体数值详见表 2-111。

气密性能指标　　　　　　　　　　　　　　　表 2-111

分级	1	2	3	4
单位缝长分级指标值 q_1	$4.0 \geqslant q_1 > 3.5$	$3.5 \geqslant q_1 > 3.0$	$3.0 \geqslant q_1 > 2.5$	$2.5 \geqslant q_1 > 2.0$
分级	5	6	7	8
单位缝长分级指标值 q_1	$2.0 \geqslant q_1 > 1.5$	$1.5 \geqslant q_1 > 1.0$	$1.0 \geqslant q_1 > 0.5$	$q_1 \leqslant 0.5$
分级	1	2	3	4
单位面积分级指标值 q_2	$12.0 \geqslant q_2 > 10.5$	$10.5 \geqslant q_2 > 9.0$	$9.0 \geqslant q_2 > 7.5$	$7.5 \geqslant q_2 > 6.0$
分级	5	6	7	8
单位面积分级指标值 q_2	$6.0 \geqslant q_2 > 4.5$	$4.5 \geqslant q_2 > 3.0$	$3.0 \geqslant q_2 > 1.5$	$q_2 \leqslant 1.5$

注：北京地区建筑外门窗的空气渗透性能 $q_1 = 10Pa$ 时 q_1 应达到 $\leqslant 1.5$，q_2 应达到 $\leqslant 4.5$ 相当于 6 级。

2）建筑外门窗水密性能指标

代号 ΔP，单位 Pa，共分为 6 级，《建筑外门窗气密、水密、抗风压性能分级及检测方法》GB/T 7106—2008 中规定的具体数值详见表 2-112。

水密性能指标 表 2-112

等级	1	2	3	4	5	6
ΔP	≥ 100 <150	≥ 150 <250	≥ 250 <350	≥ 350 <500	≥ 500 <700	$\Delta P \geq 700$

注：北京地区的建筑外门窗水密 ΔP 应 ≥ 250Pa，相当于 3 级。

3）建筑外门窗抗风压性能指标

代号 P_3，单位 kPa，共分为 9 级，《建筑外门窗气密、水密、抗风压性能分级及检测方法》GB/T 7106—2008 中规定的具体数值详见表 2-113。

抗风压性能 表 2-113

分级	1	2	3	4	5
分级指标值	$1.0 \leq P_3 < 1.5$	$1.5 \leq P_3 < 2.0$	$2.0 \leq P_3 < 2.5$	$2.5 \leq P_3 < 3.0$	$3.0 \leq P_3 < 3.5$
分级	6	7	8	9	—
分级指标值	$3.5 \leq P_3 < 4.0$	$4.0 \leq P_3 < 4.5$	$4.5 \leq P_3 < 5.0$	$P_3 \geq 5.0$	—

注：1. 北京地区的中高层及高层建筑外门窗抗风压性能 P_3 应 ≥ 3.0kPa，相当于 5 级。

　　2. 北京地区的低层及多层建筑外门窗抗风压性能 P_3 应 ≥ 2.5kPa，相当于 4 级。

4）建筑外门窗保温性能指标

代号 K，单位 W/(m² · K)，共分为 10 级，《建筑外门窗保温性能分级及检测方法》GB/T 8484—2008 中规定的具体数值详见表 2-114。

保温性能指标 表 2-114

分级	1	2	3	4	5
分级指标值	$K \geq 5.0$	$5.0 > K \geq 4.0$	$4.0 > K \geq 3.5$	$3.5 > K \geq 3.0$	$3.0 > K \geq 2.5$
分级	6	7	8	9	10
分级指标值	$2.5 > K \geq 2.0$	$2.0 > K \geq 1.6$	$1.6 > K \geq 1.3$	$1.3 > K \geq 1.1$	$K < 1.1$

注：北京地区建筑门窗的保温性能 K 应 ≥ 2.80W/(m² · K)，相当于 5 级。

5）建筑门窗空气声隔声性能指标

代号 $R_w + C_{tr}$，单位 dB，共分为 6 级，《建筑门窗空气声隔声性能分级及检测方法》GB/T 8485—2008 规定的具体数值详见表 2-115。

空气声隔声性能指标 表 2-115

分级	外门、外窗的分级指标值	内门、内窗的分级指标值
1	$20 \leq R_w + C_{tr} < 25$	$20 \leq R_w + C_{tr} < 25$
2	$25 \leq R_w + C_{tr} < 30$	$25 \leq R_w + C_{tr} < 30$
3	$30 \leq R_w + C_{tr} < 35$	$30 \leq R_w + C_{tr} < 35$
4	$35 \leq R_w + C_{tr} < 40$	$35 \leq R_w + C_{tr} < 40$
5	$40 \leq R_w + C_{tr} < 45$	$40 \leq R_w + C_{tr} < 45$
6	$R_w + C_{tr} \geq 45$	$R_w + C_{tr} \geq 45$

注：北京地区的门窗隔声性能应 ≥ 25dB，相当于 2 级。

349. 门的基本尺度、布置和开启方向应注意哪些问题？

1）《住宅设计规范》GB 50096—2011 规定：

（1）底层外窗和阳台门、下沿低于 2.00m 且紧邻走廊或共用上人屋面上的窗和门，应采取防卫措施。

（2）面临走廊、共用上人屋面或凹口的窗，应避免视线干扰，向走廊开启的窗扇不应妨碍交通。

（3）户门应采用具备防盗、隔声功能的防护门。向外开启的户门不应妨碍公共交通及相邻户门开启。

（4）厨房和卫生间的门应在下部设置有效截面不小于 0.02m² 的固定百叶，也可距地面留出不小于 30mm 的缝隙。

（5）各部位门洞的最小尺寸应符合表 2-116 的规定。

门洞最小尺寸（m）　　　　　　　　　　　　　　　　　表 2-116

类别	洞口宽度	洞口高度
共用外门	1.20	2.00
户（套）门	1.00	2.00
起居室（厅）门	0.90	2.00
卧室门	0.90	2.00
厨房门	0.80	2.00
卫生间门	0.70	2.00
阳台门（单扇）	0.70	2.00

注：1. 表中门洞高度不包括门上亮子高度，宽度以平开门为准；

　　2. 洞口两侧地面有高差时，以高地面为起算高度。

2）《宿舍建筑设计规范》JGJ 36—2016 规定：

（1）居室和辅助房间的门净宽不应小于 0.90m，阳台门和居室内附设卫生间的门净宽不应小于 0.80m。辅助用房的门洞宽度不应小于 0.90m。

（2）门洞口高度不应低于 2.10m。居室居住人数超过 4 人时，居室门应带亮窗，设亮窗的门洞口高度不应低于 2.40m。

3）《托儿所、幼儿园建筑设计规范》JGJ 39—2016（2019 年版）规定：

（1）托儿所、幼儿园的活动室、寝室、多功能活动室等幼儿使用的房间应设双扇平开门，门净宽不应小于 1.20m。

（2）严寒地区托儿所、幼儿园建筑的外门应设门斗。寒冷地区宜设门斗。

注：原《托儿所、幼儿园建筑设计规范》JGJ 39—87 曾规定其门斗双道门中心距离不应小于 1.60m。

（3）幼儿出入的门应符合下列规定：

① 当使用玻璃材料时，应采用安全玻璃；

② 距离地面 0.60m 处宜加设幼儿专用拉手；

③ 门的双面均应平滑、无棱角；

④ 门下不应设门槛；平开门距离楼地面 1.20m 以下部分应设防止夹手设施；

⑤ 不应设置旋转门、弹簧门、推拉门，不宜设金属门；

⑥ 生活用房开向疏散走道的门均应向人员疏散方向开启，开启的门扇不应妨碍走道疏散通行；

⑦ 门上应设观察窗，观察窗应安装安全玻璃。

4)《中小学校设计规范》GB 50099—2011 规定：

(1) 教学用房的门应符合下列规定：

① 除音乐教室外，各类教室的门均宜设置上亮窗。

② 除心理咨询室外，教学用房的门扇均宜附设观察窗。

③ 疏散通道上的门不得使用弹簧门、旋转门、推拉门、大玻璃门等不利于疏散通畅、安全的门。

④ 各教学用房的门均应向疏散方向开启，开启的门扇不得挤占走道的疏散通道。

⑤ 每间教学用房的疏散门均不应少于 2 个，疏散门的宽度应通过计算。每樘疏散门的通行净宽度不应小于 0.90m。当教室处于袋形走道尽端时，若教室内任何一处距教室门不超过 15m，且门的通行净宽度不小于 1.50m 时，可设 1 个门。

(2) 在寒冷或风沙大的地区，教学用建筑物出入口应设挡风间或双道门。

5)《办公建筑设计标准》JGJ/T 67—2019 规定：

(1) 办公用房的门洞口宽度不应小于 1.00m，高度不应小于 2.10m。

(2) 机要办公室、财务办公室、重要档案库、贵重仪表间和计算机中心的门应采取防盗措施，室内宜设防盗报警装置。

6)《旅馆建筑设计规范》JGJ 62—2014 中指出：

(1) 客房入口门的净宽不应小于 0.90m，门洞净高不应低于 2.00m；

(2) 客房入口门宜设安全防范设施；

(3) 客房卫生间门净宽不应小于 0.70m，净高不应低于 2.10m；无障碍客房卫生间门净宽不应小于 0.80m。

7)《商店建筑设计规范》JGJ 48—2014 规定：

(1) 严寒和寒冷地区的外门应设门斗或采取其他防寒措施；

(2) 有防盗要求的外门应采取安全防盗措施。

8)《老年人照料设施建筑设计标准》JGJ 450—2018 规定：

(1) 老年人用房的门不应小于 0.80m；有条件时，不宜小于 0.90m；

(2) 护理型床位居室的门不应小于 1.10m；

(3) 建筑主要出入口的门不应小于 1.10m；

(4) 含有 2 个或多个门扇的门，至少应有 1 个门扇的开启净宽度不应小于 1.10m。

9)《剧场建筑设计规范》JGJ 57—2016 规定：观众厅的出口门、疏散外门及后台疏散门应符合下列要求：

(1) 应设双扇门，净宽不应小于 1.40m，并应向疏散方向开启。

(2) 靠门处不应设门槛和踏步，踏步应设置在距门 1.40m 以外。

(3) 不应采用推拉门、卷帘门、吊门、转门、折叠门、铁栏门。

(4) 应采用自动门闩，门洞上方应设疏散指示标志。

10)《电影院建筑设计规范》JGJ 58—2008 规定：

(1) 观众厅的疏散门不应设置门槛，在紧靠门口 1.40m 范围内不应设置踏步。

(2) 疏散门应为自动推闩式外开门，严禁用推拉门、卷帘门、转门、折叠门。

(3) 观众厅疏散门应由计算确定，且不应少于 2 个。宽度应符合防火疏散要求，并不应小于 0.90m。应采用甲级防火门，并应向疏散方向开启。

11)《文化馆建筑设计规范》JGJ/T 41—2014 规定：

(1) 文化馆建筑多媒体试听教室的门应选用隔声门。

(2) 文化馆建筑琴房的门应选用隔声门。

(3) 文化馆建筑录音录像室的门应采用密闭隔声门。

(4) 文化馆建筑研究整理室之档案室的门应设防盗门和甲级防火门。

12)《建筑设计防火规范》GB 50016—2014（2018 年版）规定：

(1) 公共建筑

① 公共建筑内疏散门的净宽度不应小于 0.90m。

② 高层公共建筑楼梯间的首层疏散门、首层疏散外门，医疗建筑为 1.30m、其他建筑为 1.20m。

③ 人员密集的公共场所、观众厅疏散门不应设置门槛，其净宽度不应小于 1.40m。

④ 剧院、电影院、礼堂、体育馆等场所供观众疏散的所有内门、外门，应根据疏散人数按每 100 人最小净宽度的指标计算确定。

⑤ 除剧院、电影院、礼堂、体育馆等场所外的其他公共建筑每层的房间疏散门、安全出口应根据疏散人数按每 100 人最小净宽度的指标计算确定。首层外门的总净宽度应按该建筑人数最多一层的人数计算确定。不供其他楼层人员疏散的外门，可按本层的疏散人数计算确定。

⑥ 地下或半地下人员密集的厅、室和歌舞、娱乐、放映游艺场所，其房间疏散门、安全出口的各自总净宽度，应根据疏散人数按每 100 人不小于 1.00m 计算确定。

(2) 居住建筑

① 住宅建筑的户门、安全出口的总净宽度应经计算确定。户门和安全出口的净宽度不应小于 0.90m。

② 首层疏散外门的净宽度不应小于 1.10m。

(3) 门的布置

① 两个相邻并经常开启的门，应有防止互相碰撞的措施。

② 向外开启的平开外门，应有防止风吹碰撞的措施。

③ 经常出入的外门和玻璃幕墙下的外门已设雨篷，楼梯间外门雨篷下如设吸顶灯应注意不要被门扇碰碎。高层建筑、公共建筑底层入口均设挑檐或雨篷、门斗，以防上层落物伤人。

④ 变形缝处不得利用门框盖缝，门扇开启时不得跨缝，以免变形时卡住。

(4) 门的开启方向

① 房间门一般应向内开，中小学各教学用房的门均应向疏散方向开启，开启的门扇不得挤占走道的疏散通道；

② 一般建筑物的外门应内外开或单一外开；

③ 观众厅的疏散门必须向外开，并不得设置门槛；

④ 防火门应单向开启，并应向疏散方向开启。

13)《档案馆建筑设计规范》JGJ 25—2010 规定：

(1) 档案库门应为保温门。

(2) 档案库窗的气密性能、水密性能及保温性能分级要求应比当地办公建筑的要求提高一级。

(3) 档案库每开间的窗洞面积与外墙面积比不应大于 1:10，档案库不得采用跨层或跨间的通常窗。

(4) 档案库区缓冲间及档案库的门均应向疏散方向开启，并应为甲级防火门。

14)《疗养院建筑设计标准》JGJ/T 40—2019 规定：

(1) 疗养室的门，净宽不宜小于 1.10m，其上应设观察窗。

(2) 活动室的门，净宽不宜小于 1.00m，其上应设观察窗。

(3) 治疗室的门，净宽不宜小于 1.20m，若条件限制，净宽不应小于 1.10m，以方便轮椅通行，门上应设观察窗。

(4) 体疗用房的门，净宽不宜小于 1.50m。

350. 窗的选用、洞口大小的确定和布置应注意哪些问题？

1) 综合相关技术资料得知：

(1) 7层和7层以上的建筑不应采用平开窗，应选用推拉窗、内侧内平开窗或外翻窗。

(2) 开向公共走道的外开窗扇，其高度不应低于 2.00m。

(3) 住宅底层外窗和屋顶的窗，其窗台高度低于 2.00m 的应采取防护措施。

(4) 有空调的建筑外窗，应设可开启窗扇，其数量为 5%。

(5) 可开启的高侧窗或天窗应设手动或电动机械开窗机。

(6) 老年人建筑中，窗扇宜镶用无色透明玻璃。开启窗口应设防蚊蝇纱窗。

(7) 中小学校靠外廊及单内廊一侧教室内隔墙的窗开启后不得挤占走道的疏散宽度，不得影响安全疏散。二层及二层以上的临空外窗的开启扇，不得外开。

(8) 炎热地区的教学用房及教学辅助用房中，可在内外墙设置可开闭的通风窗。通风窗下沿宜设在距室内楼地面以上 0.10~0.15m 处。

(9) 办公建筑的底层及半地下室外窗应采取安全防护措施。

2)《商店建筑设计规范》JGJ 48—2014 规定：

商店建筑的外窗应根据需要，采取通风、防雨、遮阳、保温等措施。

3)《托儿所、幼儿园建筑设计规范》JGJ 39—2016（2019 年版）规定：

(1) 活动室、多功能活动室的窗台面距地面高度不宜大于 0.60m；

(2) 当窗台面距楼地面高度低于 0.90m 时，应采取防护措施，防护高度应从可踏部位顶面起算，不应低于 0.90m；

(3) 窗距离楼地面的高度小于或等于 1.80m 的部分，不应设内悬窗和内平开窗扇；

(4) 外窗开启扇均应设纱窗。

4)《宿舍建筑设计规范》JGJ 36—2016 规定：

(1) 宿舍窗外没有阳台或平台，且窗台距楼面、地面的净高小于 0.90m 时，应设置防护措施。

（2）宿舍不宜采用玻璃幕墙，中小学校宿舍居室不应采用玻璃幕墙。

（3）开向公共走道的窗扇，其底面距楼地面的高度不宜低于 2.00m。当低于 2.00m 时窗扇不应妨碍交通，并避免视线干扰。

（4）居室的底层外窗以及其他各层中窗台下沿距下面屋顶平台或大挑檐等高差小于 2.00m 的外窗，应采取安全防范措施。

5)《老年人居住建筑设计规范》JGJ 450—2018 规定：

老年人用房东、西向开窗时，宜采取有效的遮阳措施。

6)《办公建筑设计标准》JGJ/T 67—2019 规定：

（1）底层及半地下室外窗宜采取安全防护措施；

（2）当高层及超高层办公建筑采用玻璃幕墙时应设置清洗设施，并应设有可开启扇或通风换气装置；

（3）外窗可开启面积应按现行国家标准《公共建筑节能设计标准》GB 50189—2015 的有关规定执行；外窗应有良好的气密性、水密性和保温隔热性能，满足节能要求；

（4）不利朝向的外窗应采取合理的建筑遮阳措施。

（二）门　窗　构　造

351. 木门窗的构造要点有哪些问题值得注意？

综合相关技术资料，木门窗的构造要点主要有：

1) 一般建筑不宜采用木材外窗。

2) 木门的基本尺度：木门扇的宽度不宜大于 1.00m，如宽度大于 1.00m、高度大于 2.50m 时，应加大断面；门洞口宽度大于 1.20m 时，应分成双扇或大小扇。

3) 镶板门的门芯板宜采用双层纤维板或胶合板。室外拼板门宜采用企口实心木板。

4) 镶板门适用于内门或外门；胶合板门适用于内门；玻璃门适用于入口处的大门或大房间的内门；拼板门适用于外门。

5) 木窗的基本尺度：600mm 及以下洞口宜做成单扇窗；900mm、1200mm 宜做成双扇窗；1500mm、1800mm 宜做成三扇窗；1800mm 以上的洞口宜采用组合窗。

352. 铝合金门窗的构造要点有哪些？

《铝合金门窗工程技术规范》JGJ 214—2010 规定：铝门窗适用于高、中、低档次的各类民用建筑。

1) 主型材的壁厚

（1）门用主型材：最小壁厚不应小于 2.0mm；

（2）窗用主型材：最小壁厚不应小于 1.4mm。

2) 型材的表面处理

（1）阳极氧化型材：阳极氧化膜膜厚应符合 AA15 级要求，氧化膜平均膜厚不应小于 15μm，局部膜厚不应小于 12μm；

（2）电泳涂漆型材：阳极氧化复合膜，表面漆膜采用透明漆膜应符合 B 级要求，复合膜局部膜厚不应小于 16μm；表面漆膜采用有色漆应符合 S 级要求，复合膜局部膜厚不应小于 21μm；

（3）粉末喷涂型材：装饰面上涂层最小局部厚度应大于 40μm；

（4）氟碳漆喷涂型材：二涂层氟碳漆膜，装饰面平均漆膜厚度不应小于 30μm；三涂层氟碳漆膜，装饰面平均漆膜厚度不应小于 40μm。

3）玻璃选择：铝合金门窗可根据功能要求选用浮法玻璃、着色玻璃、镀膜玻璃、中空玻璃、真空玻璃、钢化玻璃、钢化玻璃、夹层玻璃、夹丝玻璃等类型。

（1）中空玻璃的基本要求

① 中空玻璃的单片厚度相差不宜大于 3mm；

② 中空玻璃应使用加入干燥剂的金属间隔框，亦可使用塑性密封胶制成的含有干燥剂和波浪形铝带胶条；

③ 中空玻璃产地与使用海拔高度相差超过 800m 时，宜加装金属毛细管，毛细管应在安装地调整压差后密封。

（2）低辐射镀膜玻璃的基本要求

① 真空磁控溅射法（离线法）生产的 Low-E 玻璃，应合成中空玻璃使用；中空玻璃合片时，应去除玻璃边部与密封胶粘结部位的镀膜，Low-E 镀膜应位于中空气体层内；

② 热喷涂法（在线法）生产的 Low-E 玻璃可单片使用，Low-E 膜层宜面向室内。

（3）夹层玻璃的基本要求：夹层玻璃的单片玻璃厚度相差不宜大于 3mm。

4）保温节能要求：铝合金门窗的保温节能要求可通过降低门窗的传热系数来实现，具体做法有：

（1）采用有断桥结构的隔热铝合金型材；

（2）采用中空玻璃、低辐射镀膜玻璃、真空玻璃；

（3）提高铝合金门窗的气密性能；

（4）采用双重门窗设计；

（5）门窗框与洞口墙体之间的安装缝隙进行保温处理。

5）其他构造要求

（1）铝合金门窗框与洞口间采用泡沫填充剂作填充时，宜采用聚氨酯泡沫填缝胶。固化后的聚氨酯泡沫胶缝表面应做密封处理。

（2）铝合金门窗用纱门、纱窗，宜使用径向不低于 18 目（1cm² 有 18 个小孔）的窗纱。

6）隔声性能

（1）建筑外门窗空气声的计权隔声量（$R_w + C_{tr}$）应符合下列规定：

① 临街的外窗、阳台门和住宅建筑外窗及阳台门不应低于 30dB；

② 其他门窗不应低于 25dB。

（2）隔声构造

① 采用中空玻璃或夹层玻璃；

② 玻璃镶嵌缝隙及框扇开启缝隙，应采用耐久性好的弹性密封材料密封；

③ 采用双重门窗；

④ 门窗框与洞口墙体之间的安装缝隙进行密封处理。

7）安全规定

（1）人员流动较大的公共场所，易于受到人员和物体碰撞的铝合金门窗应采用安全玻璃。

（2）建筑中的下列部位的铝合金门窗应采用安全玻璃：

① 7 层及 7 层以上建筑物外门窗；

② 面积大于 1.50m² 的窗玻璃或玻璃底边离最终装修面小于 500mm 的落地窗；

③ 倾斜安装的铝合金窗。

（3）推拉窗用于外墙时，应设置防止窗扇向室外脱落的装置。

353. 断桥铝合金门窗的特点和构造要点有哪些？

综合相关技术资料，断桥铝合金门窗的特点和构造要点有：

1）特点

断桥铝合金窗又称为铝塑复合窗。铝塑复合窗的原理是利用塑料型材（隔热性高于铝型材 1250 倍）将室内外两层铝合金既隔开又紧密连接成一个整体，构成一种新的隔热型的铝型材。用这种型材做门窗，其隔热性与塑料窗一样可以达到国标级，彻底解决了铝合金传导散热快、不符合节能要求的致命问题。同时采取一些新的结构配合形式，彻底解决了铝合金推拉窗密封不严的老大难问题。该产品两面为铝材，中间用塑料型材腔体做断热材料。这种创新结构的设计，兼顾了塑料和铝合金两种材料的优势，同时满足装饰效果和门窗强度以及耐老化性能的多种要求。

2）构造

超级断桥铝塑型材可实现门窗的三道密封结构，合理分离水气腔，成功实现气水等压平衡，显著提高门窗的水密性和气密性。这种窗的气密性比任何单一铝窗、塑料窗都好，能保证风沙大的地区室内窗台和地板无灰尘，同时可以保证在高速公路两侧 50m 内的居民不受噪声干扰，其性能接近平开窗。

3）性能

断桥铝合金窗的热阻值远高于其他类型门窗，节能效果十分明显。北京地区各向窗（阳台门）的传热系数 K_0 应小于或等于 2.80W/(m²·K)，相当于总热阻值 R_0 为 0.357(m²·K)/W。断桥铝合金窗的总热阻值 R_0 为 0.560[(m²·K)/W]。

354. 塑料门窗的构造要点有哪些？

1）《塑料门窗工程技术规程》JGJ 103—2008 规定：

（1）特点：塑料门窗隔热、隔声、节能、密闭性好、价格合理，广泛应用于居住建筑，亦可应用于其他中低档次的民用建筑。

（2）安全规定：门窗工程有下列情况之一时，必须使用安全玻璃（夹层玻璃、钢化玻璃、防火玻璃以及由上述玻璃制作的中空玻璃）：

① 面积大于 1.50m² 的窗玻璃；

② 距离可踏面高度 900mm 以下的窗玻璃；

③ 与水平面夹角不大于 75°的倾斜装配窗，包括天窗、采光顶等在内的顶棚；

④ 7 层和 7 层以上建筑物外窗；

（3）抗风压性能

① 塑料外门窗所承受的风荷载不应小于 1000Pa。

② 单片玻璃厚度不宜小于 4mm。

（4）水密性能

① 在外门、外窗的框、扇下横边应设置排水孔，并应根据等压原理设置气压平衡孔槽；排水孔的位置、数量及开口尺寸应满足排水要求，内外侧排水槽应横向错开，避免直通；排水孔宜加盖排水孔帽。

② 拼樘料与窗框连接处应采取有效可靠的防水密封措施。

③ 门窗框与洞口墙体安装间隙应有防水密封措施。

④ 在带外墙外保温层的洞口安装塑料门窗时，宜安装室外披水窗台板，且窗台板的边缘与外墙间应妥善收口。

⑤ 外墙窗楣应做滴水线或滴水槽，外窗台流水坡度不应小于 2%。平开窗宜在开启部位安装披水条。

（5）气密性能：门窗四周的密封应完整、连续，并应形成封闭的密封结构。

（6）隔声性能

对隔声性能要求高的门窗宜采取以下措施：

① 采用密封性能好的门窗构造；

② 采用隔声性能好的中空玻璃或夹层玻璃；

③ 采用双层窗构造。

（7）保温与隔热性能

① 有保温和隔热要求的门窗工程应采用中空玻璃，中空玻璃的气体层厚度不宜小于 9mm。

② 严寒地区宜使用中空 Low-E 镀膜玻璃或单框三玻中空玻璃窗，不宜使用推拉窗。

③ 窗框与窗扇间宜采用三级密封。

④ 当采用副框法与墙体连接时，副框应采取隔热措施。

（8）采光性能

建筑外窗采光面积应满足建筑热工和其他规范的要求。

2）《塑料门窗设计及组装技术规程》JGJ 362—2016 规定：

（1）材料

① 型材：外门窗用型材人工老化时间应达到 6000h，内门窗用型材人工老化时间应达到 4000h。

② 玻璃：

a. 夹层玻璃中间层材料应使用聚乙烯醇缩丁醛树脂。

b. 中空玻璃内外采用不同厚度的玻璃时，单片玻璃厚度差不宜大于 3mm。

c. 中空玻璃的间隔条宜采用连续折弯的方法，也可采用插角连接。间隔条宽度不应小于 9mm，干燥剂应选用 3A 型分子筛。

d. 单片低辐射镀膜玻璃应为在线热解低辐射镀膜玻璃。离线低辐射镀膜玻璃应加工成中空玻璃使用，且镀膜层应朝向中空玻璃的气体层。

③ 其他材料：塑料门窗用增强型钢应经计算确定，且塑料窗用增强型钢壁厚不应小于 1.5mm，门用增强型钢壁厚不应小于 2.0mm。

（2）门窗构造设计

① 居住建筑外窗含阳台门的可开启面积不应小于所在房间地面面积的 5%；公共建筑

外窗含阳台门的可开启面积不应小于所在房间地面面积的30%。

② 外开窗扇的宽度不宜大于600mm，高度不宜大于1200mm，开启角度不应大于85°。

③ 门窗的热工性能设计宜符合下列规定：

a. 宜根据门窗的传热系数值选用型材系统，框与扇间宜用三道密封；

b. 宜用多腔结构和框架密封性能好的型材系统；

c. 中空玻璃气体层厚度不宜小于9mm；

d. 严寒、寒冷地区宜用低辐射镀膜中空玻璃或三层玻璃的中空玻璃；

e. 严寒地区可采用双重窗或双层窗扇；

f. 有遮阳要求的地区，宜采用下列遮阳配套措施：

a) 采用门窗外遮阳系统；

b) 采用遮阳百叶；

c) 采用符合遮阳性能规定的玻璃；

d) 采用内置遮阳中空玻璃系统。

④ 门窗的隔声性能可采取下列措施：

a. 采用密封性能好的型材系统；

b. 增强中空玻璃的玻璃层数、玻璃总厚度、空气层厚度；

c. 采用夹层玻璃或真空玻璃；

d. 中空玻璃充惰性气体。

⑤ 防玻璃炸裂应采取下列措施：

a. 玻璃边部应倒角磨边；

b. 玻璃安装过程中不应造成玻璃边部缺陷；

c. 应用弹性好的密封材料和衬垫装配玻璃；

d. 应用优质原片玻璃或超白玻璃。

355. 彩色镀金钢板门窗的构造要点有哪些?

综合相关技术资料，彩色镀金钢板门窗的构造要点有：

彩色镀锌钢板门窗，又称"彩板钢门窗"。彩色镀锌钢板门窗是以0.7～0.9mm的彩色镀锌钢板和3～6mm厚平板玻璃或双层中空玻璃为主要材料，经过机械加工而制成的，具有红色、绿色、乳白色、棕色、蓝色等多种色彩。其门窗四角用插接件插接，玻璃与门窗交接处以及门窗框与扇之间的缝隙，全部用橡皮密封条和密封胶密封。彩色镀锌钢板门窗在盐雾试验下，不起泡、不锈蚀。彩色镀锌钢板门窗广泛用于中档、高档的公共建筑中。

（三）防火门窗

356.《防火门》专用标准有哪些规定?

专用标准《防火门》GB 12955—2008规定：

1) 防火门的材料

（1）木质防火门：用难燃木材或难燃木材制品制作门框、门扇骨架和门扇面板，门扇内若填充材料应填充对人体无毒无害的防火隔热材料，并配以防火五金配件所组成的具有一定耐火性能的门。

（2）钢质防火门：用钢质材料制作门框、门扇骨架和门扇面板，门扇内若填充材料应填充对人体无毒无害的防火隔热材料，并配以防火五金配件所组成的具有一定耐火性能的门。

（3）钢木质防火门：用钢质和难燃木质材料制作门框、门扇骨架和门扇面板，门扇内若填充材料应填充对人体无毒无害的防火隔热材料，并配以防火五金配件所组成的具有一定耐火性能的门。

（4）其他材质防火门：采用除钢质、难燃木材或难燃木材制品之外的无机不燃材料或部分钢质、难燃木材、难燃木材制品制作门框、门扇骨架和门扇面板，门扇内若填充材料应填充对人体无毒无害的防火隔热材料，并配以防火五金配件所组成的具有一定耐火性能的门。

2）防火门的开启方式：主要采用单向开启的平开式，而且应向疏散方向开启。

3）防火门的综合功能

（1）隔热防火门（A类）：在规定的时间内，能同时满足耐火完整性和隔热性要求的防火门。

（2）部分隔热防火门（B类）：在规定大于或等于0.50h时间内，能同时满足耐火完整性和隔热性要求，在大于0.50h后所规定的时间内，能满足耐火完整性要求的防火门。

（3）非隔热防火门（C类）：在规定的时间内，能满足耐火完整性要求的防火门。

4）防火门按耐火性能的分类

防火门按耐火性能的分类见表2-117。

防火门按耐火性能的分类　　　　　　　表2-117

名称	耐火性能		代号
隔热防火门 （A类）	耐火隔热性≥0.50h 耐火完整性≥0.50h		A0.50（丙级）
	耐火隔热性≥1.00h 耐火完整性≥1.00h		A1.00（乙级）
	耐火隔热性≥1.50h 耐火完整性≥1.50h		A1.50（甲级）
	耐火隔热性≥2.00h 耐火完整性≥2.00h		A2.00
	耐火隔热性≥3.00h 耐火完整性≥3.00h		A3.00
部分隔热防火门 （B类）	耐火隔热性≥0.50h	耐火完整性≥1.00h	B1.00
		耐火完整性≥1.50h	B1.50
		耐火完整性≥2.00h	B2.00
		耐火完整性≥3.00h	B3.00
非隔热防火门 （C类）	耐火完整性≥1.00h		C1.00
	耐火完整性≥1.50h		C1.50
	耐火完整性≥2.00h		C2.00
	耐火完整性≥3.00h		C3.00

5）其他

（1）防火门安装的门锁应是防火锁。

（2）防火门上镶嵌的玻璃应是防火玻璃，并应分别满足 A 类、B 类和 C 类防火门的要求。

（3）防火门上应安装防火闭门器。

357.《防火窗》专用标准有哪些规定？

专用标准《防火窗》GB 16809—2008 规定：

1）防火窗的分类

（1）固定式防火窗：无可开启窗扇的防火窗。

（2）活动式防火窗：有可开启窗扇且装配有窗扇启闭控制装置的防火窗。

（3）隔热防火窗（A 类）：在规定时间内，能同时满足耐火完整性和隔热性要求的防火窗。

（4）非隔热防火窗（C 类）：在规定时间内，能满足耐火完整性要求的防火窗。

2）防火窗的产品名称见表 2-118。

防火窗的产品名称 表 2-118

产品名称	含义	代号
钢质防火窗	窗框和窗扇框架采用钢材制造的防火窗	GFC
木质防火窗	窗框和窗扇框架采用木材制造的防火窗	MFC
钢木复合防火窗	窗框采用钢材、窗扇框架采用木材制造或窗框采用木材、窗扇框架采用钢材制造的防火窗	GMFC

3）防火窗的使用功能见表 2-119。

防火窗的使用功能 表 2-119

使用功能分类	代号
固定式防火窗	D
活动式防火窗	H

4）防火窗的耐火性能见表 2-120。

防火窗的耐火性能 表 2-120

防火性能分类	耐火等级代号	耐火性能
隔热防火窗（A 类）	A0.50（丙级）	耐火隔热性≥0.50h 且耐火完整性≥0.50h
	A1.00（乙级）	耐火隔热性≥1.00h 且耐火完整性≥1.00h
	A1.50（甲级）	耐火隔热性≥1.50h 且耐火完整性≥1.50h
	A2.00	耐火隔热性≥2.00h 且耐火完整性≥2.00h
	A3.00	耐火隔热性≥3.00h 且耐火完整性≥3.00h
非隔热防火窗（C 类）	C0.50	耐火完整性≥0.50h
	C1.00	耐火完整性≥1.00h
	C1.50	耐火完整性≥1.50h
	C2.00	耐火完整性≥2.00h
	C3.00	耐火完整性≥3.00h

5）其他

（1）防火窗安装的五金件应满足功能要求并便于更换。

（2）防火窗上镶嵌的玻璃应是复合防火玻璃或单片防火玻璃，最小厚度为 5mm。

（3）防火窗的气密等级不应低于 3 级。

（四）防 火 卷 帘

358.《防火卷帘》专用标准有哪些规定？

专用标准《防火卷帘》GB 14102—2005 规定：

1）防火卷帘应具有防火功能和防烟功能。

2）防火卷帘的类型

（1）钢制防火卷帘：用钢质材料做帘板、导轨、座板、门楣、箱体等，并配以卷门机和控制箱所组成的能符合耐火完整性要求的卷帘。代号为 GFJ。

（2）无机纤维复合防火卷帘：用无机纤维材料做帘面，用钢质材料做帘板、导轨、座板、门楣、箱体等，并配以卷门机和控制箱所组成的能符合耐火完整性要求的卷帘。代号为 WFJ。

（3）特级防火卷帘：用钢质材料和用无机纤维材料做帘面，用钢质材料做帘板、导轨、座板、门楣、箱体等，并配以卷门机和控制箱所组成的能符合耐火完整性要求的卷帘。代号为 TFJ。

3）防火卷帘的规格：防火卷帘根据工程实际尺寸确定，以洞口尺寸为准。

4）防火卷帘的分类：

（1）耐风压性能（Pa）：490（用 50 表示）、784（用 80 表示）和 1177（用 120 表示）。

（2）帘面数量（个）：1 个帘面（代号为 D）和 2 个帘面（代号为 S）。

（3）启闭方式：垂直卷（代号为 Cz）、侧向卷（代号为 Cx）和水平卷（代号为 Sp）。

（4）耐火极限：按耐火极限的分类见表 2-121。

按耐火极限分类   表 2-121

名称	名称代号	代号	耐火极限（h）	帘面漏风量 $m^3/(m^3 \cdot min)$
钢制防火卷帘	GFJ	F2	≥2.00	—
		F3	≥3.00	
钢制防火、防烟卷帘	GFYJ	FY2	≥2.00	≤0.2
		FY3	≥3.00	
无机纤维复合防火卷帘	WFJ	F2	≥2.00	—
		F3	≥3.00	
无机纤维复合防火、防烟卷帘	WFYJ	FY2	≥2.00	≤0.2
		FY3	≥3.00	
特级防火卷帘	TFJ	F3	≥3.00	≤0.2

八、建筑装修

（一）一般规定

359. 装修工程的一般规定有哪些?

1)《民用建筑设计统一标准》GB 50352—2019 规定:

(1) 室内外装修设计应符合下列规定:

① 室内外装修不应影响建筑物结构的安全性。当既有建筑改造时,应进行可靠性鉴定,根据鉴定结果进行加固。

② 装修工程应根据使用功能要求,采用节能、环保型装修材料,且应符合现行国家标准《建筑设计防火规范》GB 50016—2014 (2018 年版) 的相关规定。

(2) 室内装修设计应符合下列规定:

① 室内装饰装修不得遮挡消防设施标志、疏散指示标志及安全出口,并不得影响消防设施和疏散通道的正常使用;

② 既有建筑重新装修时,应充分利用原有设施、设备管线系统,且应满足国家现行相关标准的规定;

③ 室内装修材料应符合现行国家标准《民用建筑工程室内环境污染控制规范》GB 50325—2020 的相关规定。

(3) 外墙装修材料或构件与主体结构的连接必须安全牢固。

2)《建筑装饰装修工程质量验收标准》GB 50210—2018 规定:

(1) 装修设计

① 不许私自拆改结构;

② 当墙体或吊顶内的管线可能产生冰冻或结露时,应进行防冻或防结露设计。

(2) 装修材料

不许使用国家明令淘汰的产品。

3)《住宅室内装饰装修设计规范》JGJ 367—2015 规定:

(1) 住宅室内装饰装修设计应包括下列内容:

① 使用功能的细化、环境质量的提升、空间形态的完善;

② 室内空间的墙面、顶棚、楼面或地面、内门、内窗、门窗套、固定隔断、固定家具及套内楼梯的装修;

③ 套内空间中活动家具、陈设品及部品、部件的选择和布置;

④ 室内空间中给水排水、暖通、电气、智能化等专业设计的布线;

⑤ 预留设备、设施的安装、检修空间;

⑥ 安全防护和消防设施的维护;

⑦ 无障碍设计。

(2) 住宅室内装饰装修设计后,卧室、起居室 (厅)、厨房和卫生间等基本空间的使用面积、室内净高、门窗洞口最小净尺寸及开启方向、窗台、栏杆和台阶等防护设施的净高，台阶踏步的数量、尺寸，过道的净宽、坡道的坡度以及无障碍设计等，应符合现行国家标准《住宅设计规范》GB 50096—2011 的相关规定。

（3）住宅室内装饰装修设计不得减少共用部分安全出口的数量和增加疏散距离，不得占用或拆改共用部分的门厅、走廊和楼梯间。

（4）住宅共用部分的装饰装修设计不得影响消防设施和安全疏散实施的正常使用，不得降低安全疏散能力。

（5）住宅室内装饰装修设计不得擅自改变共用部分配电箱、弱电设备箱、给水排水、暖通、燃气管道等设施的位置和规格。

（6）住宅室内装饰装修设计宜与建筑、结构、设备等专业配合。

（7）住宅室内装饰装修设计不得拆改室内原有的安全防护设施，且更换的防护设施不得降低安全防护的要求。

（8）住宅室内装饰装修设计不得采用国家禁止使用的材料，宜采用绿色环保的材料。

（9）住宅室内装饰装修设计不得封堵、扩大、缩小外墙窗户或增加外墙窗户、洞口。

（10）住宅室内装饰装修设计不应降低建筑设计对住宅光环境、声环境、热环境和空气环境的质量要求。

（11）住宅室内装饰装修设计应满足使用者对空间、尺寸的要求，且不应影响安全。

（12）行动不便的老年人、残疾人使用的住宅室内装饰装修应符合现行国家标准《无障碍设计规范》GB 50763—2012 和《老年人照料设施建筑设计标准》JGJ 450—2018 的规定。

360. 当前推广使用的建筑装修材料有哪些？

综合相关技术资料和文件，当前推广使用的建筑装修材料有：

1）钢材

冷轧带肋钢筋焊接网。推广使用的原因：可以替代人工绑扎钢筋、保证施工质量、提高工效。适用于在大体量现浇混凝土工程中推广冷轧带肋钢筋焊接网。

2）混凝土及其制品

（1）新型干法散装水泥。推广使用的原因：由于质量稳定、能耗低、可以在生产、运输、使用过程中节约资源、保护环境，是我国推广了近 30 年的产业政策。

（2）普通预拌砂浆。推广使用的原因：在砌筑砂浆和抹面砂浆中使用预拌砂浆可以保证质量稳定、并可以使用各种外加剂、提高施工质量。是我国近年推广的产业政策。

（3）再生混凝土骨料。推广使用的原因：利用拆除的废弃物为混凝土的骨料，具有循环利用、节约、环保的特点。主要用于预拌混凝土、混凝土构件、混凝土砖等制作时使用。

（4）轻质泡沫混凝土。推广使用的原因：具有保温、质轻、低弹减震性、施工简单等特点。适用于挡土墙、管道基础、路基、环境覆盖、抢险回填等部位。

（5）聚羧酸系高效减水剂。推广使用的原因：具有掺量低、保塑性好的特点。

3）墙体材料：

（1）B04 级、B05 级加气混凝土砌块和板材。推广使用的原因：具有质轻、保温性能好的特点。

（2）保温、结构、装饰一体化外墙板。推广使用的原因：具有节能、防火、装饰层牢固的特点。

（3）石膏空心墙板和砌块。推广使用的原因：具有轻质、隔声、节能、防火、利用工业废弃物的特点。

（4）保温混凝土空心砌块。推广使用的原因：具有保温、隔热的特点。

（5）井壁用混凝土砌体模块。推广使用的原因：具有坚固、耐久、密闭性好、有利于保护水质的特点。适用于市政工程、居住小区的各类检查井、方沟、水处理池、化粪池等池体。

（6）浮石。推广使用的原因：具有轻质、保温的特点、是黏土和页岩的替代材料之一。

4）建筑保温材料

岩棉防火板、条。推广使用的原因：可以提高保温系统的防火能力。是防火隔离带的优选材料。

5）建筑门窗幕墙及附件

（1）传热系数 K 值优于 2.5 以下的高性能建筑外窗。推广使用的原因：可以提高建筑物的节能水平。

（2）低辐射镀膜玻璃（Low-E）。推广使用的原因：具有允许可见光透过、阻断红外线透过的特点。建筑外门窗和透明幕墙采用低辐射镀膜玻璃可以使夏天减少热量进入室内、冬天减少热量传到室外，显著降低建筑能耗。

（3）石材用建筑密封胶。推广使用的原因：具有耐腐蚀、不污染石材的效果，是建筑物石材幕墙的优选材料。

6）防水材料

（1）自粘聚合物改性沥青防水卷材。推广使用的原因：适用于非明火作业施工环境、具有适应基层变形能力强的特点。

（2）挤塑聚烯烃（TPO）防水卷材。推广使用的原因：具有耐候性、耐腐蚀性、耐微生物性强，是美国生产的高档材料。适用于屋面、地下工程防水施工。

（3）钠基膨润土防水毯。推广使用的原因：具有防渗性强、耐久性好、柔韧性好、价格便宜、不受环境温度影响等特点。适用于垃圾填埋场、人工水体工程的防渗。

（4）喷涂聚脲防水材料。推广使用的原因：具有涂膜无毒、无味、抗拉强度高、耐磨、耐高低温、阻燃、厚度均匀。适用于复杂工程的屋面、地下和外露场馆看台、游泳池等防水施工。

7）建筑装饰装修材料

（1）瓷砖粘结胶粉。推广使用的原因：具有质量稳定、使用方便、节约资源、减少污染的特点，适用于建筑室内外墙地砖的粘贴。

（2）装饰混凝土轻型挂板。推广使用的原因：具有装饰效果好、利用废渣、施工效率高的特点，适用于建筑内外墙装饰。

（3）超薄石材复合板。推广使用的原因：可以减少天然石材资源、减轻建筑物的负荷。

（4）弹性聚氨酯地面材料。推广使用的原因：具有耐磨、耐老化、自洁性好的特点，适用于建筑室内外地面的铺装。

（5）水泥基自流平砂浆。推广使用的原因：具有施工速度快、不开裂、强度好的特点，适用于建筑室内外地面的找平和修补。

（6）柔性饰面砖。推广使用的原因：具有体薄质轻、防水、透气、柔韧性好、施工简便，适合圆角和圆柱体的制作。适用于建筑内外墙装饰装修。

8）市政

砂基透水砖、透水沟构件、透水沥青混凝土。推广使用的原因：有利于收集雨水、补充地下水。适用于广场、停车场、人行步道、慢行车道的铺装。

361. 当前限制使用和禁止使用的建筑材料与建筑装修材料有哪些？

综合相关技术资料和文件，当前限制使用和禁止使用的建筑材料与建筑装修材料有：

1）限制使用的建筑材料与建筑装修材料

（1）混凝土及其制品

① 袋装水泥（特种水泥除外）。限制使用的原因：浪费资源、污染环境。

② 立窑水泥。限制使用的原因：浪费资源、污染环境、质量不稳定。

③ 现场搅拌混凝土。限制使用的原因：浪费资源、污染环境。

④ 现场搅拌砂浆。限制使用的原因：储存和搅拌过程中污染环境。

⑤ 氯离子含量＞0.1％的混凝土防冻剂。限制使用的原因：引起钢筋锈蚀、危害混凝土寿命。

（2）墙体材料

① ±0.000 以上部位限制使用实心砖。限制使用的原因：浪费资源、能源消费大。

② 60（含 60）mm 厚度的隔墙板。限制使用的原因：隔声和抗冲击性能差。

（3）建筑保温材料

① 聚苯颗粒、玻化微珠等颗粒保温材料。限制使用的原因：单独使用达不到节能要求指标。

② 水泥聚苯板。限制使用的原因：保温性能不稳定。

③ 墙体内保温浆料（膨胀珍珠岩等）。限制使用的原因：热工性能差、手工湿作业、不易控制质量。

④ 以膨胀珍珠岩-海泡石-有机硅复合的保温浆料。限制使用的原因：热工性能差、手工湿作业、不易控制质量。

⑤ 模塑聚苯乙烯保温板。限制使用的原因：燃烧性能只有 B_2 级，达不到 A 级指标。

⑥ 金属面聚苯夹芯板。限制使用的原因：芯材达不到燃烧性能的要求，应改用岩棉芯材。

⑦ 金属面硬质聚氨酯板。限制使用的原因：芯材达不到燃烧性能的要求，应改用岩棉芯材。

⑧ 非耐碱性玻纤网格布。限制使用的原因：外表面层砂浆开裂的主要原因。

⑨ 树脂岩棉。限制使用的原因：生产工程耗能大，对健康不利。

（4）建筑门窗幕墙及附件

① 普通平板玻璃和简易双玻外开窗。限制使用的原因：气密、水密、保温隔热性能差。

② 普通推拉铝合金外窗。限制使用的原因：气密、水密、保温隔热性能差。

③ 单层普通铝合金外窗。限制使用的原因：气密、水密、保温隔热性能差。

④ 实腹、空腹钢窗。限制使用的原因：气密、水密、保温隔热性能差。

⑤ 单腔结构塑料型材。限制使用的原因：气密、水密、保温隔热性能差。

⑥ PVC 隔热条-密封胶条。限制使用的原因：强度低、不耐老化、密闭功能差。应改用聚乙酰胺（尼龙 66 加 20％玻纤）隔热条。

（5）防水材料

① 使用汽油喷灯法热熔施工的沥青类防水卷材。限制使用的原因：易发生火灾。

② 石油沥青纸胎油毡。限制使用的原因：不能保证质量，污染环境。

③ 溶剂型建筑防水涂料（冷底子油）。限制使用的原因：易发生火灾，施工过程中污染环境。

④ 厚度≤2mm 的改性沥青防水卷材。限制使用的原因：热熔后易形成渗漏点，影响防水质量。

（6）建筑装饰装修材料

① 以聚乙烯醇为基料的仿瓷内墙涂料。限制使用的原因：耐水性能差，污染物超标。

② 聚丙烯酰类建筑胶粘剂。限制使用的原因：耐温性能差，耐久性差，易脱落。

③ 不耐水石膏类刮墙腻子。限制使用的原因：耐水性能差，强度低。

④ 聚乙烯醇缩甲醛胶粘剂（107 胶）。限制使用的原因：粘结性能差，污染物排放超标。

2）禁止使用的建筑材料与建筑装修材料

（1）混凝土及其制品

① 多功能复合型混凝土膨胀剂。禁止使用的原因：质量难控制。

② 氯化镁类混凝土膨胀剂。禁止使用的原因：生产工艺落后，易造成混凝土开裂。

（2）墙体材料

① 黏土砖（包括掺和其他原料，但黏土用量超过 20％的实心砖、多孔砖、空心砖）。禁止使用的原因：破坏耕地、污染环境。

② 黏土和页岩陶粒及以黏土和页岩陶粒为原料的建材制品。禁止使用的原因：破坏耕地、污染环境。

③ 手动成型的 GRC 轻质隔墙板。禁止使用的原因：质量难控制、功能不稳定。

④ 以角闪石石棉（蓝石棉）为原料的石棉瓦等建材制品。禁止使用的原因：危害人体健康。

（3）建筑保温材料

① 未用玻纤网增强的水泥（石膏）聚苯保温板。禁止使用的原因：强度低、易开裂。

② 充气石膏板。禁止使用的原因：保温性能差。

③ 菱镁类复合保温板、踢脚板。禁止使用的原因：性能差、容易翘曲、产品易返卤、维修困难。

（4）建筑门窗幕墙及附件

① 80mm（含）系列以下普通推拉塑料外窗。禁止使用的原因：强度低、易出轨、有安全隐患。

② 改性聚氯乙烯（PVC）弹性密封胶条。禁止使用的原因：弹性差、易龟裂。

③ 幕墙 T 形挂件系统。禁止使用的原因：单元板块不可独立拆装、维修困难。

（5）防水材料

① 沥青复合胎柔性防水卷材。禁止使用的原因：拉力和低温柔度指标低、耐久性差。

② 焦油聚氨酯防水涂料。禁止使用的原因：施工过程污染环境。

③ 焦油型冷底子油（JG-1 型防水冷底子油涂料）。禁止使用的原因：施工质量差，生产和施工过程污染环境。

④ 焦油聚氯乙烯油膏（PVC 塑料油膏聚氯乙烯胶泥煤焦油油膏）。禁止使用的原因：施工质量差，生产和施工过程污染环境。

⑤ S 型聚氯乙烯防水卷材。禁止使用的原因：耐老化性能差、防水功能差。

⑥ 采用二次加工复合成型工艺再生原料生产的聚乙烯丙纶等复合防水卷材。禁止使用的原因：耐老化性能差、防水功能差。

（6）建筑装饰装修材料

① 聚醋酸乙烯乳液类（含 BVA 乳液）、聚乙烯醇及聚乙烯醇缩醛类、氯乙烯—偏氯乙烯共聚乳液内外墙涂料。禁止使用的原因：耐老化、耐玷污、耐水性差。

② 以聚乙烯醇—纤维素－淀粉—聚丙烯酸胺为主要胶粘剂的内墙涂料。禁止使用的原因：耐擦洗性能差、易发霉、起粉。

③ 以聚乙烯醇缩甲醛为胶结材料的水溶性涂料。禁止使用的原因：施工质量差、挥发有害气体。

④ 聚乙烯醇水玻璃内墙涂料（106 内墙涂料）。禁止使用的原因：施工质量差、挥发有害气体。

⑤ 多彩内墙涂料（树脂以硝化纤维素为主，溶剂以二甲苯为主的 O/W 型涂料）。禁止使用的原因：施工质量差、施工过程中挥发有害气体。

362. 住宅"初装修"的设计标准与施工验收标准包括哪些内容？

1）住宅初装修的概念？

住宅初装修指的是住宅的户内装修（楼面、地面、顶棚）设计一次到位，施工只做到基层，内门只留门洞及埋件，电器、暖气安装一次到位，水暖管材铺装到位，但只预留接口。户外装修（户门、外窗、外装修、楼梯、电梯等）一次装修到位的做法。

2）北京市住宅装修设计标准和户内初装修施工（验收）标准见表 2-122。

北京市住宅装修设计标准和户内初装修施工（验收）标准　　表 2-122

序号	部位		装修设计标准	初装修施工标准
1	楼、地面	居室、起居室、内走道、阳台	根据业主要求将垫层、面层全部设计到位	不论面层用任何材料，施工一律做到：现浇混凝土地面面层一次成活赶光；预制混凝土楼板抹 35mm 厚细石混凝土一次成活抹平赶光
		厨房、卫生间	统一按地砖设计。卫生间必须设计防水	做完防水层和保护层，不做面层

695

序号	部位		装修设计标准	初装修施工标准
2	内墙面	卧室、起居室、走道等	按业主要求一次设计到位	只做到基层，刮防水腻子，面层不做
		厨房、卫生间	基层做刚性防水，面层贴瓷砖	做完刚性防水，面层不做
3	踢脚		一律按120mm高，并与墙面齐平	1. 不抹灰，只提供结构面，不做踢脚 2. 抹灰，120mm高踢脚与墙面漆平
4	顶棚		按刮腻子、喷浆设计	刮耐水腻子，不做面层
5	户门		符合防火、防盗、隔热、隔声规定，设计一次到位	按设计一次到位
6	内门		设计应明确内门品种、规格、数量、满足使用要求	全部内门只留出门口和门框埋件，并标清埋件位置
7	外窗及有关部件	外窗（包括通往阳台的落地门、窗）	完成外窗全部设计工作	按设计一次安装到位
		窗台板	按业主要求设计	做水泥窗台（比设计高度低25mm）
		窗帘盒、窗帘轨	按业主要求设计	墙面为内保温做法时应留出预埋铁件并标明位置；墙面为外保温做法时，不留埋件
8	卫生间		一次设计到位，并提供各专业管线综合图	所有卫生洁具均不装，冷、热水管按设计将管线接至卫生间预留接管位置（并安装截止阀门）。防水层以下污水管均应安装到位
9	厨房		按照设计、加工工艺涉及到位，设备齐全、设排油烟道、排气道，提供各专业管线综合图（包括煤气管线、煤气表为低锁表）	台、柜、洗池一律不装，但排水竖管必须施工到位。燃气热水器的冷、热水管经水表安装至卫生间。燃气管安装至接灶具的转心阀门（含阀门），不装灶具；煤气表宜按低锁表方式设计安装。污水管除与洁具相连的短管外，均应安装到位

序号	部位		装修设计标准	初装修施工标准
10	非承重的分隔墙		提供可选择的隔墙位置和选材，并按规定提供各种线路和开关位置等的全部设计图纸。隔墙应按规定限制重量	除分户墙、厨卫间隔墙外一律不装
11	阳台		设计荷载不小于250kg/㎡ 1. 封阳台栏板高度与窗台高度一致。 2. 不封阳台时，850mm 或900mm高度以上应做横向栏杆并考虑封阳台的条件和排水设施	阳台栏板内面和楼面做法与房间内部的规定相同
12	空调器支架		完成空调器定位、支架、托板的全部设计	按设计一次施工，孔洞预留
13	暖气片		按设计到位	按设计安装到位
14	照明灯、灯具及其控制开关	起居室、卧室、卫生间、内走道、阳台等	按简易灯具设计单位	按设计安装到位。不安装的隔墙其灯及开关不予安装
15	插座（含一般插座，空调专用插座，卫生间、浴室专用插座，电冰箱插座，洗衣机插座等）	起居室、卧室、卫生间、内走道、阳台等	按规范要求设计	按设计安装到位。不安装的非承重墙其管线及插座均不予安装
16	电视及电话插座	起居室、卧室、卫生间、内走道	按规范要求设计	按设计安装到位。不安装的非承重墙其电视、电话均不予安装
17	消防设施		按规范要求设计	按设计安装到位
18	户内跃层楼梯		按业主要求设计	钢筋混凝土楼梯、木楼梯、钢楼梯、踏步做到基层，扶手一律不做

363. 住宅装饰装修套内空间设计有哪些规定？

《住宅室内装饰装修设计规范》JGJ 367—2015规定：

1）一般规定

（1）套内装饰装修设计不得改变原住宅建筑中厨房和卫生间的位置，不宜改变阳台的基本功能。

（2）套内装饰装修设计中给水排水、暖通、电气、智能化等设备、设施的设计，应符合国家现行有关标准的规定。

（3）套内装修材料应符合下列规定：

① 顶棚材料应采用防腐、耐久、不易变形、易清洁和便于施工的材料；厨房顶棚材料应具有防火、防潮、防霉等性能。

② 墙面宜采用抗污染、易清洁的材料；与外墙相邻的室内墙面不宜采用深色饰面材料；厨房、卫生间的墙面材料还应具有防水、防潮、防霉、耐腐蚀、不吸污等性能。

③ 地面应采用平整、耐磨、抗污染、易清洁、耐腐蚀的材料，厨房、卫生间的楼地面材料还应具有防水、防滑等性能。

④ 室内的玻璃隔断、玻璃隔板、落地玻璃门窗及玻璃饰面等玻璃用材均应采用安全玻璃，其种类和厚度应符合现行行业标准《建筑玻璃应用技术规程》JGJ 133—2015 的规定。

（4）套内顶棚装饰装修设计应符合下列规定：

① 套内前厅、起居室（厅）、卧室顶棚上灯具底面距楼面或地面面层的净高不应低于 2.10m。

② 顶棚不宜采用玻璃饰面，当局部采用时，应选用安全玻璃，并应采取安装牢固的构造措施。

③ 顶棚上部的空间应满足设备和灯具安装高度的需要。有灯带的顶棚，侧边开口部位的高度应能满足检修的需要，有出风口的开口部位应满足出风的要求。

④ 顶棚中设有透光片后置灯光的，应采取隔热、散热等措施，并应采取安装牢固、便于维修的构造措施。

⑤ 顶棚上悬挂自重 3kg 以上或有振动荷载的设施应采取与建筑主体连接牢固的构造措施。

（5）套内墙面装饰装修设计应符合下列规定：

① 墙面、柱子挂置设备或装饰物，应采取安装牢固的构造措施。

② 底层墙面、贴近用水房间的墙面及家具应采取防潮、防霉的构造措施。

③ 踢脚板厚度不宜超出门套贴脸的厚度。

（6）套内地面装饰装修设计应符合下列规定：

① 用水房间门口的地面防水层应向外延展宽度不小于 500mm，向两侧延展宽度不小于 200mm，并宜设置门槛。门槛应采用坚硬的材料，并应高出用水房间地面 5～15mm。

② 用水房间地面不宜采用大于 300mm×300mm 的块状材料，且铺贴后不应影响排水坡度。

③ 铺贴条形地板时，宜将长边垂直于主要采光窗方向。

④ 硬质和软质材料拼接处宜采取有利于保护硬质材料边缘不被磨损的构造措施。

（7）装饰装修后，套内通往卧室、起居室（厅）的过道净宽不应小于 1000mm；通往厨房、卫生间、储藏室的过道净宽不应小于 900mm。

（8）与儿童、老人用房相连接的卫生间通道、上下楼梯平台、踏步等部位，应设灯光照明。

（9）对于既有住宅套内有防水要求但没做防水处理的部位，装饰装修应重做防水构造设计，其防水要求应符合现行行业标准《住宅室内防水工程技术规程》JGJ 298—2013 的相关规定。

(10) 固定家具应 环保、防虫蛀、防潮、防霉变、防变形、易清洁的材料、尺寸应满足使用要求。

(11) 套内功能空间的装饰装修样式宜与使用功能及家具样式协调,用材、用色宜与相邻空间协调。家具的布置应根据功能需要、平面形状、空间尺寸等因素确定。

(12) 套内空间新增隔断、隔墙应采用轻质、隔声性能较好的材料。

(13) 套内空间宜布置陈设品和家具,提高审美效果和舒适性。

2) 套内前厅

(1) 套内前厅宜根据套内的功能需要和空间大小等因素设置家具、设施,并宜设计可遮挡视线的装饰隔断。

(2) 套内前厅通道净宽不宜小于1200mm,净高不应低于2400mm。

(3) 套内前厅的门禁显示屏的中心点至楼面装饰装修完成面的距离宜为1400~1600mm。

3) 起居室(厅)

(1) 起居室(厅)应选择尺寸、数量合适的家具及设施,家具、设施布置后应满足使用和通行要求,且主要通道的净宽不宜小于900mm。

(2) 起居室(厅)装饰装修后室内净高不应低于2.40m;局部顶棚净高不应低于2.10m,且净高低于2.40m的局部面积不应大于室内使用面积的1/3。

(3) 装饰装修设计时,不宜增加直接开向起居室的门。沙发、电视柜宜选择直线长度较长的墙面布置。

4) 卧室

(1) 卧室应根据功能需要和空间大小选择尺寸、种类适宜的家具及设施,家具、设施布置后应满足通行和使用要求,并宜留有净宽不小于600mm的主要通道。

(2) 卧室装饰装修后,室内净高不应低于2.40m,局部净高不应低于2.10m,且净高低于2.40m的局部面积不应大于使用面积的1/3。

(3) 卧室的平面布置应具有私密性,避免视线干扰,床不宜紧靠外窗或正对卫生间门,无法避免时应采取装饰遮挡措施。

(4) 老年人卧室应符合下列规定:

① 宜选择有独立卫生间的卧室或靠近卫生间的卧室;

② 墙面阴角宜做成圆角或钝角;

③ 地面宜采用木地板,严寒和寒冷地区不宜采用陶瓷地砖;

④ 有条件的宜留有护理通道和放置护理设备的空间,在床头和卫生间厕位旁、洗浴位旁等宜设置固定式紧急呼救装置;

⑤ 宜采用内外均可开启的平开门,不宜设弹簧门;当采用玻璃门时,应选用安全玻璃;当采用推拉门时,地埋轨不应高出装修地面面层。

(5) 儿童卧室不宜在儿童可触摸、宜碰撞的部位做外凸造型,且不应有尖锐的棱状、角状造型。

5) 厨房

(1) 厨房应优先采用定制的整体橱柜和装饰性部品,并应根据厨房的平面形状、面积大小和炊事操作的流程等布置厨房设施。

（2）厨房装饰装修后，地面面层至顶棚的净高不应低于 2.20m。

（3）单排布置设备的地柜前宜留有不小于 1.50m 的活动距离，双排布置设备的地柜之间净距不应小于 900mm。洗涤池与炊具之间的操作距离不应小于 600mm。

（4）厨房吊柜底面至装修地面的距离宜为 1.40～1.60m，吊柜的深度宜为 300～400mm。厨房地柜的尺寸应符合现行行业标准《住宅厨房模数协调标准》JGJ/T 262—2012 的相关规定。

（5）厨房内吊柜的安装位置不应影响自然通风和天然彩光。安装或预留燃气热水器位置时，应满足自然通风要求。

（6）封闭式厨房宜设计拖拉门，并应采取安装牢固的构造措施。

（7）采用燃气的厨房宜配置燃气浓度检测报警器。

（8）厨房装饰装修不应破坏墙面防潮层和地面防水层，并应符合下列规定：

① 墙面应设防潮层，当厨房布置在非用水房间的下层时，顶棚应设防潮层；

② 墙面防水层应沿墙基上翻 0.30m；洗涤池处墙面防水层高度宜距装修地面 1.40～1.50m，长度宜超出洗涤池两端各 400mm。

（9）当厨房内设置地漏时，地面应设不小于 1% 的坡度坡向地漏。

6）餐厅

（1）餐厅应选择尺寸、数量适宜的家具及设施，且家具、设施布置后应形成稳定的就餐空间，并宜留有净宽不小于 900mm 的通往厨房和其他空间的通道。

（2）餐厅装饰装修后，地面至顶棚的净高不应低于 2.20m。

（3）餐厅应靠近厨房布置。

（4）套内无餐厅的，应在起居室（厅）或厨房内设计适当的就餐空间。

7）卫生间

（1）卫生间应根据不同的套型平面合理布置，平面组合宜干湿分区并方便上下水管线的安装和共用。

（2）卫生间宜选择尺寸合适的便器、洗浴器、洗面器等基本设施，设施布置后应满足人体活动的需要。

（3）无前室的卫生间门不得直接开向厨房、起居室，不易开向卧室。

（4）老年人、残疾人使用的卫生间宜采用可内外双向开启的门。

（5）卫生间门的位置、尺寸、开启方式应便于设施、设备及家具的布置和使用。

（6）卫生间的地面应有坡度坡向地漏，非浴区地面排水坡度不宜小于 0.5%，浴区地面排水坡度不宜小于 1.5%。

（7）卫生间内设有洗衣机时，应有专用的给水排水接口和防溅水电源插座。

（8）卫生间的柜子宜采用环保、防潮、防霉、易清洁、不易变形的材料，台面板宜采用硬质、耐久、耐水、抗渗、易清洁、强度高的材料。

（9）卫生间洗面台应符合下列规定：

① 洗面台上的盆面至装修地面的距离宜为 750～850mm；

② 除立柱式洗面台外，装饰装修后侧墙面至洗面中心的距离不宜小于 550mm；

③ 嵌置洗面台的台面进深宜大于洗面台 150mm，宽度宜大于洗面台 300mm；

④ 卫生间洗面台上部的墙面应设置镜子。

（10）侧墙面至坐便器边缘的距离不宜小于 250mm，至蹲便器中心的距离不宜小于 300mm。

（11）坐便器、蹲便器前应有不小于 500mm 的活动空间。

（12）设置浴缸应符合下列规定：

① 浴缸安装后，上边缘至装修地面的距离宜为 450～600mm；

② 浴缸、淋浴间靠墙一侧应设置牢固的抓杆；

③ 只设浴缸不设淋浴间的卫生间宜增设带延长软管的手执式淋浴器（花洒）。

（13）淋浴间应符合下列规定：

① 淋浴间宜设推拉门或外开门，门洞净宽不宜小于 600mm；淋浴间内花洒的两旁距离不宜小于 800mm，前后距离不宜小于 800mm，隔断高度不宜低于 2000mm；

② 淋浴间的挡水高度宜为 25～40mm；

③ 淋浴间采用的玻璃隔断应符合现行行业标准《建筑玻璃应用技术规程》JGJ 133—2015 的规定。

（14）卫生间装饰装修防水应符合下列规定：

① 墙面防水层应沿墙基上翻 300mm；

② 墙面防水层应覆盖由地面向墙基上翻 300mm 的防水层；洗浴区墙面防水层高度不应低于 1900mm，非洗浴区配水点处墙面防水层高度不应低于 1200mm；当采用轻质墙体时，墙面应做通高防水层；

③ 管道穿楼板的部位，地面与墙面交界处及地漏周边等易渗水部位应采取加强防水构造措施；

④ 卫生间地面宜比相邻房间地面低 5～10mm。

（15）卫生间木门套及与墙体接触的侧面应采取防腐措施。门套下部的基层宜采用防水、防腐材料。门槛宽度不宜小于门套宽度，且门套线宜压在门槛上。

8）套内楼梯

（1）套内加建的楼梯应采用安全可靠的结构和构造设计，梯段、踏步、栏杆的尺寸应符合现行国家标准《住宅设计规范》GB 50096—2011 的规定。

（2）套内楼梯的踏面应采用坚固、防滑、平整、耐久、耐磨、不易变形的装修材料，且应采取防滑构造措施。

（3）老年人使用的楼梯不应采用无踢面或突缘大于 10mm 的直角形踏步，踏面应防滑。

（4）套内楼梯踏步临空处，应设置高度不小于 20mm，宽度不小于 80mm 的挡台。

9）储藏空间

（1）套内应设置储藏空间。

（2）步入式储藏空间应设置照明设施，并宜具备通风、除湿的条件。

10）阳台

（1）阳台的装饰装修设计不应改变原建筑为防止儿童攀爬的防护构造措施、对于栏杆、护坡上设置的装饰物，应采取防坠落措施。

（2）靠近阳台栏杆处不应设计可踩踏的地柜或装饰物。

（3）当阳台设置储物柜、装饰柜时，不应遮挡窗和阳台的自然通风、采光，并宜为空调室外机等设备的安装、维护预留操作空间。

（4）布置建设设施的阳台应在墙面合适的位置安装防溅水电源插座。

（5）阳台地面应符合下列规定：

① 阳台地面应采用防滑、防水、硬质、易清洁的材料，开敞阳台的地面材料还应具有抗冻、耐晒、耐风化的性能；

② 开敞阳台的地面完成面标高宜比相邻室内空间地面完成地 15～20mm。

（6）当阳台设有洗衣机时，应在相应位置设置专用给水排水接口和电源插座，洗衣机的下水管道不得接驳在雨水管上。

（7）阳台应设置使用方便、安装牢固的晾晒架。

11）门窗

（1）室内门的装饰装修设计应符合下列规定：

① 居室、餐厅、阳台的推拉门宜采用透明的安全玻璃门；

② 安装推拉门、折叠门应采用吊挂式门规或吊挂式门规与地埋式门轨组合的形式，并应采取安装牢固的构造措施；地面限位器不应安装在通行位置上；

③ 非成品门应采用安装牢固、密封性能良好构造设计；

④ 门把手中心距楼地面的高度宜为 0.95～1.10m。

（2）室内窗的装饰装修设计应符合下列规定：

① 当紧邻窗户的位置设有地台或其他可踩踏的固定物体时，应重新设计防护措施，且防护高度应符合现行国家标准《住宅设计规范》GB 50096—2011 的规定。

② 窗扇的开启把手距装修地面高度不宜低于 1.10m 或高度 1.50m。

③ 窗台板、窗宜采用环保、硬质、耐久、光洁、不易变形、防水、防火的材料。

④ 非成品窗的应采用安装牢固、密封性能良好的构造设计。

364. 住宅装饰装修共用空间设计有哪些规定？

《住宅室内装饰装修设计规范》JGJ 367—2015 规定：

1）装饰装修设计不得改变楼梯间门、前室门、通往屋面门的开启方向、方式，不得减小门的尺寸。

2）共用部分的顶棚应符合下列规定：

（1）顶棚装修材料应采用防火等级为 A 级、环保、防水、防滑、防腐蚀、不易变形且便于施工的材料；

（2）出入口门厅、电梯厅装修地面至顶棚的净高不应低于 2.40m，标准层公共走道装修地面至顶棚的局部净高不应低于 2.00m；

（3）顶棚不宜采用玻璃吊顶，当局部设置时，应采用安全玻璃，其种类及厚度应符合现行行业标准《建筑玻璃应用技术规程》JGJ 113—2015 的规定，并应采用安装牢固且便于检修的构造措施。

3）墙面应采用难燃、环保、易清洁、防水性能好的装修材料。

4）地面应采用难燃、环保、防滑、易清洁、耐磨的装修材料。

365. 住宅装饰装修细部处理设计有哪些规定？

1）装饰装修界面的连接应符合下列规定：

① 当相邻界面同时铺贴成品块状饰面板时，宜采用对缝或间隔对缝方式衔接；

② 当同一界面不同饰面材料平面对接时，对接处采用离缝、错落的方法分开或加入第三种材料过渡处理；

③ 当同一界面上两块相同花纹的材料平面对接时，宜使对接出的花纹、色彩、质感对接自然；

④ 当同一界面上铺贴两种或两种以上不同尺寸的饰面材料时，宜选择大尺寸为小尺寸的整数倍，且大尺寸材料的一条边宜与小尺寸的其中一条边对缝；

⑤ 当相邻界面上装饰装修材料成角度相交时，宜在交界处作造型处理；

⑥ 当不同界面上或同一界面上出现菱形块面材料对接时，板面材料对接的拼缝宜贯通，并宜在界面的边部作收边处理；

⑦ 成品饰面材料尺寸宜与设备尺寸及安装位置协调。

2）不规则界面宜做整体化设计，并应符合下列规定：

① 不规则的顶面宜在边部采用非等宽的材料作收边调整，并宜使中部顶面取得规整形状；

② 不规则的墙面宜采用涂料或无花纹的墙纸（布）饰面，并宜淡化墙面的不规整感；

③ 当以块面材料铺装不规整地面时，宜在地面的边部用与中部块面材料不同颜色的非等宽的块面材料作收边处理；

④ 不规则的饰面材料宜铺贴在隐蔽的位置或大型家具的遮挡区域。

3）不规则图样应采取网格划分定位。

4）不规则的小空间宜进行功能利用和美化处理。

5）当过道内设置两扇及以上的门时，门及门套的高度、颜色、材质应一致。

6）侧面突出装饰面的硬质块材应作圆角或倒角处理。

7）陈设品宜布置在下列位置：

① 视线集中的界面上；

② 视线集中的空间位置；

③ 空间的端头；

④ 空间的内凹处；

⑤ 空间的空旷处；

⑥ 强调设计意向的位置。

8）套内各空间的地面、门槛石的标高宜符合表 2-123 的规定。

套内各空间装修地面标高（m） 表 2-123

位置	建议标高	说明
入户门槛顶面	0.010~0.015	防渗水
套内前厅地面	±0.000~0.005	套内前厅地面材料与相邻空间地面材料不同时
起居室、餐厅、卧室走廊地面	±0.000	以起居室（厅）、地面装修完成面为标高±0.000

续表

位置	建议标高	说明
厨房地面	−0.015～−0.005	当厨房地面材料与相邻地面不同时，与相邻空间地面材料过渡
卫生间门槛石顶面	±0.000～0.005	防渗水
卫生间地面	−0.015～−0.005	防渗水
阳台地面	−0.015～−0.005	开敞阳台或当阳台地面材料与相邻地面材料不同时，防止水渗至相邻空间

注：以套内起居室（厅）地面装修完成面标高为±0.000。

（二）室内装修的污染控制

366. 民用建筑工程室内环境污染控制的内容有哪些?

1)《民用建筑工程室内环境污染控制标准》GB 50325—2020 规定（摘录）：

（1）控制项目

民用建筑工程室内控制污染物的主要项目包括氡、甲醛、氨、苯，甲苯、二甲苯和总挥发性有机化合物。

（2）控制内容

① 建筑材料

a. 无机非金属建筑主体材料和装修材料

（a）民用建筑工程所使用的砂、石、砖、实心砌块、水泥、混凝土、混凝土预制构件等无机非金属材料建筑主体材料，其放射性限量应符合现行国家标准《建筑材料放射性核素限量》GB 6566—2010 的规定。

（b）民用建筑工程所使用的石材、建筑卫生陶瓷、石膏制品、无机粉黏结材料等无机非金属装饰装修材料，其放射性限量应符合现行国家标准《建筑材料放射性核素限量》GB 6566—2010 的规定。

（c）民用建筑工程所使用的加气混凝土制品和空心率（孔洞率）大于 25% 的空心砖、空心砌块等建筑主体材料，其放射性限量应符合表 2-124 的规定。

加气混凝土和空心率（孔洞率）大于 25% 的建筑主体材料放射性限量　　表 2-124

测定项目	限量
表面氡析出率 [Bq/(m² · s)]	≤0.015
内照射指数（I_{Ra}）	≤1.0
外照射指数（I_γ）	≤1.3

（d）主体材料和装修材料放射性核素的测定方法应符合现行国家标准《建筑材料放射性核素限量》GB 6566—2010 的规定。

b. 人造木板及饰面人造木板

（a）民用建筑工程室内用人造木板及其制品应测定游离甲醛释放量。

（b）人造木板及其制品可采用环境测试舱法干燥器法测定甲醛释放量，当发生争议时应以环境测试舱法的测定结果为准。

（c）环境测试舱法测定的人造木板及其制品的游离甲醛释放量不应大于 0.124mg/m³，测定方法应按规范的规定执行。

（d）干燥器法测定的人造木板及其制品的游离甲醛释放量不应大于 1.5mg/L，测定方法应符合现行国家标准《人造板及饰面人造板理化性能试验方法》GB/T 17657—1999 的规定。

c. 涂料

（a）民用建筑工程室内用水性装饰板涂料、水性墙面涂料、水性墙面腻子的游离甲醛限量，应符合现行国家标准《建筑用墙面涂料中有害物质限量》GB 18582—2008 的规定。

（b）民用建筑工程室内用其他水性涂料和水性腻子，应测定游离甲醛的含量，其限量应符合表 2-125 的规定，其测定方法应符合现行国家标准《水性涂料中甲醛含量的测定　乙酰丙酮分光光度法》GB/T 23993—2009 的规定。

室内用其他水性涂料和水性腻子中游离甲醛限量　　　　　表 2-125

测定项目	限量	
	其他水性涂料	其他水性腻子
游离甲醛（mg/kg）	≤100	

（c）民用建筑工程室内用溶剂型装饰板涂料的 VOC 和苯、甲苯＋二甲苯＋乙苯限量，应符合现行国家标准《建筑用墙面涂料中有害物质限量》GB 18582—2008 的规定。溶剂型木器涂料和腻子的 VOC 和苯、甲苯＋二甲苯＋乙苯限量，应符合现行国家标准《木器涂料中有害物质限量》GB 18581—2009 的规定。溶剂型地坪涂料的 VOC 和苯、甲苯＋二甲苯＋乙苯限量，应符合现行国家标准《室内地坪涂料中有害物质限量》GB 38468—2009 的规定。

（d）民用建筑工程室内用酚醛防锈涂料、防水涂料、防火涂料及其他溶剂型涂料，应按其规定的最大稀释比混合后，测定的 VOC 和苯、甲苯＋二甲苯＋乙苯的含量，其限量均应符合表 2-126 的规定。VOC 含量测定方法应符合现行国家标准《色漆和清漆　挥发性有机化合物（VOC）含量的测定　差值法》GB/T 23985—2009 的规定。苯、甲苯＋二甲苯＋乙苯的含量测定方法应符合现行国家标准《涂料中苯、甲苯＋二甲苯＋乙苯的含量的测定　气相色谱法》GB/T 23990—2009 的规定。

室内用酚醛防锈涂料、防水涂料、防火涂料及其他用溶剂型
涂料中 VOC、苯、甲苯＋二甲苯＋乙苯限量　　　　　表 2-126

涂料类别	VOC（g/L）	苯（%）	甲苯＋二甲苯＋乙苯（%）
酚醛防锈涂料	≤270	≤0.3	—
防水涂料	≤750	≤0.2	≤40
防火涂料	≤500	≤0.1	≤10
其他溶剂型涂料	≤600	≤0.3	≤30

（e）民用建筑工程室内用聚氨酯涂料和木器用聚氨酯类腻子中的 VOC、苯、甲苯＋

二甲苯+乙苯、游离二异氰酸脂（TDI+HDD）限量，应符合现行国家标准《木器涂料中有害物质限量》GB 18581—2009 的相关规定。

　　d. 胶粘剂

　　（a）民用建筑工程室内用水性胶粘剂的游离甲醛限量，应符合现行国家标准《建筑胶粘剂有害物质限量》GB 30982—2014 的规定。

　　（b）民用建筑工程室内用水型胶粘剂、溶剂型胶粘剂、木体型胶粘剂的 VOC 限量，应符合现行国家标准《胶粘剂挥发性有机化合物限量》GB/T 33372—2016 的规定。

　　（c）民用建筑工程室内用溶剂型胶粘剂、木体型胶粘剂的苯、甲苯+二甲苯、游离甲苯二异氰酸酯（TDI）的含量，应符合现行国家标准《建筑胶粘剂有害物质限量》GB 30982—2014 的规定。

　　e. 水性处理剂

　　（a）民用建筑工程室内用水性阻燃剂（包括防水涂料）、防水剂、防腐剂、增强剂等水性处理剂，应测定游离甲醛的含量，其限量不应大于 100mg/kg。

　　（b）水性处理剂中游离甲醛含量的测定方法，宜按现行国家标准《水性涂料中甲醛含量的测定　乙酰丙酮分光光度法》GB/T 23993—2009 规定的方法进行。

　　f. 其他材料

　　（a）民用建筑工程中所使用的混凝土外加剂，氨的释放量不应大于 0.10%，氨释放量测定方法应符合现行国家标准《混凝土外加剂中释放氨的限量》GB 18588—2001 的有关规定。

　　（b）民用建筑工程中所使用的能释放氨的阻燃剂、防火涂料、水性建筑防水涂料氨的释放量不应大于 0.50%，测定方法宜符合现行国家标准《建筑防火涂料有害物质限量及检测方法》JG/T 415—2013 的有关规定。

　　（c）民用建筑工程中所使用的能释放甲醛的混凝土外加剂中，残留甲醛的量不应大于 500mg/kg，测定方法应符合现行国家标准《混凝土外加剂中残留甲醛的限量》GB 31040—2014 的有关规定。

　　（d）民用建筑室内使用的黏合木结构材料，游离甲醛释放量不应大于 0.124mg/m³，测定方法应符合现行规范的相关规定。

　　（e）民用建筑室内装修用帷幕、软包等游离甲醛释放量不应大于 0.124mg/kg，其测定方法应符合现行规范的相关规定。

　　（f）民用建筑室内用墙纸（布）中游离甲醛含量限量应符合表 2-127 的有关规定，其测定方法应符合现行国家标准《室内装饰装修材料　壁纸中有害物质限量》GB 18585—2018 的规定。

室内用墙纸（布）中游离甲醛限量　　　　　　　　　表 2-127

测定项目	限量		
	无纺墙纸	纺织面墙纸（布）	其他墙纸（布）
游离甲醛（mg/kg）	≤120	≤60	≤120

　　（g）民用建筑室内用聚氯乙烯卷材地板、木塑制品地板、橡塑类铺地材料中挥发物含量的测定方法应符合现行国家标准《室内装饰装修材料　聚聚乙烯卷材地板中有害物质限

量》GB 18586—2019 的规定，其限量应符合表 2-128 的有关规定。

聚氯乙烯卷材地板、木塑制品地板、橡塑类铺地材料中挥发物限量　　表 2-128

名称		限量（g/m²）
聚氯乙烯卷材地板（发泡类）	玻璃纤维基材	≤75
	其他基材	≤35
聚氯乙烯卷材地板（非发泡类）	玻璃纤维基材	≤40
	其他基材	≤10
木塑制品地板（基材发泡）		≤75
木塑制品地板（基材不发泡）		≤40
橡塑类铺地材料		≤50

（h）民用建筑室内用地毯、地毯衬垫中 VOC 和游离甲醛的释放量测定方法应符合规范的相关规定，其限量应符合表 2-129 的有关规定。

地毯、地毯衬垫中 VOC 和游离甲醛释放限量　　表 2-129

名称	有害物质项目	限量［mg/(m²·h)］
地毯	VOC	≤0.500
	游离甲醛	≤0.050
地毯衬垫	VOC	≤1.000
	游离甲醛	≤0.050

（i）民用建筑室内用壁纸胶、基膜的墙纸（布）胶粘剂中游离甲醛、苯＋甲苯＋乙苯＋二甲苯、VOC 的含量，应符合表 2-130 的有关规定，游离甲醛含量测定方法应符合现行国家标准《建筑胶粘剂有害物质限量》GB 30982—2014 的规定。苯＋甲苯＋二甲苯测定方法应符合现行国家标准《建筑胶粘剂有害物质限量》GB 30982—2014 的规定。VOC 含量的测定方法应符合现行国家标准《建筑胶粘剂有害物质限量》GB 30372—2020 的规定。

室内用墙纸（布）胶粘剂中游离甲醛、苯＋甲苯＋乙苯＋二甲苯、VOC 限量　　表 2-130

测定项目	限量	
	壁纸胶	基膜
游离甲醛（mg/kg）	≤100	≤100
苯＋甲苯＋乙苯＋二甲苯（g/kg）	≤10	≤0.3
VOC（g/L）	≤350	≤120

② 工程勘察设计

a. 一般规定

（a）新建、扩建的民用建筑工程，设计前应进行建筑工程所在城市区域土壤中氡浓度或土壤表面氡析出率进行调查，并提出相应的调查报告。未进行过区域土壤中氡浓度或土壤表面氡析出率测定的，应对建筑场地土壤中氡浓度或土壤氡析出率测定，并提供相应的检测报告。

（b）民用建筑室内装饰装修设计应有污染控制措施，应进行装饰装修污染控制预评估，控制装饰装修材料污染物释放量，采用装配式装修等先进技术，装饰装修制品、部件宜工厂加工制作、现场安装。

（c）民用建筑室内通风设计应符合现行国家标准《民用建筑设计统一标准》GB 50352—2019 的有关规定；采用集中空调的民用建筑工程，新风量应符合现行国家标准《公共建筑节能设计标准》GB 50189—2015 的有关规定。

（d）夏热冬冷地区、严寒及寒冷地区等采用自然通风的 I 类民用建筑最小通风换气次数不应低于 0.5 次/h，必要时应采取机械通风换气措施。

b. 工程地点土壤中氡浓度调查及防氡

（a）新建、扩建的民用建筑工程的工程地质勘察资料，应包括工程所在城市区域土壤氡浓度或土壤表面氡析出率测定历史资料及土壤氡浓度或土壤表面氡析出率平均值数据。

（b）已进行过土壤中氡浓度或土壤表面氡析出率区域性测定的民用建筑工程，当土壤氡浓度测定结果平均值不大于 10000Bq/m³ 或土壤表面氡析出率测定结果平均值不大于 0.02Bq/(m²·s)，且工程场地所在地点不存在地质断裂构造时，可不再进行土壤氡浓度测定；其他情况均应进行工程场地土壤氡浓度或土壤表面氡析出率测定。

（c）当民用建筑工程场地土壤氡浓度不大于 20000Bq/m³ 或土壤表面氡析出率不大于 0.05Bq/(m²·s) 时，可不采取防氡工程措施。

（d）当民用建筑工程场地土壤氡浓度测定结果大于 20000Bq/m³ 且小于 30000Bq/m³，或土壤表面氡析出率不大于或等于 0.05Bq/(m²·s) 且小于 0.1Bq/(m²·s) 时，应采取建筑物底层地面抗开裂措施。

（e）当民用建筑工程场地土壤氡浓度测定结果大于 30000Bq/m³ 且小于 50000Bq/m³，或土壤表面氡析出率大于或等于 0.10Bq/(m²·s) 且小于 0.30Bq/(m²·s) 时，除采取建筑物底层地面抗开裂措施外，还必须按现行国家标准《地下工程防水技术规程》GB 50108—2008 中的一级防水要求，对基础进行处理。

（f）当民用建筑工程场地土壤中氡浓度测定结果大于 50000Bq/m³ 或土壤表面氡析出率平均值大于或等于 0.30Bq/(m²·s) 时，应采取建筑物综合防氡措施。

（g）当 I 类民用建筑工程场地土壤中氡浓度不小于 50000Bq/m³ 或土壤表面氡析出率不小于 0.30Bq/(m²·s) 时，应进行工程场地土壤中的镭-226、钍-232、钾-40 比活度测定。当内照射指数（I_{RA}）大于 1.0 或外照射指数（I_γ）大于 1.3 时，工程场地土壤不得作为工程回填土使用。

（h）民用建筑工程场地土壤中氡浓度测定方法及土壤表面氡析出率测定方法，应符合本规范的相关规定。

c. 材料选择

（a）民用建筑室内装饰装修采用的非金属装饰装修材料放射性核素限量必须满足《建筑材料放射性核素限量》GB 6566—2010 规定的 A 类要求。

（b）II 类民用建筑宜采用放射性符合 A 类要求的无机非金属装修材料；当 A 类和 B 类无机非金属装修材料混合使用时，每种材料的使用量应经过计算确定。（见规范原文）

（c）民用建筑室内装饰装修采用的人造木板及其制品、涂料、胶粘剂、水性处理剂、混凝土外加剂、墙纸（布）、聚氯乙烯卷材地板、地毯等材料的有害物质释放量或含量，应符合本标准"材料"的规定。

(d) 民用建筑室内装饰装修时, 不应采用聚乙烯醇水玻璃内墙涂料、聚乙烯醇缩甲醛内墙涂料和树脂以硝化纤维素为主、溶剂以二甲苯为主的水包油型 (O/W) 多彩内墙涂料。

(e) 民用建筑工程室内装饰装修时, 不应采用聚乙烯醇缩甲醛类胶粘剂。

(f) 民用建筑室内装饰装修中所使用的木地板及其他木质材料, 严禁采用沥青、煤焦油类防腐、防潮处理剂。

(g) Ⅰ类民用建筑室内装饰装修粘贴塑料地板时, 不应采用溶剂型胶粘剂。

(h) Ⅱ类民用建筑中地下室及不与室外直接自然通风的房间粘贴塑料地板时, 不宜采用溶剂型胶粘剂。

(i) 民用建筑工程中, 外墙采用内保温系统时, 应选用环保性能好的保温材料, 表面应封闭严密, 且不应在室内装饰装修工程中采用脲醛树脂泡沫塑料作为保温、隔热和吸声材料。

(3) 控制指标

《民用建筑工程室内环境污染控制标准》GB 50325—2020 的规定见表 2-131。

民用建筑室内环境污染物浓度限量　　　　　表 2-131

污染物	Ⅰ类民用建筑工程	Ⅱ类民用建筑工程
氡 (Bq/m³)	≤150	≤150
甲醛 (mg/m³)	≤0.07	≤0.08
氨 (mg/m³)	≤0.15	≤0.20
苯 (mg/m³)	≤0.06	≤0.09
甲苯 (mg/m³)	≤0.15	≤0.20
二甲苯 (mg/m³)	≤0.20	≤0.20
TVOC (mg/m³)	≤0.45	≤0.50

注: 1. 污染物浓度测量值, 除氡外均指室内污染物浓度测量值扣室外上风向空气浓度测量值 (本底值) 后的测量值。

2. 污染物浓度测量值的极限值判定, 采用全数值比较法。

3. Ⅰ类民用建筑工程应包括住宅、居住功能公寓、医院病房、老年人照料设施、幼儿园、学校教室、学生宿舍等。

4. Ⅱ类民用建筑应包括办公楼、商店、旅馆、文化娱乐场所、书店、图书馆、展览馆、体育馆、公共交通等候室、餐厅等。

2) 其他规范的规定 (摘录)

《住宅建筑规范》GB 50368—2005、《住宅设计规范》GB 50096—2011、《住宅装饰装修工程施工规范》GB 50327—2001、《旅馆建筑设计规范》JGJ 62—2014 和《老年人照料设施建筑设计标准》JGJ 450—2018 、《宿舍建筑设计规范》JGJ 36—2016 均规定, 民用建筑工程验收时, 必须进行室内环境污染物浓度检测。检测结果应符合表 2-132 的规定。

民用建筑工程室内环境污染物浓度限值　　　　　　　表 2-132

污染物名称	浓度限值	污染物名称	浓度限值
氡（Bq/m³）	≤200	氨（mg/m³）	≤0.20
甲醛（mg/m³）	≤0.08	TVOC（mg/m³）	≤0.50
苯（mg/m³）	≤0.09	—	—

367. 住宅室内空气质量的要求有哪些?

《住宅室内装饰装修设计规范》JGJ 367—2015 指出:

1) 住宅室内装饰装修设计应组织好室内空气流通。

2) 装饰装修材料应控制有害物质的含量,并应符合现行国家标准《民用建筑工程室内环境污染控制规范》GB 50325—2020 的相关规定。

3) 住宅室内装饰装修不宜大面积采用人造木板及人造木饰面板。

4) 住宅室内装饰装修不宜大面积采用固定地毯,局部可采用既能防腐蚀、防虫蛀,又能起阻燃作用的环保地毯。

368. 公共建筑室内空气质量控制设计标准的内容有哪些?

《公共建筑室内空气质量控制设计标准》JGJ/T 461—2019 规定:

1) 主要控制物

公共建筑室内空气质量控制对象主要有甲醛、苯、甲苯、二甲苯等挥发性有机化合物（VOC_S）、细颗粒物（$PM_{2.5}$）。

2) 室内空气质量的控制

(1) 公共建筑室内装饰装修的污染物控制应分为工程验收控制及建筑运行控制,设计目标应符合下列规定:

① 以装饰装修工程验收为设计目标的室内化学污染物设计值应符合表 2-133 的规定。

以装饰装修工程验收为设计目标的室内化学污染物设计值　　　　表 2-133

污染物 ＼ 设计浓度 X (mg/m³)	I 类公共建筑		II 类公共建筑	
	一级限值	二级限值	一级限值	二级限值
甲醛	X≤0.02	0.02<X≤0.04	X≤0.03	0.03<X≤0.05
苯	X≤0.02	0.02<X≤0.05	X≤0.02	0.02<X≤0.05
TVOC	X≤0.25		X≤0.30	

注: 1. I 类公共建筑包括医院、养老院、幼儿园、学校教室等。

2. II 类公共建筑指除医院、养老院、幼儿园、学校教室以外的其他公共建筑。

3. 当按连续通风设计时,室内化学污染物设计值应为通风系统正常稳定运行时的 1h 平均浓度。当不按连续通风设计时,室内化学污染物设计值应为关闭窗户 12h 后的 1h 平均浓度。

4. 甲醛、苯、TVOC 分析方法应按现行国家标准《民用建筑工程室内环境污染控制规范》GB 50325—2018 执行。

② 以建筑运行为设计目标的室内甲醛、苯、甲苯、二甲苯、TVOC 的设计值应符合现行国家标准《室内空气质量标准》GB/T 18883—2002 的规定。

（2）PM$_{2.5}$室内设计日浓度应符合表 2-134 的规定。

PM$_{2.5}$室内设计日浓度   表 2-134

目标等级	PM$_{2.5}$（$\mu g/m^3$）	目标等级	PM$_{2.5}$（$\mu g/m^3$）
一级	25	三级	50
二级	35	四级	75

3）建筑污染等级

（1）公共建筑污染等级分为一级污染建筑、二级污染建筑和三级污染建筑。

① 一级污染建筑应为 100％使用一级材料或使用二级材料不超过 20％的建筑；

② 二级污染建筑应为 100％使用二级材料或使用三级材料不超过 20％的建筑；

③ 三级污染建筑应为不属于一级污染建筑和二级污染建筑的建筑。

（2）装饰装修材料污染物释放率应符合表 2-135 的规定。

装饰装修材料污染物释放率（E）   表 2-135

材料类别	一级 [$mg/(m^2 \cdot h)$]	二级 [$mg/(m^2 \cdot h)$]	三级 [$mg/(m^2 \cdot h)$]
人造板及 其制品	甲醛：$E \leqslant 0.01$ TVOC：$E \leqslant 0.06$	甲醛：$0.01 < E \leqslant 0.05$ TVOC：$0.06 < E \leqslant 0.10$	甲醛：$0.05 < E \leqslant 0.10$ TVOC：$0.10 < E \leqslant 0.50$
水性 木器漆	甲醛：$E \leqslant 0.03$ TVOC：$E \leqslant 10$	甲醛：$0.03 < E \leqslant 0.05$ TVOC：$10 < E \leqslant 15$	甲醛：$0.03 < E \leqslant 0.05$ TVOC：$15 < E \leqslant 30$
溶剂性 木器漆	无	甲醛：$E \leqslant 0.03$ TVOC：$E \leqslant 15$	甲醛：$0.03 < E \leqslant 0.05$ TVOC：$15 < E \leqslant 35$
内墙涂料、 腻子	甲醛：$E \leqslant 0.01$ TVOC：$E \leqslant 0.75$	甲醛：$E \leqslant 0.01$ TVOC：$0.75 < E \leqslant 2.00$	甲醛：$0.01 < E \leqslant 0.02$ TVOC：$2.00 < E \leqslant 5.00$
壁纸、壁布、 贴膜	甲醛：$E \leqslant 0.01$ TVOC：$E \leqslant 0.30$	甲醛：$0.01 < E \leqslant 0.02$ TVOC：$0.30 < E \leqslant 0.50$	甲醛：$0.01 < E \leqslant 0.02$ TVOC：$0.50 < E \leqslant 1.00$

4）PM$_{2.5}$室外计算日浓度

全国主要城市 PM$_{2.5}$室外计算日浓度详表 2-136。

全国主要城市 PM$_{2.5}$室外计算日浓度   表 2-136

城市	浓度限值（$\mu g/m^3$）	城市	浓度限值（$\mu g/m^3$）
北京市	267	青海省西宁市	235
上海市	192	山东省济南市	322
天津市	273	山西省太原市	221
重庆市	173	陕西省西安市	418
江苏省南京市	256	四川省成都市	253
江西省南昌市	175	西藏自治区拉萨市	45
辽宁省沈阳市	239	新疆维吾尔自治区乌鲁木齐市	280
内蒙古呼和浩特市	159	云南省昆明市	87
宁夏回族自治区银川市	154	浙江省杭州市	230

城市	浓度限值（$\mu g/m^3$）	城市	浓度限值（$\mu g/m^3$）
广东省广州市	128	河北省石家庄市	488
安徽省合肥市	286	河南省郑州市	302
福建省福州市	100	黑龙江省哈尔滨市	327
甘肃省兰州市	230	湖北省武汉市	290
广西壮族自治区南宁市	152	湖南省长沙市	225
贵州省贵阳市	128	吉林省长春市	282
海南省海口市	93	—	—

369. 建筑材料放射性核素限量的规定有哪些？

《建筑材料放射性核素限量》GB/T 6566—2010 对石材级别的规定如下：

1）建筑类别

（1）Ⅰ类民用建筑：包括住宅、老年公寓、托儿所、医院和学校、办公楼、宾馆等。

（2）Ⅱ类民用建筑：包括商场、文化娱乐场所、书店、图书馆、展览馆、体育馆和公共交通等候室、餐厅、理发店等。

2）代号含义

（1）I_{RA}表示内照射指数。意即建筑材料中天然放射性核素镭-226 的放射性比活度与规定限量值的比值。

（2）I_γ表示外照射指数。意即建筑材料中天然放射性核素镭-226、钍 232、钾-40 的放射性比活度与其各单独存在时规定的限量值之比值的和。

3）建筑主体材料

（1）建筑主体材料中天然放射性核素镭-226、钍 232、钾-40 的放射量比活度应同时满足 $I_{RA} \leq 1.0$ 和 $I_\gamma \leq 1.0$。

（2）对空心率大于 25％的建筑主体材料，其天然放射性核素镭-226、钍 232、钾-40 的放射量比活度应同时满足 $I_{RA} \leq 1.0$ 和 $I_\gamma \leq 1.3$。

4）建筑装修材料

（1）A 级：装饰装修材料中天然放射性核素镭-226、钍 232、钾-40 的放射量比活度同时满足 $I_{RA} \leq 1.0$ 和 $I_\gamma \leq 1.3$ 要求的为 A 类装修材料，A 类装修材料产销与使用范围不受限制。

（2）B 级：不满足 A 类装饰装修材料要求但同时满足 $I_{RA} \leq 1.3$ 和 $I_\gamma \leq 1.9$ 要求的为 B 类装修材料。B 类装修材料不可用于Ⅰ类民用建筑的内饰面，但可以用于Ⅱ类民用建筑物、工业建筑内饰面及其他一切建筑的外饰面。

（3）C 级：不满足 A、B 类装修材料要求但满足 $I_\gamma \leq 2.8$。要求的为 C 类装修材料。C 类装饰装修材料只可用于建筑物的外饰面及室外其他用途。

（三）抹　灰　工　程

370. 装修工程的一般规定有哪些？

1）《民用建筑设计统一标准》GB 50352—2019 规定：

（1）室内外装修设计应符合下列规定：

① 室内外装修不应影响建筑物结构的安全性。当既有建筑改造时，应进行可靠性鉴定，根据鉴定结果进行加固。

② 装修工程应根据使用功能要求，采用节能、环保型装修材料，且应符合现行国家标准《建筑设计防火规范》GB 50016—2014（2018 年版）的相关规定。

（2）室内装修设计应符合下列规定：

① 室内装饰装修不得遮挡消防设施标志、疏散指示标志及安全出口，并不得影响消防设施和疏散通道的正常使用；

② 既有建筑重新装修时，应充分利用原有设施、设备管线系统，且应满足国家现行相关标准的规定；

③ 室内装修材料应符合现行国家标准《民用建筑工程室内环境污染控制规范》GB 50325—2020 的相关规定。

（3）外墙装修材料或构件与主体结构的连接必须安全牢固。

2）《建筑装饰装修工程质量验收标准》GB 50210—2018 规定：

（1）装修设计

① 不许私自拆改结构；

② 当墙体或吊顶内的管线可能产生冰冻或结露时，应进行防冻或防结露设计。

（2）装修材料

不许使用国家明令淘汰的产品。

371. 抹灰工程包括哪些内容？

《建筑装饰装修工程质量验收标准》GB 50210—2018 中指出抹灰工程包括以下内容：

1）分类

（1）一般抹灰工程：分为普通抹灰和高级抹灰。当设计无要求时，按普通抹灰验收。一般抹灰包括水泥砂浆、水泥混合砂浆、聚合物水泥砂浆和粉刷石膏等抹灰。

（2）保温层薄抹灰：包括保温层外面聚合物砂浆薄抹灰

（3）装饰抹灰：包括水刷石、斩假石、干粘石和假面砖等

（4）清水墙体勾缝：包括清水砌体砂浆勾缝和原浆勾缝。

2）基本要求

（1）室内墙面、柱面和门洞口的阳角做法应符合设计要求。设计无要求时，应采用不低于 M20 水泥砂浆做护角，其高度不应低于 2m，每侧宽度不应小于 50mm。

（2）当要求抹灰层具有防水、防潮功能时，应采用防水砂浆。

372. 抹灰砂浆的种类有哪些？

《抹灰砂浆技术规程》JGJ/T 220—2010 规定：

1）砂浆种类

（1）水泥抹灰砂浆

① 定义：以水泥为胶凝材料，加入细骨料和水按一定比例配制而成的抹灰砂浆。

② 抗压强度等级：M15、M20、M25、M30。

③ 密度：拌合物的表观密度不宜小于 1900kg/m³。

（2）水泥粉煤灰抹灰砂浆

① 定义：以水泥、粉煤灰为胶凝材料，加入细骨料和水按一定比例配制而成的抹灰砂浆。

② 抗压强度等级：M5、M10、M15。

③ 密度：拌合物的表观密度不宜小于 1900kg/m³。

（3）水泥石灰抹灰砂浆

① 定义：以水泥为胶凝材料，加入石灰膏、细骨料和水按一定比例配制而成的抹灰砂浆，简称混合砂浆。

② 抗压强度等级：M2.5、M5、M7.5、M10。

③ 密度：拌合物的表观密度不宜小于 1800kg/m³。

（4）掺塑化剂水泥抹灰砂浆

① 定义：以水泥（或添加粉煤灰）为胶凝材料，加入细骨料、水和适量塑化剂按一定比例配制而成的抹灰砂浆。

② 抗压强度等级：M5、M10、M15。

③ 密度：拌合物的表观密度不宜小于 1800kg/m³。

（5）聚合物水泥抹灰砂浆

① 定义：以水泥为胶凝材料，加入细骨料、水和适量聚合物按一定比例配制而成的抹灰砂浆，包括普通聚合物水泥抹灰砂浆、柔性聚合物水泥抹灰砂浆和防水聚合物水泥抹灰砂浆。

② 抗压强度等级：不小于 M5。

③ 密度：拌合物的表观密度不宜小于 1900kg/m³。

（6）石膏抹灰砂浆

① 定义：以半水石膏或 Ⅱ 型无水石膏单独或两者混合后为胶凝材料，加入细骨料、水和多种外加剂按一定比例配制而成的抹灰砂浆。

② 抗压强度等级：不小于 4.0MPa。

2）基本规定：

（1）一般抹灰工程用砂浆宜选用预拌抹灰砂浆。抹灰砂浆应采用机械搅拌。

（2）抹灰砂浆强度不宜比基体材料强度高出两个及以上强度等级，并应符合下列规定：

① 对于无粘贴饰面砖的外墙，底层抹灰砂浆宜比基体材料高一个强度等级或等于基体材料等级。

② 对于无粘贴饰面砖的内墙，底层抹灰砂浆宜比基体材料低一个强度等级。

③ 对于有粘贴饰面砖的内墙和外墙，中层抹灰砂浆宜比基体材料高一个强度等级且不宜低于 M15，并宜选用水泥抹灰砂浆。

④ 孔洞填补和窗台、阳台抹面等宜采用 M15 或 M20 水泥抹灰砂浆。

（3）配置强度等级不大于 M20 的抹灰砂浆，宜用 32.5 级通用硅酸盐水泥或砌筑水泥；配置强度等级大于 M20 的抹灰砂浆，宜用 42.5 级通用硅酸盐水泥。通用硅酸盐水泥宜采用散装的。

（4）用通用硅酸盐水泥拌制抹灰砂浆时，可掺入适量的石灰膏、粉煤灰、粒化高炉矿渣粉、沸石粉等，不应掺入消石灰粉。用砌筑水泥拌制抹灰砂浆时，不得再掺加粉煤灰等矿物掺合料。

（5）拌制抹灰砂浆，可根据需要掺入改善砂浆性能的添加剂。

（6）抹灰砂浆的品种宜根据使用部位或基体种类按表 2-137 选用。

抹灰砂浆的品种选用

表 2-137

使用部位或基体种类	抹灰砂浆品种
内墙	水泥抹灰砂浆、水泥石灰抹灰砂浆、水泥粉煤灰抹灰砂浆、掺塑化剂水泥抹灰砂浆、聚合物水泥抹灰砂浆、石膏抹灰砂浆
外墙、门窗洞口外侧壁	水泥抹灰砂浆、水泥粉煤灰抹灰砂浆
温（湿）度较高的车间和房屋、地下室、屋檐、勒脚等	水泥抹灰砂浆、水泥粉煤灰抹灰砂浆
混凝土板和墙	水泥抹灰砂浆、水泥石灰抹灰砂浆、聚合物水泥抹灰砂浆、石膏抹灰砂浆
混凝土顶棚、条板	聚合物水泥抹灰砂浆、石膏抹灰砂浆
加气混凝土砌块（板）	水泥石灰抹灰砂浆、水泥粉煤灰抹灰砂浆、掺塑化剂水泥抹灰砂浆、聚合物水泥抹灰砂浆、石膏抹灰砂浆

（7）抹灰砂浆的施工稠度宜按表 2-138 选用。聚合物水泥抹灰砂浆的施工稠度宜为 50~60mm，石膏抹灰砂浆的施工稠度宜为 50~70mm。

抹灰砂浆的施工稠度（mm）

表 2-138

抹灰层	施工稠度
底层	90~110
中层	70~90
面层	70~80

（8）抹灰层的平均厚度宜符合下列规定：

① 内墙：普通抹灰的平均厚度不宜大于 20mm，高级抹灰的平均厚度不宜大于 25mm。

② 外墙：墙面抹灰的平均厚度不宜大于 20mm，勒脚抹灰的平均厚度不宜大于 25mm。

③ 顶棚：现浇混凝土抹灰的平均厚度不宜大于 5mm，条板、预制混凝土抹灰的平均厚度不宜大于 10mm。

④ 蒸压加气混凝土砌块基层抹灰平均厚度宜控制在 15mm 以内，当采用聚合物水泥砂浆抹灰时，平均厚度宜控制在 5mm 以内，采用石膏砂浆抹灰时，平均厚度宜控制在 10mm 以内。

（9）抹灰应分层进行，水泥抹灰砂浆每层厚度宜为 5~7mm，水泥石灰砂浆每层厚度宜为 7~9mm，并应待前一层达到 6~7 成干后再涂抹后一层。

（10）强度高的水泥抹灰砂浆不应涂抹在强度低的水泥抹灰砂浆基层上。

（11）当抹灰层厚度大于 35mm 时，应采取与基体粘结的加强措施。不同材料的基体交接处应设加强网，加强网与各基体的搭接宽度不应小于 100mm。

373. 抹灰工程的构造与施工要点有哪些?

1)《建筑装饰装修工程质量验收标准》GB 50210—2018 规定:

(1) 一般抹灰工程

① 抹灰工程应分层进行。当抹灰总厚度大于或等于 35mm 时,应采用加强措施。不同材料基体交接处表面的抹灰,应采取防止开裂的加强措施,当采用加强网时,加强网与各基体的搭接宽度不应小于 100mm。

② 有排水要求的部位应做滴水线(槽)。滴水线(槽)应整齐顺直,滴水线应内高外低,滴水槽的宽度和深度应满足设计要求,且均不应小于 10mm。

(2) 装饰抹灰工程

① 水刷石表面应石粒清晰、分布均匀、紧密平整、色泽一致,应无掉粒和接茬痕迹;

② 斩假石表面剁纹应均匀顺直、深浅一致,应无漏剁处;阳角处应横剁并留出宽窄一致的不剁边条,棱角应无损坏;

③ 干粘石表面应色泽一致、不漏浆、不漏粘,石粒应粘接牢固、分布均匀,阴角处应无明显黑边;

④ 假面砖表面应平整、沟纹清晰、留缝整齐、色泽一致,应无掉角、脱皮和起砂等缺陷。

2)《住宅装饰装修工程施工规范》GB 50327—2001 规定:

(1) 一般规定

① 室内墙面、柱面和门洞口的阳角处应采用 1:2 水泥砂浆做暗护角,其高度不应低于 2m,每侧宽度不应小于 50mm。

② 冬季施工,抹灰时的作业面温度不应低于 5℃;抹灰层初凝前不得受冻。

(2) 材料质量要求

① 抹灰用的水泥宜用硅酸盐水泥、普通硅酸盐水泥,其强度等级不应小于 32.5。

② 抹灰用的砂子宜选用中砂,砂子使用前应过筛,不得含有杂物。

③ 抹灰用石灰膏的熟化期不应少于 15d。罩面的磨细石灰粉的熟化期不应少于 3d。

(3) 施工要点

① 基层处理应符合下列规定:

a. 砖砌体,应清楚表面杂物、尘土,抹灰前应洒水湿润;

b. 混凝土,表面应凿毛或在表面洒水润湿后涂刷 1:1 水泥砂浆(加适量胶黏剂);

c. 加气混凝土,应在湿润后边刷界面剂,边抹强度不大于 M5 的水泥混合砂浆。

② 抹灰应分层进行,每遍厚度宜为 5~7mm。抹石灰砂浆和水泥混合砂浆每遍厚度宜为 5~7mm。当抹灰总厚度超过 35mm 时,应采取加强措施。

③ 有排水要求的部位应做滴水线(槽)。滴水线(槽)应整齐顺直,滴水线应内高外低,滴水槽的宽度和深度不应小于 10mm。

3)《托儿所、幼儿园建筑设计规范》JGJ 39—2016(2019 年版)规定:

(1) 距离地面高度 1.30m 以下,婴幼儿经常接触的室内外墙面宜采用光滑易清洁的材料,墙角、窗台、暖气罩、窗口竖边等阳角处应做成圆角。

(2) 厨房室内墙面应采用无毒、无污染、光滑、易清洁的材料,墙面阴角宜做弧形。

4)《城市公共厕所设计标准》CJJ 14—2016 规定:公共厕所内墙面应采用光滑,便于清洗的材料。地面应采用防渗、防滑材料。

（四）门 窗 工 程

374. 门窗工程的类型与安装有哪些规定？

1)《建筑装饰装修工程质量验收标准》GB 50210—2018 规定：

（1）类别

① 门窗包括木门窗、金属门窗、塑料门窗和特种门；

② 金属门窗包括钢门窗、铝合金窗和彩色镀锌钢板门窗等；

③ 特种门包括自动门、全玻门和旋转门等；

④ 门窗玻璃包括平板、吸热、反射、中空、夹层、夹丝、钢化、防火和压花玻璃等。

（2）安装规定

① 金属门窗和塑料门窗安装应采用预留洞口的方法施工。

② 木门窗与砖石砌体、混凝土或抹灰层接触处应进行防腐处理，埋入砌体或混凝土中的木砖应进行防腐处理。

③ 建筑外门窗安装必须牢固。在砌体上安装门窗严禁采用射钉固定。

④ 推拉门窗扇必须牢固，必须安装防脱落装置。

（3）木门窗安装

木门窗与墙体间的缝隙应填嵌饱满。严寒和寒冷地区外门窗（或门窗框）与砌体间的空隙应填充保温材料。

（4）金属门窗安装

① 金属门窗框和附框的安装应牢固。预埋件及锚固件的数量、位置、埋设方法与框的连接方式应符合设计要求。

② 金属门窗推拉门窗扇的开关力不应大于 50N。

③ 金属门窗框与墙体之间的缝隙应填塞饱满，并应采用密封胶密封。密封胶表面应光滑、顺直、无裂纹。

④ 金属门窗扇的密封胶条或密封毛条装配应平整、完好，不得脱槽，交角处应平顺。

（5）塑料门窗安装工程

① 塑料门窗框、附框和扇的安装应牢固。固定片或膨胀螺栓的数量与位置应正确、连接方式应符合设计要求。固定点应距窗角、中横框、中竖框 150～200mm，固定点间距不应大于 600mm。

② 窗框与洞口之间的伸缩缝内应采用聚氨酯发泡胶填充，发泡胶填充应均匀、密实。发泡胶成型后不宜切割。表面应采用密封胶密封。密封胶应粘结牢固，表面应光滑、顺直、无裂纹。

③ 平开窗扇高度大于 900mm 时，窗扇锁闭点不应少于 2 个。

④ 塑料门窗扇的开关力应符合下列规定：

a. 平开门窗扇平铰链的开关力不应大于 80N；滑撑铰链的开关力不应大于 80N，并不应小于 30N。

b. 推拉门窗扇的开关力不应大于 100N。

2)《住宅装饰装修工程施工规范》GB 50327—2001 规定：

（1）总体要求

① 门窗安装应采用预留洞口的施工方法，不得采用边安装边砌口或先安装后砌口的施工方法。

② 建筑外门窗的安装必须牢固，在砖砌体上安装门窗严禁用射钉固定。

③ 推拉门窗扇必须有防脱落措施，扇与框的搭接量应符合设计要求。

（2）木门窗安装

① 安装木门窗时，每边固定点（木砖）不得少于 2 个，其间距不得大于 1.20m。

② 铰链（合页）安装距门窗扇上下端宜取竖框高度的 1/10，并应避开上、下冒头。

③ 窗拉手距地面宜为 1.50～1.60m，门拉手距地面宜为 0.90～1.05m。

（3）铝合金门窗安装

① 门窗装入洞口应横平竖直，严禁将门窗框直接埋入墙体。

② 门窗框与墙体缝隙不得用水泥砂浆填塞，应采用弹性材料填嵌饱满，表面应用密封胶密封。

（4）塑料门窗安装

① 安装门窗五金配件时，应钻孔后用自攻螺钉拧入，不得直接锤击钉入。

② 固定片与膨胀螺栓的数量与位置应正确，连接方式应符合设计要求。固定点应距窗角、中横框、中竖框 150～200mm，固定点间距应小于或等于 600mm。

③ 安装组合窗时应将两窗框与拼樘料卡接，卡接后应用紧固件双向拧紧，其间距应小于或等于 600mm，紧固件端头及拼樘料与窗框间的缝隙应用嵌缝膏进行密封处理。拼樘料型钢两端必须与洞口固定牢固。

④ 门窗框与墙体缝隙不得用水泥砂浆填塞，应采用弹性材料填嵌饱满，表面应用密封胶密封。

⑤《塑料门窗工程技术规程》JGJ 103—2008 规定：

a. 混凝土墙洞口应采用射钉或膨胀螺钉固定；

b. 砖墙洞口或空心砖洞口应用膨胀螺钉固定，并不得固定在砖缝处；

c. 轻质砌块或加气混凝土洞口可在预埋混凝土块上用射钉或膨胀螺钉固定；

d. 设有预埋铁件的洞口应采用焊接方法固定，也可先在预埋件上按紧固件规格打基孔，然后用紧固件固定。

375. 门窗与墙体的有副框连接与无副框连接有什么区别？

综合相关技术资料，门窗与墙体的有副框连接与无副框连接的区别为：

1）洞口与框口的关系

（1）安装量：门窗洞口与门窗框口之间应预留一定的缝隙，以保证门窗的顺利安装。

（2）门窗安装量的大小与下列因素有关：

① 装修做法：涂料做法宽度每边预留 20mm、高度每边预留 15mm；面砖做法宽度每边预留 25mm，高度每边预留 20mm；贴挂石材时宽度和高度均预留 50mm。

② 有无副框做法：有副框（固定片）做法时，预留缝隙较大，彩色钢板窗为 25mm；无副框做法时，预留缝隙较小，彩色钢板窗为 15mm（图 2.92）。

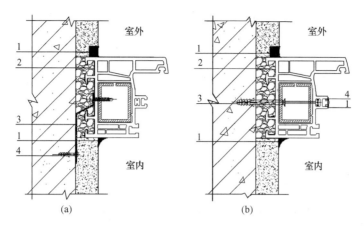

图 2-92　塑料窗安装节点

（a）有副框做法；　　　　　　　（b）无副框做法；

1—密封胶；2—聚氨酯发泡胶；　　　1—密封胶；2—聚氨酯发泡胶；

3—固定片；4—膨胀螺钉　　　　　　3—膨胀螺钉；4—工艺孔帽

2）《塑料门窗工程技术规程》JGJ 103—2008 规定的安装缝隙（伸缩缝间隙）见表 2-139。

洞口与门、窗框安装缝隙（mm）　　　　　　　　　　表 2-139

墙体材料饰面层	洞口与门、窗的伸缩缝间隙
清水墙及附框	10
墙体外饰面抹水泥砂浆或贴陶瓷锦砖	15～20
墙体外饰面贴釉面瓷砖	20～25
墙体外饰面贴大理石或花岗石板	40～50
外保温墙体	保温层厚度+10

376. 门窗玻璃的选用有什么要求？

综合相关技术资料，门窗玻璃的选用应注意以下问题：

1）保温性能（传热系数 K）：K 值越低，玻璃阻隔热量传递的性能越好，因此尽量选择 K 值较低的玻璃。宜采用中空玻璃，当需要进一步提高保温性能时，可采用 Low-E 中空玻璃、充惰性气体的 Low-E 中空玻璃、两层或多层中空玻璃等。

2）隔热性能（遮阳系数 SC）：与透光率：不同地区的建筑应根据当地气候特点选择不同遮阳系数 SC 的玻璃。既要考虑夏季遮阳，还要考虑冬季利用阳光及室内采光的舒适度，因此根据工程的具体情况要选择较合理平衡点。北方严寒及寒冷地区一般选择 $SC>0.6$ 的玻璃，南方炎热地区一般选择 $SC<0.3$ 的玻璃，其他地区宜选择 $SC=0.3～0.6$ 之间的玻璃，透光率选择 $40\%～50\%$ 较适宜。

（五）玻　璃　工　程

377. 安全玻璃有哪些品种？

综合相关技术资料，安全玻璃主要指的是以下四种玻璃：钢化玻璃、单片防火玻璃、夹层玻璃和采用上述玻璃制作的中空玻璃。

1）防火玻璃

（1）防火玻璃，其在防火时的作用主要是控制火势的蔓延或隔烟，是一种措施型的防火材料，其防火的效果以耐火性能进行评价。

（2）防火玻璃的分类与级别

① 防火玻璃的分类：防火玻璃分为复合防火玻璃（FFB）和单片防火玻璃（DFB）两大类。

a. 复合防火玻璃：由两层或两层以上玻璃复合而成或由一层玻璃和有机材料复合而成，并满足相应耐火等级要求的特种玻璃。

b. 单片防火玻璃：由单片玻璃构成并满足相应耐火等级要求的特种玻璃。

② 防火玻璃的级别

防火玻璃是一种在规定的耐火试验中能够保持其完整性和隔热性的特种玻璃，按耐火性能等级分为 3 类：

a. A 类：同时满足耐火完整性、耐火隔热性要求的防火玻璃。包括复合型防火玻璃和灌注型防火玻璃两种。此类玻璃具有透光、防火（隔烟、隔火、遮挡热辐射）、隔声、抗冲击性能，适用于建筑装饰钢木防火门、窗、上亮、隔断墙、采光顶、挡烟垂壁、透视地板及其他需要既透明又防火的建筑组件中。

b. B 类：船用防火玻璃，包括舷窗防火玻璃和矩形窗防火玻璃，外表面玻璃板是钢化安全玻璃，内表面玻璃板材料类型可任意选择。

c. C 类：只满足耐火完整性要求的单片防火玻璃。此类玻璃具有透光、防火、隔烟、强度高等特点。适用于无隔热要求的防火玻璃隔断墙、防火窗、室外幕墙等。

③ 耐火极限：以上三类防火玻璃按耐火等级可分为Ⅰ级（耐火极限 1.5h）、Ⅱ级（耐火极限 1.0h）、Ⅲ级（耐火极限 0.75h）、Ⅳ级（耐火极限 0.50h）。

④ 标记：复合防火玻璃如 FFB-15-A；单片防火玻璃如 DFB-12-C 等。

2）钢化玻璃

（1）钢化玻璃是将浮法玻璃加热到软化温度之后进行均匀的快速冷却，从而使玻璃表面获得压应力的玻璃。在冷却的过程中，钢化玻璃外部因迅速冷却而固化，而内部冷却较慢，当内部继续冷却收缩使玻璃表面产生压应力，内部产生拉应力，从而提高了玻璃强度和耐热稳定性。

（2）钢化玻璃的特点：强度高、安全、耐热冲击。

3）夹层玻璃

（1）组成：夹层玻璃是在玻璃之间夹上坚韧的聚乙烯醇缩丁醛（PVB）中间膜，经高温高压加工制成的复合玻璃。PVB 玻璃夹层膜的厚度一般为 0.38mm、0.76mm 和 1.52mm 3 种，对无机玻璃具有良好的粘结性，具有透明、耐热、耐寒、耐湿、机械强度高等特性。PVB 膜的韧性非常好，在夹层玻璃受到外力猛烈撞击破碎时，可以吸收大量的冲击能，并使之迅速衰减。即使破碎，碎片也会粘在膜上。

（2）产品规格：厚度 5～60mm，最大尺寸为 2000mm×6000mm。

（3）适用范围：建筑物门窗、幕墙、天蓬、架空地面、家具、橱窗、柜台、水族馆、大面积的玻璃墙体。

4）中空玻璃

（1）组成：中空玻璃是由两片或多片玻璃用内部充满分子筛吸附剂的铝框间隔出一定宽度的空间，中间充满空气或惰性气体，边部再用高强度密封胶粘合而成的玻璃组合件。

（2）产品规格：厚度 12～44mm，间隔铝框宽度 6mm、9mm、10mm、12～20mm，最大面积可达 16m²。

（3）相关数据：《中空玻璃》（GB/T 11944—2002）中规定不同玻璃的厚度、间隔厚度和最大面积可见表 2-140。

中空玻璃的相关数据   表 2-140

玻璃厚度 （mm）	间隔厚度 （mm）	最大面积 （m²）	玻璃厚度 （mm）	间隔厚度 （mm）	最大面积 （m²）
3	6	2.40	6	6	5.88
	9～12	2.40		9～10	8.54
4	6	2.86		12～20	9.00
	9～10	3.17	10	6	8.54
	12～20	3.17		9～10	15.00
5	6	4.00		12～20	15.90
	9～10	4.80	12	12～20	15.90
	12～20	5.10			

378. 建筑玻璃防人体冲击有哪些规定？

《建筑玻璃应用技术规程》JGJ 113—2015 规定：

1）一般规定

（1）安全玻璃的最大许用面积

安全玻璃的最大许用面积应符合表 2-141 的规定。

安全玻璃的最大许用面积   表 2-141

玻璃种类	公称厚度 （mm）	最大许用面积 （m²）	玻璃种类	公称厚度 （mm）	最大许用面积 （m²）
钢化玻璃	4	2.0	夹层玻璃	6.38、6.76、7.52	3.0
	5	2.0			
	6	3.0		8.38、8.76、9.52	5.0
	8	4.0		10.38、10.76、11.52	7.0
	10	5.0			
	12	6.0		12.38、12.76、13.52	8.0

注：夹层玻璃中的胶片为聚乙烯醇缩丁醛，代号为 PVB。厚度有 0.38mm、0.76mm、1.52mm 三种。

（2）有框平板玻璃、真空玻璃和夹丝玻璃的最大许用面积

有框平板玻璃、真空玻璃和夹丝玻璃的最大使用面积应符合表 2-142 的规定。

有框平板玻璃、超白浮法玻璃和真空玻璃的最大许用面积　　　表 2-142

玻璃种类	公称厚度（mm）	最大许用面积（m²）
平板玻璃 超白浮法玻璃 真空玻璃	3	0.1
	4	0.3
	5	0.5
	6	0.9
	8	1.8
	10	2.7
	12	4.5

（3）安全玻璃暴露边不得存在锋利的边缘和尖锐的角部。

2）玻璃的选择

（1）活动门玻璃、固定门玻璃、落地窗玻璃

① 有框玻璃应选用安全玻璃，厚度应按表 2-142 的规定执行。

② 无框玻璃应选用钢化玻璃，厚度应不小于 12mm。

（2）室内隔断

室内隔断应选用安全玻璃，厚度应按表 2-142 的规定执行。

（3）人群集中的公共场所和运动场所中装配的室内隔断

① 有框玻璃，可选用钢化玻璃或夹层玻璃，并应按表 2-142 的规定执行，钢化玻璃不应小于 5mm；夹层玻璃不应小于 6.38mm。

② 无框玻璃应选用钢化玻璃，并应按表 2-142 的规定执行，且厚度不小于 10mm。

（4）浴室

① 有框玻璃应选用钢化玻璃，并应按表 2-142 的规定执行，且厚度不小于 8mm。

② 无框玻璃亦应选用钢化玻璃，也应按表 2-142 的规定执行，且厚度不小于 12mm。

（5）室内栏板

① 设有立柱和扶手，栏板玻璃作为镶嵌面板安装在护栏系统中，应采用夹层玻璃，并应按表 2-142 的规定执行。

② 栏板玻璃固定在结构上且直接承受人体荷载的护栏系统，其栏板玻璃应符合下列规定：

a. 当栏板玻璃最低点离一侧楼地面高度不大于 5.00m 时，应使用厚度不小于 16.76mm 的钢化夹层玻璃。

b. 当栏板玻璃最低点离一侧楼地面高度大于 5.00m 时，不得采用此类护栏系统。

（6）室外栏板

室外栏板玻璃应进行抗风压设计，抗震设防地区应考虑地震作用的组合效应。

（7）室内饰面用玻璃

① 室内饰面玻璃可采用平板玻璃、釉面玻璃、镜面玻璃、钢化玻璃和夹层玻璃，其许用面积应分别符合表 2-142 和表 2-143 的规定。

② 饰面玻璃最高点离楼地面高度不大于 3.00m 或 3.00m 以上时，应使用夹层玻璃。

③ 饰面玻璃边部应进行精磨和倒角处理，自由边应进行抛光处理。

④ 室内消防通道墙面不宜采用饰面玻璃。

⑤ 饰面玻璃可采用点式幕墙和隐框幕墙安装方式，龙骨应与室内墙体或架构楼板、梁牢固连接。龙骨和结构胶应计算确定。

3）保护措施

（1）安装在易于受到人体或物体碰撞部位的建筑玻璃，应采取保护措施。

（2）保护措施可采取在视线高度设醒目标志或设置护栏。碰撞后可能发生高处人体或玻璃坠落的，可采用可靠护栏。

379. 百叶窗玻璃有哪些规定？

《建筑玻璃应用技术规程》JGJ 113—2015 规定：

1）当风荷载标准值不大于 1.00kPa 时，百叶窗使用的平板玻璃最大许用跨度应符合表 2-143 的规定执行。

百叶窗使用的平板玻璃最大使用跨度（mm）　　　　　　表 2-143

公称厚度 (mm)	玻璃宽度 a		
	$a \leqslant 100$	$100 < a \leqslant 150$	$150 < a \leqslant 225$
4	500	600	不允许使用
5	600	750	750
6	750	900	900

2）当风荷载标准值大于 1.0kPa 时，百叶窗使用的平板玻璃最大许用跨度应进行验算。

3）安装在易受人体冲击的位置时，应符合预防人体冲击的规定。

380. 屋面玻璃有哪些规定？

《建筑玻璃应用技术规程》JGJ 113—2015 规定：

1）定义：安装在建筑物屋顶，且与水平面夹角小于或等于 75° 的玻璃。

2）具体规定：

（1）两边支承的屋面玻璃或雨棚玻璃，应支承在玻璃的长边。

（2）屋面玻璃或雨篷玻璃必须使用夹层玻璃或夹层中空玻璃，其胶片厚度不应小于 0.76mm。

（3）当夹层玻璃采用 PVB 胶片且有裸露边时，其自由边应做封边处理。

（4）上人屋面玻璃应按地板玻璃进行设计。

（5）不上人屋面的活荷载应符合《建筑结构荷载规范》GB 50009—2012 的规定外，还应符合下列规定：

① 与水平面夹角小于 30° 的屋面玻璃，在玻璃板中心点直径为 150mm 的区域内，应能承受垂直于玻璃为 1.10kN 的活荷载标准值；

② 与水平面夹角等于或大于 30° 的屋面玻璃，在玻璃板中心点直径为 150mm 的区域内，应能承受垂直于玻璃为 0.50kN 的活荷载标准值。

（6）当屋面玻璃采用中空玻璃时，集中活荷载应只作用于中空玻璃的上片玻璃。

（7）屋面玻璃或雨篷玻璃应有适当的排水坡度，其自重产生的挠度不应影响排水。

381. 地板玻璃有哪些规定？

《建筑玻璃应用技术规程》JGJ 113—2015 规定：

1) 定义：作为地面使用的玻璃，包括玻璃地板、玻璃通道和玻璃楼梯踏板用玻璃。

2) 具体规定：

（1）地板玻璃宜采用隐框支承或点支承。点支承地板玻璃连接件宜采用沉头式或背栓式连接件。

（2）地板玻璃必须采用夹层玻璃，点支承地板玻璃必须采用钢化夹层玻璃。钢化玻璃必须进行均质处理。

（3）楼梯踏板玻璃表面应做防滑处理。

（4）地板玻璃的孔、板边缘应进行机械磨边和倒棱，磨边应细磨，倒棱宽度不宜小于1mm。

（5）地板夹层玻璃的单片厚度相差不宜大于 3mm，且夹层胶片厚度不应小于0.76mm。

（6）框支承地板玻璃单片厚度不宜小于 8mm，点支承地板玻璃单片厚度不宜小于10mm。

（7）地板玻璃之间的接缝不应小于 6mm，采用的密封胶的位移能力应大于玻璃接缝位移量计算值。

（8）地板玻璃及其连接应能够适应主体结构的变形。

（9）地板玻璃承受的风荷载和活荷载应符合《建筑结构荷载规范》GB 50009—2012的规定。地板玻璃不应承受冲击荷载。

（10）地板玻璃板面挠度不应大于其跨度的 1/200。

（11）地板玻璃最大应力不得超过长期荷载作用下的强度计算值。

382. 水下用玻璃有哪些规定？

《建筑玻璃应用技术规程》JGJ 113—2015 规定：

（1）水下用玻璃应选用夹层玻璃。

（2）承受水压时，水下用玻璃板的挠度不得大于其跨度的 1/200；安装框架的挠度不得超过其跨度的 1/500。

（3）用于室外的水下玻璃除应考虑水压作用，尚应考虑风压与水压作用的组合效应。

383. U 形玻璃墙有哪些规定？

《建筑玻璃应用技术规程》JGJ 113—2015 规定：

1) 定义：由 U 形玻璃构成的墙体称为 U 形玻璃墙。

2) 具体规定：

（1）用于建筑外围护的 U 形玻璃，应进行钢化处理。

（2）对 U 形玻璃墙体有热工或隔声性能要求时，应采用双排 U 形玻璃构造，可在双排 U 形玻璃之间设置保温材料。双排 U 形玻璃可以采用对缝布置，也可采用错缝布置。

（3）采用 U 形玻璃构造曲形墙体时，对底宽 260mm 的 U 形玻璃，墙体的半径不应小于 2000mm；对底宽 330mm 的 U 形玻璃，墙体的半径不应小于 3200mm；对底宽 500mm 的 U 形玻璃，墙体的半径不应小于 7500mm。

(4) 当 U 形玻璃墙高度 4.50m 时，应考虑其结构稳定性，并应采取相应措施。

(六) 吊 顶 工 程

384. 吊顶工程有哪些构造要求?

综合相关技术资料，顶棚（吊顶）的作用主要是封闭管线、装饰美化、满足声学要求等诸多方面。顶棚（吊顶）在一般房间要求是平整的，而在浴室等凝结水较多的房间顶棚应做出一定坡度，以保证凝结水顺墙面迅速排除。

1)《民用建筑设计统一标准》GB 50352—2019 规定:

(1) 室外吊顶应根据建筑性质、高度及工程所在地的地理、气候和环境等条件合理选择吊顶的材料及形式。吊顶构造应满足安全、防火、抗震、抗风、耐候、防腐蚀等相关标准的要求。室外吊顶应具有抗风揭的加强措施。

(2) 室内吊顶应根据使用空间特点、高度、环境等条件合理选择吊顶的材料和形式，吊顶构造应满足安全、防火、抗震、防潮、防腐蚀、吸声等相关标准的要求。

(3) 室外吊顶及室内吊顶交接处应有保温或隔热措施，且应符合国家现行建筑节能标准的相关规定。

(4) 吊顶与主体结构吊挂应有安全构造措施，重物或有振动等的设备应直接吊挂在建筑承重结构上，并应进行结构计算，满足现行相关标准要求；当吊杆长度大于 1.50m 时，宜设钢结构支撑架或反支撑。

(5) 吊顶系统不得吊挂在吊顶内的设备管线或设施上。

(6) 管线较多的吊顶应符合下列规定:

① 合理安排各种设备管线或设施，并应符合国家现行防火、安全及相关专业标准的规定;

② 上人吊顶应满足人行及检修荷载的要求，并应留有检修空间，根据需要应设置检修道（马道）和便于进出入吊顶的人孔;

③ 不上人吊顶应采用便于拆卸的装配式吊顶板或在需要的位置设检修孔。

(7) 当吊顶内敷设有水管线时，应采取防止产生冷凝水的措施。

(8) 潮湿房间或环境的吊顶，应采用防水或防潮材料和防结露、滴水及排放冷凝水的措施；钢筋混凝土顶板宜采用现浇板。

2)《建筑装饰装修工程质量验收标准》GB 50210—2018 规定:

(1) 分类

① 整体面层吊顶:以轻钢龙骨、铝合金龙骨和木龙骨等为骨架，以石膏板、水泥纤维板和木板等为整体面层的吊顶。

② 板块面层吊顶:以轻钢龙骨、铝合金龙骨和木龙骨等为骨架，以石膏板、金属板、矿棉板、木板、塑料板、玻璃板和复合板等为面层的吊顶。

③ 格栅吊顶:以铝以轻钢龙骨、合金龙骨和木龙骨等为骨架，以金属、木材、塑料和复合材料等为格栅面层的吊顶。

(2) 构造要求

① 吊杆距主龙骨端部距离不得大于 300mm。

② 当吊杆长度大于 1500mm 时，应设置反支撑。

③ 当吊杆与设备相遇时，应调整并增设吊杆或采用型钢支架。

④ 重型设备和有振动荷载的设备严禁安装在吊顶工程的龙骨上。

⑤ 吊杆上部为网架、钢屋架或吊杆长度大于 2500mm 时，应设有钢结构转换层。

3)《人民防空地下室设计规范》GB 50038—2005 规定：

防空地下室的顶板不应抹灰。普通地下室的顶棚一般均采用喷浆、刷涂料的做法。

4)《住宅装饰装修工程施工规范》GB 50327—2001 规定：

（1）主龙骨吊点间距、起拱高度应符合设计要求。当设计无要求时，吊点间距应小于 1.20m，应按房间短向跨度的 3‰～5‰起拱。

（2）吊杆应通直，距主龙骨端部距离不得超过 300mm。当吊杆与设备相遇时，应调整吊点构造或增设吊杆。吊杆长度超过 1.50m 时应设置反向支撑。

（3）次龙骨应紧贴主龙骨安装。固定板材的次龙骨间距不得大于 600mm，在潮湿地区和场所，间距宜为 300～400mm。用沉头自攻螺钉安装饰面板时，接缝处次龙骨宽度不应小于 40mm。

（4）纸面石膏板螺钉与板边距离：纸包边宜为 10～15mm，切割边宜为 15～20mm；水泥加压板螺钉与板边距离宜为 10～15mm。

（5）纸面石膏板与水泥加压板板周边螺钉间距宜为 150～170mm，板中钉距不得大于 200mm。

（6）块状石膏板与钙塑板采用钉固法安装时，螺钉与板边距离不得小于 15mm，螺钉间距宜为 150～170mm。

（7）采用明龙骨搁置法安装时应留有板材安装缝，每边缝隙不宜大于 1mm。

5)《建筑装饰装修工程质量验收规范》GB 50210—2001 规定：

（1）重型灯具、电扇及其他重型设备严禁安装在吊顶工程的龙骨上。

（2）吊杆距主龙骨端部距离不得超过 300mm。当大于 300mm 时，应增设吊杆。当吊杆长度大于 1.50m 时，应设置反向支撑。当吊杆与设备相遇时，应调整吊杆位置并增设吊杆。

（3）饰面材料的安装应稳固严密。饰面材料与龙骨的搭接宽度应大于龙骨受力面宽度的 2/3。

385. 公共建筑吊顶工程有哪些构造要求？

《公共建筑吊顶工程技术规程》JGJ 345—2014 规定：

1）一般规定

（1）吊顶材料及制品的燃烧性能等级不应低于 B_1 级。

（2）吊杆可以采用镀锌钢丝、钢筋、全牙吊杆或镀锌低碳退火钢丝等材料。

（3）龙骨可以采用轻质钢材和铝合金型材（铝合金型材的表面应采用阳极氧化、电泳喷涂、粉末喷涂或氟碳漆喷涂进行处理）。

（4）面板可以采用石膏板（纸面石膏板、装饰纸面石膏板、装饰石膏板、嵌装式纸面石膏板、吸声用穿孔石膏板）、水泥木屑板、无石棉纤维增强水泥板、无石棉纤维增强硅酸钙板、矿物棉装饰吸声板或金属及金属复合材料吊顶板。

（5）集成吊顶：由在加工厂预制的、可自由组合的多功能的装饰模块、功能模块及构配件组成的吊顶。

2）吊顶设计

（1）有防火要求的石膏板吊顶应采用大于 12mm 的耐火石膏板。

（2）地震设防烈度为 8～9 度地区的大空间、大跨度建筑以及人员密集的疏散通道和门厅处的吊顶，应考虑地震作用。

（3）重型设备和有振动荷载的设备严禁安装在吊顶工程的龙骨上。

（4）吊顶内不得敷设可燃气体管道。

（5）在潮湿地区或高湿度区域，宜使用硅酸钙板、纤维增强水泥板、装饰石膏板等面板。当采用纸面石膏板时，可选用单层厚度不小于 12mm 或双层 9.5mm 的耐水石膏板。

（6）在潮湿地区或高湿度区域吊顶的次龙骨间距不宜大于 300mm。

（7）潮湿房间中吊顶面板应采用防潮的材料。公共浴室、游泳馆等吊顶内应有凝结水的排放措施。

（8）潮湿房间中吊顶内的管线可能产生冰冻或结露时，应采取防冻或防结露措施。

3）吊顶构造

（1）不上人吊顶的吊杆应采用直径不小于 4mm 的镀锌钢丝、直径为 6mm 的钢筋、M6 的全牙吊杆或直径不小于 2mm 的镀锌低碳退火钢丝制作。吊顶系统应直接连接到房间顶部结构的受力部位上。吊杆的间距不应大于 1200mm，主龙骨的间距不应大于 1200mm。

（2）上人吊顶的吊杆应采用直径不小于 8mm 的钢筋或 M8 的全牙吊杆。主龙骨应选用截面为 U 形或 C 形、高度为 50mm 及以上型号的上人龙骨。吊杆的间距不应大于 1200mm，主龙骨的间距不应大于 1200mm，主龙骨的壁厚应大于 1.2mm。

（3）当吊杆长度大于 1500mm 时，应设置反支撑。反支撑的间距不宜大于 3600mm，距墙不应大于 1800mm。反支撑应相邻对向设置。当吊杆长度大于 2500mm 时，应设置钢结构转换层。

（4）当需要设置永久性马道时，马道应单独吊挂在建筑的承重结构上。

（5）吊顶遇下列情况时，应设置伸缩缝：

① 大面积或狭长形的整体面层吊顶；

② 密拼缝处理的板块面层吊顶同标高面积大于 100m² 时；

③ 单向长度方向大于 15m 时；

④ 吊顶变形缝应与建筑结构变形缝的变形量相适应。

（6）当采用整体面层及金属板类吊顶时，重量不大于 1kg 的筒灯、石英射灯、烟感器、扬声器等设施可直接安装在面板上；重量不大于 3kg 的灯具等设施可安装在 U 形或 C 形龙骨上，并应有可靠的固定措施。

（7）矿棉板或玻璃纤维板吊顶，灯具、风口等设备不应直接安装在矿棉板或玻璃纤维板上。

（8）安装有大功率、高热量照明灯具的吊顶系统应设有散热、排热风口。

（9）吊顶内安装有震颤的设备时，设备下皮距主龙骨上皮不应小于 50mm。

（10）透光玻璃纤维板吊顶中光源与玻璃纤维板之间的间距不宜小于 200mm。

图 2-93 为轻钢龙骨纸面石膏板的构造图。

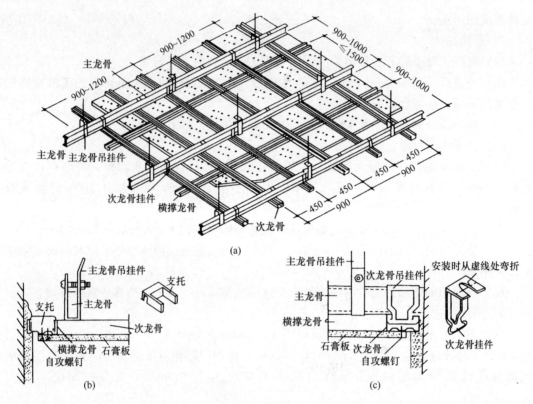

图 2-93　吊顶构造

(a) 龙骨布置；(b) 细部构造；(c) 细部构造

(单位：mm)

（七）隔　墙　工　程

386. 轻质隔墙有哪些构造要求？

1)《建筑装饰装修工程质量验收标准》GB 50210—2018 规定：

（1）板材隔墙包括复合轻质墙板、石膏空心板、骨架水泥板和混凝土轻质板等；

（2）骨架隔墙包括以轻质龙骨、木龙骨等为骨架，以纸面石膏板、人造木板、水泥纤维板等为墙面板的隔墙；

（3）玻璃隔墙包括玻璃板、玻璃砖隔墙。玻璃板隔墙应使用安全玻璃。

2)《住宅装饰装修工程施工规范》GB 50327—2001 对轻质隔墙的规定为：轻质隔墙一般指轻钢龙骨纸面石膏板隔墙。

（1）一般规定

① 当轻质隔墙下端用木踢脚覆盖时，饰面板应与地面留有 20～30mm 缝隙；

② 当用大理石、瓷砖、水磨石等做踢脚板时，饰面板下端应与踢脚板上口齐平，接缝应严密。

（2）龙骨安装

① 轻钢龙骨安装

a. 轻钢龙骨的端部应安装牢固，龙骨与基体的固定点间距应不大于 1.00m。

b. 安装竖向龙骨应垂直，龙骨间距应符合设计要求。潮湿房间和钢板抹灰墙，龙骨间距不宜大于 400mm。

c. 安装支撑龙骨时，应先将支撑卡安装在竖向龙骨的开口方向，卡距宜为 400～600mm，距龙骨两端的距离宜为 25～30mm。

d. 安装贯通系列龙骨时，低于 3.00m 的隔墙安装一道，3.00～5.00m 的隔墙安装两道。

② 木龙骨安装

a. 横、竖木龙骨宜采用半开榫、加胶、加钉连接。

b. 安装饰面板前应对龙骨进行防火处理。

（3）面板安装

① 纸面石膏板安装

a. 石膏板宜竖向铺设，长边接缝应安装在竖向龙骨上。

b. 轻钢龙骨应用自攻螺钉固定，木龙骨应用木螺钉固定。沿石膏板周边钉距不得大于 200mm，板中钉距不得大于 300mm，螺钉与板边距离应为 10～15mm。

c. 石膏板的接缝应按设计要求进行板缝处理。石膏板与周围墙或柱应留有 3mm 的槽口，以便进行防开裂处理。

d. 龙骨两侧石膏板及龙骨一侧的双层板的接缝应错开，不得在同一根龙骨上接缝。

② 胶合板安装

a. 胶合板安装前应对板背面进行防火处理。

b. 轻钢龙骨应用自攻螺钉固定。木龙骨采用木螺钉固定时，钉距宜为 80～150mm，钉帽应砸扁；采用钉枪固定时，钉距宜为 80～100mm。

c. 阳角处宜做护角。

d. 胶合板用木压条固定时，固定点间距不应大于 200mm。

387. 玻璃隔墙有哪些构造要求？

综合相关技术资料，玻璃隔墙的构造要求有：

1）玻璃砖隔墙

相关技术资料指出，玻璃隔墙应满足下列要求：

（1）玻璃砖隔墙宜以 1.50m 高为一个施工段，待下部施工段交接材料达到设计强度后再进行上部施工。

（2）玻璃砖应排列均匀整齐，表面平整，嵌缝的油灰或密封膏应饱满密实。

（3）玻璃砖隔墙的应用高度见表 2-144。

玻璃砖隔墙的应用高度（m）　　　　　　　　　　　　　表 2-144

砖缝的布置	隔断尺寸	
	高度	长度
贯通式	≤1.5	≤1.5
错开式	≤1.5	≤6.0

注：1. 贯通式指水平缝与垂直缝完全对齐的排列方式；

2. 错开式指水平缝与垂直缝错开的排列方式，错开距离为 1/2 砖长。

（4）当高度不能满足要求时，应在缝中加水平钢筋和竖直钢筋进行增强，增强后的高度可达 4m。

2）平板玻璃隔墙

（1）室内隔断用玻璃及浴室用玻璃的厚度及安装应符合《建筑玻璃应用技术规程》（JGJ 113—2015）的有关规定。

（2）压条应与边框紧贴，不得弯棱、凸鼓。

（八）饰面板（砖）工程

388. 饰面板的铺装构造要点有哪些？

1）综合相关技术资料得知，饰面板铺装指的是石材安装。一般包括墙面和地面两大部分。

（1）材料要求

① 石材面板的性能应满足建筑物所在地的地理、气候、环境和幕墙功能的要求。

② 石材：饰面石材的材质分为花岗石（火成岩）、大理石（沉积岩）、砂岩。按其坚硬程度和释放有害物质的多少，应用的部位也不尽相同。花岗岩（火成岩）可用于室内和室外的任何部位；大理石（沉积岩）只可用于室内、不宜用于室外；砂岩只能用于室内。

③ 石材的放射性应符合《建筑材料放射性核素限量》GB/T 6566—2010 中依据装饰装修材料中天然放射性核素镭-226、钍-232、钾-40 的放射性比活度大小，将装饰装修材料划分为 A 级、B 级、C 级，具体要求见表 2-145。

放射性物质比活度分级　　　　　　　　　　　　　表 2-145

级别	比活度	使用范围
A	内照射指数 $IR_a \leqslant 1.0$ 和外照射指数 $I_\gamma \leqslant 1.3$	产销和使用范围不受限制
B	内照射指数 $IR_a \leqslant 1.3$ 和外照射指数 $I_\gamma \leqslant 1.9$	不可用于 I 类民用建筑的内饰面，可以用于 II 类民用建筑物、工业建筑内饰面及其他一切建筑的外饰面
C	外照射指数 $I_\gamma \leqslant 2.8$	只可用于建筑物外饰面及室外其他用途

注：1. I 类民用建筑包括：住宅、老年公寓、托儿所、医院和学校、办公楼、宾馆等。

2. II 类民用建筑包括：商场、文化娱乐场所、书店、图书馆、展览馆、体育馆和公共交通等候室、餐厅、理发店等。

④ 石材面板的厚度：天然花岗石弯曲强度标准值不小于 8.0MPa，吸水率≤0.6％、厚度不小于 25mm；天然大理石弯曲强度标准值不小于 7.0MPa，吸水率≤0.5％、厚度不小于 35mm；其他石材不小于 35mm。

⑤ 当天然石材的弯曲强度的标准值在≤0.8 或≥4.0 时，单块面积不宜大于 1.00m²，其他石材单块面积不宜大于 1.50m²。

⑥ 在严寒和寒冷地区，幕墙用石材面板的抗冻系数不应小于 0.80。

⑦ 石材表面宜进行防护处理。对于处在大气污染较严重或处在酸雨环境下的石材面板，应根据污染物的种类和污染程度及石材的矿物化学物质、物理性质选用适当的防护产品对石材进行保护。

（2）施工要点

① 墙面

石材墙面的安装有湿挂法和干挂法两种。湿挂法适用于小面积墙面的铺装，干挂法适用于大面积墙面铺装，石材幕墙采用的就是干挂法。

a. 湿挂法：先在墙面上栓结 $\phi 8 \sim \phi 10$ 钢筋网，再将设有拴接孔的石板用金属丝（最好是铜丝）栓挂在钢筋网上，随后在缝隙中灌注水泥砂浆。总体厚度在 50mm 左右。

湿挂法的施工要点是：浇水将饰面板的背面和基体润湿，再分层灌注 1：2.5 水泥砂浆，每层灌注高度为 150～200mm，并不得大于墙板高度的 1/3，随后振捣密实（图 2-94）。

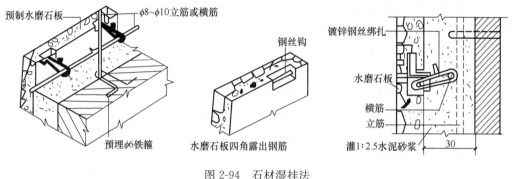

图 2-94　石材湿挂法

（单位：mm）

b. 干挂法：干挂法包括钢销安装法、短槽安装法和通槽安装法三种（图 2-95）。

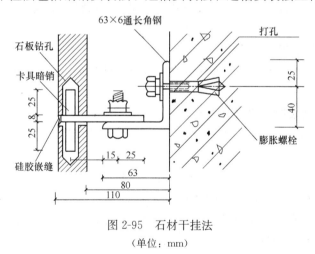

图 2-95　石材干挂法

（单位：mm）

② 地面

《住宅装饰装修工程施工规范》GB 50327—2001 规定：

a. 石材、地面砖铺贴前应浸水湿润，天然石材铺贴前应进行对色、拼花并进行试拼、编号。

b. 铺贴前应根据设计要求确定结合层砂浆厚度、拉十字线控制其厚度和石材、地面砖表面平整度。

c. 结合层砂浆宜采用体积比为 1：3 的干硬性水泥砂浆，厚度宜高出实铺厚度 2～

3mm，铺贴前应在水泥砂浆上刷一道水灰比为 1∶2 的素水泥浆或干铺水泥 1～2mm 后洒水。

d. 石材、地面砖铺贴时应保持水平就位，用橡皮锤轻击使其与砂浆粘接紧密，同时调整其表面平整度。

e. 铺贴后应及时清理表面，24h 后应用 1∶1 水泥浆灌缝，或选择与地面颜色一致的颜料与白水泥拌合均匀后灌缝。

f. 预制板块之间的缝隙在《建筑地面工程施工质量验收规范》GB 50209—2010 中的规定是：混凝土板块面层缝宽不宜大于 6mm，水磨石板块、人造石板块间的缝宽不宜大于 2mm。预制板块铺完 24h 后，应用水泥砂浆灌缝至 2/3 高度，再用同色水泥浆擦（勾）缝。

2)《住宅装饰装修工程施工规范》GB 50327—2001 规定：

（1）一般规定

① 饰面板安装包括石板安装、陶瓷板安装、木板安装、金属板安装、塑料板安装等内容。

② 饰面板工程应对下列材料及其性能指标进行复验：

a. 室内用花岗石板的放射性、室内用人造板材的甲醛释放量。

b. 水泥基粘结料的粘结强度。

c. 外墙陶瓷板的吸水率。

d. 严寒和寒冷地区外墙陶瓷板的抗冻性。

（2）石板安装

采用满粘法施工的石板工程，石板与基层之间的粘结料应饱满、无空鼓。石板粘结应牢固。

（3）陶瓷板安装工程

陶瓷板填缝应密实、平直、宽度和深度应符合设计要求，填缝材料色泽应一致。

389. 饰面砖的铺装构造要点有哪些?

1)《住宅装饰装修工程施工规范》GB 50327—2001 规定：

（1）一般规定

饰面砖工程应对下列材料及其性能指标进行复验：

① 室内用花岗石和瓷质饰面砖的放射性。

② 水泥基粘结材料与所用外墙饰面砖的拉伸粘结强度。

③ 外墙陶瓷饰面砖的吸水率。

④ 严寒和寒冷地区外墙饰面陶瓷砖的抗冻性。

（2）外墙饰面板安装工程

① 墙面凸出物周围的外墙饰面砖应整砖套割吻合，边缘应整齐。墙裙、贴脸突出墙面的厚度应一致。

② 有排水要求的部位应做滴水线（槽）。滴水线（槽）应顺直，流水坡向应正确；坡度应符合设计要求。

2)相关技术资料指出：

（1）材料要求

① 饰面砖的材质

a. 全陶质瓷砖：吸水率小于 10％；

b. 陶胎釉面砖：吸水率 3％～10％；

c. 全瓷质面砖（通体砖）：吸水率小于 1％。

用于室内的釉面砖，吸水率不受限制，用于室外的釉面砖吸水率应尽量减小。北京地区外墙面不得采用全陶质瓷砖。

② 饰面砖的类别

a. 陶瓷锦砖（陶瓷马赛克）

《建筑材料术语标准》JGJ/T 191—2009 规定：由多块面积不大于 55cm² 的小砖经衬材拼贴成联的釉面砖叫陶瓷马赛克。

b. 陶瓷薄板

《建筑陶瓷薄板应用技术规程》JGJ/T 172—2012 规定：

由黏土和其他无机非金属材料经成型、高温烧成等工艺制成的厚度不大于 6mm、面积不小于 1.62m²（相当于 900mm×1800mm）的板状陶瓷制品。可应用于室内地面、室内墙面；非抗震地区、6～8 度抗震设防地区不大于 24m 的室外墙面和非抗震地区、6～8 度抗震设防地区的幕墙工程。

c. 外墙饰面砖

《外墙饰面砖工程施工及验收规程》JGJ 126—2015 规定：

（a）外墙饰面砖的规格

※外墙饰面砖宜采用有燕尾槽的产品，燕尾槽深度不宜小于 0.5mm；

※用于 2 层（或高度 8m）以上外保温粘贴的外墙饰面砖单块面积不应大于 15000mm²（相当于 100mm×150mm），厚度不应大于 7mm。

（b）外墙饰面砖的吸水率

※Ⅰ、Ⅵ、Ⅶ区吸水率不应大于 8％；

※Ⅱ区吸水率不应大于 6％；

※Ⅲ、Ⅳ、Ⅴ区和冰冻区一个月以上的地区吸水率不宜大于 6％。

（c）外墙饰面砖的冻融循环次数

※Ⅰ、Ⅵ、Ⅶ区冻融循环 50 次不得破坏；

※Ⅱ区冻融循环 40 次不得破坏。

注：冻融循环次数应以低温环境−30℃±2℃，保持 2h 后放入不低于 10℃的清水中融化 2h 为一次循环。

（d）外墙饰面砖的找平材料，外墙基体找平材料宜采用预拌水泥抹灰砂浆。Ⅲ、Ⅳ、Ⅴ区应采用水泥防水砂浆。

（e）外墙饰面砖的粘结材料，应采用水泥基粘结材料。

（f）外墙饰面砖的填缝材料，外墙外保温系统粘结外墙饰面砖所用填缝材料的横向变形不得小于 1.5mm。

（g）外墙饰面砖的伸缩缝材料，应采用耐候密封胶。

（2）设计规定

① 基体

a. 基体的粘结强度不应小于 0.4MPa，当基体的粘结强度小于 0.4MPa 时，应进行加强处理。

b. 加气混凝土、轻质墙板、外墙外保温系统等基体，当采用外墙饰面砖时，应有可靠地加强及粘结质量保证措施。

② 外墙饰面砖粘贴应设置伸缩缝，伸缩缝间距不宜大于 6m，伸缩缝宽度宜为 20mm。

③ 外墙饰面砖伸缩缝应采用耐候密封胶嵌缝。

④ 墙体变形缝两侧粘贴的外墙饰面砖之间的距离不应小于变形缝的宽度。

⑤ 饰面砖接缝的宽度不应小于 5mm，缝深不宜大于 3mm，也可为平缝。

⑥ 墙面阴阳角处宜采用异形角砖，阳角处也可采用边缘加工成 45°的面砖对缝。

⑦ 窗台、檐口、装饰线、雨篷、阳台和落水口等墙面凹凸部位，应采用防水和排水构造。

⑧ 在水平阳角处，顶面排水坡度不应小于 3％；应采用顶面面砖或立面最低一排面砖压底平面面砖的做法，并应设置滴水构造。

（3）施工要点

① 施工温度

a. 日最低气温应在 5℃以上，低于 5℃时，必须有可靠的防冻措施；

b. 气温高于 35℃时，应有遮阳措施。

② 一般饰面砖的粘贴工艺

工艺流程为：基层处理─排砖、分格、弹线─粘贴饰面砖─填缝─清理表面

③ 联片饰面砖的粘贴工艺

工艺流程为：基层处理─排砖、分格、弹线─粘贴联片饰面砖─填缝─清理表面

（九）涂　料　工　程

390. 《建筑涂饰工程规范》推荐的建筑涂料有哪些?

《建筑涂饰工程施工及验收规程》JGJ/T 29—2015 推荐的材料有：

1）合成树脂乳液内外墙涂料

（1）由合成树脂乳液为基料，与颜料、体质颜料及各种助剂配制而成。

（2）合成树脂乳液内、外墙涂料品种有：苯—丙乳液、丙烯酸酯乳液、硅—丙乳液、醋—丙乳液等。

2）合成树脂乳液砂壁状涂料

（1）以合成树脂乳液为主要粘结料，以砂料和天然石粉为骨料。

（2）具有仿石质感涂层的涂料。

3）弹性建筑涂料

（1）以合成树脂乳液为基料，与颜料、填料及助剂配制而成。

（2）施涂一定厚度（干膜厚度大于或等于 150μm）后，具有弥盖因基材伸缩（运动）产生细小裂纹的有弹性的功能性涂料。

4）复层涂料

（1）由底涂层、主涂层（中间涂层）、面涂层组成。

① 底涂层：用于封闭基层和增加主涂层（中间）涂料的附着力；

② 主涂层（中间涂层）：用于形成凹凸或平状装饰面，厚度（凸部厚度）为 1mm 以上；

③ 面涂层：用于装饰面着色，提高耐候性、耐沾污性和防水性等。

（2）主涂层（中间涂层）可采用聚合物水泥、硅酸盐、合成树脂乳液、反固化型合成树脂乳液为粘结料配置的厚质涂料；底涂层和面涂层可采用乳液型或溶剂型涂料。

5）外墙无机涂料

（1）以碱金属硅酸盐及硅溶液等无机高分子为主要成膜物质，加入适量固化剂、填料、颜料及助剂配制而成。

（2）属于单组分涂料。

6）溶剂型涂料

（1）由合成树脂溶液为基料配置的薄型涂料。

（2）品种有：丙烯酸酯树脂（包括固态丙烯酸树脂）、氯化橡胶树脂、硅—丙树脂、聚氨酯树脂等。

7）水性氟涂料

（1）主要成膜物质份为三种：

① PVDF（水性含聚偏二氟乙烯涂料）；

② PEVE（水性氟烃/乙烯基醚（脂）共聚树脂氟涂料；

③ 含氟丙烯酸类为水性含氟丙烯酸/丙烯酸酯类单体共聚树脂氟涂料。

（2）其他水性氟涂料可参考使用。

8）建筑用反射隔热涂料

以合成树脂乳液为基料，以水为分散介质，加入颜料（主要是红外反射颜料）、填料和助剂，经一定工艺过程制成的涂料。别称反射隔热乳胶漆。

9）交联型氟树脂涂料

以含反应性官能团的氟树脂为主要成膜物，加颜料填料、溶剂、助剂等为助剂，以脂肪族多异氰酸脂树脂为固化剂的双组分常温固化型涂料。

10）水性复合岩片仿花岗石涂料

以彩色复合岩片和石材颗粒等为骨料，以合成树脂乳液为主要成膜物质，通过喷涂等施工工艺在建筑物表面上形成具有花岗岩质感涂层的建筑涂料。

11）水性多彩建筑涂料

将水性着色胶体颗粒分散于水性乳胶漆中制成的建筑涂料。

391. 适用于外墙面的建筑涂料有哪些？

《建筑材料术语标准》JGJ/T 191—2009 规定：

适用于外墙的建筑涂料有合成树脂乳液外墙涂料、溶剂型外墙涂料、外墙无机建筑涂料、金属效果涂料等。

1）合成树脂乳液外墙涂料是以合成树脂乳液为主要成膜物质，与颜料、体质颜料及各种助剂配制而成的，施涂后能形成表面平整的薄质涂层的外墙涂料。

2）溶剂型外墙涂料是以合成树脂为主要成膜物质，与颜料、体质颜料及各种助剂配制而成的，施涂后能形成表面平整的薄质涂层的外墙涂料。

3）外墙无机建筑涂料是以碱金属硅酸盐或硅溶液为主要胶粘剂，与颜料、体质颜料及各种助剂配制而成的，施涂后能形成表面平整的薄质涂层的外墙涂料。

4）金属效果涂料由成膜物质、透明性或低透明性彩色颜料、闪光铝粉及其他配套材料组成的表面具有金属效果的建筑涂料。

392. 适用于内墙面和顶棚的建筑涂料有哪些？

《建筑材料术语标准》JGJ/T 191—2009 规定：适用于内墙的建筑涂料有合成树脂乳液内墙涂料、纤维状内墙涂料、云彩涂料等。

1）合成树脂乳液内墙涂料是以合成树脂乳液为主要成膜物质，与颜料、体质颜料及各种助剂配制而成的，施涂后能形成表面平整的薄质涂层的内墙用建筑涂料。

2）纤维状内墙涂料由合成纤维、天然纤维和棉质材料等为主要成膜物质，以一定的乳液为胶料，另外加入增稠剂、阻燃剂、防霉剂等助剂配制而成的内墙装饰用建筑涂料。

3）云彩涂料是以合成树脂乳液为成膜物质，以珠光颜料为主要颜料，具有特殊流变特性和珍珠光泽的涂料。

4）适用于顶棚的建筑涂料有：白水泥浆、顶棚涂料（一般与内墙涂料相同）。燃烧性能等级属于 A 极。

393. 适用于地面的建筑涂料有哪些？

综合相关技术资料，适用于楼、地面的建筑涂料有：溶剂型、无溶剂型和水性三大类。其中有机材料的性能优于无机材料，有机涂层属于 B_1 级难燃材料。施工涂刷遍数为三遍。

1）耐磨环氧涂料：这种涂料的性能为耐磨耐压、耐酸耐碱、防水耐油、抗冲击力强、经济适用。主要应用于停车场的停车部位等。无溶剂自流平型的环氧涂料适用于洁净度较高的地面。

2）无溶剂聚氨酯涂料：这种涂料的性能为无溶剂、无毒、耐候性优越、耐磨耐压、耐酸耐碱、耐水、耐油污、抗冲击力强、绿色环保。主要应用于高度美观环境、符合舒适和减低噪声要求的场所，如学校教室、图书馆、医院等场所。

3）环氧彩砂涂料：这种涂料以彩色石英砂和环氧树脂形成的无缝一体化的新型复合装饰地坪。具有耐磨、耐化学腐蚀、耐温差变化、防滑等优点，但价格较高。适用于具有环境优雅、清洁等功能要求的公共场所，如展厅、高级娱乐场等。

394. 涂料工程的施工要点有哪些？

1）《住宅装饰装修工程施工规范》GB 50327—2001 的规定：

（1）类型

① 水性涂料：包括乳液型涂料、无机涂料、水溶性涂料等；

② 溶剂型涂料：包括丙烯酸酯涂料、聚氨酯丙烯酸涂料、有机硅丙烯酸涂料、交联型氟树脂涂料等；

③ 美术涂饰：包括套色涂饰、滚花涂饰、仿花纹图饰等。

（2）涂饰工程的基层处理应符合下列规定：

① 新建筑物的混凝土或抹灰基层在用腻子找平或直接涂饰涂料前应涂刷抗碱封闭底漆。

② 既有建筑墙面在用腻子找平或直接涂饰涂料前应清除疏松的旧装饰层，并涂刷界面剂。

③ 混凝土或抹面基层在用溶剂型腻子找平或直接涂刷溶剂型涂料时，含水率不得大于8%；在用乳液型腻子找平或直接涂刷乳液型涂料时，含水率不得大于10%；木材基层的含水率不得大于12%。

④ 找平层应平整，坚实、牢固，无粉化、起皮和裂缝；内墙找平层的粘结强度应符合要求。

（3）水性涂料涂饰工程施工的环境温度应为5～35℃。

2）《建筑涂饰工程施工及验收规程》JGJ/T 29—2015 规定：

（1）基本规定

① 涂饰施工温度：对于水性产品，环境温度和基层温度应保证在5℃以上，对于溶剂型产品，应遵照产品使用要求的温度范围。

② 涂饰施工湿度：施工时空气相对湿度宜小于85%，当遇大雾、大风、下雨时，应停止户外工程施工。

（2）基层质量

① 基层应牢固不开裂、不掉粉、不起砂、不空鼓、无剥离、无石灰爆裂点和无附着力不良的旧涂层等。

② 基层应表面平整、立面垂直、阴阳角方正和无缺棱掉角，分隔缝（线）应深浅一致、横平竖直；允许偏差应符合现行国家标准《建筑装饰装修工程质量验收规范》GB 50210—2001 的规定，且表面应平而不光。

③ 基层应清洁：表面无灰尘、无浮浆、无油迹、无锈斑、无霉点、无盐类析出物等。

④ 基层应干燥：涂刷溶剂型涂料时，基层含水率不得大于8%；涂刷水型涂料时，基层含水率不得大于10%。

⑤ 基层 pH 值不得大于10。

（3）施工

① 涂饰工程施工应按基层处理—底涂层—中涂层—面涂层的顺序进行。

② 外墙涂饰施工应由建筑物自上而下、先细部后大面，材料的涂饰施工分段应以墙面分格缝（线）、墙面阴阳角或水落管为分界线。

③ 内、外墙平涂涂料的施工顺序应符合表2-146的规定。

内、外墙平涂涂料的施工顺序 表 2-146

次序	工序名称	次序	工序名称
1	清理基层	4	第一遍面层涂料
2	基层处理	5	第二遍面层涂料
3	底层涂料	—	—

④ 合成树脂砂壁状涂料和质感涂料的施工顺序应符合表 2-147 的规定。

合成树脂砂壁状涂料和质感涂料的施工顺序　　　　　表 2-147

次序	工序名称	次序	工序名称
1	清理基层	4	根据设计分格
2	基层处理	5	主层涂料
3	底层涂料	6	面层涂料

⑤ 复层涂料的施工顺序应符合表 2-148 的规定。

复层涂料的施工顺序　　　　　表 2-148

次序	工序名称	次序	工序名称
1	清理基层	5	压花
2	基层处理	5	第一遍面层涂料
3	底层涂料	6	第二遍面层涂料
4	中层涂料	—	—

⑥ 仿金属板装饰效果涂料的施工顺序应符合表 2-149 的规定。

仿金属板装饰效果涂料的施工顺序　　　　　表 2-149

次序	工序名称	次序	工序名称
1	清理基层	4	底层涂料
2	多道基层处理	5	第一遍面层涂料
3	依据设计分格	6	第二遍面层涂料

⑦ 水性多彩涂料的施工顺序应符合表 2-150 的规定。

水性多彩涂料的施工顺序　　　　　表 2-150

次序	工序名称	次序	工序名称
1	清理基层	5	1～2 遍中层底层涂料
2	基层处理	6	喷涂水包水多彩涂料
3	底层涂料	7	涂饰罩光涂料
4	依据设计分格	—	—

（十）裱　糊　工　程

395. 裱糊工程的施工要点有哪些?

1)《住宅装饰装修工程施工规范》GB 50327—2001 和《建筑装饰装修工程质量验收规范》GB 50210—2001 及相关手册规定:

（1）壁纸、壁布的类型

壁纸、壁布的类型有纸基壁纸、织物复合壁纸、金属壁纸、复合纸质壁纸、玻璃纤维壁布、锦缎壁布、天然草编壁纸、植绒壁纸、珍木皮壁纸、功能型壁纸等。

功能型壁纸有防尘防静电壁纸、防污灭菌壁纸、保健壁纸、防蚊蝇壁纸、防霉防潮壁纸、吸声壁纸、阻燃壁纸等。

（2）胶粘剂

胶粘剂有：改性树脂胶、聚乙烯醇树脂溶液胶、聚醋酸乙烯乳胶漆、醋酸乙烯-乙烯共聚乳液胶、可溶性胶粉、乙-脲混合胶粘剂等。

（3）选用原则

① 宾馆、饭店、娱乐场所及防火要求较高的建筑，应选用氧指数≥32％的 B_1 级阻燃型壁纸或壁布。

② 一般公共场所更换壁纸比较勤，对强度要求高，可选用易施工、耐碰撞的布基壁纸。

③ 经常更换壁纸的宾馆、饭店应选用易撕型网格布布基壁纸。

④ 太阳光照度大的场合和部位应选用日晒牢度高的壁纸。

（4）施工要点

① 墙面要求平整、干净、光滑、阴阳角线顺直方正，含水率不大于8％，粘结高档壁纸应刷一道白色壁纸底漆。

② 纸基壁纸在裱糊前应进行浸水处理，布基壁纸不浸水。

③ 壁纸对花应精确，阴角处接缝应搭接、阳角处应包角，切不得有接缝。

④ 壁纸粘贴后不得有气泡、空鼓、翘边、裂缝、皱折，边角、接缝处要用强力乳胶粘牢、压实。

⑤ 及时清理壁纸上的污物和余胶。

2）《住宅装饰装修工程施工规范》GB 50327—2001 的规定：

（1）一般规定

裱糊工程应对基层封闭底漆、腻子、封闭底胶及软包内衬材料进行隐蔽工程验收。裱糊前，基层处理应达到下列规定：

① 新建筑物的混凝土抹灰基层墙面在刮腻子前应涂刷抗碱封闭底漆。

② 粉化的旧墙面应先除去粉化层，并在刮涂腻子前涂刷一层界面处理剂。

③ 混凝土或抹灰基层含水率不得大于8％；木材基层的含水率12％。

④ 石膏板基层，接缝及裂缝处应贴加强网布后再刮腻子。

⑤ 基层腻子应平直、坚实、牢固，无粉化、起皮、空鼓、酥松裂缝和泛减；腻子的粘结强度不得小于0.3MPa。

⑥ 基层表面平整度、立面垂直度及阴阳角方正应达到高级抹灰的要求。

⑦ 基层表面颜色应一致。

⑧ 裱糊前应用封闭底漆涂刷基层。

（2）施工要求

① 裱糊后的壁纸、墙布表面应平整，不得有波纹起伏、气泡、裂缝、皱折；表面色泽应一致，不得有斑污，斜视时应无胶痕。

② 复合压花壁纸和发泡壁纸的压痕或发泡层应无损坏。

③ 壁纸、壁布与装饰线、踢脚板、门窗框的交接处应吻合、严密、顺直、与墙面上电气槽、盒的交接处套割应吻合，不得有缝隙。

④ 壁纸、壁布边缘应平直整齐，不得有纸毛、飞刺。

⑤ 壁纸、壁布阴角处应顺光搭接，阳角处应无接缝。

（十一）地　面　铺　装

396. 地面铺装的施工要点有哪些?

1)《住宅装饰装修工程施工规范》GB 50327—2001 规定：

（1）基层平整度误差不得大于 5mm。

（2）铺装前应对基层进行防潮处理，防潮层宜涂刷防水涂料或铺贴塑料薄膜。

（3）铺装前应对地板进行选配，宜将纹理、颜色接近的地板集中使用于一个房间或部位。

（4）木龙骨应与基层连接牢固，固定点间距不得大于 600mm。

（5）毛地板应与龙骨成 30°或 45°铺钉，板缝应为 2～3mm，相邻板的接缝应错开。

（6）在龙骨上直接铺钉地板时，主次龙骨间距应根据地板的长度模数计算确定，底板接缝应在龙骨的中线上。

（7）地板钉子的长度宜为地板厚度的 2.5 倍，钉帽应砸扁。固定时应以凹榫边 30°倾斜顶入。硬木地板应先钻孔，孔径应略小于地板钉子的直径。

（8）毛地板及地板与墙之间应留有 8～10mm 的缝隙。

（9）地板磨光应先刨后磨，磨削应顺木纹方向，磨削总量应控制在 0.3～0.8mm 范围内。

（10）单层直铺地板的基层必须平整，无油污。铺贴前应在基层刷一层薄而匀的底胶以提高粘结力。铺贴时，基层和地板背面均应刷胶，待不黏手后再进行铺贴。拼板时应用榔头垫木板敲打紧密，板缝不得大于 0.3mm。溢出的胶液应及时清理干净。

2)《建筑地面工程施工质量验收规范》（GB 50209—2010）中规定：竹、木地板铺设在水泥面层类基层上，其基层表面应坚硬、洁净、不起砂、表面含水率不应大于 8%。

397. 玻璃地板地面的构造要点有哪些?

《建筑玻璃应用技术规程》JGJ 113—2015 规定（摘编）：

1）地板玻璃宜采用隐框支承或点支承。点支承地板玻璃连接件宜采用沉头式或背栓式连接件。

2）地板玻璃必须采用夹层玻璃，点支承地板玻璃必须采用钢化夹层玻璃。钢化玻璃必须进行均质处理。

3）楼梯踏板玻璃表面应做防滑处理。

4）地板夹层玻璃的单片厚度相差不宜大于 3mm，且夹层胶片厚度不应小于0.76mm。

5）框支承地板玻璃单片厚度不宜小于 8mm，点支承地板玻璃单片厚度不宜小于 10mm。

6）地板玻璃之间的接缝不应小于 6mm。

398. 竹材、实木地板的施工要点有哪些？

综合相关技术资料得知，竹材、实木地板的施工要点有：

1）材料特点

（1）实木地板：实木地板是天然木材经烘干、加工后形成的地面装饰材料。它呈现出的天然原木纹理和色彩图案，给人以自然、柔和、富有亲和力的质感，同时由于它冬暖夏凉、触感好的特性使其成为卧室、客厅、书房等地面装修的理想材料。

实木地板分 AA 级、A 级、B 级三个等级，AA 级质量最高。由于实木地板的使用相对比较娇气，安装也较复杂，尤其是受潮、暴晒后易变形，因此选择实木地板要格外注重木材的品质和安装工艺。

（2）竹木复合地板：竹木复合地板是竹材与木材复合的再生产物。它的面板和底板，采用的是上好的竹材，芯材多为杉木、樟木等木材。其生产制作要依靠精良的机器设备和先进的科学技术以及规范的生产工艺流程，经过一系列的防腐、防蚀、防潮、高压、高温以及胶合、旋磨等近 40 道繁杂工序，才能制作成为一种新型的复合地板。

竹木复合地板外观具有自然清新、文理细腻流畅、防潮防湿防蚀以及韧性强、有弹性等特点；同时，其表面坚硬程度可以与木制地板中的常见材种如樱桃木、榉木等媲美。另一方面，由于该地板芯材采用了木材为原料，故其稳定性极佳，结实耐用，脚感好，格调协调，隔音性能好，而且冬暖夏凉，尤其适用于居家环境以及体育娱乐场所等室内装修。竹木复合地板尤其适合城市中的老龄化人群以及婴幼儿，而且对喜好运动的人群也有保护缓冲的作用。

2）施工要点

（1）《住宅装饰装修工程施工规范》GB 50327—2001 规定：

① 基层平整度误差不得大于 5mm。

② 铺装前应对基层进行防潮处理，防潮层宜涂刷防水涂料或铺贴塑料薄膜。

③ 铺装前应对地板进行选配，宜将纹理、颜色接近的地板集中使用于一个房间或部位。

④ 木龙骨应与基层连接牢固，固定点间距不得大于 600mm。

⑤ 毛地板应与龙骨成 30°或 45°铺钉，板缝应为 2～3mm，相邻板的接缝应错开。

⑥ 在龙骨上直接铺钉地板时，主次龙骨间距应根据地板的长度模数计算计算确定，底板接缝应在龙骨的中线上。

⑦ 地板钉子的长度宜为地板厚度的 2.5 倍，钉帽应砸扁。固定时应以凹榫边 30°倾斜顶入。硬木地板应先钻孔，孔径应略小于地板钉子的直径。

⑧ 毛地板及地板与墙之间应留有 8～10mm 的缝隙。

⑨ 地板磨光应先刨后磨，磨削应顺木纹方向，磨削总量应控制在 0.3～0.8mm 范围内。

⑩ 单层直铺地板的基层必须平整，无油污。铺贴前应在基层刷一层薄而匀的底胶以提高粘结力。铺贴时，基层和地板背面均应刷胶，待不黏手后再进行铺贴。拼板时应用榔头垫木板敲打紧密，板缝不得大于 0.30mm。溢出的胶液应及时清理干净。

（2）《建筑地面工程施工质量验收规范》GB 50209—2010 规定：

① 竹、木地板铺设在水泥面层类基层上，其基层表面应坚硬、洁净、不起砂、表面

含水率不应大于 8%。

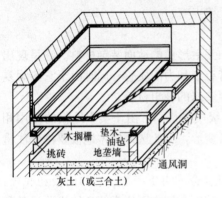

图 2-96 底层木地板

（2）楼层木地板（图 2-97）

② 铺设竹、木地板面层时，木格栅应垫实钉牢，与柱、墙之间留出 200mm 的缝隙，表面应平直，其间距不宜大于 300mm。

③ 当面层下铺设垫层地板时，垫层地板的髓心应向上，板间缝隙不应大于 3mm，与柱、墙之间应留出 8～12mm 的空隙，表面应刨平。

④ 竹、木地板面层铺设时，相邻板材接头位置应错开不小于 300mm 的距离；与柱、墙之间应留出 8～12mm 的空隙。

3）构造做法

（1）底层木地板（图 2-96）

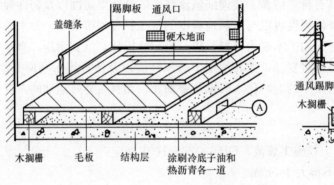

图 2-97 楼层木地板

399. 强化木地板的施工要点有哪些?

综合相关技术资料，强化木地板的施工要点有：

1）材料特点

强化木地板为俗称，学名为浸渍纸层压木质地板。是以一层或多层专用纸浸渍热固性氨基树脂，铺装在刨花板、中密度纤维板、高密度纤维板等人造板基材表层，背面加平衡层，正面加耐磨层，经热压而成的地板。

强化木地板的特点有：耐磨、款式丰富、抗冲击、抗变形、耐污染、阻燃、防潮、环保、不褪色、安装简便、易打理、可用于地暖等。

2）强化木地板的施工要点

（1）《住宅装饰装修工程施工规范》GB 50327—2001 规定：

① 防潮垫层应满铺平整，接缝处不得叠压；

② 安装第一排时应凹槽靠墙，地板与墙之间应留有 8～10mm 的缝隙；

③ 房间长度或宽度超过 8m 时，应在适当位置设置伸缩缝。

（2）《建筑地面工程施工质量验收规范》GB 50209—2010 规定：

① 浸渍纸层压木质地板（强化木地板）面层应采用条材或块材，以空铺或粘贴方式

在基层上铺设。

② 浸渍纸层压木质地板（强化木地板）可采用有垫层地板和无垫层地板的方式铺设。

③ 浸渍纸层压木质地板（强化木地板）面层铺设时，相邻板材接头位置应错开不小于 300mm 的距离；衬垫层、垫层底板及面层与墙、柱之间均应留出不小于 10mm 的空隙。

④ 浸渍纸层压木质地板（强化木地板）面层采用无龙骨的空铺法铺设时，宜在面层与垫层之间设置衬垫层，衬垫层应在面层与柱、墙之间的空隙内加设金属弹簧卡或木楔，其间距宜为 200～300mm。

400. 地毯铺装时应注意哪些问题？

综合相关技术资料得知，地毯铺装时应注意的问题有：

1）材料特点

以棉、麻、毛、丝、草等天然纤维或化学合成纤维类原料，经手工或机械工艺进行编结、栽绒或纺织而成的地面铺敷物。

2）应用

它是世界范围内具有悠久历史传统的工艺美术品类之一。覆盖于住宅、宾馆、体育馆、展览厅、车辆、船舶、飞机等的地面，有减小噪声、隔热和装饰效果。

3）地毯铺装时应注意的问题

（1）《住宅装饰装修工程施工规范》GB 50327—2001 规定：

① 地毯对花拼接应按毯面绒毛和织纹走向的同一方向拼接；

② 当使用张紧器伸展地毯时，用力方向应成 V 字形，应由地毯中心向四周展开；

③ 当使用倒刺板固定地毯时，应沿房间四周将倒刺板与基层固定牢固；

④ 地毯铺装方向，应是绒毛走向的背光方向；

⑤ 满铺地毯应用扁铲将毯边塞入卡条和墙壁间的间隙中或塞入踢脚板下面；

⑥ 裁剪楼梯地毯时，长度应留有一定余量，以便在使用时可挪动经常磨损的位置。

（2）《建筑地面工程施工质量验收规范》GB 50209—2010 规定：

① 地毯面层应采用地毯块材或卷材，以空铺法或实铺法铺设。

② 铺设地毯的地面面层（或基层）应坚实、平整、干燥、无凹坑、麻面、起砂、裂缝，并不得有油污、钉头及其他突出物。

③ 地毯衬垫应满铺平整，地毯拼缝处不得露底衬。

④ 空铺地毯

A. 块材地毯宜先拼成整块，块与块之间应紧密服帖；

B. 卷材地毯宜先长向缝合；

C. 地毯面层的周边应压入踢脚线下。

⑤ 实铺地毯

a. 地毯面层采用的金属卡条（倒刺板）、金属压条、专用双面胶带、胶黏剂等应符合设计要求；

b. 铺设时，地毯的表面层宜张拉适度，四周应采用卡条固定；门口处宜用金属压条或双面胶带等固定；地毯周边应塞入卡条和踢脚线下；

c. 地毯周边采用胶黏剂或双面胶带粘结时，应与基层粘贴牢固；

⑥ 楼梯地毯面层铺设时，踢断顶级（头）地毯应固定于平台上，其宽度应不小于标准楼梯、台阶踏步尺寸；阴角处应固定牢固；梯段末级（头）地毯与水平段地毯的连接处应顺畅、牢固。

参 考 文 献

（一）国家标准

[1] 中华人民共和国建设部. GB 50352—2019 民用建筑统一设计标准[S]. 北京：中国建筑工业出版社，2019.

[2] 中华人民共和国住房和城乡建设部. GB/T 50002—2013 建筑模数协调标准[S]. 北京：中国建筑工业出版社，2013.

[3] 中华人民共和国住房和城乡建设部. GB/T 50504—2009 民用建筑设计术语标准[S]. 北京：中国计划出版社，2009.

[4] 中华人民共和国住房和城乡建设部. GB/T 50353—2013 建筑工程建筑面积计算规范[S]. 北京：中国计划出版社，2013.

[5] 中华人民共和国建设部. GB 50180—2018 城市居住区规划设计规范[S]. 北京：中国建筑工业出版社，2018.

[6] 中华人民共和国住房和城乡建设部. GB 50574—2010 墙体材料应用统一技术规范[S]. 北京：中国建筑工业出版社，2010.

[7] 中华人民共和国住房和城乡建设部. GB 50096—2011 住宅设计规范[S]. 北京：中国建筑工业出版社，2011.

[8] 中华人民共和国建设部. GB 50368—2005 住宅建筑规范 [S]. 北京：中国建筑工业出版社，2006.

[9] 中华人民共和国建设部. GB 50038—2005 人民防空地下室设计规范[S]. 北京：国家人民防空办公室，2005.

[10] 中华人民共和国住房和城乡建设部. GB 50099—2011 中小学校设计规范[S]. 北京：中国建筑工业出版社，2011.

[11] 中华人民共和国住房和城乡建设部. GB 50763—2012 无障碍设计规范[S]. 北京：中国建筑工业出版社，2012.

[12] 中华人民共和国城乡和住房建设部. GB 50073—2013 洁净厂房设计规范[S]. 北京：中国计划出版社，2013.

[13] 中华人民共和国住房和城乡建设部. GB 50011—2010（2016 年版）建筑抗震设计规范[S]. 北京：中国建筑工业出版社，2016.

[14] 中华人民共和国住房和城乡建设部. GB 50003—2011 砌体结构设计规范[S]. 北京：中国建筑工业出版社，2012.

[15] 中华人民共和国住房和城乡建设部. GB 50223—2008 建筑工程抗震设防分类标准[S]. 北京：中国建筑工业出版社，2008.

[16] 中华人民共和国住房和城乡建设部. GB 50007—2011 建筑地基基础设计规范[S]. 北京：中国建筑工业出版社，2012.

[17] 中华人民共和国住房和城乡建设部. GB 50009—2012 建筑结构荷载规范[S]. 北京：中国建筑工业出版社，2012.

[18] 中华人民共和国住房和城乡建设部. GB 50010—2010 混凝土结构设计规范[S]. 北京：中国建筑工业出版社，2011.

[19] 中华人民共和国住房和城乡建设部. GB 50203—2011 砌体结构工程施工质量验收规范[S]. 北京：中国建筑工业出版社，2011.

[20] 中华人民共和国住房和城乡建设部. GB 50016—2014（2018 年版）建筑设计防火规范[S]. 北京：中国计划出版社，2018.

[21] 中华人民共和国住房和城乡建设部. GB 50098—2009 人民防空工程设计防火规范[S]. 北京：中国计划出版社，2009.

[22] 中华人民共和国建设部. GB 50222—2017 建筑内部装修设计防火规范[S]. 北京：中国计划出版社，2017.

[23] 中华人民共和国住房与城乡建设部. GB 50067—2014 汽车库、修车库、停车场设计防火规范[S]. 北京：中国计划出版社，2014.

[24] 中华人民共和国国家质量监督检验检疫总局. GB 15763.1—2009 建筑用安全玻璃—防火玻璃[S]. 北京：中国标准出版社，2009.

[25] 中华人民共和国住房和城乡建设部. GB 50118—2010 民用建筑隔声设计规范[S]. 北京：中国建筑工业出版社，2010.

[26] 中华人民共和国住房与城乡建设部. GB 50033—2013 建筑采光设计标准[S]. 北京：中国建筑工业出版社，2013.

[27] 中华人民共和国住房和城乡建设部. GB 50176—2016 民用建筑热工设计规范[S]. 北京：中国建筑工业出版社，2016.

[28] 中华人民共和国住房与城乡建设建设部. GB 50189—2015 公共建筑节能设计标准[S]. 北京：中国建筑工业出版社，2015.

[29] 中华人民共和国住房和城乡建设部. GB 50108—2008 地下工程防水技术规范[S]. 北京：中国建筑工业出版社，2009.

[30] 中华人民共和国住房和城乡建设部. GB 50345—2012 屋面工程技术规范[S]. 北京：中国建筑工业出版社，2012.

[31] 中华人民共和国住房和城乡建设部. GB 50207—2012 屋面工程质量验收规范[S]. 北京：中国建筑工业出版社，2012.

[32] 中华人民共和国住房和城乡建设部. GB 50693—2011 坡屋面工程技术规范[S]. 北京：中国建筑工业出版社，2011.

[33] 中华人民共和国住房和城乡建设部. GB 50037—2013 建筑地面设计规范[S]. 北京：中国计划出版社，2013.

[34] 中华人民共和国住房和城乡建设部. GB 50209—2010 建筑地面工程施工质量验收规范[S]. 北京：中国计划出版社，2010.

[35] 中华人民共和国住房和城乡建设部. GB 50325—2020 民用建筑工程室内环境污染控制标准[S]. 北京：中国计划出版社，2020.

[36] 中华人民共和国国家质量监督检验检疫总局. GB 6566—2010 建筑材料放射性核素限量[S]. 北京：中国标准出版社，2010.

[37] 中华人民共和国建设部. GB 50210—2018 建筑装饰装修工程质量验收规范[S]. 北京：中国建筑工业出版社，2018.

[38] 中华人民共和国建设部. GB 50327—2001 住宅装饰装修工程施工规范[S]. 北京：中国建筑工业出版社，2002.

[39] 中华人民共和国国家质量监督检验检疫总局. GB/T 5824—2008 建筑门窗洞口尺寸系列[S]. 北京：中国标准出版社，2008.

[40] 中华人民共和国国家质量监督检验检疫总局. GB 12955—2008 防火门[S]. 北京：中国标准出版

社，2008.

[41] 中华人民共和国国家质量监督检验检疫总局. GB 16809—2008 防火窗[S]. 北京：中国标准出版社，2008.

[42] 中华人民共和国住房和城乡建设部. GB 50364—2005 民用建筑太阳能热水系统应用技术规范[S]. 北京：中国建筑工业出版社，2005.

[43] 中华人民共和国住房和城乡建设部. GB 50208—2011 地下防水工程质量验收规范[S]. 北京：中国建筑工业出版社，2011.

[44] 中华人民共和国住房和城乡建设部. GB 50339—2006 智能建筑工程质量验收规范[S]. 北京：中国建筑工业出版社，2013.

[45] 中华人民共和国住房与城乡建设建设部. GB 50314—2015 智能建筑设计标准[S]. 北京：中国计划出版社，2015.

[46] 中华人民共和国国家质量监督检验检疫总局. GB 14102—2005 防火卷帘[S]. 北京：中国标准出版社，2005.

[47] 中华人民共和国住房与城乡建设部. GB/T 50378—2019 绿色建筑评价标准[S]. 北京：中国建筑工业出版社，2019.

[48] 中华人民共和国住房与城乡建设部. GB 51039—2014 综合医院建筑设计规范[S]. 北京：中国计划出版社，2014.

[49] 中华人民共和国建设部. GB 50038—2005 人民防空地下室设计规范[S]. 北京：中国建筑工业出版社，2005.

[50] 中华人民共和国住房与城乡建设部. GB 51286—2018 城市道路工程技术规范[S]. 北京：中国建筑工业出版社，2018.

[51] 中华人民共和国住房和城乡建设部. GB 50068—2018 建筑结构可靠性设计统一标准[S]. 北京：中国建筑工业出版社，2018.

[52] 中华人民共和国住房和城乡建设部. GB 51249—2017 建筑钢结构防火技术规范[S]. 北京：中国计划出版社，2017.

[53] 中华人民共和国住房和城乡建设部. GB/T 51231—2016 装配式混凝土建筑技术标准[S]. 北京：中国建筑工业出版社，2017.

[54] 中华人民共和国住房和城乡建设部. GB 50404—2017 硬泡聚氨酯保温防水工程技术规范[S]. 北京：中国计划出版社，2017.

（二）行业标准

[1] 中华人民共和国住房和城乡建设部. JGJ/T 191—2009 建筑材料术语标准[S]. 北京：中国建筑工业出版社，2010.

[2] 中华人民共和国住房和城乡建设部. JGJ 100—2015 车库建筑设计规范[S]. 北京：中国建筑工业出版社，2015.

[3] 中华人民共和国住房和城乡建设部. JGJ 57—2016 剧场建筑设计规范[S]. 北京：中国建筑工业出版社，2016.

[4] 中华人民共和国建设部. JGJ/T 67—2019 办公建筑设计规范[S]. 北京：中国建筑工业出版社，2019.

[5] 中华人民共和国住房和城乡建设部. JGJ 36—2016 宿舍建筑设计规范[S]. 北京：中国建筑工业出版社，2016.

[6] 中华人民共和国城乡建设环境保护部. JGJ 39—2016（2019 年版）托儿所、幼儿园建筑设计规范[S]. 北京：中国建筑工业出版社，2016.

［7］ 中华人民共和国住房和城乡建设部. JGJ 25—2010 档案馆建筑设计规范［S］. 北京：中国建筑工业出版社，2010.

［8］ 中华人民共和国住房和城乡建设部. JGJ 38—2015 图书馆建筑设计规范［S］. 北京：中国建筑工业出版社，2015.

［9］ 中华人民共和国建设部. JGJ 58—2008 电影院建筑设计规范［S］. 北京：中国建筑工业出版社，2008.

［10］ 中华人民共和国住房与城乡建设部. JGJ 48—2014 商店建筑设计规范［S］. 北京：中国建筑工业出版社，2014.

［11］ 中华人民共和国住房和城乡建设部. JGJ/T 41—2014 文化馆建筑设计规范［S］. 北京：中国建筑工业出版社，2014.

［12］ 中华人民共和国城乡建设环境保护部. JGJ/T 40—2019 疗养院建筑设计标准［S］. 北京：中国建筑工业出版社，2019.

［13］ 中华人民共和国建设部. JGJ 31—2003 体育建筑设计规范［S］. 北京：中国建筑工业出版社，2003.

［14］ 中华人民共和国住房和城乡建设部. JGJ 218—2010 展览建筑设计规范［S］. 北京：中国建筑工业出版社，2010.

［15］ 中华人民共和国住房与城乡建设部. JGJ 62—2014 旅馆建筑设计规范［S］. 北京：中国建筑工业出版社，2014.

［16］ 中华人民共和国建设部. JGJ 64—2017 饮食建筑设计规范［S］. 北京：中国建筑工业出版社，2017.

［17］ 中华人民共和国住房和城乡建设部. JGJ 66—2015 博物馆建筑设计规范［S］. 北京：中国建筑工业出版社，2015.

［18］ 中华人民共和国住房和城乡建设部. JGJ/T 263—2012 住宅卫生间模数协调标准［S］. 北京：中国建筑工业出版社，2012.

［19］ 中华人民共和国住房和城乡建设部. JGJ/T 262—2012 住宅厨房模数协调标准［S］. 北京：中国建筑工业出版社，2012.

［20］ 中华人民共和国住房和城乡建设部. JGJ 3—2010 高层建筑混凝土结构技术规程［S］. 北京：中国建筑工业出版社，2011.

［21］ 中华人民共和国住房和城乡建设部. JGJ 26—2018 严寒和寒冷地区居住建筑节能设计标准［S］. 北京：中国建筑工业出版社，2018.

［22］ 中华人民共和国住房和城乡建设部. JGJ 134—2010 夏热冬冷地区居住建筑节能设计标准［S］. 北京：中国建筑工业出版社，2010.

［23］ 中华人民共和国住房和城乡建设部. JGJ 75—2012 夏热冬暖地区居住建筑节能设计标准［S］. 北京：中国建筑工业出版社，2013.

［24］ 中华人民共和国住房和城乡建设部. JGJ/T 228—2010 植物纤维工业废渣混凝土砌块建筑技术规程［S］. 北京：中国建筑工业出版社，2011.

［25］ 中华人民共和国住房和城乡建设部. JGJ 230—2010 倒置式屋面工程技术规范［S］. 北京：中国建筑工业出版社，2011.

［26］ 中华人民共和国住房和城乡建设部. JGJ 155—2013 种植屋面工程技术规程［S］. 北京：中国建筑工业出版社，2013.

［27］ 中华人民共和国住房和城乡建设部. JGJ 142—2012 辐射供暖供冷技术规程［S］. 北京：中国建筑工业出版社，2012.

［28］ 中华人民共和国住房和城乡建设部. JGJ/T 175—2018 自流平地面工程技术规程［S］. 北京：中国

建筑工业出版社，2018.

[29] 中华人民共和国住房和城乡建设部. JGJ 126—2015 外墙饰面砖工程施工及验收规程[S]. 北京：中国建筑工业出版社，2015.

[30] 中华人民共和国住房和城乡建设部. JGJ/T 29—2015 建筑涂饰工程施工及验收规程[S]. 北京：中国建筑工业出版社，2015.

[31] 中华人民共和国建设部. JGJ 102—2003 玻璃幕墙工程技术规范[S]. 北京：中国建筑工业出版社，2003.

[32] 中华人民共和国建设部. JGJ 133—2001 金属与石材幕墙工程技术规范[S]. 北京：中国建筑工业出版社，2001.

[33] 中华人民共和国住房和城乡建设部. JGJ/T 157—2014 建筑轻质条板隔墙技术规程[S]. 北京：中国建筑工业出版社，2014.

[34] 中华人民共和国建设部. JGJ 144—2019 外墙外保温工程技术规程[S]. 北京：中国建筑工业出版社，2019.

[35] 中华人民共和国住房和城乡建设部. JGJ 289—2012 建筑外墙外保温防火隔离带技术规程[S]. 北京：中国建筑工业出版社，2012.

[36] 中华人民共和国住房和城乡建设部. JGJ/T 235—2011 建筑外墙防水工程技术规程[S]. 北京：中国建筑工业出版社，2011.

[37] 中华人民共和国住房和城乡建设部. JGJ/T 14—2011 混凝土小型空心砌块建筑技术规程[S]. 北京：中国建筑工业出版社，2011.

[38] 中华人民共和国住房和城乡建设部. JGJ/T 17—2008 蒸压加气混凝土建筑应用技术规程[S]. 北京：中国建筑工业出版社，2009.

[39] 中华人民共和国住房和城乡建设部. JGJ/T 220—2010 抹灰砂浆技术规程[S]. 北京：中国建筑工业出版社，2010.

[40] 中华人民共和国住房和城乡建设部. JGJ/T 223—2010 预拌砂浆应用技术规程[S]. 北京：中国建筑工业出版社，2010.

[41] 中华人民共和国住房和城乡建设部. JGJ/T 172—2012 建筑陶瓷薄板应用技术规程[S]. 北京：中国建筑工业出版社，2012.

[42] 中华人民共和国建设部. JGJ/T 12—2019 轻骨料混凝土技术规程[S]. 北京：中国建筑工业出版社，2019.

[43] 中华人民共和国住房和城乡建设部. JGJ/T 201—2010 石膏砌块砌体技术规程[S]. 北京：中国建筑工业出版社，2010.

[44] 中华人民共和国住房和城乡建设部. JGJ 214—2010 铝合金门窗工程技术规范[S]. 北京：中国建筑工业出版社，2011.

[45] 中华人民共和国住房和城乡建设部. JGJ 103—2008 塑料门窗安装及验收规程[S]. 北京：中国建筑工业出版社，2008.

[46] 中华人民共和国住房和城乡建设部. JGJ 237—2011 建筑遮阳工程技术规程[S]. 北京：中国建筑工业出版社，2011.

[47] 中华人民共和国住房和城乡建设部. JGJ/T 261—2011 外墙内保温工程技术规程[S]. 北京：中国建筑工业出版社，2012.

[48] 中华人民共和国住房和城乡建设部. JGJ 253—2011 无机轻集料砂浆保温系统技术规程[S]. 北京：中国建筑工业出版社，2012.

[49] 中华人民共和国住房和城乡建设部. CJJ/T 135—2009 透水水泥混凝土路面技术规程[S]. 北京：中国建筑工业出版社，2009.

[50] 中华人民共和国住房和城乡建设部. JGJ 209—2018 民用建筑太阳能光伏系统应用技术规范[S]. 北京：中国建筑工业出版社，2018.

[51] 中华人民共和国建设部. JG/T 231—2007 建筑玻璃采光顶[S]. 北京：中国标准出版社，2008.

[52] 中华人民共和国住房和城乡建设部. CJJ 37—2012 城市道路工程设计规范[S]. 北京：中国建筑工业出版社，2012.

[53] 中华人民共和国住房和城乡建设部. CJJ/T 188—2012 透水砖路面技术规程[S]. 北京：中国建筑工业出版社，2012.

[54] 中华人民共和国住房和城乡建设部. CJJ/T 190—2012 透水沥青路面技术规程[S]. 北京：中国建筑工业出版社，2012.

[55] 中华人民共和国住房和城乡建设部. JGJ 255—2012 采光顶与金属屋面技术规程[S]. 北京：中国建筑工业出版社，2012.

[56] 中华人民共和国住房与城乡建设部. JGJ 345—2014 公共建筑吊顶工程技术规程[S]. 北京：中国建筑工业出版社，2014.

[57] 中华人民共和国住房与城乡建设部. JGJ/T 341—2014 泡沫混凝土应用技术规程[S]. 北京：中国建筑工业出版社，2014.

[58] 中华人民共和国住房和城乡建设部. CJJ 142—2014 建筑屋面雨水排水系统应用技术规程[S]. 北京：中国建筑工业出版社，2014.

[59] 中华人民共和国住房和城乡建设部. JGJ/T 350—2015 保温防火复合板应用技术规程[S]. 北京：中国建筑工业出版社，2015.

[60] 中华人民共和国住房和城乡建设部. JGJ/T 377—2016 木丝水泥板应用技术规程[S]. 北京：中国建筑工业出版社，2016.

[61] 中华人民共和国住房和城乡建设部. JGJ 336—2016 人造板材幕墙工程技术规范[S]. 北京：中国建筑工业出版社，2016.

[62] 中华人民共和国住房和城乡建设部. JGJ 339—2015 非结构构件抗震设计规范[S]. 北京：中国建筑工业出版社，2015.

[63] 中华人民共和国住房和城乡建设部. JGJ 99—2015 高层民用建筑钢结构技术规程[S]. 北京：中国建筑工业出版社，2015.

[64] 中华人民共和国住房和城乡建设部. JGJ 362—2016 塑料门窗设计及组装技术规程[S]. 北京：中国建筑工业出版社，2016.

[65] 中华人民共和国住房和城乡建设部. CJJ 14—2016 城市公共厕所设计标准[S]. 北京：中国建筑工业出版社，2016.

[66] 中华人民共和国住房和城乡建设部. JGJ/T 359—2015 建筑反射隔热涂料应用技术规程[S]. 北京：中国建筑工业出版社，2015.

[67] 中华人民共和国住房和城乡建设部. JGJ 113—2015 建筑玻璃应用技术规程[S]. 北京：中国建筑工业出版社，2015.

[68] 中华人民共和国住房和城乡建设部. JGJ 450—2018 老年人照料设施建筑设计标准[S]. 北京：中国建筑工业出版社，2018.

[69] 中华人民共和国住房和城乡建设部. JGJ/T 466—2019 轻型模块化钢结构组合房屋技术标准[S]. 北京：中国建筑工业出版社，2018.

[70] 中华人民共和国住房和城乡建设部. JGJ 475—2019 温和地区居住建筑节能设计标准[S]. 北京：中国建筑工业出版社，2019.

[71] 中华人民共和国住房和城乡建设部. JGJ/T 420—2017 聚苯模块保温墙体应用技术规程[S]. 北京：中国建筑工业出版社，2017.

[72] 中华人民共和国住房和城乡建设部. JGJ/T 416—2017 建筑用真空绝热板应用技术规程[S]. 北京：中国建筑工业出版社，2017.

[73] 中华人民共和国住房和城乡建设部. JGJ/T 453—2019 金属面夹芯板应用技术规程[S]. 北京：中国建筑工业出版社，2019.

[74] 中华人民共和国住房和城乡建设部. JGJ/T 461—2019 公共建筑室内空气质量设计标准[S]. 北京：中国建筑工业出版社，2019.

[75] 中华人民共和国住房和城乡建设部. JGJ/T 480—2019 岩棉薄抹灰外墙外保温工程技术标准[S]. 北京：中国建筑工业出版社，2019.

[76] 中华人民共和国住房和城乡建设部. JGJ/T 398—2017 装配式住宅建筑设计标准[S]. 北京：中国建筑工业出版社，2017.

[77] 中华人民共和国住房和城乡建设部. JGJ/T 253—2019 无机轻集料砂浆保温系统技术标准[S]. 北京：中国建筑工业出版社，2019.

[78] 中华人民共和国住房和城乡建设部. JGJ 76—2019 特殊教育学校建筑设计标准[S]. 北京：中国建筑工业出版社，2019.

[79] 中华人民共和国住房和城乡建设部. JGJ 91—2019 科研建筑设计标准[S]. 北京：中国建筑工业出版社，2019.

[80] 中华人民共和国住房和城乡建设部. JGJ/T 484—2019 养老服务智能化技术标准[S]. 北京：中国建筑工业出版社，2019.

[81] 中华人民共和国住房和城乡建设部. JGJ/T 140—2019 预应力混凝土结构抗震设计标准[S]. 北京：中国建筑工业出版社，2019.

（三）其他标准

[1] 中国建筑标准设计研究院. 01J925—1 压型钢板、夹芯板屋面及墙体建筑构造[S]. 北京：中国计划出版社，2001.

[2] 中国建筑标准设计研究院. 07J103—8 双层幕墙[S]. 北京：中国计划出版社，2007.